LE DOCTEUR ANTONIN BOSSU

Médecin en chef de L'INFIRMERIE MARIE-THÉRÈSE, etc.

AU CLERGÉ DE FRANCE.

Monsieur l'Abbé,

M'autorisant du titre de médecin en chef de Marie-Thérèse (1), et persuadé que mon nom ne vous est pas inconnu, je viens vous offrir à des conditions extrêmement avantageuses celui de mes ouvrages qui me paraît offrir le plus d'intérêt et l'étude la plus variée.

Je veux parler de mon **Dictionnaire d'Histoire naturelle et des Phénomènes de la Nature**, sur lequel je désire fixer votre attention aujourd'hui.

Il s'agit en effet d'un travail considérable, de longue haleine, qui comprend l'histoire abrégée mais exacte, scientifique, des trois règnes de la nature (Minéraux, Végétaux, Animaux), sans oublier la Météorologie, l'Astronomie, etc., et qui se distingue des ouvrages analogues par une étude détaillée de la physiologie comparée, c'est-à-dire des fonctions de nutrition, de relation et de reproduction poursuivies dans toute la série des êtres organisés, depuis le mollusque jusqu'à l'homme.

Il ne m'appartient pas, Monsieur l'Abbé, de faire l'éloge de mon travail ; mais vous me permettrez de rappeler l'opinion d'un critique aussi savant que consciencieux, M. l'abbé Moigno, qui a écrit la phrase suivante dans le *Cosmos* qu'il rédigeait alors :

« Reliés en un seul volume, comme le Dictionnaire de M. Bouillet, ces trois tomes formeront un véritable trésor. »

A ces paroles si flatteuses ajouterai-je des extraits de quelques lettres de félicitations prises au milieu d'un grand nombre d'autres que l'auteur a reçues ?

« Votre ouvrage est excellent ; il me plaît. Je vous suis tout reconnaissant du plaisir que j'éprouve à le lire. »

FOLTÈTE, *Curé de Verne* (Ain).

« Vous trouverez ci-joint un bon de poste pour payer votre excellent *Dictionnaire d'Histoire naturelle* auquel je suis heureux de m'être abonné..... »

Le Docteur BARBIN, *à Droué* (Loir-et-Cher).

« Je désire et j'espère que vous remplirez le but proposé dans ce grand travail auquel le cachet médical dont il est empreint donne une grande valeur et une forme tout à fait distincte. »

Le Docteur FIERS, *à Rambervilliers* (Vosges).

(1) Établissement hospitalier pour MM. les prêtres, sous la haute direction de l'Archevêché.

« Je n'ai pas encore eu bien le temps de lire votre dernier ouvrage, les
2 séries que j'ai reçues ; mais les articles que j'ai parcourus m'ont charmé
et instruit tout à la fois. Votre *Dictionnaire d'Histoire naturelle* sera
pour moi un ami avec lequel nous converserons souvent dans mes moments de loisir, et qui, durant de longues soirées d'hiver, délassera mon
esprit en m'instruisant. Aussi je serai heureux de posséder votre bel ouvrage. »

EM. DUMON, Curé de Combiers (Charente).

« .... Je ne puis que vous féliciter sur la manière dont vous vous
acquittez de votre œuvre. »

Le Docteur VALLETTE, à Toulouse.

Le **Dictionnaire d'Histoire naturelle** se compose de trois beaux
volumes in-4° à deux colonnes compactes, imprimés sur papier vélin glacé
et illustrés de 1368 gravures. Le prix de cet ouvrage a été fixé à 27 fr.

Les souscripteurs dont on vient de lire les noms l'ont payé, par une
faveur spéciale, 20 fr.

Mais, voulant écouler ce qui reste d'exemplaires, je viens l'offrir aujour-
d'hui à MM. les ecclésiastiques moyennant la minime somme de *dix francs*.

Ainsi :

Les trois volumes, pris chez l'auteur, ou déposés par ses soins dans une
maison de Paris désignée, ou bien encore demandés et emportés par un li-
braire ou tout autre intermédiaire.. . . . . 10 fr. »
Envoyés franco par la poste . . . . 12 fr. 50
Deux francs 50 pour le port ! cela vous prouve, Monsieur l'Abbé, que
l'ouvrage ne pèse pas moins de 3 kil. (6 livres), et vous donne idée de son
importance.

Donc : 10 fr.
 Ou 12 fr. 50 franco   au lieu de 27.

Il ne reste qu'un nombre assez limité d'exemplaires ; et l'ouvrage ne sera
jamais réimprimé, l'auteur ne voulant pas courir les chances d'une opération aussi lourde.

Je puis vous affirmer, Monsieur l'Abbé, qu'en dehors de vos études pro-
fessionnelles, vous ne pouvez vous livrer à une lecture plus intéressante,
plus instructive et moins coûteuse que celle de l'ouvrage dont je désire
vous voir faire l'acquisition.

Si vos ressources modestes ne vous permettent pas de joindre le
mandat de payement à la lettre de demande, prenez du temps et dési-
gnez-moi seulement l'époque où vous croirez pouvoir vous acquitter. Mes
relations avec le Clergé datent de loin déjà (1847), aussi je puis dire que
c'est par un sentiment de reconnaissance pour la confiance qu'il m'a tou-
ours témoignée, que je cède, à un prix qui en couvre à peine les frais, les
derniers exemplaires du *Dictionnaire d'Histoire naturelle*.

En attendant vos ordres, je vous prie d'agréer, Monsieur l'Abbé,
l'expression de ma respectueuse considération.

Docteur A. BOSSU,
Médecin en chef de l'Infirmerie Marie-Thérèse, etc, etc. :
5, rue Saint-Benoît, à Paris.

AUTRES PUBLICATIONS

du Docteur **A. BOSSU**, 5, rue Saint-Benoît.

ANTHROPOLOGIE, ou **Étude des organes, fonctions et maladies de l'homme et de la femme.**

Comprenant l'*Anatomie*, la *Physiologie*, l'*Hygiène*, la *Pathologie*, la *Thérapeutique* et les principales notions de *Médecine légale*. — 2 forts vol. in-8° compactes, accompagnés d'un ATLAS D'ANATOMIE de 20 planches gravées sur acier, avec légendes en regard, outre vingt-deux gravures sur bois, intercalées dans le texte. CINQUIÈME ÉDITION, revue, corrigée, refondue dans plusieurs de ses parties et considérablement augmentée.

Prix : colorié, 21 fr.; — en noir, 15 fr.

MM. les Ecclésiastiques le recevront franc de port par la poste, moyennant 15 fr. l'exemplaire colorié; — 10 fr. l'exemplaire en noir.

TRAITÉ DES PLANTES MÉDICINALES INDIGÈNES, précédé d'un **Cours de botanique.**

Deuxième édition.

3 vol. in-8° y compris l'atlas de 60 planches gravées sur acier, représentant les organes des végétaux, les caractères des familles végétales et 270 plantes types (en tout près de 1100 figures).

Cet ouvrage se compose de deux parties. La première (t. 1er) est un *Cours de Botanique* (anotomie, physiologie et classifications des plantes; caractères des familles et des genres, etc).—La seconde partie (t. 2) est le *Traité des plantes médicinales*, indiquant les propriétés et les usages de chaque espèce, ses caractères botaniques, ses propriétés physiques, les soins à apporter à sa récolte, à sa conservation, aux préparations médicamenteuses auxquelles on la soumet, etc.—Enfin un cahier de planches parfaitement dessinées et gravées sur acier (t.3) représentent les plantes les plus importantes et les caractères distinctifs de chacune d'elles.—Plusieurs tables renvoient aux familles, aux genres, aux espèces; un Mémorial thérapeutique désigne les plantes d'un emploi efficace contre telle ou telle maladie dénommée.

PRIX (*franco*) POUR LES MEMBRES DU CLERGÉ :

L'exemplaire avec atlas colorié, 15 fr. au lieu de 22.

—   avec atlas non colorié, 10 fr. au lieu de 13.

NOUVEAU DICTIONNAIRE

D'HISTOIRE NATURELLE

—

TOME PREMIER

PARIS. — TYPOGRAPHIE ET LITHOGRAPHIE LACOUR, RUE SOUFFLOT, 18.

NOUVEAU DICTIONNAIRE

D'HISTOIRE NATURELLE

ET DES

PHÉNOMÈNES DE LA NATURE

PAR LE Dʳ ANTONIN BOSSU

Médecin de l'Infirmerie Marie-Thérèse, du Bureau de Bienfaisance du Xᵉ Arrondissement ;
Membre titulaire de la Société de Médecine de Paris ; honoré d'une Médaille (Choléra) par le Gouvernement ;
Auteur de l'*Anthropologie*, du *Traité des Plantes Médicinales*, *précédé d'un Cours de Botanique*,
du *Nouveau Compendium Médical* ; Rédacteur en chef de l'*Abeille Médicale*, etc.

***

OUVRAGE ENRICHI D'UN TRÈS GRAND NOMBRE DE FIGURES

RÉSUMÉ DES TRAVAUX DE TOUS LES SAVANTS :

BUFFON. — DAUBENTON. — LACÉPÈDE. — GEORGES CUVIER.

FRÉDÉRIC CUVIER. — GEOFFROY-SAINT-HILAIRE. — DE JUSSIEU. — BRONGNIART. — ARAGO. — LEVERRIER.

FLOURENS. — DUMÉRIL. — VALENCIENNES. — HAUY. — RÉAUMUR. — HUMBOLDT. — DUMAS.

PAYEN. — BEUDANT. — ÉLIE DE BEAUMONT, ETC., ETC.

—

TOME PREMIER

—

PARIS

AU BUREAU DE *L'ABEILLE MÉDICALE*

31, RUE DE SEINE, 31

—

1857

PRÉFACE

Au milieu de tous les êtres qui l'environnent, l'Homme seul réfléchit, compare et juge :
seul, il sent qu'il pense, qu'il raisonne, et seul il a conscience de la responsabilité de
ses actes. C'est en cela surtout qu'il diffère des autres créatures, et c'est à cause de cela
qu'il les tient toutes sous sa domination.

Puisque l'Homme est le roi de la nature, il faut au moins qu'il connaisse son royaume;
puisque tout lui est tributaire, il faut bien qu'il sache apprécier la valeur des services qu'il
attend. Contempler l'œuvre du Créateur, étudier la structure des corps qui constituent la
masse du globe ou qui sont répandus à sa surface, chercher à pénétrer les phénomènes
dont ces corps sont le siége, à préciser les caractères propres à les faire distinguer les uns
des autres, ainsi que le rôle qu'ils jouent dans l'univers, tel doit être notre premier soin,
notre occupation la plus sérieuse, comme la plus digne de notre nature et la plus utile à
nos besoins.

Et cependant combien sont nombreux les hommes auxquels les premières notions de
l'Histoire naturelle sont étrangères! Dans les arts, dans l'industrie, dans les lettres, combien
de gens, des plus distingués sous d'autres rapports, qui usent des différentes productions de
la nature, ou en parlent, sans savoir pour ainsi dire d'où elles proviennent, comment
elles ont existé, ni quelle est leur constitution chimique ou organique! Est-ce indifférence,
manque de temps, appréhension des difficultés de la science, défaut d'ouvrages convenables? C'est tout cela à la fois.

En entreprenant ce long travail, j'ai eu en vue d'obvier à ces différentes causes d'ignorance. J'ai essayé de vaincre l'indifférence et par l'attrait de l'unité dans des matières si
diverses, et par la netteté et la clarté des définitions et des descriptions; j'ai cherché à
ménager le temps par une grande sobriété de détails, jointe à une certaine abondance

d'explications indispensables ; je me suis appliqué à dégager les abords du temple de la science et à l'entourer d'avenues directes et spacieuses qui en montrassent de loin les magnificences ; enfin, illusion peut-être, j'ai cru que, parmi tant d'ouvrages du genre de celui-ci qui encombrent les bibliothèques et les librairies, aucun n'offrait les conditions qu'exigent la diffusion et la vulgarisation des connaissances naturelles.

Telle est ma croyance ; le public jugera si elle est fondée. Mais qu'il soit permis à l'auteur de dire qu'il eût résisté aux excitations d'une foi trop présomptueuse, si des lecteurs trop bienveillants, et qui ne savent pas assez combien le succès est inconstant, ne l'avaient engagé, à différentes reprises, à faire le pendant de l'*Anthropologie*, c'est-à-dire à écrire l'histoire de la Nature, après avoir tracé celle de l'Homme, considéré en santé et en maladie.

Une autre considération est venue faire pencher la balance du côté de ces tentations irrésistibles. Au temps où nous vivons, le champ de la politique étant clos, le courant des idées reflue nécessairement, soit sur les questions religieuses, soit sur celles du domaine des sciences. De là, en ce qui concerne ce dernier ordre d'idées, la publication de feuilles périodiques exclusivement consacrées aux études sérieuses. Or, dans cet état de choses, que vois-je ? d'un côté, des ouvrages ou trop volumineux ou incomplets ; de l'autre, des journaux qui émiettent le savoir et ne le montrent qu'en lambeaux épars, sans lien philosophique qui relie les conséquences aux principes.

Il y a donc là, ce me semble, comme un grand vide à combler ; j'y vois la place inoccupée d'un livre qui, réunissant certaines conditions de rédaction, de figures et de bon marché, est appelé à remplir les nombreuses et importantes conditions de tout succès populaire, conditions négligées par les deux genres d'écrits auxquels il vient d'être fait allusion, ou qui étaient incompatibles avec leur constitution.

Le NOUVEAU DICTIONNAIRE D'HISTOIRE NATURELLE ET DES PHÉNOMÈNES DE LA NATURE, dont je fais paraître aujourd'hui le premier volume, sera donc, j'ose le dire, aussi complet que possible, eu égard à son cadre. Si ce *eu égard* devait être considéré comme le manteau destiné à couvrir l'insuffisance de l'œuvre, eh bien ! j'en demande pardon à la modestie, je le supprimerais. Sans doute je ne puis faire que douze ou quinze cents pages contiennent, à justification égale, autant de mots que le double ou le triple de cet espace ; mais ce que je veux dire, c'est que ce Dictionnaire, comme résumé analytique des travaux des Maîtres, renferme tout ce qu'il est essentiel de connaître, tant sous le rapport des classifications, des caractères génériques et individuels, des conditions géologiques, anatomiques et physiologiques des diverses classes de minéraux, de végétaux et d'animaux, que sous celui des usages que nous retirons de tous ces corps.

La physiologie comparée m'a paru surtout devoir offrir un intérêt d'autant plus grand et plus saisissant que les traités classiques l'effleurent à peine, et qu'ils gardent toujours un silence aussi profond qu'obstiné à l'endroit des phénomènes de la reproduction. Pour avoir des renseignements à cet égard, il faut recourir aux volumineuses encyclopédies, dont le prix est dix fois au-dessus des fortunes moyennes ; or, je le répète, la chose est impraticable, car ces gros volumes n'échangent leurs richesses scientifiques que contre des richesses d'une autre nature que fort peu de personnes possèdent. Il faut donc arracher la science à ce sanctuaire privilégié qui la dérobe à la curiosité des masses, non pas par

fragments détachés et défigurés, mais dans son ensemble et comme si on la daguer-
réotypait. Nous n'aurons sans doute qu'une miniature, mais, qu'importe, si le portrait est
parfaitement ressemblant.

Pour en revenir à la physiologie, j'ajouterai que les questions qu'on affecte de taire dans
les livres destinés à la jeunesse, sont abordées dans celui-ci. Mais elles le sont avec une
sobriété de détails, une froideur de description, une pâleur d'images telles, que la lecture de
ce Dictionnaire ne troublera aucune conscience et n'effarouchera aucune pudeur : non pas,
toutefois, que j'aie mis des mots plus chastes à la place de ceux qui ne paraissent être le
contraire que parce qu'ils soulèvent le voile qui cache la nudité, mais ces mots sont ceux
qu'emploie la Science, notre mère à tous.

Je n'ai rien à dire sur le plan de l'ouvrage : le mot *dictionnaire*, dont chacun connaît la
signification, répond à tout. J'ajouterai cependant, en terminant, que tel est le lien qui relie
les différents articles entre eux, que, si l'on voulait partir d'un mot générique, tel que celui
d'Animal, par exemple, et suivre la filiation successive de tous les articles qui s'en détachent,
et qui se disséminent de par la loi alphabétique, on convertirait la zoologie en traité méthodique. C'est qu'en effet, le plus grand soin a été apporté à ce que les renvois soient exacts
et répondent parfaitement à l'intention du lecteur qui cède à leur invitation.

Le docteur Antonin BOSSU.

Mai 1857.

D'HISTOIRE NATURELLE

ET DES

PHÉNOMÈNES DE LA NATURE

ABAJOUE. On donne ce nom, en zoologie, à une double poche qu'un assez grand nombre de Mammifères portent sur les côtés de la bouche, soit à l'intérieur, entre les joues et les mâchoires, comme chez beaucoup de Quadrumanes, certains Rongeurs et quelques Nyctères; soit à l'extérieur, comme chez certains autres Rongeurs. L'usage de ces poches varie; le plus souvent elles servent à mettre en réserve les aliments qui ne doivent pas être consommés sur-le-champ: chez les Nyctères au contraire, communiquant dans un grand sac sous-cutané, elles procurent le gonflement du corps en permettant le passage de l'air extérieur.

ABDOMEN (d'*abdo*, je cache; *omentum*, coiffe qui enveloppe les intestins). Région du corps des animaux qui loge une portion du canal digestif et le plus souvent d'autres organes importants. On le nomme communément *ventre*, et ses limites varient considérablement dans les diverses classes zoologiques. Chez l'Homme, par exemple, la *carité abdominale* est circonscrite : en haut, par le diaphragme; en bas, par le bassin; en avant et sur les côtés, par plusieurs muscles et aponévroses superposés; en arrière, par la colonne lombaire et des muscles. Elle renferme l'estomac et les intestins, le foie, la rate, les reins et la vessie, mais ce dernier organe, ainsi que ceux de la génération, se trouve plutôt dans le bassin, qui est au-dessous. Vu en avant, l'abdomen a été divisé en trois régions, dites épigastrique E, ombilicale O, hypogastrique H G. Chacune d'elles se subdivise ensuite

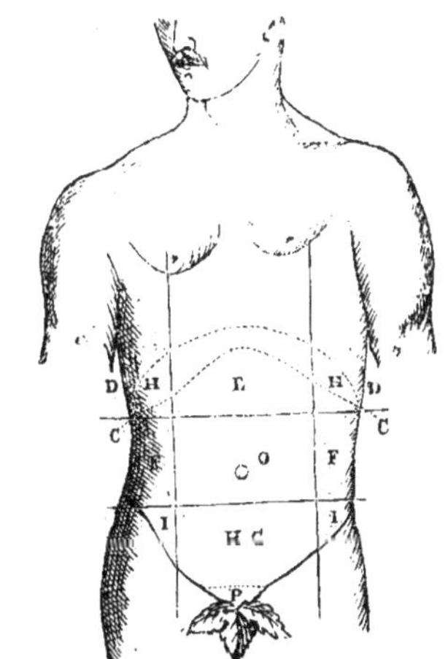

Fig. 1. — Régions de l'abdomen.

en trois autres : les hypochondres H H et l'épigastre E, pour la région épigastrique; les flancs FF et l'ombilic O, pour l'ombilicale; les fosses iliaques H et l'hypogastre H G, pour l'hypogastrique. Dans cette figure, la ligne pointillée DD indique la position du diaphragme, large muscle en forme de voûte membraneuse qui sépare la poitrine de l'abdomen, en laissant passer l'œsophage et les gros vaisseaux : la ligne CC correspond aux cartilages costaux et à l'appendice xiphoïde ; AA indiquent les aines. L'abdomen est tapissé intérieurement par le péritoine, vaste membrane séreuse qui enveloppe les viscères qu'elle retient unis les uns aux autres et maintient en place, tout en facilitant leurs glissements les uns sur les autres par son poli onctueux.

Chez tous les Mammifères l'abdomen conserve à peu près la même disposition que chez l'Homme, mais il se nomme plutôt *ventre*. Chez les Oiseaux et les Reptiles, le diaphragme manquant et la poitrine se confondant avec le ventre, il n'y a pas d'abdomen proprement dit ; mais pourtant on doit prendre pour tel, dans les premiers, la partie inférieure et molle située entre la pointe du sternum et l'anus ; chez les seconds, la portion molle du dessous du corps qui précède l'anus. Chez les Poissons, ce qui correspond à l'abdomen, c'est la partie inférieure et molle du corps qui loge les organes de la digestion et de la génération ; chez les Articulés, c'est la portion du tronc qui fait suite au thorax et qui ne porte pas d'organes locomoteurs ou n'en a que des rudiments ; chez les Crustacés, c'est la partie appelée improprement *queue* : enfin dans les derniers anneaux de la chaîne zoologique, l'abdomen est nul ou peu distinct.

ABDOMINAUX. Nom donné aux Poissons malacoptérygiens dans lesquels les nageoires ventrales sont suspendues sous l'abdomen, en arrière des pectorales, sans être attachées aux os de l'épaule. — V. *Malacoptérygiens.*

ABEILLE (*Apis*), vulg. *Mouche à miel.* Genre d'Insectes hyménoptères, section des Aptères, caractérisé par des antennes ordinairement brisées, filiformes, de 12 à 14 articles ; mâchoire et lèvre inférieure fléchies en dessous ; palpes maxillaires très petites ; palpes labiales en forme de soies ; corps velu, de couleur brune ; aiguillon caché dans la partie postérieure de l'abdomen chez les femelles et les ouvrières. — On distingue des Abeilles sauvages et des Abeilles domestiques.

Au nombre de ces dernières est l'ABEILLE COMMUNE (*fig.* 4), qui a le corps velu, l'abdomen composé de six anneaux, dont le dernier cache un aiguillon piquant et barbé, constitué par deux dards accolés l'un à l'autre et renfermés dans un étui, long d'une ligne, entouré à sa base de neuf écailles cornées pourvues de muscles destinés à porter l'aiguillon au dehors ou à en opérer la rétraction. — V. *Aiguillon.* — La tête est munie d'une trompe qui se cache ou s'allonge selon les circonstances ; les pattes sont velues et garnies de petites brosses qui servent à retenir le pollen des fleurs.

Réunies en société de 20 à 30 mille environ, les Abeilles se constituent en une sorte d'état monar-

chique, composé d'une seule femelle, appelée la *reine* à cause de l'autorité qu'elle exerce et du respect dont elle est l'objet ; de quelques centaines de *mâles* (bourdons), de mille au plus, et d'un nom-

Fig. 2. — Abeille mâle.

bre indéterminé de *neutres* (ouvrières), qui sont sans sexe. La reine et les ouvrières sont armées d'un aiguillon ; les mâles en sont dépourvus. La reine est plus grosse que les neutres, mais plus petite que les mâles, son abdomen est plus allongé.

Seule, la reine commande en souveraine et pro-

Fig. 3. — Abeille reine.

page l'espèce par sa prodigieuse fécondité. Elle peut pondre, dit-on, jusqu'à 12,000 œufs dans l'espace de 20 jours. Elle les dépose un à un dans chaque cellule (V. *Alvéoles*), et de chacun il sort un ver

Fig. 4. — Abeille neutre.

blanc ou *larve* qui se transforme bientôt en chrysalide, puis en abeille. Dès que les œufs sont pon-

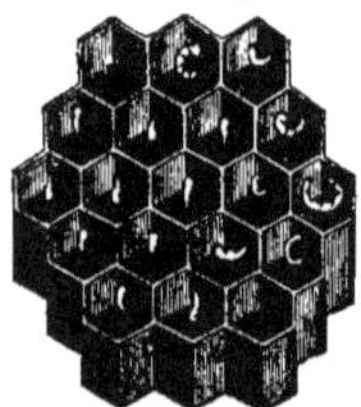

Fig. 5. — Cellules et larves d'abeilles.

dus, les mâles, devenus inutiles, sont mis à mort par les ouvrières, parmi lesquelles on distingue les *nourrices*, c'est-à-dire celles qui, plus faibles et plus timides, ont pour fonction spéciale de surveiller et de nourrir les larves ou *couvain*. On prétend même que leurs soins ne sont pas sans influence sur la caste à élever, et que, par une nourriture préparée d'une certaine façon, par des proportions plus grandes données à l'alvéole, elles peuvent faire qu'une reine surgisse d'une larve primitivement neutre. Mais il n'y a jamais qu'une seule reine dans un même essaim, car les nouvelles venues sont mises à mort ou en fuite.

On a beaucoup écrit sur les Abeilles, parce qu'on a beaucoup observé et admiré leurs mœurs, leur amour de l'ordre et du travail, et surtout parce qu'elles nous fournissent un produit d'une grande utilité, le *miel*.—V. ce mot.—Mais si l'on comprend le droit, quoique barbare, que s'arroge la reine de mettre à mort toutes les femelles de l'essaim, on se demande comment elle s'arrange avec les centaines de mâles qui peuplent son sérail. Sans doute, si ces mâles eussent été des amants actifs et pétulants, la confusion, la guerre se seraient bientôt introduites dans le gouvernement; mais ce ne sont que des amoureux paresseux, engourdis, que la reine abeille peut seule réveiller, stimuler, et parmi lesquels elle choisit librement celui qu'elle veut honorer de ses faveurs. Réaumur ayant enfermé dans un bocal de verre une jeune reine abeille avec un mâle, il la vit remplie de prévenances et de caresses pour celui qui paraissait soutenir stupidement tant d'agaceries. Au bout d'un quart d'heure pourtant, cet être insensible se décida à répondre à tant d'avances, et durant trois ou quatre heures il y eut plusieurs moments de repos et de combats amoureux. A la fin le mâle tomba dans un état d'accablement qui parut à la femelle vigoureuse de trop longue durée; elle voulut l'en arracher en le saisissant par le corselet au moyen de ses mâchoires; mais ce fut inutilement, il était mort. Il y a plus d'une victime dans ces moments critiques. Le même observateur ayant voulu donner un autre époux à cette veuve, il la vit, à son grand étonnement, demeurer tout le jour attachée au cadavre de son premier amant. Une seule nuit néanmoins suffit pour que notre Artémise oubliât son Mausolée : le lendemain matin on lui enleva le défunt et on lui présenta un nouveau mâle, avec lequel elle se comporta exactement de la même manière qu'avec le premier.

Avant d'aborder le sujet important de l'éducation des Abeilles, il est bon de dire quelques mots des blessures qu'elles nous font quelquefois. La piqûre de l'Abeille est fort douloureuse; si l'aiguillon demeure engagé dans la plaie, — et cela arrive presque toujours à cause de sa forme en flèche, — l'insecte ne survit pas à son attaque. Quelques piqûres isolées n'ont rien de grave, mais lorsqu'elles sont nombreuses, elles développent une vive inflammation érysipélateuse, et l'on a vu plusieurs fois des individus attaqués par un essaim en mourir sur place. On a proposé un grand nombre de remèdes. Il faut d'abord rechercher l'aiguillon; si on le voit, on coupe avec des ciseaux tout ce qui fait saillie, en évitant d'appuyer sur la vésicule qui contient le venin, puis on l'extrait. Ensuite, et en tout cas, on pratique des lotions d'eau vinaigrée, d'eau blanche, d'ammoniaque liquide mitigée, d'eau salée, etc. On combat les symptômes inflammatoires selon les règles de l'art.

Éducation des Abeilles. De temps immémorial l'homme s'est rendu les Abeilles tributaires et a cultivé l'art de les élever, art dont la fable attribue l'invention au berger Aristée, fils d'Apollon. Les anciens poètes célébrèrent les Abeilles et le miel du mont Ida et de l'Hymette. On ne les chante plus guère de nos jours, mais on ne les apprécie pas moins. Que de volumes, en effet, ont été publiés sur la nourriture, les ennemis, les maladies, la mortalité, l'anesthésie, le produit de ces intéressants insectes.

Nourriture. Pour nourrir les Abeilles dans l'hiver, lorsqu'on y est obligé « on remplit une bouteille de sirop, on recouvre son ouverture d'une toile en double qu'on lie bien autour du cou de la bouteille, on enlève le bouchon qui est au haut de la ruche, et l'on y introduit le cou de la bouteille, qui, étant dans une position renversée, laisse suinter à travers le linge le sirop que les Abeilles recueillent. »

Ennemis. Ce sont d'abord les Abeilles elles-mêmes qui se déclarent parfois une guerre à mort; la ruche attaquée et vaincue est bientôt mise au pillage si on ne vient à son secours en en fermant la porte pour une huitaine de jours. Pour éviter le pillage il faut avoir ses ruches bien garnies d'Abeilles, car il n'y a que celles qui sont peu peuplées qui soient exposées à cet accident. — Les souris et les mulots s'introduisent souvent dans les ruches pour les dévaster. Il faut fermer toutes les ouvertures au commencement de l'automne, et les entourer de pièges, d'aliments empoisonnés, etc.

Maladie. La dyssenterie attaque les Abeilles retenues dans une captivité trop prolongée ou empêchées de sortir par un froid très long. Le remède consiste à mettre dans un vase un litre de bon vin vieux, 250 gr. de sucre blanc, 250 gr. de miel première qualité, 30 gouttes de bonne eau de vie, 1 pomme de rainette et 2 poires Saint-Germain bien écrasées; on fait cuire à consistance de sirop et l'on donne aux Abeilles malades.

Mortalité. Les Abeilles ne meurent presque jamais que de faim pendant l'hiver; il faut donc veiller à ce qu'elles ne manquent pas de nourriture. « Il arrive quelquefois, il est vrai, que l'on trouve toutes les Abeilles mortes, quoique la ruche soit bien garnie de miel. Cet accident ne peut être attribué qu'à la mort de la reine, qui n'a pu être causée que par maladie ou vieillesse.

Anesthésie des Abeilles. La récolte du miel entraîne trop souvent la destruction des mellifères; on a donc dû rechercher les moyens d'éviter ce fâcheux résultat ou de se soustraire à cette barbare nécessité. M. le docteur de Beauvoys s'est livré à plusieurs expériences desquelles il résulte que les vapeurs de filasse imbibée de sel de nitre endorment si vite les mouches à miel, qu'elles ont à peine le temps de s'en apercevoir

Avantage de la culture des Abeilles. Le calcul suivant, présenté sur des bases modérées, d'après M. Aug. Lombard, donne une idée du bénéfice, dans un canton qui serait favorable sans être excellent.

PREMIERS FRAIS : 24 essaims du mois de mai, à 6 fr. chaque. . . . . 144 fr. » c.

24 ruches pour les loger, à 6 fr. d°. 144 »

Construction du rucher, pour placer les ruches présentes et à venir. 144 »

Ustensiles servant à l'exploitation. . . . . 100 »

Total. . . . . . 532 »

L'intérêt de cette somme de 532 fr. constitue une rente de 26 fr. 60 c. à 5 p. cent. En poursuivant cet aperçu, nous allons voir quelle différence il y aura entre ce petit revenu et le résultat de l'essai que nous allons faire.

Produit de la première année : 24 ruches donnant chacune 3 kilog. de miel à 2 fr. 144 fr. » c.

24 hectog. de cire en provenant à 50 c. . . . . 12 »

48 d° récoltés à l'entrée de l'hiver. 24 »

Total. . . . . . 180 »

Dépenses et intérêts 26 60

Bénéfices nets de la première année. 153 40

DEUXIÈME ANNÉE. — *Dépenses.* — Intérêts de la première mise de fonds et des intérêts des intérêts de la première année. . . . . . 27 fr. 95 c.

Intérêts de 144 fr., montant de 24 ruches acquises cette année. . 7 20

Total. 35 15

Produit. — On aura 48 ruches qui donneront 288 kilog. de miel à 2 fr. . . . . . 576 fr. » c.

96 hectog. de cire en provenant. 48 »

96 hectog. récoltés à l'entrée de l'hiver. . . . . 48 »

Total. . . . . . 672 »

Dépenses et intérêts. 35 15

Produit net. 636 85

TROISIÈME ANNÉE. — *Dépenses.* — Intérêts de la première mise de fonds, et des intérêts des intérêts des deux premières années. 29 fr. 32 c.

Intérêts de 288 fr., montant des 48 ruches acquises cette année. . 14 40

Total. 43 72

Produit. — On aura 96 ruches qui donneront 576 kilog. de miel. . . . . 1,152 fr. »

192 hectog. de cire en provenant. 96 »

192 hectog. récoltés à l'entrée de l'hiver. . . . . 96 »

Total. . . . . . 1,344 »

Dépenses et intérêts. . . . . , 43 72

Produit net. 1,300 28

QUATRIÈME ANNÉE. — *Dépenses.* — Intérêts de la première mise de fonds, et des intérêts des intérêts des trois premières années. . . . 30 fr. 78 c.

Intérêts de 575 fr., montant des 96 ruches acquises cette année. . 28 80

Total. 59 58

Produit. — On aura 192 ruches, qui donneront 1,152 kilog. de miel. . . . . . 2,304 fr. » c.

384 hectog. de cire en provenant. 192 »

384 hectog. récoltés l'hiver. . . 192 »

Total. . . . . . 2,688 »

Dépenses et intérêts. 59 58

Bénéfice de la quatrième année. 2,628 42

On est à même de voir la gradation des produits que toutes les personnes un peu intelligentes pourront obtenir par une avance de 532 fr., qui, à la quatrième année, aura produit un fonds de plus de 2,600 fr. Je n'ai rien exagéré, et l'éducation des Abeilles fournit dans les campagnes de nombreux exemples de produits qui dépassent de beaucoup mon calcul. (A. Lombard.)

ABIÉTINÉES. Tribu de la famille des *Conifères.* — V. ce mot.

ABIME (du grec *a*, priv., et *bussos*, fond, c'est-à-dire sans fond). Cavité naturelle dont l'ouverture est à la surface du sol, le pourtour escarpé, et dont le fond n'est pas connu. C'est tantôt une sorte de lac tranquille où il ne se précipite point de courants d'eau, tantôt un gouffre où vont se perdre les eaux qui ont coulé à la surface du sol. « Il est difficile de fixer une limite entre ce qu'il faut appeler abîme et les autres anfractuosités du sol, depuis les immenses et profondes dépressions qui servent de bassins aux mers et aux lacs, jusqu'aux cavernes, aux puits naturels, aux fondrières. »

ABLE (d'*albus*, blanc, par transposition de lettres). Genre de Poissons de la famille des Cyprinoïdes (V. ce mot), groupe auquel se rapportent les diverses espèces, dites *poissons blancs*, qui fourmillent dans toutes les rivières d'Europe, et que l'on connaît sous les noms d'*Ablette, Aphie, Aspe, Barbeau, Gardon, Goujon, Meunier, Vandoise, Véron*, etc. — V. ces mots.

ABLETTE ou **ABLET.** Petit Poisson d'eau douce appartenant au genre Able, dont l'organisation se rapproche de celle de la Carpe. Il a le corps aplati, argenté, long de 7 centim. en moyenne; la tête pointue; la mâchoire inférieure plus longue que la supérieure, dépourvue de barbillons. — V. *Cyprinoïdes.* — L'Ablette est très commune dans nos rivières, dans la Seine en particulier, où sa pêche à la ligne occupe les loisirs de tant de Parisiens, quoiqu'elle constitue un aliment médiocre. C'est avec les écailles et même avec la membrane qui enveloppe tout le corps de l'Able et de l'Ablette que l'on obtient, à l'aide de l'ammoniaque, l'*essence d'Orient*, employée pour la coloration des perles fausses. Ces petits poissons passent rapidement à l'état putride quand il fait chaud, et deviennent phosphorescents.

— L'Ablette de mer, espèce du genre Ombrine, famille des Sciénoïdes, est un poisson de la Caroline, de 0^m.32 de long, dont le corps est couvert de plusieurs bandes brunes, disposées obliquement.

ABOYEUR. Espèce d'oiseau du genre *Chevalier*. — V. ce mot.

ABRANCHES. Nom sous lequel on désigne l'ordre des Annélides dépourvues de branchies. — V. *Annélides*.

ABRÉTIER. — V. *Airelle*.

ABRICOTIER. (*Prunus armeniaca*). Arbre du genre Prunier, dont les fleurs, d'un blanc d'albâtre, s'ouvrent avant toutes les autres et ne durent qu'un ou deux jours, et dont le fruit, appelé *abricot*, est savoureux et recherché. Cet arbre vient en espalier ou en plein vent, dans les terres ni trop fortes ni trop légères; on le multiplie en semant le noyau ou en le greffant sur prunier ou amandier. On en distingue deux espèces : l'Abricotier commun, auquel se rapportent les variétés dites de Nancy, de Hollande, Alberge, etc., et l'Abricotier de Sibérie. Il découle du bois de ces arbres une sorte de

Fig. 6. — Abricotier.

gomme, comme en fournissent la plupart des Amygdalinées. L'abricot contient un atome d'acide prussique dans son amande.

ABRUS (du grec *abros*, élégant). Plante légumineuse, originaire de l'Inde, dont on connaît cinq espèces. Ses racines ont les mêmes propriétés que celles de la Réglisse, et ses feuilles donnent par l'infusion une liqueur très sucrée. Les graines du fruit sont d'un beau rouge de corail, avec une large tache noire; elles servent aux indigènes à faire des colliers et des chapelets; on les mange aussi en guise de haricots.

ABSINTHE (en grec *absinthiou*), sorte d'herbe amère. Espèce du genre Armoise, famille des Composées; plante très odorante, à tiges dressées, rameuses, pubescentes-soyeuses, ainsi que les feuilles qui sont bi-tripinnatiséquées, blanches argentées en dessous; à capitules subglobuleux; involucre tomenteux; réceptacle hérissé de longs poils. On en distingue trois variétés principales.

Grande Absinthe (*Artemisia absinthium*), celle à laquelle se rapportent les caractères ci-des-

Fig. 7. — Absinthe (racine, feuille, sommité fleurie; fleuron hermaphrodite du centre, placé dans une moitié du calice commun ; demi fleuron femelle fertile de la circonférence).

sus, croît naturellement dans le midi de la France, où elle atteint de 60 à 90 centimètres, et fleurit en juillet-septembre. Ses fleurs, en petits capitules jaunâtres, sont disposées en panicule. — D'une odeur aromatique, pénétrante, et d'une saveur amère, elle est considérée comme stimulante, tonique, fébrifuge et anthelmintique.—V. *Armoise*.—Elle sert à préparer la liqueur très enivrante connue sous le nom d'*Absinthe suisse*. Le *vermout* n'est autre chose qu'une infusion de cette plante dans du vin blanc.

Petite Absinthe (*Artemisia pontica*). Originaire d'Italie et cultivée dans les jardins, elle n'atteint que 30 à 40 centim; ses qualités sont les mêmes que celles de l'Absinthe officinale, mais moins prononcées.

Absinthe maritime (*A. maritima*). Elle croît sur nos côtes, est plus blanche-cotonneuse que les précédentes, et moins amère.

Toutes ces espèces sont très employées en médecine, soit contre les vers, soit contre les flatuosités et les atonies de l'estomac, soit enfin comme emménagogues, à la manière de l'Armoise.

ABSORPTION (d'*absorbere*, boire). En physique générale, phénomène par lequel un corps se pénètre d'un autre corps, soit solide, liquide ou gazeux, appliqué à sa surface. En physiologie, c'est une fonction organique au moyen de laquelle les tissus reçoivent ou attirent dans des pores ou des vaisseaux particuliers les fluides qui les environnent ou qui sont en eux. — L'Absorption physiologique doit être considérée dans les animaux et dans les végétaux.

ABSORPTION ANIMALE. Chez tous les animaux, la matière organique est continuellement en mouvement sous la double influence de l'absorption et de la nutrition. L'absorption résulte de l'action de certains pores ou vaisseaux qui reçoivent par imbibition ou aspirent non-seulement les fluides et les molécules solides du corps, mais encore les substances étrangères mises en contact avec eux. Pour rendre son étude aussi complète que possible, eu égard aux limites de cet article, nous la considérerons : 1° dans l'*homme*; 2° dans les diverses classes d'*animaux*; 3° sous le titre d'*Absorption comparative*.

Absorption considérée dans l'homme. C'est

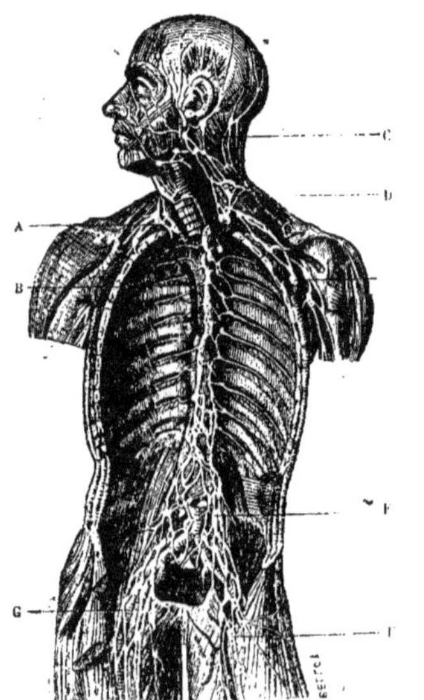

Fig. 8. — Appareil absorbant ou lymphatique.

A, canal thoracique — B, veine lymphatique. — C, ganglions maxillaires. — D, ganglions du cou. — E, ganglions de l'aine. — F, ganglions du tronc. Il faut se figurer une immense quantité de petits vaisseaux lymphatiques couvrant toutes ces parties et qu'il est impossible de représenter. — G, artère iliaque s'apercevant au milieu du réseau des lymphatiques.

dans l'espèce humaine que l'absorption, comme toutes les autres fonctions, se montre la plus par-

faite et la plus compliquée. Elle offre à considérer : l'appareil, le mécanisme, et sa nature déduite de celle des substances absorbées. 1° L'*appareil absorbant* se compose des vaisseaux et des ganglions lymphatiques. —*Vaisseaux lymphatiques*. D'une multiplicité et d'une ténuité extrêmes, ils naissent, comme les veines, de tous les points du corps, périphérie, centre, cavités internes. Blancs, très flexueux, ils se confondent et se séparent mille fois, finissant par se résumer en deux troncs principaux. Le *canal thoracique*, gros vaisseau couché le long de la partie antérieure de la colonne vertébrale, depuis la deuxième vertèbre lombaire jusqu'au niveau des premières dorsales, où il s'abouche dans la veine sous-clavière gauche; il résulte de la réunion des lymphatiques des membres inférieurs et de l'abdomen, recevant ceux du côté gauche du thorax, du membre supérieur gauche et du côté correspondant du cou et de la tête. La *grande veine lymphatique* ou *petit canal thoracique*, long d'un pouce seulement, couché le long de la partie inférieure droite du cou, s'ouvre à l'angle de réunion des veines jugulaire interne et sous-clavière droites, après avoir reçu tous les vaisseaux lymphatiques du membre supérieur droit, de la moitié droite du cou et de la tête, du côté droit de la poitrine. — *Ganglions lymphatiques*. Ils ne sont autre chose que des agglomérations de vaisseaux pelotonnés et entortillés à l'infini, et se présentent sous forme de petits corps arrondis, bosselés, mous, placés çà et là sur le trajet de ces canaux, et communiquant avec eux, particulièrement aux aines, aux aisselles, sur les côtés du cou, dans le mésentère. — Il est un ordre de vaisseaux lymphatiques qui méritent d'être signalés d'une manière particulière : ce sont les *chylifères*, c'est-à-dire ceux qui charrient le chyle. Ces vaisseaux très importants prennent naissance dans les villosités de la membrane muqueuse intestinale, traversent les ganglions du mésentère, et, en réunissant leurs divers embranchements, forment en grande partie le *canal thoracique*, qui peut être considéré comme un véritable tronc d'arbre, dont ils constituent les racines vivifiantes, et qui est parcouru par une sorte de sève (le chyle) qui, comme dans les végétaux, va se mettre en contact dans des espèces de feuilles, représentées par les poumons. —V.*Circulation* et *Respiration*.

2° Le *mécanisme de l'absorption* est des plus faciles à comprendre. Les radicules des lymphatiques, les bouches absorbantes, comme on les appelle quelquefois, s'emparent des molécules soumises à leur action, à leur contact, soit par une sorte d'aspiration vitale, soit par l'effet d'une simple imbibition physique. Les opinions ne sont pas unanimes à cet égard. Ces molécules, souvent très diverses, mais soumises sans doute à une élaboration particulière et préalable, afin qu'elles puissent être charriées sans occasionner de troubles, circulent comme mille petits ruisseaux, traversent les ganglions lymphatiques, qui leur font probablement subir une sorte de dépuration, et arrivent dans le canal thoracique, qui les jette dans la veine sous-clavière, où elles se mêlent avec le sang que cette même veine verse dans l'oreillette droite. — V. *Circulation.*

3° La nature de l'*absorption* varie, quand on considère celle des matières absorbées. En effet, le chyle, le liquide des boissons, la lymphe, la sérosité, la graisse, les solides propres au corps, des matières étrangères, sont autant de corps qui sollicitent l'absorption. Cette fonction s'exerce surtout à la surface des muqueuses et de la peau. Le *chyle* n'est absorbé que dans l'intestin grêle par les chylifères, car ces vaisseaux manquent dans les autres portions du canal intestinal. — Le liquide des *boissons* est absorbé en grande partie dans l'estomac par les veines, avant son passage dans l'intestin grêle, où il est encore pompé plutôt par les veines que par les chylifères ou par les lymphatiques. Il résulte de là que les boissons vont presque directement au foie par la veine-porte, qui est le résumé des veines intestinales, où nous étudierons son rôle plus tard. — V. *Circulation veineuse, Sécrétion biliaire.* — La *lymphe* est absorbée à la périphérie comme dans l'intérieur de tous les organes ; elle est dirigée, d'une part, dans le canal thoracique, où elle se mêle au chyle pendant la digestion, mais où elle circule seule lorsque l'estomac est vide, par une quantité infinie de petits vaisseaux qu'elle rend blancs par transparence et qu'on a nommés à tort *vaisseaux lactés ;* d'autre part, dans la grande veine lymphatique, pour, dans l'un et l'autre cas, être versée dans la veine sous-clavière. — La *sérosité* est reprise par les vaisseaux absorbants au fur et à mesure qu'elle est répandue par les vaisseaux exhalants.—V. *Exhalation.*—De ce double mouvement résulte, dans l'état normal, une sorte d'équilibre favorable aux mouvements des surfaces articulaires et des organes revêtus de membranes séreuses.—La *graisse* elle-même, qui est le produit d'une action sécrétante de certaines cellules du tissu aréolaire, est absorbée, disparaît, lorsque le corps manque de matériaux réparateurs ou que le chyle, par une cause quelconque, ne peut plus être élaboré convenablement, d'où l'amaigrissement dans l'abstinence et les maladies. — Les *solides* eux-mêmes peuvent disparaître par un travail d'absorption, mais la fonction reçoit, dans ce cas, le nom de *résorption.* C'est, en effet, par résorption que se dissipent les épanchements, les tumeurs, les engorgements pathologiques, sous l'influence des forces vitales seules ou excitées par l'emploi des frictions, de certains médicaments internes ou externes décorés du titre de fondants, désobstruents.

Absorption comparée. Elle ne nous fournit que de courtes remarques. D'abord chez tous les vertébrés l'absorption se comporte comme chez l'homme : il n'y a de différence que dans la disposition de l'appareil, en raison des variétés de formes du corps. Ensuite, si l'absorption est assez parfaite dans les êtres placés au haut de l'échelle, elle se simplifie tellement dans les rangs inférieurs qu'elle

n'est plus, à la fin, qu'une sorte d'imbibition des tissus par les matériaux destinés à la nutrition. — V. *Digestion.*

ABSORPTION VÉGÉTALE. C'est cette fonction au moyen de laquelle les racines, les feuilles et toute la surface externe de la plante s'emparent des fluides qui les environnent, et qui circulent ensuite dans des vaisseaux particuliers. — L'appareil absorbant des végétaux se compose des innombrables *pores* qui criblent leurs surfaces libres ou cachées dans le sol ou dans les eaux ; ces pores communiquent avec le tissu vasculaire, qui est formé d'utricules composant de véritables tubes ramifiés. Ces tubes ne sont autre chose que : les *vaisseaux lactifères*, destinés à charrier la sève ascendante ; les *trachées*, sortes de tubes cylindriques diaphanes contenant un corps filiforme roulé en spirale dans leur intérieur : les *fausses trachées*, autres vaisseaux marqués de lignes transversales d'une transparence plus grande que le reste des parois.

L'absorption, dans les végétaux, se confond avec la circulation. Le mécanisme de ces deux fonctions est le même, dès que les matériaux nutritifs sont introduits par aspiration ou simple imbibition, selon les cas, dans les canaux destinés à les faire circuler. Les racines pompent les sucs nourriciers au moyen des spongioles qui terminent leurs fibrilles ; elles semblent douées d'une action élective, car très souvent, pour trouver des matériaux plus convenables à la nature de la plante, elles parcourent de longs trajets, franchissent des obstacles difficiles. Les feuilles absorbent aussi divers fluides (V. *Respiration végétale*) ; et par l'évaporation qui se fait à leur surface elles favorisent l'action absorbante des racines, en opérant une sorte de vide dans les vaisseaux utriculaires. Si l'on peut soutenir cette opinion : que l'absorption est un phénomène purement physique dans les animaux, il faut, à plus forte raison, l'admettre pour les végétaux ; mais dans l'un et l'autre cas il y a bien, selon nous, à tenir compte de l'action organique.—V. *Circulation végétale.*

ABSUS. Espèce de petite Casse (*Cassia absus*), dont les graines, de la grandeur d'une lentille ordinaire, sont employées, en Égypte, soit en infusion comme collyre, soit en poudre pour insufflation, dans le traitement de l'ophthalmie.

ACACIA (*Acacia mimosa*). Genre de la famille des Légumineuses, comprenant des arbres remarquables par leur taille, le port de leurs branches, leurs fleurs blanches ou jaunes, et dont on distingue deux espèces principales, l'*Acacia vrai*, qui compte près de trois cents variétés, et l'*Acacia des jardins.* — Pour cette dernière, voir le mot *Robinier.*

ACACIA VRAI (*A. vera*) ou *Acacia d'Égypte.* Arbre de 10 à 15 mètres d'élévation, ayant les feuilles alternes, bipinnées, les pinnules opposées, au nombre de dix à douze paires, composées de 20 paires de très petites folioles allongées portant

une petite glande à leur base; à la base du pétiole
commun on trouve deux aiguillons très aigus;
fleurs jaunes, petites, formant des capitules globuleux, pédonculés, réunis par 6-8 à l'aisselle des
feuilles: calice à 5 dents, corolle tubuleuse 5-den-
tée; étamines extrèmement nombreuses, deux fois
plus longues que la corolle, monadelphes par leur
partie incluse. Les gousses sont longues, de 9 à
12 cent., planes, glabres, formées de 5 à 8 pièces
arrondies, séparées par des étranglements étroits,
et contenant chacune une graine. — L'Acacia véritable croît sur les bords du Nil. Son bois est employé pour la construction des vaisseaux; ses
fleurs fournissent une matière colorante jaune très
employée en Chine. On en obtient aussi la *gomme
arabique.*

ACACIA DU SÉNÉGAL (*A. senegalensis*). Arbre
de taille médiocre, armé de piquants recourbés,
même au pétiole des feuilles; celles-ci sont pinnées; les fleurs, de couleur jaune, sont disposées
en épis cylindriques plus longs que les feuilles;
fruits très allongés, plans, terminés en pointe à
leurs deux extrémités. — Cette espèce croît en
abondance sur la rive droite du fleuve Sénégal.
C'est d'elle et de la précédente, ainsi que de plusieurs autres, que découlent la *gomme arabique*
et la *gomme du Sénégal*, dont la saveur est douce,
qui se dissolvent complétement dans l'eau, et qui
peuvent être considérées à la fois comme aliment
et comme médicament adoucissant.

ACACIA CACHOU (*A. catechu*). Grand et bel arbre
des Indes orientales, à feuilles bipinnées; à fleurs
petites, en épis jaunes, naissant deux par deux à
l'aisselle des feuilles. Fruits (gousses) plans, allongés, de couleur fauve roussâtre, contenant 5 à
6 graines, etc. Du bois, des feuilles et des fruits
de cet arbre l'on prépare par extrait le *cachou*,
substance dont on a ignoré pendant longtemps
l'origine et la nature. Cette substance est d'un brun
rougeâtre, d'une cassure terne, sans odeur, d'une
saveur d'abord âpre, ensuite douce et très agréable;
employée en médecine comme tonique astringent
assez puissant. Comme elle contient toujours des
matières étrangères, on la dissout et l'on évapore
jusqu'à siccité : le résidu porte le nom d'*extrait
de cachou*, dont on prépare des pastilles odorantes
à l'usage des fumeurs, pour dissiper l'odeur que
laisse le tabac. — On doit distinguer trois sortes
de cachou : le C. de Bombay, le C. du Bengale et
le C. en masses.

ACAJOU. Nom donné à trois arbres de l'Amérique, de genres différents.

ACAJOU A MEUBLES (*Swietenia*). Bel arbre de la
famille des Cédrelacées, qui donne le bois avec
lequel on fabrique les meubles de luxe. Son emploi, qui date du commencement du dernier siècle,
commença d'abord en Angleterre. L'écorce de ce
même arbre, grisâtre et parsemée de tubérosités,
paraît être, par ses propriétés amères et astringentes, un assez bon fébrifuge.

ACAJOU CEDRELA (*cedrela*), ou *A. à planches*,

genre de la famille des Cédrelacées; grand et bel
arbre dont le tronc acquiert des dimensions énormes, et qui sert principalement à la construction
des vaisseaux.

ACAJOU A POMMES (*Anacardium occidentale*).
C'est un arbre de la famille des Térébinthacées,
plus petit que les précédents, mais doué de plusieurs qualités. En effet, son bois, blanc, est employé pour la menuiserie et la charpente; son
écorce laisse exsuder par incisions une *gomme*
roussâtre qui, unie à un peu d'eau, forme un excellent vernis pour les meubles; la noix, qui porte le
nom de *pomme* (V. *Anacarde*), produit, outre une
huile caustique au moyen de laquelle on marque
le linge, on détruit les verrues, .etc., un suc qui
transforme l'eau en boisson aigrelette très agréable,
et une amande excellente.

ACALÉPHES (du grec *acaléphé*, ortie), vulg.
Orties de mer, à cause de la sensation que font
éprouver la plupart de ces animaux lorsqu'on les
prend dans la main. Classe de Zoophytes comprenant des animaux marins de forme très variée, circulaire et rayonnante, gélatineux, toujours flottants dans les eaux. Leur organisation, des plus
simples, se réduit pour ainsi dire à un estomac
qui communique généralement au dehors par une
seule ouverture, et duquel irradient des espèces de
vaisseaux qui se ramifient dans les différentes
parties du corps. Il en est qui présentent quelques linéaments nerveux rudimentaires autour de
la bouche et des tentacules. Ces zoophytes sont
unisexués : souvent les femelles ont des ovaires
qui s'ouvrent dans l'estomac, et alors elles semblent
vomir leurs œufs. Les Acalèphes couvrent la mer de

Fig. 9. — Méduse.

leurs légions nombreuses; ils offrent au voyageur un spectacle magnifique pendant la nuit;
étant phosphorescents pour la plupart, ils rendent

la mer semblable à un ciel étoilé. — Cette classe se divise en deux ordres.

Acaléphes simples. Cuvier désigne ainsi ceux qui flottent et nagent dans la mer par les contractions et les dilatations de leur corps, bien que leur substance soit gélatineuse, et qui manquent de vésicules ou vessies; mais leurs mouvements sont d'une extrème lenteur. Tels sont les *Méduses*, les *Porpites*, les *Vellèles*.

Acaléphes hydrostatiques. Ceux-ci ont pour caractère distinctif de posséder une ou plusieurs vessies remplies d'air au moyen desquelles ils se soutiennent dans les eaux. Ils présentent des appendices très nombreux et variés pour la forme. Ce sont les *Physalies*, les *Diphyes*, les *Physophores*.

ACALYPHE (du grec *acaléphé*, ortie, à cause d'une certaine ressemblance avec cette plante), vulg. *Ricinelle*. Genre d'Euphorbiacées, tribu des Acalyphées, qui renferme de nombreuses espèces herbacées ou frutescentes, originaires des contrées les plus chaudes du Nouveau-Monde.

ACALYPHÉES. Tribu de la famille des *Euphorbiacées*. — V. ce mot.

ACANTHACÉES (de l'*Acanthe*, genre type). Famille de Plantes dicotylédones monopétales à ovaire hypogyne, dont voici les caractères : tige herbacée ou frutescente; feuilles opposées; fleurs hermaphrodites : calice irrégulier à 4 ou 5 divisions profondes; corolle irrégulière, souvent bilabiée; étamines 2 ou 4 didynames: ovaire hypogyne, bi-

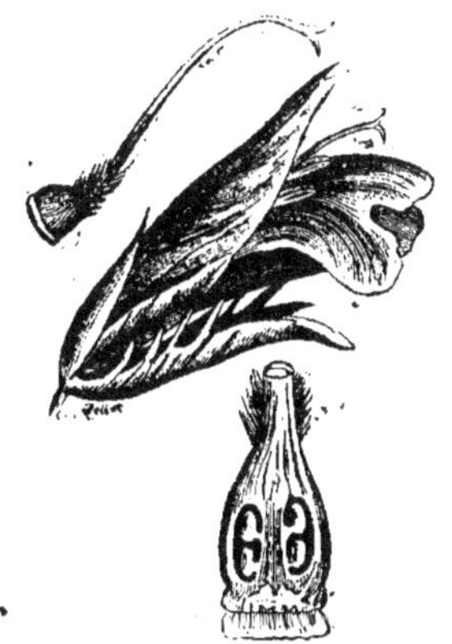

Fig. 10. — Acanthe. (Fleur, pistil, et ovaire divisé perpendiculairement par la moitié.)

loculaire; style simple à stigmate bilamellé. Le fruit est une capsule biloculaire à 2 ou plusieurs graines.

ACANTHE (*Acanthus*) (du grec *acantha*, épine), vulg. *Branc-ursine*, à cause d'une prétendue res-

semblance de sa feuille avec une patte d'ours. Genre de plantes de la famille des Acanthacées, dont les fleurs forment un long épi et sont accompagnées chacune de trois bractées, dont l'inférieure, plus grande, est épineuse sur les bords (*fig. 10*). — On connaît une douzaine d'espèces, la plupart tropicales. Deux croissent dans le midi de la France :

Acanthe molle (*A. mollis*). Plante herbacée, vivace, à tige simple de 40 à 60 cent.; à fleurs grandes, blanchâtres, disposées en un long épi; calice à divisions inégales: corolle unilabiée; 4 étamines didynames; etc

L'Acanthe est surtout remarquable par l'élégance de ses feuilles larges et découpées, presque toutes étalées en rosace à la surface du sol, ne piquant pas, ce qui leur a valu le nom de *molles*, et qui ont servi de modèle à l'architecte Callimaque pour le couronnement des frises, corniches et chapiteaux des colonnes de l'ordre corinthien. Cette espèce fleurit au mois de juin, dans le midi de la France. Elle est émolliente, mucilagineuse, mais inusitée aujourd'hui.

Acanthe épineuse (*A. spinosus*). Ses feuilles sont piquantes, ce qui la distingue de l'espèce précédente.

ACANTHOPTÉRYGIENS (du grec *acantha*, épine: *ptérugion*, nageoire). Ordre de Poissons osseux

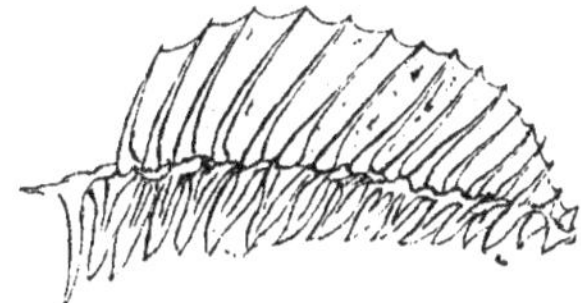

Fig. 11. — Nageoire dorsale épineuse.

dont le caractère principal consiste en ce que les rayons de la nageoire dorsale, et quelquefois anale, sont raides, élastiques, terminés en pointe; leur mâchoire supérieure est mobile; et leurs branchies sont en forme de peigne.

Cet ordre comprend les trois quarts des poissons connus, poissons de formes très variées, armés d'un système dentaire robuste, et qui sont par conséquent très voraces. On les divise en 15 familles, dont les principales sont : les *Percoïdes*, les *Squammipennes*, les *Scombéroïdes*, les *Trigloïdes*, les *Sciénoïdes*, etc.—V. *Poissons*.

ACARE. — V. *Acarus*.

ACARIDES (du grec *akarès*, insécable). Animaux de l'ordre des Arachnides, microscopiques pour la plupart, connus vulgairement sous les noms de *Mites*, *Cirons*, *Teignes*; ils pullulent prodigieusement, les uns vivant en parasites sur des plantes ou des animaux, les autres errant en liberté et s'accommodant de tout ce qu'ils rencentrent. Ces êtres infiniment petits respirent par des trachées: ils ont de 1 à 4 yeux; quelques-uns pourtant sont privés de ces organes, etc. « Tous, dit M. Salacroux, tout imperceptibles qu'ils sont, ont une tête: leur tête a une bouche et des yeux: cette bouche est composée de plusieurs pièces; ces pièces sont mises en mouvement par des muscles, et ces muscles doivent recevoir des nerfs et des vaisseaux. Et leurs yeux ne doivent-ils pas avoir une cornée pour laisser passer la lumière et un nerf pour en recevoir l'impression! Quelle doit donc être la ténuité incompréhensible de tant d'organes qui, par leur réunion, forment un tout imperceptible à notre vue! Et cependant l'homme est parvenu à étudier toutes ses parties, à en déterminer la forme, à s'en servir pour distinguer entre elles des espèces dont on n'avait, il y a peu de temps encore, aucune idée positive. Armé d'un microscope, il a vu, dans la bouche de ces arachnides, tantôt des mandibules terminées en pince ou en crochet, tantôt un suçoir contenant une espèce de lancette pour percer la peau des animaux sur lesquels ils vivent, tantôt enfin un simple orifice sans aucun appendice apparent. Leur corps, qui, lors même qu'il est visible à l'œil nu, ne ressemble qu'à un point mouvant, sans organes locomoteurs visibles, lui a offert non-seulement des membres articulés, mais encore une peau velue et couverte de poils, comme celle des araignées. » A force de patience et d'étude les naturalistes sont parvenus à former une vingtaine de genres dont le type est l'*Acarus*. — V. ce mot.

ACARUS. Genre d'Animalcules de la famille des Acarides, ayant pour caractères principaux une

bouche conformée en suçoir et des trachées pour la respiration. Ils vivent pour la plupart dans les substances altérées (*Mites, Cirons*), quelques

espèces sur d'autres animaux (*Tiques*, *Sarcoptes*).

ACARUS DE LA FARINE ET DU FROMAGE. Corps dodu, blanc, luisant, hérissé de longs poils diaphanes: on n'y distingue ni le plastron, ni la carapace d'avec l'abdomen. Huit pattes transparentes; palpes peu apparentes constamment appliquées contre le *rostrum*, etc. — Cet animal se trouve enfermé dans le fromage vieux et sec, dans la farine échauffée, les plaies sanieuses, les collections mal entretenues de plantes, d'insectes. Il reste longtemps accouplé; pond ses œufs jusque sur le porte objet du microscope. Quoique d'un aspect mou et facile à écraser, il oppose une grande résistance à la pression.

ACARUS DE LA GALE (*A. scabiei*). Cet Acarus, que l'on a cru pendant longtemps être le même que

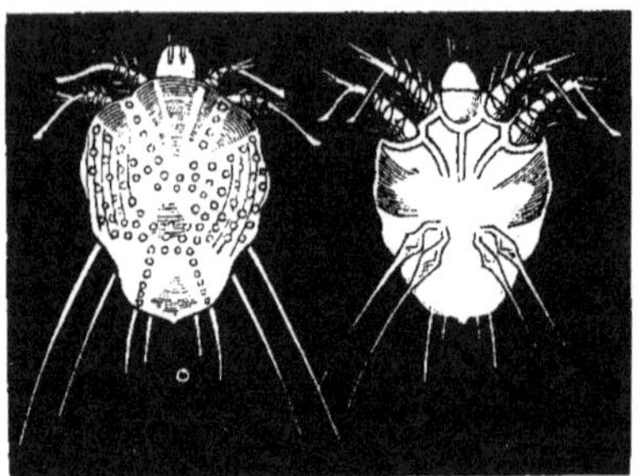

celui du fromage, est de forme presque circulaire, et aplatie sur ses deux faces, hérissé de papilles rigides sur le dos, muni de huit pattes d'une couleur rouge foncé, dont les 4 antérieures, rangées autour de la tête, présentent, à leur extrémité, un appareil particulier, que Raspail a appelé *ambulacrum*, sorte de petite tige mince que surmonte une espèce de ventouse en forme de cône, sur lequel l'insecte s'appuie en marchant.

« L'existence de cet Acarus, généralement connu au seizième siècle, d'après les observations de Scaliger et d'Ingrassias, décrit plus tard par Morgagni, faillit être compromise par Galès, qui, dans un travail publié en 1812, l'avait confondu avec la mite du fromage. Raspail démontra pleinement la fausseté de cette opinion, et ce fut un élève en médecine, M. Renucci, qui fit voir le véritable *Acarus scabiei* pour la première fois (août 1834), à la Clinique d'Alibert, à Saint-Louis. L'existence de cet animalcule est aujourd'hui hors de doute, et c'est à sa morsure que sont dues les vésicules de la gale. »

ACCENTEUR (*Accentor*). Genre de Passereaux dentirostres, détaché des Fauvettes, à bec droit, pointu; mandibule supérieure échancrée à l'extrémité: narines nues: pieds robustes, avec doigt

externe uni à la base avec le médian; ongle postérieur allongé et arqué. — Oiseaux insectivores
et granivores, qui n'émigrent point, mais qui, l'hiver, descendent des montagnes dans les vallées et
les taillis épais.

L'ACCENTEUR ALPIN (*A. alpinus, Motacilla alpina*), vulg. *Fauvette des Alpes, Pégot*, type du
genre, est un Oiseau qui se tient dans les pâtu-

Fig. 14 et 15. — Accenteur des Alpes (mâle et femelle).

rages des Hautes-Alpes, où il niche dans les fentes
des rochers, sur les toits des maisons isolées. Il
pond 5 ou 6 œufs oblongs d'un bleu pâle.

Pour l'ACCENTEUR MOUCHET, V. *Mouchet*.

ACCIPITRES (d'*accipiter*, épervier). Nom choisi
par Linné pour désigner les Oiseaux du premier
ordre de sa classification. Cuvier a remplacé ce
mot par celui d'*Oiseaux de proie*, M. Duméril par
celui de *Rapaces*.

ACCLIMATATION ou ACCLIMATEMENT. Action
d'acclimater. *Acclimater* c'est accoutumer, par
des transitions insensibles, un être animé à supporter un climat différent de son climat natal: *naturaliser*, c'est transporter cet être dans un pays
nouveau, mais offrant à peu près le même climat.
Un animal ou un végétal est acclimaté lorsqu'il
parvient à vivre et à se reproduire dans un pays
auquel la nature ne l'a point destiné, après y avoir
été transporté fortuitement ou par la volonté de
l'homme. Toutefois cet acclimatement ne peut s'o-
pérer sans que la constitution du sujet qui s'y
trouve soumis n'éprouve des modifications, qui
sont toujours d'autant plus marquées que sa nouvelle patrie diffère davantage de l'ancienne. De là
de grandes difficultés à vaincre, difficultés telles,
que les plantes et les animaux des contrées tropicales que nous tenons en serre-chaude ou dans
nos ménageries, ne tardent pas, nonobstant nos

soins et nos précautions, à dépérir et à cesser de
vivre, après avoir perdu la faculté de se reproduire.
Il est assurément un grand nombre d'êtres organisés qui peuvent vivre, se renouveler, s'acclimater enfin dans des climats très différents. Parmi
ceux qui se sont naturalisés en Europe, l'on doit
citer surtout, à cause de leur immense utilité, le
blé, l'orge, l'avoine, le haricot, la pomme de
terre, etc., et, au nombre des animaux, le cheval,
l'âne, le buffle, la chèvre, la poule, le dindon, la
pintade, etc.; de même que beaucoup d'espèces
européennes, soit animales, soit végétales, ont pu
s'acclimater dans le nouveau continent: mais, nous
le répétons, dans les deux cas, les races ont dû
subir et ont subi, en effet, des changements plus
ou moins marqués dans leur organisation et leurs
propriétés.

Buffon a écrit sur ce sujet, avec son élégance
de style accoutumée, un passage que nous croyons
devoir reproduire. C'est de l'homme principalement qu'il parle.

« La couleur de la peau, des cheveux et des yeux,
dit-il, varie par la seule influence du climat; les
autres changements, tels que ceux de la taille, de
la forme des traits et de la qualité des cheveux ne
me paraissent pas dépendre de cette seule cause,
car dans la race des nègres, lesquels, comme l'on
sait, ont pour la plupart la tête couverte d'une laine
crépue, le nez épaté, les lèvres épaisses, on trouve
des nations entières avec de vrais et longs cheveux, avec des traits réguliers; et si l'on compa-
rait dans la race des blancs le Danois au Cal-
mouque, ou seulement le Finlandais au Lapon dont
il est si voisin, on trouverait entre eux autant de
différence, pour les traits et la taille, qu'il y en a
dans la race des noirs : par conséquent il faut admettre, pour ces altérations, qui sont plus profondes que les premières, quelques autres causes
réunies avec celle du climat. La plus générale et
la plus directe est la qualité de la nourriture; c'est
principalement par les aliments que l'homme reçoit l'influence de la terre qu'il habite; celle de l'air
et du ciel agit plus superficiellement; et tandis
qu'elle altère la surface la plus extérieure en changeant la couleur de la peau, la nourriture agit sur
la forme intérieure par ses propriétés, qui sont
constamment relatives à celles de la terre qui la
produit. On voit dans le même pays des différences
marquées entre les hommes qui en occupent les
hauteurs, et ceux qui demeurent dans les lieux
bas: les habitants de la montagne sont toujours
mieux faits, plus vifs et plus beaux que ceux de la
vallée: à plus forte raison dans des climats éloignés du climat primitif, dans des climats où les
herbes, les fruits, les grains et la chair des animaux sont de qualité et même de substance différentes, les hommes qui s'en nourrissent doivent
devenir différents. Ces impressions ne se font pas
subitement, ni même dans l'espace de quelques
années: il faut du temps pour que l'homme reçoive
la teinture du ciel, il en faut encore plus pour que
la terre lui transmette ses qualités: et il a fallu

des siècles, joints à un usage toujours constant des mêmes nourritures, pour influer sur la forme des traits, sur la grandeur du corps, sur la substance des cheveux, et produire ces altérations intérieures qui, s'étant ensuite perpétuées par la génération, sont devenues les caractères généraux et constants auxquels on reconnaît les races et même les nations différentes qui composent le genre humain. »

Est-il nécessaire, pour qu'elles subissent des modifications manifestes, que les races soient transportées dans des contrées très éloignées? Non; et la preuve de ce fait, nous la trouvons chez nous, dans notre France, dans notre département même quelquefois. Ne savons-nous pas, en effet, que les chevaux et les bêtes à cornes acquièrent une taille plus élevée et les caractères de la race normande, en passant de la Bretagne dans la Normandie? Bien plus, un même végétal peut devenir, suivant les localités, plante marine, plante d'eau douce ou plante terrestre. Ainsi l'*ulva compressa*, jetée dans les terres par les hautes marées, végète dans quelques flaques saumâtres, puis dans des ruisseaux d'eau douce, où elle devient *ulva confervoïda*; que l'eau disparaisse, elle se transforme en *ulva terrestris*, et dans ses trois variétés elle change de port, d'aspect et d'organisation.

Comme il existe des rapports nécessaires entre les conditions organiques d'une espèce donnée vivant dans son pays natal, et les conditions géologiques et climatériques propres à ce pays, il arrive souvent que le changement de ces rapports ne peut s'opérer sans secousse, sans rompre même, dans certains cas, le fil de l'existence. Aussi la science qui a pour objet de connaître ces rapports, de les étudier dans leurs changements, de les diriger, science qu'on nomme hygiène, est-elle de la plus haute importance. C'est à elle qu'on devra un jour de pouvoir « peupler nos champs, nos forêts, nos rivières d'hôtes nouveaux; d'augmenter le nombre de nos animaux domestiques; d'accroître par là et de varier les ressources alimentaires si insuffisantes dont nous disposons aujourd'hui, enfin de doter notre commerce et la société tout entière de biens jusqu'à présent inconnus ou négligés. »

ACCOUCHEMENT. Expulsion du produit de la conception à terme hors des organes génitaux de la mère. Ce mot ne s'applique qu'à l'enfantement de la femme; celui de *parturition* ou *part* désigne l'action de donner naissance, considérée dans tous les mammifères. On l'appelle *relage* chez la vache, *agnelage* chez la brebis, *mise-bas* dans une foule d'espèces, etc.

Le produit de la conception se compose du fœtus et de ses annexes: on entend par annexes le placenta et les membranes de l'œuf, le chorion et l'amnios.—V. *Fœtus. Œuf.*—Son expulsion a lieu naturellement 9 mois après la conception: en avance de quelques jours, l'accouchement est précoce; en retard, au contraire, ce qui est rare, il est dit

tardif; avant 7 mois, il constitue l'*avortement*.

La grossesse précède l'accouchement nécessairement; elle a pour conséquence obligée de provoquer dans la matrice un travail de dilatation et de nutrition très actif: car en même temps que la capacité de cet organe augmente, ses parois s'épaississent; par contre, son col devient de moins en moins prononcé, il s'efface bientôt complétement pour appliquer ses bords très amincis et dilatables

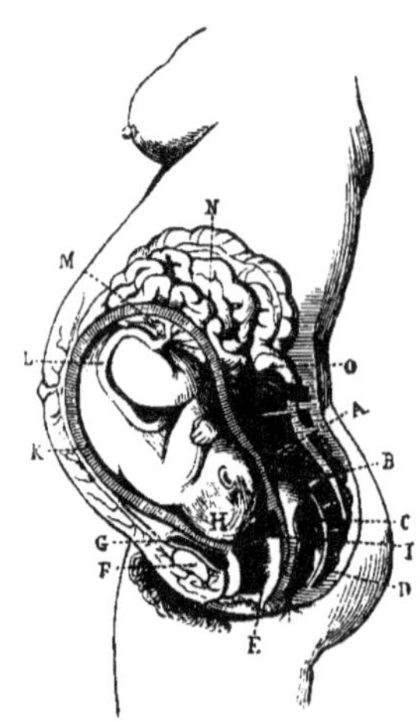

Fig. 16. — État des organes au moment où le col est à peu près entièrement dilaté, la poche des eaux fait saillie dans le vagin, et la tête s'engage.

A et B, vertèbres lombaires et sacrum. — C, rectum dont une portion de paroi est enlevée, ce qui en laisse voir l'intérieur. — D, coccyx. — E, intérieur du vagin. — F, symphise du pubis. — G, vessie. — H, tête du fœtus en première position. — I, poche des eaux. — K, paroi de la matrice. — L, cordon ombilical. — M, placenta. — N, intestin grêle — O, gros intestin.

sur la tête du fœtus, qui, en effet, se présente la première dans l'immense majorité des cas (*fig.* 16). Nous ne dirons rien des incommodités que fait éprouver à la femme l'utérus gravide, par les pressions qu'il exerce sur les viscères environnants, ce serait sortir de notre sujet.

Le terme fixé par la nature pour l'expulsion du fœtus étant arrivé, la matrice, irritée par sa présence, parce qu'elle ne le considère plus que comme un corps étranger, se contracte, et ses contractions sont accompagnées de *douleurs*, dites de l'enfantement, qui varient considérablement sous le rapport de la fréquence de leurs retours, de leur vivacité, de leur siège, de leur nature. D'abord légères et très distantes les unes des autres, elles augmentent peu à peu de force et de fréquence, mais sans offrir une marche régulière que l'on puisse soumettre à une juste appréciation, quant au temps de leur durée, et quelquefois elles s'accompagnent de frissonnements, de nausées et même de vomissements qu'elles provoquent.

Pressant de toutes parts sur l'œuf, c'est-à-dire

sur les membranes qui renferment le fœtus, lequel nage en quelque sorte au milieu des eaux de l'amnios, les contractions des fibres utérines obligent le col, comme partie qui résiste le moins et qui déjà est entr'ouverte, à se dilater. Cette dilatation, plus ou moins lente et difficile, est favorisée, dans les cas les plus heureux, par une sorte de cône que forment les membranes (poche des eaux), cône qui proémine bientôt dans le vagin, en écarte les parois et prépare le passage à la tête. L'accoucheur apprécie les progrès et les dimensions de la dilatation du col, en portant l'*index* dans le canal vaginal, et c'est en les comparant avec la marche et la nature des douleurs qu'il parvient à se faire une idée de la durée approximative de l'accouchement. Le col suffisamment entr'ouvert, la tête du fœtus le franchit et descend dans le petit bassin. Elle arrive rapidement au détroit inférieur (passage ex-

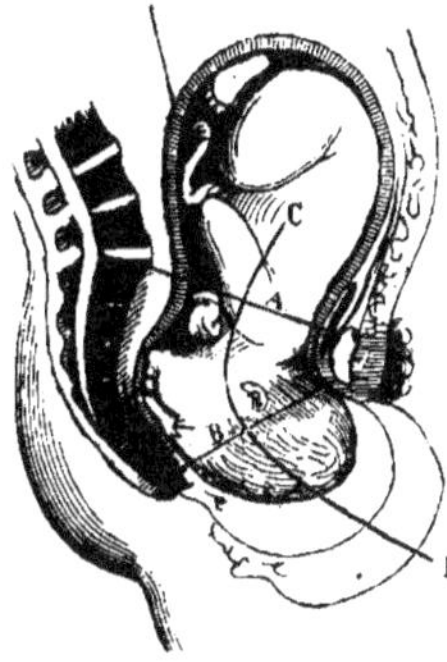

Fig. 17. — La tête est engagée dans le détroit inférieur et prête à le franchir. Pressée de toutes parts, elle s'allonge un peu en cône pour faciliter son passage ; et lorsqu'elle est au dehors, elle remonte vers le pubis, comme l'indiquent les traits expliquant ses positions successives.
A, ligne mesurant le diamètre du détroit supérieur ou sacro-pubien. — B, détroit inférieur. — D D, ligne courbe indiquant la direction de la résultante des forces qui agissent sur le fœtus.

terne), et alors les douleurs changent de nature, on peut dire : au lieu d'être anxieuses, agaçantes et d'une vivacité fatigante, elles deviennent plus franches, plus expulsives et comme aidées par la volonté et un besoin irrésistible de pousser. Sous leur influence, la poche des eaux se rompt, et la tête apparaît à la vulve ; mais là est le plus difficile, car il y a la résistance des os et des parties molles à vaincre, et la matrice, désemplie en grande partie, a besoin de raccourcir ses fibres, de se ramasser en quelque sorte pour redoubler d'énergie, outre qu'elle n'agit plus qu'indirectement sur la tête, bien qu'elle s'applique immédiatement sur le tronc, les eaux s'étant écoulées.

L'enfant ne s'aide pas dans l'accouchement, comme le croit le vulgaire ; il doit être considéré, au contraire, comme un corps inerte, qui, pour arriver au dehors, obéit à deux actions : d'une part les pressions combinées des fibres de la matrice et des muscles abdominaux ; d'autre part, la résistance des parois du bassin : d'où il résulte que le fœtus

suit la direction d'une ligne courbe C D (*fig.* 17), représentant la résultante de ces forces.

Le fœtus étant expulsé, il reste dans la matrice le placenta et les membranes de l'œuf déchirées. Ces parties sont bientôt chassées elles-mêmes par les contractions de l'utérus, qui, déjà revenu sur lui-même, forme une tumeur globuleuse, dure, que l'on peut sentir manifestement à la palpation hypogastrique. On peut d'ailleurs aider le travail de la *délivrance* en exerçant des tractions sur le cordon qui pend hors des organes de la mère.

Après la délivrance, lorsque la matrice se contracte, se rapetisse, forme comme un corps sphérique sensible et dur, tout va bien ; mais il n'en serait pas tout-à-fait de même si cet organe restait mou, développé, sans contractions, parce qu'alors ses vaisseaux béants pourraient donner du sang, et une hémorrhagie grave, mortelle même, pourrait en être la suite. Cet accident n'étant même pas très rare, l'accoucheur ne doit quitter la femme qu'après avoir constaté l'état de l'utérus.

Quelque intérêt que puisse offrir ce sujet, quelque utilité qu'il puisse y avoir à indiquer les phénomènes consécutifs de l'accouchement, les soins que la femme réclame avant et après cette grande fonction, ceux qu'il faut donner au nouveau-né, nous croyons devoir borner à ces courtes explications ce que nous avions à dire sur le mécanisme de l'enfantement, renvoyant le lecteur à notre *Anthropologie* pour plus de détails.

ACCOUCHEUR. On a donné ce nom à une espèce de Crapaud qui se charge des œufs que pond la femelle. — V. *Crapaud*.

ACCOUPLEMENT. Rapprochement du mâle et de la femelle pour accomplir l'acte de la génération. Il ne se dit proprement que des animaux. Les naturalistes établissent trois divisions dans ses différents modes : 1° l'*accouplement simple*, qui a lieu entre deux animaux de sexe distinct ; 2° l'*accouplement réciproque*, qui se passe entre deux animaux hermaphrodites, donnant et recevant à la fois : 3° l'*accouplement composé*, qui est celui d'un animal hermaphrodite se fécondant sans le secours d'un autre individu. La durée de cette fonction dépend de la conformation du corps et des organes générateurs, et varie à l'infini dans les différentes classes d'animaux : c'est ainsi que presque instantanée dans un grand nombre d'Oiseaux, elle peut durer fort longtemps chez beaucoup d'Insectes. L'accouplement ne se fait pas chez les Poissons, ni chez certains Batraciens, qui arrosent les œufs pondus de leur matière fécondante.

Les Végétaux se fécondent sans accouplement : c'est le pollen qui se répand sur le pistil sous forme d'une poussière très légère, qu'emporte souvent l'air sur d'autres individus à une grande distance. Cependant, il y a même chez eux une sorte de rapprochement, d'orgasme, et quelques-uns, comme la Vallisnérie, pratiquent à un certain degré un accouplement proprement dit.

ACÉPHALES (du gr. *a*. priv.; *képhalè*. tête).
Classe de Mollusques dont le caractère principal
consiste en ce qu'ils sont dépourvus de tête: ils
manquent aussi de bras. ce qui les distingue des
Brachiopodes. Le genre type de cette classe est
l'Huître. Ces animaux ont un corps comprimé que
recouvre un manteau très grand, formant deux
larges lames; ils sont renfermés dans une coquille
bivalve étroitement appliquée sur les côtés du
manteau par deux muscles puissants; quelquefois ils sont nus: de là leur division en deux tribus. Les fonctions de relation des Acéphales sont
donc extrêmement bornées; leur système ner-

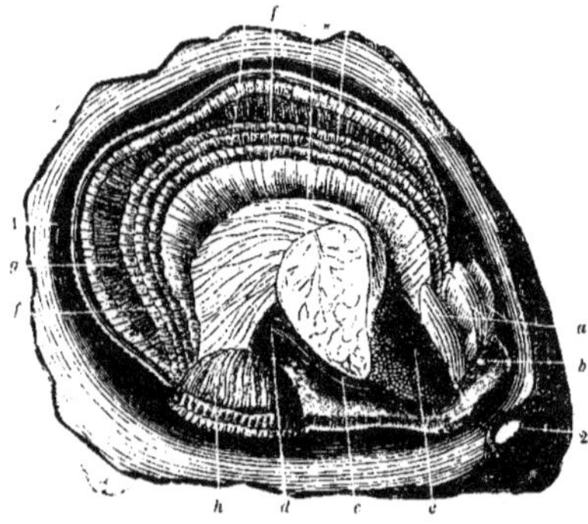

Fig. 18. — Anatomie de l'huître.

1, coquille. — 2, charnière des valves. — *a*, palpes labiales masquant
la bouche qui se trouve en *b*. — *c*, intestin. — *d*, anus. — *e*, foie. —
f f f f, les quatre feuillets branchiaux. — *g*, l'un des bords du manteau
adhérent à la coquille. — *h*, l'autre lobe reployé en dessus pour découvrir les autres organes. — *i*, muscle adducteur des valves parcouru
par un vaisseau.

veux n'est d'ailleurs constitué que par deux paires
de très petits ganglions d'où partent les nerfs
qui se distribuent aux autres parties, et ils vivent presque immobiles au fond de l'eau, ou
enfouis dans le sable; quelques-uns se fixent aux
rochers à l'aide d'un faisceau de filaments cornés
ou soyeux qui naît du pied et qui a reçu le nom
de *byssus*. — Les fonctions de nutrition sont plus

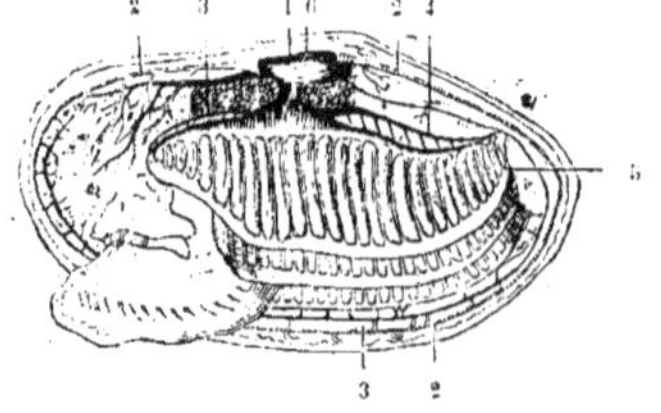

Fig. 19. — Circulation et respiration d'un Mollusque acéphale.

1, ventricule artériel, poussant le sang dans 2 2 2, le système artériel. — 3 3 3, système veineux. — 4, sinus veineux d'où naissent les
vaisseaux qui portent le sang aux branchies. — 5, oreillette recevant
des branchies le sang artériel et le versant dans 1, le ventricule.

marquées: la bouche est cachée entre les lames
du manteau, placée en avant, avec ou sans tube.

L'appareil circulatoire se compose: 1° d'un cœur
à un seul ventricule charnu, qui chasse le sang
dans les artères; 2° d'une ou deux oreillettes où
débouche le tronc commun des veines branchiales,
et qui renvoient au ventricule le sang revivifié dans
les branchies. Organes de respiration, celles-ci sont
ordinairement sous la forme de larges feuillets, et
chacune d'elles contient, outre une artère qui en
longe le bord supérieur et y envoie de nombreux
vaisseaux, une veine destinée à ramener au cœur
le sang qui a été soumis à la respiration branchiale. — Quant aux fonctions de reproduction,
nous n'ajouterons rien à ce que contient, à cet
égard, l'article *Mollusques*. — V. ce mot.

ACÉPHALES TESTACÉS (de *testa*, coquille). On
nomme ainsi les Mollusques acéphales pourvus
d'une coquille. Ils comprennent cinq familles dont
voici l'énumération et les caractères principaux.

1° Les *Ostracés* : Manteau complétement ouvert dans toute sa partie antérieure; ni pied, ni
tube, ni siphon. Les principaux genres sont les
Huîtres, les *Peignes*, les *Limes*, les *Spondyles*
les *Jambonneaux*, etc.

2° Les *Mytilacés* : Les deux lames du manteau
sont encore libres, seulement une bride qui s'é-
tend de l'une à l'autre forme en avant un commencement de siphon. Animaux marins ou fluviatiles,
tels que *Moules*, *Modioles*, *Anodontes*, *Mu-
lettes*. etc.

3° Les *Camacés* : Bords du manteau soudés et
ne présentant que trois ouvertures, l'une pour le
pied, la seconde pour le passage de l'eau, la troisième pour les excréments. On y trouve les genres
Came. *Tridacne* ou *Bénitier*, etc.

4° Les *Cardiacés*. Ici commence la série des
Acéphales qui ont des tubes pour apporter l'eau
à la bouche et aux branchies; leur manteau est
ouvert et les deux tubes sont libres. Cette famille
comprend les genres *Bucarde*, *Donace*, *Cor-
beille*, *Telline*, *Lucine*, *Vénus*, *Mactre*, etc.

5° Les *Solénacés* : Coquille toujours plus ou
moins bâillante; manteau se prolongeant en un
tube double pour le passage de l'eau, et offrant
aussi une ouverture pour le pied. Tels sont les
Solens, les *Tarets*, les *Myes*, etc.

Tableau synoptique des Acéphales testacés.

(ACH. RICHARD.)

1° Pas de tubes.	Manteau ouvert sur tout le devant.		1° OSTRACÉS.
	— fermé	en partie par une bride.	2° MYTILACÉS.
		en laissant trois ouvertures.	3° CAMACÉS.
2° Tubes	libres; manteau ouvert.		4° CARDIACÉS.
	réunis; manteau fermé en avant.		5 SOLÉNACÉS

Les Acéphales testacés ont été divisés par d'autres naturalistes en : 1° LAMELLIBRANCHES (branchies sous forme de lames), qui comprennent les
Huîtres, les *Moules*, les *Arondes*, les *Pectens*,
les *Bucardes*, les *Tarets*. etc.; 2° en BRACHIO-
PODES, qui doivent leur nom à des espèces de bras
charnus remplaçant le pied : les *Térébratules*
offrent ce mode de structure.

ACÉPHALES NUS. Cette tribu comprend les Mollusques dépourvus de tête et de coquille: leurs branchies, très variables d'ailleurs, ne forment pas quatre lames ou feuillets comme celles des Testacés. On y trouve les genres *Biphore*, *Ascidie*. *Botrylle*, *Pyrosôme*, etc.

Les Acéphales nus constituent, pour certains naturalistes, le sous-embranchement des MOLLUSCOÏDES ou TUNICIERS, qu'ils divisent en *Tuniciers proprement dits* et en *Bryozoaires*. — V. ces mots.

ACÉPHALOCYSTE (du gr. *a* priv.; *képhalé*, tête; *cystis*, vessie). Genre d'Entozoaires de l'ordre des Cystoïdes, constituant les *Hydatides* des auteurs anciens; ils se présentent sous la forme de vésicules ovoïdes ou arrondies, du volume d'un grain de chènevis jusqu'à celui de la tête d'un fœtus à terme, à parois minces et de teintes variables, dont la cavité est pleine d'un liquide limpide, analogue à l'eau chargée d'un peu d'albumine. Les Acéphalocystes offrent dans leurs parois des épaississements de différentes natures, des petits corps oviformes considérés comme des Acéphalocystes naissantes, lesquelles, après avoir atteint un degré de développement suffisant, se détachent de la vésicule mère, tombent dans sa cavité intérieure et y prennent ensuite de l'accroissement au point de la rompre. Ces êtres appartiennent-ils au règne animal? Les avis sont partagés. Il y a certainement des Hydatides dans la vésicule desquelles nagent des animalcules analogues aux Infusoires; mais des vessies pleines d'un liquide diaphane et dans lesquelles on ne trouve aucune trace d'organes, ainsi que sont les Acéphalocystes, ne peuvent être considérées que comme des dégénérescences, des développements anormaux des tissus.

ACÉRACÉES (d'*acer*, érable). Famille de Plantes dicotylédones polypétales, composée d'arbres à sève aqueuse et sucrée: à feuilles opposées, pétiolées, palmatilobées; à fleurs en corymbes composés, régulières, souvent unisexuées par avortement (V. *Érable*); calice à cinq sépales, soudés à la base; disque hypogyne annulaire très épais, occupant tout le fond de la fleur: corolle à pétales en nombre égal à celui des sépales, insérés au bord du disque et libres; étamines ordinaires huit, insérées sur le disque. Ovaire libre à deux carpelles: style à stigmate bifide. Fruit: samarre à 2 ailes et à 2 loges. — Deux genres: *Érable* et *Négodion*.

ACÉTABULAIRE ou ACÉTABULE. Plante cryptogame qui ressemble à un petit agaric vert, demi-transparent, ayant un disque en ombelle. Sa forme élégante imite celle d'une petite ombelle striée; radiée, plane, soutenue par une tige simple, grêle et fistuleuse. On l'avait d'abord classée parmi les Zoophytes, et c'était alors un polypier dont les animalcules logés dans les tubes rayonnants de l'ombelle, vivaient d'une vie commune par le moyen de la tige à laquelle chacun était censé adhérer par son extrémité inférieure: mais M. Rafe-

Fig. 20. — Acétabulaire.

neau, de Lille, a le premier déterminé la nature de cette plante marine, qui croît sur les rochers, les corps solides, et qui s'encroûte de sels calcaires comme les corallines.

ACHE (*Apium*). Genre d'Ombellifères de la tribu des Pimpinellées: plantes bisannuelles à feuilles pinatiséquées, segments trilobés: à fleurs en ombelles composées blanches ou verdâtres: pétales entiers ou terminés par une pointe recourbée en dessus: calice presque nul: carpelles oblongs à 5 côtes filiformes, etc.

L'ACHE DES MARAIS (A. *graveolens*) est herbacée,

Fig. 21. — 1, Ache des marais; — 2, feuille de persil.

à tige dressée et fistuleuse, à feuilles ressemblant à celles du persil, mais plus larges et plus épaisses: fleurs jaunâtres, petites, à rayons courts et inégaux.

Cette plante croît au bord des ruisseaux, dans les lieux marécageux. Son odeur est aromatique, agréable ; sa saveur un peu âcre et amère. On emploie sa racine à titre de fondant, diurétique : ses feuilles ont été quelquefois appliquées cuites sur le sein des nouvelles accouchées et des nourrices après le sevrage, pour faire passer leur lait. Chez les anciens, l'Ache était au nombre des plantes funèbres.

Le CÉLERI, si généralement cultivé dans nos jardins, n'est autre que l'Ache modifiée par la culture dans ses propriétés physiques et chimiques.

L'ACHE-PERSIL (*A. petroselinum*), qui forme un genre à part pour quelques botanistes, est une espèce à tiges striées, glabres ; à feuilles luisantes, bi-tripinnatiséquées ; fleurs d'un vert jaunâtre, à rayons presque égaux, etc. — Nous la rapprochons de l'Ache à cause de ses caractères botaniques : mais nous exposerons ses propriétés et usages au mot *Persil*.

ACHÉRONTIE (*Acherontia*), SPHINX des anciens auteurs. Genre de Papillons crépusculaires de la famille des Sphingiens, à antennes très courtes,

Fig. 22. — Achérontie (Sphinx à tête de mort).

dont le crochet terminal est très prononcé ; tête large ; yeux gros et saillants ; chaperon très avancé ; palpes épaisses : thorax ovale, peu convexe ; abdomen ovalaire : ailes supérieures entières, lancéolées : pattes courtes, robustes. Vol lourd après le coucher du soleil.

La seule espèce de ce genre qui vive en Europe est le SPHINX A TÊTE DE MORT des anciens (*A. atropos*),

Fig. 23. — Achérontie (Chenille).

dont la *Chenille*, la plus grande de toutes celles connues en Europe (*fig. 23*), est lisse, rayée obliquement, avec la tête plate et ovalaire, et une corne contournée en queue de chien sur le onzième anneau. Le fond de sa couleur est d'un jaune citron, qui se change en vert sur les côtés et sur le centre ; elle est ornée de sept bandes latérales obliques d'un bleu d'azur, formant comme des chevrons en se joignant sur le dos. Du reste, sa livrée est très sujette à varier.

Cette chenille vit sur la plupart des solanées, principalement sur la pomme de terre et le liciet d'Europe : mais, au besoin elle se nourrit d'autres plantes. Les étés secs et chauds, dans notre climat,

sont plus favorables à sa multiplication que les
étés froids et humides. Elle s'enfonce dans la terre,
comme la plupart des Sphingiens, pour se changer
en *chrysalide*. Celle-ci est allongée et déprimée
dans sa partie antérieure, cilyndrico-conique dans
sa partie supérieure, avec les stigmates très apparents et une pointe à la partie anale : sa couleur
générale est d'un brun marron.

Le papillon éclot ordinairement un mois ou six
semaines après que la chenille s'est enterrée, si
elle l'a fait dans le courant de l'été : car les chenilles qui n'atteignent toute leur taille qu'en septembre ou octobre restent en chrysalide jusqu'en
mai de l'année suivante, lorsque leur métamorphose n'est pas empêchée par les premières gelées.

L'*Acherontia atropos* fait entendre, lorsqu'on le
prend ou qu'on le tourmente, une espèce de cri
plaintif auquel tous les naturalistes ont cherché
une explication sans la trouver. M. Passerini
pense, avec quelque raison, qu'il sort d'une cavité
communiquant avec le faux conduit de la trompe, à
l'entrée de laquelle sont placés des muscles assez
forts qui s'abaissent et s'élèvent successivement,
de manière que le premier mouvement fait entrer
l'air dans cette cavité et l'autre l'en fait sortir. Ce
cri, joint à la figure lugubre que porte ce papillon
sur son thorax, a fait considérer l'Achérontie
comme un présage de malheur ou de maladies.
Mais si cet animal est innocent des épidémies qui
peuvent paraître en même temps que sa grande
multiplication, il n'en est pas moins un véritable
fléau pour les contrées où l'on s'occupe spécialement de la récolte du miel ; car il est très friand
de cette substance, et, introduit dans une ruche,
il en fait fuir les abeilles dont l'aiguillon est im-
puissant contre son épaisse fourrure.

ACHIAS. Genre d'Insectes de l'ordre des Diptères, tribu des Muscides, qui, avec la forme des
mouches ordinaires, offre une particularité très
remarquable dans les singuliers prolongements,
en forme de cornes des côtés de la tête, à l'extré-

Fig. 24. — Achias oculé.

mité desquels sont situés les yeux. — Ce genre
a été établi par Fabricius sur un insecte qui fait
partie actuellement de la collection du Muséum de
Paris. L'espèce la plus connue est l'Achias oculé
(*A. oculatus*), originaire de Java.

ACHILLÉE (*Achillea*). Genre de Plantes de la
famille des Composées, tribu des Corymbifères,
herbacées, vivaces : à feuilles découpées, velues,
ainsi que la tige : à fleurs en capitules disposés

en corymbes rameux, dont les fleurons sont blancs
ou roses, ceux du centre hermaphrodites, tubuleux ; ceux de la circonférence ligulés, femelles,
fertiles.

ACHILLÉE-MILLEFEUILLE (*A. millefolium*).
Plante de 40 à 60 centimètres, à tiges dressées,
pubescentes : feuilles molles bipinnatiséquées, à
segments très nombreux, linéaires. Capitules très
petits et nombreux, en corymbes terminaux compactes, à 5-6 fleurons ligulés blancs, plus courts

Fig. 25. — Achillée millefeuille

que l'involucre qui est allongé. — L'Achillée (ainsi
nommée parce qu'Achille en a découvert les propriétés) est assez commune dans les lieux incultes,
au bord des chemins, où elle fleurit en juin-octo-
bre. Elle a une odeur aromatique peu agréable,
une saveur amère accompagnée d'astringence. On
l'a administrée dans diverses maladies, soit comme
stimulant et antispasmodique, soit comme astringent et tonique, sans qu'on soit arrivé à des résultats favorables réels. Les prétendues vertus ci-
catrisantes que le vulgaire lui attribue lui ont fait
donner les noms d'*Herbe au charpentier* ou *aux
coupures*. Ce sont les feuilles pilées que l'on applique sur les blessures.

ACHILLÉE PTARMIQUE (*A. ptarmica*), vulg. *Herbe
à éternuer*. Cette espèce atteint 80 cent. : ses tiges
sont ordinairement simples, pubescentes en haut
seulement, où elles donnent naissance aux rameaux de l'inflorescence : feuilles glabres, raides,
très finement dentées en scie. Capitules en corymbes lâches, irréguliers : fleurons égalant la longueur de l'involucre, au nombre de 10-12. — La
Ptarmique est commune dans les endroits humides.
et fleurit en juillet-septembre. Son odeur est aromatique, sa saveur âcre ; ses feuilles ont une analogie d'action avec la Pyrèthre. — Une variété de
cette plante est cultivée quelquefois sous le nom
de *Bouton d'argent*.

Nous passons sous silence les autres espèces, telles que l'ACHILLÉE DORÉE, qui a des fleurs d'un jaune doré; l'A. NAINE, qui croit dans les Alpes: l'A. DE HONGRIE, à fleurs blanches comme celles de la Ptarmique, mais plus petites.

ACIDES. Le mot *acide* est la traduction du mot latin *acidum*, qui lui-même dérive d'*acetum*, nom latin du vinaigre, lequel est l'acide le plus anciennement connu. A mesure qu'on découvrit des liquides d'une saveur piquante on leur appliqua le nom d'acide, nom devenu générique par conséquent. Aujourd'hui on entend par *acides*, non-seulement les liquides à saveur piquante, mais encore toutes les substances solides, liquides ou gazeuses qui jouissent de la propriété de former des sels avec les bases, c'est-à-dire avec les corps qui, dans une combinaison donnée, jouent le rôle *électro-positif*.

Selon qu'ils ont pour principe acidifiant l'oxygène ou l'hydrogène, les acides sont divisés en *oxacides* et *hydracides*. Les uns et les autres se subdivisent ainsi : *acides minéraux*, ceux qui résultent de la combinaison des corps acidifiants avec les corps simples de nature (V. *Élément*); *acides organiques*, provenant de la même combinaison, mais avec les radicaux de la nature organique, et qui sont, à trois ou quatre exceptions près, tous composés; *acides gras*, ceux fournis par les matières grasses directement ou à l'aide de réactions diverses.

Les acides sont dits *concentrés* lorsqu'étant ou dissous ou naturellement liquides, ils ne contiennent que peu ou point d'eau; *affaiblis*, *étendus* ou *dilués*, lorsqu'ils en contiennent beaucoup.

Les oxacides sont beaucoup plus nombreux que les hydracides; et les acides organiques sont aujourd'hui beaucoup plus nombreux que les acides minéraux.

En se combinant avec les métaux, ces autres corps simples, l'oxygène produit la plupart des acides minéraux. Exemples :

Avec le soufre, il fait l'acide sulfurique;

— le charbon,	—	carbonique;
— l'azote,	—	azotique (nitrique);
— le phosphore,	—	phosphorique;
— le chlore,	—	chlorique ;
— le bore,	—	borique;
— l'arsenic,	—	arsénieux.

L'hydrogène donne lieu aux hydracides, ainsi que nous l'avons déjà dit. Par exemple :

Uni au soufre, il produit l'acide hydrosulfurique :

— chlore,	—	hydrochlorique;
— brome,	—	hydrobromique;
— iode,	—	hydriodique.

Tandis que ces divers acides sont des composés *binaires*, les acides organiques présentent généralement une combinaison moins simple et contiennent de l'oxygène, de l'hydrogène, du carbone et de l'azote. Ils empruntent le nom des substances qui les fournissent ordinairement. Ainsi on dit :

Acide oxalique, celui fourni par l'oseille;

— citrique,	—	le citron :
— malique,	—	la pomme;
— tartrique.	—	le tartre ;
— lactique,	—	le lait ;
— benzoïque.	—	le benjoin :
— gallique,	—	la noix de galle ;
— mucique.	—	la gomme;
— succinique,	—	le succin :
— méconique,	—	le pavot;
— fongique,	—	le champignon.

Cessons de multiplier ces exemples, afin d'en citer parmi les acides tirés du règne animal. Ainsi :

L'acide cholestérique provient de la bile;

— formique,	—	des fourmis :
— margarique,	—	de la bile ;
— oléique,	—	des huiles;
— phocénique,	—	du dauphin :
— urique,	—	de l'urine ;
— stéarique,	—	de la graisse de porc.

Le véritable caractère des acides étant tout chimique, c'est dans les traités spéciaux qu'il faut l'étudier. Mais d'autres qualités, appréciables pour tout le monde, peuvent les faire reconnaître. Ainsi, ils ont une saveur aigre, mordante, caustique, ou agréablement piquante; mis en contact *humide* avec du papier de tournesol ou toute autre couleur *bleue* végétale, ils la rougissent à l'instant même; le lait, le sang, l'albumine dissoute sont aisément *coagulés* par les acides les plus faibles. Combinés à l'état de sels, si l'on soumet cette combinaison à l'action d'une pile voltaïque, celui des composants qui remplit les fonctions d'acide, se porte au *pôle positif*, tandis que la base, ainsi que nous l'avons déjà dit, se porte au *pôle négatif*.

Les usages des acides sont non moins nombreux qu'importants : c'est à eux que la chimie doit la découverte d'une multitude de corps qui font son orgueil; l'industrie, ses conquêtes les plus brillantes et les plus utiles; la médecine, des agents thérapeutiques d'une grande action, etc.

ACIER (d'*acies*, tranchant). Substance métallique formée de fer pur, uni à une très petite quantité de carbone (1 à 2 centièmes), qui le rend plus brillant, plus dur et plus cassant que le fer. L'acier est donc un carbure de fer. On en distingue cinq espèces principales : l'*acier naturel*, extrait directement des minerais ; l'*acier de forge*, obtenu par l'affinage partiel de la fonte et dont on fabrique la grosse coutellerie; l'*acier de cémentation*, préparé en déposant alternativement dans un fourneau carré, des barres de fer et des couches de matières charbonneuses, et en élevant la température jusqu'au rouge; l'*acier fondu*, qui provient de la fusion des aciers précédents et qui acquiert par la trempe une dureté et une ténacité extrêmes, en même temps qu'il devient susceptible d'un beau poli, qui le fait employer pour la coutellerie fine, les instruments de chirurgie, les ressorts de montre, etc., etc.: enfin, l'*acier indien* ou *de Wootz*, avec lequel les Orientaux fabriquent les damas.

En 1822, MM. Stodart et Faraday ont découvert qu'en alliant à l'acier de petites quantités de platine, d'argent, de palladium, on lui donnait le grain, la dureté, l'élasticité, tous les caractères de l'acier indien, et cette imitation est si parfaite que l'Orient est devenu tributaire de la France pour ses belles lames damassées.

Lorsqu'après l'avoir fait rougir, on refroidit l'acier brusquement en le plongeant dans de l'eau, ce métal devient très élastique, moins ductile, plus dur et très cassant à froid : dans cet état on l'appelle *acier trempé*. Chauffé en deçà du degré où il a subi la trempe et soumis à un refroidissement lent, l'acier, qui est dit alors *recuit*, reçoit des degrés de dureté et d'élasticité variables, appropriés au genre de fabrication auquel on le destine.

On peut distinguer l'acier du fer en déposant à la surface du métal poli une goutte d'acide sulfurique affaibli : avec l'acier, il se produit une tache noire, due au charbon mis à nu, tandis qu'il n'apparaît sur le fer qu'une tache verdâtre que l'eau enlève aisément.

ACONIT (*Aconitum*) (du grec *aconè*, pierre, parce que cette plante croît dans les terrains pier-

Fig. 26. — Aconit panaché.

reux). Genre de la famille des Renonculacées, tribu des Helléborées, dont les fleurs sont irrégulières, à pétales creux, le supérieur en forme de casque ou de capuchon. — Trois espèces, qui sont vénéneuses.

ACONIT NAPEL (A. *napellus*) (dérivé de *napus*, navet, à cause de la forme de sa racine). Plante vivace, herbacée, à tiges de 8-12 décimètres, dressées ; feuilles palmatiséquées à 5-7 segments cunéiformes bi-tripartis. Fleurs bleues, très irrégulières, en grappes terminales, formées de 5 pétales inégaux dont le supérieur est en capuchon, et de 2 pétales irréguliers, dont l'un forme capuchon, cachés dans le sépale supérieur ; étamines 30 environ.

L'Aconit croît dans les lieux ombragés, pierreux, où il fleurit en juillet-septembre ; mais il n'y est pas très commun. On le trouve fréquemment dans les jardins, où il est cultivé pour la beauté de son port et de ses fleurs. Cette plante est narcotico-âcre, vénéneuse, d'où son nom vulgaire de *Tue-chien* ; son principe actif est l'*aconitine*, alcaloïde des plus dangereux. On l'a beaucoup expérimentée en médecine ; on l'a préconisée dans les rhumatismes chroniques, les hydropisies, les névralgies ; mais ce médicament est réellement peu utile, soit que ses propriétés diffèrent suivant sa culture, soit que ses préparations varient. L'homœopathie considère pourtant l'Aconit comme l'un de ses agents les plus puissants.

L'A. LYCOCTONUM, vulg. *Tue-loup*, a les feuilles plus larges, un peu velues ; les fleurs d'un jaune livide : ses propriétés vénéneuses sont moins prononcées. — L'A. COMMARUM est une espèce dont les fleurs sont plus grandes, bleues. — L'A. VARIEGATUM ou *panaché* se distingue par ses sépales dont le bord est d'un bleu foncé, et le reste d'un bleu pâle.

ACONTIAS (*Acontias*). Genre de Serpents, encore peu connus, qui n'ont ni bassin, ni sternum, ni épaules apparentes, mais des dents au palais et

Fig. 27. — Acontias pintade.

l'un des poumons tout à fait rudimentaire. Ces reptiles vivent au cap de Bonne-Espérance et ont avec les habitudes de notre Orvet, le même régime et la même douceur que ce dernier.

L'Acontias pintade (*A. meleagris*), ainsi appelé des couleurs de ses écailles, est le type du genre : il est de la grosseur du doigt et d'une longueur de 18 centimètres. — L'A. aveugle est plus petit de moitié.

ACONTIE. Lépidoptère nocturne qui se trouve aux environs de Paris.

ACORE (*Acorus*). Genre de la famille des Aracées, tribu des Orontiacées : plantes munies d'un spadice tout couvert de fleurs hermaphrodites

Fig. 28. — Acore aromatique.

très serrées, composées d'un périanthe à 6 divisions, de 6 étamines, d'un ovaire à 3 loges surmonté d'un stigmate très petit ; pour fruit, capsule triangulaire à 3 loges.

ACORE AROMATIQUE (*A. aromaticus*), vulg. *Roseau aromatique*. Racine vivace, rampante, noueuse, donnant naissance à des fibres radicales nombreuses et à une touffe de feuilles étroites, glabres, engaînantes, longues de 50 à 70 centimètres ; tige simple, dressée, s'ouvrant sur l'un de ses côtés pour laisser sortir un spadice de la grosseur du doigt. — Cette plante croît sur le bord des fossés et des étangs, dans les Vosges, l'Alsace, la Normandie, et au Japon. Sa racine (*calamus aromaticus*) est réputée stimulante, et fréquemment employée, en Allemagne, contre la goutte, les fièvres intermittentes, soit en infusion ou en poudre.

L'A. DRACONCULUS, vulg. *Dragonnet*, a des feuilles composées, des fleurs noires et fétides.

ACOTYLÉDONES ou ACOTYLÉDONÉS. Premier embranchement des Végétaux, comprenant tous ceux qui manquent d'embryon, et qu'on appelle encore, à cause de cela, *Inembryonés*. Comme ils ne produisent ni fleurs ni fruits, qu'ils n'ont pas d'organes sexuels apparents, ils ont encore été désignés sous les noms de *Cryptogames* et *Agames*. — V. ces mots.

Les Acotylédones ont cependant des organes de reproduction : mais ces organes, bien différents de ceux des Monocotylédones et des Dicotylédones, consistent dans de petites utricules (*sores*) remplies d'une matière organique (*sporules*), qui fait l'office de graines. Ces sores sont éparses ou rapprochés, ou enfin réunis dans des espèces de poches ou sacs membraneux, connus sous les noms de *conceptacles, sporanges, urnes, thèques*. Dans quelques genres apparaît un second organe de reproduction, ayant pour mission de sécréter la matière fécondante et dont la forme est très variable : on le nomme *anthéridie*. Par conséquent, là où se montrent les deux genres d'organes, les sporanges et les anthéridies, la reproduction s'opère d'une manière analogue à celle des Phanérogames (V. ce mot) ; mais lorsque les anthéridies manquent, les sporules se développent sans leur concours.

Les Acotylédones se divisent en deux classes :

1° AMPHIGÈNES (de *amphi*, double ; *genos*, origine), végétaux d'une structure entièrement celluleuse, dépourvus d'axe et d'organes appendiculaires, se développant par toute leur circonférence ; à cette classe se rapportent les familles suivantes : *Algues, Champignons, Lichens*.

2° ACROGÈNES (d'*acros*, sommet ; *genos*, origine), plantes pourvues d'axe et d'appendices latéraux, et qui croissent par l'allongement de leurs extrémités. Cette classe comprend les *Hépaticées*, les *Mousses*, les *Lycopodiacées*, les *Equisétacées*, et les *Fougères*.

ACOUSTIQUE (du grec *akouô*, j'entends). « Science qui s'occupe des phénomènes intestins qui se développent dans les corps sonores, pendant la production du son ; de la nature, de la direction et de la vitesse des mouvements de leurs molécules ; du mode de transmission de ces mouvements à travers l'air, et de la manière dont ces mouvements viennent ébranler les membranes extérieures de l'organe de l'audition. Au-delà se trouvent les phénomènes qui se développent dans l'organe lui-même, et les sensations que les sons produisent, ce qui constitue la musique. » — V. *Son et Audition*.

ACRIDIENS (d'*acris*, sauterelle, parce que celle-ci en est le genre type). Famille d'Insectes de l'ordre des *Orthoptères*. — V. ce mot.

ACROCÉRE (du grec *acros*, sommet ; *kéras*, corne). Genre d'Insectes diptères vésiculeux, dont les antennes sont insérées sur le sommet de la tête, et dont le type est l'*Acrocère globuleux*.

ACROCHORDE (*Acrochordus*). Reptile de l'ordre des Ophidiens, dont la taille va jusqu'à trois mètres, et dont le corps, aussi gros que le bras, se termine brusquement par une queue grêle. Sa peau est uniformément garnie, en dessus comme en dessous, de très petites écailles qui y sont adhérentes par toute leur surface inférieure, bien distinctement séparées l'une de l'autre et disposées en réseau. Ces écailles ressemblent à autant de petits tubercules surmontant la peau; sur la tête elles sont granulées, sur le reste du corps elles sont munies chacune de trois petites carènes, dont celle du milieu est la plus apparente. La langue de ces serpents est parfaitement analogue à celle des couleuvres;

Fig. 24. — Acrochorde.

c'est-à-dire que, divisée en deux filets minces et allongés, elle est contenue dans un fourreau qui lui est propre, et d'où l'animal peut à volonté la lancer hors de la bouche. Le dessus du dos est de couleur verdâtre et marqué d'un grand nombre de taches noires; le ventre est d'un jaune sale.

L'Acrochorde n'est point venimeux : Cuvier ne lui a trouvé aucune trace de crochets à venin, et Leschenault, qui a observé ce reptile dans les lieux même qu'il habite, assure qu'il est parfaitement innocent. Il ne possède d'autres dents que celles qui lui servent à retenir sa proie, et qui sont petites, aiguës, disposées sur deux rangs à chaque mâchoire. Il est originaire de Java, où les indigènes l'appellent *Oular-Caron* : il arrive à une très grande taille et fait ses petits vivants. — On ne connaît que deux espèces de ces serpents; celle de Java est la principale : elle habite les eaux douces, et les Chinois se nourrissent de sa chair.

ACROCINE. Coléoptère de Cayenne, vulgairement appelé *grand Arlequin*, à cause des belles couleurs variées de ses élytres. « On le trouve toujours sur le tronc des arbres ou auprès d'eux, rarement sous les écorces. Sa démarche est très lourde et il se traîne plutôt qu'il ne marche ; son vol, qu'il prend quelquefois à l'entrée de la nuit,

est bruyant, peu rapide, et l'insecte ne paraît pas toujours maître de le diriger à son gré. Le bruit

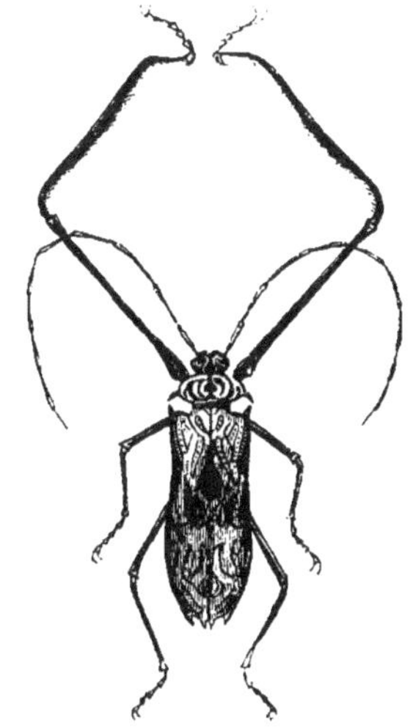

Fig. 30. — Acrocine.

qu'il produit avec le corselet s'entend d'assez loin. »

ACROGÈNES. Classe de Plantes de l'embranchement des *Acotylédones.* — V. ce mot.

ACROSTIC. Espèce de Polypode, famille des Fougères, à capsules nues, dont M. Gaudichaud a formé un genre propre, ayant pour type l'*Acrostic doré* des Antilles.

ACTÉE (*Actea*). Genre de plantes de la famille

Fig. 31. — Actée.

des Renonculacées, ayant pour caractères : calice à quatre sépales pétaloïdes, caducs; corolle à quatre pétales ; carpelle solitaire, indéhiscent

L'Actée épiée (*A. spicata*), vulg. *Herbe de saint Christophe*, est l'espèce type ; c'est une plante vivace herbacée, de quarante à quatre-vingts centimètres, dont la tige, dressée et nue en bas, porte des feuilles 2-3 pinnatiséquées, longuement pétiolées, blanchâtres en dessous. Fleurs blanches, petites, en grappes compactes oblongues ; sépales 4, ovales concaves ; pétales 4, spatulés ; étamines nombreuses ; 1 carpelle ; baie noire à la maturité. — L'Actée croît dans les lieux ombragés, touffus, mais n'est pas commune. Cette plante est âcre et amère, vénéneuse à l'état frais. Sa racine, vulg. connue sous le nom d'*Ellébore noir*, est un purgatif violent, à la dose de 2 gram. en infusion dans 500 gram. d'eau. On emploie aussi sa décoction en lotions pour détruire la vermine, guérir la gale, etc.

L'Actée a grappes (*A. ramosa*) est employée par les Américains pour combattre la toux et diminuer la fréquence du pouls.

ACTINIE (du grec *actis*, rayon). Genre de Zoophytes, classe des Polypes entozoaires, dont la forme rayonnée et les couleurs brillantes les ont fait comparer à des fleurs, d'où leur nom vulgaire d'*Anémones de mer*. Ces êtres singuliers ont le corps constitué par un disque charnu, surmonté d'une sorte de couronne composée de plusieurs rangs de tentacules nuancés comme les pétales des plus belles Anémones ; au milieu se voit une ouverture servant à la fois de bouche et d'anus. « Entre le tégument externe et les parois de l'estomac se trouvent des lames fibreuses convergentes auxquelles adhèrent les organes reproducteurs. Ceux-ci consistent en une sorte de cordon replié plusieurs fois sur lui-même, munis de fibres vibratiles et dans lesquelles se développent les œufs. Une ouverture existe au fond de l'estomac, communiquant avec les organes sexuels : c'est par cette ouverture que sortent les œufs, » qui sont ensuite rejetés par une sorte de vomissement ; mais comme ils éclosent dans la cavité stomacale, pour peu qu'ils y séjournent, il en résulte que les jeunes Actinies sont souvent expulsées toutes vivantes.

Les Actinies habitent toutes les mers, se fixant sur des rochers, des coquilles. Par un beau temps, on les voit, à quelque distance du rivage, réunies en grand nombre à la surface de l'eau et lui donner l'aspect d'un parterre émaillé de fleurs. Mais dès que la mer s'agite ou que le temps se couvre, elles contractent leurs tentacules et ne forment plus qu'un corps arrondi qui gagne le fond de l'eau, où elles passent d'ailleurs toute la mauvaise saison. Ces animaux sont très voraces ; ils se saisissent, au moyen de leurs tentacules, des mollusques, des crustacés qu'ils attirent à leur bouche. Quelques-uns, surtout l'Actinie verte, font éprouver, quand on les touche, la sensation douloureuse de la pi-

Fig. 32. — Actinie.

qûre d'ortie : aussi les a-t-on nommées *Orties de mer*.

Les principales espèces sont l'A. verte qui est commune sur les côtes de Provence, où elle sert parfois d'aliment ; l'A. comestible, que l'on mange aussi ; les A. coriace, pourpre, blanche, etc.

ADA. Espèce de Gobe-mouches à bec bleu de ciel et à plumage noir ; oiseau querelleur et méchant, répandu dans tous les pays où la chaleur du climat peut lui procurer une nourriture facile et abondante. La femelle a une grande tendresse pour ses petits qu'elle défend jusqu'à la mort, même contre les oiseaux de proie.

ADANSONIE. — V. *Bouhad*.

ADDA. Espèce de *Scinque*. — V. ce mot.

ADDAX (*Antilope addax*). Sous-genre d'Antilope qui se rapproche des Gazelles, mais dont les cornes sont plus longues, de forme spirale. Ce ruminant se distingue encore des autres Antilopes par son sabot dont l'apparence est comparable à ce que l'on voit chez les Reunes. — L'Addax appartient au nord de l'Afrique. Ses formes sont gracieuses ; il a la course légère, la vue, l'ouïe et l'odorat très développés, et cependant il ne sert que trop souvent de pâture aux carnassiers qui habitent les mêmes contrées que lui.

Fig. 33. — Addax.

ADELPHIE. Réunion de plusieurs étamines par leurs filets, ce qui leur sert de support, nommé *androphore*. — V. ce mot. — Selon que le support est unique, double ou triple, la réunion des étamines prend le nom de *monadelphie, diadelphie, triadelphie*, etc. — V. *Étamines*.

ADIANTE (*Adiantum*). Genre de Fougères, caractérisé par des sores marginaux formant une ligne interrompue sur le bord des feuilles, roulé en dessous, qui leur sert de tégument et s'ouvre de dedans en dehors. Ce genre comprend un grand nombre d'espèces, dont deux seulement habitent nos climats tempérés.

L'ADIANTE CHEVEU DE VÉNUS (*A. capillus Veneris*), vulg. *Capillaire de Montpellier*. Cette plante a une souche vivace, allongée, garnie en dessous de radicules chevelues, comme poilue à sa surface; des feuilles toutes radicales, pétiolées, longues de 15 à 25 centim., découpées en un grand nombre de folioles cunéiformes, dont les divisions sont roulées en dessous pour envelopper les sores. — V. la figure au mot *Capillaire*.

Le Capillaire de Montpellier croît dans les lieux humides, sur le bord des fontaines, dans le midi de la France. Il est presque sans odeur, mais un peu amer. Son emploi, dans les affections des bronches, est pour ainsi dire vu'gaire.

ADIANTE PÉDALÉE (*A. pedatum*), vulg. *Capillaire du Canada*. Ses feuilles sont plus grandes et comme pédalées; chaque foliole n'offre de fructification qu'à son bord supérieur. — Mêmes usages et plus employé que le précédent.

ADONIDE (*Adonis*). Genre de Renonculacées,

Fig. 34. — Adonide (sommité fleurie).

ainsi appelé de la couleur de ses teintes, dues, suivant la mythologie, au sang d'Adonis. Plantes annuelles, à feuilles éparses, multiséquées, à segments très étroits; fleurs solitaires terminales, d'un rouge vif, rarement jaunes : sépales 5, colorés, caducs : pétales 5 ou plus; carpelles nombreux disposés en épis sur un réceptacle cylindrique, terminés en bec par le style.

L'ADONIDE D'AUTOMNE (*A. autumnalis*), vulg. *Goutte de sang*, plante des moissons maigres et des champs arides, assez rare, a les sépales d'un pourpre noirâtre; les pétales, au nombre de 6-8, d'un pourpre foncé : des carpelles à bord supérieur dépourvu de dents. Elle fleurit en juin-août.

L'ADONIDE D'ÉTÉ (*A. æstivalis*) est plus commune et se distingue par ses sépales jaunâtres. ses 5-10 pétales d'un rouge clair : ses carpelles à bord supérieur présentant une dent éloignée du bec; elle fleurit plus tôt. — L'espèce *citrina*, qui est assez rare, a les fleurs d'un jaune citrin.

Les Adonides sont, pour la plupart, cultivées dans les jardins. Toutes sont âcres et vénéneuses.

ADRAGANT. — V. *Gomme*.

ÆGAGRE. — V. *Chèvre*.

ÆGILOPE (*Ægilops*). Genre de Graminées à fleurs monoïques très enfoncées dans les cavités de l'axe de l'épi. On en distingue quatre espèces, fréquentes dans le midi de la France, mais sans élégance et dédaignées.

L'ÆGILOPE OVÉE (*Æ. ovata*), la plus commune, a l'épi gros et ovoïde. Cette plante a acquis de l'importance depuis les essais de M. Latapie. En effet, ce savant ayant recueilli des graines d'Ægilope en Sicile, les sema dans un terrain substantiel à son retour en France. Il vit la plante réussir et prendre un accroissement considérable. Ayant cultivé des graines empruntées à ces pieds agrandis et les ayant séparées une à une dans des pots à fleurs remplis d'excellente terre, il obtint des individus plus grands encore : continuant ainsi ses semis, M. Latapie finit par obtenir un froment véritable de la plus belle espèce. Dès lors il pensa que l'*Ægilops* était la plante dont provenait le blé, d'autant mieux que la véritable patrie de cette céréale est inconnue.

ÆPE (*Æpus*). Genre de Coléoptères subulipalpes, caractérisé par : palpes à dernier article grêle, atténué : mandibules avancées, dentées : tête large; corselet tronqué; élytres déprimés; pas d'ailes; corps hérissé de poils, etc. — On en distingue deux espèces, l'*Æ. fulcescens*, et l'*Æ. Robinii*.

Cette dernière a été découverte aux environs de Dieppe, par M. le docteur Ch. Robin. Cet insecte vit dans les fentes des rochers recouverts à chaque marée et quelquefois placés assez avant pour n'être à sec que pendant deux ou trois heures. Il est très agile et se met à fuir rapidement dès qu'il est mis à découvert. Rarement il est seul : il vit en compagnie de 4 à 10 dans chaque fente de rocher.

La larve de l'*Æpus robinii* a été trouvée par M. Ch. Coquerel, aux environs de Brest. Comme l'insecte parfait, elle ne présente aucun appareil respiratoire aquatique; mais les longs poils dont

Fig. 35. — *Æpus Robinii.*

elle est couverte font supposer qu'elle respire comme lui, à l'aide de bulles d'air qui s'y attachent. Elle est très agile, armée de mandibules très fortes, pointues, recourbées et tranchantes, fixées à une tête grosse. Elle est de couleur blanchâtre, et un peu plus grande que l'insecte parfait.

ÆPIORNIS (d'*aipis*, immense, *ornis*, oiseau). Genre d'Oiseau gigantesque dont on ne possède encore que le squelette et les œufs. Ces œufs, qui ont une capacité de 8 mètres cubes (8 litres), ont été découverts à Madagascar en 1850. — En 1855, M. Isidore Geoffroy-Saint-Hilaire a présenté à l'Académie des sciences deux nouveaux œufs de cet animal, qui sont supérieurs par les dimensions à ceux que ce savant avait précédemment présentés. Les Malgaches se servent de ces œufs comme de vases.

AÉROLITHES (du grec *aer*, air, et *lithos*, pierre). Masses minérales plus ou moins volumineuses qui tombent de l'atmosphère. On leur donne encore le nom de *Bolides*, *Météorites*, *Pierres météoriques*. Ces pierres sont généralement composées des mêmes principes chimiques, qui sont : du soufre, de la silice, de la magnésie, du fer, du nikel, du manganèse, du chrôme. Il faut remarquer que le fer et le nikel s'y trouvent à l'état métallique, ce qui n'a lieu dans aucune des agrégations minérales que l'on rencontre à la surface de la terre.

Les Aérolithes ont été connus de toute antiquité. Il est question dans Josué d'une pluie de pierres qui détruisit l'armée ennemie. Plutarque décrit une pierre qui était tombée en Thrace près du fleuve Ædos-Potamos. Les savants modernes ont pu nier ce phénomène jusqu'en 1803; mais cette année un fait de cette nature s'est produit en plein jour à Laigle, en Normandie, le 26 avril, fait qui fut l'objet d'une enquête de la part de l'Académie des sciences.

S'il n'y a plus de doutes sur l'existence des Aérolithes, il n'en est pas de même en égard à leur origine et à leur cause. Beaucoup d'hypothèses ont été émises. A ce sujet, apprécions les trois qui ont fixé le plus l'attention.

1° *Les Aérolithes sont, comme la pluie ou la grêle, de véritables météores qui se forment dans l'atmosphère par voie d'agrégation.* — Ceci est difficile à admettre, car rien ne prouve qu'aucun des principes constituants des pierres météoriques se trouve dans l'atmosphère; et puis, comment concevoir que ces principes à l'état gazeux puissent donner naissance à des pierres de plusieurs quintaux, ou à des milliers de ces corps plus ou moins volumineux.

2° *Les Aérolithes peuvent tirer leur origine des éruptions de quelques volcans de la lune.* — Cette hypothèse, due à Laplace, en suppose une autre, l'existence de volcans lunaires, laquelle est loin d'être démontrée. Mais si on l'admet, on peut comprendre, à la rigueur, qu'une pierre soit lancée avec assez de force pour sortir de la sphère d'attraction de la lune (il ne faudrait pour cela qu'une vitesse égale à cinq fois et demie celle d'un boulet de canon), d'autant mieux que cette planète n'est point entourée d'une atmosphère résistante, et qu'une fois cette limite dépassée, la pierre lancée devienne un des satellites de notre globe, soumis à de grandes perturbations en raison de l'attraction de la lune, du soleil et de la terre sur sa masse relativement très petite.

3° *Les Aérolithes sont des fragments de planètes ou même de petites planètes qui, en circulant dans l'espace, sont entrés dans l'atmosphère terrestre, y ont perdu graduellement leur vitesse par l'effet de la résistance de l'air et viennent enfin tomber à la surface de la terre.* — Cette hypothèse, créée par Chaldini, est celle qui compte le plus de partisans, d'autant mieux qu'elle rattache le phénomène des Aérolithes à celui des étoiles filantes. — V. ce mot.

Quoi qu'il soit, les Aérolithes, au moment de leur chute, ont une température élevée; leurs formes sont régulières quoique leurs angles soient émoussés par la fusion; leur surface est recouverte d'une sorte d'émail métallique noirâtre très mince; ils affectent une direction horizontale en tombant, et leur mouvement de translation est extrêmement rapide, ce qui, d'après les physiciens, serait une cause de leur haute température. Mais il reste encore beaucoup à faire pour des explications plausibles; et, en tout cas, personne ne voit aujourd'hui dans les pierres météoriques le courroux de Jupiter, les foudres du ciel ou le présage de grands malheurs.

ÆTHUSE (*Æthusa*). Genre d'Ombellifères de la tribu des Cicutariées; plantes annuelles à tige fistuleuse, à feuilles bi-tripinnatiséquées; fleurs blanches, à calice presque nul: involucre nul. — On en distingue deux espèces principales :

L'Æ. PETITE CIGUË (*Æ. cynapium*), a une tige rameuse, des feuilles tripinnées à folioles étroites; des fleurs en ombelle plane, avec involucelle à trois

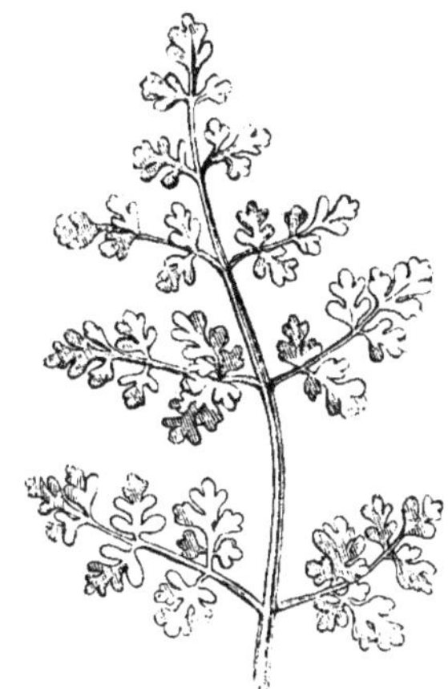

Fig. 37. — Æthuse.

folioles plus longues que l'ombellule et rabattues.

Cette plante est assez commune dans les endroits frais des jardins, les lieux cultivés, près des vieux murs. Elle a des propriétés analogues à celles de la grande Ciguë : et, comme elle ressemble beaucoup au Persil, dont elle diffère cependant par ses fleurs blanches et son odeur fétide lorsqu'on la froisse, elle peut donner lieu à des méprises qui ont été plus d'une fois funestes. Usages nuls en médecine.

L'Æ. à FEUILLES capillaires est une espèce qui a quelques propriétés médicales oubliées, et dont les bestiaux peuvent se nourrir.

AGAME (*Agama*). Genre de Sauriens, famille des Iguaniens, reptiles dont la tête est renflée et comprimée par les côtés; l'occiput et le cou hérissés de piquants; la peau du dessous de la mâchoire lâche, ridée et pendante; la queue conique, grêle, couverte d'écailles imbriquées, qui se voient aussi sur le reste du corps.

Ces reptiles, parfaitement doués d'organes sexuels, malgré leur dénomination, sont assez souvent confondus avec les Lézards, mais ils sont hideux, repoussants. Ils se cachent dans les amas de pierres, et plusieurs changent de couleur aussi promptement que les Caméléons. Ils habitent la Guyane, poursuivent avec agilité les insectes qui abondent dans ce pays. — On en connaît plus de dix espèces, dont la plus remarquable est l'AGAME OCELLÉ (*A. barbata*), de la Nouvelle-Hollande, long de 46-48 cent., marqué de taches jaunâtres cerclées de noir sous le ventre, avec des écailles épineuses pendantes sous la gorge.

AGAMES (de *a*, priv., *gamos*, mariage: par extension, sans organes sexuels). Nom adopté par les botanistes pour désigner les Végétaux qui sont privés d'organes sexuels et dont les corpuscules reproducteurs ne sont pas de véritables graines. — V. *Acotylédones*). — Les plantes *Agames* sont distinctes des *Cryptogames*, en ce que celles-ci ont des organes générateurs, qui sont simplement dérobés à la vue par des téguments particuliers.

En zoologie, on nomme *Agames* les animaux placés aux derniers degrés de l'échelle, et qui manquent d'organes de reproduction, tels que les *Polypes*, les *Rayonnés*, les *Infusoires*, êtres dont la génération est *fissipare*, c'est-à-dire qui, divisés, fractionnés, coupés par morceaux, transmettent toute leur existence à chacun de ces morceaux, lesquels à leur tour deviennent des êtres complets. — V. *Génération dans les végétaux*.

AGAMI (*Psophia*). Genre d'Oiseaux de l'ordre des Echassiers, dont on ne connaît qu'une seule espèce bien authentique, qui présente d'ailleurs

Fig. 37. — Agami.

des caractères appartenant à plusieurs familles. En effet, l'AGAMI TROMPETTE (*P. crepitans*), un peu plus gros qu'une poule, se rapproche des Gallinacés par son bec, ses ailes et sa queue: mais ses pieds sont ceux des Echassiers, et, par ses dernières rémiges très développées et à longues barbes décomposées, il établit des rapports évidents avec les Grues. Son plumage est noirâtre, avec des reflets violets, et son manteau doré, nuancé de fauve vers le haut.

L'Agami habite la Guyane. Il vole difficilement, mais court assez vite et niche à terre au pied des arbres. Ce qu'il présente surtout de remarquable, c'est qu'il fait entendre des sons sourds et profonds, ou plutôt une espèce de bruit qui semble sortir de l'anus, particularité due à ce que sa trachée artère fait plusieurs tours dans le sternum avant de pénétrer dans l'intérieur de la poitrine. Quoique moins farouche que les autres Echassiers, cet oiseau n'en est pas moins d'un naturel sauvage. On l'attire pourtant assez facilement en imitant son cri, et il s'apprivoise sans peine. Il est d'ailleurs rempli d'intelligence et, une fois apprivoisé, très attaché à son maître qu'il suit comme un chien et auquel il prodigue des caresses en sollicitant les siennes. Lorsqu'on se met à table, l'Agami arrive sans être appelé et se rend bientôt maître de la place en chassant chiens et chats. A Cayenne on lui confie la garde des troupeaux de canards et de dindons. Après avoir rendu de si grands services, il donne

sa chair en aliment à l'homme. Il est à regretter, dit un voyageur, que l'on n'ait point encore tenté d'introduire et d'acclimater cet oiseau en Europe, car sa force et son intelligence en feraient une précieuse acquisition pour nos basses-cours.

AGAPANTHE (du grec *agapê*, amour; *anthos*, fleur, c'est-à-dire fleur aimable). Genre de Plantes de la famille des Liliacées, dont l'espèce type est l'A. OMBELLÉ, plante du cap de Bonne-Espérance, mais cultivée en France sous le nom de *Tubéreuse bleue*. La tige, lisse et verte, a près d'un mètre; feuilles longues et larges, se couchant à terre; fleurs bleues en ombelle, très jolies, mais sans odeur, se montrant en juillet. — Cette plante demande un peu d'eau et beaucoup d'air; elle craint les plus petites gelées. Pour la multiplier, il vaut mieux éclater la racine entre les boutons qui paraissent chaque année au bas de la tige ou en séparer les caïeux, que de recourir au semis qui ne donne des fleurs que la quatrième année. — Deux variétés méritent d'être citées: l'A. *à petites feuilles* et l'A. *rubané* dont les feuilles sont rayées de vert et de blanc.

AGARIC (*Agaricus*). Genre de Champignons hyménomycètes, charnus, à chapeau distinct du pédicule et garni en dessous de lames ou feuillets qui rayonnent du centre à la circonférence; pas de volva. — Plus de mille espèces se rapportent à ce genre nombreux. Voici les plus intéressantes à connaître.

AGARIC DES CHAMPS (*A. campestris*), ou *Agaric comestible, Champignon de couche*. Pédicule de 3 à 5 centim., pourvu d'un collier; chapeau convexe et lisse; feuillets d'un rose terne. — Ce Champignon est le seul qu'il soit permis de vendre dans les marchés de Paris; chacun en connaît l'odeur, le goût agréable et les usages culinaires. On le multiplie en projetant du *mycelium* sur des couches de fumier situées dans des lieux obscurs. — L'A. *boule de neige* est une variété qui se mange aussi. Mais il ne faut pas confondre ces champignons avec l'*Amanite vénéneuse*. — V. ce mot.

AGARIC ÉLEVÉ (*A. colubrinus*), vulg. *Coulemelle, Parasol*. Stipe haut de 20-30 centimètres, bulbeux à sa base, recouvert d'écailles brunâtres; chapeau de couleur bistre, large de 10 centimètres; feuillets blancs formant bourrelet au sommet du pédicule. — Cette espèce croît en automne sur les pelouses découvertes. Elle est comestible.

AGARIC ANNULAIRE (*A. annularis*), *Tête de méduse*. Stipe charnu, de 8-10 centimètres de haut; chapeau convexe, mamelonné, large de 10 centimètres; lames inégales, brunâtres; couleur générale fauve roussâtre. — Ce champignon vient dans les bois par groupes composés quelquefois de 40 à 50 individus. Il passe pour très vénéneux.

AGARIC MOUSSERON. Pédicule épais, long de 2-4 centimètres, dépourvu de collier; chapeau très convexe, presque globuleux; lames blanches serrées, étroites; couleur d'un blanc sale. — Cette espèce (voir sa figure au mot *Mousseron*) paraît

au printemps sur la lisière des bois. Son odeur
est très agréable et on en fait un grand usage
comme condiment, ainsi que de l'espèce appe-
ée *Champignon muscat*, à cause de son odeur

Fig. 38. — Agaric et autres Champignons.
(Ceux marqués d'un A sont seuls bons à manger.)

musquée qui persiste même après la dessiccation.

AGARIC DU HOUX (*A. aquifolii*), vulg. *grande
Girolle*. Pédicule de 10-12 centimètres, pas de
collier; chapeau large de 12-15 centimètres, lisse
et glabre; feuillets blanchâtres; couleur générale
jaune clair. — Croît en automne sous les buissons
de houx. Chair fine, délicate.

AGARIC BRULANT (*A. urens*). Pédicule de 12-
15 centimètres, glabre, strié, un peu velu à sa
base; chapeau d'abord convexe et allant en s'apla-
tissant, large de 5-6 centimètres; feuillets inégaux,
de couleur brune; couleur générale jaune sale.—Espèce des bois humides, essentiellement vénéneuse.

AGARIC DÉLICIEUX (*A. deliciosus*). Pédicule de
8-10 centimètres, épais, charnu, jaune: chapeau
légèrement concave, d'abord jaune, puis fauve et
rougeâtre; suc d'un rouge de brique plus ou moins
intense. — Ce champignon croît en touffes, surtout dans le Nord; s'il n'est pas vénéneux, il est
encore moins délicieux. Sa saveur est âcre, mais
il la perd par la cuisson, et devient comestible.

AGARIC MEURTRIER (*A. necator*). Champignon
d'un brun roux, à chapeau dont les bords sont
roulés en dessous, à feuillets inégaux; suc âcre,
caustique, vénéneux. — Cette espèce est commune
à la fin de l'été dans les bois.

Citons enfin, comme autres espèces vénéneuses,
l'*A. caustique*, qui est d'un rouge vif et qui croît
dans les bois; l'*A. styptique*, de couleur jaune
cannelle, végétant sur les vieux troncs d'arbres et
ayant le pédicule latéral. — Les champignons ap-

pelés *Agaric bleuâtre* et *A. de chêne* appartiennent
à un autre genre. — V. *Polypore*, et *Champignon*.

AGATE (d'*Achates*, fleuve de Sicile sur les
bords duquel on trouve cette pierre). Variété de
Quartz ou pierre à base de silice à peu près pure.
Cette substance quartzeuse est translucide, ornée
de couleurs variées après le poli: elle étincelle sous
le briquet et raie facilement le verre.

L'Agate a reçu un nom particulier suivant sa
couleur : on appelle *Calcédoine*, celle d'un blanc
laiteux légèrement bleuâtre; *Cornaline*, celle d'un
rouge cerise; *Sardoine*, celle d'un rouge orange;
Saphérine, celle d'un bleu de ciel; *Chrysoprase*,
celle vert pomme; enfin l'Agate d'un vert foncé tacheté de rouge est une *Héliotrope*, et on lui donne le
nom d'*Onyx* quand les bandes de couleurs sont peu
nombreuses et que ces couleurs sont très tranchées.

Les Agates ont une grande analogie avec les silex, sauf la finesse plus grande de leur pâte. Elles
se taillent, se scient et se polissent facilement malgré leur dureté. On en fait des vases, des bagues,
des boîtes, quantité de bijoux. L'art est parvenu à
les décolorer, en les plongeant dans de l'acide hydrochlorique que l'on porte à l'ébullition, et à les
enrichir de nouvelles nuances, en les faisant
bouillir dans l'huile d'abord et ensuite dans de
l'acide sulfurique. On recherche les Agates dites
herborisées et *mousseuses*, qualifications dues à
ce qu'elles semblent renfermer de petites plantes
ou des mousses, par l'effet de la cristallisation de
plusieurs métaux à l'état d'oxydes qui, dissous
dans un fluide, ont pénétré lentement ces pierres
lors de leur formation.

On fait des *Agates artificielles* qui imitent
celles que la nature nous présente.

AGATINE (*Achatina*). Genre de Coquilles ter-

Fig. 39. — Agathine.

restres ayant beaucoup de rapport avec les Limaçons, mais s'en distinguant par leur forme, qui
n'est pas toujours la même, quoique généralement
conique plus ou moins allongée, à bord droit
tranchant: columelle lisse et tronquée à sa base.

Quant à l'animal, il ne diffère de celui des Hélices que par ses organes de la génération dépourvus d'appendices frangés et de dard. Les Agatines sont d'ailleurs ornées des plus belles couleurs, et leurs espèces sont nombreuses.

AGAVE (du grec *agaous*, admirable). Genre de Plantes de la famille des Amarillydées, dont le port ressemble à celui des Aloës. « Formé de feuilles radicales, longues, coriaces, armées de dents déchirantes et de pointes dures, on dirait un artichaut ouvert, gigantesque, dont chaque feuille atteindrait de 5 à 7 pieds de long. Du centre de cet

Fig. 10. — Agave.

amas de feuillage glauque, sort, quand la plante a 2 ou 3 ans, une sorte de hampe de la figure d'une asperge qui commencerait à poindre, et qui, croissant à vue d'œil (car aucun végétal ne présente une rapidité d'accroissement aussi extraordinaire que l'Agave), atteint jusqu'à 25 pieds de hauteur en 6 ou 8 jours. L'extrémité de cette hampe se charge de fleurs réunies en paquets et dont la disposition générale est celle d'un élégant candélabre. »

Les Agaves sont naturalisées dans le midi de l'Europe où elles vivent des siècles. Une espèce, la *Fourcroye séculaire*, mettait 400 ans à fleurir, selon les traditions mexicaines. Elles peuvent former des haies impénétrables. Les fibres contenues dans leurs feuilles fournissent une excellente filasse, appelée *soie végétale*, dont on fait des cordes, des hamacs, des vêtements même. Les Mexicains recueillent la liqueur sucrée qui découle du bourgeon central de l'*Agave cubaensis* pour obtenir par la fermentation une boisson enivrante qu'ils nomment *pulqué*. — On substitue frauduleusement dans le commerce la racine de l'Agave à celle de la Salsepareille.

AGE. Durée naturelle des choses. Pris dans son acception la plus large, ce mot nous fait remonter à l'époque de la création des corps bruts et des corps organisés, et déterminer approximativement leur durée.

L'origine du monde, de la terre en particulier, a dû, comme on le pense bien, occuper les savants, les philosophes, les naturalistes. Buffon, qui s'est livré sur ce sujet à des hypothèses pleines d'attrait, se résume ainsi : « En supposant, dit-il, comme tous les phénomènes paraissent l'indiquer, que la terre ait autrefois été dans un état de liquéfaction causée par le feu, il est démontré, par nos expériences, que si le globe était entièrement composé de fer ou de matière ferrugineuse, il ne se serait consolidé jusqu'au centre qu'en 4,026 ans, refroidi au point de pouvoir le toucher sans se brûler en 46,991 ans, et qu'il ne se serait refroidi au point de la température actuelle qu'en 100,696 ans; mais comme la terre, dans tout ce qui nous est connu, nous paraît être composée de matières vitrescibles et calcaires qui se refroidissent en moins de temps que les matières ferrugineuses, il faut, pour approcher de la vérité autant qu'il est possible, prendre les temps respectifs du refroidissement de ces différentes matières, tels que nous les avons trouvés par les expériences du second mémoire, et en établir le rapport avec celui du refroidissement du fer. En n'employant dans cette somme que le verre, le grès, la pierre calcaire dure, les marbres et les matières ferrugineuses, on trouvera que le globe terrestre s'est consolidé jusqu'au centre en 2,905 ans environ, qu'il s'est refroidi au point de pouvoir le toucher, en 33,911 ans environ, et à la température actuelle en 74,047 ans environ. » D'un autre côté, voici comment s'exprime l'auteur du cours élémentaire de minéralogie et géologie, M. Beudant : « Une seule géogénie mérite notre attention; c'est celle qui se trouve exposée dans le livre de Moïse, et qui, après plus de trois mille ans, se présente encore comme l'application la plus nette des théories les mieux établies, et comme le résumé le plus succinct des grands faits géologiques. Quoi de plus rationnel, en effet, et de plus conforme à l'état même de nos connaissances actuelles, quand il s'agissait de mettre de l'ordre dans la confusion générale des choses, que de créer le véhicule au moyen duquel les phénomènes de la lumière, de la chaleur, etc., pouvaient se manifester et porter la vie partout; que de rassembler de toutes parts les éléments dispersés, en certains groupes espacés entre eux; que d'établir, çà et là, des centres d'attraction autour desquels tout pût graviter suivant une loi immuable, etc.? C'est cependant ce que l'on trouve, en termes brefs et vulgaires, mais intelligibles à tous, dans les premiers versets de la Genèse, qui nous offrent clairement trois grandes opérations parfaitement distinctes. En effet, on y trouve en résumé: *Deus fecit* LUCEM (le fluide de la lumière, de la chaleur, etc.), FIRMAMENTUM (l'espace et toutes les masses qui s'y trouvent disséminées)

SOLEM ET STELLAS (les centres d'attraction», etc.

« Quant à la création organique, elle se partage en quatre époques successives, tout aussi rationnelles. La première établit la *vie végétale*, qui se manifeste non-seulement dans les plantes, mais encore dans les animaux inférieurs, où l'on trouve à peine autre chose que les phénomènes de nutrition, d'accroissement, etc. Vient ensuite la *vie de relation*, où la sensibilité, l'instinct, l'intelligence, la volonté, se joignent successivement, en diverses proportions, aux phénomènes de pure existence. Cette vie nouvelle prend d'abord un certain développement dans les Poissons (comprenant sans doute les Reptiles), puis dans les Oiseaux, qui constituent ensemble la seconde époque de création. Elle acquiert une nouvelle extension dans les Mammifères, qui paraissent à une troisième époque. Et enfin, elle parvient au plus haut degré dans l'Homme, qui termine l'œuvre du Tout-Puissant, en recevant une âme à son image pour le distinguer de tous les animaux. » — V. *Fossiles*.

Le temps que vivent les animaux varie beaucoup avec chaque espèce. Certains insectes ont une vie très courte : les éphémères à l'état d'insectes parfaits, les papillons, ne vivent que quelques heures; mais il ne faut pas oublier que la phase de leur existence à l'état de larves est plus longue. Un lapin, un lièvre vit 7 ou 8 ans; un mouton, 10; une vache, 15; un loup, 15 ou 16; un chat de même. Le chien, le loup, l'ours, ont 20 ans d'existence environ; le cheval arrive à 25 et 30 ans d'ordinaire; il pourrait vivre jusqu'à 70 ans, n'étaient les fatigues excessives auxquelles on le soumet. L'âge du rhinocéros est de 50 ans. La mort naturelle de l'homme arrive après un temps de 80 à 90 ans, mais quelquefois (et ce serait probablement la règle, sans l'intempérance et les excès de tout genre auxquels se livre notre espèce), après 100 ans. Les pélicans et les cerfs vivent longtemps; une tortue a vécu plus de 190 ans; les corbeaux vont jusqu'à 100; les cygnes jusqu'à 300; enfin, on dit que l'éléphant prolonge son existence jusqu'à 400 ans.

« La durée totale de la vie, dit Buffon, peut se mesurer en quelque façon par celle du temps de l'accroissement. L'homme croît en hauteur jusqu'à 16 ou 18 ans, et cependant le développement de toutes les parties de son corps n'est achevé qu'à 30 ans..... L'homme, qui est 30 ans à croître, vit 90 ou 100 ans; le chien, qui ne croît que pendant 2 ou 3 ans, ne vit aussi que 10 ou 12 ans : il en est de même de la plupart des autres animaux. »

Une seule chose manque à Buffon, c'est d'avoir connu le signe certain qui marque le terme de l'accroissement. « Je trouve ce signe, dit M. Flourens, dans la réunion des os à leurs épiphyses. Tant que les os ne sont pas réunis à leurs épiphyses, l'animal croît; dès que les os sont réunis à leurs épiphyses, l'animal cesse de croître. Dans l'homme, cette réunion s'opère à 20 ans : elle se fait dans le chameau, à 8 ans; dans le cheval, à 5; dans le bœuf, à 4; dans le lion, à 4; dans le chien,

à 2; dans le cochon d'Inde, à 7; etc., etc. Le rapport réel est 5, ou à fort peu près. L'homme est 20 ans à croître et il vit cinq fois 20 ans, c'est-à-dire 100 ans. Mais, ajoute le même auteur un peu plus loin, il faudra chercher dans les oiseaux, dans les poissons, dans les reptiles, quelle est la proportion de durée entre l'accroissement et la vie totale. Et très probablement, cette proportion sera un peu différente de ce qu'elle est dans les mammifères. »

Les physiologistes partagent la vie humaine en quatre périodes ou âges : 1° l'*enfance*, divisée en première enfance jusqu'à 7 ans, et en seconde enfance qui finit à 14 ou 15 ans pour les garçons, et à 11 ou 12 ans pour les filles; 2° l'*adolescence*, qui commence à l'époque où finit la seconde enfance et se termine à 20 ou 22 ans; 3° la *puberté*, qui peut durer de 22 à 55 ans; 4° la *vieillesse*, qui commence vers 55 ou 60 ans, et se termine par la décrépitude et la mort. — V. *Vie*.

À chaque âge correspondent des modifications matérielles, dynamiques et psychiques particulières, qu'il n'appartient qu'au physiologiste et au philosophe d'étudier; à chaque âge aussi des maladies spéciales. On sait combien la connaissance de l'âge a d'importance dans l'achat des animaux domestiques, tels que le cheval, le bœuf, le mouton, le chien, connaissance qui se tire principalement de la dentition, des modifications que présente le système dentaire.

AGELÈNE (*Agelena*). Genre d'Insectes de l'ordre des Arachnides, famille des Fileuses ou Aranéides, qui ne diffèrent des Araignées proprement dites que par la position des yeux qui offrent

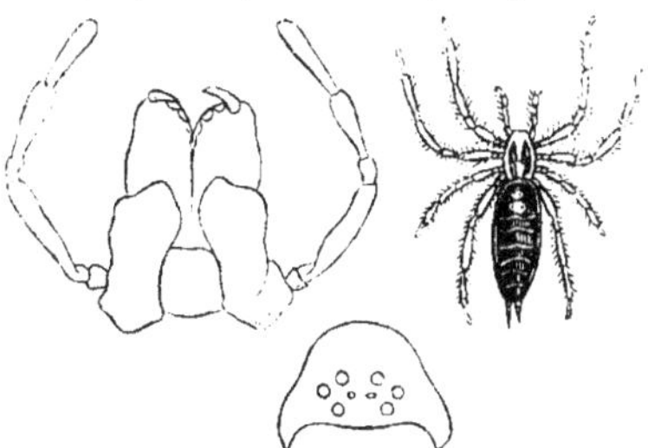

Fig. 11. — Agelène labyrinthique.

deux lignes parallèles beaucoup plus courtes, et par des pattes moins grêles.

L'AGELÈNE LABYRINTHIQUE est des trois espèces du genre la plus commune. Elle construit sa toile sur un plan horizontal, avec un trou rond, qui est l'orifice du canal conduisant à sa retraite. Au printemps, lorsqu'elle est jeune, l'Agelène établit sa toile sur des herbes, ensuite sur des chaumes plus élevés; enfin, lorsqu'elle a atteint toute sa grandeur, sur des buissons et des haies. C'est alors qu'elle est assez forte pour faire sa proie de grosses fourmis ou même d'abeilles. Une observation faite par M. Walckenaer, dit M. Lucas, semblerait prouver que les mâles, dans les Agelènes, ne craignent pas d'approcher des femelles, comme ceux des araignées : mais l'on trouve cependant, dans les remarques de Kummer, que l'Agelène labyrinthe dévore le mâle après l'accouplement. Lister a remarqué qu'en Angleterre elle s'accouple aussi en mai : il dit qu'en hiver elle se cache dans les fentes des murs et sous l'écorce des vieux arbres, enveloppée dans des fils très épais. Il remarque aussi qu'elle fait sa proie des plus grandes espèces d'abeilles et des plus grosses fourmis. Le même naturaliste en ayant enfermé une dans une boîte vitrée, elle y suspendit une toile artistement fabriquée, et y fit un cocon qui avait une forme étoilée ; elle remplit ensuite d'une multitude de fils la boîte qui semblait pleine d'une vapeur blanchâtre soufflée ; mais au milieu de cet amas de soies, en apparence désordonné, on voyait des vides, des issues, des sentiers, pareils à ceux d'un labyrinthe, qui tous cependant aboutissaient au cocon. Au bout de vingt jours, Lister ouvrit la boîte, défit le cocon : on était au milieu de septembre ; il trouva les œufs non éclos. Il a ouvert plusieurs cocons de cette espèce, dans les champs, à cette époque ; les œufs n'étaient point éclos. Enfin il renouvela ses expériences, mit un second individu en captivité, et obtint de même un cocon étoilé, dont les œufs n'ont éclos qu'au mois de février suivant. Dans une année qui fut très chaude, en 1676, il trouva cependant, à la fin d'août, des cocons où il y avait des petits éclos, et des œufs qui ne l'étaient pas encore. Ces œufs étaient gros, et au nombre d'environ soixante.

AGGLOMÉRAT. Terme de géologie qui veut dire : « réunion de plusieurs substances formées à diverses époques et longtemps séparées, qu'un ciment quartzeux ou calcaire déposé par les eaux a resserrées en masses plus ou moins considérables. Tels sont les grès, sables marins rapprochés par un gluten calcaire, et qui forment à Fontainebleau et à Orsai des bancs que l'on exploite en cubes pour paver les rues de Paris, etc. » Les *agrégats* sont, au contraire, des réunions de plusieurs substances diverses agglutinées ensemble à l'époque de leur formation.

AGLAOPE (*Aglaope*). Genre de Lépidoptères crépusculaires, ayant des antennes pectinées dans les deux sexes, point de trompe distincte. — On ne connaît qu'une seule espèce.

L'**AGLAOPE MALHEUREUSE** (*A. infausta*), qui se trouve communément dans le midi de la France, où elle est le fléau des amandiers ; on la rencontre aussi aux environs de Paris. Sa chenille, courte, ramassée, garnie de petits bouquets de poils implantés sur des tubercules, ayant le dos et le ventre jaunes et deux bandes longitudinales sur chacun de

Fig. 42. — Aglaope,

ses côtés, vit sur le prunelier épineux. La chrysalide est renfermée dans une coque ovoïde d'un tissu très serré.

AGNEAU. — V. *Brebis.*

AGNUS CASTUS. — V. *Gattilier.*

AGOUTI (*Cavia*). Genre de **Mammifères** de l'ordre des **Rongeurs**, tribu des **Caviens**, dont la taille, les mœurs et les habitudes sont presque identiques à celles du **Lièvre** et du **Lapin**, à l'exception qu'ils ont la tête plus arquée, plus comprimée ; les conques auditives courtes, presque nues ; les poils droits et raides, noirs à la base, jaunâtres à la pointe ; 4 doigts en avant, 3 derrière, etc.

Fig. 43. — Agouti ordinaire.

Ces animaux sont originaires de l'Amérique et de l'Océanie. Ils se nourrissent de fruits, de feuilles, de racines, de noyaux de toutes sortes d'arbres, et même de viande quand ils peuvent s'en procurer. Ils courent bien ; mais, ayant les jambes de derrière beaucoup plus longues que celles de devant, ils sont sujets à faire la culbute dans les descentes. Ils sont très propres; leur chair est délicate, aussi les chasse-t-on par toutes sortes de

Fig. 44. — Agouti huppé.

moyens. On les réduit facilement en domesticité, mais ils causent les plus grands dégâts dans leur prison. — On ne connaît que trois espèces de ce genre : l'Agouti ordinaire, auquel s'appliquent surtout les détails ci-dessus; — l'A. huppé, qui porte sur le cou des poils beaucoup plus longs susceptibles d'érection;—l'A. patagonien ou *lièvre des Patagons*, qui se distingue par sa taille plus grande, ses oreilles plus longues, etc.

AGRE (*Agra*). Genre de Coléoptères pentamères

Fig. 45. — Agre de Cayenne.

de la tribu des Carabiques, dont la tête est ovalaire, très rétrécie en arrière et formant col; les antennes filiformes, le corselet allongé cylindrique,

rétréci antérieurement : les élytres longs et étroits, etc. — Ces insectes, aux formes élégantes et dont on connaît environ cinquante espèces, appartiennent à l'Amérique intertropicale; ils ont ordinairement des couleurs métalliques brillantes, et on les rencontre toujours sur les arbres : mais ils ne sont pas très communs.

L'Agre de Cayenne (*A. cayennensis*, que nous avons figuré peut être pris pour type du genre

AGRION (*Agrion*). Genre d'Insectes de l'ordre des Névroptères, famille des Libellules, compre-

Fig. 46. — Agrion.

nant toutes les Demoiselles à corps linéaire qui portent leurs ailes verticalement dans le repos; leur tête est courte, large, le front plat, les yeux saillants, globuleux.

Les Agrions fréquentent le bord des rivières et s'y font remarquer par la belle couleur de leur abdomen et le brillant métallique de leurs ailes. Leur vol est moins rapide que celui des Libellules et comme sautillé; ils ne s'élèvent haut ni ne planent, mais voltigent sur les plantes. Ces insectes sont carnassiers. — L'espèce type, répandue dans toute l'Europe, est l'A. vierge (*A. virgo*), qui est d'un vert doré ou d'un bleu clair, avec le réseau des ailes très serré.

AGRIMONIÉES. Tribu de la famille des *Rosacées*. — V. ce mot.

AGRIPAUME. — V. *Léonure*.

AGROSTEMME. Genre de Plantes confondu avec les *Lychnides*. — V. ce mot.

AGROSTIDE (*Agrostis*). Genre de Graminées dont les épillets sont disposés en panicule rameuse, comprimés latéralement, contenant une seule fleur fertile suivie d'un cariopse libre entre les glumelles. Les espèces sont assez nombreuses, variées et donnent un bon fourrage.

L'A. **vulgaire** (*A. vulgaris*) atteint un demi-mètre ; sa souche cespiteuse émet souvent des rhizomes ; feuilles linéaires planes : ligule courte : panicule à rameaux étalés. Plante vivace commune dans les lieux herbeux, les bois, champs en friche, etc.

L'A. **épi du vent** (*A. spica venti*) est remarquable par sa panicule élégante qui s'agite au moindre souffle. Cette espèce est annuelle et croit dans les moissons, les champs sablonneux.

AI. Espèce du genre *Bradype*. — V. ce mot.

AIGLE (*Aquila*). Genre d'Oiseaux de l'ordre des Rapaces, famille des Diurnes, présentant les caractères suivants : tête et cou emplumés ; bec anguleux à sa face supérieure, presque droit à sa base : cire un peu poilue : jambes emplumées jusqu'aux doigts : yeux enfoncés sous l'orbite ; ailes très longues, obtuses et tronquées obliquement.

Ces oiseaux habitent les plus hauts rochers, d'où ils s'élancent d'un vol impétueux pour attaquer des mammifères et d'autres animaux plus grands qu'eux. Voici ce qu'en dit Buffon :

« L'Aigle a plusieurs convenances physiques avec le lion : la *force*, et par conséquent l'empire sur les autres oiseaux, comme le lion sur les autres quadrupèdes ; la *magnanimité* : il dédaigne également les petits animaux et méprise leurs insultes : ce n'est qu'après avoir été longtemps provoqué par les cris importuns de la corneille ou de

Fig. 17. — Grand Aigle.

la pie que l'Aigle se détermine à les punir de mort ; d'ailleurs il ne veut d'autres biens que celui qu'il conquiert, d'autre proie que celle qu'il prend lui-même. La *tempérance* ; il ne mange presque jamais son gibier en entier, et il laisse, comme le lion, les débris et les restes aux autres animaux.

Paris. — Typ. Lacour, rue Soufflot, 18.

Quelque affamé qu'il soit, il ne se jette jamais sur les cadavres. Il est encore solitaire comme le lion, habitant d'un désert dont il défend l'entrée et l'usage de la chasse à tous les autres oiseaux; car il est peut-être plus rare de voir deux paires d'aigles dans la même portion de montagne, que deux familles de lions dans la même partie de forêt : ils se tiennent assez loin les uns des autres, pour que l'espace qu'ils se sont départi leur fournisse une ample subsistance; ils ne comptent la valeur et l'étendue de leur royaume que par le produit de la chasse. L'Aigle a de plus les yeux étincelants, et à peu près de la même couleur que ceux du lion, les ongles de la même forme, l'haleine tout aussi forte, le cri également effrayant. Nés tous deux pour le combat et la proie, ils sont également ennemis de toute société, également féroces, également fiers et difficiles à réduire : on ne peut les apprivoiser qu'en les prenant tout petits. Ce n'est qu'avec beaucoup de patience et d'art qu'on peut dresser à la chasse un jeune Aigle de cette espèce ; il devient même dangereux pour son maître dès qu'il a pris de la force et de l'âge. C'est de tous les oiseaux celui qui s'élève le plus haut; et c'est par cette raison que les anciens ont appelé l'Aigle l'*Oiseau céleste*, et qu'ils le regardaient comme le messager de Jupiter. »

Cuvier compte huit sous-genres d'Aigles, qui sont l'*Aigle proprement dit*, le *Pygargue*, le *Balbuzard*, le *Circaète*, le *Caracara*, la *Harpie*, l'*Autour*, le *Cymindis*. — Il n'est question, dans cet article, que de l'Aigle proprement dit, qui se distingue par le corps emplumé jusqu'à la base des doigts, et par l'aile aussi longue que la queue. Quatre espèces principales :

Aigle royal (*A. regia*), vulg. *Aigle commun*,

Fig. 18. — Aigle royal.

grand Aigle. Cette espèce est la plus grande, en effet; elle se distingue encore des autres par la couleur rousse de son plumage, qui varie, du reste,

selon l'âge du sujet, d'où les variétés d'*A. brun*, d'*A. noir*, d'*A. doré*. L'Aigle royal habite le nord et l'est de l'Europe : on en trouve quelquefois à Fontainebleau. Il se nourrit de lièvres, d'agneaux, d'oies, de viandes mortes, à défaut d'autres, et même de fruits quand il est pressé par la faim. Il est farouche, vit avec sa compagne au milieu des rochers, sur la plate-forme desquels il établit son aire, où la femelle dépose deux œufs d'un gris cendré dont le grand axe est de 36 lignes, et qu'elle couve pendant trente jours. Dans ce nid, dit-on, sont parfois entassés plusieurs lièvres, canards, etc. C'est à cet oiseau, considéré comme le *roi des habitants de l'air*, que s'appliquent les remarques de Buffon. Mais cet auteur lui a fait une réputation de noblesse et de magnanimité que dément son caractère féroce.

Aigle impérial (*A. heliaca*). Il diffère du pré-

Fig. 19. — Aigle impérial.

cédent, avec lequel il a été longtemps confondu, en ce que sa taille est moins grande, son port plus trapu, ses ailes plus longues. Il habite les hautes montagnes du midi de l'Europe, de l'Égypte et du nord de l'Afrique. Il surpasse les autres en férocité, et ne craint pas d'attaquer les daims, les chevreuils, etc., parmi lesquels son cri seul jette l'épouvante. La femelle pond 2 ou 3 œufs d'un blanc sale, dont le grand axe est de 30 lignes.

Aigle tacheté (*A. nævia*), vulg. *Aigle criard, petit Aigle*, d'un brun sombre, un peu blanchâtre sous la gorge, avec taches ovales blanches sous les ailes et sur les plumes des jambes. Il habite les montagnes boisées du nord et de l'est de l'Europe. Il fait la chasse aux canards, aux petits oiseaux, mais il est lâche autant que criard, et se laisse vaincre par l'épervier. Il niche sur des arbres élevés, au besoin sur le sol; la femelle pond des œufs marqués de raies rougeâtres, tachetés de brun, qu'elle couve avec une ténacité sans pareille.

Aigle botté (*A. pennata*), le plus petit de nos

Aigles, mais non le moins courageux: ressemble aux buses par son bec arqué et l'ensemble de ses formes : ses tarses, d'un blanc moucheté, lui donnent l'apparence d'être chaussé ou botté. Il vit dans l'est et le midi de l'Europe; niche en Espagne, dans les Pyrénées, d'où il émigre de bonne heure. Il se rencontre moins souvent en France que le précédent. Ses œufs sont d'un blanc sale, un peu azuré, tachetés de roux.

AIGLE DE MER. Nom donné à la *Mourine*. — V. ce mot.

AIGREMOINE (*Agrimonia*). Genre de Rosacées, tribu des Agrimoniées, dont l'espèce type est l'**AIGREMOINE EUPATOIRE** (*A. eupatoria*), plante vivace herbacée, à feuilles alternes, pubescentes, dentées, avec stipules embrassantes: fleurs jaunes, en grappes terminales, inodores : calice turbiné, hérissé de petites lanières crochues: 14 à 20 éta-

Fig. 50. — Aigremoine.

mines : 2 carpelles, renfermés dans le tube du calice : fruit hérissé d'épines.

L'Aigremoine est commune le long des chemins, sur la lisière des bois, etc., où ses fleurs se montrent en juin-septembre. D'une odeur aromatique faible, d'une saveur un peu amère et styptique, elle passe pour astringente. On l'a vantée dans les engorgements du foie et de la rate, en gargarisme dans les maux de gorge, mais c'est aujourd'hui un médicament fort peu employé. Bouillie avec du son dans de la lie de vin, elle donne un cataplasme très résolutif pour les foulures (Tragus).

L'**AIGREMOINE ODORANTE** (*A. odorata*) est une variété qui se distingue par l'odeur de ses fleurs, par ses folioles oblongues et presque glabres, son calice à tube renflé.

AIGRETTE. Espèce de *Héron*. — V. ce mot.

En *botanique*, on donne ce nom aux appendices qui couronnent le fruit ou les graines de certaines plantes, particulièrement dans la famille des Composées. — V. ce mot. — L'Aigrette est soyeuse, poilue, membraneuse ou squameuse, sessile ou pédiculée, etc.; elle a pour usages de garantir la semence de la pluie, et de lui servir de support ou d'ailes pour qu'elle soit plus facilement transportée et disséminée au loin par les vents.

— En *entomologie*, faisceaux de poils qui se trouvent sur une partie quelconque du corps des insectes, et qui sont tantôt simples, tantôt en forme de plumet.

— En *ornithologie*, plumes qui ornent la tête ou d'autres parties du corps de certains oiseaux, et qui servent ordinairement à les spécifier.

— En *mammologie*, espèce de singe qui a une touffe de poils au milieu du front.

AIGUE-MARINE. Variété d'*Émeraude*. — **V.** ce mot.

AIGUILLAT (*Squalus acanthias*). Espèce de Poisson du genre Squale, dont le museau est oblong et comprimé, les narines placées sur les parties latérales de la tête, les yeux ovales allongés, les nageoires du dos munies d'aiguillons, le corps arrondi, avec des enfoncements étroits sur les côtés, formant des zigzags dans l'intervalle des muscles, etc. — Les plus gros poissons de cette espèce pèsent environ 20 livres. Se trouvent dans l'Océan.

AIGUILLE DE MER. Nom vulgaire de plusieurs poissons de mer de forme allongée. — L'*Aiguille écailleuse* est une espèce d'Ésoce; l'*A. cheval marin*, une espèce de Syngnate; l'*A. trompette*, une espèce de Fistulaire.

AIGUILLON (dérivé d'*acus*, aiguille). Organe particulier et piquant de certains animaux et végétaux.

— En *entomologie*, c'est l'espèce de dard piquant et rétractile par lequel se termine le dernier anneau de l'abdomen chez quelques insectes, tels que les Abeilles, les Bourdons, les Frelons, Guêpes, Sphéges, etc. C'est une arme offensive et défensive d'une structure plus ou moins compliquée. Chez le Scorpion l'aiguillon est très simple et formé par le dernier segment de l'abdomen, qui se termine en pointe aiguë perforée de deux petits trous pour l'issue d'un liquide venimeux contenu dans un réservoir situé à la base même de cet aiguillon.

Chez les Hyménoptères, cet organe est plus compliqué. Pour en donner une idée on décrit habituellement celui de l'Abeille. Or, vu à la loupe, ce dernier se compose d'une gaine cornée, espèce de gouttière à bords très rapprochés, renfermant deux soies sillonnées sur leur face interne, dont la réunion constitue le *dard*, lequel est très solide quoique très grêle, et dentelé à l'extrémité. Écartées à leur origine, c'est-à-dire à leur point d'attache aux diverses pièces cartilagineuses situées à la base de la gaine, les soies peuvent se mouvoir chacune séparément, à l'aide de petits muscles qui les attachent au dernier anneau de l'abdomen. De plus, deux vaisseaux en cul de sac, réunis bientôt en un seul canal qui aboutit à un réservoir, sécrètent un liquide venimeux. Ce réservoir est une espèce de vésicule qui, lorsqu'elle se contracte, chasse le venin qu'elle contient et le pousse dans un nouveau canal qui en part et qui se termine, après un court trajet, à l'endroit où les deux soies se réunissent pour former le dard : puis, lorsque celui-ci pénètre dans les chairs, ce même venin s'y répand en coulant le long des sillons sus-indiqués. Mais l'aiguillon enfoncé dans les parties lésées y adhère de telle sorte, à cause de ses dentelures, qu'il se sépare de l'animal, qui ne tarde pas à en périr parce que cette séparation ne peut se faire sans déchirure du rectum et de l'oviducte.

— En *botanique*, l'Aiguillon est le piquant qui arme l'écorce de certaines plantes. Les *Épines* diffèrent des *Aiguillons* en ce qu'elles font corps avec les parties où elles croissent, tandis que ceux-ci se détachent facilement de l'écorce qu'ils hérissent.

AIL (*Allium*). Genre de la famille des Liliacées, tribu des Scillées; plantes bulbeuses, sans articulations à la tige; à feuilles planes, canaliculées, engainantes. Fleurs en ombelle simple, renfermées avant l'épanouissement dans une spathe : périanthe à 6 divisions, dont 3 internes; 6 étamines, à filets souvent soudés entre eux par leur base élargie; anthères insérées par leur dos; style filiforme, etc. Ce genre renferme plus de 60 espèces, dont les principales sont appelées vulgairement *Ciboule*, *Cirette*, *Échalotte*, *Oignon*, *Poireau*, *Rocambolle*. — V. ces mots.

AIL COMMUN (*A. sativum*). Plante bisannuelle, à bulbe composé de bulbilles ovoïdes renfermées dans une tunique commune : fleurs d'un blanc sale, entremêlées de bulbilles : ombelle munie d'une spathe caduque composée d'une seule pièce prolongée en une pointe très longue, etc.

L'Ail est originaire des contrées méridionales de l'Europe. Son odeur forte et pénétrante, ainsi que sa saveur âcre et chaude, a été diversement appréciée. Les Égyptiens déifièrent cette plante, mais les Grecs l'eurent en horreur. En France, si on en fait une grande consommation dans le midi, à titre de condiment, dans le nord, au contraire, elle excite une invincible répugnance. On sait les imprécations que lui a lancées Horace, à cause de l'odeur exécrable de ceux qui en ont mangé. Toutefois, il paraît que cette odeur peut être neutralisée par une mastication de feuilles de persil ou de cerfeuil.

L'Ail est un stimulant énergique dont il ne faut pas abuser. Cette propriété a été mise à profit en médecine. On a administré la décoction ou l'infusion des gousses dans du lait comme diurétique, expectorant, antiscorbutique, fébrifuge, anticholérique, insecticide et vermicide. Appliquée à l'extérieur, la pulpe des gousses écrasées est rubéfiante et même épispastique.

AILE. On désigne par là, en histoire naturelle, divers objets, mais plus particulièrement cette partie du corps des oiseaux et des insectes qui leur sert à voler. Organes de locomotion aérienne, les ailes sont de véritables rames déployées pour fournir à l'animal, qui en est pourvu, un point d'appui sur le fluide qui l'environne. Cependant, ces organes n'ont pas toujours pour rôle d'opérer le vol, et ils diffèrent considérablement dans les diverses classes zoologiques.

Chez l'Oiseau, l'aile est composée d'un appareil osseux et musculeux, solide et énergique, recouvert

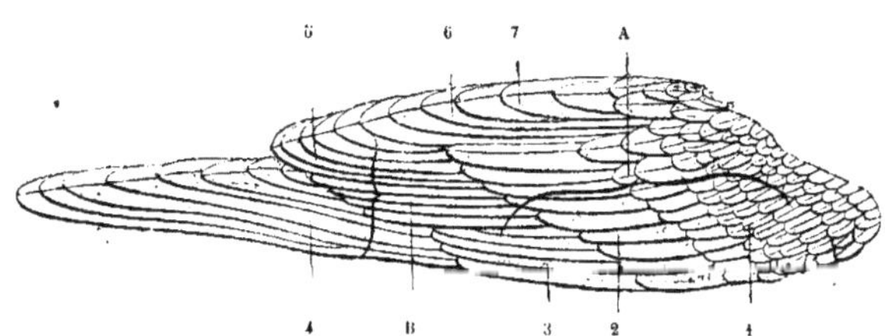

Fig. 51. — Aile d'oiseau.

(A, Couvertures : 1, petites couvertures; 2, moyennes couvertures; 3, grandes couvertures. — B. Pennes : 1, pennes primaires; 5. pennes secondaires; 6 et 7, pennes scapulaires.)

par des plumes qui diffèrent de nom suivant leur position. L'aile osseuse représente une sorte de membre supérieur composé du bras, de l'avant-bras et de la main : on y trouve un humérus, attaché à l'omoplate et à la clavicule, un radius et un cubitus, enfin un véritable métacarpe et des doigts rudimentaires (V. le squelette au mot *Oiseau*); mais le développement de ces parties varie singulièrement dans les différentes espèces de volatiles, depuis l'Aigle, l'Hirondelle, jusqu'à l'Autruche et le Pingouin, qui n'ont, eux, que des espèces de moignons propres tout au plus à faciliter leur course. Les ailes garnies de plumes offrent à considérer les plumes *tectrices* ou *couvertures*, et les *pennes* ou *rémiges*, ainsi que l'indique la figure 51.

Les ailes fournissent encore d'excellents éléments de classification selon qu'elles sont *obtuses* ou *aiguës*, etc.

L'homme a tenté bien des essais pour imiter les ailes et le vol des oiseaux, mais ces essais ont échoué jusqu'ici, et il est probable qu'il en sera toujours ainsi, non pas que l'imitation et la fabrication de ces rames offrent des difficultés, mais parce que nous manquerons toujours de forces musculaires suffisantes pour les mettre en mouvement.

— En *entomologie*, les *ailes* présentent aussi des distinctions que nous ferons connaître. — V. *Insectes*.

— En *botanique*, on désigne sous le nom d'*ailes* : 1° les deux pétales irréguliers et latéraux qui donnent aux fleurs papilionacées quelque ressemblance avec un insecte ; 2° des appendices minces et membraneux qui s'étendent autour de quelques semences ; 3° les folioles disposées sur deux rangs dans certaines feuilles ; les feuilles décurrentes sur les tiges, etc. De là les expressions de *tige ailée*, de *pétiole ailé*, *capsule ailée*, etc.

AILERON. Bouquet de 3 à 5 petites plumes raides implantées sur le pouce de la main des oiseaux.

AIMANT. « Substance noire, douée de l'éclat métallique ; à poussière noire ; attirable au barreau aimanté et magnétique ; fusible au chalumeau au feu de réduction, et n'éprouvant aucune alteration. » Cette substance est formée de peroxyde de fer, 69, et de protoxyde, 31, offrant 72 pour 100 de métal. C'est donc le minerai de fer le plus riche ; il appartient aux terrains de cristallisation : souvent disséminé, le plus ordinairement il est réuni en dépôts immenses, formant des montagnes entières, des bancs épais. Ce minerai est abondant en Suède et en Norwége : c'est celui qui produit le meilleur acier fondu.

Ce qu'on nomme *pierre d'aimant* est une variété compacte et impure de cette substance, mêlée de peroxyde de fer.

L'aimant offre plusieurs propriétés remarquables : • 1° il attire le fer et communique, par le contact et le frottement prolongé, des propriétés magnétiques à ce métal, qui prend alors le nom d'*aimant artificiel*. Lorsqu'un aimant, soit naturel, soit artificiel, est suspendu librement, l'une de ses extrémités se dirige constamment vers le Nord, et l'autre vers le Sud. La première a été nommée *pôle nord*, et la seconde *pôle sud*. Dans l'hémisphère boréal, le pôle nord de l'aimant suspendu s'incline au-dessous du niveau naturel ; et dans l'hémisphère austral, le pôle sud éprouve la même inclinaison. Dans deux aimants, les pôles analogues se repoussent, et les pôles opposés s'attirent mutuellement. » Il résulte de ces propriétés qu'il y a deux forces qui agissent en sens opposé, et de l'existence de ces deux forces, on a conclu à l'existence de deux *fluides magnétiques*, dont chacun repousse son semblable et attire l'autre. Entre les deux extrémités ou pôles d'un aimant, il existe une ligne dont les points n'exercent aucune action attractive, on l'appelle *ligne neutre* ou *moyenne*.

On met à profit les propriétés des aimants pour reconnaître la présence du fer dans les minerais et les pierres précieuses ; pour construire la boussole, qui indique aux navigateurs la position approximative des points cardinaux. On s'en sert en médecine pour extraire les particules de fer introduites dans l'œil ou engagées dans les plaies, etc. Pour combattre certaines névralgies, dyspnées, etc., on a employé l'aimant isolé ou des armatures magnétiques, disposées de manière que le courant traversât la partie malade ; mais les effets ont été jusqu'à présent fort incertains.

AIMANTATION. Opération qui consiste à communiquer au fer ou à l'acier des propriétés magnétiques. Le procédé le plus simple est celui dit par *touches* ; il consiste à frotter la pièce que l'on veut aimanter sur un fort aimant naturel ou artificiel, en la faisant glisser chaque fois d'un bout à l'autre, toujours dans le même sens et sans changer de pôle. Mais on peut aussi, sans le secours d'aucun aimant naturel, rendre une barre de fer doux magnétique et en faire même un véritable aimant. Ainsi, si l'on met sur une enclume et dans le plan du méridien une barre de fer et que l'on frappe un coup sec avec un marteau sur l'extrémité tournée du côté du nord, aussitôt elle devient pôle boréal ; en frappant de même l'extrémité opposée, elle devient pôle austral. Des barres de fer tenues longtemps dans une position verticale, comme les croix placées sur les clochers, les barreaux des fenêtres, etc., acquièrent naturellement la vertu magnétique. La partie supérieure de ces barres devient un pôle austral, l'inférieure un pôle boréal.

AIR (du grec *aer*). Fluide gazeux qui forme autour du globe terrestre une enveloppe désignée sous le nom d'*atmosphère*, et dont la hauteur est de 15 à 16 lieues. L'*air atmosphérique* est pesant, incolore, insipide et inodore, compressible et élastique, transparent, invisible, à moins que l'œil n'en traverse toutes les couches, auquel cas il fait éprouver la sensation de cette belle couleur bleue qui attire nos regards vers le ciel. Il est mauvais conducteur du calorique et de l'électricité.

L'air est composé de 0,79 d'azote, de 0,21 d'oxygène et d'une faible quantité de gaz acide carbonique, variable suivant les saisons de l'année, les lieux et l'heure du jour. Il contient aussi accidentellement un peu de vapeur d'eau, des parcelles de substances étrangères, sans compter de l'électricité, du calorique et de la lumière.

Sa densité est généralement prise pour unité, et c'est à elle que l'on compare les densités des autres gaz. 1 litre d'air sec, à la température de 0 degré et sous la pression de 0 m. 76, pèse 1 gr. 299. Le poids de l'air est à celui de l'eau, sous le même volume, dans le rapport de 1 à 770, c'est-à-dire que l'air est 770 fois plus léger que ce liquide.

La pesanteur de l'air a été démontrée par les expériences de Galilée, de Toricelli, Pascal, etc., et c'est de sa découverte que date la physique moderne. En voici l'historique, d'après le docteur Rochat :

« Les fontainiers du grand-duc de Florence avaient construit, pour amener l'eau dans le palais ducal, des pompes aspirantes, dont le tuyau dépassait 40 pieds. Quand on voulut les mettre en jeu, on vit avec étonnement que l'eau refusait, si l'on peut ainsi dire, de monter jusqu'à l'extrémité du tube, qu'elle s'arrêtait à une hauteur, qui fut reconnue de 32 pieds. Galilée, consulté à ce sujet, s'assura par de nombreuses expériences que le fait qui excitait la surprise de tout le monde et la sienne n'était pas accidentel mais constant, qu'il existait en vertu d'une loi; mais il n'en put indiquer la cause. On croyait alors que l'eau s'élève dans les pompes parce que la nature a horreur du vide : il n'en coûtait pas beaucoup plus d'admettre que la nature n'a horreur du vide que jusqu'à la hauteur de 32 pieds; ainsi on fit.

« Un de ces hommes qui par leur génie devancent leur siècle, Toricelli, jeune physicien italien, soupçonna que le phénomène dont nous nous occupons et sur lequel il avait longtemps médité, pouvait être produit par la pression atmosphérique. Si ses soupçons étaient fondés, le mercure, employé au lieu de l'eau qui est quatorze fois plus légère, devait monter à une hauteur quatorze fois moindre : c'est ce qu'il résolut d'expérimenter. Pour cela, il remplit de mercure un tube de trois pieds fermé à son extrémité supérieure, puis en boucha avec le doigt l'extrémité inférieure qu'il plongea ensuite dans une petite cuvette contenant une certaine quantité du même métal. En retirant alors le doigt, il vit le liquide descendre en partie dans l'intérieur du tube et, après quelques oscillations, rester suspendu 28 pouces au-dessus du niveau du mercure de la cuvette, c'est-à-dire précisément à la hauteur qu'il avait prévue. Toricelli venait de créer ainsi un instrument qui devait rendre à la science de nombreux services; le *baromètre* n'est en effet que son tube légèrement modifié.

« Cette expérience, qui eut un grand retentissement et qui fut désignée depuis sous le nom d'expérience du vide, était sans doute un argument puissant en faveur de la pesanteur de l'air, mais un argument indirect toutefois et laissant quelque place au doute. Pascal, dont le génie actif et étendu

ne pouvait rester indifférent à de si hauts problèmes, voulut la rendre plus décisive en en variant les conditions, en comparant les résultats qu'elle donnerait sur le sommet d'une montagne avec ceux qu'elle donnerait à sa base. Car si c'est la pesanteur de l'air qui fait monter le mercure dans le tube barométrique, ce liquide doit d'autant moins monter, que le lieu où se fait l'expérience est plus élevé. Plus ce lieu est élevé, en effet, moins la colonne d'air qui y repose se trouve longue et par conséquent pesante.

« Pascal chargea son beau-frère, Périer, conseiller à la cour des aides d'Auvergne, d'exécuter pour lui cette expérience sur le Puy-de-Dôme, dont la hauteur est de 500 toises. C'est le 20 septembre 1648, après de long retards occasionnés par les mauvais temps, que Périer, accompagné et assisté d'un bon nombre d'ecclésiastiques, de magistrats et de savants, fit cette mémorable ascension. Des deux baromètres qui devaient leur servir, et qui tous deux marquaient 26 pouces 3 1/2 lignes, il en confia un à un ecclésiastique chargé de le garder au pied de la montagne et de l'observer tout le jour; il emporta l'autre avec lui. Dans le premier, le mercure n'éprouva aucune variation de hauteur; dans le second, il en éprouva de notables au milieu du voyage, il était descendu à 25 pouces; au terme de la course, à 23 pouces 2 lignes. Les prévisions de la théorie se trouvaient justifiées; l'importante question de la pesanteur de l'air venait de faire un grand pas.

« On conçoit avec quelle joie Pascal reçut une pareille nouvelle, mais il voulut se donner le plaisir de répéter lui-même l'expérience, quoique bien en petit. Il la répéta sur la tour Saint-Jacques et dans une maison particulière. Transporté à la partie supérieure de la tour Saint-Jacques, le baromètre avait baissé de 2 lignes; sa hauteur, comparée sur les toits et dans les caves de la maison particulière, offrit une différence de 1 2 ligne. On dut donc ainsi à Pascal, non pas seulement une preuve nouvelle de la pesanteur de l'air, mais l'idée si utile de mesurer à l'aide du baromètre l'élévation des lieux.

« Mais ce n'était pas tout. Pour porter définitivement la conviction dans les esprits, il fallait trouver un moyen de peser un vase tantôt plein d'air, tantôt privé de ce fluide, et, par conséquent, y opérer le vide : c'est ce à quoi réussit, par l'invention de la *machine pneumatique*, un physicien de Magdebourg, nommé Otto de Guéricke.

« Le précieux instrument qu'il venait d'imaginer lui permit de faire une expérience qui démontra la pesanteur de l'air de la manière la plus originale et la plus saisissante, qui excita une admiration universelle, et qui est encore tous les jours citée. Il avait construit deux hémisphères creux en métal qui, à l'aide d'une petite bande de cuir enduit de suif, pouvaient se juxta-poser exactement de manière à former une sphère complète. Tant qu'ils restaient pleins d'air, ils devaient, on le conçoit, se séparer avec facilité; car si l'air extérieur tendait à s'opposer à leur séparation, il se trouvait contrebalancé par l'air intérieur ; mais, celui-ci retiré, et grâce à la machine pneumatique il pouvait l'être, celui-là devait les retenir l'un contre l'autre avec une force proportionnée à sa pression. C'est précisément ce que l'expérience mit dans une évidence éclatante.

« Le premier appareil qu'employa Otto de Guéricke avait un diamètre de trois quarts d'aune. A chacun des hémisphères qui le composaient, se trouvait un anneau auquel étaient attelés huit chevaux. Les deux attelages tirant horizontalement en sens contraire ne purent vaincre la résistance que l'air opposait. Le même appareil, suspendu au plafond d'une chambre, supporta un poids de 2,686 livres. On employa ensuite un appareil d'une aune de diamètre : l'effort de vingt-quatre chevaux ne put rompre l'adhérence de ses deux parties. Elles supportaient sans se séparer un poids de 5,400 livres.

« Des trois découvertes dont nous avons esquissé le récit, et auxquelles ont concouru l'Italie, la France et l'Allemagne, c'est celle d'Otto de Guéricke qui a la portée la plus étendue et à laquelle revient la plus grande gloire. Sans la machine pneumatique, en effet, nous ne connaîtrions pas bien le rôle de l'air dans une foule de phénomènes, notamment dans ceux de la combustion de la vie végétale et animale, de la propagation du son, etc. ; elle nous a démontré, par exemple, que, si notre globe était comme notre lune, dépourvu d'atmosphère, on ne rencontrerait à sa surface que solitude et que silence. »

L'air joue un rôle immense dans la nature ; il est l'élément indispensable de toute *respiration* et de toute *combustion* ; par son élasticité il nous transmet les vibrations sonores ; c'est à lui que nous devons les avantages et les plaisirs de la parole, du chant, de la musique, etc. ; les émanations embaumées des fleurs, c'est encore l'air qui nous les apporte ; mais, hélas ! il est le véhicule des principes contagieux, et il nous fait respirer les effluves marécageuses, miasmatiques, qui nous rendent malades ou qui nous tuent. L'air dessèche ou humecte, vivifie ou décompose, oxyde ou acidifie les corps ; il augmente ou diminue leur masse, active ou éteint leurs couleurs. Il transporte à des distances prodigieuses le pollen ou la graine des végétaux, les œufs de beaucoup d'animaux ; il est le réservoir des vapeurs aqueuses qui retombent ensuite sous forme de pluie. Enfin c'est à l'air entraîné dans une course furieuse par un courant rapide qu'il faut rapporter les vents et ouragans épouvantables qui ravagent nos plaines et bouleversent la profondeur des mers.

AIRELLE (*Vaccinium*). Genre de la famille des Vacciniées, comprenant des sous-arbrisseaux à feuilles coriaces, caduques ou persistantes, à fleurs blanchâtres ou rosées, axillaires, solitaires, ou en grappes terminales : calice 4-5 denté ; corolle urcéolée, campanulée, 4-5 lobée ; étamines 8-10 ; baie succulente.

AIRELLE MYRTILLE (*V. myrtillus*), vulg. *Abrétier. Raisin des bois. Teint-vin.* Sous-arbrisseau de 30-60 centim. ; tiges dressées, anguleuses ; feuilles vertes, glabres, ovales, aiguës, dentées, caduques ; fleurs blanches ou rosées, soli-

Fig. 52. — Airelle myrtille.

(Sommité fleurie ; fleur ; ovaire grossi, coupé de manière à faire voir l'insertion épigyne des étamines ; étamine séparée ; baie un peu grossie et coupée par la moitié.)

taires, axillaires, penchées ; corolle urcéolée ; étamines 8 ; style simple ; baies noires à la maturité.

Cette plante se trouve dans les bruyères des bois montueux des Vosges et du nord de l'Europe ; elle fleurit dès le printemps et fructifie en juin-juillet. Les baies, acidules-sucrées, légèrement astringentes, sont employées pour confitures, pour colorer et même imiter le vin. Leur infusion ou leur suc étendu donne une boisson tempérante, antiscorbutique et astringente.

AIRELLE FAUX ABRÉTIER (*V. vitis idœa*). — Cette espèce n'a que 10 à 30 centim. ; les tiges souvent réunies en touffes portent des feuilles persistantes, très coriaces, luisantes, ponctuées à la face inférieure ; fleurs disposées en grappes courtes penchées ; fruits rouges, mûrs en juillet. — Le faux Abrétier est rare et sans usage.

AJONC (*Ulex*). Genre de Sous-arbrisseaux de la famille des Légumineuses, tribu des Papilionacées, à rameaux avortés épineux ; à feuilles linéaires terminées en épines ; fleurs jaunes axillaires, munies de bractées colorées : calice à 2 divisions ; corolle dépassant à peine le calice ; étamines monadelphes.

AJONC D'EUROPE (*A. europœus*), vulg. *Genêt épineux.* Sous-arbrisseau de 30-50 centim., très rameux, à rameaux terminés en épine ; fleurs jaunes, bractées calicinales plus larges que le pédicelle ; calice très velu ; légume velu hérissé. — Cette plante est commune dans les coteaux incultes, les buissons, haies, etc. ; ses fleurs se montrent pendant la belle saison. Les bestiaux mangent ses jeunes pousses, et elle produit un bon engrais.

AJONC NAIN (*U. nanus*), ou *Bruyère jaune.*

Cette espèce se distingue de la précédente par ses

Fig. 53. — Ajonc d'Europe.

bractées calicinales plus étroites que le pédicelle, son calice légèrement pubescent.

AKÈNE (de *a* priv.; *cainô*, je m'ouvre). Fruit indéhiscent, sec, à une seule semence, et dont le péricarpe est distinct du tégument propre de la graine, comme dans le Cerfeuil, l'Angélique, etc.

AKIS. Genre de Coléoptères, de la famille des Mélasomes, petits, lisses, dont le corselet a les bords relevés sur les côtés. On en distingue plusieurs espèces dont les principales sont l'*Akis ponctuée* et l'*Akis algérienne*.

ALACTAGA. Espèce du genre *Gerboise*. — V. ce mot.

ALATERNE. Espèce de *Nerprun*. — V. ce mot.

ALBATRE. Pierre ordinairement blanche et assez tendre pour être rayée avec l'ongle, d'un grain fin, d'une pâte homogène, susceptible d'un beau poli. On en distingue deux espèces, le gypseux et le calcaire. — L'*Albâtre gypseux* appartient à l'espèce minérale qu'on appelle gypse ou sulfate de chaux hydraté. Plus tendre que l'Albâtre calcaire, il se laisse rayer par l'ongle, perd promptement sa transparence quand on le soumet au feu, et se change en plâtre. Le moindre frottement suffit pour lui enlever son poli et son éclat. Il offre souvent la blancheur la plus parfaite, quoique cette qualité ne lui soit pas essentielle. Les carrières de Lagny-sur-Marne en fournissent une belle variété, employée à divers objets d'art et d'ornement.

L'*Albâtre calcaire*, variété de l'espèce minérale appelée carbonate de chaux, est formé de couches successives qui se dessinent en veines à la surface. Sa couleur est d'un blanc laiteux un peu roux ou de jaune de miel, sa cassure est compacte et comme striée. Il est assez dur pour rayer le marbre blanc; et, par l'action d'un acide puissant, il se décompose en produisant une vive effervescence.

L'Albâtre se rencontre dans les terrains primitifs et dans ceux de première et de troisième formation. Il se forme aussi naturellement dans certaines fontaines qui donnent un dépôt d'un blanc jaunâtre : le plus célèbre dans ce genre est l'Albâtre des bains de Saint-Philippe, en Toscane.

ALBATROS (*Diomedea*). Genre d'Oiseaux de l'ordre des Palmipèdes, famille des Longipennes, ayant les caractères suivants : bec grand, fort, droit dans la plus grande partie de son étendue, mais crochu à sa pointe, la mandibule supérieure se terminant en croc, qui semble articulé, tandis que l'inférieure est tronquée à son extrémité; tarses courts, robustes; pouce nul; ailes très longues, aiguës; queue arrondie, cunéiforme. — Les oiseaux de ce genre sont les plus massifs de ceux de

Fig. 54. — Tête d'Albatros.

haute mer. Ils habitent l'hémisphère austral. « On les voit suivre pendant plusieurs jours les vaisseaux voguant à pleines voiles; ils affrontent les ouragans, se balancent sur les vagues, et, si la fatigue les surprend, ils se reposent et dorment à la surface de l'eau. Ils se repaissent avec voracité de cadavres et d'animaux vivants; leur force est extrême, et leur lâcheté égale à leur force : de faibles mouettes les font fuir. »

L'ALBATROS EXILÉ (*D. exsulans*), nommé *Mouton du Cap* par les navigateurs, est l'espèce la plus connue et la plus remarquable. Cet oiseau a le plumage blanc, excepté aux ailes qui sont noires et dont l'envergure est de plus de trois mètres. Quoique lourd en apparence, il vole parfaitement et très longtemps, ce que font supposer d'ailleurs ses ailes puissantes; et grâce à ses pieds largement palmés, il se pose sur l'eau, dit-on, comme les autres palmipèdes sur le rivage quand ils s'y arrêtent. L'Albatros a une voix retentissante comme le braire de l'âne. Il vit principalement de poissons et en dévore une quantité considérable. Il abonde au voisinage des deux caps qui terminent au sud les deux grands continents du globe, et construit son nid en argile sur les côtes désertes, où sa femelle dépose 3 ou 4 œufs bons à manger. Quant à l'animal lui-même, sa chair est dure et d'un goût désagréable: cependant elle a été quelquefois d'un grand secours aux marins privés depuis longtemps de viande fraîche.

ALBERGIER. Arbre fruitier considéré à tort comme une variété de l'Abricotier, qui constitue au contraire une espèce bien distincte, et auquel on doit le fruit connu sous le nom d'*Alberge*, fruit qui tient de la pêche et de l'abricot.

ALBINISME (d'*albus*, blanc). Anomalie congénitale d'organisation qui consiste dans la diminution ou même l'absence totale du pigment destiné à colorer la peau d'une race quelconque, humaine ou animale. On nomme *Albinos* les individus qui présentent cette anomalie, caractérisée par une peau d'un blanc mat, blafarde: des cheveux et des poils blancs et cotonneux, les pupilles roses et sensibles à la lumière du soleil. Les Espagnols ont les premiers appliqué ce nom à une race nègre disgraciée de la nature: mais l'Albinisme n'est plus considéré que comme le résultat d'une modification purement individuelle et accidentelle. Quoi qu'il en soit, on prétendait que les Albinos étaient généralement étiolés au physique comme au moral; ceci n'est pas toujours exact; car nous avons vu, en 1850, deux jeunes sœurs douées d'une belle et abondante chevelure argentée et soyeuse, qui, à 18 ans, offraient des beautés de formes et une vivacité d'esprit peu communes.

L'Albinisme se voit souvent chez les animaux: c'est à lui qu'est due la blancheur du poil chez la souris, le lapin, le cerf, le chien, etc. Il y a même l'Albinisme des plantes, qui résulte de la résorption de la matière colorante verte, ou son manque de développement par l'effet d'une anomalie de végétation ou d'une culture en lieu obscur.

ALBUMINE (d'*albumen*, blanc d'œuf). Principe immédiat des animaux et des végétaux, composé de carbone, 53,32; hydrogène, 7,29; azote, 15,70; oxygène, 23,69; plus d'un peu de soufre et de phosphore. Cette substance est extrêmement répandue dans l'économie animale, dans le sang et le serum surtout; elle constitue presque sans mélange le blanc des œufs d'oiseaux. Dans le blanc d'œuf, l'Albumine est un liquide transparent, légèrement verdâtre, inodore et presque insipide. Soumise à l'action d'une chaleur de 60°, elle se coagule et devient insoluble; sa dissolution se prend aussi par la chaleur en une masse blanche opaque qui n'est autre chose que de l'*Albumine coagulée*. La plupart des acides la coagulent. Le seul caractère qui la distingue de la Fibrine (V. ce mot), c'est que celle-ci se coagule spontanément. L'Albumine se combine avec les sels, notamment ceux de cuivre et de mercure, et forme ainsi des composés qui ont à peine de l'action sur l'économie, ce qui la rend précieuse dans un grand nombre d'empoisonnements. L'Albumine sert pour clarifier les liquides, parce qu'en s'y coagulant par l'effet de l'alcool ou du tannin qu'ils renferment (vins), ou par celui de la chaleur à laquelle ils sont soumis (sirops), elle forme une grande quantité d'écumes solides qui entraînent, comme dans un réseau, toutes les particules étrangères.

L'Albumine existe aussi dans un grand nombre de végétaux, mais cette Albumine végétale offre des caractères très variés, et qui n'ont pas encore été suffisamment déterminés.

ALCALI (de l'arabe *al-kali*). Ce nom, donné d'abord par les Arabes à la soude qu'ils retiraient d'une plante qu'ils appelaient *Kali*, fut appliqué plus tard à la potasse et à l'ammoniaque, plus tard enfin à la baryte, à la chaux, etc. De nos jours les Alcalis se divisent en minéraux et en végétaux.

Les *Alcalis minéraux* sont des corps composés soit d'un métal et d'oxygène (*potasse, soude*, etc.) soit d'hydrogène et d'azote (*ammoniaque*); ce dernier excepté, ils sont regardés comme de véritables oxydes, dont l'affinité pour les acides est très grande. Ils ont pour caractères distinctifs de verdir le sirop de violette, de rougir la couleur jaune de curcuma, de ramener au bleu les couleurs bleues végétales rougies par les acides, et de former avec ces derniers des *sels*. Ils sont solides ou liquides, âcres et d'une saveur urineuse. Purs ou concentrés, ils désorganisent les tissus vivants en les saponifiant; plus ou moins étendus d'eau, ils sont souvent administrés pour dissoudre les calculs, combattre les maladies de la peau, etc.

Les *Alcalis végétaux* ou *Alcaloïdes* sont formés d'hydrogène et de carbone, ou d'oxygène, d'hydrogène, de carbone et d'azote. On les extrait des végétaux sous forme de corps blancs, pulvérulents, solubles dans l'alcool, ordinairement âcres et amers, et on les regarde comme des Alcalis parce qu'ils neutralisent les acides. Les Alcaloïdes se divisent en non volatils et en volatils. Les premiers sont nombreux, et leur nombre augmente encore chaque jour: nous citerons parmi eux l'*Atropine*, la *Belladone*, la *Brucine*, la *Delphine*, l'*Emétine*, la *Morphine*, la *Strychnine*, etc., etc.; quant aux Alcaloïdes volatils, ce sont la *Conicine*, la *Nicotine*, etc. La plupart des Alcaloïdes ont une action très prononcée sur l'économie animale, et beaucoup constituent des poisons dont il est difficile de découvrir la trace après la mort. Ils représentent en général les propriétés des substances d'où on les a extraits, mais à un degré d'énergie plus grand. Le caractère toxique des plantes est dû à l'alcaloïde qui leur est propre et qui s'y trouve, non à l'état libre, mais combiné avec un acide organique.

ALCALOÏDE. — V. *Alcali*.

ALCÉE. Variété de *Mauve*. — V. ce mot.

ALCÉLAPHE (*Alcelaphus*). Sous-genre d'Antilope (V. ce mot), à cornes épaisses, lyrées, sans arêtes, existant dans les deux sexes. — V. *Babale*.

ALCHIMILLE (*Alchimilla*). Genre de Rosacées, tribu des **Agrimoniées**; plantes annuelles ou vivaces, à feuilles palmatilobées; fleurs verdâtres disposées en cymes ou en fascicules opposés aux feuilles : calice à 8 divisions sur deux rangs, dont l'interne paraît continuer la corolle; étamines 1-4; style partant de la base du carpelle; stigmate capité.

ALCHIMILLE COMMUNE (*A. vulgaris*), vulg. *Pied-de-lion*. Plante de 10 à 30 centimètres, à souche épaisse; tiges grêles, dressées, très pubescentes; feuilles réniformes, dentées, palmatilobées, pubescentes, plissées de la base à la circonférence, les radicales longuement pétiolées, les caulinaires

Fig. 55. — Alchimille commune.

à court pétiole, stipulées; fleurs disposées en cymes corymbiformes.

L'Alchimille est très rare : c'est dans les prés et dans les bois montagneux qu'on peut la trouver. Les alchimistes recueillaient la rosée de ses feuilles pour la faire servir au grand-œuvre : de là son nom. Les amants de Vénus lui ont attribué la vertu de réparer les outrages faits à la virginité. En médecine, c'est un faible astringent qu'on peut opposer aux flux atoniques du bas ventre.

A. DES CHAMPS (*A. arvensis*). Cette espèce est annuelle, plus élevée que la précédente; ses feuilles sont cunéiformes, semi-orbiculaires, les radicales détruites lors de la floraison; fleurs disposées en fascicules opposés aux feuilles; 1-2 étamines. — Elle est assez commune dans les champs maigres, les pelouses arides, au bord des chemins, montrant ses fleurs en mai-août.

L'A. DES ALPES (*A. alpina*) est remarquable par le duvet soyeux et argenté de la lame inférieure de ses feuilles, etc.

ALCIDE. Genre de Coléoptères tétramères, fondé sur l'**A. DENTIPÈDE** que nous figurons; insectes dont on compte 22 espèces, et qui, pour la plu-

part, sont de Java, de l'Afrique et des Indes orientales.

Fig. 56. — Alcide.

ALCYON. Les Grecs donnaient ce nom à un oiseau qui faisait son nid sur le bord de la mer, et cet oiseau devait être le Pétrel, selon les uns : selon d'autres, l'Hirondelle salangane, dont les nids (*nids d'Alcyon*) sont comestibles en Chine. Aujourd'hui le nom d'Alcyon n'appartient plus qu'au *Martin-Pêcheur*. — V. ce mot.

ALCYON. Genre de Molluscoïdes de la classe des Bryozoaires, de forme et de grandeur variées, qui donnent lieu, à la surface des mers, où ils étalent souvent leurs vives couleurs, à une croûte parfois très épaisse. Leur polypier est charnu, mou; leurs tentacules sont simples. M. Milne Edwards attribue à ces Zoophytes un système de vaisseaux communs servant au transport d'un liquide nourricier. — Il est une espèce appelée *Main-de-mer*, à cause de la ressemblance avec les doigts de la main que lui donne sa masse digitée. — Jadis, on employait, comme dentifrice, les cendres des Alcyons brûlés; elles jouissaient aussi de la réputation de faire pousser les cheveux. — V. *Alcyoniens*.

ALCYONELLE. Molluscoïde bryozoaire habitant les eaux douces. — V. *Plumatelles*.

ALCYONIENS. Famille de Molluscoïdes bryozoaires, dont les tentacules, au nombre de huit au moins, sont larges, foliacés et garnis sur leurs bords de petits prolongements qui les rendent dentelés. Leur bouche communique dans un estomac assez vaste, dont les parois adhèrent aux parties voisines par des espèces de cloisons ou mésentères disposés circulairement, et entre lesquels sont placés les ovaires : ceux-ci communiquent avec la cavité intestinale, de sorte que c'est par la bouche que les œufs sont rendus. Les cellules des polypiers mous et charnus de ces animaux communiquent le plus souvent entre elles au moyen de canaux intérieurs, ce qui fait que la nourriture que

Fig. 57. — Cornulaire (alcyonien).

prend chaque animal peut profiter à lui seul ou à toute la communauté.

ALECTO. Genre de Passereaux conirostres: oi-seaux du Sénégal de la grosseur d'un Merle, au plumage brun-noir, avec quelques taches irrégulières blanches sur les flancs.

ALECTOR. Genre de Gallinacés de l'Amérique; oiseaux intermédiaires entre les Dindons et les Faisans, dont la queue est large et arrondie, les ailes courtes, etc. Ils vivent dans les bois; se nourrissent de bourgeons, de fruits, et sont faciles à apprivoiser.

ALÉPOCÉPHALE (*Alepocephalus*). Genre de Poissons de la famille des Ésoces, dont le principal caractère consiste dans l'absence complète d'écailles sur toutes les parties de la tête.

L'ALÉPOCÉPHALE A BEC (*A. rostratus*) est la seule espèce que l'on connaisse. Il se rapproche beaucoup du Brochet, mais il en diffère par son museau rétréci et un peu allongé, par sa bouche plus petite, ses dents très fines, ses yeux énormes. Excepté la tête, toutes ses parties sont revêtues de téguments squameux larges, épais, de forme oblongue. Le centre de chaque écaille est coloré en bleu violet, tandis que leur bord libre est liseré de brun. Ce poisson habite la Méditerranée à de très grandes profondeurs, aussi devient-il rarement la proie des pêcheurs.

ALEXANOR. « Espèce de Papillon du genre Che-

Fig. 58. — Alépocéphale.

valier, dont le dessus des ailes est d'un jaune d'ocre pâle, avec une bordure noire et quatre lignes transversales de la même couleur. Quoiqu'on e trouve en France, surtout dans les Hautes-Alpes, cette jolie espèce est fort peu répandue. »

ALEYRODE. Insecte de l'ordre des Hémiptères-homoptères, que l'on trouve pendant toute l'année, même par les froids les plus rigoureux, sous les feuilles de la grande Éclaire, où il se montre ainsi que ses œufs, au nombre de 10 à 30 et disposés en rond, couverts d'une poussière blanche. Débarrassé de cette poussière, il est jaunâtre, parfois rosé, avec les yeux noirs, les pattes blanches, etc. Ces insectes sont sujets à une métamorphose, ce qui ferait croire qu'un nouvel examen pourrait peut-être les éloigner des Hémiptères, auxquels on les réunit.

ALGAZEL (*Antilope leucoryx*). Espèce d'Antilope du sous-genre Oryx, à pelage blanchâtre teinté de fauve clair sur le dos et les flancs; ani-

Fig. 58. — Alexanor

mal de l'Afrique septentrionale, connu des anciens qui l'ont représenté très souvent sur leurs monuments, de profil et avec une seule corne visible.

ALGUES (*Algæ*). Première famille d'Acotylé-

Fig. 59. — Algues.

dones; plantes aquatiques sous forme de filaments plus ou moins déliés, ramifiés de la manière la plus bizarre et d'une structure entièrement celluleuse, qui se reproduisent tantôt par division des filaments, dont chaque fragment devient semblable au tout; tantôt par des spores répandus sur leur sur-

face. — Cette famille comprend les *Conferves*, les *Ulves*, les *Varecs*, etc. On les recueille pour en extraire la soude ou pour les utiliser comme engrais. Quelques-unes sont alimentaires (varecs); d'autres vermifuges (coralline). Les varecs fournissent l'iode, etc.

ALIBOUFIER (*Styrax*). Genre de plantes exotiques de la famille des Styracacées, dont deux principales espèces à noter : 1° le *Styrax officinale*, arbrisseau de Syrie, acclimaté dans le midi de la France, où il forme de jolis buissons dont les feuilles sont d'un beau vert, et les fleurs blanches ressemblent à celles de l'orange : on lui doit le *Storax*, gomme qui découle naturellement ou par incisions de sa tige; 2° le *Styrax benjoin*, arbre qui croit dans le royaume de Siam et dont découle, par incisions, le *benjoin*, qui est un baume résine d'une odeur pénétrante très agréable, employé en fumigations, teinture, etc., comme tonique, expectorant.

ALIMENT (d'*alere*, nourrir). Toute substance introduite dans le corps, dans le but de réparer les pertes qu'éprouvent nos tissus et même de les accroître dans certaines limites fixées par la nature. Les aliments sont presque exclusivement fournis par le règne organique. Bien qu'ils soient tirés des animaux et des végétaux, on ne doit pas moins considérer le règne végétal comme servant de base à l'alimentation, puisque la plupart des animaux se nourrissent exclusivement de végétaux. Qui ne sait que le pain, produit du gramen, peut suffire à l'entretien d'un animal carnassier? C'est que cet aliment contient les principes immédiats de la chair. Haller, lorsqu'il émit cette proposition qu'*entre le gramen et le lion il n'y a que le bœuf, qui mange l'un et qui est mangé par l'autre*, posa un grand principe que MM. Dumas et Boussaingault ont depuis sanctionné par leurs expériences et leurs théories. Ils admettent en fait : 1° que l'albumine, la caséine et la fibrine existent dans les plantes, et que, par une sorte de substitution, ces matières passent toutes formées dans le corps des herbivores, d'où elles sont transportées dans celui des carnivores; 2° que les plantes seules ont le privilège de fabriquer ces trois produits, dont les animaux s'emparent soit pour se les assimiler, soit pour les décomposer selon les besoins de leur existence.

Le plus simple des aliments contient au moins les trois principes élémentaires suivants : oxygène, hydrogène, carbone. Mais des expériences nombreuses, faites sur les animaux, ont prouvé que les substances alimentaires qui ne renferment que ces éléments ne peuvent réparer les pertes de l'économie, permettre la croissance, entretenir longtemps l'existence, et que l'*aliment par excellence doit contenir de l'azote*. L'oxygène, l'hydrogène, le carbone et l'azote sont donc la base de toute matière organisée; viennent ensuite le soufre et le phosphore. Cependant, bien que formés d'oxygène, d'hydrogène, de carbone et d'azote, les principes immédiats des animaux, lorsqu'ils sont donnés chacun séparément et à l'exclusion des autres, ne peuvent entretenir longtemps la vie. Ainsi l'*albumine* seule, qui entre pourtant dans la composition du sang et de la chair musculaire, etc., ne pourrait constituer une nourriture complète; la *gélatine* seule, qui abonde dans la chair blanche des jeunes animaux, ne pourrait suffire à l'entretien de la vie; la *fibrine* seule, quoique partie essentielle des muscles, serait dans le même cas, ainsi que la *chondrine* ou gélatine des os; la *glutine*, substance visqueuse qui recouvre le gluten brut; la *glucose*, sucre de raisin ou de fécule, etc.

M. de Gasparin, dans un mémoire intéressant, a prouvé expérimentalement que la valeur nutritive des aliments est en raison directe de l'azote qu'ils contiennent. Ainsi, par exemple, des Irlandais, nourris exclusivement de pommes de terre, en consommaient 6 kil. par jour, contenant 23 gram. d'azote seulement, ce qui donne une idée de l'énorme travail digestif que l'estomac avait à faire pour trouver la quantité de substances azotées nécessaires à l'économie. La pomme de terre ayant manqué, le gouvernement fit venir du maïs d'Amérique, et les Irlandais ne consommèrent plus qu'un kil. de farine de ce grain, contenant la même quantité d'azote, 23 gram., et ils se sentirent plus forts, plus soutenus que lorsqu'ils se nourrissaient de pommes de terre.

Les conditions d'une bonne alimentation sont de fournir deux principes essentiels : le principe réparateur (azote), et le principe calorifique (carbone).

L'*alimentation* peut être soumise au calcul suivant, qui en établit la théorie. La quantité de carbone exhalé en 24 heures par un adulte (V. *Respiration*) est de 250 gram.; de plus, l'homme perd par les déjections 20 gram. d'azote et 60 de carbone. Donc, pour entretenir la vie, il faut que les aliments donnent à l'économie par jour : 340 gr. de carbone (principe calorifique), et 20 gram. d'azote (principe réparateur), lesquels correspondent à 130 gram. de substances azotées. Or, 100 gram. de pain contiennent 30 de carbone et 1,08 d'azote, soit 7,02 de substances azotées; 100 gr. de viande contiennent 3,07 d'azote et 11 de carbone, soit 19 de substance azotée.

Pour trouver dans le pain seul 130 gram. de substances azotées, il faudrait en manger 4,857 gr.; et pour trouver dans la viande seule les 310 gram. de carbone, il faudrait en manger 2,818 gram. Pour se nourrir convenablement de pain et de viande, il faut 1,000 gram. de pain contenant 70 de substances azotées et 300 de carbone, plus 286 gr. de viande (sans os), contenant 60 gram. 26 de substances azotées et 31 gram. 46 de carbone. — V. *Nutrition*.

ALIPATA. Arbre des Philippines, de la famille des Euphorbiacées, appelé *aveuglant*, parce que, dit-on, la fumée de son bois aveugle, ainsi que le suc laiteux qu'il renferme. Son ombre est nuisible, et ses fleurs fournissent aux abeilles un miel amer.

ALISIER (*Sorbus terminalis*). Espèce du genre Sorbier : arbre peu élevé, à feuilles lobées-dentées, glabres, luisantes à l'état adulte; calice 5-fide; corolle à pétales suborbiculaires; style 2-5; fruit

Fig. 60. — Alisier.

assez petit, oblong, subglobuleux, d'un brun jaunâtre, charnu, acerbe à sa maturité, qui arrive en septembre-octobre. — Deux variétés à signaler :

L'**ALISIER DE FONTAINEBLEAU** (*S. latifolia*), dont les feuilles sont tomenteuses, blanches en dessous, même à l'état adulte; style 2-3; fruit assez petit, d'un brun orangé, pulpeux, d'une saveur sucrée, en maturité aux mois d'août-septembre. — Espèce moins commune que la suivante.

L'**A. ALOUCHIER** (*S. aria*), arbre élevé, à feuilles tomenteuses, blanchâtres en dessous, à lobes décroissant du sommet vers la partie inférieure de la feuille, tandis que c'est le contraire dans l'Alisier de Fontainebleau; fruit d'une saveur acidule.

Les Alisiers abondent dans certaines forêts, les bois montueux, dans la forêt de Fontainebleau surtout. L'écorce et les fruits sont astringents et antidiarrhéiques. Le bois est recherché des tourneurs et des menuisiers, pour la monture de leurs outils.

ALISMACÉES (d'*alisma*, plantain d'eau, genre type). Famille de Plantes monocotylédones, vivaces, herbacées, aquatiques, à tiges sans feuilles le plus souvent; feuilles en rosette radicale, à pétioles engainants; fleurs hermaphrodites, verticillées, disposées en épi ou en sertule. Périanthe à 6 divisions, dont 3 extérieures herbacées, 3 internes pétaloïdes; étamines 6-12 ou en nombre indéfini, hypogynes; ovaire non soudé avec le périanthe, composé de plusieurs carpelles libres ou soudés ; styles courts. Fruit multi-carpellaire, indéhiscent ; graines à périsperme nul, etc. — On a fondu dans cette famille les JONCAGINÉES et les BUTOMÉES, qui en sont considérées comme des tribus. Les principaux genres sont l'*Alisme* ou *Plantain d'eau*, le *Sagittaire*, le *Butome*, le *Trocart*, etc.

ALISME. — V. *Plantain d'eau*.

ALIZARINE. — V. *Garance*.

ALIZIER. — V. *Alisier*.

ALKÉKENGE (*Physalis*), vulg. *Coqueret*. Seule espèce de son genre, plante de la famille des Solanées, vivace, à tige haute de 30 à 50 centimètres, dressée, anguleuse, finement pubescente ; feuilles glabres, géminées, ovales, aiguës ; fleurs blanchâtres, portées sur des pédicelles solitaires au niveau des feuilles, et assez grandes : calice petit, velu, campanulé, 5-lobé ; corolle campanulée, 5-lobée ; étamines 5 ; baie globuleuse, rouge, grosse comme une cerise, renfermée dans un calice accru après la floraison.

Le Coqueret est assez commun dans les vignes, les lieux cultivés, etc., où il fleurit tout l'été. Sa saveur est amère, et il possède des propriétés to-

Fig. 62. — Alkékenge.
(Sommité fructifère ; calice et corolle détachés.)

niques, fébrifuges et diurétiques. Comme fébrifuge, c'est la poudre de la tige et des capsules qu'on emploie à la dose de 4 à 16 gram. Les fruits sont acidules ; et, pris en infusion ou mangés en nature, ils sont efficaces, dit-on, dans les maladies des voies urinaires.

ALLELUIA. — V. *Oxalide*.

ALLIAGE. Combinaison de deux ou plusieurs métaux. Les alliages dans lesquels entre le mercure se nomment *amalgames*. Il existe quelques alliages naturels, mais le plus ordinairement on les fait artificiellement et suivant le besoin. Ces composés étant dus à l'industrie, nous n'avons pas à en parler. Disons seulement que les plus usités sont celui de cuivre et de zinc (*laiton*), celui d'étain et de cuivre (*bronze*).

ALLIAIRE (*Alliaria*). Genre de Crucifères, tribu

Fig. 63. — Alliaire.
(Sommité florifère et fructifère ; fleur détachée ; étamines et pistil dépouillés des enveloppes florales.)

des Sisymbriées, dont l'ALLIAIRE OFFICINALE (*V. officinalis*) est l'espèce type. C'est une plante bisannuelle de 30 à 80 centim., à tiges dressées, à feuilles pétiolées, réniformes, cordées, crénelées ; à fleurs blanches suivies de siliques étalées 7-8 fois plus longues que le pédicelle. — L'Alliaire croît dans les lieux frais ou ombragés, les buissons, les fossés humides : elle fleurit en avril-juin. Ses feuilles, écrasées, répandent une odeur alliacée : de là son nom. C'est un antiscorbutique, oublié aujourd'hui.

ALLIGATOR. — V. *Caïman*.

ALLOUCHIER. — *Alisier*.

ALLUVIONS. On donne ce nom, en géologie, aux dépôts formés par les eaux courantes, quelle que soit la nature de ces dépôts. Ce sont des terrains plus ou moins vaseux et sablonneux dus à des accumulations successives de matières minérales, végétales et animales, entraînées et rejetées sur les côtes par les eaux marines, sur les rivages et à l'embouchure des fleuves et des grandes rivières par des courants d'eau. En suivant le cours des rivières, on remarque, dans leur lit, des angles saillants opposés à des angles rentrants et formés par une berge escarpée : les premiers sont les Alluvions, comme le sont aussi tous les dépôts occasionnés par divers obstacles à la vitesse de l'eau, tels que rochers, piles de pont, arbres, etc. Il y a des Alluvions d'une étendue considérable : telles sont celles qui bordent en grande partie la mer du Nord, les deltas de la Basse-Égypte et du Danube, les polders de la Hollande, etc. Elles s'expliquent par le débordement des eaux qui, ralenties dans leur cours, déposent ou abandonnent les matières qu'elles ont entraînées.

Les Alluvions caillouteuses et sablonneuses nuisent considérablement au sol qu'elles recouvrent : les limoneuses au contraire donnent une grande fertilité, comme dans la Hollande (nord), la Basse-Égypte, etc. Le propriétaire riverain doit s'occuper de les féconder, en les étayant d'abord au moyen de pieux entrelacés de clayonnage, et en plantant le sol de diverses plantes aquatiques à racines traçantes, pour retenir les terres et la vase ; ensuite il peut, au bout de deux ans, les planter de saules, d'oliviers rouges, en attendant qu'elles puissent être converties en prairies artificielles ou consacrées à d'autres cultures.

L'Alluvion est considérée par la loi comme un moyen d'acquérir la propriété ; elle profite au propriétaire riverain, qu'il s'agisse d'un fleuve ou d'une rivière navigable, flottable ou non, à la charge toutefois, dans le premier cas, de laisser le chemin de halage, conformément aux règlements. Toutefois une loi est intervenue, en 1850, qui modifie les art. 556 et suivants du Code civil.

ALOES (*Aloe*). Genre de la famille des Liliacées, tribu des Aloïnées, dont voici les caractères : plantes à racines fibreuses, vivaces ; à feuilles très épaisses ; à fleurs disposées en épi ou en panicule rameuse ; calice tubuleux, presque cylindrique, à 6 divisions inégales ; 6 étamines hypogynes ; ovaire surmonté d'un style court à stigmate trilobé, etc. On compte plus de 170 espèces de ce genre, mais il suffit d'indiquer les trois suivantes :

ALOES PERFOLIÉ (*A. perfoliata*). Feuilles épaisses, charnues, allongées, aiguës et dentées, rassemblées en rosette à la base de la tige, d'un vert glauque et parsemées de quelques verrues blanchâtres épineuses ; hampe de 65 centim. de hauteur environ, recouverte d'écailles ; fleurs rouges, tubuleuses, disposées en grappes allongées, etc.

ALOES EN ÉPI (*A. spicata*). Fleurs campanulées et non tubuleuses ; feuilles planes et moins épaisses, etc.

Les Aloès sont originaires d'Afrique. Un assez grand nombre d'espèces sont cultivées dans nos serres : on les place dans une terre légère et on les arrose peu. On les multiplie de graines et plus souvent encore de rejetons.

En pharmacie, on nomme *Aloès* un suc concret que l'on retire des incisions faites aux feuilles des espèces ci-dessus mentionnées et de quelques autres encore. C'est une substance résineuse solide, en masses plus ou moins considérables, dont on distingue plusieurs variétés. La plus pure est l'*Aloès soccotrin* (ainsi nommée parce qu'elle vient de l'île Socotora), dont la couleur est rouge-jaunâtre, l'odeur aromatique et agréable, mais la saveur amère.

Sa poudre est d'un beau jaune doré ; elle se dissout en partie dans l'eau froide, en totalité dans l'eau bouillante. L'Aloès est stomachique à la dose de

Fig. 64. — Aloës perfolié ou Succotrin.

5 à 10 cent., et purgatif à celle de 15 à 30. Son action se porte spécialement sur le gros intestin et les vaisseaux hémorrhoïdaux ; aussi est-il employé comme emménagogue et pour tenir le ventre libre chez les personnes disposées aux congestions vers la tête. Il entre dans presque toutes les pilules réputées toniques et laxatives.

Les feuilles d'Aloès fournissent aussi au commerce un fil très fort et très blanc.

ALOINÉES. Tribu de la famille des *Liliacées*. — V. ce mot.

ALOSE (*Alosa*). Espèce du genre Hareng ; poisson malacoptérygien, de la famille des Clupoïdes, qui ressemble à la Sardine et au Hareng, différant de ce dernier toutefois par une échancrure au milieu de la mâchoire supérieure, par l'absence de dents, par sa taille plus grande qui atteint jusqu'à un mètre. Tête et corps aplatis ; dos épais et arrondi ; ventre mince et tranchant.

L'Alose est un poisson de mer qui, vers le mois de mai, remonte les fleuves pour frayer. Elle s'y engraisse de vers, d'insectes et de petits poissons, ce qui fait que sa chair, naturellement délicate, le devient encore davantage lorsqu'elle est pêchée en eau douce. La femelle est plus grosse que le mâle et meilleure au goût. — L'*A. finte* est une espèce moins bonne, qui se reconnaît à sa forme allongée et aux petites dents dont sa mâchoire est garnie.

La pêche de l'Alose se fait au tramail (filet à trois rangs de mailles). Regardant ce poisson comme malsain, les Russes le rejettent de leurs filets.

ALOUATE ou **HURLEUR** (*Stentor*). Genre de

Singes de la tribu des Cébiens, à queue prenante, dont voici les caractères distinctifs : tête pyramidale : angle facial de 30 degrés, difficile à recon-

naître au premier aspect, à cause de l'élévation des branches montantes de la mâchoire inférieure; ongles convexes, courts : queue très longue et for-

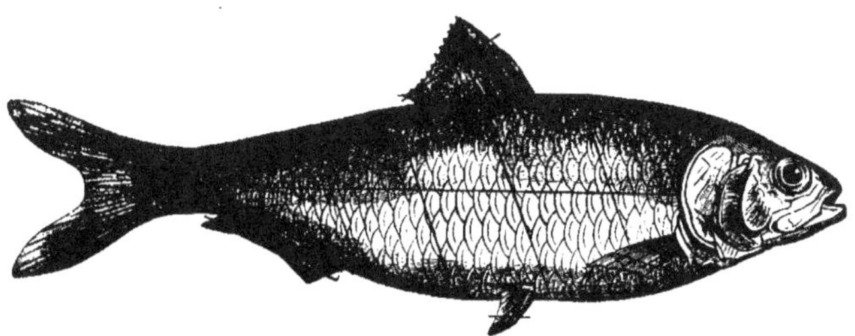

Fig. 65. — Alose.

tement prenante; os hyoïde très renflé. — Ce dernier caractère est le plus remarquable; et en effet, pourvus d'un larynx caverneux, les Alouates font retentir les forêts de leur voix forte et très éclatante, qui leur a valu le surnom de *Hurleurs*. Ces singes vivent en troupes nombreuses à la Guyane, au Paraguay, et ils sont d'un caractère farouche. — On en admet six à huit espèces.

L'ALOUATE ROUX (*S. seniculus*) est la plus connue. Cet animal a le dessus du corps d'un beau roux avec la face noire et nue; la tête, les extrémités et la queue d'un roux foncé très vif : sa longueur, mesurée du bout du museau à l'origine de la queue, est de deux pieds environ. On trouve ce singe principalement aux environs de Carthagène, sur les bords de la rivière Sainte-Madeleine. —

Fig. 66. — Alouate.

Citons encore le HURLEUR A QUEUE DORÉE (*S. chrysurus*); le H. OURSON (*S. ursinus*), dont la taille est un peu plus faible que celle de l'Alouate, etc.

ALOUETTE (*Alauda*). Genre de Passereaux conirostres, à bec assez long et droit, dont l'ongle du pouce est plus long que les autres, droit et fort, ce qui empêche ces oiseaux de se percher : queue carrée ou un peu fourchue, ailes aiguës ou sub-aiguës, etc.

ALOUETTE DES CHAMPS (*A. arvensis*). Cet oiseau, dont la longueur totale est de 0m 185, et dont la coloration se confond avec les teintes des champs

qu'elle fréquente, est répandu dans tout l'ancien continent. Il ne perche pas, mais court avec beaucoup d'agilité, et se roule quelquefois dans la poussière, comme les oiseaux de basse-cour. Tout le monde a remarqué la hauteur de son vol et la force de son chant matinal. Le mâle s'élève dans les régions supérieures de l'atmosphère, en chantant avec plus de force à mesure qu'il s'éloigne de la surface de la terre, et on l'entend encore lorsque l'œil ne le distingue plus; puis descendant lentement jusqu'à 4 ou 5 mètres du sol, tout à coup il retombe comme un plomb, pour reprendre bientôt son vol ascensionnel. Ce singulier manége, qu'il répète de temps en temps, excepté dans le milieu de la journée, où les feux du soleil lui imposent silence, serait-il un moyen de communication entre ces petits oiseaux joyeux qui nous annoncent chaque année le retour du printemps et chaque matin l'apparition de l'aurore, ou bien seulement l'expression des tendresses d'un amant qui cherche à plaire ou d'un mari qui veut être aimable? Ce n'est pas toutefois l'expression de sa constance, car les Alouettes ne forment que des unions passagères.

L'Alouette des champs est très commune en France. Elle se nourrit de grains, de vermisseaux, et s'engraisse à l'automne, époque à laquelle on lui fait la chasse au miroir, aux gluaux, aux lacets, et

où on la vend sous le nom de *Mauviette*. La femelle construit à peu de frais un nid concave et presque sans consistance, qu'elle cache entre deux mottes et dans lequel elle dépose 4 ou 5 œufs un peu ventrus, roussâtres ou grisâtres, pointillés et tachetés de gris et de brun, qu'elle couve durant quatorze ou quinze jours.

Les Alouettes peuvent s'apprivoiser, mais il faut que le haut de la cage soit garni d'une tenture de toile, au lieu de barreaux, pour que l'oiseau ne se blesse pas dans ses velléités d'ascension. Beaucoup émigrent à l'approche de l'hiver, dont la rigueur est souvent mortelle à celles qui restent.

Alouette cochevis (*A. cristata*), vulg. *Alouette*

Fig. 65. — Alouette huppée.

huppée. Taille et plumage de l'A. des champs, mais tête surmontée d'une huppe mobile formée de plu-

Fig. 66. — Alouette lulu.

mes étagées. — Cette espèce habite les parties tempérées et chaudes de l'Europe; elle est sédentaire en France, et réside surtout près des grandes routes, pour trouver sa nourriture dans le crottin

de cheval. Elle ne vit jamais en troupe comme la précédente; dans son vol elle décrit un cercle plus grand: elle s'apprivoise mieux, et répète les airs qu'on lui serine. Le Cochevis niche à terre, dans un sillon, dans un pas de cheval; ses œufs sont d'un cendré clair, tachetés de brun.

Alouette lulu (*A. arborea*), vulg. *A. des bois*. Tête ornée de plumes qui peuvent former huppe, et marquée d'un trait blanchâtre qui l'entoure, longueur 0m 15; elle habite l'Europe, n'est sédentaire que dans quelques parties de la France, dans les Landes, le Var par exemple. Elle se plaît dans les bruyères de l'intérieur des bois, se pose sur les arbres, niche à terre, et pond des œufs grisâtres pointillés de brun.

Alouette calandre (*A. calandra*). La plus grande espèce de l'Europe, sa longueur totale est de 0m 19. On la trouve en Italie, en Sicile, en Grèce, dans les parties les plus méridionales de la France. Ses habitudes et ses mœurs ne diffèrent pour ainsi dire pas de celles de l'Alouette des champs, seulement elle ne vit pas en troupe. La Calandre a un chant agréable; elle est un peu plus sauvage que les autres, mais une fois civilisée, elle chante sans cesse et répète les airs qu'on lui apprend ou le ramage des oiseaux qu'elle entend. ALOUETTE HAUSSE-COL (*A. alpestris*). Elle ha-

Fig. 67. — Alouette calandre.

bite le nord de l'Europe, de l'Asie, de l'Amérique, et se montre accidentellement en France; lors-

qu'elle chante, elle reste posée sur une motte de terre, au lieu de s'élever dans les airs. Cette espèce est remarquable par son front et sa gorge jaunes, sa poitrine marquée d'une large tache noire transversale; le mâle est orné de chaque côté de la tête d'un pinceau de plumes relevées en huppe.

Il est d'autres espèces, tant indigènes qu'exotiques, dont nous croyons pouvoir nous dispenser de parler. Nous terminerons ce que nous avions à dire des Alouettes en général par cette remarque, que ces oiseaux rendent des services à l'agriculture en détruisant les germes de génération de plusieurs insectes dévastateurs.

Le chant de l'Alouette a été plusieurs fois célébré par les poëtes. Voici quatre vers qui le peignent assez bien :

La gentille alouette avec son tire lire,
Tire lire a lire, et tirelirant, tire
Vers la voûte du ciel; puis son vol vers ce lieu
Vire et désire dire : adieu, Dieu; adieu, Dieu!

(Dubartas.)

Fig. 68. — Alouette hausse-col.

ALOUETTE DE MER. On donne ce nom à deux oiseaux, l'un du genre *Pelidne*, l'autre du genre *Maubèche*. — V. ces mots.

ALPACA ou ALPAGA. Espèce de Ruminant du genre Lama. Il a les jambes un peu plus courtes et le corps plus ramassé que le Lama, mais ce qui le distingue surtout, c'est la finesse et la longueur de ses poils, qui pendent en longues mèches séparées. La couleur générale de sa robe est d'un brun fauve; sa tête est grise, et il a la partie interne des cuisses et des jambes revêtue d'un poil ras et gris. — Cet animal est propre à l'Amérique méridionale; outre sa toison, qui ne le cède en rien à celle des chèvres de Cachemire, il a l'avantage de la taille sur nos moutons de la plus belle espèce, car sa hauteur, du sol jusqu'à la croupe, est de 3 pieds.

L'Alpaca est vif, doux, et s'attache facilement à l'homme. Il a vécu, dit-on, en domesticité en Espagne. Ne pourrait-on pas en effet le naturaliser dans le midi de la France? Ce serait une conquête précieuse non-seulement pour notre industrie, mais aussi pour nos besoins alimentaires, car la chair de cet animal est savoureuse. (V. la fig. 69, page 50.)

ALPISTE (*Phalaris*). Genre de Graminées à tige frêle; feuilles longues et minces, fleurs en épi, fruit oblong. — L'A. DES CANARIES produit des graines que l'on mange en bouillie, en Espagne, et dont la fécule fournit une colle utile pour la préparation des tissus fins. — L'A. CHIENDENT est cultivé dans les jardins pour ses panaches de fleurs purpurines. — Le *riz bâtard* est une autre espèce qui donne un bon fourrage.

ALSINE (*Alsine*). Genre de Caryophyllées, tribu des Alsinées, dont l'espèce type est l'*A. media*, vulg. *Mouron des oiseaux*. — V. ce mot.

ALSINEES. Tribu de la famille des *Caryophyllées*. — V. ce mot.

ALSTROEMERIE. Genre d'Amaryllidacées de la partie équinoxale du Nouveau-Monde, très nombreux en espèces, dont deux ou trois seulement sont cultivées dans nos serres. — L'A. PÉLÉGRINE ou *Lis des Incas* est représentée dans la figure 76.

ALTHÉE. — V. *Méléagre*.

ALTISE (*Altica*). Genre d'Insectes de l'ordre des Coléoptères, famille des Cycliques, qui possèdent la faculté de sauter comme la puce, à l'aide de leurs pattes postérieures, d'où leurs noms vul-

Fig. 69. — Alpaca.

gaires de *Puce des jardins*, *Pucerotte de terre*. De petite taille, leur corps est orbiculaire, un peu allongé, lisse, brillant ; leur tète est dure, munie de fortes mâchoires, avec des antennes filiformes ; leurs larves ont six pattes.

Ce sont des animaux très nuisibles, qui détruisent souvent les récoltes, lorsque les circonstances atmosphériques ne viennent point au secours du fermier ; car celui-ci ne trouve dans l'arrosage des plantes avec une décoction de noyer ou de sureau, avec de l'eau chargée de potasse, etc., qu'un moyen le plus souvent incertain de détruire ces insectes.

L'ALTISE BLEUE (*A. oleracea*), longue de 0 m. 005, est cet insecte trop commun des cultivateurs, qui détruit souvent les semis de choux, colza, raves, navets, etc., et qui continue ses ravages sur ces jeunes crucifères. — L'A. RUBIS est d'un rouge doré et éclatant, sauf les ailes, qui sont vertes ou bleues : il vit sur le saule.

ALUCITE (*Alucita*). Genre de Lépidoptères nocturnes, de la famille des Tinéites, dont la longueur est à peu près celle d'une mouche ordinaire, mais dont les couleurs sont assez brillantes et variées. Ces insectes, très communs dans le midi de l'Europe et en Amérique, sont pour les cultivateurs un véritable fléau. — On en distingue plusieurs espèces, dont voici les plus communes.

ALUCITE DES BLÉS, vulg. *Mouche ou Teigne du blé*. Ce petit papillon est d'un gris luisant avec quelques taches très peu apparentes, mais ses ailes sont ornées de couleurs très agréables et d'une frange de longs poils au bord. Sa chenille est tantôt nue et cachée dans la substance végétale, tantôt renfermée dans l'intérieur des grains qu'elle ronge.

L'Alucite fait beaucoup de ravages. Duhamel et Dutillet en ont observé une espèce qui, en 1770, causa de grands dégâts dans l'Angoumois. L'insecte parfait dépose ses œufs sur les grains de blé et d'orge avant leur maturité. Sa Chenille, en sortant de l'œuf, s'introduit dans le grain de blé et en mange toute la substance farineuse sans en toucher l'écorce, en sorte que les semences attaquées par cet insecte ne diffèrent nullement de celles qui sont saines, si ce n'est par leur poids qui est plus léger. Cette chenille se transforme ensuite en Chrysalide, puis l'insecte parfait éclot et se reproduit plusieurs fois dans le cours de la belle

Fig. 70. — Alucite des blés.

saison. « A l'époque de la moisson, dit le docteur Herpin, un quart, un tiers, et quelquefois plus, des épis sont entièrement dévorés. Les larves sont si nombreuses qu'en serrant avec la main une poignée de blé ou d'épis, on en exprime un fluide blanchâtre et visqueux qui est la substance même du corps des insectes écrasés. Les ravages de l'Alucite se continuent dans les greniers et les granges, à tel point que si le battage et la mouture sont retardés de quelques mois, les trois quarts des récoltes sont perdus. Le pain qui provient des blés attaqués par cet insecte contient des débris de cadavres et d'excréments, et a un goût désagréable, rebutant, qui prend à la gorge, etc.

La destruction des Alucites atteint les proportions d'une question sociale ; malheureusement on ne connaît encore aucun moyen pratique de détourner le fléau. Outre les divers moyens proposés pour conserver les grains en général, on peut recourir à celui que M. Doyère a fait connaître en 1850 ; il consiste à chauffer le blé jusqu'à 60 deg. cent. ; à cette température l'insecte meurt, tandis que le grain ne subit aucune altération.

L'Alucite de la julienne est d'un gris blanchâtre, avec une bande longitudinale ondée sur les ailes supérieures. La Chenille de cette espèce vit en petites sociétés de 5 ou 6, sur les jeunes plantes de julienne : elle est verte avec des points noirs. Dérangée dans sa retraite, elle coule à terre au moyen d'un fil qui lui sert à remonter. Elle se change en nymphe vers le mois de mai.

L'Alucite xylostelle vit sur les choux, les navets, différents arbres, etc.

ALUMINE. Substance retirée de l'alun, dont elle forme la base, longtemps confondue avec la chaux et la silice, et qui n'est autre chose que l'*oxyde d'aluminium*. Pour l'obtenir, on traite une dissolution d'alun très pur par l'ammoniaque, on soumet le précipité à des lavages réitérés, puis on recueille sur un filtre une sorte de gelée qui est l'alumine pure, et qui, séchée, est sous forme d'une substance pulvérulente blanche, douce au toucher, happant à la langue. Elle forme une pâte avec l'eau, mais est presque insoluble dans ce liquide. — L'alumine existe en grande quantité dans les diverses argiles recherchées pour la construction de tous les appareils qui doivent supporter l'action d'une haute température, comme les fourneaux, les creusets ; dans les pierres les plus dures et les plus précieuses, après le diamant, telles que le rubis, le saphir, la topaze. Sa grande affinité pour les corps gras et sa tendance à se combiner avec les matières colorantes la rendent très utile dans les arts industriels.

ALUMINIUM. Métal en poudre noirâtre qui s'oxyde à l'air et fait la base de l'*Alumine.* — V. ce mot. — En 1854, M. Deville l'a obtenu en masse compacte ayant l'éclat de l'argent.

ALUN. Substance saline formée d'alumine, de potasse et d'acide sulfurique (d'où le nom de *sulfate d'alumine* et *de potasse* que lui donnent les chimistes) et qui contient souvent aussi de l'ammoniaque, quelquefois même du fer. Ce sel, dont la forme cristalline est l'octaèdre régulier, est transparent, incolore, soluble dans 18 fois son poids d'eau froide, d'une saveur acide et styptique. Il se trouve rarement dans la nature à l'état de pureté ou même tout formé. On l'extrait des schistes et substances qui le renferment par divers procédés, dont le plus simple consiste à combiner directement l'alumine de la glaise avec l'acide sulfurique ; mais, pour l'obtenir en cristaux, il faut absolument y ajouter de la potasse et de l'ammoniaque. — L'alun a des usages nombreux : il est employé pour les teintures, pour conserver les peaux recouvertes de poil, empêcher les papiers de boire, donner plus de consistance au suif, conserver les substances animales. En médecine, c'est un astringent des plus précieux dans le traitement des flux blancs et rouges, etc. — On donne le nom d'*alun calciné* à celui qu'on a fait chauffer au point de faire évaporer toute son eau de cristallisation : il sert pour détruire les chairs baveuses sur les plaies.

ALUTÈRE (*Aluterus*). Genre de Poissons de la famille des Sclérodermes, qui se distinguent des Balistes en ce qu'ils ont une forme proportionnellement plus allongée, que leur tête est fortement aplatie sur les côtés, et qu'ils ont un seul rayon épineux, souvent assez long, pour dorsale. Leur peau est rugueuse au toucher, parce qu'elle est couverte d'un nombre infini de petits grains pointus très serrés à peine perceptibles à l'œil nu.

L'ALUTÈRE MONOCEROS, l'une des six espèces de ce genre, que nous figurons, atteint jusqu'à un mètre de longueur ; le fond de sa couleur brune

olivâtre est parcouru par des raies d'un beau bleu, entre lesquelles se voient des taches rondes et noires. Ce poisson des mers de la Caroline se

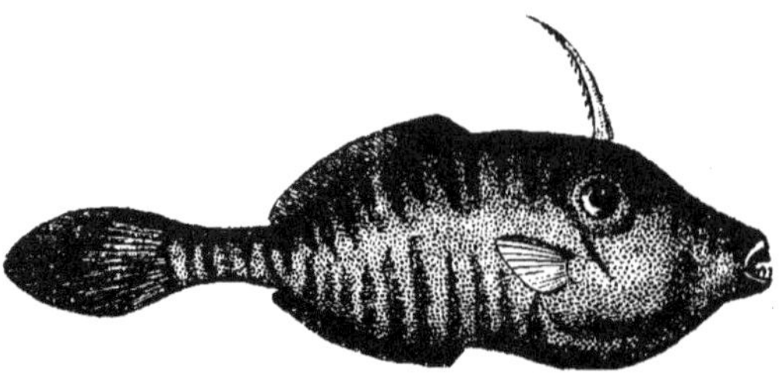

Fig. 71. — Alutère monocéros.

nourrit de mollusques et de coraux qu'il brise à l'aide de ses larges et fortes dents.

ALVÉOLES (d'*alveus*, niche, loge). Petites loges ou cellules que construisent les Abeilles pour conserver leur miel ou élever le couvain. Ce sont des tubes de *cire* à six pans, fermés au fond, et placés par rangées horizontales les unes au-dessus des autres ; une autre rangée d'Alvéoles opposée à la première et ayant un même fond constitue un *gâteau*. Lorsque les cellules sont remplies de miel ou qu'elles contiennent l'œuf qu'y a déposé la reine, les Abeilles en ferment l'ouverture avec un couvercle de cire : il ne reste d'ouvertes que les Alvéoles qui renferment le miel destiné à la consommation journalière. Toutes les Alvéoles sont construites sur le même modèle ; quelques-unes cependant sont plus grandes, à parois plus épaisses et d'une forme particulière, ce sont celles où doit éclore une reine. — V. *Abeilles*.

AMADOUVIER. Espèce de Champignon avec lequel on prépare l'*amadou*. — V. *Polypore*.

AMANDE. — V. *Amandier*.

AMANDIER (*Amygdalus*). Bel arbre de la famille des Rosacées, tribu des Amygdalinées, originaire de l'Afrique septentrionale et de l'Asie, cultivé dans le midi de l'Europe et de la France. Sa taille est élégante, son feuillage léger et délicat. Dès le commencement du printemps, il montre ses fleurs blanches ou rosées, éparses le long des rameaux de la pousse précédente. Plusieurs variétés sont cultivées dans les jardins, telles sont celles qui fournissent les amandes amères et les amandes douces : l'A. PÊCHER, qui est une espèce hybride ; l'A. NAIN, à fleurs d'un beau rose ; l'A. SATINÉ ou du *Levant*, etc.

Le fruit de l'Amandier, nommé *Amande*, consiste dans une espèce de noix oblongue dont le brou mince et coriace recouvre un noyau qui ren-

ferme la graine. Ce n'est qu'à cette dernière communément qu'on donne le nom d'amande ; et nous avons dit déjà qu'elle est de deux sortes suivant qu'elle est douce ou amère. Les *amandes douces* nous viennent du midi de l'Europe et des côtes de Barbarie, où les indigènes en font une grande consommation. Elles sont, en effet, nourrissantes et d'un goût agréable : on en extrait une huile grasse

Fig. 72. — Amandier.

très usitée dans la parfumerie et dans la pharmacie ; elle fait la base des loochs, des potions huileuses, des liniments, etc. Elle est laxative à la dose de 30 à 60 gram. — Les *amandes amères* contiennent une très faible quantité d'acide prussique qui leur communique, avec leur saveur, une propriété calmante : mais, prises en grande quantité, ces graines peuvent causer des accidents d'empoisonnement. Leur émulsion, employée comme topique, est très efficace pour calmer le prurit, les irritations dartreuses de la peau.

AMANITE (*Amanita*). Genre de Champignons différant de l'Agaric en ce qu'ils sont pourvus d'une volve (*volva*) qui les enveloppe avant leur développement, et dont le pédicule est presque toujours bulbeux à sa base. Voici les principales espèces : AMANITE ORONGE (*A. aurantiaca*). Enveloppée de sa volve, elle a la forme d'un œuf, et, après la déchirure de cette coiffe, elle offre une couleur rouge orangé; comestible.—A. FAUSSE ORONGE ou *Agaric aux mouches* espèce vénéneuse qu'il importe de

Fig. 73. — Amanite fausse oronge.

distinguer de la précédente à sa volve incomplète, à son chapeau tacheté de plaques jaunâtres (verrues), à ses lames blanches, etc. — A. VÉNÉNEUSE (*A. venenosa*) comprend plusieurs variétés dont le chapeau varie de couleur et est marqué de verrues, et qui se trouvent dans les bois humides, ombragés, etc. — A. A TÊTE LISSE (*A. leucocephala*), entièrement blanche, sans collier; elle se mange, et se vend au marché de Montpellier.

AMARANTACÉES. Famille de Plantes herbacées, à feuilles alternes, pétiolées; fleurs petites, verdâtres ou colorées, disposées en glomérules ou en panicules, dont les caractères spécifiques sont énoncés à l'art. *Amarante*. — Cette famille ne diffère des Chénopodiacées que par le port.

AMARANTE (*Amarantus*; du grec *a*, et *marainô*, je flétris, c'est-à-dire qui ne se flétrit pas). Genre de type de la famille des Amarantacées; plantes herbacées, annuelles, dont les feuilles sont alternes décurrentes sur leur pétiole; fleurs petites disposées en épis composés, en grappes ou en glomérules; elles sont monoïques, à calice persistant de 3-5 sépales libres, scarieux; dans les mâles, étamines 3-5 hypogynes, libres, à anthères bilobées; dans les femelles, 2-3 styles un peu soudés à la base; fruit monosperme dont le péricarpe se coupe circulairement vers le milieu de sa hauteur. — Voici les principales espèces de ce genre nombreux.

L'AMARANTE BLITE (*A. blitum*) est une plante à tige rameuse couchée à sa base; à fleurs verdâtres; comestible.

L'A. A QUEUE (*A. caudatus*), vulg. *Discipline de religieuse*, se reconnaît à ses grappes longues, pendantes, d'un rouge cramoisi. — L'A. CRÊTE

Fig. 74. — Amarante paniculée.

DE COQ ou *Passe-velours*, est remarquable par ses fleurs qui ressemblent à des crêtes de coq ou à des morceaux de velours épais. Cette espèce paraît être l'Amarante que les anciens avaient adoptée pour symbole de l'immortalité.

Nous passerons sous silence l'A. TRICOLORE, plante de l'Inde, cultivée pour ses feuilles grandes, tachées de jaune, de vert et de rouge; l'A. COUCHÉE, à fleurs jaunes; l'A. SAUVAGE, etc.

AMARE (*Amara*). Genre de Coléoptères, de la tribu des Carabiques, de taille moyenne, aux ailes pour la plupart de couleur métallique ou brune, souvent très agiles, parfois très lourds, plus plats

Fig. 75. — Amare.

que les Zabres, avec lesquels ils ont beaucoup de rapports. — Ils apparaissent avec la saison chaude, se nourrissent de substances végétales, en général de la moelle des graminées, se cachent pendant le jour dans la terre, sous la mousse, sous les pierres, d'où ils sortent la nuit pour chercher leur nourriture, ou par une grande pluie.

AMARYLLIDACÉES (de l'*Amaryllis*, genre

type). Famille de Plantes de l'embranchement des Monocotylédones inférovariées, dont voici les caractères : souche bulbeuse ; feuilles radicales, engaînantes à la base, linéaires, à nervures parallèles ; fleurs hermaphrodites, grandes, terminales, solitaires, renfermées pendant la préfloraison dans

Fig. 76. — 1, Amaryllis réticulée; 2, Pancratium; 3, Alstrœmerie du Chili.

des bractées en forme de spathe ; le périanthe est à 6 divisions, dont 3 internes, pétaloïdes, à tube soudé avec l'ovaire qui est infére et à 3 loges plu-

riovulées ; 6 étamines ; fruit capsulaire. — Deux tribus indigènes :

1° Les AMARYLLÉES, qui n'ont pas d'étamines stériles : *Galantine*, *Nivéole*, *Amaryllis*.

2° Les NARCISSÉES, qui ont des étamines stériles : *Narcisse*, *Alstrœmère*, *Agave*.

AMARYLLIS (*Amaryllis*). Genre de la famille des Amaryllidacées ; plantes bulbeuses originaires de l'Amérique et cultivées dans nos jardins et nos serres tempérées. Elles naissent d'un oignon ou bulbe, comme les Jacinthes ; leurs feuilles sortent de terre, et du milieu de leur faisceau s'élève la hampe, qui se termine par une ou plusieurs fleurs remarquables par leur grandeur, leur éclat et l'odeur suave qu'elles exhalent. — Entre autres variétés voici celles que l'on distingue :

L'AMARYLLIS CHARMANTE (*A. formosa*), vulg. *Lis de saint Jacques*, qui n'a qu'une fleur unique d'un rouge pourpre. — L'A. DE GUERNESAY, à fleurs d'un rouge vif. — L'A. BELLADONE, qui porte sur une même hampe jusqu'à huit grandes fleurs roses mêlées de blanc. — L'A. RÉTICULÉE, du Brésil, dont les feuilles sont parcourues par une nervure médiane blanche, etc.

AMAZONES. Nom donné par Buffon aux Perroquets à plumage vert que l'on rencontre sur le bord du fleuve des Amazones, dans l'Amérique du Sud.

AMBASSE (*Ambassis*). Genre de Poissons rangé par Cuvier parmi les Percoïdes à 7 rayons branchiaux, et à 2 nageoires dorsales. Les Ambasses ressemblent beaucoup aux Apogons, dont ils ont presque tous les larges écailles, mais qui s'en distinguent par la contiguïté de leurs deux dorsales et par une petite épine couchée au devant de la première. Ces petits poissons ont une vessie natatoire mince et transparente, les parois de leur ca-

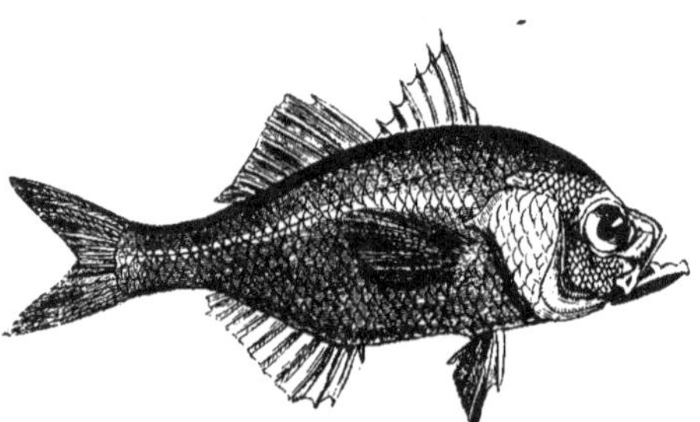

Fig. 77. — Ambasse de Commerson.

vité abdominale sont elles-mêmes si peu épaisses qu'elles se laissent traverser par les rayons lumineux. — Onze espèces, toutes des Indes, composent ce genre.

L'AMBASSE DE COMMERSON, l'une des plus re-

marquables, atteint jusqu'à 7 pouces de longueur ; son dos est d'un vert brunâtre, les opercules brillent de l'éclat de l'argent, une bande longitudinale de la même couleur se fait remarquer sur chacun des côtés du corps. — Ce poisson, fort commun à

Bourbon, surtout dans un étang salé appelé *Dugol*, est très estimé : il passe pour donner un excellent goût à la soupe.

AMBRE JAUNE. — V. *Succin.*

AMBRE GRIS. Substance huileuse concrète, d'une consistance molle, d'une couleur grise ou roussâtre, marqué de taches jaunes et noirâtres, très odorante, que l'on trouve flottant sur les eaux de la mer ou accumulée en masses irrégulières sur le rivage. Cette substance singulière a fait l'objet de longues discussions relatives à son origine, mais aujourd'hui on la considère généralement comme n'étant autre chose qu'une excrétion calculeuse ou le produit de la défécation du Cachalot.

L'Ambre gris répand une odeur suave et prononcée, dont le caractère augmente par le frottement. Aussi cette matière est-elle très recherchée en parfumerie. On l'emploie aussi en médecine à titre d'antispasmodique, aphrodisiaque ; mais l'élévation de son prix (100 fr. le kilog.) s'oppose à ce qu'on lui donne toutes les applications dont elle est susceptible.

AMBRETTE (*Abel-mosc*, graine de musc). On désigne ainsi les graines de l'*Hibiscus abelmoschus*, espèce de Malvacée d'Asie et d'Amérique. Ces graines, petites, de couleur grise, d'une odeur musquée, sont employées dans le Levant pour la fabrication de la *poudre de Chypre*, qui est un parfum.

Le nom d'*Ambrette* s'applique aussi à certains Mollusques.

AMBROISIE ou **AMBROSIE** (du gr. *Ambrosia*, qui veut dire aliment immortel). Les poètes de l'antiquité donnaient ce nom à la nourriture des dieux ; les botanistes l'ont appliqué à deux plantes différentes qui ne se distinguent par aucune qualité merveilleuse.

L'**AMBROISIE MARITIME**, l'une de ces plantes, est une Composée, qui croît sur les bords de la mer dans le midi de l'Europe, et qui est considérée comme stomachique. Elle appartient à un genre dont 5 ou 6 espèces sont propres à l'Amérique.

L'autre est une espèce du genre ANSÉRINE, de la famille des Chénopodiacées, qui ressemble beaucoup au Botrys. C'est une sorte de plante potagère, dont l'odeur aromatique pénétrante a suggéré l'idée de l'employer dans les affections nerveuses. On lui a donné le nom de *Thé du Mexique*, parce que l'infusion de ses feuilles séchées constitue une boisson agréable.

AME (*Anima*, ce qui anime ; principe de vie). L'Ame humaine est immatérielle dans sa nature, intelligente dans ses opérations, immortelle dans sa destinée ; Dieu la crée et l'unit au corps, et l'être qui résulte de l'union étroite et mystérieuse de deux substances si diverses s'appelle *Homme*. Telle est l'idée générale que se font de l'Ame les peuples civilisés et chrétiens. Les philosophes anciens et modernes ont discouru sans fin sur la nature et le siége de l'Ame : leurs systèmes divers ne peuvent trouver place dans un traité d'histoire naturelle, où tous les objets soumis à l'étude doivent être visibles, palpables, accessibles aux sens. La notion de l'Ame est innée et rentre dans l'ordre des faits du domaine de la foi : il est raisonnable de l'admettre ; mais c'est se fourvoyer à chaque pas que de chercher à en donner une démonstration *positive* ; et, ce qui le prouve, c'est que chaque secte de philosophes en traite à sa manière, tandis qu'un même objet matériel, dont les qualités physiques sont bien déterminées, reçoit, sous toutes les plumes, la même description, à peu de chose près du moins.

Mais si, en histoire naturelle, il ne peut être traité de l'Ame comme être *un*, on doit étudier les facultés qu'on lui attribue et dont la notion devient certaine par les effets produits. Ces facultés sont nombreuses ; mais on peut toutes les rapporter à quatre chefs : *sentiment, réflexion, jugement, volonté.* Quoique leur étude soit toute métaphysique et s'éloigne considérablement de l'objet essentiel de cet ouvrage, il en sera dit quelque chose à propos des fonctions cérébrales. — V. *Cerveau.*

AME DES BÊTES. Force vitale et sensitive dont les organes des bêtes ne sont que les instruments. Suivant Descartes, les animaux ne sont que de vraies machines, des automates privés d'instinct et de sensibilité, et chez lesquels les fonctions vitales peuvent être expliquées par des lois mécaniques. Suivant Leibnitz, au contraire, les animaux ont une âme sensitive, motrice et nutritive. Buffon a voulu réhabiliter le paradoxe de Descartes ; Condillac, réfutant Buffon, s'est égaré jusqu'à accorder à la brute les mêmes facultés qu'à l'homme, sans établir entre eux d'autre différence que celle qui résulte de leurs besoins, et ne voyant dans ces besoins eux-mêmes qu'un simple effet de l'organisation. Ce qu'il y a de sûr, c'est que certains faits ou phénomènes extérieurs, par lesquels se manifestent spontanément les plus grossiers instincts et les passions de l'homme, se montrent chez les animaux provoqués par les mêmes causes et gouvernés par les mêmes lois physiques ; que d'un autre côté, ni la sensation, ni le désir, ni l'initiative du mouvement ne sauraient appartenir à un sujet divisible et étendu ; qu'il faut donc admettre chez la brute un principe indépendant des organes et doué de sensibilité et de vie. Qu'on l'appelle âme si l'on veut, mais qu'on n'oublie pas l'immense intervalle qui sépare cette âme de l'âme humaine. Seuls au milieu de ce monde, nous distinguons le bien et le mal, nous apprécions les idées abstraites, nous connaissons, nous aimons notre créateur, nous prévoyons, nous désirons l'avenir, et nous avons la liberté du bon ou du mauvais usage, de laquelle dépend pour nous une heureuse ou malheureuse immortalité. (*Dict. nat.* de Bescherelle.)

AME DES PLANTES. Quel que soit le nom qu'on

ui donne : *âme, esprit, principe intellectuel, action organique*, il existe un principe qui préside aux phénomènes de la vie; ce principe est sans doute immatériel, mais quelque idée qu'on se fasse de sa nature, de son origine, de sa destinée, il est certain qu'il n'est quelque chose, à notre intelligence, que par son union avec les organes, de même que le fluide électrique, le calorique, ne peuvent manifester leur existence qu'à la condition d'être rattachés aux corps dont ils émanent. Que ces corps manquent, est-ce une raison pour que ces fluides n'existent pas? non. Voilà le point de départ du système de l'*Ame universelle*, système panthéiste qu'il n'est ni de notre objet ni de notre goût d'exposer.

Cela n'empêche pas cependant qu'on ne doive reconnaître dans tous les corps organisés un principe sensible au moyen duquel ces corps sont avertis des impressions extérieures et de l'existence des influences qui les entourent : dans les végétaux et les animaux rudimentaires, il est le mobile des actions conservatrices de l'individu : c'est le *principe vital* tout simplement, qui ne donne lieu à aucune manifestation intellectuelle : dans les animaux des rangs plus élevés, c'est l'*instinct*, qui préside aux fonctions végétatives et à quelques actes intellectuels bornés au cercle des besoins physiques; dans l'homme enfin, c'est l'*Ame*, qui aux fonctions précédentes joint les phénomènes d'intelligence et de conscience dans toute leur extension.

AMÉIVA. Genre de Sauriens, famille des Lacertions, Lézards de l'Amérique méridionale, voisins

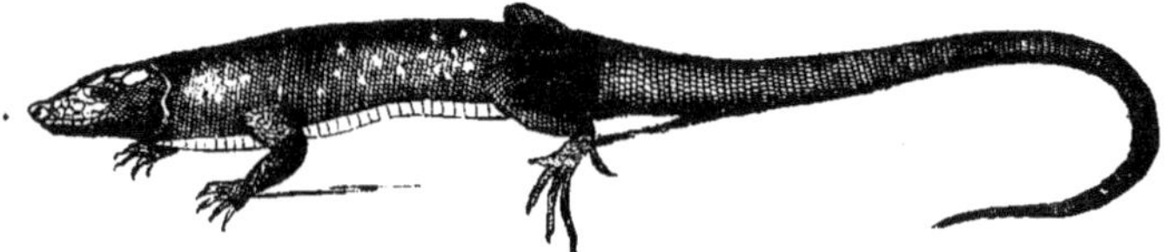

Fig. 78. — Améiva.

des Sauvegardes, mais qui ont la tête plus effilée et plus comprimée. Ces reptiles ne recherchent pas le voisinage des eaux comme les Sauvegardes; ils vivent d'insectes, de vers, de mollusques.

On en connaît huit espèces, dont la plus remarquable est l'A. COMMUN (*A. vulgaris*), qui se trouve au Brésil, à la Guyane, etc. La tête de ce lézard est aplatie et couverte d'écailles, comme celle du lézard vert, mais plus allongée et comprimée, terminée par un museau plus pointu. Les mâchoires sont armées d'un grand nombre de dents très fines; écailles à peine sensibles sur le corps, disposées en anneaux sur la queue, dont la longueur est double de celle du corps. La couleur varie beaucoup suivant le sexe, l'âge et le climat. La chair de ce reptile passe pour un mets assez délicat.

AMENTACÉES (d'*amentum*, chaton). Nom donné par Tournefort à un vaste groupe de Plantes, comprenant tous les genres dont les fleurs sont disposées en chaton. L. de Jussieu divisa cette immense famille en plusieurs tribus, qui, depuis, ont été converties en familles distinctes, pour mieux distinguer l'organisation de ces différents genres. — V. *Bétulinées, Cupulifères, Juglandées, Myricacées, Salicinées, Ulmacées.*

AMÉTHYSTE (du gr. *a*, priv.; *méthé*, ivresse, parce que les anciens lui attribuaient la propriété de préserver de l'ivresse). Pierre précieuse d'une belle couleur violette, qui n'est qu'une espèce de Quartz ou cristal coloré, d'une nuance plus ou moins foncée de violet. On l'appelle vulgairement *Pierre d'évêque*, parce qu'on en voit d'ordinaire à l'anneau pastoral de ces prélats. L'Améthyste se tire de Carthagène, des Indes, du Brésil, des Asturies, etc. Elle perd son éclat par l'action d'une chaleur un peu forte. Néanmoins, lorsqu'elle est d'une teinte égale et d'un beau volume, elle acquiert un certain prix : celle du poids de 1 gr. 50 c. vaut 20 francs; celle de 3 gr. vaut vingt fois plus. On en fait des colliers, bagues, pendants d'oreilles, cachets, etc.

En *botanique*, on a donné le nom d'*Améthyste* à une plante herbacée de la famille des Labiées, très répandue dans l'Asie australe, dont les fleurs sont de couleur violette.

En *zoologie*, c'est une espèce d'Oiseau-Mouche et un serpent du genre Python.

AMIANTE (d'*amianthos*, incorruptible), ASBESTE FLEXIBLE. Substance minérale blanche ou verte grisâtre, composée de filets longs, soyeux, plus ou moins déliés, flexibles, et dont le caractère le plus remarquable est d'être inaltérable au feu, d'être infusible au plus haut degré de chaleur. Une telle propriété pourrait faire croire que cette substance n'a rien de commun avec les autres corps connus; il n'en est rien, elle est tout simplement formée des mêmes éléments que les pierres les plus dures, de silice, de magnésie, d'alumine et de chaux. L'Amiante se trouve surtout en Savoie, dans le Piémont, le Tyrol, en Corse, en Hongrie, etc. Sa structure filamenteuse et son inaltérabilité par le feu conduisirent les anciens à l'employer pour fabriquer de la toile incombustible. On en a fait des nappes, des serviettes, des dentelles, etc., qu'il suffit de jeter au feu pour les blanchir. On brûlait des corps enveloppés d'un suaire d'Amiante, afin d'en recueillir les cendres sans qu'elles se mêlassent à celle du bûcher; et la bibliothèque du Vatican, à Rome, possède un de ces suaires qui contient encore des restes humains incinérés. M. Aldini a eu l'idée de faire des vêtements incombustibles à l'usage des pompiers. On fabrique en Chine, selon M. Sage, du papier d'Amiante qui, si l'on emploie une encre composée de manganèse et de sulfate de fer, met l'écriture à l'abri de l'incendie. Enfin l'Amiante forme des mèches inaltérables qu'on n'a besoin ni de renouveler ni de moucher.

AMIBES (d'*amoïbé*, permutation). Genre d'animalcules infusoires formés d'une matière glutineuse, sans organisation appréciable ni tégument distinct, qui se produisent dans les eaux stagnantes, les sédiments végétaux, etc., et qui changent de forme à chaque instant, ce qui leur a fait donner le nom de *Protées diffluents*. — V. *Animalcules*.

AMIDON. Principe immédiat des végétaux, base de tous ceux qui sont ou peuvent être employés à la nourriture de l'homme et des animaux, l'amidon est une substance blanche, pulvérulente, insipide, insoluble dans l'eau froide, se prenant en consistance gélatineuse dans l'eau bouillante (empois), composée de 44,9 de carbone, 49 d'oxygène et 6 d'hydrogène. Il ne diffère pas de la fécule (V. ce mot) sous le rapport chimique; mais celle-ci s'obtient par des procédés différents. En général, pour obtenir l'Amidon, on met dans l'eau les substances qui le contiennent (farine de blé, pulpe de pomme de terre, etc.), et, comme il est insoluble dans ce liquide, il se précipite au fond du vase: pur, il est identique, quelle que soit la substance dont on le retire.

L'Amidon, outre les caractères sus-énoncés, en offre de plus importants encore: il se convertit en acide acétique par l'action de l'acide nitrique, et en sucre par celle de l'acide sulfurique; il se combine avec l'iode et forme avec lui un composé d'une belle couleur bleue qui sert à faire reconnaître ces deux corps l'un par l'autre; enfin porté à une température comprise entre 200 et 220 degrés, il se convertit en *dextrine* et devient soluble.

« Les usages de l'Amidon sont nombreux : outre qu'il sert comme matière nutritive (V. *Fécule*), il est encore employé par les fabricants de colle de pâte, par les blanchisseurs, les tisserands, par les confiseurs et les parfumeurs. On le convertit en sucre pour en fabriquer l'alcool ; et cette dernière application est devenue l'objet d'exploitations considérables : c'est la fécule de pomme de terre qu'on emploie principalement pour cette fabrication. » L'Amidon jouit de propriétés médicales émollientes: on l'emploie en gelée pour cataplasmes, en lavements, bains, en poudre, etc. Cette substance est souvent falsifiée, souillée de sulfate de chaux et d'autres sels terreux; on lui fait prendre aussi de l'humidité pour la rendre plus pesante.

AMIE (*Amia*). Genre de Poissons de la famille des Clupes, dont la tête est couverte de pièces osseuses et dures, percée d'une infinité de très petits pores; ouverture antérieure de la narine prolongée en un tube charnu, qu'on a pris quel-

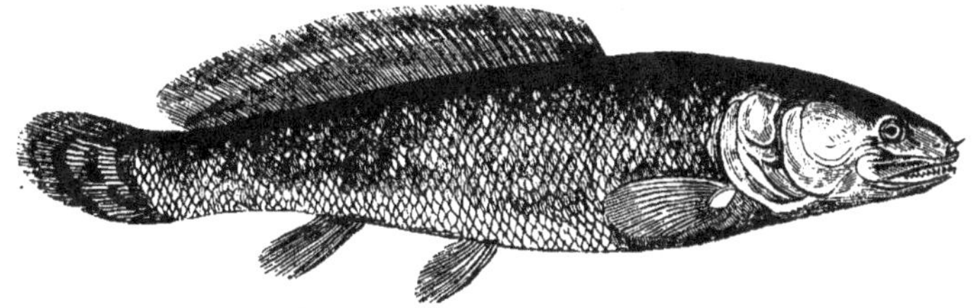

Fig. 59. — Amie.

quefois pour un barbillon; nageoire du dos naissant entre les pectorales et les ventrales et ne laissant qu'un très petit intervalle entre elle et la caudale, qui est arrondie; vessie offrant l'aspect celluleux d'un poumon de reptile.

L'AMIE CHAUVE (*A. calva*), à laquelle appartiennent les caractères sus-énoncés, offre par sa tête légèrement déprimée, son large museau arrondi, la disposition même de ses écailles, un air de ressemblance avec le brochet. Ce poisson se trouve dans la rivière de la Caroline, où il se nourrit, dit-on, d'écrevisses et arrive à une taille assez considérable.

AMMI (*Ammi*). Genre d'Ombellifères, originaire du Levant, dont les principales espèces sont : l'*Ammi majus*, à semences aromatiques, chaudes; l'*A. visnaga*, vulg. *Tube aux cure-dents*, parce qu'en effet les rayons des ombelles, très durs, servent aux Turcs à fabriquer des brosses à dent.

AMMODYTE (d'*ammos*, sable; *dyô*, je pénètre). Genre de petits Poissons malacoptérygiens apodes, ayant beaucoup de rapports avec l'Anguille, mais n'atteignant guère que 8 ou 10 pouces de long et habitant la mer. Ils ont le museau très aigu, la mâchoire inférieure dépassant la supérieure : ils nagent avec vivacité et se cachent dans le sable. Ces poissons fréquentent toutes les côtes de France, où on les connaît sous les noms d'*Équille*, de *Lançon*, de *Poisson d'appât*. Ils fournissent en effet un appât excellent pour la pêche du maquereau. Leur chair est du reste assez délicate.

AMMONIAC (*sel ammoniac*). Substance blanche ou grisâtre, d'une saveur fraîche et piquante, soluble, volatile par la chaleur, composée d'ammoniaque (V. ce mot) et d'acide hydrochlorique (hydrochlorate d'ammoniaque). Ce sel existe naturellement dans les volcans, les houillères embrasées, les urines humaines, la fiente des chameaux et autres herbivores, etc. ; mais pourtant il est trop rare dans la nature pour être exploité ; et, comme on l'emploie fréquemment dans les arts et en médecine, on le prépare artificiellement

AMMONIAQUE (*Alcali volatil*). Substance alcaline, composée de 3 d'hydrogène et 1 d'azote, produit naturel de la décomposition de matières animales, mais qu'on obtient artificiellement en faisant chauffer un mélange de parties égales de chaux éteinte et de sel ammoniac. — V. *Ammoniac*. — L'Ammoniaque se présente le plus ordinairement dissoute dans l'eau (am. liquide) ; cependant elle peut en être totalement privée : alors c'est un gaz d'une odeur vive et pénétrante, irritant le nez, les yeux et le poumon.

L'*Ammoniaque liquide* (gaz ammoniac dissous dans l'eau) a des usages nombreux comme réactif, dissolvant et médicament.

AMMONIDÉES. Famille de Coquilles de la classe des Céphalopodes, caractérisées généralement par des cloisons sinueuses, découpées dans leur contour et se réunissant entre elles contre la paroi interne, s'articulant par des sutures découpées. Le genre type est l'*Ammonite*. — V. ce mot.

AMMONITE (*Ammonita*). Genre de Coquilles fossiles univalves, famille des Ammonidées, qui

Fig. 80. — Ammonite.

tirent leur nom du dieu Ammon, à cause du rapport qu'elles ont avec les cornes du bélier, qui forment son principal attribut. Ces coquilles, n'ayant pas d'analogues vivants, sont considérées comme antédiluviennes ; elles se trouvent dans les montagnes de formation ancienne (V. *Terrain de sédiment*) : plusieurs contrées de la France en offrent

de nombreux échantillons. Leur volume est très variable : quelquefois elles sont d'une grandeur colossale. Leur abondance est telle dans certains lieux, qu'elles forment des chaînes de montagnes.

AMOME (*Amomum*). Genre de Plantes de la famille des Amomacées, dont toutes les espèces sont originaires des parties chaudes de l'Asie. — La principale est l'AMOME EN GRAPPES (*A. cardamomum*), ou *Cardamome*, à tiges feuillées, droites, de 2 à 4 m. de hauteur ; à feuilles alternes, étroites, lancéolées, engaînantes, longues de 0 m. 30 : fleurs portées sur une hampe rameuse qui part de la racine, formant une sorte de grappe, etc.

C'est à cette plante que l'on doit les capsules et les graines répandues dans le commerce sous les noms de *cardamomes* et de *grains de paradis*, cependant rien n'est bien positif à cet égard. Les Cardamomes, dont on connaît trois sortes (*grand*, *moyen* et *petit*), ont une saveur aromatique et piquante ; dans l'Inde, on les emploie comme condiment. Quant aux *grains de paradis*, ils ne sont guère employés que dans la parfumerie.

AMOMACÉES (d'*Amome*, genre type). Famille de Plantes monocotylédones, toutes exotiques, dont les racines ou souches sont vivaces, tubéreuses, blanches ; les fleurs, souvent d'une couleur fort éclatante, sont irrégulières, solitaires, en épis ou en grappes, renfermées dans des spathes avant leur développement, et accompagnées de bractées : calice pétaloïde à 6 divisions dont 3 externes et 3 internes, avec 4 ou 5 segments pétaloïdes plus ou moins développés dus à des étamines stériles transformées en sépales colorés ; une seule étamine fertile. Capsule triloculaire, trivalve, renfermant plusieurs graines. — Deux tribus.

1° ZINGIBÉRACÉES (du genre *Gingembre*) : 2 étamines fertiles soudées en une seule, opposée au segment pétaloïde qui forme une sorte de labelle. Genres : *Amome, Curcuma, Gingembre*.

2° CANNÉES OU MARANTACÉES : étamine fertile simple, uniloculaire ; genre *Maranta*.

AMPÉLIDÉES. — V. *Vitacées*.

AMPHIBIE (d'*amphi*, de part et d'autre : *bios*, vie). On applique indistinctement cette dénomination à tous les animaux qui peuvent vivre sur la terre et sous l'eau, c'est-à-dire : 1° aux animaux qui fréquentent l'eau pour y chercher leur nourriture ou par goût (Hippopotame, etc.) ; 2° à ceux qui se tiennent habituellement dans les lieux humides (Reptiles) ; 3° à ceux qui, pouvant plonger longtemps, se tiennent le plus souvent ou toujours sur ou dans l'eau, quoiqu'ils aient besoin de respirer l'air de temps en temps et qu'ils ne puissent jamais respirer que ce fluide (Phoque) ; 4° à ceux qui respirent l'eau à certaines époques de leur vie et l'air à certaines autres (Grenouilles) ; 5° enfin, à ceux qui respirent à la fois l'air et l'eau (Protées).

Cette cinquième catégorie comprend seule les

vrais amphibies. En effet, les Protées, les Sirènes, etc., sont pourvus à la fois de branchies et de poumons, tandis que les Grenouilles et autres batraciens ont une respiration double, mais qui n'est pas simultanée, car ils sont à l'état de Poissons dans les premiers temps de leur existence, et ils passent à l'état de Reptiles par une métamorphose ultérieure complète. Les Phoques, les Morses, les Castors, etc., manquant de branchies, ne peuvent rester dans l'eau qu'un temps assez court ; ils sont obligés de venir de temps en temps à la surface pour respirer.

Linné et Cuvier ont établi une classe d'amphibies, comprenant les animaux qui, bien qu'éloignés les uns des autres, ont pour caractère commun essentiel de n'avoir qu'une seule oreillette au cœur, ou, quand il en a deux, de les avoir communiquant l'une dans l'autre au moyen du trou de Botal, qui reste ouvert après la naissance, au lieu de se fermer comme cela arrive chez l'homme. — V. *Circulation*. — D'où il résulte que, chez ces animaux, les deux circulations se réunissent pour n'en faire qu'une seule, et que les deux sangs (artériel et veineux) se mêlent et se confondent. — V. *Respiration*.

On trouve des espèces amphibies parmi les végétaux. On voit des plantes qui, à raison d'une organisation particulière, vivent également bien dans l'air et dans l'eau, tandis que celles qui ne présentent pas cette faculté pourrissent lorsqu'elles sont submergées.

AMPHIBIENS. M. de Blainville donne ce nom à des animaux qu'il place entre les Reptiles proprement dits et les Poissons ; M. Duméril nomme ainsi les Reptiles connus sous la dénomination de Batraciens.

AMPHIBOLE. Ce nom, qui signifie équivoque, ambigu, a été donné par Haüy à une substance minérale blanche, verte ou noire, composée de silice, de chaux, d'alumine et souvent d'oxyde de fer, dont le caractère distinctif est d'avoir pour forme primitive un prisme rhomboïdal dont les faces sont inclinées de 124° à 127°. On en distingue trois espèces : la *Trémolite*, qui est blanche ou légèrement verdâtre et qui ne renferme que de la chaux et de la magnésie ; l'*Actinote*, d'un vert foncé, où la magnésie est remplacée par le protoxyde de fer ; on donne le nom d'*Hornblende* aux variétés noires qui se trouvent particulièrement dans les laves, les basaltes, etc. L'Amphibole forme à elle seule des roches considérables, et qui abondent surtout dans les terrains anciens ; on la rencontre souvent dans le voisinage des volcans. On en fait des boutons d'habits, des manches de couteaux, etc.

AMPHICOME (*Amphicoma*). Genre de Coléoptères lamellicornes qui ressemblent assez aux Hannetons, mais qui s'en distinguent par les caractères suivants : palpes filiformes, terminés par un article cylindrique : languette bifide, prolongée en avant du menton : extrémité des mâchoires membraneuses, presque linéaire allongée : mandibules sans dents, arrondies et assez coriaces.

Fig. 81. — Amphicome.

Les Amphicomes appartiennent à l'Asie et aux parties orientales de l'Europe. Ils sont tous couverts de poils et d'écailles diversement colorées selon les espèces, qui sont au nombre d'une quinzaine environ. Les habitudes ne diffèrent pas de celles de certains petits genres de Hannetons : comme eux, ils vivent sur les fleurs et s'y trouvent en grande abondance.

AMPHIDESME (*Amphidesma*). Genre de Coquilles bivalves de la famille des Mactracées, dont

Fig. 82. — Amphidesme.

l'A. PANACHÉE, qui a 42 mill. de largeur, est le type et la plus grande espèce.

AMPHIGÈNES. Classe d'*Acotylédones*. — V. ce mot.

On donne aussi ce nom à une substance vitreuse translucide, le plus souvent incolore, qui est un silicate d'alumine et de potasse. On la trouve en cristaux ou en grains dans les laves anciennes et même dans les tufs volcaniques. L'Amphigène se nomme encore *Leucite*, *Leucolithe* ou *Grenat blanc*.

AMPHINOMES (d'*amphinomô*, j'agite en rond). Genre d'Annélides dorsibranches, dont les branchies existent sur tous les anneaux du corps et sont en forme de houppes touffues. Presque toutes les espèces habitent les régions tropicales ou les mers voisines.

AMPHIOXUS. Genre de Batraciens de découverte récente, qui semble établir le passage entre cette classe de Reptiles et les Poissons.

AMPHIPODES (*amphi*, des deux côtés ; *pous*, pied). Ordre de Crustacés, très petits, dont le corps allongé, comprimé et plus ou moins arqué, est formé de segments à peu près égaux, au nombre de 12 à 13 en général, tête non comprise ; pieds au nombre de sept paires, dont le premier article est très développé, souvent vésiculeux, les pieds antérieurs servant à la mastication ; yeux sessiles et fixes ; filaments ou poils placés sous l'abdomen, servant de branchies. — Cet ordre comprend les *Crevettes*, les *Talitres*, etc.

AMPHISBÈNE (*Amphisbœna*). Genre de Reptiles de l'ordre des Sauriens, selon les uns ; appartenant aux Ophidiens, selon d'autres. C'est qu'en effet ces animaux semblent établir le passage des uns aux autres ; car s'ils se rapprochent davantage des Ophidiens par la forme de leur corps, allongé et cylindrique, et l'absence de tout vestige de membres ; ils ressemblent aux Sauriens par leur squelette, dans lequel on trouve un sternum, par les os de la face qui sont solidement articulés entre eux et avec ceux de la boîte cérébrale, et par la bouche non dilatable. Quoi qu'il en soit, le corps des Amphisbènes a le même volume dans toute son étendue, ce qui a fait confondre la queue avec la tête, et ce qui explique l'erreur des anciens, qui attribuaient à ces Reptiles la faculté de marcher en arrière comme en avant, d'où leur nom grec, *double marcheur*. Ils n'ont qu'un poumon ; leur tête est recouverte de grandes plaques ; le corps est dépourvu d'écailles, mais divisé à sa surface par petits compartiments quadrilatères, disposés en anneaux ; yeux très petits privés de paupières ; pas de trous auditifs externes, etc.

Les Amphisbènes ne sont pas venimeux. Propres à l'Amérique du Sud pour la plupart, ils habitent le plus souvent sous la terre ou dans les lieux où la lumière ne pénètre pas. Ils sont ovipares et se nourrissent d'insectes et de fourmis ; leur taille varie de 2 à 60 cent. : leur couleur est blanche rosée, bleu jaunâtre ou brunâtre, etc.

L'AMPHISBÈNE CENDRÉE (*A. cinerea*) a pour patrie l'Europe et l'Afrique ; sa longueur est de 0 m. 25. Sa tête est déprimée, plane, son museau court, sa queue aussi grosse que la tête. Elle se tient dans les nids des Termites, et se nourrit de leurs larves.

AMPHITRITES. Annélides tubicoles semblables à des vers, mais ayant à la partie antérieure de la tête des appendices comme des pailles, de couleur dorée, rangées en peigne ou en couronne : plus, de nombreux filets autour de la bouche. Ils habitent dans des tuyaux qu'ils se composent et qu'ils transportent avec eux.

AMPHIUMES. Genre d'Amphibiens qui se rapprochent des Titons par leur organisation ; animaux d'Amérique, à corps fusiforme très allongé, tête déprimée, quatre pieds très courts, queue formant le quart de la longueur du corps. Ils se tiennent enfoncés dans la vase des étangs : leur morsure n'est nullement venimeuse. Il y a l'*Amphiume à deux doigts* et l'*A. à trois doigts*.

AMPLEXICAULE. — V. *Feuille*.

AMPULLAIRE (d'*ampullarius*, en forme de bouteille). Genre de Mollusques gastéropodes dioïques, de la famille des Trochoïdes, formé aux dépens de l'ancien groupe des Colimaçons. L'animal est peu connu ; mais sa coquille est globuleuse, ventrue, ombiliquée à sa base, avec opercule calcaire ou corné. — Les espèces sont exotiques, vivant dans l'eau douce à la manière des Paludines.

AMYGDALÉES ou AMYGDALINÉES. Tribu de la famille des *Rosacées*. — V. ce mot.

ANABAS (d'*anabainô*, je monte). Petit Poisson de la mer des Indes qui, d'après un observateur danois, grimpe sur les plantes aquatiques et peut, comme l'Anguille d'eau douce, vivre longtemps hors de l'eau. Il a 15 cent. de longueur ; sa couleur est d'un vert rayé de bandes plus foncées. Quoique d'un goût désagréable, sa chair est mangée par les Indiens, parce qu'ils lui attribuent des propriétés médicinales.

ANABATE (d'*anabatès*, cavalier, à cause de la longueur de l'ongle postérieur, en forme d'éperon). Genre de Passereaux ténuirostres de l'Amérique septentrionale, dont on compte environ 28 à 30 espèces. Leurs mœurs sont peu connues. — L'ANABATE AUX YEUX ROUGES a été observé et décrit par M. le prince de Neuwied, en 1846 ; c'est un bel oiseau de 0 m. 19 de longueur totale, de couleur brun olivâtre en dessus, roux plus ou moins éclatant au menton, à la gorge, au ventre, etc. : dont la voix matinale est retentissante, et qui suspend son nid aux lianes descendant des arbres élevés, dans lequel la femelle dépose deux œufs. — Nous figurons l'ANABATE A BEC D'ARADA, de la Fresnaye.

Fig. 83. — Anabate.

ANABLEPS (*Anableps*). Poisson du groupe des

Cyprinoïdes, formant un genre particulier, caractérisé surtout de la manière suivante : le tiers postérieur du corps est aplati sur les côtés, tandis que la partie antérieure ainsi que la tête sont très déprimées ; les yeux sont gros, élevés, saillants, et conformés de telle sorte que plusieurs de leurs parties sont doubles, ce qui fait que la vision s'exerce en même temps au-dessus et autour de l'individu.

L'ANABLEPS A QUATRE YEUX, seule espèce du genre, appartient aux rivières de la Guyane. A Cayenne on le nomme *Gros-œil* ; sa longueur ne dépasse pas 20 à 25 centimètres. Ce poisson est d'une grande fécondité, et offre cela de particulier dans le mode de génération, qu'il effectue un véritable accouplement. Les œufs sont fécondés à l'intérieur, ils éclosent dans le ventre de la femelle, et les petits naissent vivants et même assez avancés.

ANACARDE. Fruit de l'*Anacardier*. — V. ce mot.

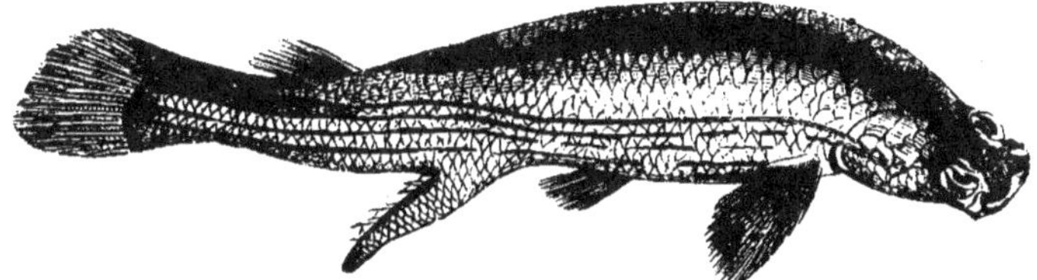

Fig. 84. — Anableps de Gronovius.

ANACARDIÉES (d'*Anacardier*). Tribu de

Fig. 85 — Anacardier.

la famille des *Térébinthacées*. — V. ce mot.

ANACARDIER (*Anacardium*). Arbre de la famille des Térébinthacées, propre à l'Inde, et si voisin de l'Acajou que quelques botanistes ne l'en distinguent pas. Les fleurs sont petites, disposées en grappes ; mais le fruit, nommé *anacarde*, a la forme d'un cœur attaché à un pédoncule renflé plus gros que lui et simulant une poire. L'amande de ce fruit est bonne, agréable au goût, et sert d'aliment aux îles Philippines. On lui a attribué la propriété d'exalter les facultés intellectuelles et de développer la mémoire. L'Anacarde fournit un vernis recherché en Chine ; le suc de l'écorce sert à marquer le linge d'une manière indélébile.

ANADYOMÈNE (du gr. *anadiomai*, sortir de l'eau). Genre de Polypes flexibles ou à cellules, dont le polypier est composé d'articulations régulières disposées en branches, sillonnées de nervures symétriques et articulées, comparables à certaines dentelles. On rencontre ces polypiers dans la mousse de Corse.

ANAGALLIS. — V. *Mouron*.

ANAGYRE (*Anagyris*). Arbrisseau de la famille des Légumineuses, dont les fleurs jaunes en faisceau devancent le printemps, et les gousses, planes, allongées, courbées, renferment plusieurs graines bleuâtres. On trouve l'Anagyre dans les lieux montueux du midi de la France et de l'Espagne. — Le nom d'ANAGYRE FÉTIDE ou *Bois puant* qu'on lui donne vient de la mauvaise odeur qu'il répand quand on le touche un peu fortement.

ANALCIME. Substance minérale composée de silice d'alumine, de soude et d'eau, de couleur blanche, avec nuances de chair, ayant peu de vertu électrique, ressemblant à l'amphigène, mais en différant en ce qu'elle ne se trouve qu'accidentellement dans les rochers volcaniques, qu'elle est fusible et qu'elle ne présente pas de fentes.

ANANAS (*Bromelia*). Genre type de la famille des Broméliacées, plante originaire de l'Amérique méridionale, qui croît également aux Indes, en Afrique, et que l'on cultive en Europe dans des serres chaudes. Sa racine, composée de fibres allongées, pousse une touffe de feuilles raides, dressées, très aiguës, longues de 40 à 80 centimètres, larges de 0 m. 05, bordées de pointes épineuses, et creusées en gouttière. Du milieu de ces feuilles s'élève une hampe cylindrique, épaisse, de 0 m. 30 de hauteur, portant un épi dense, ovoïde, de fleurs violâtres, lequel est surmonté d'une couronne de feuilles plus petites que les radicales. « Ces fleurs sont sessiles sur un axe épaissi et charnu; leur ovaire, qui est infère, est à demi enfoncé dans la substance de cet axe. Après la floraison, les divisions du calice tombent, l'ovaire reste attaché à l'axe florifère, devient charnu et succulent. Les ovaires, qui sont très serrés les uns contre les autres, finissent par se souder de manière à donner

Fig. 88. — Ananas.

à cet assemblage composé l'aspect d'un cône de pin. La couronne de feuilles persiste sur le fruit, qui devient d'une belle couleur jaune doré. »

L'Ananas a été introduit en Europe vers le milieu du xvii° siècle. Son fruit est le meilleur et le plus savoureux de tous les fruits connus; il faut convenir toutefois que ceux que nous obtenons dans nos serres chaudes sont loin de justifier ces éloges, et qu'on les recherche plutôt pour leur rareté que pour leur supériorité réelle sur bon nombre de nos fruits indigènes. La culture a fait naître plusieurs variétés d'Ananas, telles que celles à *feuilles panachées*, à *fruit blanc*, à *fruit rouge*, etc. — L'Ananas se coupe par rondelles et se mange seul ou avec du sucre. On en fait aussi des confitures d'un goût exquis.

On propage cette plante, soit au moyen d'œilletons qui se forment à côté des pieds qui ont fleuri, soit avec les couronnes qui en surmontent les fruits mûrs, et que l'on a soin de conserver.

ANAPÈRE (du gr. *anapéros*, mutilé). Genre d'Insectes diptères, dont les ailes sont pour ainsi

Fig. 87. — Anapère.

dire mutilées, et qui vivent sur les hirondelles, auxquelles ils se cramponnent au moyen de leurs ongles tridentés. — Nous figurons l'A. pale qui est le type de ce genre.

ANARRHIQUE (*Anarrhicas*). Ce nom, qui veut dire grimpeur, désigne un genre de Poissons de la famille des Gobioïdes, recouverts d'une peau lisse et muqueuse, dont la bouche est vigoureusement armée, à pectorales très développées, etc. — L'A. loup, vulg. *Loup marin*, est un poisson qui atteint jusqu'à 2 mètres et demi et qui est féroce et dangereux. Bien qu'il habite de préférence les mers du Nord, il se laisse prendre sur nos côtes. On assure qu'il grimpe contre les écueils, en s'aidant de ses nageoires et de sa queue. Sa chair a de l'analogie, pour le goût, avec celle de l'anguille.

ANASTATIQUE. — V. *Jerose hygrométrique.*

ANATIFE (*Anatifa*). Genre d'Articulés de la classe des Cirrhipèdes, qui se distinguent par le long pédicule cylindrique charnu à l'aide duquel leur corps est fixé sur les roches sous-marines. Ces animaux très simples, qu'on a classés aussi parmi les Mollusques, ont en effet le corps recouvert d'une coquille aplatie sur les côtés, cunéiforme, ordinairement composée de plusieurs valves ou plaques réunies par une membrane commune et présentant assez souvent des marques d'articu-

lations **transversales**. Les branchies sont placées à
la base des cirrhes, et les ovaires sont contenus
dans le pédicule.

Les **Anatifes** sont petites, hermaphrodites et vivipares. Elles s'attachent aux rochers, aux quilles

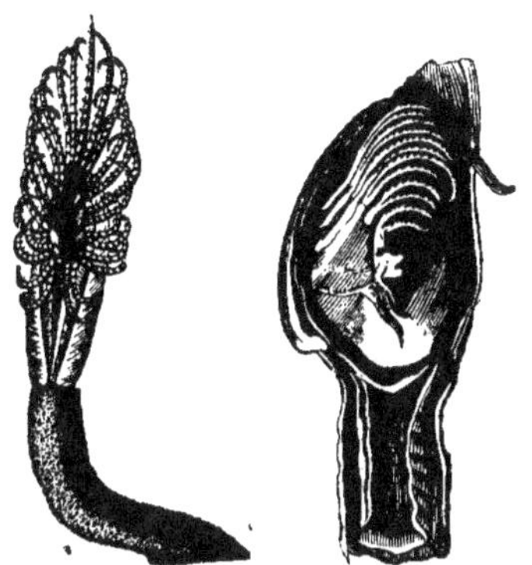

Fig. 88 et 89. — Anatife commune.

(La figure de gauche est l'Anatife vue de face; celle de droite représente l'Anatife à laquelle on a enlevé la moitié de la coquille et du
tube du pied, afin de découvrir l'animal et ses cirrhes articulés)

des vaisseaux, préférant les lieux battus par les
vagues, et elles se nourrissent de petits animaux
marins. On les mange, mais leur chair est peu succulente. On les croyait aphrodisiaques. Les habitants des côtes de l'Écosse ont été longtemps im-
bus de ce préjugé que les oies et les canards
sauvages naissaient des coquilles de l'Anatife : de
là leur nom (de *anas*, canard; *fero*, je produis).

On distingue cinq ou six espèces dans ce genre :
nous figurons l'ANATIFE COMMUNE (*Lepas anati-
fera*).

ANATOMIE (du gr. *ana*, à travers, *tomé*, action
de couper). Action de disséquer un corps organisé (homme, animal ou végétal), pour connaître
le nombre, la structure, les rapports des parties
dont se compose ce corps; pour étudier, non pas
seulement l'art d'isoler mécaniquement les différents tissus, mais surtout les conditions organiques de la vie.

L'Anatomie se divise en *animale* ou *zootomie*,
et en *végétale* ou *phytotomie*, selon qu'elle a pour
objet l'organisation des animaux ou celle des végétaux; dans les deux cas, elle est dite *générale*
quand elle s'occupe des caractères communs au
règne végétal tout entier, des tissus élémentaires;
descriptive lorsqu'elle s'applique spécialement à
décrire chaque plante ou partie de plante.

ANATOMIE ANIMALE. Elle se distingue elle-même
en *humaine* et en *comparative*, suivant qu'elle
s'occupe de l'étude des organes de l'homme ou de
celle des mêmes organes considérés dans les divers degrés de l'échelle animale. L'Anatomie hu-

maine est la base de l'histoire des êtres organisés
vivants, soit qu'on les considère sous le rapport
de leurs formes extérieures tout simplement, soit
qu'on les classe d'après les modifications ou les
différences que présentent leurs fonctions. Cette
étude fut peu cultivée dans l'antiquité, parce que
les opinions religieuses et les préjugés s'opposaient
à ce qu'on soumît les corps humains à la dissec-
tion. On dut commencer par se servir de cadavres
de singes, puis les dépouilles des criminels furent
livrées au scalpel des anatomistes. Plus tard la
crainte superstitieuse des nécropsies fit place à un
esprit plus philosophique, et, en 1315, Mundini
fut le premier qui ouvrit et disséqua publique-
ment deux cadavres humains. A partir de ce moment les découvertes anatomiques se succédèrent
avec rapidité, grâce aux travaux des Vésale, Harvey,
Malpighi, Sténon, Haller, Bichat, etc.; et, pour ce
qui concerne l'anatomie comparée, à ceux de Buffon et Daubenton, de Cuvier, Blumenbach, Geoffroy Saint-Hilaire, Duméril, de Blainville, etc.

L'Anatomie n'intéresse pas seulement le médecin, comme le croit le vulgaire : elle est utile et
même indispensable au vétérinaire, au peintre, à
tout naturaliste. Et quel est celui qui, à notre
époque, oserait avouer qu'il est étranger aux connaissances naturelles? Comme tant d'autres sciences, l'Anatomie devait donc trouver les moyens de
se populariser, nonobstant la nécessité de la nature morte et la répugnance qu'elle excite. Ces
moyens ont été fournis par des dessins, des gravures, des tableaux, des moulages en cire, qui
imitent la nature d'une manière frappante, et enfin
par des mannequins, tels que ceux que M. Auzoux
fait fabriquer depuis longtemps déjà, et qui représentent des cadavres artificiels d'une parfaite exactitude, constituant ce que leur auteur nomme des
pièces d'*anatomie clastique*. « M. Auzoux est
parvenu à mouler d'après nature toutes les parties
du corps humain et à les assembler de telle sorte
qu'elles puissent être tour à tour séparées et réunies. A la justesse des proportions et à l'exactitude
des rapports il a joint la minutie des détails les
plus délicats; après avoir séparé toutes les parties
une à une, couche par couche, et avoir appris à
les connaître individuellement, on peut les rassembler de nouveau et en recomposer un tout, puis
se livrer de nouveau à cette analyse et à cette synthèse, jusqu'à ce qu'on ait une idée parfaite de
l'ensemble des détails. »

Mais quelle marche faut-il suivre dans l'étude
de l'Anatomie? comment s'y reconnaître au milieu
de parties si nombreuses et si diverses; quelles
divisions y établir? La Physiologie repose sur l'A-
natomie, par la raison qu'il est impossible de bien
connaître le jeu et les usages d'une machine sans
avoir préalablement étudié les différentes pièces
qui la composent; c'est donc en analysant les phénomènes de la vie dans les animaux supérieurs,
spécialement dans l'homme, qu'on est parvenu à
grouper toutes les fonctions, et par conséquent
tous les organes dans trois grandes catégories ou

classes, nommées : *Relation, Nutrition, Reproduction.* — V. ces mots.

Nous l'avons déjà dit, avant de descendre aux
détails, aux descriptions particulières, l'Anatomie,
sous le nom d'*Anatomie générale*, doit nous initier
à la connaissance des éléments anatomiques, c'est-
à-dire des tissus élémentaires, qui, une fois observés dans une région de l'économie, sont connus
dans toutes les autres. — V. *Tissu, Humeur.*

ANATOMIE VÉGÉTALE. Elle se distingue aussi
en *générale* et en *descriptive.* Pour la première
nous renvoyons au mot *Tissu des végétaux*: pour
la seconde, à ceux de *Nutrition* et de *Reproduction animales.*

ANCHOIS (*Engraulis*). Genre de Poissons malacoptérygiens abdominaux, famille des Clupoïdes,
dont la taille atteint 0 m. 10 à 0 m. 12, et qui sont
allongés, étroits, ronds sur le dos, où la couleur
est d'un bleu verdâtre, tandis que le ventre est
brillant et argenté; leurs ouïes sont plus ouvertes
que celles des aloses, ce qui rend compte de leur
mort plus prompte lorsqu'on les retire de l'eau.

L'ANCHOIS VULGAIRE (*E. vulgaris*) est un petit

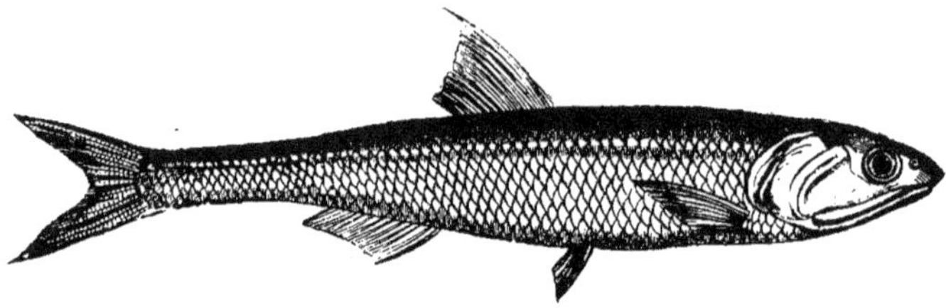

Fig. 90. — Anchois.

poisson de mer dont on fait des salaisons en grand.
Il se pêche principalement au printemps et au commencement de l'été sur les bords de la Méditerranée et de l'Océan. « À l'époque où il paraît, on
met en mer un navire sur lequel on fait un feu éclatant pendant la nuit. Les Anchois accourent en
foule et l'entourent de toutes parts. On les enveloppe subitement avec de longs filets (*rissoles*), et
lorsqu'ils sont entourés, on éteint le feu et l'on fait

tire de la mer chargé d'une capture considérable.
On leur coupe la tête, on les vide et on les met
dans une saumure pour les livrer au commerce. »
— Le MÉLET (*E. meletta*) est une autre espèce
d'Anchois de la Méditerranée encore plus petite.

ANCOLIE. (*Aquilegia*; d'*aquila*, aigle, parce
que les éperons des pétales ressemblent un peu
aux ergots de l'aigle). Genre de Renonculacées,
tribu des Helléborées, ne comprenant qu'une seule
espèce, mais qui offre plusieurs variétés.

L'ANCOLIE COMMUNE (*A. vulgaris*), encore nommée *Gant de Notre-Dame*, est une plante vivace,
herbacée, pubescente, à feuilles la plupart radicales, deux fois triséquées, à lobes bi-tripartits;
fleurs bleues, violettes ou purpurines, grandes,
penchées, à 5 sépales dressés, pétaloïdes, caducs;
à 5 pétales longuement prolongés au-dessous de
leur insertion et roulés en cornets qui se terminent en éperons courbés en crochet.

L'Ancolie se trouve dans les bois montueux, sur
la lisière des forêts, où elle fleurit en mai-juillet.
Elle est fréquemment cultivée dans les jardins, où
ses fleurs doublent souvent par l'emboîtement de
pétales supplémentaires.

Les principales variétés sont l'A. DES ALPES,
plus petite et à fleurs bleues; l'A. DE SIBÉRIE, à
fleurs grandes, bleues et entourées d'un anneau
blanc; l'A. DU CANADA, aux fleurs rouges safra-
nées. — Ces plantes n'ont que des propriétés médicales suspectes. Elles se multiplient de rejetons
et s'accommodent à tous les terrains.

ANDRÈNE. Genre d'Hyménoptères de la famille
des Mellifères, voisin des Abeilles, dont l'espèce
type est l'ANDRÈNE DES MURS, qui a 15 centimètres
de longueur, la couleur d'un noir bleuâtre avec des
poils blancs sur la tête. La femelle dépose dans les

Fig. 91. — Ancolie.

beaucoup de bruit. Les Anchois effrayés s'enfuient
et vont se jeter dans les mailles du filet qu'on re-

murs un miel particulier d'une odeur narcotique.

ANDROGYNE (du gr. *androgunos*, qui réunit les deux sexes). En *botanique*, se dit d'une plante qui réunit à la fois des fleurs mâles et des fleurs femelles, ou d'une fleur qui contient en même temps des organes mâles et des organes femelles, comme la Pariétaire.

En *zoologie*, se dit de l'animal qui réunit les deux sexes sur son propre individu, mais qui ne peut se reproduire par lui-même et sans le rapprochement de deux individus jouant réciproquement le rôle de mâle et de femelle. Les Limaces et d'autres Mollusques sont androgynes.

ANDROPHORE (d'*aner*, mâle : *phoros*, porteur). Synonyme de filet staminal. Se dit surtout de ce filet lorsqu'il porte plusieurs anthères, et de la réunion des filets en un ou plusieurs faisceaux. — V. *Etamine*.

ANDROPOGON (d'*aner*, homme : *pogon*, barbe). Genre de Plantes de la famille des Graminées, ainsi nommé à cause de ses racines touffues. Les espèces principales sont : l'A. SQUARREUX des Indes, dont les racines fibreuses constituent le *Vétiver*, qui sert à aromatiser les vêtements et à les préserver des insectes ; l'A. NARD (*Nard indien*), stimulant, aromatique, dont les vertus sont très vantées par les indigènes.

ANE (*Asinus*). Mammifère de l'ordre des Solipèdes, espèce du genre Cheval (*A. equus*), dont il se distingue par une taille plus petite, par une tête plus grosse et moins allongée, des oreilles plus longues, une queue garnie de poils à son extrémité seulement, des épaules plus étroites, traversées, chez le mâle, d'une ligne noire se croisant avec une autre de la même couleur située le long de l'échine : par un dos plus tranchant, une croupe moins carrée, un cri différent.

L'Ane existe à l'état sauvage, dans l'Asie australe, sous le nom d'*Onagre* (V. ce mot), mais il a dégénéré sous la main pesante et ingrate de l'homme. Buffon nous a laissé l'intéressant tableau de ses services, de ses qualités et de ses malheurs. « L'Ane, dit-il, n'est point un cheval dégénéré : il n'est ni étranger, ni intrus, ni bâtard ; il a, comme

Fig. 94. — Ane.

tous les autres animaux, sa famille, son espèce et son rang ; son sang est pur, et quoique sa noblesse soit moins illustre, elle est tout aussi bonne, tout aussi ancienne que celle du cheval. Pourquoi donc tant de mépris pour cet animal si bon, si patient, si sobre, si utile? Les hommes mépriseraient-ils, jusque dans les animaux, ceux qui les servent trop bien et à trop peu de frais? On donne au cheval de l'éducation ; on le soigne, on l'instruit, on l'exerce : tandis que l'Ane, abandonné à la grossièreté du dernier des valets, ou à la malice des enfants, bien loin d'acquérir, ne peut que perdre par son éducation ; et s'il n'avait pas un grand fonds de bonnes qualités, il les perdrait en effet par la manière dont on le traite : il est le jouet, le plastron, le bardeau des rustres qui le conduisent le bâton à la main, qui le frappent, le surchargent, l'excèdent sans précaution, sans ménagement. On ne fait pas attention que l'Ane serait, par lui-même, et pour nous, le premier, le plus beau, le mieux fait, le plus distingué des animaux, si dans le monde il n'y avait point de cheval : il est le second au lieu d'être le premier, et par cela seul il semble n'être plus rien. C'est la comparaison qui le dégrade : on le regarde, on le juge, non pas en lui-même, mais relativement au cheval : on oublie qu'il est âne, qu'il a toutes les qualités de sa nature, tous les dons attachés à son espèce, et l'on ne pense qu'à la figure et aux qualités du cheval, qui lui manquent et qu'il ne doit pas avoir. Il est de son naturel aussi humble, aussi patient, aussi tranquille que le cheval est fier, ardent, impétueux ; il souffre avec constance, et peut-être avec courage, les châtiments et les coups ; il est sobre, et sur la quantité et sur la qualité de la nourriture ; il se contente des herbes les plus dures, les plus désagréables, que le cheval et les autres animaux lui laissent et dédaignent : il est fort délicat sur l'eau, il ne veut boire que de la plus claire, et aux ruisseaux qui lui sont connus : il boit aussi sobrement qu'il mange, et n'enfonce point du tout son nez dans l'eau, par la peur que lui fait, dit-on, l'ombre de ses oreilles. Comme l'on ne prend pas la peine de l'étriller, il se roule souvent sur le gazon, sur les chardons, sur la fougère, etc. : sans se soucier beaucoup de ce qu'on lui fait porter, il se couche pour se rouler toutes les fois qu'il le peut, et semble par là reprocher à son maître le peu de soin qu'on prend de lui ; car il ne se vautre pas comme le cheval dans la fange et dans l'eau ; il craint même de se mouiller les pieds, et se détourne pour éviter la boue ; aussi a-t-il la jambe plus sèche et plus nette que le cheval. Il est susceptible d'éducation, et l'on en a vu d'assez bien dressés pour faire curiosité de spectacle. Dans la première jeunesse, il est gai et même assez joli ; il a de la légèreté, de la gentillesse ; mais il la perd bientôt soit par l'âge, soit par les mauvais traitements, et il devient lent, indocile et têtu. Il s'attache cependant à son maître, quoiqu'il soit ordinairement maltraité : il le sent de loin et le distingue de tous les autres hommes ; il reconnaît aussi les lieux qu'il a coutume d'habiter, les chemins qu'il a fréquentés : il a les yeux bons, l'odorat admirable, l'oreille excellente, ce qui a encore contribué à le faire mettre au nombre des animaux timides, qui ont tous, on prétend, l'ouïe très fine et les oreilles longues. Lorsqu'on le surcharge, il le marque en inclinant la tête et baissant les oreilles ; lorsqu'on le tourmente trop, il ouvre la bouche et retire les lèvres d'une manière très désagréable, ce qui lui donne un air moqueur et dérisoire. Si on lui couvre les yeux, il reste immobile ; et lorsqu'il est couché sur le côté, si on lui place la tête de manière que l'œil soit appuyé sur la terre, et qu'on couvre l'autre œil avec une pierre ou un morceau de bois, il restera dans cette situation sans faire aucun mouvement et sans se secouer pour se relever. Il marche, il trotte et il galope comme le cheval ; mais tous ses mouvements sont

petits et beaucoup plus lents : quoiqu'il puisse d'abord courir avec assez de vitesse, il ne peut fournir qu'une petite carrière pendant un petit espace de temps ; et quelque allure qu'il prenne, si on le presse, il est bientôt rendu. •

Issu de l'Onagre, comme nous l'avons dit déjà, l'Ane va dégénérant à mesure qu'il s'éloigne de sa patrie originaire, c'est-à-dire des contrées les plus rapprochées de la Tartarie, et il devient d'autant plus petit et plus faible qu'il habite des contrées plus septentrionales. L'Espagne, le Portugal, l'Italie et les parties méridionales de la France fournissent les plus grandes races ; en Angleterre, ces animaux sont très petits. Il n'y avait point d'Anes en Amérique avant la découverte de ce continent ; mais ils s'y sont multipliés depuis. L'Ane vit 15 à 16 ans dans nos climats. Il peut s'accoupler avec le cheval, avec le zèbre, ce qui produit des mulets inféconds. Le produit de l'âne et de la jument est le *Mulet* proprement dit (V. ce mot) ; celui du cheval et de l'ânesse se nomme *Bardeau*. L'histoire de l'Ane depuis les temps les plus anciens serait vraiment intéressante à connaître. Si cet animal fut en honneur dans la Palestine et servit de monture au Christ entrant en triomphe à Jérusalem, les Égyptiens au contraire l'eurent en exécration. L'Ane est utile à l'homme non-seulement par son travail, mais encore par son lait qui est employé en médecine ; et, après sa mort, on se sert de sa peau pour faire des tambours, des cribles, des tamis, du gros parchemin, de la peau de chagrin, etc.

ANÉMONE (*Anemonum*). Genre de Plantes de la famille des Renonculacées, vivaces, herbacées, velues, dont les fleurs qui sont terminales, avec un involucre de 3 feuilles placées au-dessous, se composent de 1-15 sépales pétaloïdes colorés, caducs, et de carpelles nombreux groupés sur un réceptacle hémisphérique.

Les Anémones ont des racines rameuses qui ressemblent à des pattes d'animaux : de là leur surnom de *griffes*. Ces racines servent à les multiplier. Ces plantes offrent un grand nombre d'espèces et de variétés qui ornent nos champs, nos prés, nos forêts et nos jardins.

ANÉMONE PULSATILLE (*A. pulsatilla*). Tiges de 1 à 4 cent. portant une seule fleur ; feuilles radicales bipinnatiséquées, à segments divisés en lobes linéaires aigus ; involucre de feuilles sessiles ; plante couverte de longs poils soyeux. La fleur est presque dressée, grande, d'un bleu violet : sépales pubescents, oblongs, étalés supérieurement ; carpelles velus, étalés, à styles accrus plumeux. — La Pulsatille se trouve dans les bois sablonneux, sur les coteaux calcaires, fleurissant dans les mois d'avril-juin. Plante âcre, vésicante, d'un emploi dangereux, surtout à l'intérieur.

ANÉMONE SYLVIE (*A. nemorosa*). Tige de 1 à 3 cent. uniflore, pubescente : feuilles poilues, les radicales palmatiséquées, parfois nulles par avortement ; involucre de feuilles pétiolées. La fleur est un peu penchée, blanche ou rosée en dedans ; sépales glabres ; carpelles pubescents étalés, à styles glabres.

Fig. 93. — Anémone pulsatille.
(Plante, et groupe de fruits carpellaires plumeux.)

La Sylvie est très commune dans les bois, les lieux ombragés, où elle fleurit au printemps. Comme

Fig. 94. — Anémone sylvie.
(Sommité fleurie ; fruits.)

la Pulsatille, elle est douée de propriétés irritantes et corrosives.

Les espèces que nous cultivons sont :

L'A. HÉPATIQUE (*A. hepatica*), qui se distingue à l'involucre composé de 3 feuilles entières et rapproché de la fleur, simulant un calice ; à ses feuilles radicales à 3 lobes entiers arrondis.

L'A. DES JARDINS, à fleurs doubles ou simples, d'un beau rouge ou de couleurs très variées. — Citons encore l'*A. coronaria*, qui se fait remarquer par ses jolies fleurs en bordures ; l'*A. pavonia* ou *Œil de paon*.

ANETH (*Anethum*). Genre d'Ombellifères, tribu

des Pimpinelles : plantes annuelles à feuilles décomposées en segments linéaires très étroits ; fleurs jaunes dont le calice est presque nul, les pétales entiers enroulés en dedans, etc.

ANETH ODORANT (*A. graveolens*, vulg. *Fenouil bâtard* ou *puant*. Cette espèce, souvent confondue avec la précédente, s'en distingue par sa racine grêle, sa tige solitaire, et par ses feuilles supérieures dont la partie engaînante est beaucoup plus courte que la partie qui porte les segments ; elle atteint d'ailleurs à peine un demi-mètre de hauteur. — Ses propriétés sont celles de l'Anis et du Fenouil ordinaire ; seulement son odeur est moins agréable.

ANETH FENOUIL. — V. *Fenouil*.

ANGE (*Squatina*). Genre de Poissons qui semble lier les Squales aux Raies, car s'il conserve encore la forme allongée des premiers, il a comme les secondes le corps déprimé et les yeux verticaux. Ces Poissons ont des évents et manquent de nageoire anale, comme certains Squales ; les deux dorsales sont petites et très rapprochées l'une de l'autre ; les ventrales et les pectorales sont fort larges, ressemblant à des ailes étendues. — Les plus grosses espèces ont jusqu'à un mètre et demi de longueur. L'une se pêche sur nos côtes ; elle a la peau très rude ; une autre porte une rangée d'épines le long du dos.

ANGÉLIQUE (*Angelica*). Genre de la famille des Ombellifères, ainsi nommé sans doute à cause de l'odeur suave de ses espèces, comprenant des plantes vivaces à tiges creuses, à feuilles bi-tripinnatiséquées et à fleurs blanches, etc.

L'ANGÉLIQUE PROPREMENT DITE (*A. archange-*

Fig. 95. — Angélique.

lica) a la tige assez grosse, longue et noueuse, dressée ; ses feuilles sont très grandes ; ses fleurs blanches, en ombelles nombreuses, avec calice à 5 dents courtes, 5 pétales étalés dont l'extrémité est recourbée en dedans. — Cette plante croît sans culture dans les pays chauds, et renferme une assez grande quantité d'huile volatile à laquelle elle doit ses propriétés, qui sont d'être aromatique stimulante, stomachique et carminative. Cultivée dans notre climat, elle s'adoucit, devient plus sucrée. Elle est employée moins comme médicament que comme substance alimentaire. On confit au sucre ses tiges encore vertes, qui se vendent ainsi chez les confiseurs sous le nom d'*angélique*. Il fut un temps où l'on croyait que les racines, macérées dans du vinaigre, étaient un préservatif de la peste.

L'ANGÉLIQUE SAUVAGE (*A. sylvestris*) est plus petite que la précédente, et ses propriétés sont plus faibles.

ANGORA. Nom donné à une race de Chats, de Lapins et de Chèvres à poils longs et soyeux, originaires d'Angora, province de la Turquie, dans l'Anatolie. En 1855, M. le maréchal Vaillant a donné à la Société zoologique d'acclimatation un troupeau de Chèvres angora qui sont dans les meilleures conditions pour réussir en France et y propager leur espèce.

ANGUILLE (*Murœna*). Espèce de Poisson du genre Murène, ayant le corps allongé et proportionnellement petit, glissant par l'effet d'une liqueur visqueuse qui l'enduit, marqué de deux lignes qui s'étendent sur le milieu des côtés; dos brun, parties latérales et inférieures blanches; mâchoire supérieure munie à son extrémité de deux petits barbillons: mâchoire inférieure plus avancée; les trois nageoires du dos, de la queue et de l'anus réunies; opercules des ouïes petits et enveloppés dans la peau, qui ne s'ouvre que fort en arrière par un trou, ce qui fait que, les branchies étant mieux abritées, ces poissons peuvent demeurer quelque temps hors de l'eau sans périr.

Les Anguilles habitent les eaux douces, les rivières et les lacs d'Europe, où elles rampent le plus souvent l'hiver dans la vase, qu'elles sillonnent; cependant elles nagent avec facilité, et l'été elles fréquentent les eaux vives, le mouvement des vannes de moulin. Leur longueur varie beaucoup, selon les contrées : on en trouve en Angleterre qui pèsent jusqu'à dix-huit livres. Elles sont très voraces, et se nourrissent de goujons, de vers, d'oiseaux aquatiques, de grenouilles, etc., qu'elles chassent pendant la nuit; mais, à leur tour, elles deviennent, dans leur jeunesse, la proie des brochets, des loutres, des hérons et des cigognes; sans cette cause de mortalité, leur multiplication deviendrait effrayante par suite de leur très longue existence, qui atteint, dit-on, un siècle.

Cependant les Anguilles ne produisent qu'une fois par an, et un petit nombre d'œufs, qui éclosent dans leur corps, pense-t-on, comme ceux des vipères. Il paraît certain qu'elles descendent à la

Fig. 96. — Anguille.

mer pour frayer; selon M. Valenciennes, elles fraient dans la vase, où leurs œufs restent réunis, et leurs petits aussi, jusqu'à ce qu'ils aient atteint 2 à 3 cent.; après quoi ceux-ci se séparent et remontent les fleuves en bandes serrées. Mais le mode de reproduction de ce genre de Poissons appelle de nouvelles observations.

L'ANGUILLE COMMUNE (*M. anguilla*) est abondamment répandue dans toute l'Europe, en Amérique et dans l'Inde; sa couleur varie selon la qualité des eaux qu'elle habite. C'est à elle que s'appliquent spécialement les généralités ci-dessus. Sa pêche est très productive. Sur le marché de Londres, par exemple, il se fait un grand commerce d'Anguilles fournies par deux compagnies hollandaises. La chair de ce poisson est saine et agréable, quoiqu'un peu grasse et compacte.

L'ANGUILLE DE MER est le *Congre*. — V. ce mot.

ANGUIS. Ce mot, qui veut dire serpent, désigne, dans la classification de Linné, un genre de Reptiles comprenant l'*Orvet*, l'*Ophiosaure*, l'*Acontias*.

ANGUSTURE. Nom qu'on donne dans le commerce à deux écorces très différentes : l'une, l'*Angusture vraie*, provient de l'arbre appelé l'espèce fébrifuge (V. ce mot); l'autre, la *fausse Angusture*, est formée par le *Strychnos aux co-mara*, et est douée de propriétés vénéneuses. — V. *Strychnos*.

ANHINGA ou **ANHINGE** (*Plotus*). Genre d'Oiseaux de l'ordre des Palmipèdes, famille des Totipalmes, ayant pour caractères : bec plus long que la tête, droit, grêle, très fendu et aigu; tête petite, grêle allongée; cou extrêmement long; queue très longue, pattes courtes, tarses gros et robustes, etc. — Ce genre repose sur quatre espèces d'Asie, d'Afrique, d'Amérique et de la Nouvelle-Hollande. Ces oiseaux fréquentent les eaux douces et se nourrissent de poissons, qu'ils saisissent en plongeant et nageant entre deux eaux avec une grande rapidité.

ANHYDRITE. Nom d'une espèce de roche à base de chaux: minéral cristallin, blanc ou gris, composé de sulfate de chaux anhydre. — Le marbre de Bergame, employé en Italie pour faire des tables ou des cheminées, est une variété d'Anhydrite légèrement siliceuse et bleuâtre.

ANI (*Crotophaga*). Genre d'Oiseaux grimpeurs, assez voisin des Coucous, dont voici les caractères : bec de la longueur de la tête environ, comprimé latéralement et très élevé, la mandibule supérieure formant une sorte de crête tranchante; narines basales, ovalaires, nues; ailes allongées, assez faibles; queue longue, large et arrondie; tarses allongés, couverts de larges scutelles; doigts minces à ongles faibles.

Ces oiseaux, dont on compte six espèces, appartiennent à l'Amérique tropicale; ils fréquentent les contrées humides par troupes plus ou moins nombreuses. Leur vol est court, et ils se posent de préférence sur les buissons et les branches des arbres peu élevés; on les voit aussi quelquefois s'abattre sur le dos des bœufs, dont ils débarrassent la peau des larves qui s'y cachent. Ils vivent de diverses espèces de graines et de fruits, et font la guerre à quelques insectes. Ils sont assez familiers, faciles à apprivoiser, et l'on prétend qu'en les prenant jeunes, on peut leur apprendre à parler.

Mais le caractère le plus curieux des Anis, c'est l'habitude où sont les femelles d'un même canton de se réunir pour la confection en commun d'un même nid, dans lequel elles pondent toutes leurs œufs, les couvent, et nourrissent indistinctement les petits qui en naissent. — Ces oiseaux ont véritablement l'instinct d'association prononcé ; ils sont toujours ensemble, gazouillent ensemble, et leur ramage ressemble plutôt à un sifflement qu'à un chant. Il serait facile de les tuer plusieurs à la fois, si leur chair était bonne à manger.

Les deux espèces principales sont : l'ANI DES PALÉTUVIERS (*C. major*), grand comme un geai, dont le plumage est noirâtre avec la plupart des plumes bordées de vert ou de bleu luisant, et qui fréquente particulièrement 'es bords de la mer où croissent les palétuviers; l'ANI DES SAVANES, de la grosseur d'un merle, ainsi appelé de son habitude de se tenir dans les savanes.

ANIMAL (d'*anima*, âme ou vie). Se nomme ainsi tout être qui *se nourrit, se reproduit, sent et se meut*. Cette courte définition sépare à jamais l'animal du végétal, car ce dernier ne sent ni ne se meut volontairement.

Toutefois, si de la comparaison des corps inorganiques avec les corps organisés il résulte une distinction claire et précise entre les minéraux et les animaux, il n'en est pas de même quand il s'agit de fixer la limite qui sépare ces derniers des végétaux. En effet, sur les confins des deux règnes, l'on rencontre des êtres d'une structure si simple, ayant des fonctions si obscures et si douteuses, qu'on est dans la plus grande incertitude relativement à leur nature végétale ou animale et à leur classification. — V. *Génération spontanée, Zoophytes*. — Nul organe ne caractérise l'animalité, pas même le canal intestinal, qui existe pourtant dans tous les animaux, mais qui se modifie avec une variété de formes ou de proportions vraiment merveilleuse. « Les êtres organisés, dit Bory de Saint-Vincent, ne composent qu'une grande série, formée d'un nombre infini d'individus dont les uns nous paraissent les moins parfaits parce que leur organisation plus simple ne les élève pas dans l'échelle des êtres, et dont les autres nous semblent d'une grande importance, parce que la complication de leur mécanisme les rapproche de nous. »

Puisque le caractère spécifique de l'animalité ne se trouve pas dans l'organisation, cherchons-le dans la composition chimique des tissus. Là encore, déception : car « s'il est vrai que ce soit surtout dans les substances animales qu'on rencontre en grande proportion le phosphore et l'azote; s'il est vrai que la base principale des végétaux soit l'hydrogène et le carbone, néanmoins l'azote et le phosphore se trouvent dans quelques-uns de ceux-ci, comme l'hydrogène et le carbone se rencontrent dans les premiers »

Cependant, sous un autre point de vue, nous trouvons un caractère d'une importance très grande. C'est le mouvement volontaire, cette faculté qui donne à l'animal le pouvoir d'agir dans l'intérêt de sa conservation, et qui résulte de l'*irritabilité*, laquelle peut déterminer une vie sans intelligence, mais non sans un certain instinct des besoins. Mais peut-on dire que les végétaux soient dépourvus d'irritabilité? Non sans doute; seulement cette faculté ne leur communique que des mouvements purement végétatifs, de la nature de ceux qui se passent dans le mouvement nutritif intime de l'animal, qui n'en a pas conscience; ainsi par exemple la Sensitive exécute des mouvements, mais ces mouvements manquent d'indépendance, de volonté, parce qu'ils sont soumis à des conditions météorologiques que l'on peut tromper, modifier, annuler, tandis que le mouvement volontaire, au contraire, est celui que commande l'instinct de conservation, qui est servi par la contractilité animale, elle-même due à l'irritabilité, fille du système nerveux. Donc, en dernière analyse, c'est le système nerveux ou son équivalent qui doit caractériser l'animal ; mais, outre que cette proposition n'est démontrée que pour les animaux dont l'exiguité ne nous empêche pas de distinguer les organes, et qu'elle contredise cette autre proposition que nous avons émise plus haut : « nul organe ne caractérise l'animalité, » avouons qu'il est impossible, à certains degrés de l'échelle zoologique, de fixer la ligne de démarcation entre la contractilité animale et la contractilité végétale.

Si nous jetons un regard sur l'ensemble des êtres organisés, nous sommes frappés de la variété infinie de formes et d'organes sous lesquels ils se montrent à nous ; et pourtant, si nous analysons ces organes et les phénomènes multiples dont ils sont les instruments, nous constatons bientôt que tous les animaux ont été conçus sur un même plan, et qu'on peut arriver par degrés successifs du plus simple au plus composé : de là le système de l'*Échelle animale*, sorte de fragment détaché du grand système de l'*Échelle des êtres*.

Pour donner une preuve de l'unité de plan et de la simplicité du travail, dans cette immense exécution, il suffit de dire que quelques éléments seulement (oxygène, hydrogène, carbone, azote, phosphore, soufre) entrent dans la composition des divers tissus dont se forme le corps animal ; que ces tissus, dans toute la série zoologique, peuvent se réduire à trois : 1° le *cellulaire*, qui se modifie en membranes, en vaisseaux, et en os lorsque ses mailles se remplissent de matière calcaire, et qui enveloppe toutes les parties du corps en en suivant les contours ; 2° le *musculaire*, qui jouit de la faculté rétractile au plus haut degré, formant les muscles, ces organes généraux des mouvements ; 3° le *nerveux* ou *médullaire*, qui se présente avec le caractère distinctif de la sensibilité. — V. *Tissu*.

La sensibilité est la faculté primordiale des corps organisés vivants : c'est d'elle que dépendent toutes les fonctions animales, qui, quoique nombreuses et complexes, se résument aussi, comme pour continuer l'unité de plan, en trois systèmes fondamentaux, appelés : *Relation*, *Nutrition* et *Reproduction*. — V. ces mots.

Il résulte de l'étude anatomique des animaux et de la connaissance de leur nature, qu'on peut les partager en quatre grandes divisions ou *embranchements* :

1° Les Vertébrés.
2° Les Articulés.
3° Les Mollusques.
4° Les Rayonnés ou Zoophytes.

Chacun de ces embranchements se subdivise en classes, en ordres, etc. (V. *Classification zoologique*), ainsi qu'on peut le voir en se reportant aux mots qui les expriment. Bien que ce soit là qu'il faille chercher les considérations qu'ils comportent, nous croyons cependant devoir en exposer ici les caractères fondamentaux.

1° *Vertébrés*. Organes soutenus et protégés par une charpente osseuse ; squelette formé d'une colonne vertébrale qui se termine en avant par la tête, postérieurement par la queue, et qui offre entre ces deux extrémités deux paires de membres et des côtes. Le squelette se simplifie successivement à partir de l'Homme, où il se montre dans toute sa perfection, jusqu'aux Poissons, où il semble dégénéré, quant à sa composition et à ses formes, en passant par la série des Mammifères, des Oiseaux et des Reptiles. La tête et les membres sont surtout les parties dont les modifications deviennent le plus remarquables. Le système cérébro-spinal suit la dégradation de la cavité crânienne ; et, quant aux membres, ils manquent complétement quelquefois. Les organes de la vie de relation sont symétriques par rapport à un plan médian droit.

2° *Articulés*. Point de squelette intérieur ni d'axe cérébro-spinal ; mais en général existence d'une sorte de squelette tégumentaire composé d'anneaux mobiles ; système nerveux composé d'une série de ganglions réunis par paires sur la ligne médiane du corps, de façon à constituer une longue chaîne droite ; les divers organes sont symétriques par rapport à un plan médian droit.

3° *Mollusques*. Ni squelette articulé intérieur, ni squelette extérieur annulaire ; corps tantôt nu, tantôt revêtu d'une coquille ; système nerveux composé de ganglions dont la réunion ne constitue jamais une longue chaîne médiane droite ; les principaux organes sont symétriques par rapport à un plan médian ordinairement courbe.

4° *Rayonnés* ou *Zoophytes*. Ni squelette intérieur, ni squelette extérieur ; système nerveux rudimentaire ou nul ; les divers organes sont disposés d'une manière plus ou moins radiaire par rapport à un axe ou un point central, à l'état adulte, ou bien dans le jeune âge seulement.

Telles sont les quatre grandes divisions établies tout d'abord par Cuvier dans l'échelle animale. Cette expression d'*échelle* rappelle un fait généralement accrédité, mais qui n'est pas exact en tout point, à savoir : que dans la distribution des animaux, on peut arriver par degrés successifs du plus simple au plus composé. On peut établir, en effet, avec plus ou moins d'exactitude une échelle animale sous le point de vue de l'intelligence ou de l'utilité, ou du nombre des organes constituants, en négligeant tous les autres rapports ; mais lorsqu'on prend l'ensemble de l'organisation, on ne trouve plus cette gradation que l'esprit aime à se figurer ; et il serait plus exact de comparer l'arrangement du monde animal à une pyramide inégale où chacun des plans de la nature occuperait une face distincte, ne se confondant qu'au sommet dans le caractère général de l'animalité.

L'article *Animal* comporterait un volume de détails sur les mœurs, les usages, la distribution géographique, etc., des êtres vivants, considérés sous le point de vue général ; mais, outre que le

plan de cet ouvrage se refuse à leur introduction,
ce serait donner lieu à des répétitions inévitables
que de se livrer ici à cette revue d'ensemble qu'il
faut chercher plutôt dans les discours sur l'histoire naturelle. — Nous nous contenterons de ren-
voyer aux mots *Instinct, Fécondité, Géogra-
phie organique*, et à chacune des divisions et
subdivisions de la *Classification zoologique*.

ANIMALCULE. Animal si petit qu'il n'est visible qu'au microscope, d'où son nom de *microscopique*. Tous les liquides qui tiennent en
suspension des matières animales ou végétales
renferment des animalcules ou infusoires. Leur mul-
ti,...té est incroyable, et l'imagination reste confondue, lorsqu'à l'aide des verres grossissants, on
voit ces êtres infiniment petits s'agiter, se défendre
ou s'éviter dans une goutte de liquide, qui est
pour eux un océan. Leuvenhoeck estimait qu'il en
pourrait tenir 50,000 sur la pointe d'une aiguille.
— Pour plus d'explications, voir le mot *Infusoires*.

« On donne le nom d'*Animalcules spermati-*

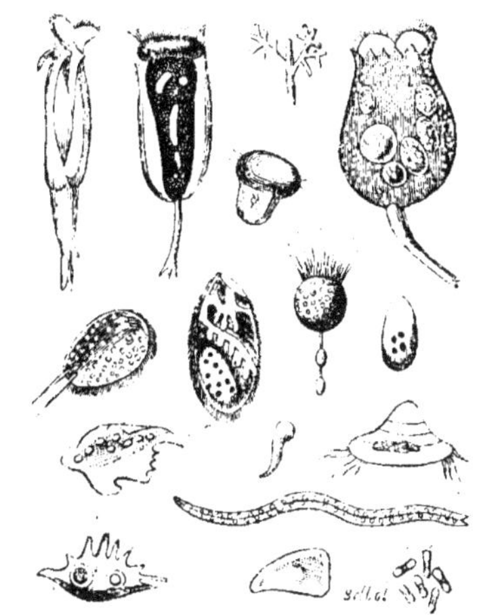
Fig. 97. — Animalcules.

ques ou *spermatozoaires* à des corps filiformes,
librement mobiles, qui fourmillent dans le sperme
de presque tous les animaux connus. Ceux de
l'homme se composent d'une partie plus large et
un peu aplatie, qu'on nomme tête, et d'un long appendice cylindrique appelé *queue*, qui est plus
étroit que la tête et va en s'amincissant toujours.
Leur longueur totale est de 5 centièmes de millimètre. On a trouvé de ces êtres microscopiques
dans le vagin, la matrice, les trompes, et jusqu'à
la surface de l'ovaire, après l'accouplement.
Les organes mâles des plantes cryptogames ont
pour corpuscules fécondateurs des *spermatozoïdes*

mobiles, dont la mobilité est due aux cils vibratiles
qu'ils portent, mais qui ne sont pas de nature animale ; dans les plantes cotylédonées, les corpuscules correspondants sont les granules du pollen,
toujours immobiles.

ANIMAUX FOSSILES et ANIMAUX PERDUS. Les
Fossiles sont les animaux dont les débris, trouvés
au sein de la terre, sont identiques avec les mêmes
parties de quelque animal existant (V. *Fossiles*) ;
tandis que les *animaux perdus* sont ceux dont les
restes n'ont plus d'analogues parmi les espèces vivantes. — Depuis les ouvrages de l'immortel Buffon, les
phénomènes naturels, si utiles à l'explication des
révolutions du globe, ont été découverts, décrits,
expliqués avec un soin et une sagacité peu familiers aux anciens observateurs. On s'est plu à reconnaître dans ces débris entassés la preuve d'un
plan de création exécuté d'un seul jet dans l'espace de quelques jours, et celle d'un déluge universel comme l'enseigne l'Écriture (V. *Déluge*) ;
mais la science rigoureuse n'accepte ces faits,
vrais au point de vue du dogme religieux, qu'à la
condition de trouver à tous les fossiles leurs analogues vivants. Or, d'une part, nombre d'espèces
animales paraissent avoir disparu du globe ; et,
d'autre part, l'homme n'offre aucune trace de son
existence au temps où toutes les races anéanties,
dont on trouve les restes au sein des dépôts les
plus anciens, ont vécu. La science n'a pas dit son
dernier mot, et un accord parfait entre l'Écriture
et elle ne tient peut-être qu'à une découverte de
plus. Quoi qu'il en soit, voici, par ordre de date,
une énumération très abrégée des os, dents, squelettes, coquilles, trouvés dans le sein de la terre.

« D'énormes *coquilles* fossiles ont été trouvées
en différents temps dans plusieurs parties de l'Europe : en Suisse, en Allemagne, en Italie. Dans
les *Époques de la nature*, Buffon cite des coquilles fossiles du poids d'environ huit milliers,
qui existaient de son temps en Champagne. Une
multitude d'*ossements d'animaux gigantesques*,
et dont les races paraissent aujourd'hui entièrement détruites, ont été trouvés dans les diverses
parties du monde, et plus particulièrement en Sibérie.

« En 1706, *squelette de crocodile* trouvé à la
profondeur de 50 aunes, mesure de Leipsick, dans
les mines de la Thuringe. En 1734, dépouilles fossiles de *tortues* déterrées en Suisse et à Leipsick.
La même année, des os fossiles de *mammouth* furent découverts en Sibérie : plusieurs dents fossiles avaient 10 pieds de longueur et pesaient 100,
140, 148 livres.

« De 1734 à 1740, un grand nombre de dépouilles fossiles de *poissons, connus et inconnus*,
furent exhumées des rochers calcaires qui se
trouvent aux environs de Vérone : les échantillons
qu'on retira, et dont beaucoup sont déposés maintenant au Muséum d'histoire naturelle de Paris,
offrent les empreintes parfaitement fidèles de plus
de trente espèces de poissons d'Asie, d'Afrique,

ou des rivages les plus chauds de l'Amérique. — En 1771, au mois de décembre, un cadavre de *rhinocéros bicorne* fut trouvé en Sibérie, avec sa peau, sa graisse et ses muscles. Pallas a reconnu, en 1771, sur une grande étendue des bords de l'Irtisch, des os à demi détruits d'*éléphants*, de *buffles*, de *rhinocéros*, arrêtés dans les lits vierges d'un sable de diverses couleurs : ce savant observateur trouva aussi, enfouis dans le même terrain, des débris osseux qui devaient avoir appartenu aux plus gros *poissons marins*.

« En 1773, *poisson pétrifié, entièrement en relief*, trouvé au pied d'une carrière de pierres calcaires, située à quatre lieues de Beaune en Bourgogne ; ce poisson solide, aussi bien formé que s'il eût été taillé par un sculpteur, est déposé au Muséum d'histoire naturelle à Paris.

« En 1775, un amas prodigieux d'os fossiles, ayant appartenu aux plus grandes espèces de *quadrupèdes*, a été reconnu en Sibérie, à l'embouchure de la Lena et de l'Indigerka ; on constata qu'une île, longue de 36 lieues et large de 30, était entièrement formée de sable et de blocs de sable, à la seule réserve de quelques rochers, et qu'elle contenait une immense quantité de dents et d'os de *mammouths* ; on en rencontra dans toutes les fouilles que l'on eut occasion de faire, de même que des têtes et des cornes de *buffles*, et quelquefois des cornes de *rhinocéros*.

« En 1779, os de *cachalot* pesant 227 livres trouvés au milieu d'une marne argileuse *dans la rue Dauphine*, à Paris ; ces débris, qu'on négligea de recueillir pour les collections de la capitale, sont aujourd'hui déposés à Harlem, dans le Muséum de Taylor.

« En 1780, divers ossements fossiles de *reptiles* et d'*animaux gigantesques* ont été trouvés dans les carrières de la montagne Saint-Pierre, près de Maëstricht, à 90 pieds de profondeur : on a remarqué que le plateau supérieur du sol était formé de galets.

« En 1786, des ossements fossiles de divers animaux, et particulièrement d'une espèce de *crocodile* très voisine de celle appelée *gavial* ou du Gange, furent découverts en Normandie : ce dernier animal paraît avoir eu 18 pieds de longueur.

« En 1796 et années suivantes, découverte à Montmartre et dans d'autres lieux des environs de Paris, d'un grand nombre d'ossements fossiles de *quadrupèdes inconnus*, d'empreintes de *poissons* et d'*animaux à coquilles*.

« 1801, de nombreux ossements de *mammouths*, mêlés avec des os de *buffles* et de *daims*, sont reconnus en Amérique, sur les bords de l'Ohio et sur ceux des rivières qui versent leurs eaux dans ce fleuve. — Grande quantité d'ossements d'*éléphants monstrueux* trouvés en Amérique dans le *Campo di Gigante*, près de Santa-Fé, à une hauteur de 1,370 toises.

« 1802, dents d'*éléphants carnivores* trouvées en Amérique.

« 1803, squelette fossile de *mammouth* découvert près de Harwich, en Angleterre, à la suite de l'éboulement d'un rocher ; l'une des dents de ce quadrupède pesait 12 livres.

« 1805, cadavre entier de *mammouth* trouvé en Sibérie, sur les rivages de la Lena, par le naturaliste russe Michel Adam, qui reconnut que les chairs avaient été récemment dévorées par les bêtes sauvages ; quelques parties de la tête et de la peau de l'animal, encore intactes, ont été transportées à Pétersbourg et déposées dans le cabinet de l'Académie des sciences. Ce débris est l'un des monuments les plus étonnants des vicissitudes du globe : la carcasse entière a 9 pieds 4 pouces de hauteur, et 16 pieds 4 pouces de long, non compris les dents très courbées, qui ont une toise et demie de long, et pèsent ensemble 360 livres ; la tête, sans les dents, pèse 414 livres ; cette tête a conservé une partie de sa peau et un œil : les crins de l'animal ont plus d'une archine de longueur (l'archine répond à 26 pouces 6 lignes, mesure française).

« 1806, un squelette entier de *crocodile pétrifié*, long de 10 pieds 1/2, fut trouvé dans le comté de Glocester, en Angleterre, à 25 pieds de profondeur, et dans une couche de pierre calcaire ; les mâchoires de l'animal étaient si intactes, que les dents qui les garnissaient avaient conservé leur émail.

« 1808, immense quantité d'ossements fossiles de *rhinocéros*, d'*éléphants*, d'*hyènes*, etc., trouvés en Allemagne au pied de montagnes du Hartz.

« 1809, ossements d'un énorme *mammouth*, découverts en Allemagne, dans le comté de Hout, en réparant une chaussée ruinée.

« 1813, on trouve en Allemagne un squelette fossile entier et différents os d'*hippopotames*, dont la description a été publiée dans les mémoires de la *société italienne de Modène*. Dans la même année, des pêcheurs recueillirent dans le Rhin une *tête de rhinocéros*, garnie de toutes ses dents molaires ; ce débris curieux, ainsi que plusieurs ossements de l'animal nommé *mastodonte*, retirés du même fleuve, sont déposés maintenant dans le cabinet d'histoire naturelle du grand-duc de Bade, à Carlsruhe.

« 1814, des *coquilles fossiles*, absolument semblables aux variétés trouvées auprès de Paris, sont découvertes dans les environs de Londres. La même année, des ossements fossiles d'*éléphants* et d'autres grands quadrupèdes, tels que *hippopotames*, *urus*, *élans* d'Islande, ont été trouvés dans plusieurs cantons de l'Italie.

« 1815, *ossements fossiles de rhinocéros* trouvés dans le roc solide, en Angleterre, auprès de Plymouth, et à une profondeur de 60 pieds.

« En 1821, découverte, près de Kerby, dans le comté d'York, d'une caverne remplie d'ossements fossiles d'*éléphants*, de *rhinocéros*, d'*hippopotames*, de *bœufs*, d'*hyènes*, etc.

« 1824, on trouve aux environs d'Issoire, département du Puy-de-Dôme, un grand nombre d'ossements fossiles : ces débris, qui se rapportent à plus de cinquante animaux dont les espèces sont perdues, étaient entre-mêlés de restes osseux d'éléphants, de chevaux, de mastodontes, de tapirs, de rhinocéros, de cerfs, de grands chats, de bœufs, de castors, d'ours et de chiens, etc. : on reconnut que la nature chimique de ces ossements avait éprouvé une faible altération.

« 1827, débris d'un animal colossal, trouvés dans la Louisiane, sur les bords du Mississipi : d'après les dimensions des os, l'animal vivant devait avoir 50 pieds de longueur, 20 à 25 de largeur, 20 de hauteur : son poids pouvait être de 20 tonneaux ou de 20,000 kilogrammes. »

Des masses fossiles composées de divers coquillages, plantes, bois, etc., gisent en plusieurs contrées de la France. On a reconnu dans ces derniers temps 8 à 10 espèces d'oiseaux parmi les fossiles découverts aux environs de Paris, et chaque année pour ainsi dire amène de nouvelles découvertes.

ANIS. Fruit du *Boucage*. — V. ce mot.

ANIS DOUX. Fruit du *Fenouil*. — V. ce mot.

ANIS ÉTOILÉ. Fruit de la *Badiane*. — V. ce mot.

ANIS VERT. Nom vulgaire de l'*Anis*. — V. ce mot.

ANNELÉS. — V. *Articulés*.

ANNÉLIDES (d'*annellus*, petit anneau). Classe d'Animaux articulés, sous-embranchement des Vers, dont le corps est très allongé, mou, divisé par des replis circulaires en des espèces d'anneaux ou segments dont le nombre est très variable, et qui tantôt ont une tête distincte, tantôt en manquent. Ils n'ont pas de pieds non plus, mais d'ordinaire une longue série de faisceaux de soies placés de chaque côté du corps et portés sur des tubercules charnus, les remplacent pour la progression, les mouvements et même la défense. « Souvent il existe deux de ces organes placés l'un au-dessus de l'autre, de chaque côtés des divers anneaux du corps; d'autres fois ces deux tubercules sétifères sont réunis, et presque toujours il existe à la base de chacun un long appendice mou et cylindrique nommé *cirrhe*. » Les Annélides dépourvus de soies, comme les sangsues, ont aux extrémités du corps des ventouses qui servent aussi à la locomotion. Le système nerveux consiste dans une série simple ou double de très petits ganglions qui se voient dans toute l'étendue du corps. Ces animaux présentent pour la plupart un certain nombre de petites taches qui paraissent être des yeux, et à la tête plusieurs filaments appelés *antennes* ou *cirrhes tentaculaires*.

Du côté des fonctions de nutrition, nous remarquerons que la bouche est armée d'une trompe protractile, de mâchoires ayant la forme de cro-

chets cornés ou de suçoirs : l'intestin est droit ou à peu près, simple ou avec des renflements, et l'anus occupe l'extrémité postérieure du corps. La circulation est ordinairement double, c'est-à-dire artérielle et veineuse : mais en fait de cœur, aucune apparence, si ce n'est quelques vaisseaux contractiles qui en tiennent lieu; d'ailleurs le système circulatoire est assez compliqué et varie d'un annélide à l'autre. Ces animaux sont les seuls invertébrés qui aient le sang rouge (*Vers à sang rouge*); quelquefois pourtant ce liquide est verdâtre. La respiration, quelquefois aérienne, mais le plus souvent aquatique, se fait au moyen de sortes de vésicules internes ou de branchies, ainsi qu'il est expliqué ci-dessous.

Toutes les espèces sont hermaphrodites; néanmoins pour se féconder, elles ont besoin d'un accouplement réciproque. Elles sont ovipares; les œufs sont tantôt enveloppés d'une espèce de cocon par les soins de la femelle, tantôt abandonnés isolément par elle après la ponte.

La plupart des Annélides habitent les eaux salées, où plusieurs s'y construisent pour demeure un long tube formé soit des matières calcaires sécrétées par leur peau (Serpules), soit de sable et de fragments de coquilles qu'ils agglutinent autour de leur corps; il en est qui s'enfoncent dans le sable (Arénicoles), d'autres qui se creusent des tubes dans la pierre, d'autres qui vivent dans les eaux douces (Sangsues), d'autres sur la terre (Lombrics).

On partage le groupe des Annélides en trois ordres, basés sur la disposition des organes respiratoires :

1° TUBICOLES (de *tubus*, tube : *colo*, j'habite). Le caractère qu'indique ce nom consiste en ce que

le corps de ces Annélides est renfermé dans un tuyau ou coqu de tubuleuse, tantôt calcaire et le résultat d'une sorte de sécrétion, tantôt simplement formée de l'agglutination de grains de sable ou de fragments de coquille, mais en tout cas n'adhérant pas au corps de l'animal, qui peut en sortir à volonté, ce qui ne permet pas de confondre cet ordre avec les Mollusques tubulibranches. Toutefois, le caractère le plus important des Tubicoles est fourni par les organes de la respiration :

les branchies sont en forme de panaches ou d'arbustes, placés sur la tête ou la partie antérieure du corps. — Les principaux genres se nomment : *Amphitrites, Sabelles, Serpules,* etc.

2° DORSIBRANCHES (*dorsum,* dos; *branchia,* branchie). Cet ordre comprend les Annélides qui ont les branchies placées sur les parties latérales du corps, sous la forme d'arbustes ramifiés ou de

Fig. 99. — Arénicole.

lames : ces Annélides sont nus ou renfermés dans des tuyaux : tels sont les genres *Amphinome, Arénicole, Eunice,* etc.

3° ABRANCHES c'est-à-dire privés de branchies. Ici la respiration se fait par la surface cutanée ou par de petites cavités intérieures que l'on pourrait comparer à des sacs pulmonaires. On divise cet ordre en deux familles : 1° les *Sétigères* (*seta,* soie : *gero,* je porte), dont plusieurs des anneaux du corps présentent à leur surface inférieure deux mamelons hérissés de soies raides et courtes, ex. : *Vers de terre* ; — 2° les *Asétigères* ou *Suceurs* dont les anneaux sont dépourvus de mamelons et de soies, ex. : *Sangsue.*

Tableau synoptique des Annélides.

(ACH. RICHARD.)

Annélides	avec branchies	sur la tête ; tuyau . . . . TUBICOLES.
		sur les parties latérales du corps ; pas de tuyau . . . . DORSIBRANCHES.
	sans branchies avec ou sans soies . . . ABRANCHES.	

ANOA (*Anoa*). Sous-genre d'Antilopes, auquel appartient l'A. DÉPRESSICORNE (*Anoa depressicornis*), ruminant qui a été quelquefois rangé parmi les bœufs. Il a les cornes assez épaisses, robustes, déprimées, dirigées en arrière en ligne

droite. Sa taille est celle d'un petit âne, mais ses formes sont assez épaisses : sa couleur est brune ou noirâtre : la femelle porte 4 mamelles. Cet animal est d'un caractère sauvage et habite les forêts de l'île Célèbes.

ANODONTE (du gr. *anodontos,* sans dents). Genre de Mollusques acéphales fluviatiles, de la famille des Mytilacés ; Coquilles bivalves ressemblant aux Moules, minces, fragiles, composées d'une nacre assez fine, recouvertes d'une pellicule verte, très communes dans nos rivières et nos étangs. — Il en existe en France trois espèces : l'A. DES OIES ou *petite Moule d'étang* ; l'A. CYGNE ou *grande Moule d'étang* ; l'A. A RAYONS. On se sert de ces coquilles, dans les campagnes, pour écrémer le lait. — Les dépôts d'eau douce contiennent des *Anodontes fossiles.*

ANOLIS (*Anolis*). Genre de Reptiles, ordre des Sauriens, voisin des Iguanes ; espèce de Lézard à tête pyramidale allongée, avec un goître sous le cou, qui, lorsqu'il n'est pas gonflé, prend la forme d'un fanon plus ou moins développé ; membres très développés, grêles, présentant des doigts d'inégale longueur ; ongles forts ; queue longue, renflée par intervalles : tête couverte de petites

Fig. 100. — Anolis à points blancs.

plaques : corps revêtu de petites écailles ; couleur grise, verte, noire ou jaune, etc.

Les Anolis appartiennent à l'Amérique méridionale, aux Antilles, etc. Ils sont vifs, lestes et familiers ; ils grimpent avec facilité, et font la chasse ordinairement aux insectes et aux fruits sur les arbres et les buissons. Ils mordent fortement la main qui les saisit, mais leur morsure est innocente. Ces animaux sont presque toujours en guerre entre eux ; les deux champions, animés d'un même courage, que développe sans doute le désir de posséder une femelle, semblent se livrer un combat à mort ; ils y mettent une fureur et un acharnement incroyables, et l'un des combattants y perd ordinairement la vie, ou pour le moins un morceau de sa queue, ce qui le rend désormais honteux et timide. La femelle, fécondée par l'approche du mâle qui reste longtemps accouplé avec elle, creuse un trou au pied d'un arbre ou d'une muraille, et y dépose un œuf qu'elle recouvre de terre et que la chaleur du climat fait éclore.

On compte au moins 27 espèces de ces reptiles : les principaux sont l'ANOLIS GOITREUX OU RAYÉ (*A. lineatus*), d'un vert brunâtre en dessus, avec de larges lignes longitudinales noirâtres ; 40 à 48 cent. de longueur. — L'A. A POINTS BLANCS (*A. punctatus*), du Brésil, que nous figurons et qui, long de 30 à 52 cent., est marbré de brun et de blanc, avec de petites taches blanches arrondies. — L'A. SPECTATEUR est une nouvelle espèce qui, dit-on, lance au loin une salive noire très dangereuse.

ANOMIE. Genre de Coquilles à deux valves minces, translucides, d'un jaune plus ou moins foncé, remarquables par leur inégalité : l'une des valves est aplatie, percée ; l'autre est plus grande, entière, concave. — L'espèce qu'on nomme vulgairement *Pelure d'oignon* est la plus commune. C'est un mollusque ostracé de la Méditerranée, que les riverains mangent comme les huîtres.

ANONACÉES. Famille de Plantes exotiques, très voisine des Magnoliacées, dont elle diffère surtout, par l'absence de stipules, par les pétales dont le nombre n'excède pas six, et par l'endosperme sillonné, duvet corné. — L'*Anone* en est le genre type.

ANONE (*Anona*). Genre d'Arbrisseaux des contrées équatoriales, famille des Anonacées, que l'on cultive en Espagne et dont le fruit charnu, composé de plusieurs baies, est en forme de cœur, d'où le nom de *Cœur-de-bœuf*. Ce genre comprend jusqu'à 40 espèces distinctes.

ANOPLOTHERIUM (du gr. *anoplos*, sans armes : *thérion*, animal). Mammifère fossile de l'ordre des Pachydermes, dont la race est éteinte. C'est par ce genre et le Paleotherium, pachydermes plus ou moins rapprochés du Rhinocéros, du Tapir, que Cuvier a commencé à démontrer l'existence, parmi les ossements antédiluviens, de débris de races d'animaux inconnus aujourd'hui dans la nature vivante. C'est dans la pierre à plâtre qu'ont été découverts et reconnus ces débris. L'*Anoplotherium* était de la taille d'un âne, de forme lourde, à jambes grosses et courtes, ayant une longue queue. Il y en avait des espèces plus petites et plus sveltes. — Le *Paleotherium* était de la

taille d'un cheval et de la forme d'un tapir : mais des espèces moins grandes existaient. « On a rencontré aussi, avec ces animaux, des débris de Sauriens et de Chéloniens, et ce sont les portions de carapace de ces derniers qui ont été citées pour des os de crânes humains, avant qu'on se fût occupé sérieusement d'ostéologie comparée. » — V. *Fossiles*.

ANOURES. Sous-ordre de Batraciens, ou Reptiles dépourvus de queue. — V. *Batraciens*.

ANSÉRINE (*Chenopodium*). Genre de la famille des Chénopodiacées ; plantes herbacées annuelles, souvent couvertes d'une poussière farineuse, et striées de vert ou de rouge. Feuilles alternes, presque triangulaires, entières. Fleurs verdâtres disposées en grappes ou panicules : sépales 5, herbacés ; étamines 5 ; styles 2, très courts ; fruit enveloppé par le calice, etc. Ces caractères sont ceux qui se présentent le plus souvent. Les espèces sont nombreuses ; voici les principales :

ANSÉRINE AMBROISIE. — V. *Ambroisie*.

ANSÉRINE ANTHELMINTIQUE (*C. anthelminticum*). C'est une plante de l'Amérique du Nord que l'on cultive en France avec facilité, et qui constitue un bon vermifuge, très rarement employé d'ailleurs.

ANSÉRINE BLANCHE (*C. album*). Cette espèce atteint de 2 à 10 décim. ; sa tige est blanchâtre, striée de vert ou de rouge ; feuilles supérieures oblongues ou lancéolées, entières, ordinairement aiguës ; glomérules très farineux. — Elle est extrêmement commune dans les villages, les lieux cultivés, les décombres, sur la berge des rivières. Elle fleurit en juillet-septembre, et est sans usages.

ANSÉRINE BON HENRI. — V. *Bon Henri*.

Fig. 101. — Ansérine botrys.

ANSÉRINE BOTRYS (*C. botrys*). Tige de 0m. 30 environ, visqueuse, ferme, pubescente ; feuilles oblongues, sinuées, à découpures irrégulières, couvertes d'une matière visqueuse. Fleurs verdâtres très petites, disposées en grappes axil aires formant un épi terminal. — Cette plante croît dans les lieux sablonneux du midi de la France; on la cultive dans quelques jardins pour son odeur forte, balsamique, agréable. Elle a été conseillée dans l'hystérie, l'asthme, les catarrhes chroniques; mais aujourd'hui elle est abandonnée.

ANSÉRINE VULVAIRE. — V. *Vulvaire.*

ANTÉDILUVIEN. On donne ce nom, en géologie, à tout ce qu'on suppose avoir existé avant le déluge, et dont on retrouve les débris dans les formations alluviales. — V. *Diluvien* et *Fossile.*

ANTENNE. Organe appendiculaire mobile, composé d'un plus ou moins grand nombre d'articles, de formes très variées, situé sur la tête de la plupart des animaux articulés, des insectes notamment, au nombre de deux en général, quelquefois plus. Les usages de ces parties mobiles et rétractiles sont assez peu connus; il y a tout lieu de croire qu'ils constituent des organes de tact : toutefois il est des genres dans lesquels elles sont très différentes chez le mâle de ce qu'elles sont chez la femelle. — Antenne est souvent pris pour *Tentacule.* — V. ce mot.

ANTHÉMIS. — V. *Camomille.*

ANTHÈRE (du gr. *anthéros*, fleuri). Partie supérieure et renflée de l'étamine, celle qui contient la poussière fécondante nommée *pollen*. L'anthère se compose en général de deux petites loges oblongues ou ovoïdes, adossées l'une à l'autre, ou réunies par un corps intermédiaire nommé *connectif*, et remplies du pollen qui s'échappe, à l'époque de l'entier épanouissement de la fleur, par le déchirement de ces petits sacs. La forme de ces petits organes importants varie beaucoup et constitue, ainsi que leur mode d'insertion sur le filet de l'étamine, d'excellents caractères pour la distinction des espèces. En effet, on leur distingue une *face* et un *dos*, et, selon que la face regarde le centre de la fleur ou sa circonférence, l'anthère est dite *introrse* ou *extrorse*. L'anthère *uniloculaire* est celle qui ne contient qu'une seule loge; l'A. *biloculaire* en contient deux. On donne le nom de *synanthères* aux anthères soudées ensemble de manière à former un tube cylindrique dans lequel passe le pistil : ce caractère a donné son nom à la famille des Synanthérées ou Composées. — V. *Étamine.*

ANTHOBIE (*anthos*, fleur; *bios*, vie). Genre de Coléoptères pentamères vivant sur les fleurs, surtout sur celles de la viorne, et parés de couleurs brillantes.

ANTHOCHARIS (*anthos*, fleur; *karis*, ornement). Genre de Lépidoptères diurnes paraissant au commencement du printemps, et ayant pour espèces principales l'A. AURORE, l'A. GLAUCE, l'A. CARDAMINES. Cette dernière, connue dans toute l'Europe pendant les mois d'avril et de mai, vit sur plusieurs crucifères agrestes : ce papillon est vert, légèrement pubescent, très finement pointillé de noir, avec une raie blanche qui se fond insensiblement par en haut avec la couleur verte. La chrysalide, d'abord verte, puis d'un gris jaunâtre, est effilée aux deux extrémités et fortement arquée.

ANTHOMYE (du gr. *anthos*, fleur; *muia*, mouche). Genre de Diptères brachocères, pullulant à l'infini sur les Synanthérées et les Ombellifères, en France et en Allemagne. Plusieurs se réunissent en troupes nombreuses qui se balancent dans les airs pendant des heures entières.

ANTHONOMES (d'*anthos*, fleur; *nomos*, qui paît). Genre de Coléoptères tétramères; espèce de Charançons qui vivent sur les fleurs, sur celles du pommier principalement.

ANTHOXANTHE. — V. *Flouve.*

ANTHOZOAIRES (du gr. *anthos*, fleur; *zôon*, animal). Se dit d'animaux qui ressemblent plus ou moins à des fleurs. Ordre de *Polypes.* — V. ce mot.

ANTHRACITE (du gr. *anthrax*, charbon). Substance minérale houillère qui ne brûle qu'autant qu'on la mélange avec la houille ordinaire; mais qui, une fois allumée, produit une chaleur intense, sans répandre ni fumée ni odeur. Ce charbon toutefois ne peut servir que pour les grands fourneaux d'usines. Ce que nous nommons *bûches économiques* résulte d'un mélange de ce minéral avec la houille et une petite quantité d'argile. L'Anthracite se trouve surtout dans les terrains dévoniens : c'est le plus ancien combustible charbonneux connu; il renferme déjà des plantes fossiles, mais peu différentes de celles qu'on trouve dans les terrains houillers qui viennent bientôt après.

ANTHRÈNE (*Anthrene*). Genre de Coléoptères pentamères très petits, à corps ovale et presque globuleux, à élytres et corselet agréablement colorés par une poussière écailleuse qui s'enlève au moindre frottement et laisse paraître alors l'insecte lisse et tout noir. — Les Anthrènes n'ont rien de commun avec les Guêpes, dont ils portent le nom (*anthrène*, guêpe). Ils se rencontrent en quantité sur les fleurs, mais quelques espèces se tiennent de préférence dans nos maisons, où leurs larves ne causent que trop de ravages dans les collections d'animaux desséchés, les fourrures, etc.

L'ANTHRÈNE DES MUSÉES (*A. musæorum*) est l'espèce la plus redoutable. Ses larves sont munies de deux mandibules très fortes, et composées de 12 à 13 anneaux dont les trois premiers sont supportés chacun par une paire de pattes, tous recouverts de poils couchés en arrière, mais érectiles; elles naissent le plus souvent en automne, passent l'hiver engourdies, mettent très longtemps à se développer, puis se transforment en nymphes après plusieurs changements; enfin naît l'insecte parfait, et la femelle pond un grand nombre d'œufs qu'elle place dans les substances analogues à celles où elle a vécu à l'état de larve.

Pour écarter ces insectes, en préserver les fourrures et les dépouilles d'animaux, outre l'odeur du camphre, du tabac, de l'huile de pétrole ou de térébenthine, qui ne réussissent pas toujours, il faut donner beaucoup de soins de propreté aux cartons ou tiroirs qui en contiennent, et les fermer hermétiquement.

ANTHROPOLITHE (du gr. *anthropos*, homme; *lithos*, pierre). On a donné ce nom à des ossements fossiles qu'on croyait appartenir à l'espèce humaine, et à l'aide desquels on a essayé de prouver un grand et premier cataclysme universel, qui, en détruisant tous les êtres existants, a confondu leurs restes dans les sédiments qui en résultèrent. Un examen attentif a prouvé que ces ossements appartenaient à des genres de mammifères ou de reptiles antédiluviens. On a découvert à la Guadeloupe des débris humains dans des pierres fort dures, situées au-dessous de la ligne des hautes marées; mais Brongniart et Cuvier ont démontré que ces blocs pierreux étaient de formation récente. Aux Antilles, sur plusieurs points des côtes, on trouve des rochers dont le creux renferme des pétrifications rappelant les formes humaines; mais les flots de la mer ont peut-être jeté sur la plage quelques corps de naufragés autour desquels le sable aura formé ces agglomérations. ◦ Il est un fait de haute importance en géo-

logie, et qui semble assez concluant contre toutes les hypothèses et les observations erronées, c'est qu'on n'a pas encore trouvé à l'état fossile les animaux dont l'organisation offre le plus de rapport avec celle de l'homme. ◦

ANTHROPOLOGIE (du gr. *anthropos*, homme; *logos*, discours, traité). Ce mot a une signification assez vague et trop générale : pour les uns, il signifie l'histoire de l'homme moral; pour d'autres, celle de l'homme moral et intellectuel; pour d'autres encore, la science universelle de l'espèce humaine.

Nous avons choisi ce mot pour titre d'un Traité de l'homme considéré à l'état sain et à l'état morbide, Traité (*d'Anthropologie*) parvenu à sa quatrième édition.

ANTHYLLIDE (*Anthyllis*). Genre de Légumineuses papilionacées dont l'espèce principale est l'A. VULNÉRAIRE (*A. vulneraria*), qui est une plante vivace, herbacée, haute de 20 à 40 cent., à tiges simples, pubescentes; feuilles imparipinnées, pétiolées; fleurs jaunes : calice coloré, corolle dépassant peu le calice, étamines monadelphes, etc. — Les pelouses sèches, les coteaux arides, sont des endroits où, en mai-juillet, fleurit cette plante, qui a été nommée le *vulnéraire des paysans*, à cause de son emploi dans les campagnes, pour cicatriser et consolider les plaies, étant pilée et appliquée à nu sur les parties divisées.

ANTIARIS. — V. *Upas antiar*.

ANTILOPE (*Antilope*). Genre de Ruminants, très nombreux en espèces variées de formes, de couleur et de taille, dont on a fait une tribu, sous

Fig. 102. — Antilope de Saltz.

le nom d'*Antilopiens*, ainsi définie : cornes creuses, rondes, marquées d'anneaux saillants ou d'arêtes en spirale, et dont les chevilles osseuses sont solides intérieurement. Cette définition laisse à désirer, car il est très difficile d'en formuler une qui soit applicable au groupe tout entier. En effet, parmi les différentes espèces, il en est beaucoup

qui ont de l'analogie avec les cerfs; d'autres, avec les bœufs; d'autres, avec les chèvres et les moutons, etc. : c'est, dit Laurillard, plutôt par intuition ou par sentiment, plutôt par des caractères négatifs que par des caractères positifs, que l'on peut reconnaître le genre d'un animal de l'ordre des Ruminants. Quoi qu'il en soit, les Antilopes ont pour la plupart des larmiers, un mufle plus ou moins large, les jambes fines, les mouvements agiles, les yeux expressifs et doux: elles sont d'un naturel inoffensif et vivent en troupes plus ou moins nombreuses. Ces animaux paisibles n'attaquent jamais les autres: mais les mâles se battent souvent entre eux à coups de cornes pour la possession des femelles. Ils deviennent fréquemment la proie des grands carnivores, contre lesquels leurs bois ne sont que de faibles armes.

Les Antilopes se trouvent dans l'ancien et le nouveau continent; elles sont plus nombreuses dans le midi de l'Afrique que dans aucune autre partie, et manquent complétement dans la Nouvelle-Hollande. Elles se plaisent dans les plaines, sur les hauteurs ou au voisinage des rivières, etc.

Le nombre des espèces étant assez considérable, on les a classées de différentes manières, qui sont plus ou moins fautives.

Nous adopterons celle qu'a proposée Laurillard en 1841 (*Dictionnaire universel d'histoire naturelle*). Nous subdiviserons les Antilopes en dix sous-genres d'après la forme et la position relative des cornes, en avertissant toutefois le lecteur qu'ici, comme dans tout le règne animal, faute de caractères absolus, les espèces qui se trouvent sur la limite d'un sous-genre sont fort voisines de celles d'un second ou même de plusieurs autres.

1. — Cornes à double courbure, plus ou moins lyrées, de la longueur de la tête, implantées au-dessus des orbites; tête et flancs presque toujours marqués de bandes longitudinales de couleur foncée: 2 mamelles. . . . DORCAS.

2. — Cornes plus ou moins arquées en arrière comme celles des chèvres, ordinairement très longues, implantées à l'angle postérieur des orbites; tête presque toujours marquée de bandes de couleur foncée. . . . . ORYX

3. — Cornes un peu arquées en arrière, implantées tout à fait sur l'orbite; distribution des couleurs à peu près comme dans les Dorcas. . . . RUPICAPRA.

4. — Cornes contournées en spirale, implantées à l'angle postérieur ou même tout à fait en arrière de l'orbite . . . . ADDAX.

5. — Cornes divergentes, plus ou moins recourbées en avant, implantées à l'angle postérieur des orbites . . . . NAGOR.

6. — Cornes courtes, parallèles, droites ou légèrement courbées en avant, implantées à l'angle postérieur des orbites; quatre mamelles . . . . OUREBI.

7. — Cornes petites, droites ou peu courbées, naissant loin des or-

bites au milieu du front. . . . . GRIMME.

8. — Deux paires de cornes placées au devant l'une de l'autre, les postérieures étant situées presque comme chez les Grimmes, vers le milieu du front. . TÉTRACÈRE.

9. — Cornes grandes, implantées loin des yeux, vers le milieu du front, comme chez les **Buffles**. . BUBALE.

10. — Cornes plus ou moins bifurquées, implantées à l'angle postérieur des orbites. . . . . . . RISIE ou NYLGAU.

Voici maintenant le tableau des principales espèces comprises dans chacun de ces sous-genres:

DORCAS : Gazelle, Antilope goîtreuse, Antilope à bourse (V. *Gazelle*), Saïga, Nanguer, **Tschiru**. — V. ces mots.

ORYX : Pasan, Algazel, Osanne. — V. *Oryx*.

RUPICAPRA : Chamois. — V. ce mot.

ADDAX : Addax, Antilope des Indes (V. *Addax*); Condou, Guib. — V. ces mots.

NAGOR : Nagor, Antilope onctueuse. — V. *Nagor*.

OUREBI : Sauteur des rochers, Ourebi. — V. *Ourebi*.

GRIMME : Grimme. — V. ce mot.

TÉTRACÈRE : Chitchara. — V. ce mot.

BUBALE : Bubale, Gnou, Caama. — V. ces mots.

NYLGAU : Nylgau. — V. ce mot.

ANTIMOINE (du gr. *anti*, contre; *monos*, seul: qui ne se trouve pas seul). Métal d'un blanc bleuâtre, brillant, lamelleux, d'une densité de 6,75, entrant en fusion à 480°, et s'évaporant alors en fleurs blanches qui sont de *l'oxyde d'antimoine*. A l'état métallique, on le connaît dans le commerce sous le nom de *régule d'antimoine*. **Mais** rarement il se rencontre pur dans la nature; il n'est connu qu'en petites masses lamellaires dans les minerais arsénifères.

L'antimoine du commerce est extrait du sulfure d'antimoine. Ce métal doit à sa couleur argentine, à l'étoile mystérieuse qu'il présentait après sa fusion et à sa grande affinité pour l'or, d'avoir été l'un des corps les plus tourmentés par les alchimistes. Si ces rêveurs n'ont pu le convertir en or, du moins ont-ils découvert plusieurs combinaisons très utiles aux arts et à la médecine. L'Antimoine entre dans la composition des caractères d'imprimerie dans la proportion de 1 pour 4 de plomb. On l'allie avec l'étain pour les couverts de composition: 18 d'antimoine et 100 d'étain forment ce que l'on a appelé *métal du prince Robert*, qui est dur, blanc d'argent, et reçoit un beau poli. L'oxyde d'antimoine entre dans la composition de l'émétique, du kermès minéral, qui sont des médicaments précieux.

ANTIRRHINÉES. Tribu de la famille des *Scrophulariées.* — V. ce mot.

AOPLE. Genre d'Orchidacées ayant pour type une herbe à racines testiculées, ne possédant qu'une seule feuille radicale.

AORTE (d'*aorté*, vaisseau). Tronc artériel qui communique avec le ventricule gauche du cœur et duquel partent toutes les artères qui vont porter le sang vivifié par l'hématose dans toutes les parties du corps. — V. *Artères* et *Circulation*.

APATE (du gr. *apaté*, ruse). Genre de Coléoptères tétramères, famille des Xylophages, dont les palpes sont filiformes, les mâchoires à deux lobes, le corps allongé, le corselet élevé et globuleux, etc. Les mâchoires de ces insectes, qui sont à deux lobes, leur permettent d'attaquer le bois et même les métaux. Leurs larves, qui ont le corps mou, un peu renflé et courbé en arc, six pattes, une tête écailleuse armée de deux mâchoires très tranchantes, vivent dans le bois mort, où elles tracent des chemins tortueux qu'elles remplissent de leurs excréments, lesquels ressemblent à de la sciure de bois. Ce n'est qu'après avoir vécu ainsi deux ans environ que, parvenues à toute leur taille, ces larves se changent en nymphes, dans une coque composée de poussière de bois et d'un peu de matière soyeuse, d'où l'insecte parfait sort au printemps. Les Apates ne se trouvent jamais sur les fleurs ni sur les arbres sains. M. E. Desmaret, à qui nous empruntons ces détails, dit avoir vu des clichés typographiques perforés par l'un de ces insectes, qui avait traversé la première plaque métallique, ainsi que le papier interposé entre elle et la seconde, et avait commencé à attaquer celle-ci. L'animal fut trouvé mort, dans son canal déchiqueté, à l'état parfait; il appartenait à l'espèce désignée par Fabricius sous le nom d'*A. capucina*, type du groupe, qui se trouve assez communément en été dans les bois de presque toute l'Europe sur les arbres abattus depuis quelque temps.

APE ou **APUS** (*Apus*). Genre de Crustacés branchiopodes, très petits, ayant le corps ovalaire, composé d'une trentaine d'anneaux, portant 60 paires de pattes, toutes munies extérieurement d'une grosse vésicule, et dont les deux antérieures sont beaucoup plus grandes, en forme de rames, et ressemblant à des antennes. — Ces Crustacés habitent les fossés, les mares, les eaux dormantes presque toujours en société innombrable. Ainsi rassemblés, on en a vu enlevés par le vent et tomber sous la forme de pluie. Ils nagent très bien sur le dos, et lorsqu'ils s'enfoncent dans la vase ils tiennent leur queue élevée. En naissant ils n'offrent qu'un seul œil, 4 pattes en forme de bras ou de rames; leur corps n'a point de queue, et leur test ne forme qu'une plaque recouvrant la moitié antérieure du corps: ce n'est qu'après la huitième mue qu'ils ont atteint leur entier accroissement. Ces animaux sont souvent dévorés par les Lavandières.

APÉTALE (sans *pétale*). Nom sous lequel on désigne toute fleur dépourvue de corolle, comme celle d'une Graminée, par exemple. Dans la méthode de Tournefort, la classe des végétaux dont les fleurs sont également sans corolle, telles que celles du Saule, du Noisetier, etc., se nomme *Apétalie*. Ce n'est pas à dire que les *fleurs apétalées* soient toujours dépourvues d'enveloppes florales: elles ont souvent au contraire un *périanthe* (V. ce mot), qui, lorsqu'il est double, tient lieu de corolle et de calice, et, quand il est simple, de calice seulement: dans ces deux cas, elles ne sont pas moins considérées comme sans pétales proprement dits. — V. *Dicotylédones apétales*.

APHIDIENS (du gr. *aphis*, puceron). Famille d'Hémiptères homoptères, ayant pour type le genre *Puceron*, comprenant des petits insectes mous qui vivent sur les végétaux, dont ils pompent les sucs au moyen de leur trompe. — V. *Puceron*.

APHIDIPHAGES. Famille de Coléoptères dont les larves vivent d'aphidiens, c'est-à-dire de pucerons: telle est la *Coccinelle*.

APHYE. Nom donné à plusieurs genres de petits Poissons de la Méditerranée, aux Goujons, Muges, Surmulets, et même à l'Anchois, qui ont reçu la qualification commune de *fretin*.

APHODIE (du gr. *aphodos*, excrément). Genre de Coléoptères pentamères, de la famille des Lamellicornes, comprenant des insectes de petite taille qui vivent, comme les Bousiers, dans les fientes et les excréments. Leur marche est lente, mais ils volent avec facilité. Ils apparaissent dès les premiers jours du printemps.

APIAIRES (d'*apis*, abeille). Latreille a donné ce nom à une tribu ou famille d'Insectes hyménoptères, dont l'Abeille constitue le genre type. — Les Apiaires ne diffèrent pas sensiblement des autres hyménoptères porte-aiguillons; leur abdomen est toujours ovoïde, composé de six segments dans les femelles, de sept dans les mâles, attaché au

Fig. 193. — Abeille neutre.

corselet par un pédicule très court: les pieds sont dilatés et munis de poils raides. — Ces insectes volent avec rapidité de fleur en fleur, plongeant leur trompe au fond du calice, ramassant le pollen avec leurs pattes poilues, pour en préparer la nourriture de leurs larves. L'accouplement s'opère sur les fleurs et souvent dans l'air, et aussitôt après la femelle s'occupe de faire son nid, qui varie selon les espèces. Quelques-unes vont pondre leurs œufs dans le nid des autres Apiaires, dont les larves ont alors beaucoup à souffrir de la présence des étrangères. Toutes les larves d'Apiaires sont des petits vers blancs un peu courbés, qui, après avoir pris leur accroissement, se filent une coque, où s'opère leur métamorphose en nymphe. — V. *Abeilles*.

APION (*Apion*). Genre de Coléoptères tétramères, famille des Rhynchophores, très voisin des Charençons, insectes très petits dont l'abdomen est court et renflé, et le museau non élargi à l'extrémité ou même souvent terminé en pointe, présentant ainsi la forme d'une poire, ce qu'exprime leur nom.

On compte bien deux cents espèces d'Apions, qui se trouvent communément sur les fleurs, les arbres fruitiers et les graminées. « On ne connaît jusqu'ici d'autre moyen de préserver le trèfle des ravages de l'Apion que de couper de bonne heure la plante et d'en faire du foin brun, ou de la faire manger en vert lorsque les pièces de trèfle sont atteintes par cet insecte. »

APLYSIE (du gr. *aplusia*, saleté). Genre de Mollusques gastéropodes tectibranches, nommés par les anciens *Lièvres de mer*, à cause de la forme des tentacules et de la tête. En effet, celle-ci est placée sur un col et porte quatre tentacules, dont deux supérieurs concaves et allongés, en forme d'oreilles de lièvre, et deux autres plus courts attachés au bord de la lèvre inférieure; les bords du pied sont dilatés et redressés; les branchies placées latéralement sur le dos et recouvertes par le repli du manteau.

Les Aplysies vivent de fucus et d'animaux marins; elles sont pourvues d'un énorme jabot et de trois estomacs; une glande particulière sécrète une liqueur âcre et la verse au dehors par une ouverture située au côté droit. Lorsque l'animal se contracte, il suinte de son manteau une humeur rouge qui teint au loin les eaux, ce qui a fait concevoir pour lui de tout temps une profonde horreur. Ces mollusques sont hermaphrodites, mais le rapprochement de deux individus est nécessaire pour opérer la fécondation. La ponte a lieu au moins d'avril: les œufs, disposés en longs filaments, sont désignés par les pêcheurs sous le nom de *Vermicelle de mer*.

APOCYN (du gr. *apo*, loin; *kuôn*, chien, dont les chiens doivent s'éloigner). Genre de Plantes exotiques de la famille des Apocynées, renfermant plusieurs espèces, la plupart d'Amérique, et en général âcres et vénéneuses. — L'Apocyn a la ouate ou *Asclépiade de Syrie* est la plus connue. Elle vient au Canada, et la matière soyeuse de ses gousses, la filasse de ses tiges et l'excellente huile qu'on retire de ses semences, la rendent fort précieuse.

APOCYNÉES. Famille de Plantes dicotylédone monopétales supérovariées, à corolle régulière; arbres et arbustes grimpants et exotiques pour la plupart, à suc lactescent, dont voici les caractères génériques: calice à 5 divisions; corolle à 5 lobes contournés, sommet du tube nu ou garni de poils ou d'écailles: étamines 5, alternes, insérées à la base du tube, libres ou réunies; ovaire à 2 carpelles, appliqué sur un disque hypogyne; deux styles soudés en un seul et terminés par une sorte d'anneau simple ou bilobé. Le fruit est un double follicule.

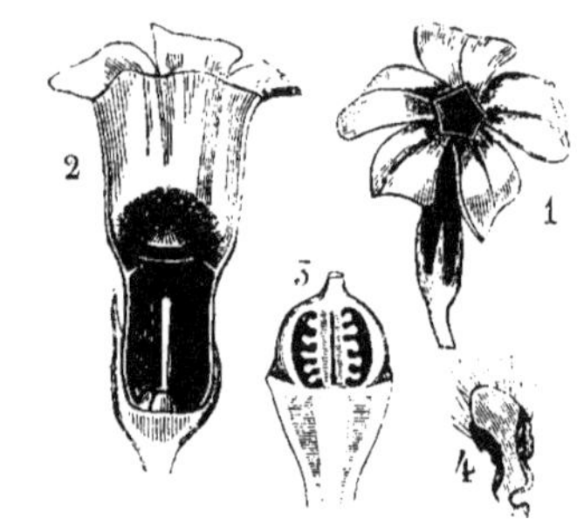

Fig. 104. — Pervenche.

1, fleur entière ; 2, fleur coupée longitudinalement pour montrer les organes reproducteurs ; 3, ovaire coupé perpendiculairement ; 4, deux étamines détachées.

Cette famille, d'abord réunie aux Asclépiadacées, s'en distingue surtout par sa corolle dépourvue d'appendices concaves, et par son pollen pulvérulent. — Le genre type est l'*Apocyn*; les genres *Pervenche*, *Nérion*, etc., lui appartiennent.

APODE (de *a* priv.; *pous*, pied, qui est sans pieds). Créé d'abord pour désigner certains Oiseaux dont les pattes sont si petites qu'on les aperçoit à peine, tels que le Martinet noir, ce mot s'applique plus particulièrement aujourd'hui aux Poissons privés de nageoires ventrales; il s'étend aussi à tous les animaux privés de membres ou seulement de pattes, tels que Anguilles, Serpents, certaines larves, etc.

APOGON (d'*a* priv., et *pogon*, barbe). Genre de Poissons acanthoptérygiens de la famille des Percoïdes, ainsi nommés parce qu'ils sont dépourvus de barbillons (c'est-à-dire sans barbe). Ils ont le corps court (13 cent.), ventru, couvert de larges écailles; les deux dorsales sont séparées l'une de l'autre. — L'Apogon commun, nommé vulgairement *Roi des Rougets*, est un petit poisson de la Méditerranée, d'un rouge magnifique, à reflets dorés ou argentés, qui, habitant les profondeurs de la mer pendant la plus grande partie de l'année, ne peut être pris qu'à l'époque du frai, c'est-à-dire en juin, juillet et août. Sa chair est délicate et agréable au goût. C'était le *Mullus* des anciens.

APRON. Genre de Poissons acanthoptérygiens, famille des Percoïdes ; qui ne diffèrent des Perches qu'en ce qu'ils ont le palais hérissé de dents, le museau saillant et les deux dorsales éloignées l'une de l'autre. — On trouve l'APRON COMMUN dans les eaux du Rhône et du Danube : les pêcheurs l'appellent *Sorcier*. Ce poisson a la chair blanche et d'un goût agréable. — L'A. CINGLE est une autre espèce qui appartient exclusivement au Danube ; elle est plus grosse et d'un goût plus recherché. La femelle dépose ses œufs sur les pierres ou le sable. Le Cingle fait sa nourriture de petits poissons.

APTÈRES (de *a* priv., et *ptéron*, aile). Après avoir été employé en zoologie par Linné, Lamark, pour désigner des ordres ou des familles, ce mot ne s'applique plus aujourd'hui qu'à tels ou tels Insectes dépourvus d'ailes ou qui n'ont que des rudiments de ces organes. Tels sont la *Puce*, le *Poux*, etc.

APTÉRIX (*Apteryx*). Genre d'Oiseaux de la Nouvelle-Zélande, dont quelques naturalistes font une classe à part, sous le nom de *Nullipennes*, ou qu'ils considèrent comme anomaux. Ils ont le bec très long, grêle, droit, mou, à base couverte d'une cire garnie de poils longs ; les ailes presque nulles, terminées en moignon muni d'un ongle arqué, pas de queue ; les tarses, robustes, courts, terminés par quatre doigts vigoureux, le pouce ne portant pas à terre.

L'APTÉRIX AUSTRAL (*A. australis*), unique espèce du genre, a la taille d'une poule, le plumage brun ferrugineux et tombant. Il se tient caché dans les forêts les plus sombres, et ne sort de son gîte que la nuit pour chercher sa nourriture, qui consiste en vermisseaux. Les naturels l'appellent *Kiwi*, ils lui font la chasse pour manger sa chair et orner leurs nattes de ses plumes. Cet oiseau fuit avec une très grande vitesse lorsqu'il est poursuivi, et se défend avec ses ongles robustes contre les chiens.

APTINE (*Aptinus*, du grec *aptén*, sans ailes). Genre de Coléoptères pentamères, démembré du *Brachin*. Point d'ailes : élytres tronqués obliquement à l'extrémité. Ces insectes lancent par l'anus, avec fumée et explosion, une liqueur brûlante et caustique. — L'A. BALISTE peut fournir de suite 10 à 12 décharges. — V. *Brachin*.

AQUIFOLIACÉES. Famille de Plantes dicotylédones monopétales supérovariées : arbres ou arbustes à feuilles coriaces, parfois épineuses sur les bords ; à fleurs axillaires, petites, diversement groupées, dont les caractères spécifiques sont ceux énoncés au mot *Houx*.

ARA (*Macrocercus*). Magnifique Oiseau de l'ordre des Grimpeurs, longtemps confondu avec les Perroquets, mais constituant un genre distinct

dont voici les caractères : taille grande : queue plus longue que le corps : bec robuste et crochu ; joues dépourvues de plumes : plumage orné des plus brillantes couleurs, bleu, jaune d'or, vert, rouge, qui, nuancées et fondues sur les diverses parties de son corps, produisent un effet ravissant.

Fig. 105 — Ara rouge.

Les Aras appartiennent au Nouveau Monde, mais principalement à l'Amérique méridionale. Ils habitent les forêts, où ils se nourrissent de fruits ; mais ils font de fréquentes excursions dans les terres cultivées et causent de grands dommages aux plantations de café, de cacao, etc. Ces oiseaux tirent leur nom de leur cri assourdissant, qui frappe l'oreille du mot *ara*. Leur beauté fait leur seul mérite, car ils ne s'instruisent pas et ne sauraient parler comme les Perroquets. Cependant ils s'apprivoisent assez facilement, vivent par couples, comme les pigeons ; ils nichent dans les arbres creux ou dans des trous sur les bords escarpés des rivières : la femelle pond deux œufs et le mâle partage avec elle les soins de l'incubation et de la nourriture des petits. L'Ara se perche d'ordinaire sur les arbres élevés : lorsqu'il est à terre, il ne prend son vol que difficilement, à cause de la longueur de ses ailes et de la brièveté de ses pieds.

On compte un grand nombre d'espèces. L'ARA BLEU ou A. RACUNA, de Buffon, est celui qui s'acclimate le mieux en France. — L'A. MACAO est le plus grand de tous : il est presque tout rouge, peu farouche, et s'accommode de pain trempé dans du lait. — L'A. CANGA est d'un rouge feu, excepté aux ailes, avec le bec jaune en dessus, noir en dessous ; il est sujet à des attaques d'épilepsie, du moins

1

6

ans notre climat. — L'A. MILITAIRE, vert et bleu, apprend quelque peu à parler.

ARABETTE (*Arabis*). Genre de Crucifères de la tribu des Arabidées, comprenant un grand nombre d'espèces herbacées, bisannuelles ou vivaces, velues, à feuilles le plus souvent indivises, dentées, les caulinaires embrassantes ; fleurs blanches, rarement roses ; silique linéaire comprimée.

L'ARABETTE SAGITTÉE (*A. sagittata*) a de 20 à 60 cent. de hauteur ; tige dressée, hérissée de poils ; feuilles caulinaires sagittées embrassantes ; fleurs petites, blanches, paraissant en mai-juillet ; siliques dressées, linéaires allongées. — Cette plante croit aux lieux pierreux et arides.

L'ARABETTE DES SABLES (*A. arenosa*) est plus petite, à feuilles inférieures lyrées pinnatifides, les caulinaires atténuées à la base ; fleurs rosées, paraissant en avril-juin ; siliques étalées, linéaires.

L'ARABETTE DES ALPES forme des touffes toujours vertes et se couvre dès le printemps de fleurs blanches, légèrement odorantes, qui l'ont fait admettre dans les jardins.

ARABIDÉES. Tribu de la famille des *Crucifères*. — V. ce mot.

ARACARI. Espèce de *Toucan*. — V. ce mot.

ARACÉES ou **AROÏDÉES.** Famille de Plantes monocotylédones supérovariées, herbacées, sans tige, à feuilles radicales, engainantes ; fleurs dis-

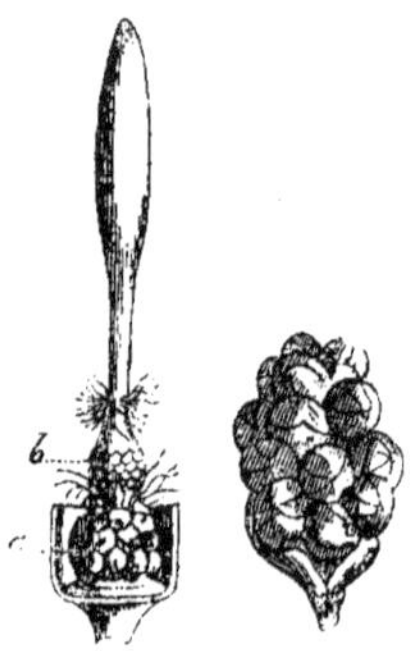

Fig. 106. — Gouet.

(La figure de gauche représente le spadice du Gouet dépouillé de sa spathe : *a*, carpelles ou organes femelles ; *b*, étamines. La figure de droite représente un groupe de fruits en maturité.)

posées en un spadice, entouré d'une spathe qui manque quelquefois. Ces fleurs sont tantôt sans périanthe et unisexuées ; tantôt munies d'enveloppes florales et hermaphrodites ; étamines en nombre variable. — Cette famille se divise en deux tribus :

Les AROÏDÉES : fleurs unisexuées, munies d'une spathe ; *Gouet*.

Les ORONTIACÉES : fleurs souvent hermaphrodites, dépourvues de spathe ; *Acore aromatique*.

ARACHIDE (*Arachis*). Plante annuelle de la famille des Légumineuses, tribu des Papilionacées, originaire de l'Amérique, cultivée avec succès en Italie, en Espagne et même dans le midi de la France. Elle recouvre le sol comme une épaisse chevelure, et produit, en grande quantité, de longues gousses, dites *Pistache de terre*, qui renferment des espèces d'amandes, lesquelles offrent un aliment agréable et fournissent par extraction une huile excellente. La culture de l'Arachide demande peu de soins ; un terrain sablonneux et maigre lui convient.

ARACHNIDES ou **ARACHNÉIDES** (du gr. *arachné*, araignée). Classe d'Articulés, renfermant des « animaux privés d'ailes et d'antennes, munis de quatre paires de pattes articulées, respirant au

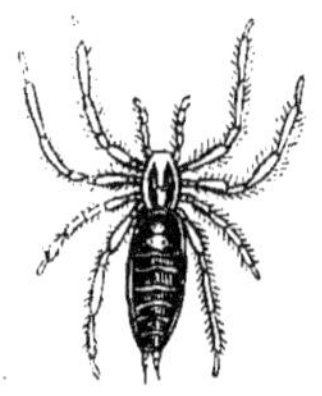

Fig. 107. — Araignée.

moyen de trachées ou de sacs pulmonaires, et ne présentant pas de métamorphoses. »

Le corps des Arachnides est mou, formé de la tête, du thorax et de l'abdomen. La tête se con-

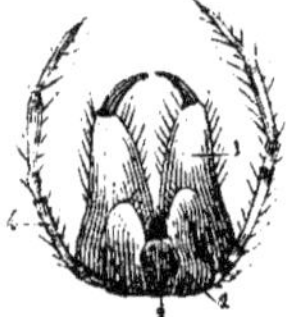

Fig. 108. — Tête d'araignée.

(1. Mandibules. — 2. Mâchoires. — 3. Lèvre inférieure. — 4. Palpes.)

fond avec le thorax (*céphalothorax*), qui ne porte jamais ni carapace, ni écusson, comme chez les Crustacés ; la peau est glabre ou velue. Le système nerveux consiste en un ou plusieurs ganglions qui communiquent entre eux par un cordon médian, et émettent des rameaux pour les divers organes. Les yeux sont lisses, petits, au nombre de deux à sept, diversement groupés sur le céphalothorax, où ils se montrent sous la forme de petits points.

Du côté des fonctions de nutrition, nous remarquérons la bouche, qui se compose 1° de deux mandibules plus ou moins longues, se mouvant de haut en bas, terminées par un crochet mobile, à l'extrémité duquel est la petite ouverture qui verse la liqueur venimeuse de l'animal ; 2° de deux mâchoires supportant chacune une grande palpe ; 3° d'une lèvre inférieure, la supérieure manquant. Le cœur, placé dans l'abdomen, sur le dos, est sous forme d'un gros vaisseau renflé et charnu dans sa partie supérieure, duquel naissent des branches qui vont distribuer le sang blanc partout, particulièrement aux organes respiratoires. Ceux-ci consistent dans des tubes spiraux ou trachées, ou dans des espèces de cavités intérieures dans lesquelles l'air pénètre au moyen de fentes ou stigmates, placés d'ordinaire à la face inférieure de l'abdomen. — Quant aux organes générateurs, ils existent à la base de l'abdomen, et sont constitués, chez le mâle, par deux testicules, deux vaisseaux déférents et une verge courte ; chez la femelle, par deux ovaires tubulés, auxquels pendent les œufs réunis en grappe, et par deux oviductes et une vulve.

La classe des Arachnides se partage en deux ordres :

1° Les Arachnides pulmonés. Ce sont ceux dont les organes respiratoires consistent, soit dans des espèces de sacs s'ouvrant à l'extérieur et contenant des lames très minces empilées les unes sur les autres, soit dans un certain nombre nombre de trachées s'ouvrant par des stigmates spéciaux. Les palpes sont très grandes quelquefois, et terminées par une pince ou un crochet. Ce groupe, dont l'*Araignée* est le genre type, se divise lui-même en deux familles : les *Fileuses* et les *Pédipalpes*. — V. ces mots.

2° Les Arachnides trachéens. Leurs organes respiratoires sont constitués par des tubes ou tra-

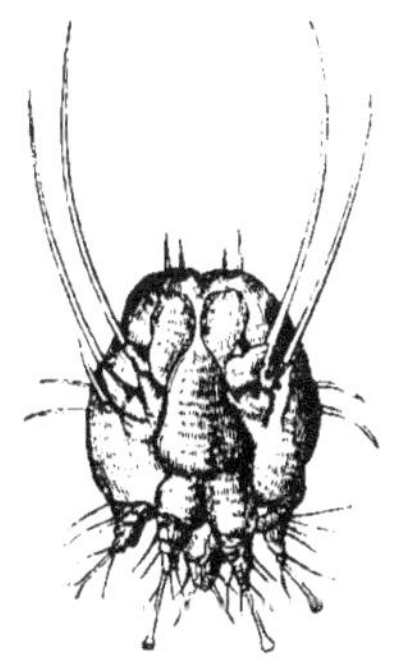

Fig. 109. — Arachnide trachéen, (Sarcopte de la gale.)

chées qui partent en rayonnant de deux ouvertures stigmatiques ; les organes de la circulation sont représentés par un vaisseau dorsal sans ramifications, et semblable à celui des insectes. Cet ordre

comprend des Arachnides d'une petitesse extrême en général, comme les *Mites*, les *Acarus*, etc.

ARAGONITE. Espèce de chaux carbonatée, différant de la chaux carbonatée ordinaire en ce que sa forme est octaédrique rectangulaire, sa dureté plus grande, tandis que cette dernière est un rhomboïde obtus. C'est chimiquement le même carbonate de chaux, mais cristallisé dans le système prismatique rectangulaire non susceptible de clivage. Cette substance, qui prouve que les mêmes principes, unis dans des proportions semblables, peuvent former des composés différents par leurs propriétés physiques, tire son nom du lieu où on l'a découverte, l'Aragon, et semble être de formation très récente. Elle se trouve principalement dans les gîtes de minerais de fer. Certains tufs calcaires, ceux de Vichy, par exemple, sont entièrement à l'état d'Aragonite.

ARAIGNEE (*Aranea*). Genre d'Arachnides pulmonés, de la famille des Fileuses, ayant pour caractères : 8 pieds à 7 articles, à peu près égaux

Fig. 110. — Araignée commune ou mygale.

en longueur, disposés circulairement en arcs-boutants autour de la partie inférieure du thorax ; abdomen globuleux ou cylindrique, suspendu au reste du corps par un pédicule étroit ; deux des filières sont plus longues que les autres ; palpes plus courtes que les pattes ; yeux au nombre de 6 ou 8, diversement grands et disposés, brillants dans l'obscurité. — Ce genre comprend un grand nombre d'espèces, auxquelles s'applique généralement ce que nous allons dire, quoique cet article concerne spécialement la suivante.

L'Araignée domestique (*A. domestica*) et ses variétés sont carnassières et nocturnes : elles vivent solitaires parce qu'elles sont constamment occupées à tendre des pièges aux insectes dont elles veulent faire leur proie, et qu'elles ne s'épargnent même pas entre elles. On peut étudier au mot *Fileuses* les organes auxquels elles doivent le tissu délicat et si résistant, si élastique de leurs filets, et les perplexités du mâle amoureux. Cependant à l'époque des amours, quelques espèces moins féroces vivent en société et paraissent même filer en commun. En général, la production du liquide plastique est plus abondante alors, et c'est ce qui donne lieu à ces nombreux filaments blancs que le vent d'automne balance ou emporte dans les derniers beaux jours, et que l'on désigne sous le nom de *fils de la Vierge*. Rien n'est variable comme leur manière de vivre, de tendre leurs rets, de surprendre leur proie, selon les espèces : mais ce qui ne varie pour ainsi dire jamais, c'est l'horreur qu'elles inspirent et que justifie d'ailleurs leur aspect. Cependant ces animaux sont susceptibles d'être apprivoisés, et on les dit sensibles à la musique : ils sont attirés par une lumière éclatante. Tout le monde ne connaît-il pas l'histoire de Pelisson, qui, dans sa prison, était parvenu à rendre une araignée docile à sa voix. Mais un geôlier sans cœur écrasa la faible compagne du captif, ce qui inspira ce vers à Delille :

L'insecte fut sensible et l'homme fut barbare.

Environ deux mois après la fécondation, l'Araignée femelle pond une grande quantité d'œufs ; elle les enveloppe d'un cocon qu'elle fixe au fond de son nid ou ailleurs, ou bien qu'elle emporte avec elle, selon l'espèce à laquelle elle appartient. Cette ponte, qui est souvent suivie d'une ou plusieurs autres, se fait en automne ; les œufs éclosent en hiver, quelquefois ils passent la mauvaise saison dans le cocon, d'où les petits sortent spontanément. Ces animaux naissent parfaits et ne subissent aucune métamorphose ; ils éprouvent seulement de simples mues, et, chez quelques-uns, la 4e paire de pattes ne se développe qu'à la première mue. La durée moyenne de leur vie est, dit-on, de cinq à six ans.

Les Araignées sont de couleur sombre en général, mais quelques-unes offrent des teintes assez variées ; leur corps, ainsi que les pattes, sont couverts de poils ou de piquants : ceux qui terminent les membres sont assez acérés pour permettre à ces animaux de marcher à contre-poids, pourvu toutefois que la surface-plan ne soit pas trop lisse. « Les Araignées ne produisent, en général, point de bruit : néanmoins il n'est personne qui n'ait été intrigué dans des moments d'insomnie, en entendant pendant la nuit cinq ou six petits coups secs, répétés à intervalles assez rapprochés : ce bruit est déterminé par la percussion, sur un corps dur, d'une Araignée mâle, lorsqu'elle invite la femelle à l'acte de la reproduction. »

Ce serait sortir des limites que nous nous sommes imposées que de passer en revue les différentes espèces d'Araignées, dont les mœurs présentent presque toujours un intérêt particulier. Nous nous bornerons à une simple et courte énumération. Si la plupart des Aranéides vivent à terre, quelques-unes restent sur l'eau ou s'y enfoncent. Parmi les premières citons : l'A. MINEUSE, qui pratique dans la terre des trous tubuleux qu'elle tapisse de soie, et dont elle ferme l'ouverture au moyen d'une soupape mobile ; l'A. COUREUSE, qui se retire dans des trous ou sous les pierres, et qui court sur sa proie avec vitesse, portant ses cocons et ses petits avec elle ; l'A. LATÉRIGRADE qui, bien que ne s'éloignant pas beaucoup de son trou, marche dans tous les sens lorsqu'elle se met en chasse. Les A. FILANDIÈRES, parmi lesquelles on trouve l'A. DOMESTIQUE, tendent au devant de leur trou des fils nombreux, irréguliers, autour desquels elles épient leur proie ; l'A. SAUTEUSE a la faculté de sauter à des distances plus ou moins considérables ; l'A. BIENFAISANTE est cette petite espèce du raisin, qui donne la chasse à une foule d'insectes nuisibles aux fruits. L'A. AVICULAIRE de l'Amérique atteint 6 à 7 pouces d'envergure et fait la chasse même aux petits oiseaux, ainsi que l'indique son nom : sa morsure passe pour être dangereuse.

Les *Araignées aquatiques* ont la faculté de nager, l'abdomen enveloppé d'une bulle d'air, et de plonger quelquefois assez avant. Leur coque est placée dans les plantes voisines, et elles s'y renferment pendant l'hiver. D'autres chassent leur proie en courant sur la surface du liquide sans se mouiller.

On a beaucoup exagéré le danger du venin des Araignées : ce venin n'est redoutable en général que pour les insectes ; il suffirait, si on était piqué, de faire des lotions avec de l'ammoniaque liquide mitigée d'eau, d'agir comme pour les piqûres d'abeilles. Nous avons parlé du dégoût qu'inspirent ces animaux : l'astronome Lalande, loin d'éprouver ce sentiment, s'amusait à tirer de sa poche une bonbonnière contenant plusieurs araignées de cave, et à l'ouvrir en présence des dames pour jouir du spectacle de leur épouvante. On a même vu des individus en manger.

L'Araignée n'est pas un être nuisible, tant s'en faut, puisqu'elle nous délivre d'une foule d'insectes ; pourtant celle que les jardiniers nomment *Araignée-loup* cause beaucoup de dégâts aux fleurs, dont elle enveloppe les corolles de ses toiles. Un instant on a cru que ces animaux deviendraient de première utilité, par leurs toiles soyeuses. En effet, sans parler des usages de ces toiles pour arrêter, comme avec l'amadou, l'écoulement du sang fourni par les petites plaies, on conçut l'espoir, il y a plus d'un siècle, d'en faire de la belle soie à bon marché.

Bon, premier président de la chambre des comptes à Montpellier, envoya à l'académie des sciences, en 1709, des bas et des mitaines fabriqués avec de la *soie d'Araignée*, qu'il obtint des coques dans lesquelles ces Arachnides enveloppent leurs œufs, en les soumettant à une manipulation chimique et mécanique particulière. L'académie chargea Réaumur de suivre de près les essais de Bon. Ce savant s'acquitta de sa mission avec son zèle ordinaire, et vit bientôt les inconvénients de la découverte, qui consistaient en ce que les fils obtenus étaient trop délicats, trop fragiles ; qu'il était impossible de se procurer des coques en quantité assez considérable, car les araignées se vouant une haine mutuelle ne pouvaient être élevées sur une grande échelle ; que d'ailleurs la soie qu'il avait obtenue laissait à désirer pour le lustre et la beauté.

ARALIACÉES. Famille de Plantes dicotylédones polypétales périgynes, très voisine des Ombellifères, dont elle diffère par le plus grand nombre de ses styles et par son fruit, ordinairement charnu. — Le genre type est l'*Aralie*. — V. ce mot.

ARALIE (*Aralia*). Genre de Plantes de la famille des Araliacées, ayant des fleurs blanches, 5 sépales, 5 pétales, 5 étamines, 5 styles, et produi-

Fig. 111. — Aralie.

sant des baies à 5 loges. Ces plantes sont originaires des contrées tropicales ; nous en cultivons plusieurs dans nos serres. — L'espèce principale est l'ARALIE PANAX, dont la racine est la même que celle de ce fameux *Gin-seng* des Chinois, qui jouissait d'une vertu infaillible pour le rétablisse-

ment des forces viriles, et que le charlatanisme asiatique a longtemps vendu à la crédulité européenne au poids de l'or.

ARANÉIDES. Famille d'Arachnides dont il sera parlé au mot *Fileuses*.

ARBORISATION. On donne ce nom, en minéralogie, à une espèce de dessin naturel, ordinairement noir, qu'on remarque sur certaines pierres, telles que les Agathes, et qui représente des rameaux d'arbres. Les arborisations proviennent des infiltrations métalliques qui s'opèrent dans les fissures des pierres. — V. *Dendrites*.

ARBOUSIER (*Arbutus*). Genre de la famille des Éricacées ; arbrisseaux, arbustes et arbres d'un port agréable et d'un beau feuillage toujours vert, dont les fleurs sont blanches, axillaires ou terminales, etc., et dont les espèces nombreuses croissent en Amérique, en Asie et en Europe.

L'ARBOUSIER COMMUN (*A. vulgaris*), type du genre, est un arbuste de 7 à 8 pieds de hauteur, dont les fleurs, blanches, présentent : calice étalé à 5 divisions profondes ; corolle tubuleuse renflée, dont le limbe est à 5 dents réfléchies ; dix étamines incluses à anthères appendiculées ; baie à 5 loges, etc. — Cette plante croît en Espagne, en Italie et dans les Pyrénées. La ressemblance de son fruit avec la fraise l'a fait nommer *Arbre à la fraise*. Ce fruit a une saveur aigrelette, agréable, et est recherché dans les pays où il parvient à maturité.

L'ARBOUSIER BUSSEROLE est étudié sous le nom de *Busserole*. — V. ce mot.

ARBRE. Nom sous lequel on désigne tous les végétaux ligneux dont les racines subsistent un grand nombre d'années, dont la tige est épaisse, élevée, nue à sa base, chargée de branches et de feuilles au sommet. Les arbres occupent le premier rang parmi les végétaux ligneux. Leur structure varie selon qu'il sont *monocotylédones* ou *dicotylédones*. — V. ces mots. — Ces derniers sont de beaucoup les plus communs dans nos climats ; cependant, réduits à ceux que nous devons regarder comme indigènes, il n'y en a pas plus de 40 ou 50 genres. On nomme *arbres verts* les grands végétaux qui conservent leurs feuilles toute l'année ; ceux que nous possédons sont en petit nombre et d'origine exotique pour la plupart.

Les grands végétaux ligneux exigent peu de soins ; ils prospèrent et se multiplient d'eux-mêmes ; cependant la culture n'est pas sans leur être favorable. Considérés dans leur ensemble, ils exercent dans la nature et dans la vie de l'homme une influence immense : ils purifient l'air en absorbant l'acide carbonique en excès et exhalant de l'oxygène ; ils arrêtent les nuages et les forcent à se résoudre en pluie, tandis que dans d'autres circonstances ils préservent le sol d'un dessèchement trop rapide ; ils modèrent les vents, empêchent les pluies d'averse d'entraîner la terre végétale des ocalités en pente : par la chute et la décomposition de leurs feuilles et de leurs branchages, ils améliorent à la longue les terrains les plus stériles. Les arbres font le plus bel ornement de la nature ; ils nous procurent l'ombrage durant l'été, la chaleur du foyer pendant l'hiver : nous leur devons le bois de charpente, le bois de menuiserie, d'ébénisterie ; enfin un grand nombre de fruits délicieux, quelques médicaments, etc., etc., sont fournis par les grands végétaux.

Souvent le vulgaire applique le nom d'*Arbre*, avec une épithète significative, à des végétaux ligneux remarquables par certaines propriétés. Leur nombre est si grand qu'il nous est impossible de les citer, même en partie.

ARBRISSEAU. Petit Arbre ligneux, à tige ramifiée dès la base, rivalisant avec les Arbres pour sa vigueur et son élévation. « La limite entre les Arbres et les Arbrisseaux est loin d'être rigoureusement tracée. On voit fréquemment des *Arbrisseaux* prendre le caractère des arbres, c'est-à-dire avoir une tige simple à la base, tandis que des végétaux qui sont communément sous la forme d'arbres peuvent, par des causes très variées, se ramifier dès leur base et devenir des arbrisseaux. » L'*Arbuste* est à l'Arbrisseau ce que celui-ci est à l'Arbre ; et le *Sous-arbrisseau* est un végétal ligneux qui tient le milieu entre les Arbustes et les Plantes herbacées.

ARBUSTE. — V. *Arbrisseau.*

ARCACÉES. Famille de Mollusques acéphales, à coquille bivalve, etc., dont le genre type est l'*Arche*. — V. ce mot.

ARC-EN-CIEL. Couronne irisée qui apparaît quand les rayons du soleil viennent frapper un nuage qui se résout en eau. Ce météore est le résultat de la réfraction de la lumière solaire combinée avec sa réflexion, et n'est visible que pour le spectateur placé entre l'astre et la nuée, parce que si celle-ci était entre le soleil et lui, la lumière blanche empêcherait que le phénomène ne soit visible. On distingue dans l'Arc-en-Ciel les sept couleurs du Spectre solaire (V. ce mot) : *violet, pourpre, bleu, vert, jaune, orange* et *rouge*. Voici l'explication du phénomène : la lumière se décompose en traversant une goutte de pluie, qui est sensiblement sphérique. Le faisceau lumineux pénètre dans son intérieur en se réfractant, puisqu'il pénètre dans un milieu plus dense ; une partie traverse le globule, une autre partie est réfléchie et revient pour sortir du même côté où il a pénétré, en faisant, au point d'émergence, un angle très ouvert avec le point d'immersion, et ensuite pour se porter vers le spectateur placé de façon à en être affecté.

Il peut se produire en même temps deux et même trois Arcs-en-Ciel : mais le premier formé est le plus central, et les autres se superposent en dehors.

Ceux-ci vont en diminuant d'éclat, parce qu'ils résultent de rayons réfléchis une deuxième ou troisième fois, rayons par conséquent devenus moins nombreux et moins intenses. « L'image du Spectre solaire ainsi peinte sur la nuée y reste immobile, malgré la chute continuelle des gouttes de pluie ; cela tient à la rapidité avec laquelle elles se pressent et se succèdent dans les mêmes positions qu'elles doivent nécessairement occuper pour que le phénomène soit produit. » Beaucoup d'autres remarques pourraient être faites et demanderaient une explication technique, mais ce serait sortir de notre cadre que de nous occuper de dioptrique.

ARCHE (d'*arca*, coffre). Genre de Mollusques acéphales, à coquille bivalve, dont la charnière est ornée de nombreuses petites dents, et qui se trouve dans toutes les mers. — L'Arche bistournée et l'A. demi-torse sont les deux espèces les plus recherchées.

On nomme *Arcaciles* les espèces fossiles du genre Arche.

ARCHIBUSE. —- V. *Busaigle.*

ARCTIE (du gr. *arctos*, ours). Genre de Lépidoptères nocturnes, ainsi appelés de leurs chenilles très velues. Ce sont des Papillons de nuit très communs en France ; leurs chenilles quittent leur toile au printemps pour se répandre sur les arbres, dont elles rongent les premières pousses ; et, quand elles sont parvenues à toute leur croissance, elles filent une coque lâche entre quelques feuilles d'arbres et y restent jusqu'à leur dernière métamorphose. Les papillons éclosent au mois d'août.

L'Arctie cul brun est garnie de poils sur tout son corps, d'une taille moyenne et d'une couleur brun doré. Sa chenille est noirâtre, avec des tubercules de même nuance d'où s'élèvent des aigrettes de poils roussâtres : deux lignes rouges et deux lignes blanches sillonnent son dos. Elle dévore les feuilles des bois. — On distingue encore l'A. du saule, l'A. cul doré, etc.

ARDISIE (*Ardisia*). Genre de la famille des Myrsinacées : arbres, arbrisseaux ou sous-arbris-

Fig. 112. — Ardisie naine.

seaux propres à l'Asie et à l'Amérique tropicale, dont on cultive, dans les serres chaudes d'Europe, plus de vingt espèces à belles fleurs roses ou purpurines. — Nous figurons la fleur de l'ARDOISE NAINE (*A. nana*), dont la corolle monopétale régulière est à 5 lobes; les étamines, au nombre de cinq, sont opposées aux lobes et attachées à leur base, avec filets courts et anthères sagittées; ovaire libre; style simple; pour fruit, drupe sèche.

ARDOISE. Espèce de schiste d'un gris foncé et bleuâtre qui, tendre au sortir de la terre, acquiert à l'air assez de dureté pour se diviser en lames minces, plates et unies dont on couvre les maisons. Les géologues distinguent : 1° l'*A. primitive*, schiste à base argileuse, commune près de Charleville; 2° l'*A. secondaire*, composée de silice, d'alumine, de magnésie, de chaux et de fer : c'est celle qui abonde à Angers; 3° l'*A. bitumineuse*, qui accompagne les couches de charbon de terre et offre de nombreuses empreintes de végétaux.

Les ardoisières sont communes en France : on cite encore celles de Cherbourg, Saint-Lô, Château-Gontier, Mézières, Murat, etc.; l'ardoise de Cervagna, près de Gènes, est la plus dure et tellement impénétrable qu'on l'emploie à revêtir l'intérieur des citernes où l'on conserve les huiles d'olive. Les anciens n'ont point connu l'usage de ce schiste : ils couvraient leurs maisons de chaume ou de bardeau, comme le rapporte Pline. L'ardoise sert aussi à faire des tablettes sur lesquelles on écrit à l'aide d'un crayon.

AREC (*Areca*). Genre de Palmiers, commun aux Indes et à l'Amérique, dont deux espèces ont été célébrées par les voyageurs :

L'A. CHOU PALMISTE (*A. oleracea*), qui est, dit-on, l'arbre le plus élevé du règne, quoiqu'il ait le tronc mince, rempli à l'intérieur d'une moelle ou farine analogue au sagou. Les feuilles naissent à la cime et s'étendent en parasol; elles sont ailées, d'une longueur de dix pieds, composées de folioles étroites d'un à deux pieds : fleurs mâles et fleurs femelles enveloppées, avant leur épanouissement, dans une spathe bivalve; fruits de la grosseur d'une olive, renfermant une amande assez dure qu'on ne mange point. Ce que l'on recherche surtout dans cet arbre, c'est le bourgeon des jeunes feuilles qui couronne l'arbre, et qu'on nomme *chou palmiste*. On retire une huile de l'amande, et on mets de la moelle. Les feuilles servent à couvrir des cases, à faire des paniers : le bois est employé pour les constructions.

L'A. CATHÉCU est d'une taille moitié moins élevée; le chou qu'il fournit est acerbe, non comestible. Les Malais préparent avec son fruit une sorte de condiment ou poivre qu'ils mâchent continuellement et qu'ils nomment *bétel*.

ARENG (*Arenga*). Espèce de Palmier des Moluques, d'une hauteur de 15 à 20 mètres, d'une grande ressource pour les indigènes. En effet les fibres extraites de ses branches et pétioles font des cordes et des câbles d'une longue durée; la sève que l'on fait exsuder par incision fournit une liqueur sucrée qui devient alcoolique par la fermentation; la moelle donne un condiment pour les aliments; les fruits encore verts et confits au sucre constituent un mets recherché. Ces fruits, lorsqu'ils sont en maturité, seraient, a-t-on dit, très irritants et enflammeraient les lèvres et la bouche. Nous ne rapporterons pas l'histoire, sans doute apocryphe, de l'*Eau infernale*, qui résultait d'une macération de ces fruits, et qui, répandue par les habitants des îles Moluques sur le chemin de leurs ennemis, les força à s'enfuir.

ARÉNICOLE (*Arenicola*; d'*arena*, sable; *colere*, habiter). Genre d'Annélides de l'ordre des

Fig. 113 — Arénicole des pêcheurs.

Dorsibranches; espèces de vers dont la tête est peu distincte, la bouche prolongée en trompe, et dont les branchies sont sous la forme de petits arbustes fixés aux anneaux de la partie moyenne du corps. Ces vers ont le corps allongé, mou, fusiforme, long de 15 à 25 centim. et de couleur cendrée, rougeâtre ou brune.

L'ARÉNICOLE COMMUNE OU DES PÊCHEURS (*A. piscatorum*), type du genre, est très commune dans les sables de la mer, où elle se creuse de nombreuses galeries dont on reconnaît l'ouverture par le petit monceau de cette matière qu'elle rejette. Les pêcheurs s'en servent pour prendre du poisson.

On donne le nom d'*Arénicoles* à une division de *Scarabées*. — V. ce mot.

ARÉTHUSE. Genre d'Orchidées. On cultive dans les jardins l'espèce dite ARÉTHUSE BULBEUSE, petite plante vivace sans feuilles, dont la hampe se termine par une fleur purpurine assez grande.

ARGALI. Nom d'un mouton sauvage qui habite les montagnes méridionales de la Sibérie. Cet animal est assez gros : le mâle est pourvu de cornes grosses, longues et triangulaires : une fourrure extérieure rude recouvre une faible quantité de laine douce et blanche. Cette espèce paraît être la souche des moutons d'Asie. — V. *Mouflon*.

ARGÉMONE. Plante de l'Amérique et de l'Asie équatoriale, de la famille des Papavéracées, herbacée, annuelle, à tige paniculée et feuillée ; elle contient un suc jaunâtre, âcre, analogue à celui de la Chélidoine. — L'ARGÉMONE COMMUNE (vulg. *parot épineux*) est cultivée dans nos jardins.

ARGENT. Métal blanc, ductile, fusible, d'un éclat qui surpasse celui de tous les métaux, ayant quelque analogie avec l'étain sous ce rapport, mais dont la densité et le poids spécifique sont plus grands. Après l'or, c'est le corps le plus ductile, car avec un seul grain on peut faire une lame de 78 centim. carrés et d'un trente millième de centim. d'épaisseur, ou un fil de 130 mètres de longueur. Etant très peu oxydable, il conserve son brillant à l'air ; nullement attaquable par les acides végétaux, il devient très précieux pour les usages de la vie. L'hydrogène sulfureux le ternit et le noircit, et c'est pour cela que les œufs noircissent l'argenterie dont nous nous servons habituellement. L'Argent est extrait du sein de la terre, où il se montre soit à l'état natif, mêlé à l'or, au cuivre, à l'arsenic, soit à l'état d'alliage, uni au mercure, à l'antimoine ; soit enfin à l'état de sulfure, de chlorure, de carbonate ou d'iodure, etc. Il existe des mines d'Argent en Allemagne, en Norwége, en Russie, mais surtout au Pérou et au Mexique où sont de beaucoup les plus nombreuses ; la quantité de ce métal qu'on en extrait annuellement est d'environ 1 million de kilogram., dont la valeur est à peu près de 200 millions de francs. Les procédés d'extraction et d'exploitation sont ceux qui s'emploient pour les métaux en général ; il n'est pas de notre objet de les décrire. La valeur de l'Argent est à celle de l'Or environ comme 1 est à 14.

On sait ses usages nombreux et ses imitations, dont la plus connue est le *maillechor*, alliage de zinc et de cobalt. Les procédés d'argenture sont les mêmes que ceux de la dorure. La médecine emploie fréquemment l'argent dissous dans l'acide nitrique, évaporé et fondu, sous le nom de *pierre infernale*. C'est avec de l'argent, de l'acide nitrique et de l'alcool qu'on prépare la *poudre d'Howard*, que le moindre frottement fait éclater violemment.

ARGENTINE (*Potentilla anserina*). Espèce du genre Potentille, plante de la famille des Rosacées, vivace, à racine épaisse, presque verticale ; à tiges rampantes, rameuses, minces, un peu velues, hautes de 30 cent. environ, naissant au-dessous des rosettes de feuilles. Celles-ci se composent de 15-25 folioles, vertes en dessus, tomenteuses argentées en dessous, dentées, entremêlées de folioles très petites, entières. Fleurs grandes, jaunes, solitaires et à long pédoncule : calicule et calice 5-fide, corolle à 5 pétales plus grands que le calice. L'Argentine est très commune aux bords des

chemins, des rivières, mares, lieux inondés l'hiver ; elle fleurit au printemps et à l'automne. Ses pro

Fig. 114. — Argentine.

priétés médicales, jadis très vantées, sont à peu près nulles : cependant la décoction de ses feuilles est légèrement astringente et antidyssentérique.

ARGENTINE. Genre de Poissons de la famille des Salmonides, n'excédant pas dans tout son développement de 20 à 22 cent. ; ayant un corps allongé, des yeux grands, des ouïes à six rayons, et renfermant dans une vessie épaisse cette glu argentée qui sert à colorer les perles fausses, et dont on fait un commerce important dans la Méditerranée et l'Adriatique surtout.

ARGILE, vulg. *Terre glaise.* Substance terreuse pesante, grasse, compacte, tenace et ductile lorsqu'elle est suffisamment humectée, prenant sous l'action de la chaleur une dureté considérable en perdant son eau de combinaison. L'Argile varie de composition, de couleur et de consistance, selon les différentes proportions de silice, d'alumine, d'eau et de bitumes, d'oxydes, de quartz, etc., qui se mélangent avec elle. A l'état de pureté, elle est blanche, grenue, onctueuse au toucher. Elle se durcit, se fendille par la chaleur, mais n'entre point en fusion. — Les usages de cette matière terreuse sont assez importants : on en fabrique des tuiles, briques, poteries, et même des faïences et des porcelaines ; les sculpteurs s'en servent pour exécuter les modèles de leurs ouvrages ; on l'emploie pour le dégraissage des draps, parce qu'elle absorbe très bien l'huile.

Les argiles sont extrêmement répandues ; elles existent dans tous les terrains nouveaux et anciens, disposées en forme de couches, rarement à la surface du sol. Les terrains argileux sont les moins propres à la végétation.

ARGONAUTE (du gr. *argonautès*, par allusion à l'instinct navigateur de cet animal). Mollusque céphalopode, famille des Octopodes, qui ressemble aux Poulpes, mais qui se distingue surtout en ce que deux de ses tentacules sont élargis en membrane. Le corps est renfermé dans une coquille univalve et uniloculaire, mince, blanche, contournée en spirale, appelée *nautile papyracée*, que les anciens supposaient lui être étrangère, parce que l'animal semble s'y placer comme dans une gondole, en offrant au souffle du vent ses deux

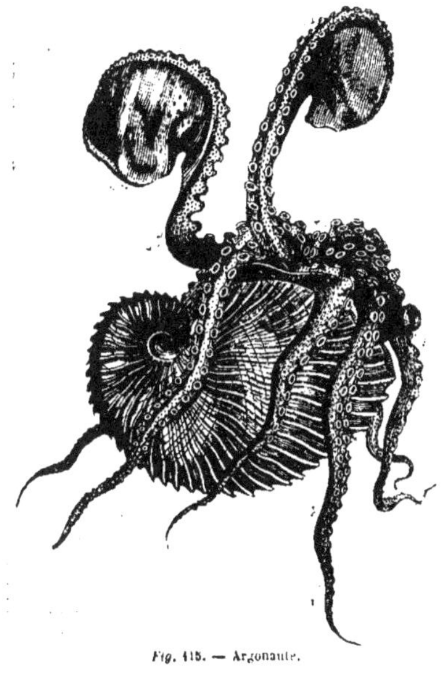

Fig. 115. — Argonaute.

larges tentacules. C'était une erreur. L'Argonaute surmonte en effet sa coquille, se servant à la fois

de ses voiles déployées et de ses autres tentacules comme de gouvernail et de rames. C'est surtout dans la Méditerranée que les voyageurs aperçoivent ces singuliers mollusques, mais sans pouvoir les saisir, car au moindre danger ils retirent leurs rames, leur voile, leur gouvernail, leurs avirons, tout rentre en dedans; et faisant chavirer leur frêle navire qui se remplit d'eau, ils se laissent tomber dans la profondeur des eaux, pour revenir à la surface dès que le danger est passé ou que le calme est revenu.

ARGULE. Crustacé suceur qu'on trouve sur le corps des têtards de grenouilles et des épinoches.

ARGUS. Ce nom a été donné à des animaux de différentes classes.

En *ornithologie*, genre d'Oiseaux de l'ordre des Gallinacés, ainsi appelé à cause des yeux qui sont répandus sur son plumage. L'Argus diffère du Paon par le nombre plus petit de rectrices, le manque d'ergot au tarse, la nudité toute particulière de sa tête et de son cou. Ses ailes, quoique extrèmement développées, sont peu propres au vol, parce que les rectrices ont des baguettes très faibles, trop peu soutenues par les textrices; mais ces mêmes ailes secondent parfaitement sa course, qui est facile et rapide. Cet oiseau est d'ailleurs superbe; son plumage est peut-être le plus riche de toute la race volatile, et c'est au moment des amours qu'il étale sa queue et ses ailes avec orgueil.

L'Argus est commun dans les forêts de l'île de Sumatra; on l'a rencontré, dit-on dans les Moluques, à Java, en Chine, etc. Il fuit une trop vive lumière, préfère l'obscurité, et ne saurait être accoutumé à la captivité. Cela est d'autant plus regrettable que sa chair est excellente et a le goût du faisan.

En *entomologie*, on nomme *Argus* un petit papillon diurne d'un beau, bleu sur les ailes duquel

Fig. 116. — Argus.

on voit la figure d'un grand nombre d'yeux, et qui voltige sur les bruyères et les prairies.

En *ichthyologie*, poisson de la famille des Pleuronectes, remarquable par quatre taches noires dont son corps est moucheté et que l'on a comparées à des yeux.

En *herpétologie*, petit Serpent de Guinée sur lequel on remarque un double rang de taches en forme d'yeux. — Petit Lézard d'Amérique d'une belle couleur bleu de ciel, avec des taches semblables sur tout le corps, la tête et la queue exceptées. — Espèce de Couleuvre.

En *conchologie*, petit Coquillage du genre Porcelaine, sur lequel on remarque des taches comme des yeux.

ARGYNNE (*Argynnis*). Genre de Lépidoptères diurnes, de la famille des Nymphaliens, très nombreux en espèces. Ils voltigent les uns dans les bois, les prairies artificielles, les parterres, d'autres plus particulièrement sur certaines fleurs, telles que celles de la pensée, de la violette, du sainfoin, du framboisier, etc.

L'Argynne paphie (A. *paphia*, que nous figurons, est commune dans toute l'Europe. On la trouve, aux mois de juillet et d'août, dans les bois et dans les champs de luzerne qui en sont voisins; son vol est assez rapide : elle se laisse difficilement approcher et se repose sur les fleurs de ronces et de chardons. La chenille est brune, avec des taches jaunâtres le long du dos : avec deux fortes épines au premier anneau, 2 au second, 6 aux suivants,

Fig. 117. — Argynne paphie.

excepté au dernier qui en a 4; elle vit solitairement sur la violette sauvage, le framboisier, etc. Ce papillon offre plusieurs variétés.

ARISTOLOCHE (*Aristolochia*). Genre type de la famille des Aristolochiacées, comprenant des plantes vivaces, à feuilles alternes, ovales cordées; à fleurs jaunâtres, pédicellées, disposées en fascicules axillaires sessiles ou solitaires, etc., etc. Voici les quatre espèces principales.

Aristoloche clématite (A. *clematitis*). Plante herbacée dont les tiges, hautes de 40 à 80 cent. sont dressées simples, anguleuses: les feuilles glabres, coriaces, ovales triangulaires cordées. Fleurs jaunâtres dont le calice est tubuleux, soudé avec l'ovaire dans sa partie inférieure, où il est un peu renflé, s'élargissant au sommet et se déjetant en une languette unilatérale allongée : étamines 6, soudées au style; stigmate à 6 lobes disposés en étoile au-dessus des anthères. Pour fruit, capsule grosse, pendante, pyriforme.

Cette Clématite, qu'il ne faut pas confondre avec la Clématite commune, croît dans les vignes, les haies, les buissons, les lieux incultes, et fleurit tout l'été. Sa racine, qui est profondément traçante, est douée d'une odeur forte, désagréable et d'une saveur amère un peu âcre; anciennement on la considérait comme une puissant emménagogue (d'où son nom du grec *aristos*, très bon; *lochéia*,

Fig. 118. — Aristoloche clématite.

lochies); mais de nos jours elle est tombée dans l'oubli, comme les autres parties de la plante, non pas qu'elles soient sans action, mais au contraire à cause de leurs propriétés irritantes très prononcées.

Aristoloche ronde (A. *rotunda*). Cette espèce se distingue de la précédente par sa racine tuberculiforme, ses feuilles sessiles à nervures très saillantes à la face inférieure; par ses fleurs solitaires, dont le limbe calicinal est déjeté d'un seul côté et comme ligulé. — Elle est commune dans les champs et les vignes du midi de la France.

Aristoloche longue (A. *longa*). Les épithètes de *ronde* et *longue* données aux Aristoloches dérivant de la forme de leurs racines, cette espèce-ci à en effet la souche longue, fusiforme, ridée; elle croît aussi dans les parties méridionales de la France et est d'un emploi médical plus répandu, surtout parmi le peuple, sans que ses vertus thérapeutiques soient spécifiées. Cependant la racine d'Aristoloche longue fait partie de la *poudre antigoutteuse du duc de-Portland*.

Aristoloche sipho. Fréquemment plantée dans les jardins pour couvrir les berceaux, les tonnelles, elle se reconnaît à ses tiges ligneuses, sarmenteuses, volubiles; à ses feuilles très amples; à son calice recourbé en forme de pipe et 3-lobé au sommet.

ARISTOLOCHIACÉES. Famille de Plantes dicotylédones apétales, herbacées ou frutescentes, vivaces, dont les feuilles sont généralement opposées, entières et cordées à la base, sans stipules. Les fleurs, diversement disposées, anomales, ont un calice monosépale coloré, à tube soudé avec l'ovaire, régulier ou irrégulier; 12 ou 6 étamines insérées sur le disque qui revêt le sommet de l'ovaire, à filets courts ou nuls ; 6 stigmates disposés en étoile sur un style indivis, court et épais.

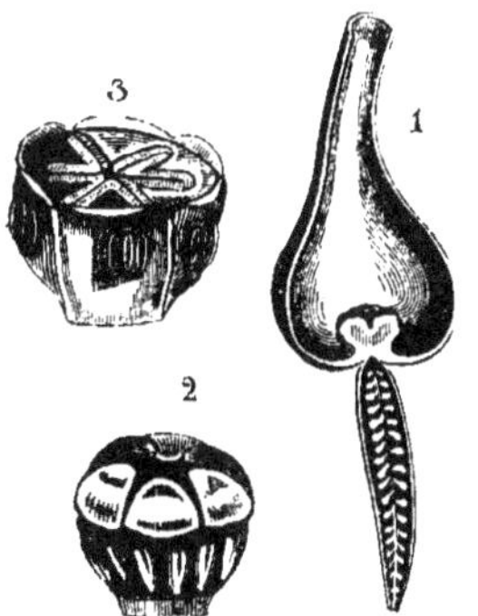

Fig. 119. — Aristoloche.

(1, coupe longitudinale d'une fleur grossie, montrant les étamines et l'ovaire ; 2, les six étamines soudées, avant l'ouverture des anthères ; 3, les mêmes, les anthères s'ouvrant, avec le stigmate en étoile.)

Fruit capsulaire à 6 loges polyspermes. — Les genres principaux de cette famille sont l'*Aristoloche* et l'*Asaret*.

ARMADILLE. Genre de Crustacés isopodes assez semblables aux Cloportes, qui habitent les lieux humides, les caves, les rochers. — L'A. OFFICINALE est une espèce d'Italie qu'on employait autrefois dans les pharmacies sous le nom de *Cloportes préparés*.

ARMOISE (*Artemisia*). Genre de Plantes de la grande famille des Composées, herbacées, vivaces, amères aromatiques, à feuilles pinnatipartites ; capitules petits, nombreux : involucre ovoïde à folioles imbriquées ; réceptacle conique dépourvu de paillettes ; fleurons jaunes, tous tubuleux, ceux de la circonférence femelles ; ceux du centre, hermaphrodites ; graine sans aigrette.

ARMOISE COMMUNE (*A. vulgaris*). Tiges de 0 m. 60 à 1 m., 20, dressées, rameuses dans la partie supérieure ; feuilles pinnatiséquées, vertes et glabres en dessus, blanches tomenteuses en dessous ; capitules ovoïdes disposés en épis ; involucre tomenteux ; réceptacle glabre. — Cette plante est commune aux bords des chemins, dans les haies, les lieux incultes ; elle fleurit en juillet-octobre. D'une odeur aromatique et d'une saveur amère, elle est fréquemment employée en médecine, soit en tisane par infusion, comme tonique, fébrifuge, dans une foule d'affections, telles que l'atonie digestive, la chlorose, la dysménorrhée, la fièvre intermittente, etc. : soit en fumigations, pour provoquer l'apparition des règles, la résolution de certains engorgements atoniques.

ARMOISE DES CHAMPS (*A. campestris*). Cette espèce se distingue par ses tiges couchées ascen-

dantes presque ligneuses et rameuses dès la base en quelque sorte : ses feuilles, souvent soyeuses sur les deux faces dans leur jeunesse, sont divisées en segments linéaires très étroits. Elle habite les lieux secs et pierreux, les coteaux arides, et ses propriétés sont les mêmes que celles de la précédente.

Le genre Armoise comprend aussi les espèces

Fig. 120. — Armoise.

(Sommité fleurie ; capitule détaché et grossi ; fleuron et demi-fleuron.)

connues généralement sous les noms d'*Absinthe*, *Aurone*, *Estragon*, *Semen contra*. — V. ces mots.

ARNICA ou ARNIQUE (*Arnica*). Genre de la famille des Composées, tribu des Corymbifères, qui a pour type unique l'ARNICA DES MONTAGNES (*A. mon-*

Fig. 121. — Arnica.

tana), plante vivace, herbacée, à tige de 45 cent. environ, dressée, velue ; feuilles radicales, sessiles, ovales allongées, disposées en rosette à la base de la tige, avec deux feuilles caulinaires opposées et plus petites. Fleurs jaunes, radiées, grandes, terminales, il y en a une principale accompagnée de deux plus petites : à fleurons hermaphrodites 5-dentés à la circonférence ; demi-fleurons femelles 3-dentés au centre : involucre un peu évasé, n'ayant qu'un seul rang d'écailles ; réceptacle plan, garni de poils : graines aigrettées.

L'Arnica croît abondamment dans les Vosges, les Pyrénées, les Alpes, montrant ses jolies fleurs dans le mois de juillet. Il est doué d'une odeur aromatique particulière, d'une saveur amère acerbe, et il agit sur l'économie comme excitant du système nerveux. C'est, en effet, un médicament très employé dans les accidents résultant de chutes ; c'est le vulnéraire par excellence des campagnards, qui en abusent parfois, et qui le fument aussi en guise de tabac (*tabac des Vosges*). Les parties employées sont surtout les fleurs et la racine : celle-ci, étant considérée comme tonique, fébrifuge et antiputride, a reçu le nom de *Quinquina des pauvres*.

AROÏDÉES. — V. *Aracées*.

AROMIE (d'*aroma*, arome). Genre de Coléoptères longicornes dont plusieurs espèces exhalent une odeur de rose. — V. *Capricorne*.

ARONDE. On nomme ainsi vulgairement l'*Hirondelle de fenêtre* et le genre *Aricule*. — V. ces mots.

ARRÉMON. Genre de Passereaux dentirostres de l'Amérique méridionale ; oiseaux solitaires, silencieux, d'un naturel tranquille et apathique, qui se laissent facilement approcher.

ARRÊTE-BŒUF. — V. *Bugrane*.

ARROCHE (*Atriplex*). Genre de la famille des Chénopodiacées, comprenant des plantes herbacées, annuelles, à fleurs unisexuées, verdâtres, petites, disposées en glomérules formant des grappes, et dont l'espèce type est :

L'A. BONNE DAME (*A. hortensis*). Sa tige est dressée, ses feuilles sont molles, pétiolées, alternes : les fleurs dioïques, très petites, etc. Il existe un grand nombre de variétés, telles que l'*A. rubra*, d'un rouge de sang dans toutes ses parties ; l'*A. polymorpha*, à tige rameuse, à sépales soudés inférieurement dans le calice de la fleur femelle ; les variétés à larges feuilles (*A. latifolia*), à feuilles étroites (*A. angustifolia*), etc.

La Bonne Dame est originaire de l'Inde, mais naturalisée en France, où on la cultive dans tous les jardins pour les usages culinaires. En effet ses feuilles, qui sont d'une saveur douce et fade, se mangent cuites, soit seules, soit mélangées avec de l'oseille, des épinards, de la chicorée.

ARROW-ROOT. Fécule extraite des racines d'une espèce de *Marante*. — V. ce mot.

ARSENIC (du gr. *arsên*, mâle : *nicaô*, vaincre : dompter l'homme). Métal cassant, d'un gris blanchâtre et brillant qui se ternit rapidement à l'air ; d'une texture grenue et lamelleuse : qui, projeté sur des charbons ardents, brûle en répandant une odeur alliacée caractéristique. Ce métal ne se présente pas pur, mais à l'état d'*arséniures*. On l'obtient d'ordinaire en grillant les mines de cobalt arsenical : dans cette opération, il se sublime et se condense dans les cheminées, où on le recueille pour le purifier.

L'Arsenic métallique, vu son insolubilité, n'est pas vénéneux ; mais, à l'état d'*oxyde* et d'*acide arsénieux*, et dans les combinaisons de l'acide avec les bases (*arséniates*), il devient extrêmement dangereux ; une petite quantité donne la mort par un double effet : l'action locale qui est corrosive, et l'action générale sur le système nerveux, qui est destructive du principe vital. Chacun sait que les empoisonnements, involontaires ou criminels, par cette substance, sont les plus fréquents.

L'Arsenic est volatil, avons-nous vu : si l'on expose aux vapeurs qu'il répand sous l'influence de la chaleur une lame de cuivre décapée, celle-ci se recouvre d'une couche blanche pulvérulente facile à détacher, et qui sert à faire reconnaître le poison dans les cas où l'on a besoin de s'éclairer sur sa présence.

Dissoutes dans l'eau, et traitées par l'acide hydro-sulfurique, les préparations arsenicales donnent un précipité d'un beau jaune.

On tire beaucoup d'arsenic de l'Allemagne pour les arts, la fabrication des miroirs, des télescopes, des boutons de métal, du cristal, etc. Ce que l'on nomme vulgairement *mort aux rats* est l'oxyde blanc d'arsenic ; la *poudre aux mouches* est l'arsenic métallique, qui est moins redoutable tant qu'il ne s'oxyde pas. L'acide arsénieux et les arséniates sont quelquefois employés en médecine, à doses très minimes, pour combattre les dartres invétérées, les fièvres marécageuses qui ne cèdent pas au quinquina, etc.

ARTÈRES. Ordre de vaisseaux partant du cœur et se distribuant à toutes les parties du corps. Deux gros troncs artériels donnent naissance à toutes les artères : l'un, appelé *artère pulmonaire*, sort du ventricule droit du cœur et va dans les poumons où il se subdivise à l'infini, distribuant le sang noir dans ces organes qui le mettent en contact avec l'air respiré : l'autre, nommé *aorte*, naît du ventricule gauche et se ramifie dans tout le corps, pour y porter le sang rouge ou nourricier. — V. *Circulation*.

Les Artères sont des tubes dont le calibre décroît à mesure qu'ils se divisent. Elles sont constituées par la superposition de trois membranes : une intérieure, lisse, mince, en contact immédiat avec le sang : une moyenne plus épaisse et résistante, fibreuse, qui, divisée ou rompue, présente ce fait grave et singulier qu'elle ne se réunit pas : de là une hémorrhagie incoercible : la membrane extérieure est formée par le tissu cellulaire. Les parois artérielles reçoivent elles-mêmes des petits vaisseaux sanguins, nommés *vasa vasorum*, ainsi que

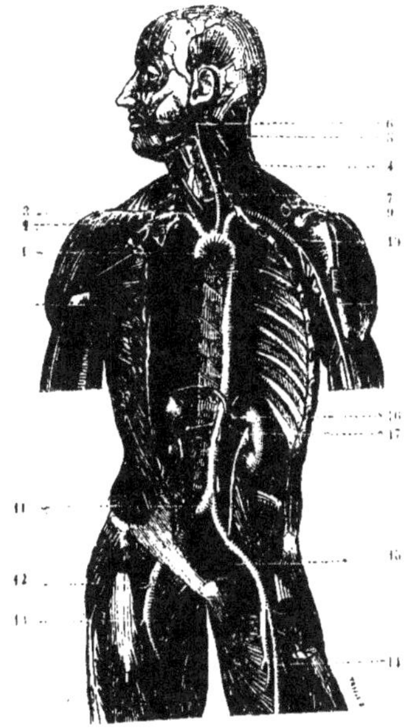

Fig. 122. — Cœur et gros vaisseaux.

ARTÈRES VUES DANS LEUR ENSEMBLE. — (Sur cette figure, les artères principales sont seules représentées ; mais il faut admettre, par la pensée, des divisions et subdivisions sans nombre de ces vaisseaux.) — 1, Aorte, formant la crosse. — 2, Artère ou tronc brachio-céphalique. — 3, Carotide primitive droite, naissant du tronc brachio-céphalique. — 4, Carotide primitive gauche, naissant de la crosse de l'aorte. — 5, Carotide externe. — 6, Carotide interne. — 7, Sous-clavière gauche, naissant de l'aorte. — 8, Vertébrale, naissant de la sous-clavière. — 9, Axillaire. — 10, Humérale ou brachiale. — 11, Artère iliaque primitive. — 12 et 14, Artère crurale. — 13, Artère fémorale profonde. — 15, Artère hypogastrique. — 16, Tronc cœliaque, duquel naît : — 17, l'Artère hépatique.

des nerfs. Ces nerfs sont fournis par le système ganglionnaire, lequel soustrait le système circulatoire à l'action de la volonté ou à celle des influences qui modifient directement les fonctions de relation. — V. *Innervation*.

Les Artères devaient être et sont, en effet, moins nombreuses que les veines, parce que le sang rouge, qui reçoit directement l'impulsion du ventricule, y circule plus rapidement que ne le fait le sang noir, qui retourne au cœur par les veines. Ces vaisseaux communiquent d'ailleurs fréquemment entre eux au moyen d'*anastomoses*. Pour peu qu'ils soient gros et superficiellement situés, ils font percevoir au toucher l'impulsion qu'ils reçoivent de la colonne sanguine chassée par le ventricule gauche, comme par un coup de piston, impulsion dont la répétition plus ou moins forte et fréquente constitue le pouls et ses modifications.

Ce qui vient d'être dit sur les Artères s'applique spécialement à ces vaisseaux considérés dans l'homme. On verra, à l'article *Circulation*, comment ce même ordre de vaisseaux se comporte dans les diverses classes animales.

ARTICHAUT (*Cynara scolymus*). Espèce du genre Cardon, plante de la famille des Composées, dont la tige, d'un mètre de hauteur au plus, est garnie de feuilles grandes, blanchâtres en dessous et très découpées, et porte au sommet de ses ramifications de gros capitules de fleurs : l'involucre est renflé et composé d'écailles épaisses et charnues à la base : le réceptacle est charnu et hérissé de soies, et porte des fleurons hermaphrodites à tube très long et de couleur violette, auxquels succèdent des fruits aigrettés.

L'Artichaut est originaire du midi de l'Europe : à l'état sauvage, il a le port de nos chardons : mais la culture lui a donné le développement que nous lui connaissons. Ses capitules, cueillis avant l'épanouissement des fleurs, offrent dans leurs écailles et leur réceptacle un aliment agréable de facile digestion, qui a passé pour légèrement aphrodisiaque. On a employé les racines et les feuilles de la plante comme tonique, diurétique et fébrifuge. L'Artichaut redoute les fortes gelées : il se multiplie de graines et d'œilletons. On en distingue plusieurs variétés qu'il est inutile d'indiquer.

ARTICLE (d'*articulus*, jointure). Nom donné, en histoire naturelle : 1° aux articulations ou moyens de jonction des os entre eux : 2° aux pièces composant les antennes, les palpes, les tarses des animaux articulés : 3° aux espaces compris entre deux nœuds dans les plantes, comme dans les Prêles, etc.

ARTICULÉS ou ANNELÉS, encore nommés ENTOMOZOAIRES. Le deuxième des quatre embranchements qui divisent le règne animal. Les animaux Articulés se nomment ainsi de ce que les diverses parties de leur corps présentent une série d'articulations ou mieux d'anneaux plus ou moins mobiles et rétractiles. « Ainsi un papillon, une abeille, une mouche dans la classe des Insectes; une araignée, un scorpion dans la classe des Arachnides ; une écrevisse, un crabe dans la classe des Crustacés; une sangsue même, un lombric dans la classe des Annelés, sont des animaux Articulés » Les anneaux qui entourent le corps et souvent les membres, dit Cuvier, tiennent lieu du squelette des Vertébrés : et, comme ils sont presque toujours assez durs, ils peuvent prêter au mouvement tous les points d'appui nécessaires : en sorte qu'on trouve ici (dans les Articulés), comme parmi les Vertébrés, la marche, la course, le saut, la natation, le vol : il n'y a que les familles dépourvues de pieds, telles que les Sangsues, ou dont les pieds n'ont que des articles membraneux et mous, telles que les Chenilles, qui soient bornées à la reptation. » Le système d'organes par lequel les animaux Articulés se ressemblent le plus, c'est celui des nerfs. Ses parties centrales sont dans la ligne médiane : il se compose de deux cordons longitudinaux qui offrent de distance en distance des renflements d'où naissent les filets qui se distribuent aux différentes parties. En général, chaque anneau possède une paire de ganglions nerveux. A mesure qu'on s'élève à des êtres plus parfaits on voit des ganglions se rapprocher entre eux, le système se centraliser, les deux cordons se souder en un seul, les ganglions se résumer en deux seulement. Les organes des sens sont peu développés en général ; pourtant la vue est assez perfectionnée ; il existe fréquemment des *antennes*, qui varient singulièrement toutefois : il y a six membres au moins, ou bien ces parties manquent tout à fait, comme chez les Sangsues, les Vers.

Tout animal appartenant à cet embranchement a un canal alimentaire pourvu d'une entrée et d'une issue, renfermé dans une cavité viscérale, et dont les parois sont distinctes de l'enveloppe générale du corps. Il existe presque toujours des mâchoires ou du moins des instruments particuliers pour la préhension des aliments, et ces organes sont toujours disposés *latéralement* par

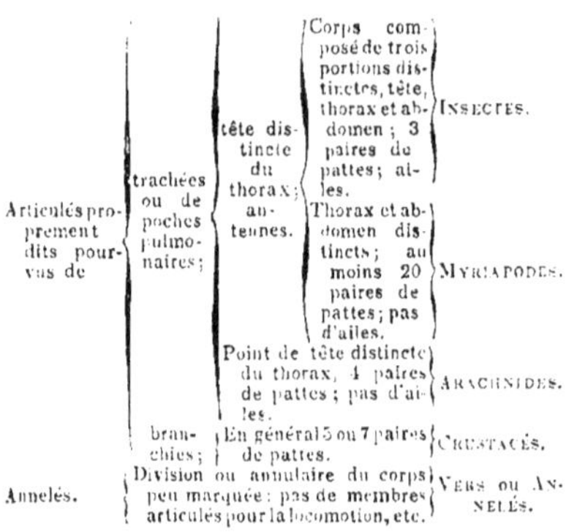

Tableau synoptique des Articulés.

(MILNE EDWARDS.)

Articulés proprement dits pourvus de	trachées ou de poches pulmonaires ;	tête distincte du thorax ; antennes.	Corps composé de trois portions distinctes, tête, thorax et abdomen ; 3 paires de pattes ; ailes.	INSECTES.
			Thorax et abdomen distincts ; au moins 20 paires de pattes ; pas d'ailes.	MYRIAPODES.
		Point de tête distincte du thorax, 4 paires de pattes ; pas d'ailes.		ARACHNIDES.
	branchies ;	En général 5 ou 7 paires de pattes.		CRUSTACÉS.
Annelés.	Division ou annulaire du corps peu marquée : pas de membres articulés pour la locomotion, etc.			VERS ou ANNELÉS.

paires, au lieu d'être placés l'un au devant de l'autre, comme chez les Vertébrés. Supérieurs aux Mollusques par leurs fonctions de relation, les Articulés sont moins bien partagés du côté des fonctions végétatives, car leur appareil circulatoire est moins complet et manque quelquefois. En effet, le cœur est plus ou moins distinct ou invisible, quelquefois même les vaisseaux sont à

peine apparents ou manquent, les trachées paraissant être alors organes de circulation et de respiration tout à la fois ; le sang est d'ailleurs généralement blanc. Ces animaux respirent au moyen de *branchies*, de *trachées* ou, quoique plus rarement, de *sacs pulmonaires* : quelquefois enfin, manquant d'organes spéciaux, ils respirent par toute la surface du corps.

Les animaux Articulés forment cinq classes : les *Vers*, les *Myriapodes*, les *Arachnides*, les *Crustacés* et les *Insectes*.

ARTOCARPE (du gr. *artos*, pain ; *carpos*, fruit). Genre d'arbres de l'Asie équatoriale, de la famille des Urticées, à suc propre laiteux, et produisant des fruits comestibles. — Les principales espèces sont l'A. INCISÉ ou *Arbre à pain*, et l'A. A FEUILLES ENTIÈRES ou *Jaquier*, dont le fruit est, dit-on, délicieux. Deux ou trois arbres à pain peuvent suffire à la subsistance d'un homme pendant une année. Le bois du Jaquier s'emploie dans l'Inde à des ouvrages d'ébénisterie.

ARUM. — V. *Gouet*.

ASARET (*Asarum*). Genre de la famille des Aristolochiacées, formé d'une seule espèce européenne.

L'ASARET D'EUROPE, vulg. *Cabaret*, *Oreillette*, plante vivace, herbacée, à rhizome traçant ; tiges très courtes, munies d'écailles membraneuses,

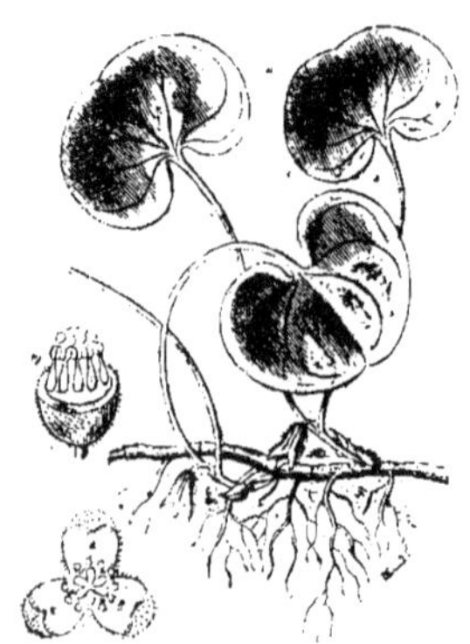

Fig. 123. — Asaret.

(La figure détachée inférieure montre les trois lobes de la fleur étalée et au milieu les organes sexuels vus de face ; la supérieure montre une fleur dont on a enlevé le calice au niveau du disque : ce qui fait voir les étamines dans le sens de leur longueur et le stigmate qui les couronne.)

portant 1-2 paires de feuilles d'apparence radicales, longuement pétiolées, réniformes pubescentes. Fleurs d'un pourpre noirâtre, solitaires, terminales, à calice campanulé 3-lobé : 12 étamines à filets courts, libres, insérées sur un disque sus-

ovarien ; anthères libres ; style court, stigmate à
lobes disposés en étoile.

L'Asaret croît aux lieux pierreux ombragés ;
mais il est assez rare. Il fleurit au printemps. Son
odeur est forte, pénétrante, sa saveur amère et
nauséabonde. Sa racine est vomitive et sternuta-
toire. Les habitants de la campagne en prennent
souvent l'infusion pour se purger ; mais nous les
avertissons de se méfier de ce médicament actif.

ASBESTE. — V. *Amiante*.

ASCALAPHE. Insecte névroptère ayant l'aspect
des Libellules ou *Demoiselles*, habitant le midi
de l'Europe.

ASCALAPHE. Espèce d'Oiseau de proie du
genre Duc, vulg. connu sous le nom de *grand
Hibou à huppes courtes*, d'un plumage roux blanchâtre, varié de différentes nuances, avec des raies
d'un brun noir. Elle est commune en Égypte, d'où
elle passe accidentellement en Sicile et en Sardaigne.

ASCARIDE (*Ascaris*, du gr. *ascarizéin*, sau-
tiller, remuer). Genre d'Annelés de la classe des
Helminthes, Vers « caractérisés par leur corps
long, cylindrique, sillonné d'une rainure de chaque côté et aminci aux deux bouts, et par leur
bouche garnie de trois papilles charnues, entre
lesquelles elle se présente quelquefois sous la
forme d'un petit tube. » Les organes de la reproduction sont représentés, chez le mâle, par un
pénis sous forme d'un double crochet placé tout
près de l'anus, à l'extrémité postérieure ; par des
testicules et des cordons spermatiques filiformes
enroulés autour du tube digestif. Chez la femelle,
l'ouverture des organes générateurs existe à la
réunion du tiers antérieur avec les deux tiers postérieurs, au niveau d'une sorte de rétrécissement ;
le vagin est bifurqué, très étroit, terminé par
deux ovaires filiformes embrassant le tube digestif.
— Voici les principales espèces de ce genre :

ASCARIDE LOMBRICOÏDE (*A. lombricoïdes*). Corps
cylindrique très allongé, beaucoup plus petit chez
le mâle que chez la femelle, lisse, luisant, d'une
teinte blanche jaunâtre, demi-transparent. Ces
vers, que les anciens regardaient comme identiques aux vers de terre (V. *Lombric*), sont assez
fréquents chez les enfants, plus rares chez les
adultes et surtout les vieillards. Ils séjournent habituellement dans l'intestin grêle, mais ils remontent quelquefois dans l'estomac et l'œsophage ; la
femelle est plus commune encore que le mâle. Ils
se reproduisent dans les organes qu'ils occupent,
mais on ne sait pas positivement si le premier individu qui s'y trouve naît spontanément ou de
germes introduits avec les aliments. — V. *Entozoaires*. — L'usage des crudités et d'aliments
grossiers paraît favoriser leur reproduction et
leur développement ; mais on a beaucoup exagéré
les accidents qu'ils peuvent causer. — On se de-

barrasse des Ascarides au moyen des substances
dites vermifuges, telles que le semencontra, la
mousse de Corse, l'absinthe, les purgatifs, etc.

ASCARIDE VERMICULAIRE (*A. vermicularis*). Plus
connu sous le nom d'*Oxyure* (de *oxus*, aigu ; *oura*,
queue), est long de 3 à 4 millim. seulement, linéaire, obtus à son extrémité antérieure, un peu
renflé à son extrémité postérieure, qui est contournée en spirale sur elle-même. La femelle est plus
longue (8 à 10 millim.), atténuée en arrière et terminée par une queue aiguë. Ce ver se rencontre
surtout chez les enfants et quelquefois chez les
adultes. Il se fait surtout remarquer par des démangeaisons insupportables. Il peut, chez les femmes,
gagner la vulve, et par le prurit irrésistible qu'il
provoque, devenir l'occasion de mauvaises habitudes. — On le fait périr par des lavements salés ou
d'infusion d'absinthe, ou par des frictions d'onguent mercuriel à l'anus.

ASCIDIE (*Ascidia*, du gr. *ascidion*, petite
outre). Genre de Molluscoïdes de la classe des
Bryozoaires, ainsi nommés de leur manteau qui
constitue un sac représentant en quelque sorte la
coquille des bivalves, sac dans l'intérieur duquel
se trouve un autre manteau plus délicat qui renferme les organes de la respiration, de la circulation et de la nutrition.

Les Ascidies se présentent sous la forme de
très petites outres (*outres de mer*), souvent microscopiques, de couleurs variables, dont les unes sont
dures et coriaces, les autres molles et gélatineuses,
n'exécutant d'autre mouvement qu'une légère contraction de leur orifice, lequel se ferme brusquement et ne s'ouvre qu'avec lenteur pour renouveler
l'eau nécessaire à leur existence. Veut-on les
prendre, elles lancent au loin l'eau qu'elles contiennent en formant un jet prolongé.

ASCLÉPIADACÉES. Famille de plantes dicotylédones monopétales supérovariées, vivaces, à souche traçante, herbacées, quelquefois volubiles ; feuil-

Fig. 124. — Asclépiade.

(A gauche, fleur entière ; à droite, coupe perpendiculaire de la fleur,
montrant les carpelles, les étamines qui les recouvrent et les appendices pétaloïdes de la corolle.)

les entières, opposées, parfois verticillées. Fleurs
axillaires disposées en corymbes ou en ombelles
simples ; calice à 5 sépales ; corolle à 5 divisions
en entonnoir ou en cloche ; étamines 5, insérées à
la base de la corolle, dont les filets sont soudés en
un tube qui entoure l'ovaire, et munis au sommet

d'un appendice charnu ou membraneux, souvent en forme de cornet, qui recouvre l'anthère correspondante; anthères extrorses soudées en un tube qui entoure le style et le stigmate, pollen réuni en masses soudées. Ovaire à 2 carpelles multi-ovulés; stigmates soudés en une masse épaisse à 5 angles qui alternent avec les anthères et auxquels sont fixés deux par deux les prolongements suspenseurs des masses polliniques. — Cette famille se compose de genres presque tous exotiques. — V. *Asclépiade*.

ASCLÉPIADE (*Asclepias*). Genre de Plantes de la famille des Asclépiadacées, nombreux en espèces exotiques, mais dont deux seulement seront mentionnées ici.

ASCLÉPIADE VRAIE (*A. syriaca*). Plante vivace, herbacée, à tige de 8-12 décim., pubescente; feuilles très amples, ovales-oblongues, presque tomenteuses en dessous, entières; fleurs d'un blanc rosé, odorantes, disposées en ombelles simples multiflores, composées ainsi qu'il est dit à la famille. — Cette plante se cultive dans les jardins où elle fleurit en juin-août. Elle contient dans toutes ses parties un suc laiteux très abondant. Plusieurs variétés sont alimentaires en Amérique.

ASCLÉPIADE DOMPTE-VENIN (*A. vincetoxicum*). Plante vivace à tiges herbacées, dressées, très feuil-

Fig. 125. — Asclépiade dompte-venin.

lées, hautes de 4 à 8 décim.; à feuilles opposées, entières, ovales lancéolées, un peu coriaces. Fleurs blanches, petites, disposées en corymbes sur des pédoncules axillaires. — V. les autres caractères à la famille.

Le Dompte-venin croît dans les bois sablonneux ou pierreux, les coteaux incultes, et montre ses fleurs en juin-août. C'était jadis un *alexitère*, c'est-à-dire un remède propre à combattre l'effet des poisons; mais cette vertu n'a jamais été la sienne. Sa racine, qui est traçante, est purgative et vomitive.

ASELLE. Genre de Crustacés isopodes, voisin des Cloportes, dont le corps est allongé, déprimé, la queue d'un seul article fort grand, portant deux appendices fourchus. — L'espèce type est l'ASELLE VULGAIRE qui a 13 à 15 millim. de longueur sur 4 à 6 de largeur, et qui est très commun dans nos eaux douces et stagnantes. Ce petit animal marche lentement; mais, lorsqu'il est effrayé, il court très vite. Caché dans la vase pendant l'hiver, il en sort au printemps pour l'accouplement, durant lequel le mâle, qui est plus gros que la femelle, porte celle-ci sur son dos pendant une huitaine de jours, la retenant appliquée contre lui au moyen des pattes de la 5e paire.

ASILE. Genre d'Insectes de l'ordre des Diptères, famille des Tanystomes, qui ont la tête déprimée, la trompe peu saillante, la face barbue, les palpes petites, les yeux distants, et qui sont éminemment carnassiers et ravisseurs, faisant la chasse à tous les insectes plus faibles qu'eux. — L'ASILE BARBARESQUE et l'A. FRELON sont les deux principales espèces. On les rencontre vers la fin de l'été et de l'automne dans les bois, les lieux sablonneux; leurs larves vivent dans la terre et s'y transforment en nymphes qui ont des crochets dentelés au thorax et de petites épines sur l'abdomen.

ASILIQUES. Tribu des Diptères tanystomes dont l'*Asile* est le genre type. Les *Taons* lui appartiennent aussi.

ASPARAGINÉES (de l'Asperge, genre type). Famille de Plantes monocotylédones supérovariées, vivaces, herbacées ou sarmenteuses, ayant des feuilles très diverses. Fleurs petites, hermaphrodites ou unisexuées : calice pétaloïde à 6 ou 8 divisions libres, ou soudées en tube dans une étendue variable; étamines en nombre égal à celui des divisions du périanthe. L'ovaire est libre, à 3 carpelles, remplacé plus tard par un fruit bacciforme charnu. — Les principaux genres de cette famille sont l'*Asperge*, le *Muguet*, la *Parisette*, le *Petit-Houx*, le *Taminier*, etc.

ASPERGE (*Asparagus*). Genre type de la famille des Asparaginées; plantes vivaces à fleurs dioïques, les mâles à 6 étamines insérées à la base des divisions du périanthe; les femelles à ovaire triloculaire biovulé, et à style indivis terminé par 3 stigmates.

L'ASPERGE COMMUNE (*A. officinalis*) présente une souche cespiteuse émettant des jeunes pousses épaisses et charnues, chargées d'écailles terminées par un bourgeon verdâtre, qui est la partie savoureuse que l'on mange. Tiges très rameuses à rameuscules glabres; feuilles fines ordinairement réunies en faisceaux autour de la tige; fleurs d'un blanc jaunâtre ou verdâtre, géminées, penchées; fruit bacciforme d'un beau rouge à la maturité.

L'Asperge croît naturellement dans les sables des plages méridionales, et se cultive dans tous les jardins, où on la multiplie de graines et de racines. On ne doit commencer à la couper qu'à la troisième année, et même pas avant la quatrième lorsqu'elle provient de graines. Comme sa racine tend toujours à se rapprocher de la surface de la terre, on la plante dans des fossés, et chaque année on la recouvre de terre. — Les racines de cette plante sont mucilagineuses, un peu amères, et s'emploient comme apéritives. Les jeunes pousses servent à préparer un sirop très usité comme sédatif de la circulation et diurétique. L'*Asparagine* est le principe immédiat, cristallisable, auquel la plante doit ses propriétés. Ce principe n'est pas exclusif à l'Asperge : on le trouve dans beaucoup d'autres végétaux.

ASPÉRULE (*Asperula*). Genre de la famille des Rubiacées; plantes vivaces, à tiges lisses; à feuilles verticillées par 4-8; fleurs disposées en cymes trichotomes, latérales et terminales : corolle monopétale, régulière, tubuleuse, à 4 divisions réfléchies; 4 étamines; style bifide à 2 stigmates.

Aspérule cynanchique (*A. cynanchia*), vulg. *Rubéole, petite Garance, Herbe à l'esquinancie*. Racine pivotante; tiges étalées ascendantes diffuses, très rameuses dès la base; feuilles étroites linéaires, verticillées par 4; fleurs d'un blanc rosé, subsessiles, disposées en cymes terminales; fruit tuberculeux. — Cette plante croît sur les pelouses, dans les bois, le long des allées; elle fleurit en juillet-septembre. Elle a joui d'une grande réputation contre les maux de gorge, ce qui lui a valu l'un de ses surnoms : elle est en effet légèrement astringente. Ses racines peuvent remplacer la garance dans les teintures, d'où ses autres noms vulgaires.

Aspérule odorante (*A. odorata*), vulg. *Reine des bois, petit Muguet*. Racine traçante, rameuse :

Fig. 126. — Aspérule odorante

(Sommité fleurie, fleur séparée.)

tiges dressées, simples en haut; feuilles oblongues lancéolées, verticillées par 4-6, les supérieures par 6-8; fleurs blanches pédicellées en corymbe

terminal; fruit hérissé de poils raides crochus. — Cette espèce se trouve dans les endroits frais des bois montueux: elle fleurit plus tôt, en mai-juin. Son odeur est agréable, sa saveur un peu amère : c'est un léger astringent.

Aspérule des champs (*A. arvensis*). Les fleurs de cette espèce rare sont bleues et fournissent aussi une bonne couleur pour la teinture.

ASPHALTE ou Bitume de Judée. Substance bitumineuse, molle ou solide, vitreuse, noirâtre, liquéfiable par la chaleur, combustible avec fumée, sans résidu, d'une odeur *sui generis*. L'Asphalte est considéré par les uns comme le résultat de la décomposition des matières végétales enfouies dans les roches; par d'autres, comme provenant de l'action de la chaleur intérieure sur les masses de houille, qui seraient ainsi distillées; par d'autres enfin, comme une substance minérale appartenant en propre à la terre, souvent amenée des profondeurs par les agents volcaniques qui l'ont infiltrée dans un certain nombre de roches et mélangée à l'eau de certaines sources. — V. *Bitume.* — L'Asphalte est abondant en Syrie, dans la mer Morte où il nage à la surface des eaux, dans les pays volcanisés, dans le Jura, etc.

ASPHODÈLE (*Asphodelus*). Genre de Liliacées; plantes vivaces, élancées, gracieuses, donnant de belles fleurs jaunes ou blanches disposées en grappes. — On en cultive dans les jardins deux espèces : l'A. rameux ou *Bâton royal*, dont les fleurs sont blanches, marquées de lignes roussâtres, assez grandes et disposées en épi; plante qui était sacrée pour les anciens, et dont les bulbes, qui constituent une bonne nourriture pour les bestiaux, contiennent une fécule susceptible de se transformer en pain. En 1854, un colon de Damrémont (Algérie) est parvenu à tirer de ce bulbe une grande quantité d'alcool qui a fait l'objet d'un rapport favorable par M. Dumas, de l'Institut. — L'A. jaune ou *Bâton de Jacob* nous est venu de l'Italie et de la Sicile. Plante uniquement d'ornement.

ASPIC. Cléopâtre, reine d'Égypte, pour ne pas servir au triomphe d'Auguste, se donna la mort en se faisant piquer par un Aspic. Quel était ce reptile? On ne le sait pas précisément, car on a discuté longtemps sur ce sujet, et d'ailleurs les auteurs anciens, Seba en particulier, donnent le nom d'*Aspics* à divers serpents. Aujourd'hui les uns croient que l'Aspic de Cléopâtre n'est autre qu'une variété de Vipère, celle même qu'on trouve en France dans la forêt de Fontainebleau; d'autres pensent au contraire que la malheureuse reine se fit mordre par la couleuvre nommée, par Linné, *Haïe*, laquelle appartient, comme le serpent à lunettes des Indes, au genre *Maja*, et n'est pas moins redoutable, d'après les expériences de Forskaël. L'Haïe a à peu près 2 mètres; il se tient dans les champs, quelquefois dans les fossés. Il n'attaque l'homme que lorsqu'il est menacé par lui.

ASPIDION (*Aspidium*). Genre de Fougères dont les caractères spécifiques sont : des sores arrondis, épars, recouverts d'un indusium qui devient libre dans sa circonférence et adhérent au centre ; thèques attachées à un réceptacle saillant.

L'ASPIDION FOUGÈRE FEMELLE (*A. filix fœmina*) présente des feuilles longues de 5 à 10 décim., oblongues lancéolées, à long pétiole, bipinnatisé-

Fig. 127. — Fougère femelle.

(Les figures détachées représentent une foliole montrant les sores au bord des pinnules ; une capsule remplie de sores ; une autre d'où s'échappent trois de ces sores.)

quées, formant touffe ; sporanges disposés sur deux rangs parallèles à la nervure moyenne ; indusium réniforme persistant, débordant à peine le groupe des sporanges, etc. — Cette plante est commune dans les bois humides, les buissons ombragés ; elle a été employée comme vermifuge.

L'ASPIDION FRAGILE (*A. fragile*) a des feuilles de 1-4 décim. ; l'indusium est lancéolé, caduc, beaucoup plus long que les sporanges.

ASPLÉNIE (*Asplenium*), encore nommée DORA-DILLE. Genre de Fougères dont voici les caractères : sporanges disposés en groupes linéaires épars et solitaires sur les nervures secondaires ; indusium membraneux se continuant d'un côté avec la nervure secondaire, et libre du côté de la nervure moyenne du lobe. — Plus de 150 espèces des plus variées par l'aspect des formes et le degré de division des feuilles appartiennent à ce genre ; nous ne mentionnerons que les suivantes :

L'ASPLÉNIE CAPILLAIRE NOIR (*A. adiantum nigrum*) a les feuilles triangulaires lancéolées, longuement pétiolées, bi-tripinnatiséquées, longues de 1-3 décim. ; les sporanges disposés en groupes linéaires oblongs, lorsqu'ils ne sont pas devenus confluents entre eux.

L'ASPLÉNIE RUE DES MURAILLES (*A. ruta muraria*), vulg. *petite Rue, Saure-rie*, a des feuilles de 5 à 10 cent., à long pétiole, une ou deux fois

pinnatiséquées à segments peu nombreux. — Elle croît sur les vieux murs, dans les joints de pierres de taille.

L'ASPLÉNIE POLYTRIC (*A. trichomanes*), qui croît sur les murs humides, les rochers ombragés, aux parois des puits, a les feuilles de 10 à 20 centim., nombreuses et en touffe, simplement pinnatiséquées ; les sporanges sont linéaires, disposés sur deux rangs dans chaque segment, et obliques par rapport à la nervure moyenne.

ASSA FOETIDA. Gomme résine fournie par une espèce du genre *Férule*. — V. ce mot.

ASSIMILATION (d'*assimilare*, rendre semblable). Fonction en vertu de laquelle tous les êtres organisés transforment en leur propre substance les matières qu'ils puisent au dehors. C'est l'acte le plus important de cette autre fonction plus générale et plus complexe qui se nomme *Nutrition*. — V. ce mot.

Étudions l'assimilation dans les animaux et les végétaux.

ASSIMILATION CHEZ LES ANIMAUX. La nutrition s'opère à l'aide de deux fonctions mères qui sont la composition ou l'*assimilation* de matériaux nouveaux, et la décomposition ou l'*élimination* des parties usées ou vieillies. La première exige une série d'opérations préliminaires que résument la *Digestion*, la *Respiration* et la *Circulation*, tandis que la seconde résulte des *Sécrétions* et *Excrétions*. — V. ces mots.

Pour comprendre le phénomène de l'assimilation, il faut considérer les substances nutritives à l'état de décomposition élémentaire, c'est-à-dire qu'il faut, pour un moment, ne voir en elles que de l'oxygène, de l'hydrogène, du carbone, de l'azote, etc. En effet, c'est en détruisant les matières organiques, en séparant leurs éléments et en constituant des composés nouveaux, que les animaux renouvellent leur propre substance. Ils constituent, au point de vue chimique, de véritables appareils de combustion : ils brûlent du carbone, qui retourne à l'atmosphère sous forme d'acide carbonique ; de l'hydrogène, pour former de l'eau, et ils exhalent sans cesse de l'azote par la respiration, et de l'ammoniaque par les urines. Les gaz ammoniac et azote, fournis par des myriades d'animaux, ne tarderaient pas à altérer l'air atmosphérique et à rendre toute vie impossible, si les végétaux ne reprenaient sans cesse le charbon, l'hydrogène et l'azote, ou plutôt l'acide carbonique, l'eau et l'ammoniaque rendus par le règne animal. — V. *Assimilation végétale*.

Quant à ce qui est de l'assimilation considérée en elle-même, de ce phénomène *vu sur place*, on en ignore complètement le mécanisme. Tout ce que l'on peut dire, c'est qu'elle s'opère dans la trame vasculaire intermédiaire aux deux ordres de vaisseaux capillaires, les artériels et les veineux, par une action moléculaire intime, de nature chimico-vitale, sur les principes nutritifs que leur apporte le sang enrichi par l'absorption chyleuse et vivifié par la respiration, principes qui, outre l'action de l'hématose, reçoivent probablement encore une nouvelle modification de la part des vaisseaux capillaires et absorbants au moment de leur incorporation dans les tissus.

L'assimilation est favorisée par l'influence du grand air, du sommeil, du mouvement de la voiture et du cheval et de beaucoup d'autres circonstances qui prédisposent à l'obésité. Celle-ci toutefois n'est pas liée au travail d'assimilation d'une manière aussi intime qu'on pourrait le supposer; puisqu'on voit nombre d'individus qui n'engraissent pas quoique mangeant beaucoup et digérant fort bien : c'est que l'obésité résulte d'une disposition particulière du tissu cellulaire à exhaler la substance demi-solide qu'on nomme *graisse*.

Assimilation dans les végétaux. La nutrition végétale, quoique moins complexe que la nutrition animale, s'enveloppe d'un mystère tout aussi impénétrable. Cependant s'il ne nous est pas donné d'assister à la transformation de la sève en substance ligneuse, nous pouvons au moins déterminer les éléments dont elle se compose, ainsi que les divers principes immédiats que forment ces éléments en se combinant entre eux.

Ainsi les végétaux se composent de carbone, d'hydrogène, d'oxygène et quelquefois d'azote. D'où leur viennent ces éléments? Le voici : le *carbone* est fourni, d'une part, par l'acide carbonique contenu dans le sol par suite des engrais et des corps organisés qui meurent et qui lui restituent les principes dont ils sont formés ; d'autre part, par l'atmosphère, comme nous le verrons en parlant de la respiration des végétaux. — L'*oxygène* provient de l'acide carbonique et de l'eau que la plante décompose. — L'*hydrogène* a pour origine cette même décomposition de l'eau, ainsi que les matières ammoniacales contenues dans l'atmosphère et dans les détritus organiques que renferme le sol. — L'*azote* est fourni aussi par l'atmosphère et par le sol : l'azote de l'air parait être absorbé directement en nature; celui de la terre est dû aux engrais.

*Le carbone, l'oxygène, l'hydrogène et l'azote se combinent dans des proportions diverses pour former les principes immédiats des végétaux. Ces principes peuvent se diviser en trois classes :

1º Ceux composés de carbone, d'oxygène et d'hydrogène, dans les proportions qui constituent l'eau : tels sont la *cellulose*, l'*amidon*, la *dextrine*, la *gomme*, etc.;

2º Ceux formés de carbone et des éléments de l'eau, avec un excès d'oxygène, comme les *acides oxalique, tartrique, citrique, malique*, etc.;

3º Enfin ceux composés de carbone et des éléments de l'eau, soit avec excès d'hydrogène, sans azote (*acides benzoïque, cyanhydrique*, etc.); soit avec excès d'hydrogène et avec azote (*albumine, caséine, gélatine, fibrine, légumine*, les *bases végétales*).

Les végétaux renferment, en outre, des principes minéraux ou *matières salines*, telles que la *potasse*, la *soude*, le *fer*, la *silice*, etc., qu'ils n'ont pas le pouvoir de former, mais qu'ils puisent dans le sol, et que l'on met facilement en évidence en soumettant la matière organique à la combustion.

Au mot Vie, l'on trouvera quelques considérations générales qui peuvent rendre cet article plus complet.

Terminons par ce passage, emprunté à l'ouvrage de Richard : « En résumé, on peut discerner dans l'acte de l'assimilation, c'est-à-dire dans la manière dont se forment, se renouvellent, s'entretiennent toutes les matières qui constituent le végétal, trois actions différentes les unes des autres : 1º C'est par une *action chimique* que les éléments primitifs du végétal, carbone, oxygène, hydrogène et azote, sont isolés et absorbés par la plante; 2º c'est par une *action organique* ou *physiologique* que ces éléments se combinent pour former les principes immédiats; 3º enfin, c'est une *action physique* qui fait pénétrer dans la plante les matières anorganiques, métaux, alcalis, soufre, silice, etc., que l'on retrouve dans leurs cendres. »

ASTÈRE (du gr. *astêr*, astre). Genre de la famille des Composées, herbes vivaces dont on cultive plusieurs espèces comme plantes de parterre. La plus remarquable est la *Reine Marguerite*. — V. ce mot.

ASTÉRIE (d'*astêr*, étoile), vulg. *Étoile de mer*. Genre de Zoophytes de la classe des Échinodermes pédicellés, dont le corps, aplati et divisé

dans sa circonférence en angles ou rayons, a la forme d'une étoile. La face inférieure des rayons, toujours blanche, est munie d'une gouttière longitudinale bordée de chaque côté d'épines mobiles et de trous qui livrent passage à des pieds tubuleux et rétractiles; la face supérieure est hérissée de tubes contractiles plus petits que les pieds et qui paraissent destinés à respirer et rejeter l'eau. Une sorte de charpente formée par des disques ou rouelles d'une matière calcaire, desquelles partent des branches cartilagineuses, soutient toute l'enveloppe.

Les Astéries n'ont aucune trace extérieure des sens de la vue, de l'ouïe et de l'odorat; elles présentent pourtant, suivant Spix, un système nerveux assez développé près des organes sexuels. Leur bouche est centrale et située dans la réunion des sillons inférieurs; elle conduit à un vaste estomac qui envoie des canaux ramifiés dans les rayons. L'anus serait représenté par un tubercule qui se voit le plus souvent à la partie opposée à la bouche; on observerait un grand nombre de vaisseaux, mais pas de véritable circulation; la respiration, que nous avons indiquée déjà, serait branchiale et analogue à celle des poissons. Quant aux moyens de reproduction, on pense généralement qu'il y a hermaphrodisme et que ces êtres sont ovipares.

Les Astéries nagent et marchent difficilement; elles détruisent néanmoins une grande quantité de mollusques qu'elles saisissent avec leurs rayons et engloutissent sur-le-champ. Elles s'élèvent péniblement à la surface de l'eau, en grimpant le long des rochers submergés; veulent-elles regagner le fond, elles se détachent et tombent comme une pierre. Leur grandeur varie à l'infini : il y en a de microscopiques, il y en a qui ont un mètre de circonférence; elles ont une si grande puissance de reproduction, qu'il suffit qu'un seul rayon reste entier autour du centre pour que tous les autres puissent repousser. On dit que leur frai est venimeux, pourtant les Moules s'en nourrissent impunément. Mais, comme celles-ci causent quelquefois des accidents à ceux qui en mangent, on répond que cela tient précisément à ce qu'elles ont avalé de ce frai.

Les Astéries sont très nombreuses en espèces : Lamarck en a décrit plus de quarante. Les plus communes sont l'ASTÉRIE ROUGE et l'A. A AIGRETTES. Aucune ne sert à la nourriture de l'homme, mais elles forment un engrais dont on fait grand cas en Normandie.

ASTÉROSCOPE. Genre de Lépidoptères nocturnes, qu'on trouve communément sur le tronc des ormes des environs de Paris.

ASTICOT. Larve d'Insectes, servant d'appât, surtout en parlant de celles qui pullulent dans les viandes gâtées.

ASTRAGALE (*Astragalus*). Genre de plantes de la famille des Légumineuses, herbacées ou sous-frutescentes; feuilles pinnées; fleurs axillaires ou en épis, dont le calice est à 5 dents et l'étendard couché sur les ailes et la carène, qui est obtuse. On compte plus de 150 espèces, parmi lesquelles figure celle qui fournit la gomme.

L'ASTRAGALE GOMMIFÈRE (*A. gummifer*) croît en Orient; il fournit la *Gomme adragante*, qui découle naturellement, en filets ou bandelettes tortillées, de ses tiges et rameaux, et qui se présente dans le commerce en morceaux allongés, rubanés ou filiformes et irrégulièrement tordus, ou bien en grumeaux. Cette gomme est blanche jaunâtre, mate, inodore, insipide; elle ne se dissout facilement dans l'eau qu'après avoir été pulvérisée. Le mucilage qu'elle forme est dû à l'*adragantine*, principe immédiat qu'on en extrait, et qui, traité par l'acide azotique, donne de l'acide mucique, ce qui le distingue de la *bassorine*, laquelle fournit de l'acide oxalique. L'adragant contient 25 fois plus de principe gommeux que la gomme arabique, à volume égal. On l'emploie en pharmacie pour donner de la consistance et du liant à plusieurs médicaments; dans les arts, pour donner du lustre et de la consistance; elle sert encore aux apprêteurs, aux confiseurs, etc.

Cette substance est fournie par d'autres espèces d'Astragales que celle dont il est question. Et quant à l'*adragantine*, nous dirons en même temps qu'elle existe en petite quantité dans la gomme qui exsude de presque tous nos arbres à noyau.

L'ASTRAGALE RÉGLISSE (*A. glycyphyllus*), vulg. *Réglisse bâtarde*, est une espèce indigène dont les tiges, de 5-10 décim., sont anguleuses, presque glabres; les feuilles à 7-13 folioles ovales oblongues, stipulées; les fleurs d'un jaune verdâtre. — Elle croît dans les bois et les buissons.

ASTRAPIE (*Astrapia*). Genre d'Oiseaux de l'ordre des Passereaux, famille des *Oiseaux de Paradis*, dont le bec est de la longueur de la tête, convexe, pointu; la queue excessivement longue, composée de 12 rectrices très étagées, etc. — L'ASTRAPIE A GORGE D'OR, seule espèce du genre, est indigène de la Nouvelle-Guinée; elle porte sur la tête deux huppes latérales de plumes longues et soyeuses. Cet oiseau est un de ceux dont le plumage a le plus de magnificence par l'éclat des couleurs. — Ses mœurs sont peu connues.

ASTRE. Nom donné à tous les corps célestes, à tous les corps lumineux qui paraissent suspendus à la voûte céleste. Les uns brillent de leur propre éclat, comme le *soleil*, les *étoiles*; les autres n'ont qu'une lumière empruntée, comme la *lune*, les *planètes*. Les astres qu'on peut observer à la vue simple sont extrêmement nombreux, et ceux qu'on a pu distinguer nettement au moyen d'un télescope sont au nombre de plus de 17,000. L'immense majorité des astres ne changent pas de place, les uns par rapport aux autres, ce qui les a fait nommer *étoiles fixes*; un petit nombre, au contraire, de ces corps sont doués d'un mouvement propre qui fait incessamment changer leurs rapports avec les étoiles fixes, et les fait circuler comme la terre autour du soleil : on les a nommées *planètes*. Les plus petites planètes circulant autour des plus grandes, comme la lune autour de la terre, prennent le nom de *satellites :* enfin on appelle *comètes*, des planètes qu'on aperçoit temporairement dans le ciel, et qui, le plus souvent, sont accompagnées d'une immense lueur qu'on appelle leur *chevelure* ou leur *queue*, suivant qu'elle les précède ou les suit. »

ASTRÉES (du gr. *astér*, étoile). Genre de Polypes madrépores de Cuvier, dont le corps est court, cylindrique, la bouche entourée de tentacules peu nombreux et disposés sur un seul rang. — Ils se reproduisent par bourgeons, mais ne se séparent pas : aussi forment-ils des masses épaisses, agglomérées, qui abondent dans les mers des climats chauds. On en trouve beaucoup de fossiles dans les terrains tertiaires.

ASTRONOMIE (du gr. *astér* astre, et *nomos*, loi). Science qui a pour objet l'étude des astres, de leurs rapports entre eux, de leur éloignement, de leur volume, de leur vitesse, et qui, par conséquent, s'applique à faire connaitre la véritable forme de l'Univers. Les premières notions d'Astronomie remontent aux Chaldéens ; mais elles se confondaient avec l'*Astrologie*, cet art menteur de prédire l'avenir en interrogeant les astres. L'Astronomie ne commence d'une manière authentique qu'avec Thalès et Pithagore, environ 600 ans avant J.-C. Le premier enseigna la sphéricité de la terre, la cause des éclipses ; le second devina le mouvement de notre globe sur son axe et son mouvement annuel autour du soleil. De l'école d'Alexandrie datent des observations plus rigoureuses faites à l'aide d'instruments ingénieux. Aristarque renouvela sans plus de succès les idées de Pithagore, 160 avant J.-C. Un siècle et demi plus tard, Ptolémée, rectifiant et coordonnant tous les travaux de ses prédécesseurs, forma un système complet qui fut généralement adopté, mais dont Copernic démontra les erreurs. Ptolémée avait placé le centre du monde au centre de la terre ; Copernic le transporte au centre du soleil et fait tourner la terre autour de son axe, au lieu de faire mouvoir d'une seule masse le soleil, les planètes et les innombrables étoiles, pour expliquer le mouvement diurne. Les idées de Copernic eurent longtemps à lutter contre les préjugés ; Galilée, qui les avait adoptées, fut obligé d'humilier sa raison devant un tribunal ecclésiastique. Toutefois, la science lui est redevable du pendule, à l'aide duquel on mesure si exactement le temps, et des lunettes qui agrandissent l'espace et les objets.

Copernic découvrit donc le véritable sens des mouvements des corps célestes. Képler parvint à déterminer les lois générales qui régissent ces mouvements ; mais c'est à Newton qu'appartient la gloire d'en avoir assigné les causes, qui sont l'*attraction* et la *gravitation*. — V. ces mots. — Depuis, la science astronomique a fait de rapides progrès, grâce aux travaux et aux découvertes de Cassini, Laplace, Lalande, Halley, Herschell, Arago, Leverrier, etc.

Il ne faut pas croire que l'astronomie ne soit importante que par le rang élevé qu'elle occupe dans le système des sciences naturelles ; elle est indispensable pour la mesure du temps et l'établissement des calendriers, pour la fixation exacte d'un point à la surface du globe terrestre ; elle a une influence prépondérante sur les théories philosophiques ou les doctrines religieuses, suivant le sentiment qu'on se forme des rapports de l'homme avec la nature et de ceux de la nature avec le Créateur.

Les principales notions d'astronomie que nous ayons à exposer se trouvent dans les articles *Terre, Soleil, Lune, Planète, Étoile*, etc., *Attraction* et *Gravitation*.

ATÉLES (du gr. *atélès*, imparfait). Genre de Singes, de la tribu des Cébiens, qui offrent pour caractères : tête ronde ; angle facial de 60°, coloration rouge-brun de la face ; oreilles rebordées ; os hyoïde moins apparent, moins caverneux que celui des Hurleurs ; queue très longue et fortement prenante, calleuse inférieurement à son extrémité ; membres grêles (ce qui les a fait appeler quelquefois *Singes araignées*); mains antérieures dépourvues de pouce.

Ces quadrumanes habitent l'Amérique du Sud, et s'acclimatent difficilement en Europe. Ce sont des animaux lents dans leurs mouvements, d'un caractère doux, craintif, mélancolique ; ils sont d'ailleurs intelligents, aimants et monogames. Ils vivent en troupes sur les branches élevées des arbres, et se nourrissent principalement de fruits ; leur queue est un organe de préhension et de suspension dont ils aiment à se servir. La femelle se distingue peu du mâle, d'autant mieux que son clitoris très développé peut simuler la verge ; elle ne fait qu'un petit par portée.

On connait 6 ou 7 espèces d'Atèles : celle que l'on peut prendre pour type est l'A. COAïTA (*Ateles paniscus*) dont le pelage est entièrement noir, et qui est complètement dépourvu de pouce aux mains. Cet animal, quoique lent et paresseux, est un des singes les plus intelligents ; il a les pupilles rondes, les oreilles faites comme celles de l'homme, sauf qu'elles sont sans lobe ; son ventre est très gros ; il se sert de sa queue comme d'un cinquième membre ; sa voix est un son aigre et pleureur, etc.

L'A. A FRONT BLANC, l'A. BELZÉBUTH, l'A. MÉTIS, sont trois autres espèces que nous ne ferons que nommer.

ATLAS. Belle espèce de Lépidoptères nocturnes du midi de la Chine et des Moluques, qui se reconnaît à une grande tache triangulaire encadrée de noir sur le milieu de chaque aile, dont le fond est d'un rouge fauve. Ce papillon est appelé *Phalène à miroirs* par les marchands d'objets de curiosité.

ATMOSPHÈRE (du gr. *atmos*, vapeur : *sphaira*, sphère). Masse d'air qui enveloppe notre globe et dont la limite supérieure est à 43,000 mètres de la terre. — V. *Air*.

ATRAGÈNE (*Atragene*). Genre de Renonculacées, dont l'espèce type est l'A. DES ALPES (*A. alpina*), arbuste indigène à grande fleur bleue. On la cultive dans les jardins.

ATRIPLICÉES (d'*atriplex*, arroche). Nom d'une famille de Plantes désignées aujourd'hui par celui de *Chénopodiacées.* — V. ce mot.

ATROPOS (du nom d'une des Parques). Espèce de Lépidoptère crépusculaire, vulgairement appelée *Papillon à tête de mort*, parce qu'il porte sur son corselet l'empreinte assez exacte d'un crâne humain. — V. *Achérontie*.

ATTAGÈNE (*Attagenus*). Genre de Coléoptères pentamères, famille des Clavicornes, formé par Latreille aux dépens des Dermestes, dont il diffère par la massue des antennes plus allongée, les palpes maxillaires plus longs, etc. Il comprend des insectes de petite taille généralement très redoutables aux collections d'animaux préparés.

On connaît plus de 30 espèces de ce genre : la principale est l'ATTAGÈNE PELLION (*A. pellio*) dont la larve, plus connue sous le nom de *Dermeste des pelleteries*, est remarquable par le pinceau de poils qu'elle porte au bout de son corps, et qui est au moins aussi long que lui. L'insecte est d'un brun-noir brillant, légèrement pubescent, surtout au-dessous du corps, fortement ponctué. Il se trouve aux environs de Paris et dans une grande partie de l'Europe.

ATTELABE (du gr. *attélabos*, insecte qui ronge les fruits). Genre de Coléoptères tétramères qui font beaucoup de mal aux fleurs et aux fruits. Leurs larves, blanches et formées de 12 anneaux sans pattes, sont munies de deux mandibules cornées qui servent à l'animal pour percer la pulpe des fruits et marcher en se cramponnant.

ATTRACTION. C'est ainsi qu'on désigne cette force en vertu de laquelle toutes les molécules et tous les corps tendent à s'attirer les uns vers les autres ; force qui paraît régir l'univers entier et dont l'immortel Newton a découvert la loi immuable, qu'il formule ainsi : *l'attraction agit du centre à la circonférence en raison directe des masses, et en raison inverse du carré des distances.*

L'attraction se manifeste par des effets en apparence différents, selon les circonstances de son action, mais ces effets ne sont que des modifications de la même loi. Elle se nomme *gravitation* lorsqu'elle préside aux mouvements célestes ; *force centripète*, quand on considère son action du centre à la circonférence ; *pesanteur*, quand

elle sollicite les corps sublunaires, c'est-à-dire les corps placés entre la terre et l'orbite de la lune ; c'est la *cohésion* lorsqu'elle retient unies les molécules matérielles (*attraction moléculaire*); ad*hésion.* lorsqu'elle maintient en contact les corps d'un petit volume ; *affinité*, lorsqu'elle préside aux combinaisons chimiques.

ATTRAPE-MOUCHE. Nom vulgaire de plusieurs plantes dont les fleurs ont la propriété de retenir ou d'emprisonner les insectes qui se posent sur elles. — Tels sont le *Gouet gobe-mouche* et la *Diona muscipola* qui se resserrent sur l'imprudent animal attiré par l'odeur cadavéreuse de cette dernière. Ce phénomène n'est point encore connu dans sa cause. — V. *Dionée attrape-mouche.*

AUBÉPINE (*alba spina*, blanche épine). Espèce du genre Néflier (*Mespilus oxyacantha*), arbuste très épineux formant un buisson touffu, dont les feuilles sont pinnatipartites, glabres, coriaces, pétiolées, stipulées ; les fleurs blanches, quelquefois rosées, disposées en bouquets, d'une odeur très agréable un peu forte ; fruit assez petit, de couleur rouge, contenant 1 ou 2 graines osseuses.

L'Aubépine est très commune dans les haies, sur la lisière des bois ; ses fleurs, quoique suaves, jolies et se montrant au commencement du mois de mai, sont peu recherchées parce qu'elles sont trop communes sans doute ; le fruit n'est en maturité qu'en août-septembre. Ce fruit sert à faire une liqueur fermentée. Quant à la plante, qui jadis était l'emblème de l'espérance et de l'hyménée et sur laquelle le rossignol fait souvent son nid, elle n'est recherchée que pour faire des haies et des clôtures.

AUBERGINE. Espèce de *Morelle.* — V. ce mot.

AUBIER. Partie ligneuse des arbres dicotylédonés située entre le bois proprement dit ou cœur et l'écorce. L'Aubier est tendre et blanchâtre, le système vasculaire et la circulation y sont très développés, ce qui fait qu'il présente peu de résistance et qu'il est plus susceptible de se pourrir et d'être attaqué par les insectes. Mais en écorçant le bois et en le laissant sécher sur pied, l'Aubier, paraît-il, passe rapidement à l'état ligneux. Il se forme chaque année un nouvel Aubier : celui de l'année précédente se durcit et se change en bois ; ce sont ces conversions successives et annuelles qui dessinent les espèces de cercles concentriques que nous offre le tronc de l'arbre coupé horizontalement.

On donne aussi le nom d'*Aubier* ou mieux *Obier* à une espèce de viorne à bois très dur dont le fruit est en grappes, et qui ressemble au Cornouiller.

AUBIFOIN. Nom vulgaire d'une espèce de *Bluet.* — V. ce mot.

AUDITION. L'audition ou l'ouïe est le sens qui donne aux animaux la notion du son. Nous l'étudierons sous les divisions suivantes : *Audition chez l'homme* et *Audition comparée.*

AUDITION CHEZ L'HOMME. L'étude de cette fonction, qui appartient à la vie de relation et qui manque par conséquent dans les plantes, est comprise dans les quatre chapitres suivants : 1° organes de l'ouïe; 2° du son ; 3° du mécanisme de la fonction.

Organes de l'ouïe. De tous les appareils sensitifs, l'appareil auditif est le plus compliqué et celui dont le mécanisme se dérobe le plus aux recherches des anatomistes. On distingue en lui trois parties ou cavités, et le nerf qui perçoit la sensation sonore.

1° L'*oreille externe*. Elle offre à étudier : *a* le pavillon de l'oreille, dont on remarque la forme et la structure comme très favorables à la concentration des ondes sonores, et lequel représente, chez plusieurs animaux, un véritable cornet acoustique ; *b* le conduit auditif externe, qui conduit à la seconde cavité ou oreille moyenne, dont il est séparé néanmoins par la membrane du tympan qui, tendue et très élastique, ferme toute communication entre ces cavités. — 2° L'*oreille moyenne* est l'espace compris entre la membrane tympanique et l'oreille interne : elle se nomme encore *caisse du tympan*. Cette cavité communique avec l'arrière-bouche par un conduit direct, désigné sous

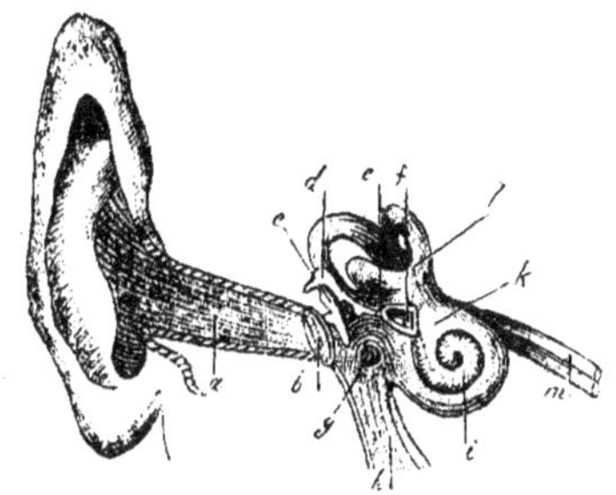

Fig. 129. — Appareil auditif.

(*a*, conduit auditif externe; *b*, membrane du tympan; *c*, marteau; *d*, enclume; *e*, os lenticulaire; *f*, étrier dont la base recouvre la fenêtre ovale; *g*, fenêtre ronde; *h*, trompe de Fallope; *i*, limaçon; *k*, vestibule; *l*, canaux demi-circulaires; *m*, nerf acoustique composé de ses deux branches dont l'une pour le vestibule et l'autre pour le limaçon).

le nom de *Trompe d'Eustache;* elle renferme quatre petits os appelés *marteau, enclume, os lenticulaire* et *étrier*, qui s'articulent les uns avec les autres et sont mus faiblement par de tout petits muscles. Le plus externe de ces os, le marteau, adhère à la membrane du tympan, et l'interne ou l'étrier contribue à boucher une ouverture appelée *fenêtre ovale*, qui, sans cela, établirait une communication entre l'oreille moyenne et l'oreille interne, c'est-à-dire entre la caisse et le vestibule. Cette caisse étant en communication avec la gorge

par la trompe d'Eustache, se trouve remplie d'air. — 3° L'*oreille interne* ou *vestibule* siège dans la partie dure et comme pierreuse du temporal qu'on nomme le *rocher;* elle est formée de canaux repliés sur eux-mêmes, dont l'un en spirale (*limaçon*) et trois autres décrivant une portion de cercle (*canaux demi-circulaires*) s'ouvrent dans une ampoule appelée *vestibule :* l'ensemble de cette disposition a reçu le nom de *labyrinthe.* Toute l'étendue du limaçon est partagée par une membrane médiane, et les deux moitiés, qui ne communiquent entre elles qu'à l'extrémité de la spirale, se nomment rampes. — Un nerf, désigné sous le nom de *nerf auditif*, né de la protubérance annulaire (V. *Encéphale*), pénètre dans le labyrinthe par l'ouverture osseuse dite conduit auditif interne, et se divise en un grand nombre de filets qui se distribuent dans le limaçon et les canaux demi-circulaires, où, remarquables par leur mollesse, ils sont tenus comme en suspension dans le liquide qui remplit ces cavités.

Du son. Pour ne pas faire double emploi, nous renvoyons le lecteur au mot *Son.*

Mécanisme de l'audition. Les ondes sonores étant dirigées vers le conduit auditif externe, qui les renforce par sa disposition anatomique, elles frappent la membrane du tympan; celle-ci communique ses vibrations à la chaine des osselets, qui ébranlent à leur tour le liquide contenu dans les canaux demi-circulaires; et, comme les expansions du nerf auditif se perdent dans ce liquide, elles en éprouvent le mouvement vibratoire, qui est précisément ce qui communique l'impression sonore, laquelle est transmise au cerveau et convertie en sensation complète, raisonnée par le moi. Admirons en passant les précautions merveilleuses que la nature a prises pour éviter les désordres, les ruptures, que pourraient occasionner des ébranlements trop forts, en disposant aux ouvertures de communication, telles que l'entrée du tympan et les fenêtres ronde et ovale, des membranes douées d'élasticité. Il est facile aussi de faire comprendre comment, lorsque l'intégrité de l'ouïe se rattache à l'intégrité de parties si nombreuses et si complexes, ce sens recouvre si difficilement sa perfection quand il l'a perdue, et comment les causes de surdité sont si nombreuses et si incurables, quand elles agissent sur des parties aussi profondément situées et aussi compliquées.

Audition comparée. « La partie essentielle et fondamentale du sens de l'ouïe correspond à l'oreille interne de l'homme. A mesure qu'on descend l'échelle animale, les parties accessoires du sens de l'ouïe, telles que la conque auditive, le canal auditif externe, la membrane du tympan, la caisse du tympan, les osselets de l'ouïe, disparaissent. L'oreille interne, qui se présente seule dans les animaux inférieurs, pourvus du sens de l'ouïe, se présente aussi chez eux avec une complication qui va sans cesse en décroissant. Le limaçon, les canaux demi-circulaires peuvent disparaître, et l'organe de l'ouïe n'est plus représenté alors que par le *vestibule membraneux*, c'est-à-dire par un sac rempli de liquide, dans lequel nagent de petites concrétions calcaires plus ou moins volumineuses, et sur les parois internes de ce sac viennent se ramifier les expansions du nerf spécial. Le sac auditif est placé profondément dans l'épaisseur des parties osseuses, cartilagineuses ou testacées, ou sous les parties molles, et les vibrations sonores (aériennes ou aquatiques, suivant que l'animal vit dans l'air ou dans l'eau) parviennent au sac en mettant en vibration les parties qui le recouvrent. »

Les *Mammifères* ont presque toujours, comme l'homme, un pavillon, un conduit auditif externe, une caisse du tympan, avec quatre osselets et la trompe d'Eustache, un limaçon, des canaux demi-circulaires et enfin un nerf auditif. Seulement la conque ou appareil collecteur du son est très variable sous le rapport de sa forme et de sa mobilité.

Les *Oiseaux* ne présentent ni pavillon ni conduit externe bien développé ; la caisse est très développée, communiquant avec les cellules des os spongieux des os du crâne ; elle communique avec l'arrière-bouche par la trompe d'Eustache. Il n'y a qu'un seul osselet ; le limaçon est incomplet, non contourné en spirale, d'ailleurs partagé en deux rampes par une cloison délicate. Le sens n'en est pas moins très fin.

Chez les *Reptiles*, ni pavillon ni conduit auditif externe ; la membrane du tympan est à fleur de tête ou cachée sous la peau, d'ailleurs assez épaisse ; comme dans les Oiseaux, il n'y a qu'un seul osselet, et la caisse communique dans la bouche par l'intermédiaire de la trompe. Le limaçon est à peu près droit ; il manque chez les reptiles dépourvus d'écailles, tels que Grenouilles, Crapauds, etc ; il y a des canaux semi-circulaires et un vestibule membraneux.

Les *Poissons* n'ont ni oreille externe, ni caisse, ni limaçon : leur oreille est réduite à la partie membraneuse du vestibule et des canaux demi-circulaires ; le nombre de ces derniers varie de 1 à 3. L'appareil auditif se réduit à un sac membraneux rempli d'eau, auquel aboutissent les canaux demi-circulaires, sac logé dans la substance cartilagineuse des os de la tête, chez les poissons cartilagineux, ou en partie engagé dans les os du crâne, et libre en partie dans la cavité crânienne, chez les poissons osseux. On trouve dans le liquide de l'oreille membraneuse de ces animaux des concrétions calcaires d'un volume variable.

Les *Articulés* ne présentent rien qui ressemble à un appareil d'audition, et pourtant ces animaux paraissent sensibles aux ébranlements sonores. Il est probable que chez les *Insectes*, comme chez les Rayonnés et beaucoup de Mollusques, les vibrations sonores peuvent être senties, non comme son, mais comme ébranlement du toucher. Cependant les *Crustacés* ont un appareil auditif placé, de chaque côté, à la base des antennes extérieures ; il consiste en un petit sac membraneux rempli de liquide, et sur lequel vient s'épanouir un nerf spécial.

Les *Mollusques* ayant leur substance encore très voisine des caractères de la moelle nerveuse primitive, on conçoit qu'ils puissent percevoir les sons sous forme d'ébranlement moléculaire, sans organe spécial. Cependant, on a constaté d'une manière positive, chez les *Céphalopodes* (Poulpes, Sèches, Calmars), l'existence d'un appareil auditif, consistant en deux petits sacs membraneux, placés de chaque côté de l'épaisseur du cartilage céphalique.

AUFFE. — V. *Sparte.*

AUNE (*Alnus*). Genre de la famille des Bétulacées : arbres peu élevés, à feuilles dentées ; à fleurs en chatons dont les mâles sont cylindriques allongés, pendants, en grappes, et les femelles ovoïdes, dressés, en grappes rameuses, le pédoncule de la grappe continuant la direction du rameau, qui porte aussi des chatons mâles. — Voici les principales espèces.

L'Aune visqueux (*A. glutinosa*), ou *Aune commun*, se trouve dans la plus grande partie de l'Europe, ainsi qu'en Orient, croissant dans les lieux humides, et montrant ses chatons dès le mois de février ou mars, avant les feuilles, qui sont glutineuses dans leur jeunesse. — Cet arbre est inaltérable dans l'eau ; aussi s'en sert-on pour faire des tuyaux de conduite, des corps de pompe, des pilotis. Le charbon qu'il fournit est un des meilleurs pour la fabrication de la poudre à canon. Son écorce est tonique astringente.

L'Aune grisâtre, très commun dans le nord de l'Europe et de l'Asie, a un bois plus blanc, plus dur et plus tenace que le précédent, quoique sa croissance soit plus rapide.

On cultive comme arbres d'ornement l'A. a feuilles cordiformes, remarquable par son feuillage et qui croit dans les montagnes de l'Europe méridionale, au Caucase ; l'A. a feuilles denticulées, originaire de l'Amérique septentrionale.

AUNÉE (*Inula*). Genre de Plantes de la famille des Composées, tribu des Corymbifères, herbacées, vivaces en général, qui présentent pour caractères spécifiques : capitules solitaires, terminaux ; involucre imbriqué ; fleurons tous jaunes ou jaunâtres : ceux de la circonférence ligulés, femelles, disposés sur un seul rang ; ceux du centre tubuleux, hermaphrodites ; fruit aigretté.

Aunée officinale (*I. helenium*). C'est tout simplement l'Aunée commune, du vulgaire. Sa racine est charnue ; sa tige, de 1-2 mètres de hauteur, est dressée, robuste, pubescente ; ses feuilles sont très amples, entières, dentées, cotonneuses en dessous, longuement pétiolées et atténuées aux deux extrémités, les caulinaires ovales aiguës, amplexicaules. Fleurs en capitules gros, peu nombreux, jaunes, à involucre tomenteux.

L'Aunée croit dans les prairies humides, les haies, les fossés, où elle fleurit en juillet-septembre ; mais elle est assez rare. Sa racine, qui est amère-aromatique, constitue un tonique assez estimé. Elle s'emploie en infusion ou en macération vineuse (vin d'Aunée), dans l'atomie des organes digestifs, les catarrhes pulmonaires chroniques, les scrofules la chlorose.

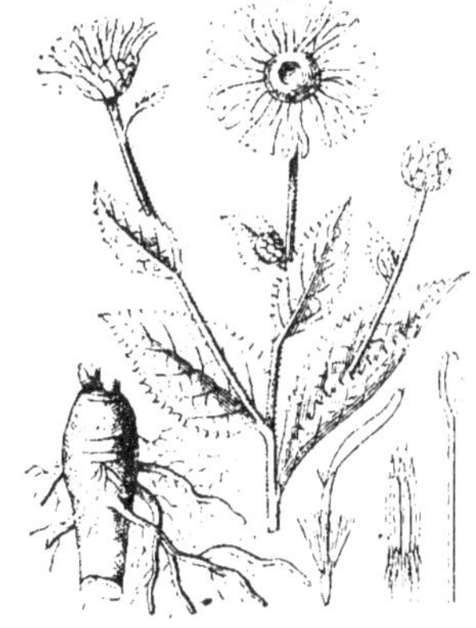

Fig. 130. — Aunée.

L'AUNÉE ODORANTE (*I. odorata*) est une espèce du midi de la France et de l'Europe, dont la racine est très aromatique et plus excitante. — L'AUNÉE

DYSSENTÉRIQUE (*I. dyssenterica*), vulg. *Herbe de Saint-Roch*, se distingue par ses feuilles ondulées, ses demi-fleurons apparents, etc. — On l'a vantée contre le cours de ventre.

Nous ne parlons pas de l'*A. britannique*, qui a les feuilles molles, velues soyeuses, et qui est assez commune; ni de l'*A. hérissée*, dont les feuilles sont coriaces, rudes hérissées, et qui habite les coteaux secs; ni de l'*A. conyse*. — Pour cette dernière, V. *Conyse*.

AURANTIACÉES. Famille de Plantes dont l'Oranger (*Aurantium*) est le genre type. — V. *Citracées*.

AURICULE. — V. *Oreille d'ours*.

AUROCHS (*Bos urus*). Espèce du genre Bœuf, qui a les cornes grosses, laterales; le front beaucoup plus large que haut; quatorze paires de côtes, au lieu de treize comme nos bœufs; la queue très longue; les poils longs, doux et laineux près de la peau, mais rudes et grossiers à l'extérieur; le menton très barbu; pelage de couleur brune, moins foncé chez la femelle, qui a les poils de la partie antérieure du corps moins longs et dont la taille est moins grande. La longueur totale du mâle, depuis le bout du museau jusqu'à l'anus, est de 3 m. 33; sa hauteur, de 2 m. environ.

L'Aurochs est, après l'Eléphant et le Rhinocéros, le plus gros des quadrupèdes mammifères.

Fig. 131. — Aurochs.

On l'a considéré comme la souche de nos bœufs domestiques, mais ses 28 côtes au lieu de 26 semblent démentir cette assertion. Il vit dans les grandes forêts de la Lithuanie, des monts Krapacks, du Caucase, et se montre très farouche: cependant pris jeune, il peut être réduit en domesticité, dit-on, ce qui n'est pas suffisamment prouvé toutefois. Cet animal nous serait pourtant très utile, car sa toison, sa chair et son cuir sont recherchés.

AURONE (*Artemisia abrotanum*), vulg. *Citronnelle*, à cause de l'odeur de citron que répandent ses feuilles pressées entre les doigts. Espèce du genre Armoise, plante sous-frutescente, à feuilles bi-tripinnatiséquées dont les segments sont capil-

Fig. 132. — Aurone citronnelle.

Sommité fleurie ; capitule séparé grossi ; corolle ouverte pour montrer les anthères soudées et formant un canal que traverse le pistil; pistil séparé.)

laires, et qui croit naturellement dans le midi de la France. On la cultive dans les jardins. — Ses propriétés sont celles de l'Armoise, quoique moins prononcées.

AURORE BORÉALE. Phénomène lumineux qui paraît la nuit dans le ciel, du côté du nord. Avant d'en rechercher les causes commençons par en donner la description. « Si l'aurore boréale doit paraître, dit M. Pouillet, on commence, après la chute du jour, à distinguer une lueur confuse, vers le nord; bientôt des jets de lumière s'élèvent au-dessus de l'horizon : ils sont larges, diffus et irréguliers; on remarque en général qu'ils tendent vers le zénith. Après ces apparences déjà très variées, qui sont comme le prélude du phénomène, on voit à de grandes distances deux vastes colonnes de feu, l'une à l'orient, l'autre à l'occident, qui montent au-dessus de l'horizon. Pendant qu'elles s'élèvent avec des vitesses inégales et variables, elles changent sans cesse de couleur et d'aspect; des traits de feu plus vifs ou plus sombres en sillonnent la longueur, en les enveloppant tortueusement; leur éclat passe du jaune au vert foncé ou au pourpre étincelant. Enfin, les sommets de ces deux colonnes s'inclinent, se penchent l'un vers l'autre, et se réunissent pour former un arc ou plutôt une voûte de feu d'une immense étendue. Quand l'arc est formé, il se soutient majestueusement dans le ciel pendant des heures entières. L'espace qu'il enferme est généralement assez sombre, mais d'instants en instants il est traversé par des lueurs diffuses et diversement colorées. Au contraire, dans l'arc lui-même, on voit incessamment des traits de feu d'un vif éclat qui s'élancent au dehors, sillonnent le ciel verticalement comme des fusées étincelantes, passent au-delà du zénith, et vont se concentrer dans un espace à peu près circulaire, que l'on appelle la *couronne* de l'aurore boréale. Dès que la couronne est formée, le phénomène est complet; l'aurore a déployé dans le ciel les plis de sa robe de feu : on peut la contempler dans toute sa majesté. Après quelques heures, ou, d'autres fois, après quelques instants, la lumière s'affaiblit peu à peu, les fusées et les jets deviennent moins vifs et moins fréquents; la couronne s'efface, l'arc devient languissant, et enfin l'on n'aperçoit plus que des lueurs incertaines qui se déplacent lentement et qui s'éteignent. »

Le spectacle imposant et extraordinaire des aurores boréales dut nécessairement produire un grand effet parmi ceux qui en furent les premiers témoins; il fut même un sujet de terreur et de superstition, jusqu'à ce que Gassendi, le voyant avec les yeux d'un philosophe, en lia l'existence à la cause du magnétisme terrestre. Dès que le phénomène est signalé, en effet, l'on remarque, même dans les lieux les plus éloignés de son apparition, des perturbations dans l'inclinaison et la déclinaison de l'aiguille aimantée. L'apparition d'une aurore boréale, dit M. de Humboldt, est l'acte qui met fin à un orage magnétique, de même que, dans les orages électriques, un phénomène de lumière, l'éclair, annonce que l'équilibre, momentanément troublé, vient à se rétablir enfin dans la distribution de l'électricité.

Le brillant phénomène dont il est question se manifeste aux deux pôles de la terre. Comme nous habitons l'hémisphère boréal, c'est nécessairement vers ce pôle que nous le voyons; et plus on se rapproche de ce point, plus souvent on en est témoin, comme cela a lieu en Laponie, en Norwége, en Sibérie, où il rompt la longue monotonie des nuits hyperboréennes par ses feux étincelants et, suivant quelques observateurs, par le bruit qui l'accompagne, bruit de pétillements et de sifflements pareils à ceux que produirait le plus grand feu d'artifice. Mais disons que, sur ce point, il existe des dissidences, comme il en existe aussi sur la hauteur à laquelle l'aurore boréale s'élève dans l'atmosphère, hauteur que l'on croit généralement être de 150 à 300 lieues.

AUTOUR (*Astur*). Genre d'Oiseaux de l'ordre des Rapaces, famille des Diurnes, qui diffèrent des Aigles par leurs ailes plus courtes, leurs jambes moins élevées, leur bec convexe en dessus et incliné dès sa base; ils ressemblent aussi à la Buse, mais sont plus grands; ils ont les tarses moyens écussonnés, les ongles très crochus et très acérés, etc. — Ce genre renferme treize espèces dont une seule est commune en Europe; c'est

L'AUTOUR ORDINAIRE (*A. palumbarius*). Son plumage est brun en dessus, blanc semé de lignes noires ondoyantes en dessous; la queue porte 5 bandes plus brunes; les pattes sont jaunes, les ongles noirs, et la taille est de 50 à 57 cent. Par une singularité remarquable, les lignes transversales du ventre sont perpendiculaires avant la puberté.

Cet oiseau de proie est d'un caractère sanguinaire; il se nourrit de pigeons, de levrauts, de rats, d'écureuils, sur lesquels il fond d'un vol bas

et oblique. Il habite les bois de sapins, principalement ceux des montagnes, nichant sur les arbres les plus élevés, où la femelle pond 4 ou 5 œufs d'un gris bleuâtre.

L'Autour, quoique rusé chasseur, se laisse prendre assez facilement aux filets que l'oiseleur lui tend en lui présentant un pigeon blanc pour appât; et, ce qui est remarquable, c'est qu'il ne cherche à se débarrasser qu'après avoir dévoré sa proie. Cette voracité qui le trahit, le fait rechercher des fauconniers pour chasser le menu gibier. Pour cette chasse, dite *du bas vol*, on a des chiens qui font lever perdrix, lièvres, etc.; et, dès que l'Autour les voit, il part de dessus le poing et les saisit: mais pour lui retirer le gibier il faut lui présenter des morceaux de viande.

L'AUTOUR DE PENSYLVANIE est une espèce de l'Amérique septentrionale, de taille plus petite, qui vit de serpents, de grenouilles, de poulets, etc.
L'A. DE STANLEY est une autre espèce, propre aux États-Unis, dont le dessous du corps est jaunâtre, avec des taches lancéolées brunes.

AUTRUCHE (*Struthio*). Genre de l'ordre des Échassiers brévipennes, ne renfermant qu'une seule espèce, qui est comme le géant des oiseaux.
L'AUTRUCHE D'AFRIQUE (*S. camelus*) atteint 7 à 8 pieds de hauteur. Elle a le cou long, le bec droit

obtus et déprimé, la tête chauve, calleuse en dessus et aplatie, les yeux grands, les ailes très courtes, les jambes longues, robustes, en proportion de la faiblesse des ailes: les tarses sont terminés par deux doigts, dont l'externe a 3 phalanges et point d'ongle, et l'interne 4 phalanges avec un ongle large et obtus. Le mâle est d'un beau noir mêlé de blanc, avec de grandes plumes blanches aux ailes et à la queue; chez la femelle, le noir est remplacé par du gris uniforme.

L'Autruche se rencontre dans toute l'Afrique, où elle vit en troupes; elle paraît être le bipède des déserts sablonneux, comme le chameau paraît en être le quadrupède : les anciens la nommaient en effet *Oiseau-Chameau*. Cet animal traverse de vastes étendues arides et inhabitables, grâce à ses puissantes jambes, et, au dire des Arabes, grâce à ce qu'il peut se passer de boire. Cependant c'est le seul oiseau qui urine, et on le voit boire beaucoup lorsqu'on l'élève en domesticité. L'Autruche se nourrit principalement de grains et d'herbes, mais on peut la considérer comme omnivore. Sa voracité est telle, qu'elle avale jusqu'à des cailloux, des morceaux de fer, etc.; elle ne les digère point, comme on le croyait jadis, mais elle les rend avec des traces évidentes de l'action dissolvante si active de ses sucs gastriques.

L'Autruche se livre à des accouplements fréquents et qui sont plus complets que chez les au-

tres oiseaux; elle ne fait pas de nid; plusieurs femelles se réunissent et pondent, dans un trou commun pratiqué au milieu du sable, jusqu'à 60 œufs, environ une douzaine par chaque pondeuse. Ces œufs, qui sont du volume de la tête d'un enfant nouveau-né, n'ont pas besoin d'être couvés lorsqu'ils se trouvent sous la zône torride, mais en deçà des tropiques, les femelles les couvent tour à tour pendant la journée, le mâle pendant la nuit, où il a à les défendre encore contre les chats-tigres et les chacals. Les petits mettent environ six semaines à éclore.

L'Autruche n'est pas sans être utile à l'homme : outre sa chair, que les indigènes mangent, quoiqu'elle soit un peu dure, elle fournit de ses ailes et de sa queue ces belles plumes ondoyantes et flexibles qui ornent les chapeaux de nos dames, les casques et les dais; le duvet de son ventre forme l'espèce de fourrure appelée *petit gris*. Aussi fait-on à ces oiseaux une chasse active. Comme ils sont si agiles à la course que les meilleurs chevaux ne peuvent les atteindre, plusieurs cavaliers se réunissent, cernent leur troupe, resserrent peu à peu l'espace qu'ils occupent, se les renvoient les uns aux autres; et, quand les pauvres bêtes tombent épuisées de fatigue, ils les assomment à coups de bâton.

L'Autruche du Nouveau-Continent est le Nandou, espèce du genre *Casoar*. — V. ce mot.

AVALANCHE (de *ad*, vers; *vallis*, vallée). Énorme masse de neige qui se détache du sommet des hautes montagnes, roule, avec une vitesse effrayante, jusque dans les vallées, renversant, détruisant tout sur son passage. Les avalanches ont lieu l'hiver et au printemps surtout. Deux causes peuvent déterminer cette chute en hiver : la force des vents et le froid très intense qui prive la neige de ses adhérences en saisissant ses molécules et les réduisant en poussière. Au printemps, c'est la fonte des neiges : la terre, s'échauffant peu à peu aux rayons du soleil, communique sa chaleur à la base des blocs de neige, qui se détachent et roulent avec fracas sur les flancs des montagnes, entraînant avec eux arbres, rochers, terres, maisons. Les voyageurs doivent savoir que la moindre commotion, le bruit d'une arme à feu suffisent pour que l'avalanche se détache de la cime des rochers; ils doivent donc garder le silence, tamponner les clochettes des mulets en traversant les passages dangereux. C'est en Suisse, en Suède et en Norwège qu'on observe les plus redoutables avalanches. Le bois entraîné par ces grands éboulements est parfois si considérable qu'on l'exploite pendant plusieurs années, et le vent qu'ils occasionnent en roulant est si violent qu'il étouffe hommes et animaux.

AVELINIER. Variété du *Noisetier*.—V. ce mot.

AVENTURINE. Nom qui s'applique : 1° à une pierre naturelle, variété de quartz grenu ou feldspath, colorée en rouge ou en jaune, demi-transparente, offrant à l'intérieur des points brillants ayant l'apparence de paillettes d'or; 2° à une sorte de verre coloré où l'on a mêlé, pendant la fusion, des parcelles d'un composé métallique dont le cuivre et le fer font partie. On prétend qu'un ou-

vrier ayant laissé tomber par hasard, ou, comme on dit, par *aventure*, de la limaille de cuivre dans du verre en fusion, fut surpris du résultat qu'il obtint, et donna le nom d'*aventurine* à ce nouveau produit.

AVICULE. Mollusque acéphale dont la coquille bivalve ressemble un peu à la queue d'une hirondelle, d'où ce nom, sans doute, d'*Aviculus*, petit oiseau. Le test est mince, fragile, nacré.—L'A. MARGARITIFÈRE fournit les *perles fines*, qui se développent dans l'intérieur de la coquille par suite d'une activité anormale dans le travail sécrétoire qui donne naissance à la nacre.

AVOCATIER. Arbre toujours vert du genre Laurier, originaire de l'Amérique, qui donne un fruit ayant de la ressemblance avec une poire de bon chrétien, et nommé vulgairement *Poire avocat*. Ce fruit contient un noyau cordiforme dont le goût est agréable et qui sert à la préparation d'un mets estimé. Les feuilles de l'Avocatier sont réputées stomachiques, carminatives; elles entrent dans la composition de l'élixir américain dit *E. de Courcelles*.

AVOCETTE (*Avocetta*). Genre d'Oiseaux de l'ordre des Échassiers longirostres, caractérisé principalement par son bec, qui est beaucoup plus

Fig. 133. — Avocette.

long que la tête, grêle, flexible, déprimé et retroussé, se rétrécissant insensiblement jusqu'à la pointe; narines longues, linéaires; queue courte et arrondie; ailes longues; tarses allongés, rétrécis; pouce presque nul, élevé de terre, etc. — Ces oiseaux courent et nagent avec vitesse; ils sont très farouches; se nourrissent de frai de poisson, de vers et d'insectes. Leur chair est assez délicate lorsqu'ils sont jeunes.

L'AVOCETTE A TÊTE NOIRE (*A. recurvirostra*) est la seule espèce qui habite l'Europe, et c'est surtout en Hollande qu'on la rencontre; cependant elle est assez commune dans le Poitou, où on la chasse l'hiver, circonstance due à ce qu'elle remonte les fleuves. Du volume d'un pigeon, sa taille est élancée, son plumage est blanc et noir. La femelle pond dans un trou garni de brins d'herbes, sur le littoral, 2 ou 3 œufs ventrus, brunâtres tachetés de noir, qui sont un mets délicat.

AVOINE (*Avena*). Genre de Graminées dont les fleurs sont en panicules, au lieu d'être en épis, comme dans le Blé et l'Orge. Cette céréale fournit un pain peu nutritif et d'un goût désagréable ; mais elle constitue la principale nourriture du cheval.

L'**AVOINE COMMUNE** (*A. vulgaris*) est l'espèce la plus utile et celle qu'on cultive le plus ; elle est, avec le seigle, la ressource des pays froids : sa culture est facile ; elle vient là où le sol est épuisé, ce qui fait qu'on la relègue ordinairement dans les plus chétives terres. La semence (*avoine*) contient du gluten en assez forte proportion, mais elle donne un pain noir, amer, sans liaison. On peut en faire de la bière, de l'eau-de-vie. Le *gruau d'avoine* sert à faire de la bouillie, et sa décoction constitue une boisson adoucissante très employée en médecine. La pellicule qui enveloppe les graines (balle d'avoine) sert à préparer le coucher des petits enfants. — L'Avoine présente plusieurs variétés, qu'il serait peu intéressant de passer en revue.

La **FOLLE AVOINE** (*A. fatua*) est une espèce dont les glumelles sont chargées de longs poils soyeux dans leur moitié inférieure. C'est une herbe annuelle qui se ressème d'elle-même, et qui désole le cultivateur parce que ses racines étouffent les céréales. Les Hollandais en couvrent leurs dunes pour en raffermir les sables mouvants.

AXINITE (du gr. *axiné*, hache). Pierre dont les cristaux s'amincissent en forme de hache, composée d'un silicate d'alumine et de chaux, avec de petites quantités d'acide borique et d'oxydes métalliques. Cette substance est remarquable par sa couleur le plus souvent violette, qu'elle doit au manganèse qu'elle contient. Elle est commune en France, dans les montagnes de l'Isère. On l'emploie dans la bijouterie.

AXIS (*Cervus axis*). Espèce du genre Cerf, dont le bois rond, rugueux, fournit en dedans l'andouiller supérieur, en avant l'inférieur ; qui a les

Fig. 137. — Axis.

formes et la taille du Daim ; le pelage d'un fauve assez vif, moucheté de blanc sur le flanc et le dos ; les côtés du cou avec une teinte plus claire que celle du corps ; 1 m. 65 de longueur totale, sur 0 m. 80 de hauteur au train de devant.

L'Axis est originaire du continent indien ; il habite aussi Ceylan, Java, Sumatra. Il s'habitue facilement au climat de l'Europe et s'y reproduit : on en a souvent vu à la ménagerie du Muséum.

L'Axis est doux, timide, facile à apprivoiser ; il n'a guère de défense que dans la rapidité de sa course. Les femelles, qui n'ont pas d'époque fixe pour le rut, portent neuf mois, et les petits naissent tachetés comme les adultes.

AXOLOTL. Espèce de Reptile à peau nue, que l'on a d'abord pris pour une grande larve d'une Salamandre amphibie des lacs du Mexique. C'est un Batracien de l'ordre des Urodèles, selon Cuvier, dont la longueur est de 20 à 25 cent. Il est de couleur gris foncé piqueté de noir; ses membres sont courts, les antérieurs munis de quatre doigts, les postérieurs de cinq; sa tête est obtuse

Fig. 138. — Axolotl.

en avant, et présente de chaque côté trois grandes branchies flottantes et libres; yeux petits dépourvus de paupières, placés près de l'extrémité du museau; queue comprimée en aviron et surmontée d'une membrane natatoire qui se prolonge en forme de petite crête le long du rachis.

L'Axolotl peut respirer et sur la terre à l'aide de ses poumons, et dans l'eau au moyen de ses branchies; c'est donc un véritable amphibie. — V. ce mot. — Il a dès la naissance, au volume près, la forme qu'il doit conserver toute sa vie, ce qui n'existe pas pour les Batraciens-têtards. On ignore si la femelle pond des œufs ou produit des petits vivants. Les Mexicains, dit-on, mangent la chair de ce reptile.

AYAPANA (*Eupatorium ayapana*). Espèce du genre Eupatoire, originaire du Brésil, d'où elle a été transportée à l'île de France par un marin, à qui il prit fantaisie de l'annoncer comme une panacée universelle, et qui parvint à lui donner une grande vogue, comme propre à guérir la morsure des serpents et des chiens enragés, etc. Cette plante serait complétement oubliée, bien qu'on l'emploie quelquefois en cuisine à la manière du thé, si ses fleurs d'un pourpre très vif ne lui avaient valu l'honneur de la culture dans les jardins.

AYE-AYE (de l'exclamation d'étonnement lorsqu'on le vit pour le première fois), encore nommé *Cheiromys*. Petit Mammifère de l'ordre des Rongeurs, assez semblable à l'Écureuil, dont il diffère toutefois par ses membres postérieurs, qui ont, comme ceux des Quadrumanes, leur pouce opposable aux autres doigts. — Cet animal bizarre habite l'île de Madagascar, où les indigènes le regardent comme un être sacré, sans doute parce

qu'il les délivre des insectes, dont il est l'ennemi déclaré.

AZALÉE (*Azalea*). Genre de la famille des Rhododendrées; plantes remarquables par la beauté de leurs fleurs et qui habitent les régions tempérées des deux continents. Plusieurs espèces sont recherchées des horticulteurs pour ornement. — Le miel enivrant du Pont-Euxin, si célèbre chez les anciens, était recueilli sur les fleurs de l'*A. pontica*.

AZEDARACH. — V. *Melia*.

AZÉROLIER. Espèce du genre Alisier; arbuste ressemblant à l'Aubépine, mais dont il diffère par sa tige plus haute, ses feuilles plus grandes et par son fruit (*azérole*), qui est comme une petite pomme rouge. — Cette plante, originaire du Levant, réussit bien dans le Midi, où on la multiplie par graine et par greffe sur épine.

AZOTE (du gr. *a* priv., et *zôtikos*, vital). Gaz incolore, insipide, inodore, élastique, qui entre pour 79 centièmes dans la composition de l'air atmosphérique, lequel est un peu moins léger que lui. Il n'est point propre à la respiration, mais sa présence dans l'air paraît destinée à neutraliser la trop grande activité de l'oxygène sur nos poumons. Il éteint les corps en combustion, comme l'hydrogène; mais il se distingue de ce dernier en ce qu'il ne rougit pas la teinture de tournesol, qu'il ne précipite pas l'eau de chaux, et qu'il a une densité moins grande.

L'Azote existe dans l'air à l'état de liberté; il est à l'état de combinaison dans l'ammoniaque, l'acide nitrique, dans presque toutes les matières animales et dans bon nombre de substances végétales, etc. Néanmoins il établit une des principales différences qui existent entre les animaux et les végétaux sous le rapport de la composition élémentaire, puisque les premiers le contiennent presque toujours, les seconds au contraire par exception.

On obtient l'Azote de trois manières : 1° par la séparation des éléments de l'air, ce qui se fait en brûlant du phosphore sous une cloche : l'oxygène est absorbé par la combustion, et le gaz restant est de l'azote presque pur; 2° en décomposant l'ammoniaque par le chlore; 3° la décomposition du nitrate d'ammoniaque.

L'Azote forme des composés : 1° avec l'oxygène (oxyde d'azote, acide azoteux, acide azotique); 2° avec le chlore (chlorure d'azote); 3° avec les bases à l'état de sels (azotates et azotites).

B

BABIROUSSA (étym. malaise, signifiant *cochon-cerf*, par allusion aux défenses de l'animal). Mammifère de l'ordre des Pachydermes, du genre Cochon : animal sauvage de l'archipel Indien, qui forme, selon d'autres naturalistes, l'espèce unique d'un genre particulier, caractérisé par le développement outre mesure de la canine de la mâchoire supérieure, laquelle se dirige et monte en haut, en se recourbant en arrière sur elle-même, au point de s'enfoncer dans les chairs du front, surtout chez les mâles ; les canines inférieures remontent presque verticalement en soulevant un peu la lèvre inférieure ; la tête est comparativement petite, le museau pointu, la queue grêle. nue, ne se tortillant pas comme chez le cochon ; peau rude quoique peu épaisse, formant des plis en plusieurs endroits, garnie de poils rares et très courts ; couleur d'un brun sale, excepté au-dessus du cou, qui est rougeâtre ; taille d'un petit cochon.

Le Babiroussa, nommé par Brisson *Sanglier des Indes orientales*, se nourrit d'herbes, de feuillages et de racines ; son cri est assez analogue à celui du cochon. Il a l'odorat très fin et s'en sert

Fig. 139. — Le babiroussa.

pour éventer son ennemi, en se dressant, dit-on, sur ses jambes de derrière. On lui donne la chasse avec acharnement, parce que sa chair est très savoureuse, analogue à celle du cerf, mais plus délicate encore. Il combat avec ses défenses ; mais celles-ci, à cause de leur forme, ne constituent pas des armes redoutables aux chiens ; aussi, lorsqu'il est poursuivi de trop près, cherche-t-il à gagner les grands fleuves ou la mer, et à demander son salut à la faculté qu'il a de bien nager. Il ne cause aucun dommage à l'agriculture, différant en cela du sanglier. — En 1829, le Muséum de Paris reçut deux individus, mâle et femelle, qui y produisirent ; mais ces animaux rares moururent peu de temps après, laissant le souvenir du caractère vif, sauvage de la femelle, de ses soins envers le mâle, et du naturel plus engourdi et plus inoffensif de ce dernier.

BABOUIN (*Cynocephalus babuin*). Espèce de Singe du genre Cynocéphale, qui a le museau allongé, la face presque entièrement noire, les narines saillantes, prolongées autant que les mâ-

Fig. 141. — Le babouin.

choires, et séparées en dessus par une échancrure très marquée. Sa queue est longue, relevée à son origine, puis pendante ; fesses calleuses ; pelage d'un jaune verdâtre, lavé de roux à la face interne des cuisses, composé de poils assez touffus, etc. Ce singe habite l'Afrique septentrionale, particulièrement l'Égypte et l'Abyssinie. Il fut jadis, de la part des peuples de ces contrées, l'objet d'un culte tout particulier : car l'on pense que le *Cynocéphale*, qui a joué un rôle important dans la théogonie des Égyptiens, n'était autre que notre Babouin. Quoi qu'il en soit, cet animal est très méchant et se fait remarquer par sa lubricité ; toutefois ses mœurs, dans l'état de nature, ne sont pas encore bien connues.— On le confond quelquefois avec une espèce voisine, le *Papion*. — V. ce mot.

BACULITHE (du latin *baculus*, bâton ; du gr. *lithos*, pierre). Genre de Coquilles fossiles de la classe des Céphalopodes, qui atteignent quelquefois plus d'un mètre de longueur, mais qu'on trouve rarement entières. — On n'en connaît que deux espèces : la B. vertébrale, offrant une certaine ressemblance avec des vertèbres d'animaux supérieurs, et la B. cylindre.

BADAMIER ou Terminalier (*Terminalia*). Genre de la famille des Combrétacées ; arbrisseaux et arbres de l'Asie dont les fleurs petites et en épis solitaires produisent un fruit appelé *Myrobolan*, qui contient un noyau. — Trois espèces principales, qui sont : le B. de Malabar, aux amandes émulsives et huileuses ; le B. benjoin, contenant une matière résineuse odorante ; le B. vernis, dont le suc laiteux et caustique sert aux Chinois pour préparer le vernis qu'on nomme *laque*.

BADIANE (*Illicium*). Genre d'Arbrisseaux toujours verts de la famille des Magnoliacées, originaires de la Chine et du Japon, dont la B. anis (*I. anisatum*) est l'espèce type. Cette plante, cultivée dans les jardins où elle répand une odeur suave et aromatique, a le port et le feuillage assez semblables à ceux du Laurier d'Apollon ; ses fleurs sont jaunâtres, à plusieurs pétales disposés sur deux rangs ; étamines étalées, au nombre de 25 à 30 ; fruit composé de 6 à 12 coques ovoïdes, monospermes, soudées ensemble par la base et disposées en forme d'étoile, contenant chacune une semence ovale, rougeâtre, dans laquelle on trouve une amande blanchâtre et huileuse.

Cette semence est connue sous le nom d'*Anis étoilé*. Sa saveur est sucrée, âcre, aromatique, ayant une grande analogie avec celle de l'Anis vert et de l'Anis doux. Elle s'emploie dans les mêmes cas que l'Anis vert, et c'est à elle que l'anisette de Bordeaux doit son parfum délicieux.

BAGADAIS (*Prionops*). Genre de Passereaux intermédiaires entre les Pies-Grièches et les Fourmiliers ; oiseaux d'Afrique, criards et sauvages, qui vivent dans les endroits humides où ils cherchent dans le sol les insectes qui font leur nourriture.

BAGRE (*Bagrus*). Genre de Poissons très voisin des Silures, dont il ne constituait d'abord qu'une

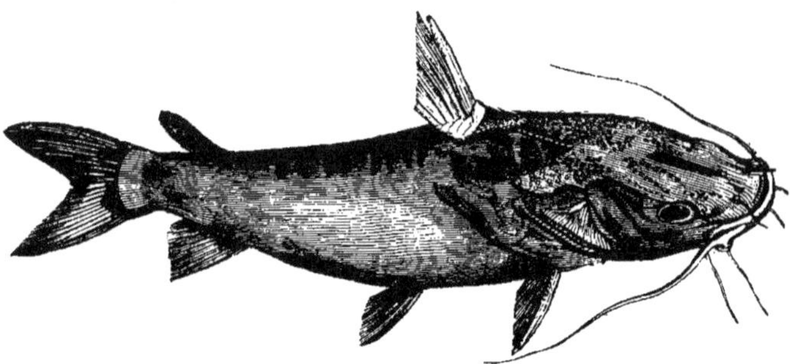

Fig. 111. — Bagre nègre.

espèce ; ils ressemblent aux Pimelodes par la nudité de la peau qui les enveloppe : c'est-à-dire que celle-ci ne porte aucune des pièces osseuses qui revêtent, en totalité ou en partie, le corps de certains Siluroïdes. Le principal caractère générique des Bagres consiste dans la présence d'une bande de dents en velours à chaque mâchoire et au vomer.

Les espèces en sont nombreuses, et l'on a dû les partager en plusieurs groupes : 1° les Bagres à 8 barbillons, dont la tête est longue et déprimée ; 2° ceux qui ont la tête large et courte ; 3° ceux à 6 barbillons, dont le museau large et déprimé a de l'analogie avec celui du Brochet ; 4° ceux qui ont la tête ovale ; 5° ceux qui n'ont que 4 barbillons, etc. — Ces poissons habitent les mers du Brésil et ont environ deux pieds de long. Leur chair est d'une saveur agréable.

BAGUENAUDIER (*Colutea*). Genre de Plantes de la famille des Légumineuses, tribu des Papilio-

nacées, dont l'espèce unique de notre climat est le
B. ARBORESCENT (*C. arborescens*), arbrisseau assez élevé, à feuilles oblongues de 7-11 folioles,
d'un vert blanchâtre en dessous; fleurs jaunes,
disposées en grappes axillaires pauciflores, dont
l'étendard dépasse un peu les ailes. Le fruit est
une gousse vésiculeuse remplie d'air qui éclate avec
bruit par la pression. — Le Baguenaudier orne
souvent nos bosquets; ses feuilles sont purgatives
à la manière du Séné (d'où son nom de *faux séné*);
mais leur action est faible.

Le BAGUENAUDIER ROUGE est une espèce à fleurs
rougeâtres, à gousses ouvertes au sommet, moins
fréquemment cultivée.

BAIE (*Bacca*). On donne ce nom à tous les fruits
indéhiscents, charnus, dont les graines sont éparses
dans une pulpe succulente à la maturité : exemple,
le Raisin, la Groseille, etc. Par extension, on a
appelé *baie* certains fruits contenus dans des loges,
comme ceux du Solanum, du Genèvrier, du Laurier, etc. En d'autres termes, les baies sont des
fruits petits, arrondis ou ovalaires, mous, pulpeux, succulents à la maturité, qui contiennent
des *pepins* ou des *noyaux* épars ou flottants dans
le parenchyme. Les baies réunies en grappes
comme la Groseille, le Raisin, etc., sont le plus
souvent désignées sous le nom de *grains*.

On dit plante *baccifère*, pour : qui produit des
baies. Les baies sont *monospermes*, *dispermes*,
polyspermes, selon qu'elles contiennent une,
deux ou un nombre indéterminé de semences.

BAJET. Espèce d'Huître dont la coquille est plus
épaisse que celle de l'huitre ordinaire, très aplatie, presque ronde, moins longue que large. Ce
Mollusque se trouve sur les côtes occidentales de
l'Afrique.

BALANE (*Balanus*, du gr. *balanos*, gland),
vulg. *Gland de mer*. Genre d'Articulés de la
classe des Cirrhipèdes, que plusieurs rapportent
aux Mollusques, parce qu'en effet ces animaux offrent les caractères des uns et des autres. Leur
corps, qui est acéphale, sans pédicule et terminé
par dix paires de tentacules articulés, rétractiles
en spirales, est incomplètement renfermé dans une
coquille en forme de cône très court, composée de
plusieurs pans articulés entre eux, et bouchée en
haut par 2 ou 4 valves mobiles. C'est par une fente
placée entre ces valves que l'animal fait sortir ses
cirrhes articulés. — Les Balanes se trouvent en
abondance attachés aux roches des côtes, aux
pieux des digues, à la carène des vaisseaux.

BALBUZARD (*Pandion*), vulg. *Aigle pêcheur*.
Genre d'Oiseaux de proie de la famille des Falco-
nidées, organisés pour la pêche, qui est leur seul
et unique moyen de subsistance. Ils ont en effet la
patte conformée de telle sorte, sous le rapport de
la disposition des écailles, de l'absence de toute
membrane interdigitale, de la force et de la forme

des ongles, que tout poisson, quelle que soit sa
viscosité, est facilement et solidement étreint.
Les Balbuzards émigrent d'un lieu à un autre
chaque année et passent par bandes dans nos
contrées au printemps et à l'automne, fréquentant le voisinage des étangs, des rivières, et

Fig. 112 et 113. — Balbuzard (mâle et femelle).

nichant en général dans les crevasses des rochers
les plus élevés ou sur de grands arbres. La femelle
pond 3 ou 4 œufs un peu ovales, d'un beau blanc
légèrement bleuâtre, élégamment mouchetés de
bistre et de gris pâle. — On compte cinq espèces
toutes cosmopolites.

Le BALBUZARD ORFRAIE (*P. fluvialis*) est assez
généralement répandu en France, en Allemagne et
dans toute l'Europe. Il a le bec noir et la cire
bleue, le derrière de la tête, la gorge et le cou
blancs, etc.; sa longueur est de 60 à 70 cent. Cet
oiseau se perche sur un arbre élevé, près des eaux
poissonneuses, pour guetter sa proie, sur laquelle
il fond avec la rapidité de la foudre et qu'il saisit,
soit à la surface de l'eau, soit en plongeant plus
ou moins profondément; comme il fait des ravages
dans les étangs, on s'applique à le détruire. « Pour
cela, on se sert le plus souvent d'un piége à ressort qu'on établit sur un poteau placé un peu
avant dans l'eau et dépassant sa surface de un à
trois pieds; l'oiseau cherchant un point d'appui,
lorsqu'il a retiré un poisson de l'eau, choisit le
plus proche, et s'abat sur le poteau pour y dépecer sa proie; c'est à ce moment qu'il se prend au
piége par une de ses pattes. »

Sur les bords de l'Ohio, le Balbuzard a un rival
acharné dans le Pygargue, qui veille sur tous ses

mouvements et s'élance sur lui au moment où il s'élève joyeux et fier de sa proie. Alors commence une lutte de vitesse qui ne cesse que quand le Balbuzard abandonne le poisson tant envié, qui passe bientôt entre les griffes du pirate.

BALEINE (*Balæna*). Genre de Mammifères de l'ordre des Cétacés ichthyophages, vivant dans les eaux comme les poissons, dont ils rappellent les formes dans des proportions gigantesques, mais dont ils diffèrent éminemment, ainsi qu'il a été dit déjà, en ce qu'ils sont vivipares et pourvus de mamelles. Les Baleines forment un famille particulière de Cétacés, caractérisée, d'une manière très

générale, par la présence de fanons remplaçant les dents à la mâchoire supérieure. — Ce genre comprend plusieurs espèces.

BALEINE FRANCHE OU PROPREMENT DITE (*B. mys-ticus*). C'est la plus commune et la mieux connue. Ce Cétacé a des proportions énormes; il peut atteindre, dit-on, jusqu'à 80 mètres de longueur, mais on ne le laisse pas vivre assez longtemps pour cela. Depuis qu'on lui fait une pêche active, on ne le rencontre jamais ayant plus de 25 à 30 m. Sa gueule est extrêmement grande; ses mâchoires ont quelquefois 6 à 7 m. de long : on comprend quelle énorme quantité d'eau et de petits animaux marins s'y engloutissent. Cette eau, qui passe

Fig. 141. — Baleine pêche de ce cétacé.

travers les fanons comme à travers un filtre, et qui y laisse les petits animaux qu'elle entraîne, est ensuite rejetée, sous forme de jets s'élevant à une hauteur assez considérable, par les *évents*, c'est-à-dire par deux canaux qui s'ouvrent vers le milieu de la grande voûte de la tête et qui communiquent avec l'arrière-bouche. Les yeux sont petits, très écartés, d'une structure assez parfaite; l'oreille externe n'est pas apparente, quoique l'ouïe soit très fine : l'organe de l'olfaction est le sens le moins développé et paraît résider dans les évents. A la face antérieure et inférieure de la poitrine se voient deux membres courts, dilatés, en forme de nageoires, assez rapprochés l'un de l'autre; mais le seul organe de locomotion consiste dans la queue, qui est horizontale, au lieu d'être verticale, très large et très vigoureuse. Et telle est la puissance de cet organe, que la Baleine se dirige avec une vitesse égale à 12 kilom. par heure. Les nageoires ne servent guère qu'à maintenir l'immense

organisation en équilibre au milieu des flots.

La Baleine vit dans l'eau, mais elle a besoin de monter de temps en temps à la surface pour respirer : l'air pénètre dans ses poumons, en passant par la bouche ou par les évents, et y renouvelle le sang, qui, rouge et chaud, est soumis à une double circulation comme dans les autres mammifères. Ce cétacé, malgré sa force prodigieuse, est craintif et inoffensif; la moindre chose l'effraie, et aussitôt il plonge avec rapidité au fond de la mer, se heurtant parfois la tête contre les rochers et se la brisant dans sa précipitation. Il ne laisse pas cependant que d'être parfois redoutable aux matelots par les mouvements brusques, rapides de sa queue, par le déplacement considérable qu'il produit au milieu des vagues, et par la quantité d'eau qu'il rejette et qui peut remplir en peu de temps une faible embarcation.

Les Baleines se réunissent par troupes composées de plusieurs familles. Le mâle et la femelle montrent un grand attachement l'un pour l'autre. La fin de l'été est la saison des amours ; la durée de la gestation est de neuf mois. En naissant, le *Baleineau* est du volume d'un bœuf environ ; la mère l'allaite de ses mamelles placées vers la vulve, et l'entoure de soins, le surveille, le défend au péril de sa vie. On ignore la durée de la vie de la Baleine ; mais à en juger par le temps que le Baleineau met à parvenir à son entier développement (25 ans), cette durée doit être de deux siècles environ.

La Baleine du Cap (*B. australis*) se distingue par son corps plus allongé, sa taille plus grande ; elle a deux paires de côtes de plus, les vertèbres cervicales soudées, les fanons bien moins longs, etc. Les femelles sont, dit-on, beaucoup plus nombreuses que les mâles, ce qui est le contraire dans la Baleine franche. Du reste, les deux espèces ont les mêmes habitudes.

On distingue encore la Baleine tampon (*B. nodosa*), qui a sur le dos, près de la queue, une bosse penchée en arrière, de la grosseur de la tête d'un homme : c'est une variété du Rorqual ;—la B. gibbar (*B. physalus*), dont les mâchoires sont égales et pointues, les fanons courts et d'une couleur bleue, etc. ; — la B. a bosses (*B. gibbosa*), qui, ayant les plus grands rapports avec la B. franche, présente cinq ou six bosses sur le dos, les fanons blancs, etc.

On reconnaît aussi plusieurs espèces de Baleines fossiles, telles que le *Rorqual de Cuvier*, trouvé en 1606 par Cortési : 4 m. 50 de longueur ; le *Rorqual de Cortési*, trouvé en 1816, non loin du Pô ; la *Baleine de Lamanon*, trouvée dans la cave d'un marchand de vin de la rue Dauphine à Paris, etc.

La *pêche de la Baleine* constitue une industrie importante dont il faut dire un mot. La Baleine, de plus en plus poursuivie, se retire dans les glaces du Nord. C'est au Groënland, au Spitzberg, dans la baie de Baffin, etc., que les baleiniers vont chercher ces animaux. Ces cétacées ont en général entre la peau et les muscles une couche épaisse de graisse ou plutôt de lard, qui, fondu, fournit au commerce une huile précieuse dans les arts industriels ; c'est pour se procurer cette huile et des fanons qu'on fait la pêche de la Baleine. On s'approche avec précaution de cet animal pendant son sommeil. Un pêcheur expérimenté enfonce un harpon près d'une nageoire pectorale. La Baleine surprise plonge aussitôt, emportant avec elle le fer du harpon, auquel est attachée une immense corde qui suit l'animal jusqu'au fond de l'eau. Bientôt la Baleine reparaît à la surface de la mer pour respirer. On la frappe encore, elle replonge, reparaît pour replonger et reparaître encore, jusqu'à ce qu'elle soit affaiblie et meure. Elle est ensuite traînée aux vaisseaux ou au rivage, où on la dépèce pour en mettre la graisse dans les tonneaux. Aujourd'hui on se sert de fusées à la Congrève pour frapper la Baleine, plutôt que de harpons. Chaque Baleine ou Cachalot produit à peu près quatre-vingts barils d'huile.

BALEINOPTÈRE (*Balænoptera*). Genre de Cétacés ichthyophages, ou mieux sous-genre de Baleines, caractérisé par une nageoire adipeuse dorsale, dépourvue de rayons osseux ; par des plis longitudinaux sous la gorge et le ventre ; des fanons en général peu développés. Les deux espèces les plus connues sont :

La Baleinoptère jubarte (*B. jubartis*), ou *Baleine Jubarte*, est plus mince mais plus longue que la Baleine franche ; son corps est rond et se rétrécit graduellement jusqu'à la nageoire caudale ; fanons ayant à peine un pied de longueur ; ouvertures des évents très rapprochées l'une de l'autre, etc.

La Jubarte habite les mers du Groënland. Les pêcheurs la redoutent à cause de ses mouvements prompts et impétueux lorsqu'elle est irritée ou blessée. Ce cétacé vit en famille ; il fait la guerre aux harengs. C'est le squelette d'un individu de cette espèce que l'on montra à Paris, en 1829, comme objet de curiosité et dans l'intérieur duquel on construisit un salon de société. Les Jubartes donnent peu d'huile comparativement aux autres Baleines et à leur taille : leurs fanons sont de peu de valeur.

La Baleinoptère rorqual (*B. rorqual*) ressemble beaucoup à la précédente ; mais elle en diffère par la conformation de la mâchoire inférieure, qui est arrondie, plus large de beaucoup et plus avancée que la supérieure, et qui forme un demi-cercle, tandis que dans la Jubarte elle se termine en pointe. La tête est courte proportionnellement au corps et à la queue ; l'ouverture de la gueule est si prodigieuse qu'il y peut tenir, dit-on, quatorze hommes debout ; les fanons diminuent de longueur depuis le devant de la mâchoire jusqu'au fond de la gorge : les plus longs ont 1 mètre y compris les barbes qui les terminent.

Le Rorqual n'est pas rare dans l'océan Atlantique. Il a les parties supérieures noires, les inférieures blanches. Il fait la chasse aux harengs et pénètre, en les poursuivant, jusque dans la Méditerranée. Sa pêche est à la fois moins périlleuse et plus productive que celle de la Jubarte.

BALÉNICEPS (dér. de *Baleine*, à cause de la grosseur de son bec qui rappelle la tête de ce cétacé). Oiseau de l'ordre des Échassiers, trouvé par M. Gould sur la côte occidentale de l'Afrique, présentant les caractères que voici : bec très large, en forme de cuiller, jaune chez le mâle, brun-rouge chez la femelle ; mandibule supérieure à crête convexe, terminée en crochet ; mandibule inférieure membraneuse au milieu ; tarses couverts d'écailles fines, non allongées ; plumes de l'occiput s'allongeant en huppe ; taille d'un mètre et plus ; couleur gris-cendré. — On ignore les mœurs de cet oiseau extraordinaire.

BALISIER (*Canna*). Genre de la famille des Amomacées, tribu des Cannacées, plantes des contrées les plus chaudes de l'Asie, de l'Afrique et

de l'Amérique. — L'espèce type est le BALISIER IN-
DIEN (*C. indica*), dont les feuilles sont grandes,
les feuilles purpurines, disposées en épis terminaux, les fruits à trois côtes, etc. Cette plante se
naturalise aisément dans les zones tempérées, et
on la recherche pour l'éclat de ses fleurs. Sa racine est mucilagineuse, émolliente; ses feuilles
servent à divers usages domestiques; enfin ses
graines rondes et dures sont utilisées soit comme
balles de mousquets, soit comme grains de chapelets.

BALISTE (*Balistes*). Genre de Poissons de
l'ordre des Plectognates, famille des Sclérodermes,
ainsi caractérisé : corps hispide, comprimé par
les côtés, de forme le plus souvent rhomboïdale,
en général petit, couvert d'écailles attachées à la
peau et de couleurs variées; ventre aminci; deux
ou plusieurs aiguillons très forts sur le dos; tête
comprimée latéralement, terminée par une espèce
de bec, armée de 8 à 12 dents à chaque mâchoire:
sept nageoires : deux sur le dos, inégales, la première étant, dans certaines espèces, comme une
espèce de corne située au-dessus des yeux; une
seule nageoire sur le milieu du ventre; lorsqu'elle
manque, à sa place on voit un ou deux aiguillons.

Ces poissons brillent des couleurs les plus vives,
et les naturalistes qui les ont décrits n'ont pas
trouvé d'expressions assez pompeuses pour en
peindre la beauté. Leur nom vient de la comparaison qu'on a faite de la nageoire-aiguillon de
quelques-uns avec le mouvement de la *baliste* des
anciens, parce que cette nageoire, couchée dans
une fossette, se relève comme un levier tordu entre
deux cordes et qu'on a lâché. Ce genre comprend
une trentaine d'espèces qui habitent les mers tropicales. Les principales à signaler sont :

Le BALISTE A VERRUES (*B. papillosus*) et le
B. TACHETÉ (*B. maculosus*), qui sont petits et ornés des plus belles couleurs; le B. VIEILLE (*B. ve-
tula*), long de 40 à 45 cent. et dont la nageoire
du ventre est environnée de piquants; le B. SILLONNÉ
(*B. ringens*) dont la nageoire caudale est fourchue, le premier rayon de la dorsale engagé dans
un sillon destiné à le recevoir; le B. NOIR (*B. niger*), dont la nageoire du ventre est remplacée par
un gros aiguillon caché sous la peau; sa longueur
est d'un pied et demi; etc.

BALLE. V. *Glume.*

BALLOTTE (*Ballota*). Genre de Labiées, très
voisin du Marrube (V. ce mot); plantes vivaces, à
fleurs purpurines disposées en glomérules pluriflores, axillaires opposés, brièvement pédonculés.

La BALLOTTE NOIRE (*B. Nigra*) ou *B. fétide,
Marrube noir*, est d'un vert sombre, pubescente,
haute de 5 à 8 décim.; ses feuilles sont pétiolées,
ridées, ovales, inégalement crénelées. Ses fleurs
présentent : calice campanulé, pubescent, à 5 angles et 5 dents; corolle bilabiée, à tube inclus,
muni d'un anneau de poils au dedans : à lèvre in-

férieure 3-lobée; étamines 4, saillantes; akènes
oblongs. — Cette plante croît en abondance au
bord des chemins, dans les décombres, au pied des
murs, etc., et fleurit tout l'été. Elle répand une
odeur désagréable qui lui donne quelque propriété
antispasmodique. On la recommande, en effet, dans
les affections nerveuses, particulièrement dans
l'hystérie.

BALSAMIER ou BAUMIER (*Amyris*). Genre de
la famille des Térébinthacées, comprenant des arbrisseaux ou des arbres rabougris de l'Asie et de
l'Afrique, résineux et très odorants, dont les fleurs
sont petites, unisexuées, axillaires; les fruits bacciformes, rouges à la maturité, renfermant un
noyau olivaire. Les principales espèces sont :

Le B. ÉLÉMIFÈRE, qui fournit la *résine élémi*,
laquelle entre dans la composition de plusieurs
onguents.

Le B. DE LA MECQUE, auquel on doit le *baume
de Judée* ou *de la Mecque*. Ce baume s'obtient
par incisions faites au tronc et aux branches, et par
décoction aqueuse des jeunes rameaux; il est très
estimé des Orientaux comme médicament, cosmé-
tique et alexipharmaque.

D'autres espèces de Balsamier fournissent la
Myrrhe, le *Bdellium*, le *Bois de Rhodes* ou de
rose. Ce dernier est très odorant et vient de la
Jamaïque.

BALSAMINE (*Impatiens*). Genre de plantes annuelles de la famille des Balsaminées, à feuilles
oblongues, dentées; à fleurs jaunes, pendantes .
calice à 5 sépales pétaloïdes inégaux, dont l'inférieur est prolongé en éperon; corolle à 4 pétales
(par l'avortement du cinquième), hypogynes, plus
ou moins inégaux, et soudés; 5 étamines recouvrant l'ovaire; anthères cohérentes par leurs bords;
ovaire libre à 5 carpelles; fruit capsulaire à 5 valves qui, à la maturité, se séparent avec élasticité
et bruit (de là même le nom latin de la plante)
pour répandre les graines. — Deux espèces principales appartiennent à ce genre.

La BALSAMINE DES JARDINS (*I. balsamina*), jolie
plante originaire de l'Inde, cultivée dans tous les
parterres où ses fleurs rouges, roses, blanches ou
panachées doublent avec une grande facilité.

La BALSAMINE DES BOIS (*I. noli tangere*) est
une plante succulente, à nœuds renflés, à feuilles
molles, oblongues; fleurs jaunes ponctuées de
rouge intérieurement, dont l'éperon est très large
à la base, plus long que le reste de la fleur et recourbé en crochet. — On trouve cette espèce
dans les endroits frais, humides et ombragés, où
elle fleurit en juin-août. A la maturité, à peine est-
elle touchée que son fruit éclate : de là son nom
latin qui veut dire *n'y touchez pas*, nom que d'autres attribuent à ce qu'elle est un peu vénéneuse.

BALSAMINÉES. Famille de plantes dicotylédones polypétales hypogynes, herbacées, annuelles, renflées en articulations, dont les caractères

spécifiques viennent d'être exposés au mot *Balsamine*.

BALSAMITE (*Tanacetum balsamita*). Espèce du genre Tanaisie, qui en diffère pourtant par ses fleurons tous quinquéfides et hermaphrodites. C'est la BALSAMITE ODORANTE (*B. suaveolens*) ou *Menthe coq*, dont l'odeur est forte, pénétrante et

Fig. 145. — Balsamite odorante.

assez agréable. Cette plante, du midi de la France, est cultivée dans les jardins; ses feuilles radicales sont pétiolées; les caulinaires sessiles; fleurs en nombreux capitules formant une sorte de corymbe terminal. — C'est un excitant, antispasmodique, vulnéraire; et les fleurs jouissent de propriétés vermifuges comme celles de la Tanaisie.

BAMBOU. La plus grande plante de la famille des Graminées, qui s'élève jusqu'à 20 mètres. Tige droite, creuse, marquée de nœuds assez également espacés; feuilles ressemblant à celles du Roseau; fleurs disposées en sortes d'épis ou de panicules, peu colorées.

Les Bambous croissent dans les terrains sablonneux des Indes, dans les îles de la Sonde. Ils ont été transportés jusque dans les colonies d'Amérique, où on les cultive en haies immenses qui produisent un bruit singulier, capable de causer un certain effroi, par le frottement des chaumes ligneux agités par la tempête. Dans l'Inde, le Bambou a des usages nombreux : son bois est à la fois flexible, solide et léger; il sert à la confection des palanquins, d'une foule de meubles, lits, coffrets, corbeilles, etc. ; car il s'emploie soit en entier, soit réduit en lanières plus ou moins minces. Il est susceptible d'une division telle, qu'on peut le tisser et le tresser aussi facilement que la paille de froment. Les jeunes pousses sont mangées comme des asperges; la moelle et le suc donnent du sucre. Le *papier de Chine*, dont la

teinte est si favorable à l'effet de nos lithographies, est fait avec les jeunes Bambous réduits en bouillie par la macération. On trouve quelquefois dans les nœuds du Bambou une concrétion siliceuse, sorte de calcul appelé *Tabazir*, célèbre dans quelques parties de l'Asie par les propriétés miraculeuses qu'on lui attribue. Enfin les cannes dont nous nous servons en Europe sous le nom de *Bambous*, sont de jeunes tiges d'une petite espèce de cette graminée exotique.

BANANIER (*Musa*). Genre type de la famille des Musacées, composé de plantes herbacées, quoique gigantesques, sortes de roseaux spongieux qui croissent à la hauteur de 4 à 5 mètres, dont la tige, due aux feuilles superposées engaînantes, provient d'un gros ognon, et se termine par un grand bouquet de feuilles, du centre duquel pend une hampe chargée d'une multitude de fleurs jaunâtres disposées en régime. — On distingue plusieurs espèces de Bananiers, les deux principales sont les suivantes :

BANANIER FIGUIER OU DES SAGES. Tige verte, luisante, spongieuse, formée par les gaînes des pétioles des feuilles qui se recouvrent et s'enveloppent. Ces feuilles sont longues de 1 à 2 m., larges de 0 m. 5 environ; elles couronnent le sommet de la tige et s'étalent en parasol. Du centre de cette couronne sort un long pédoncule, chargé de fleurs d'une odeur suave, qui sont remplacées par des fruits charnus allongés, appelés *Bananes*, les-

Fig. 146. — Bananier.

quels sont verticillés autour du pédoncule qui porte alors le nom de *Régime*.

Cet arbre herbacé orne les campagnes des Indes orientales et occidentales; il vient surtout

dans les vallées, les terres grasses, près des ruisseaux. Il ne vit qu'un an, mais se perpétue par des
rejetons qui sortent de sa racine avant qu'il vieil-
lisse ; conséquemment, on le coupe quand les ba-
tanes sont mûres. En Europe, on l'élève assez
facilement dans les serres chaudes, mais il lui
faut trois ans pour fructifier.

Le Bananier, dans les contrées équinoxales,
joue le rôle que la pomme de terre, le riz, le froment remplissent ailleurs ; des peuples entiers se
nourrissent presque exclusivement de ses fruits,
dont la pulpe succulente a la consistance du beurre
et une saveur douce, sucrée, agréable. On concevra
la valeur de cette plante, si nous ajoutons qu'un
hectare de terrain, planté de Bananiers, rapporte
annuellement cent vingt fois plus de substances
nutritives que s'il produisait du blé. Ce n'est pas
tout, vertes, les feuilles servent de nappes et de
serviettes aux indigènes ; sèches, on en fait des
matelas. Voici ce que dit de cet arbre providentiel Bernardin de Saint-Pierre : « Le *Bananier*
aurait pu suffire seul à toutes les nécessités du
premier homme ; il produit le plus salutaire des
aliments, dans ses fruits, du diamètre de la bouche et groupés comme les doigts d'une main.
Une seule de ses grappes fait la charge d'un
homme ; il présente un magnifique parasol dans sa
cime étendue et peu élevée, et d'agréables cein-
tures dans ses feuilles d'un beau vert, longues,
larges et satinées. Comme elles sont fort souples
dans leur fraîcheur, les Indiens en font toutes
sortes de vases pour mettre de l'eau et des aliments ; ils en couvrent leurs cases, et ils tirent
un paquet de fil de la tige en la faisant sécher.
Deux de ces feuilles peuvent couvrir un homme
de la tête au pied , par devant et par derrière. »

Bananier a gros fruit (vulg. *Figuier d'Adam*,
parce que, disent les écrivains, c'est avec ses
feuilles qu'Adam et Ève couvrirent leur nudité).
Ses feuilles sont moins aiguës, mais ses fruits plus
longs. Une singulière croyance des Grecs de nos
jours, c'est que si quelqu'un s'avise de cueillir ce
fruit avant sa maturité, l'arbre abaisse sa tête et
frappe le ravisseur. Dans l'île de Madère, ce même
fruit est un objet de vénération : on pense que
c'est le *fruit défendu* du Paradis terrestre. Les
Portugais ne le coupent jamais transversalement
de peur d'y voir la figure d'une croix.

BANC. En *géologie*, « amoncellement plus ou
moins considérable de sable, de gravier, de galets et de vase que les eaux des fleuves et celles
de la mer forment sur le sol submergé. Ces bancs,
composés de matières meubles, s'accroissent graduellement dans certains parages, et particulièrement à l'embouchure des fleuves et sur les rivages,
de manière à devenir un obstacle pour la navigation ; quelquefois aussi ils se déplacent et se
déforment lorsque la direction des courants vient
à changer ; d'autres fois, s'élevant au-dessus du
niveau des eaux et se réunissant aux terres précé-

demment immergées, ils augmentent l'étendue de
celles-ci. »

En *Ichthyologie*, on dit *banc* de harengs,
d'huîtres, de morues, etc., pour désigner ces légions nombreuses d'animaux aquatiques qui vivent rassemblés sur un même point et voyagent en
troupes.

Dans les *carrières*, on nomme *bancs* les stra-
tes formés de substances consistantes ; les bancs
superposés peuvent être de même nature minéralogique ou de nature différente. Le mot *lit* remplace
quelquefois celui de banc : des *bancs de calcaires*
sont souvent séparés par des *lits d'argile*.

BAOBAB ou Adansonie (du nom d'Adanson,
qui l'a fait le mieux connaître). Arbre gigantesque
d'Afrique, d'Amérique et d'Océanie. de la famille

Fig. 147. — Baobab (fleur et fruit).

des Bombacées, détachée des Malvacées. Le tronc
excède rarement 4 à 5 m. de hauteur ; mais avec
l'âge, il acquiert jusqu'à 25 à 30 m. de circonférence. Il est couronné par un énorme faisceau de
branches atteignant de 20 à 25 m. de longueur, et
retombant souvent par leur poids jusqu'à terre,
sauf celle du milieu qui se dirige vers le ciel ; les
feuilles sont digitées. Les fleurs, en forme de coupe,
ont 12 cent. de longueur sur 18 de largeur ; elles
sont solitaires, axillaires, supportées par de très
longs pédoncules tombants : calice coriace à 5
découpures réfléchies en dehors et caduques ;
5 pétales blancs ; étamines au nombre de sept

cents environ, réunies en tube dans leur partie inférieure; 1 style très long; de 10 à 14 stigmates. Le fruit est une capsule ligneuse ovale de 30 cent. de longueur, qui contient une pulpe aigrelette et agréable.

Le Baobab ne vit pas moins de 6,000 ans, au dire d'Adanson; toutefois ce colosse presque immortel est sujet à une moisissure qui en amollit tout le corps ligneux et le fait périr; de plus, de simples écorchures faites à ses racines par des pierres lui causent la mort. Cet arbre est un objet de vénération pour les nègres, qui creusent dans le tronc des trous destinés à la sépulture de ceux de leurs compatriotes que leurs vertus rendent recommandables; ses fruits, appelés au Sénégal *pain de singe*, font une branche du commerce du pays; sa cendre donne un excellent savon. Toutes les parties abondent en mucilage; les feuilles séchées à l'ombre et réduites en poudre entrent dans un aliment que les indigènes appellent *lalo*.

BAR. Les pêcheurs, près de l'embouchure de la Loire et de la Garonne, désignent ainsi le *Perca*

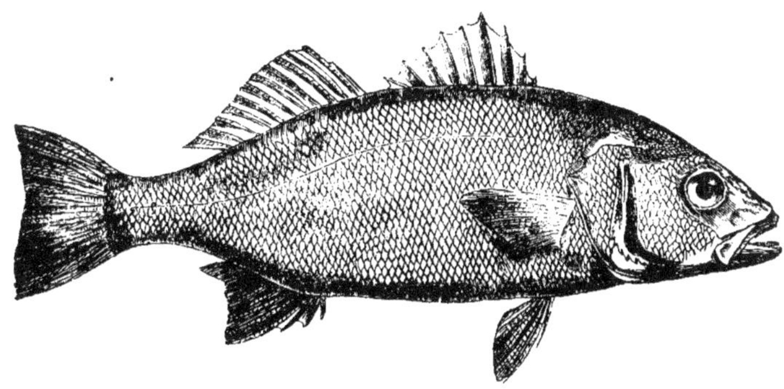

Fig. 148. — Bar.

punctata de Linné, qui est le *Centropome loup*, de Lacépède. — V. *Perche*.

BARBACOU (*Monasa*). Genre d'Oiseaux de l'ordre des Grimpeurs, propres à l'Amérique méridionale. Ils ont de l'analogie avec les Barbus; leur coloration est noirâtre; leur genre de vie sédentaire; ils se tiennent des heures entières sur une branche sèche, d'où ils se lancent sur les insectes qui passent à leur portée. Ils nichent dans des troncs d'arbres et pondent 4 œufs. — L'espèce la plus connue de ce genre est le BARBACOU A FACE BLANCHE (*M. personata*) qui habite le Brésil. Sa taille est celle d'un Merle; son plumage brun est recouvert d'un masque blanc à la gorge et au front; le tour des yeux est couleur de chair, le bec est jaune.

BARBARÉE (*Barbarea*). Genre de Plantes de la famille des Crucifères, tribu des Arabidées, comprenant :

La BARBARÉE OFFICINALE (*B. vulgaris*), vulg. *Herbe de sainte Barbe*, *Cresson de terre*, plante bisannuelle de 30 cent., à tige dressée, glabre, simple en bas, rameuse en haut; à feuilles sessiles, plus grandes en bas qu'à la partie supérieure où elles sont lyrées. Fleurs jaunes, petites, en grappes : 4 sépales, 4 pétales, 6 étamines dont 2 plus courtes, etc. — La Barbarée croît dans les bois, le long des ruisseaux, aux lieux humides où elle est assez commune, fleurissant en avril-juin. Elle est inodore, mais d'une saveur analogue à celle

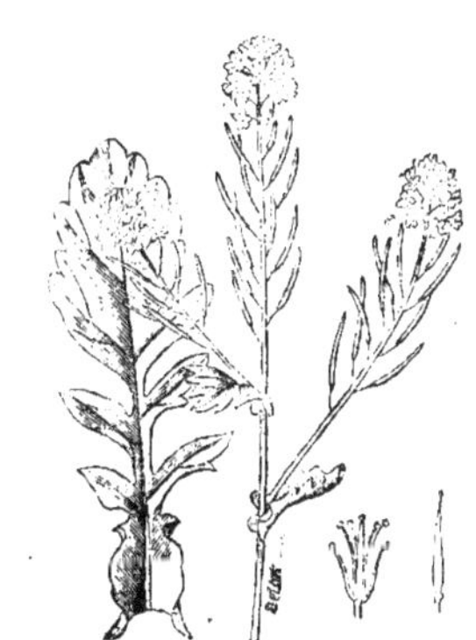

Fig. 149. — Barbarée.

(Fleurs écloses, fleurs non ouvertes et siliques sur les mêmes rameaux ; feuille et organes sexuels détachés.)

du Cresson. Dans plusieurs contrées, on mange ses feuilles en salade. C'est un antiscorbutique qui n'est pas à dédaigner. — Sous le nom de *Girarde jaune* on cultive une variété à fleurs doubles.

La B. **précoce** (*B. præcox*), vulg. *Cresson des vignes, Cressonnette*, se distingue à ses siliques très longues. Elle est alimentaire et cultivée.

BARBE. Chez les *Mammifères*, poils qui croissent au menton du bouc, de la chèvre, à la figure de certains singes et aux fanons des baleines. — Chez les *Oiseaux*, faisceaux de petites plumes ou poils qui pendent à la base du bec; filaments qui garnissent les deux côtés d'une plume. — Chez les *Insectes*, poils longs et raides qui garnissent le front de certains Diptères et entourent la base de leur trompe. — En *botanique*, filaments des étamines des Molènes; filet qui termine ou accompagne la glume des Graminées.

BARBEAU (*Cyprinus barbus*). **Genre** de Poissons de la famille des Cyprinoïdes, dont le corps est allongé et arrondi, olivâtre en dessus, bleuâtre sur les côtés, avec des nageoires rougeâtres, la caudale bordée de noir; la tête oblongue; la mâchoire supérieure dépassant l'inférieure, munie de quatre barbillons dont 2 à son extrémité et 2 à l'angle buccal.

Le **Barbeau plébéien**, que nous représentons, se trouve dans les rivières de l'Europe tempérée, surtout dans celles dont le cours est rapide et le fond rocailleux. Sa taille varie : il pèse jusqu'à 18 à 20 livres. Il se nourrit de petits poissons, d'insectes, de coquillages; et comme il est très vorace et hardi, il se laisse prendre facilement aux appâts vivants qu'on lui présente. Sa chair

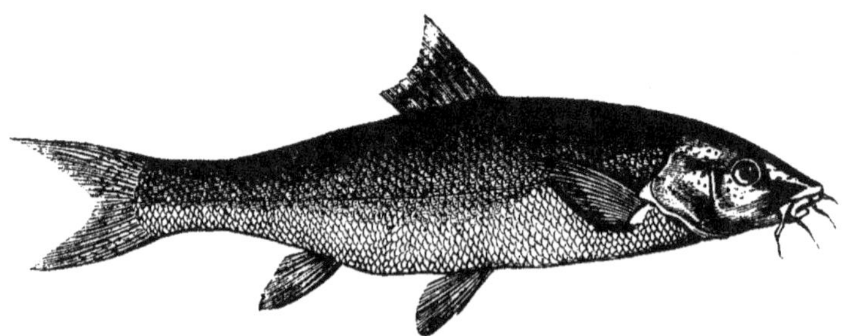

Fig. 150. — Barbeau.

est blanche, ferme et de très bon goût; mais il est moins bon lorsqu'il provient des étangs.

BARBE-DE-BOUC. Nom vulgaire du *Clavaire.* — V. ce mot.

BARBE-DE-CAPUCIN. Nom qu'on donne à la Chicorée sauvage qui, arrachée en automne et placée dans des caves pour être soustraite aux rayons du soleil, produit ces longues feuilles blanches, jaunâtres, que l'on mange l'hiver en salade.

BARBET ou **Caniche** (*Canis familiaris aquaticus*). Espèce du genre Chien, de la race des Épagneuls, qui a les poils longs et frisés, noirs ou blancs; la tête grosse, le corps épais et raccourci, les oreilles larges et pendantes, les jambes courtes, une longueur totale de 80 cent. — Cet animal, dont la cavité cérébrale est plus grande que dans aucune autre race de chiens, se montre très intelligent et très attaché à son maître. Il aime l'eau et peut être employé pour la chasse à l'étang. C'est par excellence le chien de l'aveugle.

Le **petit Barbet** et le **Griffon** sont deux sous-variétés de cette espèce que l'on élève dans les appartements à cause de leur petitesse.

BARBICAN (*Saimodon*). Genre d'Oiseaux de l'ordre des Grimpeurs, remarquables par leur bec robuste, très convexe, à bords festonnés et dentés, avec deux sillons sur sa voûte, garni à sa base, sur les côtés, en dessus et en dessous, de barbes raides, droites, disposées par paquets. Ce sont des Oiseaux des contrées chaudes des deux continents, qui grimpent le long des arbres à la manière des Pies, frappant comme eux l'écorce à coups redoublés.

— Le **Barbican de Barbarie**, espèce type, a le plumage noir en dessus, le cou et l'abdomen rouges vermillon, les flancs jaunes, ainsi que le bec et les tarses, le croupion et la queue noirs. Il habite l'Afrique.

BARBILLON. Jeune *Barbeau.* — V. ce mot. — On donne aussi ce nom aux barbes charnues qui font partie du corps de certains poissons; à ces filaments mous, déliés, flexibles, implantés dans le voisinage des lèvres chez quelques poissons, comme les carpes, les barbeaux, les silures, etc., et qui sont considérés par quelques naturalistes comme des organes de tact.

Chez les Articulés le mot *barbillon* est synonime de palpe.

On donne enfin le nom de *barbillons* aux replis de la muqueuse buccale situés sous la langue du cheval, de chaque côté du frein.

BARBION. Barbeau de petite espèce.

BARBU (*Bucco*). Genre d'Oiseaux grimpeurs des contrées les plus chaudes des deux continents, ainsi appelés à cause des plumes raides et en forme de poils ou de barbes dont la base de leur gros bec est garnie. Ces oiseaux sont ornés des couleurs les plus brillantes, mais ils ont l'air pesant et stupide. Ils sont d'ailleurs peu farouches et se laissent facilement approcher. Ils pondent 2 œufs d'un blanc pur dans des trous d'arbres où ils nichent. — Les deux espèces les plus remarquables sont le B. A MOUSTACHES JAUNES et le B. BIGARRÉ, qui habitent Sumatra.

BARBUE. Poisson de mer très voisin du Turbot (V. ce mot), mais plus large et plus mince, et dépourvu d'aiguillons. Sa chair est moins ferme, moins onctueuse et moins savoureuse que celle du Turbot. La Barbue doit son nom, sans doute, aux filets qui dépassent les rayons extérieurs de sa nageoire dorsale.

BARDANE (*Arctium*), genre de la famille des Composées, tribu des Carduacées, comprenant des plantes bisannuelles dont les capitules sont ventrus, formés d'écailles oblongues terminées en crochet, et disposés en panicule feuillée; fleurons de couleur purpurine.

La BARDANE COMMUNE (*A. lappa*), vulg. *Herbe aux teigneux*, *Glouteron*, a une tige robuste, anguleuse, très rameuse, pubescente, haute de 6-12 décimètres; des feuilles grandes, pétiolées, vertes en dessus, blanches-cotonneuses en dessous, les radicales ovales cordées à la base; les supérieures ovales lancéolées; involucres hérissés de

pointes au moyen desquelles ils s'attachent aux vêtements; réceptacle garni de soies, etc.
Cette plante croît aux bords des chemins, au pied des murs, dans les villages, les lieux incultes et fleurit dans l'été. Elle est sans odeur, mais douée d'une saveur amère. Sa racine, qui est pivotante, est réputée sudorifique, dépurative; on l'a préconisée, en décoction, contre les dartres, la teigne, la syphilis constitutionnelle. On peut préparer des cataplasmes avec les feuilles de Bardane.

La BARDANE TOMENTEUSE (*A. tomentosa*) est moins fréquente. Ses capitules sont assez gros, avec un involucre chargé d'une pubescence aranéeuse: fleurons colorés en violet purpurin.

BARDOT ou BARDEAU. Animal provenant de l'accouplement du cheval et de l'ânesse. — V. *Mulet*.

BARDOTTIER. — V. *Nattier*.

BARGE (*Limosa*). Genre d'Oiseaux de l'ordre des Échassiers longirostres, qui ont le bec encore

plus long que celui des Bécasses et légèrement recourbé en haut, la taille élancée, les jambes plus élevées que celles des Bécassines, ils sont bruns en hiver, roux en été; tristes, timides et glapissants. Ils restent cachés dans les roseaux et vivent en troupes.
La BARGE COMMUNE (*L. melanura*) est longue de 4 cent.; répandue en Europe, où elle fréquente les marais, les bords de la mer; elle est de passage régulier en France, nichant dans les prairies humides, parmi les herbes et les joncs. Ses œufs, au nombre de quatre, sont d'un olivâtre foncé, avec des points et des taches d'un brun pâle.
La BARGE ROUSSE OU ABOYEUSE (*L. rufa*) n'a que 38 cent. de longueur; sa queue est rayée de brun. Elle habite le nord de l'Europe et est de passage régulier en France. Plus petite que l'espèce précédente, elle pond aussi 4 œufs plus petits, mais de pareille teinte.

BARTAVELLE (*Perdix saxatilis*). Espèce de Perdrix répandue dans tout l'empire ottoman, en Grèce, en Sicile, etc. Elle ressemble beaucoup à notre Perdrix rouge, mais est plus grosse du double. C'est à elle qu'il faut rapporter tout ce que les anciens ont dit de la Perdrix. Ses habitudes étant celles de nos perdrix, on la chasse de même.

BARYUM. Métal d'un blanc d'argent, un peu malléable, très altérable par l'air, et qui, traité par l'eau, s'y précipite et la décompose en dégageant de l'hydrogène et s'oxydant. On l'extrait de la baryte au moyen de la pile, amalgamé au mercure dont on le sépare ensuite par la distillation.

La *Baryte* est composée de 100 parties de baryum et de 11,73 d'oxygène; c'est un oxyde solide, poreux, d'un blanc gris, caustique, inodore, qui verdit le sirop de violette et rougit le curcuma. Quand on l'humecte avec de l'eau, il s'échauffe, fait entendre un sifflement et se réduit en poudre blanche. C'est une substance très vénéneuse.

BASALTE. Roche noire ou d'un gris bleuâtre, plus dure que le verre, très tenace, d'apparence homogène, mais essentiellement composée de pyroxène et de feldspath, et contenant une très grande proportion de fer oxydé ou titané. C'est, pour tous les géologues, un produit de *formation ignée* sorti du sein de la terre à l'état fluide et qui, s'étant arrêté et refroidi dans l'intérieur du sol et dans les foyers d'émission, a formé les dikes et les pitons massifs, tandis que la matière qui, après avoir traversé le sol, s'est épanchée à la surface, l'a recouvert de larges manteaux ou de nappes. La sortie de cette matière du sein de la terre est récente, comparée à celle des granites, des porphyres et des trachytes.

Le Basalte abonde en France, dans le Vivarais, l'Auvergne, le Cantal, l'Ardèche, etc.; l'Irlande offre de magnifiques masses de ce genre : la plus remarquable est celle qui se trouve dans le comté d'Antrim, et qu'on nomme *Pavé de la chaussée des Géants.* « Qu'on se figure, dit Valmont de Bomare, une immense quantité de pierres noirâtres, pesantes, très dures, assez lisses à leur surface extérieure, de forme prismatique ordinairement à 5 pans, quelquefois à 6 ou 7, rarement à 8 ou 9, chaque pierre, ordinairement convexe à une surface, concave de l'autre, rarement plane sur les deux faces, plusieurs de ces pierres de la même configuration, empilées perpendiculairement à l'horizon les unes sur les autres, de manière qu'elles ressemblent à une foule d'articulations qui s'emboîtent, s'engrènent ou se joignent exactement pour former une colonne. Chaque articulation est facile à séparer. Voilà la première esquisse de ce phénomène aussi curieux que singulier. On reconnaît déjà que la nature, la forme et la position de ces pierres leur donnent un caractère unique. Maintenant qu'on se figure un assemblage de plusieurs milliers de colonnes angulaires dans une grande étendue de terrain et qui fait une digue vers l'Écosse, autre beauté des plus frappantes, et l'on aura l'idée d'une des plus grandes merveilles du règne minéral. »

Le Basalte est trop dur et trop cassant pour pouvoir être taillé : on ne peut l'employer dans les constructions que comme moellons; mais on en fait des pilons, des mortiers, des enclumes pour les batteurs d'or. Le sel qui résulte de la décomposition des Basaltes est ordinairement d'une grande fertilité.

BASELLE, vulg. *Épinards des Indes.* Genre de Plantes de la famille des Chénopodiacées, herbacées, annuelles, charnues, succulentes, volubiles, originaires des Indes orientales, où les indigènes les mangent cuites et préparées comme nos épinards, et leur attribuent plusieurs propriétés médicales. — La B. BLANCHE et la B. ROUGE sont acclimatées en Europe et considérées comme alimentaires. Leurs baies noires fournissent une couleur pourpre assez belle, mais peu solide. — La B. VÉSICULEUSE du Pérou se cultive chez nous en serre chaude pour ses belles fleurs rouges et ses fruits d'un vert luisant.

BASILÉE (du gr. *basileia*, reine). Genre de Plantes de la famille des Asphodélées, du cap de Bonne-Espérance, dont l'espèce nommée B. ROYALE est cultivée dans nos jardins comme plante d'agrément.

BASILIC (*Ocymum*). Genre de Plantes annuelles de la famille des Labiées, très voisines des Lavandes; à deux lèvres bien marquées; calice à division supérieure foliacée; filets des étamines supérieures offrant au-dessus de leur base un appendice ou un faisceau de poils. — Le B. COMMUN (*O. basilicum*) est une plante annuelle, très rameuse, en touffe, dont les rameaux sont opposés en croix; les feuilles opposées; les fleurs dispo-

Fig. 155. — Basilic.

sées en **épis** verticillés autour de la tige et des rameaux, blanches ou purpurines. — Plante employée comme épice, stimulant, etc., et cultivée dans les parterres pour son odeur suave pénétrante.

Il est d'autres espèces qui ont aussi une odeur plus ou moins forte. Toutes sont toniques et stimulantes.

BASILIC (*Lacerta basiliscus*). Nom donné à une espèce de Lézard de la Guyane, dont l'occiput présente un prolongement de la peau en forme de capuchon, rappelant la couronne du Basilic des anciens; le dos et la queue sont surmontés d'une crête membraneuse continue et droite, mais à bord sinueux; les cinq doigts sont séparés et garnis d'ongles aux quatre pieds, ceux de derrière plus longs que ceux de devant; pas de pores glanduleux à la partie interne des cuisses; couleur gris-bleuâtre en dessus, bleu-pâle en dessous; longueur de 70 à 80 cent., dont la queue forme à peu près les deux tiers.

Le Basilic se trouve dans les vastes forêts du Nouveau-Monde; il est doux, tranquille, mais d'une grande agilité à la chasse aux insectes, dont il se nourrit sur les arbres. — Les anciens ont cru à l'existence d'un Basilic imaginaire, sorte de

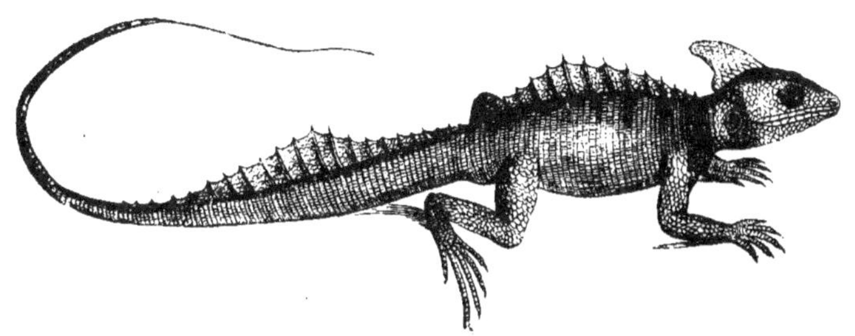

Fig. 134. — Basilic à capuchon.

lézard-dragon en miniature dont la piqûre était inévitablement mortelle, et qui même lançait la mort d'un seul coup d'œil, à moins qu'on ne l'aperçût avant qu'il vous vît. Cette fable a causé une terreur panique qui n'est pas encore complètement dissipée, parce qu'elle est exploitée par le charlatanisme, qui montre peut-être encore de ces prétendus animaux en exhibant de petites raies desséchées et façonnées d'après la figure qu'on supposait au dragon.

BASSARIDE (du gr. *bassaris*, renard). Animal carnassier digitigrade, découvert récemment au Mexique et en Californie, qui peut se placer à côté des Virunas, des Ours ou des Martres, suivant les différentes opinions émises. Ce mammifère a le corps allongé et porté sur des membres courts; 5 doigts à ongles fortement arqués, le pelage d'un gris fauve et la queue d'une coloration remarquable.

BASSET (*Canis familiaris vertagus*). Espèce du genre Chien, race des Épagneuls, qui ressemble au Chien braque, sauf qu'il a les jambes courtes et la taille moins élevée. C'est un chien-courant que l'on emploie particulièrement à la chasse du renard, parce que sa taille basse et allongée lui permet de passer dans les fourrés les plus épais et de se glisser dans les terriers que se creuse cet animal. — Il y a le B. A JAMBES DROITES et le B. A JAMBES TORSES. Ce dernier est le plus estimé par les chasseurs.

BASSIE (*Bassia*). Genre de Plantes de la famille des Sapotacées, propres à l'Asie équatoriale, et qui consistent dans des arbres à suc laiteux dont les usages économiques sont nombreux. On en retire une huile, un aliment, un médicament et un bois incorruptible.

BATARA (*Tamnophilus*). Genre de Passereaux dentirostres, voisin des Pies-grièches, dont les

Fig. 135. — Batara.

espèces peu nombreuses sont confinées dans les régions intertropicales du Nouveau-Monde et vivent isolément par couples, cachées dans les broussailles. Ces oiseaux sont insectivores et monogames.

Le **Batara maculé** (*T. maculatus*) a une longueur totale de 16 cent. Il a été découvert par M. D'Orbigny dans la province de Corrientes (république Argentine).

BATELEUR (*Helotarsus*). Genre d'Oiseaux de proie de la famille des Aigles, caractérisés surtout par une queue très courte, tronquée ; des tarses nus, ainsi que le tour des yeux ; le plumage est d'un noir mat teinté de roux ; tectrices grises, bec noir ; taille de l'orfraie environ.

Ce genre repose sur une espèce unique des parties chaudes de l'Afrique, découverte au cap de Bonne-Espérance par Levaillant. Ce rapace tire son nom de sa manière de jouer dans les airs, qui rappelle en quelque sorte un bateleur faisant des tours de force pour amuser les spectateurs. Il plane en tournoyant et jette deux sons aigus dont l'un est à l'octave de l'autre ; souvent il arrête son vol, descend à une certaine distance et fait beaucoup de bruit avec ses ailes dont la grandeur contraste avec la brièveté de sa queue. Le bateleur niche sur la cime des grands arbres et pond 3 ou 4 œufs blancs.

BATHYERGUE ou **grande Taupe du Cap**. Rongeur de la taille du Lapin, qui appartient à l'Afrique méridionale, habite les environs du cap de Bonne-Espérance. Il a la forme des pieds et les incisives des Rats-taupes. On en compte quatre espèces, qui toutes vivent de racines et fouillent la terre.

BATOCÈRE. Genre de Coléoptères tétramères, insectes de grande taille des Indes orientales, qui ressemblent à de petits oiseaux.

BATON. Nom que les horticoles donnent à certaines plantes dont les fleurs sont disposées en long épi serré et cylindrique : tels sont entre autres le *Bâton de Jacob*, qui est l'Asphodèle jaune ; le *Bâton d'or*, ou la Giroflée jaune à fleurs doubles, etc.

BATRACIENS ou **Amphibiens** (du gr. *batrachos*, grenouille ; ou *amphibios*, amphibie). Quatrième ordre de Reptiles, animaux ordinairement à quatre pattes, ayant en général les doigts dépourvus d'ongles, la peau nue et sans écailles. Les uns ont une queue, tels sont la Salamandre, la Sirène ; les autres en manquent, comme la Grenouille, le Crapaud. Tous les Batraciens, sauf l'Axolotl, présentent des métamorphoses : pendant les premiers temps de leur vie, à l'état de *Têtard*, ils respirent par des branchies à la manière des poissons ; plus tard il se fait en eux un changement presque complet : les poumons se développent et reçoivent de l'air ; enfin l'animal finit par avoir une respiration aérienne complète ; et, après s'être nourri d'abord de substances végétales, il devient carnassier. Les membres ne sont point apparents dans leur premier état ; d'abord cachés sous la peau, ils ne se développent que sous l'influence des métamorphoses.

Ce qui nous reste à dire n'est que la répétition de ce qui a déjà été énoncé à l'article *Reptile*. Le cœur n'a qu'un seul ventricule et deux oreillettes peu distinctes entre elles ; la circulation est incomplète, et le sang froid. — Quant au système génital, les organes n'en sont pas apparents à l'extérieur : les œufs sont fécondés par le mâle, qui s'applique sur le dos de la femelle et la tient embrassée, au fur et à mesure que celle-ci les pond. — L'ordre des Batraciens se divise en deux sous-ordres : 1° Les **Anoures** (du gr. *a* priv. ; *oura*, queue), qui, aquatiques dans leur jeunesse, perdent leur queue à l'époque où ils deviennent terrestres : tels sont les *Crapauds*, les *Grenouilles*, les *Rainettes*, et les *Pipas*.

2° Les **Urodèles** (du gr. *oura*, queue ; *dêlos*, visible), dont les individus adultes possèdent une queue bien évidente, qu'ils conservent toute leur vie : ce sont les *Sirènes*, les *Protées*, les *Tritons*.

D'autres naturalistes font des Batraciens une classe de vertébrés à part, qu'ils divisent en quatre ordres, nommés *Anoures*, *Urodèles*, *Perennibranches* et *Cécilies*.

BATRISE. Genre de Coléoptères dimères, comprenant plusieurs espèces très petites, qui vivent en société avec différentes espèces de fourmis.

BAUDROIE (*Lophius*). Genre de Poissons acanthoptérygiens, remarquables surtout par la grosseur de la tête, qui est tout à fait en disproportion avec le reste du corps, puisqu'elle entre pour plus de deux tiers dans le volume total de l'animal. Cette partie du corps est très large, déprimée, arrondie en avant, avec plusieurs points de sa surface hérissés d'épines, et des filets longs et très mobiles. A son extrémité se trouve la bouche largement fendue, dont les mâchoires portent des dents en crochets extrêmement pointues. Opercules des ouïes petits et complétement cachés par la peau ; yeux placés sur le milieu de la tête ; corps court, gros et conique ; peau dépourvue d'écailles ; taille de 1 m. à 1 m. 70 cent., etc.

Les Baudroies sont, comme on le voit, d'une forme bizarre et laide. Elles sont communes dans la Méditerranée et l'Océan d'Europe, vivant habituellement sur le sable ou enfoncées dans la vase. Avec une telle conformation et si peu d'agilité, elles n'auraient pu satisfaire à leur appétit vorace, si la nature ne leur eût donné la ruse. Pour attirer et surprendre leur proie, ces poissons font flotter au-dessus de la vase leurs longs filets mobiles, dont les lambeaux qui les terminent semblent des appâts et attirent autour d'eux les petits poissons que la Baudroie engloutit facilement dans son énorme gueule.

La **Baudroie commune** (*L. piscatorius*), vulg. *Raie pêcheresse*, vit dans nos mers. Sa taille atteint jusqu'à 1 m. 70 ; sa couleur est fauve, marbrée de brun en dessus, blanchâtre en dessous. Sa chair est coriace et de mauvais goût. — La B. A **PETITE NAGEOIRE** (*L. parvipinnis*), à peu près de même taille et de même couleur que la précédente,

s'en distingue essentiellement par ses 25 vertèbres au lieu de 30, et par sa seconde dorsale qui est beaucoup moins élevée que celle de la Baudroie commune

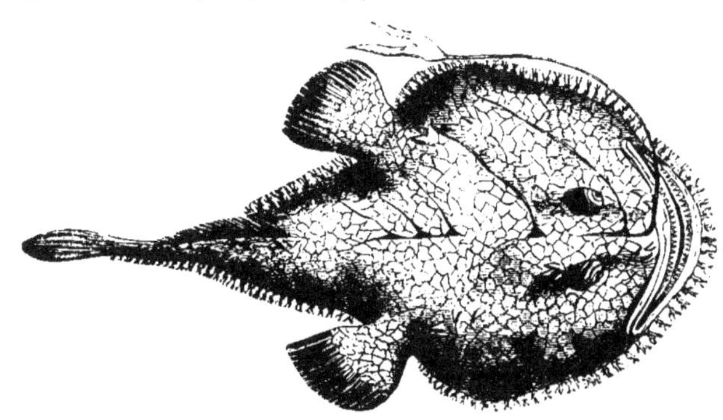

F. . . . — Baudroie commune.

BAUMIER (*Myroxylum*). Genre d'arbres résineux exotiques de la famille des Légumineuses, à feuilles pinnées, ayant les fleurs en grappes simples ou rameuses et axillaires : calice campanulé faiblement 5 denté; corolle à 5 pétales irréguliers dont le supérieur est plus grand, cordiforme, les quatre autres étroits et linéaires; étamines au nombre de 10; gousse allongée comprimée.

BAUMIER DU PÉROU (*M. peruiferum*). Arbre au port élégant et gracieux, dont l'écorce est lisse épaisse, très résineuse; les feuilles alternes, imparipinnées, parsemées de points translucides; les fleurs blanches; les gousses longues de 10 à 15 cent., etc. — Cet arbre fournit le *Baume du Pérou*, dont on distingue trois variétés dans le commerce : le *blanc*, liquide qui découle d'incisions faites à l'arbre; le *roux*, qui est solide, recueilli comme le précédent; le *noir*, qui est de consistance sirupeuse et plus commun, et qu'on obtient par la décoction de l'écorce et de la racine. Le Baume du Pérou est très employé dans les catarrhes chroniques. C'est aussi un parfum agréable.

BAUMIER DE TOLU (*M. toluiferum*). Variété de l'espèce précédente qui produit le *Baume de Tolu*, lequel ne paraît différer du Baume du Pérou que par sa couleur fauve et le lieu où on se le procure (la province de Tolu et les environs de Carthagène).

Il est un autre Baumier, de la famille des Térébinthacées, plus connu sous le nom de *Balsamier*. — V. Ce mot.

BDELLAIRES (de *bdallô*, je suce). Famille de vers intestinaux dont la locomotion s'exécute au moyen de ventouses placées aux deux extrémités du corps, comme dans les Sangsues.

BEC. En ornithologie, c'est la partie saillante et dure qui tient lieu de bouche aux Oiseaux, et qui est formée de deux pièces, nommées *mandibules*, l'une supérieure, l'autre inférieure. Cet organe sert aux animaux qui en sont pourvus, non-seulement à saisir leur nourriture, mais quelquefois à la dépecer et à la concasser. C'est, de plus, pour certains oiseaux, comme les Perroquets, par exemple, un troisième organe de locomotion; chez presque tous c'est une arme offensive et défensive. Le bec offre de grandes modifications dans la forme, la dureté, la couleur, selon les espèces; sa base est entourée, chez certains oiseaux, et particulièrement chez les Rapaces, d'une membrane épaisse diversement colorée, qu'on nomme *cire*. — Le bec fournit de bons caractères pour les classifications ornithologiques; on peut aussi deviner le genre de nourriture des oiseaux en considérant cette partie, comme on reconnaît la nature des aliments qui conviennent aux mammifères en examinant leurs dents.

On désigne encore sous le nom de *bec* les mâchoires allongées de quelques Poissons; les mandibules cornées des Seiches et des Poulpes, qui ont quelque ressemblance avec celles des perroquets. En un mot, *bec* s'applique aux animaux de toutes les classes, chaque fois que chez eux la forme de la bouche offre une ressemblance plus ou moins grande avec le bec d'un oiseau.

BÉCABUNGA. Espèce du genre *Véronique*. — V. ce mot.

BÉCASSE (*Scolopax*). Genre d'Oiseaux de l'ordre des Échassiers longirostres, ayant pour caractères: bec du double de longueur de la tête, cylindrique, très grêle, mou, droit, renflé à la pointe, où la mandibule supérieure dépasse l'inférieure, et forme crochet; narines latérales et fendues en long, recouvertes par une membrane; pieds et ailes médiocres; tarses totalement emplumés; queue courte; plumage gris rayé de brun. — Ce genre se divise en trois sous-genres (*Bécasse*, *Bécassine* et *Bé-*

casseau, voir ces mots), dans lesquels les yeux sont gros et situés en arrière, ce qui donne à ces oiseaux un air stupide. Leur nourriture consiste en vers, limaçons, insectes; ils constituent un gibier très recherché.

La Bécasse ordinaire (*S. rusticola*), de la lon-

Fig. 157 — Bécasse.

gueur de 30 cent. environ, a le plumage varié de marron, de noir et de gris, avec quatre larges bandes transversales sur le cou. L'été elle se retire dans les bois, sur le haut des montagnes de la Suisse, de la Savoie, de l'Auvergne, des Alpes, etc.; l'hiver, au contraire, elle descend dans la plaine, cherche les bois taillis pour s'y cacher, et ne sor-

tant de sa retraite que vers la nuit, seule ou avec sa compagne. Ces oiseaux quittent l'Allemagne au commencement de l'été et y retournent sur la fin de l'automne; c'est dans ce temps qu'on en voit en France. Leur naturel est farouche, défiant. Quoique leurs yeux soient grands, ils ont la vue faible, et l'on croit que leur odorat les dirige à la recherche

Fig. 158 et 159. — Bécasseau (mâle et femelle).

de leur nourriture. Après un vol court et très rapide, la Bécasse s'abaisse brusquement à terre et court très vite pour se blottir dans une cépée, où elle laisse souvent le chasseur passer tout près d'elle sans se lever. La femelle niche à terre et

pond 4 ou 5 œufs très ventrus, d'un jaune sale tacheté de gris et de brun.

BÉCASSEAU (*Tringa*). Genre d'Oiseaux de l'ordre des Échassiers longirostres, ayant beaucoup de ressemblance avec les Bécasses, et qui habitent généralement comme elles les lieux aquatiques, le bord des lacs, des marais, les côtes de la mer, etc. — On y trouve plusieurs espèces, regardées par quelques ornithologistes comme autant de genres distincts, tels que les *Chevaliers*, les *Maubèches*, les *Cocorlis*, les *Combattants*, les *Pélidnes*, etc. — V. ces mots.

Fig. 160 et 161. — Bécassine grise (mâle et femelle).

BÉCASSINE (*Gallinea*). Les Bécassines ne se distinguent des Bécasses qu'en ce qu'elles ont le bas des jambes dénudé au-dessus de l'articulation tibiale; des tarses plus longs; tantôt les doigts libres, tantôt l'externe uni au médian par une membrane; formes les plus élancées, etc. De passage en France, elles fréquentent les endroits marécageux, se cachent parmi les joncs et les roseaux.

Fig. 162 et 163. — Bécassine ponctuée (mâle et femelle).

Leur vol est soutenu, mais irrégulier au départ; quand elles marchent elles donnent à leur tête un mouvement horizontal, tandis que leur queue se meut de haut en bas. La Bécassine s'éloigne peu de sa retraite; son cri est faible, chevrotant, émis au départ. Elle niche à terre entre les racines des saules et des osiers.

La B. BÉCASSE *Scolopax gallinago*) est plus

petite que la Bécasse ; son bec est plus long, sa tête est ornée de deux larges bandes longitudinales noirâtres, et son ventre est blanchâtre, ondé de brunâtre aux flancs. — La B. double a la taille d'un tiers supérieure à la Bécasse ordinaire ; chez elle le brun domine ; les ondes grises des parties supérieures sont plus petites, les ondes brunes du dessous plus grandes.—La B. sourde ou Bécasson est une variété beaucoup plus petite que la Bécasse ordinaire, et qui n'a qu'une bande noire sur la tête.

Bécassine-chevalier. Cette espèce a cela de remarquable que les doigts extérieurs et du milieu sont réunis par une petite membrane. — La B. ponctuée en est une autre espèce, très rare en Europe, mais qui est excessivement commune dans l'Amérique du Nord.

BEC-CROISÉ (*Loxia*). Genre de Passereaux couirostres, dont voici les caractères : bec robuste

Fig. 164 et 165. — Bec croisé commun (mâle et femelle).

et comprimé ; mandibules crochues et croisées ; narines petites, rondes, recouvertes de plumes dirigées en avant ; plumage variant de couleur suivant les saisons et l'âge de l'Oiseau.

Le Bec-croisé perroquet (*L. curvirostra*) atteint 12 à 15 cent. de taille ; le mâle a, dans sa jeunesse, les parties supérieures et inférieures du corps d'un rouge de brique, teint de rouge ou de jaunâtre ; les rectrices et les rémiges brunes, du blanc à la naissance de la queue, etc. — Ces oiseaux habitent nos grands bois d'arbres verts, où ils se nourrissent des semences qu'ils arrachent de dessous les écailles des cônes de pin et de sapin au moyen de leur bec difforme, crochu en haut et en bas. Ils construisent leur nid pendant l'hiver avec des lichens enduits de térébenthine et y déposent 4 ou 5 œufs d'un blanc jaunâtre ou grisâtre, pointillé de brun.

Le Bec-croisé commun est une espèce très répandue dans le nord de l'Europe, ainsi que la précédente, et qui voyage par troupes nombreuses, devenant quelquefois le fléau des cultivateurs. Ces oiseaux couvent, dit-on, presque toute l'année, et l'incubation ne dure que quelques jours.

BEC-EN-CISEAUX (*Rhyncops*). Genre d'Oiseaux de l'ordre des Palmipèdes longipennes, qui ont le bec plus long que la tête, droit, très comprimé, irrégulier ; dont la mandibule supérieure est plus courte que l'inférieure, ces deux mandibules se croisant d'ailleurs comme les deux lames d'une paire de ciseaux. Ces oiseaux, dont les ailes sont très longues, sur-aiguës, la queue fourchue, les tarses courts, etc., volent presque toujours en rasant la surface des eaux, afin de tenir dans l'onde la pièce inférieure de leur bec et d'attraper en dessous les poissons et vers marins. Ils se reposent à terre, entrent quelquefois dans l'eau, mais ne nagent point. — Ce genre ne se compose que de quatre espèces, qu'on ne rencontre guère qu'en Amérique, où elles sont très communes.

BEC-FIGUE. Sous cette appellation on a désigné de tout temps une multitude de petits Oiseaux de nos contrées, qui, dans la belle saison, et particulièrement dans le midi de la France, becquettent les figues, et dont la chair paraît délicate et savoureuse, tels que *Fauvettes*, *Rouges-gorges*, *Becfins*, *Farlouses*, *Bouvreuils*, etc.

Mais cependant les naturalistes s'accordent à réserver le nom de Bec-figue à une espèce de *Gobe-mouche*. — V. ce mot.

Fig. 166. — Bec-Fin phragmite.

BEC-FIN. Nom sous lequel on désigne vulgairement plusieurs genres d'Oiseaux de l'ordre des Passereaux dentirostres, dont le bec est droit, mince, pointu, et qui vivent d'insectes, de vers ou de fruits. Ils ne nous arrivent généralement qu'au commencement du printemps : tels sont les *Fau-cettes*, les *Rossignols*, les *Bergeronnettes*, les *Roitelets*, etc.

BEC-OUVERT (*Anastomus*). Genre d'Oiseaux de l'Inde, de l'ordre des Échassiers, famille des Cultrirostres, ne différant des Cygognes que par leur bec dont les mandibules sont telles qu'elles ne se joignent que par la base et par la pointe, laissant un intervalle vide entre les deux extrémités.

BÉLEMNITE (du grec *bélemnitès*, pierre en forme de flèche). Coquilles fossiles qu'on suppose appartenir à un Mollusque céphalopode voisin des Calmars, dont l'espèce n'existe plus. Ces coquilles ont de tout temps attiré l'attention par leur forme de doigt ou de fer de lance, et par les masses ou bancs énormes qu'elles forment sur les bords de l'Océan et dans certains terrains crayeux. On a débité mille contes à leur sujet; on les a considérées tour à tour comme de l'urine de lynx pétrifiée, des stalactites, des dents de poisson, du bois pétrifié, etc.

BELETTE (*Mustella vulgaris*). Mammifère du genre Putois, dont la taille est environ de 25 à 30 cent. de la tête à la naissance de la queue, de couleur fauve blond, mêlé de blanc sous le ventre; il est bas sur pattes et très souple, formé de manière à se glisser et à s'insinuer à travers les plus petites ouvertures.

C'est un petit carnassier qui se trouve dans toute l'Europe méridionale et tempérée, où il est l'ennemi déclaré de la volaille et du gibier. En effet la Belette s'établit d'ordinaire dans le voisinage des habitations, des fermes, et fait beaucoup de dégâts dans les poulaillers et les colombiers, saignant ou tuant plusieurs poulets ou pigeons dans une même nuit. C'est principalement l'hiver qu'elle est redoutable; l'été elle se nourrit de Mulots, de Lapereaux, de Souris, de Taupes, etc., qu'elle poursuit jusque dans leurs trous; elle grimpe même sur les arbres pour surprendre les oiseaux endormis sur les branches les plus flexibles.

La Belette a un petit cri aigre, monotone, qu'elle ne fait guère entendre que lorsqu'elle est en colère. Elle s'accouple au printemps, porte cinq semaines et met bas 4 à 5 petits, qui viennent les yeux fermés et atteignent rapidement le terme de leur croissance. Cet animal répand une odeur si forte qu'elle en rend la chair répugnante même pour les carnivores: les chiens craignent sa dent aiguë et sa colère au point d'oser à peine l'attaquer. — Sa fourrure préparée se vend sous le nom de *Martre lustrée*.

BÉLIER. Mâle de la Brebis. Dans les premiers mois de la vie, il porte le nom d'*Agneau*; lorsqu'il a été coupé, il prend celui de *Mouton*. — V. *Brebis*. — Le Bélier reproducteur doit avoir la tête

petite et bien faite; les yeux saillants, vifs; les oreilles minces; les épaules larges et pleines; tout le corps couvert d'une peau mince, produisant une laine fine, brillante et douce. Le choix en est très important. On peut l'employer de la fin de la deuxième année jusqu'à l'âge de 8 et 10 ans. On lui donne 30 à 50 femelles.

BELLADONE (de l'ital. *bella dona*, belle dame, parce que les femmes se servaient de ses fruits pour composer une espèce de fard). Genre de Plantes de la famille des Solanées, herbacées, vivaces, à feuilles entières, alternes, les supérieures géminées. Fleurs d'un pourpre obscur veiné de brun; calice à 5 lobes, étalé en étoile à la maturité de la baie; corolle campanulée à 5 lobes courts étamines 5, presque incluses. Baie biloculaire.

BELLADONE COMMUNE (*Atropa belladona*). Elle atteint un mètre et plus de hauteur; sa tige est dressée, robuste, rameuse, finement pubescente;

Fig. 167. — Belladone.

Sommité portant fleur et fruits; corolle détachée ouverte; pisti; racine.)

feuilles assez amples ovales acuminées, entières fleurs assez grandes, solitaires ou géminées, penchées, suivies d'une baie globuleuse d'un noir luisant, de la grosseur d'une cerise, accompagnée du calice persistant.

La Belladone croît aux lieux incultes et ombragés, le long des murs, etc., et elle montre ses fleurs tout l'été. D'une odeur vireuse et d'une saveur nauséeuse, elle fournit un médicament précieux. Toutes ses parties sont employées, à titre de sédatif, d'antispasmodique, d'antitétanique, contre les névralgies, la coqueluche, les rigidités musculaires, les contractions spasmodiques des muscles, les étranglements internes et externes, etc. Son emploi se montre surtout utile : 1° pour dilater la pupille avant de procéder à l'opération de la cataracte; 2° pour dilater le col de la matrice lorsqu'il reste dur, rigide pendant le travail de l'accouchement; 3° pour préserver de la scarlatine. Ses meilleures préparations sont la poudre de la racine (0,05 à 0,10 cent.), l'extrait aqueux ou alcoolique (même dose); et pour l'extérieur l'extrait en pommade, la décoction des feuilles et sommités. Il ne faut pas perdre de vue que la Belladone est douée de propriétés vénéneuses assez énergiques, et qu'elle ne doit être administrée à l'intérieur que sur l'ordonnance d'un médecin. Ses fruits ont causé plus d'un empoisonnement chez les enfants qui ont été assez imprudents pour en manger.

BELLADONE PHYSALOÏDE. Cette espèce, dont les fleurs sont d'un violet clair, est cultivée dans les jardins.

BELLE-DAME (*Pyrameis cardui*). Papillon du genre Pyramus ou Vanesse, remarquable par son élégance et la beauté de ses couleurs. Sa robe brune est ornée, vers le bord des ailes inférieures, de bandes de couleur cannelle foncée, avec 4 ou 5 points noirs et bleus, des taches blanches, fauves et rouges aux ailes supérieures, sur lesquelles on distingue 5 petits yeux.

Ce papillon a cela de particulier qu'il est répandu sur presque toute la surface du globe, sans que la différence des climats le fasse varier, et qu'après avoir été commun dans certaines localités, il en disparaît complétement. Il paraît tout l'été et même dans l'automne, visitant surtout les fleurs de navette, volant encore sur le tard et se laissant facilement prendre. La chenille de ce Lépidoptère est épineuse; elle se montre en juin et août, vivant solitaire sur le chardon et l'artichaut; puis, s'étant nourrie et développée aux dépens du parenchyme des feuilles, elle se construit une demeure en rapprochant quelques feuilles qu'elle cimente de sa soie. La chrysalide est angulaire, nue, suspendue par la queue, de couleur grisâtre avec des points dorés plus ou moins nombreux.

BELLE-DAME. On donne ce nom à la *Belladone*, à l'*Arroche*. — V. ces mots.

BELLE-DE-JOUR. Espèce de Liseron qui ne s'épanouit que pendant le jour. — V. *Liseron*.

BELLE-DE-NUIT. Nom vulgaire d'une espèce du genre *Nyctage*. — V. ce mot.

BELLE-D'UN-JOUR. C'est le nom de l'*Asphodèle* et de l'*Hémérocalle*. — V. ces mots.

BELLOTTE. Nom d'une variété de Chêne vert, à feuilles rondes, dentées-épineuses, que l'on trouve dans le midi de l'Europe, et dont les glands allongés sont alimentaires, ce qui peut expliquer l'assertion des anciens, prétendant que l'homme des premiers âges vivait de glands.

BELOSTOME (*Belostoma*). Genre d'Hémiptères de la famille des Hétéroptères, habitant les régions intertropicales, et remarquables par leur grandeur,

qui atteint 3 à 5 cent. « Ce sont de terribles punaises : il est prudent, quand on les saisit, de ne pas s'exposer à sentir les atteintes de leur suçoir robuste. » Les femelles portent leurs œufs fixés sur le dos. — V. *Nèpe*.

BELZÉBUTH. Espèce de Singe du genre *Atèle*. — V. ce mot.

BEMBEX (*Bembex*). Genre d'Insectes de l'ordre des Hyménoptères, famille des Fouisseurs, assez semblables aux Guêpes, dont ils diffèrent pourtant par leur tête transverse, aussi large que le corselet, par leurs yeux grands, leurs mandibules et leur labre allongés, leurs jambes courtes et munies de poils ou cils qui les rendent propres à fouiller le sable; leur abdomen est renflé en forme de toupie (*bembex*).

Ces insectes, propres aux pays chauds, habitent les lieux sablonneux et exposés au soleil, où la femelle creuse des trous assez profonds dans lesquels elle dépose un œuf et empile des diptères qui serviront de nourriture à la larve qui va naître. Mais, pendant son absence, il arrive souvent qu'un autre insecte, le *Narpès pincarnat*, entre dans son nid et y pond un œuf dont la larve vivra aux dépens du véritable propriétaire.

Le **BEMBEX A BEC** (*B. rostrata*) est une espèce de nos climats qui se voit aux environs de Paris dans le mois de juillet. Il a 2 centim. de long et est noir, avec cinq bandes jaune citron.

BEMBIDION (*Bembidion*). Genre de Coléoptères pentamères, famille des Carabiques, très petits insectes caractérisés par le dernier article de leurs palpes qui est beaucoup plus petit que le précèdent. Ils vivent au bord des eaux, sous les pierres des sables humides, sous les débris de végétaux, et courent sur la vase.—On en distingue plus de 200 espèces dont le plus grand nombre appartient à l'Europe. —Le B. **DES PIERRES** (*B. rupestris*) est commun dans les environs de Paris.

BENGALI. C'est le nom d'un joli petit Oiseau du genre Gros-bec, et de deux Poissons des genres, Holocentre et Chetodon.

BÉNITIER. Genre de Mollusques acéphales renfermant les plus grandes Coquilles connues. Le *Tridacne géant* se distingue surtout sous ce rapport. — Ce sont deux de ces coquilles, données à François Ier, par la République de Venise, qui forment les bénitiers de l'église Saint-Sulpice à Paris.

BENJOIN. Résine qui découle d'une espèce d'*Aliboufier*. — V. ce mot.

BENOITE (*Geum*). Genre de Plantes de la famille des Rosacées, vivaces, herbacées; souche épaisse; feuilles radicales pinnatiséquées, les caulinaires trilobées, stipules très amples fleurs jaunes solitaires terminales : calice à 5 divisions, muni d'un calicule ; 60 à 70 étamines ; carpelles groupés en une tête globuleuse sur un réceptacle cylindrique hérissé ; styles s'accroissant longuement après la floraison, genouillés dans leur partie supérieures.

La Benoite commune (*G. urbanum*), vulg. *Galiote, herbe de Saint-Benoît, Recise*, a des tiges de 4-9 décim., rameuses, un peu velues ; des

feuilles alternes ailées, dentées, devenant plus simples à mesure qu'elles se rapprochent du sommet. Fleurs petites, dressées, jaunes : calice vert, pubescent ; capitule des carpelles sessile au fond du calice. — Cette plante croit sur la lisière des bois, dans les lieux pierreux ombragés, où elle est assez commune et montre ses fleurs en juin-juillet. Sa racine, qui est courte et tronquée, douée d'une odeur aromatique prononcée et d'une saveur amère acerbe, a été vantée comme tonique astringent dans les débilités, les diarrhées chroniques, les hémorrhagies passives. La Benoite est, de plus, un bon fourrage pour les chevaux, les bœufs, les moutons, etc.

Benoite aquatique (*G. rivale*). Cette espèce est un peu moins élevée ; ses fleurs sont d'un jaune rougeâtre avec le calice rougeâtre aussi, très velu, à divisions dressées après la floraison ; capitule des carpelles longuement stipité au-dessus du fond du calice. — Elle croit aux lieux humides des bois, au bord des ruisseaux, pour fleurir en mai-juillet. Mêmes propriétés.

BERBÉRIDACÉES. Famille de Plantes dicotylédones polypétales hypogynes, comprenant des arbrisseaux ordinairement épineux, rarement des végétaux herbacés. Fleurs disposées en grappes ou panicules, hermaphrodites, à 4-6 sépales inégaux, libres, caducs ; à 6-8 pétales disposées sur deux rangs ; étamines en nombre égal à celui des pétales, à anthères s'ouvrant de la base au sommet. Ovaire libre à une seule loge. Baie à une loge polysperme. — Le seul genre indigène est le *Berbéride* ou *Épine-vinette*.

BERBÉRIDE (*Berberis*) ou Épine-vinette, Vinettier. Genre type de la famille des Berbéridacées. Arbrisseau épineux de 1 à 3 m., à feuilles disposées en fascicules alternes, ovales, dentées en scie à leur contour ; fleurs jaunes, disposées en grappes pendantes, qui naissent du centre des groupes de feuilles, et qui sont remplacées plus tard par des baies oblongues d'un rouge vif.

L'Épine-vinette croit dans les haies, au bord des bois ; elle développe ses fleurs en mai-juin. A ce moment, elle répand une odeur quelque peu fétide. Ses fruits, qui mûrissent à la fin de l'été, contiennent un suc acide qu'on emploie pour préparer des boissons, des gelées, un sirop. Ses feuilles sont broutées par les vaches, les chèvres, les moutons, et l'on dit qu'elles se mangent comme l'oseille. L'écorce et la racine fournissent une couleur jaune employée en teinture. Le bois est recherché par les cordonniers pour chevilles.

BERCE (*Heracleum*). Genre d'Ombellifères ne comprenant qu'une seule espèce, la B. branc-ursine (*Heracleum sphondylium*), qui, après l'Angélique, est la plus grande Ombellifère de notre pays. Plante bisannuelle, à tige robuste, fistuleuse, sillonnée ; à feuilles pinnatiséquées ; fleurs blanches, en ombelles ; involucre caduc, et involucelles. La Berce est très commune dans les prés humides, aux bords des fossés, etc. Elle nuit beaucoup aux prairies lorsqu'elle se multiplie ; mais, pour la détruire, il suffit de la couper contre terre au moment de la floraison. On la donne aux vaches qui l'aiment beaucoup. Dans le nord de l'Europe, on en retire une liqueur très enivrante. Ses propriétés médicales sont à peu près nulles.

BERGAMOTTIER. Espèce d'Oranger, cultivé dans le midi de l'Europe, qui donne le fruit nommé *Bergamotte*, duquel on retire une essence très employée dans la parfumerie.

BERGERONNETTES (*Budytes* et *Motacilla*). Famille d'Oiseaux de la tribu des Becs-fins, constituant un petit groupe naturel caractérisé ainsi : bec droit, grêle ; narines basales, ovoïdes, à moitié fermées par une membrane nue ; tarses deux fois plus longs que le doigt du milieu ; ongle du pouce long, courbé ; queue longue, égale, sans cesse balancée de haut en bas, d'où le nom de *Hoche-queue* donné à l'oiseau.

Les oiseaux de ce nom forment deux sous-genres : les Bergeronnettes et les Lavandières, qui sont insectivores et qui nichent sous les tas de pierres, dans les trous ou dans les herbes. Le printemps provoque chez eux une mue, et, à l'époque des amours, les mâles se parent de couleurs plus brillantes que les femelles; hors ce temps, il est difficile de les distinguer de ces dernières. Il y a toutefois cette différence entre les deux sous-genres, que les Bergeronnettes fréquentent le milieu des prairies, suivent les troupeaux, voltigent autour du laboureur, accompagnent la charrue pour saisir les vermisseaux, tandis que les Lavandières se tiennent habituellement au bord des eaux, rôdent autour des lavoirs et des buanderies. — Il sera spécialement question de ces dernières au mot *Lavandière*.

Fig. 169 et 170. — Bergeronnette printanière (mâle et femelle).

BERGERONNETTE PRINTANIÈRE (*B. flava*). Cet oiseau a le dessus de la tête, la nuque et les joues d'un cendré bleuàtre, la région du croupion vert olive, et les rectrices noirâtres, avec le bec, les pieds et les iris noirs. — Il paraît, en France, au printemps, formant des bandes plus ou moins nombreuses qui, l'été, fréquentent les terres labourées, se tiennent dans les prairies ou se mettent à la suite des troupeaux pour faire la chasse aux insectes, et qui, l'hiver, changent de climat ou se séparent et se retirent sur le bord des ruisseaux.

La Bergeronnette est l'amie des troupeaux, du berger, de la vie pastorale; on la voit se poser quelquefois sur le dos des vaches et des moutons, et l'on dit même qu'elle avertit de l'approche du loup et de l'oiseau de proie. Elle fait son nid à la fin d'avril, et couve deux fois par an. Son ramage est un petit chant doux et comme à demi-voix qu'elle fait entendre dans sa retraite d'hiver, et qui est bien différent du cri aigu qu'elle jette en passant pour s'élever en l'air. Elle ne peut vivre lorsqu'elle perd sa liberté.

BERGERONNETTE JAUNE (*B. boarula*). Cette espèce, qui reste chez nous toute l'année, est cendrée dessus, jaune clair dessous; gorge d'un noir bordé de blanc, noir qui disparaît après la mue. — Elle habite toute l'Europe; on la trouve surtout plus communément dans le nord. Ressemblance physique et habitudes avec la précédente.

BERGERONNETTE CITRINE (*B. citreola*). Elle a le sommet de la tête, comme les parties inférieures, d'un jaune citrin très pur; sur l'occiput un croissant noir qui disparaît après la mue; parties supérieures et côtés de la poitrine et du ventre d'un cendré bleuàtre; rémiges et rectrices noirâtres, les deux extérieures d'un blanc pur. — Cette espèce est très rare; elle habite la Russie orientale, la Crimée et l'Asie.

Fig. 171 et 172. — Bergeronnette citrine (mâle et femelle).

BERGERONNETTE GRISE. — V. *Lavandière*.

BÉRIS (*Beris*). Genre de Diptères xytophages, de petite taille, ayant l'écusson armé de 6 épines, l'abdomen plat, et vivant les uns dans les bois, où ils sucent la carie des arbres, les autres dans les environs des marécages. — On compte neuf espèces de ces insectes, dont trois se trouvent aux environs de Paris, le *B. nigritarsis*, le *B. nitens*, le *B. clavipes.*

BERLE (*Sium*). Plantes vivaces, herbacées, de la famille des Ombellifères, vivant dans les ruisseaux, les fontaines, les fossés aquatiques, sur le bord des étangs. — Deux espèces principales :

La BERLE A FEUILLES ETROITES (*S. angustifolium*), vulg. *Ache d'eau*, s'élève à 4-8 décim.: sa tige droite, rameuse, fistuleuse, porte des feuilles alternes, ailées ; des fleurs disposées en ombelles, blanches, munies d'un involucre de 5-6 folioles lancéolées inégales, et d'involucelles.—Cette plante se rapproche de l'Ache pour ses qualités physiques et ses propriétés médicales.

La BERLE A FEUILLES LARGES (*S. latifolium*) est un peu plus grande; ses feuilles sont à segments lancéolés finement dentés en scie. — Plante inusitée. Les vaches la recherchent avec une sorte de passion, mais elle peut leur être nuisible, surtout en été.

BERMUDIENNE (*Sisyrinchium*). Genre de Plantes de la famille des Iridacées, qui se compose d'un grand nombre d'espèces propres à l'Amérique méridionale, et dont quelques-unes sont cultivées dans nos jardins. — La B. GRAMINÉE est l'espèce que nous connaissons le plus. Elle forme, dans les terrains humides pendant l'hiver et secs l'été, des gazons très élégants lorsqu'elle est en fleur, mais que les bestiaux ne mangent point; ses fleurs sont bleues. — On mange les bulbes de la B. BULBEUSE: ils ont un goût exquis. Cette espèce a des fleurs blanches.

BERNACHE. Sous-genre de Canards créé par Cuvier, très voisin des Oies, dont le bec est court, menu, etc. — La B. NONNETTE habite les régions septentrionales, d'où elle nous arrive quelquefois en hiver. Son plumage est agréablement varié de blanc et de noir. Sa chair est très bonne; elle s'apprivoise facilement et se propage en captivité. On a cru, d'après une fable, qu'elle naissait sur les arbres comme un fruit, et l'on en fit un gibier maigre. — La B. ARMÉE est remarquable par l'éclat de ses couleurs et l'éperon orné qui arme le poignet de l'aile. Son attachement pour ses petits lui a valu la vénération des anciens Égyptiens.

BERNACHES. Mollusques acéphales, autrement dire Coquillages univalves qui s'attachent à la carène des navires non doublés en cuivre. Ils se multiplient de telle sorte qu'ils finissent par former une croûte épaisse, dure, raboteuse et de couleur livide.

BERNARD L'HERMITE. Espèce de Crustacé du genre *Pagure.* — V. ce mot.

BÉROÉ (*Beroe*). Genre de la classe des Acalèphes libres, famille des Méduses, zoophytes à corps globuleux, garni de côtes saillantes hérissées de filaments ou de dentelles vasculaires, où s'opère une sorte de mouvement de fluide; la bouche est à une extrémité. — Composés d'une sorte de gélatine transparente, ces animaux se résolvent en eau pour peu qu'on les blesse en les touchant, et hors de leur élément ils ne constituent qu'une masse informe semblable à un blanc d'œuf. Ils sont très phosphorescents, et produisent dans l'eau l'effet d'étoiles. Ils sont si nombreux quelquefois que leurs masses couvrent la mer dans un espace de plusieurs lieues. On ignore leur mode de nutrition et de reproduction.

BÉRYL. Nom donné : 1° à une variété d'émeraude non colorée en vert pur, souvent à toutes les espèces comme terme spécifique; 2° à certaines variétés de quartz et de topazes.

BÉTAIL (ÉLÈVE DU). Si chaque espèce animale a un type primitif, possédant au plus haut degré les qualités originelles qui la caractérisent, ce type s'est, à la longue, divisé en types secondaires ou races, soit par des causes naturelles (climat, sol), soit par des causes artificielles, telles que les métamorphoses que l'homme a imposées à certains animaux réduits par lui à l'état de domesticité. Toutes ces transformations si nombreuses ont été produites par les influences hygiéniques, tantôt seules, tantôt combinées avec un accouplement méthodique. Cette pratique, qui n'était d'abord qu'une routine, a eu sa théorie, ses règles, et est devenue un art qu'un fermier anglais, Backwell, a fait progresser, dans le siècle dernier, en développant les aptitudes particulières dans les animaux, en spécialisant leurs organisations et leurs races, ainsi que leurs genres de travaux et leurs services. Mais si l'hygiène bien comprise et l'accouplement méthodique combinés ont le pouvoir de créer des races artificielles, à une seule fin, ce résultat ne peut s'obtenir de la nature, qui lutte contre la violence qui lui est faite, qu'à la dixième génération au plus tôt, et il n'a pas fallu moins de quarante ans à Backewell pour pétrir et modeler sa race de moutons de Dishley.

C'est à créer une race bovine, spécialement destinée à la boucherie, que Backewell s'attacha d'abord. Il voulut qu'elle fût bonne consommatrice, c'est-à-dire que d'une quantité donnée de nourriture elle retirât le plus de viande possible. Il voulut en outre qu'elle fût d'un engraissement précoce; car il importe beaucoup à un éleveur de pouvoir engraisser ses bestiaux une ou deux années plus tôt que plus tard. Mais ce n'est pas tout. Il vit nettement que, parmi les diverses parties qui composent un animal de boucherie, quelques-unes n'ont qu'une très faible valeur, d'autres n'en ont qu'une médiocre, d'autres enfin en ont une supérieure, et que toutes cependant coûtent autant à produire, exigent pour leur formation autant de nourriture; et il s'étudia dès lors à les développer spécialement aux dépens des secondes et surtout des premières. Il disait plaisamment à ses voisins qu'il était bien décidé désormais à ne plus faire produire à son foin et à ses turneps que de bons premiers morceaux.

« Comme il avait posé le problème, il le résolut. Il créa une race à ossature peu massive, avec des extrémités courtes et menues, une tête fine et légère, une encolure courte, peu chargée (la chair de cette partie nommée viande de collet étant peu estimée); une forme de corps à peu près cylindrique, très favorable par conséquent au jeu des organes respiratoires et digestifs. Mais les parties postérieures du corps, qui sont les plus savoureuses et les plus recherchées, et en particulier les muscles lombaires et dorsaux, vulgairement appelés *filet*, avaient été développées dans des proportions considérables, grâce à des frictions et à des lotions habilement pratiquées. Backewell montra même à Londres un bœuf dont l'aloyau était démesurément gras, tandis que le reste de sa chair l'était moins qu'à l'ordinaire.

« Il lui parut que les cornes, dans la race bovine, étaient non-seulement inutiles, mais dangereuses. Souvent elles portent préjudice aux jeunes plantations: dans les luttes des animaux entre eux, elles occasionnent des blessures graves, provoquent de fréquents avortements. Il voulut donc que la race qu'il créait fût exempte de cornes; il y réussit.

« Pour la race ovine, il se posa un problème plus compliqué encore. Il voulut à la fois développer chez ses moutons les parties de choix, sous le rapport de la viande; améliorer leur laine; multiplier leurs portées doubles: leur assurer en même temps une vigueur, une rusticité de constitution, qui leur rendit l'acclimatement facile, puis leur permit de se transporter non-seulement dans les provinces de la Grande-Bretagne, mais même de s'exporter dans d'autres pays de latitude toute différente. Son succès fut complet, et c'est celui dont il était le plus fier.

« C'est aussi à Backewell qu'est due cette belle race de gros chevaux qui font le service du roulage de Londres. Ce fut sa troisième grande création. Il s'occupa aussi du porc. C'est sur ses dessins, pour ainsi dire, qu'a été formée la race anglo-chinoise, qui résulte du croisement de l'espèce européenne avec celle de la mer du Sud, qui s'engraisse plus vite et avec moins de frais que toute autre, et, au moment de l'abat, laisse moins de déchet. Elle n'est qu'une nouvelle application des principes posés par lui.

« Quand on examine les diverses races élaborées par Backewell, on est frappé de la ressemblance qu'elles présentent. Toutes offrent la même complexion humide, la même forme cylindrique, la même pesanteur. C'est qu'il faisait surtout de la viande, c'est qu'il travaillait dans un pays où, d'une part, elle est beaucoup demandée et chèrement payée, où, de l'autre, elle est facile à produire, vu l'humidité du climat, l'abondance et la richesse des pâturages. D'ailleurs, tous les grands artistes ont chacun leur organisation spéciale, qui leur permet de mieux sentir et reproduire certaines

formes, ont chacun leur style; Backewell a aussi le sien.

« Parmi les races bovines qui ont été créées en si grand nombre, suivant les convenances locales, les unes ont toutes les aptitudes de l'espèce, fournissent à la fois, et dans une mesure assez grande, du travail, du lait et de la chair; celle de Schwytz, par exemple, une des plus précieuses qui existent. D'autres n'ont que deux aptitudes: celle de Durham est tout à fait impropre au travail; mais elle fournit d'abondantes laitières et des bœufs de boucherie énormes et d'une saveur des plus délicates. D'autres, enfin, n'ont qu'une aptitude, mais développée au plus haut degré. C'est ainsi que la vache de Fribourg, complétement inapte à l'engraissement comme au travail, offre des mamelles énormes d'où découlent des torrents de lait, 24 et souvent 30 litres par jour; c'est ainsi que la race auvergnate de Salers, dont le lait est fort peu abondant, l'engraissement long et coûteux, la chair peu estimée, est, par contre, le plus recherché des travailleurs: doux, docile, intelligent, résistant à tous les travaux comme à toutes les intempéries, d'un entretien peu dispendieux.

« Les innombrables races de moutons peuvent se rapporter à deux genres bien distincts: celles des plaines humides, qui ont la laine longue; celles des lieux secs et élevés, qui ont la laine frisée. Parmi les premières, la plus précieuse est celle de Dishley; parmi les secondes, celle des mérinos.

« Les mérinos, introduits en France en 1786, forment aujourd'hui deux races parfaitement distinctes. La primitive, celle de Rambouillet, est à deux fins; elle fournit également de la bonne laine et de la bonne viande. Celle de Naz est à une seule fin, au contraire. On l'a à dessein débilitée pour en obtenir une laine plus soyeuse; on l'a délicatisée pour en délicatiser la laine. La Saxe qui, 23 ans avant la France, obtint de l'Espagne un troupeau de mérinos, sacrifia également à la finesse de la laine toutes les autres qualités de l'animal, et se créa ainsi un monopole pour la confection de certaines étoffes.

« Quant aux races de chiens, on en compte plus de cinquante, toutes distinctes sous le rapport de la conformation, du manteau, de la taille, comme aussi de l'intelligence et des mœurs. Lorsqu'on compare un dogue avec un épagneul, un chien de berger avec un lévrier, un chien courant avec un barbet, etc., on ne croirait pas qu'ils appartiennent à la même espèce. C'est que le chien est de tous les animaux le plus modifiable.

« Mais de toutes les transformations animales opérées par l'homme, la plus extraordinaire peut-être, c'est le cheval de course anglais, qui, dans sa spécialité, étroite, il est vrai, ne trouve de rivaux nulle part, pas même en Arabie, et qu'on pourrait appeler le lévrier de la race chevaline.

« Voyez comme toutes les conditions organiques, en harmonie avec l'aptitude qu'on lui demandait, ont été réalisées à la fois en lui et au plus haut degré: légèreté des parties transportées, énergie des parties transportantes. La longueur et l'étroitesse du corps, la forme rentrée du ventre, la hauteur et la rectitude des membres, l'étendue et la carrure de la croupe, la grande élévation du garrot, la direction en avant de la tête comme chez tous les animaux coureurs, direction si favorable à la rapidité des allures et à la facilité de la respiration : tout a été admirablement calculé pour obtenir la progression en avant la plus directe, la plus étendue et la plus rapide.

« Chez le cheval de course anglais, d'ailleurs, tous les organes ont un développement remarquable : le cerveau, le cœur, les poumons eux-mêmes, dont la longueur compense bien au-delà le défaut de largeur. Mais pour le physiologiste, le travail le plus remarquable de cette organisation, c'est la sécheresse extrême de la fibre et la vivacité singulière du système nerveux. Avoir naturalisé et perfectionné dans un pays humide, froid et sombre, un type animal qui doit surtout ses caractères à une atmosphère sèche, abondamment pénétrée de chaleur et de lumière ; avoir créé en Angleterre une race plus orientale, pour ainsi dire, que la race même de l'Orient, n'est-ce pas le chef-d'œuvre de l'hygiène ?

« Rapprochez maintenant de leur type primitif les nombreuses races créées par l'homme, et vous verrez qu'elles ne tiennent pas moins de lui que de la nature. Comparez, par exemple, le lapin et le lièvre ; le premier a la chair lâche, molle, blanchâtre, inodore, fade, énervante ; le second a la chair serrée, ferme, si rouge qu'elle en est noire, pleine de saveur et de fumet, nourrissante et stimulante au plus haut degré. Comparez notre porc et le sanglier.

« Quel contraste entre notre âne, lourd, stupide, rebutant, tel que l'ont fait, en un mot, nos mauvais traitements, et celui qui vit à l'état de liberté, au milieu des steppes de la Tartarie ou dans les déserts de l'Arabie, et qui est cité par tous les voyageurs pour la beauté et l'élégance de ses formes, la vivacité de ses mouvements, la légèreté de ses allures, la noblesse et la fierté de son caractère.

« Mais aussi quelle différence entre le régime des animaux sauvages et celui des animaux domestiques ! comme tout tend à fortifier et endurcir les premiers : un exercice continuel au grand air et au milieu de variations atmosphériques incessantes ; une nourriture, ordinairement peu abondante, mais par cela mieux digérée, composée d'ailleurs soit de végétaux de haut goût, acides, âpres, amers, aromatiques, soit d'animaux qui en ont vécu, par conséquent fortement stimulante ; la liberté, l'indépendance ; la nécessité de subvenir eux-mêmes à leurs besoins, de supporter parfois la faim et la soif, de lutter contre leurs ennemis, et par suite de fortes émotions qui continuellement secouent et trempent leur système nerveux.

« Des faits que nous avons cités et qu'il nous eût été aisé de multiplier bien davantage, tant la matière est vaste et riche, il ressort que, grâce à l'hygiène, l'homme maîtrise l'organisme animal, le pétrit et le façonne, pour ainsi dire, selon ses désirs. » — (L. Rochat).

BÊTE DE GÉVAUDAN. Tout porte à croire que l'animal carnassier qui désolait une portion du département de la Lozère et surtout les environs de Vialas, vers la fin du dernier siècle, était une Hyène : il paraît même certain qu'il devait y en avoir plusieurs, car après que les habitants en eurent blessé une à mort, ils en revirent une autre pendant trois années consécutives. « Cet animal féroce se jetait particulièrement sur les femmes et les enfants qu'il emportait dans les montagnes, où l'on en retrouva les restes. Ses pattes de devant, plus longues que celles de derrière, et ses oreilles droites, sont restées dans la mémoire de quelques vieillards de la contrée et laissent peu de doute sur l'identité de cette bête carnassière avec la Hyène. D'où venait-elle ? On ne l'a jamais su : mais on peut supposer qu'elle s'échappa de quelque ménagerie ambulante et que le propriétaire en garda le secret. »

Walckenaër, dans son mémoire sur les Gabali, dit de son côté : « C'est dans le canton de la Planèse, à 4,000 toises à l'ouest de Saint-Flour, au petit village nommé les Ternes, près du pont et dans le bois qui est sur la droite, que l'on tua, en 1787, ce terrible Lynx qui s'est acquis, sous le nom de *Bête de Gévaudan*, presque autant de renommée qu'un conquérant. »

BÉTEL (*Piper betel*). Espèce du genre Poivrier, plante grimpante cultivée dans plusieurs parties de l'Asie. Les Indiens se procurent avec ses feuilles, le fruit de l'Arec et de la chaux vive, une préparation, également nommé *Bétel*, qui est un masticatoire extrêmement en usage pour stimuler l'estomac, raffermir les gencives, etc. Mais cette drogue à l'inconvénient de détruire les dents.

BÉTOINE (*Betonica*). Plante de la famille des Labiées, de 3 à 6 déc. de hauteur ; à tige dressée, simple, pubescente, ne portant qu'une ou deux paires de feuilles opposées dans le haut, la plupart des autres étant radicales, oblongues, velues. Fleurs purpurines, disposées en glomérules pluriflores opposés, rapprochés en épi terminal ; calice tubuleux, 5-denté ; corolle dépassant le calice, à lèvre inférieure étalée, 3-lobée ; étamines 4, rapprochées parallèles sous la lèvre inférieure ; 4 akènes oblongs au fond du calice (ci contre la figure).

La Bétoine croît communément dans les taillis, les pâturages où elle montre ses fleurs tout l'été. Son odeur est faiblement aromatique, sa saveur amère, et pourtant elle jouit de propriétés assez actives, car ses feuilles sont sternutatoires, sa racine émétique et purgative. Les anciens lui attribuaient une foule de vertus bienfaisantes ; mais ils ne l'ont pas préservée de l'oubli dans lequel elle est aujourd'hui tombée.

BETTE (*Beta*). Genre de Plantes de la famille des Chénopodiacées, annuelles, dont les fleurs sont verdâtres, et les calices fructifères soudés entre eux dans chaque glomérule.

Fig. 173. — Betoine.

(Corolle vue de face ; calice ouvert dans lequel on voit le pistil.)

La **Bette-poirée** (*B. cicla*) a une tige de 8 à 15 décim., anguleuse, rameuse, garnie de larges feuilles ovales, portées sur des pétioles épais, d'un vert rougeâtre. Ses fleurs, disposées en épis longs, sont petites, réunies 3 ou 4 ensemble. — C'est une plante potagère dont les feuilles adoucissent l'acidité de l'oseille. On s'en sert aussi en médecine pour panser les vésicatoires. — Cette espèce offre trois variétés : une seule, la *Carde-poirée*, est remarquable par ses feuilles d'un blanc jaunâtre dont la côte ou nervure médiane est très large.

La **Bette-rave** (*B. vulgaris*) se distingue par sa racine très grosse, napiforme, charnue, rouge ou jaunâtre, que l'on cultive en grand depuis que Margraff, en 1747, reconnut dans cette plante, restée jusque-là insignifiante, la propriété de donner un sucre identique à celui de canne.

Les principales variétés qu'il importe de cultiver sont : la *B. champêtre*, qu'on mange cuite ou en salade et qui est bonne pour les bestiaux ; la *B. blanche* de Silésie, introduite en France en 1815 : elle contient la plus forte proportion de sucre ; la *B. jaune*, de Castelnaudary, assez riche en sucre, mais dégénérant facilement.

Le produit moyen des Betteraves est de 30,000 kil. par hectare. La larve du hanneton ou ver blanc leur est redoutable. Elles sont aussi exposées à diverses maladies.

BETTERAVE. — V. *Bette*.

BÉTULACÉES. Petite famille de Plantes voisine des Cupulifères, dont elle ne diffère que par l'absence du périanthe dans ses fleurs femelles et par l'ovaire libre. — Genres principaux : *Aune*, *Bouleau*.

BÉZOARD (du pers. *bedzahar*, antidote). Concrétion calculeuse (V. *Calculs*) de nature variée, ordinairement formée de carbonate de chaux et de phosphate ammoniaco-magnésien, se rencontrant dans le tube alimentaire des herbivores, et qui, due à des couches calcaires concentriques, acquiert un volume parfois considérable. La gazelle, le lama, le caïman, le crocodile, etc., sont les animaux qui en fournissent le plus souvent. Ces productions ont joui, dans les siècles d'ignorance, d'une réputation immense, à titre de remède à tous maux, et de talisman contre les maléfices. On se les procurait à prix d'or pour les porter en guise d'amulette.

On trouve souvent dans l'estomac des ruminants, surtout chez le Bœuf, des concrétions qu'on a cru être des Bézoards, mais qui sont formées simplement des poils que ces animaux avalent en se léchant : on les nomme *ægragopiles*, *bulithes*. Les paysans supposent qu'un sort a été jeté sur les animaux qui les présentent.

BIBION (*Bibio*). Genre de Diptères de la famille des Némocères, démembré des Tipules, dont la tête est large, arrondie, chez les mâles, et au contraire presque carrée, allongée méplate chez les femelles ; antennes courtes, de 9 articles ; palpes filiformes ; 3 petits yeux. Le corselet est très élevé chez les femelles qui paraissent à cause de cela comme bossues ; leur abdomen est aussi un peu plus renflé.

Ces insectes paraissent en grand nombre à la fois : on les appelle vulgairement *Mouches de saint Marc, de saint Jean*. Ils sont lourds, faciles à prendre, inoffensifs d'ailleurs. La ponte s'opère en terre ; les jeunes larves cherchent les bouses de vache dès qu'elles sont écloses ; elles opèrent plusieurs changements de peau avant de passer à l'état d'insecte parfait.

BICHE. Femelle du *Cerf*. — V. ce mot.

BIDENT (*Bidens*). Genre de Plantes de la famille des Composées, annuelles, à feuilles opposées et à fleurs jaunes, etc. — L'espèce principale est le B. **Chanvre d'eau** (*B. tripartita*), qui a une tige de 20 à 60 cent., rameuse dès la base, glabre, munie de feuilles tripartites ; capitules dressés, à fleurons tous tubuleux ; akènes terminés par 2 ou 3 arêtes. — Cette plante croît aux lieux humides et fleurit à la fin de l'été.

BIGARREAUTIER. Espèce du genre *Cerisier*. — V. ce mot.

BIGNONE ou **Bignonie** (*Bignonia*). Genre de Plantes de la famille des Bignoniacées, dont on compte environ 80 espèces. Ce sont des arbres, ou plus souvent des arbrisseaux grimpants originaires des contrées tropicales, qui ont pour caractères génériques : calice monosépale à 5 divisions ; corolle à tube court, a gorge ample, à limbe ord.

bilabié; étamines 4, didynames, ou 2 par avortement; ovaire entouré d'un anneau charnu, à 2 carpelles. Feuilles opposées; fleurs disposées en panicule.

Plusieurs Bignonies sont élevées en Europe, dans les serres. Une seule espèce s'est acclimatée dans notre climat, c'est la Bignone orangée (*B. capreolata*); elle offre des fleurs réunies plusieurs ensemble et formant de petits bouquets mêlés de pourpre et d'orange.

BIGNONIACÉES. Famille d'Arbres, d'Arbrisseaux, plus rarement de Plantes herbacées toutes exotiques, dont la tige est souvent sarmenteuse et garnie de vrilles. Feuilles ordinairement opposées et ternées, rarement alternes, le plus souvent composées; fleurs terminales ou axillaires, diversement groupées, dont les caractères sont ceux exposés ci-dessus. — Les principaux genres sont les suivants : *Bignone, Catalpa, Jacaranda, Sésame*, etc.

BIMANE (qui a deux mains). Premier ordre de Mammifères, comprenant l'*Homme* et l'*Orang-outang*, qui n'ont en effet que deux mains; tandis que les Quadrumanes (V. ce mot) en présentent quatre, une à chaque membre. Cet ordre est un sujet de division parmi les zoologistes. Les uns l'adoptent complètement, rapprochant plus l'Orang-outang de l'Homme que des Singes; les autres au contraire le repoussent, rayant de la classe des Mammifères l'Homme, qu'ils placent en dessus et en dehors de la série animale, dont il forme le couronnement, sans en faire partie intégrante.

Quoi qu'il en soit, si l'on comprend l'Homme dans la classification animale (et comment s'en dispenser?), il doit être considéré comme seul genre de son ordre, et dès lors les Bimanes ne se composeront que de cet être à part, si distinct de tous les autres par son organisation et ses facultés intellectuelles et morales. — V. *Homme*.

BINNI. Poisson du genre Cyprin, très abondant dans le Nil et fort recherché des Arabes. L'éclat argenté dont brillent ses écailles le fait facilement reconnaître.

BINOCLE (*Binoculus*). Nom donné aux *Apus* et aux *Argules*. — Le B. pisciforme est un petit crustacé à démarche vive, dont la queue est sans cesse en action. Il vit en société nombreuse dans les mares, les ruisseaux, les terrains argileux.

BIPÈDE (*Bipes*). Genre de Sauriens de la famille des Chalcidiens, qui ne présentent pas de pattes antérieures, mais qui ayant à la place des postérieures deux appendices écailleux, semblent marquer le passage des derniers Lézards aux premiers Ophidiens. — On n'en cite qu'une seule espèce; elle fréquente les localités herbeuses de la Dalmatie, de l'Istrie et de la Morée, et se trouve aussi dans la Sibérie méridionale et en Crimée, etc.

BIPHORES. Mollusques acéphales sans coquille, voisins des Ascidies, avec lesquelles ils forment un groupe commun, qui présentent une particularité remarquable. « À l'âge adulte ils sont libres, mais au moment de leur naissance, ils sont souvent réunis entre eux en une longue chaîne, et nagent ainsi pendant longtemps. Les générations qui se succèdent ne se ressemblent pas et se composent alternativement d'individus agrégés et d'individus solitaires: les premiers sont hermaphrodites et produisent chacun un jeune qui vit isolé, mais qui ne possède pas d'organes sexuels, et qui donne naissance par bourgeonnement à une sorte de chaîne d'individus agrégés. Ces animaux bizarres sont assez communs dans la Méditerranée. » — V. *Tuniciers*.

BISCUTELLE (*Biscutella*). Genre de Crucifères du bassin de la Méditerranée, plantes herbacées, à feuilles oblongues, tomenteuses; à fleurs jaunes sans odeur. Usage nul.

BISET. Espèce du genre Pigeon, de couleur gris d'ardoise, avec le tour du cou vert-changeant, une double bande noire sur l'aile, et le croupion blanc. — C'est un oiseau voyageur qui nous abandonne tous les hivers, et qui peut être considéré comme la souche de toutes les variétés de Pigeons domestiques. Il niche dans les trous de rochers, très rarement sur les arbres, comme font les ramiers et les colombins.

BISMUTH. Métal d'un blanc jaunâtre avec reflet rosé (ce qui le distingue de l'antimoine, qui est blanc bleuâtre), fragile, lamelleux, s'égrenant par le choc d'un corps dur, fusible à 250° cent., se cristallisant avec une grande facilité. Il se dissout avec effervescence dans l'acide nitrique, qui l'oxyde et forme un nitrate de bismuth. Dans les méthodes minéralogiques, ce métal est la base d'un genre composé d'au moins six espèces : le *Bismuth natif*, le *B. sulfuré*, le *B. telluré*, le *B. oxydé*, le *B. carbonaté* et le *B. silicaté*. Il se trouve à l'état natif en Saxe, en Bohême, en Norwége, en France.

Le Bismuth s'emploie pour donner à l'étain un degré de dureté suffisant. Il entre dans la composition des caractères d'imprimerie, dans l'alliage fusible de Darcet. Il sert à faire des soupapes de sûreté pour les machines à vapeur. Sa dissolution par l'acide nitrique est employée pour préparer une encre sympathique que le plus léger contact de l'hydrogène sulfuré colore en noir. L'oxyde de bismuth fait la base de quelques pommades pour noircir les cheveux.

BISON (*Bos americanus*). Espèce du genre Bœuf, qui se distingue par des formes trapues, une tête courte et grosse, des cornes petites et distantes l'une de l'autre, de grands poils longs formant une barbe épaisse et pendante sous le menton, un poil noir et laineux couvrant la tête, les joues, le chanfrein, le cou et les épaules; un poil ras aux flancs, à la croupe, aux jambes de derrière, à la queue. Une espèce de bosse graisseuse située sur les épaules fait paraître le train de derrière plus efflanqué. Longueur totale 2 m. 40; hauteur au gar-

rot 1 m. 40, à la croupe 1 m. 30 ; la femelle est moins forte que le mâle.

Le Bison est un Bœuf sauvage de l'Amérique septentrionale, où il vit en troupes très nom-

Fig. 174. — Bison.

breuses, l'hiver dans les forêts, l'été dans les prairies. On l'a confondu très longtemps avec l'Aurochs; mais, outre une différence dans la forme et la taille, il ne présente que 13 paires de côtes, tandis que dans l'Aurochs il y en a 14. Ces animaux sont assez dociles dans leur jeunesse pour être facilement rendus domestiques: leur chair est à peu près semblable pour le goût à celle de notre bœuf. A l'époque du rut, vers le milieu du mois de juin, les mâles se livrent des combats furieux pour la possession des femelles. On les tue à la chasse pour avoir leur suif, leur cuir et leurs cornes, outre leur chair. Une femelle accompagnée de son petit reçoit-elle la mort, celui-ci, dit-on, ne quitte point le cadavre de sa mère qu'emporte le chasseur.

En 1849, M. Lamare Picquot a proposé d'introduire le Bison en Europe pour le faire servir au trait et à l'alimentation. Espérons que cette proposition nous vaudra la conquête d'un animal domestique utile de plus.

BISTORTE (*Polygonum bistorta*). Espèce du genre Renouée, famille des Polygonacées, plante vivace à souche très épaisse, rampante, contournée sur elle-même, ce qui lui a valu le nom de Bistorte. Tiges de 5-8 déc., dressées, simples ; feuilles oblongues, aiguës, à limbe décurrent sur le pétiole, les radicales à long pétiole, les supérieures sessiles. Fleurs roses, petites, en épi compacte, oblong cylindrique, terminal solitaire: styles 3, soudés seulement à la base; stigmates très petits. Fruit environné par le calice persistant.

La Bistorte se rencontre sur les terrains incultes et dans les prairies de la Suisse, de l'Allemagne, de la France, etc.; elle fleurit du mois de mai au

Fig. 175. — Bistorte.

mois de septembre. Si ses feuilles et sa tige, qui sont broutées avidement par les bestiaux, sauf le cheval, sont à peu près sans odeur et insipides on ne peut en dire autant de la racine. Celle-ci en effet jouit de propriétés astringentes qui la recommandent dans le traitement des écoulements muqueux et sanguins atoniques, des diarrhées chroniques, des maux de gorge, en un mot, dans tous les cas où les astringents sont indiqués. Elle a servi au tannage et fourni une substance tinctoriale.

BITUME. Nom générique donné à des substances combustibles dont l'origine et la composition ne sont pas encore bien définies, mais qui se présentent, soit sous forme huileuse, fluide, nageant à la surface des eaux, soit sous forme solide dans la terre, et qui donnent en brûlant une odeur forte, pénétrante, dite bitumineuse. Les principales espèces de Bitumes sont :

1° Le BITUME NAPHTE, liquide, diaphane, incolore ou légèrement ambré, d'une odeur très pénétrante qui éloigne les insectes des étoffes de laine et des fourrures. Cette substance, composée d'hydrogène et de carbone, est rare dans la nature à l'état de pureté. Elle est plus légère que l'eau, brûle avec une flamme qui ne laisse aucun résidu : aussi sert-elle à l'éclairage public des villes de Parme, de Gênes ; ses principales sources d'ailleurs se trouvent en Italie. L'*huile de naphte* sert aussi à conserver des substances qu'on veut soustraire à l'action de l'oxygène, comme le Potassium, le Sodium, etc.

2° Le BITUME PÉTROLE, dit aussi *huile de pierre*, est une sorte de naphte impure, colorée en noir par des matières goudronneuses, de consistance visqueuse, qui brûle en répandant beaucoup de fumée et d'odeur. Cette substance est beaucoup plus commune que le Naphte, qui peut en être extrait par distillation sous le nom d'*huile de pétrole*. Elle peut servir aussi à l'éclairage. On l'a employée en médecine comme vermifuge.

2° L'ASPHALTE est une autre espèce de bitume, dur et cassant comme une résine, qui tire son nom du lac *Asphaltite*, ou *mer Morte*, parce que, sortant de terre au-dessous de ce lac, il vient à la surface de l'eau former des masses plus ou moins considérables.

4° Le BITUME MALTE ne diffère du pétrole qu'en ce qu'il est moins pur et plus dur.

5° Le SUCCIN est rangé par quelques auteurs dans l'espèce de substance appelée Bitume. — V. *Succin*.

BLAIREAU (*Meles*). Genre de Mammifères de l'ordre des Carnassiers, famille des Carnivores plantigrades, ayant pour caractères : corps épais, bas sur jambes ; museau peu allongé ; oreilles courtes, cachées dans les poils qui sont rudes, longs, rares, de trois couleurs ; yeux petits ; queue très courte ; pieds à 5 doigts très serrés et munis d'ongles robustes propres à fouiller. Entre l'anus et la queue, il existe une poche à orifice transversal d'où suinte une humeur grasse très fétide ; six mamelles dont 2 pectorales et 4 ventrales.

Les Blaireaux ont l'air de marcher en rampant, à cause de la brièveté de leurs jambes et de la longueur de leurs poils ; ils vivent principalement de proie ; ils détruisent lapins, mulots, nids d'abeilles, bourdons, sauterelles, serpents, œufs d'oiseaux ; ils vivent presque toujours isolés dans les terriers qu'ils se creusent. La femelle met bas 3 ou 4 petits dans l'été. — On distingue trois espèces de Blaireaux, dont quelques naturalistes font trois sous-genres.

BLAIREAU COMMUN (*M. vulgaris*), ou *Blair. d'Europe*. Cet animal a une longueur totale de 0 m. 75 à 1 m. ; son pelage est d'un gris brun en dessus, noir en dessous, avec une large bande noire de chaque côté de la tête. Il se trouve nonseulement en Europe, mais encore dans l'Amériqu du Nord.

Comme il ressemble beaucoup aux ours, à part

Fig. 176. — Blaireau.

la taille, Linné l'avait placé dans le même genre que ces animaux — Voici comme Buffon décrit ses mœurs : « Il se retire dans les lieux écartés, dans les bois les plus sombres, et s'y creuse une demeure souterraine ; il semble fuir la société, même la lumière, et passe les trois quarts de sa vie dans ce séjour ténébreux, dont il ne sort que pour chercher sa subsistance. Comme il a le corps allongé, les jambes courtes, les ongles, surtout ceux des pieds de devant très longs et très fermes, il a plus de facilité qu'un autre pour ouvrir la terre, y fouiller, y pénétrer, et porter derrière lui les déblais de son excavation qu'il rend tortueuse, oblique, et qu'il pousse quelquefois fort loin. Le renard, qui n'a pas la même facilité pour creuser la terre, profite de ses travaux ; ne pouvant le contraindre par la force, il l'oblige par adresse à quitter son domicile, en l'inquiétant, en faisant sentinelle à l'entrée, en l'infectant même de ses ordures ; ensuite, il s'en empare, l'élargit, l'approprie et en fait son terrier. Le Blaireau, forcé à changer de manoir, ne change pas de pays ; il ne va qu'à quelque distance travailler sur de nouveaux frais à se pratiquer un autre gîte, dont il ne sort que la nuit, dont il ne s'écarte guère, et où il revient dès qu'il sent quelque danger. Il n'a que ce moyen de se mettre en sûreté, car il ne peut s'échapper par la fuite : il a les jambes trop courtes pour pouvoir bien courir. Les chiens l'atteignent promptement lorsqu'ils le poursuivent à quelque distance de son trou ; cependant il est rare qu'ils l'arrêtent tout à fait et qu'ils en viennent à bout, à moins qu'on ne les aide. Le Blaireau a le poil très épais, les jambes, les mâchoires et les dents très fortes, aussi bien que les ongles ; il se sert de toute sa force, de toutes sa résistance et de toutes ses armes, en se couchant sur le dos, et il fait aux chiens de profondes blessures. Il a d'ailleurs la vie très dure ; il combat longtemps, se défend courageusement et jusqu'à la dernière extrémité. »

Le Blaireau est rusé, intelligent et ne donne que très rarement dans les piéges qu'on lui tend. Pris jeune, il s'apprivoise aisément, joue avec les chiens, s'attache même comme eux à la personne qui lui donne des soins ; il mange alors de tout ce qu'on lui donne, dort beaucoup et supporte assez facilement l'abstinence. Sa chair n'est pas absolument mauvaise à manger, et l'on fait de sa peau des fourrures grossières ; de son poil, des pinceaux pour la barbe ; sa graisse passait autrefois pour avoir de grandes vertus médicinales.

Blaireau carkajon. Cette espèce est le *Glouton du Labrador* de Sonnini : ce n'est qu'une simple variété du Blaireau ordinaire, sauf qu'il est plus petit, que sa femelle est plus petite encore, et qu'il habite l'Amérique septentrionale, le pays des Esquimaux.

B. ursitaxe. Espèce propre au Népaul, encore très peu connue.

BLAPS (du grec *blaptô*, nuire). Genre d'Insectes Coléoptères hétéromères, famille des Mélasomes, reconnaissables à leur corps épais, noir, sans ailes, à leurs palpes terminées par un article renflé en forme de triangle ou de hache. — Ces insectes se tiennent dans les lieux humides et sombres d'où ils ne sortent que la nuit pour aller chercher leur nourriture. Leur démarche est rapide, et, lorsqu'on les saisit, ils répandent une li-

queur d'une odeur fétide, analogue à celle exhalée par les Blattes.

Le Blaps commun (*Blaps mortisaga*), qui se trouve à Paris, etc., est considéré par les personnes superstitieuses comme un présage de mort ou *porte-malheur*. On ne sait rien sur la forme et les habitudes des larves de ces insectes, dont il y a un assez grand nombre d'espèces.

BLATTE (du grec *baptô*, nuire). Genre d'Orthoptères, de la famille des Coureurs, insectes qui ont les antennes longues, insérées près du bord interne des yeux, les articles nombreux, très courts et peu distincts ; 4 palpes fort longues, filiformes ; pattes propres à la course ; abdomen terminé par deux appendices ; élytres horizontales. Forme plate et ovalaire, avec la tête inclinée et cachée presque entièrement par le corselet. — Les Blattes volent peu, mais courent avec une grande rapidité. Ils vivent dans les bois et s'introduisent dans nos maisons, où ils deviennent parfois un véritable fléau tant par leur puanteur que par les dégâts qu'ils font, ne sortant que la nuit des trous où ils se confinent pour manger et salir nos comestibles, ronger nos vêtements, nos étoffes. La reproduction présente quelque chose de singulier. L'accouplement se fait de la manière accoutumée, mais huit jours après la fécondation, la femelle pond un ou deux corps capsulaires qui contiennent chacun 16 œufs et qui restent suspendus à l'abdomen jusqu'à ce qu'elle ait trouvé un endroit convenable pour les déposer. Les larves n'ont ni ailes ni élytres, et les nymphes présentent entre le corselet et l'abdomen deux anneaux qui doivent donner naissance aux ailes.

Les principales espèces sont : la Blatte des cuisines, la bête noire des boulangers, car elle aime beaucoup la farine ; sa femelle est privée d'ailes. — La Blatte américaine, importée dans les ports de mer de l'Europe, infeste les magasins de sucre et d'autres denrées coloniales ; — la Blatte laponne se trouve dans le nord de l'Europe, particulièrement dans les cases des Lapons, où elle ronge leurs provisions de poissons desséchés.

BLÉ (*Triticum*). Genre de la famille des Graminées à fleurs hermaphrodites ; 3 étamines, style bipartit, épillets solitaires sur chaque dent de l'axe ; lépicène bivalve contenant de 3 à 6 fleurs ; glume formée de 2 paillettes dont l'inférieure est terminée par une soie. — Nombreuses espèces dont voici les principales :

Blé-froment (*T. saticum*). Plante herbacée, annuelle ; chaque épillet renferme 4 fleurs (2 seulement dans le seigle) ; absence de paillettes sétarées (qui au contraire environnent 2 ou 3 épillets dans l'orge) ; glume non adhérente à la graine.

Tout le monde connaît les précieux usages de cette plante, dont on fait le pain ; mais son origine est bien moins connue, puisque chacun lui assigne une patrie différente et que d'autres prétendent qu'elle est une création de la culture — V. *Égi-*

lops. — On retire de cette céréale la *farine*, le son, l'*amidon*, la *dextrine*, qui sont employés en médecine de diverses manières.

Blé épeautre (*T. spelta*). Dans cette espèce les glumes sont adhérentes autour de la graine en maturité ; les fleurs sont tronquées obliquement et pourvues de 4 barbes ; la couleur du grain est rouge brique (*blé rouge*). — L'épeautre se cultive dans les pays montagneux où il féconde les mauvais sols ; il s'élève peu ; ses épis sont peu allongés, et il fournit un pain abondant, léger et savoureux.

Blé pétanielle ou gros blé (*T. turgidum*). Plante annuelle à feuilles assez larges, linéaires ; épi tétragone, gros, à épillets imbriqués sur plusieurs rangs ; glumes présentant dans toute leur longueur une carène tranchante. — Cultivé en grand, mais moins que les espèces précédentes. Le *Blé de miracle* est une variété à épi rameux très volumineux.

Blé ingrain (*T. monococcum*). Épi comprimé latéralement, à épillets imbriqués sur deux rangs opposés, lesquels sont 3-flores ; grain étroitement renfermé entre les glumelles. — Cette espèce est cultivée, mais assez rarement, dans les terrains maigres.

A ce genre se rapporte aussi le *Chiendent.* — V. ce mot.

On appelle vulgairement *Blé* toute espèce de céréales ; *gros blés*, les froments et les seigles ; *blé méteil*, le blé moitié froment moitié seigle ; *petits blés*, l'orge, l'avoine, le millet, le sarrasin. Employé seul, le mot *blé* signifie toujours le blé-froment.

BLECHNE (*Blechnum*). Genre de Fougères, à feuilles simplement pinnatipartites, les unes stériles, les autres à segments contractés plus étroits ; sporanges disposés en deux lignes parallèles à la nervure moyenne des lobes. — L'espèce B. spicaut est la plus commune chez nous : elle se trouve aux lieux humides des bois montueux.

BLÈTE (*Blitum*). Genre de la famille des Chénopodées, comprenant des plantes annuelles, souvent pulvérulentes, à feuilles alternes, pétiolées, triangulaires, sinuées ; à fleurs verdâtres ou rougeâtres, en glomérules disposés en grappes ou en têtes latérales ou terminales. La Blète est très voisine de l'Ansérine, et ces deux genres s'empruntent leurs espèces dans les divers traités.

Blète arroche fraise (*B. capitatum*). Plante à tige de 3-6 décim., rameuse ; à feuilles charnues, dentées ; à fleurs en glomérules disposés en long épi feuillé. — Elle se rencontre çà et là dans le voisinage des habitations, et est quelquefois cultivée dans les jardins comme plante potagère ; fleurit en juillet-septembre. Adoucissante.

Les espèces B. *virgatum*, B. *spicatum*, etc., diffèrent peu entre elles.

BLENDE (de l'allem. *blenden*, briller). En minéralogie, on donne ce nom au *sulfure de zinc naturel*, ou composé de zinc et de soufre qu'on trouve dans toutes les mines de plomb, et dont l'un des plus beaux gîtes est à Bassége près d'Alais (Gard). La Blende peut s'employer pour la fabrication du laiton.

BLENNE ou **Blennie** (*Blennius*), vulg. *Baveuse*. Genre de Poissons dont le caractère spécial est d'avoir les nageoires ventrales placées en avant des pectorales, et composées de deux rayons. Ils sont petits, à corps allongé comprimé, enduit d'une mucosité particulière ; à tête obtuse, avec le museau court et le front vertical, surmonté de deux tentacules ; dorsale unique, etc. — Ils vivent sur les rivages et parmi les rochers, où ils voltigent et sautent presque à la manière des poissons volants. Ils peuvent rester assez longtemps hors de l'eau sans périr ; et, comme ils pénètrent dans les fentes des pierres, les anciens croyaient qu'ils parvenaient à les fendre.

Parmi les espèces assez nombreuses, nous citerons la **Blennie papillon** (*B. papilio*), encore nommée vulg. *Lièvre*, dont la nageoire dorsale est divisée en deux lobes, l'antérieur très élevé et marqué d'une tache ronde ; sa longueur est de 18 centim. au plus. — La **Blennie a tentacules palmés** (*B. palmicornis*) a le corps comprimé, long de 30 centim. environ, plus large vers le ventre, la dorsale plus pâle. Ce poisson est jaunâtre, couvert de grosses taches brunes irrégulières ; il présente au-dessus de chaque cil un tentacule divisé en petits filaments, tandis que ce tentacule est simple dans l'espèce précédente.

BLEUET ou **Bluet** (*Centaurea cyanus*). Espèce du genre Centaurée, charmante plante de la famille des Synanthérées, dont la tige droite, effilée, rameuse, couverte d'un duvet blanchâtre, s'élève à 60 centim. à peu près. Ses feuilles, longues, étroites et dentées de loin en loin, sont également blanchâtres. Fleur composée d'un capitule dont les fleurons sont à corolle ronde, élégante et découpée, d'une belle couleur bleue. — Le Bleuet croît naturellement dans les moissons. On lui a donné le surnom de *casse-lunette*, à cause de la prétendue vertu qu'on lui a supposée de guérir les maux d'yeux et de conserver la vue. La culture a permis d'obtenir des variétés violettes, pourpres et blanches, mais jamais jaunes.

BOA (*Boa*). Genre de Reptiles de l'ordre des Ophidiens non venimeux ; famille des Colubériens, ayant pour caractères : corps comprimé, fusiforme ; queue longue, prenante ; tête relativement petite, de forme pyramidale, rétrécie en avant ; yeux latéraux ; dents fortes et de moins en moins longues dans chacune des six rangées qu'elles constituent, etc.

Les Boas proprement dits (car ce nom a été appliqué à des genres différents depuis Pline jusqu'à MM. Duméril et Bibron) ont une longueur qui ne dépasse pas 3 mètres et qui, par conséquent, est inférieure à celle des Pythons. « Ils préfèrent le séjour des forêts à tout autre : leur vie se passe en grande partie sur les arbres, loin des eaux dans lesquelles ils ne se rendent jamais, contrairement à l'habitude qu'en ont les Boæides : on les trouve quelquefois dans les creux des arbres excavés par le temps, sous leurs racines, où ils se creusent une sorte de terrier, ou dans les trous de rocher; mais ce n'est pour eux qu'une demeure passagère dans laquelle ils se retirent au moment de la ponte ou pendant la durée de l'engourdisse-

ment hiémal ou estival, où l'on en trouve réunis souvent de différentes espèces. Les Boas proprement dits habitent particulièrement les forêts; il n'en est pas de même pour certaines espèces rangées autrefois dans le même groupe, et qu'on en distingue aujourd'hui génériquement : c'est ainsi que les Épicrates se tiennent de préférence dans les contrées froides et humides, et qu'on les rencontre enlacés au pied des arbres, cachés sous des amas de feuilles ou sous des troncs pourris, attendant que la faim se fasse sentir pour eux, en guettant leurs victimes, qui sont des mammifères,

Fig. 177. — Boa devin.

des oiseaux et, assure-t-on, quelques sauriens : de même les Eunectes et les Xiphosomes vivent au bord des fleuves et des ruisseaux et s'enfoncent dans l'eau et dans la vase pour y guetter les animaux qui viennent se désaltérer, ou bien, suspendus aux rameaux des arbres inclinés sur les ondes, ils projettent leur corps comme un lasso vigoureux autour de leur victime : celle-ci, enlacée dans les longs replis du serpent, fait de vains efforts pour se dégager, car les anneaux qui l'étreignent se resserrent de plus en plus; ses os sont brisés en un clin d'œil, et il est réduit en une masse informe que le reptile engloutit dans son énorme gueule. » (*Ency. d'hist. naturelle.*)

Les Boas ne sont pas venimeux, et ils n'attaquent jamais l'homme, rarement les grands mammifères, comme le buffle, le cheval, qu'ils parviennent cependant à broyer lorsqu'ils les saisissent. Mais ne s'attaquant généralement qu'à de petits animaux, tels que des agoutis, des pa-

cas, de jeunes chèvres, ils ne sont pas très redoutés. Ils se reproduisent comme nos couleuvres; ils pondent dans le sable des œufs à enveloppe membraneuse, de forme elliptique, de la grosseur d'un œuf d'oie, et en confient l'éclosion à la chaleur solaire, quoiqu'ils les couvent quelquefois. Les petits, en sortant de l'œuf, n'ont guère que 2 à 30 cent. de longueur. On dit que leur chair, dont le goût rappelle celui du poisson, est comestible. Leur graisse et leur peau sont employées comme topique antirhumatismal. — On compte quatre espèces de Boas.

Boa constricteur ou devin (*B. constrictor*). C'est à ce Serpent surtout que s'appliquent les considérations générales ci-dessus. Ce reptile n'atteint pas 4 mètres; sa coloration varie, mais généralement il présente des lignes brunâtres sur la tête et des taches noires de formes variables sur le corps. Il habite surtout la Guyane, le Brésil, Rio de la Plata, etc., où il semble rechercher de préférence les localités sèches des forêts, à une certaine distance dans l'intérieur. « Non moins agile que vigoureux, dit un auteur, il poursuit ses victimes à la course et l'atteint d'autant plus facilement que son aspect la glace de terreur et paralyse ses mouvements. Il commence toujours par lui broyer les os, la tirer dans tous les sens pour amincir son corps, la couvrir de bave et de salive ; et, dilatant ensuite ses mâchoires mobiles, il en engloutit une partie dans son énorme gueule, tandis que souvent l'autre partie de la victime, restée en dehors et tombant en putréfaction, répand une odeur infecte qui annonce de loin la présence du reptile. »

Les trois autres espèces sont le Boa divinilogue des Antilles, parfois confondu avec le précédent ; le Boa empereur, du Mexique, et le Boa chevalier, du Pérou.

BŒUF (*Bos*). Genre de Mammifères de l'ordre des Ruminants, caractérisé de la manière suivante : corps trapu ; membres courts et robustes ; cou garni en dessous d'une peau lâche, appelée *fanon* ; cornes creuses, simples, courbées d'abord en bas et en dehors, dont l'axe osseux communique avec les sinus frontaux ; tête forte, large, avec un mufle terminant le museau, etc.

Ce sont des animaux de grande taille, essentiellement herbivores, qui, à l'état sauvage, vivent en troupes et se défendent contre les carnassiers à l'aide de leurs cornes. — Ce grand genre comprend, outre le *Bœuf proprement dit*, l'*Aurochs*, le *Bison*, le *Buffle*, l'*Ovibos*, l'*Yack*, qui doivent être considérés comme autant de sous-genres.

Fig. 178. — Bœuf.

Le Bœuf comprend 5 ou 6 espèces originaires de l'Asie et de l'Europe, presque toutes réduites à l'état de domesticité et se rencontrant dans toutes les parties du globe. « A côté du bœuf commun, dit M. Raulin, auquel se rattache le petit bœuf sauvage des parcs d'Écosse, qu'on s'accorde généralement à faire descendre de la même souche que notre bétail domestique, le Zébu, pour lequel je ne suis pas bien certain qu'il n'y ait eu au moins croisement avec quelque espèce éteinte ou

encore à découvrir, et le Bœuf à fesses blanches de Java, que je ne vois pas de raison pour considérer autrement que comme simple variété, viennent se placer les espèces suivantes : le Gour, le Goyal, auquel il faut rattacher le Goyal domestique ou Goyal des plaines, dont quelques individus, repassés à l'état indépendant, ont propagé, dans les forêts du Thibet, une race qui paraît conserver les caractères acquis sous l'influence de l'homme, et le Jungly-Gau, qui, comme l'a fait remarquer Hardwicke, se distingue bien du Gobah-Goyal, et pourrait être le résultat d'un croisement avec le Bœuf commun. Enfin, je placerai encore à côté des Bœufs, le *B. bentijer* de Java, dont notre cabinet d'anatomie comparée possède un squelette complet : toutefois, en supposant que ce soit réellement une espèce distincte, et non pas le résultat d'un croisement entre notre Bœuf domestique et le Gour, ce dernier, en effet, vivant aussi à Java. » A ces espèces, il faudrait ajouter des espèces découvertes à l'état fossile et qui ne sont pas complétement connues.

Bœuf ordinaire (*B. taurus*). Mufle large et épais ; oreilles basses et dans une direction horizontale ; cou gros et court ; corps massif ; jambes courtes ; 4 mamelles disposées en carré, etc. Taille de 1 m. 30 en moyenne ; longueur de 2 m. 25 ; poids de 500 à 600 kilog. ; ces proportions toutefois varient beaucoup suivant les races, le climat, la qualité des pâturages. — Cet animal mâle entier est connu sous le nom de *Taureau*, la femelle se nomme *Vache*. Or, rendu domestique depuis l'antiquité la plus reculée, le type sauvage n'est pas connu.

Peu d'individus sont conservés à l'état de taureau ; presque tous, ayant été mutilés dans leur jeunesse, portent plus particulièrement le nom de *Bœuf*, qui, par extension, est devenu générique.

« Le Bœuf, dit Buffon, est l'animal par excellence, car il rend à la terre tout autant qu'il en tire, et même il améliore le fonds sur lequel il vit ; il engraisse son pâturage, au lieu que le cheval et la plupart des autres animaux amaigrissent en peu d'années les meilleures prairies. Mais ce ne sont pas là les seuls avantages que le bétail procure à l'homme ; sans le Bœuf, les pauvres et les riches auraient beaucoup de peine à vivre, la terre demeurerait inculte, les champs, et même les jardins, seraient secs et stériles ; c'est sur lui que roulent tous les travaux de la campagne : il est le domestique le plus utile de la ferme, le soutien du ménage champêtre, il fait toute la force de l'agriculture : autrefois il constituait toute la richesse des hommes, et aujourd'hui il est encore la base de l'opulence des États, qui ne peuvent se soutenir et fleurir que par la culture des terres et par l'abondance du bétail, puisque ce sont les seuls biens réels : tous les autres, même l'or et l'argent, n'étant que des biens arbitraires, des représentations, des monnaies de crédit, qui n'ont de valeur qu'autant que le produit de la terre leur en donne.

Le Bœuf ne convient pas autant que le Cheval, l'Âne, le Chameau, etc., pour porter des fardeaux ; la forme de son dos et de ses reins le démontre : mais la grosseur de son cou et la largeur de ses épaules indiquent assez qu'il est propre à tirer et à porter le joug : c'est aussi de cette manière qu'il tire le plus avantageusement ; et il est singulier que cet usage ne soit pas général, et que dans des provinces entières on l'oblige à tirer par les cornes ; la seule raison qu'on puisse en donner, c'est que, quand il est attelé par les cornes, on le conduit plus aisément : il a la tête très forte, et il ne laisse pas de tirer assez bien de cette façon, mais avec beaucoup moins d'avantage que lorsqu'il tire par les épaules. Il semble avoir été fait exprès pour la charrue : la masse de son corps, la lenteur de ses mouvements, le peu de hauteur de ses jambes, tout, jusqu'à sa tranquillité et sa patience dans le travail, semble concourir à le rendre propre à la culture des champs, et plus capable qu'aucun autre de vaincre la résistance constante et toujours nouvelle que la terre oppose à ses efforts. »

Les plus belles races de Bœufs se trouvent en Suisse, en Normandie, en Angleterre, en Hollande. Nous avons vu au mot *Bétail* la puissance de l'hygiène combinée avec les divers croisements pour améliorer et façonner les animaux à des usages plus conformes à leur nature. Le Bœuf vit environ 14 à 15 ans. Le taureau est en état de procréer à deux ans, la vache à 18 mois. Celle-ci entre en rut au printemps et témoigne ses désirs en sautant sur ses compagnes ; le mâle mugit alors d'amour, mais dès que la femelle est pleine il en refuse l'approche. La gestation est de neuf mois.

On dresse le Bœuf vers trois ans au labour ou à porter le harnais ; mais sa plus grande force est de cinq à neuf ans. A dix ans il doit quitter le travail pour l'engraissement. Cependant il est prouvé que sous ce rapport ce sont les jeunes Bœufs qui paient au plus haut prix leur nourriture. On estime qu'il faut 100 kilog. de bon foin pour produire 5 kilog. de viande ; qu'un Bœuf pesant 500 kilog. doit recevoir 25 kilog. de foin par jour ; qu'enfin un Bœuf moyennement gras donne en chair un poids moitié de son poids vif.

Tout est utile dans le Bœuf après sa mort. Sa *chair* fournit la viande de boucherie, le meilleur et le plus substantiel des aliments de l'homme ; sa *graisse* donne le suif, si utile pour l'éclairage et d'autres usages ; sa *peau* sert à la fabrication des chaussures, des harnais, etc. ; sa *corne* et ses *sabots* sont employés pour faire des manches de couteau, des objets de tabletterie, etc. ; ses *os*, bouillis ou calcinés, donnent de la gélatine, du noir animal, etc. ; son *sang* sert à clarifier les vins, les sirops, à raffiner le sucre, à faire du bleu de Prusse ; avec ses *nerfs* ou *tendons* on fait des cravaches ; avec ses *intestins* et la membrane séreuse qui les enveloppe, la baudruche et des cordes d'instruments ; le *poil* entre dans la fabrication de tissus feutrés grossiers, etc.

BOGUE (*Boops*). Genre de Poissons acanthoptérygiens, de la famille des Sparoïdes, dont le corps est comprimé et revêtu d'écailles assez grandes ; les mâchoires peu extensibles ; les yeux très grands ; etc.—Ils vivent dans la Méditerranée ; fréquentant de préférence les bas fonds, ils sont attirés par les plantes marines dont ils font leur principale nourriture.

Le Bogue vulgaire (*B. vulgaris*) a les dents supérieures dentelées, les inférieures pointues ; couleur gris d'argent avec des raies longitudinales dorées. On le pêche dans la Méditerranée, et sa chair est délicate et très recherchée des Provençaux. — Le B. saupe (*B. salpa*) a des couleurs plus brillantes ; mais sa chair est moins estimée. On le prend à l'hameçon.

BOIS (*botanique*). Partie dure, solide des végétaux ligneux ; substance compacte qui constitue principalement le tronc, la tige et les branches des arbres et des arbrisseaux. Le bois varie de texture suivant les arbres où on l'examine. Dans les Monocotylédones, par exemple (Palmiers, Aloès, etc.), il est formé de fibres ou filets durs et tenaces qui parcourent l'intérieur de la tige dans sa longueur ; dans les dicotylédones, au contraire, c'est-à-dire dans presque tous les arbres de nos climats, la masse ligneuse est disposée par couches concentriques qui varient de densité et d'épaisseur. Ici il se forme une nouvelle couche chaque année par l'endurcissement de l'*aubier*, ce qui permet de reconnaître l'âge des arbres en comptant ces cercles concentriques dans une coupe transversale du tronc. Au centre de celui-ci se trouve le *canal médullaire*, d'où partent et se dirigent vers la circonférence des lignes droites, appelées *rayons médullaires*, qui font communiquer la moelle avec l'écorce. Les couches intérieures, qui sont les plus anciennes et les plus dures, constituent ce qu'on appelle le *cœur du bois*, les extérieures, comme il a été dit déjà, forment l'*aubier*.

La solidité et la pesanteur des bois varient suivant les espèces d'arbres : la chaleur qu'ils donnent en brûlant varie en raison de ces différences. Les tableaux suivants établissent ces proportions :

Ordre de solidité de quelques bois.

Orme.	1077	Sapin.	918
Charme.	1031	Noyer.	900
Hêtre.	1032	Saule.	850
Chêne.	1025	Platane.	775
Châtaignier.	957	Tilleul.	750
Marronnier d'Inde.	931	Peuplier d'Italie.	535

Poids d'un mètre cube de quelques bois secs.

Chêne commun.	905 k.	Mélèze.	655 k.
Frêne.	787	Aune.	654
Mûrier blanc	754	Pin sauvage.	620
Hêtre commun.	720	Sapin argenté.	486
Orme.	700	Saule commun.	448
Châtaignier.	685	Peuplier d'Italie.	397
Marronnier d'Inde	657	Liège.	210
Noyer.	656		

Le poids de l'eau étant de 1,000 kilog. le mètre cube, il en résulte que tous les bois surnagent en raison de leur pesanteur spécifique moins grande.

Poids d'un mètre cube des différents bois de chauffage et quantité de chaleur relative.

Noyer à écorce écailleuse. . .	553 kilogr.	100
Chêne blanc.	489 —	86
Frêne.	427 —	77
Hêtre.	400 —	65
Charme	398 —	65
Orme.	320 —	58
Pin.	304 —	54
Bouleau.	293 —	53
Châtaignier.	288 —	52
Peuplier d'Italie. . . .	218 —	40

On voit, d'après ce tableau, qu'il faut brûler 2 mètres cubes de châtaignier pour obtenir la quantité de chaleur développée par un mètre cube de noyer.

Le mot *bois*, devenant spécifique, sert souvent pour divers arbres ; en voici des exemples :

Bois-balais, le Bouleau et les Bruyères, à cause de quelques-uns de leurs usages.

Bois-bénit, le Buis, qui est célèbre par sa dureté et la bizarrerie des figures qu'on prétend y voir.

Bois blanc, les Peupliers, les Saules, et tous les bois tendres et peu colorés.

Bois de Brésil. — V. *Brésillet*.

Bois de campêche, bois très foncé en couleur qui sert dans la teinture, et qui provient d'un grand arbre appelé *Hématoxyle*. — V. ce mot.

Bois de fer, un *Robinier* à Cayenne ; un *Mésua* à Ceylan ; l'*Œgiphyle* aux Antilles.

Bois de natte, de grands arbres dont on taille des planchettes, comme le Mimusops.

Bois puant, le Mimeuse de Farnèse qui, en effet, répand une odeur insupportable quand on en coupe le branchage ; l'Anagyre, etc.

Bois de Sainte-Lucie. Espèce du genre *Cerisier*. — V. ce mot.

Bois de rose, diverses espèces de Balsamiers, de Liserons des Canaries qui exhalent une odeur fort agréable, et dont on fait usage en parfumerie.

BOIS FOSSILE. « On trouve dans l'intérieur de la terre, engagés dans diverses espèces de roches, des fragments de bois dont la substance végétale a été détruite et remplacée par une matière minérale (silice, calcaire, carbonate de fer, fer pyriteux, etc.). Cette substitution s'est faite si lentement et avec une telle exactitude, que les parties les plus délicates de l'organisation végétale ont généralement été conservées, au point que l'on peut déterminer le genre et souvent l'espèce auxquels le fragment appartient. » Divers accidents physiques, tels qu'inondations, éboulements extraordinaires, tremblements de terre, etc., sont les causes de ces ensevelissements de morceaux de bois, de troncs et même d'arbres tout entiers.

On trouve en Islande quantité de gros troncs d'arbres fossiles pénétrés de pétrole concrété, ce qui leur donne une couleur noire et une propriété combustible qui n'appartiennent pas au bois ordinaire. En 1760 on découvrit à Nancy, en creusant des fondations, un chêne de 16 mètres de longueur sur 2 mètres environ de diamètre : ce chêne était de couleur d'ébène. Il est probable qu'il avait été enterré depuis plusieurs siècles, et qu'il n'a été entièrement couvert de terre qu'à la longue, par le changement de lit de la Meurthe, qui est actuellement à près de 2 kilomètres du lieu marécageux où on l'a trouvé.

Mais l'exemple le plus remarquable de bois fossile est celui de cette forêt entière qu'on découvrit, dans le dernier siècle, dans les marais du comté de Lancastre : les arbres s'y trouvaient couchés l'un auprès de l'autre, et étendus sous une terre morte, spongieuse et noire, à la profondeur d'environ 1 mètre. Ces arbres étaient entiers pour la plupart, ou flétris de coups de hache : ils étaient aussi noirs et aussi durs que l'ébène. L'opinion des savants anglais sur l'origine de cette découverte est que cette forêt souterraine fut ensevelie au temps de la conquête de l'Angleterre par les Romains. En 1754, on trouva parmi ces arbres fossiles un cadavre humain très bien conservé ; on a supposé, par le costume qui était aussi entier que le corps, que c'était quelque voyageur qui, en passant par ce marais, y avait été englouti vers le milieu du xviie siècle.

Il est à remarquer que les terrains marécageux ont la propriété de conserver les bois, surtout le chêne ; témoin les pilotis de l'ancien pont d'Orléans, et ce tronc d'arbre trouvé parmi les fouilles de la gare de Paris, et ceux de chêne découverts dans le lit de la Seine, à l'occasion des fouilles faites pour la construction du pont Louis XVI. Ces bois sont noirs, très durs, et semblables à ceux de Lancastre. Nous avons vu chez un professeur de la Faculté de Paris une canne très belle et très solide faite des pilotis de l'ancien pont d'Orléans.

BOIS (*zoologie*). Excroissances cornées qui ornent la tête des espèces du genre *Cerf*. — V. ce mot. — Il ne faut pas confondre ces productions avec les *cornes* : celles-ci, qui sont l'attribut des Antilopes, des Chèvres, des Moutons et des Bœufs, appartiennent aux femelles comme aux mâles et persistent durant toute la vie ; tandis que celles-là, véritable végétation animale, tombent chaque année pour repousser au printemps suivant, et n'ornent que la tête du mâle, excepté toutefois chez le Renne dont la femelle porte bois. « Trois semaines ou un mois suffisent pour que le bois ait atteint toute sa hauteur ; cette hauteur et le nombre des ramifications varient selon l'âge de l'animal ; chaque année augmente ce nombre de ce qu'en terme de vénerie on appelle un *andouiller*. »

Le bois, chez les animaux qui en portent, paraît être sous l'influence des organes destinés à la reproduction, car si l'on retranche au Cerf les attributs de son sexe pendant que son front est dégarni, le front ne revêt plus sa parure; et si l'opération est faite quand le bois décore la tête, il ne tombe plus.

BOLET (*Boletus*). Genre de Champignons hyménomycètes, dont les tubes sont placés verticalement et distincts du chapeau, se séparant facilement les uns des autres, et dont le pédoncule est ordinairement renflé à sa base. C'est le genre *Agaricus* des anciens, et ce nom lui est resté pour les espèces officinales. On y trouve les plus gros champignons (on en a vu dont le chapeau avait près d'un mètre de circonférence). Ses espèces, généralement parlant, ne sont pas dangereuses.

Cependant le B. PERNICIEUX, dont le chapeau, très ample, épais, est creusé en voûte, d'une couleur brune ou fauve, ou d'un gris olivâtre, avec

Fig. 179. — Bolet.

tubes égaux allongés, jaunes intérieurement, d'un rouge de sang à leur orifice, est un champignon redoutable par ses effets toxiques, ainsi que l'indique son nom.

L'espèce la plus commune est le BOLET COMESTIBLE (*B. edulis*), vulg. *Girole*, *Cèpe*, *Porchin*; de couleur jaune grisâtre ou brunâtre à l'extérieur; sa chair est presque blanche et ne change pas de couleur quand on le casse; sa saveur est agréable, rappelant le goût de noisette. Il croît en automne dans les bois, sur les pelouses. — V. *Agaric*.

BOLIDE. Nom que l'on donne quelquefois aux *Aérolithes*. — V. ce mot.

BOMBARDIER. Nom vulgaire du *Brachine*. — V. ce mot.

BOMBACÉES. Famille de Plantes dicotylédones, détachée des Malvacées, comprenant des arbres gigantesques des régions tropicales, tels que le *Baobab*, le *Fromager*. — V. ces mots.

BOMBITES (du gr. *bombétès*, bourdonnant).

Nom donné à un groupe d'Insectes hyménoptères, dont le genre type est le *Bourdon*. — V. ce mot. — Toutes les espèces de ce groupe se composent de mâles, de femelles et de neutres ou ouvrières; mais leur société ne persiste pas comme celle des Mellifères. Chaque année au contraire elle se disperse à l'automne : les mâles et les neutres périssent aux premiers froids, tandis que les femelles fécondées se cachent dans les fissures des murailles, les trous d'arbres, jusqu'au retour du printemps, où elles construisent un nid pour la ponte et l'élévation des larves, d'où naissent les trois sortes d'individus. Les ouvrières s'adonnent aux soins du domicile commun.

BOMBYCILE JASEUR. — V. *Jaseur*.

BOMBYCE ou **BOMBYX** (*Bombyx*). Genre de Lépidoptères nocturnes de la tribu des Bombycites, qui avait autrefois pour espèce type le *Bombyx du mûrier* ou *Ver à soie* (V. ce mot), mais aujourd'hui ne contenant que des espèces dont les cocons, au lieu d'être formés de pure soie, ne le sont que d'une sorte de feutre gommé. Ce genre dont les caractères génériques sont indiqués au mot *Bombicites*, comprend encore plusieurs Papillons, qui tous volent rapidement et paraissent en juillet, à l'exception d'un seul qui éclot en mai.

BOMBYX PROCESSIONNAIRE (*B. processionea*). Cette espèce est très commune partout; ses couleurs ne sont pas brillantes. Sa chenille vit en société dans une retraite commune, formée d'une espèce de sac de soie appliqué le long du tronc d'un chêne, placé le plus souvent au bord d'une allée; sac ouvert par le haut pour l'entrée et la sortie des Chenilles, qui observent un ordre processionnaire. « Quand arrive le moment de se mettre en chrysalide, elles filent leurs coques parallèlement les unes aux autres dans l'épaisseur du tissu du nid, et les chrysalides y sont déposées les unes sur les autres horizontalement; le nid n'a donc d'épaisseur que la longueur d'une chrysalide. L'intervalle entre l'arbre et le nid est rempli d'excréments des chenilles. Au moment de la transformation tous les papillons d'un même nid éclosent dans les 24 heures. Les chenilles processionnaires sont nuisibles, surtout en ce que leurs nids sont remplis des poils qui se détachent d'elles et qui se répandent dans l'air, s'attachent à toutes les parties nues et y causent des démangeaisons douloureuses. Il faut donc prendre de grandes précautions lorsqu'on veut examiner ces insectes : plus les nids sont desséchés, plus ils sont dangereux. » La larve du Calosome sycophante mange la chenille du Bombyce processionnaire.

BOMBYX DU CHÊNE (*B. quercus*). Cette espèce, considérée par quelques-uns comme une variété de la précédente, est très commune, mais ne fait pas de grands dégâts. « Les mâles recherchent leurs femelles avec beaucoup d'ardeur; on les voit souvent voler en plein jour au milieu des bois, et il n'est pas rare de les voir pénétrer dans les appartements où il est éclos des femelles. La chenille est couverte de poils grisâtres, avec une bande blanche sur es flancs, où l'on remarque aussi des cicatrices noires; elle fait une coque ronde très serrée. Le papillon en sort dans le courant de juin. »

Bombyx de la ronce (*B. rubi*). Ce papillon est remarquable par la faculté qu'a le mâle de découvrir sa femelle à des distances considérables. « En effet, si l'on trouve un cocon de ce papillon et s'il en éclot une femelle, il suffit de le placer sur une fenêtre, au centre même de Paris, pour qu'on voie bientôt arriver plusieurs mâles, qui n'ont pu se développer que dans les champs, à une grande distance, et qui probablement au moyen de leurs antennes très pectinées, sentent leurs femelles de très loin sans les voir. » Cette espèce éclot en mai.

Nous passons sous silence le B. du trèfle, le B. du peuplier, etc. — Parmi les espèces exotiques, qui sont nombreuses, nous ne citerons que le B. petit paon, que nous figurons, et le B. reli-

Fig. 180. — Bombyx petit paon.

gieux, nommé dans l'Inde *Ver à soie jorée*, et qui est très voisin de notre Ver à soie. La chenille de cette espèce vit sur le *Ficus religiosa*; son cocon est composé de fils soyeux de la plus grande finesse.

BOMBYCITES (du genre type *Bombyx*). Tribu de Lépidoptères nocturnes ayant pour caractères : trompe toujours courte ou simplement rudimentaire ; ailes soit étendues, soit en toit; les supérieures retenues par un crin des inférieures dans la plupart; antennes des mâles entièrement pectinées. — Les chenilles de ce groupe vivent à l'air libre sur les végétaux dont elles rongent les feuilles, et sont quelquefois en tel nombre, qu'elles les dépouillent entièrement. Elles se font une coque de soie, où s'opère le changement en chrysalide ; celle-ci est arrondie et sans épines autour de ses anneaux.

On trouve dans cette tribu les genres *Saturnie*, *Lasiocampe* et *Bombyce*.

BONDRÉE (*Pernis*). Genre d'Oiseaux de proie, détaché de celui des Buses (V. ce mot), qui se distingue aux caractères suivants : bec faible, courbé dès la base et non denté; narines oblongues, percées obliquement sur le bord de la cire qui est nue: intervalle entre le bec et l'œil couvert de plumes serrées, ailes aiguës: tarses moyens, emplumés supérieurement. — Deux espèces :

Bondrée commune ou Apivore (*P. apivorus*). Elle a le plumage très variable, les parties supé-

Fig. 181. — Bondrée apivore.

rieures d'un brun cendré, le dessous d'un blanc jaunâtre, etc. — Habitant les régions orientales de l'Europe, elle est de passage en France; elle se nourrit de lézards, d'insectes, d'abeilles, de guêpes, etc.

« La Bondrée ne plane pas; elle perche sur les branches et attend patiemment qu'une proie vienne à passer au-dessous d'elle ; alors elle se précipite, et, si elle manque son coup, elle revient à son poste pour recommencer la même manœuvre. » Elle ne vole guère que de buisson en buisson, mais marche et court assez vite. On profite de ces habitudes et de son instinct chasseur pour lui tendre, sur le sol, des pièges où elle se prend en poursuivant sa proie. La femelle pond 2 œufs jaunâtres tachetés de rouge; pendant qu'elle les couve, le mâle lui apporte sa nourriture.

La **Bondrée huppée** habite l'archipel des Indes.

BONELLIE (*Bonellia*). « Les Bonellies sont des Zoophytes échinodermes apodes, au corps allongé, cylindrique, obtus aux deux extrémités, mais prolongé en arrière par un long appendice caudiforme, aplati, membraneux, se fermant d'abord en une sorte de gouttière inférieure, se bifurquant et s'étalant à sa terminaison en deux lobes foliacés. » Bouche terminale; anus à l'autre extrémité; pour organes extérieurs de la génération, petit tubercule mamelonné, situé un peu en avant de l'anus. — On trouve ce ver dans le sable et la vase des bords de la mer.

BONGARE (*Bongarus*). Genre d'Ophidiens confondus d'abord avec les Boas, puis placés par Cuvier parmi les Serpents venimeux. Ces reptiles sont en effet porteurs d'un venin très actif, qu'ils communiquent, non avec des crochets mobiles , mais avec les premières molaires antérieures qui sont fort grandes. Leur corps est comprimé en carène et garni d'une seule ligne longitudinale d'écailles hexagones. — On en compte trois espèces :

Le **B. A ANNEAUX**, ainsi appelé à cause de la disposition de sa coloration qui forme des anneaux complets, est le plus grand, car il atteint jusqu'à 2 et 3 mètres de longueur. Il est répandu au Bengale, ainsi que le **B. BLEU**. — Le **B. A DEMI-BANDES**, originaire de l'île de Java, ne diffère du B. à anneaux qu'en ce que les bandes colorées n'existent que sur les parties supérieures du corps.

BON-HENRI (*Chenopodium bonus Henricus*), vulg. *Épinard sauvage*. Espèce du genre Ansérine, famille des Chénopodiacées ; plante vivace, à tiges de 4-8 décim., dressées, anguleuses, presque simples ; à feuilles alternes, triangulaires, sagittées, pétiolées, entières, un peu pulvérulentes.

Fig. 182. — Bon-Henri.

Fleurs petites, verdâtres, en petits épis terminaux coniques, munies de petites bractées à la base ; styles subulés très longs ; le fruit est enveloppé par le calice. — Le Bon-Henri croît dans les lieux incultes et humides ; il montre ses fleurs tout l'été. Plutôt alimentaire que médicamenteux, ses propriétés sont analogues à celles de l'Épinard. On ne voit donc pas ce qui justifie, dans cette plante, le surnom de *Toute-bonne* que lui a donné le peuple.

BONNET. En histoire naturelle, ce nom s'applique soit seul, soit avec des épithètes variées, à un grand nombre d'objets, entre autres, au second estomac des Ruminants, à la partie supérieure de la tête des Oiseaux, à une foule de Coquilles, à des Champignons, etc.

BOPYRE (*Bopyrus*). Crustacé isopode, détaché des Cloportes, qui vit en parasite, fixé sous la carapace des Crevettes. Le mâle est très petit et placé sous l'abdomen de la femelle, qui porte aussi là une prodigieuse quantité d'œufs. Les jeunes, au sortir de l'œuf, ressemblent aux Cyclopes naissants. Les pêcheurs prennent quelquefois les Bopyres pour de jeunes soles.

BORAX. Sel composé d'acide borique et de soude (borate de soude), qui existe tout formé dans la nature. Il est expédié de l'Inde, où on le rencontre en dissolution dans certains lacs, en cristaux agglomérés que l'on soumet au raffinage. On l'obtient aussi directement en traitant une dissolution de carbonate de soude par l'acide borique. Le Borax est assez soluble dans l'eau ; sa dissolution verdit le sirop de violette. Ce sel est très employé dans les arts industriels, dans l'analyse minérale pour reconnaître les oxydes, qu'il dissout et qu'il colore diversement suivant leur nature ; dans la soudure des métaux, la préparation des alliages, la fabrication du strass, des émaux, etc.

BORE. Corps simple, métalloïde, solide, pulvérulent, très friable, insipide, d'un brun verdâtre, inaltérable par le calorique et la lumière, se transformant en acide borique sous l'influence de l'oxygène et de la chaleur, n'en éprouvant aucune altération à une température ordinaire. Le Bore ne se trouve pas pur dans la nature, mais à l'état d'acide borique, soit libre, soit combiné avec la soude et la magnésie. Il a été découvert par Gay Lussac et Thénard, en chauffant jusqu'au rouge un mélange de potassium et d'acide borique. Il est sans usages.

BORRAGINACÉES (de *borrago*, bourrache). Famille de Plantes monopétales supérovariées, généralement herbacées, vivaces par la racine, poilues, à feuilles alternes, à fleurs diversement disposées, dont voici les caractères : calice à 5 divisions ; corolle à 5 lobes ; étamines 5, insérées au haut du tube de la corolle, et alternant, dans certains genres, avec des appendices saillants, creux intérieurement et s'ouvrant à leur base ; ovaire placé sur un disque hypogyne, à 4 carpelles monospermes ; style à stigmate simple ou bilobé ; pour fruit, 4 akènes. — Cette famille se partage en deux tribus :

1° Les **BORRAGINÉES**, dont les carpelles sont distincts, avec le style né du réceptacle ; et qui sont les unes munies d'appendices à la corolle (*Bourrache*, *Cynoglosse*, *Consoude*), les autres dépourvues de ces appendices (*Pulmonaire*, *Vipérine*).

2° Les **EHRÉTIÉES**, qui ont les carpelles soudés, le style terminal, et qui sont presque toutes exotiques (*Héliotrope*).

BOTANIQUE (du gr. *botané*, plante). Partie des sciences naturelles qui a pour objet la connaissance des plantes. Elle est *pure* ou *appliquée*, selon qu'elle se borne à la description des végétaux considérés en eux-mêmes, ou qu'elle les envisage sous le rapport de leurs propriétés et de leurs usages en agriculture, en médecine et dans les arts.

L'étude de l'organisation et de la vie des plantes, c'est-à-dire la botanique pure, ou PHYTOLOGIE, se divise en quatre branches : l'*Anatomie générale*, l'*Anatomie descriptive*, la *Physiologie* et la *Taxonomie*. — V. ces mots.

La Botanique reçoit beaucoup d'autres épithètes qui restreignent ou précisent plus ou moins le cercle de son étendue ou de ses applications. Exemples : Botanique *agricole*, B. *médicale*, B. *forestière*, B. *économique*, B. *fossile*, etc.

BOTRYLLE. Genre de Mollusques, selon Savigny ; genre de Molluscoïdes ou Tuniciers, selon Lamarck ; animaux encore fort peu connus, à cause de leur petitesse ; agrégés, biforés, se présentant sous la forme d'une croûte mince fixée sur des corps marins. Ils sont disposés en rayons autour d'une ouverture centrale où aboutit l'ouverture anale de chaque animal, tandis que la bouche est près de la circonférence du système. Ils ont 2 vessies gemmifères latérales.

BOTRYOCÉPHALE. Genre de Vers intestinaux rubanaires, dont le corps, long de 7 mètres environ, est aplati, articulé, les articulations devenant plus larges à mesure qu'on s'éloigne de la tête, où elles sont étroites. Cette tête est ovoïde, oblongue, obtuse, présentant une dépression transversale dans laquelle se trouve l'ouverture de la bouche. Ce Ver est d'une couleur grisâtre et moins blanc que le Tænia, avec lequel il a été longtemps confondu. Il est aussi moins fréquent, quoique les habitants du nord de l'Europe y soient assez sujets.

BOUC. On nomme ainsi les individus mâles et adultes du genre Chèvre, animaux qui se distinguent par leur longue barbe et l'odeur désagréable qu'ils répandent et dont est imprégnée leur chair. La salacité du Bouc a été remarquée de tout temps ; les anciens ont fait de cet animal l'emblème de la lubricité. Si on l'eut en vénération en Égypte, surtout à Mendès, les Juifs, au contraire, le choisirent pour victime expiatoire des fautes nationales, d'où l'expression de *bouc émissaire*. Le sang, le suif, la fiente et l'urine des Boucs ont figuré au premier rang dans les officines des anciens apothicaires. — V. *Chèvre*.

BOUCAGE (*Pimpinella*). Genre de la famille des Ombellifères, tribu des Pimpinellées ; plantes herbacées, à feuilles pinnatiséquées : fleurs disposées en ombelles complètes, dont les pétales sont cordiformes, presque égaux ; fruits ovoïdes, oblongs, marqués de six côtes longitudinales. — Ce genre comprend une douzaine d'espèces, dont voici les deux plus remarquables.

BOUCAGE ANIS (*P. anisum*). Plante annuelle de 30 à 40 cent. de hauteur ; feuilles à segments dentés, les radicales réduites au segment terminal, pubescentes ; fleurs petites, blanches, dont le calice est à peine visible ; fruits de la grosseur d'une tête d'épingle, pulvérulents, etc.

Le Boucage ou Anis est originaire du Levant : on le cultive en France pour son fruit, qui se nomme *anis*, *anis vert*, et dont les usages sont

Fig. 183. — Boucage Anis.

(Sommité fleurie ; feuilles détachées ; fleur, fruit et racine.)

nombreux tant en médecine que dans l'art du confiseur. En effet, l'Anis est doué d'une odeur aromatique agréable et d'une saveur chaude, stimulante et sucrée tout à la fois. On l'emploie, soit en poudre (de 1 à 4 gramm.), soit en infusion (2 à 6 gramm. par 500 d'eau), pour combattre les flatuosités, les crampes d'estomac, la dyspepsie, etc., pourvu que les organes digestifs soient exempts d'inflammation. On en retire une huile essentielle bleuâtre, qui sert à teindre l'eau-de-vie en cette couleur.

BOUCAGE SAXIFRAGE (*P. saxifraga*), vulg. *Petit boucage*, *Persil de bouc*. Espèce bisannuelle et indigène très commune sur les pelouses, le long des chemins, dans les bois, où elle fleurit à la fin de l'été.

BOUCHE. Entrée du canal alimentaire. Ce mot s'emploie toutes les fois qu'il n'est pas question de marquer la voracité ; *gueule* s'applique plus particulièrement aux animaux qui ne vivent que de chair ; et l'on dit *bec* en parlant des Oiseaux.

La bouche est une cavité qui renferme les dents, les gencives, la langue, les glandes salivaires, les organes du goût, et dont la forme et les parties constituantes varient considérablement dans les diverses classes zoologiques, ainsi qu'il est démontré à leurs chapitres respectifs.

BOUCLIER (*Silpha*). Genre de Coléoptères clavicornes, dont le corps de forme ovalaire et les élytres arrondies, convexes et relevées sur les bords, rappellent assez bien la forme d'un bouclier. Ces insectes sont de moyenne taille, de couleur sombre; tous exhalent une odeur nauséabonde qui provient de leur genre de nourriture. Ils vivent, en effet, dans les excréments, sur les charognes, les matières animales en putréfaction. Lorsqu'on les saisit, ils répandent par la bouche et l'anus une liqueur noire et fétide. Leurs larves sont noires, très agiles, offrant deux appendices coniques à l'abdomen, et 12 anneaux formant de chaque côté des prolongements anguleux.

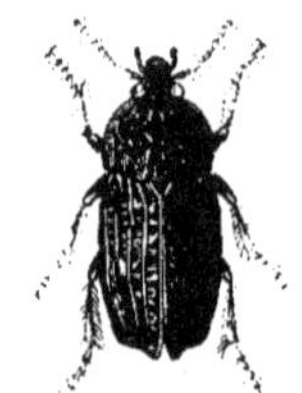

Fig. 181. — Bouclier tuberculeux.

Ces Coléoptères paraissent destinés par la nature, surtout à l'état de larve, à purger la terre des immondices que la destruction et la décomposition des êtres organisés entraînent toujours après elles; mais ils n'enterrent pas ces matières comme le font les Nécrophores. On en compte un très grand nombre d'espèces qui se voient dans toutes les parties du monde.

BOUILLON BLANC. Espèce du genre *Molène*. — V. ce mot.

BOULEAU (*Betula*). Genre d'Arbre de la famille des Bétulacées, plus ou moins élevés, à épiderme lisse, blanchâtre, se détachant par lames; à feuilles dentées. Fleurs en chatons, dont les mâles sont cylindriques allongés, pendants, commençant à paraître dès l'automne et se développant un peu avant les feuilles; chatons femelles solitaires, paraissant en même temps que les feuilles.

Le Bouleau commun (*B. alba*) se plaît dans les bois montueux, les coteaux sablonneux. Son bois, quoiqu'ayant peu de cohésion, sert au charronnage, à la tonnellerie. Dans le Nord on recueille la sève abondante qu'il contient au printemps, pour fabriquer, en la mêlant au houblon, une liqueur fermentée très estimée. En médecine, ses feuilles ont été considérées comme vermifuges; son écorce comme fébrifuge.

Le Bouleau pubescent (*B. pubescens*) est une espèce dont les jeunes rameaux, ainsi que les feuilles, sont couverts de duvet. — Il y a plusieurs autres espèces, tant exotiques qu'indigènes, que nous ne pouvons faire connaître.

BOULE-DE-NEIGE. Nom de jardin d'une espèce de *Viorne*. — V. ce mot.

BOUQUETIN (*Capra ibex*). Mammifère du genre Chèvre, regardé autrefois comme la souche de notre bouc domestique avant que l'Egagre ne fût connu. Cet animal, dont la taille est plus grande que celle de la Chèvre et dont les mœurs sont analogues à celles du Chamois, vit sur les hautes montagnes de l'Europe et de l'Asie. Il est remarquable par ses cornes longues, noires, tracées d'anneaux qui marquent l'âge de l'animal, et rejetées en arrière; son poil est brun, rude, mais pourtant cache une toison plus fine. — Le Bouquetin est sauvage, difficile à approcher; mais pris jeune il s'apprivoise facilement. Dans les temps d'ignorance, le sang desséché de cet animal passait pour jouir de grandes vertus médicinales. Un savant rapporte que sa chair donne aux paysans qui en mangent souvent une constitution robuste et leur fortifie surtout les cuisses et les jambes.

Fig. 183. — Bouquetin des Pyrénées.

On distingue : le B. des Alpes, dont la longueur est de 1 m. 40; les cornes, chez le mâle, peuvent atteindre plus d'un mètre et sont très comprimées latéralement. — Le B. des Pyrénées a des cornes qui ressemblent beaucoup à celles du Bouc domestique.

BOURDON (*Bombus*). Genre d'Hyménoptères de la famille des Mellifères, dont voici les caractères: corps gros et velu; fausse trompe plus courte que le corps; terminée par deux épines; yeux rangés sur une ligne droite transversale au lieu d'être disposés en triangle, etc. — Ces insectes produisent un fort bourdonnement en volant: comme les Abeilles, ils offrent des *mâles*, plus petits et sans aiguillon, des *femelles*, beaucoup plus grosses, et des *neutres*, de grosseur moyenne.

Les Bourdons vivent aussi en société, mais qui sont peu nombreuses, composées de 45 à 450 individus seulement, et qui disparaissent à l'approche de l'hiver. Les femelles seules, plus vigoureuses et d'ailleurs fécondées, peuvent survivre en se cachant dans les trous, les fissures, où elles attendent le retour de la belle saison. Alors elles se construisent un nid, dans lequel elles déposent leurs œufs, qui, au bout de quatre ou cinq jours, passent à l'état de larves. Celles-ci se nourrissent du miel fourni par les ouvrières, nées des premiers œufs dont s'est débarrassée la femelle, et qui ont

travaillé de concert avec cette dernière à la confection du miel. Quand les larves ont pris tout
leur accroissement, elles se filent une coque : et,
vers le mois de juin, les nymphes éclosent et se

Fig. 186. — Bourdon.

mettent à partager les travaux de la famille, jusqu'aux premiers froids qui font encore tout périr,
excepté quelques mères fécondées.

Les principales espèces sont le B. des mousses,
le B. souterrain, le B. des jardins, le B. des
pierres, qui se trouvent aux environs de Paris.
Cette dernière espèce ne se creuse pas de nid souterrain comme les autres, mais vit sous les pierres,
ainsi que l'indique son nom.

BOURGEON. Petit corps écailleux qui se développe sur la tige et ses divisions, le plus souvent
dans l'angle formé par l'insertion des feuilles, et
qui contient les rudiments des feuilles, des fleurs
et des tiges. Le bourgeon n'offre d'abord aucune
organisation ; puis on distingue en lui successivement : l'*œil*, petit corps de forme conique, composé d'écailles imbriquées, et qui se montre l'été ;
le *bouton*, qui est l'œil développé, apparaissant
vers la fin de l'automne ; le *bourgeon* proprement
dit, qui, au printemps suivant, se dilate, écarte
ses écailles pour donner passage aux organes
qu'elles protégent.

Les bourgeons qui se développent sous terre,
se nomment *bulbe*, *turion*, *tubercule*. Le bourgeon qui part du bas de la tige a reçu le nom de
surgeon : celui qui s'élève des racines, *drageon*.

BOURRACHE (*Borrago*). Genre de la famille
des Borraginées, plantes annuelles ou vivaces dont
voici les caractères essentiels : calice 5-partit ; corolle rotacée à 5 divisions étalées, et dont la gorge
est munie de 5 écailles ou appendices ; étamines
saillantes, anthères linéaires.

Bourrache commune (*B. officinalis*). Plante
annuelle de 30 à 60 cent., hérissée de poils raides,
très rameuse ; feuilles alternes velues, ridées, les
supérieures sessiles ovales lancéolées, les inférieures pétiolées et grandes. Fleurs assez grandes,
disposées en panicule terminale, pédicellées, de
couleur bleue, etc.

La Bourrache, pense-t-on, est originaire du Le-

vant : plusieurs croient, au contraire, qu'elle est
parfaitement indigène. Souvent subspontanée dans le
voisinage des habitations, elle est plus fréquemment
cultivée dans les jardins, où elle fleurit en juin-octo-
bre. Elle a peu d'odeur, mais une saveur douce et
mucilagineuse. Elle passe pour adoucissante, béchique, diaphorétique et diurétique, cette dernière
propriété étant due au nitrate de potasse qu'elle
contient. Aussi emploie-t-on fréquemment ses fleurs,
sous forme d'infusion et de sirop, dans les inflammations de poitrine, les rhumatismes chroniques,
les hydropisies, etc. On mange ses feuilles comme
les épinards : on les met dans le potage comme le
chou, etc.

Bourrache du Levant (*B. orientalis*). Cette
espèce a été rapportée de Constantinople par Tournefort. On l'a confondue avec la précédente, quoi-

Fig. 187. — Bourrache.

qu'elle soit moins élevée, que ses poils soient
moins durs, ses fleurs plus petites, etc. Maintenant elle croît partout et ne réclame aucun soin
particulier.

BOURSE A PASTEUR. Nom vulgaire d'une espèce du genre *Tabouret*. — V. ce mot.

BOUSIER (*Copris*). Genre de Coléoptères de la
famille des Lamellicornes, dont la forme générale
est assez difficile à indiquer, vu que la tête et le
corselet, qui forment à eux deux la moitié du corps,
sont, la plupart du temps, chargés de cornes et de
dilatations qui les font varier dans chaque espèce ;
corps très épais, corselet transversal sans écusson ; élytres bombées, garnies de stries ; couleur
brune ou noire, avec un reflet métallique chez
quelques-uns.

Les Bousiers ne sont pas de petite taille ; quoique
animaux immondes, puisqu'ils vivent dans les
bouses de vaches, ils ne sont pas dépourvus d'in-

stinct. Plusieurs d'entre eux, lorsqu'ils déposent un œuf au milieu d'une bouse, ont la précaution de le rouler, à l'aide de leurs pattes de derrière, jusqu'à ce qu'il ait acquis assez de dureté pour résister à quelque accident ; puis ils cachent cette boule renfermant leur progéniture dans quelque trou. La larve, qui ressemble un peu à celle du Hanneton, trouve ainsi, lorsqu'elle sort de l'œuf, une nourriture toute prête. Cette remarque n'était pas échappée aux Égyptiens, puisqu'ils ont représenté sur leurs monuments, et même sur l'obélisque de Luxor, que l'on voit à Paris, des Bousiers roulant leur boule.

La plupart des espèces de ce genre sont étrangères à l'Europe. Notre pays ne fournit que les suivantes : le Bousier lunaire (*C. lunaris*), long de 2 cent., entièrement noir, offrant à chaque côté du corselet une forte dent conique perpendiculaire, et sur le vertex une corne droite, qui est très courte et tridentée chez la femelle ; le B. espagnol (*C. hispanus*), long de 6 à 11 lignes, entièrement noir, ayant sur le ventre une corne médiocrement longue et couchée en arrière, avec la tête et le corselet fortement ponctués, etc.

BOUVIER. Nom donné à plusieurs petits Oiseaux appartenant à différents genres , tels que *Bouvreuil*, *Gobe-mouche*, *Traquet*, *Bergeronnette*, etc.

BOUVREUIL (*Pyrrhula*). Genre de Passereaux de la famille des Conirostres, dont le bec est gros, court, aussi épais que haut, noir ; narines basales,

Fig. 188 et 189. — Bouvreuil longue queue (mâle et femelle).

cachées ; manteau cendré : poitrine d'un rouge de feu ; tête, queue et ailes d'un beau noir ; le dessous du ventre blanc. — Ce sont des oiseaux qui habitent les bois et les jardins et dont la nourriture se compose de fruits mous, le plus souvent de graines qu'ils ne mangent qu'après les avoir

dépouillées de leur péricarpe. Quelquefois ils font de grands dégâts aux arbres fruitiers. — On en connaît plusieurs espèces, qui se trouvent dans les deux continents, la Nouvelle-Hollande exceptée. Voici celles d'Europe.

Bouvreuil commun (*P. vulgaris*). Cet oiseau est un peu plus gros que notre Moineau, et se fait remarquer par la beauté de son plumage, dont nous venons d'indiquer les couleurs ; la femelle toutefois a du gris roussâtre au lieu de rouge à la poitrine. — Le Bouvreuil est très commun en

Fig. 190. — Bouvreuil de Pallas.

France, habitant les bois, les taillis, les lieux ombragés. Son cri, triste et plaintif, ou animé et dominé par un *tui, tui, tui*, est le même dans les deux sexes ; pourtant le mâle, au temps des amours, fait entendre une sorte de sifflement, qui se perfectionne beaucoup dans l'état de captivité. Cet oiseau niche dans les buissons les plus épais, et la femelle pond 4 à 6 œufs d'un blanc bleuâtre marqués de taches brunes verdâtres, qu'elle soumet à une incubation de 14 ou 15 jours, pendant lesquels le mâle la remplace de temps en temps.

Elevé en cage, le Bouvreuil se familiarise très facilement et est capable d'attachement. Il apprend à flûter des airs, à parler. On dit qu'il se souvient longtemps de ce qui lui a nui, et qu'il meurt quelquefois de regret après avoir quitté ou perdu son premier maître. Il se nourrit de chènevis. On peut l'apparier avec la femelle du serin, pourvu que celle-ci n'ait jamais eu de communication avec les mâles de son espèce et qu'elle ait eu le temps de s'habituer à la présence de son nouvel amant. — La chasse du Bouvreuil se fait au trébuchet ou aux gluaux.

Bouvreuil dur-bec (*P. enucleator*). Cette espèce a les parties supérieures du corps d'un brun noirâtre, avec la bordure des plumes d'un jaune orangé ; les parties inférieures rouges, ainsi que la tête et le cou. — Elle se trouve particulièrement en Sibérie, aux environs des fleuves, et l'hiver elle se réfugie dans les contrées orientales de l'Europe, se montrant quelquefois en Hongrie. Cet oiseau vit à peu près à la manière des Becs-croi-

Fig. 191 et 192. — Bouvreuil dur bec (mâle et femelle).

sés; sa nourriture consiste en semences d'arbres, en baies de plusieurs sortes.

BRACHÉLYTRES. Famille de Coléoptères pentamères dont les élytres sont plus courtes que le corps. — V. *Coléoptères*.

BRACHINE (*Brachinus*). Genre d'Insectes de l'ordre des Coléoptères, ainsi appelés (du gr. *brachys*, court) de la forme de leur corps qui est aussi large à une extrémité qu'à l'autre, et comme tronqué; la tête et le corselet sont presque de la même largeur, mais après eux l'abdomen s'élargit brusquement et continue jusqu'à l'extrémité des élytres; tout le corps est épais. L'extrémité de l'abdomen, qui dépasse les élytres, contient un appareil au moyen duquel l'insecte, lorsqu'il se croit en danger, éjacule une liqueur volatile corrosive qui sort avec explosion plus ou moins répétée et avec fumée. — Ces insectes, plus généralement propres aux pays chauds, se trouvent rassemblés en assez grand nombre sous les pierres au printemps.

Nous citerons le BRACHINE TIRAILLEUR (*B. displodens*), l'une des plus grandes espèces d'Europe, entièrement noir avec le corselet rouge; le B. CRÉPITANT (*B. crepitans*) des environs de Paris, long de 6 à 9 mill., de couleur fauve avec les élytres vert-bleu; le B. PISTOLET (*B. sclopeta*), d'un fauve rouge, également des environs de Paris.

Fig. 193. — Brachine.

BRACHIONIDES. Famille d'Infusoires dont le *Brachion* est le genre type. « Corps microscopiques invisibles à l'œil nu, contractiles et recouverts d'un test solide qui laisse apercevoir dans sa transparence un organe plus ou moins agité, paraissant avoir rapport à la digestion; évidemment ovipares, émettant des glomérules productifs qu'on a vus plus ou moins de temps enfermés dans leur corps avant leur émission. » — Les Brachionides peuvent être considérés comme formant le chaînon le plus inférieur de la classe des Crustacés, et comme servant de transition aux Brachiopodes.

BRACHIOPODES (du gr. *brachion*, bras; *pous*, pied). Classe de Mollusques à coquille bivalve, munis de deux bras charnus, garnis de nombreux filaments, qu'ils peuvent étendre hors de la coquille ou retirer en dedans, et dont la bouche est entre les bases des bras. Ce sont des animaux qui se fixent soit par un pédoncule fibreux, soit par l'adhérence même de l'une de leurs valves; leurs coquilles sont assez rares à l'état vivant, sans doute à cause de la difficulté qu'il y a à les pêcher dans les grandes profondeurs où ils habitent. — Les genres principaux de cette classe sont les *Lin-*

gules, les *Térébratules*, les *Orbicules*, les *Cranies*, etc.

BRACHYCÉPHALE. Batracien voisin des Crapauds, propre au Brésil, offrant cela de singulier qu'il présente à la région dorsale une sorte de petit bouclier consistant en une ossification de la peau qui est noirâtre en cet endroit, et figurant une sorte de selle, d'où le nom de *porte-selle* donné à cet animal par les indigènes.

BRACHYCÈRE (*Brachycerus*). Genre de Coléoptères tétramères, formé avec les Charençons à rostre court et à antennes courtes et peu coudées. Leur forme est raccourcie, le corps et le corselet sont très rugueux; pas d'ailes; élytres soudées et embrassant presque entièrement l'abdomen. — Ces insectes sont plus généralement propres aux parties méridionales.

BRACHYURES. L'une des grandes divisions des Crustacés décapodes. — V. *Décapodes*.

BRACTÉE (de *bractea*, lame ou feuille de métal). « Nom qu'on donne, en botanique, aux feuilles qui, généralement sous la forme d'écailles, accompagnent les fleurs; il s'applique spécialement aux feuilles placées près des fleurs, quand, par leur grandeur, leur figure, leur consistance, elles diffèrent complétement des autres feuilles de la plante. Si ces feuilles qui accompagnent les fleurs ne diffèrent pas sensiblement des autres feuilles qu'on observe sur les autres parties de la plante, on leur réserve le nom de *feuilles florales*. » Les bractées ne sont que des feuilles avortées : leurs formes et leurs caractères varient : elles sont plus ou moins minces, grandes, colorées. Quelquefois elles ont un grand développement et recouvrent complétement la fleur ou les fleurs avant leur épanouissement : alors elles prennent le nom spécial de *spathe;* telles sont les bractées qu'on trouve à la base des fleurs des iris, des narcisses, des aulx, etc.

BRADYPE (*Bradypus*) ou **Paresseux.** Genre de Mammifères de l'ordre des Edentés, famille des Tardigrades, ainsi nommés (du gr. *bradys*, lent; *pous*, pied) à cause de la lenteur de leurs mouvements. Animaux singuliers qui se rapprochent des Singes par leur apparence extérieure, leurs habitudes grimpeuses, mais qui en diffèrent essentiellement par plusieurs caractères, surtout par leurs doigts qui sont au nombre de trois au plus, non libres, si ce n'est dans leur dernière phalange, terminée par un ongle fort long. Ils sont remarquables encore par la longueur de leurs membres antérieurs, qui les rend disgracieux et qui fait, qu'à terre, ils sont obligés de se traîner sur leurs

Fig. 194. — Bradype Aï.

coudes. Leur tête est petite, arrondie; leur museau court, comme tronqué; les yeux sont éloignés l'un de l'autre, dirigés en avant; les narines un peu écartées; les oreilles très courtes; cou court; pas de queue à l'extérieur; poils épais; mamelles pectorales.

Les **Bradypes** habitent tous les forêts de l'Amérique du Sud. Sur les arbres la disproportion de leurs membres disparaît, car ils grimpent avec la plus grande facilité et savent atteindre les branches les plus éloignées d'eux. Ils sont essentiellement herbivores; dans nos ménageries ils mangent plusieurs végétaux et semblent préférer le céleri. Ils dorment pendant le jour, et c'est le soir et la nuit qu'ils se meuvent. — Ce genre se compose de deux espèces principales, qui sont plutôt deux sous-genres que nous rapprochons ici.

B. AÏ (*B. tridactylus*), ainsi nommé de son cri plaintif: il est couvert de longs poils gris et grossiers; sa taille est celle d'un gros chat, ou plutôt sa longueur totale ne dépasse pas 40 centim. Ses trois doigts sont armés de très longues griffes ressemblant presque à des sabots: seul parmi les Mammifères, cet animal a 9 vertèbres cervicales au lieu de 7. — On connaît plusieurs variétés d'Aï qui toutes habitent les contrées de l'Amérique méridionale, depuis le Brésil jusqu'au Mexique. Parmi elles le B. A COLLIER se distingue par ses longs poils noirs qui lui pendent dessous le cou et sur le haut du dos comme un capuchon, et qui est d'un gris jaunâtre un peu terreux. Ces animaux, plus petits et plus lents encore que l'Unau, sont les *paresseux proprement dits*.

B. UNAU (*B. didactylus*). Ce Bradype a une longueur totale de 70 cent.; sa tête est un peu allongée, surtout en comparaison avec celle de l'Aï:

Fig. 195. — Bradype Unau.

il n'a que deux doigts aux membres antérieurs, qui sont armés de deux grands ongles; trois aux postérieurs. Ses mains sont étroites, longues et recourbées comme des crocs: ses bras et jambes sont moins disproportionnés que dans l'Aï, et ses mouvements sont plus libres. — Cet animal marche rarement sur la terre; sa voix est faible, son odorat presque nul, sa vue imparfaite pendant le jour. La femelle ne fait qu'un seul petit qu'elle porte accroché sur son dos. Le repos de l'Unau, c'est d'être accroché aux arbres, et d'une telle façon qu'on lui fait difficilement lâcher prise.

BRANCHIES (du gr. *brankhia*, gorge), vulg. *Ouïes*. Organes pulmonaires des animaux aquatiques situés aux côtés du cou, et consistant en lamelles vasculaires, qui sont pour les animaux vivant dans l'eau ce que sont les poumons pour les animaux qui respirent dans l'air. Les branchies varient beaucoup dans leurs formes : dans les Poissons et la plupart des Mollusques, elles sont formées par un grand nombre de petites lamelles membraneuses disposées comme les feuillets d'un livre ou comme les dents d'un peigne: chez divers Annélides, elles se composent d'une multitude de filaments rameux et ressemblent à de petits arbustes ou à des panaches vasculaires: chez plusieurs Vers marins, tel que l'Arénicole, elles ne consistent que dans des tubercules ou des prolongements foliacés ayant une contexture plus délicate que celle du reste de la peau et recevant une quantité de sang plus considérable. Les Branchies sont tantôt logées dans une cavité qui sert à les protéger et qui est disposée de telle sorte que l'eau peut facilement se renouveler dans son intérieur, comme chez tous les Poissons et la plupart des Mollusques; tantôt ces organes sont situés à l'extérieur, de façon à flotter librement dans l'eau ambiante, comme chez les animaux inférieurs. Les Larves aquatiques d'un grand nombre d'insectes, destinés à vivre dans l'air lorsqu'ils sont parvenus à leur état parfait, des Têtards, des Crapauds, des Grenouilles et des Salamandres, qui sont de véritables larves, puisqu'ils se métamorphosent, respirent au moyen de branchies, lesquelles disparaissent lorsque ces animaux cessent de vivre à la manière des poissons.

Chaque dent du peigne branchial ou chaque prolongement foliacé présente une ou plusieurs veines qui s'abouchent à une ou plusieurs artérioles, et c'est au point de communication de ces deux genres de vaisseaux que l'eau abandonne l'oxygène de l'air qu'elle contient, pour transformer le sang veineux en sang artériel. D'où il résulte que la structure des branchies a la plus grande analogie avec celle des poumons. — V. *Respiration comparée*.

BRANCHIOPODES (du gr. *branchia*, branchie; *pous*, pied). Ordre de Crustacés presque microscopiques, dont les pattes, qui ne peuvent plus servir à la marche, affectent la forme de lames foliacées et constituent en même temps des organes de respiration et de natation. Ils vivent pour la plupart dans les mares et les flaques d'eau où ils pullulent à l'infini, paraissant et disparaissant presque subitement; plusieurs sont marins. Leur corps est ovale oblong, mou; leur abdomen a la forme d'une queue terminée par des appendices: ils ont quatre antennes, dont deux ont été prises pour des pieds. Ces petits êtres nagent sur le dos en frappant le liquide avec leur queue. Ils se nourrissent généralement de petits corpuscules que les courants apportent à leur bouche, organisée comme celle des Crustacés: plusieurs étant suceurs vivent en parasites sur d'autres animaux habitant le même élément.

Les organes sexuels masculins sont situés tantôt à l'extrémité postérieure de la poitrine ou à l'origine de la queue, tantôt aux antennes ; mais c'est toujours vers la base inférieure de la queue que les organes sexuels de la femelle sont placés. Les œufs y sont réunis dans deux espèces de capsules pendantes comme des grappes. Les petits y éclosent ordinairement et naissent pour la plupart sous une forme très différente de celle qu'ils ont à l'état parfait. Ils changent plusieurs fois de peau. — Les principaux genres de cet ordre sont les *Branchipes*, les *Daphnies*, les *Limnadies*, les *Cyclopes*, les *Polyphèmes*, etc.

BRANCHIPE (*Branchipus*). Genre de Crustacés de l'ordre des Branchiopodes, au corps allongé très mou, sans test, comme transparent, divisé dans toute sa longueur en un grand nombre d'articles réels ou apparents, et terminé par une queue, avec deux nageoires au bout. — Ces petits crustacés se trouvent l'été dans les fossés remplis d'eau, dans les ornières, nageant sur le dos, dans une position un peu courbée et par saccades très vives et fréquentes. Les femelles font plusieurs pontes à la suite d'un accouplement : les œufs sont lancés au dehors avec rapidité et par jets de 10 à 12. Il paraîtrait que la dessiccation, à moins qu'elle ne soit trop forte, n'altère pas le germe, et que les petits naissent lorsqu'il y a une quantité d'eau suffisante.

BREBIS (*Vervex*). Femelle du Bélier, genre de Ruminants dont les caractères sont exposés à l'article *Mouton*.

« Si l'on fait attention, dit Buffon, à la faiblesse et à la stupidité de la brebis ; si l'on considère en même temps que cet animal sans défense ne peut même trouver son salut dans la fuite ; qu'il a pour ennemis tous les animaux carnassiers, qui semblent le rechercher de préférence et le dévorer par goût ; que d'ailleurs cette espèce produit peu, que chaque individu vit peu de temps, on serait tenté d'imaginer que, dès le commencement, la brebis a été confiée à la garde de l'homme, qu'elle a eu besoin de sa protection pour subsister, et de ses soins pour se multiplier, puisqu'en effet on ne trouve point de brebis sauvages dans les déserts ; que, dans tous les lieux où l'homme ne commande pas, le lion, le tigre, le loup règnent par la force et la cruauté ; que ces animaux de sang et de carnage vivent plus longtemps, et multiplient ous beaucoup plus que les brebis ; et qu'enfin, si l'on abandonnait encore aujourd'hui dans nos campagnes les troupeaux nombreux de cette espèce que nous avons tant multipliée, ils seraient bientôt détruits sous nos yeux, et l'espèce entière anéantie par le nombre et la voracité des espèces ennemies.

« Il paraît donc que ce n'est que par notre secours et par nos soins que cette espèce a duré, dure et pourra durer encore : il paraît qu'elle ne subsisterait pas par elle-même. La brebis est absolument sans ressource et sans défense ; le bélier n'a que de faibles armes ; son courage n'est qu'une pétulance pour lui-même, incommode pour les autres : les moutons sont encore plus timides que les brebis : c'est par crainte qu'ils se rassemblent si souvent en troupeau ; le moindre bruit suffit pour qu'ils se précipitent et se serrent les uns contre les autres, et cette crainte est accompagnée de la plus grande stupidité, car ils ne savent pas fuir le danger.

« Mais cet animal si chétif en lui-même, si dépourvu de sentiment, si dénué de qualités intérieures, est pour l'homme l'animal le plus précieux, celui dont l'utilité est la plus immédiate et la plus étendue ; seul il peut suffire aux besoins de première nécessité ; il fournit tout à la fois de quoi se nourrir et se vêtir, sans compter les avantages particuliers que l'on sait tirer du suif, du lait, de la peau, et même des boyaux, des os et du fumier de cet animal, auquel il semble que la nature n'ait, pour ainsi dire, rien accordé en propre, rien donné que pour le rendre à l'homme. »

BRÈME (*Cyprinus brama*). Poisson du genre des Cyprinoïdes, ainsi caractérisé : tête tronquée ; bouche petite, la mâchoire supérieure dépassant un peu l'inférieure ; corps large et épais, couvert de grandes écailles, mais mince et allongé au contraire dans le jeune âge ; dos aminci et tranchant, de couleur noirâtre ; côtés mélangés de jaune, de blanc et de noir ; taille de 40, 60 cent. de longueur. Ces poissons se trouvent dans les rivières et les lacs d'Europe. Ils sont d'une grande fécondité ; Richeter affirme que dans un seul lac, en Suède, on en pêcha une fois plus de cinquante mille.

La BRÈME COMMUNE est la plus fréquente ; elle ressemble à la carpe. Sa chair est blanche, ferme, agréable. Elle a la vie dure ; on peut la transporter au loin sans qu'elle périsse, pourvu qu'on l'entoure de mousse fraîche ou de neige. Ce poisson fraye à trois époques de l'année ; si la saison devient froide, les femelles éprouvent les accidents les plus funestes, résultant d'un obstacle à la sortie des œufs. La Brème se pêche à la trouble, à la nasse et même à la ligne amorcée de vers.

BRÈVE (*Pitta*). Genre d'Oiseaux de l'ordre des Passereaux dentirostres, dont les espèces habitent les parties chaudes de l'ancien continent. Leurs formes sont lourdes et massives ; leur plumage d'ailleurs assez brillant ; et leur organisation est faite pour la course plutôt que pour le vol. Ils se nourrissent de fourmis — (V. ci-contre la *Br. élégante*).

BRÉVIPENNES. Famille d'Oiseaux de l'ordre des Échassiers ou des Gallinacés (les auteurs ne sont pas d'accord sur ce point), qui, vu leurs ailes rudimentaires et leurs pattes très développées au contraire, sont incapables de voler. — V. *Échassiers*.

Fig. 196. — Brève élégante.

BRINDONNIER (*Brindonia*). Arbre pyramidal de l'Inde, de la famille des Guttifères, dont toutes les parties laissent écouler, quand on les entame, un suc jaune qui s'épaissit en une sorte de gomme-gutte. On prépare avec son fruit des gelées et des sirops rafraîchissants.

BRIZE (*Briza*). Genre de Graminées très répandu dans nos prairies, dont les épillets sont comprimés latéralement, ovoïdes, longuement pédicellés, penchés et mobiles, disposés en une panicule rameuse diffuse.

La **BRIZE AMOURETTE** (*B. media*) est l'espèce la plus commune: elle atteint 50 cent.: ses feuilles sont planes; sa panicule est lâche, à rameaux capillaires flexueux; les épillets sont plus larges que longs, très mobiles, agités par le moindre vent. — Cette plante fournit un pâturage plus recherché des bêtes à laine que du gros bétail. — La B. A PETITE PANICULE (*B. pallens*) a la panicule très étroite, engaînée à la base par la feuille supérieure; les épillets plus petits, non cordiformes. — Elle se trouve partout dans les lieux arides.

BROCHET (*Lucius*). Poisson de l'ordre des Malacoptérygiens abdominaux, famille des Ésoces, espèce du genre Cyprin, dont la tête est plate, le museau large, allongé; la bouche fendue jusqu'au niveau des yeux, avec la mâchoire supérieure moins longue que l'inférieure; dents nombreuses et dirigées de devant en arrière : un très grand nombre se montrant au palais, plus ou moins fines, rangées suivant des directions longitudinales, mobiles; langue un peu fourchue et hérissée de petites dents; nageoire dorsale située très près de la caudale qui est fourchue; dos de couleur noirâtre, etc.

Le Brochet est très commun dans les rivières et les lacs de l'Europe; il se trouve aussi dans le nord de l'Asie et de l'Amérique. Sa longueur ordinaire est de 50 à 75 cent., mais il peut atteindre jusqu'à deux mètres et peser jusqu'à 40 kil. C'est dans le Volga surtout qu'il présente cette taille. Celui

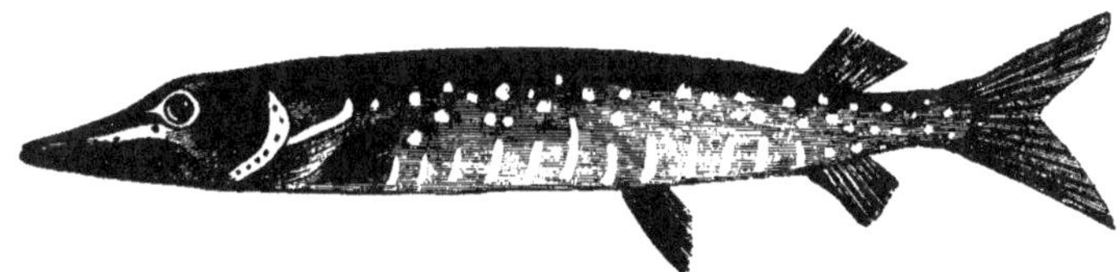

Fig. 197. — Brochet.

qui fut pêché en 1497 à Kaisers Lautern peut être considéré comme géant dans son espèce; il avait plus de six mètres et pesait 175 kil. Il devait être âgé de 267 ans, en prenant en considération l'anneau que lui avait fait mettre Frédéric II, en 1252.

Le Brochet est très vorace : il se jette sur les autres poissons, sur ceux même de son espèce: grenouilles, serpents, rats, jeunes canards, oiseaux aquatiques, il dévore tout, cela même à l'état de cadavre, aussi a-t-il reçu le nom de *Requin d'eau douce*. Cet animal, dont l'instinct carnivore est servi par une ouïe délicate, fait de grands dégâts dans les eaux empoissonnées. On estime que si un individu, tiré d'un étang peuplé de carpes, est vendu 3 francs, il a bien détruit pour 50 francs de ces dernières. Le Brochet a la chair blanche, ferme, de bon goût et de facile digestion; elle varie toutefois selon l'âge, la saison et les lieux. Ses œufs passent pour difficiles à digérer, purgatifs et

malfaisants. Parmi ces poissons ceux qui habitent les eaux limpides sont meilleurs que les autres. Leur pêche est rendue facile par leur voracité: on les prend au filet, à la nasse, à la ligne ou à l'épervier.

Dans le mois de janvier 1855, on a trouvé, dans un terrier ardoisier de la butte Montmartre, une portion d'ardoise portant l'empreinte d'une tête de Brochet. Ces débris de poissons étaient autrefois très communs dans ces carrières, et le Muséum en possède un très grand nombre, preuve indubitable qu'à une époque très reculée, le sol de Paris et de ses environs a été couvert par les eaux marines à une très grande hauteur.

BROME (du gr. *brômos*, mauvaise odeur). Corps simple, découvert par Balard dans l'eau mère de plusieurs salines, et trouvé depuis dans les eaux de la mer. C'est une substance liquide, d'un rouge noirâtre en masse, dont le poids spécifique est 2,966 : qui se congèle à 22° ; et à 47, produit un gaz rutilant, d'une odeur suffocante désagréable. On l'obtient en traitant les eaux mères des salines par un courant de chlore, et les agitant ensuite avec l'éther sulfurique. Ce menstrue dissout le brome ; on l'agite avec la potasse : on concentre, et le sel obtenu est traité par l'acide sulfurique et le peroxyde de manganèse : le gaz rutilant qui se produit donne par la condensation le brome en un liquide d'un brun rouge. — On a essayé sans succès le Brome contre les tumeurs scrofuleuses et les goitres.

BROME (*Bromus*). Genre de Graminées, annuelles ou vivaces, herbacées, très abondantes dans les prés, les bois, les champs et les lieux incultes ; elles ont les épillets comprimés latéralement, contenant 5-10 fleurs, disposés en panicule ; le fruit (cariopse) est oblong linéaire, à dos convexe, etc. — Ce genre comprend plus de 80 espèces répandues dans presque toutes les contrées du globe. En France on en compte environ 18, qui, pour la plupart, forment un fourrage peu estimé, et sont plutôt nuisibles qu'utiles aux prairies, qu'elles détruisent promptement par leur étonnante propagation. Cependant les grains de quelques-unes, telles que le B. SEGLIN, le B. DROUE, engraissent les volailles, et, mêlés à la farine du froment, donnent un pain excellent.

BROMÉLIACÉES. Famille de Plantes monocotylédones, toutes exotiques, vivaces, quelquefois parasites, dont le BROMELIA ANANAS est le genre type. — V. *Ananas*.

BROSIME. Grand Arbre de la Jamaïque, de la famille des Urticées, très rapproché de l'Arbre à pain et dont les différentes parties sont laiteuses. Ses fruits sont un aliment sain et agréable, d'autant plus précieux qu'il mûrit au temps des plus ardentes chaleurs ; ses feuilles constituent un excellent fourrage, en sorte que l'homme, sur le sol aride de la zône brûlante, est doté avec le Brosime et une cabane.

BROUILLARDS. Vapeurs humides répandues dans les couches inférieures de l'atmosphère, et qui en troublent la transparence. Voici la cause générale de ce phénomène. A l'air libre, l'eau entre toujours en vapeur, mais la quantité de celle-ci dépend de la température de l'atmosphère. Si donc l'air est saturé d'humidité et qu'il se refroidisse, une partie de cette vapeur se condensera aussitôt à l'état d'eau divisée en parties extrêmement fines qui tombent sur le sol : voilà le brouillard. Mais ce brouillard ne se produit pas moins dans des cas très divers, suivant que le refroidissement est occasionné par la terre ou par l'atmosphère. « Ainsi lorsque des brouillards s'élèvent au-dessus des lacs, des fleuves, des rivières, c'est que la température de ces eaux étant plus

élevée que celle de l'air, il faut nécessairement que la vapeur qui s'en élève, mise en contact avec l'air plus froid, se condense et forme alors à leur surface des brouillards plus ou moins épais. D'un autre côté, quand arrive le moment du dégel, les rivières, les lacs, enfin toutes les surfaces d'eau quelconques, se couvrent de brouillards épais, parce que c'est l'air qui, plus élevé en température, se condense lorsqu'il se met en contact avec la surface plus froide de l'eau qu'il approche. Il en est de même lorsque, pendant l'été, il se forme des brouillards au-dessus des eaux après qu'il a plu : c'est qu'alors l'air étant plus chaud que la surface des eaux, il doit nécessairement se condenser.

Si les brouillards viennent à se congeler, ils s'attachent en petits glaçons à ce qu'ils rencontrent et forment ce que l'on nomme *givre, frimas*. S'ils s'élèvent assez haut dans l'atmosphère et qu'ils s'y amoncellent en amas compactes, il se produit ce qu'on appelle *nuages* ou *nuées* ; si, au lieu de s'élever, ils retombent sur la terre, ils forment souvent une pluie fine désignée sous le nom de *Bruine*.

BRUANT (*Emberiza*). Genre d'Oiseaux de l'ordre des Passereaux, famille des Conirostres, ayant pour caractères : bec court, fort, conique, comprimé latéralement, pointu ; bord des mandibules

rentrant en dedans, la supérieure moins large que l'inférieure et garnie intérieurement d'un petit tubercule osseux ; première rémige de l'aile un peu plus courte que les 2e et 3e, qui sont plus longues ; plumage variant du vert olivâtre au gris brun, mêlé à du jaune et du noir.

Ce groupe comprend un assez bon nombre d'espèces, toutes petites, qui, pour la plupart, quittent les régions du Nord pendant l'hiver et s'approchent des pays méridionaux. Ces oiseaux arrivent en France en même temps que les hirondelles, et nous quittent avec les cailles. Nous les voyons en troupes nombreuses, voltigeant tout l'été dans les prés, les bois, les haies, les blés. Ils se nourrissent de grains, parfois de petits insectes ; ils nichent à terre dans une touffe d'herbes ou dans un buisson peu élevé : la femelle fait plusieurs pontes par an. Les Bruants sont recherchés comme petit gibier délicat.

Bruant jaune ou commun (*E. citrinella*), vulg. *Verdière*. Cet oiseau, au plumage fauve, est sédentaire en France ; l'hiver, il se mêle aux bandes de moineaux et de pinsons et descend avec eux jusque dans les cours des fermes. Il pose son nid à terre, dans une touffe d'herbe, et ses œufs, au nombre de 4, sont marqués de taches et de lignes brunes sur un fond blanc.

Fig. 200 et 201. — Bruant zizi (mâle et femelle).

Bruant zizi ou des haies *E. circlus*). Cette espèce a la gorge noire et les côtés de la tête jaunes. Commun en automne dans nos provinces méridionales, il niche auprès des buissons, le long des eaux, etc. ; pond 4 ou 5 œufs grisâtres, parsemés de points et de taches d'un roux rembruni.

Bruant fou (*E. cia*), ainsi appelé parce qu'il donne dans tous les piéges ; encore connu sous le nom de *B. des prés*, a le dessous du corps gris roussâtre, les côtés de la tête blanchâtres et entourés de lignes noires en triangle. Habitant l'Allemagne, l'Italie, l'Espagne, il n'est que de passage en France. Ses œufs sont blanchâtres, linéolés de noir.

Bruant de roseau (*E. schœniculus*). La tête et la poitrine sont noires, le dos roux. Il est commun dans le nord de la France, et niche près

de terre dans les roseaux, souvent dans les herbes. Ses œufs, au nombre de 4 ou 5, sont d'un gris violet tacheté de brun noir.

Fig. 202 et 203. — Bruant de marais (mâle et femelle).

Bruant montain (*E. calcarata*). « Espèce des régions boréales, d'où elle émigre en hiver. Elle visite, quoique rarement, les provinces du nord de l'Allemagne. On la rencontre quelquefois aussi en Suisse. »

Fig. 204 et 205. — Bruant montain (mâle et femelle).

Deux autres espèces assez importantes seront étudiées aux mots *Ortolan* et *Proyer*.

BRUCÉE (*Brucea*). Arbrisseau d'Abyssinie qui doit son nom au voyageur Bruce, et dont les caractères botaniques le rangent parmi les Térebinthacées. — La B. **ferrugineuse** a l'aspect d'un petit Noyer ; son écorce passait pour être la fausse Angusture. On la cultive en Europe et dans les serres chaudes.

BRUCHE (du gr. *bruchô*, ronger). Genre de Coléoptères tétramères qui ont le prolongement de la tête court, large et en forme de museau, avec des palpes très visibles ; les antennes en forme de fils, l'anus découvert et les pieds postérieurs très grands.

Les Bruches sont en général de petite taille, ressemblant aux charençons. A l'état parfait on les rencontre sur les fleurs, où ils s'accouplent. Les femelles fécondées déposent leurs œufs sur les jeunes gousses des fèves, pois, lentilles ; et une fois écloses, les larves pénètrent dans l'intérieur des graines où elles se développent, en dévorant tout le parenchyme jusqu'à l'enveloppe, de laquelle elles ne peuvent sortir quelquefois, la tête seule passant par l'ouverture qu'elles se sont pratiquée. Ces insectes sont parfois assez nombreux pour être considérés comme un fléau pour l'agriculture : c'est surtout dans les contrées méridionales qu'ils occasionnent des dégâts. Le meilleur moyen de détruire leurs larves consiste à plonger dans l'eau bouillante, aussitôt après la récolte, les grains que l'on croit en être attaqués, ou bien à les soumettre, dans un four, à une température de 40 à 45 degrés.

La Bruche du pois (*Bruchus pisi*) est commune partout ; elle est longue de 5 millim., noire, avec une petite tache blanche sur le corselet et une croix blanche très distincte sur la plaque anale.

BRUGNON ou **Brignon**. Variété de Pêcher dont le fruit, nommé *Brugnon*, a la peau rouge, la chair pleine et d'un goût excellent, lorsqu'il a mûri sur l'arbre jusqu'à ce qu'il se soit détaché de lui-même.

BRUINE. Petite pluie extrêmement fine, qui tombe très lentement à cause de sa légèreté résultant de la grande division des parties aqueuses tenues comme en suspension dans l'atmosphère. L'explication de ce phénomène météorologique rentre dans celle du *Brouillard*. — V. ce mot.

BRUNELLE (*Brunella*). Genre de Plantes de la famille des Labiées, vivaces, à fleurs bleues, roses ou blanches, disposées en glomérules opposés formant épi terminal, compacte, muni de bractées très amples, souvent colorées : le calice est bilabié, à 10 nervures, déprimé et fermé à la maturité ; étamines 4, rapprochées sous la lèvre supérieure, les 2 inférieures plus longues ; filets bifides au sommet.

Brunelle commune (*B. vulgaris*). Tige de 1-4 décim. ; couchée d'abord, puis dressée, simple, pubescente. Feuilles opposées, pétiolées, ovales, pubescentes en dessous. Fleurs bleuâtres ou violettes ; calice coloré, à lèvre supérieure très brièvement dentée ; corolle petite ; appendice dentiforme aux filets des étamines les plus longues ; feuilles à la base de l'épi. — La Brunelle est assez commune dans les prairies, les pâturages, sur les lisières des bois ; elle fleurit dans les mois de juillet et août. Cette plante est sans odeur, sa saveur est peu marquée, un peu amère ; cependant elle passe pour astringente. En réalité, ses vertus médicales sont nulles.

Fig. 200. — Brunelle.

Brunelle a grandes fleurs (*B. grandiflora*). Corolle une fois plus grande que la précédente ; lèvre supérieure du calice ayant les dents latérales qui dépassent la moyenne ; appendice du sommet des étamines très court ; peu de feuilles à la base de l'épi. — Plante sans usages. Les bestiaux mangent ces deux espèces, mais sans les rechercher.

BRUNIACÉES. Famille de Plantes dicotylédones, toutes originaires du cap de Bonne-Espérance, et qui, par leur port, ressemblent beaucoup aux Bruyères, mais dont les fleurs sont généralement disposées en capitules : calice à 5 divisions ; corolle de 5 pétales ; étamines 5, alternes ; ovaire semi-infère ; style simple ou bifide. — Le genre type est la *Brunie*.

BRUNIE (*Brunia*). Genre de Sous-arbrisseaux du cap de Bonne-Espérance, de la famille des Bruniacées, à feuilles linéaires, alternes, très rapprochées ; à fleurs rassemblées sur un réceptacle ovoïde, velu, environné de folioles ; etc. — On en connaît 10 à 12 espèces qui ressemblent aux Bruyères, et que l'on cultive dans les serres pour leur joli feuillage seulement, car elles y fleurissent rarement.

BRUYÈRE (*Erica*). Genre de la famille des Éricacées, comprenant des Sous-arbrisseaux très rameux et en touffes, dont les feuilles sont persistantes, verticillées par 3-5 ; les fleurs de couleur purpurine, rose-lilas, jaune ou rouge, etc., de forme sphérique, en grelot, en cloche, en massue, de la grosseur de la tête d'une épingle jusqu'à celle d'un fort pois chiche : calice à 4 sépales libres ou soudés à la base; corolle dépassant longuement le calice, urcéolée, sub-globuleuse, à 4 dents ou lobes; étamines 8; capsule à 4 loges plurisperme. — Ce genre compte plus de 300 espèces ou variétés, dont une vingtaine indigènes à l'Europe, trois ou quatre à l'Asie, le reste à l'Afrique, particulièrement à l'Éthiopie, aux plages sablonneuses du cap de Bonne-Espérance. L'Amérique n'en possède point, que l'on sache. Ces plantes se trouvent dans les terrains quartzeux qui contiennent une plus ou moins grande quantité d'oxyde de fer; elles y fixent une humidité stagnante nécessaire à leur prospérité.

Bruyère commune (*E. vulgaris*). Sous-arbrisseau de 64 cent. de haut environ, très rameux, muni de feuilles opposées et étroitement imbriquées sur 4 rangs, persistantes; fleurs purpurines, rarement blanches, avec 6 feuilles florales formant involucre au calice; corolle petite, presque cachée par le calice. — Cette plante abonde sur les plateaux arides, où elle couvre de larges surfaces, telles que les landes de Bordeaux, de la Sologne, auxquelles ses innombrables fleurs, qui paraissent en juillet et août, prêtent une teinte générale qui les fait distinguer au loin. Si elle est nuisible à l'agriculture par ses racines et sa multiplicité, elle ne laisse pas que de racheter cet inconvénient par la nourriture qu'elle fournit aux moutons, aux chèvres, aux lapins, aux vaches; par le miel que lui empruntent les abeilles; par son bois qui fait du feu, ses branches qui servent de litière, etc.

Bruyère ciliée (*E. ciliaris*). Cette espèce se distingue à ses grandes fleurs purpurines, ramassées en grappes d'apparence unilatérale un peu au-dessous du sommet des tiges et des rameaux. Elle est fort recherchée par les abeilles; elle ne devrait pas l'être moins par ceux qui cultivent les jolies plantes dans les jardins.

Bruyère a balais (*E. scoparia*). Elle atteint de 6 à 12 déc.; feuilles dressées, verticillées, linéaires aciculées; fleurs d'un vert jaunâtre, très petites, brièvement pédicellées, en grappes effilées très longues. — Cette Bruyère aime les terrains sablonneux; elle est exploitée dans la Sologne par les fabricants de balais. Ses racines, qui deviennent fort grosses, fournissent le meilleur charbon connu.

Bruyère cendrée (*E. cinera*). Espèce peu elevée dont les rameaux et les feuilles sont garnis de poils; sa fleur est plus grande et plus colorée que celle de la Bruyère commune; elle dure aussi beaucoup plus longtemps.

Parmi les espèces exotiques, nous citerons la *B. à grandes fleurs*, la *B. en bouteille*, la *B. élégante*, la *B. à porcelaine*, etc., qui sont très recherchées des amateurs.

BRYONE (*Brionia*). Genre de la famille des Cucurbitacées, plantes vivaces, herbacées, grimpantes, dont la racine est pivotante, charnue, les tiges munies de vrilles; feuilles cordées palmati-lobées; fleurs unisexuées, assez petites, d'un blanc verdâtre; calice sub-globuleux, rétréci au-dessus de l'ovaire, à limbe 5-fide; corolle 5-fide; ovaire à 3 loges bi-ovulées; fruit bacciforme, globuleux, à 6 graines au moins, etc.

La **Bryone commune ou blanche** (*B. alba*), vulg. *Couleuvrée*, *Vigne blanche*, a la racine très épaisse, charnue; les tiges sarmenteuses, rudes et velues; les feuilles hérissées de poils courts; les fleurs dioïques, les mâles plus grandes que les femelles, en corymbes pédonculés, les femelles en corymbes subsessiles, parfois solitaires; fruit (baie) rouge à la maturité, à suc visqueux.

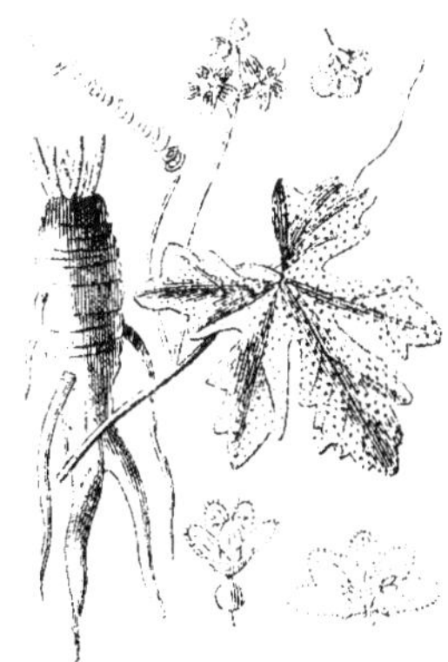

Fig. 207. — Bryone.

(Fragment de tige portant deux fleurs épanouies, deux boutons; trois fruits à côté; fleur détachée; une autre dont la corolle est ouverte racine dite navet du Diable.)

La Bryone croît dans les haies, les buissons, et montre ses fleurs en juin-juillet. Elle contient un suc âcre et vénéneux. Sa racine surtout, nommée *Navet du diable*, est un violent purgatif à l'état frais; mais sèche, elle n'a presque plus d'action. Coupée par tranches minces et appliquée ainsi sur la peau, elle agit comme rubéfiante, épispastique. Cette même racine contient une fécule abondante qui pourrait être utilisée dans les temps de disette, en ayant soin de la débarrasser, par des lavages répétés, du principe vénéneux qui l'accompagne.

BRYOPHILLE (du gr. *bruô*, germer; *phullon*, feuille). Arbuste des Moluques, de la famille des Crassulacées, remarquable par sa facilité de reproduction, qui est telle que si l'on pose une de ses feuilles sur le sol humide, on voit bientôt sortir de chacune des dentelures de petites tiges. En fleur, il offre l'aspect d'un petit pavillon chinois décoré de ses clochettes.

BRYOPSIS. Algues annuelles, élégantes par leur ramification et leur port, que l'on trouve à toutes les latitudes, surtout dans la Méditerranée, sur les corps marins solides.

BRYOZOAIRES. Groupe de Molluscoïdes (V. ce mot) confondus avec les Polypes les plus simples, mais auxquels M. Milne Edwards reconnaît des caractères d'organisation qui les élèvent d'un degré et en font, avec les Tuniciers, le passage des Mollusques aux Zoophytes. Les Bryozoaires ont le manteau moins développé que les Tuniciers et les branchies à nu. Celles-ci consistent dans une couronne de tentacules qui entourent la bouche et

Fig. 208. — Plumatelle.

Groupe de plumatelles de grandeur naturelle; b. Plumatelle grossie; c. Anus.)

qui sont garnis latéralement de cils vibratiles; anus situé à peu de distance de la bouche; liquide nourricier non mis en mouvement par un cœur : en général, la portion inférieure du manteau se durcit de façon à constituer une sorte de tube calcaire dans lequel l'animal peut se retirer tout entier. Ces êtres sont d'ailleurs d'une petitesse presque microscopique : ils vivent réunis en masses plus ou moins considérables, habitant la mer, pour la plupart, comme les *Flustres*, les *Rétéropores*, les *Vésiculaires*, quelques-uns les eaux douces, tels que les *Alcyonelles* et les *Plumatelles*.

BUBALE (*Bubalus*). Sous-genre d'Antilopes, dont la tête est longue, étroite : les cornes grosses se touchant presque à la base, s'écartant plus haut latéralement, puis se rapprochant encore en portant la pointe en arrière : pelage fauve, excepté le bout de la queue : taille d'un petit bœuf.

Le Bubale (*Antilope bubalus*), que l'on nomme encore *Bœuf d'Afrique*, *Taureau-cerf*, *Vache de Barbarie*, vit par troupes nombreuses dans tout le nord-ouest de l'Afrique. Il combat à la manière du Taureau. Shaw assure que fréquemment les jeunes Bubales se mêlent aux troupeaux de Bœufs domestiques, et ne les abandonnent plus. Ne pourrait-on pas alors rendre cette espèce d'Antilope domestique? ce serait d'autant

plus profitable que sa chair est très bonne à manger.

BUBON (*Bubon*). Genre d'Ombellifères, qui comprend 5 ou 6 espèces, dont deux fournissent un suc résineux, appelé *Galbanum*, très employé en médecine, et une autre, le *Persil de Macédoine*, qui se cultive dans nos jardins. Les anciens l'employaient pour guérir l'inflammation des aines : c'est la signification du mot grec *bubon*.

BUCARDE (*Cardium*). Genre de Mollusques acéphales testacés, de la famille des Cardiacés, ainsi appelé de la figure de la coquille en forme de cœur de bœuf. Cette coquille est en effet bombée, cordiforme, à valves égales, à sommets proéminents et recourbés. L'animal qui l'habite a le manteau largement ouvert, le pied très grand et recourbé en forme de faux; les lobes réunis, courts, ayant leurs ouvertures bordées de papilles. — La B. EXOTIQUE, propre aux côtes d'Afrique, est blanche, fragile, considérée comme précieuse lorsque les deux valves qui la composent sont bien celles du même individu. — La B. SOURDON habite nos côtes : ce mollusque est un mets pour la classe pauvre des environs de La Rochelle.

BUCCIN (*Buccinum*). Genre de Mollusques à coquille univalve en forme de cornet et tournée en spirale. Les anciens ont donné ce nom à une foule de coquilles univalves différentes, mais aujourd'hui le mot Buccin ne désigne plus qu'un genre de la classe des Gastéropodes dioïques, genre à la vérité très nombreux en espèces répandues dans toutes les mers et dont quelques-unes appartiennent à nos côtes. Les Buccins, quoique d'un volume très variable, sont en général très petits. Pline nous annonce que cette coquille remplissait chez les anciens l'usage de la trompe. L'animal donne le pourpre.

BUCCINOIDES. Famille de Mollusques gastéropodes dioïques dont la coquille est conique et spiralée. L'animal est muni d'un siphon par lequel l'eau pénètre dans sa cavité branchiale.

BUCORVE (*Bucorvus*). Oiseau de l'ordre des Passereaux, famille des Calaos, à bec très long, comprimé; très commun dans l'Abyssinie, où, à cause de son odeur forte, il est considéré comme immonde. Il court avec plus d'agilité qu'il ne vole : se nourrit de scarabées, niche sur le tronc des arbres, etc.

BUFFLE (*Bubalus*). Espèce, ou plutôt sous-genre du bœuf, animal qui se distingue du Bœuf ordinaire par une taille plus élevée, des proportions plus robustes, un front bombé et plus long que large, des cornes dirigées sur le côté, ce qui lui donne un air menaçant. Membres gros et courts; le mufle très court; poils rares sur le corps et assez épais sur le front, où ils forment une sorte de touffe ; genoux d'ordinaire assez velus ; port lourd et allures gauches. Longueur totale, du museau à la racine de la queue, mesurant près de 3 mètres ; longueur de la queue, 1 m.

Les Buffles, à l'état sauvage, habitent les endroits boisés et humides d'une partie de l'Asie et de l'Afrique. Ceux d'Asie ou de race indienne sont devenus des animaux domestiques ; il y en a aussi en Europe, principalement en Italie, en Russie, en Allemagne. Quoique originaires des pays chauds, ils paraissent redouter la chaleur et aiment à se réfugier dans l'eau : ce sont d'ailleurs d'excellents nageurs ; mais ils aiment aussi à se vautrer dans la fange.

On connaît cinq ou six espèces de ce sous-genre.

BUFFLE ORDINAIRE OU INDIEN (*Bos bulalus*). C'est à lui spécialement que se rapporte la courte indication des caractères susdits. Voici le portrait qu'en fait Buffon :

« Le Buffle est d'un naturel plus dur et moins traitable que le bœuf ; il obéit plus difficilement, il est plus violent, il a des fantaisies plus brusques et plus fréquentes ; toutes ses habitudes sont grossières et brutes : il est, après le cochon, le plus sale des animaux domestiques, par la difficulté qu'il met à se laisser nettoyer et panser ; sa figure est grosse et repoussante, son regard stupidement farouche : il avance ignoblement son cou, et porte mal sa tête, presque toujours penchée vers la terre ; sa voix est un mugissement épouvantable, d'un ton beaucoup plus fort et plus grave que celui du taureau : il a les membres maigres et la queue nue, la mine obscure, la physionomie noire comme le poil et la peau ; il diffère principalement du bœuf à l'extérieur par cette couleur de la peau, qu'on aperçoit aisément sous le poil, qui n'est que peu fourni : il a le corps plus gros et plus court que le bœuf, les jambes plus hautes, la tête proportionnellement beaucoup plus petite, les cornes moins rondes, et en partie comprimées, un toupet de poil crépu sur le front ; il a aussi la peau plus épaisse et plus dure que le bœuf : sa chair, noire et dure, est non-seulement désagréable au goût, mais répugnante à l'odorat : le lait de la femelle Buffle n'est pas si bon que celui de la vache ; elle en fournit cependant en plus grande quantité. Dans les pays chauds, presque tous les fromages sont faits du lait de Buffle : la chair des jeunes Buffles, encore nourris de lait, n'en est pas meilleure ; le cuir seul vaut mieux que tout le reste de la bête, dont il n'y a que la langue qui soit bonne à manger ; ce cuir est solide, assez léger, et presque impénétrable. Comme ces animaux sont en général plus grands et plus forts que les bœufs, on s'en sert utilement au labourage : on leur fait traîner et non pas porter des fardeaux ; on les dirige et les contient au moyen d'un anneau

Fig. 204. — Buffle du Cap.

qu'on leur passe dans le nez : deux Buffles attelés, ou plutôt enchaînés à un charriot, tirent autant que 4 forts chevaux : comme leur cou et leur tête se portent naturellement en bas, ils emploient en tirant tout le poids de leur corps, et cette masse surpasse de beaucoup celle d'un cheval et d'un bœuf de labour. »

Ce portrait n'est pas flatté assurément, car on trouve bien dans le Buffle quelques qualités. Ainsi il a une mémoire excellente ; après le travail, il retourne gaiement dans sa retraite par le chemin le plus court ; pour l'en arracher ensuite, les Italiens, montés sur de petits chevaux, le courent et lui jettent adroitement une corde qui le saisit par les cornes. Il est très ardent en amour, mais il évite d'être vu pendant l'accouplement. Il aime beaucoup sa femelle et manifeste une répugnance invincible pour la vache. Il est peu sujet aux maladies et succombe rarement aux épizooties. La femelle a 4 mamelles placées sur une même ligne transversale; elle porte dix mois : se laisse traire difficilement.

La domestication de cet animal ne remonte pas au-delà de la fin du vi^e siècle.

Buffle du cap (*Bos caffer*). Cette espèce a une stature grande, massive, quoique moins lourde que celle du Buffle ordinaire : ses jambes sont courtes, ses cornes énormes, très larges et aplaties à leur base, couvrant presque tout le front, se portant du bord de côté et en bas, puis se relevant à la pointe, ayant la base raboteuse, à l'extrémité lisse ; yeux enfoncés : pelage d'un brun foncé. poils longs et serrés : longueur du corps, environ 2 m. 66.

Ce Buffle se trouve en Afrique, au cap de Bonne-Espérance, où il paraît n'avoir pas encore été soumis à la domination de l'homme. Il se tient habituellement caché dans les fourrés les plus épais où il pénètre en se précipitant la tête baissée et écartant par sa force prodigieuse tous les obstacles. Ses mœurs sont d'ailleurs celles du précédent.

Buffle arni ou a cornes en croissant (*Bos arni*). Celui-ci se distingue surtout par ses cornes démesurément longues, qui atteignent jusqu'à 2 m. de long : il se trouve dans l'Inde au-delà du Gange, dans l'Archipel indien, le Tonquin et la Chine, où la domestication modifie souvent sa couleur et sa taille. Il est d'ailleurs assez semblable au Buffle commun par les formes et par les mœurs ; toutefois il semble rechercher l'eau avec beaucoup plus d'avidité encore.—Une variété, l'*Arni géant*, est d'une taille encore plus grande ; ses cornes ont des dimensions monstrueuses ; ses jambes sont plus courtes et son pelage est beaucoup plus fourni.

Buffle a queue courte (*Bos brachyceros*). Espèce africaine dont la tête est plus petite, les cornes courtes, le pelage roux, et la taille moins élevée. Animal peu connu du reste, quoique le Muséum en ait possédé un individu vivant, qui paraissait d'un naturel doux.

BUFONIE. Plante de la famille des Caryophyllées, ainsi nommée, de *bufo*, crapaud, parce que cet animal se plaît sous ses touffes. Il y a une espèce vivace, et une autre annuelle, qui, toutes deux, se trouvent dans le midi de la France. La dernière, haute de 15 à 20 cent., se reconnaît à ses feuilles petites, pointues, réunies deux à deux à leur base, et à ses fleurs blanches, etc.

BUGLE (*Ajuga*). Genre de Plantes de la famille des Labiées, vivaces, petites, à tige simple, carrée : à fleurs bleues, roses ou blanches, groupées à l'aisselle des feuilles supérieures et formant des épis foliacés : calice tubuleux à 5 dents ; corolle à lèvre supérieure presque nulle ; étamines 4, saillantes. — Le sol de la France en possède plusieurs espèces.

Bugle commune (*A. reptans*). Plante de 20 à 30 cent., stolonifère, carrée et velue sur deux faces, dont les feuilles sont opposées, ovales, glabres, sessiles, les inférieures plus larges et disposées en rosette. Fleurs bleues verticillées, avec des feuilles florales colorées entre les verticilles,

Fig. 210. — Bugle.

Cette plante croit dans les bois, les lieux ombragés, les pâturages humides, et montre ses fleurs au commencement de la belle saison. Elle est à peine odorante, d'une saveur légèrement amère et acerbe : par conséquent, ses propriétés médicales sont faibles. D'où lui vient donc sa vieille réputation, confirmée par ce proverbe : *qui connaît la Bugle et la Sanicle fait aux chirurgiens la nique?*

Bugle pyramidale (*A. pyramidalis*). Cette espèce se distingue de la précédente par des fleurs plus grandes et plus nombreuses, des feuilles très velues, par l'absence de stolons, par sa tige qui dépasse peu la rosette des feuilles inférieures. Elle est cultivée dans quelques jardins.

Bugle yvette. — V. *Yvette*.

BUGLOSSE (*Anchusa*). Genre de Plantes de la famille des Borraginées, herbacées, bisannuelles ou vivaces, hérissées, dont les feuilles ont de la ressemblance ou de l'analogie avec la langue du bœuf (*bous*, bœuf ; *glossa*, langue), ce qui explique son nom. Fleurs en grappes terminales souvent disposées en corymbes : calice 5-fide ; corolle infundibuliforme à tube droit, à gorge munie de 5 écailles obtuses : carpelles à rebord basilaire saillant.

Buglosse commune (*A. italica*). Tige de 50 à 90 cent., dressée, poilue, rameuse; feuilles atténuées en pétiole, les supérieures sessiles: fleurs

Fig. 211. — Buglosse (Sommité fleurie).

bleues ou rosées en grappes feuillées : calice à divisions linéaires allongées, écailles de la gorge de la corolle décomposées en lanières filiformes; étamines incluses. — Cette plante fleurit en mai-août, dans les champs pierreux, les moissons, etc., où elle croît dans toute la France, mais sans être commune. Ses propriétés sont analogues à celles de la Bourrache, mais ne sont point mises à profit.

Buglosse toujours verte (*A. sempervirens*). Elle est plus haute que la précédente; ses feuilles sont plus larges, ses fleurs plus petites, en ombelle. On la cultive dans les jardins d'agrément, concurremment avec la *B. de Candie*, la *B. de la Virginie*, qui sont des espèces exotiques.

Buglosse des teinturiers (*A. tinctoria*). Originaire d'Amérique, cette espèce est naturalisée dans le midi de la France et l'une des plus intéressantes du genre. En effet sa racine, connue sous le nom d'*Orcanette*, renferme un principe colorant rouge, analogue à celui de la garance, qui sert à teindre les laines, les cires, etc.

BUGRANE ou **Bougraine** (*Ononis*). Genre de Légumineuses papilionacées, plantes vivaces, à souche longuement traçante; feuilles trifoliées, stipulées; fleurs roses ou jaunes; axillaires, disposées en grappes feuillées terminales; calice à 5 divisions linéaires: corolle à étendard très ample; carène prolongée en bec: étamines monadelphes; légume velu.

Bugrane rampante (*O. repens*), vulg. *Arrête-bœuf*. Tiges couchées étalées, rameuses, à rameaux avortés épineux; feuilles finement dentées, fleurs roses axillaires, solitaires: légume dépassé par les divisions du calice.

L'Arrête-bœuf est très commune dans les champs

incultes, les terrains sablonneux, sur les bords des chemins, où il montre ses fleurs tout l'été. Son nom lui vient de ce que ses racines, rampantes en divers sens sous le sol, arrêtent la charrue. Sa saveur est douceâtre, son odeur désagréable; dans certains pays les pauvres mangent ses jeunes pousses en salade. Sa racine a joui d'une certaine réputation comme diurétique : on peut en effet l'employer en décoction, dans la jaunisse, les obstructions du foie, les calculs des reins et de la vessie.

Bugrane épineuse (*O. spinosa*). Cette espèce se distingue de la précédente par ses tiges ascendantes très rameuses, son fruit qui dépasse les divisions du calice.

Les espèces à fleurs jaunes sont : l'*Ononis columna*, plante plus petite, dont le légume a environ

Fig. 212 — Bugrane (arrête-bœuf).

Plante, racine, fleur et pistil détachés.

ron la longueur du calice; l'*O. natrix*, dont le légume, au contraire, dépasse très longuement le calice.

BUIS (*Buxus*). Genre de Plantes de la famille des Euphorbiacées, arbrisseaux dont les feuilles sont persistantes, opposées, entières, constituées par deux lames superposées; dont les fleurs, petites et d'un jaune verdâtre, sont monoïques : calice à 4 divisions et 4 étamines dans les mâles; dans les femelles, calice de 6 écailles disposées sur deux rangs et ovaire à 3 styles.

Buis commun (*B. sempervirens*). Arbrisseau à bois très dur, jaunâtre; à feuilles brièvement pétiolées, ovales oblongues, coriaces et luisantes. Fleurs sessiles, disposées en glomérules compactes; fruit consistant en une capsule arrondie, trivalve, couronnée par trois espèces de petites cornes.

Le Buis est indigène des contrées tempérées de l'Asie et de l'Europe; il croît principalement sur les montagnes, dans les bois. Son tronc peut acquérir un volume plus ou moins considérable selon les contrées où il croît. La dureté de son bois le rend propre à une foule d'usages : on en fait toutes sortes d'objets de tabletterie, qui se fabriquent particulièrement à Saint-Claude, dans le Jura ; on grave dessus très finement.

Les propriétés médicales du Buis sont à prendre en considération : les feuilles sont amères, purgatives ; le bois est réputé sudorifique à la manière du gayac : on en prescrit la râpure bouillie dans de l'eau ou du vin comme antisyphilitique. — Les feuilles sont employées comme succédané du houblon dans la fabrication de la bière, mais elles donnent à ce produit une mauvaise qualité. Aucun animal ne touche à cette plante.

Le PETIT BUIS ou B. NAIN est employé en bordures dans les jardins. — Le B. ARBORESCENT s'élève, dans le Levant, à plusieurs mètres de hauteur. C'est sa racine coupée en rondelles que les graveurs sur bois emploient.

BUISSON ARDENT. Nom donné à une espèce Néflier, dont les gros bouquets de fruits sont d'un rouge vif.

BULBE ou OGNON. Corps charnu formé d'écailles ou de tuniques superposées, naissant au-dessus de la racine chevelue de certaines plantes monocotylédonées. Le bulbe représente une plante complète, dans laquelle le bourgeon forme la partie essentielle et la plus volumineuse. On y trouve en effet : 1° une *tige* large, charnue, très aplatie,

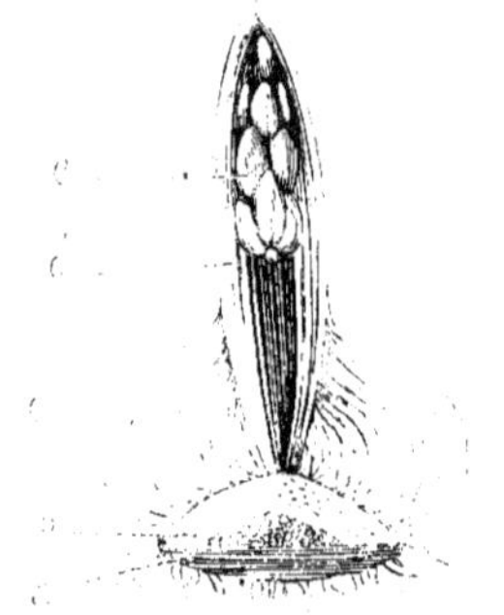

Fig. 213. — Bulbe, coupé perpendiculairement.

a. Racines ; b. Plateau ou tige ; c. Écailles formant le bourgeon ; d. Écailles ; e. Fleurs surmontant la tige aérienne.

représentée par le *plateau* a ; un *bourgeon* formé d'*écailles* (b), qui tantôt sont larges et s'emboîtent les unes dans les autres, comme dans l'oignon ordinaire, tantôt sont plus petites et libres par leurs côtés comme dans le lis ; une *racine* fibreuse (c). Le bulbe est dit *solide* lorsque le pla-

teau est extrêmement développé et que les écailles sont minces et peu nombreuses, comme dans le Safran, le Glayeul, le Colchique. Les bulbes sont des bourgeons qui se régénèrent, et donnent naissance à de nouveaux bourgeons semblables à eux ; ceux-ci naissent de l'aisselle des écailles, lesquelles sont de véritables feuilles, mais d'une manière qui varie selon les genres. C'est au centre des écailles qu'existe la jeune tige, qui porte des feuilles et des fleurs, et qui sort du bulbe comme le scion où la jeune branche sort du bourgeon aérien, quand celui-ci se développe. — Les bulbes sont annuels, bisannuels ou vivaces. — V. *Plantes*.

BULBILLES. Espèce de bourgeons solides o écailleux naissant sur différentes parties de la plante, et qui peuvent avoir une végétation à part, c'est-à-dire que, détachés de la plante-mère, ils se développent et produisent un végétal parfaitement analogue à celui dont ils tirent leur origine : on en trouve dans le Lis bulbifère, où ils sont axillaires, etc.

BULIME (*Bulimus*). Genre de Coquilles univalves terrestres, dont l'animal a beaucoup d'analogie avec celui des Hélices : coquilles ovales, oblongues ou turriculées, à ouverture entière plus longue que large ; à bords inégaux, désunis supérieurement ; columelle droite, lisse, sans troncature et sans évasement à sa base. — Les espèces sont très nombreuses : le B. POULE SULTANE, qui vient d'Amérique, est l'une des plus belles et des plus recherchées des amateurs, ainsi que le B. HÉMASTOME, etc.

BULLE (*Bulla*). Coquilles univalves marines, de petite taille, globuleuses, ovales, minces et fragiles, sans columelle ni saillie à la spire, ouvertes dans toute leur longueur, à bord droit tranchant, ornées de couleurs vives et variées. L'animal, de l'ordre des Gastéropodes tectibranches, a le manteau replié postérieurement, la tête très peu distincte, point de tentacules apparents ; branchies dorsales et postérieures recouvertes par le manteau, etc. — Ce genre, longtemps confondu avec les Porcelaines et les Ovules, comprend environ 40 espèces, qui se tiennent ordinairement sur les fonds sableux et se nourrissent de tout petits mollusques qu'elles triturent au moyen des osselets de leur estomac.

BULLÉE. Mollusque gastéropode tectibranche, différant des Bulles par sa coquille tellement cachée dans les chairs qu'on ne l'aperçoit point au dehors.

BUNIADE (*Bunias*). Genre de Crucifères sans usages ni agrément ; espèce de navet sauvage qui croît ordinairement dans les blés. — La graine de la B. ORIENTALE (*B. orientalis*) entre dans la composition de la thériaque.

BUNION (*Bunium*). Genre d'Ombellifères dont l'espèce principale est le B. BULBEUX (*B. bulbocastum*), vulg. *Noix de terre*, à cause de sa racine qui est un tubercule gros comme une noix, très blanc à l'intérieur, mais non extérieurement, comestible soit cuit, soit à l'état de crudité.

BUPLÈVRE (*Bupleurum*). Genre de Plantes de la famille des Ombellifères, annuelles ou vivaces, dont les feuilles sont entières, non engaînantes, coriaces; fleurs jaunes, à calice presque sans limbe; à corolle des pétales égaux, courbés en demi-cercle; involucre à plusieurs folioles, ou nul; involucelle à 5 folioles.

BUPLÈVRE-OREILLE DE LIÈVRE (*B. falcatum*). Espèce herbacée vivace, de 4-9 décim., rameuse, glabre, à feuilles inférieures oblongues, les supérieures linéaires lancéolées; ombelles de 5-10 rayons; involucelle dont les folioles égalent la longueur des pédicelles. — Cette plante se trouve sur les coteaux pierreux, dans les vignes, où elle montre ses fleurs jaunes en août-octobre. Astringent tombé dans l'oubli.

BUPLÈVRE PERCEFEUILLE (*B. rotundifolium*). Espèce annuelle, moitié moins grande que la précédente, à feuilles arrondies, perfoliées, à ombelles sans involucre, fleurissant en juin-août.

On cultive dans les jardins quelques espèces à tige ligneuse, telles que le *B. fruticosum*, dont les feuilles sont persistantes; le *B. spinosum*, d'Espagne, dont les rameaux effilés dégénèrent en épines; le *B. arborescens*, du cap de Bonne-Espérance, etc.

BUPRESTE (*Buprestis*). Genre d'Insectes de l'ordre des Coléoptères pentamères, famille des

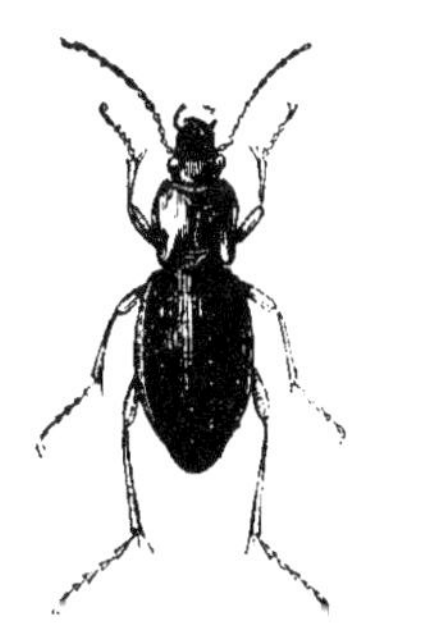

Fig. 214. — Bupreste, de Geoffroy.
(Cette figure représente un Carabe, classification de Linné.)

Serricornes, dont la forme est plus ou moins allongée, impropre au saut. Ces insectes sont généralement parés des plus brillantes couleurs; leur taille varie beaucoup; ils vivent sur les fleurs et le tronc des arbres. Les anciens croyaient qu'ils faisaient enfler les bœufs qui les avaient avalés, d'ou leur nom dérivé du gr. *bous*, bœuf,

et *prétho*, j'enflamme. Encore aujourd'hui les bergers les appellent *enfle-bœuf*; mais ces animaux n'ont généralement pas une telle propriété vénéneuse.

Les Buprestes se trouvent répandus dans toutes les parties du monde. Les espèces d'Europe sont de taille plus petite que les exotiques. Les principales de France sont le B. TARDA, d'un bleu d'indigo; le B. TACHÉ DE JAUNE, de couleur bronzé foncé, avec une bande jaune de chaque côté du corselet; le B. MARIANE, le plus grand de nos contrées, vert bronzé cuivreux en dessus, rouge cuivreux en dessous; le B. DU SAULE, à élytres pourpres; le B. VERT, au corps très étroit, bronzevert, qui se trouve sur les arbres aux environs de Paris.

BURGAUDINE ou BURGAU. Espèce de nacre fournie par l'écaille d'un Limaçon à bouche ronde, commun aux Antilles.

BURSAIRE (*Bursaria*). Genre d'Infusoires homogènes, animaux microscopiques dont le corps est composé de deux membranes creuses, sans organes apparents, et qui ont cependant une action vitale très prononcée, des mouvements vifs et irréguliers. Ils se trouvent dans les eaux douces et salées, jamais dans les infusions. Ils n'ont pas plus de 3 à 7 dixièmes de millimètre.

BUSAIGLE (*Deteates*). Sous-genre de Buse, qui se distingue de la Buse proprement dite par ses tarses emplumés jusqu'aux doigts (*Buse pattue*). — Cette espèce, plus petite que la Buse, se trouve dans toute l'Europe, sur la lisière des bois qui avoisinent les marais et les eaux. Elle niche sur les grands arbres, et pond quatre œufs nuancés de rougeâtre.

BUSARD (*Circus*). Genre d'Oiseaux de l'ordre des Rapaces, voisin des Buses et des Faucons, mais qui s'en distinguent par leur bec court, mince, élevé à la base, légèrement ondulé au bord des mandibules, et dont la cire, grande, porte des poils rudes qui recouvrent en partie les narines; ils ont une sorte de collerette demi-circulaire de plumes s'étendant des deux côtés de la face depuis le menton jusqu'aux oreilles, ce qui établit leur passage des Accipitres diurnes aux nocturnes; tarses très longs, écussonnés en avant, réticulés en arrière.

Les Busards sont plus agiles et plus rusés que les Buses, mais ils sont loin d'avoir l'audace des Faucons. Ils fréquentent ordinairement les marais, les lieux humides, où ils construisent leur nid, et font la chasse aux grenouilles, lézards, rats, perdrix, qu'ils saisissent à terre, ne poursuivant jamais leur proie au vol. — Trois espèces d'Europe, dont la longueur est de 45 à 50 cent.

BUSARD HARPAYE OU DE MARAIS (*C. æruginosus*). Selon Temming, cet oiseau est très abondant dans tous les marais de la Hollande; il change de livrée à différentes époques d'âge, ce qui explique les diverses dénominations qu'il a reçues. Il se trouve aussi en France, nichant dans les roseaux, les buissons, proche des marais, des rivières : il pond 4 œufs blancs, de forme arrondie.

Fig. 215 et 216. — Busard de marais (mâle et femelle).

BUSARD SOUBUSE OU DE SAINT-MARTIN (*C. cyaneus*). Les raies transversales disposées sur la partie externe des ailes, sur les pennes de la queue et sur les plumes du dos, suffisent pour faire distinguer cette espèce de la précédente. Cet oiseau niche à terre, dans les bois marécageux ou dans les joncs, en France, en Allemagne, en Angleterre. Sa ponte est de 4 ou 5 œufs d'un blanc terne, mais sans tache.

BUSARD MONTAGU (*C. cineraceus*). Ses ailes aboutissent à l'extrémité de la queue et ont leur troisième rémige plus longue que toutes les autres ; gorge et poitrine d'un cendré bleuâtre : ventre, flancs et cuisses blancs, avec des raies d'un beau roux. La femelle adulte ressemble à s'y méprendre à celle du B. Saint-Martin. — Ce Rapace se rencontre principalement en Hongrie, en Pologne, en Autriche : il est plus rare en France. Ses œufs sont d'un blanc bleuâtre. Cet oiseau est très vorace : on en a vu plusieurs, enfermés dans la même volière, s'entre-dévorer.

Fig. 217. — Busard montagu.

Il est quelques espèces étrangères, encore peu connues, dont nous nous dispenserons de parler. Nous figurons cependant le B. MAURE.

BUSE (*Buteo*). Genre d'Oiseaux de l'ordre des Rapaces diurnes, auquel on peut rapporter, comme sous-genres, les Busards et les Busaigles. Voici les caractères distinctifs des trois genres :

1° Tarses longs, grêles : collerette de plumes raides depuis le manteau jusqu'aux oreilles. **BUSARDS.**

2° Tarses de longueur moyenne, emplumés jusqu'aux doigts : point de collerette. . **BUSAIGLES.**

3° Tarses nus ou simplement empennés au genou : espace situé entre la commissure du bec et l'œil nu ou simplement garni de poils. . . . **BUSES.**

Fig. 218. — Buse commune.

Les Buses ont le bec recourbé dès la base, court, comprimé sur les côtés : les narines arrondies, grandes, garnies de poils en arrière ; les ailes atteignant presque l'extrémité de la queue, qui est médiocre, arrondie : les tarses robustes, allongés, en partie cachés par l'allongement des plumes du tibia : les doigts antérieurs unis entre eux par une membrane. — Ce genre renferme 28 espèces réparties dans les diverses contrées du globe : une seule appartient à l'Europe et à la France, c'est la

BUSE COMMUNE (*B. vulgaris*). Cet oiseau de proie a les parties supérieures, le cou, la poitrine d'un brun foncé ; la gorge et le ventre d'un gris-brun varié de taches plus sombres. Il se distingue de l'Aigle par le bec courbé dès la base, des Spizaètes par les ailes presque aussi longues que la queue : sa taille est de 55 à 60 cent. ; son envergure de 1 m. 35.

La Buse a une forme trapue, l'air indolent, le vol lourd et pesant. Elle demeure toute l'année dans nos forêts, passant souvent plusieurs heures, perchée sur la même branche, dans une attitude de paresse stupide qui fait de son nom un terme de comparaison peu flatteur pour les personnes auxquelles on l'applique. Elle détruit cailles, perdreaux, lapins, jeunes lièvres, et, à défaut de gibier, taupes, mulots, grenouilles, etc. « Les Buses se réunissent parfois en bandes, dans certaines contrées désertes de la Champagne, par exemple, vers le milieu de l'automne et peu avant le coucher du soleil, pour chasser de petits oiseaux, tels que pipits et alouettes. Après les avoir rabattus au vol vers la terre, et les avoir en quelque sorte étourdis, elles se disposent circulairement en vrais rabatteurs sur les différentes roches ou aspérités entourant la localité; puis, rétrécissant progressivement leur cercle, elles finissent par s'en emparer, et il en est toujours fort peu qui parviennent à se soustraire à cette chasse d'un genre tout particulier. »

Buffon rapporte qu'un curé parvint à apprivoiser une Buse, prise au piége, qu'on lui avait apportée. Cet oiseau, qui s'était d'abord montré farouche et cruel, finit par être sensible et reconnaissant. Il suivait son maître comme un chien, et ne voulait voir que lui, ne recevoir de caresses que de lui. Il respectait la basse-cour du curé, mais était moins scrupuleux pour celles des voisins. Ayant été aperçu un jour par un chasseur, attaquant un renard, un coup de fusil lui cassa l'aile en tuant le mammifère. Il revint au presbytère au bout de plusieurs jours, mais un an après il disparut tout à fait dans l'une de ses excursions.

La Buse niche tantôt sur les arbres, tantôt sur les rochers et au bord des ravins. La femelle pond 3 ou 4 œufs d'un blanc très légèrement bleuâtre, pointillé de brun et tacheté de roux. Elle a une sorte de passion pour l'incubation et l'éducation des jeunes oiseaux qu'elle fait éclore et avec lesquels elle partage la viande qu'on lui donne.

Buse pattue (*B. lagopus*). Cette espèce est considérée comme un sous-genre. — V. *Busaigle*.

BUSSEROLE ou **Raisin d'ours** (*Arbutus uva ursi*). Espèce du genre Arbousier, arbuste à tiges faibles, couchées, traînantes, rameuses, longues de 30 à 60 cent.; feuilles entières, vertes, coriaces, ovales oblongues, plus larges au sommet que vers le pétiole qui est court. Fleurs blanches, purpurines, disposées en grappes courtes, penchées; calice petit, quinquéfide; corolle urcéolée, à 5 lobes; étamines 10, incluses. Baie sphérique rouge à la maturité.

Le Busserole croît dans les lieux élevés et stériles du midi de la France; elle est très commune en Espagne. Ses fleurs s'épanouissent au printemps. Cet arbuste, toujours vert et sans odeur, est d'une saveur amère et astringente. Sa réputation, comme diurétique, a été exaltée par l'école de Montpellier; c'est surtout dans les stranguries

et les coliques néphrétiques qu'on l'a vantée outre mesure. Il est vrai que son administration (feuilles infusées) a soulagé plusieurs malades et même a fait rendre des graviers aux calculeux; mais le

Fig. 219. — Busserole.

Plante en fleur; corolle ouverte et pistil détachés; sommité fructifère détachée.

chiendent, la pariétaire peuvent revendiquer de semblables résultats. Les baies ont des propriétés analogues, elles plaisent aux oiseaux. Les rameaux servent au tannage des peaux et à la teinture des laines.

BUTOME (*Butomus*). Genre de la famille des Alismacées; plante vivace, herbacée, dont la tige nue s'élance du milieu d'une touffe de feuilles longues et tranchantes, et se termine par une ombelle de fleurs roses ceinte d'un involucre de quelques folioles. — C'est le Jonc fleuri, qui se distingue par son calice à 6 divisions ovales, dont 3 extérieures concaves et verdâtres, et 3 intérieures, longues et pétaloïdes; étamines 9, à anthères présentant 4 loges, ce qui est rare; 6 carpelles et 6 pistils. Cette plante est très commune sur le bord de nos étangs, de nos rivières, aux environs de Paris.

BUTOMÉES. Tribu de la famille des Alismacées — V. ce mot.

BYRRHE (*Byrrhus*). Genre d'insectes de l'ordre des Coléoptères clavicornes, très reconnaissables à leur forme globuleuse, ovalaire, très bombée, et sans couleur remarquable; pattes très contractiles; antennes grossissant insensiblement et se terminant en massue. — Ces insectes sont de petite taille; ils marchent lentement, mais volent avec facilité. On les trouve sous les pierres ou sous les touffes d'herbes dans les endroits sablonneux.

On compte un assez grand nombre d'espèces de ce genre. Nous citerons, comme la mieux connue, le BYRRHE PILULE (*B. pilula*), noir grisâtre, avec

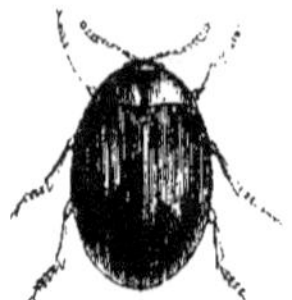

Fig. 220. — Byrrhe pilule.

des bandes sur les élytres, formées en duvet. — Le B. BRILLANT (*B. nitens*) est plus petit, il a le corselet et les élytres vert-bronze, très ponctué.

BYSSE (*Byssus*). Espèce de lichen qui se développe en filaments très déliés et entrelacés, rameux, opaques, blancs, pulvérulents, déliquescents lorsqu'on les touche ou qu'on les expose à l'air ou à la lumière.

BYSSUS DES ANCIENS. Qu'est-ce que les anciens appelaient *Byssus*? était-ce la soie fournie par la Pinne marine, ou celle provenant du Cotonnier? ou encore les filaments du mollusque vulgairement appelé Jambonneau? Cela n'est rien moins que probable. Les Grecs recevaient leur Byssus de la Palestine, et cette substance était le *Butz* des Hébreux, qui se récoltait en petite quantité dans les plaines de l'Elide, et qui disparut insensiblement au fur et à mesure que la soie du Bombyx devint moins rare.

Mais quelle était l'espèce de plante qui fournissait le *Butz* ou *Byssus*? Son nom ne nous est point parvenu. On soupçonne qu'elle appartenait à la tribu des Cinarocéphales ou Carduacées, à quelque Onoporde ou Chardon. Si le prix en était élevé, cela devait tenir à la petite quantité des filaments soyeux formés sur le collet des racines d'une ou plusieurs plantes épineuses, vivaces, et qu'il fallait récolter en assez grande abondance. Les momies d'Égypte ont fourni des bandelettes d'une étoffe très fine qui n'a réellement aucun rapport avec la laine, la soie, ni le coton, et qui pourrait bien être fabriqué avec la soie végétale à laquelle les anciens donnaient le nom de *Byssus*.

BYTTNÉRIE (*Byttneria*). Genre de Plantes américaines, placé par Jussieu dans les Malvacées, mais considéré depuis comme type d'une famille distincte, les *Byttnériacées*, à cause de ses anthères à deux loges, de ses graines munies d'un endosperme charnu. — On compte 10 à 12 espèces de ce genre parmi lesquelles deux sont cultivées dans nos serres; ce sont : la B. A FEUILLES OVALES, trouvée au Pérou, à fleurs blanchâtres ou violettes réunies par 3 ou 6; la B. A FEUILLES CORDÉES.

C

CAAMA (*Alcelaphus caama*). Ruminant du genre Antilope, sous-genre Alcélaphe, longtemps confondu avec le Bubale, mais dont le pelage est plus foncé et varié de noir en plusieurs points, les cornes plus courbées et moins anguleuses. — Ce mammifère est l'*Antilope caama*, de G. Cuvier, ou le *Cerf du Cap*, qui habite le sud et le centre de l'Afrique, vivant en troupes plus nombreuses que celles du Bubale, et doué d'une vitesse plus grande à la course.

CABARET. Nom vulgaire de l'*Asaret*. — V. ce mot.

CABASSON. Mammifère du genre *Tatou*. — V. ce mot.

CABIAI (*Hydrochœrus*). Genre de Mammifères de l'ordre des Rongeurs, tribu des Caviens, ayant pour caractère générique 4 doigts devant et 3 derrière. Ces animaux, les plus grands de leur ordre, ont quelque rapport pour l'aspect avec le Cochon et le Cochon d'Inde; mais la tête est fort différente, et remarquable par la nudité des oreilles et du nez, la grandeur des yeux et l'épaisseur du museau. La lèvre supérieure, échancrée, laisse voir de grandes dents incisives: les jambes sont courtes, le poil d'un brun jaunâtre: longueur totale, 80 centim.

Les Cabiais habitent les contrées situées sur les bords des grands fleuves de l'Amérique méridionale, principalement au Brésil, à la Guyane et au Paraguay « Le Cabiai, dit Buffon, habite souvent dans l'eau, où il nage comme une loutre, y cherche de même sa proie et vient manger au bord le poisson qu'il prend et qu'il saisit avec la gueule et les ongles; il mange aussi des grains, des fruits et des cannes de sucre; comme ses

Fig. 2.1. — Cabiai.

pieds sont longs et plats, il se tient souvent assis sur ceux de derrière. Son cri est plutôt un braiement comme celui de l'âne qu'un grognement comme celui du cochon; il ne marche ordinaire-

ment que la nuit et presque toujours de compagnie, sans s'éloigner du bord des eaux; car,
comme il court mal à cause de ses longs pieds et
de ses jambes courtes, il ne pourrait trouver son

salut dans la fuite; et, pour échapper à ceux qui
le chassent, il se jette à l'eau, y plonge et va sortir
au loin, ou bien il y demeure si longtemps » (quoiqu'il n'ait aucun vestige de trou de Botal. — V. *Cé*

Fig. 222. — Cacaoyer.

culation) « qu'on perd l'espérance de le revoir. Il
est d'un naturel tranquille et doux : il ne fait ni
mal ni querelle aux autres animaux ; on l'apprivoise
sans peine ; il vient à la voix et suit assez volontiers ceux qu'il connaît et qui l'ont bien traité.
Il paraît, par le grand nombre de ses mamelles,
que la femelle produit des petits en quantité. » La
chair du Cabiai est grasse et tendre; elle a plutôt,
comme celle de la loutre, le goût d'un mauvais
poisson que celui d'une bonne viande.

CABIAU. — V. *Morue*.

CABOCHON (*Piloupsis*). Genre de Mollusques
gastéropodes dont la coquille univalve représente
assez bien la forme d'un bonnet phrygien. — L'a-
nimal, pourvu de deux tentacules coniques, a les
yeux à leur base antérieure, près du cou. — L'espèce la plus remarquable est le C. BONNET HON-
GROIS (*P. ungaria*), que l'on trouve en abondance dans la Méditerranée. On remarque dans
ces coquilles une impression musculaire allongée située transversalement sous le limbe inférieur.

CABOMBACÉES. Petite famille de Plantes herbacées, vivaces, croissant dans les eaux douces du
nouveau continent. — Le *Cabomba*, type, présente
des caractères qui peuvent le faire ranger parmi
les Alismacées ou les Butomées; mais, après des hé-
sitations et des discussions, on a reconnu deux cotylédons à son embryon, qui est tout à fait analogue
à celui des Nymphéacées.

CACAOYER ou CACAOTIER (*Theobroma cacao*).
Arbre de la famille des Buttnériacées, dont le tronc,
qui s'élève à la hauteur de plus de 30 pieds, est
droit, d'une texture lâche, poreuse, recouvert d'une
écorce rude et brunâtre, et rameux touffu. Feuilles
alternes, entières, lisses, allongées, stipulées.
Fleurs en petits faisceaux portés sur des pédoncules grêles, venant en grand nombre sur les branches et même le tronc : calice à 5 folioles lancéolées, rougeâtres; corolle à 5 pétales rosés,
terminés au sommet par une lanière étroite; étamines réunies en un tube; ovaire marqué de 10
stries; fruit semblable à un concombre, allongé,
verruqueux et offrant dix côtes.
Le Cacaotier a pour patrie l'Amérique du Sud

il croît principalement dans la province de Nicaragua, au Mexique, dans les Guyanes, etc.; ce fut
vers le milieu du xvii° siècle que les Français
commencèrent à le cultiver dans leurs colonies.
Cet arbre, qui a le port de nos cerisiers, est quelquefois élevé dans nos serres, mais il y reste ra-
bougri et sans fructification. Son bois est inutile
aux arts, à peine propre au chauffage; mais sa
graine nous offre un aliment agréable et sain.

Le *Cacao* n'est donc autre chose que les semences ou graines contenues dans les capsules du
Cacaotier; graines ovoïdes, de la grosseur d'une
aveline, au nombre de 40 à 50 dans chaque fruit,
lequel est divisé en cinq cloisons. Le Cacao offre
des différences dans sa forme, sa couleur et son
goût, selon le mode de culture, la fécondité du
terrain, les soins qu'on apporte à la dessiccation et
au triage, etc. Le Cacao *caraque*, qui vient de la
côte de ce nom, dans la province de Nicaragua,
est le plus estimé. Sa récolte exige quelques soins.
Lorsque les fruits sont en maturité, on les fait
tomber à l'aide de petites gaules, qui doivent respecter ceux dont la maturité n'est pas complète. On
les cueille ainsi tous les mois et même tous les
15 jours dans la saison favorable (juin-juillet).
On met ces fruits en tas pendant 4 jours en évitant un commencement de germination; on retire
es amandes de l'intérieur des cosses, puis on les

met en tas sur un plancher couvert de feuilles de
balisier; on recouvre ce tas de pareilles feuilles, et
l'on attend un commencement de fermentation :
c'est ce qu'on appelle sur les lieux faire *ressuer*.
On remue soir et matin ces tas de cacao, jusqu'à
ce que celui-ci acquière la couleur rousse qui indique que l'opération est poussée assez loin, ce
qui arrive le 5e jour. Enfin on le fait sécher au
soleil, sur des nattes préparées exprès, et on
l'envoie en Europe.

Chacun connaît les usages du Cacao et les propriétés analeptiques et adoucissantes du *Chocolat*,
dont la préparation ne peut être indiquée dans un
ouvrage de cette nature. Disons seulement que le
Cacao est d'abord torréfié à la manière du Café, et
qu'on en détache l'arille afin d'obtenir les amandes
parfaitement nettes avant de les piler et de les
réduire en pâte, etc. On retire encore du Cacao une
huile blanche concrète, nommée *beurre de Cacao*,
qu'on emploie, comme topique adoucissant, sur
les gerçures, les excoriations, et comme antidote
de certains poisons.

CACATOI. — V. *Kakatoes.*

CACHALOT (*Physeter*). Genre de Mammifères
de l'ordre des Cétacés, les plus grands animaux
connus après les Baleines : caractérisés par une

Fig. 223. — Cachalot.

tête énorme, brusquement tronquée en avant, formant le tiers ou le quart de la longueur totale du
corps, et par ses dents rudimentaires ou nulles à
la mâchoire supérieure, bien développées au contraire à l'inférieure. Les naturalistes ont singulièrement varié sur la distinction des espèces à établir
dans ce genre; mais Cuvier, après un examen sé-
rieux de tous les documents, a conclu à l'existence
d'une seule espèce bien caractérisée, admettant
toutefois la probabilité d'autres espèces encore
mal étudiées.

CACHALOT MACROCÉPHALE (*P. macrocephalus*)
ou simplement *Cachalot à grosse tête.* Ce Cétacé
a de 20 à 23 dents de chaque côte de la mâchoire
inférieure; de petites dents coniques cachées dans
les gencives à la mâchoire supérieure, qui est élevée, sans fanons; dans la région supérieure de la
tête, au-dessus du crâne qui est remarquablement
petit, existent de grandes cavités, communiquant
avec diverses parties du corps par des canaux
remplis d'une huile qui se fige en se refroidissant
(*blanc de baleine*); une éminence en forme de

fausse nageoire existe sur le dos; le dessus du corps est d'un noir bleuâtre; le dessous est blanchâtre : la longueur totale varie entre 15 et 20 mètres.

Les Cachalots sont répandus dans presque toutes les mers, mais ils fréquentent plus particulièrement les parties équatoriales du grand Océan. Comme tous les autres Cétacés, ils vivent en sociétés nombreuses : une de ces troupes composée de 19 individus échoua, en 1723, à l'embouchure de l'Elbe; plus récemment il en échoua, sur les côtes de Bretagne, une seconde dans laquelle on n'en compta pas moins de 33. On assure que quand l'un des individus qui forment ces sociétés remarque l'approche de quelque danger, il en donne connaissance à ses compagnons en poussant un grand cri, dont le timbre a été comparé à celui que produirait une forte cloche. Ces animaux marins nagent avec lenteur, souvent à fleur d'eau, montrant seulement leur dos et l'éminence charnue qui entoure l'ouverture semi-circulaire à laquelle aboutissent les deux narines qui remplissent le rôle d'évents et qui servent d'orifice externe à l'appareil respiratoire. Leurs mœurs ne sont pas moins carnassières que celles des Dauphins; et, comme ils sont plus forts, ils se rendent aussi plus redoutables. Ils attaquent tous les habitants de la mer, sauf ceux qui les égalent ou surpassent en volume et ils les poursuivent avec un acharnement incroyable. On assure qu'il n'est pas rare de voir tous les membres d'une troupe se jeter vers l'embarcation d'où est parti le coup qui a blessé l'un d'eux, chercher à la submerger, et s'ils y réussissent, dévorer les gens de l'équipage; lorsqu'ils ne trouvent point d'ennemis à combattre, ils s'attaquent entre eux et rougissent au loin les flots de leur sang. On ne sait rien de précis sur leur mode d'accouplement, sur la durée de la gestation. Celle-ci est simple, quelquefois double, dit-on, et la mère semble très attachée à ses petits.

La pêche du Cachalot a été longtemps négligée, parce qu'elle offre plus de difficultés et de dangers que celle de la Baleine; ces Cétacés d'ailleurs peuvent se passer de respirer pendant près d'une heure et demie. Mais le *lard*, le *blanc de baleine* ou *cétine* et l'*ambre gris* que fournissent ces animaux sont des appâts trop puissants pour que l'homme ne brave pas tous les périls de cette pêche. Aussi ces mammifères sont-ils très rares maintenant dans nos contrées; ils se réfugient dans les mers antarctiques, où on est obligé de les poursuivre. Un seul individu peut fournir 80 barils d'huile, 20 barils de blanc de baleine et 12 kil. d'ambre gris.

On a trouvé des débris fossiles de quelques Cachalots.

CACHOU. Extrait préparé avec une espèce d'*Acacia*. — V. ce mot.

CACTACÉES (de *Cactus*, genre type). Famille de Plantes dicotylédones, vivaces, d'un port tout particulier. « Leurs tiges sont ou cylindriques rameuses, cannelées, anguleuses, globuleuses, ou composées de pièces articulées, épaisses, comprimées; les feuilles manquent presque constamment, et sont remplacées par des épines réunies en faisceaux. Les fleurs, qui sont quelquefois très grandes et qui brillent du plus vif éclat, sont en général solitaires, et placées à l'aisselle d'un de ces faisceaux d'épines. » Calice monosépale adhérent à l'ovaire, à limbe composé d'un grand nombre de lobes inégaux qui se confondent avec les pétales, lesquels sont très nombreux et disposés sur plusieurs rangs; étamines très nombreuses à filets grêles; ovaire infère; style simple terminé par trois ou plusieurs stigmates rayonnés. — Les genres de cette famille, tous exotiques (Amérique), comprennent des espèces très nombreuses.

CACTUS ou **Cactier** (du gr. *cactos*, plante épineuse). Genre type de la famille des Cactacées, plantes dont les caractères généraux viennent d'être décrits dans l'article précédent. — Ces plantes, qui appartiennent à l'Amérique équatoriale, sont tellement bizarres par leurs formes et leur aspect, que l'on pourrait douter un instant qu'elles font partie du règne végétal. Presque toutes croissent dans les forêts et sur les rochers, quelques-unes sur le tronc de vieux arbres. Nous en cultivons dans nos serres, mais elles sont faibles, languissantes, et peu propres à donner une idée de la puissance de végétation de celles qui se développent sous les tropiques. Les unes ont une forme globuleuse, hérissée de tubercules ou de pointes, ou présentant des côtes perpendiculaires ou en spirale, empreintes de rosaces épineuses, de houppes laineuses ou d'aiguillons, etc. D'autres sont munies d'une tige qui est simple, droite, grêle, ou chargée d'articles globuleux placés bout à bout : dans d'autres espèces la plante est couchée, rampante, ou grimpante, parfois ayant la forme d'un petit buisson, etc. Les fleurs sont remarquables par la disposition de leur corolle et leurs brillantes couleurs, dont les nuances varient beaucoup. Le fruit qui leur succède consiste en une baie ovoïde à une seule loge, dont la couleur est aussi très variable, ainsi que le volume. — Citons quelques espèces parmi leur plus grand nombre.

Le **Cactier moniliforme** offre cela de singulier qu'il est primitivement globuleux et de la grosseur d'une noix, et qu'une foule d'autres globules se réunissent autour de lui, s'implantent les unes sur les autres et représentent une masse assez semblable à un tas de cailloux arrondis. — Le **C. rouge** offre sur ses côtés obliques et en spirale des épines longues, blanches, un peu courbées, qui font d'excellents cure-dents. — Le **C. raquette**, qui constitue un genre particulier de Cactacées, sous le nom latin d'*opuntia*, a la tige garnie de rameaux à articulations comprimées et aplaties, armés de bouquets d'épines rousses, du centre desquels sort une fleur solitaire jaune, inodore, à laquelle succède un fruit sucré, un peu fade, ayant la forme et la grosseur d'une figue, ce qui a valu à la plante le surnom de *Figuier d'Inde*. Ce Cactier, dont on connaît quatre variétés, basées sur la forme des articulations, vient sur les rochers, dans les terres arides, sablonneuses, et ne demande aucun soin de culture. Il prospère dans les départements du Midi, et même dans ceux du centre de la France, si on lui donne une bonne exposition. Il atteint une hauteur de 3 mètres sur les côtes méditerra-

néennes. On en peut faire des haies impénétrables. La pulpe de son fruit est aqueuse et bonne à manger. Cette plante engraisse le sol qui la porte ; son bois sert à plusieurs usages chez les naturels de l'Amérique : elle nourrit le galle-insecte qui fournit la couleur écarlate, et surtout la cochenille sylvestre, qui offrirait cela d'avantageux, si on voulait la cultiver en grand, qu'elle brave les pluies, le froid, aussi bien que l'extrême chaleur.— Le C

Fig. 221. — Cactus (Echinocactus).

NOPAL toutefois est l'espèce qui nourrit la cochenille proprement dite sur ses articulations oblongues, épaisses et presque entièrement lisses. — V. *Cochenille*.

CADE. Nom vulgaire du *Genévrier.* — V. ce mot.

CADMIUM. Métal découvert, en 1818, par Stromeyer, dans une mine d'oxyde jaune de zinc. Corps simple, solide, blanc comme l'étain, très brillant, ductile et malléable, très fusible, pesant 8,640. Il se rencontre surtout en Silésie ; on l'extrait des minerais de zinc qui le contiennent en petite quantité, en dissolvant ces derniers dans l'acide sulfurique, etc. Il est sans usages.

CADRAN (*Solarium*). Genre de Mollusques de l'ordre des Gastéropodes pectinibranches, dont la coquille est univalve, marine, orbiculaire en cône déprimé, à ombilic ouvert, finement crénelé ou

denté sur le bord interne de tous les tours de spire, à ouverture subquadrangulaire, sans columelle. — Le CADRAN STRIÉ (*S. perspectivum*) est, des sept espèces connues, la plus grande et la plus remarquable. — Il y a des espèces fossiles qui n'ont pas d'analogues vivantes, et qu'on trouve dans les terrains des environs de Paris.

CAFÉ. — V. *Caféyer.*

CAFEYER (*Coffea*). Joli arbrisseau toujours vert de la famille des Rubiacées, dont les feuilles opposées, lancéolées, ondulées et glabres, ressemblent à celles du laurier. Les fleurs, qui sont blanches et odoriférantes, sont agglomérées à l'aisselle des feuilles. Le fruit est une baie rouge du volume d'une cerise, formée d'une pulpe douceâtre peu épaisse qui enveloppe deux noyaux accolés dont la paroi offre l'aspect d'un parchemin ; chaque noyau renferme une graine, convexe du côté externe, plane et sillonnée en long du côté interne.

Le Cafeyer est originaire de l'Éthiopie ; c'est à tort qu'on le dit spontané en Arabie (*C. arabica*), il n'y est que cultivé en terrasses sur les grandes chaînes de montagnes. Déjà introduit dans les serres d'Amsterdam, Resson le donna, en 1714, au Jardin des Plantes de Paris, et c'est là que Déclieux en prit un pied et des graines qu'il alla planter à la Martinique, en 1720. Ils y prospérèrent admirablement ; et, depuis, la culture de cet arbrisseau précieux s'est propagée dans les Antilles, sur la côte méridionale de l'Asie, avec le plus grand succès.

Le Cafeyer s'obtient presque toujours de graines à l'île Bourbon : on plante les jeunes arbustes à 2 mètres l'un de l'autre ; ils poussent avec rapidité ; et, à 3 ans, ils sont en plein rapport. La récolte se fait à trois époques de l'année : la plus considérable a lieu au mois de mai. On expose les fruits à l'air pour les faire sécher : on les soumet ensuite à l'action du rouleau pour briser l'enveloppe, puis on vanne et on sèche de nouveau les graines au four.

Le *Café* le plus estimé est celui dit *Moka*, de l'Arabie heureuse : il est généralement plus arrondi et plus roulé que celui de Bourbon, de la Martinique, etc. ; mais ce ne sont que des variétés d'une même espèce. Analysée par plusieurs chimistes, cette graine a été reconnue contenir, entre autres

Fig. 225. — Cafeyer.

principes divers, un corps cristallisable qui se présente en longs filaments soyeux et qui a reçu le nom de *Caféine*, corps qui contient une grande

proportion d'azote. Une torréfaction légère et graduée développe dans le café un arome suave et une odeur pénétrante. Cet arome, dissous dans l'eau par infusion, forme une boisson qui fait les délices de la société, parce qu'elle stimule le cerveau sans l'échauffer. « Prise chaude, dit M. A. Richard, cette liqueur est un stimulant énergique ; elle a tous les avantages des liqueurs spiritueuses, sans en avoir les inconvénients : c'est-à-dire qu'elle ne produit ni l'ivresse, ni les accidents qui l'accompagnent. Elle détermine dans l'estomac un sentiment de bien-être, une stimulation qui ne tarde point à s'étendre à toute l'économie animale : les facultés intellectuelles et morales deviennent plus vives et plus actives sous son influence ; les mouvements du cœur et des vaisseaux sont plus développés, plus fréquents, les contractions musculaires plus faciles, etc. » Le café éloigne le sommeil chez ceux qui ne sont point habitués à son usage, et fait souvent tourner les veilles au profit de l'étude. Que de poètes, de musiciens, etc., lui doivent leurs meilleures productions ! Mais l'usage conduit aisément à l'abus ; et lorsque l'excitation émoussée demande un usage plus fréquent, des doses plus fortes, il ne tarde pas à survenir des symptômes d'irritation gastrique, des troubles du système nerveux, l'amaigrissement, le tremblement des membres, etc. C'est ce qui fait que cette boisson a rencontré tant de partisans et tant de détracteurs.

On a rapporté de bien des manières l'origine de l'usage du café. Voici ce qu'on lit dans les Mémoires de l'*Académie des Sciences* : « Dans cette partie de l'Arabie où croît l'arbuste qui porte le nom de Cafeyer, le prieur d'un monastère remarqua que les chèvres qui en mangeaient étaient extrêmement vives. Il résolut de faire prendre du café à ses moines, qui dormaient souvent à matines : le moyen réussit, et c'est de là qu'est venu l'usage du café. » Aujourd'hui l'Europe importe, chaque année, 120 millions de kil. de cette graine, et la France en reçoit pour sa part environ 25 millions de kil., dont 12 ou 13 sont consommés sur son territoire.

CAILLE (*Coturnix*). Genre d'Oiseaux de l'ordre des Gallinacés, famille des Perdrix, dont les caractères essentiels sont les suivants : bec court, plus large que haut ; ailes courtes, sub-obtuses, dont les 2e, 3e et 4e rémiges sont plus longues que la première ; queue courte, cachée par les couvertures supérieures qui la dépassent ; tarses lisses, sans éperons : doigts unis par une membrane jusqu'à la première articulation.

Les Cailles paraissent appartenir aux contrées chaudes du globe : une seule espèce se trouve en Europe, encore n'y vient-elle que pendant la belle saison. Ces Oiseaux sont peu sociables et d'un caractère querelleur : ils vivent isolés ; et les mâles, dont les impulsions amoureuses sont remarquablement prononcées, ne se tiennent avec les femelles que pendant le temps de l'accouplement :

ils sont d'ailleurs polygames, et lorsque leurs désirs sont satisfaits, ils ne s'occupent en aucune
façon des soins de la famille. L'instinct des voyages est développé chez les Cailles : elles semblent
craindre les températures excessives, puisqu'elles
se rapprochent des contrées septentrionales pendant l'été et des méridionales pendant l'hiver, à
moins qu'on n'explique leurs émigrations par le
besoin de trouver toujours des récoltes à faire et
une nourriture abondante pour leur couvée, qui
est toujours nombreuse. Ces oiseaux sont en effet
d'une fécondité extraordinaire, mais qui est loin
d'être égale dans tous les temps. Dans l'ancienne
Égypte il arriva une fois une si prodigieuse quantité de Cailles dans le camp des Israélites, que
toute l'armée put s'en nourrir.

CAILLE VULGAIRE (*Perdix coturnix*). C'est la
seule espèce européenne. Nous ne la décrirons

pas, chacun la connaît. Nous dirons seulement que
les femelles se distinguent du mâle adulte par leur
gorge, qui est blanchâtre et sans aucune tache ; par
les couleurs du dos, qui sont plus foncées ; par les
plumes de la partie inférieure du cou et de la
poitrine, qui sont blanchâtres et parsemées de
taches noires, presque rondes. Du reste, l'âge et
les localités modifient le plumage dans les deux
sexes.

La Caille est essentiellement voyageuse ; elle manifeste cet instinct dès sa naissance, lors même
qu'elle est privée de sa liberté, car on a remarqué
qu'aux mois d'avril et de septembre, elle s'agite
dans sa cage et s'élève de manière à se briser la
tête lorsqu'on n'a pas la précaution de garnir d'un
filet ou d'une toile le plancher supérieur de sa demeure. A l'approche de l'hiver, les Cailles passent
en Afrique, et elles s'y dispersent on ne sait trop

Fig. 226 et 227. — Caille (mâle et femelle).

où ni comment ; mais au moment de partir, elles
choisissent un vent favorable. Pendant la traversée de la Méditerranée, elles se reposent quelquefois sur les îles qu'elles rencontrent ; il en arrive
en quantité en Morée, tout exténuées de fatigue
et pouvant à peine voler. Elles reparaissent dans
le midi de la France au printemps, et se répandent bientôt sur tout le territoire. Les jeunes
individus qui viennent quelques jours avant les
vieilles ont reçu des chasseurs le nom de *Cailles
vertes*, parce qu'on ne les trouve alors que dans
les prairies.

La Caille niche aussitôt après sa venue. Le
mâle est polygame et féconde plusieurs femelles
qui pondent chacune 15 ou 16 œufs bariolés de
brun sur un fond jaune. Les petits courent au
sortir de l'œuf ; ils sont plus robustes que ceux de
la perdrix et peuvent se passer beaucoup plus tôt
des soins de leur mère. Ce moment étant arrivé,
la compagnie se sépare avec indifférence, le père
s'étant déjà éloigné depuis le commencement de la
ponte ; et, passé le temps des couvées, il est rare
de trouver réunis plusieurs de ces oiseaux. « La
Caille vole avec célérité, mais elle se lève difficilement et seulement lorsqu'on la poursuit : elle tile

droit, à une petite élévation des terres, et redes-
cend bientôt ; en un mot, elle court plus qu'elle ne
vole. » Comme elle constitue un gibier fort délicat, on lui fait la chasse soit au fusil et au chien
d'arrêt, soit au appeau, c'est-à-dire en imitant la
voix de la femelle pour attirer les mâles, qui sont
plus nombreux.

Ceux-ci sont d'un caractère triste et querelleur,
qui a été mis à profit pour amuser les oisifs. On
prend deux cailles habituées à une nourriture abondante, on les met vis-à-vis l'une de l'autre sur une
table, et l'on place entre elles quelques grains de
millet pour la possession desquels les deux champions ne tardent pas à se livrer un combat acharné.
Des combats de cette sorte sont encore usités aujourd'hui dans quelques villes d'Italie.

Parmi les espèces étrangères, nous citerons la
C. NATTÉE (*C. textilis*), plus petite que la nôtre,
mais à bec plus fort, et qui habite le continent de
l'Inde ; la C. A FRAISE (*C. excalfactaria*), ainsi
nommée à cause de l'espèce de fraise blanche
qu'elle a sous la gorge ; elle est propre à la
Chine, etc.

CAILLE-LAIT ou GAILLET (*Galium*). Genre de

Plantes de la famille des Rubiacées, à feuilles verticillées par 4-12 ; à fleurs blanches ou jaunes disposées en cyme paniculée : calice à 4 dents très courtes; corolle rotacée-plane, à limbe 4-fide; étamines 4; style bifide; fruit sec composé de deux carpelles.

Caille-lait jaune (*G. verum*). Plante vivace de 20 à 70 cent., dont les tiges ordinairement simples donnent naissance latéralement à un grand nombre de rameaux; feuilles linéaires étroites, à bords roulés en dessous, verticillées par 6-12; fleurs jaunes disposées en une panicule terminale feuillée; fruit petit, lisse, glabre.

Le Caille-lait croît dans les prairies, au bord des chemins, sur les pelouses sèches, où il étale ses fleurs en juin-septembre. Il doit son nom à sa prétendue propriété de cailler le lait. Doué d'une saveur un peu amère, on lui reconnait une action antispasmodique, et on l'a préconisé dans les convulsions, l'épilepsie, etc. Mais son action est douteuse. Les fleurs ont une odeur de miel assez forte et peu agréable; les Anglais les emploient pour communiquer une teinte jaune à leurs fromages.

Caille-lait blanc (*G. mollugo*). Plante vivace de 5-15 décim.; à tiges très rameuses, diffuses, lisses; feuilles oblongues ovales, verticillées par 8; fleurs blanches en panicules terminales et latérales; corolle à divisions cuspidées; fruit petit, presque lisse. — Cette espèce est assez commune dans les prairies, les haies, les buissons, au bord des chemins, montrant ses fleurs en mai-août. Ses propriétés sont analogues à celles de la précédente, mais totalement négligées.

Caille-lait gratteron (*C. aparine*). Plante annuelle à tiges faibles, noueuses, rameuses, ou presque simples, émettant latéralement les rameaux de l'inflorescence; feuilles linéaires oblongues, mucronées, denticulées-scabres, verticillées par 6-8; fleurs d'un blanc verdâtre, en cymes pauciflores axillaires; fruit gros, hérissé de poils crochus. — Le Gratteron est très commun dans les haies, les buissons, les lieux cultivés.

CAILLETTE. Quatrième estomac des Ruminants, ainsi nommé parce qu'on y trouve, chez les jeunes animaux, la *présure*, substance qui sert à faire cailler le lait. — V. *Ruminants*.

CAILLOU. Fragment de pierre d'espèce très variable, plus ou moins exactement arrondi, dont la grosseur varie aussi extrêmement depuis celle d'un grain de sable jusqu'à celle d'un melon. On doit donc distinguer les diverses sortes de cailloux par celles des roches; c'est-à-dire qu'il y a des cailloux *quartzeux, calcaires, basaltiques, granitiques, porphyriques*, etc.; mais quelques géologues pensent qu'il ne faut donner le nom de *cailloux* qu'aux fragments arrondis, siliceux, qui font feu au briquet. Quoi qu'il en soit, leur forme arrondie vient d'un long frottement, et, selon que leurs surfaces sont régulières ou inégales, le frot-

tement a eu pour cause des courants d'eau, ou l'action des glaciers.

A la première catégorie appartiennent : 1° les amas de cailloux qui encombrent le lit des torrents, dans les pays montueux, et qui proviennent des fragments de roches tombés et entraînés dans ce lit; 2° les bancs de cailloux que forment et découvrent les eaux débordées, et qui sont arrachés par la violence de ces eaux au grand dépôt diluvien de cailloux roulés sur lesquels elles roulent; 3° les cailloux que les vagues de la mer remuent continuellement (*galets*), et qui proviennent des fragments pierreux arrachés au fond de l'eau et jetés ensuite sur la grève; 4° le dépôt de cailloux roulés qui font partie des atterrissements diluviens que l'on rencontre dans certaines vallées, où l'on ne trouve plus que de faibles cours d'eau, mais où, à une époque antérieure aux temps historiques, une immense masse d'eau courante a dû exister, puisque ces cailloux ont une forme arrondie et régulière; 5° les masses de cailloux roulés qui se rencontrent dans les terrains arénacés, même les plus anciens, et dont la formation annonce des mouvements considérables dans les eaux à une époque inconnue.

« Les cailloux de la seconde catégorie sont produits par les glaciers, qui, venant à passer sur les débris pierreux, les entraînent en appuyant dessus et en les roulant. La surface des cailloux ainsi formés est fort irrégulière; elle présente des inégalités et des stries plus ou moins bien marquées, tandis que ceux qui sont formés par les courants d'eau ont la surface parfaitement unie. »

CAIMAN (*Alligator*). Genre de Reptiles de l'ordre des Sauriens, famille des Crocodiliens, ayant pour caractères distinctifs : museau large et obtus; dents très inégales, celles de la mâchoire inférieure dirigées en dedans, recouvertes par le bord de la mâchoire supérieure, la première et la quatrième étant reçues pendant l'état de repos dans des trous de cette mâchoire supérieure; pieds à demi palmés, sans dentelures; couleur d'un brun verdâtre en dessus, avec des bandes transversales irrégulières et blanchâtres en dessous; longueur de 4 à 6 mètres.

Les Caïmans sont les moins aquatiques des Crocodiliens : ils sont propres à l'Amérique, où on les nomme *Jacare, Cocodrillo*. Ils étaient jadis si nombreux dans les fleuves du nouveau continent que le voyageur Bertram en rencontra des troupes assez considérables pour intercepter le cours de l'eau et entraver la navigation. Ils deviennent de jour en jour plus rares, et on n'en voit pas d'aussi grande taille qu'autrefois. Ces reptiles, dans leur jeunesse, se nourrissent d'insectes, de poissons, de larves; adultes, ils peuvent rester longtemps sans manger, mais ils attaquent tout ce qu'ils rencontrent, oiseaux aquatiques, chiens, cochons et même bœufs : ils entraînent leur proie dans l'eau pour la noyer, puis ils l'en retirent pour la dévorer. Ils se jettent rarement sur l'homme ; mais lorsque cela arrive, ils montrent une préférence marquée pour la chair du nègre. En revanche, les nègres de la Caroline les attaquent souvent à coups de hache ou de fusil, ou bien ils leur présentent un gros hameçon, retenant des oiseaux, des quadrupèdes vivants, et fixé à un arbre au moyen d'une chaine en fer ; puis ils se régalent de leur queue, qui est le morceau préféré. Les indigènes font aussi grand cas de la graisse de ces animaux, employée en frictions contre les douleurs rhumatismales, les entorses, etc.

CAÏMAN A MUSEAU DE BROCHET (*A. lucius*). Il a la tête très déprimée, le museau large, arrondi au bout. Il habite l'Amérique septentrionale, remontant le Mississipi et ses affluents jusque vers le 32e degré de latitude, région souvent très froide, où l'animal s'enfonce dans la boue et passe la saison rigoureuse dans une sorte de léthargie. Ses œufs sont à peine gros comme ceux d'une poule d'Inde, blanchâtres, bons à manger, quoique sentant un peu le musc. Les petits vont se jeter à l'eau aussitôt qu'ils sont nés, mais un grand nombre deviennent la proie des poissons voraces.

CAÏMAN A LUNETTES (*A. sclerops*). Cette espèce, dont la taille est plus considérable que celle du précédent, est propre à l'Amérique du Sud, et très

Fig. 228. — Caïman.

commun à Cayenne, à la Guyane. Ce Caïman passe les nuits dans l'eau, et les jours étendu sur le sable, immobile, exposé aux rayons solaires les plus ardents. On en rencontre des troupes dans les fleuves, dans les marais à demi desséchés, où on ne distingue que leur dos et où ils demeurent engourdis et encroûtés jusqu'au retour des pluies, différant du Caïman à museau de brochet, dont l'engourdissement au contraire est dû au froid et ne cesse qu'au retour de la chaleur. La femelle pond jusqu'à 60 œufs qu'elle dépose sur le sable et au sort desquels elle veille.

CALADION (*Caladium*). Genre de la famille des Aracées, plantes herbacées, à feuilles presque peltées et en flèche, et qui ont une spathe roulée en cornet cylindrique. — On en connaît plusieurs espèces, dont deux sont comestibles : le *C. esculentum*, de l'Amérique méridionale, dont on mange la racine ; le *C. sagittatum*, vulg. *Chou caraïbe*, qui a la racine grosse. — Le *C. bicolor*, dont les feuilles, radicales, sont rouges au milieu, vertes sur les bords, est cultivé dans nos serres.

CALAMAGROSTIS. Plante graminée, vivace, vulg. appelée *Roseau des sables*, parce qu'elle jouit au plus haut degré de la propriété de fixer ces masses de sables mouvants qui donnent un si triste aspect aux côtes dépourvues de falaises. En effet ses racines sont très longues, traçantes ; ses épillets sont uniflores, disposés en panicule rameuse.

CALAMENT. Espèce du genre *Mélisse*. — V. ce mot.

CALAMINE, PIERRE CALAMINAIRE. Minerai de zinc qui, pur, est sous forme d'une matière blanchâtre ou jaunâtre, mais qui se trouve assez souvent avec les minerais de plomb et de cuivre. On l'exploite en grand pour la fabrication du zinc et du laiton. Il en existe de grands dépôts en Belgique, dans la haute Silésie, et même en France, près d'Uzès.

CALAMITE (du gr. *calamé*, roseau). Nom donné à des végétaux fossiles appartenant aux terrains houillers, et qui présentent des tiges simples, articulées, marquées de stries longitudinales, semblables à des tuyaux réunis. Nos prêles sont les végétaux actuels qui se rapprochent le plus de cette ancienne organisation.

CALAMUS AROMATICUS. Espèce du genre *Acore*. — V. ce mot.

CALANDRE (*Calandra*). Genre de Coléoptères, tribu des Tétramères, famille des Rhyncophores, fondé aux dépens du grand genre Charançon, ayant pour caractères : trompe longue, un peu courbée ; bouche petite munie de mandibules dentelées et de palpes coniques presque imperceptibles ; corps allongé, elliptique, déprimé en dessus ; abdomen terminé en pointe et plus long que les élytres ; protothorax de la longueur de la trompe, rétréci en avant pour recevoir la tête, etc.

« Les Calandres ont la démarche lente ; elles se nourrissent de Monocotylédones, attaquent principalement les semences et occasionnent souvent des dégâts incalculables. Leurs larves s'introduisent dans le blé, le seigle, le riz, les palmiers, et détruisent en fort peu de temps les récoltes amassées dans nos greniers, sans qu'il soit possible d'arrêter leur ravage. D'après un calcul de Degeer, un seul couple de ces insectes peut donner naissance à 23,600 individus dans l'année, y compris les générations successives qui en descendent. — Ce genre comprend un grand nombre d'espèces qui pour la plupart sont étrangères à l'Europe.

Calandre du blé (*C. granaria*). Cette espèce nous intéresse particulièrement. A peine devenue insecte parfait, la femelle se livre aux approches du mâle, depuis le mois d'avril jusqu'à l'automne ; elle perce le grain où elle dépose un œuf, et bouche le trou avec une matière de la couleur de la semence, de manière que celle-ci n'offre aucune différence visible, si ce n'est qu'elle est plus légère. L'œuf éclot bientôt ; la larve qui en provient agrandit chaque jour sa demeure, et parvenue au terme de son accroissement, se métamorphose en nymphe, qui se convertit en nouvelle Calandre au bout de 8 ou 10 jours. Celle-ci brise l'enveloppe où elle est renfermée et travaille comme la première à perpétuer sa race. Ce n'est pas à la surface des tas de blé que s'exécutent les diverses fonctions de ces insectes, mais à une profondeur de quelques centimètres. Le froid les disperse : l'hiver ils se retirent dans les fentes des boiseries, mais un grand nombre périssent. Les survivants retournent aux tas de blé au retour du printemps.

On a proposé un grand nombre de moyens pour détruire ces animaux dévastateurs, tels que fumigations, mélange de poudre de chaux avec les grains, etc., etc. ; mais tout a été inutile. Le mieux est de faire la part du plus fort, c'est-à-dire d'abandonner aux Calandres un tas de blé ou mieux d'orge, qu'elles préfèrent, et de n'y pas toucher,

tandis qu'on remue souvent celui que l'on veut préserver.

Calandre palmiste (*C. palmarum*). Cette espèce a plus de 3 cent. de long ; elle est de couleur noire, avec des poils soyeux à l'extrémité de la trompe. Elle vit dans la moelle des palmiers de l'Amérique méridionale. Les indigènes mangent sa larve, nommée *ver palmiste*, comme un mets délicieux.

CALANDRIE. Genre d'Oiseaux créé par d'Azara avec les différentes espèces de *Moqueurs*. — V. ce mot.

CALAO (*Buceros*). Oiseaux de l'ordre des Passereaux syndactyles, se distinguant par les caractères suivants : bec d'une conformation singulière, très variable du reste, élargi, surmonté d'un casque ou crête de forme bizarre, qui donne à ces oiseaux une physionomie étrange ; bords mandibulaires le plus souvent irrégulièrement crénelés ; cils durs et allongés aux paupières ; base du bec nue ; les 3 doigts antérieurs soudés dans une grande portion de leur étendue.

Les Calaos se trouvent aux Indes et en Afrique. Ils sont en général d'une assez grande taille ; ils vivent en troupes nombreuses, et se nourrissent indifféremment de graines, de fruits, de petits mammifères. Leurs mœurs ne sont pas encore bien connues, car les uns en font des oiseaux lourds, à l'air stupide, d'autres leur accordent plus d'agilité ; quelques-uns prétendent qu'ils ne vivent que de chair et de charogne ; toujours est-il qu'ils chassent les rats et les souris, et que, pour cette raison, les Indiens en élèvent quelques-uns en domesticité. Ils se tiennent dans les lieux sombres, faisant entendre un bruit fort, dû aux battements de leurs ailes et aux claquements de leurs mandibules. Ils nichent dans des trous, où la femelle pond 4 ou 5 œufs que le mâle couve avec elle. La tendresse du père et de la mère pour les petits est extrême.

Les Calaos présentent une vingtaine d'espèces dont les becs sont très différents, depuis celui qui se montre sans aucune excroissance jusqu'à ceux que surmonte une bosse monstrueuse en forme de casque, mais presque entièrement creuse et à parois flexibles, qui n'en augmente guère le poids.

Calao à casque plat (*B. hydrocorax*). Espèce qui a été rapportée des Philippines où elle vit de figues, de fruits. Son bec est orné d'un casque à surface plane d'un rouge ponceau très vif. Longueur 65 à 70 centimètres.

Calao rhinocéros (*B. rhinoceros*). Son casque s'étend et se recourbe en manière de corne. Longueur totale 130 cent.

CALCAIRE. Espèce minérale ou roche composée de chaux carbonatée, c'est-à-dire d'oxyde de calcium et d'acide carbonique. Les *marbres*, les *pierres lithographiques*, la *pierre à chaux*, la *craie*, les *pierres* de construction de Paris, qui sont un calcaire grossier, sont composées de cette substance minérale, qui est la plus répandue dans la nature et la plus riche en variétés : on la trouve dans les terrains les plus anciens comme dans les plus modernes. Ses cristaux sont toujours rhomboïdaux. Le calcaire, comme presque tous les carbonates, fait effervescence dans l'acide nitrique ; il perd, par l'action du feu, l'acide carbonique avec lequel il est combiné, et se convertit en chaux vive.

Indépendamment des dépôts continus, le calcaire se trouve çà et là en dépôts adventifs, produits par des sources. Ce sont les *tufs calcaires*, qui ont formé quelquefois des dépôts immenses, et qui renferment presque toujours des débris organiques, particulièrement des végétaux vivant dans les environs.

CALCÉDOINE. Substance siliceuse, variété d'Agate, d'une transparence nébuleuse, d'une couleur blanche, blonde ou bleuâtre, mêlée d'une teinte laiteuse, appelée ainsi d'une ville de Bithynie où elle aurait été découverte. L'*Agate*, la *Cornaline*, le *Silex*, sont toutes des matières de même nature, entièrement siliceuses ; toutes

Fig. 220. — Calao à casque.

blanchissent au feu et même s'y désagrégent entièrement. Elles sont plus tenaces que le quartz et font plus facilement feu au briquet. — Les *Jaspes* sont des Calcédoines opaques, colorées de peroxyde de fer ou de silicates de couleur verte.—La *Pierre meulière* n'est qu'une variété lithoïde et opaque de Calcédoine, souvent criblée de cavités irrégulières qui lui ont valu le nom de *Silex carié*.

La Calcédoine s'emploie pour faire des coupes, des tabatières, des cachets et d'autres objets de luxe.

L'Islande et les îles Feroë fournissent la plus estimée.

CALCÉOLE (de *calceolus*, petit soulier). Genre de Coquilles fossiles, de l'ordre des Brachiopodes, famille des Térébratules, épaisses, équilatérales, très inéquivalves, triangulaires. Elles se trouvent parmi les coquilles du pays de Juliers en Allemagne, et sont assez répandues dans les cabinets de curiosités.

CALCÉOLAIRE (de *calceolus*, petit soulier, par allusion à la forme de la corolle). Genre de Scrofulariacées, tribu des Verbascées, plantes annuelles, indigènes du Chili et du Pérou, très remarquables par la beauté de leurs fleurs. — On cultive dans les jardins d'Europe une vingtaine de variétés charmantes, à fleurs très gracieuses, dont la corolle a la forme d'un petit sabot, nuancées de jaune, de blanc et de pourpre.

CALCIUM. Métal découvert par Davy, que l'on ne rencontre dans la nature qu'à l'état d'oxyde. On l'obtient en décomposant la chaux par la pile galvanique. Pur, il est blanc comme l'argent, plus pesant que l'eau, très avide d'oxygène qu'il enlève à presque tous les corps, très altérable au contact de l'eau et de l'air. L'importance de ce corps réside dans les combinaisons qu'il forme : son protoxyde, la chaux, est d'un emploi continuel dans les arts. Cette chaux elle-même, unie à l'acide carbonique et à l'acide sulfurique, constitue le *marbre* et le *plâtre*.

CALCULS. Concrétions qui se forment accidentellement dans le corps des animaux spécialement dans les canaux et réservoirs tapissés par une membrane muqueuse, tandis que les corps étrangers qui se produisent dans les autres voies ou dans l'épaisseur des organes ont reçu plus particulièrement le nom de *concrétions*.

Il se rencontre des calculs dans les voies salivaires, biliaires, génito-urinaires, dans les articulations, les poumons, les intestins, les vésicules séminales, la prostate. Leur composition varie suivant les organes dans lesquels ils se développent : ils ont pour base généralement le phosphate ou le carbonate de chaux, avec mélange d'urate, de cholestérine, d'oxalate, etc., selon leur siège et le genre de liquides sécrétés, etc.

Les calculs urinaires sont les plus importants et les plus communs de tous : on les distingue en *rénaux*, *urétériques*, *vésicaux* et *urétraux*, suivant qu'ils occupent les reins, les uretères, la vessie ou l'urètre : on y trouve un assez grand nombre de substances, dont les plus communes sont l'acide urique, l'oxalate de chaux, les phosphates et la cystine. Leur volume varie considérablement depuis l'état de poussière ou sable fin jusqu'à la grosseur d'un œuf, d'une orange et plus. C'est la vessie qui renferme les plus volumineux : quelquefois on en trouve un très grand nombre dans ce réservoir ; la vessie de Buffon en contenait 55 de forme triangulaire et du volume de gros pois. L'étude de ces productions inorganiques, d'un grand intérêt pour le médecin, ne saurait nous occuper ici davantage.

On nomme *bézoards* les calculs intestinaux que l'on rencontre chez les animaux, car chez l'homme ce genre de concrétion est très rare et paraît dû à des calculs biliaires qui ont abandonné le lieu de leur formation. Les bézoards se composent de phosphate calcaire : ils contiennent souvent, chez les Ruminants, des agglomérations de poils avalés pendant l'acte de la rumination.

CALEBASSE. Ce nom s'applique : 1° au fruit du *Baobab*; 2° à celui du *Calebassier*, arbrisseau des Antilles connu des botanistes sous la dénomination de *Crescentia*; 3° au fruit de diverses *Cucurbitacées*, que les naturels dessèchent et dont ils font des vases, des assiettes, des cuillers. — V. *Courge*.

CALICE. Enveloppe la plus extérieure de la fleur. Sa couleur verte le distingue de la corolle ; mais lorsque l'un et l'autre sont colorés, les limites sont assez difficiles à saisir. Supposons le premier cas, qui est de beaucoup le plus commun.

Le calice vert est *monosépale* ou *gamosépale*, lorsqu'il est d'une seule pièce (Œillet) : on le considère alors comme formé de plusieurs pièces soudées ensemble, pièces nommées *sépales*; le calice est *polysépale* ou *dialysépale*, lorsque les sépales sont distincts (Giroflée).

Le calice monosépale offre à considérer le corps et le limbe. Le premier est-il allongé en forme de tube, il est dit *tubuleux*; est-il renflé comme une petite outre, on le nomme *urcéolé*; en forme de toupie, *turbiné*. Est-il sans adhérence avec l'ovaire, il est *libre*; soudé au contraire avec cette partie, *adhérent*. S'il est attaché au-dessous de l'ovaire, il est *infère*; inséré au-dessus, *supère*. Il est *caduc* quand il tombe après la fécondation; *persistant* lorsqu'il demeure après cette fonction.

Le *limbe* est l'extrémité libre; il offre des divisions plus ou moins profondes, nommées *lobes*, *lanières*, *dents*, et l'on dit que le calice est *bifide*, *tri*, *quadri*, *quinquéfide*, ou *bipartit*, *tri*, *quadripartit* (ce que l'on écrit souvent ainsi : 2-*fide*, 3-*fide*, etc.), selon que ce limbe offre deux, trois, quatre ou cinq *lobes*, *divisions* ou *dents*.

Les divisions du limbe calicinal sont quelquefois réduites à une simple soie: d'autres fois ce limbe se compose d'une multitude de poils réunis circulairement et formant ce que l'on appelle une *aigrette* (Chardons, Pissenlit).

Le calice polysépale est *régulier* quand les sépales forment un verticille symétrique; *irrégulier* lorsqu'ils sont disposés sans symétrie.

Le calice n'est pas essentiel à l'existence de la fleur, puisqu'il s'en trouve un grand nombre chez lesquelles il manque.

Le *calice commun* est celui qui appartient à plusieurs fleurs : on le nomme *involucre* dans les Composées.

Quant au calice coloré, V. *Périanthe*.

CALIGE (*Caligus*). Genre de Crustacés de l'ordre des Pœcilopodes, famille des Siphonostomes, très petits et parasites, ayant deux soies ou deux filets articulés et saillants à l'extrémité postérieure de la queue; deux sortes de pieds, les uns à crochets, les autres en nageoires; corps allongé, déprimé, etc. — Ces Crustacés, dont le nom vulgaire est *Poux de poissons*, se fixent sur divers poissons cartilagineux, principalement sur le Merlan et le Saumon.

CALIPTOMÈNE. — V. *Rupicole*.

CALLE (*Calla*). Plante très voisine de l'*Arum*, famille des Aroïdées, à fleurs monoïques placées sur un spadice cylindrique, et environnées d'une spathe monophylle roulée en cornet. — Quatre ou cinq espèces, herbacées, rampantes, marécageuses, d'un aspect triste, d'une odeur fétide, douées d'un suc âcre.

La CALLE DES MARAIS (*C. palustris*) a les feuilles cordées, la spathe plane, le spadice chargé de fleurs jusqu'au sommet. Elle se trouve dans quelques mares de la forêt de Marly, dans les Vosges. Sa racine est charnue et contient une fécule abondante qu'on pourrait utiliser, après lavage préalable, pour la débarrasser du principe vénéneux qu'elle renferme.

La CALLE D'ÉTHIOPIE orne nos serres à la fin de l'hiver; sa spathe est blanche et son odeur agréable, ce qui distingue cette espèce des autres.

CALLICHROME (du gr. *callos*, beauté ; *chrôma*, couleur). Coléoptères tétramères, famille des Longicornes, ayant des antennes un peu dentées en scie, des palpes maxillaires plus petits que les labiaux, le corps déprimé, etc. Leur taille est souvent assez grande ; leurs couleurs sont brillantes, et ils répandent une odeur musquée assez prononcée pour les faire découvrir sur les arbres où ils se tiennent habituellement. — Le C. MUSQUÉ, des environs de Paris, compte parmi les plus beaux insectes. — Il y a encore en France le C. DES ALPES, espèce très jolie aussi.

CALLIDIE (*Callidium*). Genre de Coléoptères longicornes, ayant pour caractères : antennes filiformes, un peu plus longues que le corps ; palpes très courts, terminés par un article en forme de triangle renversé. — Ces insectes volent avec facilité ; ils font entendre un bruit particulier lorsqu'on les inquiète. Leurs larves vivent dans le bois.

Le CALLIDIE PORTEFAIX, le C. VARIABLE et le C. SANGUIN sont les plus connus en France ; il y en a beaucoup dans les chantiers de bois de Paris.

CALLIONYME (*Callionymus*). Genre de Poissons acanthoptérygiens, dont le corps est en forme de coin, dépourvu d'écailles, la tête plus large que le corps, souvent armée d'épines ; ouïes ouvertes seulement par un trou, de chaque côté de la nuque et des nageoires ventrales, qui sont placées sous la gorge, écartées et plus longues que les pectorales ; couleurs variées et brillantes. — Plusieurs espèces dont voici les deux principales :

Le C. LYRE OU LARCET (*C. lyra*) a le premier rayon de la nageoire antérieure du dos aussi long que le corps, qui a 32 à 37 centim. ; les parties latérales de la tête garnies de 5 aiguillons. — Ce poisson se trouve dans la Manche et la Méditerranée ; sa chair est assez délicate.

Le C. DRAGONNEAU (*C. dracunculus*) se distingue au premier rayon de la nageoire antérieure du dos, qui est plus court que la tête ; 3 épines aux parties latérales de celle-ci ; 4 petites ouvertures sur la nuque par lesquelles le poisson fait jaillir de l'eau. Longueur, 24 centim. — Habite la Méditerranée.

CALLITHRICHE (*Callitrix*), ou SAGOU (*Saguinus*). Noms par lesquels on désigne un genre de Singes du Nouveau-Monde, de la tribu des Cébiens. Leurs caractères sont les suivants : tête petite, arrondie ; museau court ; angle facial de 60° ; oreilles grandes et déformées ; queue un peu plus longue que le corps, non prenante, couverte de poils courts ; corps assez grêle ; pelage agréablement coloré, et répondant au nom de *callitriche*, qui veut dire beau poil.

Les Callithriches habitent les nouvelles forêts du Brésil, les Guyanes, où ils vivent en troupes et presque toujours perchés sur les arbres. Leurs mœurs sont encore peu connues : on sait cependant qu'ils ont généralement beaucoup d'intelligence, et qu'ils se nourrissent d'insectes autant que de fruits.

Le CALLITHRICHE MOLOCH (*C. moloch*) est l'espèce la plus anciennement connue. Ce singe a le pelage cendré, le dessous du corps fauve roussâtre, la face nue, mais les joues et le menton garnis de poils assez rudes. Il habite le Brésil et le Para.

Les principales autres espèces sont : le C. A FRAISE, à pelage brun noirâtre, avec un demi-collier blanc. — Le C. A MASQUE (figuré ci-contre), gris fauve : dès le lever du soleil, cet animal fait retentir les forêts de cris désagréables et qui s'entendent de fort loin. — Le C. DISCOLOR, joli petit singe à pelage gris-roux, s'apprivoise facilement.

CALLITRIC (*Callitriche*). Genre de Plantes aquatiques, annuelles ou vivaces, rangées par Jussieu dans la famille des Naïadées. Elles ont des tiges grêles, filiformes, vermiculaires, très rameuses ; des feuilles opposées, les inférieures souvent linéaires, les supérieures obovales, trinervées ; des fleurs très petites, peu visibles : involucre composé de 2 bractées très petites ; étamines 1 ou 2 ; styles 2, etc. — Le C. AQUATIQUE est assez commun dans les eaux vives, fontaines, ruisseaux, fossés aquatiques, où il fleurit en juin-septembre. — Une autre espèce très commune est le C. PRINTANIER (*C. verna*). « Il est de l'intérêt du cultivateur d'arracher ces plantes au commencement de l'automne, et de les porter sur des fumiers dont ils augmenteront et bonifieront la masse. »

CALMAR (*Loligo*). Genre de Mollusques de l'ordre des Céphalopodes, famille des Décapodes, à coquille mince et cornée, munis d'un sac allongé dont le bord dorsal est bien distinct du cou ; nageoires grandes, étendues le long du sac ; bras sessiles presque égaux, longs et terminés en massue ; ventouses parfois garnies de dents et de crochets (Voir la fig. ci-contre).

Les Calmars, ainsi appelés du mot *calmaria*, qui veut dire encrier en forme de cornet, à cause de leur forme et de la liqueur qu'ils répandent, habitent la haute mer, mais se rapprochent des côtes pendant la tempête. Ils sont très voraces et très agiles, nageant à reculons avec une grande vitesse ; parfois même ils s'élancent hors de l'eau à une telle hauteur qu'ils tombent sur les vaisseaux qui sillonnent la mer. Leur taille est très variable, selon les espèces. Ils répandent, comme les Seiches, une sorte d'encre noire très divisible dans l'eau, qui les soustrait à la poursuite de l'ennemi. Cette liqueur est connue dans le commerce sous le nom de *Sépia*. Ces mollusques ont servi d'aliment à l'homme dès les temps les plus reculés. — On en compte plus de 20 espèces.

Le CALMAR COMMUN (*L. vulgaris*, vulg. *Encornet*, est le plus anciennement connu. Il est utile, comme nourriture, aux classes peu aisées qui habitent les bords de la mer, et, comme appât, aux pêcheurs. Il paraît que la femelle pond ses œufs en haute mer, ce qui fait qu'on ne les

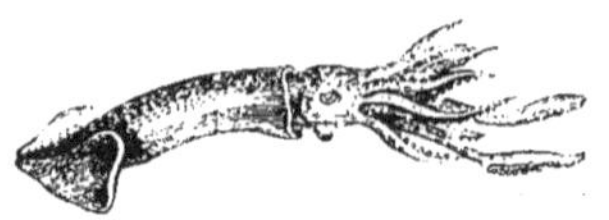

Fig. 231. — Calmar commun.

voit presque jamais. Bohadsch les a découverts cependant, et il dit qu'une masse de grappes en contient jusqu'à 40 mille.

CALORIQUE. Agent qui produit la chaleur; agent inconnu comme son effet, car on ignore la nature du calorique comme celle de la lumière et de l'électricité. La source la plus abondante de chaleur pour notre globe est le soleil. La terre possède de la chaleur; à mesure qu'on pénètre dans l'intérieur du globe, la température augmente, et croît d'un degré par 30 mètres. On explique ce phénomène en admettant que la terre, douée primitivement d'une température très élevée, n'est pas complétement refroidie, que le centre possède encore une haute température, les couches extérieures seules s'étant refroidies. On admet généralement que les corps sont composés d'atomes, entre lesquels il existe des espaces très petits absolument, mais qui, selon Laplace, sont très grands relativement aux dimensions de ces atomes. « Ces espaces sont remplis d'un fluide impondérable, qui est le *calorique*, de sorte que les molécules sont soumises à deux forces, l'attraction (V. ce mot), qui tend à réunir ces molécules, à les maintenir dans un état d'équilibre

Fig. 232. — Callitriche à masque.

stable, et le calorique, qui tend à rompre cette cohésion. Lorsque la force cohésive domine, le corps est solide; il faut alors pour le désagréger employer une force variable suivant le degré de cohésion. Si le calorique surmonte la cohésion, il y a changement d'état du corps : les molécules deviennent indépendantes les unes des autres, et les corps prennent la forme des vases qui les contiennent; les molécules peuvent glisser les unes sur les autres, et le corps est liquide; enfin, si le calorique écarte les molécules en dehors de leur sphère d'attraction, le corps affecte non-seulement la forme des vases où il est renfermé, mais encore il presse les parois des vases et les distend si elles sont extensibles. Un grand nombre de corps affectent ces trois états : ainsi le soufre, solide à la température ordinaire, devient liquide à 110 degrés, et passe à l'état gazeux à 460 degrés. »

C'est sur la dilatation des corps qu'est fondé le thermomètre, appareil qui sert à mesurer la température ; c'est sur la transformation de l'eau en vapeur et sur sa condensation par le refroidissement qu'est fondée la machine à vapeur.

Il y a une distinction à faire entre *calorique* et *chaleur* : le premier n'est autre chose que le fluide impondérable dont nous venons d'indiquer les effets généraux ; la seconde exprime l'effet physique que ce fluide produit sur nos organes.

Les principales sources de la chaleur sont l'insolation, la combustion, la percussion, le frottement, les décharges électriques, la compression des gaz et les combinaisons chimiques. Le calorique rayonne comme la lumière, et les lois de ce rayonnement sont identiques avec celles de cette dernière ; c'est ce qui a fait admettre par beaucoup de physiciens que le calorique n'est qu'une modification de la substance impondérable qui remplit l'espace et à laquelle on donne le nom d'*Éther*. Ces lois se résument en ceci : l'intensité de la chaleur rayonnée décroît comme le carré de la distance augmente ; le rayon incident, la normale au point d'incidence et le rayon réfléchi sont dans un même plan, et l'angle d'incidence égale l'angle de réflexion.

La conductibilité est la faculté que possèdent les corps de laisser passer la chaleur dans leur masse ; elle est variable avec la substance des corps, qui sont dits alors *bons* ou *mauvais conducteurs*. La chaleur des corps tend à s'équilibrer : un corps placé dans un espace possédant une moindre température, perd de la chaleur en proportion de son excès de calorique sur celui du milieu. On appelle *capacité calorique* d'un corps la quantité de chaleur qu'il faut fournir à ce corps pour élever sa température d'un degré. On prend pour unité de chaleur ou calorique la quantité de chaleur nécessaire pour élever d'un degré la température d'un kil. d'eau.

Toutes ces propositions aphoristiques exigeraient des développements qui ne peuvent entrer dans un ouvrage de la nature de celui-ci, et qu'il faut aller chercher dans les *traités de physique*. Terminons en disant que dans les animaux, particulièrement dans l'Homme, les Mammifères, les Oiseaux, la source de la chaleur, qui est appelée *chaleur animale*, réside dans la respiration (V. ce mot), et dans les actions chimiques et moléculaires résultant du mouvement nutritif général. La température du corps humain est de 37 degrés ; elle reste fixe à toutes les latitudes, parce que notre corps trouve en lui-même des moyens de refroidissement par l'augmentation de la transpiration cutanée, par le régime frugal, etc., comme il trouve des moyens de calorification par l'augmentation de l'activité respiratoire et le régime animal, etc.

CALOSOME (*Calosoma*). Genre de Coléoptères de l'ordre des Pentamères, famille des Carnassiers, formé aux dépens des Carabes, dont ils ne diffèrent que par un faciès particulier et qu'en ce que leurs mandibules sont un peu plus larges, leur corselet plus court et presque transversal, arrondi ; élytres presque en carré plus ou moins allongé ; ailes propres au vol, etc.

« Ces insectes sont encore plus agiles et plus voraces que les Carabes (V. ce mot) ; ils volent bien dans l'occasion, et se tiennent habituellement sur les arbres, où ils font la chasse aux autres insectes, principalement aux chenilles. Parfois, pendant les plus fortes chaleur de l'été, on les trouve réunis en très grand nombre sur les feuilles de chêne ; mais, du reste, le plus ordinairement, ils restent cachés pendant le jour, et ne vont à la chasse que la nuit. Ils exhalent une odeur très forte, très désagréable et très différente de celle des Carabes. »

CALOSOME SYCOPHANTE (*C. sycophanta*). C'est un de nos plus beaux Coléoptères ; il est souvent assez commun, surtout sur les chênes. Sa larve, qui atteint un pouce et demi de longueur, de couleur noire, semble avoir été créée pour diminuer la trop grande quantité des chenilles processionnaires, dans le nid commun desquelles elle pénètre, et dont elle se repaît jusqu'à tomber dans un engourdissement complet, qui la rend souvent victime à son tour d'une jeune larve de son espèce, car toutes les larves de Calosome sont extrêmement voraces.

CALOSOME A POINTS D'OR (*C. auropunctata*). Cette espèce a été prise plusieurs fois aux environs de Saint-Ouen, mais elle n'est pas rare en Algérie. Sa larve s'établit dans les coquilles des Helix et en dévore l'animal.

CALOSOME INQUISITEUR (*C. inquisitor*), ou *Bupestre carré*, de couleur de bronze antique, vit sur le chêne et fait la chasse aux chenilles et autres insectes.

CALYCANTHE (*Calycanthus*). Genre de Plantes exotiques, rangées dans la famille des Rosacées par les uns, formant une famille distincte selon d'autres ; mais qui se distinguent par leurs feuilles opposées non stipulées, par l'élégance et la richesse de leur corolle parfumée. Ces plantes sont très estimées des amateurs, qui les cultivent dans une bonne terre un peu fraîche et les multiplient de drageons et de marcottes. — Les deux principales espèces sont le C. DE VIRGINIE, arbrisseau en buisson, à bois aromatique, à fleur d'un brun pourpre velouté ; — le C. DU JAPON, plus élevé qui fleurit en décembre et janvier.

CALYCÉRACÉES. Famille de Plantes des contrées chaudes de l'Amérique, herbacées ou vivaces ayant beaucoup de ressemblance avec le genre

Scabieuse et avec les Composées; seulement les étamines sont soudées à la fois par leurs filets et par leurs anthères.

CALYPTRÉE (*Calyptræa*). Genre de Coquilles univalves, de l'ordre des Gastéropodes, conoïdes, à sommet vertical imperforé et en pointe, à base orbiculaire; cavité munie d'une languette en cornet ou d'un diaphragme en spirale. L'animal n'est connu que depuis le mémoire de M. Deshayes, publié en 1824. — Les espèces de ce genre habitent les mers de l'Inde.

CAMBIUM. Substance blanche, limpide, tenant du mucilage et de la gomme, composée d'une foule de grains blancs, que l'on trouve à la fin du printemps et de l'été entre l'aubier et l'écorce des arbres, mais qui est peu abondante dans les plantes herbacées annuelles. C'est la séve dépouillée de toutes ses parties étrangères; on lui attribue la solidification des couches annuelles du bois.

CAME (*Chama*). Genre de Coquilles inéquivalves et irrégulières, épaisses, solides, ayant les sommets inégaux, contournés en spirale et distincts. L'animal, de l'ordre des Acéphales testacés, a le manteau très peu ouvert inférieurement pour le passage du pied, qui est très petit; en arrière il porte deux ouvertures situées l'une au-dessus de l'autre, l'une qui répond à l'anus, l'autre qui sert d'introduction à l'eau qui doit baigner les branchies. — Ces coquilles se trouvent dans les mers intertropicales, le plus souvent adhérentes aux rochers, à des coraux.

La CAME CRÉNELÉE, qu'on a trouvée sur la rade de Gorée; la C. FEUILLETÉE, dont les valves sont hérissées de lames feuilletées ou de pointes de couleurs variées, et qui est des mers d'Europe, sont les principales espèces à signaler. On fait de jolis camées avec cette dernière.

CAMÉE. — V. *Sardonix*.

CAMÉLÉON (*Chamæleo*). Genre de Reptiles de l'ordre des Sauriens, que Linné avait confondu avec les Lézards, mais dont les caractères permettent d'en faire un groupe à part très distinct. En effet, leur conformation générale est très bizarre, et offre à la fois quelque chose du Crapaud et du Lézard. Ils ont le corps comprimé latéralement, de manière à produire une crête saillante du côté du dos; la peau chagrinée, dépourvue d'écailles; la tête grosse, renflée à l'occiput, semblant reposer sur les épaules, tant le cou est court, garnie le plus souvent de crêtes : bouche grande, fendue au-delà des yeux, ceux-ci avec une paupière et pouvant être dirigés à volonté vers des objets différents; langue cylindrique, vermiforme, très allongée, terminée par un tubercule mousse charnu et visqueux.

Les quatre pattes sont grêles, maigres, arrondies, plus grandes, toutes proportions gardées, que celles des autres Sauriens, et qui, par la manière dont elles s'articulent et se posent, font paraître l'animal tout dégingandé; elles ont cinq doigts, réunis entre eux, jusqu'aux ongles, en deux paquets inégaux à chaque patte, trois d'un côté et deux de l'autre. La queue est conique, prenante, c'est-à-dire susceptible de s'entortiller autour des corps.

Le Caméléon offre des particularités anatomiques dont voici les plus remarquables : il n'a que 2 ou 3 vertèbres cervicales, 17 ou 18 dorsales portant des côtes ou rudiments de côtes, 2 ou 3 lombaires, et jusqu'à 70 coccygiennes ou caudales. La tête est à peu près disposée comme celle des autres Sauriens, quoiqu'elle présente extérieurement des crêtes et lignes saillantes; les muscles ne sont bien développés qu'au tronc et à la queue; la peau ne semble pas adhérer aux muscles, excepté au crâne, au dos et à l'extrémité de la queue : elle laisse donc des espaces libres dans lesquels l'air des poumons peut pénétrer et la soulever. Les organes de la respiration sont disposés de telle manière, que l'animal peut rester gonflé durant des heures entières, sans qu'on puisse distinguer chez lui le moindre mouvement de la respiration, et ces organes aident au phénomène du changement de couleur, sur lequel nous allons revenir.

Ces animaux singuliers se trouvent dans toutes les parties du monde, l'Amérique exceptée. Ils sont essentiellement grimpeurs; leurs mouvements diffèrent de ceux des autres Sauriens, en ce que, ayant les jambes hautes, leur ventre ne touche jamais le sol sur lequel ils se meuvent; du reste, ils marchent fort mal, très lentement, soulevant leurs pattes l'une après l'autre avec un air d'embarras et de grotesque hésitation; leur queue prenante leur sert de cinquième membre. Cette lenteur des mouvements les condamnerait à mourir de faim si la nature ne leur avait accordé, pour se procurer des aliments sans se déplacer, une langue vermiforme et très extensible, comme celle des Fourmiliers, à l'aide de laquelle ils saisissent les insectes à une distance considérable, grâce à un liquide visqueux qui enduit continuellement son extrémité évasée en entonnoir.

Après la structure et les mouvements extraordinaires de leur langue, ce qui a le plus étonné dans les Caméléons, c'est la faculté qu'ils ont de changer de couleur; aussi les regarde-t-on comme l'emblème de la bassesse et de la flatterie. Ces changements dépendent uniquement de la quantité d'air qui entre dans leur poumon et de celle du sang porté à la peau, quantité qui varie selon les passions ou les besoins qui agitent l'animal, mais non selon la teinte des objets qui l'entourent, comme on l'avait prétendu. Au reste, plusieurs reptiles changent de couleur à la manière des Caméléons, à la vérité dans des limites moins grandes; l'homme lui-même n'a-t-il pas la peau, surtout celle du visage, sujette à des altérations de couleur tout à fait analogues? Il est inutile de réfuter l'opinion qui voulait que les Caméléons se nourrissent d'air : opinion qui avait sa source dans ce double fait, que ces animaux supportent longtemps l'abstinence et que leurs poumons sont d'une ampleur extraordinaire.

La femelle pond des œufs pisiformes, à enveloppe coriace, fécondés à l'avance par l'accouplement; comme les lézards, elle les abandonne, dans le sable sec, à l'éclosion spontanée; les petits sortent parfaits, et parcourent rapidement la période de leur accroissement. La durée de la vie de ces animaux n'est pas connue; étant sans moyens de défense, ils deviennent très probablement la proie des oiseaux carnassiers, des serpents, avant d'arriver au terme de leur vieillesse.

CAMÉLÉON VULGAIRE (*C. vulgaris*). Cette espèce est la plus répandue; elle a environ 32 cent. de long, et elle habite l'Espagne et l'Afrique. Sa couleur, excessivement variable, est ordinairement jaunâtre; elle peut devenir blanche, ou noire, ou zébrée de taches oranges, rouges ou noires sur un fond brun ou jaune. L'occiput est très pointu et relève en arrière; crête dentelée sur la moitié du dos, etc.

CAMÉLÉON A NEZ FOURCHU (*C. bifurcatus*). Es-

Fig. 232. — Caméléon nez fourchu.

pèce de plus de 32 centim. de longueur, à occiput déprimé, se distinguant surtout par une sorte de crête plus ou moins prolongée qui s'élève de chaque côté du museau, s'avance au devant de lui, et le dépasse de plusieurs lignes. Ce Caméléon appartient aux Moluques.

Nous pourrions citer le C. VERRUQUEUX, de Madagascar; — le C. NAIN, du cap de Bonne-Espérance; — le C. PANTHÈRE, grande espèce de l'île de France; etc.

CAMÉLÉONIENS. Famille de Sauriens dont le genre type et unique est le *Caméléon*. — V. ce mot.

CAMÉLIENS. Famille de Ruminants sans cornes ni bois, caractérisée par : semelles calleuses; sabots moyens et de forme symétrique : 6 incisives inférieures et 2 supérieures. — Genres : *Chameau* et *Lama*.

CAMELINE (*Camelina*). Genre de Crucifères annuelles, velues, à feuilles caulinaires amplexicaules-sagittées : à fleurs jaunâtres, auxquelles succèdent des silicules obovales pyriformes, un peu comprimées parallèlement à la cloison.

La CAMELINE CULTIVÉE (*C. sativa*), ou *Calamine*, a de 40 à 80 cent. de hauteur, avec feuilles inférieures oblongues, les supérieures lancéolées; les silicules à valves très convexes. — En trois mois cette plante remplit sa carrière végétale, et

donne une récolte abondante : on retire de ses semences, qui sont très petites, triangulaires, jaunâtres, et recherchées par les oiseaux, une huile propre à plusieurs usages, qu'on nomme vulg. *huile de camomille*.

La CAMELINE DENTELÉE (*C. dentata*) a les feuilles sinuées, dentées, les fleurs plus jaunes.

CAMÉLIDÉES. — V. *Caméliens*.

CAMELLIA (du nom de *Camelli*, jésuite qui l'a importé en Europe). Bel arbrisseau des contrées chaudes de l'Asie, dont la culture s'est propagée dans nos serres. Cette jolie plante a des rameau dressés, revêtus de feuilles oblongues glabres e luisantes; fleurs axillaires solitaires, dont les nombreux pétales sont dus à la dilatation de ses nombreuses étamines par la culture. Ces fleurs sont blanches, rouges, roses, jaunâtres ou panachées; il en vient de simples, de semi-doubles, de très doubles : de là plus de 700 variétés, dont la plus recherchée des amateurs est le CAMELLIA DU JAPON ou *Rose de Chine*, qui fleurit dans le mois de mars, et même plus tôt dans nos serres.

Nos horticulteurs multiplient cette plante de marcottes, de boutures, et surtout de greffes pour les variétés doubles. Sa culture se fait ordinairement dans la terre de bruyère et réclame de grands soins.

CAMÉLOPARDALIENS. Petite famille de Ruminants composée du seul genre *Girafe*. — V. ce mot.

CAMERISIER (*Xylosteum*). Genre d'Arbrisseaux très voisins des Chèvrefeuilles et de la même famille, mais dont les rameaux ne sont pas sarmenteux; leurs fleurs, blanches et roses, réunies 2 à 2, donnent naissance à de petites baies blanches, rouges ou violettes, qui sont en maturité vers la fin de l'été. Ces arbrisseaux, au bois dur, abondent dans certaines localités montagneuses. Ils décorent agréablement les jardins et bosquets, où leur joli feuillage est quelquefois couvert de pucerons.

Le CAMERISIER DE TARTARIE, vulg. *Cerisier nain*, forme un buisson bien garni, couvert de fleurs roses, et plus tard de baies rouges de la grosseur d'une groseille.

Le C. DES HAIES a les feuilles larges, les fleurs blanches; il peut rapporter un bon revenu, car il fournit en peu de temps un taillis en coupe réglée.

Il y a le C. DES ALPES, aux fleurs purpurines; — le C. DES PYRÉNÉES, aux fleurs blanches: — des espèces à fruits bleus, à fruits noirs, etc.

CAMOMILLE (*Anthemis*). Genre de plantes de la famille des Composées, tribu des Corymbifères, annuelles ou vivaces, à feuilles pinnatiséquées, à fleurs en capitules solitaires et terminaux, tantôt jaunes avec des demi-fleurons blancs, tantôt toutes jaunes; le réceptacle est garni de paillettes ou de soies; graines sans aigrette. — Les Camomilles habitent l'Europe et abondent autour du bassin de la Méditerranée; elles répandent une odeur pénétrante due à une huile volatile qu'elles contiennent. Les espèces forment pour les horticulteurs deux groupes, selon que les demi-fleurons sont blancs, ou colorés en jaune ou pourpre.

CAMOMILLE ROMAINE (*A. nobilis*). Plante vivace de 10 à 30 cent., dont les tiges sont nombreuses, les feuilles pubescentes, très découpées en segments filiformes; fleurs réunies en capitules solitaires dont l'involucre est écailleux, le réceptacle oblong conique, portant des fleurons hermaphrodites au centre, des demi-fleurons femelles à la circonférence.

La Camomille croît naturellement sur les pelouses, aux bords des chemins, dans les lieux un peu humides, et fleurit en juillet-septembre. Elle a une odeur très aromatique, pénétrante, une saveur âcre et amère, moins prononcée dans les feuilles que dans les capitules. Elle jouit de propriétés médicales assez énergiques, variées, car elle est stimulante, anthelminthique, vermifuge, antiflatulente, antigastralgique, etc.; à l'extérieur, tonique, résolutive. On n'emploie guère que les capitules (fleurs), en infusion théiforme.

La Camomille romaine se cultive fréquemment, et offre une variété double, à fleurons tous blancs, qu'on est à même de rencontrer très souvent, tandis que l'espèce sauvage est plus rare. Ses pro-

priétés sont un peu moins énergiques et préférables dans bien des cas.

CAMOMILLE PUANTE (*A. cotula*), vulg. *Maroute*. Cette espèce ressemble beaucoup à la précédente, mais sa tige est un peu plus haute (30 à 50 cent.), dressée, rameuse; ses feuilles étalées en segments linéaires; fleurons jaunes; demi-fleurons blancs étalés à la circonférence. — La *Maroute* croît dans les moissons, les champs en friche, le long des chemins, et montre ses fleurs tout l'été. Elle est aussi très aromatique, mais son odeur est désagréable; et, comme elle n'a pas d'autres vertus que la Camomille romaine, on préfère celle-ci pour les usages de la médecine.

Fig. 233. — Camomille romaine cultivée.

CAMOMILLE DES TEINTURIERS (*A. tinctoria*), vulg. *Œil-de-bœuf*. Cette espèce, d'une forme élégante et d'un aspect agréable quand elle est décorée de ses fleurs jaunes, se trouve dans les pâturages secs du Midi. Non employée en médecine, mais elle fournit une belle couleur jaune d'une application fréquente dans l'art de la teinture.

La CAMOMILLE A GRANDES FLEURS est une espèce du genre *Chrysanthème*. — V. ce mot.

CAMPAGNOL (*Arvicola*). Genre de Mammifères de l'ordre des Rongeurs, voisin des Rats, dont on a formé trois groupes, sous la dénomination collective d'*Arvicolites*: les *Campagnols proprement dits* dont il est ici question, les *Limmings* et les *Ondatras*. — V. ces mots.

Les Campagnols ont les dents des Rats, mais la queue plus courte et velue, le museau court, les oreilles larges, jamais d'abajoues. Les pieds antérieurs ont 4 doigts onguiculés; le pouce est remplacé par une verrue ou un ongle très petit; les pieds postérieurs ont cinq doigts onguiculés, le pouce très petit toutefois; on leur trouve 13 paires de côtes, 8 mamelles dont 4 pectorales. — Ces animaux ont une nourriture toute végétale, mais qui varie selon les espèces. Ils sont fouisseurs, ainsi que l'indiquent la forme de leurs ongles et la petitesse de leurs yeux ; ils ont un instinct qui les porte à faire des provisions dans leurs demeures souterraines ; certaines espèces opèrent quelquefois de grandes migrations, mais sans s'établir pour cela dans de nouvelles régions comme les rats. Les lieux dans lesquels ils se plaisent varient, mais ils sont toujours plus ou moins nuisibles à l'agriculture par leur extrême multiplication. — Les espèces de ce genre nombreux appartiennent en majorité à l'Europe et à l'Asie centrale.

CAMPAGNOL DES CHAMPS (*A. arvensis*), vulg. *Rat des champs*. Ce rongeur a le pelage brunâtre ou jaunâtre en dessus, blanc en dessous, la taille de la souris (environ 0 m. 15) ; sa queue n'a de longueur que le quart de celle du corps ; oreilles plus longues que le poil, etc.

Le Rat des champs se trouve dans presque toute l'Europe, à l'exception de l'Angleterre et de l'Italie ; il est extrêmement commun en France et en Belgique, où il devient un véritable fléau pour les agriculteurs. Cet animal vit en société ; il se creuse sous terre de petites habitations qui communiquent entre elles par des galeries en zigzag ; dans la pièce principale, la femelle met bas, deux fois par an, jusqu'à 10 petits. Dans certaines années, les Campagnols sont prodigieusement nombreux : ils ont dévasté, au commencement de ce siècle, pour près de 3 millions de céréales dans l'espace de deux ans, dans la Vendée ; dans d'autres temps ils semblent disparaître, sans doute

Fig. 231. — Campagnol.

parce qu'ils vont exercer ailleurs leurs ravages. Certains oiseaux de proie en détruisent une grande quantité ; il paraît aussi que les pluies en font périr un grand nombre. Pour s'en débarrasser, on peut les tuer derrière la charrue, en labourant profondément, ou bien encore creuser dans les champs un grand nombre de petits trous ronds dans lesquels ces rongeurs tombent, et où il faut les tuer deux fois par jour, avant qu'ils aient eu le temps de se creuser des garennes latérales.

Dans une de ses jolies fables, le bon La Fontaine fait inviter le Rat des champs par le Rat de ville ; mais si jamais le convive granivore acceptait le festin de l'hôte carnivore, celui-ci ne manquerait pas sans doute de le dévorer, au lieu de lui servir des reliefs d'ortolan, dont le campagnard se soucierait fort peu, puisqu'il ne se nourrit que de grain.

CAMPAGNOL AQUATIQUE (*A. amphibius*), vulg. *Rat d'eau*. Cette espèce est la plus grande du genre ; elle a le pelage brun, tirant au roussâtre sur les flancs, et d'un cendré foncé sous le ventre ; taille du Rat noir (environ 0 m. 18) ; queue un peu plus longue que la moitié du corps, composée de plus de 110 anneaux écailleux, couverte de poils d'un cendré noirâtre ; oreilles plus courtes que le poil, etc.

Le Rat d'eau se trouve dans toute l'Europe centrale et septentrionale, vivant sur le bord des rivières et des étangs, surtout dans les jardins et les prairies humides. Il se nourrit de racines, de bulbes, de plantes aquatiques, de petits poissons. Il se creuse des garennes assez profondes, dont l'une des issues est souvent au-dessous du niveau de l'eau ; la femelle y fait de 6 à 8 petits, deux fois par an, ou bien quelquefois elle les dépose dans un nid d'herbes qu'elle construit au milieu des joncs. Le Campagnol aquatique mord fortement lorsqu'on veut le saisir. Dans plusieurs endroits l'on mange sa chair qui est blanche et d'un très bon goût.

Une variété, le C. DESTRUCTEUR, propre à l'Italie, cause de grands dommages aux travaux hydrauliques entrepris dans les marennes de Toscane. Il se répand aussi dans les champs de blé et entasse une masse d'épis dans les garennes qu'il se creuse.

CAMPAGNOL ÉCONOME (*A. economus*). Pelage brunâtre, légèrement jaunâtre sur les flancs, blanchâtre sur le ventre ; taille un peu plus forte que celle du C. des champs; queue égalant à peine le quart du corps, très bicolore et poilue; oreilles externes nues, beaucoup plus courtes que le poil, etc.

Ce rongeur habite les vallées profondes et humides de la Sibérie. Il est un des animaux les plus nuisibles à l'agriculture, parce qu'il se creuse des habitations souterraines vastes et parfaitement distribuées, où le couple entasse et range avec ordre diverses provisions, des racines de toutes sortes dont bon nombre de bonne qualité, même pour la nourriture de l'homme. Le Campagnol économe est encore célèbre par ses migrations. Au printemps des légions nombreuses se rassemblent et partent, se dirigeant vers* l'Ouest et parcourant en bon ordre et toujours en ligne droite une étendue de plus de 25 degrés de longitude. Si elles rencontrent des rivières sur la route, elles les traversent à la nage. Elles arrivent au mois de juillet sur les bords de l'Okhotsk, où elles restent jusqu'à l'hiver. Lorsqu'elles reviennent, en octobre, les Kamtchadales, dit-on, célèbrent leur retour parce qu'elles leur procurent nourriture et bonne récolte de fourrure. La femelle de l'Économe répand une odeur très forte à l'époque du rut; elle met bas 2 ou 3 petits au mois de mai, et porte encore une ou deux fois dans le courant de l'année. L'hiver, ces animaux ne dorment pas, ils font usage des provisions amassées pendant l'été.

Nous ne dirons rien du C. DES NEIGES: il habite de préférence les Alpes, parce que, dit M. Ch. Martins, il est plus frileux que ses congénères, et que le sol dans lequel il creuse ses terriers est plus chaud pendant l'hiver sur les montagnes que dans la plaine. — Nous sommes forcés de passer sous silence beaucoup d'autres espèces moins intéressantes, et nous terminons par cette remarque: que C. Cuvier a signalé des restes fossiles de Campagnols, assez semblables d'ailleurs aux Campagnols ordinaires, dans divers terrains, principalement dans les couches osseuses du rocher de Cette.

CAMPANULACÉES (de la *Campanule*, genre type). Famille de plantes dicotylédones monopétales, à ovaire infère, dont les fleurs, solitaires, en épis ou en capitules, ont un calice à 4, 5, 6 ou 8 divisions persistantes: corolle plus ou moins régulière dont le limbe offre le même nombre de lobes que le calice; étamines 5, alternes: ovaire infère surmonté d'un disque globuleux, à 2 ou plusieurs loges: style simple, mais stigmate à autant de lobes que de loges ovariques. — Cette famille se divise en deux tribus.

Les CAMPANULÉES, qui ont la corolle régulière et les étamines distinctes: *Campanule, Jasione*, etc.

Les LOBÉLIÉES, qui ont la corolle irrégulière et les étamines soudées: *Lobélie, Lysipomie*, etc.

CAMPANULE (*Campanula*). Genre type de la famille des Campanulacées; plantes vivaces, herba-

cées, dont les feuilles radicales sont **rapprochées** en fascicules, pétiolées, cordées, les caulinaires lancéolées, sessiles; fleurs généralement bleues, diversement disposées: calice à 5 divisions; corolle campanulée (en clochette) à 5 lobes: étamines 5, libres: stigmates 3, filiformes; capsule turbinée.

Fig. 255. — Campanulacées.

(1. Wahlenbergie à fleurs de pervenche. — 2. Roelle ciliée. — 3. Platycodon automnal. — 4. Campanule noble à fleurs blanches.)

CAMPANULE RAIPONCE (*C. rapunculus*). Plante bisannuelle de 40 à 90 centimètres, dressée, pubescente, dont les feuilles inférieures sont allongées et étalées sur le sol, les supérieures lancéolées; fleurs bleues en panicule allongée. — La Raiponce croît naturellement dans les prairies, sur la lisière des bois; elle est aussi cultivée dans les jardins. Elle montre ses jolies fleurs en juin-juillet. Cultivée, on la mange en salade au printemps; sa racine, qui est pivotante, est fade et mucilagineuse.

CAMPANULE TRACHÉLIE (*C. trachelium*), vulg. *Gant de Notre-Dame, Gantelée*. Cette espèce est plus élevée: ses tiges sont dressées, robustes, anguleuses, hérissées de poils rudes; fleurs 1-3 au sommet des pédoncules, formant grappe, à calice hérissé et à divisions lancéolées. — Cette plante aime les lieux couverts, les endroits herbeux, où elle fleurit au milieu de l'été. Elle est réputée astringente; sa racine, qui est épaisse et charnue, a joui d'une grande réputation dans le **traitement** des angines.

La *Gantelée* a une triste célébrité. Il paraît qu'au XIIe siècle, il suffisait à celui qui voulait se déclarer l'ennemi de tout venant et s'arroger le droit de l'assommer, qu'il portât un bouquet de cette plante fleurie au bout d'un bâton : à la vérité, il fallait que les tiges fussent tressées d'une certaine manière et qu'on les élevât en l'air pour que l'assassinat fût légitimé ! Ce triste souvenir a fait tenir suspecte cette plante, qui ne fut cultivée que trois siècles après. Quoiqu'elle double facilement et offre de jolies variétés, les amateurs lui préfèrent d'autres espèces à fleurs *blanches*, *jaunes*, *bleues*, *violettes*, les unes indigènes, les autres exotiques. Parmi les premières nous citerons :

La C. BATON DE JACOB (*C. persicæfolia*), dont les fleurs sont très larges, solitaires sur leurs pédoncules avec le calice glabre, etc., qui croît spontanément dans les taillis, sur les pelouses, et est cultivée dans les jardins. Elle fleurit en juin-août.

La C. MIROIR DE VÉNUS (*C. speculum*) est une espèce annuelle, à feuilles ondulées, crénelées ; fleurs violettes en panicules feuillées ; calice à 4 divisions. — Cette plante, haute de 10 à 40 cent., se trouve dans les lieux cultivés, les moissons, les champs en friche.

La C. VIOLETTE MARINE (*C. medium*), qui croît en Italie, en Allemagne, est généralement cultivée pour ornement, à cause de ses fleurs très amples disposées en une vaste panicule multiflore ; la corolle affecte la forme d'une cloche allongée dont les bords sont retournés en dedans.

CAMPÊCHE. On donne ce nom au bois qui provient de l'*hæmatoxylum campechianum*, grand arbre de la baie de Campêche, au Mexique, appartenant à la famille des Légumineuses. Le tronc est droit, élevé, à côtes, ayant des rameaux nombreux et irréguliers très épineux ; des feuilles ailées sans impaires, vertes, glabres, cunéiformes ; fleurs petites, disposées en grappes ; calice 5-fide persistant ; corolle à 5 pétales jaunâtres ; 10 étamines un peu plus longues, à filets libres ; ovaire supère ; gousse plate, plus large au milieu qu'aux extrémités, de 5 à 6 cent. de long.

Le Campêche sert à faire des haies, à clore les habitations ; son bois est très recherché pour les teintures. Ce bois est d'un brun noirâtre extérieurement, d'un rouge foncé à l'intérieur, d'une odeur agréable. Il fournit par l'ébullition une couleur rouge que les acides rendent plus vive, et que les alcalis changent en bleu violet. Chevreul a isolé le principe colorant et l'a appelé hématine. La décoction du *bois de Campêche* (32 gram. par 500 d'eau) a été employée comme astringente. — Les curieux ont planté des graines de Campêche, en Europe, dans les serres, pour obtenir cet arbre, qui atteint alors à peine la grandeur d'un arbrisseau.

CAMPHRE. Sorte d'huile concrète que l'on trouve dans plusieurs plantes des familles des La-biées et des Composées, mais que l'on retire surtout du *Camphrier*. — V. ce mot.

CAMPHRÉE (*Camphorosma*). Genre de Plantes herbacées ou petits Arbrisseaux de la famille des Chénopodiacées, appartenant aux lieux stériles et sablonneux des contrées méridionales, dont on distingue 4 ou 5 espèces.

La CAMPHRÉE DE MONTPELLIER (*C. Monspeliana*), l'espèce principale, est un sous-arbrisseau de 30 cent., atteignant jusqu'à 2 mètres par la culture, à feuilles très petites, linéaires, épaisses, et très nombreuses ; à fleurs petites, herbacées, en petits paquets axillaires formant des épis lâches. — Cette plante croît dans le Midi et y fleurit en juillet-août. Froissée entre les doigts, elle exhale une odeur de camphre assez marquée, qui lui a fait une certaine réputation comme antispasmodique, anti-asthmatique ; mais ses propriétés n'ont jamais été bien fixées, et aujourd'hui les médecins la négligent complétement.

CAMPHRIER (*Laurus camphora*). Espèce du genre Laurier, de la famille des Lauracées, section des *Camphora*, à fleurs hermaphrodites, limbe du calice articulé ; 15 étamines, anthères à 4 loges. Arbre assez élevé, ayant à peu près le port d'un tilleul ; son tronc est droit ; ses feuilles sont alternes, ovales, arrondies, vertes, luisantes en dessus, à pétiole canaliculé ; ses fleurs, disposées en corymbes, sont d'abord renfermées dans des bourgeons écailleux, axillaires; les fruits ressemblent à ceux du Cannellier, mais sont un peu plus petits.

Le Camphrier croît dans les lieux montueux des contrées chaudes de l'Inde, particulièrement au Japon. On l'a introduit dans le midi de la France, où il vient en pleine terre et est rare d'ailleurs. Toutes ses parties, froissées, exhalent une odeur propre, due à la présence d'une huile volatile légère, blanche, qui rend le bois inflammable, et que l'on retire en mettant le bois coupé par morceaux ou les racines à bouillir avec de l'eau : la substance volatile vient s'attacher au chaume dont on garnit intérieurement le chapiteau de terre cuite qui recouvre l'appareil.

Cette substance, c'est le *Camphre brut* du commerce, qui se présente en masses grenues et grisâtres et que l'on purifie ou raffine par une nouvelle sublimation. *Purifié*, il se vend sous forme de pains arrondis, concaves d'un côté, convexes de l'autre, blancs, fragiles, d'une cassure brillante. Le Camphre est d'une odeur forte particulière, d'une saveur âcre, suivie d'un sentiment de froid, presque insoluble dans l'eau, soluble dans l'alcool, l'éther, les huiles fixes et volatiles et les graisses, ce qui permet de l'incorporer dans une foule de liniments et pommades; il est volatil en totalité, et brûle sans résidu. Cette substance est très employée en médecine, tant à l'intérieur comme sédative des organes génito-urinaires, antiseptique, antispasmodique surtout, qu'à l'extérieur comme résolutive, antiparasite, etc. Mais il est difficile de déterminer son mode d'action d'une manière précise, car elle est considérée comme stimulante par les uns, comme calmante par d'autres. En tout cas, sa propriété la plus contestable est assurément celle que lui a prêtée Raspail, et qu'admet aveuglément le troupeau si nombreux des partisans de l'homme politico-guérisseur. Il faut toujours se défier des engoûments populaires. La vérité est, comme toute chose précieuse, la propriété d'un petit nombre d'élus.

CANARD (*Anas*). Le genre *Anas* de Linné comprenait un grand nombre d'espèces qui, bien que rapprochées par des caractères communs, ont dû être partagées en plusieurs sous-genres, appartenant à une même famille qu'on a désignée sous le nom d'*Anatinés* : tels sont les *Cygnes*, les *Oies*, les *Céreopses* et les *Canards* proprement dits.

Ainsi limité, le genre Canard comprend encore beaucoup d'espèces, appartenant à l'ordre des Palmipèdes, famille des Lamellicornes, offrant pour caractères génériques : bec moins haut que large à sa base, ordinairement aussi haut à son extrémité que vers la tête; jambes courtes et placées très en arrière du corps. — Deux grandes divisions peuvent y être établies : 1° les *Hydrobates*, celles qui ont le pouce bordé par une membrane (*Macreuse*, *Microptère*, *Garrot*, *Hydrobate*); 2° les *Canards vrais*, qui n'ont point le pouce bordé par une membrane. Ce sont ces derniers qui font le sujet de cet article. Ces Oiseaux

sont de mauvais marcheurs, mais ils volent assez bien, et surtout ils excellent à la nage. Ne quittant les eaux que pour couver, ils y retournent dès que les petits sont éclos. Leur nourriture consiste en vermisseaux, mollusques, frai de grenouilles, petits poissons, plantes aquatiques et leurs graines. Ils exécutent presque tous de longs voyages, passent l'hiver dans les contrées tempérées, et retournent, dès le printemps, vers le Nord, où ils construisent leurs nids. Ils sont polygames. Toutes les espèces ont à peu près le même cri, sauf le Canard siffleur. Leur taille varie de 35 à 60 centimètres : le Canard de Barbarie est le plus grand; vient ensuite le Canard sauvage, puis les Souchets et les Siffleurs qui occupent le milieu; les Sarcelles sont l'espèce la plus petite.

CANARD SAUVAGE (*Anas boschas*). Ce Palmipède est l'un des plus beaux oiseaux de l'Europe. Étant considéré comme la souche de toutes nos races de Canards domestiques, il doit être étudié tout d'abord. Or, le Canard sauvage est un habitant des régions boréales des deux mondes; mais il les abandonne pour des climats plus doux, et se montre de passage en France. Nous le voyons, l'hiver, nageant dans les plus hautes régions de l'atmosphère, et obscurcissant l'air quelquefois par ses légions innombrables, avant de s'abattre à la surface de nos étangs herbeux. Cet oiseau constitue un assez bon gibier, et on lui fait la chasse de toute manière.

CANARD DOMESTIQUE. Issu du Canard sauvage, c'est-à-dire de l'œuf de cet oiseau, couvé par une poule sans doute et conservé dans nos habitations, il présente des formes moins élégantes, moins légères et un coloris moins vif. La femelle, qu'on appelle *Cane*, est moins grosse et moins brillante que le mâle, qui se distingue encore par quelques plumes relevées sur la queue.

Le Canard a été une précieuse conquête pour l'homme, car il lui procure un aliment savoureux, un excellent duvet, et sa multiplicité surpasse celle des Gallinacés; ses œufs, s'ils sont moins gros que ceux de l'Oie, sont de meilleur goût; de plus, aucun habitant de nos basses-cours n'est plus facile à nourrir : il suffit de lui fournir de l'eau et un gîte; pour le reste, il sait se le procurer. La Cane pond 10 à 12 œufs qu'elle couve pendant un mois; en six mois, le *Caneton* a pris tout son accroissement. Nous avons déjà dit que le Canard est polygame : le mâle suffit à 8 ou 10 femelles.

CANARD MUSQUÉ (*A. moschata*), vulg. *Canard de Barbarie*, *C. d'Inde*. Cette espèce a le bec épais à sa base, rouge, ainsi que les pieds; les joues et une partie de la tête garnies de caroncules charnues, etc. — Ce Canard est originaire d'Amérique, et non de la côte de Barbarie ou de l'Inde; il doit l'épithète de *musqué* à l'odeur de musc assez forte qu'il répand et qui est due à une humeur huileuse sécrétée par des glandules placées près du croupion. Il est fort multiplié dans nos basses-cours, où son plumage se montre plus varié qu'à l'état de nature. Il est d'un bon rapport par sa fécondité, sa grosseur et la qualité de ses plumes ; toutefois, il est plus sensible au froid et consomme plus de nourriture que le Canard commun. Sa chair a une odeur désagréable qu'on atténue en lui ôtant le croupion.

CANARD SIFFLEUR (*A. penelope*). Cette espèce, au bec court, bleu en dessus, noir en dessous et à la pointe, aux pieds plombés, etc., nous arrive en novembre et repart vers le mois de mars. Ses mœurs sont à peu près semblables à celles du Canard sauvage. Pendant le vol, le siffleur fait en-

Fig. 237. — Canard siffleur.

tendre un cri aigu semblable au sifflement d'un fifre. Ces oiseaux nichent en troupes dans les marais. La femelle pond 8 à 10 œufs de couleur cendrée, lavée de verdâtre sale.

CANARD A ÉVENTAIL ou *Sarcelle de la Chine*, belle espèce du Japon dont la tête est garnie d'une huppe pendante d'un beau vert, et qui porte sur le dos un éventail formé de plumes de l'aile, élargies et relevées verticalement. Le plumage est d'ailleurs très brillant et varie de couleurs. Les indigènes l'élèvent en domesticité.

CANARI (pour oiseau des îles Canaries). On donne par abréviation ce nom au *Serin des Canaries*.

CANCELLAIRES. Coquilles univalves marines de l'ordre des Gastéropodes pectinibranches, dont il existe une cinquantaine d'espèces, toutes recherchées pour leur beauté et leur rareté.

CANCHE (*Aira*). Genre d'Herbes de la famille des Graminées, qui croissent dans les lieux secs, sablonneux, le long des chemins, et dont l'espèce la plus grande est la C. TOUFFUE (*A. cœspitosa*), qui se distingue par des feuilles larges, raides, scabres ; des épillets petits, luisants, violacés, disposés en une large panicule pyramidale. —Les Canches fournissent un bon pâturage aux troupeaux.

CANEFICIER (*Cassia fistula*). Espèce du genre Casse ; arbre de la famille des Légumineuses, analogue au Noyer par son port : qui acquiert une

grosseur considérable ; dont les feuilles sont composées de 3-6 paires de folioles opposées et pétiolulées ; les fleurs jaunes, amples, disposées en grappes axillaires pendantes, présentant un calice à 5 lobes courts et caducs, une corolle de 5 larges pétales obtus, ouverts ; 10 étamines de longueur inégale ; ovaire à style arqué ; gousses longues, pendantes, noirâtres, divisées intérieurement en cloisons transversales minces, enduites d'une pulpe noirâtre qui entoure la graine.

Le Canéficier est originaire de l'Égypte et des Indes ; il a été transporté dans le Nouveau-Monde, où sa culture a parfaitement réussi. C'est cet arbre qui fournit au commerce la *casse en bâtons*, laquelle n'est autre chose que les gousses entières : celles-ci, frappées avec un maillet, se séparent en deux valves, et leur intérieur fournit une masse pulpeuse, composée des cloisons et des graines, qui est la *casse en noyaux*; enfin cette dernière, passée à travers un tamis, prend le nom de *casse mondée*, et est employée en médecine comme laxatif ou purgatif très doux.

CANNE (de *canna*, roseau). Nom vulgaire donné à toute plante dont les tiges sont droites, articulées par intervalles, et qui laissent échapper de ces nœuds ou renflements des feuilles formant gaîne à leur base. C'est sous cette dénomination le plus souvent que l'on entend parler des *Roseaux*.

CANNE A SUCRE (*Saccharum*). Plante de la famille des Graminées, vivace, à tiges droites de 3 ou 4 mètres de hauteur, cylindriques, striées, pleines intérieurement, et dont les entre-nœuds sont rapprochés et un peu renflés; feuilles engainantes, planes, longues de 65 cent. à 1 mètre, et larges de 5 cent., rapprochées les unes des autres; fleurs en panicule terminale, grande et étalée au sommet de la tige, qui est sans nœuds.

La Canne à sucre est l'une des plus belles et plus grandes espèces de Graminées. Originaire de l'Inde, elle a été transportée dans le Nouveau-Monde, aux Antilles particulièrement, où elle s'est parfaitement naturalisée, et où on la cultive et la multiplie de bouture. Elle met 5 à 6 mois à parvenir à son entier accroissement; mais on la récolte avant la floraison, qui détruit toujours une notable quantité de sucre.

Le *sucre de canne*, dont il est inutile que nous indiquions les usages nombreux, s'obtient de la manière suivante: on écrase la Canne au moyen d'un laminoir ou moulin composé de trois gros cylindres de fer élevés verticalement sur un plan horizontal entouré d'une rigole pour l'écoulement du suc, appelé *vesou*, *vin de canne*. On chauffe le vesou dans une chaudière, avec un peu de chaux pour séparer les matières étrangères; il

Fig. 248. — Canne à sucre.

se forme alors une écume qu'on enlève à mesure qu'elle se produit. Quand le jus est suffisamment clarifié, on le concentre par la cuisson, et on le filtre à travers une étoffe de laine dans de larges bassines; il se prend alors, par le refroidissement, en une masse cristalline, qui est le *sucre*

brut ou *cassonade*. C'est sous cette forme qu'on expédie le sucre en Europe, pour y être soumis à la *raffinerie*. Les raffineurs blanchissent le sucre en le faisant dissoudre dans l'eau et projetant dans la solution chaude du sang de bœuf ou du noir animal. La liqueur sirupeuse ainsi clarifiée se passe à travers des filtres d'une construction particulière, et puis on la concentre par la cuisson.

CANNE DE PROVENCE (*Arundo donax*). Plante de la famille des Graminées, vivace, à tige creuse, ligneuse, haute de plus de 3 mètres; feuilles longues, étroites, lancéolées; fleurs en panicule rameuse très grande, etc. — Ce Roseau croît au bord des eaux, dans la Provence et le Languedoc. Les racines jouissent d'une immense réputation populaire, comme sudorifique, antilaiteux, réputation non méritée aux yeux de la science.

Fig. 249. — Canne de Provence.

A droite de la plante, fleur avec ses trois étamines et ses deux stigmates; ovaire et pistils séparés. — A gauche, épillet de six fleurs.

CANNELLE. — V. *Cannellier*.

CANNELLIER (*Laurus cinnamomum*). Espèce du genre Laurier, de la famille des Lauracées, section des Cinnamomées. Arbre dont le tronc s'élève jusqu'à 8 et 10 mètres; ses feuilles sont opposées, ovales, entières; ses fleurs jaunâtres, en une sorte de panicule lâche et axillaire : calice à 6 divisions; fleurs mâles à 9 étamines; fleurs femelles à ovaire libre; drupe ovoïde ayant la forme d'un petit gland.

Le Cannellier habite l'île de Ceylan; on le cultive aussi aux Antilles, à Cayenne, etc. L'écorce de cet arbre, qui est grisâtre en dehors et rougeâtre en dedans, constitue la *Cannelle* du commerce, employée dans l'art culinaire comme condiment, aromate, et en médecine, comme un excitant puissant. Elle doit cette propriété à l'huile volatile qu'elle contient. Les médecins la prescrivent en poudre, infusion, sirop, eau distillée, teinture, etc. On recueille la Cannelle sur les jeunes rameaux de trois ans, on la coupe en lames carrées et on la fait sécher au soleil, privée de son

Fig. 210. — Cannellier.

épiderme. La meilleure est celle de Ceylan, viennent ensuite celles de Chine et de Cayenne ; la Cannelle mate, qui est celle que l'on récolte sur le tronc de l'arbre, ou les grosses branches, est la moins estimée.

CANTHARIDE (*Cantharis*). Genre d'Insectes de l'ordre des Coléoptères, tribu des Hétéromères, famille des Trachélides, dont voici les caractères : corselet presque ovoïde, tronqué postérieurement : élytres flexibles, de la longueur de l'abdomen, recouvrant des ailes membraneuses : tête beaucoup plus large que le corselet ; antennes filiformes, dont le second article est beaucoup plus court que le précédent ; dernier article des palpes maxillaires plus gros que le précédent ; longueur, 18 à 23 millim. ; couleur, joli vert doré.

Les Cantharides sont communes en France, dans le Midi principalement ; elles se fixent spécialement sur les Troènes, les Lilas, les Frênes, dont elles dévorent les feuilles. Le plus souvent réunies en grand nombre, elles répandent une odeur forte, pénétrante, désagréable, qui décèle leur présence. Les mâles sont plus petits que les femelles. Après l'accouplement, celles-ci s'occupent de la ponte, qui consiste en une masse de très

petits œufs jaunâtres, aplatis à leur extrémité. Les larves en sortent au bout de 15 jours, elles sont blanchâtres, munies de pattes, d'antennes et de deux filets à l'extrémité du corps. On ignore si elles vivent en terre ou en parasites ; c'est en terre toutefois qu'elles opèrent leur dernière métamorphose.

Ce genre est assez nombreux en espèces, mais nous n'entendons parler que de la CANTHARIDE A VÉSICATOIRE (*C. vesicatoria*), ainsi nommée à cause de sa propriété et de ses usages, qui ne sont pas étrangers aux autres espèces. Nous devons faire remarquer, en passant, qu'on donne souvent le nom de *Cantharide* à un insecte de couleur verte que l'on trouve sur les roses, et qui n'est autre que la *Cétoine dorée*.

Desséchée, entière ou réduite en poudre, la Cantharide conserve son odeur particulière, qui est due à un principe huileux volatil, doué d'une action vésicante prononcée. Toutefois, le principe actif par excellence de ce Coléoptère est la *Cantharidine*, que l'on obtient sous la forme d'une substance blanche, soluble dans l'alcool en ébullition, insoluble dans l'eau, en traitant l'extrait aqueux de Cantharides par l'alcool bouillant. En médecine, on n'emploie les Cantharides que sous forme de teinture ou de poudre incorporée à divers excipients, et presque toujours à l'extérieur, soit pour rubéfier la peau, soit pour y produire la vésication. Quelquefois cependant on donne le médicament (teinture) à l'intérieur contre les dartres anciennes, l'épilepsie et d'autres affections très rebelles ; mais il faut en surveiller l'action dangereuse. Cette action se porte spécialement sur l'appareil génito-urinaire, et c'est pour cela que la Cantharide entre dans plusieurs préparations aphrodisiaques, qui détruisent chez les libertins qui s'en servent le reste de leurs forces viriles épuisées, au lieu de leur procurer la stimulation qu'ils recherchent.

Fig. 211. — Cantharide.

La récolte des Cantharides est facile : on étend de grands draps au pied de l'arbre sur lequel elles reposent, le matin de bonne heure ; puis on secoue cet arbre, elles tombent, on les ramasse et on les fait périr promptement en les jetant dans le vinaigre, ou en les exposant sur des toiles à la vapeur de ce liquide bouillant. On les fait sécher ensuite et on les met dans des boîtes, à l'abri de l'humidité, pour les conserver.

CANTHÈRE (*Cantharus*). Genre de Poissons de la famille des Sparoïdes, dont le corps est marqué de 15 à 20 lignes colorées, à peu près parallèles, étendues de la tête à la queue ; dents disposées sur plusieurs rangées, de forme arrondie et aiguë, etc. — Ces Poissons habitent la Méditerranée ; leur chair est peu estimée.

Les espèces principales sont le C. COMMUN, d'un gris argenté, avec 15 ou 16 lignes dorées ; — le C. BRÈME, de couleur d'or argenté, avec des lignes longitudinales dorées et quelques nébulosités brunâtres sur les flancs.

CAOUTCHOUC. — V. *Caoutchouquier*.

CAOUTCHOUQUIER (*Herea*) ou MÉDICINIER. Grand arbre de l'Amérique méridionale, de la famille des Euphorbiacées, qui atteint jusqu'à 15 et 18 mètres de hauteur, et dont le bois est blanc et peu compacte, l'écorce épaisse et grise rougeâtre. Feuilles à 3 folioles arrondies à leur sommet et rétrécies vers leur base, entières, coriaces, glabres, à nervures parallèles, longuement pétiolées. Fleurs petites, monoïques, dépourvues de corolle, disposées en grappes. Pour fruit, grosse capsule ligneuse à 3 lobes latéraux arrondis, triloculaires, etc.

Cet arbre offre un grand intérêt sous le rapport du suc laiteux qu'on en extrait et que l'on désigne sous le nom de *Caoutchouc* ou *Gomme élastique*. Cette extraction se fait au moyen d'incisions pratiquées à l'écorce. Le suc coule en grande quantité, et, reçu dans des vases appropriés à l'état liquide, il est appliqué au pinceau sur des moules d'argile de différentes formes. Quand la première couche a pris une certaine consistance, on en applique une seconde, et ainsi successivement, jusqu'à ce que l'enduit soit de l'épaisseur qu'on veut lui donner ; puis on brise les vases pour l'en faire sortir.

Le *Caoutchouc* est donc cette substance végétale extrêmement élastique, imperméable à l'eau et au gaz, dont les usages deviennent de jour en jour plus nombreux. Longtemps inconnue dans son origine et employée seulement à effacer les traits de crayon, elle attendait, pour de plus heureuses applications, qu'elle trouvât un dissolvant. Le premier, Macquer, est parvenu à dissoudre le Caoutchouc dans l'éther ; Morelat a été mieux inspiré en employant l'alcool camphré, et enfin on est parvenu à le couper en lames minces, à le refendre en fils, à en fabriquer des tissus, des instruments de chirurgie, etc.

Virey a énuméré les végétaux qui fournissent du Caoutchouc ; le nombre s'en élève à plus de trente ; mais l'*Herea guianensis* (le Caoutchouquier, dont nous venons de parler) est celui qui en distille en plus grande quantité.

CAPILLAIRE. Nom donné à plusieurs espèces de Fougères à feuillage délié. — V. *Asplénie*, *Adiante*.

On donne le nom de *Capillaire de Montpellier* à une espèce du genre *Adiante* dont nous avons déjà parlé. Elle est surnommée *Cheveux de Vénus*, selon Bankaart, *quia illa planta pudendi muliebris pilos quodam modo referat*; selon Théis, plus discret, par allusion aux tiges luisantes et fines de l'Adiante. Quoi qu'il en soit, le Capillaire jouit d'une grande réputation comme béchique, pectoral, expectorant. Doué d'un arome agréable mais faible, il donne, par infusion, une boisson que les médecins prescrivent dans les catarrhes pulmonaires et que les malades prennent avec plaisir. Tout le monde connait le sirop de Capillaire, parce qu'il se trouve partout, chez les confiseurs, dans les cafés, comme sur les tablettes des officines pharmaceutiques. Fourcroi lui a décerné de nombreux éloges.

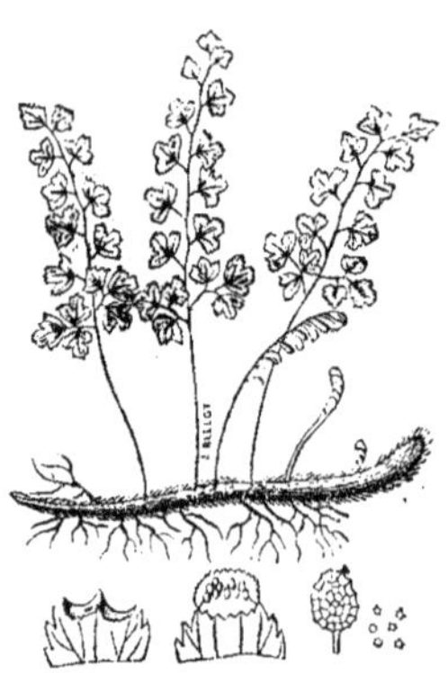

Fig. 242. — Capillaire de Montpellier

L'on voit aux fig. détachées le repli marginal fermé, le repli ouvert laissant voir les spores, et enfin les grains fructifères; objets grossis).

CAPITULE. En botanique, ce mot désigne un mode d'inflorescence consistant en ce que les fleurs sont réunies en *tête* sur un réceptacle formé par l'évasement du pédoncule à son sommet. — V. *Inflorescence* et *Composées*.

CAPOCIER (*Motacilla macroura*). Espèce du genre Fauvette, que Buffon a nommée la *petite Fauvette du cap de Bonne-Espérance*. Son plumage est brun en dessus, blanc jaunâtre tacheté de brun en dessous; sourcils blancs, queue allongée en forme de coin; longueur totale, 16 centim.

« Le Capocier est un des oiseaux les plus familiers de l'ordre des Passereaux : les colons du Cap ne lui font jamais de mal; aussi entre-t-il hardiment dans leurs maisons; friand de graisse et de suif, il va becqueter sans façon sur les tables les chandelles et les sauces figées. Quand vient la saison des œufs, il dérobe dans les chambres, sur les lits, dans les corbeilles, du coton et de la filasse pour en faire les matériaux de son nid, qu'il place de préférence sur un arbrisseau, nommé *Capocboschjé*, et produisant une bourre abondante dont l'oiseau sait tirer parti : de là son nom de Capocier. » Levaillant a décrit la science architecturale et la sage prévoyance du couple, bâtissant sa demeure, la défendant contre les autres oiseaux, et se livrant aux soins de sa progéniture. Les petits naissent le 15e jour de l'incubation, et 16 jours après ils abandonnent le nid. Levaillant suivit de ses observations jour par jour, heure par heure, toute une famille. Il vit l'un des petits, qui, quoique jeune, avait privé de leur postérité des centaines d'araignées et de fourmis, devenir lui-même la proie d'un serpent qui le guettait dans le buisson voisin, et alors de s'écrier : « O loi mystérieuse des compensations, tu domines le monde physique aussi bien que le monde moral, et te méditer est le commencement de la sagesse. »

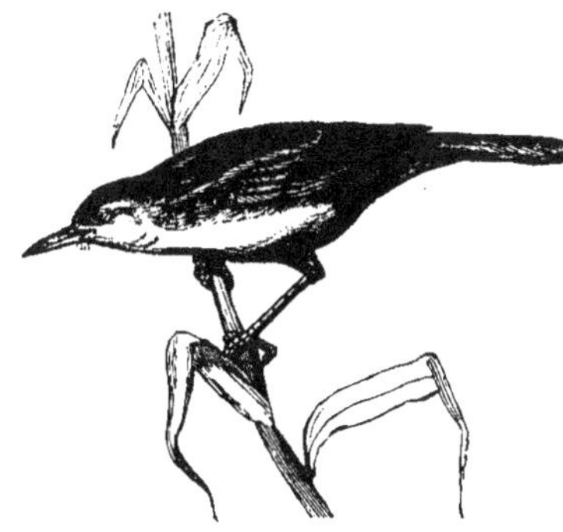

Fig. 243. — Capocier.

CAPPARIDACÉES. Famille de Plantes dicotylédones monopétales, composée d'herbes et de végétaux ligneux dont le *Câprier* est le genre type et seul indigène. Nous renvoyons à cette plante pour les caractères des Capparidées, qui ont 4 sépales et 4 pétales comme les Crucifères, mais qui diffèrent de ces dernières par leurs étamines en grand nombre, leurs feuilles stipulées et leur fruit généralement charnu.

CAPRICORNE (*Cerambyx*). Genre de Coléoptères tétramères, famille des Longicornes, remarquables par leurs antennes très longues, surtout dans les mâles ; par le dernier article des palpes en forme de cône renversé ; la forme du corps très allongée ; le cou plus gros que la tête ; les mandibules toujours perpendiculaires.

Le Capricorne est un des plus grands Coléoptères de notre pays ; il n'est pas rare dans les forêts de haute futaie des environs de Paris, se trouvant, dans le jour, sur les plaies des arbres, dont il suce les extravasations de la sève. Ces insectes volent assez bien, surtout le soir. Leurs larves

vivent dans l'intérieur des arbres, où elles font des trous très gros et très profonds. Ces larves, dit un auteur, pourraient bien être celles que les anciens ont nommées *Cossus*, et qu'ils mangeaient avec plaisir.

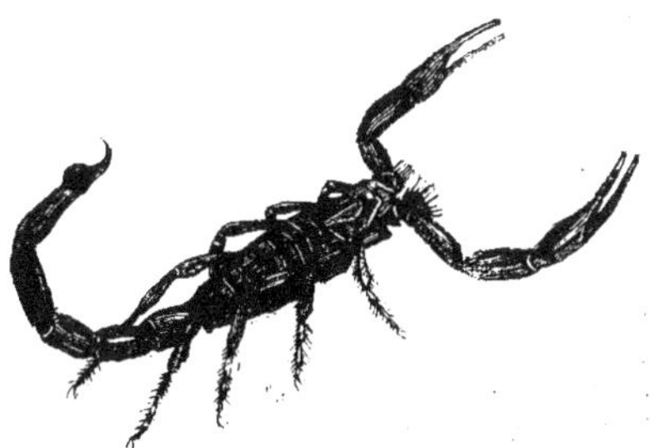

Fig. 244. — Capricorne.

Parmi les espèces de ce genre, nous citerons le CAPRICORNE HÉROS (*C. heros*), long de 45 millim., brun noir, commun partout ; le *C. musqué*, d'un vert brun, qui fréquente les saules et répand une odeur de rose.

CAPRIER (*Capparis*). Arbrisseau genre type des Capparidacées, dont on compte au moins 30 espèces, la plupart exotiques.

Le CAPRIER ÉPINEUX (*C. spinosa*) est celle qui nous offre le plus d'intérêt. Ses tiges sont nombreuses, cylindriques, glabres, longues de 60 à 90 centimètres, disposées en touffe ; feuilles alter-

Fig. 245. — Câprier.

(Sommité portant plusieurs boutons tels qu'on les cueille pour les confire au vinaigre, et une fleur épanouie — Fruit entier détaché.)

nes, entières, ovales, lisses, dont le pétiole est accompagné de deux épines à sa base : fleurs amples, solitaires axillaires, à long pédoncule ; calice de

{ folioles caduques; corolle de 4 pétales blancs, ouverts en rose; très nombreuses étamines purpurines; style très allongé, à stigmate ovale : pour fruit, silique charnue pyriforme, à graines nombreuses.

Le Câprier est originaire de l'Asie : il croit et prospère dans les contrées méridionales de l'Europe et de la France. Il se plait le long des murs exposés au soleil, et développe ses grandes et belles fleurs au mois de juillet. Quant aux fruits, qui sont de la grosseur d'une petite olive pointue par les deux bouts, on les cueille pour les confire à la manière des cornichons.

Mais ces fruits sont rendus peu nombreux, parce que l'on trouve plus de profit à couper les boutons des fleurs non encore épanouies pour les vendre sous le nom de *câpres*. Ces boutons, cueillis le matin, sont exposés à l'ombre jusqu'à ce qu'ils commencent à se flétrir; puis ils sont mis dans un vase rempli de vinaigre, où on les laisse pendant huit jours, après quoi on les retire pour les replonger de nouveau dans le vinaigre, opération qui se répète ordinairement trois fois, etc. Les câpres sont employées en cuisine pour relever le goût de certains aliments, et considérées comme un assaisonnement très salubre. Les meilleures sont celles fournies par les boutons les plus petits et les plus éloignés du moment de leur épanouissement.

CAPRIFOLIACÉES. Famille de Plantes dicotylédones monopétales, comprenant des arbrisseaux et des arbres dont voici les caractères : feuilles opposées, non stipulées; fleurs axillaires disposées en cimes terminales : calice à 5 dents, soudé avec l'ovaire dans sa partie inférieure; corolle irrégulière le plus souvent, quelquefois de 5 pétales distincts; étamines 5, alternes; ovaire infère, surmonté d'un disque épigyne; style simple ou nul; stigmate très petit. — Cette famille, qui diffère des Rubiacées par sa corolle irrégulière et l'absence de stipules entre les feuilles, se partage en deux tribus, qui sont :

Les HÉDÉRACÉES : loges de l'ovaire monospermes: *Lierre, Sureau, Viorne,* etc.

Les LONICÉRÉES : loges de l'ovaire polyspermes : *Chèvrefeuille,* etc.

CAPROMYS (*Capromys*). Genre de Rongeurs dont les formes générales sont celles des Rats, mais plus grosses et plus trapues. Ils ont la queue de la longueur de la moitié du corps, droite, grosse, conique, peu velue et couverte de nombreuses écailles disposées en anneaux; 5 doigts aux pieds de derrière, 4 à ceux de devant, avec un pouce à l'état rudimentaire : pelage d'un brun noirâtre lavé de fauve, rude, assez peu fourni, avec une tache blanche sous la gorge.

Les Capromys sont propres à l'île de Cuba, où on les nomme vulgairement *Utias*. Ils vivent dans les bois, grimpent assez facilement sur les arbres; ils sont herbivores, et ne boivent que rarement. —

On en distingue trois espèces : la plus intéressante est le CAPROMYS DE FOURNIER, animal presque plantigrade, dont les mouvements sont lents. Il se tient souvent sur les deux pattes de derrière à la manière des Kangourous, et emploie alors une ou les deux mains pour manger. Ce Rongeur ne mord jamais, et montre de l'indifférence pour les autres animaux. Il dort en compagnie de plusieurs, rapprochés les uns des autres. Desmarest en a élevé deux en domesticité : il dit que leur voix est un petit cri aigu, et qu'ils s'en servent pour s'appeler; qu'ils manifestent leur contentement par un petit grognement lorsqu'on les caresse, etc.

CAPSULE. En botanique, on nomme *Capsule* tout fruit sec et déhiscent qui s'ouvre de lui-même à la maturité pour répandre sur le sol les graines qu'il renferme. — V. *Déhiscence.* — On appelle par conséquent fruit *capsulaire* celui qui offre les caractères d'une capsule.

CAPUCINE (*Tropaeolum*). Genre de Plantes de la famille des Géraniacées, herbacées, grimpantes, qui ont pour caractères : calice à 5 divisions, éperonné à sa base : 5 pétales, dont les 2 supérieurs sessiles, les 3 autres onguiculés; étamines 8, libres; style à stigmate trilobé; fruit composé de 3 akènes. — Ce genre comprend une douzaine d'espèces, toutes originaires de l'Amérique méridionale et du Pérou.

La CAPUCINE ORDINAIRE (*T. majus*), que l'on cultive dans nos jardins, est connue de tous. Ses fleurs, d'un rouge de feu, se succèdent tout l'été, et servent à parer et à assaisonner les salades. C'est en même temps un antiscorbutique excellent.

La PETITE CAPUCINE (*T. minus*) est également cultivée comme plante potagère, et considérée comme antiscorbutique. Ces deux espèces s'obtiennent doubles par la culture.

CARABE (*Carabus*). Genre d'Insectes de l'ordre des Coléoptères, tribu des Pentamères, famille des

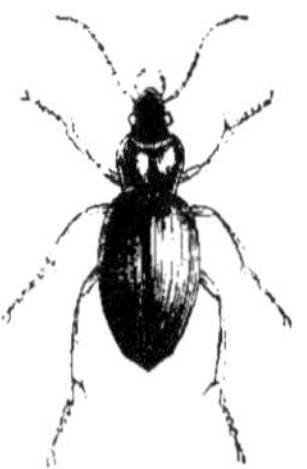

Fig. 216. — Carabe doré.

Carnassiers, qui offrent pour caractères : tête grande, allongée; lèvre supérieure bilobée, les mandibules légèrement arquées, le menton avec une forte dent au milieu de son échancrure; corse let allongé ; élytres en ovale; pas d'ailes propres au vol ; pattes plus ou moins grandes, etc.

Les Carabes sont des insectes d'une grande taille, de forme tantôt courte, tantôt allongée, avec des couleurs métalliques, quelquefois sombres, qui exhalent une odeur très forte et, lorsqu'on les

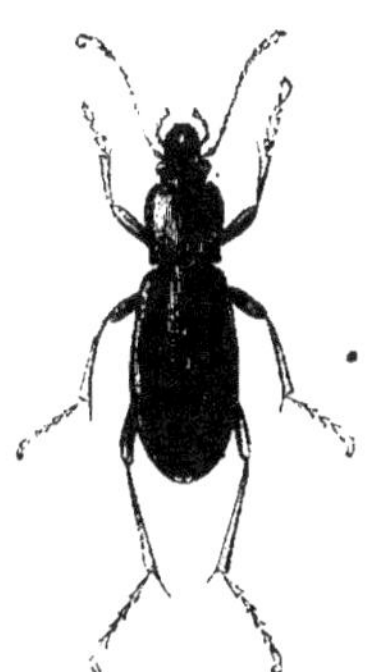

Fig. 247. — Carabe pourpre

prend, répandent par la bouche ou par l'anus une liqueur noirâtre très âcre et nauséabonde. Éminemment carnassiers, ils se nourrissent de larves et d'insectes plus faibles qu'eux, poussant la voracité jusqu'à se dévorer les uns les autres. Ils sont très communs dans les forêts et dans les montagnes, où ils se tiennent, pendant le jour, sous les pierres, la mousse, les feuilles sèches ; on en trouve aussi plusieurs espèces dans les champs, les jardins et même près des habitations. Leurs larves vivent dans la terre; elles sont aussi très carnassières.

On connaît aujourd'hui plus de 200 espèces de ce genre ; presque toutes habitent l'Europe. Les plus communes aux environs de Paris sont : le C. DORÉ (*C. auratus*); le C. POURPRE (*C. purpurescens*); le C. DES JARDINS (*C. hortensis*), etc. Toutes ces espèces détruisent les larves et les insectes nuisibles à l'agriculture. On doit par conséquent les respecter plutôt que leur nuire.

CARABIQUES. Tribu de Coléoptères carnassiers, dont le genre type est le *Carabe*. — V. ce mot.

CARACAL ou LYNX DE BARBARIE. Espèce de Chat (*Felis caracal*) que l'on regarde comme le Lynx des anciens. Il est haut sur jambes, d'une forme svelte, d'un roux vineux, avec les oreilles noires, etc. — On le trouve en Barbarie et dans le Levant. Sa chair est exquise, dit-on.

CARACARA (*Polyborus*). Genre d'Oiseaux de proie qui prend place entre les Circaètes et les Harpies, et qui se caractérise principalement par l'absence de plumes à la face, aux joues et quelquefois aussi à la gorge. — Ces oiseaux ignobles appartiennent à l'Amérique du Sud, et présentent des mœurs analogues à celles des Vautours. Ils dévorent indifféremment oiseaux, quadrupèdes, reptiles, vers, charognes, immondices. Leurs nombreuses espèces ont exigé la formation de trois groupes :

1° Les CARACARAS PROPREMENT DITS, dont la principale espèce est le C. DU BRÉSIL (*Polyborus vulgaris*), qui a la taille du Balbusard, et qui est l'oiseau de proie le plus répandu au Paraguay et au Brésil.

2° Les IBIBINS (*Daptrius*) dont on ne connaît qu'une seule espèce assez semblable aux Urubus, ayant l'orbite, la gorge et le sabot nus.

3° Les RANCANCAS (*Ibycter*), où l'on trouve le PETIT AIGLE D'AMÉRIQUE (*Falco aquilensis*).

CARANGUE. — V. *Caranx.*

CARANX (*Caranx*). Genre de Poissons de l'ordre des Acanthoptérygiens, famille des Scombéroïdes, offrant pour caractères : corps oblong; dorsales distinctes, à épine couchée en avant de la première dorsale; rayons de la seconde faiblement liés et quelquefois séparés en fausses nageoires, etc. — Les Caranx sont répandus dans toutes les mers. Leurs nombreuses espèces se rapportent à trois types principaux :

1° Les SAURELS : corps allongé, oblong; tête peu convexe; ligne latérale couverte de lames hautes et armées de pointes dans toute sa longueur. — Le *Maquereau bâtard* appartient à ce sous-genre ; c'est un poisson huileux, dont la chair est moins bonne que celle du Maquereau ordinaire, et qu'on trouve dans l'océan Atlantique et la Méditerranée. On le nomme encore *Trachure* (queue épineuse), parce que la fin de la ligne latérale est armée d'un aiguillon recourbé en arrière sur chaque écusson qui la compose. Lorsque l'animal agite vivement sa queue et en frappe sa proie, il peut l'étourdir, l'assommer, l'écraser même sous ses coups redoublés. Il s'approche du rivage en troupes nombreuses pour frayer, et on en prend alors beaucoup à la ligne ou au filet.

2° Les CARANGUES, que Cuvier a séparés du genre Caranx, ont le corps plus élevé, le profil plus tranchant; ces poissons peuvent peser jusqu'à 12 kil. On les trouve dans les mers des Antilles.

3° Les CARANX PROPREMENT DITS n'ont la ligne latérale munie de boucliers qu'à sa partie postérieure.

CARAPACE. Test osseux qui recouvre le corps des *Chéloniens.* — V. ce mot.

CARASSIN. Espèce de Carpe sans barbillons. — V. *Carpe.*

CARBONE. Corps simple qui n'existe, à l'état de pureté, que dans le diamant (V. ce mot); mais autrement, principe combustible abondamment répandu dans la nature et formant dans le sein de la terre des masses plus ou moins considérables.

C'est un élément chimique de beaucoup de principes constituants des êtres organisés, d'où on l'extrait à l'état de charbon. Il est insipide, inodore, très mauvais conducteur du calorique, et absorbe en brûlant deux fois et demie environ son poids d'oxygène, pour se convertir en acide carbonique. Le charbon de bois, le charbon animal, l'anthracite, la plombagine (V. ces mots), sont du carbone associé à d'autres principes plus ou moins abondants.

L'acide carbonique se trouve dans la nature à l'état gazeux; principalement dans les cavernes des puits volcaniques, dans l'intérieur des mines, etc. Il est inodore, incolore, et soluble dans l'eau. En dissolution naturelle, il constitue les eaux acidules gazeuses, dont les sources sont nombreuses: en dissolution mécanique, il forme les eaux gazeuses artificielles.

CARCIN. — V. *Crabe.*

CARDAMINE. (*Cardamina*). Genre de Crucifères comprenant des plantes annuelles ou vivaces, dont les feuilles sont pinnatiséquées, pétiolées; les fleurs blanches ou roses, à 4 sépales et 4 pétales unguiculés, suivies d'une silique linéaire s'ouvrant en deux valves.

La Cardamine des prés (*C. pratensis*), vul. *Cresson des prés*, est vivace, haute de 20 à 50 cent.; à tige verticale, à feuilles inférieures souvent velues, à segments obovales; les supérieures à segments linéaires. Fleurs assez grandes et couleur lilas, ayant des pétales trois fois plus grands que le calice: étamines plus courtes que les pétales.

Fig. 248. — Cardamine des prés.

— Cette plante croît dans les endroits herbeux, ombragés, dans les prairies humides, et fleurit au printemps. Les propriétés sont analogues à celles du Cresson de fontaine, et elle peut se manger en salade; mais on peut dire qu'on n'en fait aucun usage ni en médecine, ni en économie domestique.

Les moutons et les chèvres aiment à brouter ses feuilles, que les vaches, les chevaux et les cochons négligent. Les abeilles vont puiser le suc de ses fleurs.

La Cardamine amère (*C. amara*) est une espèce qui se distingue par ses fleurs blanches et ses étamines égalant presque les pétales.

CARDAMOME. — V. *Amome.*

CARDÈRE (*Dipsacus*). Genre type de la famille des Dipsacées, plantes bisannuelles, dont la tige

Fig. 249. — Cardère sauvage.

est garnie d'aiguillons; les feuilles sont entières ou pinnatiséquées, munies d'aiguillons sur la nervure moyenne; les fleurs, d'un rose lilas ou blanc jaunâtre, sont disposées en capitules, sur un réceptacle garni de paillettes épineuses plus longues qu'elles. Calice tronqué en haut et présentant 4 angles; corolle à 4 lobes inégaux.

La Cardère a foulon (*D. fullonum*), vul. *Chardon à foulon*, *C. à bonnetier*, offre une tige qui s'élève à 80 et 150 centim., tige robuste, cannelée, hérissée d'aiguillons inégaux, portant des feuilles opposées, coriaces, à nervure moyenne chargée en dessous d'aiguillons, feuilles inférieures largement connées, et formant par leur soudure un cornet profond. — Cette plante, dont les fleurs sont en capitule allongé, croît à l'état sauvage (*D. sylvestris*) dans les lieux incultes, au bord des champs et des fossés; mais sa culture se fait en grand pour la récolte de ses capitules armés de piquants raides et crochus, qui servent dans la fabrication des draps.

La Cardère verge a pasteur (*D. pilosus*) est une espèce aux fleurs d'un blanc jaunâtre et aux capitules globuleux.

CARDON (*Cynara*). Genre de la famille des Composées, plantes vivaces dont les feuilles ont le rachis canaliculé, ailé, foliacé, et dont les capitules sont très volumineux et à fleurons bleus, etc.

Le Cardon proprement dit (*C. cardunculus*) atteint 80 à 150 cent.; ses tiges sont robustes, anguleuses, cannelées ; ses feuilles blanchâtres en dessous, pinnatipartites, etc. — Originaire de Barbarie, cette plante se cultive dans tous les jardins. On mange ses côtes sous le nom de *Cardes;* on mange aussi ses capitules comme ceux de l'Artichaut. •

Le Cardon Artichaut est une espèce connue généralement sous le nom d'*Artichaut.* — V. ce mot.

CARDUACÉES, ou Flosculeuses, Cynarocéphales. On donne ce nom à l'une des trois grandes tribus de la famille des Composées, celle qui comprend les plantes dont les capitules ne sont formés que de fleurons, sans demi-fleurons. Le réceptacle est garni de soies très nombreuses ou d'alvéoles. Dans chaque fleuron, le style est muni d'un bouquet circulaire de poils collecteurs situés au-dessous de la bifurcation du stigmate. Les fruits sont tantôt sans aigrette, tantôt avec aigrette poilue ou plumeuse. — Les principaux genres de cette tribu sont le *Chardon*, le *Carthame*, le *Cardon*, la *Centaurée*, la *Bardane*, etc.

CARET. Espèce de Tortue marine du genre *Chéloné.* — V. ce mot.

CAREX. Nom latin du genre *Laiche.* — V. ce mot.

CARIE (*caries*, pourriture). Chez l'homme et les animaux, les parties solides (os) se désorganisent par suite de certains troubles dans l'économie ; il en est de même chez les végétaux, dont les parties ligneuses, le tronc des arbres, l'écorce, les fruits, peuvent être atteints de cette désorganisation, qui constitue une véritable maladie.

Mais les cultivateurs donnent aussi le nom de *Carie* à une altération du froment (semences), due à un cryptogame ou petit champignon parasite qui affecte l'intérieur du grain, sans modifier les caractères extérieurs de l'épi, et qui, par le battage, s'échappe sous forme d'une poussière visqueuse d'une odeur infecte. Les blés atteints de cette maladie perdent nécessairement beaucoup de leur valeur commerciale. On les reconnaît à une couleur plus foncée, et à ce qu'ils donnent, au lieu de farine, une poussière noirâtre et de mauvaise odeur. On combat la carie par le chaulage.

CARINAIRE (*Carinaria*). Genre de Coquilles univalves, non symétriques, extrêmement minces, fragiles, vitrées, enroulées obliquement sur la droite; à spire très petite; à ouverture extrêmement grande, oblongue, divisée en deux parties par une carène longitudinale mince et très saillante; à couleurs vives, etc. — Très rares autrefois dans les collections, à cause de leur extrême fragilité, ces Coquilles commencent à devenir plus communes ; cependant, on cite encore comme la plus belle celle que possède le Muséum de Paris.

L'animal est de l'ordre des Gastéropodes hétéropodes. Ce sont des Mollusques qui habitent les hautes mers, grâce à ce que leur pied est converti en nageoire, et qu'on ne rencontre dans le voisinage des terres que lorsque les courants ou les tempêtes les y ont jetés. Vivant dans l'eau même, quoique à la surface de la mer, ils nagent le corps renversé, afin que leur bouche puisse explorer cette surface. Ils peuvent se fixer aux corps flottants à l'aide d'une espèce de ventouse dont le bord du pied est muni.

CARIOPSE. Fruit sec, simple, monosperme, indéhiscent, dont le péricarpe est confondu avec l'enveloppe propre de la graine : tels sont le *Blé*, le *Seigle.*

CARLINE (*Carlina*). Plante de la famille des Composées, tribu des Carduacées, vivace, dont la tige n'a que quelques centim., tandis que les feuilles sont grandes, découpées, épineuses, étalées à la surface du sol; les fleurs forment un gros capitule qui sort du centre de l'espèce de rosace de feuilles.

Fig. 250. — Carline.

Ce capitule se compose de fleurons jaunes, tous hermaphrodites, tubulés, quinquéfides et réguliers, posés sur un réceptacle épais chargé de paillettes et entouré d'un involucre commun.

La Carline doit son nom (de *Carolus*, Charles) à ce que, prétend-on, elle aurait guéri de la peste l'armée de Charlemagne. Elle croît dans les pays montagneux du midi de la France, de l'Italie, de la Suisse. Elle doit à son port singulier d'avoir attiré jadis l'attention des alchimistes et des magiciens, et sans doute aussi d'avoir été en possession d'une grande réputation comme alexipharmaque. C'est sa racine, épaisse, fusiforme, d'une saveur amère, qui a été préconisée en infusion aqueuse ou vineuse. Elle entre dans la thériaque et l'orviétan. — Les fleurs de la Carline sont hygrométriques : elles s'épanouissent par un temps sec et se ferment lorsque l'atmosphère est humide. Cette plante est recherchée par les chèvres, négligée par les vaches; ses réceptacles se mangent comme ceux de l'Artichaut.

CARNASSIERS. Nom donné à un ordre de Mammifères qui se nourrissent de chair et de matières animales. Mais, disons-le tout de suite, il y a parmi les différentes espèces des différences assez tranchées, qui démontrent leur caractère plus ou moins carnivore.

Les animaux carnassiers sont pourvus d'un appareil dentaire complet, c'est-à-dire des trois sortes de dents. — V. ce mot. — Ils ont les mâchoires courtes, les os qui les forment sont très forts et mus par des muscles d'une grande puissance. La force de leurs ongles, jointe à celle de leurs dents, prouve qu'ils sont faits pour combattre et dévorer. Le canal digestif de ces animaux présente une organisation qui répond à cet instinct : l'estomac est simple, membraneux, à parois énergiques, et les intestins sont relativement courts, parce que les aliments destinés à les parcourir sont très substantiels. — V. *Alimentation* et *Digestion*.

Les Carnassiers n'ont pas le pouce opposable aux autres doigts, par conséquent ils n'ont pas de mains, ce qui les sépare complétement des quadrumanes. Chez eux l'odorat, l'ouïe et la vue sont plus développés que le goût et le tact : ce dernier sens paraît résider dans leurs longues moustaches.

On partage les Carnassiers en trois groupes ou tribus : 1° les *Cheiroptères*; 2° les *Insectivores*; 3° les *Carnivores*.

CARNIVORES. Tribu de l'ordre des Carnassiers, comprenant les Carnassiers proprement dits, c'est-à-dire les animaux pourvus de canines longues, de molaires tranchantes, de griffes fortes, recourbées et pointues, et que l'on connaît vulgairement sous le nom de *bêtes féroces*, parce qu'elles se nourrissent essentiellement de matières animales. Outre la différence de leur système dentaire, les Carnassiers se distinguent des Cheiroptères et même des Insectivores en ce qu'ils sont dépourvus de clavicules. Aussi viennent-ils après eux dans l'ordre de classification.

La tribu des Carnivores se divise en trois familles, basées sur la manière dont ils appuient le pied sur le sol et sur la possibilité pour quelques uns de vivre dans les eaux. Ce sont :

Les **Plantigrades** ou ceux qui, dans la progression, appliquent toute la plante de leurs pieds sur le sol, comme les *Ours*, les *Ratons*, les *Blaireaux*, les *Gloutons*, etc. Ces animaux ont cinq doigts à tous les pieds : ils sont lents et mènent une vie nocturne.

2° Les **Digitigrades** sont ceux qui n'appuient que l'extrémité de leurs doigts sur le sol, comme les *Martes*, les *Chiens*, les *Civettes*, les *Hyènes*, etc. De tous les Carnivores ce sont les plus sanguinaires.

Leur démarche est légère, leur course rapide; ils ne s'engourdissent jamais pendant l'hiver.

3° Les **Amphibies** ont une organisation très analogue à celle des autres Carnivores; mais leurs membres, qui sont impropres à la marche, constituent des espèces de rames pour la natation : tels sont les *Phoques*, les *Morses*, les *Otaries*, etc. Ces animaux ne sont lestes et agiles que dans l'eau : à terre ils rampent plutôt qu'ils ne marchent. Ils se nourrissent spécialement de poissons. — V. *Amphibie*.

CAROTTE (*Daucus*). Genre de la famille des Ombellifères, renfermant une quinzaine d'espèces végétales habitant presque toutes le bassin de la Méditerranée, et particulièrement les côtes de Barbarie, et se montrant toutes aromatiques.

La Carotte commune (*D. carota*) est une plante bisannuelle qui, à l'état de nature, a une racine et un feuillage peu volumineux, et qui n'est recommandable que par les propriétés médicinales de ses semences, lesquelles servent aux liquoristes. Sa culture dans nos jardins se perd dans la nuit des temps; et elle est généralement si connue que nous pouvons nous dispenser d'en donner la description botanique. — La Carotte est un légume sain et avec raison estimé; c'est sa racine que l'on emploie. Le peuple en prescrit la décoction dans la jaunisse, sans doute à cause de l'analogie de sa couleur avec celle qu'offre la peau dans cette maladie. Des cataplasmes faits avec sa pulpe sont appliqués avec avantage sur les ulcères cancéreux. C'est une bonne nourriture pour les bestiaux. On a essayé d'en extraire du sucre, mais la tentative a été sans résultat. La Carotte a produit plusieurs variétés, remarquables par le développement de la racine, qui est blanche, rouge ou jaune, etc., selon l'espèce. La *C. blanche* est la plus rustique et la moins aromatique; la *C. jaune* est plus hâtive, et pivote moins; la *C. rouge* est la meilleure des trois.

La Carotte résineuse (*D. gummifer*) est une espèce qui contient un principe odorant en telle quantité qu'on l'extrait par incision sous forme de gomme-résine.

CAROUBIER (*Ceratonia siliqua*). Arbre de la famille des Légumineuses, qui atteint jusqu'à 8 mètres de hauteur et dont le port présente de l'analogie avec le Pommier. Il porte des feuilles ailées, sans impaire, composées de 6 à 8 folioles ovales obtuses, fermes, coriaces, toujours vertes. Les fleurs sont petites, tantôt hermaphrodites, tantôt unisexuelles, disposées en petites grappes serrées qui viennent sur la partie nue des branches; le fruit est une gousse longue de 15 à 20 cent., divisée intérieurement par des cloisons transversales en plusieurs loges à une graine.

Cet arbre croît dans le midi de l'Europe, dans le voisinage de la Méditerranée, en Orient, où il se plaît surtout dans les terrains pierreux. Toutes ses parties sont utiles. La pulpe du fruit bien mûr est douce, sucrée, nourrissante, un peu laxative.

Les anciens en faisaient grand cas; l'enfant prodigue souhaitait de s'en rassasier : le pauvre en fait ses délices. Elle entre dans plusieurs préparations pharmaceutiques. Les *Caroubes* sont si communes dans certains pays qu'on en engraisse les bestiaux. Le bois du Caroubier est très dur et s'emploie en ébénisterie : il est veiné d'un beau rouge, mais sujet à se carier lorsque l'arbre vieillit.

CAROUGE. Fruit et bois du *Caroubier*. — V. ce mot.

CAROUGE. Genre de Passereaux conirostres détaché des Troupiales et n'en différant que par le bec qui est tout à fait droit, appartenant aussi à l'Amérique; ils ont généralement du jaune dans le plumage, d'où leurs noms latins, *anthornus* et *icterus* qui signifient *jaune*. — Ces oiseaux vivent par paires ou par troupes dans les prairies; ils sont entomophages et carnivores; leur ponte qui se répète plusieurs fois dans l'année, est de 4 ou 5 œufs.

Le CAROUGE BALTEMORE (*B. minor*) est long de 18 cent. environ, assez varié de couleur, avec du jaune seulement aux rectrices. Il habite principa-

Fig. 251. — Carouge.

lement la Louisiane et fréquente les jardins, les cultures, son nid est fait avec art; il paraît même qu'il en a perfectionné l'architecture depuis que l'arrivée des Européens lui a fourni de nouveaux matériaux, tels que fil, chanvre, crin, etc., dont il se sert pour suspendre aux branches flexibles le berceau de sa progéniture. Il émigre dans le Sud, où il passe l'hiver, et revient aux États-Unis après l'équinoxe.

Le CAROUGE VULGAIRE (*Oriolus icterus*, Gmelin) est long de 20 à 25 centim., d'un plumage fauve, avec la tête, le dos, les rémiges et les rectrices noires. — Il s'apprivoise facilement, est familier, très aisé à nourrir et à transporter. Comme le fait remarquer Mauduyt, les voyageurs devraient, pour ces raisons, nous l'apporter de préférence.

Le CAROUGE COMMANDEUR, qui habite en troupes nombreuses, depuis New-York jusqu'à la Nouvelle-Espagne, ravage les champs de riz et se nourrit d'insectes. Il niche parmi les roseaux, mais

place son nid à une hauteur suffisante pour que les eaux ne puissent l'atteindre.

CARPE (*Cyprinus*). Genre de Poissons de l'ordre des Malacoptérygiens abdominaux, famille des Cyprinoïdes, dont voici les caractères : bouche peu fendue, mâchoires faibles, ordinairement sans dents, pourvues ou non de barbillons; corps couvert d'écailles imbriquées, olivâtres sur le dos, jaunâtres sous le ventre : nageoire dorsale longue, bleuâtre : anales et ventrales violacées.

Ces poissons paraissent être originaires de la Perse et des contrées chaudes de l'Asie, d'où ils se sont répandus à des époques diverses, par les soins de l'homme, dans les différentes parties du globe. Les Carpes n'appartiennent qu'aux eaux douces; elles sont susceptibles d'acquérir une grande taille.

Leurs couleurs sont plus ou moins intenses, selon la qualité des eaux; comme aussi leur chair est d'autant plus estimée que celles-ci sont moins vaseuses. Elles se multiplient avec une facilité qu'on peut dire fâcheuse, pour leur accroissement et leur qualité comme mets, lorsque tous les individus ne peuvent trouver dans l'étang qu'ils habitent une nourriture suffisante.

Leur nourriture consiste en insectes, vers, petits coquillages, frai d'autres poissons, graines et parties tendres de plantes aquatiques. — M. Valenciennes ne reconnaît qu'une vingtaine d'espèces bien spécifiées : les unes ont des barbillons, les autres en sont dépourvues. Parlons d'abord des premières.

CARPE COMMUNE (*C. carpio*). Poisson d'eau douce, muni d'une tête grosse et aplatie en dessus; de lèvres épaisses, susceptibles de s'allonger, et garnies de 4 barbillons. Il s'élève avec la plus grande facilité dans les rivières, les lacs et les étangs, présentant une chair dont le goût perd de sa délicatesse en abandonnant les eaux vives pour celles qui dorment sur la vase. La Carpe croît assez vite dans la première année : ensuite sa croissance devient moins rapide, quoiqu'elle acquière, avec le temps, un poids de 30 kil. ; car on prétend qu'elle peut vivre plus d'un siècle. L'on assure qu'il y avait naguère dans le bassin de Fontainebleau des Carpes qui dataient du temps de François Ier. Chacun sait d'ailleurs combien ce poisson a la vie tenace, et comme il peut vivre longtemps dans la mousse humide. Il saute comme le Saumon, pour remonter et franchir les obstacles qui l'arrêtent, et il est difficile à prendre à cause des bonds qu'il fait pour échapper à ses ennemis.

Les Carpes fraient dans le mois de mai : elles déposent leurs œufs ou leur laite dans des endroits couverts de verdure : on dit qu'en général chaque femelle est suivie de 2 ou 3 mâles : sa fécondité est prodigieuse et paraît croître avec l'âge, car l'on a trouvé 237,000 œufs dans une femelle de 500 gr., 340,000 dans une de 750 gr., 620,000 dans une de 4 kil., etc. Les soins de l'homme ne sont pas sans utilité pour l'amélioration de ces poissons, comme produit surtout. Lorsque les jeunes Carpes ont séjourné 2 ou 3 ans dans les étangs formés pour leur accroissement, on les transporte dans un étang établi pour les engraisser, d'où, au bout de 3 ans, on peut les retirer déjà grandes, grasses et agréables au goût. En Angleterre, on leur fait subir la castration, en leur enlevant les œufs ou la laite, ce qui les fait engraisser en peu de temps. On pêche ces poissons à la ligne, dans les fleuves, les rivières et les grands lacs; à la nasse, aux collets, aux louves, dans les étangs. Ils sont difficiles à prendre à l'hameçon : ils évitent les filets en enfon-

çant leur tête dans la vase, et se méfient des différentes substances avec lesquelles on cherche à les attirer. L'hiver ils cherchent les endroits les plus profonds, fouillent avec leur museau dans la terre grasse pour s'abriter, réunis plusieurs ensemble, contre la rigueur du froid.

La Carpe a miroir ou Reine des Carpes (*C. cyprinorum*) est une espèce à écailles extrêmement grandes et dont la peau est nue par places. Elle acquiert une grandeur très considérable et sa chair a un goût exquis.

La Carpe a tête de Dauphin est une autre es-

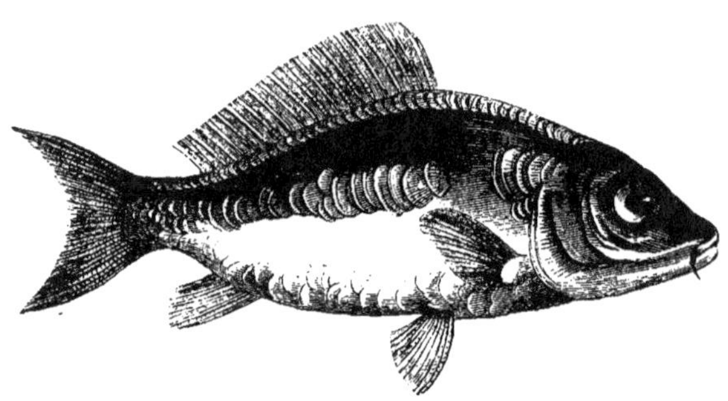

pèce qui se fait remarquer par un développement anormal des os du crâne. Ce serait, selon Block, un métis provenant de la fécondation des œufs de la Carpe commune par des Carassins ou des Gibèles.

Voici maintenant les espèces sans barbillons.

Carpe carassin (*C. carassius*). Corps très élevé, ligne latérale droite, très petite, caudale coupée carrément, couleur de la carpe ordinaire; taille, 30 cent. — Cette espèce est rare en France, mais très commune dans le nord de l'Europe.

Carpe Gibèle (*C. gibelio*). Corps un peu moins haut, ligne latérale arquée vers le bas, caudale coupée en croissant, petite taille. — Elle est plus commune que la précédente, ayant comme elle les épines des nageoires si faibles que c'est à peine si on peut y observer quelques dentelures.

Carpe bouvière ou péteuse (*C. amarus*), la plus petite de nos Carpes (3 cent.), elle a 2 dorsales formant une épine assez raide.

Carpe daurade. — V. *Daurade*.

CARPELLE du gr. *carpos*, fruit). On nomme ainsi chacun des pistils partiels d'une même fleur, c'est-à-dire chacun des organes élémentaires dont la réunion donne naissance à l'*ovaire*.—V. ce mot.

POLITHES. « Cette dénomination grecque, traduisible par *fruits pétrifiés*, désigne en effet des graines ou fruits qui se trouvent à l'état fossile dans les diverses couches de notre globe. Les

fruits fossiles appartiennent en général à des végétaux que la terre ne produit plus; si quelques-uns se rapportent à des genres connus, ce n'est jamais aux espèces actuelles. » Leur étude est encore plus difficile que curieuse, et nous devons renoncer à aborder un sujet rempli d'écueils et de difficultés.

CARRELET (*Pleuronectes platissa*). Genre de Poissons malacoptérygiens subrachiens, famille des Pleuronectes, ayant le corps large et uni, la tête petite et large, avec 6 ou 7 tubercules formant une ligne sur son côté droit; les yeux placés du côté gauche; la surface supérieure et les nageoires marquées de taches aurores qui relèvent la couleur brune, etc. — Le Carrelet appartient à l'Océan et à la Méditerranée; il a la chair tendre et délicate : aussi se trouve-t-il en abondance sur les marchés de Paris.

CARTHAME (*Carthamus*). Genre de Plantes de la famille des Composées, tribu des Carduacées, dont l'involucre est renflé à sa base, composé d'écailles très serrées sur la partie renflée, mais écartées et foliacées en haut; fruit dépourvu d'aigrette.

Le Carthame des teinturiers (*C. tinctorius*), vul. *Safran bâtard*, est l'espèce principale. Cette plante est annuelle; sa racine est fusiforme, sa tige droite, dure, haute de 60 à 80 cent., feuillée; feuilles alternes, sessiles, ovales pointues, bordées de quelques dents épineuses. Fleurs en gros capitule solitaire et terminal, entouré d'un involucre de feuilles écailleuses, dont les extérieures sont armées d'épines latérales et terminales; fleurons d'un beau rouge de safran, tous hermaphrodites, réguliers, bifides, posés sur un réceptacle chargé de poils, etc.

Le Carthame nous vient d'Egypte, et se cultive dans le Midi. Cette plante n'est pas moins remar-

Fig. 253. — Carthame des teinturiers.

quable par son utilité dans les arts que par la beauté de ses fleurs, qui forment de grosses et jolies touffes couleur safran. Ces fleurs en effet fournissent un principe colorant rouge avec lequel les étoffes sont teintes en rose, cerise ou ponceau. Les tiges servent au chauffage ; elles sont broutées par les moutons et les chèvres, qui leur préfèrent néanmoins les feuilles. Les semences nourrissent et engraissent la volaille; on les nomme vulg. *Graines de perroquet*, parce que ces oiseaux en sont très friands. On a voulu les employer comme purgatives, mais on y a renoncé. On prépare avec les fleurs de Carthame le *Rouge végétal*, ou *Vermillon d'Espagne*.

Le Carthame laineux (*C. lanatus*), qui est, comme l'indique son nom, lanugineux, a été souvent prescrit comme fébrifuge et vermifuge à cause de sa saveur très amère, qui lui a valu le surnom de *Chardon béni des Parisiens*.

CARTONNIÈRE. Espèce de Guêpe d'Amérique, qui construit son nid en forme de cône renversé et semblable à une boîte de carton. — V. *Poliste*.

CARVI (*Carum*). Genre de la famille des Ombellifères, tribu des Pimpinellées, plantes vivaces, à feuilles tri-pinnatiséquées, à fleurs blanches, dont voici les deux espèces principales.

Carvi des prés (*C. carvi*), vulg. *Cumin des prés*. Plante bisannuelle de 30 à 60 cent. de hauteur, dont la racine est pivotante ; la tige dressée,

fistuleuse et rameuse ; les feuilles amplexicaules, alternes ; fleurs d'un blanc jaunâtre, disposées en ombelles à rayons peu nombreux et inégaux, avec un involucre ou collerette à une seule foliole longue, mais pas d'involucelle aux ombellules.

Le Carvi ou Cumin des prés est commun dans les prairies de la France, de l'Allemagne, de la Suède, etc. Il est doué d'une saveur âcre qui se perd en grande partie lorsqu'il est cultivé. Presque tous les bestiaux aiment à brouter cette plante, qui jadis a servi d'aliment à l'homme. Les semences, douées d'une saveur chaude et d'une odeur aromatique, sont employées dans quelques pays pour donner du goût au pain et aux pâtisseries. En médecine, elles peuvent remplacer celles de

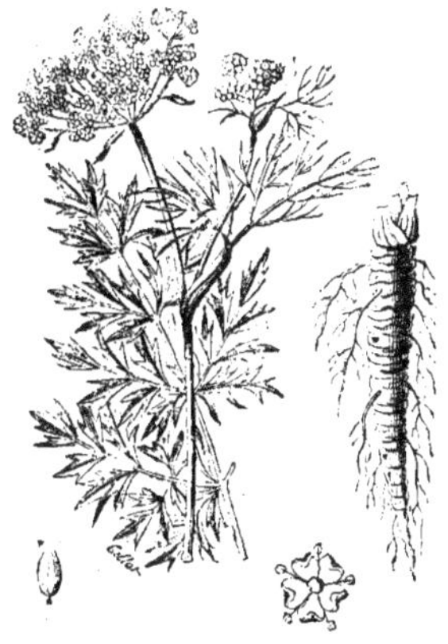

Carvi ou Cumin des prés.

l'Anis. La racine se mange comme celle du Panais ; les belliqueux Germains en faisaient jadis la base d'une boisson vineuse ; on les confit dans quelques contrées.

Le Carvi verticillé (*C. verticillatum*) est une espèce à racine courte, à ombelle dont les rayons sont nombreux, presque égaux, avec involucre et involucelle de plusieurs folioles linéaires, et qui croît dans les bois humides, les prairies tourbeuses, etc.

CARYOPHYLLÉES (de *caryophyllus*, œillet, genre type). Famille de Plantes dicotylédones. — V. *Dianthacées*.

CASCADE. — V. *Cataracte*.

CASCARILLE. Espèce du genre *Croton*. — V. ce mot.

CASOAR (*Casuarius*). Genre d'Oiseaux de l'ordre des Echassiers brévipennes, qui ressemblent beaucoup à l'Autruche, mais en diffèrent par leur taille un peu plus petite, leurs ailes encore plus courtes, leur bec droit et caréné en dessus, leur gorge nue, leurs plumes raides comme des crins et sans usages, et surtout par leurs trois doigts, au lieu de deux. — Ce genre comprend trois espèces, considérées par d'autres ornithologistes comme des genres distincts : le *Casoar* proprement dit et le *Nandou*. Il n'est question que du premier.

Le Casoar semble n'être ni un oiseau ni un quadrupède, ou plutôt il est l'un et l'autre tout à la fois, car il réunit l'estomac des granivores avec les intestins des carnassiers, et il forme, avec l'Autruche, le passage entre ces deux ordres d'animaux. Il se trouve depuis les Indes jusque dans les parties les plus occidentales de l'ancien continent. Il atteint 1 m. 60 de haut. Stupide, de mœurs sombres et farouches, il vit solitaire ou par couple, mais sans s'attacher à sa femelle, qui elle-même abandonne aux rayons du soleil ses 3 ou 4 œufs, fruit de ses tristes amours. Comme l'Autruche, le Casoar court très vite ; mais, étant plus massif et

Fig. 254. — Casoar-Émeu.

plus lourd, son allure est disgracieuse, bizarre. Il vit de fruits, d'herbes et de petits animaux, qu'il avale entiers ; on dit qu'il frappe les arbres du pied pour en détacher les fruits. Cet animal, méchant et même furieux à l'époque des amours, se défend avec son bec, avec les piquants dont sont armées ses ailes, et qui ne sont autre chose que des pennes dénuées de barbes, avec ses pieds qui lancent parfois des pierres en arrière. Pris jeune, il s'élève facilement en domesticité ; mais, si on s'en occupe, c'est à cause de sa beauté et de ses attributs singuliers, et non pour sa chair, qui est dure, noire et peu succulente.

Il faut distinguer le C. à casque, ou Émeu (*C. emeu*), qui est très reconnaissable à l'énorme proéminence osseuse qui s'élève sur sa tête ; et le C. de la Nouvelle-Hollande, ou Dromée (*C. dromaïus*), qui est plus petit, plus agile, sans éminence sur la tête, sans baguettes piquantes aux ailes, et dont les plumes sont plus barbues.

CASQUE (*Cassis*). Genre de Coquilles marines univalves, qui diffèrent des Buccins par la forme longitudinale de leur ouverture ou bouche, laquelle est étroite et dentée sur le bord gauche ; elles sont fortement bombées, à spire courte et aiguë, de grandeur très variable. L'animal est semblable à celui des Buccins.

Ces Mollusques sont au nombre de plus de 25 espèces. Parmi les plus grandes de ces coquilles nous citerons le C. de Madagascar et le C. tricoté, ce dernier connu vulg. sous le nom de *Fer à repasser*, employé par les Italiens, ainsi que le C. rouge, pour la fabrication des *camées coquilles* ; il y a le C. d'Épaminondas, le C. de Germanicus, le C. de Trajan, etc.

CASQUE. En botanique, on nomme ainsi : la lèvre supérieure des corolles bilabiées, lorsqu'elle est voûtée et concave ; le pétale supérieur du genre Aconit ; l'éperon des fleurs qui affecte la forme d'un casque ; la division supérieure et redressée du périgone des Orchidées.

CASSE (*Cassia*). Genre de Légumineuses comprenant un grand nombre d'espèces cultivées, les unes pour l'agrément, les autres pour leur utilité, rapprochées les unes des autres par leurs fleurs, mais très différentes sous le rapport de leurs gousses, dont la forme, le nombre des valves, la nature sèche ou pulpeuse semblent les rattacher à des genres distincts. — Toutes les Casses sont des plantes dormantes, c'est-à-dire qu'elles resserrent leurs feuilles le soir et les étalent chaque matin aux premiers rayons du soleil.

Les principales sont : le CANÉFICIER (V. ce mot), ou *C. purgative;* la *C.* D'ITALIE (*C. senna*). ou *Séné d'Egypte,* aussi purgative, mais causant des coliques; la *C.* CRETELLE (*C. chamœcrista*), plante annuelle de la Jamaïque, cultivée dans nos jardins, etc.

CASSE-NOIX (*Nucifraga*). Genre d'Oiseaux de l'ordre des Passereaux conirostres, voisins des Corbeaux et des Geais, dont le bec est droit, entier, avec la mandibule supérieure plus longue que l'inférieure, aplatie et émoussée au bout; narines basales, petites, cachées par des plumes; ailes pointues; queue arrondie. — Une seule espèce européenne, qui semble former par ses habitudes le passage du genre Corbeau à celui des Pies.

Le CASSE-NOIX COMMUN (*N. caryocactates*) a les deux mandibules pointues et droites; sa taille est de 33 centim., son plumage brun, tacheté de blanc sur tout le corps. Il se trouve dans toute l'Europe, préférant les montagnes couvertes de bois et se livrant à des migrations. Il se nourrit de fruits, de petits oiseaux. Il grimpe sur les arbres, et, en le voyant frapper du bec l'écorce pour en faire sortir

Fig. 225. — Casse-noix.

les larves d'insectes cachées dans son épaisseur, on le prendrait pour un oiseau de l'ordre des Pies. Il est le moins défiant des Corvidés. Il pond 4 ou 5 œufs d'un gris jaunâtre, pointillé et tacheté de brun.

CASSICAN (*Barita*). Genre d'Oiseaux formant le passage des Corbeaux aux Pies-Grièches, et qui sont omnivores comme les premiers, criards comme les seconds, les uns ayant le plumage brillant des Oiseaux de paradis, les autres celui des Corbeaux et des Pies, etc.

Les Cassicans appartiennent à la Nouvelle-Guinée, à la Nouvelle-Hollande. Le C. VARIÉ est l'espèce type du genre. Il y a le C. RÉVEILLEUR, qui ne cesse de faire retentir l'air de ses cris aigus pendant la nuit; le C. FLUTEUR, oiseau plus doux mais très vorace.

CASSIDE (*Cassida*). Genre de Coléoptères tétramères, de la famille des Cycliques, l'un des mieux tranchés en ce que le corps est orbiculaire, bombé en dessus, méplat en dessous; le corselet demi-circulaire cache la tête ou l'encadre dans une échancrure antérieure; les élytres débordent le corps. — Le nombre de ces insectes est considérable, la plupart exotiques, offrant les couleurs les plus variées et les formes les plus bizarres.

La CASSIDE VERTE (*C. viridis*) appartient à l'Europe ; elle est commune sur les Artichauts, auxquels elle cause de grands dommages. Sa larve a le corps plat, mou, armé de chaque côté d'un rang d'épines branchues, l'extrémité anale relevée en haut et armée à droite et à gauche d'appendices mobiles sétacés, de la longueur du corps, que l'insecte peut relever à volonté. Pour se garantir du soleil, cet insecte se fait un parasol avec ses excréments, de la manière suivante : « Les premières parcelles qui sortent de l'anus sont par celui-ci déposées sur les deux appendices dont nous avons parlé et qui se trouvent couchés sur le dessus du corps; là poussées par d'autres, elles avancent toujours du côté de la tête, s'y durcissent, et acquièrent assez d'homogénéité pour tenir entre elles, sans être soutenues autrement que par celles qui viennent ensuite: cet abri ne touche nullement au corps de l'insecte, qui peut le rapprocher plus ou moins de son corps en faisant varier les deux supports de la position horizontale à la position verticale. »

CASSIER. Arbre qui fournit la Casse. — V. *Canéficier.*

CASSIQUE (*Cassicus*). Genre d'Oiseaux de l'ordre des Passereaux conirostres, dont le bec remonte, à sa base, sur le front. Ils appartiennent au Nouveau-Monde, se plaisent dans les forêts, vivent de graines et d'insectes, et nichent pour la plupart en commun. Ils s'apprivoisent et ont une grande aptitude à articuler des mots, à apprendre des airs sifflés.

Le CASSIQUE HUPPÉ (*C. cristatus*) est l'espèce type : longueur, 11 cent.; plumage d'un brun marron. Il habite le Brésil. Il aime passionnément les oranges, dont il rejette les pépins, qui au contraire sont recherchés par les Tourterelles. Il construit son nid avec art et le suspend aux branches élevées des arbres.

CASSIS. Espèce du genre *Groseillier*. — V. ce mot.

CASTAGNOLE (*Brama*). Genre de Poissons acanthoptérygiens squammipennes, formé aux dépens des Spares, de Linné. Il a pour type la **C. proprement dite** ou *Brème dentelée*, poisson dont la forme est facile à distinguer de celle des autres habitants de la mer : il a 16 cent. de long, e corps plus haut dans sa partie antérieure que dans la postérieure, s'amincissant par degrés jusqu'à la queue ; la tête très en pente, le museau très court, le front presque vertical, la mâchoire inférieure armée de deux rangées de dents fines, la supérieure d'une seule rangée ; le premier rayon de la dorsale est le plus long ; dos noir, ventre verdâtre, etc. — La Castagnole habite la Méditerranée, mais s'égare quelquefois dans l'Océan. Sa chair est blanche, molle, bonne à manger. On la pêche à la ligne et aux filets pendant l'été.

Fig. 256. — Castor.

CASTOR (*Castor*). Genre de Mammifères de l'ordre des Rongeurs, dont voici les caractères distinctifs : cinq doigts à tous les pieds, les doigts de derrière plus longs et entièrement palmés ; queue aplatie horizontalement, nue et écailleuse ; yeux petits ; oreilles courtes et arrondies ; deux poches renfermant une matière onctueuse et odorante, situées de chaque côté des organes génitaux chez les mâles. Il n'existe qu'une seule espèce, comprenant plusieurs variétés.

Le **Castor** (*C. fiber*), autrefois nommé *Bièvre* en France, est originaire du Canada et des contrées septentrionales de l'Asie. Mesurant environ 1 mètre de longueur sur 30 cent. de largeur, il est le plus grand des Rongeurs actuellement vivants. Il a les formes lourdes et ramassées, le pelage roux et bien fourni, les habitudes presque entièrement aquatiques, l'intelligence des plus remarquables, les mœurs les plus sociables. Aussi est-il peu d'animaux dont l'histoire soit plus intéressante que celle des Castors. Écoutons ce qu'en dit l'éloquent Buffon.

« Autant l'homme s'est élevé au-dessus de l'état de nature, autant les animaux se sont abaissés au-dessous : soumis et réduits en servitude, ou traités comme rebelles et dispersés par la force, leurs sociétés se sont évanouies, leur industrie est devenue stérile, leurs faibles arts ont disparu, chaque espèce a perdu ses qualités générales, et tous n'ont conservé que leurs propriétés individuelles, perfectionnées dans les uns par l'exemple, l'imitation, l'éducation, et dans les autres par la crainte et par la nécessité où ils sont de veiller continuellement à leur sûreté. Quelles vues, quels desseins, quels projets peuvent avoir des esclaves sans âme, ou des relégués sans puissance ? ramper ou fuir, et toujours exister d'une manière solitaire, ne rien édifier, ne rien produire, ne rien transmettre, et toujours languir dans la calamité, déchoir, se perpétuer sans se multiplier, perdre en un mot par la durée autant et plus qu'ils n'avaient acquis par le temps.

« Aussi ne reste-t-il quelques vestiges de leur merveilleuse industrie que dans ces contrées éloignées et désertes, ignorées de l'homme pendant une longue suite de siècles, où chaque espèce pouvait manifester en liberté ses talents naturels, et les perfectionner dans le repos en se réunissant en société durable. Les Castors sont peut-être le seul exemple qui subsiste comme un ancien monument de cette espèce d'intelligence des brutes, qui, quoique infiniment inférieur par son principe à celle de l'homme, suppose cependant des projets communs et des vues relatives ; projets qui, ayant pour base la société, et pour objet une digue à construire, une bourgade à élever, une espèce de république à fonder, supposent aussi une manière quelconque de s'entendre et d'agir de concert.

« Les castors, dira-t-on, sont parmi les quadrupèdes ce que les abeilles sont parmi les insectes. Quelle différence! Il y a dans la nature, telle qu'elle nous est parvenue, trois espèces de sociétés qu'on doit considérer avant de les comparer : la société libre de l'homme, de laquelle, après Dieu, il tient toute sa puissance ; la société gênée des animaux, toujours fugitive devant celle de l'homme ; et enfin la société forcée de quelques petites bêtes, qui, naissant toutes en même temps dans le même lieu, sont contraintes d'y demeurer ensemble. Un individu, pris solitairement, et au sortir des mains de la nature, n'est qu'un être stérile, dont l'industrie se borne au simple usage des sens ; l'homme lui-même, dans l'état de pure nature, dénué de lumières et de tous les secours de la société, ne produit rien, n'édifie rien. Toute société, au contraire, devient nécessairement féconde, quelque fortuite, quelque aveugle qu'elle puisse être, pourvu qu'elle soit composée d'êtres de même nature : par la seule nécessité de se chercher ou de s'éviter, il s'y formera des mouvements communs, dont le résultat sera souvent un ouvrage qui aura l'air d'avoir été conçu, conduit, et exécuté avec intelligence. Ainsi l'ouvrage des abeilles, qui, dans un lieu donné, tel qu'une ruche ou le creux d'un vieux arbre, bâtissent chacune leur cellule ; l'ouvrage des mouches de Caïenne, qui non-seulement font aussi leurs cellules, mais construisent même la ruche qui les doit contenir, sont des travaux purement mécaniques qui ne supposent aucune intelligence, aucun projet concerté, aucune vue générale ; des travaux qui, n'étant que le produit d'une nécessité physique, un résultat de mouvements communs, s'exercent toujours de la même façon, dans tous les temps et dans tous les lieux, par une multitude qui ne s'est point assemblée par choix, mais qui se trouve réunie par force de nature. Ce n'est donc pas la société, c'est le nombre seul qui opère ici ; c'est une puissance aveugle qu'on ne peut comparer à la lumière qui dirige toute société : je ne parle point de cette lumière pure, de ce rayon divin qui n'a été départi qu'à l'homme seul ; les castors en sont assurément privés comme tous les autres animaux : mais leur société n'étant point une réunion forcée, se faisant au contraire par une espèce de choix, et supposant au moins un concours général et des vues communes dans ceux qui la composent, suppose au moins aussi une lueur d'intelligence qui, quoique très différente de celle de l'homme par le principe, produit cependant des effets assez semblables pour qu'on puisse les comparer, non pas dans la société plénière et puissante, telle qu'elle existe parmi les peuples anciennement policés, mais dans la société naissante chez des hommes sauvages, laquelle seule peut, avec équité, être comparée à celle des animaux.

« Voyons donc le produit de l'une et l'autre de ces sociétés ; voyons jusqu'où s'étend l'art du castor, et où se borne celui du sauvage. Rompre une branche pour s'en faire un bâton, se bâtir une hutte, la couvrir de feuillage pour se mettre à l'abri, amasser de la mousse ou du foin pour se faire un lit, sont des actes communs à l'animal et au sauvage ; les ours font des huttes, les singes ont des bâtons, plusieurs autres animaux se pratiquent un domicile propre, commode, impénétrable à l'eau. Frotter une pierre pour la rendre tranchante, et s'en faire une hache, s'en servir pour couper, pour écorcer du bois, pour aiguiser des flèches, pour creuser un vase ; écorcher un animal pour se revêtir de sa peau, en prendre les nerfs pour en faire une corde d'arc, attacher ces mêmes nerfs à une épine dure, et se servir de tous deux comme de fil et d'aiguille, sont des actes purement individuels que l'homme en solitude peut tous exécuter sans être aidé des autres, des actes qui dépendent de sa seule conformation, puisqu'ils ne supposent que l'usage de la main ; mais couper et transporter un gros arbre, élever un carbet, construire une pirogue, sont au contraire des opérations qui supposent nécessairement un travail commun et des vues concertées. Ces ouvrages sont aussi les seuls résultats de la société naissante chez des nations sauvages, comme les ouvrages des castors sont les fruits de la société perfectionnée parmi ces animaux : car il faut observer qu'ils ne songent point à bâtir, à moins qu'ils n'habitent un pays libre, et qu'ils n'y soient parfaitement tranquilles. Il y a des castors en Languedoc, dans les îles du Rhône ; il y en a un plus grand nombre dans les provinces du nord de l'Europe ; mais comme toutes ces contrées sont habitées, ou du moins fort fréquentées par les hommes, les castors y sont, comme tous les autres animaux, dispersés, solitaires, fugitifs, ou cachés dans un terrier : on ne les a jamais vus se réunir, se rassembler, ni rien entreprendre, ni rien construire ; au lieu que dans ces terres désertes, où l'homme en société n'a pénétré que bien tard, et où l'on ne voyait auparavant que quelques vestiges de l'homme sauvage, on a partout trouvé les castors réunis, formant des sociétés, et l'on n'a pu s'empêcher d'admirer leurs ouvrages.

« Le castor captif est un animal assez doux, assez tranquille, assez familier, un peu triste, même un peu plaintif, sans passions violentes, sans appétits véhéments, ne se donnant que peu de mouvement, ne faisant d'effort pour quoi que ce soit, cependant occupé sérieusement du désir de sa liberté, rongeant de temps en temps les portes de sa prison, mais sans fureur, sans précipitation, et dans la seule vue d'y faire une ouverture pour en sortir ; au reste, assez indifférent, ne s'attachant pas volontiers, ne cherchant point à nuire, et assez peu à plaire. Il paraît inférieur au chien par les qualités relatives qui pourraient l'approcher de l'homme ; il ne semble fait ni pour servir, ni pour commander, ni même pour commercer avec une autre espèce que la sienne ; son sens, renfermé dans lui-même, ne se manifeste en entier qu'avec ses semblables; seul, il a peu d'industrie personnelle, encore moins de ruses, pas même assez de défiance pour éviter des piéges grossiers : loin d'attaquer les autres animaux, il ne sait pas même se bien défendre; il préfère la fuite au combat, quoiqu'il morde cruellement et avec acharnement lorsqu'il se trouve saisi par la main du chasseur. Si l'on considère donc cet animal dans l'état de nature, ou plutôt dans son état de solitude et de dispersion, il ne paraîtra pas, pour les qualités intérieures, au-dessus des autres animaux; il n'a pas plus d'esprit que le chien, de sens que l'éléphant, de finesse que le renard, etc.; il est plutôt remarquable par des singularités de conformation extérieure que par la supériorité apparente de ses qualités intérieures. »

Les Castors se nourrissent de poisson, de racines aquatiques, de l'écorce des arbres qu'ils abattent pour se bâtir des demeures. Leur intelligence est fort bien servie par leurs organes; car leurs doigts de devant, courts, petits, libres, garnis d'ongles, sont propres à fouir; ils s'en servent pour manier les objets avec autant d'adresse que les écureuils: leurs pieds de derrière sont palmés, très propres à la nage, et leur queue remplit le rôle de gouvernail. Quand ils construisent leurs demeures, ils se servent encore de leur queue pour battre la terre, comme fait le maçon avec sa truelle. Au mois de septembre, leurs travaux terminés, ils se livrent aux douceurs du repos et de l'amour, à l'abri des intempéries de la mauvaise saison. Les femelles portent quatre mois, dit-on, et mettent bas 2 ou 3 petits au commencement du printemps; elles s'occupent de leur éducation pendant que les mâles font des excursions dans le voisinage durant la belle saison. Chaque cabane a son magasin de vivres, proportionné au nombre de ménages qui l'habitent. La plus parfaite intelligence règne dans les bourgades, dont plusieurs se composent de 20 à 25 maisonnettes et de 2 à 3 cents citoyens.

Le Castor est l'ennemi déclaré de la loutre, qu'il éloigne de ses parages; mais, à son tour, il a pour ennemi le glouton, et surtout l'homme, qui le poursuit à outrance, tant pour sa fourrure précieuse, avec laquelle on fait les plus beaux chapeaux et qui se paie jusqu'à 400 fr. le kil., que pour cette substance huileuse, jaune et fétide, contenue dans deux espèces de sacs ou de poches situées à côté des organes génitaux, substance connue sous le nom de *Castoréum*, et qui constitue un médicament antispasmodique, d'ailleurs peu fidèle et très cher. On fait encore la guerre à cet animal à cause des dégâts qu'il cause aux propriétés riveraines.

Nous avons dit qu'il existait plusieurs variétés de Castors: tels sont le *C. de France*, fauve olivâtre; le *C. noir*, le *C. blanc*, le *C. varié*, le *C. jaune*, le *C. du Canada*, d'un blanc noirâtre et de petite taille.

La variété européenne ou de France, connue sous le nom de Bièvre, n'est autre, selon toute apparence, que le Castor ordinaire, dont les mœurs ont été modifiées par le changement de climat. Elle existait dans la plupart des rivières, mais aujourd'hui elle est limitée à une portion du Rhône. La petite rivière de *Bièvre*, qui se jette dans la Seine près du pont d'Austerlitz, paraît lui devoir son nom.

On a trouvé sur les bords de la mer d'Azoff des débris osseux d'une espèce de Castor plus grande que celles vivantes, et qu'on a désignée par le nom de C. TROGONTHERIUM (Fischer, de Moscou).

CATACLYSME (du gr. *cataclusmos*, déluge). Bouleversement qui change la surface du globe, ayant pour cause ou pour effet concomitant de grandes inondations. On est parvenu, à l'aide des données fournies par la géologie et la paléontologie, à établir une série chronologique de 12 ou 15 révolutions de la surface du globe plus ou moins bien constatées. Ces divers cataclysmes ont, suivant la science, déterminé les formes des continents, les reliefs des montagnes, et ont amené ces changements remarquables que nous observons dans la succession des êtres organisés dont on retrouve aujourd'hui, comme autant de témoins de ces révolutions, les débris enfouis dans les couches formant les différents terrains qui composent la surface de notre planète. Voici les causes primordiales de ces grands effets géologiques : vulcanisme primitif et ses suites; formation des eaux par condensation des vapeurs; abaissement de leur niveau par suite de l'infiltration qui s'est opérée proportionnellement au refroidissement; diminution de la température à la surface du globe par l'effet de ce refroidissement.

L'un des plus importants faits relatifs aux cataclysmes est l'existence de blocs *erratiques*, énormes cailloux roulés que l'on rencontre en très grand nombre dans le nord de l'Europe, et dont l'origine, longtemps discutée parmi les savants, est aujourd'hui attribuée à une masse d'eau considérable qui les aurait détachés de montagnes assez éloignées, comme l'attestent les angles arrondis de ces blocs.

Mais, après les causes primordiales que nous venons d'indiquer, quelles sont celles qui ont pu et pourront peut-être encore produire ces grandes révolutions terrestres, car il y en a une dont les hommes ont gardé la mémoire, le *Déluge* (V. ce mot), et qui doit trouver son explication? « Les savants, dit M. Rey de Morande (1), devraient bien nous faire connaître dans quel but et à quelle fin notre hémisphère septentrional possède annuellement la présence du soleil sur l'horizon pendant sept jours dix-huit heures de plus que l'hémisphère austral; ou, en d'autres termes, pourquoi, d'une équinoxe à l'autre, l'axe terrestre reste-t-il incliné pendant sept jours dix-huit heures de plus dans l'hémisphère austral que dans le boréal?

____

(1) Examen critique du *Cosmos*, de Humboldt, Paris, 1846.

Nous savons bien qu'en raison de l'ellipse parcourue par la terre, les choses ne peuvent se passer autrement, quoique la science ait été jusqu'à admettre qu'à une certaine époque le globe n'éprouvait aucune inclinaison dans son axe et offrait un printemps perpétuel. Mais, selon nous, au moyen de cette accumulation successive de glaces à l'un et à l'autre pôle, et néanmoins plus considérable au pôle austral, la nature, par cette rupture d'équilibre, en amenant insensiblement un changement de centre de gravité dans le globe et par suite un brusque déplacement des eaux océaniques et de celles congelées, assure à notre sphère les conditions nécessaires pour opérer seule et par elle-même ses rénovations périodiques connues sous le nom de *cataclysmes;* rénovations dont la science ne saurait fixer le nombre, mais qui ont laissé partout des traces évidentes.

« N'est-il pas, en effet, plus que surprenant, si ce n'est providentiel, que le pôle austral, indépendamment de son hiver plus long, présente encore une énorme masse continentale polaire, vérifiée dans ces derniers temps, afin d'y favoriser davantage une accumulation de glaces bien plus forte qu'au pôle nord, presque entièrement composé de mers dans lesquelles ces glaces s'écoulent et se fondent en plus grande quantité? — A quelle époque ce déplacement de centre de gravité et les résultats qui en seront les conséquences pourront-ils avoir lieu? c'est ce que la science peut sans doute parvenir à calculer approximativement. Ce que nous voulions constater, c'est que notre globe, dont les volcans sous-marins préparent sans cesse de nouvelles montagnes, pendant que les courants océaniques creusent d'autres vallées, possède en lui-même, dans le cercle éternel de l'ordre physique qui lui est assigné, tous ses moyens généraux et particuliers de rénovations et de transformations. C'est encore dans la réunion des effets physiques provenant de l'accumulation des glaces polaires avec ceux plus prépondérants des lois de la pesanteur universelle, que doivent se trouver les véritables causes perturbatrices qui occasionnent la nutation de l'axe terrestre, nutation sur laquelle le *Cosmos* garde le silence le plus complet. »

CATAIRE (*Nepeta*), vulg. *Herbe aux chats.* Plante de la famille des Labiées, vivace, pubescente, blanchâtre, atteignant près d'un mètre de haut. Ses fleurs sont blanches ou rosées, ponctuées de rouge, disposées en glomérules multiflores, rapprochés en épis feuillés à la base. — La Cataire croît aux lieux pierreux, dans les villages, les haies; elle fleurit en juillet-septembre. Elle est douée d'une odeur aromatique forte et désagréable, que les chats paraissent affectionner, car ils aiment à se vautrer sur la plante et paraissent en éprouver comme des jouissances érotiques. La Cataire est réputée antispasmodique et emménagogue, étant administrée en infusion aqueuse ou vineuse, en fumigations, etc.

Fig. 257. — Cataire.

CATALPA (*Catalpa*). Genre de la famille des Bignoniacées, comprenant deux espèces, dont une seule est acclimatée en Europe.

C'est le C. EN ARBRE (*C. arborea*), arbre de 4 à 5 mètres et plus, dont le tronc, droit, se ramifie vers la moitié de sa hauteur et forme une tête très étendue, couverte de feuilles très grandes, légères, cordiformes, d'un vert tendre; ses fleurs sont blanches, marquetées de points rouges et de raies jaunes à l'intérieur, disposées d'une façon qui ressemble à celles du Marronnier : 5 étamines dont 2 fertiles.

Le Catalpa est originaire de la Caroline; on le cultive en Europe dans les jardins, les promenades, où il produit un fort bel effet, surtout au mois de juillet, époque de sa floraison. On le multiplie de graines ou de boutures prises sur des rameaux de l'année précédente, et il pousse vigoureusement dans les bonnes terres. Son bois est blanc, largement veiné, poreux, peu polissable. Dans sa patrie, cet arbre produit des légumes fort longs, remplis de semences plates imbriquées. Le miel que les abeilles recueillent sur ses fleurs est d'une grande amertume.

CATARACTE (du grec *katarrhasso*, je tombe avec impétuosité). Chute ou précipice des eaux d'un fleuve ou d'une rivière, occasionnée soit par une pente très brusque, soit par des rochers qui arrêtent le courant ordinaire des eaux et leur donnent lieu de tomber avec impétuosité et bruit. Les anciens donnaient à ces chutes d'eaux le nom de *Caladupes.* Le Rhin, par exemple, a deux Cataractes: l'une à Bilefeld et l'autre près de Schaffouse. Le Nil en a plusieurs. La rivière Valogda, en Moscovie, a aussi deux Cataractes près de Ladoga. Le Zaïre, fleuve du Congo, commence par une forte Cataracte qui tombe du haut d'une montagne. Il y a une Cataracte célèbre à trois lieues d'Albanie, dans la Nouvelle-York, qui a plus de 15 mètres de hauteur, et de cette chute d'eau s'élève une brume ou brouillard dans lequel on aperçoit un léger arc-en-ciel qui change de place à mesure qu'on s'en éloigne ou qu'on s'en approche. Mais la Cataracte la plus grande, la plus terrible, en un mot la plus fameuse, est celle de la rivière de Niagara, dans le Canada. Qu'on se figure une nappe d'eau de près d'un kilom. de largeur, tombant de 46 mètres de hauteur avec la force d'un torrent impétueux. Le brouillard que l'eau occasionne par sa chute s'élève jusqu'aux nues et s'aperçoit de plus de 20 kil. Il s'y forme un très bel arc-en-ciel lorsque le soleil éclaire cette Cataracte. L'eau est dans une fluctuation continuelle au-dessous, et forme des tourbillons si impétueux, qu'on ne peut y naviguer jusqu'à six milles de distance.

La Cascade de Terni (Italie) est aussi un de ces ouvrages de la nature qui méritent d'être cités : elle est connue dans le pays sous le nom de *Cataracte* ou *cascade* du mont *del Marmore*. Le chemin qui y conduit est rude, quoique agréable. Il faut, dit Maximilien Misson, monter des rochers extrêmement difficiles, et quelquefois descendre de cheval, à cause du danger des précipices; mais, en revanche, la nature est, dans certains endroits, aussi riante en février qu'elle l'est en mai dans d'autres. Parvenu au sommet des montagnes, on rencontre une petite vallée où coule la rivière appelée *Velino*, ou *Velinus de Virgile*, dont le volume, augmenté des eaux du lac de Luco, donne à cette rivière, dans le lieu de sa chute, à peu près la largeur de 12 mètres. La vallée que quitte le Velino est d'une hauteur immense, eu égard à sa profondeur. Cette rivière hâte son cours avant de se précipiter, à cause du penchant subit de son lit en cet endroit; alors il se jette d'une bordure de rochers escarpés, de la hauteur de 100 mètres, dans le creux d'un autre rocher dans lequel ses eaux vont se briser, en formant un bruit qu'on entend à plus d'un mille de distance. Il s'élève du rocher une espèce de brouillard épais jusqu'à 200 mètres de hauteur, ce qui produit une pluie continuelle dans les environs. Cette eau, réduite en vapeur, forme, par la réfraction et la réflexion des rayons solaires, combinés ensemble, une infinité d'arcs-en-ciel qui se multiplient ou disparaissent, qui se croisent ou qui voltigent, selon la rencontre ou les divers jaillissements des flots, dont les irrégularités sont des plus merveilleuses ou des plus horribles: spectacle qui étourdit, étonne l'esprit et charme la vue tout à la fois.

En général, dans tous les pays où le nombre des hommes n'est point assez considérable pour former des sociétés policées, les terrains sont plus irréguliers et le lit des fleuves plus étendu, moins égal et plus rempli de cataractes. Il a fallu des siècles pour rendre le Rhône, la Loire et le Rhin navigables. C'est en contenant les eaux, en les dirigeant et nettoyant le fond des fleuves qu'on leur donne un cours assuré.

CATHARTE (*Cathartes*, du grec *cathartès*, qui purge). Genre d'Oiseaux de proie de la famille des Vautours ou *Vulturinés*, dont les caractères distinctifs sont les suivants : bec long, mince, recouvert de cire dans les deux tiers de sa longueur; ailes allongées, obtuses; queue médiocre, égale ou arrondie; tête, occiput et gorge dénués de plumes, sans caroncules, et recouverts seulement d'une peau membraneuse à replis, clair-semée de poils rares.

Ce genre, particulier aux deux Amériques, ne comprend que des Oiseaux qui peuvent être considérés comme d'une véritable utilité, en ce qu'ils s'abattent en nombre considérable sur les voiries, et qu'ils assainissent les villes dans les pays où l'abattage des bêtes à cornes est considérable à cause du commerce des cuirs qu'on y fait. C'est de là même que vient leur nom. Aussi ces animaux sont-ils respectés et même protégés par les lois. Ils se montrent d'ailleurs très familiers.

CATHARTE URUBU (*C. fœtens*). Il a la taille d'une petite oie, le plumage d'un noir uniforme. C'est le plus familier des Vautours. On le voit venir jusque dans les villes, en troupes nombreuses, pour disputer aux chiens, aux canards, etc., les débris qui leur sont abandonnés.

CATHARTE DE LA CALIFORNIE (*C. californianus*). Cette espèce habite la Californie, et n'est que très peu connue. Elle a le cou entièrement nu, le bec jaunâtre et le plumage brun foncé.

CATHARTE AURA (*C. aura*). Quelquefois confondu avec l'Urubu, il vit comme lui de charognes; mais il paraît moins près des lieux habités. Très répandu au Brésil, au Paraguay, au Chili, etc.

CAUCALIDE (*Caucalis*) Plante ombellifère, annuelle; tige sillonnée, rameuse, glabre; feuilles bi-tripinnatiséquées, à segments linéaires; fleurs blanches en ombelles de 2-5 rayons, avec involucelles à folioles linéaires. — Elle se trouve dans les moissons maigres, les champs en friche. Ses graines, qui sont assez grosses, mêlées au blé, rendent le pain amer.

CAUDALE. — V. *Nageoire*.

CAULESCENTE. Se dit d'une plante pourvue d'une tige, par opposition à celles qui en sont privées, ou qui sont *acaules*.

CAULINAIRE. Se dit de toutes les parties qui naissent de la tige. Les feuilles *caulinaires* diffèrent des *radicales* en ce qu'elles sont insérées sur la tige, tandis que ces dernières partent du collet de la racine.

CAURALE (*Eurypyga*). Oiseau de l'ordre des Echassiers, famille des Hérons, dont la taille est celle d'une Perdrix, le bec plus grêle que celui des Grues, les jambes plus élevées, le cou long et mince, la queue large et étalée, le plumage nuancé de brun, de fauve, de roux, de gris et de noir.

— V. la gravure au mot *Échassiers*. — Sa patrie est l'Amérique méridionale, surtout la Guyane, où il est connu sous le nom d'*Oiseau du soleil*, de *petit Paon des roses*. Il vit dans les bois, le long des cours d'eau, et se nourrit d'insectes et de mollusques.

CAVERNE. Cavité souterraine, irrégulière, d'une certaine étendue, ordinairement composée d'une série de renflements ou étranglemen's. Ce phénomène géologique a été attribué à l'action, soit corrosive, soit dissolvante, des eaux; mais il est difficile d'admettre que telle soit la cause de ces grands couloirs qui ont quelquefois plusieurs lieues d'étendue. Il y a plutôt lieu de croire que l'origine première des cavernes est due à des crevasses qui se sont opérées dans l'intérieur du sol par l'effet des tremblements de terre, pendant lesquels on a vu des rivières ou des lacs prendre tout à coup un écoulement souterrain, tantôt momentané, tantôt continue. Cette disposition des eaux coïncide quelquefois avec l'apparition soudaine de quelque source abondante dans des lieux plus ou moins éloignés, mais souvent aussi ces eaux ne reparaissent nulle part, ce qui fait présumer alors qu'elles vont déboucher immédiatement dans la mer : ces circonstances nous expliquent la disparition de certaines rivières qui s'engouffrent aujourd'hui sous terre, après un cours plus ou moins étendu sur le sol, ainsi que les sources que nous voyons tout à coup sortir des flancs d'un rocher. Quoi qu'il en soit, les Cavernes que l'on connaît et qui existent à diverses hauteurs ont été mises à sec probablement par un soulèvement plus ou moins considérab'e. Elles sont irrégulières, à parois le plus souvent inégales, mais parfois usées et polies par les eaux, érodées par l'acide carbonique qui a pu s'en dégager, car on sait en effet que ce gaz s'échappe fréquemment par toutes les fissures du sol, surtout après les tremblements de terre, et que les eaux des sources en sont souvent chargées.

« On trouve des *Cavernes à ossements*; les plus anciennes de ces cavités sont celles de Harz et de la Franconie. La plupart de ces cavernes ont eu jadis des ouvertures latérales, souvent encore libres aujourd'hui, qui ont pu donner accès aux animaux de l'époque. Ceux-ci sans doute, pendant de nombreuses générations, seront venus s'y réfugier, y auront traîné leur proie et terminé successivement leur existence : de là accumulation de leurs ossements, que nous trouvons dans un terreau noir, fétide, qui provient sans doute de la décomposition de leur chair. Le plus grand nombre de ces débris appartiennent à des *Ours*, dont deux espèces plus grandes que nos races actuelles; ou bien à des *Hyènes*, plus fortes aussi que celles que nous connaissons vivantes : c'est tantôt l'un, tantôt l'autre de ces genres qui domine. » On trouve aussi des espèces de *Loups*, de *Jaguars*, de *Rongeurs*, de *Ruminants*, de *Pachydermes* et d'*Oiseaux*. Ce qu'il y a de remarquable, c'est que

des événements sont venus souvent recouvrir ces ossements d'une couche de limon, annonçant la pénétration d'eaux bourbeuses à une certaine époque, et qu'ensuite, après la disparition de ces eaux, d'autres animaux sont venus se réfugier dans ces cavernes et y laisser leurs dépouilles. Postérieurement encore, quelques-unes de ces cavités semblent avoir servi de refuge à l'*Homme*, dont on y trouve parfois les débris, ainsi que ceux d'une industrie naissante. On sait en effet que les Cavernes ont été utilisées par la plupart des peuples comme temples, cimetières, prisons, lieux de défense, demeure, etc.

CÉBRION (*Cebrio*). Genre de Coléoptères serricornes, dont les mandibules sont arquées, aiguës; le labre court; les antennes longues dans les mâles, très courtes chez les femelles, insérées en avant des yeux qui sont globuleux; le corselet est transversal avec ses angles terminés en épines; ailes en partie avortées dans les femelles.

Le CÉBRION GÉANT (*C. gigas*), espèce la plus commune, a 2 cent. au plus de long ; il se trouve dans le midi de l'Europe. On présume que ses larves habitent sous terre, d'où les insectes parfaits sortent parfois en grande quantité après les orages. La femelle, dit-on, n'en sort jamais; mais son abdomen très allongé fait saillie, et les mâles savent très bien la découvrir à la surface du sol.

CAVIENS (de *Cavia*, Agouti, genre type). Tribu de Mammifères de l'ordre des Rongeurs, ayant pour caractère commun une queue excessivement courte ou nulle, et appartenant à l'Amérique méridionale.

Quatre genres forment ce groupe : voici le tableau synoptique de leurs traits distinctifs :

Cinq doigts aux pieds de devant et à ceux de derrière . . . . PACA

Quatre doigts aux pieds de devant et trois à ceux de derrière ; doigts réunis par une membrane; point de queue, CABIAI

Doigts séparés. . . . . COBAYE

Une petite queue ou un tubercule à sa place. . . . . AGOUTI

CÉCILIE (*Cæcilia*) Genre de Reptiles de l'ordre des Ophidiens, voisin des Batraciens, ainsi appelé (de *cæcus*, aveugle), parce que les yeux de ces animaux sont petits et cachés à peu près ou totalement sous la peau. En voici les caractères : corps allongé, cylindrique, dépourvu de pieds, revêtu d'une peau molle, muqueuse, garnie de petites plaques écailleuses situées dans le derme lui-même par rangées transversales; tête petite, déprimée, à museau arrondi; mâchoire non extensible, langue non bifurquée, large, molle, ovalaire; anus presque terminal.

Les Cécilies ont été longtemps classées avec les

Poissons, à côté des Anguilles. Offrant dans leur organisation de nombreux points de contact avec différents ordres, elles ont jeté les classificateurs systématiques dans quelque perplexité. On ne sera définitivement fixé à leur égard que lorsque leur genre de vie, leur mode de reproduction et de développement seront mieux connus; cependant on pense que ces reptiles vivent dans l'eau. Ils se trouvent dans l'Amérique méridionale, au Brésil, au Mexique. Ce sont des êtres inoffensifs, qui atteignent 65 cent. de long sur 3 de diamètre. Ce genre comprend plusieurs espèces : on a cherché à les déterminer d'après le nombre des rides circulaires ou semi-circulaires de leur corps : mais ces rides sont trop nombreuses pour offrir des caractères constants et précis.

CÉCROPS (*Cecrops*). Crustacés de l'ordre des Branchiopodes, ayant quelque analogie avec les Limules, les Caliges, et dont on ne connaît qu'une seule espèce, le CÉCROPS de LATREILLE, qui vivrait, selon ce naturaliste, sur les branchies du Turbot.

CÉDONULLI. C'est une Coquille univalve du genre Cône, rare, précieuse et très recherchée. Elle se trouve dans les mers de l'Amérique méridionale et des Antilles. Elle n'atteint que 6 cent. au plus. Il y en a un bel exemplaire dans la collection du duc de Rivoli. « Un marchand de la capitale a acheté moyennant trente sous, il y a peu d'années, en face du portail de l'église Saint-Roch, un très bel individu du Cône Cédonulli, qu'il a revendu 300 fr. au bout de quelques jours. Le même marchand trouva peu de temps après sur une des places de Londres trois autres coquilles de cette espèce qui ne lui coûtèrent que quelques schelings, et dont il se défit, sur l'heure même, avec un bénéfice tel, qu'il fut défrayé de toutes les dépenses de son voyage. » (*N. Dict. class. d'hist. naturelle.*)

CÉDRATIER (*citrus cedra*). Espèce du genre Oranger, groupe des Citronniers, qui s'en distingue par ses rameaux plus courts et plus raides, par ses feuilles plus étroites, ses fruits plus gros, plus verruqueux et dont la pulpe est moins acide. Il offre plusieurs variétés, telles que les *grand* et *petit Poncire*, la *Pomme de Paradis*.

Le fruit du Cédratier, nommé *Cédrat*, a une odeur très agréable; les confiseurs en font un grand usage, mais ils n'emploient que l'écorce.

CÈDRE (*Cedrus*). Arbre de la famille des Conifères, tour à tour groupé parmi les Mélèzes et les Pins, mais qui forme un genre particulier, lequel se distingue par ses feuilles qui persistent plusieurs années après l'allongement du bourgeon, par les écailles du cône qui sont très serrées. Les sexes sont séparés sur le même individu : chatons mâles ovoïdes : chatons femelles presque cylindriques et placés au sommet des jeunes rameaux; le fruit est un cône ovale sans saillie, qui reste fixé deux ans

aux branches, après quoi les graines sont en maturité et tombent.

Le Cèdre est célèbre par son élévation, la grosseur qu'il acquiert, le nombre des années qu'il compte et l'indestructibilité de son bois. Arbre d'un port majestueux, sa forme est pyramidale et sa stature gigantesque. Ses branches très nombreuses s'étendent horizontalement et semblent se courber vers la terre en se couchant les unes sur les autres; leurs feuilles sont petites, courtes, éparses, raides et piquantes, réunies en faisceaux divergents d'un vert sombre, et persistantes.

Autrefois les plus beaux Cèdres couvraient les hautes montagnes du Liban, qui aujourd'hui ont perdu ce sévère et bel ornement. Mais ces arbres sont de nos jours très répandus en Europe. Il en existe un très bel échantillon au Jardin des Plantes de Paris, que B. de Jussieu apporta d'Angleterre et planta en 1734. En 1786, cet arbre offrait, à la hauteur de 1 m. 45, une circonférence de 2 m. 13; cette circonférence était de 2 m. 81; en 1812, de 3 m. 23 en 1844. Le bois de cèdre est résineux, incorruptible; aussi l'a-t-on employé de tout temps pour la construction des grands édifices, des cercueils, des étuis de momies, etc. L'architecture moderne semble l'oublier, sans doute parce qu'elle le connaît mal ou que l'employant trop jeune, elle compromet ses grandes qualités.

On a abusé du mot *Cèdre* pour l'appliquer à des végétaux étrangers au genre *Cédrus*. Nous nous dispenserons de rappeler ces fausses dénominations.

CÉDRELACÉES. Famille de grands arbres des régions tropicales, détachée des Méliacées, dont elle diffère par les loges du fruit qui sont polyspermes, et par ses graines ailées. Le bois de ces arbres est généralement dur, coloré, odorant, très employé dans l'ébénisterie. — Le genre type est le Cèdre.

CÉDRÈLE (*Cedrela*), vulg. *Acajou à planches*. Arbre de la famille des Cédrelacées, originaire de l'Amérique méridionale, dont le tronc acquiert des dimensions telles qu'on en construit des canots tout d'une pièce, de 15 mètres de longueur, sur 1 m. 60 de largeur. Son bois ordinairement rouge se polit aisément et devient très luisant.

CÉLASTRE (*Celastrus*). Genre d'arbustes de la famille des Célastrinées, laquelle a été séparée des Rhamnées pour des motifs plus apparents que réels. On connaît plus de 40 espèces de Célastres qui se trouvent dans l'un et l'autre hémisphère, mais surtout au cap de Bonne-Espérance, au Chili, au Pérou.

Les principales espèces sont : le CÉLASTRE DE VIRGINIE (*C. bullatus*), aux fleurs blanches disposées en épis terminaux; — le CÉLASTRE GRIMPANT ou du Canada (*C. scandens*), appelé *Bourreau des arbres*, parce qu'il s'enroule autour d'eux et les presse si fortement qu'il les fait périr ; — le C. PA-

NICULÉ (*C. pyracanthus*), qui forme buisson à feuilles toujours vertes, et qui supporte parfaitement les froids du nord de l'Europe. — Au surplus le genre Célastre a de grandes affinités avec le *Fusain.* — V. ce mot.

Fig. 238. — Célastre à feuilles de buis.

CÉLERI (*Apium graveolens*). Espèce du genre Ache, qui offre plusieurs variétés appelées *Céleri long, C. court, C. branchu, C. rave.* — « Les Italiens ont été les premiers à tirer des lieux humides et marécageux l'*Ache* (V. ce mot) et à la transformer en plante potagère par la culture. On mange la base des pétioles et des jeunes tiges; on confit les sommités fleuries; la racine et les graines sont employées en médecine; la première comme apéritive, les secondes comme semences chaudes. Les bestiaux en mangent les issues avec avidité.

« Le Céleri cultivé est une plante saine, agréable, alimentaire; pour la faire blanchir à la plus grande hauteur possible, on la plante dans des fossés et on l'enterre à plusieurs reprises. Le Céleri sauvage, au contraire, est plus que suspect pour l'homme, car il a souvent causé de graves dangers. Les chevaux n'y touchent point; les chèvres, les moutons et quelquefois les vaches le mangent sans inconvénient. »

CELLÉPORE. Genre de Polypiers de l'ordre des *Celléporées*, petits, flexibles, cellulifères, en général microscopiques, n'offrant point dans leurs couleurs de nuances variées et brillantes, et qu'on trouve dans toutes les mers où ils adhèrent aux rochers, aux plantes, aux crustacés et aux mollusques testacés.

Les Cellépores offrent, comme caractères principaux, un amas de petites cellules ou vésicules calcaires serrées les unes contre les autres et percées chacune d'un petit trou; souvent, à cause de leur petitesse, de leur dureté pierreuse et de leur aspect demi-transparent, on les confond avec de simples dépôts calcaires, et elles contiennent si peu de matière animale que les acides les dissolvent presque en entier.

CELLÉPORÉES. Ordre de Polypiers dont les caractères sont ceux des *Cellépores*. — V. ce mot.

CELLULAIRE. — V. ce mot.

CÉLOSIE. Nom d'un genre de plantes exotiques, cultivées chez nous et dont la p'us connue est l'*Amarante crête de coq*. — V. *Amarante*.

CÉLYPHE (*Celiphus*). Diptère de Java, présentant au premier abord l'apparence d'une Scutellaire, ayant le corps ovo-hémisphérique, l'écusson très grand et couvrant tout l'abdomen et les ailes, la bouche sans trompe, etc. Rare dans les collections.

CENDRES. Résidu d'une combustion complète; substances métalliques qui, ayant perdu par l'action du feu leur cohérence, leur continuité et leur éclat, sont réduites à l'état d'oxydes. On distingue les cendres en végétales, en animales et en minérales. — 1° *Cendres végétales*. Elles résultent de la combustion des végétaux. Les matières combustibles se composent essentiellement de carbone, d'hydrogène et d'oxygène. Ce qui forme, après la combustion, le résidu auquel on donne le nom de *cendres*, provient de substances accidentelles qui font varier la composition de ce résidu. En général le carbonate de chaux domine dans les cendres des végétaux; les sels alcalins en constituent le produit utile: la *potasse* qu'on trouve dans le commerce provient, en majeure partie, des cendres de bois brûlés sur place dans les forêts de l'Europe et de l'Amérique; la *soude* est un produit des cendres de plantes recueillies sur les bords de la mer. C'est à ces alcalis que les cendres végétales doivent la propriété de blanchir. Mais leur quantité et qualité varient, suivant les plantes ou les arbres qui les fournissent. Les plantes en donnent plus que les arbres, les feuilles plus que les branches, l'écorce plus que le tronc, suivant l'abondance de la transpiration dans chacune de ces parties. Voici dans quel ordre on doit placer les arbres les plus utiles au chauffage, considérés sous le rapport de la quantité de résidu qu'ils laissent après la combustion: Charme, Hêtre, Chêne, Châtaignier, Pin, Tilleul.

Outre leurs propriétés générales, utiles non-seulement aux lessiveurs, mais encore à l'agriculture, car elles amendent la terre en retenant l'humidité, en détruisant les mauvaises herbes, les limaçons et les insectes, les cendres en offrent de particulières, qui varient suivant le bois qui les fournit.

Ainsi celles de Hêtre sont recherchées par les

verriers ; celles de Chêne, par les salpêtriers et les savonniers. Les cendres de Châtaignier, employées à la lessive, tachent le linge d'une manière indélébile.

2° *Cendres animales*. Les matières animales se réduisent facilement en charbon, mais on ne parvient que difficilement à les réduire en cendres; aussi leur usage est-il nul dans les arts.

3° *Cendres minérales*. Elles proviennent de la combustion complète de la houille, de la tourbe, du lignite et de l'anthracite. L'argile y domine, tandis que c'est, comme nous l'avons vu, le carbonate de chaux dans les végétales. On les emploie particulièrement pour servir d'amendement. Les *cendres volcaniques* sont ces matières pulvérulentes qui s'élèvent des cratères des volcans, et qui, tantôt humectées, forment une espèce de mortier ; tantôt, ne s'agglutinant pas, couvrent le sol au loin d'une couche nuageuse pulvérulente et le fertilisent. Mais quand ces cendres sont composées de rudiments de cristaux mêlés de molécules ferrugineuses, comme aux environs de l'Etna, elles rendent la terre stérile jusqu'à leur décomposition. C'est la poussière argileuse qui est fertilisante.

CÉNOMYCE. Genre de Lichens dont la fronde est tantôt composée de folioles étalées, tantôt nulle ; de cette fronde s'élèvent des tiges simples ou rameuses, fistuleuses, terminées par une partie évasée en entonnoir qui porte les organes reproducteurs. — On compte jusqu'à 50 espèces, qui croissent sur la terre ou sur les bois pourris: elles ont une couleur jaune verdâtre et une forme variable. La *C. rangiferina*, très commune dans les bruyères du nord de l'Europe, en Laponie, fait la nourriture des Rennes durant l'hiver; chez nous les cerfs la mangent également pendant les froids.

CENTAURÉE (*Centaurea*). Genre de Plantes de la grande famille des Composées, tribu des Carduacées, très nombreuses en espèces, dont la forme des feuilles, la disposition et la couleur des capitules sont très variables, mais qui ont pour caractères communs : involucre à folioles imbriquées, entourées d'une bordure denticulée, ou terminées par un appendice scarieux, plus rarement par une épine : réceptacle hérissé de soies : fleurons de la circonférence stériles, infundibuliformes, rayonnants, plus grands que ceux du centre ; fruits munis d'une aiguille courte.

C. CHAUSSE-TRAPE (*C. calcitrapa*), vul. *Chardon étoilé*. Plante bisannuelle à tige de 40 à 80 cent., très rameuse, diffuse, anguleuse, pubescente: feuilles pinnatipartites, les radicales rétrécies en pétiole, étalées en rosette, les caulinaires sessiles, les supérieures entières, petites. Capitules ovoïdes oblongs, dont les folioles sont terminées par une épine robuste, un peu renversée, pinnatipartite à la base ; fleurons de couleur purpurine, hermaphrodites au centre, neutres à la circonférence, posés sur un réceptacle poilu.

La Chausse-trape est très commune aux lieux secs et pierreux, aux bords des chemins, où elle montre ses fleurs, disposées en corymbe irrégu-

Fig. 159. — Chausse-trape.

lier, depuis juillet jusqu'en septembre. Son odeur est nulle, mais sa saveur assez amère. C'est un fébrifuge et un diaphorétique tombé en désuétude. Mentionnée dans les livres saints, la Chausse-trape était employée par les Juifs pour assaisonner l'agneau pascal.

GRANDE CENTAURÉE (*C. centaurium*). Cette espèce est vivace, de 1 m. à 1 m. 50 de hauteur ;

Fig. 160. — Grande centaurée.

tige dressée, ferme, rameuse en haut, glabre; feuilles pinnées à folioles finement dentées. Capitules globuleux dont les folioles sont entières, non épineuses; fleurons de couleur pourpre, hermaphrodites au centre, neutres à la circonférence.

La grande Centaurée se trouve sur les montagnes élevées de l'Espagne, de l'Italie, des Alpes. Si c'est la Centaurée dont Pline nous a transmis une description d'ailleurs assez exacte, cette plante jouissait chez les anciens d'une immense réputation. Ils vantaient surtout sa racine, qui est volumineuse et très longue, d'une saveur amère, comme les autres parties de la plante. Aujourd'hui c'est un médicament totalement oublié.

C. CHARDON BÉNIT *(C. benedicta)*. Plante annuelle de 30 à 60 cent., à tiges rameuses, rougeâtres, lanugineuses ; feuilles profondément dentées avec une petite épine à chaque dent; capitule terminal et solitaire, dont l'involucre est composé de folioles écailleuses terminées par une épine pinnatifide ; fleurons jaunes, etc.

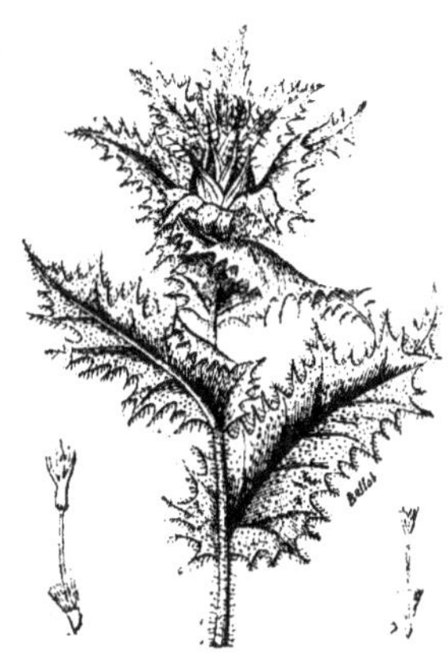

Fig. 261. — Chardon bénit.

Le Chardon bénit croît spontanément dans le midi de la France ; on le cultive dans les jardins. Quoique doué d'une amertume prononcée et en possession d'une vieille réputation de plante tonique, sudorifique et détersive, due au hasard ou aux préjugés, cette espèce n'est pas plus employée que les précédentes.

Voir *Bluet*, *Jacée*, pour ces variétés. La *petite Centaurée* (V. ce mot) est toute différente des Centaurées proprement dites.

CENTRISQUE *(Centriscus)*. Genre de Poissons de la famille des Tubulirostres, ainsi caractérisé : corps oblong, comprimé par les côtés; tête terminée en bec long et très étroit; pas de dents dans la bouche, qui est très petite au bout du bec; huit nageoires, dont 2 sur le dos, la première reculée en arrière, armée d'aiguillons, la seconde plus petite garnie de rayons.

Le C. BÉCASSE DE MER *(C. scolopax)* est le type du genre. Son museau représente une espèce de trompe ayant presque la moitié de la longueur du corps, qui est ovale allongé comprimé, couvert d'écailles raboteuses et d'un rouge pâle; la première dorsale est armée d'une longue et forte épine, l'anus se termine près de la queue, etc. — Ce Poisson se trouve dans la Méditerranée; sa chair est délicate, estimée; il paraît quelquefois dans les marchés de Rome.

Le C. CUIRASSÉ *(C. scutatus)*, plus allongé que le précédent, a le dos comme cuirassé et lisse, ce qui est dû à ce que ses écailles sont si serrées qu'elles paraissent n'en faire qu'une seule; toutes les nageoires sont très rapprochées de la queue, la première dorsale offrant une épine forte couchée en arrière. Longueur totale, 16 à 20 cent. — Il habite les mers des Indes orientales et la mer Rouge.

CENTRONOTE *(Centronotus)*. Groupe de Poissons établi par G. Cuvier dans sa grande famille des Scombéroïdes, caractérisé par des épines libres au devant de la 1re dorsale, deux autres également libres au devant de l'anale, et par une saillie sur chaque côté de la queue. En prenant ce nom comme indiquant simplement un genre, on a à examiner ici les espèces suivantes.

Le PILOTE *(Naucrates)* a le corps en fuseau, une carène aux côtes de la queue, comme les Thons, 2 épines libres au devant de l'anus. Il est le même que le FOUFRE *scomber ductor)*, espèce de couleur bleue avec de larges bandes verticales d'un bleu plus foncé. Ce Poisson, dont la taille n'est guère que de 32 cent., suit les vaisseaux pour s'emparer de tout ce qui tombe, ce qui a fait dire qu'il sert de guide au Requin.

Les LICHES ont le corps comprimé, la deuxième dorsale et l'anale continues, la queue sans carènes latérales ; la ligne latérale fortement courbée en S. La Méditerranée en nourrit trois espèces. — Citons la *Liche propre* que l'on pêche souvent et qui peut peser jusqu'à 50 kil. ; la *Liche glaucos*, d'un argenté plombé, brillant sur le corps.

Les TRACHINOTES sont des Liches à corps élevé, à dorsale et anale aiguisées en pointes plus allongées, qui habitent la Méditerranée, et dont on distingue une dizaine d'espèces.

CENTROPOME *(Centropomus)*. Grand et bon Poisson de mer de l'Amérique méridionale, où on le nomme *Brochet*, parce qu'il a en effet le museau déprimé comme notre Brochet; mais ses dents sont en velours, et tous les autres caractères sont ceux des Percoïdes à deux dorsales. Il est argenté, teint de verdâtre, et a la ligne latérale noire. — Il habite la mer et remonte assez loin dans les fleuves. Il ne faut pas confondre avec cette espèce le *Centropome loup*, qui est le poisson que nos pêcheurs appellent *Bar*. — V. ce mot.

CÉPHALOPHE. Ce mot désigne un sous-genre d'Antilope, dans la classification de Blainville, qui correspond aux Tétracères de Laurillard. L'espèce la plus remarquable est l'ANTILOPE SPINIGÈRE, le prétendu chevrotain pygmée de Buffon, qui n'est pas plus gros qu'un lapin, et dont on voit un exemplaire fort jeune au Muséum de Paris.

CÉPHALOPODES (de *képhalé*, tête ; *pous*, pied). Classe de Mollusques à formes très variées, bizarres, dont les pieds ou tentacules servant à la locomotion sont insérés sur la tête et autour de la bouche, et qui, lorsqu'ils marchent, ont le tronc en haut et la tête en bas. Le tronc est recouvert par le manteau, qui a la forme d'un sac et d'où sort la tête. Ce sont des animaux marins dont l'organisation générale présente les particularités suivantes.

D'abord, pour ce qui concerne les fonctions de relation, on remarque chez eux un système nerveux plus compliqué que chez les autres Mollusques ; il en est de même pour les organes des sens, car les yeux sont gros et analogues à ceux des Vertébrés ; l'organe auditif existe quoiqu'il manque de conduit externe ; le toucher est très délicat. Ce dernier sens est exercé par les parties extérieures et par les tentacules, qui offrent une ou plusieurs rangées d'ouvertures ou sortes de ventouses servant à fixer l'animal, et dont deux, quelquefois, s'élargissent en forme de rames ou de voiles membraneuses, ou s'allongent de façon à devenir filiformes. Le manteau est énergiquement contractile et sert à la locomotion, qui résulte, dans beaucoup de cas, de la projection d'une certaine quantité d'eau, dont l'animal remplit probablement sa bourse, et qu'il chasse par une contraction vigoureuse de celle-ci, à travers l'étroit orifice de son entonnoir : si bien que cette locomotion a lieu d'après le mécanisme du recul du fusil.

Fig. 262. — Calmar (Céphalopode.)

Du côté du système de la vie de nutrition, nous remarquons que la bouche est à deux mâchoires assez dures, aiguës, recourbées en forme de bec de perroquet ; l'estomac est musculeux, analogue au gésier des oiseaux ; les intestins se terminent dans une espèce d'*infundibulum* placé au-dessous de la tête. La respiration est branchiale ; les branchies sont cachées sous le manteau, dans une cavité particulière qui communique au dehors par deux ouvertures, l'une en forme de fente, et l'autre prolongée en tube, et servant à la sortie de l'eau et des excréments. Quant à la circulation, le cœur est formé d'un seul ventricule : le sang y arrive des branchies ; il est ensuite distribué dans le corps par les artères, puis revient aux branchies par un

système veineux incomplet, traversant en partie la cavité viscérale. Ce liquide, avant d'arriver aux organes respiratoires, circule dans un gros tronc dont les divisions pénètrent dans un réservoir contractile, espèce d'oreillette ou cœur veineux, situé à la base de chaque branchie. Toutefois cette disposition manque chez les Céphalopodes qui ont plus de deux organes de la respiration, comme les *Tétrabranchiaux*.

Les organes de la génération sont dans cette classe, par exception, portés sur deux individus distincts : ils aboutissent dans l'*infundibulum* dont nous avons parlé plus haut.

Les Céphalopodes sont tous marins, nocturnes, voraces : ils se nourrissent principalement de crustacés et de poissons, dont ils s'emparent à l'aide de leurs bras souples et vigoureux. — On les partage en deux ordres.

1° SÉPIAIRES. Ils sont nus, sans coquille, ou n'offrent qu'une coquille monothalame, rudimentaire, simple, intérieure ou extérieure. Les tentacules sont tantôt au nombre de huit, tantôt au nombre de dix ; de là, la division de cet ordre en deux familles, les *Octopodes* et les *Décapodes*. — V. ces mots.

2° CÉPHALOPODES POLYTHALAMES. Leur corps est à peu près semblable pour la forme et la structure à celui des Sépiaires ; mais la coquille, qui est intérieure ou extérieure est partagée intérieurement en un nombre plus ou moins considérable de loges par des cloisons transversales qui offrent soit un siphon continu, soit simplement des trous pour faire communiquer toutes les loges entre elles : de là la division de cet ordre en deux familles : les *Polythalames siphonifères* et les *P. foraminifères*.

CÉPHALOPTÈRE (*Cephalopterus*). Oiseau de la famille des Corbeaux, dont le nom fait allusion au grand nombre de plumes qui forment sur sa tête une huppe très élevée, et sur son jabot une sorte de fanon. Il est tout entier d'un beau bleu noir uniforme, avec la tête et la base du cou en avant ornées d'un panache formant une sorte de parasol composé de plumes étroites, très longues, droites sur la tête et terminées par un épi de barbes noires qui se renverse en devant. Les côtés du cou sont nus ; la queue est longue et légèrement arrondie ; etc.

Ce singulier oiseau vit dans le Haut-Pérou. Il est très rare encore aujourd'hui dans les collections.

CÉPHALOPTÈRE (*Cephaloptera*). Genre de Poissons chondroptérygiens, famille des Sélaciens, tribu des Raies, caractérisé ainsi : queue grêle ; aiguillon ; petite dorsale et pectorales étendues en largeur comme dans les Mourines ; dents plus menues en ore que celles des Pastenagues et finement dentelées ; tête tronquée en avant ; les pectorales, au lieu de l'embrasser, prolongent chacune leur extrémité antérieure en pointe saillante, ce qui donne au poisson l'air d'avoir deux cornes. — Deux ou trois espèces sont connues. Le Céphaloptère Giorna est une espèce gigantesque à dos noir, bordé de violàtre, qui est propre à l'Océan, et que l'on pêche quelquefois mais rarement dans la Méditerranée.

CÉPHALOTE (*Cephalotes*). Genre de Cheirop-

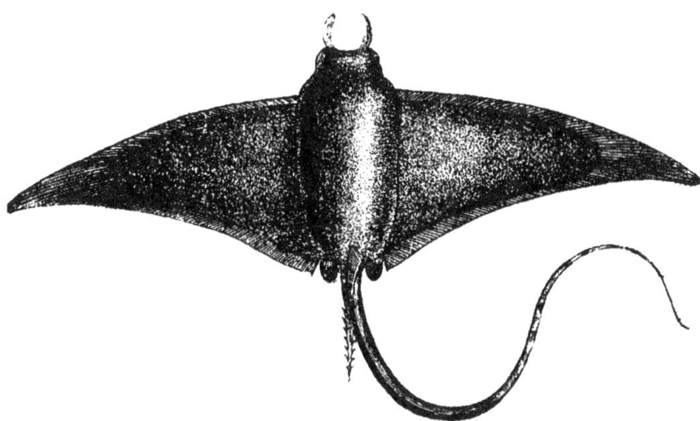

Fig. 263. — Céphaloptère giorna.

tères voisin des Roussettes, remarquable par sa tête, qui est très grosse (ce à quoi son nom fait allusion), séparée du museau par un rétrécissement qui correspond à des arcades zygomatiques très élevées; par son museau court, ses narines tubuleuses, écartées et séparées l'une de l'autre par un sillon profond, etc.

Le Céphalote de Pallas (*C. Pallasii*) est la seule espèce authentique de ce genre; il se trouve à Amboine; on ignore sa manière de vivre, car il n'est guère connu que par ses dépouilles. Cet animal diffère de ceux de sa famille par un plus petit nombre de dents et par la forme de ses molaires, qui semblent indiquer qu'il se nourrit de fruits.

Le nom de *Céphalote* s'applique aussi : 1° à une Saxifragacée, herbe vivace de la Nouvelle-Hollande dont les feuilles réunies en touffes offrent deux formes distinctes; 2° à un genre de Coléoptères pentamères.

CÉPHÉE (*Cephus*). Genre d'Hyménoptères de la famille des Porte-scie, Insectes de petite taille

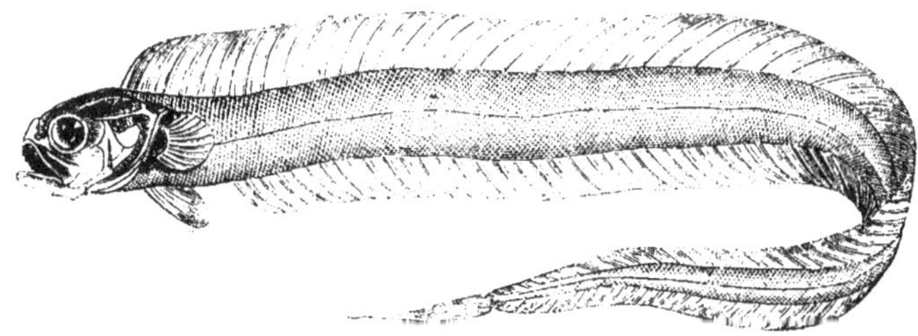

Fig. 264. — Cépole ruban.

dont la variété *C. à pieds épineux* est commune dans les champs, sur les fleurs, dans toute l'Europe.

CÉPOLE (*Cepola*) ou Ruban. Genre de Poissons de la famille des Ténioïdes, caractérisé par : corps très allongé, très comprimé, semblable à une lame d'épée; museau court, obtus, la mâchoire supérieure très courte et l'inférieure se redressant pour la rejoindre, ce qui rend l'ouverture de la bouche dirigée en haut; dents aiguës; dorsale et anale longues, atteignant la caudale, qui est longue, très marquée.

L'espèce la mieux connue, la seule peut-être, est la CÉPOLE RUBAN ou rougeâtre (*C. rubescens*), qui est longue de 35 à 50 cent., d'un beau rouge avec de nombreuses bandes transversales; dorsale d'un jaune safran liseré de rose; dents sur deux rangées en bas, sur un seul rang en haut. — Ce poisson fréquente les côtes vaseuses de la Méditerranée, se nourrit de petits crustacés, de coquillages et de zoophytes. Sa chair est huileuse et peu estimée; elle est d'ailleurs en couches si minces que, fût-elle excellente, elle ne vaudrait pas la peine d'être recherchée.

CÉRAISTE (*Cerastium*). Genre de la famille des Caryophyllées; plantes herbacées, vivaces pour la plupart, velues, dont les fleurs, blanches et en cymes dichotomes ou unilatérales, présentent dans le plus grand nombre de cas 5 sépales, 5 pétales bifides, 10 étamines et 5 styles. — Les Céraistes présentent un certain intérêt, tant à cause de l'éclatante blancheur de leurs fleurs et du contraste remarquable qu'ils produisent dans les gazons, que parce que les bestiaux les recherchent avidement dans les pâturages où ils abondent. On en distingue plusieurs espèces qui forment deux groupes : ceux dont les pétales sont plus longs que le calice; ceux au contraire dont les pétales sont plus courts ou égaux au calice.

Le CÉRAISTE DES CHAMPS (*C. arvense*) a des tiges nombreuses, couchées, ascendantes; des feuilles linéaires ou lancéolées; des fleurs peu nombreuses, à sépales obtus et à pétales beaucoup plus longs que le calice. Cette plante est assez commune aux lieux arides, et fleurit en mai-juin.

Le CÉRAISTE TOMENTEUX, vulg. *Argentine*, en est une jolie variété que l'on cultive dans les jardins, et qui est très rustique. Elle est remarquable par ses tiges traînantes couvertes d'un duvet blanc; et par ses rameaux stériles allongés. Les racines, très traçantes, désespèrent l'horticulteur, qui souvent orne les rocailles de cette plante.

Le CÉRAISTE AQUATIQUE appartient aux *Stellaires*. — V. ce mot.

CÉRAMIAIRES. Plantes cryptogames sous forme de filaments articulés, très déliés, d'un port élégant, d'une couleur brunâtre, rouge ou verte, qui se trouvent dans la mer, les fontaines et les eaux courantes. — Les espèces sont très nombreuses.

CÉRASTE (*Coluber cerastes*). Espèce de Vipère remarquable par une petite corne pointue qu'elle porte sur chaque sourcil, et qui se tient cachée dans le sable, en Egypte, en Libye, etc. Les anciens en ont souvent parlé. — V. *Vipère*.

CÉRATINE (*Ceratina*). Genre d'Hyménoptères Mellifères ayant de grands rapports avec les Abeilles, insectes de petite taille, à couleurs bronzées ou noires, n'offrant que quelques taches blanchâtres à la partie antérieure de la tête. — On en connaît peu d'espèces.

La plus intéressante serait la CÉRATINE CALLEUSE, qui, d'après Spinola, profitant des branches d'Eglantier rompues par accident, creuse un trou à la place de la moelle jusqu'à la profondeur d'un pied environ, au fond duquel elle dépose un peu de miel et y laisse un œuf; puis, faisant une séparation au dessus, avec la moelle même de l'arbre, elle recommence et continue ainsi de cellule en cellule jusqu'à l'ouverture. Les larves, semblables à celles des Abeilles, ne rendent d'excréments que lorsqu'elles sont arrivées à l'état d'insectes, et qu'elles sont sorties de leur prison.

CÉRATOPHYLLE (*Ceratophyllum*). Genre de Plantes vivaces, herbacées, vivant dans l'eau, constituant une petite famille, les *Cératophyllées*.

Le CÉRATOPHYLLE SURNAGEANT (*C. demersum*), vul. *Cornifle*, a des tiges grêles, rameuses, submergées-nageantes; des feuilles verticillées, deux fois dichotomes, à segments linéaires filiformes. Fleurs monoïques, dépourvues de calice, à involucre multipartit; 10 à 25 étamines dans un involucre commun, dans les mâles; ovaire solitaire dans un involucre, dans les femelles. Fruit coriace, noirâtre, muni au-dessus de sa base de deux épines arquées, terminé en épine par le style accru. — Cette plante est assez commune dans les rivières, les étangs, les marais, les bassins, où elle fleurit en juillet septembre. — Le C. SUBMERGÉ a les feuilles 3 fois dichotomes, le fruit dépourvu d'épines au-dessus de la base. — Ces deux espèces fructifient du reste assez rarement.

CERCAIRE et **CERCARIÉES** (du gr. *cercos*, queue). Famille d'Infusoires établie par Bory Saint-Vincent, qui lui assigne pour caractères communs : corps globuleux ou discoïde, parfaitement distinct d'une queue inarticulée, simple et postérieure. Elle comprend deux genres : les *Cercaires* et les *Zoospermes*.

Les CERCAIRES (*Cercaria*) sont des animalcules à corps ovoïde cylindrique, obtus en avant, aminci postérieurement en un appendice égal à sa longueur. Il y a une douzaine d'espèces de ces monades qui vivent les unes dans les infusions, les autres dans les eaux des marais. La plus commune, dit Bory Saint-Vincent, ressemble pour la forme à un têtard de grenouille; mais elle doit être un million de fois plus petite que la plus petite de ces sortes de larves, car c'est à l'aide d'un grossissement de 500 fois qu'on la distingue, toute transparente qu'elle est, nageant sur le porte-objet du microscope, comme le ferait un batracien dans son premier état. « Sa queue ondoyante lui sert de gouvernail; sa tête se porte toujours en avant; on la voit aller, venir, tourner, s'arrêter, tâter, avec sa partie obtuse les corps qui lui font obstacle passer dessus ou dessous, les tourner au besoin, et donner des preuves les moins équivoques de vouloir et de liberté. »

On avait d'abord confondu les deux genres; mais la différence, tout entière dans les dimensions, est énorme, car les Cercaires ont 1/13 de millimètre; les animalcules spermatiques (Zoospermes) 2/100 de millim.

CERCOPE (*Cercopis*). Genre d'Hémiptères homoptères, ayant de grands rapports avec les Cigales. Ces insectes ont la tête horizontale, les yeux latéraux et saillants, le rostre très bombé, les antennes de 3 articles et placées entre les yeux; corselet en losange, élytres différant de celles des Cigales par la forme arrondie et allongée, la consistance coriace, etc. — Ce genre est nombreux en espèces, presque toutes exotiques :

Le Cercope sanglant, long de 7 à 8 millim., noir, avec les genoux rouges, est assez commun aux environs de Paris; ainsi que le C. écumeur, d'un gris jaunâtre, etc.

On nomme vul. *Crachat de coucou* ou *de Grenouille* de petites masses écumeuses que l'on voit au printemps sur les feuilles des végétaux et qui sont produites par les larves des Cercopes.

CERCOPITHÈQUE (du gr. *cercos*, queue; *pithécos*, singe). Nom donné au groupe naturel des *Guenons*. — V. ce mot.

CÉRÉOPSE (*Cereopsis*). Oiseau de l'ordre des Palmipèdes lamellirostres, voisin du genre Oie, dont la tête est blanche, le bec fort, très court et couvert d'une cire étendue presque jusqu'à la pointe, ce qu'exprime son nom, dérivé du gr. *ceros*, cire; *opsis*, aspect.

Les ailes sont amples; longueur totale, 75 à 80 cent. — Le Céréopse cendré se trouve sur une partie des côtes de la Nouvelle-Hollande.

CERF (*Cervus*). Genre de Mammifères de l'ordre des Ruminants, dont les différentes espèces, dans la classification linnéenne formaient aujourd'hui autant de genres séparés, unis par des caractères communs que les naturalistes modernes indiquent à la famille des *Corvidés* ou des *Elaphiens*. Ces caractères très généraux se résument en peu de mots : Ruminants à prolongements frontaux, lesquels subsistent au moins chez le mâle, et consistent en des bois caducs ordinairement ramifiés. A l'exemple de I. Geoffroy Saint-Hilaire, nous n'adopterons que les seuls genres *Elan*, *Renne*, *Muntjac*, auxquels nous renvoyons, et le genre *Cerf*, dont voici l'histoire abrégée.

Ce genre présente les caractères que voici : corps svelte, élégant; jambes fines, nerveuses; tête longue terminée le plus souvent par un mufle; bois plus ou moins développés, d'abord cartilagineux, velus, ensuite nus et durs, placés sur deux tubérosités de l'os frontal, se composant d'une tige principale (*merrain*, *dague*), de branches diversement dirigées (*andouillers*), dont le nombre augmente d'une nouvelle chaque année, lors-que les bois, tombés, repoussent, ce qui fait deviner à peu près l'âge exact de ces animaux.

Les Cerfs sont répandus dans les deux continents; ils vivent soit en troupes plus ou moins nombreuses, soit isolément et par paires, dans les grandes forêts, les pays de plaines ou les contrées marécageuses. Ce sont des animaux de taille grande ou moyenne, paisibles, assez timides et intelligents, totalement herbivores, dont le naturel se ploie aisément aux circonstances qui dépendent des climats et de la température. Les femelles sont plus petites que les mâles, sans cornes; elles portent sept mois au moins, et les petits naissent en état de force assez avancée pour marcher. Les mâles deviennent furieux, parfois même redoutables au temps du rut, où ils font entendre aussi un cri particulier que l'on appelle *bramer*. Il existe des rapports frappants entre les bois et les organes de la génération chez le Cerf, comme chez l'homme entre la barbe et ces mêmes organes. Outre la chute et le renouvellement généralement annuel de cet ornement, I. G. Saint-Hilaire a vu, chez un de ces ruminants qui eut une maladie des testicules, les bois s'arrêter dans leur développement et ne consister qu'en de simples dagues. Le pelage est composé de poils soyeux plus ou moins abondants et ornés de teintes qui varient selon l'âge, le climat, la saison, l'espèce.

De tout temps le Cerf a eu le fatal privilège d'attirer l'attention des grands de la terre et d'exciter leurs goûts passionnés pour la chasse, ce *noble*, mais ce barbare plaisir que Buffon a exalté en ces termes : « Voici, dit-il, un de ces animaux innocents, doux et tranquilles, qui ne semblent être faits que pour embellir, animer la solitude des forêts, et occuper loin de nous les retraites paisibles de ces jardins de la nature; sa forme élégante et légère, sa taille aussi svelte que bien prise, ses membres flexibles et nerveux, sa tête, parée plutôt qu'armée d'un bois vivant et qui, comme la cime des arbres, tous les ans se renouvelle, sa grandeur, sa légèreté, sa force, le distinguent assez des autres habitants des bois; et comme il est le plus noble d'entre eux, il ne sert aussi qu'aux plaisirs des plus nobles des hommes. Il a dans tous les temps occupé le loisir des héros : l'exercice de la chasse doit succéder aux travaux de la guerre; il doit même les précéder : savoir manier les chevaux et les armes, sont des talents communs au chasseur, au guerrier : l'habitude au mouvement, à la fatigue, l'adresse, la légèreté du corps, si nécessaires pour soutenir, et même pour seconder le courage, se prennent à la chasse, et se portent à la guerre : c'est l'école agréable d'un art nécessaire : c'est encore le seul amusement qui fasse diversion entière aux affaires, le seul délassement sans mollesse, le seul qui donne un plaisir vif sans langueur, sans mélange et sans satiété.

« Que peuvent faire de mieux les hommes qui, par état, sont sans cesse fatigués de la présence des autres hommes? Toujours environnés, obsédés, et gênés pour ainsi dire par le nombre, toujours en butte à leurs demandes, à leur empressement, forcés de s'occuper de soins étrangers et d'affaires, agités par de grands intérêts, et d'autant plus contraints qu'ils sont plus élevés, les grands ne sentiraient que le poids de la grandeur, et n'existeraient que pour les autres, s'ils ne se dérobaient par instants à la foule même des flatteurs. Pour jouir de soi-même, pour rappeler dans l'âme les affections personnelles, les désirs secrets, ces sentiments intimes mille fois plus précieux que les idées de la grandeur, ils ont besoin de solitude; et quelle solitude plus variée, plus animée que celle de la chasse! quel exercice plus sain pour le corps! quel repos plus agréable pour l'esprit!

Il serait aussi pénible de toujours représenter que de toujours méditer. L'homme n'est pas fait par la nature pour la contemplation des choses abstraites: et de même que s'occuper sans relâche d'études difficiles, d'affaires épineuses, mener une vie sédentaire, et faire de son cabinet le centre de son existence, est un état peu naturel; il semble que celui d'une vie tumultueuse, agitée,

entraînée pour ainsi dire par le mouvement des autres hommes, et où l'on est obligé de s'observer, de se contraindre, et de représenter continuellement à leurs yeux, est une situation encore plus forcée. Quelque idée que nous voulions avoir de nous-mêmes, il est aisé de sentir que représenter n'est pas être, et aussi que nous sommes moins faits pour penser que pour agir, pour raisonner que pour jouir : nos vrais plaisirs consistent dans le libre usage de nous-mêmes: nos vrais biens sont ceux de la nature; c'est le ciel, c'est la terre, ce sont ces campagnes, ces plaines, ces forêts dont elle nous offre la jouissance utile, inépuisable. Aussi le goût de la chasse, de la pêche, des jardins, de l'agriculture, est un goût naturel à tous les hommes: et dans les sociétés plus simples que la nôtre, il n'y a guère que deux ordres, tous deux relatifs à ce genre de vie : les nobles, dont le métier est la chasse et les armes; et les hommes en sous-ordre, qui ne sont occupés qu'à la culture de la terre. »

Ainsi pensait-on du temps du grand naturaliste : la chasse, la guerre, le pugilat, les combats d'animaux, la vue du sang ruisselant et des chairs palpitantes, pouvaient être de nobles distractions; mais les temps sont bien changés, au lieu de se repaître de ces spectacles cruels, on crée des lois protectrices des animaux, on prend même souci de ceux que l'on mène à la boucherie; et lorsque nous voyons un brutal conducteur maltraiter ses chevaux, nous intervenons pour rappeler à la raison celui qui emploie si mal celle que Dieu lui a donnée. « Que des chasseurs, s'écrie M. Bory Saint-Vincent, poursuivent à la queue de cent chiens et à la tête de vingt piqueurs un être timide, et qu'après l'avoir excédé on lui coupe un jarret raidi par la fatigue, en lui ouvrant encore le ventre avec un couteau de chasse! quiconque fait ses délices de pareilles horreurs descend au-dessous du boucher, qui, au moins, n'égorge pas les bœufs et les moutons par un coupable et féroce esprit de discernement. »

Le genre Cerf forme un groupe nombreux en espèces que l'on divise en deux sections : les *Daims* (V. ce mot), et les *Cerfs*. Les Cerfs forment eux-mêmes plusieurs divisions, basées sur la forme, la disposition des bois, et le nombre des andouillers.

Cerf commun (*C. elaphus*). Il fait partie des espèces qui ont plus de deux andouillers. par opposition à celles qui n'en ont que deux et où se range l'Axis. Son pelage d'été est d'un fauve clair, avec une ligne brune plus foncée sur la région médiane du dos et des taches de couleur fauve pâle; pelage d'hiver gris brun, sans tache; bois ronds branchus : 3 andouillers et une ampaumure terminale ou couronne formée de 2 à 5 dagues; longueur de 3 m. ; hauteur du train de devant 1,18, du train de derrière 1,26.

C'est à cette espèce principalement que se rapporte ce qui vient d'être dit plus haut. Cet animal est propre aux contrées tempérées et boréales de l'ancien continent. Il habite les grandes forêts, qu'il quitte l'hiver pour les pays découverts. Il vit une vingtaine d'années, mais à 8 ans il est déjà vieux pour les veneurs. Les femelles, appelées *Biches*, sont dépourvues de bois, ainsi que les *Faons* jusqu'à 6 mois. Il n'est sorte de ruses que le Cerf n'invente pour échapper au loup et à l'homme, ses plus redoutables ennemis. La rapidité de sa course est son premier moyen de défense, mais forcé de combattre, c'est autant avec ses pieds qu'avec son bois qu'il le fait. Le rut est l'occasion de rencontres furieuses entre les mâles. Quant aux variétés, disons seulement que le *Cerf de Corse* est plus petit que le C. commun, que le *C. des Ardennes* est plus grand; et qu'il y a le *C. blanc*, le *C. d'Algérie*, etc.

Cerf du Canada (*Canadensis*). Cet animal est d'un quart plus grand que le Cerf commun; il a le bois très grand, avec le premier andouiller très long et abaissé dans la direction du chanfrein ; les andouillers du sommet ne forment jamais la couronne ; la queue est réduite à un simple moignon : il y a absence de taches sur les parties latérales de la ligne médiane du dos. - Cette espèce représente en Amérique celle d'Europe: propre aux régions boréales, elle se trouve aussi assez abondamment en Virginie.

L'Amérique possède encore deux autres espèces : le Cerf de Virginie, au bois très courbé en avant,

et le C. leucure, dont la queue est un peu plus allongée.

L'Axis et le Chevreuil sont aussi des espèces du genre Cerf qui font chacun le sujet d'un article à part : disons seulement que ce qui les distingue, c'est que, chez le premier, le bois fournit, en dedans, l'andouiller supérieur, et que, chez le second, l'andouiller supérieur, constituant une bifurcation du bois, se trouve situé dans le même plan antéropostérieur que la perche.

CERFEUIL (*Scandix*). Genre d'Ombellifères annuelles ou bisannuelles, à feuilles bi-tripinnatiséquées, à fleurs blanches, etc., dont les différentes espèces forment, suivant les divers auteurs, les genres *Anthriscus*, *Chærophyllum*, *Caucalis*, *Scandix*.

Le Cerfeuil commun (*S. cerefolium*) est une plante annuelle que tout le monde connaît. Tiges dressées, rameuses, striées, fistuleuses; feuilles plusieurs fois ailées, à folioles pinnatifides : fleurs en ombelles sessiles opposées aux feuilles, et à 3-5 rayons; involucelle de 1-3 folioles ; pour fruit, 2 graines accolées, oblongues. — Le Cerfeuil est cultivé dans les jardins comme plante potagère. On emploie ses feuilles avant qu'il soit monté en graine, et pour en avoir toujours de fraîches, il est bon d'en semer tous les huit jours Son odeur aromatique diminue considérablement par la dessication, ainsi que sa saveur légèrement piquante. Les lapins sont très friands de cette plante, dont la médecine se sert à titre d'apéritif, de désobstruant, et à l'extérieur, comme résolutif et calmant.

Le Cerfeuil musqué (*S. odorata*), ou C. *d'Espagne*, a les tiges plus fortes, les feuilles plus grandes, le fruit très gros, l'odeur aromatique plus développée. Il peut remplacer le Cerfeuil commun, mais son action est plus marquée.

Le Cerfeuil sauvage (*Chærophyllum sylvestre*) atteint 50 cent. à 1 m., et croît naturellement dans les prés, les haies humides. Il ressemble beaucoup à la Ciguë et n'est pas sans danger.

Le Cerfeuil bulbeux (*C. bulbosum*) a fait dans ces derniers temps l'objet d'une étude approfondie, à cause des vertus nutritives de sa racine. Celle-ci contient en effet une fécule très abondante et des substances azotées en proportion plus considérable que la pomme de terre, et cette fécule est de plus exempte de l'odeur désagréable qui caractérise cette dernière. M. Payen pense qu'elle pourrait remplacer les fécules exotiques extraites des racines d'Igname, de Manioc, etc. Plusieurs horticulteurs de Vitry-sur-Seine ont présenté des produits remarquables à la dernière exposition de la Société centrale d'horticulture. Le moment de l'arrache du Cerfeuil bulbeux arrive dans le mois de juillet, lorsque les feuilles se sont fanées; avant ce terme les racines ne contiennent pas encore la quantité de principes immédiats qu'elles peuvent sécréter.

CERF-VOLANT. Un des plus gros Coléoptères

de la France, ainsi nommé vulgairement à cause de ses cornes dentelées qui présentent quelque ressemblance avec celles du Cerf. — Il appartient au genre *Lucane*. — V. ce mot.

CERISIER (*Cerasus*). Genre de la famille des Rosacées, tribu des Amygdalinées, comprenant des arbres ou arbrisseaux à fleurs blanches, disposées en fascicules ombelliformes, en corymbes ou en grappes, dont le fruit, qui a un pédicule (queue) plus long que lui, est une drupe globuleuse, succulente, colorée, à noyau très lisse. — Ces végétaux sont originaires de l'Asie-Mineure, d'où le type fut apporté à Rome par Lucullus, 68 ans avant l'ère chrétienne. On en compte plusieurs espèces et variétés.

CERISIER COMMUN (*C. vulgaris*). Arbre peu élevé, à rameaux grêles, ordinairement étalés, pendants; feuilles oblongues acuminées, doublement dentées; fleurs très longuement pédicellées, se développant avant ou en même temps que les feuilles; fruit rouge d'une saveur acidule.

Ce fruit, appelé *Cerise*, *Cerise aigre*, est rafraîchissant; son pédicelle (queue de cerise) sert à faire des tisanes diurétiques. L'écorce de l'arbre, dont l'épiderme se détache facilement, est amère, astringente. Il en découle une *gomme* qui pourrait remplacer au besoin la gomme arabique. Le *C. de Montmorency* et le *C. d'Angleterre* sont les principales variétés de cette espèce.

CERISIER MERISIER (*C. avium*), ou mieux *Merisier* tout court, arbre élevé, à branches dressées, rameaux non pendants; feuilles pubescentes en dessous; fleurs très longuement pédicellées; fruit plus petit, de couleur foncée, souvent presque noire, dont la pulpe est ferme, adhérente au noyau, d'une saveur douce et sucrée. — Ce fruit est moins digestible que la Cerise.

Le *Merisier sauvage* (*C. sylvestris*) est une variété dont le fruit est plus petit encore, globuleux, de couleur noire, et d'une saveur sucrée. Il croît dans les bois, les forêts. — La liqueur connue sous le nom de *Kirschenwaser* se prépare avec ses fruits fermentés et distillés.

CERISE GUIGNE (*C. juliana*). C'est moins une espèce distincte qu'une variété du Merisier; fruits subcordiformes assez gros, à suc coloré et sucré. — Ces fruits sont moins digestibles que la Cerise.

CERISIER BIGARREAU (*C. duracina*). Autre variété à fruit subcordiforme oblong, d'un rouge pâle strié ou d'un blanc jaunâtre, dont le suc est peu abondant, incolore, la pulpe cassante, la saveur sucrée. — Le *Bigarreau* est encore plus indigeste que la *Guigne*.

CERISIER MAHALEB (*Prunus mahaleb*) ou *Bois de Sainte-Lucie*. C'est un Arbrisseau ou un arbre peu élevé, mais très rameux, à feuilles coriaces, luisantes; à fleurs petites, odorantes; à fruit noir, globuleux, de la grosseur d'un pois environ, d'une saveur acerbe amère. — Il se trouve dans les bois, les buissons, les coteaux pierreux.

Le MERISIER À GRAPPES (*Prunus padus*) est un

Arbrisseau rameux dont les feuilles sont assez amples, oblongues, acuminées et finement dentées, les fleurs petites, odorantes, à longues grappes cylindriques penchées, le fruit noir ou rouge, petit, globuleux, amer acerbe.

CÉRITHE (*Cerithium*). Coquilles univalves marines, à ouverture oblongue et oblique, dont les tours en spire sont en grand nombre et chargés d'une multitude de tubercules plus ou moins gros. L'animal est très allongé, avec le pied court, le manteau prolongé en canal à son côté gauche, les tentacules renflés dans la moitié inférieure de leur largeur et portant les yeux au sommet de ce renflement. — Ce genre est nombreux en espèces vivantes et fossiles. La plus remarquable est la CÉRITHE GÉANTE (*C. giganteum*), qui peut avoir jusqu'à 70 cent. de long, et qu'on trouve à l'état fossile dans le terrain parisien.

CÉRIUM. Métal découvert en 1804 par Berzélius et Hizinger dans la *Cérite*, qui est une mine composée de cérium, de silice et d'oxyde de fer. A l'état de pureté, ce métal est blanc grisâtre, presque infusible, ce qui le rend jusqu'à présent inutile aux arts.

Fig. 266 et 267. — Ceryle pie (mâle et femelle).

CÉROXYLE (du gr. *ceros*, cire; *kylon*, bois). Le plus grand des Palmiers connus, qui atteint une hauteur de 50 à 60 mètres sur les cimes les plus hautes de la chaîne des Andes du Pérou et les plus voisines des neiges éternelles. Cet arbre fournit par exsudation une cire d'un jaune blanchâtre (*Cire de palmier*), légère, et qui donne une belle lumière et peu de fumée.

CERVEAU et CERVELET. — V. *Encéphale*.

CÉRYLE (*Ceryle*). Genre de Passereaux de la famille des Martins-Pêcheurs, ayant le bec robuste, aplati et légèrement arrondi de la base à la pointe, qui est droite et aiguë, mandibule inférieure renflée dans son milieu; queue allongée, large et arrondie; tarses remarquablement courts et robustes. — Douze espèces composent ce genre; elles appartiennent à l'Europe, à l'Asie, à l'Afrique et à l'Amérique. Chez la plupart d'entre elles, les plumes de l'occiput sont allongées et se relèvent en forme de huppe, mais non recourbées.

Le CÉRYLE PIE, que nous figurons, est originaire de l'Afrique, où il est commun; il se montre accidentellement en Europe, mais jamais en France. Il a été observé et tué en Espagne, en Sicile et en Turquie.

CESTOIDES. Ordre de *Vers intestinaux*. — V. ce mot.

CESTREAU (*Cestrum*). Genre d'Arbrisseaux de la famille des Solanacées, tribu des Cestrinées, à feuilles toujours vertes et d'un joli aspect,

Fig. 268. — Cestreau.

propres aux contrées tropicales de l'Amérique. Quelques-unes des nombreuses espèces sont cultivées dans nos jardins : tels sont le **C. DIURNE**, arbrisseau de Cuba, qui a des fleurs en faisceau de couleur blanche, s'ouvrant en novembre et répandant une odeur suave pendant le jour; — le **C. DU SOIR**, qui fleurit pendant l'été et dont les co-

rolles répandent le soir seulement une odeur de vanille; — le **C. NOCTURNE**, dont les fleurs verdâtres ne sont odorantes que la nuit. Ces trois espèces sont de serre-chaude, et ont reçu les noms populaires de *Galant de jour, Galant du soir, Galant de nuit*. — Le *C. parqui* est un arbrisseau du Chili qu'on cultive en pleine terre : ses feuilles froissées ont une odeur nauséabonde : ses fleurs sentent le jasmin pendant la nuit.

CÉTACÉS (du gr. *cétos*, baleine). Ordre de Mammifères, comprenant les animaux marins dont la forme et les habitudes se rapprochent beaucoup de celles des Poissons, mais qui se distinguent de ces derniers par leur génération vivipare, leurs mamelles, et par d'autres particularités d'organisation que nous ferons bientôt connaître. Les Cétacés sont les plus gros habitants des mers; ils furent pendant très longtemps confondus avec les Poissons; mais une étude plus exacte de leur anatomie conduisit Brisson et surtout B. de Jussieu à leur assigner leur véritable place dans la classification zoologique.

Le squelette de ces animaux monstrueux manque de bassin et de membres postérieurs; quant aux membres antérieurs, ils se composent d'un humérus, d'un radius et d'un cubitus très courts, plus d'une main dont les os sont distincts et nombreux; mais ces membres sont sous forme de nageoires. La tête, quoique très volumineuse, offre un crâne extrêmement peu développé; le cou est proportionnellement très court, comprenant sept vertèbres cervicales minces, libres ou soudées; l'extrémité postérieure se termine par une queue ou nageoire cartilagineuse, qui offre ce caractère spécial qu'elle est horizontale, au lieu d'être verticale comme dans les Poissons. Les muscles sont à peu près en même nombre que chez les Mammifères, surtout au cou, à la poitrine, au dos. La peau est toujours nue, d'une couleur sombre et comme ardoisée, très épaisse, recouvrant une sorte de couche de lard qui contient une huile très abondante, objet d'un grand commerce. Les sens sont très développés, quoique les organes en soient peu apparents; l'œil est assez parfait, comme dans les animaux supérieurs, souvent muni de paupières imparfaites; l'oreille présente intérieurement l'organisation de celle du taureau, par exemple; mais elle n'a pas de conque externe : on n'aperçoit à l'extérieur qu'un trou fermé par un sphincter musculaire. En tout cas, les Cétacés, les Baleines principalement, voient et entendent de très loin. L'organe de l'odorat se trouve dans les évents, dont nous allons parler tout à l'heure. Quant au système nerveux, le cerveau, proportionné à la cavité du crâne, mais grand chez les Dauphins, présente des circonvolutions nombreuses, indice d'un instinct très développé. Et en effet, les Cétacés montrent les uns pour les autres une sorte d'amitié : ils vivent en troupes et se secourent : le mâle et la femelle se témoignent un attachement durable, et entourent leur progéniture de la plus vive sollicitude. Ces animaux paraissent susceptibles d'un certain raisonnement : ils se souviennent d'un danger couru, et s'avertissent mutuellement de celui qui les menace, etc.

Si l'on considère les Cétacés sous le rapport de leurs fonctions de nutrition, voici ce que l'on observe. Les uns ont des dents aux deux mâchoires, comme les Dauphins; d'autres n'en ont qu'à une seule, comme les Cachalots; d'autres enfin, tels que les Baleines, manquent complétement de ces organes, qui, en effet, ne paraissent pas nécessaires, du moment que ces animaux engloutissent les mollusques et crustacés, etc., par mil-

Fig. 269. — Lamantin.

liers à la fois sans les mâcher. Cependant de chaque côté du palais, chez les Baleines, naissent transversalement des lames cornées, nommées *fanons*, garnies à leur bord interne de barbes et de franges, entre lesquelles sont retenus, comme sur les mailles d'un filet, les animaux souvent très petits dont se nourrissent ces Cétacés. La langue est courte, peu mobile ; la forme et la structure des organes digestifs sont d'ailleurs variables, très compliquées chez les Baleines et les Dauphins. — La respiration des Cétacés est pulmonaire; un diaphragme sépare la poitrine de l'abdomen, comme dans les autres Mammifères. L'air pénètre dans les poumons, soit par la bouche, soit par les évents, lorsque l'animal nage entre deux eaux. On nomme *évents* des canaux qui partent du fond de la gorge, et qui s'ouvrent au sommet de la tête chez la Baleine, à la partie antérieure ou moyenne du museau chez les Cétacés herbivores. C'est de ces orifices que sortent ces jets d'eau, parfois très élevés, qui avertissent de la présence de ces animaux. — La circulation est double ; il existe un cœur droit et un cœur gauche, comme chez les autres Mammifères, et le sang est rouge et chaud.

Les fonctions de reproduction ont aussi une grande analogie avec celles des animaux de la même classe; les organes génitaux offrent des modifications assez nombreuses. Tous les genres de cet ordre sont vivipares et nourrissent leurs petits du lait de leurs mamelles qui sont toujours au nombre de deux, situées, chez les uns, sous la poitrine, chez d'autres, de chaque côté de la vulve. La portée n'est ordinairement que d'un seul petit.

Les Cétacés se partagent en deux groupes d'après la nature végétale ou animale de leur nourriture.

CÉTACÉS HERBIVORES. Ils ont pour caractères d'user d'une nourriture végétale composée de divers fucus et de plantes marines; d'être pourvus de dents molaires et de deux mamelles pectorales; leurs narines proprement dites sont au bout du museau; les ouvertures nasales situées supérieurement. Ces animaux sortent quelquefois de l'eau pour ramper à la surface du sol. — Les *Lamantins* et les *Dugonds* constituent ce groupe. C'est à ces êtres marins que la fable et la mythologie prêtèrent des formes particulières, tenant à la fois de la femme et du poisson.

CÉTACÉS ICHTHYOPHAGES OU PROPREMENT DITS. Ces Mammifères se nourrissent de mollusques, de crustacés, etc., au lieu de végétaux; ils ne sortent jamais de l'eau ; leurs mamelles sont situées près de l'anus. On les appelle encore *Souffleurs*, parce que, engloutissant avec leur proie de grands volumes d'eau, ils s'en débarrassent par les évents au moyen de la compression des muscles puissants qui la font jaillir quelquefois très haut. — On trouve ici les *Dauphins*, les *Baleines*, les *Cachalots*, etc.

Fig. 270. — Dauphin.

CÉTÉRACH. Genre de Fougères à souche cespiteuse ; feuilles nombreuses disposées en touffe, de 5 à 15 cent. de longueur, pinnatipartites, à lobes alternes, entiers, obtus, couvertes en dessous d'écailles roussâtres, luisantes ; sporanges rapprochés en groupes linéaires, entremêlés d'écailles scarieuses à la face inférieure. — Le C. OFFICINAL (*C. officinarum*) croît sur les ruines, les vieilles murailles humides. Il a été employé comme diurétique contre les maladies calculeuses, et aussi comme pectoral, béchique, à la manière des Capillaires.

CÉTOINE (*Cetonia*). Genre de Coléoptères pentamères, famille des **Lamellicornes**, qui ont le corps ovale, déprimé dans sa partie supérieure ; la tête petite, les élytres fortement sinués, les jambes très dentées, les formes lourdes et massives ; ils ont surtout pour caractère distinctif des pièces auxiliaires saillantes entre les angles postérieurs du corselet et les angles huméraux des élytres.

Les Cétoines sont douées de couleurs brillantes ; leur vol est rapide, bruyant, pendant lequel leurs élytres sont fermés ; ils aiment à se reposer sur les fleurs des Ombellifères, des Carduacées, des Rosacées, dont elles sucent le suc à la manière des abeilles. Leurs larves, qui ressemblent à celles des Hannetons, vivent au pied des vieux arbres, dans les fourmilières ; l'hiver elles se cachent dans la terre pour en sortir au printemps et se transformer en nymphes. — Les espèces sont très nombreuses ; la plus remarquable est la CÉTOINE DORÉE (*C. aurata*), qui se trouve ordinairement sur la rose : sa couleur vert doré en dessus, rouge cuivreux en dessous, contraste avec l'incarnat de la fleur qu'elle aime.

CÉTRAIRE (*Cetraria*). Genre de Lichénacées, dont le genre type est le *Lichen d'Islande*. — V. ce mot.

CÉVADILLE. Fruit d'une espèce de *Vératre*. — V. ce mot.

CHABOISSEAU. — V. *Cotte*.

CHABOT (*Cottus gobio*). Espèce du genre *Cotte* (V. ce mot) ; poisson d'eau douce dont la tête est presque lisse ou porte seulement une épine au préopercule ; dont la couleur est noirâtre, et qui parvient à une longueur de 12 à 15 cent. — On trouve le Chabot dans la Seine et dans d'autres rivières, où il se tient souvent caché parmi ou sous les pierres. Nageant avec une très grande rapidité, il poursuit les très jeunes poissons, dont il aime à se nourrir ; il vit aussi de vers et d'insectes aquatiques. Il est donc très vorace ; mais cela ne l'empêche pas de devenir lui-même la proie des Perches, des Saumons et des Brochets. Cette espèce est très féconde ; la femelle est plus grosse que le mâle, et paraît comme gonflée à l'approche de la ponte. On a dit qu'elle couvait ses œufs et qu'elle perdait plutôt la vie que de les abandonner : il est certain qu'on a vu ces poissons, tant mâles que femelles, se presser, se cacher dans l'endroit où des œufs de leurs espèces avaient été pondus ; mais le but de cette manœuvre n'a point encore reçu sa véritable explication.

Quoi qu'il en soit, les Chabots ont la chair délicate et salubre ; pourtant si elle est très recherchée par les uns, elle est dédaignée par d'autres. Pour les prendre on frappe sur les pierres qui leur servent d'abri, de manière à les étourdir, ou l'on se sert de la nasse. Inquiétés, ils gonflent leur tête et en redressent les aspérités.

CHACAL (*Canis aureus*). Espèce de Carnivore du grand genre Chien, animal intermédiaire entre le Loup et le Renard, ressemblant au premier par sa couleur, se rapprochant du second par sa taille et sa queue touffue mais courte. Son pelage d'un gris fauve, sa force et ses habitudes lui ont valu le nom de *Loup doré* ; il a les yeux très petits, les prunelles fauves ; longueur totale, 68 centimètres.

Le Chacal appartient à l'Asie, à l'Afrique et un

peu à l'Europe, car on le rencontre en Morée. On conçoit que, en raison des nombreuses conrrées qu'il habite, son pelage varie, et qu'il offre plusieurs variétés. Celle d'Algérie est la plus répandue. Les Chacals vivent en troupes d'une trentaine d'individus au moins, dans les vastes solitudes qu'ils habitent. Ils dorment en général le jour; mais la nuit ils parcourent les campagnes sous la direction d'un chef, dit-on, cherchant leur proie et se prêtant une mutuelle assistance. Ils sont d'une voracité extraordinaire, et qui les rend audacieux jusqu'à s'avancer près des habitations et même y pénétrer pour se jeter sur tous les aliments qu'ils rencontrent, pour dévaster les basses-cours et les étables. Ils attaquent tous les animaux dont ils croient pouvoir se saisir, mais ils respectent l'homme; ils se repaissent aussi de charognes, et même de cadavres qu'ils déterrent.

Le Chacal du mont Caucase, au dire de Pallas et d'autres naturalistes, serait la souche de notre Chien domestique; mais on croit plus généralement aujourd'hui que cet animal n'a fait que contribuer pour une part à l'existence des nombreuses variétés de ce dernier, et que toutes les autres espèces sauvages du même genre y ont également plus ou moins contribué. Quoi qu'il en soit, le Chacal s'accouple volontiers avec le Chien, et de cette union résultent des métis féconds. Cet animal d'ailleurs, surtout l'espèce algérienne, s'apprivoise aisément; son caractère est doux quoique capricieux, et on l'élève très bien dans nos ménageries. Le voyageur Delon rapporte que, dans le Levant, on élève des Chacals dans les maisons.

CHACMA (*Cynocephalus porcarius*). Espèce de Singe du genre Cynocéphale, ayant pour caractères spécifiques : pelage noir verdâtre, très long sur le dos et le cou, et formant en quelque sorte une crinière qui n'existe pas toutefois chez la femelle; queue terminée par un pinceau de poils noirs; peau de la face et des oreilles d'un noir violâtre; favoris dirigés en arrière et grisâtres.

Les Chacmas appartiennent à l'Afrique australe; ils fréquentent les montagnes et les collines, vi-

Fig. 271. — Chacal.

vant par bandes de 10 ou 30 individus, et causent souvent de grands dégâts dans les champs cultivés. « Kolbe raconte que quelquefois un voyageur, prenant son repas au milieu des champs, se voit audacieusement enlever ses provisions par un insolent Chacma qui, en voleur impudent, s'arrête à quelque distance, et, par une pantomime expressive, semble insulter à la surprise de celui qu'il a spolié, en lui montrant les objets dont il l'a dépouillé : il accompagne cette action de grimaces si comiques et de gestes si grotesques, que la victime de son audace ne peut s'empêcher de rire, à moins pourtant qu'elle ne soit obligée de se passer de dîner, ce qui ne doit pas peu contribuer à tempérer sa gaîté. »

« Ceux qui vivent en captivité dans les maisons des habitants de la colonie, dit Pucheron, d'après Kolbe, sont de très bonne garde, et avertissent de l'approche des personnes étrangères. Sur l'ordre de leur maître, ils apportent les objets qu'on leur désigne avec la docilité de nos chiens domestiques; mais pour qu'ils accomplissent leur tâche jusqu'au bout, il faut que la personne qui leur commande ne les perde point de vue; car pour peu qu'elle détourne les yeux, le naturel indocile de l'animal reprenant le dessus, il fuit, laissant tomber l'objet qu'il a entre les mains. Certains d'entre eux sont quelquefois même employés à des travaux utiles : ici, c'est un forgeron, d'après ce que nous dit M. Verreau, qui se sert du Chacma pour entretenir le feu de sa forge; là un laboureur qui fait conduire, à l'aide d'une corde, la première paire de bœufs attelés à son chariot par un autre de ces animaux, qui, toutes les fois qu'il s'agit de passer une rivière, saute sur un des premiers bœufs de l'attelage et se tient accroupi sur sa monture pendant toute la durée de son passage. Les Hottentots ne touchent jamais aux substances alimentaires qu'un Chacma aura refusées : ils savent que, guidés par l'excessive sensibilité de leur odorat, ces singes repoussent ce qui peut leur être nuisible : aussi rien de plus difficile que de les empoisonner, si même cela est réellement possible ; car un de ces

Fig. 272. — Chacma.

animaux dont voulut se défaire par le poison la personne qui le possédait, resta dix jours sans toucher aux aliments qui lui étaient présentés, et il fallut le tuer d'un coup de fusil. »

La Ménagerie du Jardin des Plantes a possédé plusieurs Chacmas qui venaient du cap de Bonne-Espérance. Un mâle et une femelle, donnés par le capitaine Baudin, y ont vécu fort longtemps. La femelle conserva toujours sa douceur ; elle était menstruée et entrait en rut chaque mois, époque où ses parties génitales éprouvaient un gonflement remarquable. Le mâle perdit bientôt sa docilité et devint même très méchant.

CHALCIDE (*Chalcides*). Genre de Reptiles de l'ordre des Sauriens, famille des Chalcidiens (V. ce mot), ayant le corps couvert de petites écailles verticillées, la tête revêtue de plaques grandes, quadrangulaires ; langue en fer de flèche ; quatre pattes très courtes, dont 2 souvent rudimentaires,

Les Chalcides sont au nombre de quatre espèces, dont trois de l'Amérique méridionale et une des Indes orientales. « Ils ont l'organisation extérieure et intérieure ainsi que les mœurs et les habitudes des Lézards et des Scinques ; comme eux, ils se reproduisent par de petits œufs pisiformes, qu'ils abandonnent dans le sable ; comme eux aussi, ils sont tout à fait innocents.

CHALCIDIENS. Famille de Reptiles, de l'ordre des Sauriens, qui par leur organisation et leurs

Fig. 273. — Chalcide mexicain.

mœurs commencent à établir le passage des véritables Lézards aux Serpents. En effet leur corps est très allongé, cylindrique, serpentiforme ; ils ont des pattes, mais ces membres sont très courts, au nombre de quatre, ou de deux, les deux autres n'offrant que des rudiments d'os. Sa tête est assez semblable à celle des Lézards, garnie en dessus de plaques polygones ; ils ont les dents appliquées contre le bord interne des os maxillaires ; des paupières aux yeux ; une langue peu extensible, large, échancrée à la pointe, non engaînée dans un fourreau ; le corps couvert d'écailles petites, distribuées en anneaux. La tête, le corps et la queue sont sans ligne de démarcation distincte, comme dans les Ophidiens ; mais les os de la mâchoire ne sont pas dilatables comme dans ces derniers. Les organes de la respiration, de la circulation et de la génération ressemblent beaucoup à ceux des Lacertiens.

Ces animaux sont terrestres et carnassiers, quoiqu'ils ne puissent avoir des mouvements très rapides ni attaquer d'autres victimes que des mollusques, des annélides et des insectes. Ils appartiennent aux parties du monde les plus chaudes, où ils habitent les lieux déserts : du reste leurs mœurs sont peu connues. Une quinzaine de genres appartiennent à ce groupe ; les principaux sont le *Chalcide*, qui en comprend plusieurs, le *Bipède*, l'*Ophisaure*, le *Chirote*.

CHALCIDITES. Groupe d'insectes hyménoptères, ayant une très petite taille, ornés souvent de couleurs métalliques brillantes, et presque toujours doués de la faculté de sauter. — Le genre type est le CHALCIS A PIEDS EN MASSUE (*C. clavipes*), long de 5 à 8 millim., noir, luisant sur l'abdomen. La femelle dépose ses œufs sur la peau d'une chenille qu'elle entame : de petites larves en naissent, qui, très carnassières, vivent aux dépens de cette chenille et se métamorphosent ensuite en nymphes. Ces Insectes sont utiles à l'agriculture en ce qu'ils détruisent les pucerons, les chenilles, les œufs des autres insectes.

CHALEUR. — V. *Calorique*.

CHALEUR ANIMALE. Tous les animaux ont la faculté de produire de la chaleur, mais à des degrés extrêmement variés. On a la preuve de ce fait dans cette expérience : si l'on place un poisson et un lapin de même volume, à peu près, dans deux calorimètres, et qu'on les entoure de glace, au bout de quelque temps on trouvera une quantité d'eau assez considérable dans l'instrument renfermant le lapin, tandis que c'est à peine si le poisson aura commencé à fondre la glace qui l'environne. La différence est si grande sous ce rapport qu'on a distingué les animaux en ceux à *sang chaud* et en ceux à *sang froid*, les premiers conservant à peu près la même température au milieu des variations atmosphériques, les seconds au contraire ne produisant pas assez de chaleur pour avoir une température indépendante de ces variations.

L'Homme, tous les Mammifères et les Oiseaux sont des êtres à sang chaud. Les Oiseaux tiennent le premier rang dans la production de la chaleur animale, puis vient l'Homme, ensuite les Carnivores, et enfin les Herbivores. On a cherché à se rendre compte de la source de cette chaleur, en se livrant à mille explications hypothétiques : cette source est complexe, elle réside dans l'acte chimico-vital de la respiration et de l'hématose (V. ces mots), et dans le mouvement moléculaire nutritif, c'est-à-dire dans l'action que le sang artériel exerce sur les tissus, sous l'influence du système nerveux. Chez l'homme, la chaleur a été évaluée à 40° cent., mais elle varie en raison d'une foule de circonstances physiologiques et morbides. Néanmoins, ces variations sont peu marquées eu égard aux températures extrêmes qui peuvent nous environner. Ainsi, sommes-nous exposés à un froid de 10, 15 et même 20 degrés, la respiration et la nutrition redoublent d'énergie afin de nous procurer le calorique dont nous avons besoin pour résister à une aussi basse température : au contraire, lorsque nous avons à supporter des chaleurs tropicales, ce sont les exhalations pulmonaire et cutanée surtout qui, par leur activité plus grande, nous fournissent les moyens de refroidissement : notre corps fait alors l'office de ces vases, nommés *alcarazas*, qui refroidissent l'eau qu'ils contiennent, en permettant qu'une certaine quantité s'évapore à travers leurs parois poreuses.

Non-seulement les animaux à sang froid s'éloignent considérablement de la température des animaux à sang chaud, mais encore ils présentent entre eux une différence très marquée. Ainsi les Reptiles développent une quantité de chaleur plus grande que les Poissons: ceux-ci en produisent plus que les Mollusques, etc.

CHAMÆROPE. Palmier de petite taille qui croît dans le midi de l'Europe. Il est fort peu élevé, souvent même sans tige, faisant l'effet d'un large éventail planté en terre, d'où son nom de *Palmier éventail*. Le Jardin des Plantes de Paris en possède deux pieds d'une vaste étendue.

CHAMAGROSTIS. Petite Graminée de 4 à 10 cent. dont les tiges sont capillaires, garnies à la base seulement de feuilles courtes linéaires; épi filiforme, d'un rouge violet. Cette plante est annuelle: elle croît en touffes dans les champs sablonneux, les clairières des bois, et fleurit en mars-avril.

CHAMEAU (*Camelus*). Genre de Ruminants de la famille des Caméliens, présentant les caractères suivants : incisives aux deux mâchoires, 2 en haut et 6 en bas; tête longue, chanfrein busqué, lèvre supérieure fendue, point de mufle; cou très allongé et arqué vers le bas; jambes longues, grêles, mal faites; pieds non fourchus, mais garnis en dessous d'une semelle cornée très allongée; deux petits ongles courts et crochus terminant les doigts; corps gros, couvert de poils laineux, grossiers; une ou deux loupes graisseuses sur le dos; croupe maigre et avalée ; queue courte.

Les Chameaux appartiennent à l'Asie et à l'Afrique; on ne connaît pas leur patrie primitive. Ils présentent une conformation désagréable et une allure gênée et pesante, rendue plus disgracieuse encore par les callosités qu'ils présentent au poitrail, aux genoux et aux jarrets; mais ils rachètent ces imperfections par de grandes qualités. Ils ont en effet les sens (vue, ouïe, odorat) très développés, une mémoire et une intelligence au-dessus de celles des autres ruminants. Leur sobriété est extrême et ils possèdent la faculté de rester plusieurs jours sans boire, ce qui tient à une conformation particulière de leur estomac, qui, multiple comme celui des autres ruminants, présente une cinquième poche, étrangère à la digestion et ne servant que de passage aux aliments, poche remplie de cellules cloisonnées dans lesquelles se retient et se reproduit constamment le liquide aqueux mis en réserve pour le besoin de boire. Les loupes graisseuses de ces animaux paraissent aussi fournir des éléments de nutrition dans les temps d'abstinence, car on les voit alors s'affaisser et se convertir en des espèces de poches cutanées pendantes.

« L'or et la soie, a dit Buffon, ne sont pas les vraies richesses de l'Orient; c'est le Chameau qui est le trésor de l'Asie. Cet animal est précieux comme bête de somme ; c'est le *navire du désert*, selon l'expression pittoresque des Arabes; il nourrit ses maîtres de son lait et de sa chair; il les vêtit de son poil long et moelleux. Son caractère est si doux et si docile, qu'il cède à la main qui agite son licou et tombe par terre sur ses genoux pour recevoir les fardeaux dont on le charge; puis il se relève, se met en marche et trace un sillon dans les flots du sable jusqu'à ce qu'on l'arrête. Nul animal n'exige moins de soins et ne donne moins d'inquiétude. A la fin d'une longue et pénible journée, il s'accroupit près de la tente, broie quelques grains d'orge, quelques plantes desséchées, s'endort sous la froide rosée des nuits d'Orient, et se réveille le lendemain aussi fort que la veille. Quand un excès de fatigue et des privations trop rigoureuses l'ont épuisé, il tombe tout d'un coup et ne se relève plus. Pauvre bête! que le ciel a donnée à l'homme comme instrument précieux, dont l'homme abuse trop souvent, et qui même, dit-on, est mise à mort par lui lorsque la soif ardente oblige son conducteur à recourir au réservoir d'eau contenu dans les cellules de son cinquième estomac. »

Le Chameau vit en moyenne de 20 à 30 ans, mais son existence est presque toujours abrégée de moitié par les fatigues et les privations. Il peut se reproduire dès l'âge de 3 ans; la femelle porte un an, et le petit, qui naît les yeux ouverts, tette pendant près d'une année. Le jeune animal ne doit porter des fardeaux qu'à quatre ans : le charger plus tôt c'est l'abâtardir, car son entier développement n'a lieu que la septième année.

Le genre Chameau se partage en deux espèces principales, le *Chameau proprement dit* ou à deux bosses, et le *Dromadaire* ou C. à une seule bosse.

CHAMEAU A DEUX BOSSES (*C. bactrianus*). Cette

Fig. 274. — Chameau de la Bactriane.

espèce n'est répandue qu'en Asie, existant toujours à l'état sauvage dans le désert de Shamo, où elle supporte la rigueur des hivers les plus durs. Spécialement caractérisé par ses deux bosses graisseuses, ce Chameau atteint 2 m. 30 de haut; son pelage est d'un brun marron; son poil ras, sur presque tout le corps, s'allonge et devient crépu sur ses bosses et en dessus du cou; il forme de longues mèches qui pendent comme autant de fanons au devant des jambes de devant. Le temps du rut dure plusieurs mois, pendant lesquels l'animal ne prend presque pas de nourriture et maigrit beaucoup. Après les amours commence la mue, et ce n'est qu'au mois de juin que tout le poil est repoussé.

C. DROMADAIRE (*C. dromedarius*). Le Dromadaire se distingue du Chameau par sa bosse unique placée au milieu du dos, sa taille un peu plus petite, ses formes plus légères et moins massives. Il est aussi beaucoup plus répandu, et il a subi de très nombreuses modifications. Le Dromadaire semble redouter davantage le froid et mieux supporter la chaleur que le Chameau. Cet animal est pour l'Arabe comme un présent du ciel; c'est son élève, son coursier et sa bête de somme. Il peut faire quoi-que pesamment chargé plus de dix lieues par jour pendant des mois entiers, se bornant pour toute nourriture à brouter en marchant les buissons épars. Si, dans le désert, il se trouve une mare, un puits sur son passage, il le sent de fort loin, double le pas, et boit pour le temps passé et pour le temps à venir. On dit que le meilleur moyen de soutenir son courage, c'est de chanter pendant le voyage.

CHAMOIS (*Rupicapra*). Sous-genre d'Antilopes, ayant le pelage long, grossier, gris au printemps, fauve clair en été, brun en hiver, avec une bande obscure oblique sur chaque œil; les cornes sont terminées subitement par une sorte de crochet en forme d'hameçon, caractère qui suffit pour distinguer ce genre de toutes les espèces d'Antilopes: ces cornes existent chez la femelle comme chez le mâle; leur longueur est de 12 à 13 cent. La taille du Chamois est un peu plus petite que celle du Cerf.

Le CHAMOIS D'EUROPE (*R. europœa*), vul. *Isard*, a la taille d'une forte Chèvre, au genre de laquelle il conduit. — Il se trouve dans les pays de montagnes, tels que les Pyrénées, les Alpes, etc., où il vit en petites troupes. Il fait sa nourriture des meilleures herbe de fleurs, de bourgeons particulièrement. D'une agilité extraordinaire, il franchit les précipices, bondit de rocher en rocher, s'arrête tout court sur la pointe d'un roc : il voit et entend de très loin ; son odorat est si délicat qu'il est averti par lui de la présence d'un homme qu'il ne voit pas : alors il fait retentir les montagnes d'un sifflement aigu rendu par les narines. Le Chamois devient de plus en plus rare, parce qu'on lui fait une chasse active, malgré les dangers de sa poursuite à travers les précipices, encore que l'animal, poussé à bout, s'élance quelquefois sur le chasseur et cherche à le renverser du haut des roches escarpées. C'est que sa chair est bonne à manger, que sa peau sert à faire les meilleurs gants, que ses cornes sont employées dans les arts. Ces animaux sont ardents en amour ; les mâles se battent autour des femelles. Celles-ci portent 8 mois et ne font qu'un petit, qui suit sa mère pendant 5 ou 6 mois.

Le Chiru est une espèce qui vit au Thibet, et dont les cornes, hautes de 64 cent., sont presque droites, un peu recourbées en avant au sommet. Il a le pelage épais, d'un fauve sale ; il se défend hardiment contre tout ce qui l'attaque.

Fig. 273. — Chamois d'Europe.

CHAMPIGNONS (*Fungi*). Famille de végétaux inembryonnés, dont la structure est entièrement celluleuse, et qui n'offrent ni fronde, ni feuilles, ni fleurs, ni fruits. L'histoire de cette famille exigerait des détails que la nature et le but de cet ouvrage ne comportent point : mais nous emprunterons aux *Éléments de Botanique* d'Ach. Richard ce que nous croyons devoir en dire.

«La forme, la consistance, la couleur des Champignons sont extrêmement variables. Tantôt ce sont de simples tubercules à peine perceptibles, tantôt des filaments déliés, d'autres fois ils ont la forme de corail, de parasols bombés ou concaves en dessus, et recouverts en dessous, de lames perpendiculaires rayonnantes, de tubes, de pores, de stries, de pointes, etc. Cette partie supérieure porte le nom de *chapeau*, et le pied qui la soutient celui de *stipe* ou pédicule qui manque quelquefois, et le chapeau est alors *sessile*. Quelquefois le Champignon tout entier est caché, avant son développement, dans une espèce de bourse close qui se rompt irrégulièrement, et qu'on appelle *volva*. Assez fréquemment la face inférieure du chapeau est recouverte d'une membrane horizontale qui s'attache d'une part à sa circonférence et, de l'autre, à la partie supérieure du pédicule, et qui, lorsqu'elle vient à se rompre, forme autour du *stipe* une sorte de *collier* ou d'anneau découpé.

« Les Champignons naissent toujours d'un corps généralement filamenteux, nommé *mycélium*, dont ils sont en quelque sorte comme les réceptacles destinés à contenir les corps reproducteurs. Ce que l'on nomme vulgairement le *blanc de Champignon*, corps composé de filaments qui se développe dans le fumier consommé et qui sert à la production du Champignon de couche, est le *mycélium* de cette espèce. Les spores sont nues ou contenues dans des thèques ou sporidies. Elles sont placées soit sur le *mycelium* lui-même, comme dans les Moisissures, soit dans un conceptacle de forme très variée nommé *peridium*, ou à la surface d'une membrane celluleuse ou *hymenium*.

« Les Champignons naissent en général dans les lieux un peu humides et ombragés, tantôt à terre, tantôt sur le tronc d'autres végétaux ou sur des matières animales en état de décomposition. Presque jamais leur substance est verte à l'intérieur, caractère qui les distingue spécialement des Algues, dans lesquelles cette couleur est très commune. »

Les Champignons ont une destination bien différente selon les espèces : quelques-uns sont employés dans les arts, en médecine ; plusieurs servent à la nourriture de l'homme ; d'autres sont des poisons, la plupart ne sont utiles à rien ; mais presque tous recèlent des légions de larves d'insectes qui vivent à leurs dépens. Il est très difficile de donner des indications générales propres à faire éviter les mauvaises espèces. Ce serait, dit un auteur, une grande erreur de croire qu'une étude spéciale des Champignons pût faire distinguer sûrement ceux qui sont comestibles de ceux qui peuvent produire des accidents redoutables. Cette insuffisance de la science ne se manifeste heureusement que sur un produit qui n'est pas indispensable à la nourriture de l'homme. Le savant botaniste Porsoon, qui avait fait de ce végétal l'objet de ses travaux pendant une grande partie de sa vie, ne voulait jamais donner son avis d'une manière formelle, dans la crainte de causer involontairement un malheur. — Que penser alors des personnes qui prétendent résoudre sûrement le problème de la distinction des Champignons vénéneux? Disons qu'il faut rejeter toutes les espèces qui ont une odeur fétide, une saveur âcre, amère ou acide; ceux dont la chair est coriace et tubéreuse; ceux dont la chair molle, aqueuse, change de couleur lorsqu'on les casse; ceux qui croissent dans des lieux souterrains ou humides, sur les débris de substances animales ou végétales en putréfaction.

Des faits curieux, bizarres, se rattachent à l'histoire de ce végétal. C'est ainsi que des Champignons réputés vénéneux dans certains pays sont mangés impunément dans d'autres. M. Bory de Saint-Vincent a mangé sans accident la plupart des Champignons réputés dangereux. Schwaegrichen a vu en Saxe et en Silésie les paysans qui lui servaient de guides, manger sans distinction et sans inconvénient toutes les espèces de Champignons. Comment expliquer de tels faits? Des espèces vénéneuses perdraient-elles leurs qualités malfaisantes selon les climats, les contrées? Certaines idiosyncrasies permettraient-elles à quelques individus de faire usage impunément de certains aliments dangereux?

Quoi qu'il en soit, la prudence commande de s'abstenir, dans le doute, ou tout au moins de soumettre, avant de les préparer en mets, tous les Champi-

Fig. 276. — Champignons hyménomycètes.

(Ceux marqués d'un A sont comestibles.)

gnons dont on n'est pas sûr, à une macération de quelques minutes dans de l'eau fortement vinaigrée. Le vinaigre a en effet la propriété de dissoudre le principe vénéneux que renferment ces végétaux. Quant à l'empoisonnement par les Champi-

gnons, qui est caractérisé généralement par des coliques violentes, des douleurs aiguës dans le ventre, des vomissements et des déjections alvines, enfin par des convulsions et quelquefois du délire ou de l'assoupissement, on le combat au moyen d'un éméto-cathartique (émétique 0,10 à 0,15 cent. dans sulfate de soude 50 gr.) à prendre dissous dans de l'eau, par verrées; on renouvelle ce médicament; puis, après les évacuations répétées, on combat les symptômes d'inflammation gastro-intestinale au moyen des cataplasmes, des lavements et des boissons adoucissantes, etc.

Les Champignons sont sans contredit les végétaux les plus variés dans leurs formes générales, leur structure, la position et l'arrangement de leurs spores. Nous donnerons ici, d'après A. Richard, les caractères des tribus les plus remarquables.

GYMNOMYCÈTES. Le mycélium se compose de filaments plus ou moins déliés, se développant sous l'épiderme de plantes en pleine végétation, ou privées de vie. Les sporidies sont nues, placées sous l'épiderme. D'abord recouvertes, elles finissent par être nues et semblent alors constituer à elles seules le Champignon tout entier, qui paraît formé uniquement par une sorte de poussière. Tels sont les genres *Carie, Rouille, Sphacélie,* etc.

HYPHOMYCÈTES. Mycélium composé de filaments libres et distincts, les uns couchés et stériles, les autres dressés portant des sporidies nues ou renfermées dans le sommet des tubes, lesquels se déchirent pour les laisser à nu. Dans ce groupe sont les *Moisissures,* le *Byssus,* etc.

GASTERÉMYCÈTES. « Champignons de formes variées, assez souvent plus ou moins globuleux, consistant en un péridium charnu, subéreux, membraneux ou floconneux, d'abord clos, puis s'ouvrant ou se déchirant irrégulièrement, contenant dans son intérieur simple ou multiple des thèques ou sporidies quelquefois placées sur des filaments ou réunies en une masse charnue mucilagineuse, qui se sépare en particules pulvérulentes. » Exemples: *Lycoperdon, Truffe, Bovista.*

HYMÉNOMYCÈTES. « Ce sont les Champignons par excellence, ceux que tout le monde reconnaît pour tels. Ils sont charnus, subéreux ou ligneux, offrant les formes les plus variées; les sporidies ou les spores sont placées à la surface d'une membrane proligère ou *hyménium* recouvrant une partie déterminée de leur surface, soit externe, soit interne. » Les principaux genres sont ainsi nommés: *Claraire, Morille, Polypore, Bolet, Agaric, Amanite.* — V. Ces mots.

CHANTERELLE. Champignon du genre Agaric, ainsi nommé de ce que l'on a cru trouver quelque ressemblance entre sa forme et celle de la tête d'un coq qui chante. Il offre plusieurs variétés. — La C. COMESTIBLE est d'un jaune d'or, et croît abondamment dans nos bois, où elle se fait remarquer par un petit chapeau d'abord arrondi et convexe, et ensuite en forme de petit entonnoir à bords diversement contournés et comme frisés.

Fig. 277. — Chanterelle.

CHANVRE (*Cannabis*). Genre de plantes de la famille des Urticacées, dont les caractères sont ceux de la seule espèce qui le compose. — Le CHANVRE CULTIVÉ (*C. sativa*) est d'ailleurs généralement connu; rappelons seulement que ses fleurs sont dioïques, verdâtres : les mâles en grappes terminales; les femelles en épis ramassés situés à l'aisselle des feuilles supérieures, et portées sur des

Fig. 278. — Chanvre.

(1, fleur mâle grossie; 2, étamine grossie isolée; 3, fleur femelle accompagnée de sa bractée; 4, la même grossie.)

pieds différents de ceux des mâles. Par une singularité qui remonte à la plus haute antiquité, c'est aux individus porteurs de l'ovaire que l'on donne vulgairement le nom de *mâles*, et ceux qui sont munis d'étamines celui de *femelles*.

Le Chanvre est originaire de la Perse. Il est aujourd'hui cultivé dans toute l'Europe; il lui faut seulement une terre ombragée, fortement végétale ou fréquemment ameublie et humide, mais point assez pour retenir les eaux. Cette plante est douée d'une odeur vireuse qui peut causer de la céphalalgie et une sorte d'ivresse si on la respire trop longtemps. Chacun connaît ses précieux usages et sait combien ses qualités sont différentes, suivant les localités où elle croît : son écorce filamenteuse, qui ne se détache qu'après le rouissage, donne la filasse, avec laquelle on fabrique des toiles, des cordes, etc. Les graines, appelées *Chènevis*, fournissent une très bonne huile à brûler; elles sont très recherchées des oiseaux. En médecine, on peut en préparer des émulsions adoucissantes et calmantes, très utiles dans les inflammations des voies urinaires.

Le Chanvre est doué de propriétés plus énergiques dans les contrées orientales que dans notre climat. Là, c'est avec ses feuilles que l'on prépare le fameux *Haschisch*, cette drogue aphrodisiaque et enivrante que les indigènes recherchent tant.

CHAOS. Bory Saint-Vincent a donné ce nom à cette espèce d'enduit muqueux répandu à la surface des corps pénétrés d'humidité, qu'il colore en vert et qu'il rend si glissants. Cette substance s'exfolie en séchant et devient à la fin visible par la manière dont elle se colore en vert ou en une teinte de rouille foncée. On dirait, ajoute le même naturaliste, une création provisoire qui se forme encore pour attendre une organisation; on dirait encore l'origine de deux existences bien distinctes, l'une certainement animale, l'autre purement végétale.

CHARANÇON (*Curculio*). Genre de Coléoptères tétramères, famille des Rhyncophores, ayant pour caractères : dessous des tarses munis d'un duvet court, formant des pelotes dans presque tous; pénultième article trilobé; antennes de 11 articles, coudées.

Les Charançons sont de petits Coléoptères aux formes agréables, aux couleurs variées, souvent très brillantes, dont les plus belles espèces sont propres au Brésil et au Pérou. Celles de l'ancien continent sont en général plus petites et moins ornées; quelques-unes cependant, telles que celles du Tamaris, la verte, l'argentée, celle du Poirier, se font remarquer par le luxe de leur parure. Ces insectes, quoique d'un naturel lent et timide, sont dévastateurs des végétaux et de leurs rameaux. Il en est qui, par leur multiplicité, ravagent les champs ensemencés de plantes fourragères. Celui du blé est parfois un véritable fléau. — V. *Calandre*.

Les Charançons forment une grande section, sous le nom de CHARANÇONITES, à laquelle appartiennent les sous-genres *Attelabe, Bruche, Lixe, Calandre, Rhynchêne, Anthonome, Charançon proprement dit*.

CHARAXE. Papillon diurne, l'un des plus beaux

de l'Europe, à ailes inférieures terminées par deux prolongements en forme de queue. Sa chenille a la tète surmontée de 4 cornes, l'abdomen se terminant en queue de poisson.— Le C. JASIUS se trouve dans le midi de la France. Sa chenille vit sur l'Arbousier.

CHARBON. «Espèce de Champignon parasite interne du genre Urède, qui attaque les plantes de la famille des Graminées et se reconnaît à une poussière qui remplace la farine. Le Charbon, vulgairement *Nielle*, affecte les épis dès qu'ils commencent à se former et les réduit en une poussière noire, inodore, que souvent les pluies lavent ou l'air disperse avant la récolte. Cette maladie présente des caractères plus graves dans les années pluvieuses. Les meilleurs moyens pour atténuer, sinon éviter le fléau, consistent en une bonne semence, un sol net de mauvaises herbes, bien égoutté, labouré profondément, et des semailles faites en temps opportun. »

On confond souvent le *Charbon* avec la *Carie*; mais cette dernière, qui attaque fréquemment le froment, se distingue du Charbon à sa couleur moins noire, à sa consistance moins sèche, à son odeur nauséabonde, et à son influence nuisible sur la santé.

CHARBON. — V. *Carbone* et *Houille*.

CHARDON (*Carduus*). Genre type de la tribu des Carduacées, famille des Composées, comprenant des plantes annuelles ou bisannuelles à tige ailée épineuse, rameuse; à feuilles pinnatifides dentées-épineuses. Fleurs en capitules solitaires ou groupés au sommet des rameaux : involucre à folioles imbriquées et terminées en épines; fleurons purpurins; fruits (akènes) surmontés d'une aigrette caduque, à soies longues soudées en anneau à la base. — Les Chardons sont nombreux en espèces qui croissent spontanément dans les lieux incultes, au bord des chemins, dans les décombres, etc., et qui fleurissent au milieu de l'été.

Le C. VULGAIRE (*C. nutans*) atteint de 50 cent. à 1 mètre. Sa tige est rameuse épineuse; ses feuilles sont décurrentes, à lobes courts, dentés, épineux; capitules gros, penchés; involucre à folioles réfractées à leur partie moyenne. — Cette plante est sans utilité pour l'homme; elle lui est plutôt nuisible par son abondance.

Le C. MARIE (*C. marianus*) est légèrement pubescent ainsi que le dessous de ses feuilles, qui sont grandes, larges, sinuées, épineuses, marbrées de blanc dans la direction des nervures, les inférieures pétiolées, les supérieures sessiles et amplexicaules auriculées. Capitules très gros, à l'extrémité des tiges: fleurons hermaphrodites, purpurins, placés sur un réceptacle hérissé de soies et environné d'un calice commun formé de folioles écailleuses hérissées d'épines latérales et terminales.

Le Chardon Marie était très en honneur au moyen âge, comme désobstruant, antilaiteux; selon Mattioli, il guérissait l'hydropisie, la jaunisse, les maladies des voies urinaires; ses graines étaient bonnes contre la pleurésie et même la rage. Aujourd'hui cette plante ne guérit plus rien ; mais elle sert quelquefois d'aliment; dans certains pays on mange ses jeunes pousses en salade, en friture, ses capitules en guise d'artichaut.

Fig. 279. — Chardon Marie.

(La figure détachée représente un fleuron entier de grandeur naturelle, ayant à la base de son ovaire quelques-unes des soies qui tapissent le réceptacle.)

Nous passerons sous silence le *C. acaule*, le *C. des marais*, le *C. des prés*, le *C. des champs*, et leurs variétés, parce qu'ils présentent entre eux de grandes ressemblances et qu'ils sont sans usages, sauf qu'ils peuvent faire un médiocre fourrage.

CHARDON ACANTHE. — V. *Onoporde*.
CHARDON A FOULON. — V. *Cardère*.
CHARDON BÉNIT.— V. *Centaurée*.
CHARDON ÉTOILÉ. — V. *Chausse-trape*.
CHARDON ROLAND. — V. *Panicaut*.

CHARDONNERET (*Carduelis*). Oiseaux de l'ordre des Passereaux, du sous-genre Moineau, ayant pour caractères: bec en cône allongé, comprimé vers la pointe qui est très aiguë; bords de la mandibule inférieure formant vers la base un angle saillant; ailes dépassant le milieu de la queue, qui est moyenne et échancrée.

Les Chardonnerets (ainsi nommés parce qu'ils se nourrissent de graines de chardon) sont des oiseaux familiers et de mœurs douces, au plumage de couleurs variées, qui se tiennent dans les bois et les parcs, nichent sur les arbres élevés et émigrent par troupes. Le mâle a le plumage plus brillant, l'allure plus vive et le chant plus agréable que la femelle, qui est triste et sans ramage.

Le Chardonneret élégant (*Fringilla carduelis*), vul. *Gros-bec Chardonneret*, est l'un des plus jolis oiseaux de l'Europe, et qui n'a que le défaut d'être commun. Il s'habitue facilement à la captivité et devient familier ; les batteleurs lui apprennent même à exécuter des tours, à faire le mort par exemple. Son ramage est très varié. Il niche habituellement dans les jardins, les vergers et pond 4-5 œufs d'un brun verdâtre ponctué de brun foncé. Croisé avec le Serin, il donne naissance à des *mulets* stériles qui ont perdu une grande partie de la parure de l'oiseau franc. Le Chardonneret vit une vingtaine d'années.

Le Chardonneret tarin (*F. spinus*), vul. *Gros-bec Tarin*, a le plumage olivâtre en dessus, jaune en dessous, avec l'aile et la queue noires. Il vit sédentaire dans quelques parties de la France, nichant sur les hauts sommets des sapins. Il s'apprivoise avec une étonnante facilité et apprend sans peine à exécuter de petites manœuvres.

Fig. 280, 281. — Chardonneret (mâle et femelle).

CHARME (*Carpinus*). — Genre d'arbres de la famille des Cupulifères, dont les fleurs sont monoïques, disposées en chatons qui paraissent avant les feuilles ou en même temps : chatons mâles allongés, cylindriques ; chatons femelles composés de grandes écailles foliacées, biflores.

Le Charme commun (*C. betulus*) est un arbre plus ou moins élevé, à branches étalées, à feuilles pétiolées, ovales aiguës, dentées, etc., qui est extrêmement répandu dans nos forêts. Son écorce est lisse et d'un assez beau gris ; son bois dur, serré, est très employé pour le charronnage. Ce végétal a donné son nom aux *Charmilles*, c'est-à-dire à ces palissades, ces arcades, ces colonnes, qui résultent de la mutilation qu'on lui fait subir en l'empêchant de croître naturellement, et qui servent à la décoration des jardins.

Le C. du Levant est un arbrisseau très rameux, diffus, auquel il faut un terrain plus chaud et une situation plus abritée que pour l'espèce commune.

CHAT (*Felis*). Genre de Mammifères de l'ordre des Carnivores, famille des Digitigrades, qui renferme un grand nombre de quadrupèdes ainsi caractérisés : museau court et arrondi ; mâchoires également courtes, mais très fortes ; ongles rétractiles, c'est-à-dire pouvant, à la volonté de l'animal, se replier en dessous de la patte et rentrer dans une sorte de gaine membraneuse, ou s'allonger et se redresser. Ce sont des Carnassiers par excellence et les plus fortement armés de griffes et de dents ; ils réunissent de plus à cette organisation la défiance, la souplesse, le courage. Leurs yeux, grands et ronds, ont généralement la pupille verticalement oblongue, et très dilatable, ce qui leur permet de voir dans la nuit la plus obscure ; ils ont l'ouïe très fine, mais l'odorat médiocrement développé ; leurs moustaches ou longs crins raides, dont chaque racine est un bulbe qui répond à un épanouissement nerveux, constituent leur principal organe de tact. Ces animaux sont propres ; ils craignent l'eau bien qu'ils aiment assez le poisson. Les femelles sont lascives et très attachées à leur progéniture, qu'elles protègent souvent, au temps des amours, contre la cruauté du mâle.

Le grand genre Chat, qui forme la tribu des *Féliens*, de certains auteurs, se divise en trois sous-genres, qui sont : le *Guépard*, le *Lynx* et le *Chat proprement dit*. En voici les caractères distinctifs fondamentaux :

Ongles faibles, usés, non rétractiles.	Guépard
Ongles rétractiles, surtout aux pieds antérieurs.	Chat
Oreilles larges et longues, terminées par un pinceau de poils plus ou moins épais et longs.	Lynx

Le sous-genre Chat comprend le *Lion*, le *Tigre*, le *Jaguar*, le *Couguar*, la *Panthère*, le *Léopard*. — V. ces mots.

Chat domestique (*Felis catus*). Carnivore digitigrade de la tribu des Féliens ou Chats proprement dits. Voici ce qu'en dit Buffon : « Le Chat est un domestique infidèle qu'on garde par nécessité, pour s'opposer à un autre ennemi domestique encore plus infidèle et qu'on ne peut chasser ; car nous ne comptons pas les gens qui, ayant du goût pour toutes les bêtes, n'élèvent les Chats que pour s'en amuser : l'un est l'usage, l'autre l'abus ; et quoique ces animaux, surtout quand ils sont jeunes, aient de la gentillesse, ils ont en même temps une malice innée, un caractère faux, un naturel pervers, que l'âge augmente encore, et que l'éducation ne fait que masquer.

« La forme du corps et le tempérament sont d'accord avec le naturel : le chat est joli, léger, adroit, propre et voluptueux : il aime ses aises, il cherche les meubles les plus mollets pour s'y reposer et s'ébattre, il est aussi très porté à l'amour; et, ce qui est rare dans les animaux, la femelle paraît plus ardente que le mâle; elle l'invite, elle le cherche, elle l'appelle, elle annonce par de hauts cris la fureur de ses désirs, ou plutôt l'excès de ses besoins, et lorsque le mâle la fuit ou la dédaigne, elle le poursuit, le mord, et le force pour ainsi dire à la satisfaire quoique les approches soient accompagnées de vives douleurs (1).

« Comme les mâles sont sujets à dévorer leur progéniture, les femelles se cachent pour mettre bas; et lorsqu'elles craignent qu'on ne découvre ou qu'on n'enlève leurs petits, elles les transportent dans des trous et dans d'autres lieux ignorés ou inaccessibles...

« Les jeunes chats sont gais, vifs, jolis, et seraient aussi très propres à amuser les enfants, si les coups de patte n'étaient pas à craindre; mais leur badinage, quoique toujours agréable et léger, n'est jamais innocent, et bientôt il se tourne en malice habituelle; et comme ils ne peuvent exercer ces talents avec quelque avantage que sur les plus petits animaux, ils se mettent à l'affût près d'une cage; ils épient les oiseaux, les souris, les rats, et deviennent d'eux-mêmes, et sans y être dressés, plus habiles à la chasse que les chiens les mieux instruits. Leur naturel, ennemi de toute contrainte, les rend incapables d'une éducation suivie. On raconte néanmoins que des moines grecs de l'île de Chypre avaient dressé des chats à chasser, prendre et tuer les serpents dont cette île était infestée. Ils n'ont

Fig. 282, 283, 284 et 285. — Chats domestiques.

aucune docilité, ils manquent aussi de la finesse de l'odorat qui, dans le chien, sont deux qualités éminentes, aussi ne poursuivent-ils pas les animaux qu'ils ne voient plus; ils ne les chassent pas, mais ils les attendent, les attaquent par surprise, et, après s'en être joués longtemps, ils les tuent sans aucune nécessité, lors même qu'ils sont le mieux nourris et qu'ils n'ont aucun besoin de cette proie pour satisfaire leur appétit. »

On ne peut pas dire que les Chats, quoique habitants de nos maisons, soient des animaux entièrement domestiques; ceux qui sont le mieux apprivoisés n'en sont pas plus asservis; on peut dire plutôt qu'ils sont entièrement libres; ils ne font que ce qu'ils veulent, et rien au monde ne serait capable de les retenir un instant de plus dans un lieu dont ils voudraient s'éloigner. D'ailleurs la plupart sont à demi sauvages, ne connaissent pas leurs maîtres, ne fréquentent que les greniers et les toits, et quelquefois la cuisine et l'office, lorsque la faim les presse.

Le CHAT SAUVAGE est l'espèce type des Chats domestiques; il vit isolé dans les bois, faisant une chasse active aux lièvres, lapins, perdrix, etc. Il grimpe aux arbres avec une grande agilité, et c'est là son refuge lorsqu'il est chassé par les chiens courants, et fatigué.

Du Chat sauvage, et peut-être de son croisement avec quelques espèces voisines, se sont formées de nombreuses variétés et races, devenues domestiques pour la plupart; tels sont le *Chat tigré*, qui est plus défiant que les autres, et moins carnassier que l'espèce sauvage; — le *Chat d'Espagne*, assez répandu en Europe, dont le poil est court, brillant, la robe tachée par plaques irrégulières de blanc pur, de roux vif et de noir foncé. G. Desmarest a fait cette remarque que les indi-

---

(1) Cette douleur que les chattes expriment par des cris si aigus, est produite par les papilles cornées et dirigées en avant dont l'organe mâle est garni à sa pointe.

vidus qui offrent à la fois ces trois couleurs sont constamment|des femelles, tandis que les mâles n'en présentent que deux. — Le *Chat d'Angora* est une race éloignée du type primitif, en ce qu'elle est moins carnassière et moins vive, et que son poil est très long, doux et soyeux.

Les Chats expriment leur contentement par un murmure court et continu, et une sorte de piétinement ; leur impatience, par un mouvement de balancement imprimé à l'extrémité de leur queue. Cet animal, sur les mœurs duquel il y a tant de remarques à faire, était en vénération chez les anciens Egyptiens, qui punissaient des peines les plus sévères celui qui lui donnait la mort, sans **doute parce** que Isis, voulant éviter la fureur de Typhon et des Géants, s'était cachée sous la figure du Chat.

CHATAIGNIER (*Fagus castanea*). Grand et bel arbre de la famille des Cupulifères, dont voici les caractères botaniques : port élégant, majestueux ; feuillage composé de belles feuilles ovales lancéolées, pétiolées, **alternes**, dentées ; fleurs monoïques : les mâles disposées en chaton cylindrique grêle, munies chacune de douze étamines environ ; les femelles naissant à la base des chatons, renfermées par 3 dans un involucre, et présentant chacune un ovaire couronné **d'un** petit calice 6-lobé, et surmonté de 6 styles **droits** cartilagineux, subulés, velus à leur base. L'involucre est composé d'un grand nombre de petites écailles réfléchies qui, à la maturité du fruit, deviennent autant d'épines. Le fruit est une capsule

Fig. 286. — Châtaignier.

uniloculaire hérissée de pointes, qui s'ouvre en 2 ou 4 parties pour laisser tomber autant de gros-

ses graines (châtaignes) qu'il y avait de fleurs dans l'involucre.

Le Châtaignier croit en abondance dans la Grèce, l'Italie, la France, etc.; il se plaît dans les terres légères, les lieux secs, pierreux ou sablonneux. Il acquiert quelquefois des dimensions prodigieuses. Dans le comté de Glowcester, il existe, depuis une longue suite de siècles, un arbre de ce nom dont la circonférence atteint 18 mètres. Celui dit du *mont Etna*, en Sicile, est non moins colossal et âgé ; quoique son tronc |soit absolument creux, il ne continue pas moins de végéter ; son ombrage peut abriter 100 chevaux. Le Châtaignier réunit de nombreux avantages : son bois est excellent pour charpentes, constructions, futailles surtout, parce qu'il a la propriété de conserver toujours son volume égal, sans se gonfler ni se resserrer. Des peuplades entières font leur nourriture principale de ses fruits, appelés *châtaignes*, et *marrons* lorsqu'ils sont bien nourris, plus arrondis, moins cloisonnés, ce qui est dû à la greffe et à la culture de l'arbre, qui ne produit toutefois qu'à 30 ans d'âge et de deux années l'une. Tendres ou mûres, dit Bodard, fraîches ou sèches, crues ou cuites, réduites en farine, préparées en beignets ou en bouillie, les châtaignes offrent un aliment sain, agréable au goût et facile à digérer.

CHATAIRE. — V. *Cataire.*

CHAT-CERVIER. — V. *Lynx.*

CHAT-HUANT. — V. *Hulotte.*

CHATON. Assemblage de fleurs petites sur un axe ou pédoncule commun simple, ressemblant ainsi à la *queue d'un chat.* Les fleurs sont unisexuées, et partant, il y a des chatons mâles et des chatons femelles; une écaille tient lieu de périanthe à ces fleurs; l'axe central autour duquel sont accumulées les fleurs à étamines tombe de luimême après la fécondation. — Le *Noyer*, le *Saule*, le *Pin*, etc., ont leurs fleurs disposées en chaton. — V. *Inflorescence.*

CHAT-TIGRE. — V. *Serval.*

CHAUME. C'est le nom que porte la tige des Graminées, tige cylindrique, simple, ordinairement fistuleuse, offrant de distance en distance des nœuds d'où partent des feuilles alternes et engaînantes. Le chaume desséché reçoit le nom de *paille.* — Au commencement du xive siècle, presque toutes les maisons en France, en Angleterre, en Allemagne étaient couvertes de *chaume.*

CHAUSSE-TRAPE. Espèce de *Centaurée.* — **V.** ce mot.

CHAUVES-SOURIS. Nom vulgaire du groupe des *Chéiroptères.* — **V.** ce mot.

CHÉILODACTYLE (*Cheilodactylus.*) Poissons acanthoptérygiens de la famille des Sciénoïdes, dont le corps est allongé, la bouche petite, la dorsale pourvue de nombreux rayons épineux, les pectorales ayant plusieurs rayons libres qui forment autant de filaments. — Le C. a bandes (*C. fasciatus*) est l'espèce type de ce genre. Sa dorsale s'étend sur presque toute la longueur du dos; le dernier rayon de la pectorale, quoique très allongé au-delà de la membrane, est moins long que le 13e, qui lui-même est moins long que le 12e, qui l'est moins que le 11e; caudale un peu en forme de faux; tête petite; lignes verticales brunes sur le corps, au nombre de cinq. — Ce poisson appartient aux mers du Chili.

CHÉIROGALE (*Cheirogaleus*). Genre de Quadrumanes, de la famille des Lémuriens, qui ressemblent au Chat, mais ils en diffèrent en ceci : ils n'ont pas de moustaches, leurs tarses sont allongés comme ceux des Makis, et leurs mains sont pourvues d'un pouce écarté, distinct, susceptible de mouvements propres, sans griffes comme chez les Chats.

Le Chéirogale de milius (*C. milii*) est l'espèce la plus intéressante. Son pelage est gris-roux en dessus, blanc cendré en dessous, d'ailleurs épais, soyeux, avec une tache blanche entre les yeux, qui sont très grands; oreilles petites; organes du mouvement analogues à ceux des Makis, etc. Ce petit quadrumane, comme les autres espèces du même genre, habite Madagascar. Il est d'une très grande agilité. Il passe tout le jour couché et roulé en boule dans un nid de foin; la nuit venue, il se réveille et se met en chasse de sa nourriture, car il parait avoir la faculté de voir distinctement dans la plus profonde obscurité. Il est frugal; en cage on le nourrit de pain, de biscuits, de fruits.

Fig. 287. — Glossophage.

CHÉIROMYS. Genre de Rongeurs dont l'unique espèce est l'*Aye-Aye.* — V. ce mot.

CHÉIROPTÈRES (du gr. *cheir*, main; *pteron*, aile, mains changées en ailes). Première tribu des Carnassiers, Mammifères qui se distinguent principalement par un repli de la peau commençant aux côtés du cou et s'étendant entre les quatre pieds et leurs doigts; ils présentent encore quelques affinités avec les Quadrumanes par la disposition de leurs organes génitaux mâles. Ce sont ces animaux que l'on désigne par l'expression générale et vulgaire de *Chauves-Souris*, et qui furent regardés pendant longtemps comme des Oiseaux, parce qu'à l'aide de la vaste membrane qui s'étend entre leurs membres et leurs doigts, ils peuvent s'élever dans les airs et exécuter une sorte de vol. Ils ont le corps couvert de poils assez longs, lisses ou frisés, la tête grosse, le cou court, les oreilles nues, longues, pourvues d'un appendice externe assez compliqué; les yeux petits; les narines ou simples ou composées, mais alors entourées de productions membraneuses plus ou moins compliquées; bouche très grande, lèvres dilatables, avec des abajoues que ces animaux remplissent d'insectes.

Les Chéiroptères, quoique hideux à voir et constituant un objet d'horreur pour la plupart des hommes, sont cependant, par leur organisation, beaucoup plus rapprochés de la nôtre qu'on ne pourrait se l'imaginer; après les Singes ce sont les êtres qui approchent le plus de notre espèce, car ils ont les trois sortes de dents (incisives, canines, molaires); de véritables mains dont à la vérité les doigts sont extrêmement allongés, à l'exception du pouce qui est très court et libre de la membrane dont il a été parlé; deux fortes clavicules et de larges omoplates consolident leur squelette. Le mâle, nous l'avons déjà dit, a les parties génitales à peu près conformées comme les nôtres; son pénis est libre, mais sans prépuce. La femelle porte deux mamelles situées sur la poitrine, et dans quelques espèces elle offre des traces d'un écoulement menstruel; elle fait deux petits à chaque portée, et lorsqu'elle les allaite, elle les tient embrassés comme fait la femme pour son enfant.

Les Chéiroptères ont l'ouïe et le toucher extrêmement développés : ce dernier sens a pour organes la membrane étendue de leurs ailes et leurs longues oreilles dont la peau est mince et très délicate. C'est à ces avantages que ces animaux, nocturnes par instinct, doivent de pouvoir poursuivre leur proie au milieu des ténèbres et des obstacles qui les environnent. Ils se retirent dans les carrières, les cavernes, les greniers, où ils passent l'hiver pour la plupart dans une sorte de léthargie.

Les Chéiroptères comprennent deux familles : 1° Les Chauves-souris, dont les genres se nomment *Roussette, Molosse, Noctilion, Phyllostome, Rhinolophe, Taphien, Vespertilion, Oreillard*, etc. — V. ces mots. 2° Les Galéopithèques que de Blainville réunit aux Quadrumanes.

Geoffroy Saint-Hilaire a divisé ces animaux en Frugivores (*Roussettes, Céphalotes, Cynoptères, Harpies, Macroglosses*), et en Insectivores ou Carnassiers (*Vampires, Phyllostomes, Glossophages, Mirmops, Vespertilions, Oreillards, Nyctères, Molosses, Noctilions*, etc.)

CHÉLIDOINE (*Chelidonium*). Genre de plantes de la famille des Papavéracées, vivaces, à suc laiteux jaune; feuilles pinnatiséquées; fleurs jaunes disposées en ombelles pauciflores; calices à 2 sépales un peu colorés; stigmate bilobé : pour fruit, capsule linéaire bivalve.

Grande Chélidoine (*C. majus*) ou simplement *Chélidoine. Éclaire.* Tiges de 20-70 cent., dressées, rameuses, pubescentes; feuilles molles, glabres, glauques en dessous, 3-7 lobées; 2 sépales colorés jaunâtres, caducs; 4 pétales entiers, ouverts, plans; étamines nombreuses, égales; silique s'ouvrant de la base au sommet.

La Chélidoine est très commune dans les lieux pierreux et incultes, où elle commence à fleurir dès le mois d'avril. Dans son état de fraîcheur elle exhale une odeur désagréable ; son goût est amer, âcre, dû au suc jaune orange qui découle de toutes ses parties à la plus légère incision ou pression. Ce suc, irritant et même caustique, a été employé à l'extérieur pour exciter les ulcères, détruire les cors. La plante a été administrée en infusion comme purgative, anti-dartreuse, anti-ictérique, etc., mais son action dangereuse doit être surveillée.

Chélidoine glaucienne (*C. glaucium*), vulg. *Parot cornu.* Plante bisannuelle de 50-80 cent., à

fleurs jaunâtres, grandes, terminales, subsolitaires, qui s'épanouissent au milieu de l'été. Espèce assez rare qui croît au voisinage des habitations, dans les décombres, etc., et que l'on cultive comme plante d'ornement.

Petite Chélidoine. Nom vulgaire de la *Renoncule ficaire*. — V. ce mot.

CHÉLONÉE (*Chelonia*). Genre de Reptiles de l'ordre des Chéloniens (V. ce mot), famille des Thalassites ou Tortues marines, dont le corps est recouvert d'écailles cornées, les pattes pourvues d'un

Fig. 289. — Tortue franche.

ou deux ongles, ce qui les différencie des Sphargis, lesquels sont sans écailles et sans ongles. — Ce genre comprend la *Tortue franche*, le *Caret* et le *Caouanne*.

Chélonée franche (*C. mydas*), ou mieux simplement *Tortue franche*. Ses caractères sont : carapace presque cordiforme; dos arrondi; écailles vertébrales hexagones, presque équilatérales; longueur totale, 1 m. 60 à 2 m.; poids, 350 à 400 kil. — Cette Tortue, qui était connue des anciens, vit dans l'océan Atlantique et fréquente le voisinage des îles et des côtes désertes. C'est à cette espèce que se rapportent surtout les détails qui sont donnés sur les mœurs des Chéloniens. — V. ce mot. — On peut l'amener vivante en Europe. Elle est servie sur les tables recherchées, et ses écailles sont l'objet d'un grand commerce.

Chélonée imbriquée (*C. imbricata*) ou *Caret*. La carapace est presque orbiculaire, à plaques imbriquées; le dos en toit; fortes dentelures sur le bord postérieur du limbe; taille et poids un peu moins considérables que dans l'espèce précédente. — Cette Tortue vit dans les océans Indien et Américain. Sa chair est moins recherchée que celle de la Tortue franche, mais son écaille est regardée comme préférable à celle des autres espèces du même genre.

Chélonée couanne (*C. couanna*). Carapace un peu allongée, à plaques non imbriquées; deux ongles à chaque patte; taille plus petite que celle de la Tortue franche. — Cette espèce se trouve quelquefois dans la Méditerranée; on la voit accidentellement sur les côtes de France et d'Angleterre. Sa chair est encore moins bonne que celle du Caret; mais son écaille est employée dans les arts.

CHÉLONIENS

CHÉLONIENS (du gr. *kélonê*, tortue). Ordre de Reptiles comprenant tous les genres de Tortues; ordre parfaitement caractérisé par la double cuirasse qui protége le corps de l'animal, en formant une sorte de boîte osseuse dont la partie supérieure se nomme carapace, et l'inférieure plastron.

La *carapace* est formée par un plus ou moins grand nombre de plaques osseuses, unies entre elles par des sutures et formant comme une espèce de bouclier convexe en dessus, concave en dessous. Examinées sur cette dernière face, les plaques médianes paraissent n'être que des dépendances des vertèbres dorsales, dont les corps immobiles font saillie, et dont la face supérieure, au lieu d'être épineuse comme chez les autres vertébrés, s'épanouit dans la substance de la carapace, laquelle est encore formée en partie par les côtes qui s'élargissent au point de se toucher dans toute ou presque toute leur étendue, et qui se terminent dans les pièces marginales bordant la carapace.

Le *plastron* est formé par le sternum, qui est large et étendu depuis la base du cou jusqu'à l'origine de la queue. Il se fixe à la carapace, de chaque côté, par un prolongement osseux ou par des cartilages; mais en avant comme en arrière, il en reste écarté pour laisser passer la tête, les membres et la queue. Si bien qu'entre ces deux plans osseux, qui ne sont recouverts que par la peau et qui constituent un véritable squelette extérieur, sont logés tous les organes, voire même les épaules et le

bassin. Les os de l'épaule s'articulent avec la colonne vertébrale, d'une part, et avec le sternum de l'autre, de manière à former une sorte d'anneau entre la carapace et le plastron. Quant au bassin, il ressemble aussi beaucoup à la ceinture formée par les os de l'épaule.

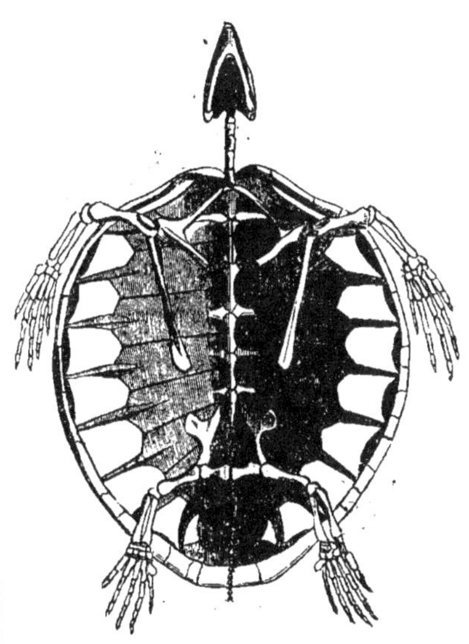

Aucun muscle ne s'insère à la surface extérieur des deux boucliers : ceux des membres, dont les os sont les seuls en partie saillants au dehors, prennent leur point fixe à la face interne de la carapace et aux os de l'épaule. — Le système nerveux est généralement peu développé; l'organe du goût ne l'est pas davantage, mais l'odorat, l'ouïe et la vue sont mieux partagés; l'intelligence se réduit à la recherche de la nourriture et au rapprochement des sexes. Chacun connaît la lenteur proverbiale de ces animaux; attaqués, ils cherchent bien à mordre, mais ils se hâtent de se réfugier dans leur double cuirasse.

Les Tortues se nourrissent généralement de matières végétales molles et herbacées; plusieurs font la chasse aux crustacés, mollusques, poissons, insectes; leur estomac est peu distinct du petit intestin; ils peuvent se priver d'alimentation pendant un temps assez long. — Leur système lymphatique est très développé. — Le cœur est à deux oreillettes très grandes qui donnent dans un seul ventricule, lequel est partagé en plusieurs cavités communiquant toutes ensemble; la circulation s'opère comme nous l'expliquerons au mot *Reptiles*. — Quant à la respiration, nous ferons remarquer que l'immobilité des côtes rend impossibles les mouvements inspirateurs ordinaires, et que c'est par une sorte de déglutition que l'air est poussé dans les poumons. Du reste les Tortues peuvent suspendre impunément leur lente respiration pendant un temps assez long.

Les organes de la reproduction sont formés sur le même plan que celui de tous les reptiles; l'organe mâle principal est simple, long, cylindrique; l'ovaire est double; l'accouplement a lieu de la manière ordinaire. Au moment des amours, qui ont lieu au printemps, les mâles deviennent assez agiles et se livrent entre eux des combats acharnés, cherchant à renverser leurs rivaux sur le dos et à les mettre ainsi dans l'impossibilité de poursuivre leurs femelles. Celles-ci pondent des œufs sphéroïdaux dont l'enveloppe est membraneuse et coriace, et qui diffèrent de ceux des Oiseaux en ce que le fœtus est déjà formé lorsqu'il se sépare de sa mère. Ces œufs sont abandonnés à l'incubation solaire. L'accroissement des nouveau-nés se fait assez lentement et la vie de l'individu est longue. Comme la plupart des Reptiles, les Chéloniens s'engourdissent à l'approche des saisons froides et pluvieuses; comme eux ils supportent assez facilement les pertes de substance et les réparent sans trouble profond dans l'économie: on en a vu se mouvoir pendant plusieurs semaines après avoir eu la tête tranchée.

Les Chéloniens ou Tortues se divisent en quatre familles.

Tortues terrestres ou Chersites. Elles sont caractérisées par une carapace très bombée, des membres courts et égaux, des pattes en moignons arrondis, calleux, des doigts peu distincts les uns des autres, onguiculés. La boîte osseuse est lourde, épaisse; la tête est courte, recouverte de petites plaques cornées; pattes courtes informes; doigts peu distincts, unis par une membrane résistante et terminés par des ongles forts. — Ces reptiles vivent dans les bois, les lieux herbeux; ils marchent très lentement, se creusent des sortes de terriers peu profonds où ils s'engourdissent pendant l'hiver. Les mâles sont en général plus petits que les femelles. Les sexes restent unis pendant plusieurs jours.

Cette famille comprend les genres *Tortues, Homodote, Pyxide* et *Cinixys*. Les trois derniers sont rares et peu connus.

Tortues de marais ou Élodites. D'après leur conformation et leurs habitudes, ces animaux établissent le passage des Tortues terrestres aux Tortues essentiellement aquatiques; ils ont en effet les doigts distincts, flexibles, réunis à la base par une peau élastique qui leur permet de s'écarter; carapace plus ou moins déprimée, évasée en arrière; ongles crochus, taille ordinairement petite. — Ces Chéloniens sont gloutons, carnassiers, sauvages, colères, d'ailleurs inoffensifs. On tire parti de leur voracité pour les prendre à l'hameçon, mais ni leur chair ni leur écaille n'est bonne.

On en compte une centaine d'espèces partagées en deux tribus:

1° Les **Cryptodères**, qui peuvent retirer leur cou sous le milieu de la carapace. Genres principaux: *Cistule, Émyde, Tétronyx, Emysaure*, etc.

2° Les **Pleurodères**, qui ne peuvent faire rentrer complétement leur cou sous la carapace. Sept genres, dont le principal est le *Platémyde*.

Tortues de fleuve ou Potamites. Carapace très élargie et très plate, molle, couverte d'une peau flexible et cartilagineuse; pattes très déprimées, dont les doigts se trouvent réunis jusqu'aux ongles par de larges membranes flexibles, qui changent les mains et les pieds en de véritables palettes faisant l'office de rames; 3 doigts bien apparents et pourvus d'ongles; mâchoires environnées d'un repli extérieur de la peau; narines placées au bout d'une sorte de petite trompe; cou très allongé. — Ces Tortues habitent les rivières, les fleuves ou les grands lacs d'eau douce des régions les plus chaudes du globe; elles nagent avec beaucoup de facilité, sont voraces, et se nourrissent de poissons, de reptiles et de mollusques. Leur chair est très recherchée.

Deux genres principaux: *Trionyx* et *Cryptopode*.

Tortues marines ou Thalassites. Pattes comprimées sous forme de rames et dont les doigts, aplatis et comme soudés, ne sont plus susceptibles de mouvements particuliers. Leur structure indique leur mode de vie essentiellement aquatique; car il leur est impossible de s'accrocher aux corps résistants, faute d'ongles crochus, ou même de marcher faute de doigts distincts. — Ce sont les Chéloniens qui acquièrent les plus grandes dimensions. Ils se meuvent lentement; ils ne sortent de l'eau qu'à l'époque de la ponte. Leur nourriture se compose de plantes marines, quelquefois de crustacés et de mollusques. Leur croissance et leur vie ont une longue durée. Les Spargis, une des espèces, font entendre une voix assez forte quand on s'en empare, ce qui est le contraire chez les autres Tortues, qui n'ont pas de voix.

Les Thalassites sont plus utiles à l'homme que les autres Chéloniens: leur chair est recherchée, leur écaille précieuse. Dans les pays chauds, où ils sont communs, les indigènes se servent de leur carapace comme de pirogues, ils en couvrent leur hutte, en font des réservoirs pour faire désaltérer les animaux domestiques, etc. Pour s'en emparer, on surprend, la nuit, les femelles déposant leurs œufs à terre, ou bien, quand ces reptiles viennent respirer ou dormir à la surface de l'eau; et si on ne peut les emporter, on les renverse sur le dos, position qu'elles ne peuvent changer (1). — Les deux genres principaux sont la *Chélonée* et le *Spargis*. — V. ces mots.

---

(1) Nous avons vu que les mâles des Tortues terrestres, au temps des amours, cherchent à renverser leurs rivaux, pour les mettre dans l'impossibilité de poursuivre les femelles.

CHÊNE (*Quercus*). Genre de la famille des Cupulifères, comprenant des arbres souvent très élevés, à feuilles coriaces, lobées-ondulées; à fleurs en chatons qui paraissent en même temps que les feuilles : les chatons mâles sont grêles, pendants; les femelles, axillaires, à pédoncule robuste et dressé; tube du calice soudé avec l'ovaire; involucre fructifère ligneux, nommé *cupule*, entourant la partie inférieure du fruit, appelé *gland*.

Les Chênes sont nombreux en espèces et en variétés. On les distingue en 1° : Chênes proprement dits; 2° Ch. à fruits mangeables; 3° Ch. nains; 4° Ch. verts; 5° Ch. liéges; 6° Ch. aquatiques. — Nous ne pouvons citer que les plus remarquables.

Chêne commun (*Q. robur*). Feuilles brièvement pétiolées, tombant après l'hiver; pédoncules fructifères très longs; glands assez gros, courts, solitaires; bois très dur, élastique, l'un des plus pesants et des plus incorruptibles. Sa croissance est lente et sa vie se prolonge plusieurs siècles. Le Chêne est extrèmement répandu dans nos forêts, dont il est l'orgueil. Arbre au port majestueux et imposant, lorsqu'il croît dans un sol favorable, il a toujours été considéré comme l'emblème de la force et de la durée. Les anciens plaçaient en quelque sorte sous son abri le sanctuaire de la justice et des pratiques religieuses; aujourd'hui encore on couronne de son feuillage les mâles vertus civiques, la puissance et la grandeur. Quel végétal nous rend de plus grands services? Son bois est continuellement employé dans la menuiserie, le charronnage, la sculpture, dans les constructions de toute nature : son écorce, riche en tannin et en acide gallique, est employée sous forme de poudre, appelée *tan*, pour le tannage des cuirs; puis elle est recueillie pour former les *mottes à brûler*, si utiles aux familles sans fortune. L'écorce de chêne, celle prise sur les branches de 3 à 4 ans, est utile en médecine comme astringent-tonique, dans la dyssenterie, l'atonie générale; c'est aussi un assez bon fébrifuge : on la donne en poudre ou en décoction. Sous cette dernière forme, on en fait des lotions et injections astringentes, antiseptiques, etc. — Les *glands*, torréfiés et pulvérisés, donnent par infusion, connue sous le nom de *café de gland*, un médicament précieux pour les enfants affectés de scrofules, de rachitisme et de carreau.

Chêne roure (*Q. sessiflora*). Cette espèce ou plutôt cette variété se distingue à ses feuilles pétiolées, et à ses pédoncules fructifères plus courts que les pétioles.

Chêne pédonculé (*Q. pedonculata*), vulg. *Chêne blanc*. Son tronc est droit, revêtu d'une écorce lisse ou peu rugueuse, d'un blanc cendré dans sa jeunesse; sa taille surpasse celle du Chêne commun; ses feuilles sont en lyre, profondément découpées; ses glands oblongs, disposés en grappes. — On en trouve de magnifiques individus dans la forêt de Fontainebleau.

Chêne tauzin (*Q. tauza*). Espèce petite et rabougrie, parce qu'on la coupe trop tôt, à feuilles très profondément divisées, hérissées en dessus; glands petits et à cupule peu tuberculeuse. — Commun dans les Landes.

Chêne grec (*Q. esculus*). Cette espèce appartient aux *Chênes à fruits mangeables*, dont les glands sont plus gros et dépouillés d'amertume. Elle est de petite taille et croît en Grèce, en Asie, en Italie : c'est le véritable *Æsculus* des anciens. — Le C. bellote (*Q. bellota*) est, parmi ce groupe, celui dont les glands sont les meilleurs : on les trouve en effet sur la table du riche comme sur celle du pauvre, chez les habitants de l'Atlas et des contrées méditerranéennes.

Chêne a galle (*Q. infectoria*). Il appartient à la division des *Chênes nains*; c'est un arbrisseau tortueux d'Orient, sur lequel se développent ces excroissances ligneuses, sphéroïdes-tuberculeuses, produites par la piqûre d'un insecte, le *Cynips*, et connues sous le nom de *noix de galle*.

Chêne kermès (*Q. coccifera*). Cette espèce se range parmi les *Chênes verts*; arbrisseau dont le tronc, divisé en rameaux tortueux et diffus, forme un gros buisson d'un mètre et demi de hauteur. Ses feuilles sont très petites, coriaces, épineuses, toujours vertes; ses glands ovales, enfoncés à moitié dans une cupule hérissée d'écailles acérées, ne mûrissent que la deuxième année. — C'est sur ce Chêne que vit la Cochenille connue sous le nom de *Kermès végétal*, et qui seule, avant la découverte du Nopal, donnait à la teinture la couleur écarlate. — V. *Cochenille*.

Chêne liége (*Q. suber*). Arbre de nos départements du Midi, qui croît lentement, grossit peu; dont l'écorce épaisse, crevassée, fournit le *liége*, lequel n'est autre chose par conséquent qu'une masse spongieuse de tissu cellulaire qui s'accumule, par couches annuelles, entre l'épiderme et les couches corticales. Ces couches de liége peuvent s'enlever sans nuire à la végétation de l'arbre.

Les *Chênes aquatiques* habitent les parties moyennes et septentrionales des Etats-Unis.

CHENILLE. Nom donné aux larves des Lépidoptères ou Papillons, c'est-à-dire à l'état dans lequel se présentent ces insectes depuis leur sortie de l'œuf jusqu'à leur transformation en chrysalides. Les Chenilles ont la forme de vers allongés dont le corps se compose de douze segments ou anneaux, non compris la tête, et de 10 à 13 pattes au plus. Les trois premiers anneaux sont munis de six pattes écailleuses ou *vraies pattes*, qui répondent à celles de l'insecte à l'état parfait; les autres portent un nombre variable d'appendices courts, mais susceptibles de s'allonger et couronnés par de petits crochets qui servent à la progression de la Chenille, qu'on désigne sous le nom de *fausses pattes*, parce qu'ils disparaissent après la métamorphose de l'insecte. De plus le corps de ces insectes, dans un grand nombre de cas, est couvert de poils, qui, quelquefois, se transforment en véritables épines, plus ou moins rares ou nombreuses : de là les épithètes de *rases, pubescentes, velues, hispides, épineuses,* données à ces Chenilles. La valve qui termine le dernier segment du corps se nomme *chaperon* ;

dans plusieurs genres se voient au bord antérieur du premier segment des espèces de tentacules rétractiles qui sortent et rentrent à la volonté de l'animal, comme les tentacules des limaçons. Les couleurs des Chenilles sont trop variables pour qu'on puisse rien préciser à cet égard ; toutefois

Fig. 291. — Chenille du Sphinx.

elle est telle généralement qu'elle dérobe ces insectes aux regards de leurs nombreux ennemis. La tête, formée de deux calottes arrondies et écailleuses, offre de chaque côté des points noirs semblables à des yeux lisses, mais qui ne paraissent pas servir pour la vision.

Les organes de relation de la Chenille se bornent donc pour ainsi dire à ceux de tact et de locomotion.

Mais on trouve une organisation plus avancée dans le système de nutrition. La bouche se compose de deux mandibules cornées, de deux mâchoires latérales portant chacune une palpe très petite, d'une lèvre inférieure mince, de deux palpes assez grandes, et enfin d'un petit mamelon cylindrique percé d'un petit trou appelé *filière,* qui donne issue à la soie que file la Chenille. L'intestin consiste en un gros canal sans inflexion, dont la partie antérieure est quelquefois un peu séparée en manière d'estomac, et dont la partie postérieure forme un cloaque ridé ; les vaisseaux biliaires au nombre de quatre sont très longs et

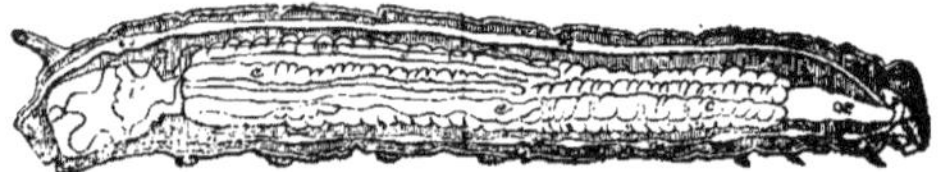

Fig. 292. — Anatomie de la Chenille.

s'insèrent fort en arrière. Les organes de la respiration consistent dans de petites ouvertures (*stigmates*) en forme de boutonnières, qui se trouvent près de la base des pattes, au nombre de neuf de chaque côté du corps.

Une grande différence existe entre les Chenilles suivant la rapidité plus ou moins prononcée de leur accroissement : il en est pourtant qui passent jusqu'à trois hivers sans se changer en chrysalides. Elles sont généralement très voraces ; la plupart mangent la nuit et restent immobiles le jour ; d'autres mangent presque constamment ; leur nourriture est toute végétale, composée du parenchyme des feuilles de nos arbres, auxquels elles causent les plus grands dommages.

Avant de se transformer en chrysalides, les Chenilles changent de peau trois ou quatre fois, et même plus, selon les espèces. Chacune de ces mues, à laquelle elles se préparent par la diète, et qui leur cause un état de malaise et d'engourdissement, a lieu par le dos qui se fend. Enfin, parvenues à leur complet développement, elles se retirent sous les écorces d'arbres, sous la terre, dans les vieux murs, etc., où elles se filent un *cocon* dans lequel elles sont comme emmaillotées : elles sont alors transformées en *Chrysalides.* — V. ce mot.

Il y a d'innombrables espèces de Chenilles : on les distingue soit par le nom du Papillon auquel elles donnent naissance, soit par celui de la plante sur laquelle elles vivent. Elles ne sont pas venimeuses, comme le croit à tort le vulgaire ; mais par leur voracité elles causent de graves préjudices à l'arboriculture. Elles constituent un fléau si redoutable que la loi oblige les propriétaires, dans leur intérêt propre et dans l'intérêt public, de détruire ces animaux et leurs nids. L'*échenillage* se fait à la fin de l'hiver et avant l'éclosion des œufs, que l'on voit suspendus aux branches par milliers.

CHÉNOPODIACÉES. Famille de Plantes dicotylédones apétales, herbacées ou sous-frutescentes, à feuilles alternes non stipulées, rarement opposées ; à fleurs très petites, verdâtres ou rougeâtres, ordinairement disposées en glomérules ou en grappes rameuses : calice monosépale à 3, 4 ou 5 lobes persistants ; étamines 1 à 5, hypogynes, opposées : ovaire libre à 1 loge monosperme ;

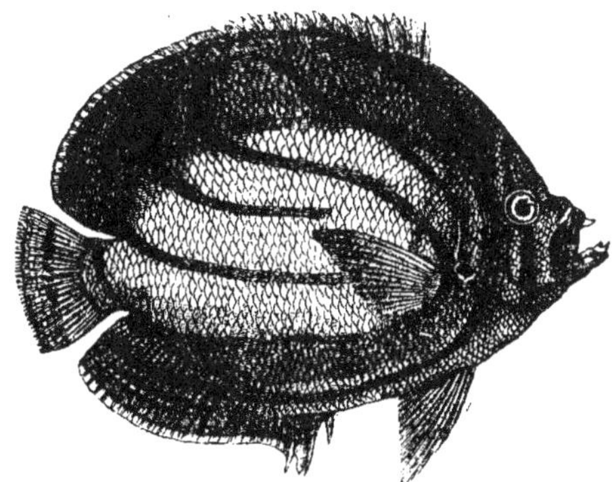

Fig. 293. — Chétodon de Meyer.

style à 2-4 divisions. Le fruit est un akène ou une petite baie. — Les genres de cette famille se divisent en deux groupes :

Les HERMAPHRODITES, qui sont l'*Ansérine*, la *Camphrée*, la *Bette*, etc.

Les UNISEXUÉS, représentés par l'*Arroche*, l'*Épinard*, etc.

CHERSITES. Nom donné aux *Tortues terrestres.* — V. *Chéloniens.*

CHERVI (*Sium*), vulg. *Girole.* Ombellifère vivace dont les racines sont composées de 5 à 9 tubérosités, grosses, ridées, disposées en faisceaux ; dont les tiges noueuses et striées s'élèvent à

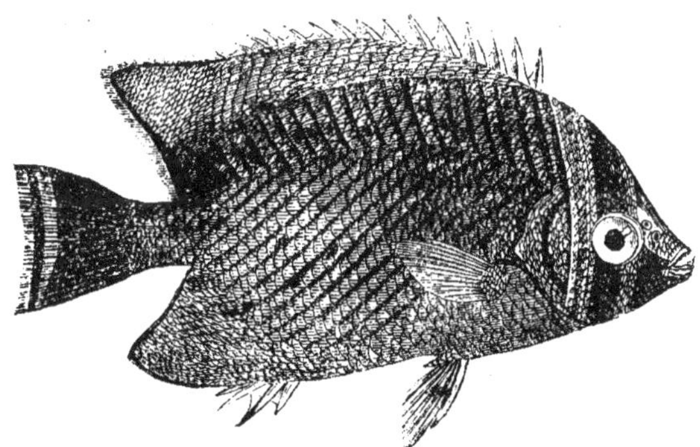

Fig. 294. — Chétodon à chevrons aigus

la hauteur de 2 ou 3 pieds ; dont les feuilles sont amplexicaules ailées, à folioles dentées ; les fleurs petites, blanches, en ombelles terminales nombreux rayons, munis à leur base d'une collerette.

Le Chervi est originaire de la Chine. Cultivé jadis dans tous les jardins, il était servi sur la table des rois. C'est à l'excellence de sa racine que cette plante doit son ancienne réputation ; cette racine donne un amidon d'une blancheur éclatante, et, soumise à la fermentation, elle fournit abondamment de l'alcool. Comme médicament, elle convient merveilleusement aux phthisiques, aux personnes affectées de phlegmasie gastro-intestinale.

CHÉTODON (*Chætodon*) (du gr. *kaïtè*, crin; *odous*, dent). Genre de Poissons acanthoptérygiens, de la famille des Squamipennes, caractérisés par des dents plus ou moins déliées et semblables à des crins, mobiles et élastiques; par un museau un peu avancé, une ouverture très étroite à leur bouche, un corps élevé et aplati, de petites écailles sur leurs nageoires dorsales et anales, etc. — Ces Poissons sont parés des couleurs les plus vives et les plus agréables, qu'ils reflètent en se jouant à la surface de l'eau. Ils aiment à suivre les vaisseaux : leur chair est un bon manger. — Ce genre est très riche en espèces, qui toutes pour ainsi dire appartiennent aux mers des Indes, du Chili, du Brésil, du Japon, etc.

Le C. BEC-ALLONGÉ (*C. rostratus*) est une des espèces les plus remarquables par son museau cylindrique allongé, son corps très élevé et d'une forme irrégulière; par les bandes transversales de son corps, placées sur un fond mêlé d'or et d'argent, avec une vingtaine d'autres raies longitudinales, étroites et brunes. — Ce poisson habite les mers de l'Inde, souvent près de l'embouchure des rivières. Il se nourrit d'insectes, auxquels il fait la chasse; lorsqu'ils se tiennent hors de la portée de son museau, il leur lance rapidement un jet d'eau qui les précipite dans la mer. •

Le C. DORÉ (*C. aureus*) a le corps d'une forme ovale, très comprimé par les côtés, la tête petite, le museau allongé. La surface supérieure du corps est revêtue d'une espèce de glacis d'or brillant et traversée de cinq bandes noires et grises. On voit sur le dos une grande épine acérée, d'une couleur jaune. — Mer du Chili.

Nous figurons deux espèces : le *C. de Meyer*, qui est blanc grisâtre avec des bandes obliques, noires, habitant les mers des Moluques; le C. à *chevrons aigus*, propre à la mer d'Otaïti, dont le fond du corps est d'un vert glauque et qui offre des stries brisées dans leur milieu ou des chevrons bleuâtres.

CHEVAL (*Equus*). Nom générique par lequel on désigne non-seulement l'animal que nous connaissons tous, mais encore les Mammifères de l'ordre des Pachydermes, famille des Solipèdes, tels que l'*Ane*, le *Zèbre*, l'*Hémione*, le *Couagga* et le *Daun*. — V. ces mots.

Le genre Cheval est parfaitement caractérisé par la forme générale de l'animal, par son sabot unique, et par les trois sortes de dents des autres Mammifères : six dents incisives à chaque mâchoire, rangées régulièrement et creusées d'une petite fossette dans la jeunesse; six molaires carrées pour broyer les herbes et les grains; petites canines chez les mâles seuls ordinairement, et, à leur suite, grand espace vide, qu'on appelle les *barres*, correspondant à l'angle des lèvres, et qui reçoit le mors. — V. *Dents*.

Les Chevaux sont doués d'organes des sens assez développés; leur lèvre supérieure est très mobile et sensible; ils ont les yeux grands; l'ouïe fine, l'odorat délicat. — La langue est douce; l'estomac est simple, petit, membraneux; les intestins sont au contraire très développés, comme chez tous les animaux qui se nourrissent d'herbes; le cœcum est énorme. — Les organes de la génération n'offrent rien de bien remarquable : verge grande, contenue dans un fourreau; testicules situés au dehors dans un scrotum. La femelle a 4 mamelles inguinales; elle porte 11 à 12 mois, et met bas en se tenant sur ses jambes, ce qui ne s'observe que chez un très petit nombre de mammifères.

« A l'état de nature, les Chevaux vivent en troupes nombreuses, habitent les pays de plaines et sont uniquement herbivores. Ces troupes sont conduites par des chefs qui les dirigent et qui sont toujours à leur tête, dans les voyages comme dans les combats. La force et le courage ont seuls élevé ces chefs; mais à mesure que l'âge les affaiblit, leur autorité passe à celui qui, à son tour, se montre le plus courageux et le plus fort. » Dans toutes les espèces, excepté le Cheval proprement dit, le pelage tend à présenter des bandes alternativement claires et foncées. Les espèces à robe uniforme sont asiatiques; les espèces à pelage zébré sont africaines. Toutes étaient inconnues à l'Amérique avant la découverte de ce continent. Elles s'y rencontrent aujourd'hui à l'état sauvage, en troupes nombreuses de plus de dix mille individus quelquefois, provenant de chevaux espagnols échappés à leurs maîtres.

CHEVAL ORDINAIRE (*Equus caballus*). Il n'offre point de bandes symétriques de couleur foncée ou claire sur le fond du pelage; ses oreilles sont moyennes; sa peau est couverte de longs crins dans toute son étendue.

Le type primitif du Cheval ne se trouve plus aujourd'hui dans la nature; mais on a lieu de croire que le cheval sauvage actuel, qui provient de la même espèce échappée à la domination de l'homme, s'en rapproche beaucoup. Les déserts de l'Asie et de l'Amérique sont peuplés de chevaux libres : les premiers se nomment *Tarpons*, les seconds *Alzados*. Ils ont les oreilles plus grandes que celles de nos chevaux domestiques et habituellement couchées en arrière; la crinière se prolonge au-delà du garrot; le pelage est long, ondoyant, jamais ras; les formes sont moins gracieuses; tous mènent une vie errante, voyageant par troupes serrées à la recherche de pâturages suffisants; la colonne, en tête de laquelle marche un chef, est subdivisée en pelotons composés d'un mâle et de plusieurs femelles. Ils invitent par des hennissements les chevaux domestiques qu'ils rencontrent à les suivre; et ceux-ci en effet répondent presque toujours à cet appel lorsqu'ils ne sont pas vigoureusement retenus ou attachés.

« La plus belle conquête que l'homme ait jamais faite, dit Buffon, est celle de ce fier et fougueux animal qui partage avec lui les fatigues de la guerre et la gloire des combats : aussi intrépide que son maître, le Cheval voit le péril et l'affronte; il se fait au bruit des armes, il l'aime, il le cherche, et s'anime de la même ardeur : il partage aussi ses plaisirs, à la chasse, aux tournois, à la course ; il brille, il étincelle, mais, docile autant que courageux, il ne se laisse point emporter à son feu, il sait réprimer ses mouvements : non-seulement il fléchit sous la main de celui qui le guide, mais il semble consulter ses désirs, et obéissant toujours aux impressions qu'il en reçoit, il se précipite, se modère, ou s'arrête, et n'agit que pour y satisfaire : c'est une créature qui renonce à son être pour n'exister que par la volonté d'une autre, qui sait même la prévenir; qui, par la promptitude et la précision de ses mouvements, l'exprime et l'exécute; qui sent autant qu'on le désire, et ne rend qu'autant qu'on veut; qui, se livrant sans réserve, ne se refuse à rien, sert de toutes ses forces, s'excède, et même meurt pour mieux obéir.

« Voilà le Cheval dont les talents sont développés, dont l'art a perfectionné les qualités naturelles, qui dès le premier âge a été soigné et ensuite

exercé, dressé au service de l'homme. C'est par la perte de sa liberté que commence son éducation, et c'est par la contrainte qu'elle s'achève : l'esclavage ou la domesticité de ces animaux est même si universelle, si ancienne, que nous ne les voyons que rarement dans leur état naturel; ils sont toujours couverts de harnais dans leurs travaux; on ne les délivre jamais de tous leurs liens, même dans les temps du repos ; et si on les laisse quelquefois errer en liberté dans les pâturages, ils y portent toujours les marques de la servitude, et souvent les empreintes cruelles du travail et de la douleur : la bouche est déformée par les plis que le mors a produits, les flancs sont entamés par des plaies, ou sillonnés de cicatrices faites par l'éperon; la corne des pieds est traversée par des clous, l'attitude du corps est encore gênée par l'impression subsistante des entraves habituelles : on les en délivrerait en vain, ils n'en seraient pas plus libres : ceux mêmes dont l'esclavage est le plus doux, qu'on ne nourrit, qu'on n'entretient que pour le luxe et la magnificence, et dont les chaînes dorées servent moins à leur parure qu'à la vanité de leur maître, sont encore plus déshonorés par l'élégance de leur toupet, par les tresses de leurs crins, par l'or et la soie dont on les couvre, que par les fers qui sont sous leurs pieds.

« La nature est plus belle que l'art, et dans un être animé la liberté des mouvements fait la belle nature : voyez ces chevaux qui se sont multipliés dans les contrées de l'Amérique espagnole, et qui y vivent en chevaux libres; leur démarche, leur course, leurs sauts ne sont ni gênés ni mesurés; fiers de leur indépendance, ils fuient la présence de l'homme, ils dédaignent ses soins, ils cherchent et trouvent eux-mêmes la nourriture qui leur convient; ils errent, ils bondissent en liberté dans des prairies immenses, où ils cueillent les productions nouvelles d'un printemps toujours nouveau : sans habitation fixe, sans autre abri que celui d'un ciel serein, ils respirent un air plus pur que celui de ces palais voûtés où nous les renfermons en pressant les espaces qu'ils doivent occuper; aussi ces chevaux sauvages sont-ils beaucoup plus forts, plus légers, plus nerveux que la plupart des chevaux domestiques; ils ont ce que donne la nature, la force et la noblesse; les autres n'ont que ce que l'art peut donner, l'adresse et l'agrément.

« Le naturel de ces animaux n'est point féroce : ils sont seulement fiers et sauvages; quoique supérieurs par la force à la plupart des autres animaux, jamais ils ne les attaquent; et, s'ils en sont attaqués, ils les dédaignent, les écartent ou les écrasent. Ils vont aussi par troupes, et se réunissent pour le seul plaisir d'être ensemble, car ils n'ont aucune crainte; mais ils prennent de l'attachement les uns pour les autres. Comme l'herbe et les végétaux suffisent à leur nourriture, qu'ils ont abondamment de quoi satisfaire leur appétit, et qu'ils n'ont aucun goût pour la chair des animaux, ils ne leur font point la guerre, ils ne se la font point entre eux, ils ne se disputent pas leur subsistance, ils n'ont jamais occasion de ravir une proie ou de s'arracher un bien, sources ordinaires de querelles et de combats parmi les autres animaux carnassiers : ils vivent donc en paix, parce que leurs appétits sont simples et modérés, et qu'ils ont assez pour ne se rien envier.

« Tout cela peut se remarquer dans les jeunes chevaux qu'on élève ensemble et qu'on mène en troupeaux ; ils ont les mœurs douces et les qualités sociales ; leur force et leur ardeur ne se marquent ordinairement que par des signes d'émulation ; ils cherchent à se devancer à la course, à se faire et même s'animer au péril en se défiant à traverser une rivière, sauter un fossé : et ceux qui dans ces exercices naturels donnent l'exemple, ceux qui d'eux-mêmes vont les premiers, sont les plus généreux, les meilleurs, et souvent les plus dociles et les plus souples, lorsqu'ils sont une fois domptés.

« Le Cheval reçoit de l'homme la plus belle éducation ; tous ses mouvements, toutes ses allures sont dirigés par un art qui a ses principes. C'est au manége qu'il faut voir tout ce que l'on fait apprendre aux chevaux à force d'habitude, tout ce qu'on leur fait faire à l'aide du mors et de l'éperon, etc. Cet art, qui n'est pas dédaigné par les princes et par les rois, met le Cheval dans une carrière glorieuse : c'est là que l'on donne de la noblesse à son port, et de l'agrément à son maintien ; on met à l'épreuve toutes ses forces et toute sa légèreté; on le livre à sa plus grande vitesse, on augmente son ardeur, on anime son courage, enfin on éprouve sa constance, on cultive sa docilité, et on emploie toutes les ressources de son instinct.

« Le Cheval est de tous les animaux celui qui, avec une grande taille, a le plus de proportion et d'élégance dans les parties de son corps ; car en lui comparant les animaux qui sont immédiatement au-dessus et au-dessous, on verra que l'Ane est mal fait, que le Lion à la tête trop grosse, que le Bœuf a les jambes trop minces et trop courtes pour la grosseur de son corps, que le Chameau est difforme, et que les plus gros animaux, le Rhinocéros et l'Éléphant, ne sont, pour ainsi dire, que des masses informes. Le grand allongement des mâchoires est la principale cause de la différence entre la tête des quadrupèdes et celle de l'homme: c'est aussi le caractère le plus ignoble de tous ; cependant, quoique les mâchoires du cheval soient fort allongées, il n'a pas comme l'Ane un air d'imbécillité, ou de stupidité comme le Bœuf : la régularité des proportions de sa tête lui donne au contraire un air de légèreté qui est bien soutenu par la

beauté de son encolure. Le Cheval semble vouloir se mettre au-dessus de son état de quadrupède en élevant sa tête ; dans cette noble attitude il regarde l'homme face à face ; ses yeux sont vifs et bien ouverts ; ses oreilles sont bien faites et d'une juste grandeur, sans être courtes comme celles du Taureau, ou trop longues comme celles de l'Ane ; sa crinière accompagne bien sa tête, orne son cou, et lui donne un air de force et de fierté; sa queue traînante et touffue couvre et termine avantageusement l'extrémité de son corps : bien différente de la courte queue du Cerf, de l'Éléphant, etc., et de la queue nue de l'Ane, du Chameau, du Rhinocéros, etc. La queue du Cheval est formée par des crins épais et longs qui semblent sortir de la croupe, parce que le tronçon dont ils sortent est fort court; il ne peut relever sa queue comme le Lion, mais elle lui sied mieux, quoique abaissée; et comme il peut la mouvoir de côté, il s'en sert utilement pour chasser les mouches qui l'incommodent ; car, quoique sa peau soit très ferme, et qu'elle soit garnie partout d'un poil épais et serré, elle est cependant très sensible. »

La taille du Cheval est de 1 m. 50. La durée de sa vie est de 30 ans. L'inspection de ses dents fait connaître son âge : à 6 mois, les incisives sont sorties; à 2 ans et demi les antérieures se creusent d'une fossette au milieu de la partie supérieure ; à 3 ans et demi, les dents mitoyennes se creusent et les canines inférieures sortent; à 4 ans et demi, paraissent les canines supérieures. Jusqu'à 8 ans l'âge se reconnaît à la profondeur des fossettes ainsi qu'à la longueur et à la couleur des incisives et des canines; à partir de cette époque on dit que le Cheval *ne marque plus*, quoique pourtant certains signes, à la vérité moins sûrs, tirés de la couleur des dents, en fassent encore connaître approximativement l'âge. Rappelons que les canines manquent dans les juments.

La nourriture que le Cheval préfère se compose de foin, d'avoine et de paille hachée ; la luzerne, le sainfoin et le trèfle lui sont encore un bon fourrage. Cet animal est d'ailleurs sobre, doux, obéissant, et les services si grands qu'il nous rend devraient au moins lui épargner les actes de brutalité de ceux qui le conduisent. Le Cheval est encore utile après sa mort ; on fait des tissus et des matelas avec ses crins, de la bourre avec son poil, des chaussures avec sa peau, de la colle forte avec ses intestins, du noir animal avec ses os, etc. Une question d'une haute importance est depuis quelque temps à l'ordre du jour; c'est celle de savoir si la viande de Cheval peut servir à la nourriture de l'homme. M. I. Geoffroy Saint-Hilaire vient de publier des lettres sur ce sujet, dans lesquelles il démontre : que la viande de Cheval est saine, parfaitement saine; qu'elle n'est pas seulement mangeable, mais bonne, très propre à entrer dans la consommation.

Parler des diverses variétés de Chevaux, dont le nombre est si considérable, ce serait sortir des limites de notre sujet. Citons seulement les Chevaux *arabes*, les *andalous*, les *anglais*, comme étant les plus sveltes et les plus légers à la course ; les *hollandais* et les *belges*, recherchés pour les équipages ; les *allemands*, propres à la cavalerie ; ceux du *Maine* et de la *Bretagne*, les meilleurs pour les diligences, les chaises de poste : les *normands* pour le trait et le manège, etc. Ainsi que nous l'avons dit au mot *Acclimatement*, toutes ces variétés ou espèces s'obtiennent par des croisements combinés avec l'influence du climat et des pâturages.

CHEVALIER (*Totanus*). Genre d'Oiseaux de l'ordre des Échassiers, ayant : bec long et grêle, flexible à la base, solide à la pointe, avec la mandibule supérieure fléchie sur l'inférieure, qui est un peu plus courte ; tarses longs, grêles ; jambes nues ; doigts plus ou moins réunis, avec le pouce court et ne touchant à terre que par le bout ; ailes aiguës ; queue courte ; plumage plus clair l'été que l'hiver. — Les Chevaliers sont des oiseaux paisibles qui habitent les prairies humides, le bord des eaux douces, et qui se nourrissent d'insectes, de frai de poissons, de vers aquatiques. — Ce genre est assez nombreux en espèces.

Fig. 296. — Chevalier gambette.

Le **Chevalier aboyeur** (*T. glottis*), le plus grand des Chevaliers d'Europe, a 35 centim. ; son bec est gros, un peu retroussé ; son plumage est cendré brun en dessus, blanc sous le corps ; il a les pieds verts. — Habite le nord de l'ancien continent, etc., mais est de passage régulier en France, où il niche dans les marais. Il pond 3 à 5 œufs un peu allongés, d'un jaune roux tacheté de brun.

Le **Chevalier brun** (*T. fuscus*) ou *C. arlequin*, *Barge brune*, est un oiseau long de 32 centim., au bec allongé et droit ; au plumage brun foncé sur le corps, ardoisé dessous ; sa queue est rayée de brun et de blanc ; ses pieds sont rougeâtres, etc. — Cette espèce habite le nord de l'Europe et est de

passage en France ; elle fréquente les marais d'eau douce où elle s'enfonce jusqu'au ventre, pour becqueter les insectes et les mollusques. »

Le **Chevalier gambette** (*T. calidris*), vulg. *C. aux pieds rouges*, a 28 à 30 centim. de long ; il est d'un brun tacheté de noir sur le dos, blanc avec mouchetures brunes sous le ventre et à la poitrine ; queue rayée de blanc et de brun ; pieds rouges, etc. — Cet oiseau est répandu en Europe, dans le midi de la France, mais n'est que de passage dans le nord. Il fréquente les vases salées, aime à vivre en société de ses semblables, et même d'espèces voisines. Il niche dans les prairies marécageuses ; sa ponte est de 4 œufs d'un roux clair ou verdâtre tacheté de gris et de brun.

Le **Chevalier cul-blanc** (*T. ocropus*), vul. *Bécasseau de rivière*, est une espèce dont la longueur est de 19 centim., le plumage noirâtre supérieurement, blanc moucheté en dessous, avec la queue blanche dans son tiers supérieur, etc. — Le *Cul-blanc* est sédentaire dans le midi de la France, mais de passage dans le nord. Il vit solitaire aux bords des marais, des ruisseaux, quelquefois dans l'intérieur des bois. Il niche dans les lieux aquatiques ; ses œufs, au nombre de 3-5, sont d'un gris roussâtre tacheté.

Le **Chevalier sylvain** (*T. glareola*), vulg. *Bécasseau des bois*, est une espèce de l'est de l'Europe et du nord de l'Afrique, qui ne fréquente que les marais d'eau douce, et dont le cri est un sifflement très agréable. 4 œufs d'un jaune roux ponctué de gris et de brun.

Le **Chevalier guignette** (*T. hypoleucos*), brun olivâtre en dessus, blanc en dessous avec des raies brunes sur le cou, est répandu dans toute l'Europe. Sédentaire en Sicile, il est de passage en France. Il ne voyage que de nuit ; son vol est bas et saccadé, et il balance constamment sa queue. Démonté et poursuivi par le chien, il plonge longtemps. Sa ponte est de 4 ou 5 œufs renflés, tachetés de gris et de brun. La Guignette est un gibier très goûté.

CHEVÊCHE (*Athene*). Genre d'Oiseaux de proie de la famille des Nocturnes, voisin des Chouettes, ainsi caractérisé : tête dépourvue d'aigrette ; disque facial incomplet ; bec court ; tarses emplumés ; ailes obtuses. — Les Chevêches diffèrent des Chouettes par leurs tarses allongés, leurs doigts nus ou seulement velus, leur queue courte et carrée.

La **Chevêche commune** (*A. noctua*), vulg. *Petite-Chouette*, est de la taille d'un merle : son plumage est varié de noir et de blanc ; le mâle porte au devant du cou un demi-collier blanc. — Cet oiseau de proie, très répandu dans presque toute l'Europe et à peine nocturne, habite surtout les vieux murs, et les édifices en ruines ; il se nourrit de souris, mulots, petits oiseaux, etc., et prend soin de dépecer sa proie, de plumer les volatiles, tandis que la plupart des Rapaces nocturnes les avalent avec poils et plumes. Prise jeune, la Chevêche devient facilement domestique. Elle fait entendre deux cris distincts, dont l'un ressemble à celui de *aime*, *edme*, que prononcerait un jeune homme. Buffon

Fig. 297. — Chevêche commune.

raconte qu'il fut réveillé par ce cri un certain matin, un peu avant le jour ; un de ses domestiques qui l'entendit aussi, crut que quelqu'un s'adressai

Fig. 298 et 299. — Chevêche harfang (adulte et jeune).

à lui, et il répondit : « Je ne m'appelle pas Edme, je m'appelle Pierre. »

Les autres espèces de ce genre appartiennent pour la plupart à l'Amérique.

Chevêche harfang (*Strix nycticea*). Cette espèce, la plus remarquable du genre, a le corps blanchâtre avec des taches brunes éparses, le bec noir, etc. Taille, 64 cent. de longueur. — Ce nocturne se trouve dans le nord des deux continents. Pendant l'été, il s'avance en Europe jusqu'en France, en Amérique jusqu'à la Louisiane. Il chasse, même pendant le jour, les lièvres, rats, souris, lapins. La femelle pond deux œufs blancs marqués de taches noires.

CHÈVRE (*Capra*). Genre de Mammifères de l'ordre des Ruminants, dont voici les caractères : cornes dirigées en haut et en arrière, prismatiques, comprimées, ridées transversalement ; oreilles pointues, droites, pendantes dans quelques races domestiques ; menton le plus souvent garni d'une barbe ; corps assez svelte ; jambes robustes ; queue courte et redressée, presque nue inférieurement ; pelage extérieur long, droit et raide ; poils profonds, laineux et soyeux ; deux mamelles inguinales séparées par un raphé velu.

Les espèces du genre Chèvre, vivant en liberté, se tiennent sur les sommets des grandes chaînes de montagnes, dans les Pyrénées, les Alpes, au Caucase, etc. Elles ont les sens actifs, la figure fine et intelligente, les mouvements rapides, le caractère indocile et volontaire. Les mâles exhalent presque tous, et surtout au moment du rut, une odeur forte très désagréable. Dans les combats qu'ils se livrent, à cette époque, ils se dressent sur les jambes de derrière, et en retombant se heurtent obliquement le front. La femelle ou *Élague* n'a, à chaque portée, qu'un petit, qui, une heure après sa naissance, sait et peut se cacher et fuir le danger. La mère ne l'abandonne jamais, à moins qu'elle ne soit chassée ; mais aussitôt qu'elle croit le danger passé, elle va appeler son petit, qui, retiré dans quelque trou, sort bientôt lui-même pour aller au devant d'elle. — Ce genre comprend l'*Ægagre* et le *Bouquetin*. — V. ce mot. — L'Ægagre ne demande qu'une définition et nous laisse passer à la Chèvre, qui n'est que lui-même réduit en domesticité.

Ægagre (*C. œgagrus*). L'Ægagre est la *Chèvre sauvage*, dont proviennent, pense-t-on, nos races de Chèvres domestiques. Cet animal vit en troupes sur les montagnes escarpées de la Perse. Sa tête est noire en avant, rousse sur les côtés ; sa barbe est brune, son corps gris roussâtre, avec une ligne dorsale noire, etc.

Chèvre domestique (*C. hircus*). Voici ce qu'en dit Buffon : « Quoique les espèces dans les animaux soient toutes séparées par un intervalle que la nature ne peut franchir, quelques-unes semblent se rapprocher par un si grand nombre de rapports, qu'il ne reste, pour ainsi dire, entre elles que l'espace nécessaire pour tirer la ligne de séparation ; et lorsque nous comparons ces espèces voisines et que nous les considérons relativement à nous, les unes se présentent comme des espèces de première utilité, et les autres semblent n'être que des espèces auxiliaires, qui pourraient, à bien des égards, remplacer les premières, et nous servir aux mêmes usages. L'Ane pourrait presque remplacer le Cheval; et de même, si l'espèce de la Brebis venait à nous manquer, celle de la Chèvre pourrait y suppléer. La Chèvre fournit du lait comme la Brebis, et même en plus grande abondance: elle donne aussi du suif en quantité: son poil, quoique plus rude que la laine, sert à faire de très bonnes étoffes : sa peau vaut mieux que celle du Mouton : la chair du Chevreau approche assez de celle de l'Agneau, etc. Ces espèces auxiliaires sont plus agrestes, plus robustes que les espèces principales ; l'Ane et la Chèvre ne demandent pas autant de soin que le Cheval et la Brebis; partout ils trouvent à vivre et broutent également les plantes de toute espèce, les herbes grossières, les arbrisseaux chargés d'épines; ils sont moins affectés de l'intempérie du climat; ils peuvent mieux se passer du secours de l'homme; moins ils nous appartiennent, plus ils semblent appartenir à la nature; et au lieu d'imaginer que ces espèces subalternes n'aient été produites que par la dégénération des espèces premières, au lieu de regarder l'Ane comme un Cheval dégénéré, il y aurait plus de raison de dire que le Cheval est un Ane perfectionné; que la Brebis n'est qu'une espèce de Chèvre plus délicate que nous avons soignée, perfectionnée, propagée pour notre utilité, et qu'en général ce sont les espèces les plus parfaites des animaux sauvages qui en approchent le plus, la nature seule ne pouvant faire autant que la nature et l'homme réunis.

« La Chèvre a de sa nature plus de sentiment et de ressource que la Brebis; elle vient à l'homme volontiers, elle se familiarise aisément, elle est sensible aux caresses et capable d'attachement; elle est aussi plus forte, plus légère, plus agile et moins timide que la Brebis; elle est vive, capricieuse et vagabonde. Ce n'est qu'avec peine qu'on la conduit et qu'on peut la réduire en troupeau : elle aime à s'écarter dans les solitudes, à grimper sur les lieux escarpés, à se placer, et même à dormir sur la pointe des rochers et sur le bord des précipices; elle est robuste, aisée à nourrir; presque toutes les herbes lui sont bonnes, et il y en a peu qui l'incommodent. Le tempérament, qui dans tous les animaux influe beaucoup sur le naturel, ne paraît cependant pas dans la Chèvre différer essentiellement de celui de la Brebis. Ces deux espèces d'animaux, dont l'organisation intérieure est presque entièrement semblable, se nourrissent, croissent et multiplient de la même manière, et se ressemblent encore par le caractère des maladies, qui sont les mêmes, à l'exception de quelques-unes auxquelles la Chèvre n'est pas sujette; elle ne craint pas, comme la Brebis, la trop grande chaleur: elle dort au soleil et s'expose volontiers à ses rayons les plus vifs, sans en être incommodée, et sans que cette ardeur lui cause ni étourdissements, ni

vertiges; elle ne s'effraie point des orages, ne s'impatiente pas à la pluie, mais elle paraît être sensible à la rigueur du froid. Les mouvements extérieurs, lesquels, comme nous l'avons dit, dépendent beaucoup moins de la conformation du corps que la force et de la variété des sensations relatives à l'appétit et au désir, sont par cette raison beaucoup moins mesurés, beaucoup plus vifs dans la Chèvre que dans la Brebis. »

Fig. 300. — Bouc Cachemire.

Le mâle dans cette espèce se nomme *Bouc*. — V. ce mot. — Il est plus fort et plus trapu que sa femelle, il répand une odeur désagréable, surtout en été. La Chèvre porte cinq mois et fournit deux fois plus de lait que la Brebis; mais ce lait a un goût particulier, qui se communique aussi au fromage

Fig. 301. — Bouc nain.

qu'il produit. L'agilité de ces animaux est très connue: les chasseurs savent avec quelle rapidité ils fuient, dans l'état sauvage, avec quelle agilité ils sautent du rocher en rocher et franchissent les précipices. Elle-même, la Chèvre domestique est indocile, capricieuse; elle se plaît à grimper dans les lieux arides et escarpés. Sa chair ne se mange pas, excepté lorsqu'elle est très jeune, et alors qu'elle porte encore le nom de *Chevreau*.

Les variétés de Chèvres sont nombreuses : outre la Chèvre commune, avec ou sans cornes, il y a la *C. Guida*, d'Afrique; la *C. Cachemire*, du Thibet; la *C. d'Angora*, aux oreilles larges et demi-tombantes : la *C. naine*, etc. La Chèvre sans cornes donne le lait le plus doux et celui qui a le moins d'odeur, surtout si elle est blanche. Ce lait est excellent pour redonner de la force et de la vivacité aux enfants pâles, scrofuleux, rachitiques, etc.

Fig. 302. — Chèvre naine.

CHÈVREFEUILLE (*Lonicera*). Genre de Plantes de la famille des Caprifoliacées, comprenant des arbrisseaux sarmenteux, volubiles ou dressés, dont les feuilles sont opposées, entières, sessiles, sans stipules ; les fleurs odorantes, blanchâtres ou jaunâtres, striées de rouge, disposées en têtes terminales, parfois géminées à l'extrémité de pédoncules axillaires : calice petit à 5 dents ; corolle tubuleuse dont le limbe est partagé en 5 découpures inégales, l'inférieure étant plus grande et plus ouverte que les autres ; étamines 5 ; ovaire infère ; baies globuleuses rouges.

CHÈVREFEUILLE SAUVAGE (*L. periclymenum*). Arbrisseau sarmenteux dont les tiges grimpent et s'entortillent autour des arbres ; ses feuilles sont glabres, oblongues, presque sessiles, et ses fleurs d'un blanc jaunâtre, striées de rouge en dehors ; la corolle est longuement tubuleuse, non gibbeuse.

Cette plante se trouve dans les haies, les taillis, où ses jolies fleurs, d'une odeur suave, se montrent en juin-septembre. Ses usages ne sont pas importants : cependant sa racine fournit une couleur bleu-ciel ; ses feuilles sont broutées par les vaches, les brebis et les chèvres, mais négligées par les chevaux ; son écorce est quelque peu sudorifique ; on a proposé ses fleurs comme cordiales, anti-asthmatiques, et même comme propres à faciliter l'accouchement. Nous n'en finirions pas s'il fallait indiquer les anciens usages thérapeutiques du Chèvrefeuille : qu'est-il resté de tout cela ? Rien pour ainsi dire.

CHÈVREFEUILLE CULTIVÉ OU DES JARDINS (*L. caprifolium*). Il diffère du précédent en ce que les feuilles florales, au lieu d'être libres, sont soudées en un plateau perfolié, et que les fleurs sont disposées en une tête terminale sessile au centre du plateau. — Cette espèce fleurit aussi un peu plus tôt. Ses rameaux, très flexibles, s'élèvent assez pour garnir de hautes murailles, des palissades, etc. ; mais on peut la réduire en buisson, l'arrondir en tête, etc.

Le CHÈVREFEUILLE NON VOLUBILE (*L. xylosteum*)

se montre avec des tiges dressées, des fleurs à tube très court et gibbeux latéralement. — La dureté de son bois le rend propre à plusieurs usages économiques ; ses baies sont purgatives.

Nous ne ferons que mentionner le *C. de la Caroline*, le *C. des Alpes*, le *C. bleu*, etc.

CHEVRETTE. Ce nom désigne et la femelle du *Chevreuil*, et la *Crevette*. — V. ces mots.

CHEVREUIL (*Cervus capreolus*). Espèce du genre Cerf, d'une taille beaucoup plus petite, ayant des bois moins rameux ou privés d'andouillers à la base (bois qui manquent chez la femelle) ; une forme gracieuse, un regard vif, une agilité extrême, etc.

Le Chevreuil se trouve dans toute l'Europe tempérée, au milieu des bois qu'environnent les champs cultivés. Il ne forme pas, comme les autres espèces du même genre, des bandes nombreuses et dévastatrices ; il vit au contraire par couples isolés, et loin que le rut le rende furieux, il devient au contraire plus tendre pour sa femelle unique (*Chevrette*), qui porte 5 mois et demi, et qui met bas en avril deux *Faons* qu'elle protége, surveille pendant 8 ou

Fig. 303. — Chevreuil.

10 mois environ. — Les variétés de ce **Ruminant** présentent toutes une ligne blanche bordée de noir qui coupe obliquement le bout du museau. La chair de ces animaux est bien plus délicate que celle du Cerf.

CHEVROTAIN (*Moschus*). Genre de Ruminants de la famille des Caméliens, voisin des Lamas, se distinguant par des formes sveltes et gracieuses, par des dents canines très longues qui sortent de la bouche et dépassent de beaucoup la lèvre inférieure ; ils ont deux sabots aux pieds ; des poils courts, durs et cassants ; une taille qui varie depuis celle du Lièvre jusqu'à celle du Chevreuil : pas de cornes, même chez les mâles, etc.

Les Chevrotains sont originaires de l'Asie. De forme élégante et bien proportionnée, ils ont une agilité extrême; mais leur force ne répond pas à ces avantages, car leurs membres sont tellement grêles que les Indiens parviennent à les forcer à la course et à s'en rendre maîtres sans le secours d'aucune arme offensive, à moins qu'ils ne les chassent sur la cime de quelque montagne escarpée et coupée de précipices, que ces animaux savent franchir avec sûreté. Ils paraissent très sauvages ; pourtant ils sont généralement d'une timidité excessive : le moindre bruit, la vue d'un mammifère carnassier ou d'un oiseau de proie les glace de terreur et paralyse leurs membres. Pour éviter les regards de leurs ennemis, ils ont soin, quand ils broutent l'herbe ou les feuilles d'arbres, de se cacher de leur mieux dans les fentes des rochers ou au milieu de quelque touffe de plantes. Ils constituent un gibier très délicat et recherché.

CHEVROTAIN PROPREMENT DIT OU PYGMÉE (*M. pygmæus*). C'est le plus petit des Ruminants, car sa taille ne dépasse pas celle du Lièvre : longueur totale du corps, 24 cent. Son pelage est d'un brun roux en dessus, fauve sur les côtés, blanc en dessous; ses formes sont fines et d'une délicatesse charmante. — Cet animal habite les contrées chaudes de l'Afrique et de l'Asie; ses habitudes sont encore peu connues. Sa légèreté est extraordinaire, il fait des bonds et des sauts prodigieux. C'est cette espèce sans doute que les Indiens forcent quelquefois à la course. Quelques naturalistes pensent que le Pygmée n'est qu'une *Antilope naine*.

Fig. 304. — Chevrotain porte-musc.

CHEVROTAIN KRANKIL. (*M. krankil*). Sa taille est de 50 cent. de long sur 24 ou 28 de haut ; son pelage est d'un brun rouge foncé, presque noir sur le dos, d'un bai brillant sur les flancs, blanc au ventre, avec trois raies sur la poitrine. — Le Krankil habite Java : il est très rusé ; sa légèreté est telle que, quand il est poursuivi, il peut, dit-on, s'élancer de manière à s'accrocher aux branches d'un arbre par ses deux longues canines.

Le CHEVROTAIN NAPU (*M. napu*) est une espèce un peu plus grande que la précédente, qui se trouve à Sumatra et à Java. — Le CHEVROTAIN DE JAVA (*M. javanicus*) est une autre espèce plus petite qu'un Lapin, d'un pelage brun ferrugineux en dessus, ondé de noir, sans aucune tache sur les flancs, mais avec trois bandes blanches placées en long sur la poitrine.

CHEVROTAIN PORTE-MUSC (*M. moschiferus*). Voici sans contredit l'espèce la plus intéressante : elle diffère des autres en ce qu'elle présente une grande poche préputiale contenant une matière odorante, et en ce que les canines des mâles sont très développées, incursives en arrière et constituant presque de véritables défenses. Le pelage est d'un gris brun, composé de poils très gros et cassants; la taille est celle du Chevreuil, un peu plus petite pourtant.

Le Chevrotain porte-musc habite les montagnes du Thibet, de la Chine et du Tonquin. Cet animal, dit Sonnini, vit solitaire et ne se plaît que sur les hautes montagnes et les rochers escarpés : tantôt il descend dans les gorges profondes et ténébreuses qui séparent les chaînes des monts les plus élevés, tantôt il grimpe à leur sommet couvert de neige. Il est très leste et très agile, et il nage aussi fort bien. Farouche à l'excès, il est très difficile de l'approcher; il l'est également de l'apprivoiser, quoique la douceur forme la base de son caractère. Il entre en rut dans le mois de novembre et de décembre; cette saison de l'amour l'est aussi de fureur et de combat entre les mâles. »

Ce Ruminant est recherché pour sa chair et surtout pour la matière odorante (*musc*) qu'il porte dans une poche placée sous le ventre, en avant du prépuce, laquelle forme une saillie prononcée à l'époque du rut, et s'ouvre en dehors par un orifice qui déverse le trop-plein, lorsque l'animal se frotte contre les arbres. Cette matière ainsi recueillie est la plus estimée, mais extrêmement rare. C'est presque toujours après la mort du Chevrotain qu'on se procure le musc, qui se présente sous forme de grumeaux de différentes grosseurs, d'un rouge noir, assez semblables à du sang desséché. Cette substance est d'ailleurs le plus souvent sophistiquée dans le commerce, avec du sang de l'animal qui la produit. Elle nous vient surtout de la Chine. Chacun connaît l'odeur extrêmement diffusible qu'elle répand et ses usages dans la parfumerie. En médecine le musc est considéré comme antispasmodique; mais ses propriétés thérapeutiques ne compensent pas sa cherté.

CHICORACÉES. Tribu de la famille des Composées, plantes caractérisées par des capitules entièrement formés de demi-fleurons, ce qui leur a valu encore le nom de *demi-flosculeuses*. Les nombreux genres appartenant à cette tribu se partagent en groupes secondaires distingués par l'aigrette du fruit, qui est simple, plumeuse ou écailleuse.

CHICORÉE (*Cichorium*). Genre type de la tribu des Chicoracées, comprenant des plantes bisannuelles ou vivaces, rameuses, à feuilles irrégulièrement denticulées; capitules disposés en fascicules axillaires : réceptacle dépourvu de paillettes; demi-fleurons bleus; fruits courtement aigrettés.

Chicorée sauvage (*C. intybus*). Plante vivace à tige de 6 à 12 décim., dressée, anguleuse, assez robuste; feuilles sessiles, les inférieures ovales-oblongues, lobées-dentées, les supérieures plus petites, lancéolées, entières; les capitules portent 18 à 20 demi-fleurons, prolongés en languette plane 5-dentée au sommet, et contenant chacun 5 étamines synanthères.

La Chicorée croît spontanément dans les pâturages secs, aux bords des chemins, etc. « Toutes ses parties ont une saveur fraîche, amère, beaucoup plus prononcée dans la plante sauvage que dans celle qui a été modifiée par la culture. Elle renferme un suc laiteux, savonneux, amer et légèrement styptique, auquel elle paraît redevable des vertus stomachique, stimulante, rafraîchissante, fondante, apéritive, résolutive, désobstruante, etc., dont elle a été fastueusement décorée. » La racine est la partie presque exclusivement employée soit en tisane, soit en sirop, mélangée avec la rhubarbe, pour purger les enfants, soit comme succédané du café, étant réduite en poudre. Cette poudre de racine de Chicorée torréfiée, étant réunie en grande masse, serait susceptible de s'enflammer. Murray rapporte que cinq maisons d'Augsbourg furent consumées par un incendie qui avait pris naissance dans un magasin, au milieu d'une grande quantité de cette substance.

La Chicorée est rustique; les bestiaux mangent ses feuilles. Par la culture, elle se décolore, devient plus douce, moins amère, plus succulente. Étiolée par la culture dans les lieux obscurs, elle donne ce que l'on appelle la *Barbe de capucin*.

Fig. 305. — Chicorée sauvage.

Chicorée endive (*C. indivia*). C'est une espèce qui se reconnaît à ses feuilles florales ovales, à base largement cordée, amplexicaule. Elle est cultivée dans les potagers sous les noms d'*Escarole*, de *Chicorée frisée*, de *Chicorée laitue*, selon les variétés.

CHIEN (*Canis*). Ce nom désigne un grand genre de Mammifères de l'ordre des Carnassiers, famille des Digitigrades, caractérisé de la manière suivante : 40 à 42 dents, 6 incisives en haut et autant en bas; 2 canines à chaque mâchoire; 2 molaires supérieures et 12 à 14 inférieures; les molaires se subdivisent en 3 fausses en haut, 4 en bas, 2 tuberculeuses derrière chaque carnassière; membres franchement digitigrades, 5 doigts aux pieds de devant, dont 4 seulement touchent la terre; 4 doigts aux pieds de derrière; ongles ni rétractiles ni tranchants, ne pouvant servir d'armes à l'animal comme dans le genre Chat; langue douce; tête allongée, yeux médiocres, oreilles grandes et toujours bifides vers la base de leur bord supérieur.

Les Chiens sont des animaux dont les sens sont très développés : ils ont l'odorat très fin, la vue susceptible de s'exercer pendant la nuit, l'ouïe délicate. Ils diffèrent encore des Chats par d'autres caractères que leurs griffes non rétractiles, et leur langue non rugueuse; ils ont la clavicule moins considérable, l'estomac à membrane musculaire plus faible, l'intestin en général plus grand. Ils sont essentiellement carnivores, mais les espèces soumises à la domesticité deviennent facilement omnivores, ce qui n'arrive pas pour les espèces du genre Chat. L'organe principal de la génération contient dans son épaisseur un os très développé. — Les principales espèces du genre Chien (*Caniens*) sont le *Chacal*, le *Fennec*, le *Loup*, le *Renard*, etc. (V. ces mots), et le *Chien proprement dit*.

Chien proprement dit (*Canis*). M. l'abbé Maupied a fait remarquer que les diverses étymologies du mot Chien (de l'hébreu *kaleb*, très affectueux ; du grec *kuôn*, caressant ; du latin *caneo*, vieillir, par extension être prudent) prouvent que cet animal a été de tout temps fidèle, caressant, prudent, attaché à l'homme. Il a inspiré à Buffon le passage que voici :

« La grandeur de la taille, l'élégance de la forme, la force du corps, la liberté des mouvements, toutes les qualités extérieures, ne sont pas ce qu'il y a de plus noble dans un être animé ; et comme nous préférons dans l'homme l'esprit à la figure, le courage à la force, les sentiments à la beauté, nous jugeons aussi que les qualités intérieures sont ce qu'il y a de plus relevé dans l'animal ; c'est par elles qu'il diffère de l'automate, qu'il s'élève au-dessus du végétal et s'approche de nous ; c'est le sentiment qui ennoblit son être, qui le régit, qui le vivifie, qui commande aux organes, rend les membres actifs, fait naître le désir, et donne à la matière le mouvement progressif, la volonté, la vie.

« La perfection de l'animal dépend donc de la perfection du sentiment ; plus il est étendu, plus l'animal a de facultés et de ressources ; plus il existe, plus il a de rapports avec le reste de l'univers : et lorsque le sentiment est délicat, exquis, lorsqu'il peut encore être perfectionné par l'éducation, l'animal devient digne d'entrer en société avec l'homme ; il sait concourir à ses desseins, veiller à sa sûreté, l'aider, le défendre, le flatter ; il sait par des services assidus, par des caresses réitérées, se concilier son maître, le captiver, et de son tyran se faire un protecteur.

« Le Chien, indépendamment de la beauté de sa forme, de la vivacité, de la force, de la légèreté, a par excellence toutes les qualités intérieures qui peuvent lui attirer les regards de l'homme. Un naturel ardent, colère, même féroce et sanguinaire rend le Chien sauvage redoutable à tous les animaux, et cède dans le Chien domestique aux sentiments les plus doux, aux plaisirs de s'attacher et au désir de plaire ; il vient en rampant mettre aux pieds de son maître son courage, sa force, ses talents ; il attend ses ordres pour en faire usage, il le consulte, il l'interroge, il le supplie ; un coup d'œil suffit, il entend les signes de sa volonté : sans avoir, comme l'homme, la lumière de la pensée, il a toute la chaleur du sentiment ; il a de plus que lui la fidélité, la constance dans ses affections, nulle ambition, nul intérêt, nul désir de vengeance, nulle crainte que celle de déplaire ; il est tout zèle,

tout ardeur, et tout obéissance ; plus sensible au souvenir des bienfaits qu'à celui des outrages, il ne se rebute pas par les mauvais traitements, il les subit, les oublie, ou ne s'en souvient que pour s'attacher davantage ; loin de s'irriter ou de fuir, il s'expose de lui-même à de nouvelles épreuves, il lèche cette main, instrument de douleur, qui vient de le frapper ; il ne lui oppose que la plainte, et la désarme enfin par la patience et la soumission.

« Plus docile que l'homme, plus souple qu'aucun des animaux, non-seulement le Chien s'instruit en peu de temps, mais même il se conforme aux mouvements, aux manières, à toutes les habitudes de ceux qui lui commandent ; il prend le ton de la maison qu'il habite ; comme les autres domestiques, il est dédaigneux chez les grands, et rustre à la campagne : toujours empressé pour son maître et prévenant pour ses seuls amis, il ne fait aucune attention aux gens indifférents, et se déclare contre ceux qui par état ne sont faits que pour importuner ; il les connaît aux vêtements, à la voix, à leurs gestes, et les empêche d'approcher. Lorsqu'on lui a confié pendant la nuit la garde de la maison, il devient plus fier, et quelquefois féroce ; il veille, il fait la ronde ; il sent de loin les étrangers ; et, pour peu qu'ils s'arrêtent ou tentent de franchir les barrières, il s'élance, s'oppose, et, par des aboiements réitérés, des efforts et des cris de colère, il donne l'alarme, avertit et combat : aussi furieux contre les animaux carnassiers, il se précipite sur eux, les blesse, les déchire, leur ôte ce qu'ils s'efforçaient d'enlever ; mais, content d'avoir vaincu, il se repose sur les dépouilles, n'y touche pas, même pour satisfaire son appétit, et donne en même temps des exemples de courage, de tempérance et de fidélité.

« On sentira de quelle importance cette espèce est dans l'ordre de la nature. En supposant un instant qu'elle n'eût jamais existé, comment l'homme aurait-il pu, sans le secours du Chien, conquérir, dompter, réduire en esclavage les autres animaux ? comment pourrait-il encore aujourd'hui découvrir, chasser, détruire les bêtes sauvages et nuisibles ? pour se mettre en sûreté, et pour se rendre maître de l'univers vivant, il a fallu commencer par se faire un parti parmi les animaux, se concilier avec douceur et par caresse ceux qui se sont trouvés capables de s'attacher et d'obéir, afin de les opposer aux autres. Le premier art de l'homme a donc été l'éducation du Chien, et le fruit de cet art la conquête et la possession paisible de la terre. La plupart des animaux ont plus d'agilité, plus de vitesse, plus de force, et même plus de courage que l'homme ; la nature les a mieux munis, mieux armés ; ils ont aussi les sens, et surtout l'odorat, plus parfaits. Avoir gagné une espèce courageuse et docile comme celle du Chien, c'est avoir acquis de nouveaux sens et les facultés qui nous manquent, les machines, les instruments que nous avons imaginés pour perfectionner nos autres sens, pour en augmenter l'étendue, n'approchant pas, même pour l'utilité, de ces machines toutes faites que la nature nous présente, et qui, en suppléant à l'imperfection de notre odorat, nous ont fourni de grands et éternels moyens de vaincre et de régner : et le Chien fidèle à l'homme conservera toujours une portion de l'empire, un degré de supériorité sur les autres animaux ; il leur commande, il règne lui-même à la tête d'un troupeau, il s'y fait mieux entendre que la voix du berger ; la sûreté, l'ordre et la discipline, sont les fruits de sa vigilance et de son activité ; c'est un peuple qui lui est soumis, qu'il conduit, qu'il protége, et contre lequel il n'emploie jamais la force que pour maintenir la paix. Mais c'est surtout à la guerre, c'est contre les animaux ennemis ou indépendants, qu'éclate son courage, et que son intelligence se déploie tout entière : les talents naturels se réunissent ici aux qualités acquises. Dès que le bruit des armes se fait entendre, dès que le son du clairon, la voix du chasseur a donné le signal d'une guerre prochaine, brillant d'une ardeur nouvelle, le Chien marque sa joie par les plus vifs transports ; il annonce par ses mouvements et par ses cris l'impatience de combattre et le désir de vaincre ;

Fig. 306. — Chien sauvage du Cap.

marchant ensuite en silence, il cherche à reconnaître le pays, à découvrir, à surprendre l'ennemi dans son fort ; il recherche ses traces, il les suit pas à pas, et par des accents différents indique le temps, la distance, l'espèce, et même l'âge de celui qu'il poursuit.

« Intimidé, pressé, désespérant de trouver son salut dans la fuite, l'animal se sert aussi de toutes ses facultés ; il oppose la ruse à la sagacité ; jamais les ressources de l'instinct ne furent plus admirables : pour faire perdre sa trace, il va, vient et revient sur ses pas ; il fait des bonds, il voudrait se détacher de la terre, et supprimer les espaces ; il franchit d'un saut les routes, les haies, passe à la nage les ruisseaux, les rivières : mais toujours poursuivi, et ne pouvant anéantir son corps, il cherche à en mettre un autre à sa place, il va lui-même troubler le repos d'un voisin plus jeune et moins expérimenté, le faire lever, marcher, fuir avec lui : et lorsqu'ils ont confondu leurs traces, lorsqu'il croit l'avoir substitué à sa mauvaise fortune, il le quitte plus brusquement encore qu'il ne l'a joint, afin de le rendre seul l'objet et la victime de l'ennemi trompé.

« Mais le Chien, par cette supériorité que donnent l'exercice et l'éducation, par cette finesse de sentiment qui n'appartiennent qu'à lui, ne perd pas l'objet de sa poursuite ; il démêle les points communs, délie les nœuds du fil tortueux qui seul peut y conduire ; il voit de l'odorat tous les détours du labyrinthe, toutes les fausses routes où l'on a voulu l'égarer ; et loin d'abandonner son ennemi pour un indifférent, après avoir triomphé de la ruse, il s'indigne, il redouble d'ardeur, arrive enfin, l'attaque, et, le mettant à mort, étanche dans le sang sa soif et sa haine.

« Le penchant pour la chasse ou la guerre nous est commun avec les animaux ; l'homme sauvage ne sait que combattre et chasser. Tous les animaux qui aiment la chair, et qui ont de la force et des armes, chassent naturellement : le lion, le tigre, dont la force est si grande, qu'ils sont sûrs de vaincre, chassent seuls et sans art; les loups, les renards, les chiens sauvages, se réunissent, s'entendent, s'aident, se relaient, et partagent la proie; et lorsque l'éducation a perfectionné ce talent na-

Fig. 307. — Chien de berger.

turel dans le Chien domestique, lorsqu'on lui a appris à réprimer son ardeur, à mesurer ses mouvements, qu'on l'a accoutumé à une marche régulière, et à l'espèce de discipline nécessaire à cet

Fig. 308. — Chien écossais.

art, il chasse avec méthode et toujours avec succès.

« Dans les pays déserts, dans les contrées dépeuplées, il y a des chiens sauvages qui, pour les mœurs, ne diffèrent des loups que par la facilité qu'on trouve à les apprivoiser : ils se réunissent aussi en plus grandes troupes pour chasser et attaquer en force les sangliers, les taureaux sauvages, et même les lions et les tigres. En Amérique ces chiens sauvages sont des races anciennement domestiques; ils y ont été transportés d'Europe : quelques-uns, ayant été oubliés ou abandonnés dans ces déserts, s'y sont multipliés au point qu'ils se répandent par troupes dans les contrées habitées, où ils attaquent le bétail, et insultent même les hommes : on est donc obligé de les écarter par la force, et de les tuer comme les autres bêtes féroces; et les Chiens sont tels en effet tant qu'ils ne connaissent par les hommes : mais lorsqu'on les approche avec douceur, ils s'adoucissent, deviennent bientôt familiers, et demeurent fidèlement attachés à leurs maîtres; au lieu que le loup, quoique pris jeune et élevé dans les maisons, n'est doux que dans le premier âge, ne perd jamais son goût pour la proie, et se livre tôt ou tard à son penchant pour la rapine et la destruction.

« L'on peut dire que le Chien est le seul animal dont la fidélité soit à l'épreuve; le seul qui connaisse toujours son maître et les amis de la maison; le seul qui, lorsqu'il arrive un inconnu, s'en aperçoive; le seul qui entende son nom, et qui reconnaisse la voix domestique; le seul qui ne se confie point à lui-même; le seul qui, lorsqu'il a perdu son maître, et qu'il ne peut le retrouver, l'appelle par ses gémissements; le seul qui, dans un voyage long qu'il n'aura fait qu'une fois, se souvienne du chemin et retrouve la route; le seul enfin dont les talents naturels soient évidents et l'é-

Fig. 309. — Chien dogue.

ducation toujours heureuse; et de même que de tous les animaux le Chien est celui dont le naturel est le plus susceptible d'impression, et se modifie le plus aisément par les causes morales, il est aussi de tous celui dont la nature est la plus sujette aux variétés et aux altérations causées par les influences physiques: le tempérament, les facultés, les habitudes du corps varient prodigieusement, la forme même n'est pas constante; dans le même pays un chien est très différent d'un autre chien, et l'espèce est, pour ainsi dire, toute différente d'elle-même dans les différents climats. Si l'on considère que le chien de berger, malgré sa laideur et son air triste et sauvage, est cependant supérieur par l'instinct à tous les autres chiens, qu'il a un caractère décidé auquel l'éducation n'a point de part, qu'il est le seul qui naisse, pour ainsi dire, tout élevé, et que, guidé par le seul naturel, il s'attache de lui-même à la garde des troupeaux avec une assiduité, une vigilance, une fidélité singulières; qu'il les conduit avec une intelligence admirable et non communiquée; que ses talents font l'étonnement et le repos de son maitre; tandis qu'il faut, au contraire, beaucoup de temps et de peines pour instruire les autres chiens et les dresser aux usages auxquels on les destine, on se confirmera dans l'opinion que ce chien est le vrai Chien de la nature, celui qu'elle nous a donné pour la plus grande utilité, celui qui a le plus de rapport avec l'ordre général des êtres vivants, qui ont mutuellement besoin les uns des autres, celui enfin qu'on doit regarder comme la souche et le modèle de l'espèce entière. »

Le Chien se rencontre dans toutes les parties du monde habitées par l'homme, à l'exception de quelques groupes d'iles dans la mer Pacifique, où par compensation on en a trouvé un assez grand nombre à l'état fossile. De tous les animaux, c'est celui dont il est le plus anciennement question dans les auteurs sacrés ou profanes. Les naturalistes ne sont pas d'accord sur la question de savoir si le Chien est une espèce type ou une espèce de Loup dégénéré. Cette dernière opinion est celle de Zimmerman, qui la fonde sur ce que le loup s'accouple avec la chienne, le chien avec la louve, et que les produits sont féconds. D'autres pensent que notre Chien domestique provient du Chacal; pour de Blanville, au contraire, le Chien domestique est, partout où il se trouve, distinct des espèces sauvages, puisque, redevenu sauvage en Amérique depuis plus de 200 ans, il reste Chien et ne redevient pas Loup, comme cela a lieu pour le Cochon et le Chat qui redeviennent Sanglier ou Chat sauvage. Quoi qu'il en soit, la domesticité et les croisements ont fait varier ces animaux dans leur organisation et leur intelligence; la civilisation des peuples influe sur leurs affections et leurs sentiments pour l'homme.

Les Chiens sont très portés à l'acte générateur, ils ne s'accouplent ordinairement que deux fois par an; l'union des sexes dure plus longtemps que chez les autres animaux, ce qui tient à la conformation du pénis qui offre une espèce de nœud érectile susceptible d'un grand développement dans l'intromission, et qui s'oppose à sa sortie du vagin aussitôt après l'acte copulateur. La femelle

porte 63 jours, et met bas 3 à 6 petits, et plus, ayant les yeux fermés.

Il serait à peu près impossible, dans un ouvrage de ce genre, de décrire les nombreuses variétés de l'espèce Chien. Cuvier les rapporte toutes à trois races principales, dont il trouve les caractères fondamentaux dans la grandeur relative du crâne. Ce sont :

1° Les Matins, dont les pariétaux tendent à se rapprocher, mais d'une manière presque insensible. Ils sont de grande taille pour la plupart, à museau long et à oreilles courtes. Tels sont le *Mâtin ordinaire*, le *Danois*, le *Lévrier* (V. ce mot), le *Chien de berger*, le *Chien des Alpes*, etc.

2° Les Épagneuls, dont les pariétaux, à partir de la section temporale, s'écartent, se dilatent en dehors, ce qui donne plus de capacité à la boite cérébrale. Ils sont moins grands que les précédents, ont les oreilles longues, larges et pendantes : tels sont l'*Epagneul*, le *Barbet*, le *Chien courant*, le *Chien basset*, le *Braque*, le *Chien d'arrêt*.

8° Les Dogues, qui ont la capacité cérébrale très petite, le museau très court, le front saillant, comme les diverses espèces de *Dogues*, le *Doguin* et le *Carlin*, qui sont très petits.

CHIEN DE MER, nom vulgaire du *Squale*.

CHIENDENT (*Triticum repens*). Graminée du genre Froment, plante herbacée, vivace, à tiges droites, de 50 à 90 cent. de hauteur, à feuilles allongées, glabres en dessous, légèrement velues en dessus : épi allongé et comprimé de fleurs verdâtres; épillets sessiles, alternes, sans arêtes, contenant chacun 4 ou 5 fleurs.

Le Chiendent croît opiniâtrément dans certains lieux incultes ou cultivés qu'il infeste par ses racines grêles, noueuses, rampantes et vivaces. Ces racines s'emploient en décoction pour tisanes émollientes et apéritives, dans toutes les maladies inflammatoires. Elles servent aussi, étant desséchées et taillées, à faire des vergettes ou brosses grossières.

On donne encore vulgairement le nom de *Chiendent* à plusieurs autres plantes appartenant à divers genres, et qu'il est inutile de nommer.

CHILOGNATHES (*Chilognatha*). Famille d'Insectes de l'ordre des Myriapodes, ayant pour caractères : corps cylindrique, linéaire et crustacé, muni d'un grand nombre de pieds disposés par paires sur chaque anneau; tête de même grosseur que le corps; bouche composée de deux mandibules épaisses (ce qu'indique leur nom, de *cheilos*, lèvre: *gnathos*, mâchoire cornée), paraissant avoir pour organes accessoires les quatre premières paires de pieds, qui ont leur article basilaire beaucoup plus long que dans les autres et qui sont insérés sur la ligne médiane du corps. Les organes respiratoires (stigmates) sont situés en arrière de la seconde paire de pattes de chaque segment, communiquant avec une double série de réservoirs pneumatiques. Les organes mâles sont situés après le 7ᵉ anneau, et ceux femelles après le second.

Les Chilognathes vivent de débris de végétaux sous lesquels on les trouve souvent, ainsi que sous les écorces des arbres. Avec un nombre de pieds si rapprochés et si courts, ces insectes ont l'air de

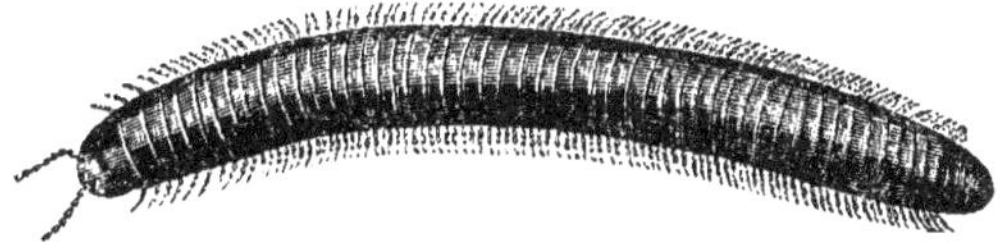

Fig. 310. — Iule.

glisser plutôt que de marcher ; leur progression est d'ailleurs très lente, et ils se roulent souvent en spirale ou en boule. — Les genres de cette famille sont les suivants : *Iules*, *Glo-meris*, *Polydème*, *Polyxène*. — V. ces mots.

CHILOPODES (*Chilopoda*). Famille d'Insectes de l'ordre des Myriapodes, présentant pour caractè-

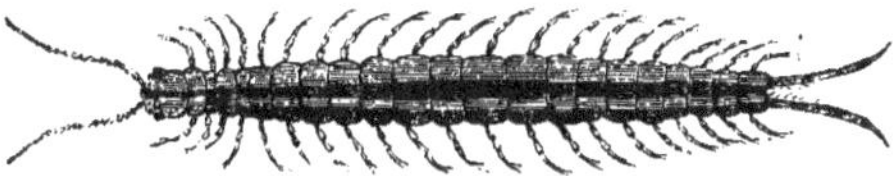

Fig. 311. — Scolopendre.

res : corps allongé, déprimé, plus large vers le milieu de sa longueur qu'aux extrémités ; segments ne portant qu'une paire de pattes ; bouche armée de deux pieds-mâchoires (d'où leur nom, de *cheios*, lèvre ; *pous*, pied), lesquels sont percés en dessous pour laisser écouler une liqueur vénéneuse ; antennes longues, subulées, de 14 articles au moins. Les organes sexuels sont situés à l'extrémité du corps.

Cette famille, que formait autrefois le seul genre Scolopendre, est carnassière ; ces insectes évitent la lumière et se réfugient sous les pierres, les écorces d'arbres, dans les fumiers. Leur marche est beaucoup plus rapide que celle des Chilognathes, parce qu'ils n'ont qu'une seule paire de pattes à chaque anneau. — Les genres sont : *Scolopendre*, *Lithobie*, *Scutigère*. — V. ces mots.

Fig. 312. — Chimère arctique

CHIMERE (*Chimæra*). Genre de Poissons de l'ordre des Chondroptérygiens ou Cartilagineux, très remarquables par leur forme extraordinaire. Leur corps va en diminuant insensiblement de grosseur, depuis la tête, qui est monstrueuse, jusqu'à

la queue, qui se termine par un museau relevé et obtus ; les yeux sont grands, recouverts par une membrane comme par un nuage ; l'orbite est environné d'une ligne courbe qui se réunit avec la ligne latérale, etc.

La **Chimère arctique** (*C. monstruosa*), anciennement connue sous le nom de *Roi des Harengs*, parce qu'elle poursuit les innombrables légions de ces poissons, offre, outre les caractères susdits, la première dorsale assujettie à un fort piquant, la seconde peu élevée, mais se prolongeant jusqu'à l'extrémité de la queue. Ce poisson de forme extraordinaire, auquel on a prêté une tête de lion et une queue de serpent, est de la longueur d'un mètre, d'une belle couleur argentine avec des taches brunes. Il habite les mers les plus septentrionales et se nourrit de crabes, de mollusques. Le mâle, croiton, a une verge double, la femelle une double vulve; et les œufs seraient fécondés dans les organes de la mère. Le mâle porte au ventre, selon Bonnaterre, deux espèces de pieds qui servent à retenir la femelle pendant l'accouplement.

CHIMIE (de *hein*, fondre, ou *kumos*, suc). Science dans laquelle on étudie les lois de la composition des espèces de corps cristallisables ou volatils, naturels ou artificiels, et celles des phénomènes de combinaison ou de décomposition résultant de leur action moléculaire les uns sur les autres.

La Chimie se distingue en *générale* et en *spéciale*. La première s'occupe des faits généraux, des lois générales déduites de ces faits, des opérations qui conduisent à la connaissance intime des corps, et qui sont l'*analyse* et la *synthèse*. Elle se subdivise en statique et en dynamique. La Chimie *statique* étudie les corps successivement dans l'air, dans le vide et autres lieux, c'est-à-dire l'influence sur eux des changements de température, d'électricité, de lumière, de pression, l'action des dissolvants, l'action chimique des corps simples et des corps composés, les lois de leurs combinaisons, etc. La Chimie *dynamique* apprend à connaître les phénomènes de combinaison, d'affinité, qui sont directs, et les phénomènes catalytiques, c'est-à-dire qui ont lieu quand un corps met en jeu, par sa seule présence et sans y participer chimiquement, certaines affinités, qui, sans lui, resteraient inactives.

La Chimie *spéciale* étudie ensuite sur chaque espèce de corps défini, simple ou composé, les caractères et les propriétés particulières à chacune d'elles, se rattachant aux lois examinées en Chimie générale.

Il n'existe qu'une Chimie: les mots de *Chimie organique*, *Chimie inorganique*, n'indiquent plus des divisions de cette science, car toute chimie est naturellement inorganique, homogène, c'est-à-dire que toujours elle s'occupe de l'étude de corps bruts, non vivants, non organisés, l'étude des substances organiques devant être renvoyée à l'anatomie et à la physiologie, et la fibrine, l'albumine, la cellulose, etc., n'intéressant le chimiste que comme matières premières. La même remarque s'applique à toutes les autres divisions de la Chimie. — V. *Corps*.

CHIMPANZÉ (*Troglodytes*). Genre de Singes de la tribu des Pithéciens, les plus rapprochés de l'Homme par l'ensemble de l'organisation et par leur intelligence, ayant pour caractères : face nue, museau court; front arrondi et fuyant en arrière; arcades sourcilières très proéminentes; angle facial de 50 degrés; 32 dents; doigts de même longueur que chez l'Homme, le pouce excepté; membres proportionnés; poils ras sur certaines parties du corps, nuls à la face et à la paume des mains; point de queue ni d'abajoues; callosités étroites mais évidentes aux fesses.

Linné avait fait du Chimpanzé une espèce du genre *Homo*, sous la dénomination de *Homo sylvestris*, c'est-à-dire *Homme ces bois*. Nous ne reviendrons pas sur les différences qui séparent à jamais cet animal de l'espèce humaine. Mais comme il en est le plus rapproché, il en montre aussi les habitudes instinctives les plus semblables. Quoiqu'il soit organisé pour grimper, il marche aussi avec facilité; il peut s'apprivoiser et même se plier au travail d'un domestique; on en a vu qu'on avait habitués à se tenir à table, à saluer et à reconduire les visiteurs; toutefois une telle éducation ne peut être donnée qu'aux jeunes sujets, qui se montrent plus doux et plus dociles; car, bien que sa taille n'atteigne pas celle de l'Homme, le Chimpanzé est doué d'une force telle, que dix hommes ne pourraient l'arrêter.

Ces quadrumanes habitent la Guinée et le Congo; on dit qu'ils s'abritent sous des huttes qu'ils façonnent avec des branches et des feuilles. Ils sont doués d'un tempérament lascif et même aimant et jaloux; en vieillissant ils deviennent tristes et moroses. Les voyageurs nous ont dit, et on le répète après eux sans que cela soit bien authentique, que les mâles enlèvent les négresses et les entourent de prévenances dans leur retraite pour obtenir leurs faveurs; on parle même d'une femme qui resta cinq ans dans leur société.

Le Chimpanzé se nourrit des fruits que lui fournissent les forêts équatoriales; il mange aussi sans doute des œufs et des petits oiseaux. Ses mœurs ne sont pas d'ailleurs bien connues, car il vit généralement peu de temps, dans nos ménageries surtout.

Le **Chimpanzé noir** (*T. niger*) est la seule espèce authentique; c'est à elle aussi que s'appliquent les détails ci-dessus (Voir la fig. 313).

CHINCHILLA. Mammifère de l'ordre des Rongeurs, type d'une tribu qu'on nomme *Chinchilliens*. Ce petit animal est voisin du Rat et a des rapports avec le Lièvre et l'Écureuil. En voici les caractères principaux : taille de l'écureuil, mais beaucoup moins élancée; oreilles amples, arrondies au bord et presque nues; moustaches de longues soies et touffues; membres antérieurs de moitié moins longs que les postérieurs, ayant 5 doigts, les postérieurs n'en ayant que 4; tous revêtus de poils cachant presque les ongles; queue moyenne couverte de poils abondants, en balai; pelage excessivement fin et doux (fig. 314).

Le Chinchilla nous a fourni ses dépouilles précieuses longtemps avant d'être connu d'une manière positive. Il appartient au Pérou et au Chili, où il vit dans des terriers dont le nombre ajoute quel-

Fig. 313. — Chimpanzé.

quefois à la difficulté des chemins. Il est agile, vorace, se nourrissant de plantes bulbeuses ; et quand il mange il se sert, comme les Écureuils, de ses pattes de devant pour porter les aliments à sa bou-

Fig. 314. — Chinchilla.

che. Ce sont, dit Molina, des animaux sociables, et dont l'humeur est si douce, qu'on peut les prendre dans la main sans qu'ils cherchent à mordre ni même à s'échapper. Ils semblent prendre un grand plaisir à être caressés. Les femelles ont chaque année deux portées de 3 ou 4 petits chacune.

La fourrure du Chinchilla fait l'objet d'un très grand commerce à Valparaiso et à Santiago, ce qui a rendu ce petit animal l'objet d'une chasse très active pour laquelle on emploie des chiens que l'on dresse à les prendre sans endommager le pelage. Cette fourrure toutefois a beaucoup diminué de valeur, puisque les peaux que l'on vendait 20 et 25 fr. en 1825 n'en valent plus que 5 ou 6 aujourd'hui.

Le *Chinchilla lanigera* est la seule espèce connue du genre, celle à laquelle s'applique ce qui vient d'être dit. Son pelage est d'un gris de perle, de nuance suave, ondulé de blanc sur toutes les parties supérieures du corps, et de gris clair sur les régions inférieures.

CHIONANTHE(*Chionanthus*, du gr. *kion*, neige; *anthos*, fleur). Arbrisseau de la famille des Jasminacées, originaire des contrées chaudes de l'Asie et de l'Amérique, où il croît au bord des ruisseaux. Il se fait remarquer par la grande quantité de fleurs blanches qui ornent sa cime et dont l'odeur est suave. — L'écorce est très amère et fébrifuge.

CHIQUE (*Pulex penetrans*). Espèce du genre Puce: insecte très commun aux Antilles et dans l'Amérique méridionale, plus petit que notre Puce ordinaire, mais beaucoup plus incommode. — La femelle, après avoir été fécondée, pénètre dans le tissu de la plante des pieds, s'y nourrit et y dépose ses œufs, d'où naît une nombreuse famille qui occasionne un ulcère malin, difficile à détruire et parfois mortel. L'introduction de la Chique se fait sans aucune sensation douloureuse; ce n'est qu'au bout de quelques jours que sa présence occasionne des démangeaisons: on ne voit d'abord qu'un petit point noir, auquel succède bientôt une petite tumeur rougeâtre, puis une petite plaie et enfin l'ulcère.

Les nègres sont très adroits pour extraire l'animal de la partie du corps où il s'est établi. Pour l'éviter, ils se lavent souvent et surtout se frottent les pieds avec des feuilles de tabac broyées, avec le rocou et d'autres plantes amères ou âcres.

CHIROCENTRE. Poisson de la famille des Clupes, long de 16 à 20 cent., au corps allongé, comprimé et tranchant: aux écailles longues, membraneuses, pointues, situées au-dessus et au-dessous de chaque pectorale, etc. Originaire de la mer des Indes.

CHIRONE ou Chironie. — V. *Erythrée*.

CHIRONECTE (*Chironectes*). Genre de Mammifères de l'ordre des Marsupiaux didelphiens, caractérisés spécialement par la présence de membranes entre les doigts des mains et des pieds, d'où le nom générique (du gr. *chéir*, main; *nectès*, nageur). Le museau est pointu, les oreilles sont nues et arrondies; queue cylindrique, écailleuse, longue et préhensible.

Le CHIRONECTE YAPOK (*C. palmata*), que Buffon a pris pour une Loutre, est l'espèce unique du genre. C'est un animal long de 38 à 40 cent., sur lesquels la queue en mesure 16, de couleur brune en dessus, blanche en dessous, avec de grandes taches noires. — Il appartient à la Guyane, où il fréquente le bord des eaux. La femelle possède une poche abdominale qui manque au mâle.

CHIRONECTE (*Antennarius*). Genre de Poissons malacoptérygiens, voisin du genre Baudroie: dont la taille est petite, le corps déprimé, ainsi que la tête, le plus souvent couvert d'appendices; museau médiocre et protractile; tête munie de rayons libres; ouïes ne s'ouvrant que par un canal ou petit trou derrière la pectorale; vessie natatoire grande.

Les Chironectes habitent les mers tropicales. « Ils peuvent, en remplissant leur énorme estomac à la manière des Tétrodons, se gonfler comme un ballon; à terre, leurs nageoires paires les aident à ramper comme de petits quadrupèdes, tandis que les pectorales font fonction de pieds de derrière, à cause de leur position. Ils peuvent vivre hors de l'eau pendant deux ou trois jours.

CHIROTE (*Chirotes*, de *chéir*, main, parce que cet animal est pourvu de deux petits pieds antérieurs). Reptile de l'ordre des Sauriens, prenant place entre les Chalcides et les Amphisbènes. Il est de petite taille; le corps est cylindrique, à écailles quadrilatères juxta-posées en anneaux; tête ovoïde; bouche petite et non dilatable; langue incisée à sa pointe. Il n'a que deux membres antérieurs, tandis que les Chalcides en ont quatre et les Amphisbènes point; ces membres sont courts, terminés par cinq doigts dont un sans ongle.

Le CHIROTE CANNELÉ, espèce unique, est de la grosseur du petit doigt, long de 20 à 25 cent., d'un brun clair uniforme. On le trouve au Mexique où il vit en terre, dans de petits terriers, se nourrissant d'insectes d'un petit volume. Cet animal est tout à fait innocent (V. fig. 315).

CHLAMYDOSAURE (*Chlamydosaurus*). Ce nom, formé de deux mots grecs qui signifient *manteau, lézard*, s'applique en effet à une espèce de Lézard saurien), caractérisé par l'existence d'une sorte de collerette ou pèlerine membraneuse, située sur les côtés du cou et formée de deux lambeaux demi-circulaires soutenus par des tiges solides, qui paraissent provenir des branches de l'os hyoïde (fig. 316).

Cet animal, voisin des Dragons et des Sitanes, habite la Nouvelle-Hollande. Il atteint presque la taille des Iguanes. Il a les membres assez développés, les doigts longs, grêles et inégaux; la queue traînante et très longue; le corps, peu renflé, comprimé, est revêtu, ainsi que la collerette, de petites écailles uniformes. Cette collerette a des usages inconnus; on présume pourtant qu'elle sert à soutenir le reptile à la manière d'un parachute, lorsqu'il s'élance d'un arbre à un autre.

CHLORE. Corps simple, toujours gazeux, lorsqu'il est isolé de ses composés, qui sont des chlo-rures ou des chlorhydrates : gaz sous forme de vapeur verte (d'où son nom, du gr. *kloros*, vert), ayant une odeur forte, piquante, acerbe, qui irrite vivement les membranes muqueuses, et asphyxie promptement les animaux. Il active la flamme des bougies allumées, brûle avec lumière

Fig. 315. — Chirote cannelée.

plusieurs corps combustibles, décolore un grand nombre de substances végétales. Il se combine avec l'oxygène pour former des oxydes et des acides, avec les métaux pour former des chlorures.

Le Chlore *gazeux* s'obtient en faisant réagir sur 1 partie de peroxyde de manganèse 4 parties d'acide chlorhydrique du commerce marquant 22° centésim. On a essayé son emploi dans certaines maladies des organes brancho-pulmonaires, mais cela a été sans fruit. Il est plus utile dans la syncope et l'asphyxie, pour ranimer le principe vital.

Le Chlore *liquide* s'obtient en faisant passer le gaz dans de l'eau, qui en dissout deux fois son volume à la température de 20° centigr. et à la pression de 76 centim., c'est-à-dire environ 1/159° de son poids Ce produit repasse promptement à l'état d'acide chlorhydrique par le contact de la lumière. On l'emploie suffisamment étendu à l'intérieur,

Fig. 316. — Chlamydosaure de King.

dans certains cas de diarrhées chroniques ; à l'extérieur, comme désinfectant, détersif, antisyphilitique. Dans l'asphyxie des fosses d'aisances, on place sous les narines un linge imbibé d'une dissolution de chlorure ; etc. Rappelons encore, avant de terminer, tous les avantages que l'on retire, dans les arts, de la propriété décolorante du Chlore liquide ou gazeux, pour blanchir les laines, les toiles, le papier, etc. *L'eau de Javelle*, si fréquemment employée dans le blanchiment du linge, n'est autre chose que le chlore liquide uni à la potasse (Chlorure de potasse). Ce Chlorure peut remplacer, comme désinfectant, ceux de soude et de chaux, et il a l'avantage sur eux d'être meilleur marché.

CHLORION (*Chlorion*). Hyménoptère de la famille des Fouisseurs, dont la tête est grande, apla-tie, large, munie de mandibules fortes et tranchantes, et dont la couleur est d'un vert émeraude. Les espèces de ce genre sont exotiques.

Le C. COMPRIMÉ habite l'île de France, où sa présence, quoique fâcheuse à cause de sa piqûre qui est excessivement douloureuse, quelquefois même venimeuse, est utile en ce qu'il détruit une grande quantité de Kakerlacs ou Ravets. Quand une femelle a aperçu un Kakerlac, elle s'arrête un instant en face de lui, et se tient pour ainsi dire en arrêt : bientôt elle s'élance, et, de ses longues mandibules, le saisit par la tête, replie son corps sous le sien, et le perce de son aiguillon venimeux. Puis elle traîne péniblement, en marchant à reculons, l'animal engourdi ou mort, quoiqu'il pèse douze fois autant qu'elle, vers un trou de muraille, dans lequel il ne peut entrer qu'après avoir perdu, sous les coups des mâchoires tranchantes de son ennemie, pattes, antennes et ailes. Le cadavre mutilé sert ensuite de pâture aux larves de l'insecte.

CHOCARD ou CHOQUARD (*Pyrrhocorax*). Genre de Passereaux conirostres à bec médiocre, un peu recourbé, avec narines ovoïdes, cachées par des plumes sétacées; tarses comme ceux des Corbeaux; ongles arqués très aigus; ailes longues et pointues, queue arrondie, etc. — Le CHOQUARD ALPIN, vulg. *Choucas*, a le plumage noir à reflets verdâtres, le bec d'un jaune citron, les pieds rouge vermillon, la taille de 40 cent. environ. — Cet oiseau niche sur les plus hautes roches des Alpes et des Pyrénées, d'où il se répand l'hiver dans les vallées. Il pond 4 ou 5 œufs blanchâtres tachetés de jaune. — Le *Crave*, dont, à l'exemple de Cuvier, nous faisons un genre à part, est considéré par d'autres naturalistes comme une espèce de Chocard.

CHONDROPTÉRYGIENS (du gr. *chondros*, cartilage; *pteryx,* aile). Nom par lequel on désigne la deuxième division ou série des Poissons, c'est-à-dire ceux dont le caractère essentiel consiste dans la nature cartilagineuse de leur squelette, par opposition aux poissons Ostéoptérygiens ou osseux. Les Chondroptérygiens ont parfois le squelette tellement mince et membraneux, qu'ils conduisent tout naturellement aux Invertébrés. Un autre caractère essentiel de cettegrande division, c'est que leur crâne est formé d'une seule pièce, sans sutures; leurs mâchoires sont formées par un développement considérable des os palatins et du vomer. — Les Poissons chrondroptérygiens, se divisent en deux ordres; ordres basés sur l'état libre ou l'état adhérent de leurs branchies :

1° Les ELEUTÉROBRANCHES ou *Chondroptérygiens à branchies* libres, dont les branchies sont pectinées, libres par leur côté externe, et recouvertes à l'extérieur par un opercule mobile : tels sont les *Sturnioniens* (Esturgeons).

2° Les SYMPHYSOBRANCHES ou *Chondroptérygiens à branchies fixes*, chez lesquels ces derniers organes sont ouverts par des trous nombreux à la peau qui leur adhère: tels sont les *Sélaciens* (Squales, etc.), et les *Cyclostomes* (Lamproies), etc.

CHOU (*Brassica*). Genre de la famille des Crucifères, plantes annuelles ou bisannuelles à feuilles radicales et inférieures lyrées, pinnatifides, pétiolées, les caulinaires entières, sinuées ou dentées, sessiles ou amplexicaules. Fleurs jaunes ou blanches, quelquefois veinées : 6 étamines dont 2 plus longues; capsule allongée bivalve, etc.

CHOU CULTIVÉ (*B. oleracea*). Tige droite, épaisse, cylindrique, glabre, rameuse. haute de 4 à 70 cent. Feuilles vertes, lisses, très glabres, quelquefois teintées de rouge violet, les caulinaires amplexicaules. Fleurs jaunes, disposées en grappes paniculées, lâches, terminales : sépales appliqués sur les pétales, qui sont à long onglet.

Fig. 317. — Chou.
(Chou pommé à gauche.)

Le Chou ne se trouve pas à l'état sauvage, et sa patrie primitive est inconnue. Mais partout on le cultive comme plante alimentaire, et dès la plus haute antiquité il a été en usage et même en vénération parmi les hommes. Cependant ses propriétés paraissent peu marquées : ses diverses parties n'ont qu'une saveur herbacée, légèrement âcre, et une odeur fade. Ses feuilles, que la plupart des herbivores broutent avec avidité, acquièrent par la cuisson un goût sucré. L'eau dans laquelle on le fait bouillir acquiert une odeur forte et repoussante; abandonné à lui-même, il se putréfie promptement en répandant une fétidité insupportable.

Le Chou, nous le répétons, fut en grand honneur parmi les anciens, qui le considéraient comme propre à évacuer la bile, à préserver de la peste, à guérir la goutte, à dissiper l'ivresse, etc. Quoique prodigieusement déchu, il ne laisse pas que d'être quelquefois employé, soit comme antiscorbutique, expectorant, soit, à l'extérieur, en application de ses feuilles, pour enlever les points de côté, déterger les ulcères, etc. — Nous passerons sous silence les usages culinaires de ce végétal que tout le monde connaît et dont peu de personnes méconnaissent la propriété flatulente. On sait aussi qu'en faisant subir au Chou un commencement de fermentation qui y développe un principe acide, on obtient le *sauer craut*, mot allemand dont nous avons fait l'expression *chou-croute*. Cette choucroute est un aliment d'une digestion assez facile et qui possède quelques propriétés antiscorbutiques qui devraient en généraliser l'usage, surtout dans les voyages de long cours.

Les principales variétés sont : le *Chou vert*, à feuilles vertes et glaucescentes, très larges et non concaves ; — le *Chou cabu* ou *pommé*, dont la tige est très courte et les feuilles étroitement imbriquées en tète arrondie ; — le *Chou rouge*, à feuilles d'un rouge vineux, surtout au niveau des nervures, et qui est celui surtout qu'on emploie en médecine ; — le *Chou-rave*, dont la tige est dilatée à la base en renflement charnu et succulent ; — le *Chou-fleur* ou *brocoli*, production monstrueuse due à une déviation de la sève dans les rameaux de la tige florale qui les convertit en une masse épaisse, tendre, charnue, mamelonnée ; — le *Chou Cavalier*, dont les tiges atteignent plus de 3 mètres ; ses feuilles sont amples, grandes, entières, portées sur de larges pétioles.

Chou-navet (*B. napus*). Dans cette espèce les feuilles, même les inférieures, sont plus ou moins glauques, glabres, ; les fleurs sont espacées dès l'épanouissement, et les sépales sont étalés. Les variétés sont le *Colza* et le *Naret*. — V. ces mots.

Chou-rave (*B. rapa*). Les feuilles radicales et inférieures sont vertes, hérissées, ciliées ; les fleurs sont rapprochées au sommet de la grappe lors de l'épanouissement : sépales étalés, etc. — Variétés : *Navette, Navette d'été* et *Rave*. — V. ces mots.

CHOUCAS. Nom vulgaire de plusieurs espèces de Corbeaux et de Passereaux, donné surtout au *Chocard* et la *Corneille d'église*, qui habite les clochers, les vieux bâtiments, et qui a l'habitude de dérober, comme la Pie, les objets brillants qui sont à sa portée. — V. *Corbeau*.

CHOUETTE (*Strix*). Nom vulgaire donné aux Oiseaux de proie nocturnes qui forment une famille connue sous la dénomination de *Strigidés* ou *Accipitres nocturnes*. Ces Oiseaux ont entre eux beaucoup de ressemblance : même forme, même coloration, plumage toujours doux et soyeux, gris, parfois un peu roussâtre, ou blanc ou varié de taches brunes. Ils ont la tête grosse, les yeux très grands, à pupilles énormes, dirigés en avant, et plus ou moins complètement entourés d'un cercle de plumes effilées, ce qui forme la base de leur première division. Leurs ailes sont courtes, leurs tarses plus ou moins longs et souvent couverts ainsi que les doigts de plumes ou de duvet, le doigt externe est susceptible de se porter devant ou derrière. Ces Oiseaux ont un conduit auditif externe très dilaté ; leur vue s'exerce parfaitement la nuit.

Les Chouettes se trouvent sur tous les points de la terre ; elles se retirent le jour dans les forêts, les lieux sombres et inhabités, mais le soir et le matin, au crépuscule, elles se mettent en chasse. Elles volent légèrement et sans se faire entendre, ce qui tient à la mollesse de leurs plumes. Elles sont carnivores, et attaquent les souris, les musaraignes, les oiseaux, les rats, les lapins, les mulots, etc., selon leur force : par conséquent, elles

rendent un véritable service à l'agriculture. Après qu'ils ont mangé, les os, les plumes et toutes les parties non chylifères de leurs aliments sont roulés en petites pelotes et rejetés en remontant l'œsophage. Ces Oiseaux de nuit sont incommodés par la lumière du jour ; aussi, chassés de leur retraite, deviennent-ils, à cause de leur air gauche et sot, l'objet de la poursuite criarde des oiseaux de leur canton, qui les vexent et les harcèlent. On sait que cette haine profite aux chasseurs aux gluaux qui, faisant crier une Chouette ou imitant son cri, attirent de toutes parts becs-fins, mésanges, moineaux, pies, geais, lesquels se laissent prendre au piège qu'on leur a tendu.

Fig. 318. — Chouette ténébreuse.

Les Chouettes ou Strigidés nocturnes présentent des *aigrettes* ou plumes placées sur la tête et érigibles à la volonté de l'animal, ou en sont dépourvus : de là une division qui n'a pu être conservée. Isid. G. Saint-Hilaire les répartit de la manière suivante : 1° ceux qui ont le disque entourant les yeux nul ou peu marqué ; 2° ceux au contraire chez lesquels ce disque est complet ou à peu près. Aux premiers se rapportent les genres *Cherêche, Duc, Phodile* ; au second les genres *Chat-huant, Chouette, Effraie*, — V. ces mots.

La Chouette proprement dite (*Ulula*, Cuvier ne diffère du Hibou (V. ce mot) que par l'absence d'aigrettes. — Mentionnons, comme espèces, la *grande Chouette à tête grise*, qui habite les montagnes du nord de la Suède ; — la *Chouette du Canada*, qui se trouve aussi en Europe.

CHROME (du gr. *chrôma*, couleur). Métal ainsi nommé parce qu'il forme des combinaisons colorées avec la plupart des corps. Vauquelin l'a découvert en 1797, à l'état d'acide, dans le plomb rouge de Sibérie, ensuite à l'état d'oxyde dans les aigues marines, les béryls, les émeraudes, dont il est le principe colorant. Le Chrome est d'un blanc tirant sur le gris, très fragile, très difficilement fusible. Il est acidifiable; ses dissolutions dans les acides sont toutes vertes. À l'état d'oxyde il est vert, à l'état d'acide il est rouge.

CHRYSALIDE. Première métamorphose de la Chenille avant de devenir Papillon. « Arrivée à son entier développement, la Chenille cesse de manger comme aux approches d'une mue; elle se raccourcit, se décolore, devient terne et livide; si elle est gibbeuse, ses bosses s'absorbent, disparaissent, et, lorsqu'elle a découvert un endroit convenable, elle se dépouille de sa peau et passe à l'état de Chrysalide. » L'insecte, dans cet état, est comme emmaillotté dans une enveloppe qu'il s'est créée, qui le cache entièrement ou qui en dessine les contours et permet, à une certaine époque, de voir comme par transparence une partie des formes du Papillon.

La forme des Chrysalides, ainsi que la couleur, varient beaucoup. La plupart sont cylindro-coniques, d'autres angulaires, mais toutes généralement plus ou moins coniques. On distingue l'enveloppe de l'abdomen, composée de neuf anneaux, en général mobiles les uns sur les autres, correspondant à ceux du corps de l'insecte parfait, tous visibles seulement en dessus, attendu qu'en dessous les trois premiers sont recouverts par l'étui des ailes; l'enveloppe de la tête comprenant les yeux, les antennes et la trompe, qui sont renfermés chacun dans un petit étui à part; l'enveloppe du thorax; l'enveloppe de la poitrine et des pattes; enfin, celle des ailes. « La couleur dominante est ordinairement le brun ou le violet plus ou moins rougeâtre, avec toutes les nuances intermédiaires; mais au surplus

il y a sous ce rapport des différences très remarquables, selon les espèces. Nous en dirons autant quant à la manière dont les Chenilles se changent en Chrysalides et se fixent : il en est qui filent des coques pour envelopper leurs Chrysalides, tandis que d'autres sont tout à fait nues. Les Chrysalides de ces dernières sont appelées *succinctes, suspendues* ou *enroulées*, selon qu'elles sont fixées par la queue et par un lien transversal en forme de ceinture, ou pendantes et fixées seulement par la queue, ou enfin enveloppées entre les feuilles et maintenues par plusieurs fils transversaux, comme on peut le voir au mot *Phalène*. La Chrysalide du Sphinx s'enfonce dans la terre; les mites attaquent les fourrures, les étoffes de laine, et se font, aux dé-

pens des poils et de la laine, un petit étui dans lequel s'accomplit leur métamorphose.

Au bout d'un temps qui varie beaucoup, selon les espèces et les saisons, le Papillon s'échappe de son étui par une fente qui s'opère au dos de la Chrysalide. Ce moment est annoncé par un changement de couleur et de consistance de cette dernière, qui permet souvent de voir à travers ses parois le dessin et la teinte du Papillon. Les Chenilles qui placent leur Chrysalide dans des coques, des étuis durs et coriaces, prennent soin de ménager une issue facile au Papillon qui doit sortir de la double prison; et rien n'est ingénieux comme les moyens employés par ces insectes pour remplir ce but. — On sait le parti que l'industrie a su tirer des cocons du ver à soie, nous reviendrons sur ce sujet. — V. *Cocon, Chenille, Ver à soie.*

CHRYSANTHÈME (*Chrysanthemum*). Genre de Composées corymbifères, comprenant des herbes et arbrisseaux à fleurs radiées, dont les fleurons sont hermaphrodites, les demi-fleurons femelles et fertiles; l'involucre est hémisphérique, imbriqué d'écailles scarieuses sur les bords; réceptacle nu; graines sans aigrette. La couleur des fleurs est généralement d'un jaune doré, comme l'exprime le nom de la plante (de *chrysos*, or; *anthemon*, fleur). Cependant il y en a de blanches, roses, violettes, pourpres, etc., et puis il faut dire que, dans nos jardins, les plantes qui portent le nom de Chrysanthèmes appartiennent à plusieurs genres, notamment au Pyrèthre.

Le CHRYSANTHÈME DES PRÉS (*C. leucanthemum*), vul. *grande Marguerite*, est réputée vulnéraire, mais sans usages aujourd'hui. — Le C. des MOISSONS (*C. segetum*) fournit une belle teinture jaune. — Le C. DES INDES (*C. indicum*), ou la *Reine Marguerite*, est une belle espèce originaire de la Chine, dont les fleurs, que la culture fait varier de couleur, sont généralement d'un pourpre foncé, et se montrent encore dans l'arrière-saison, alors que toutes les autres fleurs ont disparu.

CHRYSIDE (*Chrysis*). Genre d'Hyménoptères pupivores, remarquables par l'éclat métallique de leur corps, lequel est de petite taille et a partout la même largeur; tête inclinée; antennes de 12 articles; thorax cylindrique; abdomen ovalaire.

Ces insectes sont jolis, mais de mœurs perverses, car non-seulement ils pondent leurs œufs dans le nid de quelque autre hyménoptère, mais encore ils dévorent celui dont ils envahissent la demeure. — Le C. ENFLAMMÉ (*C. ignita*) ou *Guêpe dorée*, a l'abdomen doré, terminé par quatre dents distinctes. C'est la seule espèce commune de notre pays.

CHRYSOCHLORE (*Chrysochloris*). Genre de Mammifères assez semblables aux Taupes, et qui ont le museau court, large et relevé, les conques auriculaires nulles, les pieds de devant courts, robustes, propres à fouir la terre et munis de trois ongles seulement; les pieds postérieurs sont faibles et à doigts ordinairement tous garnis d'ongles.—Ces animaux, dont on ne connait que deux ou trois espèces, habitent la Guyane, le Cap; se sont les seuls mammifères qui présentent des couleurs métalliques, dues à ce que leurs poils sont

Fig. 320. — Chrysochlore du Cap.

disposées de manière à réfléchir les rayons lumineux en les décomposant. Ils fouissent à la façon des Taupes et se nourrissent de vers.

Le CHRYSOCHLORE DU CAP (*C. capensis*) a une longueur totale de 10 cent. environ ; son pelage est brun, mais laisse voir sous certains aspects des reflets vert métallique et cuivreux très brillants; queue nulle; pieds de derrière à 5 doigts.— Cet animal, du cap de Bonne-Espérance, fait des terriers semblables à ceux de nos Taupes, et occasionne beaucoup de dégâts dans les jardins et les plantations.

Le C. ROUGE (*C. rufa*), de la Guyane, est un peu plus grand que la Taupe d'Europe : son pelage est d'un roux cendré assez clair.

CHRYSOMÈLE (*Chrysomela*). Genre de Coléoptères tétramères de la famille des Cycliques, insectes ailés de moyenne taille, ayant le corps ovoïde, la tête saillante, le corselet transversal, les antennes grenues, les pieds courts et nullement propres au saut, les palpes maxillaires à dernier article plus grand que les précédents et en forme de cône renversé.

La C. DU PEUPLIER (*C. populi*), type du genre, est d'un vert bleu, avec les élytres fauve pâle; comme les autres, elle offre de belles couleurs, se nourrit de feuilles et fuit la lumière du jour. Assez commune dans notre pays, elle est quelquefois employée pour falsifier les Cantharides, auxquelles elle ressemble en effet.

CHRYSOPRASE. Nom donné : 1° à une variété d'Agate de couleur vert-pomme, qui doit cette nuance à de l'oxyde de nikel; 2° à une variété de Topaze jaune verdâtre, nommée *Topaze d'Orient*.

CHRYSOPS (*Chrysops*). Genre de Diptères qui ne diffèrent des Taons que par le dernier article de leurs antennes, divisé en 5 anneaux. — Ces

insectes habitent plus ordinairement les bois humides, attaquent les chevaux avec acharnement, et se jettent même sur les hommes. Plus nombreux que les Taons, ils sont plus redoutables encore.

Le C. AVEUGLANT (*C. cæculiens*) est l'espèce la plus commune : corps noir; base de l'abdomen fauve en dessous: espace triangulaire diaphane à l'extrémité des ailes ; chez la femelle cet espace est traversé par une large bande, et les ailes sont enfumées plutôt que noires.

CHYLE et **CHYLIFICATION.** — V. *Digestion.*

CHYME et **CHYMIFICATION.** — V. *Digestion.*

CIBOULE et **CIBOULETTE.** — V. *Ognon.*

CICADAIRES (de *cicada*, cigale). Famille d'Hémiptères dont les ailes sont diaphanes et disposées en toit dans le repos; les antennes toujours terminées par une soie, et dont les femelles sont pourvues d'une tarière dentée. On la partage en trois sections :

1° Les CIGALES, qui ont 3 ocelles, dix articles au moins aux antennes, les pieds impropres au saut, et un organe musical à la base de l'abdomen chez les mâles.

2° Les CICADELLES : 2 ocelles, 3 articles aux antennes, pieds propres au saut, point d'organe musical.

3° Les FULGORELLES : ocelles placés au-dessous des yeux; 3 articles aux antennes, pieds propres au saut; absence d'organe musical. — Tous ces insectes, aux articles spéciaux desquels nous renvoyons, vivent sur les végétaux qu'ils percent avec leur trompe.

CICADELLE (*Cicadella*). Hémiptères de la famille des Cicadaires muets, dont on compte un grand nombre d'espèces, toutes de petite taille, mais offrant souvent des couleurs très variées. — La C. VERTE est une des plus communes dans nos environs; elle a la tête jaune avec des points noirs et les élytres verts.

CICCA. Genre d'Arbrisseaux de l'Asie tropicale, de la famille des Euphorbiacées, dont une espèce, le *C. disticha*, cultivée aux Antilles et dans l'Inde, offre aux indigènes, dans son fruit, nommé *Cerise des îles*, une nourriture saine et agréable. Trouver un fruit salubre dans une Euphorbiacée, c'est là un fait exceptionnel. Mais le suc contenu dans le bois est âcre, purgatif, et ne dément pas les propriétés générales de la famille.

CICINDÈLE (*Cicindela*). Genre de Coléoptères pentamères de la famille des Carnassiers, dont les caractères sont : tête saillante, yeux gros; mandibules arquées et armées de dents aiguës et robustes; abdomen en carré long, arrondi postérieurement, beaucoup plus large que le corselet. Ces insectes, gracieux dans leurs formes et brillants de couleurs,

habitent ordinairement les lieux arides et découverts, et vivent du produit de leur chasse. Leur démarche est vive et légère, leur vol court et rapide.
Leur larves séjournent dans le sable. — Ce genre
est très nombreux en espèces dont la plus grande
partie habitent les contrées chaudes. Cependant
nos espèces sont plus répandues au printemps et
en automne que dans les fortes chaleurs.

La Cicindèle des champs (*C. campestris*), que
nous figurons, longue de 15 millim. environ, a le
labre et les mandibules blancs, les élytres ornés de dix bandes blanches, les pattes cuivreuses.

La Cicindèle hybride (*C. hybrida*) est voisine
de la Champêtre, mais le fond de sa couleur est
d'un bronzé brun.

La larve de cette espèce est intéressante à connaître. Longue de près de 3 cent., d'un blanc
sale, formée de 12 segments dont le premier, ainsi
que la tête, est écailleux et d'un vert bronzé en
dessus, etc., elle se creuse dans le sable un trou
de près de 30 cent. de profondeur, en se servant

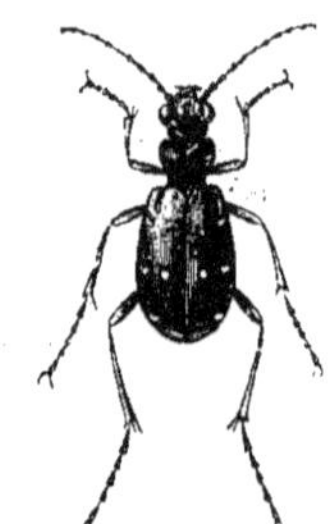

de ses pattes et de ses mandibules ; et pour vider
les déblais, le dessus de sa tête fait l'office d'une
hotte. Son travail terminé, elle se met en embus-
cade à l'entrée de son trou ; la tête, dans ces moments, se trouve au ras du sol et en bouche entièrement l'ouverture ; s'il passe à sa portée un insecte,
elle le saisit avec ses mandibules, baisse la tête,
fait une culbute, et précipite sa proie au fond du
trou où elle la déchire à loisir. — Lorsque les Cicindèles veulent changer de peau ou passer à l'é-
tat de nymphe, elles bouchent l'entrée de leur
trou.

CICINDÉLÈTES. Tribu de Coléoptères dont les
caractères sont ceux assignés aux Cicindèles, qui
en sont le genre type. Les autres genres sont appelés *Manticore, Colliure, Thérates*, etc. — V.
ces mots.

CICUTAIRE. Un des noms de la *Ciguë aquatique.* — V. ce mot.

CIEL. Espace ou mieux, d'après l'étymologie
(*coïlas*, creux), voûte immense à laquelle parais-

sent comme attachés le soleil, la lune et tous les
astres. Les anciens attribuaient des limites à cet
espace, de la solidité au ciel, mais nous savons
qu'il n'y a que le vide au milieu duquel se meuvent
les innombrables globes lumineux que nous apercevons, et que s'il nous apparaît avec une couleur
azurée, c'est que cette teinte est due à la masse
d'air qui entoure le globe terrestre. — Chacun
sait que pour les théologiens le mot Ciel désigne
le séjour du bonheur éternel.

CIGALE (*Cicada*). Genre d'Insectes hémiptères,
de la famille des Cicadaires, qui ont pour caractères : tête courte et large, antennes très courtes,
à six articles ; deux yeux à facettes fort gros, et
trois petits yeux lisses d'un rouge vif disposés en
triangle sur le sommet ; ailes disposées en toit, à
nervures saillantes, dépassant le corps ; jambes
non disposées pour le saut ; abdomen renflé et conique, muni, chez le mâle seulement, d'un appareil
composé de deux membranes sonores et tendues,
au moyen duquel l'insecte fait entendre, par le
frottement de ces lames, ce bruit retentissant que
l'on nomme improprement *chant de la Cigale*.

La Cigale habite les pays chauds et se trouve
dans le midi de la France, où elle manifeste sa
présence par le bruit de stridulation qu'elle fait
entendre, bruit qui lui serait funeste en mettant
sans cesse ses ennemis sur ses traces, si la grande
distance à laquelle il se fait entendre, sa multiplicité, la couleur sombre de ce petit animal qui
le produit, n'étaient autant de causes capables de
dérouter l'oreille attentive. C'est à tort que, dans
le centre et le nord de la France, on donne le nom
de Cigales aux grandes Sauterelles vertes qui sont
si communes dans les prairies, et qui produisent
aussi, vers le soir, des sons analogues, mais bien

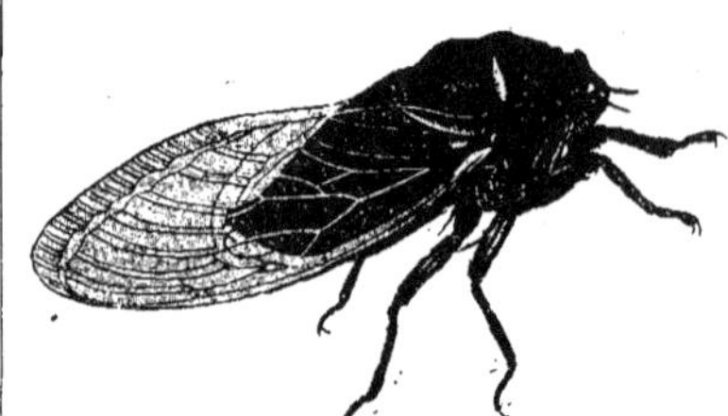

moins forts : une seule espèce se trouve dans quelques localités des environs de Paris, encore y est-
elle rare. Ces insectes se montrent d'autant plus
agiles qu'il fait plus chaud, et sont bientôt engourdis lorsque le soleil disparaît de l'horizon. Si
le mâle se distingue de la femelle par son appareil musical déjà indiqué et qu'il serait trop long
de décrire, celle-ci offre à son tour, comme particularité à elle spéciale, la tarière propre à toutes
les Cicadaires. C'est avec cet instrument et l'es-

)èce de petite scie dont il est armé que la Cigale femelle, prête à faire sa ponte, pratique plusieurs trous à l'écorce d'une branche sèche pour y déposer ses œufs. « Elle commence à couper les fibres du bois, mais sans les détacher par en bas; ensuite elle dirige sa tarière dans le sens de la moelle et y dépose ses œufs au-dessus les uns des autres, un peu obliquement : cela fait, elle repousse les fibres du bois et bouche le trou qu'elle a fait : elle recommence plus loin et assez souvent à la suite les uns des autres beaucoup d'autres trous. » La nature, en portant les femelles à attaquer les petites branches de bois mort, a prévu que ces branches devaient être renversées, et qu'alors les jeunes larves, se trouvant à terre, pourraient facilement pénétrer jusqu'aux racines où elles doivent trouver leur nourriture. On ignore toutefois le temps que durent ces larves, avant de se convertir en nymphes et de subir leur dernière métamorphose, qui a lieu toutefois sur les arbres, où elles grimpent en sortant de terre.

Parmi les nombreuses espèces de ce genre nous citerons la Cigale plébéienne (*C. plebeia*), longue de 4 cent., d'un brun noirâtre ou jaunâtre, la seule qu'on trouve dans le midi de la France. — La Cigale hématode (*C. hæmatodes*), noire, avec 5 petites bandes sur le corselet, les pattes et les nervures des ailes rouges, se prend quelquefois aux environs de Paris. Son chant est beaucoup plus faible que celui de la précédente. — En Provence il y a l'espèce vulg. nommée *Cigalon*, qui est la C. de l'orme (*C. ormi*), dont le chant est rauque et plus saccadé. — Nous passons sous silence les espèces exotiques.

CIGOGNE (*Ciconia*). Genre d'Oiseaux de l'ordre des Échassiers, famille des Cultirostres, dont voici les caractères : bec long, large à la base, comprimé, pointu, à sillon nasal très court; narines petites, basales et nues ; région oculaire plus ou moins nue; jambes nues dans leur moitié inférieure; tarses très longs, robustes; 4 doigts dont 3 réunis par une membrane; ailes grandes et larges; queue courte et égale.

Les Cigognes sont des oiseaux de grande taille, d'un caractère doux, familier, silencieux : le seul bruit qu'elles fassent résulte du choc de leurs larges mandibules.

« Dans les nombreuses familles de ce peuple amphibie des rivages de la mer et des fleuves, dit Buffon, celle de la Cigogne, plus connue, plus célébrée qu'aucune autre, se présente la première; elle est composée de deux espèces qui ne diffèrent que par la couleur, car du reste il semble que, sous la même forme et d'après le même dessin, la nature ait produit deux fois le même oiseau, l'un blanc et l'autre noir; cette différence, tout le reste étant semblable, pourrait être comptée pour rien, s'il n'y avait pas entre ces deux mêmes oiseaux différence d'instinct et diversité de mœurs. La Cigogne noire cherche les lieux déserts, se perche dans les bois, fréquente les marécages écartés, et

niche dans l'épaisseur des forêts. La Cigogne blanche choisit, au contraire, nos habitations pour domicile; elle s'établit sur les tours, sur les cheminées et les combles des édifices : amie de l'homme, elle en partage le séjour, et même le domaine ; elle pêche dans nos rivières, chasse jusque dans nos jardins, se place au milieu des villes,

Fig. 324. — Cigogne de Maguari.

sans s'effrayer de leur tumulte, et partout hôte respecté et bienvenu, elle paie par des services le tribut qu'elle doit à la société : plus civilisée, elle est aussi plus féconde, plus nombreuse, et plus généralement répandue que la Cigogne noire, qui paraît confinée dans certains pays, et toujours dans les lieux solitaires.

« On attribue à la Cigogne des vertus morales dont l'image est toujours respectable; la tempérance, la fidélité conjugale, la piété filiale et paternelle. Il est vrai que la Cigogne nourrit très longtemps ses petits, et ne les quitte pas qu'elle ne leur voie assez de force pour se défendre et se pourvoir d'eux-mêmes; que, quand ils commencent à voleter hors du nid et à s'essayer dans les airs, elle les porte sur ses ailes; qu'elle les défend dans les dangers, et qu'on l'a vue, ne pouvant les sauver, préférer de périr avec eux plutôt que de les abandonner. On l'a de même vue donner des marques d'attachement et même de reconnaissance pour les lieux et pour les hôtes qui l'ont reçue : on assure l'avoir entendue claqueter en passant devant les portes, comme pour avertir de son retour, et faire en partant un semblable signe d'adieu. Mais ces qualités morales ne sont rien en comparaison de l'affection que marquent, et des tendres soins que donnent ces oiseaux à leurs parents trop faibles ou trop vieux. On a souvent vu des Cigognes jeunes et vigoureuses apporter de la nourriture à d'autres qui, se tenant sur le bord du nid, paraissent languissantes et affaiblies, soit par quelque accident passager, soit que réellement la Cigogne, comme l'ont dit les anciens, ait le touchant instinct de soulager la vieillesse, et que la nature, en plaçant jusque dans des cœurs bruts ces pieux sentiments auxquels les cœurs humains ne sont que trop souvent infidèles, ait voulu nous en donner l'exemple. La loi de nourrir ses parents fut faite en leur honneur, et nommée de leur nom chez les Grecs. Aristophane en fait une ironie amère contre l'homme.

« Elien assure que les qualités morales de la Cigogne étaient la première cause du respect et du culte des Égyptiens pour elle ; et c'est peut-être un reste de cette ancienne opinion qui fait aujourd'hui le préjugé du peuple, qui est persuadé qu'elle apporte le bonheur à la maison où elle vient s'établir.

« Chez les anciens ce fut un crime de donner la mort à la Cigogne, ennemie des espèces nuisibles. En Thessalie, il y eut peine de mort pour le meurtre d'un de ces oiseaux, tant ils étaient précieux à ce pays, qu'ils purgeaient des serpents. Dans le Levant, on conserve encore une partie de ce respect pour la Cigogne. On ne la mangeait pas chez les Romains : un homme qui, par un luxe bizarre, s'en fit servir une, en fut puni par les railleries du peuple. Au reste, la chair n'en est pas assez bonne pour être recherchée, et cet oiseau, né notre ami, et presque notre domestique, n'est pas fait pour être notre victime. »

Le genre *Ciconia* se divise en deux sections : les *vraies Cigognes*, qui ont la tête emplumée, et les *Marabous*, qui l'ont nue, ainsi que le cou et le bec très gros. — V. *Marabou.*

CIGOGNE BLANCHE (*C. alba*). Cette espèce, la plus commune en France, a les rémiges noires, le bec et les pieds rouges, la taille atteignant plus d'un mètre. Elle émigre en Afrique pendant l'hiver. C'est à elle que se rapporte spécialement le beau passage de Buffon que nous venons de reproduire.

CIGOGNE NOIRE (*C. nigra*). Nous avons vu Buffon faire ressortir la différence de caractère entre les deux espèces. Celle-ci en effet est tout l'opposé de la première pour les mœurs comme pour la couleur : elle fuit la demeure de l'homme avec autant d'empressement que l'autre la recherche, mais elle se nourrit à peu près de la même ma-

nière, c'est-à-dire des reptiles batraciens et de leur frai, de petits mammifères, d'oiseaux, mais cependant avec un penchant plus grand pour le poisson.

CIGOGNE MAGUARI (*C. maguari*). Cette espèce, que nous figurons, appartient à l'Amérique et ne se voit que très rarement en Europe. C'est un oiseau long d'un mètre, noir et blanc, avec le bec légèrement courbé en haut, une membrane rougeâtre et dénudée sous la gorge, etc. — Le Maguari est doux et susceptible d'être apprivoisé ; on le tient presque en domesticité dans quelques endroits, et on lui laisse parcourir les environs sans qu'il se perde.

CIGUE (*Cicuta*). Genre de Plantes de la famille des Ombellifères, dont les espèces principales, la *grande Ciguë* et la *Ciguë vireuse*, forment deux genres distincts, selon beaucoup de botanistes. Nous les rapprochons ici pour les facilités de l'étude.

GRANDE CIGUE OU CIGUE OFFICINALE (*C. major, conium maculatum*). Plante bisannuelle de 8-12 décim., à tige striée, robuste, très fistuleuse, rameuse en haut, parsemée de taches d'un pourpre violacé ; feuilles d'un vert sombre à segments pinnatipartits. Fleurs blanches en ombelles de 12-20 rayons : involucre à folioles réfléchies, lancéolées ; involucelles à folioles rejetées en dehors ; calice à limbe presque nul, etc.

Fig. 321. — Ciguë. (fleur et fruit détachés.)

La Ciguë croît communément dans les décombres, au bord des chemins, au voisinage des habitations, dans les cimetières, les lieux incultes et un peu frais ; elle fleurit au milieu de l'été. Elle exhale une odeur vireuse bien marquée ; sa saveur est un peu âcre. C'est une plante vénéneuse, douée de propriétés encore plus énergiques dans les contrées méridionales que dans les autres, et que la mort de Socrate a rendue tristement célèbre. La médecine s'en est emparée comme d'un médicament sédatif, antidartreux, antiscrofuleux et fondant ; mais elle ne justifie guère ces titres malheureusement, quoi qu'en aient pu dire Quarin, Storch et une foule d'autres expérimentateurs. Devra-t-on s'en étonner lorsqu'on apprendra que la Ciguë s'emploie surtout sous forme d'extrait, et qu'aucun extrait ne diffère autant de lui-même que celui de cette plante, suivant les soins apportés à sa préparation ? La décoction de Ciguë est calmante à l'extérieur ; l'emplâtre est réputé fondant, quoiqu'il n'ait jamais rien fondu.

CIGUE VIREUSE OU AQUATIQUE (*C. virosa*). Plante vivace de 6-12 décim., à tiges légèrement sillonnées, très fistuleuses, glabres, souvent rougeâtres à la base ; feuilles à segments lancéolés étroits, profondément dentés, les inférieurs longuement pétiolés. Fleurs blanches en ombelles à rayons nombreux ; involucre presque nul ; involucelles à folioles linéaires subulées : calice à 5 dents larges, etc.

La Ciguë aquatique, encore nommée *Cicutaire*, croit au bord des étangs, et dans les marais tourbeux. Son odeur est vireuse et ses propriétés sont encore plus énergiques, plus délétères que celles de la précédente. Elle est sans usages en médecine. Sa racine, qui ressemble à celle du Panais, a causé plus d'une méprise fâcheuse.

CIMBEX (*Cimbex*). Genre d'Hyménoptères de la famille des Porte-scies, insectes de taille moyenne, c'est-à-dire de 2 cent. environ, étant cependant les plus grands de la tribu. Ils ont les antennes courtes, de 5 articles, sans compter la massue, qui est formée de plusieurs autres articulations agglomérées ; les deux nervures de la côte de l'aile se joignent presque sans laisser d'intervalle ; la tête est bombée en dessus, plate en dessous ; pattes antérieures courtes, mais les postérieures très développées ; tarière courte, etc.

Les Cimbex ont le vol lourd et un peu bourdonnant. Leurs larves, de couleur blanchâtre, ont 22 pattes membraneuses ; elles vivent sur les feuilles d'un grand nombre d'arbres, et il arrive souvent, quand on les tourmente, qu'elles lancent par des ouvertures particulières situées sur les côtés du corps, une liqueur verdâtre qui jaillit quelquefois à 30 cent. de distance. Elles subissent leur transformation en nymphe dans des cocons qu'elles se filent entre les branches des arbres.

Le **CIMBEX JAUNE** (*C. lutea*) et le *C.* **GAI** (*C. læta*) sont les seules espèces que nous citerons. Le premier a 2 cent et demi de long, et se trouve aux environs de Paris ; le second n'a qu'un centimètre, et se montre plus rare.

CINCLE (*Cinclus*). Genre de Passereaux, voisin des Merles, dont il se distingue par son bec comprimé, droit, à mandibules hautes, la supérieure arquée à sa pointe ; 2 et 3 rémiges les plus longues. — Ces oiseaux fréquentent les rivières, les marais, et ont l'habitude de plonger pour chercher leur nourriture au fond de l'eau.

Le CINCLE PLONGEUR (*C. aquaticus*), vulg. *Merle d'eau*, est long de 20 à 25 cent. ; sa gorge et le devant de la poitrine sont blancs, avec le ventre roux, le bec et les parties supérieures noirâtres. — Cet oiseau est la seule espèce que nous possédions, encore n'est-il que de passage dans le Nord,

Fig. 325. — Cincle plongeur mâle.

bien qu'il soit sédentaire dans tout le Midi. Son caractère est doux ; on dit, mais c'est une erreur, qu'il possède la faculté de marcher au fond de l'eau aussi aisément que sur la terre. La femelle, qui diffère peu du mâle, dépose de 4 à 6 œufs d'un blanc mat dans un nid volumineux et ouvert sur le côté, établi au bord des cascades.

CINERAIRE (*Cineraria*). Genre de Composées, tribu des Corymbifères, très voisin des Séneçons, dont il ne diffère que par l'absence d'un calicule à la base de l'involucre. — La CINÉRAIRE DES CHAMPS est la seule espèce des environs de Paris ; sa tige est simple, rougeâtre, couverte d'un duvet cotonneux, ainsi que les feuilles qui sont entières, ses siles, rassemblées en touffe à la base de la plante.

On cultive dans les jardins plusieurs espèces, telles que la C. POURPRE, la C. LAINEUSE, la C. OREILLE, etc. — Une de ces espèces a été représentée avec le *Dahlia*. — V. ce mot.

CINNAMOME. Substance aromatique, connue des anciens, et que l'on croit être la Myrrhe ou la Cannelle.

CIRCAETE (*Circaetus*). Genre d'Oiseaux de proie de la famille des Aigles, ayant pour caractères génériques : bec robuste épais, à pointe crochue, à bords à peine festonnés ; narines percées au bord de la cire qui est velue ; ailes allongées, aiguës ; queue longue et large, arrondie ; tarses emplumés un peu au-dessous du genou ; doigts robustes, presque égaux, courts ainsi que les ongles qui sont crochus.

Le CIRCAÈTE JEAN-LE-BLANC (*C. gallicus*) est la seule espèce européenne. C'est un oiseau dont la tête est grosse, le manteau brun, le sommet de la tête, les joues, la gorge et le ventre blancs et variés de taches peu nombreuses d'un brun clair. La femelle a moins de blanc, et des taches plus rapprochées. — Le Jean-le-Blanc habite les grandes forêts de sapins des parties orientales du nord de l'Europe. On le rencontre rarement en France. La ponte est de 2 ou 3 œufs de forme régulièrement ovale, d'un blanc légèrement teinté de bleuâtre.

CIRCÉE (*Circæa*). Genre de Plantes herbacées, vivaces, constituant la famille des Circéacées, dont les caractères sont : fleurs hermaphrodites, régulières: calice à tube soudé avec l'ovaire à limbe, 2-partit: corolle à 2 pétales : étamines 2, insérées avec les pétales au sommet du tube du calice; anthères bilobées introrses; ovaire à 2 carpelles, etc. La Circée de Paris (*C. lutætiana*) ou pubescente a la tige droite, haute de 40 cent.; des fleurs blanches ou rougeâtres, en longues grappes terminales. — Cette plante, désignée vulgairement sous le nom d'*herbe aux sorciers*, parce que autrefois les enchanteresses, les magiciens l'employaient, croît dans les endroits humides des bois, aux bords des ruisseaux ombragés, où elle montre ses fleurs en juin-août. Naguère encore elle était considérée comme vulnéraire et résolutive, mais aujourd'hui ses propriétés, tant mystérieuses que médicales, sont totalement oubliées. — La C. des Alpes est plus petite dans toutes ses parties, et a les feuilles luisantes, décidément échancrées en cœur.

CIRCULATION (de *circulus*, cercle). Fonction organique consistant dans le mouvement des fluides, spécialement du sang, dans des vaisseaux particuliers, mouvement pour ainsi dire circulatoire. — La circulation doit être étudiée dans les animaux et dans les végétaux.

Circulation animale. Chez tous les animaux, particulièrement chez les Vertébrés et surtout chez l'Homme, cette fonction consiste dans un mouvement continuel du fluide sanguin qui, poussé dans les artères par le cœur, est rapporté à cet organe par les veines, pour en être chassé de nouveau, et continuer ainsi à parcourir le même cercle. C'est à Harvey, célèbre anatomiste anglais, que la science est redevable de la belle découverte de la circulation. Nous avons à diviser son exposé de la manière suivante : 1º appareil circulatoire; 2º mécanisme de la fonction; 3º phénomènes qui s'y rattachent; 4º enfin circulation comparée.

Appareil circulatoire. Cet appareil se compose du cœur, des artères, des vaisseaux capillaires et des veines.

Le *cœur* est l'organe central de la fonction, le moteur principal du liquide sanguin. C'est une espèce de gros muscle creux, à parois fibro-musculeuses épaisses, assez denses et très contractiles, formé de deux moitiés adossées et contiguës, présentant intérieurement chacune deux cavités, nommées les unes *oreillettes* et les autres *ventricules*. Il y a donc au côté droit du cœur une oreillette et un ventricule, la première étant supérieure, le second situé au-dessous : au côté gauche, même disposition. A droite comme à gauche, l'oreillette communique directement dans le ventricule qui lui correspond, mais ni les deux oreillet-

tes, ni les deux ventricules n'établissent de communication directe entre eux.

Cependant le sang parcourt toutes ces cavités, et voici comment : le ventricule droit le reçoit de l'oreille droite; communiquant avec les poumons, au moyen de l'*artère pulmonaire*, gros vaisseau qui en part et qui se subdivise à l'infini dans ces organes spongieux, ce même ventricule le distribue à ceux-ci. Aux extrémités de ces subdivisions, dans les vésicules pulmonaires même, commencent les vaisseaux veineux qui vont former les *veines pulmonaires*, quatre troncs volumineux dont deux pour chaque poumon, se rendant à

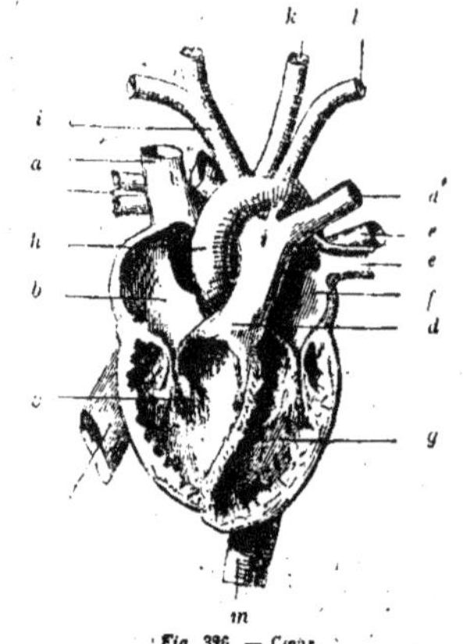

Fig. 326. — Cœur.

Cet organe est coupé perpendiculairement par la moitié; on voit l'intérieur des oreillettes et des ventricules; les artères pulmonaire et aorte sont ménagées : *a*, veine cave supérieure; — *b*, intérieur de l'oreillette droite; — *c*, intérieur du ventricule droit; — *d*, artère pulmonaire; — *d'*, branche gauche de la bifurcation de cette artère. — *e, e*, veines pulmonaires; — *f*, oreillette droite; — *g*, ventricule gauche; — *h*, aorte; — *i*, tronc brachio-céphalique; — *k*, artère carotide gauche; — *l*, artère sous-clavière; — *m*, aorte abdominale.

l'*oreillette gauche*. Cette oreillette gauche communique, ainsi qu'il a été dit déjà, avec le *ventricule gauche*, qui, enfin, donne naissance à l'*aorte*, tronc artériel primitif duquel partent toutes les autres artères.

Les *artères* naissent donc de l'aorte, dont voici le trajet. Ce gros tronc artériel, né du ventricule gauche, se dirige d'abord en haut et à droite, puis se recourbe bientôt de droite à gauche pour former ce que l'on nomme la *crosse de l'aorte*; ensuite il descend le long de la partie antérieure et gauche du rachis, se place au devant des vertèbres lombaires, et, au niveau de la quatrième, se divise en deux grosses branches. Depuis sa naissance jusqu'à sa bifurcation, l'aorte fournit les artères *cardiaques* ou du cœur : le tronc *brachio-céphalique*, qui, après un très court trajet, se divise en *carotide primitive* et *sous-clavière droites*: la *carotide primitive gauche*; la *sous-clavière gauche*, à laquelle font suite l'*humérale*, la *radiale* et la *cubitale*, pour le bras; les artères *bronchiques,* pour les bronches et les poumons; les *œsophagiennes,* les *intercostales,* etc.

La bifurcation de l'aorte donne naissance aux artères *iliaques primitives,* qui descendent dans le bassin, et se divisent chacune en : *iliaque interne,* pour les organes contenus dans cette grande cavité osseuse, et *iliaque externe,* qui va devenir *crurale* et se distribuer au membre inférieur.

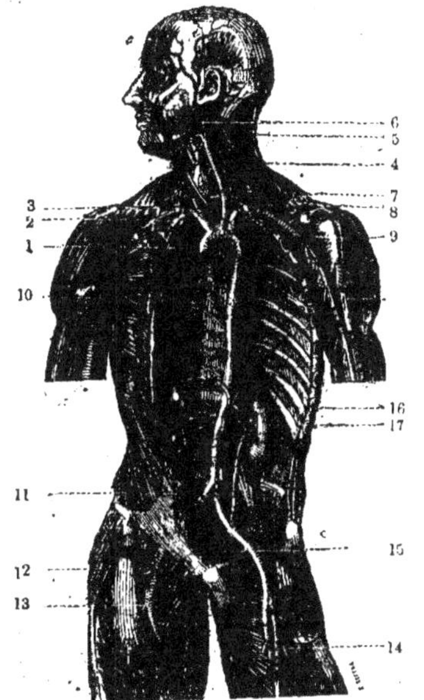

Fig. 327. — Cœur et gros vaisseaux.

ARTÈRES VUES DANS LEUR ENSEMBLE.— (Sur cette figure, les artères principales sont seules représentées; mais il faut admettre, par la pensée, des divisions et subdivisions sans nombre de ces vaisseaux.) — 1, Aorte formant la crosse. — 2, Artère ou tronc brachio-céphalique. — 3, Carotide primitive droite, naissant du tronc brachio-céphalique. — 4, Carotide primitive gauche, naissant de la crosse de l'aorte. — 5, Carotide externe. — 6, Carotide interne. — 7, Carotide primitive, naissant de l'aorte. — 8, Sous-clavière gauche. — 9, Axillaire. — 10, Humérale ou brachiale. — 11, Artère iliaque primitive. — 12 et 14, Artère crurale. — 13, Artère fémorale profonde. — 15, Artère hypogastrique — 16, Tronc cœliaque, duquel naît : — 17, l'Artère hépatique.

Les *vaisseaux capillaires* sont de petits canaux extrêmement déliés, microscopiques, et plutôt supposés que démontrés, qui, interposés entre les dernières ramifications artérielles et les premières radicules veineuses, forment une sorte de réseau, dû à la fois à ces mêmes extrémités artérielles et au subtratum qui les unit. On démontre leur présence partout, par ce fait que le sang fourni par une piqûre d'épingle enfoncée dans le vif ne peut provenir que de la blessure des capillaires.

Les *veines,* nous l'avons déjà dit, naissent là précisément où se terminent les artères, dans le réseau des capillaires. Devenant de plus en plus apparentes et moins nombreuses au fur et à mesure qu'elles s'abouchent les unes dans les autres, les veines finissent par se réunir de telle sorte qu'elles ne forment plus que trois troncs principaux. Ce sont : *a* la *veine cave supérieure,* qui résume les veines de la tête, des membres supérieurs et d'une partie de la poitrine, et qui se termine ou s'abouche dans l'oreillette droite du cœur; — *b* la *veine cave inférieure,* formée par les deux veines iliaques primitives, lesquelles résument toutes les veines du bassin et des membres inférieurs, et qui va se jeter, comme la précédente, dans l'oreille droite du cœur; — *c* la *veine porte,* c'est-à-dire ce gros tronc veineux qui est comme le confluent des veines provenant des organes digestifs, du mésentère, de la rate et du pancréas. Elle se dirige obliquement en haut et à droite, passant derrière le foie, pour se diviser en deux branches qui s'enfoncent dans cet organe glanduleux, où elles se ramifient à l'infini. Mais à ses extrémités capillaires commencent les radicules d'un autre ordre de veines, les *veines hépatiques* ou *sus-hépatiques,* qui sortent du foie pour s'aboucher dans la veine cave inférieure, ce qui par conséquent relie le système de la veine porte, dont nous dirons les importants usages au mot *Sécrétion biliaire,* au système veineux général.

Mécanisme de la circulation. La connaissance de l'appareil organique suffit pour donner une idée assez précise du mécanisme de la fonction. Mais d'abord remarquons qu'il n'est pas exact de dire que le sang parcourt un cercle; son trajet dessine plutôt deux cercles incomplets, dont l'un, plus petit, commence au ventricule droit et se termine à l'oreillette droite, passant par les poumons; et l'autre, beaucoup plus grand, commence au ventricule gauche et se termine à l'oreillette droite, en suivant nécessairement le trajet de l'aorte et de ses divisions et celui des veines. Si donc nous suivons ce double cercle, nous voyons, en prenant pour point de départ l'oreillette droite, que cette oreillette droite chasse le sang qu'elle reçoit des veines caves, dans le ventricule droit; que ce dernier le chasse à son tour dans les poumons; que ce sang, repris par les veines pulmonaires, revient à l'oreillette gauche, que cette oreillette le pousse dans le ventricule correspondant, et qu'enfin ce ventricule gauche le chasse dans toutes les artères. Parvenu aux dernières subdivisions artérielles, le sang rencontre le réseau des capillaires; là il se dépouille de ses qualités vivifiantes (V. *Assimilation*), puis, repris par les veines naissantes, il est ramené, sous le nom de sang veineux (V. *Sang*), à l'oreillette droite, où il est versé par les veines caves.

Quant au sang qui revient des intestins et du mésentère par la veine porte, il se répand dans le foie, où il concourt à former la bile, etc. (V. *Sécrétions*); puis il est repris par les veines hépatiques qui le versent bientôt dans la veine cave inférieure, où il se mélange avec le sang provenant des parties inférieures.

Le mouvement de la colonne sanguine dans

les artères est dû principalement à l'impulsion du ventricule gauche, qui se contracte sur ce liquide et le chasse comme par un coup de piston; mais il est aussi favorisé par les contractions des muscles et par le poli de la membrane interne des

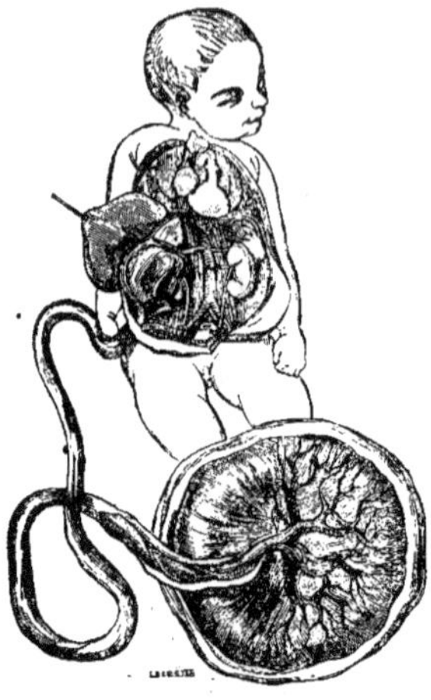

Fig. 328. — Circulation du fœtus.

La figure représente le fœtus ouvert de manière à faire voir les principaux viscères; le placenta et le cordon ombilical existent. — Le placenta est vu par sa face fœtale : une partie de cette surface est recouverte de son chorion, l'autre est privée de cette membrane fibreuse, pour laisser voir les vaisseaux qui se distribuent dans sa masse charnue. La portion inférieure du cordon est aussi dénudée de son chorion pour mettre en évidence les vaisseaux ombilicaux . Le cordon se compose : de la veine ombilicale, dont les mille radicules naissent dans le placenta, et des deux artères ombilicales , dont les dernières subdivisions s'y perdent.

Aussitôt après avoir pénétré dans l'abdomen par l'ombilic, les vaisseaux se séparent : la *veine ombilicale*, qui amène le sang de la mère, puisé dans le placenta, se dirige à droite, sous le foie (qui est relevé, sur la fig ire, au moyen d'une érigne); on voit le commencement des branches de cette veine pénétrant dans cette grosse glande; puis l'on remarque sa bifurcation en deux troncs, l'un qui semble continuer le tronc primitif, c'est le *canal veineux*, lequel se jette dans la veine cave, l'autre qui est le tronc de la *veine porte*, dont on voit les deux principales branches coupées.

La *veine cave*, qui monte des parties inférieures, longeant le côté droit de l'aorte, traverse le diaphragme, et va déboucher dans l'oreillette du cœur. On voit l'*artère pulmonaire*, qui, après avoir donné à droite et à gauche les deux branches qu'elle envoie aux poumons, et dont on ne voit que l'origine sur la figure, se continue, sous le nom de *canal artériel*, jusque dans la crosse de l'aorte. L'aorte est facile à suivre dans son court trajet; elle se courbe en *crosse* à gauche, et se cache bientôt derrière le poumon gauche, pour reparaître au-dessous du diaphragme, au côté gauche de la veine cave inférieure. Plus bas se voit la bifurcation de l'aorte en *iliaque primitive droite* , et *iliaque primitive gauche*. De chacune de ces artères iliaques naît une artère qui se dirige vers l'ombilic : ce sont les *artères ombilicales*, qui descendent le long de la veine en la contournant en spirale : elles vont se distribuer dans le placenta, pour y répandre le sang qui a servi à la nutrition du fœtus, et le soumettre à l'hématose placentaire.

vaisseaux artériels. Dans les veines, comme le plus souvent le liquide sanguin progresse en sens contraire de la pesanteur et qu'il n'est plus directement soumis à l'impulsion du cœur, son mouvement, déjà lent et difficile, s'arrêterait tout à fait,

si les actions musculaires environnantes et surtout les valvules placées de distance en distance dans les canaux veineux, en manière de petites soupapes, n'empêchaient la colonne liquide de rétrograder. Les orifices qui font communiquer les cavités du cœur entre elles sont également pourvus de valvules ; et c'est au jeu de ces valvules et aux contractions des ventricules qu'on attribue les bruits du cœur.

Phénomènes qui se rattachent à la circulation. Ce sont : les palpitations, le pouls, la coloration ou la pâleur du visage, la dilatation ou l'affaissement des veines, le gonflement de la rate pendant la course, certaines hémorrhagies, etc. On comprend qu'il est impossible, dans un ouvrage du genre de celui-ci, d'entrer dans les développements que nécessiterait l'intelligence de ces divers sujets intéressants. C'est aux Traités de Physiologie qu'il faut les demander.

Circulation comparée. Si telle est la circulation chez l'homme et les animaux supérieurs, que le sang, pour passer du cœur droit au cœur gauche, doit traverser les poumons, et que, pour aller du cœur gauche au cœur droit, il lui faille parcourir toutes les divisions de l'aorte et revenir par tous les ruisseaux veineux dans l'oreillette droite, en descendant l'échelle zoologique, nous voyons les choses se modifier, souvent même un mécanisme tout différent apparaître.

Mais avant de l'expliquer, nous devons dire un mot de la *Circulation chez le fœtus*, parce qu'elle devient un terme de comparaison pour celle de quelques espèces, des Amphibies, par exemple.

Renfermé dans le sein maternel, le Fœtus ne respire pas ; conséquemment ses poumons n'étant pas accessibles à l'air, ne doivent point recevoir de sang par l'artère pulmonaire. Alors comment ce liquide passe-t-il dans le cœur gauche? Cela est très simple et facile, au moyen d'une ouverture, appelée *trou de Botal*, ménagée par la nature à la cloison qui sépare les deux oreillettes, ouverture qui ne subsiste que pendant la vie intra-utérine et qui s'oblitère dès que le nouveau-né a respiré. Ainsi donc, chez le fœtus, le sang qui afflue dans l'oreillette droite passe directement dans l'oreillette gauche par le trou de Botal; une partie cependant descend dans le ventricule droit, mais elle est chassée directement dans l'aorte, au moyen d'un canal, le *canal artériel*, qui n'existe aussi que dans la vie intra-utérine. Quant à la masse sanguine que reçoit l'oreillette gauche, elle passe dans le ventricule correspondant, qui le pousse dans l'aorte. — Voir la légende de la fig. 328.

Ce n'est pas là tout ce que présente de particulier la circulation fœtale. Les artères iliaques primitives donnent naissance, chez l'enfant qui n'a pas encore respiré, aux *artères ombilicales*, deux vaisseaux qui traversent l'ombilic et contribuent à former le cordon ombilical, pour aller se perdre en se subdivisant à l'infini dans le *placenta*, masse charnue très vasculaire qui s'applique contre la paroi interne et supérieure de la matrice et y adhère.

Or le sang venant du ventricule gauche par l'aorte descendante, s'engage en grande partie dans les artères ombilicales; il va se distribuer au placenta, pour être mis en communication directe avec celui de la mère, qui doit le revivifier; puis ce sang revivifié retourne au fœtus par la *veine ombilicale*, qui contribue aussi à former le cordon ombilical : une partie est versée dans la veine cave inférieure; une autre partie est portée dans le foie, où elle subit une certaine élaboration, puis est versée dans la même veine cave, au-dessus de cette grosse glande, par les veines sus-hépatiques.

Circulation des Amphibies. Nous rappelons d'abord que les vrais amphibies doivent avoir, pour mériter cette dénomination, des poumons pour respirer à l'air, et des branchies pour respirer dans l'eau. — V. *Amphibie.* — Les animaux qui manquent de branchies et qui ont la faculté de demeurer au fond de l'eau un temps plus ou moins long sans respirer, présentent une disposition anatomique analogue à celle que nous venons de voir chez le fœtus; seulement c'est la cloison inter-ventriculaire, et non l'inter-auriculaire, qui est percée d'une ouverture par laquelle le sang passe directement du

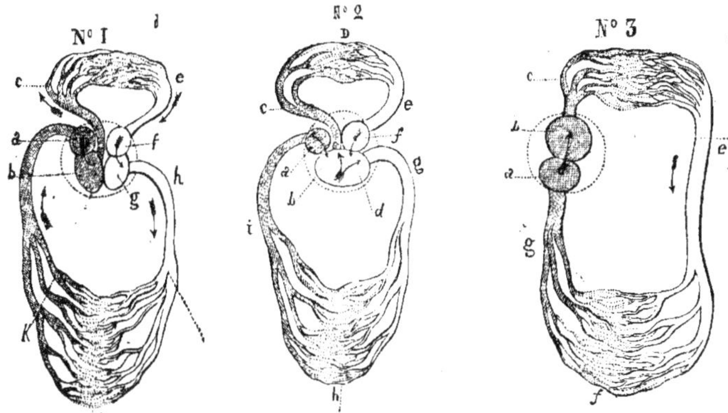

Fig. 329, 330 et 331. — Théorie de la circulation.

Dans ces figures, les parties ombrées indiquent les cavités où se trouvent le sang veineux, et les parties dessinées au trait, celles qui [contiennent le sang artériel. — On distingue la *petite circulation*, qui commence au cœur droit, et finit au cœur gauche, après avoir passé par les organes pulmonaires, et la *grande circulation*, qui commence au cœur gauche et aboutit au cœur droit, après avoir fourni du sang à tous les vaisseaux capillaires, où se fait le mouvement nutritif des tissus.)

N° 1. (*Mammifères et Oiseaux.*) a, oreillette droite. — b, ventricule droit. — c, artère pulmonaire. — e, veines pulmonaires (petite circulation.) — f, oreillette gauche. — g, ventricule gauche. — h, artère aorte. — i, vaisseaux capillaires. — k, racines des veines caves (grande circulation).

N° 2. (*Reptiles.*) a, oreillette droite. — b, d, ventricule unique. — c, artère pulmonaire. b, capillaires de la petite circulation. — e, veines pulmonaires. — f, oreillette gauche. — g, artère aorte — h, vaisseaux capillaires. — i, veines caves.

N° 3. (*Poissons.*) a, oreillette. — b, ventricule. — c, artères branchiales. — e, artère dorsale. — f, vaisseaux capillaires. — g, veines.

cœur droit dans le cœur gauche, sans traverser les poumons. Mais comme, dans ce cas, le sang n'est pas revivifié par l'air ni dans les poumons, ni dans les branchies, il en résulte que l'animal est bientôt obligé, pour éviter l'asphyxie, de monter à la surface de l'eau pour respirer. — V *Reptiles*

Circulation des Mammifères et des Oiseaux. Elle présente avec celle de l'Homme une similitude à peu près complète. Les Mammifères et les Oiseaux sont des animaux à double circulation : il y a chez eux un cœur à deux oreillettes et à deux ventricules, et, de plus, le cœur droit et le cœur gauche sont séparés par des cloisons complètes, de manière que le sang noir qui circule dans le cœur droit ne se mélange en aucun point avec le sang rouge mis en circulation par le cœur gauche, ce

qui n'a pas lieu chez le Fœtus, les Amphibies, les Reptiles. Chez les Oiseaux, l'aorte se divise, presque à son origine, en trois troncs principaux, un pour la tête, l'autre pour la région pectorale, le troisième descend dans la poitrine et constitue l'aorte descendante. Les veines qui rapportent à l'oreillette droite le sang de toutes les parties sont aussi au nombre de trois.

Circulation des Reptiles. Le cœur, chez les Reptiles, n'a que trois cavités au lieu de quatre, car la cloison qui sépare les deux ventricules est incomplète ou même manque complètement. Il n'y a alors qu'un seul ventricule, d'où naissent l'artère pulmonaire et l'aorte. De cette disposition il résulte que le sang veineux versé dans l'oreillette droite, et de là dans le ventricule unique, passe en partie dans les poumons et en partie dans les artères par l'aorte ; mais comme le sang fourni aux poumons revient au ventricule avec les qualités artérielles qu'il y a acquises par la *respiration* (V. ce mot), il en résulte qu'il y a mélange des deux sangs, de l'artériel et du veineux, et que le ventricule envoie dans les deux cercles circulatoires ce sang mélangé. D'où il résulte aussi que le sang n'est exclusivement veineux que dans la partie veineuse du grand cercle circulatoire, compris entre le commencement des veines et l'oreillette droite, et qu'il n'est exclusivement artériel que dans les veines pulmonaires du petit cercle, c'est-à-dire entre les poumons et l'oreillette gauche. Le trajet des vaisseaux diffère peu chez les Reptiles de ce qu'il est chez les Mammifères ; seulement dans la plupart des cas il part du cœur deux aortes, qui, après avoir fourni chacune une crosse, l'une à gauche, l'autre à droite, se réunissent pour constituer un tronc unique. Les Reptiles ont le sang rouge, comme les Mammifères et les Oiseaux, mais *froid* et à température variable, comme celui de tous les animaux dont il nous reste à parler.

Circulation des Poissons. Le cœur et la circulation se simplifient encore davantage dans cette classe d'animaux. Le cœur des Poissons, généralement placé sous la gorge, présente une oreillette et un ventricule : il correspond au cœur droit des Mammifères et des Oiseaux, et n'est traversé que par le sang veineux. Mais l'artère dorsale des Poissons correspond au cœur gauche des animaux supérieurs. Cette artère contractile *e* envoie le sang artériel dans les organes supposés au poin' *f;* là, le sang devient veineux, gagne l'oreillette *a*, passe dans le ventricule *b*, qui le chasse vers les branchies *c*, où il redevient sang artériel. Des branchies il passe dans l'artère dorsale et ainsi de suite. La circulation des Poissons est plus complète que celle des Reptiles, sous le rapport de l'artérialisation du sang. En effet, tout le sang que l'artère dorsale pousse dans les organes est du sang artériel pur, venant des branchies. Les veines qui apportent le sang à l'oreillette du cœur se réunissent toutes en un tronc commun, qui porte le nom de *sinus veineux.*—V. fig. 332.— Le ventricule donne naissance à une seule artère, l'*artère branchiale,* qui dès son origine présente un renflement contractile, et se ramifie bientôt sur les lames branchiales. Le sang des Poissons est rouge.

Circulation des Mollusques. Chez les Limaces, les Limaçons, les Huîtres, etc., la Circulation a une certaine analogie avec celle des Poissons, avec cette différence que le cœur, au lieu d'être sur le trajet du sang veineux, est placé sur le trajet du sang artériel. Le cœur est ordinairement composé d'un ventricule et d'une ou deux oreillettes. Le sang qui a servi à la nutrition ou sang veineux gagne directement l'appareil respiratoire ; puis, vivifié par la respiration, il se dirige vers le cœur, qui l'envoie vers les organes. — V. la fig. 333.

La circulation n'est pas semblable dans tous les Mollusques. Chez les Céphalopodes (Poulpes, Sei-

ches, Calmars), on rencontre sur les vaisseaux veineux qui vont pénétrer dans les branchies des renflements contractiles ou cœurs branchiaux, et le cœur aortique n'a qu'une seule cavité ou ventricule. Le sang des Mollusques est incolore ou légèrement bleuâtre.

Circulation des Crustacés. Les Écrevisses, Crabes, Homards, etc., ont, comme les Mollusques, le cœur placé sur le trajet du sang artériel : il correspond au cœur gauche des animaux supérieurs. « Ce cœur consiste en une cavité unique ou ventricule ; le sang, envoyé dans les organes par les artères qui font suite au cœur uniloculaire, gagne ensuite un système vasculaire peu régulier. Les cavités irrégulières dans lesquelles se répand le sang, tapissées par une fine membrane vasculaire, communiquent avec des sinus situés à la base des pattes ; de là le sang gagne les branchies ; des branchies il revient au cœur par les vaisseaux branchio-cardiaques. Le sang des Crustacés est incolore, bleuâtre ou lilas. »

Circulation des Annélides. « Les Annélides n'ont pas de cœur, quoiqu'ils aient un appareil circulatoire distinct. Le sang des Annélides, qui est généralement rouge ou rosé, est mis en mouvement dans les canaux sanguins par les contractions des parois vasculaires. Il n'est guère possible de distinguer en eux un sang artériel et un sang veineux, quoique le liquide qui circule dans les canaux vasculaires soit soumis à l'influence vivifiante de l'air atmosphérique dans les branchies. Il n'y a pas non plus de régularité bien marquée dans le cours du sang, et la direction change souvent d'un moment à l'autre. »

Circulation des Insectes. Elle est peu connue encore. Le sang, généralement incolore, n'est pas toujours distinct du fluide nourricier ; il représente le fluide nourricier lui-même, qui, après avoir traversé les parois de l'intestin, se répand dans les interstices des organes, interstices tapissés par de fines membranes vasculaires. Il y a cependant dans la plupart des Insectes un vaisseau central à parois arrondies, situé vers le milieu du corps, au-dessus du tube digestif. Ce vaisseau dorsal exécute des mouvements alternatifs de resserrement et de dilatation, mais il ne parait point fournir de branches. Le fluide nourricier y pénètre par des ouvertures garnies de valvules qui permettent l'entrée et non la sortie des liquides, qui se fait sans doute au travers des parois du canal, au moment de la contraction. »

Circulation des Zoophytes. Ici simplicité plus grande encore. On distingue bien, chez quelques Zoophytes (Oursins), un système de canaux où circule le fluide nourricier ; chez d'autres (Méduses) le système des vaisseaux qui distribuent le fluide nourricier parait constitué par des appendices dépendant du tube digestif ; mais il en est d'autres où le liquide nourricier se répand par une sorte d'infiltration successive des parois du tube digestif dans la trame des tissus, sans qu'on puisse distinguer les voies spéciales de distribution.

Circulation végétale. Il y a dans les végétaux des organes et une fonction de circulation. Les organes consistent dans des vaisseaux allongés, microscopiques, résultant généralement d'utricules transformées en tubes. Ces vaisseaux se distinguent en *lactifères*, *trachées* et *fausses trachées*. Nous en avons déjà parlé au mot *Absorption végétale*.

La Circulation, dans les plantes, a pour but l'ascension de la sève jusque dans les parties les plus élevées du végétal, et son retour dans les parties inférieures. La *sève* (V. ce mot) est aux végétaux ce qu'est le sang aux animaux; nouvellement en circulation (*sève ascendante*), elle est presque semblable à de l'eau pure; mais élaborée et enrichie par le mouvement nutritif (*sève descendante*), elle contient davantage de matériaux susceptibles de passer à l'état solide.

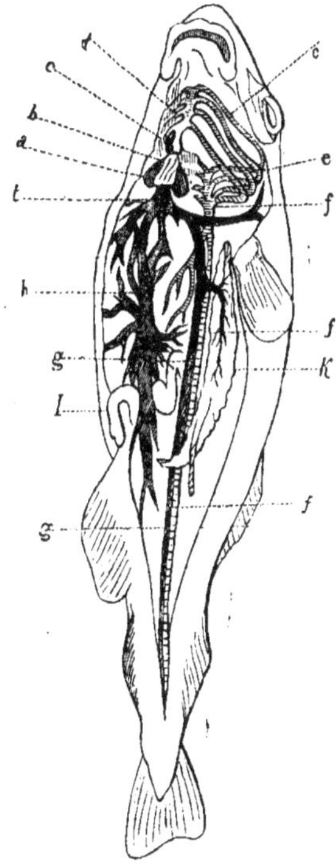

Fig. 334. — Circulation d'un Poisson.

a, oreillette du cœur. — *b*, ventricule du cœur. — *c*, bulbe artériel. — *d*, artère branchiale. — *e*, *e*, vaisseaux des branchies. — *f*, *f*, *f*, artère dorsale. — *g*, *g*, veine cave. — *h*, veine porte. — *i*, sinus veineux, — *k*, reins.

La Circulation se confond avec l'Absorption dans le règne végétal; il suffit de dire que la sève ascendante occupe les couches ligneuses de la tige,

et que la sève descendante au contraire revient des sommités de la plante à ses racines par l'écorce. Aux mots *Respiration* et *Nutrition végétales*, nous verrons comment la sève se revivifie et nourrit la plante.

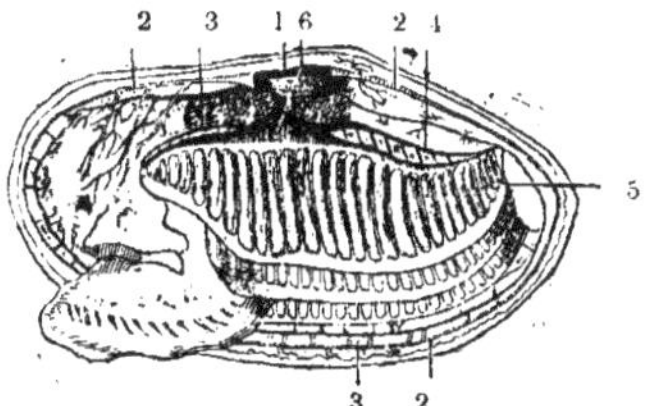

Fig. 333. — Circulation et respiration d'un Mollusque acéphale.

1, ventricule artériel, poussant le sang dans 2 2 2, le système artériel. — 3 3 3, système veineux. — 4, sinus veineux d'où naissent les vaisseaux qui portent le sang aux branchies. — 6, oreillette recevant des branchies le sang artériel et le versant dans 1, le ventricule.

CIRE. — V. *Miel.*

CIRIER (*Myrica cerifera*). Arbrisseau du genre Galé, très rameux, haut de 2 mètres, à feuilles alternes, pétiolées, lancéolées, dentées en scie à leur moitié supérieure. Fleurs dioïques, disposées en chatons courts, axillaires, sessiles, garnis d'écailles; point de corolle; 4 étamines dans les mâles, 2 styles dans les femelles; baies monospermes, de la grosseur d'un pois, réunies en petites grappes.

Le Cirier est originaire de la Caroline, de la Louisiane, où il habite les endroits humides et marécageux. Il est aujourd'hui cultivé dans plusieurs jardins de l'Europe. Les baies de cet arbuste fournissent aux naturels une sorte de *cire végétale*, qui a une grande analogie avec la cire fournie par les Abeilles, et qui peut servir aux mêmes usages. Cette matière forme autour des fruits une pellicule mince, grisâtre, farineuse; les habitants de la Louisiane la récoltent en plaçant ceux-ci, renfermés dans un sac de toile, au fond d'un vase rempli d'eau bouillante, qui fait fondre et précipiter la cire.

Lorsqu'il fait chaud et quand on les froisse, toutes les parties du Cirier répandent une odeur résineuse qui porte à la tête, mais qui, loin d'être dangereuse, a plutôt quelque chose d'agréable; lorsqu'on les mâche, elles ont une saveur astringente. Ce végétal n'est cependant d'aucune utilité à la médecine.

CIRON. Nom vulgaire donné à un grand nombre d'animalcules de genres différents. — V. *Animalcule, Acare, Mitte*, etc.

CIRRHIPÈDES (de *cirrus*, cirrhe, vrille; *pous*, pied). Articulés, selon les uns, Mollusques ou Crustacés, selon d'autres, ces animaux, en effet, ont le corps tel qu'il présente habituellement des indices d'articulations transversales, en même temps qu'il est souvent recouvert par une coquille composée de plusieurs pièces, et qu'un repli de la peau lui forme une sorte de manteau : tels sont les *Anatifes*, les *Balanes*, etc., qui habitent les mers et se fixent aux rochers par un pédicule mobile, ou par leur base. Dans leur jeune âge, ces petits êtres, qui ne sont alors que des Crustacés, nagent librement ; mais bientôt ils se métamorphosent et se fixent pour toujours sur quelque corps sous-marin en changeant complétement de forme.

Les Cirrhipèdes offrent une organisation encore sujette à contestation. Ils ont à leur face inférieure des appendices ou tentacules (*cirrhes*) disposés par paires, formés de tubes articulés et de consistance cornée, espèces de bras recourbés sur eux-mêmes que l'animal fait constamment sortir et rentrer par l'ouverture du manteau. Leur sys-

Fig. 334. — Anatife commune (Cirrhipède.)

tème nerveux consiste dans une double série de ganglions disposés par paires symétriques, ce qui les distingue essentiellement des Mollusques ; ils n'ont pas d'yeux. — Pour organes digestifs, bouche composée de mâchoires latérales ; canal intestinal presque simple, avec un estomac assez développé dans lequel viennent s'ouvrir plusieurs cavités qui paraissent destinées à sécréter un liquide analogue à la bile ; anus placé à l'extrémité de la double rangée des cirrhes. — L'appareil circulatoire se compose d'une sorte de vaisseau dorsal avec un renflement pour servir de cœur ; la respiration se fait au moyen de branchies latérales placées à la base des pieds ou bras. — Quant au système génital, les sexes sont distincts et réunis sur le même individu, qui est hermaphrodite ; l'organe femelle est un tube charnu et annelé, placé près de l'anus, et destiné à conduire sur les œufs la matière prolifique du mâle.

CIRSE (*Cirsium*). Genre de la famille des Com-

posées, comprenant des plantes bisannuelles ou vivaces qui, pour beaucoup d'auteurs, ne sont que des espèces du genre *Chardon* (V. ce mot), avec cette différence que, dans les Cirses, les aigrettes sont sessiles et plumeuses. — Les Cirses sont des herbes fort épineuses, dont l'espèce la plus commune est le Chardon hémorrhoïdal (*C. arvense*), qui croît dans les moissons, les jachères, les lieux incultes, et dont la tige et les feuilles sont souvent couvertes de tubercules produits par des piqûres d'insectes ; ces excroissances ont été employées contre les hémorrhoïdes, par suite de la ressemblance qu'on leur a trouvée avec les tumeurs hémorrhoïdales. — Le Cirse acaule est ce chardon sans tige dont les fleurs purpurines, situées au niveau du sol, couvrent les pelouses pendant l'été.

CISSE (*Cissus*). Genre d'Arbrisseaux volubiles et sarmenteux, de la famille des Vitacées, très voisin des Vignes, dont il se distingue par ses quatre divisions calicinales au lieu de cinq, ses baies renfermant moins de graines et terminées en pointe, etc. — On compte environ cinquante espèces indigènes des contrées tropicales. Pour nous, la principale est la Cisse a cinq feuilles ou *Vigne vierge*, acclimatée en Europe. Le vulgaire donne le nom de *Liane aux voyageurs* à une autre espèce qui contient une quantité d'eau assez grande pour désaltérer.

CISTACÉES. Famille de Plantes dicotylédones polypétales hypogynes, herbacées, annuelles ou vivaces, ou bien à l'état d'arbustes ligneux ; feuilles souvent opposées, entières ; fleurs axillaires ou terminales, diversement groupées ; calice à 3 ou 5 divisions profondes, dont 2 plus extérieures à préfloraison contournée ; corolle à 5 pétales chiffonnés, très caducs, contournés en sens inverse du calice ; étamines très nombreuses et libres ; ovaire globuleux, ordinairement pluriloculaire ; style et stigmate simples. Le fruit est une capsule globuleuse enveloppée dans le calice persistant, à 1, 3, 5 ou 10 loges plurispermes.

Cette petite famille est voisine des Violacées, mais elle en diffère par sa fleur régulière, ses étamines nombreuses. — Les principaux genres sont le *Ciste* et l'*Hélianthe*.

CISTE (*Cistus*). Genre de Plantes qui a donné son nom à la famille des Cistées ; arbustes ou sous-arbrisseaux à feuilles simples et opposées, à fleurs (dont les pétales tombent le même jour qui les a vus naître) pédonculées, axillaires, assez grandes, et se développant les unes après les autres durant un mois ou deux. Ces fleurs présentent des couleurs variables selon les espèces, qui sont très nombreuses.

Les Cistes sont naturels au midi de l'Europe, principalement aux contrées qui bordent le bassin de la Méditerranée. Nous citerons le C. pourpre, aux fleurs très grandes, ressemblant à la rose, d'un beau rouge; le C. A FEUILLES DE LAURIER, du midi de la France, dont les fleurs réunies par 4 ensemble sont très blanches, etc. Mais les espèces les plus intéressantes, sous le rapport de l'utilité, sont le C. DE CRÈTE, le C. LADANIFÈRE, le C. DE CHYPRE, des îles de l'Archipel, plantes qui produisent la gomme odorante nommée *ladanum*, laquelle est répandue sur les sommités et les jeunes feuilles, et que les Grecs ramassent au moyen d'une espèce de râteau sans dents et muni de lanières. Cette résine est employée en médecine, étant appliquée à l'extérieur, en emplâtre ou onguent plus ou moins composé, comme fondant, résolutif, etc.

CISTULE (*Cistudo*). Genre de Tortues de la famille des Elodites, ou Tortues de marais, dont le plastron est large, ovale, attaché à la carapace par un cartilage mobile devant et derrière, sur une même charnière transversale et moyenne; la carapace a 25 écailles au limbe; pieds à 5 doigts, à 4 ongles seulement aux postérieurs. — Une seule espèce.

La CISTULE EUROPÉENNE, ou *C. commune*,

Fig. 335. — Cistule européenne.

Tortue bourbeuse, etc., est très répandue en Europe, en Italie, en Espagne, en Grèce, dans le midi de la France, etc., où elle fréquente les lacs, les marais, les étangs, au fond desquels elle aime à se tenir enfoncée dans la vase. Elle vient quelquefois à la surface de l'eau et y reste des heures entières. Elle fait sa nourriture d'insectes, de mollusques, de vers aquatiques et de petits poissons. L'hiver elle se retire dans des trous où elle s'engourdit, pour ne se réveiller qu'au retour de la belle saison, où commencent les amours. L'accouplement a lieu dans l'eau et dure 2 ou 3 jours. La femelle pond ses œufs, qui sont blancs, marqués de gris cendré, dans un endroit sec, tout près du rivage.

CITRACÉES ou AURANTIACÉES. Famille de Plantes dicotylédones hypogynes, comprenant des arbres ou arbrisseaux glabres, souvent même épineux, à feuilles articulées, alternes, simples, le plus souvent pinnées, couvertes de glandes vésiculeuses remplies d'une huile volatile odorante. Fleurs en corymbes ou terminales; calice monosépale persistant à 3 ou 5 divisions; corolle de 3 à 5 pétales sessiles; étamines en nombre égal ou double, ou multiple, libres ou diversement unies par leurs filets, attachées au-dessous du disque hypogyne, sur lequel repose l'ovaire, qui est glo-buleux, pluriloculaire; style simple, parfois très court et épais. Le fruit est en général charnu, divisé à l'intérieur en plusieurs loges par des cloisons très minces; extérieurement le péricarpe est épais, indéhiscent, rempli de vésicules pleines d'huile volatile. —V. la figure au mot *Citronnier*.

CITRON. Fruit du *Citronnier.* — V. ce mot.

CITRONNELLE. Nom vulgaire de plusieurs plantes qui répandent une odeur de citron quand on froisse leurs feuilles, telles que l'*Aurone*, la *Mélisse*, la *Verveine*, etc. — V. ces mots.

CITRONNIER (*Citrus medica*), ou LIMONIER. Arbre de la famille des Citracées, dont le tronc, à l'état sauvage, s'élève quelquefois jusqu'à 12 et 20 mètres, mais qui ne parvient dans nos jardins qu'à une hauteur médiocre. Les branches, hérissées d'épines, portent des feuilles alternes, pétiolées, luisantes, coriaces, ovales-aiguës, finement denticulées, d'une belle couleur verte. Les fleurs sont blanches, odorantes, en bouquets terminaux; calice court, épais, à 5 dents; corolle à 5 pétales allongés, presque elliptiques; étamines à filets droits, à anthères allongées; style épais, de même longueur; stigmate globuleux.

Le Citronnier paraît être originaire de la Médie

il a été transporté en Europe par les califes. Son fruit, qui le rend surtout intéressant, est une baie assez grosse, partagée dans sa longueur en plusieurs cloisons membraneuses, entourée d'une écorce épaisse, raboteuse, d'un jaune pâle, laquelle est parsemée de vésicules d'où s'échappe une huile essentielle. *Citron* est le nom du fruit; *zeste*, celui de l'écorce. Chacun connaît d'ailleurs le Citron et ses usages culinaires. En médecine, on prépare avec son suc, qui est acide, une limonade dite *citronnelle*, jouissant de propriétés tempérantes et rafraîchissantes, ainsi qu'un sirop appelé *sirop de limon*. Ce suc, employé pur ou mêlé avec du miel, est un puissant antiscorbutique qu'on emploie en collutoire sur les gencives. L'*essence de citron* est employée dans la parfumerie; on fait des confitures avec le *zeste*. Le *bois* est recherché en ébénisterie.

Le Citronnier fournit, par la culture, de nombreuses variétés, dont les principales sont connues sous les noms de *Limonier, Bergamottier, Cédratier*. L'*Oranger* lui-même paraît être, sinon une variété, du moins une espèce du même genre.

Fig. 336. — Citronnier.

(Rameau représentant un bouquet de fleurs et trois fruits de différents âges. — 1, pistil; 2, graine dépouillée de son tégument externe; 3, graine entière).

CITROUILLE (*Cucurbita pepo*). Espèce du genre Courge, plante annuelle, dont les tiges, sarmenteuses, hérissées, garnies de vrilles, rampent au loin sur la terre; dont les feuilles sont fort amples, pétiolées, arrondies, cordiformes, dentées, douces au toucher; dont les fleurs sont axillaires, jaunes, à pédoncules courts et renflés, avec corolle à 5 lobes ovales-aigus, un peu crépus à leur

contour; 3 étamines courtes dans les mâles, à filets réunis au sommet; filets stériles dans les fleurs femelles, qui ont un ovaire infère, surmonté d'un style court et de 3 stigmates fourchus.

La Citrouille est originaire des contrées chaudes de l'Afrique et de l'Asie, mais se cultive partout aujourd'hui, pour son fruit, qui parvient quelquefois à une grosseur monstrueuse, et qui est charnu, de couleur jaune, contenant un grand nombre de graines comprimées. Ce fruit qu'on nomme *Citrouille, Potiron*, est un aliment doux et assez agréable, rafraîchissant, qui convient aux tempéraments bilieux et sanguins. Les vaches et plusieurs animaux domestiques l'aiment et s'en trouvent bien. Les semences sont quelquefois employées en médecine pour préparer, par décoction ou émulsion, des boissons adoucissantes. — Cette espèce présente, par la culture, des variétés à l'infini; la plus remarquable est la *Citrouille musquée*, dont la chair est ferme, la saveur musquée, très agréable.

CITULE (*Citula*). Poisson de la famille des Scombéroïdes, dont la forme est celle du Maquereau, ce qui lui a valu le surnom de *Maquereau bâtard*. C'est, autrement dit, la belle Carangue (*C. speciosa*), qui est très commune en hiver au marché de Massuah en Egypte, quoique sa chair soit peu délicate.

CIVETTE (*Viverra*). Genre de Carnassiers digitigrades, ainsi caractérisé: tête longue, à museau pointu et à nez terminé par un mufle assez large; oreilles courtes et arrondies; queue longue, sur laquelle on distingue des anneaux plus foncés que le reste du pelage, qui est grisâtre et tigré; poil d'ailleurs long et raide, formant sur le dos une espèce de crinière que l'animal peut hérisser à son gré; 40 dents, dont 12 incisives, 4 canines, 24 molaires; taille de 60 cent. en longueur, la queue non comprise.

Les Civettes se trouvent en Asie, en Afrique, en Abyssinie particulièrement, où elles fréquentent surtout les pays sablonneux et les montagnes. Ce sont des animaux farouches, essentiellement carnivores, qui ne sortent de leur retraite que le soir et la nuit pour chasser les petits mammifères et les oiseaux. Comme le Renard, la Civette cherche à s'introduire dans les poulaillers; mais on lui fait une chasse active, non-seulement à cause du mal qu'elle peut faire, mais encore pour se procurer la matière odorante qu'elle porte. C'est qu'en effet, cet animal, et c'est là son caractère spécial, est pourvu d'une poche membraneuse, placée entre l'anus et les organes génitaux, dans laquelle se trouve cette matière particulière, grasse, douée d'une odeur pénétrante, à laquelle on donne le nom de *Civette*, et qui n'est d'aucun usage en médecine depuis longtemps.

Le genre Civette se partage en deux sous-genres, qui sont les *Civettes proprement dites*, et les *Genettes*. — V. ce mot. — Quant aux premières, c'est la Civette commune, à laquelle s'applique ce qui vient d'être dit, et le Zibet (V. *Zibetta*), qui a beaucoup de rapports avec la précédente, mais dont elle se distingue cependant par sa coloration, car les taches de son dos et de ses flancs sont plus nombreuses et toutes pleines ; il règne le long de l'épine une bande noire distincte, la gorge est blanche, avec deux bandes noires de chaque côté, et les anneaux noirs de la queue sont plus nombreux. — Cette espèce est de l'Inde.

CLAIRON (*Clerus*). Genre de Coléoptères pentamères, dont la forme est allongée, cylindrique, le corselet bombé, la tête large et inclinée, les antennes allant en grossissant et se terminant en massue, etc. — Ces insectes se trouvent sur les fleurs ou sur le tronc des arbres. Leurs larves sont très carnassières, et dévorent celles des autres insectes au milieu desquelles elles vivent.

Le Clairon des Abeilles (*C. apiarius*) dépose ses larves dans les ruches et fait beaucoup de mal en dévorant les larves de ces Mellifères. — Le C. des rayons (*C. alvearius*) dépose ses œufs dans le nid des abeilles maçonnes. Ces deux espèces se trouvent aux environs de Paris.

CLANDESTINE (*Lathræa*). Genre de Plantes parasites, vivaces, semblables aux Orobanches, et

Fig. 337. — Civette.

qui vivent sur les racines des arbres et autres végétaux habitant les lieux couverts et humides. Elles sont garnies d'écailles, au lieu de feuilles ; leurs fleurs sont grandes, blanches, bleuâtres ou violacées : calice campanulé, 4-fide ; corolle à lèvre supérieure entière, à lèvre inférieure 3-fide, etc. — La C. a fleurs droites a une tige très courte, et, sans ses fleurs bleues ou d'un pourpre violet, dressées au-dessus du sol, on ignorerait sa présence. Longtemps on lui a attribué la propriété de rendre fécondes les femmes stériles. — La C. écailleuse élève sa tige simple à 15 et 20 cent., et se garnit de fleurs blanches et purpurines, ordinairement pendantes. Elle est entièrement couverte d'écailles charnues, écartées.

CLASSIFICATION. Distribution méthodique ou systématique d'une collection d'êtres, d'objets, de choses, de quelque nature qu'ils soient, en classes, ordres, genres, espèces et variétés. La Classification des êtres naturels est l'objet des *méthodes* ou des *systèmes* des naturalistes. Les méthodes naturelles ont pour base l'ensemble de l'organisation des êtres : les *systèmes*, au contraire, ne s'appuient que sur des considérations qui leur sont plus ou moins étrangères, ou qui n'ont rapport qu'aux modifications que présente une seule de leurs parties.

« Dans les *méthodes naturelles de classification*, chacune des divisions ne renferme que des éléments de même nature ; les êtres dont un groupe se compose se ressemblent par des points d'autant plus multipliés que ce groupe lui-même tient un rang moins élevé dans la hiérarchie des classifications, et en connaissant la place qu'un de ces êtres y occupe, on sait déjà les caractères principaux de son organisation. On nomme *espèce* la réunion des individus qui se reproduisent entre eux avec les mêmes propriétés essentielles ; les Hommes, les Chevaux, les Chiens, forment, pour le zoologiste, autant d'espèces différentes. Les espèces les plus voisines sont ensuite réunies dans des groupes appelés *genres*, et, dans l'appellation, le nom du genre précède toujours celui de l'espèce. En réunissant les genres qui présentent le plus d'analogie, on forme les *tribus* ou *familles*, qu'on range à leur tour en groupes d'un rang plus élevé, et auxquels on donne le nom d'*ordres*. Les ordres par leur réunion forment enfin les *classes*. »

Ainsi donc les classifications naturelles présentent d'abord quelques grandes coupes fondées sur des analogies qui conviennent à un grand nombre d'êtres ; puis on opère dans chacune d'elles des divisions et subdivisions d'après des analogies qui conviennent successivement à un plus petit nombre, jusqu'à ce qu'enfin on arrive à l'individu, c'est-à-dire à un être dont il peut bien exister différents exemplaires, mais entre lesquels il n'est pas possible d'établir des divisions importantes. En sorte que l'histoire naturelle, prise dans sa plus grande généralité, se divise d'abord en trois règnes :

RÈGNE ANIMAL,
RÈGNE VÉGÉTAL.
RÈGNE MINÉRAL.

Ensuite chaque règne se partage en *embranchements*, chaque embranchement en *classes*, chaque classe en *ordres*, chaque ordre en *familles* ou *tribus*, chaque tribu en *genres*, chaque genre en *espèces*, puis enfin les espèces forment les *variétés*.

Dans l'exposé des classifications des trois règnes, nous adopterons l'ordre inverse de celui où ils viennent d'être nommés : c'est la marche la plus conforme à celle suivie par la nature dans la production des êtres, et nous y trouvons encore l'avantage de l'ordre alphabétique, respecté dans les trois sous-titres suivants : *classification minérale*, *classification végétale*, *classification zoologique*.

CLASSIFICATION MINÉRALE. Pour classer les corps bruts dans l'ordre de leurs analogies, il faut les comparer les uns aux autres sous le rapport de leurs diverses propriétés physiques et chimiques; mais ces propriétés sont loin d'établir des analogies ou des différences au même degré d'importance : l'état terreux, la couleur, par exemple, ne sont que de mauvais caractères, puisqu'ils peuvent varier dans les mêmes corps. Or, les propriétés réellement importantes pour la comparaison des corps bruts sont les formes cristallines, le clivage, les phénomènes de réfraction simple ou double, la polarisation par réflexion, l'état élastique, la dureté, le poids spécifique, la composition chimique (V. *Métal*); encore est-on forcé de convenir que la composition chimique, après une discussion préalable des analyses, est souvent le seul moyen possible de comparaison, et que dès lors c'est en réalité ce qu'il y a de plus important dans les minéraux, car c'est ce qui donne au corps brut le caractère d'individu, en vertu duquel ce corps change de nature, se divise en parties hétérogènes, dès qu'il est soumis à certaines opérations chimiques, ce que ne peut faire la division mécanique.

D'où il résulte que l'*individu minéralogique* ne peut être qu'un *corps simple*, un *élément*, ou bien un *assemblage d'un certain nombre d'éléments en certaines proportions relatives*.

L'*espèce minéralogique*, d'après cela, se définit naturellement *la réunion des corps formés des mêmes principes et en mêmes proportions*, ce qui ne veut pas dire qu'il y ait accord entre ces corps sous le rapport des propriétés physiques comme sous celui des propriétés chimiques.

Le *genre minéralogique* doit être la réunion des espèces qui ont entre elles plus d'analogies qu'elles n'en ont avec toutes les autres.

Mais n'allons pas plus loin dans un sujet où, par la nature des choses, il est impossible aux plus savants d'établir une véritable classification; car, dit M. Beudant, « quoique le nombre des composés naturels découverts soit déjà assez considérable, il est impossible d'établir complétement cette sorte de subordination des groupes; il s'y trouve des lacunes énormes, que nous ne pouvons pas même combler par les produits actuels de laboratoire. Très fréquemment, il n'y a qu'un seul corps pour tout représenter, depuis la classe jusqu'à l'espèce; ailleurs il y a une multitude d'espèces, dont chacune est le type d'un genre qui pourra se remplir par la suite; mais il y a peu de genres analogues ou même pas du tout, et l'on ne peut établir ni tribus, ni familles : les espèces forment dès lors un grand tout à peu près indivisible qu'on ne sait comment nommer. » Il résulte aussi des lacunes que nous venons d'indiquer, dans la série des corps bruts, qu'il n'y a que les espèces qui aient reçu des noms; on ne s'est pas trouvé dans la nécessité de faire des noms de genres; à plus forte raison n'existe-t-il pas de noms de tribus, de familles, d'ordres, de classes, puisque la plupart de ces divisions ne sont en réalité aujourd'hui que des cadres vides. Donc, en minéralogie, les êtres ne sont pas désignés par deux noms, l'un de genre, l'autre d'espèce, comme dans les autres parties de l'histoire naturelle, où ce système de nomenclature a rendu d'éminents services. »

CLASSIFICATION VÉGÉTALE. Trois classifications des végétaux sont devenues célèbres : celle de Tournefort, celle de Linné, et celle de Antoine Laurent de Jussieu.

Méthode de Tournefort. Tournefort divise d'abord les Plantes en herbes et en arbres : il réunit aux *herbes* les *sous-arbrisseaux*, plantes ligneuses très basses et sans boutons ; les *arbrisseaux* aux *arbres*.

« Reprenant chacune de ces divisions, il distingue les fleurs en *pétalées* ou pourvues d'une corolle ; en *apétalées*, privées d'une corolle. Les fleurs *pétalées* sont *simples* lorsqu'il n'y a qu'une seule fleur dans chaque calice; elles sont *composées* lorsqu'il existe plusieurs fleurs dans un calice commun. Les fleurs *simples* sont *monopétalées*, pourvues d'une corolle d'une seule pièce; *polypétalées* quand la corolle est composée de plusieurs pièces ou pétales.

La corolle *monopétale* est *régulière* ou *irrégulière* : la première conduit aux deux premières classes, les CAMPANIFORMES, les INFUNDIBULIFORMES ; la seconde conduit à la troisième et à la quatrième classe, les PERSONNÉES, les LABIÉES.

La corolle *polypétale* est aussi *régulière* ou *irrégulière* : la première renferme cinq classes, les CRUCIFORMES, les ROSACÉES, les OMBELLIFÈRES, les CARYOPHYLLÉES, les LILIACÉES ; la seconde renferme deux classes, les PAPILIONACÉES, les ANOMALES.

Les fleurs *composées* forment, sans aucune subdivision, les FLOSCULEUSES, les SEMI-FLOSCULEUSES, les RADIÉES (1).

______

(1) Tournefort a réuni aux fleurs composées les *scabieuses*, les *dipsacées*, les *globulaires*, dont les fleurs sont

Les *apétales*, ou les fleurs dépourvues de corolle, constituent les PLANTES A ÉTAMINES, SANS FLEURS NI FRUITS.

Les arbres ou arbrisseaux se divisent en *apétalés* ou *pétalés* : les premiers produisent les APÉTALES PROPREMENT DITS, les AMENTACÉS ; les seconds sont MONOPÉTALES OU POLYPÉTALES. Les *monopétales* n'ont aucune sous-division : les *polypétales* sont *réguliers* ou *irréguliers* : les premiers forment la classe des ROSACÉES, les seconds celle des PAPILIONACÉES.

Les sous-divisions ou sections de chacune de ces classes sont établies sur les modifications de la forme de la corolle, sur la nature, le volume, la structure des fruits, et leur situation relativement au calice ; sur la composition et la disposition des feuilles, comme on le verra à l'explication de chaque classe. ◦

Système sexuel de Linné. « Après le choix que Tournefort avait fait de la corolle pour base de sa méthode, il devait paraître bien difficile d'en établir une autre sur aucune partie des fleurs plus propre à intéresser ; mais la découverte des sexes dans les végétaux fixa l'attention sur ces organes délicats : ils furent regardés avec raison comme les plus essentiels, et d'une nécessité indispensable pour la fécondation des fruits. Dès lors la corolle, malgré tout son éclat, ne fut plus considérée que comme une enveloppe brillante, destinée à les protéger. L'importance des étamines et des pistils, dans l'acte de la génération, détermina Linné à les prendre pour base de son *système sexuel*, qu'il signala sous le nom séduisant de *noces des plantes* : les étamines furent considérées comme les maris, et lui servirent à établir ses classes ; les pistils, considérés comme femmes, formèrent les ordres ou sections. Mais comme il existe un ordre de plantes dans lesquelles ces organes sexuels sont nuls ou très obscurs, Linné forma d'abord deux grandes coupes ; savoir, les plantes dont les parties de la fructification sont très apparentes, le *phanérogames* (1) : ce sont les noces publiques ; celles dont la fructification est cachée ou très obscure, les *cryptogames* : ce sont les noces clandestines.

A partir de ces deux grandes divisions, reprenant la première, les plantes *phanérogames*, Linné reconnut que, quoique le plus grand nombre des plantes réunisse les deux sexes dans chaque fleur, savoir, les étamines et les pistils, il s'en trouvait beaucoup d'autres qui n'avaient qu'un sexe ; que les étamines existaient seules dans une fleur, et les pistils dans une autre ; nouvelle division qui amena, 1° les fleurs hermaphrodites ou *monoclines*, 2° les fleurs unisexuelles ou *diclines*. Dans la première,

les maris habitent avec leurs femmes ; dans la seconde ils en sont séparés.

Considérant ensuite les attributs des étamines, ou l'ordre que la nature a établi entre ces maris, il en résulte, 1° que, dans certaines fleurs, toutes les étamines sont libres, séparées les unes des autres, sans aucune proportion dans leur longueur respective ; 2° qu'il s'en trouve de plus courtes, c'est-à-dire que les maris sont séparés entre eux, et que quelques-uns dominent les autres par leur longueur ; 3° que, dans d'autres fleurs, les étamines sont réunies, par leurs filaments, en un, deux ou plusieurs paquets, de telle sorte que les maris, considérés comme frères, n'en font qu'un, deux ou plusieurs, selon le nombre des paquets.

Les étamines libres et sans proportion dans leur longueur respective donnent lieu à la formation des treize premières classes établies d'après le nombre des étamines qui se trouvent dans chaque fleur : ce sont des maris tous égaux.

I. MONANDRIE (1). Une étamine ou un seul mari.

II. DIANDRIE. Deux étamines ou deux maris.

III. TRIANDRIE. Trois étamines ou trois maris.

IV. TÉTRANDRIE. Quatre étamines ou quatre maris.

V. PENTANDRIE. Cinq étamines ou cinq maris.

VI. HEXANDRIE. Six étamines ou six maris.

VII. HEPTANDRIE. Sept étamines ou sept maris.

VIII. OCTANDRIE. Huit étamines ou huit maris.

IX. ENNÉANDRIE. Neuf étamines ou neuf maris.

X. DÉCANDRIE. Dix étamines ou dix maris.

XI. DODÉCANDRIE. Douze étamines ou douze maris.

XII. ICOSANDRIE. Plus de douze étamines attachées à l'orifice interne du calice.

XIII. POLYANDRIE. Plus de douze étamines attachées sur le réceptacle (2).

Dans les fleurs où il se trouve deux étamines plus courtes, il y a subordination entre les maris ; deux ou quatre dominent les deux autres : d'où résultent les deux classes suivantes :

XIV. DIDYNAMIE. Deux étamines plus longues ou deux maris plus puissants.

XV. TÉTRADYNAMIE. Quatre étamines plus longues ou quatre maris plus puissants.

Les étamines réunies entre elles par quelques-unes de leurs parties ou avec le pistil, donnent :

XVI. MONADELPHIE. Les étamines réunies par leurs filaments en un seul paquet. Les maris ne forment qu'un seul frère.

XVII. DIADELPHIE. Les étamines réunies par leurs filaments en deux paquets. Les maris forment deux frères, ordinairement neuf réunis, un seul séparé.

---

agrégées et non composées *proprement dites*, n'ayant pas leurs anthères réunies, étant d'ailleurs pourvues d'un calice propre, quelquefois double.

(1) Ce terme est moderne : il n'a point été employé par Linné.

(1) Tous ces noms classiques sont composés de deux mots grecs : le premier est *numérique*, le second signifie *homme*.

(2) On voit que ces deux dernières classes, lorsqu'il y a plus de douze étamines, sont établies sur l'insertion de ces étamines.

XVIII. POLYADELPHIE. Les étamines réunies par leurs filaments en plusieurs paquets. Plusieurs groupes de frères.

XIX. SYNGÉNÉSIE ou fécondation simultanée. Les étamines rapprochées en cylindre par leurs anthères.

XX. GYNANDRIE. Étamines insérées sur le pistil. Les maris attachés aux femmes.

Dans les fleurs unisexuelles, les deux sexes étant séparés, se trouvent sur le même individu ou sur les individus distincts; quelquefois aussi des fleurs hermaphrodites se mêlent aux fleurs unisexuelles : d'où,

XXI. MONOECIE. Étamines et pistils dans les fleurs séparées, mais sur le même individu.

XXII. DIOECIE. Étamines et pistils dans des fleurs séparées sur des individus distincts.

XXIII. POLYGAMIE. Fleurs hermaphrodites parmi des fleurs unisexuelles.

XXIV. CRYPTOGAMIE. Fructification cachée. Noces clandestines.

Après s'être emparé des *étamines* ou des maris pour établir les classes de son système, Linné emploie les *pistils* ou les femmes pour la formation de ses ordres : il les caractérise d'après le nombre des pistils qui existent dans chaque fleur. Il en a fait l'application, à ses treize premières classes, sous les noms de *monogynie, digynie, trigynie, tétragynie, pentagynie, polygynie*, etc., expressions composées de deux mots grecs. Le premier est numérique, le second appartient à la femme; mais le nombre des pistils n'ayant pas pu être également employé pour toutes les classes, il a fallu avoir recours à d'autres organes, à la grandeur respective des fruits dans les XIVe et XVe classes, à l'avortement ou à la stérilité du pistil dans la *syngénésie*. Je ne m'étendrai pas ici plus au long sur les ordres de Linné, devant reprendre chaque classe en particulier après que j'en aurai présenté le tableau. »

Familles naturelles de Jussieu. Dans sa *Méthode naturelle*, publiée en 1789, A. de Jussi u compare, non pas un seul ou quelques organes, mais toutes les parties du végétal, en choisissant toutefois les caractères de ses divisions fondamentales dans les organes les plus importants. Or, celui de ces organes qui occupe le premier rang, c'est la plantule, puisqu'elle est le but final de la végétation et qu'elle assure la vie de l'espèce. Les étamines et le pistil, qui concourent à sa formation, devenant ensuite les organes les plus indispensables, le célèbre botaniste leur fait jouer le second rôle. Puis viennent les organes qui protègent la fécondation, tels que la corolle et le calice; puis le fruit; puis les modifications secondaires de ces diverses parties, et enfin, comme relégués au dernier rang, puisqu'ils ne concourent qu'à la vie de l'individu, les organes de nutrition, tels que racines, tiges, feuilles, etc.

Les végétaux sont tout d'abord divisés en trois embranchements :

1° Les ACOTYLÉDONES, ou ceux dépourvus d'embryon, de cotylédon;

2° Les MONOCOTYLÉDONES, qui n'ont qu'un seul cotylédon ;

3° Les DICOTYLÉDONES, qui possèdent 2 ou plusieurs cotylédons.

A ces trois divisions fondamentales correspondent quinze classes: 1 pour le premier embranchement, 3 pour le second, et 11 pour le troisième, ainsi qu'il suit :

1re classe. — Acotylédones, absence de cotylédon.

2e — Monocotylédones, à étamines *hypogynes*.

3e — Monocotylédones, à étamines *périgynes*.

4e — Monocotylédones, à étamines *épigynes*.

Comme on voit, les 2e, 3e et 4e classes, appartenant toutes les trois aux monocotylédones, se distinguent entre elles à l'insertion des étamines, selon qu'elle a lieu *sous*, *autour* ou *sur* l'ovaire.

Dans les onze classes suivantes, qui se rangent dans le 3e embranchement, les caractères distinctifs se tirent de la composition de la corolle, de l'insertion des étamines, de la liberté ou de la réunion des anthères, enfin de la séparation des organes sexuels.

5e classe. — Dicotylédones apétales, étamines *épigynes*.

6e — Dicotylédones apétales, étamines *périgynes*.

7e — Dicotylédones apétales, étamines *hypogynes*.

Ces trois classes comprennent les plantes dépourvues de pétales ou corolle, qui se distinguent aussi entre elles par le mode d'insertion des étamines. Dans les trois suivantes il y a une corolle, qui est monopétale : cette corolle, par son mode d'insertion, *sous*, *autour* ou *sur* l'ovaire, présente les caractères distinctifs de chacune d'elles, car ce ne peuvent plus être les étamines, puisqu'elles sont ici soudées au tube de cette même corolle.

8e classe. — Dicotylédones monopétales *hypogynes*.

9e — Dicotylédones monopétales *périgynes*.

10e — Dicotylédones monopétales *épigynes*.

11e — Dicotylédones monopétales *épigynes* et *anthères libres*.

Voici maintenant les plantes à plusieurs pétales; et ici nous retrouvons les étamines comme fournissant, par leur insertion, les principaux caractères :

12e classe. — Dicotylédones polypétales, étamines *épigynes*.

13e — Dicotylédones polypétales, étamines *périgynes*.

14e — Dicotylédones polypétales, étamines *périgynes*.

Enfin la dernière classe se distingue par la séparation des organes sexuels, par ses fleurs unisexuées.

15e classe. — Dicotylédones polypétales unisexuées ou *déclines*.

La classification de A. de Jussieu est restée et

probablement restera toujours debout sur sa base, mais des changements y ont été introduits par de Candolle, Ad. de Jussieu, Richard. Comme nous avons adopté celle de ce dernier auteur dans le courant de cet ouvrage, nous nous bornerons à exposer le tableau des vingt classes que ce botaniste y a établies. Si les expressions techniques n'en sont pas toutes comprises du lecteur, celui-ci n'aura qu'à se reporter au mot du dictionnaire qui en rend le sens.

Tableau des vingt classes établies par Richard.

1er EMBRANCHEMENT. — *ACOTYLÉDONÉS*

	Class s.
A. Végétaux s'accroissant par la périphérie ou Am-phigènes.	I.
B. Végétaux s'accroissant par le sommet des axes ou Acrogènes.	II.

2e EMBRANCHEMENT. — *MONOCOTYLÉDONÉS*.

A. Endospermes.	Ovaire libre.	III.
	Ovaire infère.	IV.
B. Exendospermes.	Ovaire libre.	V.
	Ovaire infère.	VI.

3e EMBRANCHEMENT. — *DICOTYLÉDONÉS*.

A. Apétales.

   1. Fleurs d'clines.

En chatons.	VII.
Non en chatons.	VIII.

   2. Fleurs hermaphrodites. . . . . . . IX.

B. Gamopétales ou Monopétales.

   1. Supérovariés.

a. Isostémonés (1) à corolle régulière, à étamines alternes.	X.
b. Anisostémonés à corolle irrégulière.	XI.
c. Isostémonés à corolle régulière, étamines opposées.	XII.
d. Anisostémonés à corolle régulière.	XIII

   2. Inférovariés. . . . . XIV.

C. Polypétales

   1 Périgynes.

a. Trophospermes axiles.	XV.
b. Trophospermes pariétaux.	XVI.
c. Trophosperme central.	XVII.

   2. Hypogynes.

a. Trophosperme central.	XVIII.
b. Trophospermes pariétaux.	XIX.
c. Trophospermes axiles.	XX.

CLASSIFICATION ZOOLOGIQUE. Le partage des animaux en groupes distincts, bien déterminés par des caractères spéciaux, n'a pas moins occupé les zoologistes que celui des plantes n'a donné de peine aux botanistes. Déjà Aristote avait divisé les êtres doués de vie et de mouvement en deux coupes principales : ceux ayant du sang (Mammifères, Oiseaux, Poissons, Reptiles), et ceux privés de sang (Mollusques, Crustacés, Testacés, Insectes), dans un ordre confus.

Linné les divisa en six classes : Mammifères, Oiseaux, Amphibies, Poissons, Insectes et Vers.

Lamarck fit faire un grand pas à l'étude des animaux, en les divisant, le premier, en *Vertébrés* et en *Invertébrés*. Le premier groupe comprit les Intelligents, les Sensibles et les Apathiques; le second les Infusoires, les Polypes, les Radiaires, les Mollusques. — Nous passons d'autres classifications telles que celle de Blainville, qui pourtant est encore classique, pour arriver à celle de l'illustre G. Cuvier, aujourd'hui généralement suivie.

C'est sur le système nerveux que Cuvier a fondé les divisions primaires qu'il a établies parmi les animaux; parce que ce système est sans contredit la source des caractères les plus constants, et qu'il doit être placé par conséquent en première ligne. Considérant qu'il se présente sous les quatre formes ou types généraux que voici : 1° axe cérébro-spinal très développé, offrant le cerveau, le cervelet, la moelle allongée, la moelle épinière ; 2° renflements ou ganglions symétriques, dispersés et communiquant ensemble ; 3° deux cordons nerveux étendus d'une extrémité à l'autre du corps, distincts ou unis, avec une série de renflements ganglionnaires d'où partent les nerfs ; 4° cordon circulaire présentant quelques ganglions, Cuvier crut devoir partager les animaux en quatre embranchements, savoir :

1° Les animaux VERTÉBRÉS ;
2° Les animaux MOLLUSQUES ;
3° Les animaux ARTICULÉS ;
4° Les animaux RAYONNÉS ou ZOOPHYTES.

Renvoyant le lecteur aux mots écrits en petites capitales, pour l'exposé des caractères de ces quatre grandes divisions, nous donnerons de suite le tableau de la Classification zoologique de Cuvier.

---

(1) Cette expression s'applique à une fleur dont les pétales et les étamines sont en nombre égal. — *Anisosté-mone* signifie le contraire.

CLASSIFICATION GÉNÉRALE DES ANIMAUX,

D'après G. CUVIER.

EMBRANCHEMENTS.					CLASSES.
I. VERTÉBRÉS.	à sang chaud....	Vivipares............			MAMMIFÈRES.
		Ovipares..............			OISEAUX.
	à sang froid....	Respiration pulmonaire.............			REPTILES,
		Respiration branchiale.............			POISSONS.
II. MOLLUSQUES.	Tête distincte....	Entourée de tentacules............			CÉPHALOPODES.
		Non entourée de tentacules....	Expansions latérales en forme de nageoires....		PTÉROPODES.
			Disque à la partie inférieure du corps.........		GASTÉROPODES.
	Tête non distincte.	Pas de tentacules..............			ACÉPHALES.
		Tentacules charnus..............			BRANCHIOPODES.
III. ARTICULÉS.	Pas de membres.........				ANNÉLIDES.
	Membres.	Plus de six.	Respiration branchiale.......	Pas de coquilles.	CRUSTACÉS.
				Une coquille...	CIRRHOPODES.
			Respiration trachéenne.....	Huit pattes....	ARACHNIDES.
				Plus de huit pattes.	MYRIAPODES.
		Au nombre de six................			INSECTES.
IV. RAYONNÉS.	Peau dure............				ÉCHINODERMES.
	Peau molle........	Visibles à l'œil nu..	Libres....		ACALÈPHES.
			Agrégés...		POLYPES.
		Microscopiques...........			INFUSOIRES.

CLAVAIRE (*Clavaria*). Genre de Champignons charnus, simples, en massue (section des *Clavaria*), ou en rameaux dressés (section des *Ramaria*). — Ces derniers forment des sortes de buissons composés d'une tige à rameaux nombreux, comprimés, rapprochés et d'une égale longueur : toutes les espèces sont bonnes à manger. — Les *Clavaria*, au contraire, sont des Champignons vénéneux, qui se distinguent en ce qu'ils sont en forme de massue, renflée ou cylindrique.

CLAVICORNES (de *clava*, massue). Famille de Coléoptères pentamères, dont les antennes sont sous forme de massue. — V. *Coléoptères*.

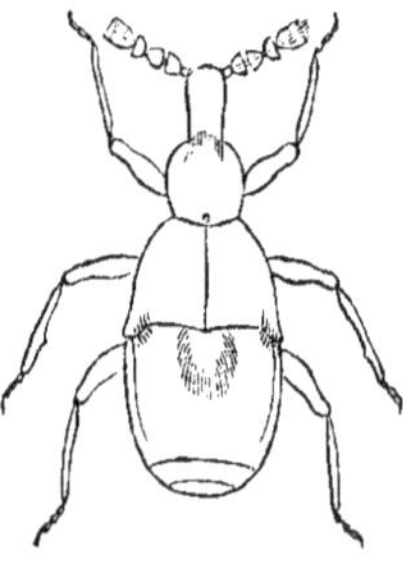

Fig. 338. — Clavigère (grossi).

CLAVIGÈRES (de *clava*, massue ; *gero*, je porte). Coléoptères de petite taille (2 millim. de long), vi-

vant, comme la Cétoine, au milieu des Fourmis, qui prennent soin de les nourrir, à cause de la liqueur qu'ils laissent transsuder et dont ces Fourmis sont très friandes.

Le *Claviger testaceus* a des antennes qui grossissent jusqu'à l'extrémité. Il se trouve dans presque toute l'Europe, vivant en société avec de petites Fourmis, particulièrement sous les pierres, dans les lieux arides, exposés au midi.

CLAVIPALPES. Famille de Coléoptères tétramères, dont les antennes sont terminées par une massue très distincte, perfoliée, et dont les articles des tarses sont garnis de brosses. Leur corps est arrondi ; leurs mandibules dentées indiquent des animaux rongeurs. — Le principal genre de cette famille est celui des *Erotyles*.

CLÉMATITE (*Clematis*). Genre de Plantes de la famille des Renonculacées, vivaces, ligneuses et sarmenteuses, rarement herbacées, dont les feuilles sont opposées, les fleurs blanches et disposées en panicules : 4-5 sépales colorés, pétaloïdes ; corolle nulle ; carpelles terminés par le style persistant accru après la floraison, ordinairement plumeux, ce qui produit ces plumets blancs et soyeux qui se font remarquer dans les haies durant une partie de l'hiver.

La CLÉMATITE COMMUNE (*C. vitalba*), vulg. *Vigne blanche, Herbe aux gueux*, est une plante aux rameaux nombreux, anguleux, très longs, qui s'entrelacent avec les plantes qui les avoisinent ; feuilles opposées, 5-foliolées, à pétiole tortile, à grosses

dentelures, parfois entières. Fleurs blanches, à
4 sépales pétaloïdes, rarement 5, pubescents : environ 20 étamines, dont les extérieures se changent
quelquefois en pétales étroits ; ovaires nombreux,
surmontés d'un long style plumeux, qui persiste et
orne le fruit capsulaire ovale comprimé.

Fig. 339. — Clématite commune.

La Clématite croît dans les haies, les buissons, les
bosquets, et montre ses fleurs agréablement odorantes vers le milieu de l'été. On la plante fréquemment pour former ou orner des berceaux. Quant à
ses usages thérapeutiques, ils sont rarement utiles
et souvent dangereux. Cette plante est âcre, corrosive ; ses feuilles fraîches, pilées et appliquées sur
la peau, y produisent de l'inflammation et même la
vésication, propriété que les mendiants ont plus
d'une fois mise en usage pour exciter la compassion
des passants. A l'intérieur, la Clématite a été employée contre le rhumatisme et la goutte chroniques,
les scrofules, la lèpre, etc., mais c'est un médicament à peu près abandonné aujourd'hui.

La Clématite droite (*C. erecta*) diffère de la précédente par ses tiges herbacées et dressées. Mêmes
propriétés du reste.

La Clématite flammule (*C. flammula*) est une
espèce du midi de la France, dont les fleurs sont
plus petites et plus odorantes, les folioles fort petites.

CLÉODORE (*Cleodora*). Mollusque ptéropode
testacé, privé de tête, mais pourvu de deux ailes
membraneuses entre lesquelles se trouve la bouche.
La coquille est conique et transparente. — Les espèces de ce genre habitent la zone torride. Ces
Mollusques se réunissent le soir en quantités innombrables à la surface des eaux, pour disparaître
dès l'aube du jour.

CLÉRODENDRON. Genre d'Arbres des tropiques,
appartenant à la famille des Verbénacées, dont les
feuilles sont opposées et simples, les fleurs disposées en corymbes trichotomes : calice campanulé
5-denté ; corolle tubuleuse, s'évasant en 5 divisions ;
4 étamines didynames, etc. — On connaît une trentaine d'espèces de Clérodendrons, dont plusieurs
ornent nos jardins.

CLIMAT (du grec *climax*, échelle, degré). Les
Climats pour les anciens géographes correspon-
daient à certaines divisions de la surface du globe,
calculées d'après la longueur des jours comparée
à celle des nuits. Le nom de Climat a été depuis
appliqué à l'état atmosphérique et surtout thermo-
métrique d'une contrée et d'une localité. En comprenant dans la définition du mot toutes les modifications de l'atmosphère dont nos organes sont
affectés d'une manière sensible, le Climat doit varier d'une localité à l'autre ; mais pourtant deux
contrées sont réputées avoir le même Climat lorsque
la surface du globe sur laquelle ils s'étendent offre
en tous points les mêmes éléments d'existence à
l'homme.

On divise les Climats en chauds, froids et tempérés.

Les Climats *chauds* sont compris entre les deux
tropiques ; les *tempérés*, entre les tropiques et les
cercles polaires ; les *froids* s'étendent des cercles
polaires jusqu'aux pôles ; mais dans chacune de ces
divisions il faut établir des subdivisions, parce
qu'elle encadre nécessairement dans sa circonscrip-
tion des climats partiels qui diffèrent par leurs
phénomènes.

Les Climats insulaires ou littoraux jouissent d'un
état atmosphérique relativement très uniforme,
tandis que les climats continentaux se distinguent
par des mutations brusques et fréquentes de l'atmosphère ; c'est ce qui fait que dans les premiers
on peut cultiver des plantes qui ne sauraient venir
dans les seconds, où les différences de température,
d'hygrométrie, de pression barométrique offrent des
maxima et des *minima* excessifs.

Il est d'observation que les Climats exercent la
plus grande influence sur le caractère physique et
moral des individus ; ceux-ci, transportés d'un climat dans un autre, subissent cette influence plus
ou moins lente ou rapide, et assistent comme à
leur insu à une modification de leur organisation,
de leur caractère, instinct, mœurs, etc., à moins
que cette modification ne soit si profonde et si in-
compatible avec le mode de vitalité du sujet, que
la vie s'altère et s'éloigne. En arrivant dans une
contrée, un homme est doué d'une certaine constitution qui lui est propre et qu'il tend, lui et ses
descendants, à propager par la génération ; mais
chacun des êtres issus de cette *race*, transplantée
sur un sol nouveau, subit l'influence climatologique,
et à la longue la race se modifie. Toutefois si le
Climat peut modifier la race, il ne suffit pas pour
la transformer complétement, car nous voyons des
peuples de race différente subsister depuis fort
ongtemps sous les mêmes influences climatologi-
ques, sans qu'ils perdent leur caractère respectif ;

nous voyons que des contrées voisines ont souvent des faunes et des flores très distinctes, tandis que celles de contrées très éloignées présentent des analogies frappantes.

Il semble donc, tout en faisant ses réserves en faveur d'une volonté créatrice et divine, que la constitution climatologique particulière à chaque contrée a donné naissance à des êtres organisés spéciaux, et qu'une race une fois formée tend à se perpétuer semblable à elle-même, tout en subissant de légères modifications dues à l'action du Climat. — V. *Acclimatement.*

En étudiant les mœurs dans les divers Climats, on se convainc facilement que la forme du gouvernement, les lois, les habitudes, etc., sont le résultat éloigné, mais obligé, des influences climatériques. L'habitant des pays chauds est mou, paresseux, superstitieux, porté aux plaisirs de l'amour : de là est né le despotisme, l'infériorité de la femme, la polygamie, l'ignorance, l'amour du merveilleux, etc. Dans les Climats tempérés, au contraire, l'heureux équilibre de la vigueur des muscles et de l'activité du système nerveux a réuni dans un même peuple les dons de l'esprit et ceux du corps : là est né le gouvernement tempéré et réglé par les lois, l'amour de la gloire, la courtoisie des sentiments unie à une mâle énergie, la délicatesse en amour, etc. Dans les Climats froids, le besoin de réparer les forces, de s'abriter contre les rigueurs de la température, a engendré la gourmandise, l'activité du travail, et par suite l'amour du lucre, l'égoïsme, le réalisme.

CLIO. Genre de Mollusques de la classe des Ptéropodes, nus, à tête distincte, à nageoires courtes presque triangulaires ; corps gélatineux, transparent, queue pointue, manteau enveloppant le devant du corps ; 6 tentacules. — L'espèce la plus connue est le CLIO BORÉAL, qu'on aperçoit en pleine mer dans les temps calmes.

CLIVAGE. « La structure régulière de la plupart des corps cristallisés se manifeste lorsque l'on vient à les briser ; chaque fragment présente alors un petit polyèdre, et la poussière même de ces corps, considérée au microscope, est un assemblage de petits corps solides régulièrement terminés. C'est ainsi que le sel, le minerai de plomb se brisent en *petits cubes ;* que le fluor, le diamant se brisent en *octaèdres ;* que le sulfate de baryte, la topaze se brisent en *prismes rhomboïdaux,* etc. Tous les corps bruts cristallisés n'ont cependant pas cette propriété ; il en est beaucoup qui se brisent en fragments irréguliers ; etc. » L'observation des Clivages est précieuse pour distinguer les différents corps appartenant au même système cristallin.

CLOAQUE. On nomme ainsi chez les Oiseaux et chez les Reptiles une cavité ou réceptacle commun formé par l'extrémité du tube intestinal, recevant à l'intérieur les orifices des voies urinaires et génératrices et celui du rectum, et ayant une seule issue au dehors.

CLOPORTE (*Oniscus*). Genre de Crustacés de l'ordre des Isopodes, ayant pour caractères : corps ovoïde, légèrement bombé, composé de 14 articles, en y comprenant la tête, qui porte 4 antennes dont deux intermédiaires très petites ; 2 yeux immobiles,

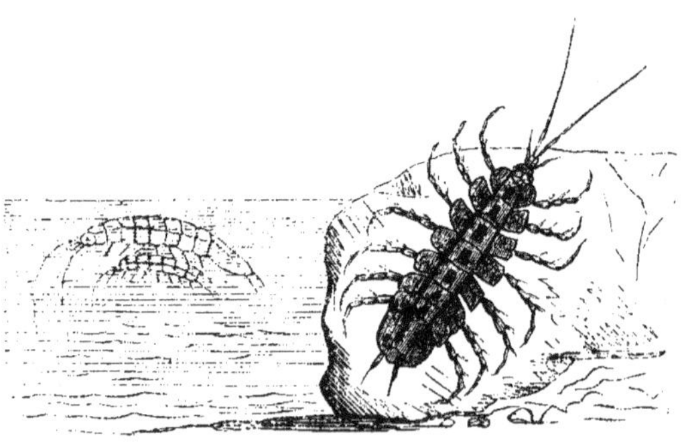

Fig. 540. — Aselle.

et 3 paires de mâchoires. Les pattes sont au nombre de 14 ; les 5 derniers articles sont garnis de papilles, sous lesquelles la femelle dépose ses œufs ; branchies renfermées dans les premières écailles placées sous la queue.

Le CLOPORTE ORDINAIRE (*O. asellus*) est l'espèce qui sert de type. Ce sont des animaux qui vivent dans les lieux sombres et humides, dans les caves, sous les pierres, les poutres ; ils sont apathiques, lents dans leurs mouvements. Cependant, stimulés par le besoin ou la peur, ils peuvent courir très vite. Leur voracité est extrême : tout leur paraît bon, et, lorsqu'ils n'ont pas de quoi satisfaire leur appétit, les plus forts dévorent les plus faibles.

On distingue en France : les *Cloportes vrais* et les *Armadilles*. Les premiers ne se roulent jamais en boule ; les seconds au contraire usent de cette faculté, surtout lorsqu'ils craignent d'être pris. Ces petits Crustacés ont été longtemps considérés, en médecine, comme diurétiques ; cette propriété peut être réelle et dépendre en effet des particules de nitrate de potasse dont leur corps est souvent chargé. On trouvait jadis dans les pharmacies un médicament connu sous le nom de *Cloportes préparés*.

Nous figurons ici l'*Aselle* (V. ce mot), qui appartenait à l'ancien genre *Oniscus* de Linné, et qui en a été séparé par Geoffroi.

CLOTHO. Genre d'Arachnides pulmonées, de la famille des Fileuses, composé d'un petit nombre d'espèces propres au midi de la France et de l'Espagne et au nord de l'Afrique. En voici les caractères : 8 yeux ; 2 filières supérieures beaucoup plus longues ; pieds presque égaux ; la 4e paire, ensuite la 2e, puis la 3e un peu plus longues : mâchoires inclinées sur la lèvre, qui est de forme triangulaire.

Le Clotho de Durand, type du genre, est d'un brun noirâtre, avec cinq taches d'un beau jaune situées sur l'abdomen.

Cette Arachnide est très industrieuse ; elle établit sa toile à la face inférieure des grosses pierres, dans les fentes des rochers, de manière à former une espèce de coque en forme de calotte d'une admirable texture. « Lorsqu'elle quitte son domicile pour aller à la chasse, elle a peu à redouter sa violation, car elle seule a le secret des échancrures impénétrables, et la clef de celles où l'on peut s'introduire. Lorsque les petits sont en état de se passer des soins maternels, ils prennent leur élan, et vont établir ailleurs leurs logements particuliers, tandis que la mère vient mourir dans son pavillon. Ainsi ce dernier est en même temps le berceau et le tombeau de l'Araignée. »

CLUBIONE. Autre genre d'Arachnides, de l'ordre des Pulmonaires, qui diffère des genres voisins par le nombre des yeux (8 placés au devant du corselet), par la longueur des filières, et par les mâchoires qui sont droites. — On en compte un grand nombre d'espèces, toutes voraces, dont la principe est la C. soyeuse, qui se renferme dans des feuilles ou derrière l'écorce des arbres.

CLUPES.—V. *Clupoïdes*.

CLUPOIDES ou **Clupées.** Famille de Poissons osseux, de l'ordre des Malacoptérygiens abdominaux, ainsi caractérisée : corps écailleux, sans dorsale adipeuse ; mâchoire supérieure formée à la fois par l'intermaxillaire et les maxillaires ; une seule dorsale ; ventre caréné et dentelé. — Cette famille se compose du genre *Clupe* proprement it, qui comprend le *Hareng*, la *Sardine*, l'*Alose*,

l'*Anchois*, et des genres *Chirocentre*, *Elops*, *Amie*, etc., etc.

CLUSIE (*Clusia*). Genre d'Arbres parasites des Antilles, de la famille des Guttifères, dont les fleurs sécrètent une espèce de suc ou résine. Plantes très nuisibles aux arbres voisins, sur l'écorce desquels leurs graines se fixent, et qu'elles étreignent de leurs racines, de leurs branches au point de les faire périr en peu de temps.

La Clusie rose est cultivée dans nos serres ; ses fleurs sont à 6 pétales deux fois plus grands que le calice ; 8-12 stigmates sessiles rayonnants.—La Clusie jaune est aussi cultivée en Europe.

CLYPÉASTRE (de *clypeus*, bouclier, et *aster*, astre). Zoophytes de la classe des Echinodermes, voisins des Oursins ; corps ovale, régulier, à épines très petites. « Les espèces vivantes de ce genre se trouvent, en petit nombre, dans l'océan Indien ; mais les espèces fossiles sont très répandues en France. — Nous indiquerons, comme type, le Clypéastre rosacé, l'une des espèces les plus communes et qui provient des mers de l'Inde. »

COATI (*Nasua*). Genre de Mammifères, de l'ordre des Carnassiers, famille des Plantigrades, confondu d'abord avec les Ours, ayant beaucoup de ressemblance avec les Ratons, mais différant surtout des uns et des autres par la longueur de leur museau, qui est une espèce de boutoir dépassant de plus de 3 cent. la mâchoire inférieure. — Ces animaux ont la taille du Chat domestique : leur forme n'est pas sans grâce. Ils ont le poil noir, brunâtre ou roux, ou varié de ces diverses teintes : leur queue, qu'ils portent relevée, est longue et souvent mêlée de brun et de grisâtre ; leurs pattes sont terminées par cinq doigts armés d'ongles robustes, aussi grimpent-ils avec facilité sur les arbres, sur lesquels ils se tiennent.

Les Coatis habitent les grandes forêts de l'Amérique, et vivent en petites troupes sur les grands arbres. Essentiellement carnivores, ils se nourrissent d'oiseaux, d'œufs, quelquefois pourtant de fruits. Ils fouissent à terre avec leur groin pour y chercher des insectes et des larves ; leur odorat est extrêmement développé, et leur sensibilité tactile paraît résider principalement dans leur museau, qu'ils remuent continuellement. Ces animaux sont d'ailleurs inquiets, turbulents, curieux, tracassiers ; et bien qu'ils soient de mœurs douces et faciles à apprivoiser, on ne doit jamais les abandonner à eux-mêmes, parce qu'ils renversent ou déplacent tout ce qui se trouve à leur portée et excite leur attention.

On connaît deux espèces de ce genre, le Coati brun et le C. roux, qui ont l'un pour l'autre une antipathie singulière. On ne leur fait la guerre que pour leur fourrure, quoiqu'elle soit médiocre et peu employée. Le chasseur menace-t-il d'abattre l'arbre sur lequel il en surprend une bande, aussitôt chaque animal se laisse tomber comme une masse et gagne le fourré voisin.

COBÆA. « Arbrisseau du Mexique, de la famille des Bignoniacées, à feuilles paripinnées, se terminant en vrille, à pédoncules axillaires uniflores, munis de deux bractées ; ces fleurs sont grandes, élégantes, de couleur violette. — La végétation rapide de cette plante et son bon marché l'ont rendue populaire. Elle s'allonge en festons le long des fenêtres, et s'étend comme un pont suspendu d'un côté de la rue à l'autre, dans un grand nombre de nos villes, » aimable emblème de ce lien de charité morale, dit un auteur, qui devrait enchaîner tous les membres de la grande famille humaine, et qu'il serait temps de substituer à cette ligne de circonvallation que le dur égoïsme trace autour de l'individu !

COBALT. Corps simple métallique d'un gris rougeâtre, plus fusible que le fer et d'un poids spécifique de 8,6. Dans la nature, il est toujours combiné avec l'oxygène, avec l'acide sulfurique et surtout avec l'arsenic. Les principales mines se trouvent en Allemagne ; on en rencontre aussi, en France, à Sainte-Marie et à Almont, mais au lieu de les exploiter, on préfère en recevoir de l'étranger pour des centaines de mille francs.

La plupart des combinaisons de Cobalt sont utilisées dans les laboratoires, et surtout dans les arts, pour former le *bleu de Thénard*. On en obtient l'oxyde de Cobalt, employé à faire les belles couleurs bleues en usage à la manufacture de Sè-

vres. Une dissolution de ce métal dans l'acide chloro-nitreux produit une encre sympathique, avec laquelle on trace des caractères qui deviennent visibles par la chaleur.

COBAYE (*Cobaya*); vul. *Cochon d'Inde*. Genre de Mammifères, de l'ordre des Rongeurs non claviculés, ayant en général la tête grosse, avec les oreilles arrondies ; les poils durs, peu serrés et de couleur variée ; la queue rudimentaire ; les pieds de devant munis de 4 doigts, ceux de derrière de trois seulement. — Ces animaux se nourrissent de fruits, de graines, de jeunes pousses, et s'accommodent parfaitement de la domination de l'homme. Ils sont d'ailleurs sans intelligence et ne semblent vivre que pour se livrer à l'accouplement, pour lequel ils montrent beaucoup d'ardeur. Deux espèces principales de ce genre.

Le Cobaye apera, qui est le petit animal que nous nommons Cochon d'Inde, rongeur de l'Amérique méridionale, qui vit à l'état sauvage le long des fleuves, mais, dans l'état de domesticité où nous le voyons chez nous, semble rechercher la protection de l'homme, et ne songe qu'au plaisir de manger et de s'accoupler. En pleine liberté son instinct de luxure est, dit-on, beaucoup moins prononcé ; la femelle ne porte que deux petits par an ; mais recevant les soins de l'homme, elle se donne à peine le temps d'allaiter ses 5 ou 6 à ses deux mamelles, pour recommencer les amours. Le Cochon d'Inde se montre d'ailleurs sans intelligence, et son cerveau, qui n'offre aucune circonvolution, fournit un puissant argument aux physiologistes qui veulent voir le siége des facultés d'où provient le raisonnement dans les replis de la masse cérébrale. —V. la fig. 342.

Le Cobaye austral vit dans les régions les plus australes de l'Amérique, où, réuni en petites familles, il se creuse des terriers profonds au voisinage des rivières. Sa taille est plus petite que celle de l'*Apéréa*. — Il ne faut pas confondre, comme on le fait trop souvent, le Cobaye avec le Cabiai. — V. ce mot.

COBITE. — V. *Loche*.

COCA. Arbuste de la famille des Alpighiacées ; plante sacrée des Péruviens, qui, dès la plus haute antiquité, fut réservée par les Incas pour les grandes solennités nationales, et qu'on emploie encore pour se préserver du malheur de commettre des fautes ou d'être en butte aux haines et aux calamités ; c'est aussi un philtre amoureux, un préservatif de maladies et même de la faim, etc. Au Pérou, l'on fait un grand commerce des feuilles de Coca, que l'on récolte et fait sécher avec le plus grand soin.

COCCINELLE (*Coccinella*). Ce nom, dérivé du gr. *coccinos*, écarlate, désigne un genre de Coléoptères, de la tribu des Trimères, ayant pour caractères : corps hémisphérique ovalaire, de couleur rouge en général, quelquefois jaune ou noir, avec des points disséminés ; antennes de 11 articles, terminées par une massue de 3 articles en cône renversé ; tête découverte ; dernier article des palpes en forme de hache, etc.

Les Coccinelles sont des insectes de petite taille que l'on distingue facilement à leur forme ronde, convexe, à leurs pattes courtes, à leur couleur rouge, et qui ont reçu les noms vulgaires de *Bête à bon Dieu, Vache à bon Dieu, Tortue*, etc. Elles sont très carnassières et se nourrissent de pucerons particulièrement ; elles sont utiles au jardinage et à l'agriculture ; aussi chacun se garde-t-il, les enfants eux-mêmes, de faire du mal aux *bêtes*

Fig. 342. — Cochon d'Inde.

à *bon Dieu*. Ces petits Coléoptères marchent avec vivacité ; ils ont la faculté, quand on les inquiète, de faire sortir par les jointures de leurs genoux une liqueur jaunâtre, nauséabonde, qui sert probablement à écarter leurs ennemis. Leurs larves ont six pattes à articles velus, le dernier article étant terminé par un fort cachet, et leur corps est toujours garni de poils en dessous, couvert d'écailles, de tubercules ou de poils en dessus. Ces larves marchent lentement et adhèrent fortement aux feuilles. Elles se nourrissent aussi de pucerons, se dévorent même entre elles. Les nymphes se servent de leur peau de larve en guise de coque.

On a divisé les Coccinelles en : 1° espèces à élytres rouges : C. sanguine, de l'Amérique intertropicale ; C. 2-ponctuée, des environs de Paris ; C. 7-ponctuée, espèce la plus commune de France. — 2° Espèces à élytres jaunes : C. 14-ponctuée, de l'Europe ; C. 20-ponctuée. — 3° Espèces à élytres noirs : C. 4-verruquée, qui se trouve habituellement sur les arbres verts et est de forme très arrondie.

COCCULE (*Cocculus*). Genre de Ménispermacées, arbrisseaux sarmenteux, unisexués, dioïques, tous exotiques, parmi lesquels nous trouvons le *Colombo* et l'espèce qui fournit la *Coque du Levant*. — V. ces mots.

COCHENILLE (*Coccus*). Genre d'Insectes de l'ordre des Hémiptères homoptères, constituant une famille à part, nommée *Gall-insectes*, et caractérisé par : tarses d'un seul article, terminé par un seul crochet ; mâles ailés, dépourvus de suçoir ; femelles aptères, pourvues de suçoirs. Les premiers ont le corps allongé, deux ailes beaucoup plus grandes que le corps, les ailes inférieures étant probablement avortées ; les secondes ont le corps ovale, très susceptible de dilatation, et dépourvu d'ailes ; elles ont un bec ou suçoir.

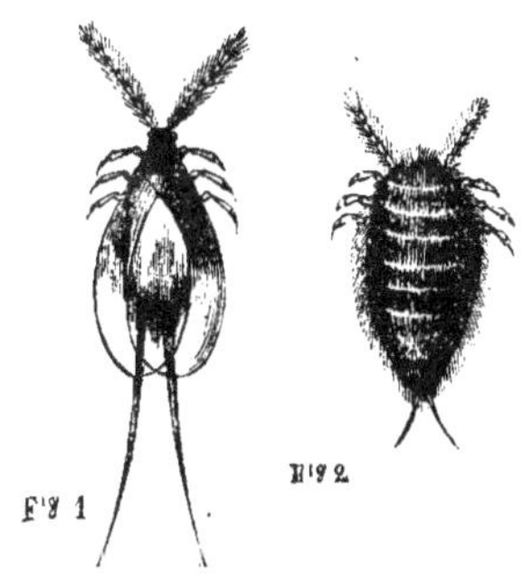

Fig. 343 et 344. — Cochenille (1 mâle — 2 femelle).

Les Cochenilles sont de petits insectes remarquables sous bien des rapports, non-seulement par la différence qui existe entre les femelles et les mâles, mais encore par celle qui caractérise les métamorphoses des deux sexes. Les larves, au sortir de l'œuf, sont très agiles, mais si petites, qu'on ne peut les apercevoir qu'au moyen d'une loupe. Celles du sexe féminin sont pourvues, comme nous l'avons dit, d'un bec conique ou sorte de trompe, dont elles percent l'épiderme des feuilles pour y pomper leur nourriture ; elles changent de peau plusieurs fois, puis se pratiquent un petit nid d'un duvet cotonneux, où elles demeurent jusqu'à ce qu'elles en sortent insectes parfaits et le corps rempli d'œufs. Les larves mâles, moins nombreuses et toujours plus petites, manquant de bec et ne pouvant prendre de nourriture, se fixent bientôt contre le branchage, où leur peau se durcit et forme une sorte de coque, qui s'ouvre au printemps. L'insecte parfait sort à reculons de cette enveloppe ; il vole alors vers les lieux où la femelle l'attend pour être fécondée. Quand il l'a découverte, il parcourt quelque temps son corps, tant est grande la différence de taille ; puis la fécondation opérée, il se retire dans quelque fissure pour y terminer aussitôt après sa courte existence.

La femelle elle-même ne survit pas longtemps aux caresses qu'elle vient de recevoir. Elle grossit beaucoup, fait sa ponte, ensuite son corps se dessèche, et, en mourant, elle forme une coque qui garantit ses œufs ; de sorte que de son cadavre sortent, au printemps suivant, une multitude de larves qui courent avec rapidité sur les branches et les feuilles des végétaux préférés, lesquels sont, selon l'espèce, le Figuier, l'Oranger, l'Olivier et surtout le Nopal.

On ne compte pas moins de cinquante espèces de Cochenilles, dont la plupart appartiennent aux contrées chaudes de l'Europe. Les unes sont nuisibles, les autres utiles : parmi les premières on trouve les *C. des serres*, de l'*oranger*, du *figuier*, de l'*olivier*, et de la *vigne*, etc. ; quant aux secondes, ce sont celles de *Pologne*, du *nopal*, et du *chêne vert*.

Ces insectes ont été divisés en plusieurs petits groupes ou sous-genres, qui sont 1° les Monophlèbes, à antennes de plus de 20 articles dans les mâles ; 2° les Dorthésies, à antennes de 9 à 11 articles au plus ; 3° les Kermès, dont les femelles n'ont l'apparence que d'une galle ; 4° les Cochenilles proprement dites, dont les femelles conservent toujours l'apparence des anneaux.

La Cochenille proprement dite, celle que l'intensité de sa teinte a rendue célèbre, est originaire du Mexique. Elle vit sur plusieurs espèces de Cactus. Pour se procurer plus abondamment cet animal précieux, on le soumet à une sorte de culture ; on place plusieurs femelles fécondées et pleines d'œufs dans des espèces de petits nids qu'on suspend aux bouquets d'épines des Nopals et des Cactiers. De ces œufs sortent des myriades de Cochenilles qu'on recueille et qu'on fait périr en les exposant à la chaleur d'une forte étuve ; on les dessèche ensuite au soleil ou dans des fours. On a plusieurs fois essayé de naturaliser en Europe la culture du Cactier nopal et de la Cochenille, mais jusqu'ici les essais n'ont eu qu'un succès médiocre.

Il paraît cependant qu'en Espagne et en Algérie on est parvenu à des résultats fort encourageants.

La *Cochenille du commerce* se trouve sous la forme de petits grains irréguliers, et est employée pour teindre les étoffes, les liqueurs, les opiats, les poudres dentifrices, etc. Elle donne des couleurs plus belles que solides, car l'eau les tache et les alcalis les rendent violettes. On distingue trois sortes de ce produit : la *C. jaspée*, qui est la plus estimée ; la *C. noire* et la *C. sylvestre* : cette dernière, recueillie sans culture, est la plus commune.

La Cochenille de Pologne, du sous-genre Kermès, vul. *graine d'écarlate*, d'un brun rougeâtre, en forme de grain, fournissait la matière première des teintures en rouge, avant que la Cochenille du Mexique fût connue. On la trouve principalement sur une espèce de Renouée, dans les terrains sablonneux, mais elle est rare chez nous. — La C. du chêne vert, d'un rouge luisant et couverte d'une poussière blanchâtre, fournit la matière connue sous le nom de *Kermès*. Elle vit sur une petite espèce de Chêne du midi de la France. On la détache avec les ongles, pour la faire mourir avec du vinaigre ; on recueille la poussière rouge qu'elle renferme, on la lave, on la fait sécher, puis on la frotte pour la rendre brillante.

COCHLÉARIA (*Cochlearia*). Genre de Crucifères comprenant des plantes bisannuelles ou vivaces, glabres, dont les feuilles sont entières, ou dentées, ou incisées, les inférieures pétiolées, les supérieures sessiles ; fleurs blanches ; silicules sub-globuleuses, etc.

Cochléaria officinal (*C. officinalis*). Plante bisannuelle, à tiges inclinées, rameuses, portant des feuilles qui sont, les inférieures cordiformes, obtuses, pétiolées, très concaves ; les supérieures ovales, cordées, amplexicaules. Fleurs disposées en grappes courtes à l'extrémité des rameaux : 4 sépales, 4 pétales, 6 étamines tétradynames ; silicule à valves très convexes et carénées.

Le Cochléaria (du gr. *cochléar*, cuiller, à cause de la forme de ses feuilles) croît naturellement sur le littoral des mers de l'Europe septentrionale, dans les monts Jura, en Suisse ; mais on le cultive dans les jardins, où ses fleurs se montrent au commencement de l'été. C'est une plante herbacée, inodore lorsqu'elle est intacte, mais qui renferme un suc d'une odeur et surtout d'une saveur piquante et âcre. Ses propriétés sont d'être stimulante, antiscorbutique, expectorante, incisive. On en administre le suc exprimé dans du petit-lait ; on la fait entrer dans le sirop antiscorbutique, si employé dans les scrofules, les affections atoniques et scorbutiques.

Cochléaria armoracia, vul. *Raifort sauvage*, *Cran de Bretagne*. Cette espèce a une racine ou souche charnue, des tiges de 8-12 décim. ; des feuilles radicales très grandes, dressées, à long pétiole cannelé, tandis que les caulinaires inférieures sont oblongues, pinnatifides, et les supérieures lancéolées, entières et crénelées. Fleurs en panicule terminale : 4 pétales à long onglet ; 6 étamines tétradynames ; silicules pédicellées, non carénées.

Le Raifort sauvage croît naturellement dans les fossés, aux bords des ruisseaux, et fleurit au mi-

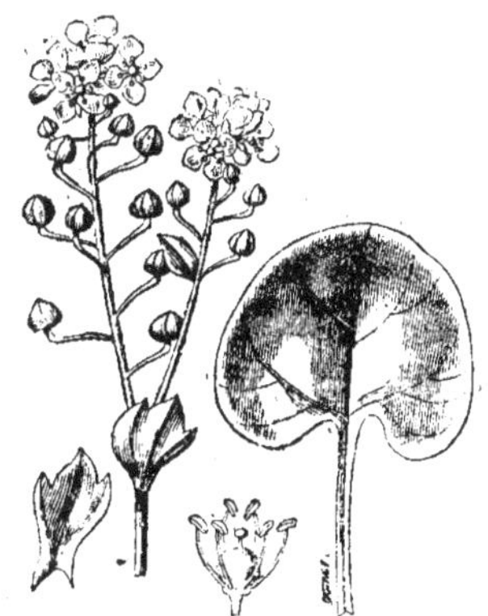

Fig. 345. — Cochlearia officinal.

lieu de l'été. C'est la plante antiscorbutique par excellence, dont on n'emploie guère que la racine fraîche, qui est douée d'une saveur piquante, chaude et amère, et qui est en même temps réputée diurétique, anti-hydropique, anti-asthmatique, soit en infusion, soit en macération. Cette racine, râpée ou coupée par morceaux et appliquée à l'extérieur, produit l'effet de la moutarde ; mais si on la soumet à l'action de l'eau chaude, qui en dissout l'huile volatile, elle perd son action rubéfiante.

COCHON (*Sus*). Genre de Mammifères de l'ordre des Pachydermes, famille des Fissipèdes, qui présente les caractères suivants : nez prolongé, tronqué, terminé par un boutoir, sur le disque duquel sont percées les narines ; yeux petits ; oreilles assez développées, pointues ; pieds ayant tous 4 doigts ; deux grands et intermédiaires posant seuls sur le sol, et deux plus petits, relevés, et un peu en arrière, tous quatre munis de petits sabots ; corps tout d'une venue, couvert d'une peau épaisse et revêtue de poils longs, raides ; jambes minces et courtes ; queue médiocre ; 12 mamelles.

Les Cochons ont été divisés en deux groupes : 1° ceux qui ont les pieds postérieurs à 3 doigts et les antérieurs à 4, tels que le *Pécari* et deux espèces fossiles ; 2° ceux qui ont les quatre pieds tétradactyles, c'est-à-dire à 4 doigts, comme le *Babiroussa*, le *Phacochère*, le *Sanglier*, et le *Cochon ordinaire*.

Le COCHON ORDINAIRE OU DOMESTIQUE (*Sus scrofa*), vul. *Porc*, dont les caractères sont ceux déjà indiqués, présente à chaque mâchoire 6 incisives, 2 canines et 14 molaires ; il se reconnaît de plus à ses défenses robustes, triangulaires, dirigées la-

Fig. 346. — Cochon des Indes.

téralement. Son grouin est le siège d'un tact exquis ; mobile et fort, il lui sert en quelque sorte de main pour fouiller la terre, quelquefois de trompe, comme chez l'éléphant ; c'est qu'en effet le Cochon prend sa place naturelle non loin de ce dernier, entre l'Hippopotame et le Rhinocéros. Sa vue est médiocrement développée, mais son odorat est très fin, ainsi que l'ouïe.

On fait descendre le Cochon du Sanglier, qui vit sauvage dans toutes les contrées de l'Europe et de l'Asie. — V. *Sanglier*. — Ce sont des animaux voraces, qui aiment à se vautrer dans les endroits marécageux et fangeux.

Buffon prétend que le Cochon est de tous les quadrupèdes l'animal le plus brut ; que tous ses goûts sont immondes, ses sensations réduites à une luxure furieuse et à une gourmandise brutale qui sacrifie jusqu'à sa progéniture ; mais, observe M. Bory Saint-Vincent, si le Cochon domestique, dégradé par l'esclavage, offre quelques-uns de ces traits, dans son état d'indépendance il est bien au-dessus du Chien par l'intelligence et le courage, puisqu'il apprécie tout le prix d'une liberté qu'il sait défendre non sans donner de singulières preuves de jugement.

Le mâle entier (car ce n'est que l'individu châtré qui porte le nom de Cochon) se nomme *Verrat*, la femelle *Truie*, leurs petits *Pourceaux* ou *Cochonnets*. Ces noms diffèrent dans l'espèce sauvage.

Le Cochon domestique est susceptible de prendre un extrême embonpoint, résultant d'une accumulation de graisse, entre la peau et les muscles, qui porte le nom de lard ; et comme, d'une part, il se nourrit de résidus de toute espèce, qu'il mange tout ce qu'on lui offre, qu'il fouille le sol pour y chercher larves, insectes, racines ou tubercules, et que, d'une autre part, il est en général d'une remarquable fécondité, il en résulte qu'il constitue un animal des plus utiles, d'autant mieux que sa chair est savoureuse, quoique un peu trop compacte pour les estomacs délicats.

Les variétés sont assez nombreuses. Les principales en France sont : le *C. à grandes oreilles*, qui n'est ni robuste ni fécond, et dont la chair est grossière et fibreuse ; le *C. de la vallée d'Auge*, à tête petite et pointue, aux oreilles étroites, au corps allongé, et qui est d'un facile embonpoint : le *C. blanc du Poitou*, plus gros dans toutes ses parties ; le *C. du Périgord*, qui a le poil noir, le corps large et ramassé ; race très productive, surtout si on la croise avec celle du Poitou. L'Angleterre possède une race de Porcs à courtes jambes, qui s'engraissent facilement et donnent de bons produits.

COCHON D'INDE. — V. *Cobaye*.

COCON ou **COQUE**. Enveloppe soyeuse que se filent un grand nombre de Chenilles pour s'y transformer en Chrysalides : tel est le Cocon du Ver à soie. — V. *Chrysalide*. — D'autres Chenilles filent un Cocon plus ou moins serré, selon que l'espèce doit rester au jour, se cacher sous la feuille ou s'enterrer. « Dans les Coléoptères, la Coque se fait le plus souvent avec des matériaux étrangers à l'insecte, et réunis au moyen d'un gluten particulier ; dans les Hyménoptères, les uns, comme les Ichneumons, font des Coques complètes qui sont filées très serrées, les autres, comme les Apiaires, bouchent seulement l'entrée de la cellule où ils ont été nourris ; quelques Névroptères se font aussi

Fig. 347. — Cocon (Saturnie du poirier).

une Coque, entre autres les Fourmis-Lion. Il serait difficile de donner des détails sur les différentes espèces de Cocons, tous les insectes qui emploient cette industrie variant ce mode de travail à l'infini. »

COCORLI (*Tringa subarcuata*), vul. *Alouette de mer*. C'est une espèce de Bécasseau, qui ne diffère des Pélidnes que par le bec un peu arqué, et dont la longueur est de 17 à 18 cent. — Il fréquente les bords de la mer et des lacs, se montrant rarement dans l'intérieur des terres. Des individus de cette espèce ont été envoyés du Cap, du Sénégal et de l'Amérique méridionale. Ce sont des oiseaux essentiellement nageurs, qui vivent réunis en petites troupes. Ils séjournent peu de temps dans les mêmes localités, ma'gré l'abondance de la nourriture que leur offre le limon plein de larves et de mollusques. Ils émigrent vers les deux équinoxes, le long du rivage de la mer. Ils nichent parmi les hautes herbes du littoral : la femelle pond 4 ou 5 œufs jaunâtres, avec des taches brunes. — V. la fig. 348-349.

COCOTIER (*Cocos*). Genre de Palmiers comprenant des arbres dont le tronc est grêle et atteint de 20 à 35 mètres de haut, couronné qu'il est par un magnifique faisceau de 12 à 15 feuilles de très grande dimension, courbées en tous sens et d'un beau vert. De l'aisselle des feuilles inférieures sortent des fleurs mâles et des fleurs femelles, disposées d'une manière particulière sur un spadice qui est lui-même entouré d'une spathe avant la floraison. A ces fleurs succèdent des fruits verts à 3 côtes, renfermant sous un brou filandreux très épais un noyau monosperme appelé *noix de Coco*.

Le Cocotier est originaire de l'Inde, mais très répandu aussi en Afrique, aux Antilles, dans l'Amérique méridionale, en Océanie. Il se plaît au voisinage de la mer, ne demandant, pour prospérer, qu'un peu de sable et de terre végétale. Bernardin de Saint-Pierre a ajouté à sa célébrité déjà si grande, en lui faisant jouer un rôle dans son charmant roman. « Quand on interrogeait Virginie sur son âge et sur celui de Paul : Mon frère, disait-elle, est de l'âge du grand Cocotier de la Fontaine, et moi de celui du plus petit. » Le grand Cocotier pouvait être déjà gigantesque, car il acquiert de grandes dimensions en peu d'années.

COCOTIER DES INDES (*C. nucifera*). Son stype s'élève droit à une hauteur de 25 à 30 mètres, présentant un volume à peu près égal dans toute sa longueur, et terminé par 12 à 15 feuilles à deux rangs de folioles étroites pointues, feuilles larges de plus d'un mètre, longues de plus de trois, dont les inférieures sont inclinées vers le sol, les intermédiaires presque horizontales, les supérieures et jeunes, droites. De l'aisselle des feuilles il sort deux fois l'an des panicules ou régimes qui se chargent de petites fleurs, dont les femelles, en plus petit nombre, occupent le tiers inférieur des rameaux paniculés. A ces fleurs succèdent bientôt 8 à 10 fruits insensiblement trigones, qui acquièrent le volume d'un très gros pastèque, et qui présentent, sous une écorce verdâtre ou lisse, un brou filamenteux, élastique, enveloppant un noyau monosperme à coque ovale, oblongue, très épaisse, ligneuse et très dure, coque remplie d'une chair très blanche demi-molle, d'un goût suave (fig. 350).

Le Cocotier des Indes est l'espèce la plus célèbre. Il croît assez vite, et ses régimes se développent rapidement. Lorsqu'il lui vient des feuilles nouvelles, elles forment un gros bourgeon allongé, fort tendre, excellent à manger, appelé vulgairement *chou*. Ce chou doit être respecté, sans quoi l'arbre dépérit et meurt, au lieu de vivre un siècle, durant lequel il est presque toujours en plein rapport, à partir de la cinquième année. Toutes les

Fig. 348 et 349. — Cocorli (mâle et femelle).

parties de cette monocotylédonée sont utiles à l'homme : les feuilles servent à faire des nattes, des paniers, des tapis ; le bois est assez solide pour entrer dans les constructions ; la séve recueillie par incisions faites à la spathe procure une

Fig. 350. — Cocotier des Indes.

liqueur fermentée, appelée *vin de cocotier*, de laquelle on extrait par distillation une espèce d'eau-de-vie très forte connue sous le nom de *Carack de naria*. Le fruit sert à plusieurs usages : d'abord l'espèce de filasse que fournit le brou est employée à la fabrication des cordages et pour calfeutrer les navires ; la noix ou coque est remplie d'une chair blanche et molle d'un excellent goût, et au milieu de cette chair se trouve, lorsque le fruit est à moitié de sa grosseur, une liqueur rafraîchissante de couleur laiteuse, un peu sucrée, fort agréable à boire. Enfin on utilise la coque pour faire des vases et divers objets que l'on sculpte.

Cocotier du Brésil (*C. butyracea*). Stype plus gros, mais moins haut, uni ; cime plus ample ; fleurs extrêmement abondantes. — Ce Cocotier est très beau, puisque certains voyageurs le placent au-dessus du précédent. Sa noix s'écrase avec l'amande pour être jetée dans l'eau bouillante et en retirer une huile épaisse de consistance de beurre, qui nage à la surface de l'eau. Cette huile est fraîche, agréable à l'état frais ; mais elle rancit très vite.

Le Cocotier amer (*C. amara*), ou *C. des Antilles*, est le plus élevé des trois. Ses fruits sont petits et fort nombreux ; l'amande qu'ils contiennent est d'une amertume extrême.

« C'est dans le tronc de ce Cocotier que les habitants de la Martinique vont chercher une larve assez semblable à celle du hanneton, mais plus grosse, qu'ils désignent sous le nom de *Ver palmiste*, et qu'ils mangent avec la même avidité que les Romains dégénérés en mettaient à dévorer leur fameux *Cossus*, estimé par eux le manger le plus délicat ; on le servait pompeusement sur les tables les plus riches. Je l'ai vu, dit l'auteur de ces lignes, recherché par des gourmands italiens ; du moins ils prennent plaisir à avaler les larves du grand Capricorne (*Cerambix heros*), ainsi que celles fort grosses des Lucanes et des Priones, qui doivent être l'ancien *Cossus*. »

CŒNURE (*Cœnurus*). Genre d'Entozoaires cystoïdes, caractérisés par une vésicule commune à plusieurs corps, terminés chacun par une tête munie de quatre ventouses, au-dessus desquelles est une double couronne de crochets, et dont la présence sous le crâne des moutons détermine la maladie appelée *tournis*. La vésicule est blanche, demi-transparente, formée d'une substance finement granuleuse, et chaque corps, long de 1 à 3 millim., épais de 1, blanc, cylindrique, plissé circulairement, est saillant ou mieux pendant à la face interne de la vésicule, parce que l'animal se tient rentré en doigt de gant, renversé de ce côté, au lieu de faire saillie à la surface externe de la vésicule commune. — Le Cœnure paraît être absolument le même que le Cysticerque, avec cette seule différence que la vésicule est commune à plusieurs corps, tandis que dans ce dernier genre, il n'y a qu'un seul animal pour chaque vessie.

CŒUR (*Cor*). Agent principal de la circulation, organe musculaire creux et contractile, d'où partent les vaisseaux qui conduisent le sang dans toutes les parties du corps, et où viennent se rendre ceux qui le rapportent de ces mêmes parties. Le cœur est composé de deux cavités au moins, et de quatre au plus, selon les animaux où on l'examine. Au bas de la série zoologique, on trouve, comme suppléant cet organe, qui manque, un ou plusieurs renflements du vaisseau artériel principal, à cavité unique, qui facilitent la marche du sang en se contractant; tout à fait au bas de l'échelle, non-seulement ces renflements n'existent pas, mais même on ne distingue plus aucun système de vaisseaux. — V. *Circulation*.

Ainsi donc, en remontant les degrés de cette échelle; en s'élevant graduellement des Zoophytes aux Insectes, aux Annélides, aux Crustacés, aux Mollusques, aux Poissons, on arrive jusqu'à ces derniers avant de rencontrer un organe central de la circulation à deux cavités, c'est-à-dire un cœur composé d'une oreillette et d'un ventricule. Le degré qui vient après, représenté par les Reptiles, offre un cœur à trois cavités; puis viennent les Oiseaux et les Mammifères, dont le cœur est composé de quatre cavités, soit de deux oreillettes et de deux ventricules, et de leurs valvules.

Nous ne reviendrons pas sur la courte description que nous avons donnée du Cœur, considéré chez l'homme principalement.—V. *Circulation*).— Disons que le Cœur suppose un organe spécial de respiration, des poumons ou des branchies; que son action est tout à fait en dehors de l'empire de la volonté, par conséquent en dehors de l'influence immédiate du cerveau et de la moelle épinière, et qu'il reçoit l'influx nerveux du système ganglionnaire, qui est comme une royauté libre, mais suzeraine d'une puissance plus élevée dont elle relève. Et ce que nous disons ici de l'innervation du Cœur, il faut l'appliquer également aux artères, ainsi qu'à tous les organes intimement liés aux fonctions de Nutrition. — V. *Innervation*.

Il y aurait beaucoup à dire sur le volume, la structure intime, l'enveloppe séreuse (péricarde) du Cœur; mais ce serait nous livrer à des descriptions anatomiques tout à fait inutiles dans un ouvrage du genre de celui-ci.

COFFRE (*Ostracion*). Genre de Poissons osseux de l'ordre des Plectognathes, famille des Sclérodermes, ainsi nommés de ce que leur peau privée d'écailles est entièrement solide, et qu'elle forme des compartiments osseux et réguliers soudés entre eux et constituant une cuirasse percée de plusieurs trous pour laisser passer les branchies, les nageoires pectorale et anale, l'anus et la queue, qui seule est mobile et sert à donner l'impulsion à l'animal. — On connaît un assez grand nombre d'espèces, qui fréquentent les mers intertropicales de l'Inde et de l'Amérique; aucune ne se mange; on assure que leur foie est volumineux et rend beaucoup d'huile.

Le COFFRE TRIANGULAIRE (*C. triangularis*), que nous représentons (fig. 351), est l'espèce type. C'est un poisson long de 45 à 55 cent., d'un brun rougeâtre, couvert d'une sculpture représentant un pavé d'appartement, et ayant en outre un grand nombre de taches blanches.

COIGNASSIER (*Cydonia*). Genre d'Arbrisseaux de la famille des Rosacées, portant des feuilles simples, ovales, qui ressemblent assez à celles du poirier, fleurs d'un blanc rosé, solitaires, à pétales suborbiculaires; ovaire à 5 loges multiovulées, 5 styles; fruit ombiliqué au sommet, pyriforme, surmonté par le limbe persistant du calice.

Le COIGNASSIER COMMUN (*C. vulgaris*) présente des fleurs grandes, solitaires, à 5 divisions calicinales rabattues : 5 pétales; 20 étamines au moins; 5 carpelles. Le fruit est très gros, cotonneux, jaune, d'une maturité tardive, etc. — Ce petit arbre, originaire de l'Asie-Mineure, est naturalisé en Europe depuis 1790, et cultivé dans les jardins. Son fruit, appelé *coing*, est très odorant, d'une saveur âpre qui l'empêche de pouvoir être mangé cru; mais on en fait d'excellentes confitures ou marmelades. Les semences (pépins) sont très mucilagineuses, et peuvent être employées en décoction comme adoucissantes. On prépare avec les coings un sirop des plus employés, comme léger astringent, pour édulcorer les tisanes et les potions prescrites contre la diarrhée. Ce fruit a joui longtemps de la réputation de neutraliser l'effet des poisons. Chez les anciens on le regardait comme l'emblème du bonheur et de l'amour.

On distingue trois variétés de Coignassier : le *Maliforme*, le *Pyriforme* et le *C. de Portugal*. On les multiplie de semences, de marcottes, de boutures; ils se prêtent aisément à la greffe des poiriers et des pommiers.

Le C. DE LA CHINE est un arbrisseau d'ornement, à fleurs d'un beau rouge, à feuillage de couleur qui varie à chaque saison ; nous le possédons puis 1790 environ. — Le C. du Japon est une autre espèce dont on cultive deux variétés, l'une à fleurs blanches lavées de rose, l'autre à fleurs panachées.

COLCHICACÉES (du *Colchique*, genre type). Famille de Plantes monocotylédones, herbacées, vivaces, dont la racine est bulbifère ou fibreuse, la tige simple ou rameuse, les feuilles sessiles amplexicaules, à nervures parallèles ; les fleurs sont composées d'un périanthe pétaloïde à 6 divisions profondes, libres ou cohérentes : 6 ou 9 étamines, insérées à la gorge ou à la base du périanthe ; 3 carpelles ; ovaire à 3 loges et 3 styles ; pour fruit, capsule à 3 loges plurispermes. — V. *Colchique.* — Deux tribus :

1º Les **Colchicées**, dont le calice est prolongé à sa base en un tube allongé, et les styles très longs · *Colchique*, etc.

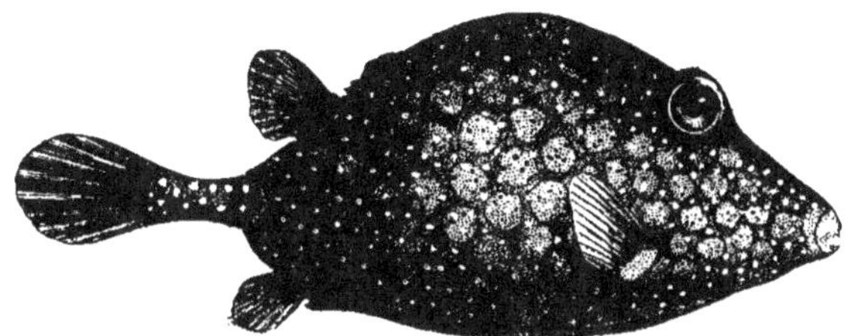

Fig. 331. — Coffre triangulaire.

2º Les **Vératrées**, dont les sépales sont distincts, non soudés en tube à la base, les styles courts : *Vératre*, etc.

COLCHIQUE (*Colchicum*). Genre type de la famille des Colchicacées, dont les caractères viennent d'y être exposés.

Le **Colchique** d'**automne** (*C. autumnale*) est la seule espèce indigène du genre. C'est une plante herbacée , vivace, constituée par un bulbe qui donne naissance, en automne, à des fleurs non accompagnées de feuilles. Celles-ci en effet ne se développent qu'au printemps suivant ; elles sont ovales, lancéolées, amplexicaules à la base, dressées

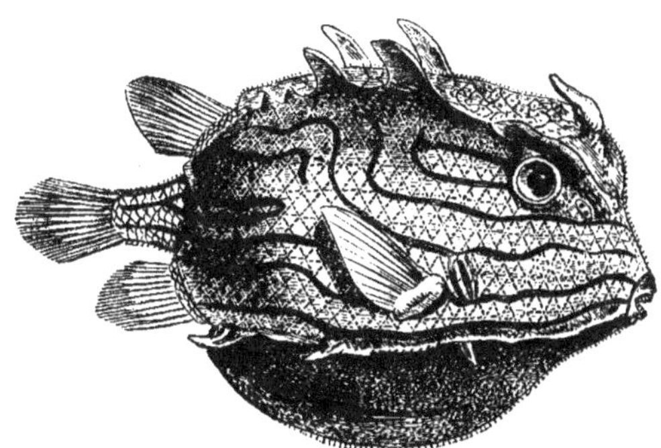

Fig. 352. — Coffre à oreilles.

autour des fruits (capsules), qui se montrent en même temps qu'elles. Les fleurs sont lilas tendre, grandes, allongées en tube : périanthe à 6 divisions ; 6 étamines insérées à la gorge de ce dernier. La capsule est triloculaire, renfermant des graines nombreuses.

Le Colchique croît dans les prairies et les pâturages humides, où, comme il vient d'être dit, il montre sa fleur en août-octobre, et ses fruits en mai-juin de l'année suivante. Cette plante, surnommée *Tue-chien* à cause de ses propriétés vénéneuses, *Safran des prés* à cause de la forme et de la couleur de sa fleur, est malfaisante pour les animaux , irritante et vénéneuse pour l'homme. Mais elle possède des vertus médicamenteuses d'une très grande importance. Ainsi elle passe pour diurétique, antiasthmatique, antigoutteuse et antirhumatismale, sans parler des propriétés imaginaires qu'on lui avait attribuées jadis. Le Col-

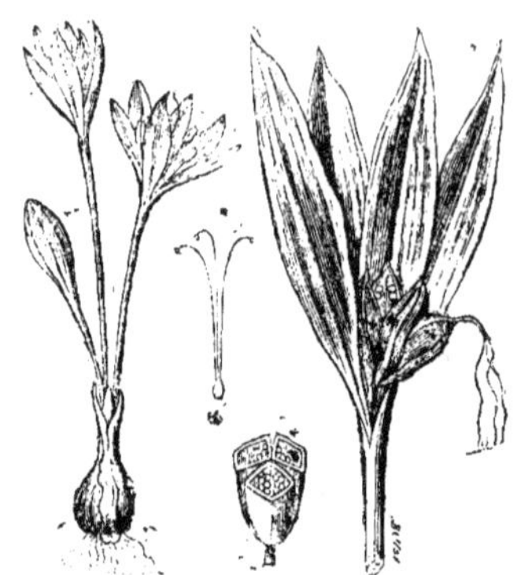

Fig. 353. — Colchique d'automne.

chique s'emploie, en médecine, sous forme de teinture et de vin, que l'on prépare avec les bulbes ou avec les semences. La teinture de Colchique est fréquemment prescrite par les médecins dans les cas de rhumatisme et de goutte chroniques. Ce médicament paraît entrer dans tous les remèdes secrets prônés par le charlatanisme contre ces affections.

COLÉOPTÈRES (du grec *coléos*, gaîne, étui, et *ptéron*, aile). Ordre d'Insectes caractérisé de la manière suivante : quatre ailes, dont deux supérieures, plus ou moins dures et coriaces, formant une sorte d'étui aux deux inférieures et étant impropres au vol : on les nomme *élytres*; deux ailes membraneuses, transparentes, servant seules au vol, placées au-dessous des précédentes. Ces vraies ailes étant plus longues que les élytres, se replient transversalement à leur extrémité libre : de là un caractère important qui distingue de suite les Coléoptères de certains Orthoptères dont les ailes membraneuses se plissent au contraire longitudinalement. Quelquefois les ailes manquent et alors l'insecte est dans l'impossibilité de voler : tels sont les Charançons, etc.

Les Coléoptères ont le corps d'une forme très variable; on y distingue la *tête*, le *thorax* ou poitrine; et l'*abdomen* ou ventre. La tête porte les *yeux*, les *antennes*, qui sont généralement composées de onze articulations, et la *bouche*, modifiée selon le genre de nourriture. Le thorax est formé de trois parties, munies en dessous chacune d'une paire de pattes; la première est le *corselet*, formé lui-même du *prothorax*, en arrière duquel se trouve une petite pièce triangulaire nommée *écusson*. Les

pattes sont terminées par des articulations auxquelles on donne le nom de *tarses*. — Le système nerveux se compose d'un cerveau ou organe central de perception; de ganglions, placés sur la ligne médiane, variables pour le nombre, et communiquant entre eux et avec le cerveau au moyen d'un cordon à deux tiges contiguës; enfin de nerfs proprement dits, lesquels émanent des ganglions. — V. *Insectes*.

L'appareil nutritif des Coléoptères se compose : 1° d'une *bouche*, formée de six pièces principales : deux impaires (*labre* ou lèvre supérieure, et *lèvre inférieure*), et quatre latérales (*mandibules* et *mâchoires*), sans compter 4 ou 6 palpes, qui sont en quelque sorte des organes de dégustation; 2° de *glandes salivaires*, à l'état rudimentaire dans quelques genres; 3° d'un *tube digestif*, qui varie considérablement de longueur suivant le genre de vie, étant généralement plus long chez les Coléoptères herbivores que chez les C. carnivores, présentant un œsophage, un jabot, quelquefois un gésier muni intérieurement de pièces de trituration,

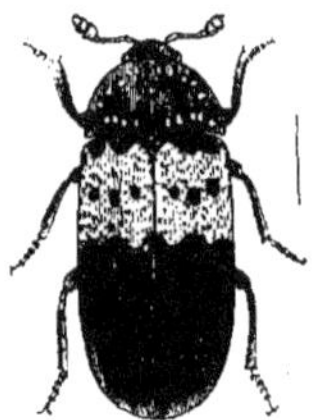

Fig. 354. — Dermeste.

un ventricule chylifique, un intestin suivi d'un rectum; 4° de *vaisseaux biliaires* longs, très déliés et repliés sur eux-mêmes, s'insérant toujours à l'extrémité du ventricule chylifique, et contenant une bile dont la couleur varie depuis le brun jusqu'au blanc.

L'organe respiratoire consiste en *stigmates* placés dans les parties latérales du corps et dont l'organisation varie, et de *trachées tubulaires* ou utriculaires qui distribuent l'air dans toutes les parties du corps. Outre la sécrétion du foie, quelques espèces présentent au voisinage de l'anus un appareil de sécrétion excrémentitielle.

Le système génital se compose : chez le mâle, de deux organes sécréteurs, de deux canaux déférents, de vésicules séminales plus ou moins nombreuses, d'un conduit éjaculateur, et d'un organe principal rétractile; chez la femelle, de deux ovaires, d'une glande, d'un oviducte qui se termine par une poche vaginale, d'une vulve et d'œufs globuleux ou ovales. Les sexes se distinguent à l'extérieur par des différences dans la forme des antennes, des pattes et des segments de l'abdomen. Dans l'accouplement, qui dure au moins plusieurs heures et quelquefois deux jours, le mâle est placé sur le dos de la femelle. Le mâle ne tarde pas ensuite à mourir, et la femelle cesse aussi de vivre dès qu'elle a placé convenablement ses œufs.

Les Coléoptères se font remarquer pour la plupart par la dureté de leurs téguments et le brillant de leurs couleurs. « Ils subissent des métamorphoses complètes. La larve ressemble à un ver dont la tête est cornée, tandis que le reste du corps est toujours mou ; sa bouche est conformée comme celle de l'insecte parfait ; les trois anneaux qui suivent la tête sont presque toujours pourvus chacun d'une paire de pattes ordinairement très courtes : enfin il existe chez un grand nombre de ces animaux une paire de fausses pattes attachée au dernier segment de l'abdomen. La nymphe est inactive et ne prend pas de nourriture ; elle est recouverte d'une peau membraneuse qui s'applique exactement aux parties situées au-dessous et les laisse apercevoir. »

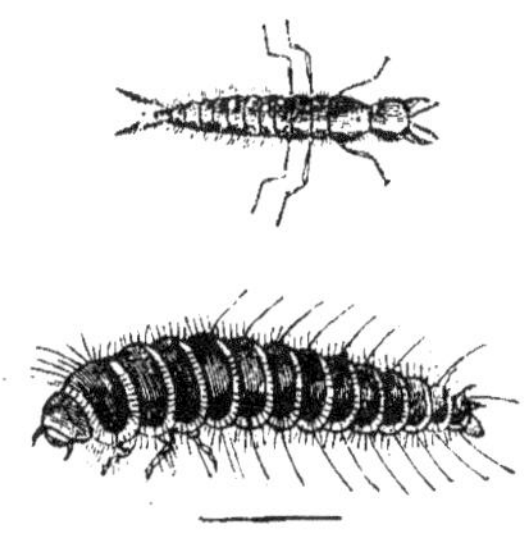

Fig. 355 *et* 356. — Larves de Coléoptères.

Les Coléoptères sont herbivores ou carnivores. Grâce à leur multiplicité prodigieuse et à leur voracité, ils jouent un rôle très important dans la nature, car les uns, comme les Carabiques, détruisent des quantités considérables d'insectes nuisibles à l'agriculture ; d'autres, les Nécrophages, débarrassent le sol des animaux morts ; ceux-ci hâtent la décomposition des végétaux, ceux-là semblent avoir pour mission de limiter la reproduction des plantes en attaquant leurs feuilles, leurs tiges, etc. Ils s'entre-détruisent, car quantité d'espèces, vivant de végétaux, servent de nourriture aux espèces carnassières, comme cela a lieu dans les autres classes animales ; et telle est la loi : que sans les animaux herbivores, les carnassiers ne pourraient exister, et que sans ces derniers, qui maintiennent l'équilibre, les herbivores mourraient bientôt de faim, en dépouillant la terre de tous ses végétaux.

On trouve des Coléoptères sur la terre, dans l'air et dans les eaux ; ils sont répandus dans toutes les parties du globe, mais fort inégalement, selon que la végétation s'y montre plus ou moins riche. Les plus grandes espèces habitent les contrées intertropicales, où le règne végétal est dans toute sa splendeur. Ils ne forment pas de ces associations organisées en république comme les Fourmis, ou en monarchie, comme les Abeilles : ceux qui se

réunissent en grand nombre sont herbivores, partant sans instinct et sans armes pour le combat ; tandis que les espèces carnassières, comme les Carabes, les Cicindèles, etc., peuvent être comparées aux Lions, aux Hyènes, aux Aigles, aux Araignées, etc.

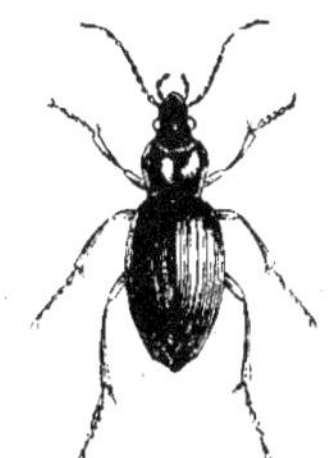

Fig. 357. — Carabe (Coléoptère pentamère).

Aujourd'hui l'on connaît plus de 40,000 espèces de Coléoptères, que l'on partage en quatre tribus en prenant pour base de leur classification le nombre d'articles composant leurs tarses ; puis chacune de ces tribus se divise en familles, etc.

1° PENTAMÈRES (du gr. *penté*, cinq ; *méros*, partie). Les Coléoptères pentamères ont donc cinq articles aux tarses de leurs six pieds. Ils forment six familles :

a. Les *Carnassiers*, dont les antennes sont simples et filiformes, les palpes au nombre de six, et qui vivent de matières animales : tels sont les *Carabes*, les *Cicindèles*, les *Dytiques*, les *Girins*, etc.

b. Les *Brachélytres* (du gr. *brachus*, court ; *élutron*, étui). Coléoptères dont les élytres sont plus courts que le corps, qui est allongé, et dont les antennes sont quelquefois renflées à leur extrémité ; 4 palpes dont 2 aux mâchoires et deux à la lèvre. — Ces insectes ont presque tous l'habitude, en courant, de relever leur abdomen. Ils présentent, près de l'anus, deux petites vésicules velues, d'où s'échappe une vapeur très odorante, à la volonté de l'animal. Leur voracité est remarquable ; ils vivent pour la plupart sur les cadavres et les fumiers : tels sont les *Staphylins*, les *Brachines*.

c. Les *Serricornes* sont ceux dont les antennes sont dentées en scie ou découpées en peigne ou en éventail sur leur côté interne. Ils ont les élytres à peu près de la longueur de l'abdomen ; les palpes buccales au nombre de quatre : Exemples : *Bupreste, Lampyre, Ver-luisant*, etc.

d. Les *Claricornes* (de *clava*, massue ; *cornu*, corne) ont les antennes renflées à leur extrémité en forme de massue, composées de onze articles et plus longues que les palpes, qui sont au nombre de quatre : leurs élytres sont d'ordinaire de la longueur de l'abdomen. Les principaux genres sont le *Bouclier*, le *Dermeste*, l'*Hister*, le *Nitidule*, etc.

e. Les *Palpicornes* (de *palpus*, petite antenne ; *cornu*, corne) se distinguent par leurs antennes, qui sont aussi en massue, mais très courtes, et formées de 9 articles seulement; les palpes maxillaires sont plus longues que les antennes; le corps de l'insecte est généralement ovoïde ou hémisphérique, bombé ou voûté; tels sont les *Hydrophiles*.

f. Les *Lamellicornes* sont des Coléoptères à antennes terminées par une massue feuilletée, c'est-à-dire dont les 3 derniers articles sont en forme de lames ou de feuillets : ainsi se présentent les genres *Bousier*, *Cerf-volant* ou *Lucane*, *Hanneton*, *Scarabée*, etc.

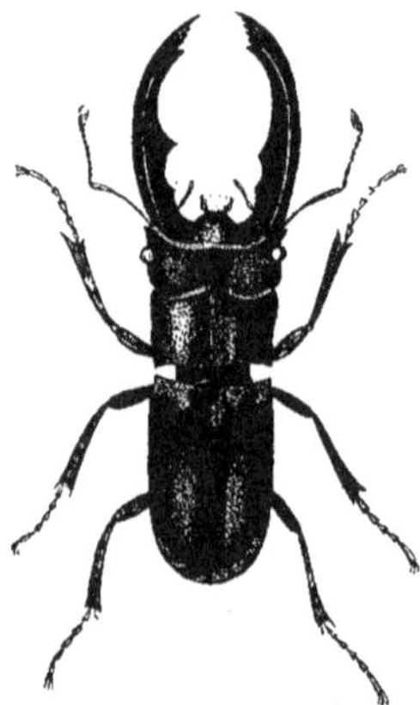

Fig. 358. — Cerf-volant.

2° HÉTÉROMÈRES (du gr. *cléros*, différent; *méros*, partie). Tribu de Coléoptères dont les tarses n'ont pas le même nombre d'articles à toutes les pattes; c'est-à-dire qu'ils n'ont que 4 articles aux pieds postérieurs, et 5 aux deux paires antérieures. — Quatre familles :

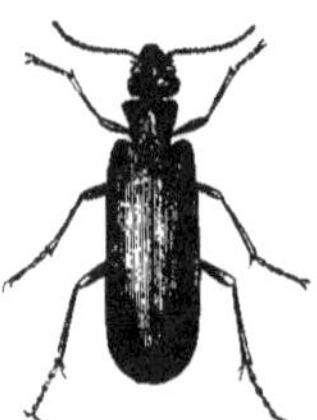

Fig 359. — Cantharide.

a. Les *Mélasomes* (du gr. *mélas*, noir; *sôma*, corps), dont le corps est noir ou d'une teinte foncée, souvent privé d'ailes, ou dont les élytres sont soudés; antennes composées d'articles granuliformes, dont le troisième est généralement allongé; mandibules bifides ou simplement échancrées au sommet. — Les genres privés d'ailes sont les *Pimélies*, les

Blaps, etc.; parmi ceux dont les ailes sont développées on trouve les *Ténébrions*.

b. Les *Taxicornes* (de *taxus*, if; *cornu*, corne) ont les antennes perfoliées ou comme taillées en if ou en massue; les ailes ne manquent jamais; le corps est ordinairement carré, et la tête en partie cachée par le thorax. Tels sont les *Diapères*, les *Cossophytes*.

c. Les *Sténélytres* (de *sténos*, étroit; *élutron*, étui) ont les élytres rétrécis à la partie postérieure du corps; antennes courtes, ni renflées ni perfoliées; corps oblong, arqué en dessus : on y trouve les genres *Hélops*, *Œdémère*, *Myctère*.

d. Les *Trachélides* (de *trachélos*, cou) sont ceux qui ont la tête portée sur une espèce de cou ou de pédicule, par conséquent bien distincte du thorax, tête cordiforme ou triangulaire; élytres peu résistants. Exemples : *Cantharide*, *Méloé*, *Mylabre*, etc.

3° TÉTRAMÈRES (du gr. *tétra*, quatre; *méros*, partie). Tribu de Coléoptères dont le caractère propre est d'avoir quatre articles à tous les tarses. — Sept familles.

a. Les *Rhyncophores* (du gr. *rugkos*, bec; *phoros*, porteur) sont ceux dont la tête se prolonge antérieurement en forme de museau ou de trompe, avec lequel ils percent les tissus végétaux dans lesquels ils passent une grande partie de leur vie. Parmi eux se font remarquer les *Charançons*, les *Calandres*, les *Bruches*, les *Alcides*.

Fig. 360. — Alcide.

b. Les *Xylophages* (du gr. *xulon*, bois; *phagô*, manger) sont les Coléoptères qui, à l'état de larves, vivent presque tous dans le vieux bois; ils n'ont pas de renflement en forme de bec. Ce sont les *Nycétocéphales*, les *Sylvains*, etc.

c. Les *Platysomes* (du gr. *platus*, large; *sôma*, 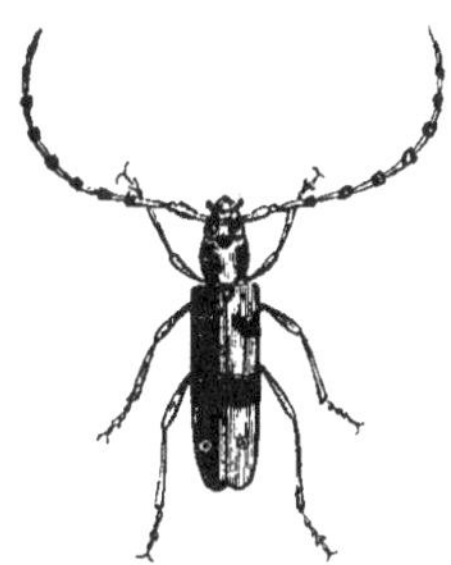

Fig. 361 — [Capricorne.

corps) ont le corps déprimé et large, avec les antennes filiformes; ils vivent sous les écorces : tels sont les *Cujules*, les *Dendrophages*, etc.

d. Les *Longicornes* se distinguent à la longueur

de leurs antennes, qui sont filiformes, simples ou pectinées dans les mâles; les tarses des deux ou trois premiers articles sont élargis en cœur et gar-

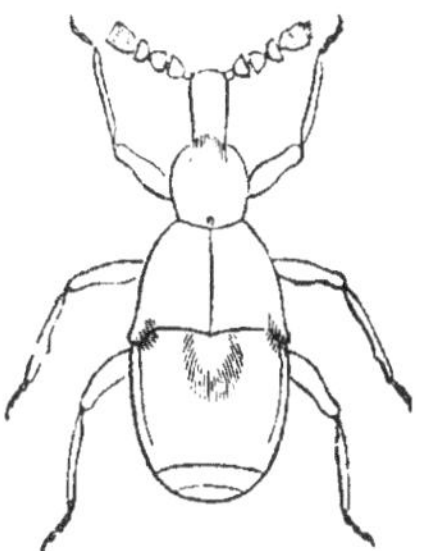

Fig. 362. — Clavigère.

nis de brosses en dessous. Genre principaux : *Capricorne*, *Prione*.

e. Les *Eupodes* (du gr. *eu*, bien; *pous*, pied) ont le corps oblong, l'abdomen grand, les premier*

Fig. 363 à 369. — Colibris et Oiseaux-mouches.

(1. Spathure roux botté. — 2. Rubis topaze. — 3. Améthyste. — 4. Colibri grenat. — 5. Colibri eurynome. — 6. Huppe col.
7. Colibri de Lalande.

articles des tarses garnis de petites brosses, les antennes filiformes ou légèrement renflées. Ce sont les *Criocères* et les *Sagres*, qui forment la transition entre la famille précédente et la suivante.

f. Les *Cycliques* présentent des antennes filiformes ou légèrement renflées, les premiers articles des tarses spongieux et garnis en dessous de petites brosses, comme les genres *Casside*, *Gribouris*, *Chrysomèle*, etc., etc.

g. Les *Claripalpes* (de *clava*, massue; *palpus*, palpe) se caractérisent par leurs antennes terminées en massue. Genres : *Erotyle*, *Langurie*, *Phalacre*, etc.

4° TRIMÈRES. Coléoptères ayant trois articles aux tarses. Genres : *Coccinelle*, *Clavigère*.

COLIBRI (*Trochilus*). Genre de Passereaux de la famille des Ténuirostres, présentant les caractères suivants : taille petite; bec grêle et long, un peu arqué, ce qui les distingue des Oiseaux-mouches, qui ont au contraire le bec droit : pieds très courts : ailes longues et étroites; plumage richement orné de couleurs, etc. — V. fig. 363-369.

Fig. 370. — Colibri topaze.

Les Colibris appartiennent à l'Amérique équatoriale. Ils sont remarquables par la petitesse de leur taille, l'élégance de leurs formes et l'éclat de leur parure. Impropres à la marche, ils sont par compensation richement organisés pour le vol. Ils se nourrissent principalement d'insectes; mais leur langue s'allonge et se divise en deux filets, servant de siphon pour pomper le nectar des fleurs. Ces oiseaux sont d'un caractère peu sauvage : ils se laissent approcher de très près, mais lorsqu'on veut les saisir, ils partent comme un trait. Ils ne tardent pas d'ailleurs à périr lorsqu'on les prive de leur liberté.

Les Colibris sont si petits dans quelques espèces, qu'il en est dont la taille ne dépasse pas celle d'une abeille. Ils sont néanmoins très courageux, et ne craignent pas, pour défendre leur couvée, d'attaquer des volatiles dix fois plus gros qu'eux. Irascibles autant que petits, ils se battent avec acharnement. La femelle pond dans un petit nid suspendu à une branche ou à une feuille, deux œufs blancs de la grosseur d'un pois, d'où sortent, après une incubation de 12 jours, des oiseaux qui ont le volume d'une mouche ordinaire.

Le COLIBRI TOPAZE, le C. A TÊTE BLEUE, le C. GRENAT, le C. VERT, sont les espèces principales. Au reste on confond souvent dans une description commune les *Colibris* et les *Oiseaux-mouches*.

COLIMAÇON. Nom vulgaire des Hélices terrestres. — V. *Hélice*.

COLIN (*Colinus*). « Les Colins sont considérés comme une petite section du genre **Perdrix**; ils ont le bec court et arrondi, les tarses sans éperons, et la queue très courte. Ce sont des oiseaux un peu plus grands que les Cailles, dont ils ont d'ailleurs les mœurs et qu'ils remplacent dans l'Amérique. » — Le C. SONNINI a la tête surmontée d'une huppe jaune, le plumage mêlé de fauve et de roux. — Le C. DE LA CALIFORNIE a la gorge noire, encadrée de blanc, les côtés du cou perlés, etc. Ces Oiseaux sont peu défiants, ils se posent sur les arbres, sont très féconds, et constituent un bon gibier.

COLIOU (*Colius*). Genre de Passereaux conirostres, à bec court, gros, fort, arqué et voûté, dont la mandibule inférieure est plus droite et moins longue que la supérieure; tarses fortement écussonnés; ongles très arqués. — Les Colious sont de la grosseur des Bruants, mais plus allongés, à plumes fines et soyeuses, à tête armée d'une huppe. Ce sont des oiseaux d'Afrique, dont les habitudes sont assez peu connues. Ils volent lourdement, grimpent le long des branches la tête en bas, se nourrissent de fruits et de bourgeons. Ils nichent en commun, ou rapprochent leurs nids les uns des autres de telle sorte qu'il s'en trouve ordinairement plusieurs dans le même buisson. Ils dorment ensemble la tête en bas et pressés les uns contre les autres. La ponte est de 3 ou 4 œufs, brunâtres ou rosés. La chair du Coliou est délicate.

COLLÈTE. Genre d'Hyménoptères mellifères, établi aux dépens des Andrènes; Insectes de taille médiocre, peu remarquables par leurs couleurs, qui dégorgent une matière visqueuse ou gommeuse dont ils construisent, en terre, leurs cellules.

COLOBE (*Colobus*). Genre de Singes voisin des Semnopithèques, dont il se distingue par la petitesse ou l'absence de pouces aux mains de devant, lesquelles semblent comme mutilées, d'où le nom propre (du gr. *colobos*, mutilé); face nue; museau court; queue longue. — Ces Singes appartiennent à l'Afrique; ils offrent les mœurs et l'intelligence des Semnopithèques.

Le COLOBE GUEREZA, qui est l'espèce la plus remarquable, se distingue par la couleur noire de sa tête et de la plus grande partie du corps, faisant contraste avec le blanc du front, du tour de la face et des côtés du cou, ainsi qu'avec une sorte de manteau formé par de longs poils blancs qui partent des côtés et du bas du dos et recouvrent les flancs. La queue floconneuse est blanche aussi dans une grande partie de son étendue. — Cet animal est vif, agile, d'un naturel doux; il vit par petites familles dans le voisinage des eaux courantes.

Le C. A CAMAIL, le C. A FOURRURE, le C. VRAI sont d'autres espèces des côtes occidentales de l'Afrique. Ce dernier, qui n'a aucun rudiment de pouce, a le pelage court, olivâtre, sans poils longs ni camail.

COLOCASIE (*Colocasia*). Genre de la famille des Aracées, détaché du Gouet, comprenant des plantes herbacées dont la racine charnue, blanchâtre, fournit une fécule abondante, très estimée en Asie, en Afrique et en Amérique. — On cultive la Colocasie dans le Var, aux environs de Toulon, à Hyères, etc., le long des cressonnières, où elle atteint plus d'un mètre, et montre des feuilles longues et très larges, dont les touffes s'élargissent chaque année par les tubérosités qui poussent en tous sens.

COLOMBAR (*Vinago*). Gallinacé du groupe des Colombidées, au bec gros, solide et comprimé, aux tarses courts, robustes et emplumés jusqu'au talon. Il appartient à la zone torride de l'ancien continent, où il vit dans les grands bois et se nourrit de fruits. — Ces Pigeons à gros bec diffèrent des vrais Colombidées sous plusieurs rapports extérieurs et moraux.

COLOMBE (*Columba*). Genre d'Oiseaux de l'ordre des Gallinacés, famille des Colombidées ou Pigeons, ayant pour caractères : bec allongé, mince, flexible ; narines couvertes à la base d'une boursouflure membraneuse plus ou moins saillante ; tarses courts, plus ou moins robustes, nus ou à demi-emplumés, écussonnés en devant ; ailes aiguës, queue arrondie, ou carrée, ou étagée. — Ce genre comprend plusieurs espèces, élevées par beaucoup d'ornithologistes au rang de sous-genres, espèces dont les caractères et les mœurs communs seront exposés au mot *Pigeon*.

COLOMBE RAMIER (*C. palumbus*), vul. *Ramier*, *Pigeon massart*. Tête cendrée ; côtés et dessus du cou d'un vert doré, à reflets bleus ou cuivre-rosette selon les effets de lumière ; taches blanches en croissants sur les côtés du cou ; bec jaunâtre, pieds rouges et presque complètement emplumés.

Les Ramiers, la plus grosse espèce de notre pays, sont répandus dans toute l'Europe. Ils nous arrivent au printemps et émigrent en automne ; quelques-uns cependant bravent la mauvaise saison au milieu de nos forêts, et on en voit même qui n'abandonnent jamais le jardin des Tuileries à Paris, où ils se rendent presque familiers, quoique leur naturel soit défiant, soupçonneux, farouche. Ils se nourrissent de glands, de faînes, de graines, de fraises, dont ils sont très friands. Ils pâturent à des heures réglées ; aiment à se percher sur les branches élevées et nues. Dans la confection du nid, le mâle apporte les matériaux (petites bûchettes mortes attenant aux troncs), et la femelle les dispose ; ce nid est d'ailleurs grossier, peu solide. La ponte est de 2 œufs d'un blanc pur, l'incubation de 14 jours.

COLOMBE COLOMBIN (*C. œnas*), vul. *petit Ramier*.

Cette espèce, plus petite que la précédente, a le plumage d'un gris d'ardoise, la poitrine vineuse, les côtés du cou d'un vert changeant, deux taches noires à chaque aile, etc. — Ces oiseaux se trouvent communément en Afrique. Ils voyagent par bandes de trois à quatre cents individus, recherchant les climats tempérés, habitant les bois et nichant sur les arbres. Ils aiment beaucoup les fruits d'une espèce d'olivier qui croît dans beaucoup de cantons de l'est de l'Afrique. La femelle pond 2 œufs blancs qu'elle couve pendant 13 jours.

Fig. 371 et 372. — Pigeon ramier (mâle et femelle).

COLOMBE BIZET (*C. livia*), vul. *Pigeon bizet*, *P. de roche*. Plumage d'un gris d'ardoise ; tour du cou d'un vert à reflets changeants ; double bande noire sur l'aile ; croupe d'un blanc pur ; taille plus petite que celle des deux espèces précédentes.

Le Bizet est considéré comme la souche de nos Pigeons domestiques. Ses mœurs et ses habitudes le distinguent assez du Pigeon proprement dit et du Ramier pour qu'on ait cru pouvoir en faire le type d'un genre à part. On le trouve à l'état sauvage dans les contrées montueuses et rocailleuses de quelques îles de la Méditerranée, vivant au milieu des rochers qui lui servent d'asile, et se nourrissant de toutes sortes de semences. Il se livre à des migrations lointaines ; rencontrant nos colombiers, il abandonne facilement l'état sauvage et indépendant pour y établir sa résidence. C'est le Bizet ordinaire que l'on voit quelquefois, sous les arches du Pont-Neuf à Paris, vaquer à ses besoins et faire tranquillement ses pontes.

COLOMBE TOURTERELLE (*C. turtur*). Bec mince, peu épais ; formes élancées, sveltes ; manteau fauve, tacheté de brun ; cou bleuâtre avec une tache de chaque côté, mêlée de noir et de blanc ; espèce plus petite que les trois précédentes. — La Tourterelle est répandue dans toute l'Europe, mais elle n'y séjourne que pendant l'été ; elle y arrive fort tard au printemps, et part dès la fin d'août, pour des contrées chaudes. Elle aime d'ailleurs la fraîcheur en été et la chaleur en hiver. Ces oiseaux voyagent ensemble ; quand ils arrivent dans le midi, ils sont parfois tellement épuisés de fatigue, qu'ils se laissent tuer sans faire effort pour prendre la fuite. Ils vivent par paires, en compagnies plus ou moins nombreuses; ils choisissent les grands arbres pour construire leur nid, qui est presque plat et dans lequel ils déposent 2 œufs d'un blanc pur.

« La Tourterelle, dit Buffon, est encore plus tendre, disons-le, plus lascive que le Pigeon, et met aussi dans ses amours des préludes plus singuliers. Le Pigeon mâle se contente de tourner en rond autour de sa femelle, en piaffant et se donnant des grâces. Le mâle Tourterelle, soit dans les bois, soit dans une volière, commence par saluer la sienne en se prosternant devant elle 18 ou 20 fois de suite; il s'incline avec vivacité et si bas, que son bec touche à chaque fois la terre ou la branche sur laquelle il est posé; il se relève de même; les gémissements les plus tendres accompagnent ces salutations : d'abord la femelle y paraît insensible; mais bientôt l'émotion intérieure se déclare par quelques sons doux, quelques accents plaintifs qu'elle laisse échapper ; et lorsqu'une fois elle a senti les premières approches, elle ne cesse de brûler; elle ne quitte plus son mâle; elle lui multiplie les baisers, les caresses, l'excite à la jouissance et l'entraîne aux plaisirs jusqu'au temps de la ponte, où elle se trouve

Fig. 373. — Tourterelle.

orcée de partager son temps et de donner ses soins à sa famille. Je ne citerai qu'un fait qui prouve assez combien ces oiseaux sont ardents: c'est qu'en mettant ensemble dans une cage des Tourterelles mâles et dans une autre des Tourterelles femelles, on les verra se joindre et s'accoupler comme s'ils

étaient de sexe différent; seulement cet excès arrive plus promptement et plus souvent aux mâles qu'aux femelles. La contrainte et la privation ne servent donc qu'à mettre la nature en désordre et non pas à l'éteindre. » Cela n'empêche pas qu'on ne considère la Tourterelle comme le symbole de l'innocence, de la simplicité, de la candeur et de la fidélité.

Colombe rieuse (*C. risoria*), vul. *Tourterelle à collier*. Espèce originaire d'Afrique, qui porte un collier noir sur la nuque. Non moins douce que la Tourterelle, elle est plus propre et s'élève en volière ; mais elle a d'autres sons tendres pour appeler sa compagne; son roucoulement ressemble au rire.

Colombe rameron (*C. ascuatrix*). Espèce du sud de l'Afrique, plus petite que le Ramier ordinaire, mais plus riche de couleurs, en montrant d'ailleurs les habitudes et les mœurs; elle fait entendre un chant fort agréable et décrit, en volant, une suite de paraboles irrégulières. L'Aigle Blanchard lui fait une chasse active et savante.

Colombe émigrante (*C. migratoria*). C'est le *Pigeon de passage*, de l'Amérique septentrionale. Sa queue est allongée et pointue, son cou orné des plus belles couleurs, son ventre blanc pur, son bec et ses ongles noirs. — Cette espèce a le vol extrêmement rapide, la vue perçante ; elle émigre par légions innombrables qui parcourent des distances immenses en peu d'heures, et qui, après leur repas du soir, vont quelquefois à plus de cent lieues gagner leur *juchoir*, lequel est toujours un bois de haute futaie, où les attendent parfois des populations entières de chasseurs qui en font un affreux carnage.

COLOMBIDÉES. — V. *Pigeons.*

COLOMBI-CAILLE (*Coturnix cœnas*). Oiseau du groupe des Colombidées, propre à l'Afrique méridionale, où il se réunit en très grandes troupes composées de plusieurs familles, habitant les montagnes et vivant exclusivement à terre. Ce sont des espèces de petite taille (16 à 18 cent. de longueur), dont le plumage est riche et varié.

COLOMBI-GALLINE (*Verrulia*). Genre de Gallinacés, de la famille des Colombidées, caractérisés ainsi: bec mince, médiocre, droit, flexible, gibbeux à la base par l'effet d'un renflement membraneux qui remonte vers le front; queue courte, ample et arrondie, légèrement étagée; tarses nus, scutellés; peau du front, de la base du bec et de la gorge nue ; barbillon charnu pendant de chaque côté de la gorge et s'étendant sous les joues.

Les Colombi-Gallines tiennent des Pigeons ou des Colombes par la forme du bec et la nature des plumes, mais ils en diffèrent par le barbillon nu et rouge qui leur pend sous le bec, par les tarses plus longs, la forme arrondie du corps, etc. Ces oiseaux, découverts en Afrique par Levaillant, vivent en petites troupes composées de toute la famille et du père et de la mère. Ils se tiennent et vivent par terre, où ils trottent très vite à la manière des Perdrix ; mais toute la petite bande se juche dans les buissons et sur les grosses branches basses des arbres pour passer la nuit ou pour se cacher lorsqu'elle est poursuivie par un ennemi quelconque.

Le nid se construit dans un petit enfoncement à terre, et la femelle y dépose 6 à 8 œufs d'un blanc roux, que le mâle ou la femelle couvent alternativement ; les petits naissent couverts d'un duvet roussâtre et courent au sortir de l'œuf, montrant des habitudes analogues à celles de nos Gallinacés.

Le Colombi-galline a barbillons (*V. caruncu-lata*) a la tête, le cou et la poitrine d'un gris ardoise, les scapulaires et les tectrices alaires d'un beau blanc, les pieds d'un rouge vineux ; une plaque de peau nue embrasse le front, le tour du bec et la gorge ; sur le milieu de celle-ci pend un barbillon charnu, et de couleur rouge ; la femelle toutefois manque de barbillon. — Cet oiseau se trouve au cap de Bonne-Espérance, dans le pays des Namaquois.

Il est une espèce de l'Amérique, le C. passerine , vul. *petite Tourterelle de Saint-Domingue*, dont le plumage est pourpre, le bec et les pieds rouges, la voix semblable à celle de la Tourterelle. Sa chair est estimée.

COLOMBI-HOCCO (*Goura*). Genre d'Oiseaux de la famille des Colombidées, caractérisé par un bec un peu grêle et gibbeux à l'extrémité, queue longue, ample, arrondie ; tarses forts, robustes ; doigts courts soudés à leur origine par une membrane. Ce qui distingue surtout ce genre, c'est la tête ornée d'une huppe ou espèce de crête composée d'une infinité de languettes allongées, raides et très minces, munies de barbes soyeuses et désunies.—Ces oiseaux appartiennent à l'archipel Indien et à la Nouvelle-Guinée , où ils vivent dans les bois par bandes de cinq ou six individus , se perchant sur les branches les plus basses. Ils présentent les mœurs et les habitudes des Colombidées; ils roucoulent comme les Pigeons, et dégorgent la nourriture à leurs petits , qui naissent aussi sans plumes.

Le Goura ou *Colombi-hocco goura* est en entier d'un blanc couleur de plomb, avec le bec noir, l'iris rouge, les tarses rosés ; sa longueur totale est de 80 cent. — On est parvenu à l'acclimater ; le Muséum de Paris a possédé de ces oiseaux qui ont pondu et se sont reproduits. On peut les nourrir de maïs, dont ils sont très friands. Le mâle fait entendre souvent un bruit sourd analogue à l'espèce de beuglement ventriloque que produit le Dindon.

COLOMBI-PERDRIX (*Stara œnas*). Genre de Colombidées, qui tient aux Colombes par la forme du bec, la nature du plumage, et aux Perdrix par la forme totale du corps, les ailes courtes, les tarses élevés, et par les habitudes. — Le C. perdrix

a cravate noire, espèce type, vit retiré dans les forêts vierges de l'île de Cuba, où il devient de plus en plus rare, à cause de la chasse qu'on lui fait, quoiqu'il soit difficile à approcher. Le matin il est perché sur les plus hauts arbres pour se débarrasser, aux premiers rayons du soleil, de la rosée qui l'humecte ; pendant les fortes chaleurs, il se cache à terre, sous le feuillage le plus épais.

COLOMBINE (*Geophaps*). Genre de Colombidées, de l'Australie, dont le tour des yeux est nu. Ces oiseaux vivent par paires dans les bois, les ravins, les localités humides ; ils courent plutôt qu'ils ne volent, nichent à terre, etc. — La tendresse de la mère et du père pour la couvée est admirable. Le couple, après avoir protégé, caressé de concert leurs petits, se becquettent et témoignent d'un amour conjugal le plus tendre. La chair de ces volatiles est estimée et d'un goût agréable.

COLOMBO. — V. *Columbo.*

COLOQUINTE (*Cucumis colocynthis*). Espèce du genre Concombre ; plante du Levant, à tiges grêles, anguleuses, hérissées ; feuilles 5-lobées: fleurs grandes ; fruits globuleux, d'abord verdâtres, puis jaunâtres, à écorce mince et dure.—On voit ces fruits, dépouillés de leur enveloppe, exposés dans de grands bocaux aux fenêtres des pharmacies. Leur pulpe est d'une excessive amertume, et constitue un violent purgatif. — V. la figure, au mot *Cucurbitacées.*

COLUBÉRIENS. Nom donné à une famille de Reptiles de l'ordre des *Ophidiens.* — V. ce mot.

COLUMBO (*Cocculus palmatus*). Plante du genre Coccule ; arbuste sarmenteux dioïque, dont on ne connaît pas encore l'individu femelle. Les fleurs mâles ont un calice à 6 sépales, une corolle de 6 pétales, avec 6 étamines plus longues qu'elle.

Si l'on s'occupe de ce végétal, c'est pour sa racine, qui nous est apportée d'Afrique sous forme de rondelles verdâtres, marquées de zones concentriques, exhalant une assez mauvaise odeur et fort amères au goût. Son nom lui vient de *Columbo*, ville de l'île de Ceylan où le reçut F. Redi, qui le fit connaître en Europe. C'est un tonique utile dans les débilités du tube digestif, les diarrhées chroniques, les vomissements des femmes enceintes.

COLUMELLE. On donne ce nom, en botanique, à l'axe sur lequel sont fixés les méricarpes du fruit. Quand le péricarpe est formé de plusieurs carpelles soudés ensemble, il reste au centre du péricarpe, après la séparation des valves, un axe central sur lequel l'angle interne des carpelles était appliqué: cet axe central est la columelle : on trouve des exemples dans le fruit des Ombellifères, formé de deux carpelles, dans celui des Euphorbiacées, provenant de 3 carpelles ou plus,

En conchyologie, l'axe solide sur lequel s'enroule une coquille spirale est appelé *columelle*.

COLZA (*Brassica oleifera*). Variété du Chounavet (V. ce mot), fort branchue, ne portant que de petites feuilles clair-semées au milieu de la tige, des fleurs blanches ou jaunes selon l'espèce.

Plante oléagineuse qui se cultive en grand dans plusieurs départements de l'ouest, du nord et du centre de la France, soit pour obtenir des prairies omentanées et un fourrage d'hiver pour les bêtes à cornes, soit plutôt pour l'huile qu'on retire de ses graines, et qui sert à divers usages. On recommande de ne pas planter deux ans de suite le colza dans le même sol. La variété à fleurs blanches se sème au printemps et se récolte en automne, celle à fleurs jaunes, plus tardive, se met en terre à la mi-juin, passe l'hiver sans fleurir et se récolte à la fin du printemps suivant.

COMBATTANT (*Philomacus*), vulg. *Paon de mer*. Genre d'Oiseaux de l'ordre des Echassiers, classé par Temminck parmi les Bécasseaux, et dont les caractères sont les suivants : bec de la longueur de la tête, très faiblement renflé et incliné à sa pointe ; narines latérales, ouvertes dans un sillon ; ailes sur-aiguës ; queue arrondie ; tarses beaucoup plus longs que le doigt médian, qui est uni à l'externe, à la base, par une membrane ; plumage différemment coloré selon les saisons.—Ces oiseaux

Fig. 374 et 375. — Combattant (mâle et femelles).

arrivent au printemps par grandes bandes, sur les côtes de Hollande, de Flandre, d'Angleterre et d'Allemagne, sans qu'on sache bien positivement où ils passent l'hiver. Ils ne séjournent guère que deux ou trois mois sur nos côtes, où ils se livrent, au temps des amours, des combats acharnés.

Le **Combattant ordinaire** (*P. pugnax*) ou *Chevalier combattant* est la seule espèce du genre. Il est de la taille du Chevalier aux pieds rouges, un peu moins haut sur jambes ; son bec est de la même forme, mais plus court ; les femelles sont ordinairement plus petites que les mâles, et se ressemblent par le plumage, qui est blanc, mélangé de brun sur le manteau. Les mâles sont très différents les uns des autres ; ils sont pourvus d'une espèce de gros collier de plumes enflées en forme de crinière autour du cou ; collier qui ne subsiste que pendant le temps des amours, où tout, chez ces oiseaux, démontre une exubérance de force et d'énergie, jusqu'aux glandes spermatiques, qui sont très volumineuses. Aussitôt après leur arrivée, les Combattants commencent à s'apparier, ou plutôt à se disputer les femelles, qui sont peu nombreuses relativement aux mâles. Non-seulement ceux-ci se livrent des combats seul à seul, des assauts corps à corps, mais ils combattent aussi en troupes réglées, ordonnées, marchant l'une contre l'autre, tandis que celles-là attendent à part la fin de la bataille et restent le prix de la victoire. Souvent la lutte est longue, quelquefois sanglante ; le vaincu prend la fuite, mais le cri de la première femelle qu'il entend lui fait oublier sa défaite, prêt à entrer en lice de nouveau si quelque antagoniste se présente. Cette petite guerre se renouvelle tous les jours le matin et le soir, jusqu'au départ de ces oiseaux, qui a lieu dans le courant de mai. Si l'oiseleur les prend et les enferme, ils se battent encore en captivité ; dans les volières, ils portent le défi aux autres volatiles, et comme s'ils se piquaient de gloire, ils ne se montrent jamais plus animés que quand il y a des spectateurs. Le panache des combattants, véritable armure de guerre, diversement colorée selon chaque individu, tombe par une mue qui arrive après la saison des amours, et alors on ne distingue plus guère les mâles des femelles. — On n'a jamais trouvé de nid de Combattant dans nos marais.

COMBRET (*Combretum*). Genre d'Arbres et Arbrisseaux exotiques, de la famille des Combrétacées, dont un seul, connu sous le nom d'*Aigrette de Madagascar*, est cultivé dans les serres d'Europe. Sa tige demande un tuteur pour s'élever ; elle porte des fleurs d'un superbe rouge écarlate, disposées en grappes : 5 pétales ovales ; 10 étamines, dont 5 plus longues que la corolle.

COMBRÉTACÉES. Famille de Plantes dicotylédones, composée d'arbres et d'arbrisseaux tous exotiques, divisés en genres qui sont les uns sans pétales, les autres avec pétales, et dont le caractère vraiment distinctif consiste dans l'ovaire, qui est uniloculaire et qui contient de 2 à 4 ovules pendants au sommet de la loge ; car, en effet, cette famille se rapproche des Santacées par ses genres apétalés, et des Onagrariées par ses genres pétalés. — Le genre type est le *Combret*.

COMBUSTION. Ce mot, dans le langage populaire, donne l'idée d'un corps qui se dissipe en produisant de la chaleur et de la lumière. Jadis on supposait que le feu était une matière fixée dans les corps, et dont le dégagement entraîne et dissipe peu à peu les molécules de la substance embrasée. Généralisant cette idée, Stahl fit consister la combustion dans la séparation totale ou partielle de la matière du feu, appelée par lui *phlogistique*, d'avec les bases auxquelles elle est unie. Maquer modifia cette théorie, en supposant que la combustion tient à ce que le phlogistique est expulsé des corps par la partie la plus pure de l'air, qui en prend la place. Lavoisier réduisit le phénomène à n'être que la combinaison des corps avec l'oxygène de l'air ambiant. Dans ces deux théories, la production du feu n'étant pas considérée comme un résultat nécessaire de la Combustion, on dut admettre une *combustion lente*, à laquelle on rapporta toutes les combinaisons de l'oxygène avec les corps, et en particulier celle qui s'opère dans l'acte de la respiration, où se produit du calorique et qu'on a nommé combustion respiratoire : mais aujourd'hui on nomme *Combustion* la combinaison de deux ou de plusieurs corps s'accomplissant avec dégagement de calorique et de lumière. Et quant à ce qu'on a appelé *Combustion lente*, en même temps qu'il y a absorption et combustion d'oxygène, les actes chimiques principaux se trouvent être des actes indirects ou *catalytiques*, c'est-à-dire des actes liés à cette force en vertu de laquelle un corps met en jeu, par sa seule présence et sans y participer chimiquement, certaines affinités qui, sans lui, resteraient inactives. C'est ainsi que les fermentations et les putréfactions sont des phénomènes de *catalyse*.

Il est certain, toutefois, que ces phénomènes peuvent prendre les caractères d'une véritable Combustion, dite alors *spontanée*. C'est ainsi que des amas de charbon de terre, de fumier de cheval, de foin, de mousses humides, sont susceptibles de prendre feu spontanément. Un mélange d'huile de chènevis et de noir de fumée s'enflamma au bout de 26 heures, et faillit réduire Saint-Pétersbourg en cendres. On a pensé devoir attribuer à des causes semblables plusieurs incendies survenus dans le port de Brest, et ceux qui ont ravagé pendant plusieurs années le village de Boncourt. — V. *Feux follets*.

COMBUSTION HUMAINE SPONTANÉE. «Combustion ou destruction rapide du corps humain par l'effet d'un feu dont la nature et l'origine sont encore inconnues, mais que l'on croit dépendre d'un état particulier de l'organisme. Cet accident, assez rare, n'a guère été observé que chez des individus d'un âge avancé, d'un grand embonpoint, et dont les tissus étaient pour ainsi dire imprégnés d'alcool par un long abus des liqueurs spiritueuses. Cependant on a des exemples bien avérés de Combustion spontanée chez des individus qui ne présentaient aucune de ces conditions. Le corps brûle avec une flamme bleuâtre, que l'eau active souvent au lieu de l'éteindre. Tous les tissus, réduits en cendres, à l'exception de quelques pièces osseuses, ne laissent pour résidu qu'une matière grasse, fétide, une suie puante et pénétrante, un charbon onctueux et léger. Les uns admettent, dans les individus qui ont présenté ce phénomène, la disposition particulière de l'organisme indiquée ci-dessus ; mais ils croient qu'il est nécessaire, pour que la Combustion ait lieu, que le corps se trouve en contact avec une lampe, une bougie ou une matière quelconque en ignition. D'autres pensent, au contraire, que la Combustion peut ne dépendre que de causes internes. » Ceux-ci ont très probablement raison ; mais encore faudrait-il connaître ces causes. M. Lunel, dans un article récent, publié dans l'*Abeille médicale* (n° 27, année 1856), adopte pour base de sa théorie : 1° l'absorption de l'alcool, et par conséquent son imbibition dans les tissus ; 2° l'état idio-électrique du corps dans certains cas et chez certains individus, d'où résultent des dégagements d'*hydrogène* ou d'*hydrogène phosphoré* du corps de l'homme, ce dernier gaz ayant la propriété, comme l'on sait, de s'enflammer à l'air.

COMÈTE (dérivé de *comé*, chevelure). Astres semblables aux planètes quant aux lois de leur mouvement, mais d'une constitution différente, à en juger par leurs apparences physiques et leur traînée de lumière. Ces corps, d'un ordre particulier, paraissent tantôt comme des masses compactes, tantôt comme de simples vapeurs lumineuses; on y distingue trois parties : la *tête*, masse de lumière mal circonscrite ; le *noyau*, point central plus brillant et plus nettement découpé, souvent transparent; la *queue* ou *chevelure*, traînée lumineuse qui part de la tête et se dirige ordinairement du côté opposé au soleil. Les Comètes décrivent des orbes très allongés autour du soleil. En parcourant ces ellipses, elles passent si près de cet astre, dans leur *périhélie* (point le plus rapproché) qu'elles doivent éprouver une chaleur capable de fondre les métaux les plus réfractaires; et elles s'en éloignent tellement dans leur *aphélie* (point le plus distant) qu'elles sont probablement congelées jusqu'au centre. L'espèce de *queue* dont ces corps sont accompagnés, et qui se subdivise quelquefois en plusieurs bandes, provient, selon l'opinion admise, des exhalaisons causées par l'intensité de la chaleur qu'ils ressentent.

Malgré les nombreux travaux des astronomes et des physiciens, la science n'a pu encore expliquer d'une manière satisfaisante les singuliers phénomènes qui se rattachent aux Comètes. La détermination de leur orbite est fort difficile, à cause de l'irrégularité de leur mouvement, qui est tantôt de l'orient à l'occident, tantôt dans le sens contraire. Néanmoins, il est plusieurs de ces astres dont la marche peut être aujourd'hui calculée d'avance avec quelque approximation : telle est la *Comète de Halley* qui, en 1456, causa en Europe la plus vive consternation, et qui a de nouveau reparu en 1835, etc.

Dans les siècles qui ont précédé le nôtre, les Comètes ont eu le triste privilége d'épouvanter les populations. On les regardait comme des présages de malheurs et de calamités; le peuple romain considéra celle qui apparut un peu avant l'assassinat de J. César comme un messager envoyé pour annoncer à la terre la mort de son premier empereur. Aujourd'hui, sans doute, on regarde ces corps célestes avec plus de philosophie et de sang-froid, et pourtant à combien de dissertations plus ou moins singulières n'a pas donné lieu celui de 1832? L'apparition des Comètes, disent les uns, dérange les saisons; elle cause des maladies épidémiques, selon d'autres; la vérité est qu'elles sont sans influence. L'imagination effrayée va jusqu'à redouter le choc d'une planète contre le globe que nous habitons. Cette rencontre n'est pas impossible : car ces corps paraissant modifier leur marche, perdre de leur vitesse et diminuer le diamètre de leur orbite, il y a à présumer qu'ils devront finir par se précipiter dans le soleil; mais les astronomes, au moyen d'un calcul de probabilités, et en mettant la Comète dans la situation la plus avantageuse pour qu'elle vînt nous frapper, ont trouvé que *sur 281 millions de chances*, nous n'en avions qu'*une seule à redouter.*

COMMELINE (*Commelina*). Genre de Plantes herbacées de la famille des Commelinacées, à feuilles alternes et engainantes, à fleurs roses ou bleues, enveloppées dans une spathe monophylle.. — La C. **vulgaire** (*C. vulgaris*), originaire d'Amérique, a la tige étalée et noueuse, avec des feuilles ovales lancéolées, des fleurs d'un bleu tendre, réunies plusieurs ensemble dans une spathe formée par la feuille supérieure. — La C. **tubéreuse** (*C. tuberosa*), du Mexique, présente plusieurs tiges droites articulées, des feuilles cordiformes allongées, à gaine striée, des fleurs d'un bleu agréable.

Ces plantes offrent peu d'intérêt, si ce n'est sous le rapport de leur culture pour leurs jolies fleurs. On les multiplie de graines ou en séparant les racines.

COMMELINACÉES. Famille de Plantes monocotylédones, formée aux dépens des Joncacées, herbacées, à racine tuberculeuse, fibreuse; à feuilles alternes, simples ou engainantes; à fleurs nues ou enveloppées d'une spathe : calice à 6 divisions disposées sur deux rangs, dont 3 extérieures, vertes et calicinales; étamines 6, libres, hypogynes, dont les anthères sont à deux loges écartées l'une de l'autre par un connectif très développé. Ovaire à 3 loges, surmonté d'un style et d'un stigmate simple. Capsule globuleuse, ou à 3 angles s'ouvrant à 3 valves et qui contiennent chacune 2 graines au plus. — Cette famille se distingue des Joncées par son calicedont les 3 sépales intérieurs sont colorés.

COMOCLADIE (*Comocladia*). Genre d'Arbres indigènes des Antilles et de la Guiane, appartenant à la famille des Térébinthacées, et dont les espèces les plus remarquables sont les suivantes :

La C. **a feuilles entières** (*C. integrifolia*), arbre qui atteint jusqu'à 6 mètres de hauteur. On l'appelle *Brésillet* à Saint-Domingue, parce qu'il fournit une teinture analogue à celle du bois de Brésil. Son fruit est comestible, mais alors seulement qu'il est pourpre foncé; car son suc est vénéneux au contraire, lorsque la maturité n'en est pas complète. Comme les jeunes filles le recherchent, on lui a donné le nom de *Fruit des Vierges.* — La C. **dentée** (*C. dentata*) offre des feuilles bordées de dents épineuses, et son fruit n'est jamais mangeable. Il s'exhale de ses feuilles froissées une odeur d'hydrogène sulfuré. Les indigènes prétendent que dormir à son ombre, c'est vouloir ne plus se réveiller. Jacquin se soumit à cette dangereuse épreuve, et n'en éprouva aucun malaise.

COMPAGNON. Nom vulgaire donné à deux espèces du genre *Mélandrie.* — V. ce mot.

COMPOSÉES ou **Synanthérées.** Famille de Plantes dicotylédones monopétales, ainsi nommées parce que leurs fleurs se composent de plusieurs corolles monopétales réunies sur un réceptacle commun (Composées), ou parce que les étamines sont réunies par leurs anthères (Synanthérées), ainsi qu'il est expliqué ci-dessous.

Les Composées constituent une immense famille,

comprenant des plantes annuelles ou vivaces, herbacées ou sous-frutescentes, dont les feuilles sont petites, réunies en *tête* ou *capitule*, c'est-à-dire portées sur un *réceptacle*, dans les alvéoles duquel elles sont comme implantées. Chaque fleur est monopétale ; d'après la forme de sa corolle, elle est appelée : *fleuron* ou *fleuron tubuleux*, lorsque la corolle est tubuleuse, régulière, infundibuliforme, à limbe 5-denté ; *demi-fleuron*, ou *fleuron ligulé*, lorsque au contraire sa corolle est incomplète, irrégulière, déjetée d'un seul côté en une languette qui offre 5 dents à son sommet tronqué.

Ordinairement les fleurs du centre du capitule sont des fleurons hermaphrodites ; celles de la circonférence sont des demi-fleurons unisexués ou neutres ; plus rarement elles sont unisexuées au centre et hermaphrodites à la circonférence. Les étamines sont au nombre de 5 : distinctes par leurs filets ; elles se réunissent par leurs anthères, qui sont dites alors *synanthères* (d'où le nom de la famille), formant une espèce de tube par lequel passe le style. L'ovaire est infère, adhérent au calice, qui est monosépale, jamais coloré en vert ; toutefois ce calice est à limbe nul, ou réduit à des arêtes, ou à rebord circulaire épais, ou enfin composé de soies capillaires ciliées ou plumeuses, persistantes ou caduques, auxquelles on a donné le nom d'*aigrette*. Le style est grêle, et il traverse, comme nous l'avons déjà dit, le tube formé par les anthères soudées ensemble ; il est bifurqué, et ses divisions sont munies de poils collecteurs, ce qui fait qu'en traversant, dans son élon-

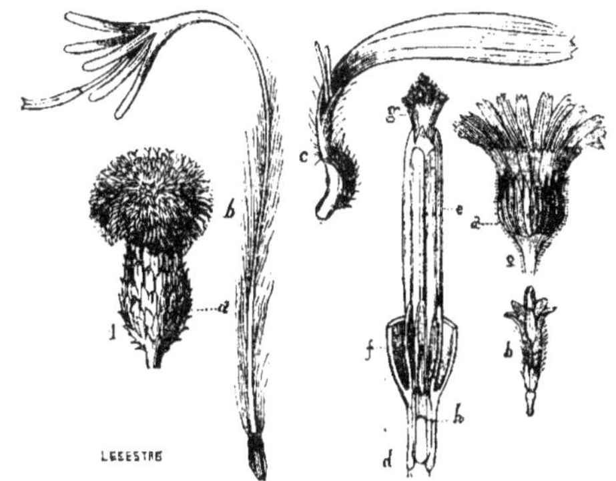

Fig. 376. — Composées.

1. — *a*, Capitule de la Serratule (*serratula arvensis*), involucre de folioles imbriquées ; — *b*, un des fleurons très grossi.

2. — *a*, Capitule du Souci de vigne (*calendula arvensis*) ; — *b*, fleuron du centre ; — *c*, demi-fleuron de la circonférence ; — *d*, o gones sexuels ; — *e*, anthères soudées ; — *f*, coupe du tube, dans lequel on aperçoit les filets libres des étamines ; — *g*, stigmate, sortant du canal formé par les anthères soudées ; — *h*, partie inférieure du style.

gation, le cylindre staminal, il enlève le pollen et en charge ses poils collecteurs, qui le versent ensuite sur les fleurs voisines pour les féconder. Le fruit est un akène de forme très variée : il est tantôt nu au sommet, tantôt couronné d'une aigrette soyeuse ou plumeuse.

Les capitules ou têtes sont composés d'un *réceptacle*, sorte de disque épais, plan, convexe ou conique, dont la face supérieure est criblée d'alvéoles plus ou moins profondes, dans lesquelles sont reçus les fleurons et les demi-fleurons ; plus des écailles, se recouvrant en partie les unes les autres, forment ce qu'on appelle l'*involucre*, qui entoure et protège le réceptacle.

La famille des Composées comprend un nombre immense de plantes qui se partagent en trois grandes tribus, elles-mêmes considérées, par certains botanistes, comme des familles distinctes : telles sont les *Carduacées* ou *Flosculeuses*, les *Corymbifères* et les *Chicoracées* ou *Semi-flosculeuses*.

CONCHOLÉPAS. Coquille univalve, de 6 à 12 cent. de long, remarquable par sa forme singulière, par son ouverture qui est très ample et les deux petites dents placées à la base de son bord droit. Cette coquille n'a rien d'agréable à l'œil : extrêmement commune au Pérou, elle est encore assez rare chez nous. On l'avait considérée jusqu'à ces derniers temps comme bivalve, supposant que la valve gauche manquait toujours parce qu'elle restait adhérente aux bancs de coraux, aux rochers sous-marins. — L'animal doit être rangé dans le genre des *Pourpres*, parce qu'il ne paraît en différer nullement.

CONCHYLIOLOGIE. Partie de la zoologie qui s'occupe de l'étude des Coquilles. Pendant longtemps on ne s'est livré qu'à la connaissance de cette partie de la science des Mollusques, négligeant tout à fait les animaux qui produisent ces enveloppes testacées : mais aujourd'hui, grâce aux travaux des Cuvier, des Blainville, etc., on ne sépare plus les deux études. Avant ces progrès de la science, les Coquilles étaient classées d'après leur forme générale, celle de leur charnière et des dents qu'elle présente, d'après les plis de la columelle des univalves, etc. ; mais maintenant ce sont surtout les caractères de l'animal que l'on prend en considération, comme étant beaucoup les plus importants et les plus conformes à la méthode naturelle qu'on doit suivre dans toute classification. — V. *Mollusques* et *Coquilles*.

CONCOMBRE (*Cucumis*). Genre de Plantes de la famille des Cucurbitacées, annuelles, à tiges étalées sur le sol, velues, hérissées, munies de vrilles; feuilles cordées 5-7-lobées; fleurs pédicellées, axillaires, monoïques, de couleur jaune : les mâles souvent fasciculées, à 5 étamines triadelphes, anthères conniventes ; les femelles solitaires, à ovaire triloculaire multiovulé, avec le style trifide; corolle 5-partite. Fruit volumineux, charnu, à graines nombreuses, obovales, comprimées.

Concombre ordinaire (*C. sativus*). Tiges très longues, chargées de soies piquantes; feuilles à lobes anguleux aigus, le terminal plus grand; fleurs de grandeur moyenne; fruit très gros, oblong, lisse, tuberculeux, un peu arqué, etc. — Cette plante, dont la souche primitive et sauvage n'a pas encore été découverte, bien que, au dire de quelques-uns, elle croisse en Asie, est cultivée dans tous les jardins potagers. Son fruit, à pulpe blanche, aqueuse et fade, est légèrement nourrissant, laxatif et rafraîchissant. Il a été préconisé jadis dans une foule de maladies, tant à l'intérieur qu'à l'extérieur. On en prépare des pommades cosmétiques qui ont la propriété d'adoucir la peau, de faire disparaître les éruptions furfuracées ; enfin ses usages culinaires, ainsi que ceux du Cornichon, sont connus de tout le monde. Le Concombre se reproduit de graines semées, soit sur couches à melon au commencement de mars, soit en pleine terre vers le 15 avril. On le repique 15 jours après, et quand il est repris, on ôte une partie des feuilles pour lui procurer plus de sève. Il faut à cette plante de la chaleur et des arrosages souvent renouvelés.

On en distingue plusieurs variétés : celle dite *Concombre petit-vert* donne le *Cornichon*, lequel résulte aussi du fruit du Concombre ordinaire cueilli avant maturité.

Nous renvoyons à leurs articles respectifs le *Melon* et la *Coloquinte*, espèces du même genre.

CONDOR (*Sarcoramphus gryphus*). Oiseau de proie du genre Sarcoramphe, famille des Vautours, dont I. Geoffroi Saint-Hilaire a fait un genre distinct, caractérisé par son pouce qui est inséré plus haut que les autres doigts, et par le développement de la crête qui s'étend, chez le mâle, sur le front, sur la tête, et qui envoie des prolongements charnus sur les côtés et le devant du cou. À l'âge adulte, le bas du cou est orné d'un demi-

collier duveté et soyeux d'un blanc de neige. La peau de la tête du mâle forme, derrière l'œil, des replis rugueux qui descendent vers le cou et se réunissent dans une membrane lâche que l'animal peut rendre plus ou moins visible en la gonflant à son gré ; son oreille est grande et cachée sous les replis de la membrane temporale. Le plumage est d'un noir bleu profond. La femelle n'a ni crête, ni barbillon sous le bec, et son plumage est d'un brun noir uniforme, avec du cendré sur les ailes. Le Condor a de 3 à 4 mètres d'envergure et plus d'un mètre de long.

Ce géant des oiseaux de proie habite principalement la chaîne des Andes, dans l'Amérique méridionale, où il a été surnommé le *grand Vautour des Andes*. Son vol est extrêmement puissant; aussi se tient-il sur les plus hauts pics de ces montagnes rocheuses, à quatre ou cinq mille mètres au-dessus du niveau de la mer. Sa constitution est des plus robustes ; les températures les plus opposées, les différences dans la pesanteur de l'atmosphère les plus grandes lui sont à peu près égales; il se gorge d'aliments impunément, comme il supporte facilement l'abstinence pendant plusieurs jours. Le courage de cet animal ne répond ni à sa force ni à sa cruauté. Il est timide et inoffensif, dit F. Cuvier, n'ayant d'arme que son bec et étant privé des serres des Aigles. Le Condor n'attaque pas, comme on l'a dit, les moutons, les veaux, les lamas, les cerfs, pas même les agneaux, ni aucun animal vivant, mais il détruit les jeunes animaux que leurs mères mettent bas dans les pâturages. Un horrible instinct avertit ces Rapaces lorsqu'une brebis ou une vache va faire ses petits, et alors ils attendent le moment où leur future victime paraît au jour pour l'enlever lâchement, malgré les cris de détresse de la mère, à laquelle du reste ils ne cherchent à faire aucun mal. Aussi les habitants leur font-ils une chasse assidue.

Fig. 377. — Condor.

Le Condor ne fait point de nid ; il se contente de choisir, dans les rochers, des concavités assez larges pour recevoir ses œufs, qui sont au nombre de deux, et dont les nuances sont peu connues. Le jeune Condor n'a pas de plumes ; son corps, pendant plusieurs mois, n'est couvert que d'un fin duvet.

CONDYLURE (*Condylurus*). Genre de Mammifères carnassiers, de la famille des Insectivores, voisins des Taupes, dont ils ont la taille, ayant pour caractère principal un museau très prolongé, quelquefois garni de crêtes membraneuses disposées en étoile autour des ouvertures des narines. Ils n'ont pas d'oreilles externes ; leurs yeux sont extrêmement petits, les parties qui les environnent dépourvues de poils ; pieds antérieurs courts, larges, à 5 doigts munis d'ongles robustes et propres à fouiller la terre ; pieds de derrière grêles à 5 doigts. — Les Condylures se trouvent dans l'Amérique septentrionale. Ils ont tout à fait le port, l'aspect et les habitudes des Taupes ; leur vie est cependant moins souterraine, et l'on en voit quelquefois sur le sol.

Le CONDYLURE A MUSEAU ÉTOILÉ (*C. cristata*) a une longueur totale de 14 cent. ; ses narines sont entourées d'un cercle de lanières membraneuses disposées en étoile. — Il habite le Canada (*Taupe du Canada*), où il se creuse des terriers dans les terrains légers, sans toutefois former des taupinières aussi grosses que notre Taupe. Sa nourriture consiste en vers, larves, insectes. — Le C. A POIL VERT (*C. prasina*), de la même taille que le précédent environ, a le pelage très fin, de couleur verte, le museau garni de 22 pointes ou lanières. — Il se trouve aux Etats-Unis.

CONE (*Conus*). Genre de Mollusques gastéropodes pectinibranches, de la famille des Buccinoïdes : la coquille est à spire tout à fait plate ou peu saillante, formant la base d'un véritable cône dont la pointe est à l'extrémité opposée, avec une ouverture étroite, rectiligne ou à peu près, étendue d'un bout à l'autre, sans renflement ni pli, soit au bord, soit à la columelle. L'animal est fort aplati en avant ; ses branchies sont placées à droite. — Les Cônes habitent les mers : ce sont les plus timides de tous les Mollusques, le moindre choc les fait rentrer pour ne plus reparaître ; la pesanteur de leur coquille, jointe au peu de grandeur et de force du pied, nuit à leur progression : aussi se tiennent-ils constamment au fond des eaux.

On en connaît plus de deux cents espèces vivantes, plus un assez grand nombre d'espèces à l'état fossile. Nous citerons le C. TIGRÉ, le C. DRAP D'OR, et surtout le C. AMIRAL, coquille fort belle, et dont le prix est toujours resté fort élevé dans le commerce.

CONFERVES. On donne ce nom aux Algues qui vivent dans l'air humide ou dans l'eau douce, ou qui, croissant sur la terre par les temps humides, forment comme un tapis de verdure par l'entrelacement de leurs filaments déliés et sans nombre. Ce sont tantôt des tubes capillaires simples ou ramifiés, continus ou articulés, offrant des spores intérieurs ou externes (*Conferrées*), ou bien des expansions membraneuses vertes et sans symétrie, contenant

des spores épars (*Ulvées*), ou des corpuscules se séparant par fragments fragiles qui deviennent autant de moyens de reproduction (*Diatomées*).

CONGRE (*Murœna conger*), vulg. *Anguille de mer*. Espèce du genre Anguille, qui ne diffère des Anguilles ordinaires que parce que la nageoire du dos commence très près des pectorales et même sur elles, et que la mâchoire supérieure est plus longue que l'inférieure. — Le C. COMMUN atteint plus de deux mètres de long ; il est de couleur blanchâtre, avec une bordure noire à ses nageoires verticales, et une suite de points blancs indiquant la direction de la ligne latérale. Poisson assez commun sur les marchés de Paris, mais dont la chair est peu délicate. — Le C. MYRE est d'une taille beaucoup moins considérable ; il a sur le museau et l'occiput des taches fauves. Il vit dans la Méditerranée.

CONIFÈRES (de *conus*, cône ; *fero*, je porte). Famille de Plantes dicotylédones apétales et unisexuées, composée d'arbres ou d'arbrisseaux qui contiennent un suc résineux. Leurs feuilles sont étroites, entières, diversement disposées, toujours vertes. Les fleurs sont monoïques, rarement dioï-

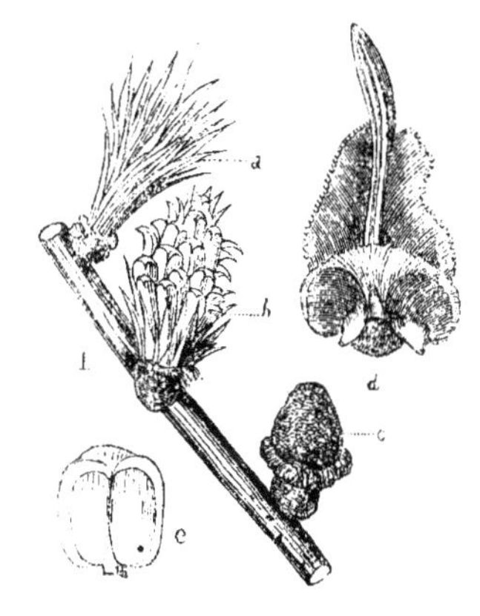

Fig. 378. — Conifères.

1. Mélèze (*larix europœa*); *a*, rameau portant un faisceau de feuilles ; *b*, un cône de fleurs femelles ; — *c*, un cône de fleurs mâles ; — *d*, écaille du cône femelle portant des fleurs renversées, c'est-à-dire deux ovaires adhérents à la face supérieure, — *e* une étamine grossie.

ques, en chatons dépourvus d'enveloppes florales, constituées de la manière suivante : les mâles ont des étamines en nombre variable, placées à la base ou à la face inférieure d'écailles disposées en chatons ; les femelles ont des écailles qui portent 1-2 ou plusieurs ovules, et qui s'imbriquent en un chaton ovoïde. Le fruit, appelé *cône* ou *strobile*, est constitué par l'assemblage des ovaires fécondés et mûrs et des écailles qui les accompagnent; en écartant celles-ci, on trouve sous chacune d'elles les fruits munis de leur calice. — Cette famille se divise en trois tribus :

ABIÉTINÉES. Fleurs femelles renversées , adhérentes à la face inférieure des écailles, qui en portent chacune deux ; cône écailleux : *Pin*, *Sapin*, *Mélèze*.

CUPRESSINÉES. Fleurs femelles dressées, placées à l'aisselle des écailles et non soudées avec elles ; cône globuleux : *Genévrier*, *Cyprès*, *Thuya*.

TAXINÉES. Fleurs femelles solitaires ; fruit simple.

CONIROSTRES. Famille des Passereaux, caractérisée par un bec conique, et comprenant les : *Alouettes*, *Bruants*, *Corbeaux*, *Mésanges*, *Moineaux*, etc.

CONNOCHÈTE. Sous-genre d'Antilopes ayant une apparence bovine; le mufle est élargi, dénudé; existence d'un fanon ; queue longue, floconneuse: cornes épatées à leur base, descendant obliquement en avant pour se redresser brusquement, existant dans les deux sexes : tels sont le *Gnou*, le *Gorgon*. — V. ces mots.

CONOPS. Genre de Diptères, dont la forme se rapproche beaucoup de celle des Guêpes, mais qui ont la tête très volumineuse par rapport au corps et la trompe deux fois plus longue que la tête. — Ces insectes ont le vol rapide et vivent sur les fleurs des prairies. A l'état de larves , ils vivent dans l'intérieur des corps des bourdons et y subissent leurs métamorphoses, pour en sortir insectes parfaits par les intervalles des anneaux de l'abdomen. — Le CONOPS A GROSSE tête est l'espèce type.

CONQUE. Les anciens donnaient ce nom à la plupart des Coquilles bivalves. — Lamarck le réserve à une famille de Coquilles bivalves qu'il divise en fluviatiles et en marines , et dont les caractères sont d'être équivalves, orbiculaires ou transverses, toujours régulières, très closes.

CONSOUDE (*Symphytum*). Genre de Plantes de la famille des Borraginées, dont l'espèce type et unique dans notre climat est la

GRANDE CONSOUDE (*S. officinale*). Plante vivace, hérissée , haute de 60-90 cent., à feuilles rudes, pubescentes , les radicales très amples, ovales aiguës, longuement pétiolées; les caulinaires lancéolées à limbe décurrent. Fleurs assez grandes, blanchâtres, jaunâtres ou violacées, penchées et disposées en grappes courtes, terminales : calice 5-fide: corolle campanulée 5-lobée, avec 5 écailles à la gorge: étamines incluses , à anthères plus longues que les filets.

La grande Consoude est très commune dans les prés bas et sur le bord des fossés humides: elle fleurit tout l'été. Ses prétendues vertus pour guérir les hémorrhagies, flux de sang, inflammations, hernies, pour opérer la réunion des plaies, *consolider* les fractures, etc., ont été exaltées par les anciens; on dit même que les jeunes filles l'employaient pour réparer les ravages d'un amour hâtif. Aujourd'hui c'est tout simplement un adoucissant. La racine de grande Consoude, qui est grosse et charnue, est la seule partie employée, en décoction ou en sirop, dans les affections de poitrine, principalement les crachements de sang.

Fig. 379. — Grande Consoude.

CONSTELLATION. Assemblage d'un certain nombre d'étoiles fixes, auquel, pour aider la mémoire, on a supposé une figure , soit d'homme, soit d'animaux, soit de plantes, et donné un nom pour les distinguer des autres assemblages de même espèce. Cette division remonte à la plus haute antiquité. Les astronomes ont divisé le ciel en différentes constellations : on en compte douze principales, telles que Bélier, Taureau, Orion, Hercule , grande Ourse, Balance, etc. ; mais leur nombre total est de 108.

CONTRAYERVA. — V. *Dorsténie*.

CONVOLVULACÉES. Famille de Plantes dicotylédones monopétales, supérovariées, herbacées ou sous-frutescentes, à tiges généralement grêles, ou volubiles ; à feuilles alternes, dépourvues de stipules; à racine souvent tubéreuse et charnue. Les fleurs sont axillaires ou terminales , ordinairement grandes et régulières : calice monosépale persistant, à 5 divisions profondes; corolle monopétale, campanulée, infundibuliforme, à limbe indivis ou 5-lobé ; préfloraison plissée, tordue. Etamines 5 , insérées à la base de la corolle; ovaire libre à 2-4 carpelles 1-2 biovulés; style simple , filiforme; 2-4 stigmates. —V. fig. 379. — Capsule recouverte par le calice.—Genres principaux : *Liseron*, *Cuscute*, *Ipomæa*, *Volubile*, *Quamoclit*.

CONYZE (*Coniza*). Plante de la grande famille des Composées, tribu des Corymbifères, s'élevant à 50-90 centim., dont la tige dressée, pubescente, rameuse en haut, porte des feuilles oblongues très pubescentes en dessous, les caulinaires sessiles. Fleurs en capitules nombreux disposés en corymbes jaunes : fleurons à peine fendus en ligule (demi-fleurons) à la circonférence, où ils ne dépassent pas ceux du centre. — La Conyze (*C. squarrosa*), considérée par les uns comme type du genre, par d'autres comme espèce du genre Aunée, croît au bord des chemins, sur la lisière des bois, aux lieux pierreux. Elle fleurit sur la fin de l'été. On la surnomme *herbe aux mouches*, parce que son odeur désagréable est fatale à ces insectes.

Fig. 380. — Convolvulacée (Soldanelle).

COPAHU, ou mieux **COPAYER** (*Copaifera*). Genre de la famille des Légumineuses, tribu des Cassiées, composé d'arbres élevés, exotiques, qui produisent une liqueur résineuse très abondante.

Le Copayer officinal (*C. officinalis*) s'élève à la hauteur de 15 à 20 mètres ; ses branches sont étalées, ses feuilles alternes, pétiolées, ailées, luisantes, composées de 3-4 paires de folioles ovales, entières. Fleurs petites, blanches, en petites grappes alternes : 4 pétales étalés, étroits, aigus ; point de calice ; 10 étamines filamenteuses ; ovaire pédicellé dont le style est courbé. Gousse ovale, bivalve, 1-sperme. — Cet arbre croît au Brésil, dans la Guiane, dans la Nouvelle-Espagne, etc. Il fournit, au moyen d'incisions faites à son écorce, le suc résine connu dans le commerce sous le nom de *baume de Copahu*

Le baume de Copahu est d'abord liquide, inodore et presque incolore, mais bientôt il acquiert la consistance d'une huile grasse et une couleur jaunâtre, sans perdre sa transparence. Son odeur est suave, fragrante ; sa saveur aromatique, amère, légèrement âcre. C'est un excitant actif, qui porte spécialement son action sur les membranes muqueuses, non pour en augmenter la sécrétion, mais au contraire pour la diminuer. Aussi le Co-

pahu est-il très employé pour tarir les écoulements muqueux des bronches, du vagin, et spécialement ceux du canal de l'urètre, sur lequel il a une influence toute particulière. Son ingestion n'est pas supportée par tous les estomacs.

Fig. 381. — Copahu.

COQ (*Gallus*). Genre d'Oiseaux de l'ordre des Gallinacés, famille des Phasianidés ou Faisans, qui se distinguent aux caractères suivants : bec moins long que la tête, en cône arqué ; tête en partie nue, ainsi que le devant du cou ; le plus souvent crête charnue qui surmonte la tête, et prolongements de même nature sous le bec ; ailes arrondies, concaves, obtuses ; queue généralement verticale, à pennes très larges, garnie souvent sur ses côtés de deux plumes pendant en arc ; tarses scutellés, armés d'éperons arqués et aigus. —Voir la figure au mot *Gallinacés*. — Le genre Coq renferme une douzaine d'espèces, toutes de l'Inde et de l'archipel Indien : le *Coq*, le *Macartney*, le *Napaul*, le *Faisan* constituent les principales, et forment pour beaucoup de naturalistes des genres distincts.

Le Coq proprement dit ou domestique est l'espèce à laquelle se rapportent spécialement les caractères ci-dessus : c'est un oiseau pesant, dont la démarche est grave et lente, et qui, ayant les ailes fort courtes, ne vole que rarement. Il gratte la terre pour chercher sa nourriture, il avale autant de petits cailloux que de grains, et n'en digère que mieux ; mais il est on peut dire omnivore. Il chante indifféremment la nuit et le jour, mais non régulièrement à certaines heures, comme on le croit et répète. Il se distingue de sa femelle, que l'on désigne sous le nom de *Poule*, par son plumage plus brillant, sa taille plus grande, ses

tarses plus robustes, et surtout par ses caroncules plus développées et les couvertures supérieures de sa queue, très développées et recourbées en arc.

Le Coq est polygame; très ardent en amour, il
peut suffire à douze femelles et répéter l'acte générateur un grand nombre de fois. « Il a beaucoup de soin et même d'inquiétude et de souci
pour ses Poules : il ne les perd guère de vue: il
les conduit, les défend, les menace, va chercher
celles qui s'écartent, les ramène, et ne se livre
au plaisir de manger que lorsqu'il les voit toutes
manger autour de lui. A en juger par les différentes inflexions de sa voix et par les différentes
expressions de sa mine, on ne peut guère douter
qu'il ne leur parle différents langages. Quand il les
perd, il leur donne des signes de regrets. Quoique aussi jaloux qu'amoureux, il n'en maltraite
aucune; sa jalousie ne l'irrite que contre ses con-
currents : s'il se présente un autre Coq, sans lui
donner le temps de rien entreprendre, il accourt
l'œil en feu, les plumes hérissées, se jette sur son
rival, et lui livre un combat opiniâtre, jusqu'à ce
que l'un ou l'autre succombe, ou que le nouveau
venu lui cède le champ de bataille. » C'est à ces
qualités que le Coq doit l'honneur d'être considéré comme le symbole de la courtoisie galante et
du caractère martial, et sans doute aussi celui d'a-
voir orné, par son image, les étendards des armées
gauloises et même naguère le drapeau français.

« Les hommes, dit Buffon, qui tirent parti de
tout pour leur amusement, ont bien su mettre en
œuvre cette antipathie invincible que la nature a
établie entre un Coq et un Coq; ils ont cultivé
cette haine avec tant d'art, que les combats de
deux Oiseaux de basse-cour sont devenus des
spectacles dignes d'intéresser la curiosité des peuples polis, et en même temps des moyens de développer ou entretenir dans les âmes cette précieuse
férocité, qui est, dit-on, le germe de l'héroïsme.
On a vu, on voit encore tous les jours, dans plus
d'une contrée, des hommes de tous états accourir
en foule à ces grotesques tournois, se diviser en
deux partis, chacun de ces partis s'échauffer pour
son combattant, joindre la fureur des gageures
les plus outrées à l'intérêt d'un si beau spectacle,
et le dernier coup de bec de l'Oiseau vainqueur
renverser la fortune de plusieurs familles. »

La Poule, nous le savons, est la femelle du
Coq; elle est plus petite, d'un plumage moins
brillant; les couvertures de sa queue ne prennent
pas le même accroissement; sa crête est moindre,
sa voix réduite à un faible cri, ses tarses moins
forts. Les Poules sont remarquables par leur
grande faculté reproductrice; leurs ovaires et oviductes jouissent d'une activité vitale extraordinaire, car elles pondent toute l'année, hormis le
temps de la mue, qui dure 5 ou 6 semaines. Leurs
œufs se développent sans cesse à la grappe ou
ovaire, sans le concours du Coq. D'abord blanchâtres, ils jaunissent en grossissant, puis se détachent par la rupture du pédoncule qui les re-

tenait, et passent dans l'oviducte. En parcourant
le trajet de ce canal, la petite boule jaune ou *vi-
tellus* se recouvre d'une matière épaisse, glai-
reuse, appelée *albumen* ou blanc d'œuf ; vers la
fin de l'oviducte, l'œuf, revêtu d'une suffisante
quantité d'albumen, s'entoure d'une membrane
qui reste toujours molle, et d'une seconde plus
extérieure qui s'encroûte d'une matière calcaire
et forme la coquille. Bientôt après la ponte a lieu.
— V. *Œuf*.

Si, comme nous l'avons dit, les Poules pondent
lors même qu'elles n'ont pas de Coq, elles pondent moins toutefois, et leurs œufs sont inféconds. Toute poule qui se dispose à couver pond
chaque jour un ou deux œufs : le moment où elle
cesse indique celui du couvage; l'incubation est
de 21 jours ; le petit brise alors la coque de l'œuf
avec son bec armé d'un petit onglet calcaire, puis
il marche et ramasse sa nourriture. — On trouve
quelquefois dans les poulaillers de petits œufs
sans jaune, qu'on appelle *Œufs de Coq*. Ces œufs
sont le produit d'une poule trop jeune, ou le dernier effort d'une poule épuisée, ou bien encore
des œufs imparfaits dont le jaune aura crevé dans
l'oviducte; comme ils conservent leurs cordons
ou *chalazes*, le vulgaire a pris ces parties pour
un serpent; de là l'absurde préjugé qui veut que
les œufs de Coq contiennent un serpent.

Notre Coq et notre Poule domestiques descendent d'espèces sauvages, mais on ne sait à quelle
époque ils ont été réduits en domesticité. Il paraît que le Coq sauvage prend soin de ses Poules
domestiques comme celui de nos basses-cours;
il marche fièrement autour d'elles, et veille à leur
sûreté. Sa vigilance est telle qu'il est bien difficile d'approcher de son petit troupeau à portée de
fusil : aussi ne parvient-on guère à se procurer
que des individus pris au lacet.

Les variétés de Coqs sont assez nombreuses ;
les principales sont le *Coq villageois*, le *C. huppé*,
le *C. à 5 doigts*, le *C. nain*, le *C. pattu*, le *C.
sans croupion*, le *C. russe*, etc. — La chair du
Coq qui fait l'amour n'est pas estimée; mais lorsque l'animal est châtré dans sa jeunesse, cette
chair, qui est alors celle du *Chapon*, devient excellente. Nous en dirons autant de la Poule pondeuse, qui n'engraisse et ne devient tendre et délicate que lorsqu'on lui a ôté les ovaires et qu'on
l'a rendue stérile : elle s'appelle alors *Poularde*.

COQ DE BRUYÈRES. — V. *Tétras*.

COQ D'INDE. — V. *Dindon*.

COQ DE ROCHE. — V. *Rupicole*.

COQ DU LEVANT. Fruit du Coccule (*Menisper-
mum cocculus*), arbuste sarmenteux du Malabar,
de la famille des Ménispermacées. Ce fruit, ayant
la forme de drupes desséchés, ovoïdes, globuleux, glabres et ridés, nous vient des grandes
Indes. Son péricarpe renferme une graine hui-

leuse, très amère, à propriétés toxiques. On s'en est souvent servi pour enivrer le poisson dans les rivières et le prendre avec facilité. On assurait qu'elle ne lui communiquait aucune propriété malfaisante ; mais le contraire paraît aujourd'hui démontré.

COQUELICOT. Espèce du genre *Pavot*. — V. ce mot.

COQUERET. — V. *Alkékenge*.

COQUILLAGE et **COQUILLE.** Corps testacé calcaire, ou simplement test, développé à l'extérieur ou dans l'intérieur du **corps d'un Mollusque**, et destiné à le protéger ou **à le soutenir.** On nomme *Conchyliologie* la science qui a pour objet leur étude. — Les Oursins, les Crustacés, quelques Annélides sont aussi pourvus de parties calcaires analogues aux Coquilles, mais elles en diffèrent par plusieurs caractères de composition et de forme. — Les Coquilles sont de trois espèces : univalves, bivalves ou multivalves.

Coquilles univalves. Ce sont celles formées d'une seule pièce ; elles sont ordinairement tournées en *spire* ou *spirale*, de forme et de couleur très variables, les unes couvertes d'un *épiderme*, les autres nues. Elles se distinguent en *terrestres*, en *fluviales* et en *marines*, , selon que leurs animaux vivent ou vivaient (car un très grand nombre existent à l'état fossile) sur la surface du sol, dans les fleuves ou dans la mer. Les premières, d'une épaisseur moindre, n'ont ni épines, ni tubercules ; les secondes ont un épiderme vert ou brun, quelques-unes sont épineuses ou tuberculeuses ; les troisièmes sont généralement épaisses, garnies de bourrelets ou d'épines, etc. Les Coquilles univalves, en général, offrent à considérer deux portions principales : la *base*, partie la plus saillante, opposée au sommet, et la *spire* qui est constituée par tous les tours de la Coquille. L'ouverture ou *bouche* est à la base : c'est par elle que l'animal sort et rentre. La forme de cette ouverture varie singulièrement ; ses bords ou *lèvres* se distinguent en droit et en gauche ; le bord gauche n'existe pas toujours. On appelle *Columelle* cette partie du côté gauche qui se voit dans l'intérieur, et qui s'applique sur l'axe de la coquille ; ses modifications ainsi que celles des bords sont nombreuses.

Coquilles bivalves. Elles sont, comme l'indique leur dénomination, formées de deux valves. On les distingue en *fluviatiles* et en *marines* : les premières vivent dans les eaux douces, et ont un épiderme foncé ou vert foncé, le plus souvent détruit, rongé vers les crochets ; les secondes habitent les mers, et sont presque toujours dépourvues d'épiderme, mais chargées ordinairement de côtes, d'aspérités, de sillons, d'épines, etc. Ces coquilles sont *libres* ou *adhérentes*, *symétriques* ou *non symétriques*, *équivalves* ou *inéquivalves*, *cylindriques* ou *orbiculaires*, *closes* ou *bâillantes*, etc.

Les valves offrent à étudier : 1° leur *face externe*, qui est plus ou moins convexe, raboteuse, striée, sillonnée, onduleuse, épineuse, etc.; 2° leur *face interne*, qui, souvent concave, est lisse, blanche ou nacrée, en contact immédiat avec l'animal : elle offre des impressions dites *musculaires*, variables en nombre et en forme ; 3° leurs *bords* se divisent en antérieur, postérieur, inférieur et supérieur. Ce dernier présente : les crochets ou protubérances coniques et recourbées l'une vers l'autre, qui couronnent la charnière, étant placés immédiatement au-dessus d'elle ; le *corselet*, qui est toute la partie antérieure du crochet ; la *lunule*, partie ordinairement enfoncée, circonscrite par une ligne déprimée, qui se trouve au-dessous de la courbure des crochets ; 4° enfin, les *moyens d'union des valves*, qui consistent dans : la *charnière*, partie du bord supérieur diversement modifiée et servant à solidifier l'articulation des valves ; le *ligament*, substance solide, élastique, cornée, destinée à réunir solidement les deux valves de la Coquille, et à les couvrir pendant la vie de l'animal.

Coquilles multivalves. Ce sont celles dont les pièces sont au nombre de plus de deux, comme dans le Gland de mer, l'Anatife, etc. Dans les Cirrhipèdes fixes, toutes les pièces sont souvent soudées entre elles, venant se ranger autour d'une cavité toujours fermée supérieurement par 2 ou 4 petites pièces, dont l'ensemble se nomme *opercule*.

Les Coquilles sont pour la plupart calcaires ; dans beaucoup de pays, elles servent à fabriquer de la chaux. La *nacre* et les *perles* se retirent des Coquilles des genres Perne, Murette, Pintadine. Dans l'Inde et l'Afrique, on emploie certaines Coquilles, appelées *Caurès*, comme pièces de monnaie ; d'autres servent d'objets de toilette et d'ornement chez les sauvages.

CORAIL (*Corallium*). Genre de Polypes anthozoaires, de la famille des Alcyoniens ; zoophytes microscopiques dont la partie charnue contient un grand nombre de petites aiguilles calcaires, ayant la bouche entourée de 8 tentacules coniques, légèrement comprimés et ciliés sur les bords, ce qui les fait ressembler à des fleurs plutôt qu'à des animaux ; l'ouverture buccale sert aussi d'anus. En se réunissant, ces êtres forment un axe ramifié, d'abord creux, qui se remplit petit à petit d'une matière calcaire, laquelle leur donne une consistance solide, pierreuse, et dont la forme est celle d'un arbre ramifié dépourvu de feuilles ; c'est cette espèce d'arbuste plus ou moins branchu qu'on nomme *Polypier* ; et c'est la matière calcaire qui lui donne la solidité qui constitue le *Corail*.

Le Polypier-Corail est couvert d'une écorce gélatino-calcaire, et enveloppé d'une membrane vasculaire qui lie les uns aux autres tous les individus du même pied, et fait que la nourriture de l'un profite à tous les autres. Cette production marine se fixe aux rochers du fond de la mer, et se rencontre particulièrement dans la Méditerranée et la mer Rouge. Elle se développe plus rapidement sous l'influence d'une lumière ; c'est pourquoi le Corail des eaux profondes est moins beau que celui qui se pèche à quelques brasses seulement de la surface de la mer. Cette pêche n'est pas exempte de tout danger pour les plongeurs qui vont le chercher à plus de 100 ou 200 mètres. On le pêche aussi en promenant dans la mer une espèce de filet, appelé *salabre*. Comme on suppose qu'il faut dix ans pour que les espèces de parterres ou de taillis que forment les Coraux atteignent tout leur développement, les pêcheurs divisent le champ qu'ils ont choisi en dix coupes réglées. Les principales pêches se font sur les côtes de Barbarie, de France et d'Italie.

Le Corail rouge est l'espèce la plus connue et la plus estimée ; son axe central est d'un *rouge vif*, et constitue cette matière que l'on emploie à faire des colliers, des bracelets, des bijoux. De plus, le

Fig. 382. — Grand Corbeau.

Corail est une substance absorbante que l'on fait entrer dans les opiats, les poudres dentifrices ; mais le plus souvent ce que l'on nomme *poudre de corail* n'est qu'un mélange coloré dans lequel le corail n'entre nullement.

CORALLINE (*Corallina*). Genre de Végétaux acotylédones, de la famille des Algues, caractérisés par des tiges et rameaux articulés et incrustés d'une matière calcaire blanchâtre ou verdâtre, ce qui les a fait considérer pendant longtemps comme des Polypiers. — L'espèce la plus remarquable est la C. officinale (*C. officinalis*), qui présente une fronde à rameaux comprimés et articulés, et dont les conceptacles sont en massue, terminaux, lisses, s'ouvrant par un pore terminal et renfermant des sporidies pyriformes.

La Coralline se trouve dans toutes les mers d'Europe, particulièrement dans la Méditerranée, se montrant sous l'apparence d'une végétation rameuse, homogène, de 2 à 5 cent. de hauteur, fixée le plus souvent aux rochers, dont elle ne se détache que par un choc assez dur. On l'a beaucoup employée comme vermifuge, sous les mêmes formes et aux mêmes doses que la mousse de Corse, qu'on lui préfère aujourd'hui.

CORBEAU (*Corvus*). Grand genre de Passereaux de la tribu des Conirostres, formant, pour plusieurs ornithologistes, la grande famille des Corvinés, qui renferme les *Garrulés* (genres se rapprochant du Geai), et les *Corvinés* proprement dits (genres ressemblant davantage au Geai). Les Corbeaux, considérés d'une manière générale, présentent pour caractères : bec gros, bombé à la base et arrondi en dessus, comprimé, à bords tranchants, entier ou échancré à sa pointe ; narines basales, rondes, couvertes de plumes sétacées ; tarses longs, doigts presque entièrement divisés ; ailes allongées pointues ; queue égale et arrondie. — Ces Oiseaux ont les formes trapues et robustes ; ils vivent de toutes sortes d'aliments, de fruits et d'insectes ; la plupart poursuivent même les petits oiseaux, et se repaissent plus ou moins de viandes mortes ou décomposées.

Les Corvinés renferment, outre le Corbeau proprement dit, dont il va être question, les genres *Cassenoix. Corbivau. Gymnocorve, Picarthartes,*

Podoce, Choquard, Corbicrare, Crave, et, parmi les Garrulés, le *Geai*, la *Pie*, le *Longup*, le *Mésangeai*, le *Cyanocorax*, etc. — V. ces mots.

Grand Corbeau (*C. corax*). C'est l'espèce type du genre, et le plus grand des Passereaux d'Europe. Son plumage est entièrement noir, avec des reflets pourpres et bleuâtres sur les parties supérieures du corps, et des nuances verdâtres au ventre; queue arrondie; mandibule supérieure arquée en avant, longueur totale, 67 cent., etc.

Le Corbeau paraît s'accommoder à toutes les températures. Il a le vol élevé, les instincts lâches et dégoûtants, car les voiries infectes, les charognes pourries font le fond de sa nourriture, outre qu'il attaque quelquefois les faibles animaux. Son odorat est très subtil; on prétend qu'il sent les cadavres d'une lieue; et, comme il est d'une défiance extrême, qu'il fuit dès qu'il aperçoit le chasseur, tandis que l'homme armé d'un simple bâton peut, dit-on, l'approcher davantage, on dit qu'il sent la poudre.

Le Corbeau n'émigre pas; il s'attache à la localité où il a niché. Très répandu presque partout, nulle part il n'a été considéré avec indifférence, soit à cause de son plumage et de son cri lugubres, de son port ignoble, de son regard farouche, de l'odeur infecte qu'il exhale, soit parce qu'on a vu dans ses cris et ses actions le présage de malheurs imaginaires; car cet oiseau, très sensible à l'élément qu'il habite, en annonce les variations par des accents et des gestes dont toutes les circonstances ont eu leur signification particulière aux yeux des hommes adonnés à la prétendue science de prédire l'avenir. La plupart des espèces de ce genre se posent sur le dos des bestiaux pour enlever et dévorer les insectes parasites qui s'attachent

Fig. 383. — Corneille mantelée.

après leur peau: en cela ils sont très utiles sans doute; mais le Corbeau pousse aussi la cruauté jusqu'à ronger tout vifs les buffles, sur la peau desquels il se crampone, après leur avoir crevé les yeux, cruauté d'autant plus atroce, qu'étant

omnivore, ce n'est pas pour le sang et la chair palpitante qu'il agit ainsi.

Le Corbeau s'apprivoise facilement, et imite le cri des animaux et la voix humaine. Il se défend très bien contre les chiens et les chats; mais il attaque et dévore dans les basses-cours les jeunes

Fig. 384 et 385. — Corbeau Choucas (mâle et femelle).

poulets jusqu'au dernier. Il a l'instinct des provisions : il accumule et cache non-seulement les comestibles qu'il peut trouver, mais encore les objets qui brillent, tels que les pièces de monnaie, etc. Ces oiseaux, si méprisés et si dégoûtants, savent pourtant s'inspirer un amour constant et former des alliances durables. Chaque mâle a sa femelle, à qui il demeure attaché plusieurs années de suite; et leurs caresses mutuelles paraissent être, comme chez les Tourterelles, rendues plus voluptueuses par des préludes de tendres manifestations. Le nid est construit sur les arbres les plus élevés, sur les rochers les plus escarpés ou sur les vieilles tours, où la femelle dépose 3 à 6 œufs verdâtres, irrégulièrement tachetés de brun, qu'elle couve ensuite pendant 20 jours, entourée des soins et des prévenances du mâle. Le Corbeau prolonge son existence, dit-on, jusqu'à cent ans.

Corbeau corneille (*C. corone*). Plumage noir à reflets violets; bec et pieds noirs, bec moins arqué; queue plus carrée; longueur totale, 51 cent. — Les Corneilles habitent l'Europe et l'Asie; elles sont communes et sédentaires en France. Elles vivent par bandes, l'été dans les forêts, l'hiver, près des habitations, se nourrissant de graines, de vermisseaux et d'insectes, pêchant même de petits poissons sur le bord des rivières et sur les grèves que la mer abandonne. Le soir elles se retirent dans les bois, qu'elles font retentir de leurs croassements.

La Corneille est prudente et avisée; c'est donc à tort qu'on lui a fait une réputation d'étourderie qu'elle ne mérite pas. Comme le grand Corbeau, elle s'apprivoise, apprend à parler, et dérobe tout ce qui brille à ses yeux. Elle niche sur les arbres élevés, où elle pond de 4 à 6 œufs allongés d'un bleu verdâtre. — Les oiseleurs font la chasse aux Corneilles de plusieurs manières; voici la plus singulière sans contredit. « Il faut avoir une Corneille vivante; on l'attache solidement contre terre, les pieds en haut, par le moyen de deux crochets qui saisissent de chaque côté l'origine des ailes; dans cette situation pénible, elle ne cesse de s'agiter et de crier : les autres Corneilles ne manquent pas d'accourir de toutes parts à sa voix, comme pour lui donner du secours; mais la prisonnière, cherchant à s'accrocher à tout pour se tirer d'embarras, saisit avec le bec et les griffes, qu'on lui a laissés libres, toutes celles qui approchent, et les livre ainsi à l'oiseleur. »

CORBEAU MANTELÉ (*C. cornix*). Tête, gorge, devant du cou, poitrine, ailes et queue noirs, à reflets bronzés; le reste du corps gris cendré; bec et pieds noirs; longueur totale, 53 cent. — Cette espèce, un peu plus grosse que la Corneille, habite l'Europe et l'Asie septentrionales; elle arrive l'hiver dans le nord de la France. Ce Corbeau fréquente les bords des étangs, et se nourrit de poissons, de coquillages et de reptiles; il cause aussi de grands dommages dans les terres ensemencées. La femelle pond 4 à 6 œufs oblongs d'un bleu pâle verdâtre.

CORBEAU CHOUCAS (*C. monedula*). Cette espèce, dont la longueur totale est de 45 cent., a le dessus de la tête, le dos, le croupion, les ailes et la queue noirs, à reflets verdâtres ou grisâtres; le derrière et les côtés du cou d'un cendré perlé luisant, quelquefois avec une sorte de collier blanc. — Le Choucas est répandu dans toute l'Europe; il est très commun en Morée, et vit sédentaire en France. Ponte de 4 ou 7 œufs d'un bleu pâle vert grisâtre, avec des taches noirâtres et bistrées, arrondies et assez accentuées.

CORBEAU FREUX (*C. frugilegus*). Plumage d'un noir à reflets pourprés, brillants en dessus et moins éclatants en dessous; bec plus droit et plus pointu, noir, ainsi que les pieds; longueur totale, 50 cent. — Le Freux habite de préférence les régions septentrionales de l'Europe; il se reproduit en France et en Belgique. Il est plus petit que la Corneille, comme elle aussi plus frugivore qu'insectivore et peu friand de mets cadavériques. Les Freux, dit M. Salys-Longchamps, se réunissent vers la fin de mars par milliers dans certaines localités, et construisent souvent jusqu'à 40 nids sur un peuplier blanc, d'où il est difficile de les déloger. Ponte de 3 à 5 œufs variables pour la forme et la couleur. — Une *variété* très rare est entièrement blanche.

CORBEILLE D'OR.

Nom vulgaire donné à une espèce de Plantes du genre *Alyssum* (*A. saxatile*), de la famille des Crucifères, qui se distingue à ses grappes fructifères courtes, rapprochées en panicules, à ses fleurs d'un beau jaune, à ses étamines dont les filets présentent à la base un appendice court arrondi, et à ses silicules glabres. — Cette plante vivace est fréquemment cultivée dans les jardins.

CORBICRAVE (*Corcorax*). Genre de la famille des Corbeaux, dont on ne connaît qu'une seule espèce : le C. AUSTRALIEN, au plumage entièrement noir, avec des reflets d'acier bruni, surtout sur une partie du dos et des ailes. — Cet Oiseau vit par petites bandes de 7 ou 8 individus, et lorsqu'il voltige de branche en branche, on l'entend pousser un sifflement assez agréable qui est répété par les autres de la bande. Il est d'un naturel farouche et méfiant; insectivore.

CORBIVEAU (*Corvultur*). Genre d'Oiseaux de la famille des Corbeaux, ayant le plumage noir, le bec très comprimé latéralement, très élevé et arrondi. — Ce genre a été établi sur deux espèces de découverte assez récente, dont la principale est le CORBIVEAU DE CAFRERIE, oiseau vorace, criard, hardi et immonde, ayant quelques rapports de formes avec les Oiseaux de proie, montrant à la fois le goût pour les proies vivantes, comme ces derniers, et l'appétit pour les charognes, comme le Corbeau. Il est cependant sociable.

CORIANDRE (*Coriandrum*). Genre d'Ombellifères, qui se distingue par un involucre universel nul ou à une seule foliole, les involucres partiels

Fig. 386. — Coriandre.

(Sommité fleurie; feuille radicale; fleur entière de la circonférence d'une ombelle; au-dessus fleur du centre ayant des pétales égaux; fruit.)

souvent composés de 3 folioles, le calice muni de cinq petites dents; pétales courbés en cœur, plus grands dans les fleurs extérieures de l'ombelle. — Plantes originaires de l'Italie.

La CORIANDRE COMMUNE (*C. sativum*) est l'espèce la plus intéressante; ses tiges, qui s'élèvent à 70 cent., sont droites, glabres, rameuses; feuilles alternes plusieurs fois ailées, les inférieures plus grandes, les autres découpées très menu. Fleurs blanches, en ombelles terminales de 5 à 8 rayons qui soutiennent des ombellules inégales : involucre à trois folioles; pétales extérieurs plus grands; 5 étamines; 2 styles. Fruit globuleux, composé de deux semences demi-sphériques.

Cette plante est cultivée en France. Elle exhale une odeur aromatique, forte, désagréable, analogue à celle de la punaise, d'où son nom (du grec *koris*, punaise) ; verte, il faut redouter ses propriétés; sèche, elle n'est plus à craindre; mais au reste on ne l'emploie plus aujourd'hui. Ses semences sont les seules parties dont on fasse usage quelquefois en médecine, à titre de carminatif, soit en poudre (2 à 4 gram.), soit en infusion (4 à 6 gram.). On en compose des liqueurs, des dragées, etc., parce que, à l'inverse de la plante, elles sont douées d'une odeur agréable.

CORINDON. Nom donné à une substance anhydre, vitreuse ou pierreuse, cristallisable, essentiellement formée d'alumine, mais souvent mélangée à diverses matières étrangères ; sa dureté ne le cède qu'au diamant, et elle est infusible au chalumeau. Cette substance appartient aux terrains de cristallisation ; elle existe aussi dans ce qu'on nomme les basaltes. C'est dans l'Asie méridionale (Malabar, Tibet et Chine) qu'elle se trouve en plus grande quantité. — « Les variétés jaune, bleue et rouge, et surtout les deux dernières, sont recherchées pour la joaillerie, et désignées sous les noms de *topaze orientale*, *saphir* et *rubis;* la variété verte, fort rare lorsqu'elle est d'une belle teinte, s'emploie aussi sous le nom d'*émeraude orientale.* Le rubis, d'une belle teinte de feu, est une superbe pierre dont la valeur dépasse celle du diamant. Le saphir bleu barbeau ou bleu indigo est le plus estimé et aussi d'une grande valeur. Les variétés grossières sont recherchées pour les réduire en une poudre plus ou moins fine, qu'on nomme *émeri*, et qui sert à tailler et polir les corps durs ; mais on donne souvent ce nom dans le commerce à des matières tout à fait différentes. » (Beudant.)

CORISE (*Corisa*). Genre d'Hémiptères qui ont tout le corps, la tête comprise, de même largeur partout, peu épais et à peine convexe en dessus ; la tête très courte; antennes de 3 articles; élytres coriaces, etc. — Ils se tiennent à la surface des eaux, étant spécifiquement plus légers que le liquide, nageant dans la position habituelle, les pattes postérieures très écartées. Mais au moindre sujet d'alarme ils se précipitent au fond avec une grande vitesse. Ils sont carnassiers et vivent d'autres petits insectes. L'accouplement se fait à la manière habituelle ; le mâle placé à côté de la femelle, les deux individus nagent conjointement avec autant de vitesse que s'ils étaient séparés. Ils prennent leur vol le soir seulement pour se rendre d'un amas d'eau dans un autre et y déposer leurs œufs. — La C. STRIÉE se trouve dans toutes les eaux d'Europe.

CORMIER. — V. *Sorbier.*

CORMORAN (*Graculus*). Genre d'Oiseaux de l'ordre des Palmipèdes, famille des Totipalmes, voisin des Pélicans, présentant pour caractères : bec plus long que la tête, droit, robuste, quoique mince, à mandibule supérieure recourbée à la pointe ; gorge dénudée et un peu dilatable; face garnie d'une peau nue; présence d'une poche entre les mandibules, mais plus petite et moins dilatable que chez les Pélicans; tarses très courts et robustes ; jambes emplumées jusqu'à l'articulation, etc.

Les Cormorans se tiennent par troupes souvent très considérables sur les rochers qui bordent la mer et le long des fleuves. Ils sont d'un naturel très doux, fort peu défiants; car ils se laissent approcher de si près, dans quelques cas, qu'ils se laissent prendre avec une sorte de stupidité, ce qui leur a valu le surnom de *Nigauds*. Tous se tiennent donc près des eaux, dans une attitude très tranquille; mais grands consommateurs de tout ce qui vit dans l'élément humide, ils le sondent de leur œil perçant, et dès qu'ils aperçoivent leur proie, ils fondent dessus; puis, la saisissant avec une de leurs pattes, ils reviennent, en nageant de l'autre, à la surface de l'eau, où, par une manœuvre habile, ils lancent le poisson en l'air et le reçoivent dans leur bec, la tête la première. de façon à ce que les aiguillons des arêtes se trouvent dirigés en arrière dans leur passage à travers l'œsophage. Le Cormoran n'est pas sans intelligence, puisque les anciens, dit-on, le dressaient à la pêche : seulement, ils lui passaient un anneau autour du cou pour s'assurer de sa fidélité et mettre un frein à sa gloutonnerie.—On compte plusieurs espèces de ces Oiseaux qui, de couleur noire et sombre en général (d'où leur nom, dérivé de *carbo*), ne sont pas faciles à distinguer les unes des autres.

Le GRAND CORMORAN, espèce type, est long de 80 cent. environ : il est d'un noir verdâtre ou de charbon, excepté sous la gorge et au devant du cou; sa poche gutturale est jaunâtre. — On le rencontre assez souvent en France, se nourrissant de toutes sortes de poissons, particulièrement d'anguilles, et nichant, suivant les localités, sur les arbres, dans le creux des rochers ou dans les joncs. Ponte de 3 ou 4 œufs d'un blanc verdâtre et rudes au toucher.

Le C. NIGAUD, plus petit que le précédent, est aussi plus rare, d'un noir plus profond, sans blanc au cou. Il ne se trouve que de passage en France.

CORNALINE. Variété d'Agate, de couleur rouge cerise à rouge de chair tendre; pierre demi-transparente fort commune au Brésil, et très recherchée pour graver des cachets ou autres objets en creux.

CORNEILLE. — V. *Corbeau.*

CORNICHON. — Variété de *Concombre.* — V. ce mot.

CORNIFLE. Nom vulgaire du *Ceratophyllum demersum*, plante vivace à tiges grêles rameuses, submergées, nageantes ; à feuilles deux fois dichotomes, dont les segments sont linéaires filiformes, denticulés : fleurs monoïques, sans calice, involucre à 10-12 divisions égales sur un seul rang ; étamines 10-25 dans un involucre commun ; ovaire solitaire dans un involucre dans les fleurs femelles. Fruit noirâtre, ovoïde, muni de deux épines arquées, et terminé par le style accru qui égale au moins la longueur. — Cette plante est assez commune dans les rivières, les étangs, les marais, les bassins ; elle fleurit toute la belle saison depuis le mois de juillet.

CORNILLET. — V. *Cucubale.*

CORNOUILLER (*Cornus*). Genre de la famille

Fig. 387 et 388. — Cornoran (mâle et femelle).

des Hédéracées, arbrisseaux ou arbres peu élevés à feuilles opposées, caduques, entières, ayant des nervures convergentes : fleurs blanches ou jaunes, disposées en ombelles ou en corymbes rameux ; pour fruit, drupe à noyau osseux biloculaire.

Le CORNOUILLER MALE (*C. mas*) est un arbrisseau ou un arbre à rameaux pubescents, à feuilles ovales oblongues, à fleurs jaunes, très petites, en ombelles simples, se développant avant les feuilles : involucre de 4 folioles ; calice à 4 dents, 4 pétales, 4 étamines ; fruit rouge ou d'un rouge jaunâtre, assez gros, oblong, d'une saveur acide.

Le Cornouiller croit dans les bois montueux ou pierreux, fleurissant en mars-avril, et donnant ses fruits mûrs en automne. Ces fruits, nommés *Cornouilles*, peuvent se manger crus ou en confitures. Dans quelques contrées du Nord on s'en sert pour remplacer les olives. Le bois de ce petit arbre est extrêmement dur et susceptible d'un beau poli ; les tiges droites fournissent les meilleurs cerceaux connus, ainsi que des échalas pour les vignes, supérieurs à tous les autres, et un excellent charbon à brûler ; les jeunes pousses suppléent les osiers.

Le CORNOUILLER SANGUIN (*C. sanguinea*) est un arbrisseau plus ou moins élevé, à branches souvent rougeâtres, et dont les corymbes de fleurs sont dépourvus d'involucre ; le fruit est petit, globuleux, noir, couronné par le limbe du calice. —Cette espèce est souvent plantée dans les parcs. Elle fleurit plus tard que la précédente. On retire de ses baies amères une huile bonne à brûler.

CORNUELLE. — V. *Mâcre.*

COROLLE. On donne ce nom à la partie la plus interne du périanthe double (V. ce mot), c'est-à-dire des enveloppes florales ; cette partie suppose la présence du calice ; quand elle est seule, elle perd son nom pour recevoir celui de *calice.* — V. ce mot. — La Corolle est composée de plusieurs feuilles colorées, délicates, le plus souvent odorantes, qu'on appelle *pétales.* Ces pétales, de même que les sépales du calice, sont *libres* ou *soudés* entre eux : dans ce dernier cas, ils donnent à la Corolle la forme d'une cloche (Campanule), ou d'un tube plus ou moins complet (Digitale), etc., selon que leur union est plus ou moins complète. Quand ils sont libres (Eglantier), ils présentent à considérer : *l'onglet* ou partie inférieure plus ou moins rétrécie ou allongée; le *limbe* ou partie supérieure plane et dilatée. Les pétales sont quelquefois *creux, concaves*, en forme de *capuchon* (Aconit), de *cornet* (Ellébore); ils peuvent se terminer en *éperon* (Pied-d'Alouette); etc.

La Corolle se distingue en *gamo* ou *monopétale*, et en *dialy* ou *polypétale*. La première, comme nous venons de le voir, est formée de plusieurs pétales soudés ensemble; à cause de cela, elle paraît n'être constituée que par un seul, comme dans le Liseron, la Campanule. On y distingue, de haut en bas, le *limbe*, la *gorge*, le *tube*. Toute Corolle monopétale porte les étamines insérées sur sa face interne. Selon qu'elle s'attache au-dessous, autour ou au-dessus de l'ovaire, elle est dite *hypogyne*, *périgyne* ou *épigyne*, caractères très importants pour la classification des végétaux.

La Corolle monopétale reçoit encore les épithètes qualificatives suivantes : *régulière* ou à limbe symétrique, à lobes ou divisions égales (Liseron); *irrégulière* ou à limbe non symétrique (Muflier); *tubuleuse*, dont la plus grande partie a la forme d'un tube (Grande Consoude); *campanulée*, dont le tube s'évase graduellement en cloche (Campanule); *infundibuliforme*, dont le tube s'évase en entonnoir (Belle-de-Nuit); *urcéolée*, renflée à sa base et rétrécie au sommet (Busserole); *rotacée*, dont les divisions ou pétales figurent les rayons d'une roue (Bouillon blanc); *bilabiée*, ou à deux lèvres (Sauge, Lamier); *personnée*, ou irrégulière, bilabiée et dont les deux lèvres sont closes par le renflement intérieur du tube, de façon à représenter grossièrement le mufle d'un animal ou une sorte de masque (Muflier); *staminifère*, qui porte les étamines insérées sur sa face interne (toute corolle monopétale est staminifère).

Les Corolles polypétales présentent cinq formes générales, trois régulières ; ce sont les *Crucifères*, qui ont quatre pétales égaux disposés en croix (Chou); les *Rosacées* (Mauve, Alcée); les *Caryophyllées* (Nielle des blés); deux irrégulières, les *Papilionacées* (famille des Légumineuses) et les *Anomales* (Capucine, Pensée).

CORONILLE (*Coronilla*). Genre de Plantes de la famille des Légumineuses, vivaces, à souche ligneuse, à tiges sous-frutescentes ou herbacées; feuilles imparipinnées, stipulées; fleurs jaunes ou d'un blanc rosé, réfléchies, disposées en ombelles multiflores sur de longs pédoncules.

La Coronille bigarrée (*C. varia*) a de 40 à 70 cent. ; tiges étalées, ascendantes diffuses, glabres ; feuilles à 8-12 paires de folioles, stipules libres ; fleurs d'un blanc rosé, calice campanulé à 5 dents ; corolle à carène terminée en bec, violette au sommet; étamines diadelphes ; légumes linéaires, dressés, à 3-7 articles, arqués, terminés, en bec filiforme. — Cette plante se trouve sur les coteaux secs, aux bords des chemins, dans les clairières des bois. Elle est très commune dans les départements que la Marne arrose de ses eaux si sujettes à déborder. Ses racines serpentent au loin ; ses fleurs s'épanouissent en juin-août. On lui a attribué à tort des propriétés vénéneuses ; ce qu'il y a de certain, toutefois, c'est que les animaux n'y touchent point. On peut la considérer comme une jolie plante d'ornement.

La petite Coronille (*C. minima*) n'a que 10 à 30 cent. ; elle se distingue, en outre, par ses stipules scarieuses soudées en une seule, ses fleurs jaunes, qui se montrent un peu plus tôt.

COROPHIE (*Corophium*). Genre de Crustacés amphipodes, ayant quelque ressemblance avec les Talitres, s'en distinguant toutefois par les articles peu nombreux de la dernière pièce de leurs antennes. Ils ont le corps presque cylindrique, les yeux saillants, le tronc divisé en sept anneaux supportant chacun une paire de pattes, dont les deux premières sont terminées par une main à doigts crochus, mobiles et égaux entre eux. Les femelles présentent, près de la base inférieure des pieds, des lames membraneuses en forme d'écailles, dont la réunion forme une espèce de poche servant à retenir leurs œufs et même leurs petits. L'abdomen est divisé en sept anneaux munis de fausses pattes; l'extrémité abdominale est courbée en dessous et munie d'appendices natatoires.

Le Corophie longicorne (*C. longicorne*) se trouve dans la vase des bords de l'Océan ; il se nourrit de plusieurs annélides et leur fait une guerre sans relâche. « D'après les observations de M. d'Orbigny, on voit, à la marée montante, des myriades de ces petits crustacés s'agiter en tous sens, battre la vase de leurs grandes antennes, la délayer pour tâcher d'y découvrir leur proie : ont-ils rencontré une annélide, souvent cent fois plus grosse que chacun d'eux, ils se réunissent et semblent agir d'accord pour l'attaquer et ensuite pour la dévorer ; ils ne cessent leur carnage que lorsque ayant fouillé et aplani toute la vasière, ils ne trouvent plus de quoi assouvir leur voracité; alors ils se jettent sur les mollusques et les poissons qui sont restés à sec pendant la marée basse, et sur les moules qui se sont détachés des palissades qui, dans le golfe de Gascogne, forment des espèces de parcs à moules artificiels. »

CORPS. Expression générique par laquelle on désigne tout ce qui a une existence matérielle et frappe nos sens; ainsi l'air, l'eau, la terre, un arbre, une pierre, un animal, etc., sont autant de corps. La physique distingue les corps en *solides, liquides* et *gazeux;* la chimie en forme deux grandes catégories, les *simples* et les *composés;* pour les naturalistes, ils sont avant tout *inorganiques* ou *organisés*, c'est-à-dire *bruts* ou *vivants*.

Les *corps bruts* ou *inorganiques* sont les uns

naturels, les autres *artificiels*, selon qu'ils nous sont offerts immédiatement par la nature ou qu'ils résultent de combinaisons ou mélanges de plusieurs corps opérés par nos mains.

Les corps naturels sont *simples* ou *composés*; les simples constituent les *éléments*, c'est-à-dire les corps que nous ne pouvons parvenir à décomposer. — V. *Élément*. — Les composés sont dus à la combinaison physique ou chimique de plusieurs éléments, et ils sont inorganiques ou organisés.

Les *corps bruts composés* sont de diverses sortes; « il en est qui paraissent ne pouvoir se former que quand l'affinité des principes élémentaires est mise en jeu sous l'action lente et prolongée des fonctions vitales, au moyen desquelles un petit nombre d'éléments peuvent se combiner en des proportions très variées pour former une multitude de corps. Tels sont les sucres, les gommes, les résines, certains acides, etc., en un mot toutes les matières inertes formées dans les corps vivants, et qu'on peut en tirer de diverses manières. D'autres corps, au contraire, se forment constamment, ou se sont formés, sans aucune participation des forces vitales; telles sont les combinaisons salines, pierreuses, métalliques, etc., que nous trouvons dans le sein de la terre, ou dont nous pouvons produire un grand nombre à volonté. » — V. *Minéraux*.

Les *corps organisés* ou *vivants* diffèrent essentiellement des corps bruts : ils naissent toujours d'individus déjà existants et semblables à eux, et les espèces se perpétuent ainsi par génération sans subir de modifications importantes; aucune circonstance ne donne lieu à ce qu'il s'en forme de nouvelles, et nous ne pouvons en produire artificiellement. — Voici, au surplus, le tableau synoptique des caractères fondamentaux des deux genres de corps.

Corps bruts.	*Corps organisés.*
1. Structure homogène.	1. Structure hétérogène.
2. Ils sont inertes.	2. Ils sont doués de mouvements.
3. Ils sont formés en vertu des lois de l'affinité.	3. Ils naissent d'êtres semblables à eux-mêmes.
4. Ils croissent par l'application extérieure et successive de nouvelles molécules sur le noyau primitif.	4. Ils incorporent des substances étrangères pour se nourrir.
5. Leur forme et leur volume sont indéterminés.	5. Leur forme et leur volume sont déterminés.
6. Leur durée est illimitée, indéfinie.	6. Leur durée est limitée; ils meurent.
7. Inertie.	7. Irritabilité.
8. Ils prennent la température des objets qui les environnent; ils obéissent aux lois de la pesanteur, etc.	8. Ils conservent une chaleur propre au milieu de l'état hygrométrique de l'atmosphère.

CORYDALIDE. Genre de Plantes détaché des *Fumeterres*. — V. ce mot.

CORYMBE (du gr. *corumbos*, bouquet). Mode d'inflorescence dans lequel les fleurs, dont les pédoncules partent de différents points de la tige, se groupent toutes à une même hauteur pour former une sorte de bouquet.

CORYMBIFÈRES. Plantes dont les fleurs sont disposées en corymbe.

On désigne surtout par corymbifères une tribu de la famille des Composées, dont les capitules de fleurs se composent en général de fleurons au centre et de demi-fleurons à la circonférence, ou bien de fleurons seulement, tous hermaphrodites. Ces fleurs sont par conséquent tantôt flosculeuses, tantôt radiées; le réceptacle ne porte jamais autant de soies ou paillettes que celui des Carduacées, et il est le plus souvent nu ou alvéolé; le style est dépourvu de poils collecteurs à son sommet; les graines sont munies ou dépourvues d'aigrette. — Les principaux genres de cette tribu sont l'*Eupatoire*, la *Reine-Marguerite*, le *Tussilage*, l'*Aunée*, le *Sèneçon*, le *Doronic*, le *Souci*, l'*Armoise*, la *Tanaisie*, la *Matricaire*, la *Camomille*, la *Millefeuille*, l'*Arnique*, etc.

CORYNE. Genre de Polypes nus offrant un corps renflé en massue, à bouche terminale; animaux presque microscopiques, les uns portés sur un pédicule long, uni, contourné ou annelé, et très souple, qui leur permet toutes sortes de mouvements, d'autres formant un petit arbuste par leur réunion. Le corps est couvert d'appendices épars et mobiles, à la base desquels on voit des bourgeons graniformes qui se détachent pour produire d'autres animaux; la bouche est très apparente et mobile. Les Corynes se rencontrent ordinairement dans la mer Atlantique. — La C. GLANDULEUSE se trouve assez fréquemment sur les Sertulaires et les Hydrophytes du nord de la France, de l'Angleterre et de la Belgique.

CORYPHE (*Corypha*). Genre de Palmiers dont les fleurs sont hermaphrodites, à périanthe double, trifide; les étamines au nombre de six; 3 ovaires; stigmate indivis; fruits bacciformes. — « Ce genre comprend environ une quinzaine d'espèces de diverses grandeurs, dont la cime est garnie de frondes élégamment palmées, et qui, tournant autour du globe avec l'équateur, forment à la terre une magnifique ceinture végétale. »

Le CORYPHE PARASOL (*C. umbraculifera*), type du genre, présente une tige droite, parfaitement cylindrique, qui s'élance à 20 ou 25 mètres de hauteur, et qui se couronne d'un faisceau de feuilles pinnées s'étalant en vaste parasol. Au centre de ces feuilles s'élève un spadice allongé, couvert d'écailles imbriquées, donnant naissance à des rameaux latéraux également écailleux, dont l'ensemble offre l'aspect d'un immense candélabre;

fleurs en panicules nombreuses sortant des écailles et formant des épis renversés; baies lisses, vertes, succulentes, de la grosseur d'une pomme de reinette.

Ce superbe et singulier Palmier des Indes orientales continue de s'élever dans les airs jusqu'à 35 ans, produisant des couronnes de feuilles dont une seule peut servir d'abri à 15 ou 20 personnes. Parvenu à cet âge, il se pare tout à coup d'un nombre infini de fleurs, auxquelles succèdent des fruits innombrables, qui mettent quatorze mois à mûrir; puis il périt. Les indigènes emploient les feuilles du Coryphe pour se faire des tentes, des couvertures de toits. Les noyaux des fruits, tournés, polis et peints en rouge, servent à faire des colliers qui imitent ceux de corail.

CORYPHÈNE (*Coryphœna*). Genre de Poissons acanthoptérygiens, de la famille des Scombéroïdes, ayant le corps comprimé, allongé, couvert de petites écailles; la tête tranchante à la partie supérieure; une dorsale régnant sur toute la longueur du dos; des couleurs brillantes, etc. — Ce sont des poissons d'une grande vivacité, et non moins voraces qu'agiles. Toujours en mouvement dans le cristal des eaux, qui leur donne comme un vernis plus brillant encore, ils frappent d'admiration jusqu'aux matelots les plus grossiers, qui ont fort bien remarqué que ce qu'ils nomment aussi des *Dorades* et des *Dauphins* perdent presque toute leur beauté dès que, retirés de leur élément, ils souffrent et meurent. Les Coryphènes suivent les vaisseaux pour recueillir les débris tombés du bord, et donnent la chasse aux petits poissons qui viennent en faire autant. On profite de leur gloutonnerie pour leur tendre des appâts, auxquels ils se laissent prendre facilement. Leur chair est ferme et très agréable au goût.

La GRANDE CORYPHÈNE (*C. hippurus*), de la Méditerranée, est l'espèce type. Son corps est en forme de lame; caudale divisée jusqu'à sa base en deux lobes étroits et pointus; couleur bleu argenté en dessus, avec des taches bleues plus foncées sur le dos. — Les anciens nommaient *Pompile* l'une des espèces de la Méditerranée les plus magnifiques.

COSSE (*Cossus*). Genre de Lépidoptères nocturnes, tribu des Bombycites, ayant pour caractères : antennes aussi longues au moins que le corselet, n'ayant dans les deux sexes qu'une seule rangée de dents; trompe nulle.

La Chenille de ce Papillon est nue, et vit dans l'intérieur des arbres, se pratiquant des galeries sous l'écorce à l'aide des fortes mandibules dont elle est pourvue, mangeant l'aubier, suçant la sève, et éteignant la vie du végétal. Les larves du *Cossus* vivent ainsi plusieurs années dans les arbres avant de se transformer en nymphes; mais si on les sort du bois où elles ont établi leur retraite, elles filent aussitôt une espèce de toile, et s'entourent d'une coque dans laquelle entre, comme

matériaux, une partie de la sciure de bois qui les entoure.

Le COSSE GATE-BOIS (*C. ligniperda*) est l'espèce de notre pays la plus connue et la plus dangereuse. La Chenille est blanchâtre, avec le dos rouge sanguin. On ne peut la détruire qu'en lui faisant la chasse lorsqu'elle est à l'état de papillon.

Fig. 389. — Cossus gâte-bois (Chenille).

COSTE (*Costus*). Genre de Plantes de la famille des Amomacées, tribu des Zingibéracées, herbacées, à racines épaisses, charnues, à tiges droites, glabres, appartenant aux régions tropicales.

Le COSTE D'ARABIE (*C. arabicus*), mal dénommé, puisqu'il appartient à l'Amérique méridionale, n'a que 65 cent. de hauteur. Ses feuilles sont grandes, oblongues, lancéolées, glabres, embrassantes; ses fleurs, blanches, sont réunies en tête terminale, entourées par les feuilles supérieures : corolle frangée, irrégulière, à deux lèvres, dont la supérieure soutient une anthère; ovaire infère, style droit; capsule ovale, trivalve, etc.

Le *Costus arabique* des boutiques n'est que la racine de cette plante, qui a une saveur âcre, amère, aromatique et une odeur d'iris, qui la rendent stimulante, diaphorétique et diurétique. Cette racine a joui pendant longtemps d'une grande réputation, comme prophylactique contre les maladies contagieuses. Elle fait partie de la Thériaque d'Andromaque et autres remèdes fameux. Les anciens brûlaient le *Costus* sur les autels des dieux, et s'en servaient aux jours solennels pour purifier les temples dans les cérémonies religieuses.

COTINGA (*Ampelis*). Genre de Passereaux dentirostres à riche parure : bec déprimé comme celui des Gobe-mouches, mais plus court, moins échancré et moins aigu; ailes longues; queue médiocre, élargie; tarses courts et faibles, etc. — Ces oiseaux appartiennent à l'Amérique méridionale. Peu d'autres ont un aussi beau plumage, car le bleu d'azur ou d'outre-mer, le pourpre, le blanc et le noir purs, leur forment une parure qui ne cède à celle d'aucun autre oiseau ; mais ces couleurs varient suivant les diverses saisons. Les mœurs des Cotingas ne répondent pas à ces dehors séduisants : ils sont tristes, défiants, farouches même, et ne recherchent que les forêts profondes, où ils vivent d'insectes, de fruits, de bourgeons. Ils sont voyageurs, et dans leurs migrations ils marchent ou volent isolés ou par petites familles. Ils sont généralement silencieux, ou leur voix est triste et plaintive.

Trois espèces méritent d'être citées : ce sont le Cotinga ouette (*A. carnifax*), qui porte une espèce de huppe d'un rouge vif, composée de plumes étroites et raides ; il vient de Cayenne. — Le C. Pompadour est d'un joli pourpre clair, avec les pennes des ailes blanches ; taille un peu plus forte que celle de notre Merle. — Le C. cordon bleu est du plus bel outre-mer, avec la poitrine violette, traversée d'un large ruban bleu, et marquée de quelques taches aurores. Cette espèce habite la Guyane et le Brésil.

Fig. 390. — Cotinga bleu.

COTONNIER (*Gossypium*). Genre de la famille des Malvacées, comprenant des Arbrisseaux et des Herbes dont les feuilles sont alternes, lobées ou palmées ; les fleurs grandes, à belle et ample corolle de 5 pétales dressés, un peu en cœur, ouverts, unis à leur base ; étamines en grand nombre, à filets réunis inférieurement en une colonne pyramidale, libres supérieurement ; ovaire simple, supère ; style simple, traversant la colonne des étamines. Pour fruit, capsule arrondie ou ovale, pointue à son sommet, trivalve, triloculaire ; chaque loge contenant de 3 à 7 graines noires, ovoïdes,

enveloppées dans un flocon de duvet très fin, qui constitue le coton.

Les Cotonniers sont des espèces végétales de l'Inde et de l'Arabie, qui se sont fixées aux îles

Fig. 391. — Cotonnier.

Canaries et sur le continent américain ; on les trouve aussi cultivées aux Antilles, etc. Les espèces herbacées sont particulièrement celles qui méritent toute l'attention des propriétaires ruraux et des peuples, à cause du duvet que l'on recueille dans leurs gousses, et dont nous allons dire tout à l'heure les précieux usages. Ces Cotonniers sont bisannuels, et même trisannuels, provenant d'une multitude de variétés que l'on doit à la différence des cultures, et qui, croit-on, n'auraient eu pour souche primitive et unique que le Cotonnier annuel, dont la patrie est l'Asie. Quoi qu'il en soit, c'est aux Maures que nous devons la plante et son histoire, plante qui n'était point indigène de l'Amérique au moment de la conquête des Espagnols, mais qui depuis s'y est considérablement répandue, et fait l'objet d'une culture des plus considérables. Le Cotonnier est cultivé non-seulement dans les contrées intertropicales, mais encore partout où le climat est assez chaud pour que l'Oranger y puisse croître en plein air. On a essayé de le cultiver à Toulon, à Aix, aux environs d'Hyères ; mais, soit défaut de précautions ou faiblesse de la plante, le succès n'a pas répondu au désir des expérimentateurs. Cependant, comme on a réussi à Valence en Espagne, en Italie, dans le royaume de Naples, il serait bon de renouveler les tentatives. On sème les graines de Cotonnier à peu près comme les haricots ; la plante vit 3 ans dans les pays très chauds, et c'est pendant la seconde année qu'elle produit la plus belle récolte.

Le *Coton* est le duvet floconneux, long, très fin, de couleur blanche ou rousse, que renferme la capsule du Cotonnier, et qui en déborde de toutes parts au moment de la maturité des graines. On ramasse ce duvet vers la fin de septembre à mesure qu'il sort des coques, on l'épluche une première fois, et on le livre au commerce en balles énormes de 250 à 350 kilogr., qui nous arrivent du Levant et surtout d'Amérique. Ce produit est, avec la soie, le lin et la laine, la matière la plus nécessaire à l'homme pour ses vêtements. Aussi est-il l'objet d'un commerce immense, puisque plus de 350 millions de kilogr. ont été destinés, en 1854, à alimenter un nombre considérable de filatures de France, d'Angleterre, des Etats-Unis et de la Chine. Les Cotons les plus estimés sont ceux de Georgie, de Bourbon, d'Egypte et de Cayenne.

Les graines du Cotonnier sont émollientes et mucilagineuses. Le coton écru sert, en chirurgie, à préparer des moxas, et à remplacer la charpie dans le pansement des plaies, brûlures, ulcères, etc.

COTTE (*Cottus*). Genre de Poissons acanthoptérygiens, famille des Joues cuirassées, de taille petite ou moyenne, caractérisés ainsi : corps un peu ramassé, large en avant, mince vers la queue, sans écailles ; tête large, déprimée, cuirassée et armée d'épines ; 2 nageoires distinctes ou très peu unies ; 3 ou 4 rayons aux ventrales ; pas de vessie natatoire, etc.

Les Cottes se divisent en CHABOTS (V. ce mot) ; en CHABOISSEAUX, vulgairement nommés *Scorpions* et *Crapauds de mer*, *Têtards*, *Diables de mer*, etc., qui se trouvent sur nos côtes ou dans l'Océan septentrional, dans la Baltique, la mer Pacifique, etc., et qui, quand on les irrite, renflent leur tête davantage que les Chabots.

COTYLÉDON. Si l'on ouvre une graine d'un volume un peu considérable, tel qu'un haricot, on verra la masse de l'amande se séparer en deux parties ; et abstraction faite des rudiments de la racine et de la tige (V. *Graine*, *Embryon*), ces parties sont les *Cotylédons*, dont l'ensemble constitue le *corps cotylédonaire*. L'embryon qui présente deux Cotylédons est appelé *dicotylédoné*, tel est celui du Pois, du Haricot, de la Fève, du Chêne, etc. ; celui du Blé, du Maïs, d'un Iris, d'un Palmier, étant simple au contraire et placé latéralement, est dit *monocotylédoné*.

Ce caractère tiré du nombre des Cotylédons est d'une haute importance, car il divise tous les végétaux pourvus de fleurs proprement dites ou phanérogames, en deux grands embranchements, les MONOCOTYLÉDONÉS et les DICOTYLÉDONÉS (V. ces mots), qui diffèrent entre eux non-seulement par cette différence dans la structure de leur embryon, mais encore par l'organisation spéciale de toutes les parties qui les constituent.

Quelques végétaux, tels que les Pins, les Sapins, offrent plus de deux cotylédons. On avait proposé d'en faire une troisième division, sous le nom de *Polycotylédonés*, mais on a reconnu que les embryons polycotylédonés ne sont que des embryons dicotylédonés dont les deux cotylédons sont profondément découpés.

Les Cotylédons reçoivent plusieurs appellations selon leur forme : il y en a d'*arrondis*, d'*allongés*, de *linéaires*, etc. ; ils sont plus ou moins *épais* et *charnus* ou *minces* et *membraneux*, selon que l'embryon a moins ou plus d'endosperme. On les nomme *hypogés* lorsque, à l'époque de la germination, ils restent cachés sous la terre, comme dans le Marronnier d'Inde ; *épigés* lorsque, au contraire, ils sortent de terre par l'allongement de la tige, comme dans le Haricot : dans ce cas, ils forment les deux *feuilles séminales*.

Les Cotylédons, a dit un auteur, sont les mamelles qui nourrissent la plante naissante ; ils lui donnent leur substance mucilagineuse et sucrée, tant qu'elle ne peut encore s'alimenter elle-même dans le sol ; à mesure qu'elle se développe et grandit, les Cotylédons diminuent d'épaisseur ; ils se dessèchent et meurent.

COTYLÉDONÉES ou COTYLÉDONES. Plantes pourvues de *cotylédons*. — V. ce mot.

COTYLET (*Cotyledon*). Genre de la famille des Crassulacées, tribu des Sempervivées ; plantes la plupart originaires de l'Afrique méridionale, dont on cultive plusieurs espèces dans nos jardins. Elles sont en général assez curieuses par la conformation de leur tige et de leurs feuilles grasses, et elles offrent parfois des fleurs d'un aspect agréable, comme le C. A FLEURS ÉCARLATES, qui fleurit en janvier ; le C. ORBICULAIRE, à feuilles ovales bordées de pourpre.

Le COTYLET NOMBRIL DE VÉNUS (*C. umbilicus*) est une spèce particulière dont on a fait un genre distinct. — V. *Ombilic*.

COUA (*Coua*). Genre d'Oiseaux voisins des Coucous, qui appartiennent à l'Afrique australe et orientale, et qui se nourrissent de mollusques terrestres. — Le C. DE DELALANDE, de Madagascar, où on le nomme vulgairement *Casseur d'escargots*, a les parties supérieures d'un bleu azuré, le dessous du corps d'un blanc pur. Il sautille de branche en branche dans les bois, cherchant les agathines qui forment sa principale nourriture, et qu'il brise en les frappant sur une grosse pierre, pour en avaler le mollusque.

COUAGGA (*Equus quaccea*). Espèce du genre Cheval, présentant pour caractères : tête, cou et épaules brun-noirâtre, rayés en travers de blanchâtre ; croupe d'un gris roussâtre ; dessous du ventre blanc ; queue terminée par une touffe de grands poils. Longueur totale, 1 m. 30. Ce solipède rappelle assez bien les formes du Cheval r ar la légèreté de sa taille, la petitesse de sa tête, la brièveté des oreilles; mais il a la queue, la bande dorsale, les barres transversales de l'Ane, et des rayures qui rappellent celles du Zèbre.

Le Couagga, animal propre aux parties les plus méridionales de l'Afrique, est le *Cheval du Cap* des voyageurs. On le trouve en grand nombre sur les plateaux de la Cafrerie, où il vit par familles nombreuses qui se mêlent souvent aux Zèbres. Il se nourrit de plantes grasses et d'une espèce d'acacia; on peut l'apprivoiser aisément. Les colons hollandais ont, dit-on, l'habitude d'en élever avec le bétail ordinaire, qu'il défend avec courage contre les animaux féroces, et surtout contre les hyènes.

COUCAL (*Centropus*). Genre d'Oiseaux de la famille des Coucous ou Cuculiens, mais différant des Coucous proprement dits en ce qu'ils couvent eux-mêmes leurs œufs. Ce sont des espèces d'Afrique et des Indes qui vivent principalement de grillons, criquets, sauterelles. Elles séjournent dans les forêts, dans les plaines, sur le bord des rivières; leur vol est très court et saccadé. Le couple fait sa nichée dans un grand trou, sur la tête d'un arbre, où la femelle pond 4 œufs d'un blanc roux. Le mâle partage avec elle les soins de l'incubation.

COUCOU (*Cuculus*). Genre d'Oiseaux de l'ordre des Grimpeurs, offrant pour caractères : bec large, un peu déprimé à la base, comprimé graduellement jusqu'à la pointe, légèrement arqué, entier et lisse; narines basales, ovales; ailes obtuses ou subaiguës; queue arrondie et allongée; tarses courts, plus ou moins complétement emplumés. — Ce genre comprend diverses espèces, dont une seule, le Coucou ordinaire ou gris, est propre à nos contrées. Ce Coucou est célèbre par une singularité de mœurs que nous ferons bientôt connaître, et que ne présentent pas toutes les espèces étrangères; il en est même une, de l'Amérique du Sud, chez laquelle plusieurs femelles se réunissent dans le même nid.

Coucou ordinaire ou gris d'Europe (*C. canorus*). Cet Oiseau a 30 cent. de longueur, les parties supérieures d'un cendré bleuâtre, plus foncé sur les ailes qu'à la poitrine; parties inférieures blanchâtres, rayées transversalement de noir; rectrices noirâtres, tachées et terminées de blanc; pieds jaunes, etc. Mais du reste le plumage varie selon l'âge tendre ou adulte et selon la saison; la femelle est un peu plus petite que le mâle.

Le Coucou est un oiseau voyageur : il passe l'été en Europe, et l'hiver en Afrique ou dans les contrées chaudes de l'Asie. Il nous arrive en avril et nous quitte à la fin de l'été, voyageant la nuit. Il paraît dans les îles de Malte et de l'Archipel grec en même temps que les Tourterelles, au milieu desquelles il est toujours seul : c'est à cause de cela que les habitants de ces contrées l'appellent *Conducteur de Tourterelles*. Il annonce son retour au printemps par le chant monotone que chacun connaît et auquel il doit son nom. Il habite les bois, vit seul et change de place à tous moments pour chercher sa nourriture, qui consiste en insectes et en chenilles. Il peut même avaler les chenilles velues, ce que ne font pas les autres oiseaux, et il vomit le poil roulé en boulette dans l'estomac.

Un trait singulier et presque unique dans l'histoire des Oiseaux, c'est que non-seulement le Coucou ne construit pas de nid pour ses petits,

mais qu'il dépose ses œufs dans des nids étrangers. Ce phénomène bizarre a provoqué plusieurs explications : les uns pensent que la femelle Coucou agit ainsi pour dérober ses œufs à la voracité du mâle; les autres en trouvent la raison dans la longueur du sternum qui gênerait l'incubation, peut-être même écraserait la coque très mince des œufs; d'autres enfin croient que le gésier, placé très bas, serait comprimé dans cette même incubation. Pour M. Florent Prévost, la femelle ne couve pas ses œufs, parce que de ses unions répétées et successives avec plusieurs mâles, son inconstance et son ardeur en amour dominent chez elle l'instinct maternel. Toutefois, cet instinct paraît encore bien calculé, car non-seulement la pondeuse ne dépose qu'un seul œuf dans chaque nid étranger, mais encore elle choisit toujours le nid d'une espèce insectivore, dont les petits sont plus faibles que les siens, telles que l'Alouette, le Pinson, le Rouge-gorge, le Roitelet, la Fauvette, le Merle, etc. Aussi qu'arrive-t-il? c'est que le jeune intrus, loin de redouter les vrais propriétaires du logis, viole les droits de l'hospitalité en chassant ou tuant la petite famille qui éclot avec lui, et même en attaquant la mère qui l'a couvé et qui lui a prodigué les mêmes soins qu'à ses propres enfants.

La femelle du Coucou ne pond pas son œuf dans le nid d'autrui, comme on le croyait; elle l'y transporte et l'y dépose furtivement à l'aide de son large bec, et en prenant les plus grandes précautions pour n'être pas vue. Les parents restent voisins de l'endroit où les œufs ont été déposés, et leurs petits, quand ils sont assez forts pour voler, quittent leurs premiers pourvoyeurs pour rejoindre leurs père et mère, qui se chargent de compléter leur éducation.

Terminons par cette remarque, que l'infidélité dans le ménage, parmi les Coucous, est le fait de la femelle, et que c'est forcer les analogies que de voir dans les habitudes de cet oiseau celles de certains maris auxquels il arrive précisément le contraire de ce dont on les accuse. On aura beau dire que la polygamie du Coucou est la conséquence providentielle du petit nombre de femelles et de l'insuffisance de chaque ponte, nous y verrons, quant à nous, un exemple d'une des monstruosités morales dont l'espèce humaine est affectée.

Le Coucou solitaire (*C. solitarius*), ainsi nommé parce qu'on en rencontre rarement plus d'un couple dans une assez vaste étendue de pays; il appartient à l'Afrique. Le mâle fait entendre continuellement un chant plaintif et lamentable; la femelle produit une espèce de roucoulement sonore qui exprime le contentement, et c'est au Capocier qu'elle laisse le soin de couver ses œufs et d'élever ses petits.

Le Coucou criard (*C. lamosus*) appartient aussi à l'Afrique méridionale. Un peu plus gros que les précédents (32 cent.), il a la voix forte et retentissante. Il dépose ses œufs dans le nid du Capocier.

COUCOU. Nom vulgaire donné à la *Primecère*. — V. ce mot.

COUDRIER. Espèce du genre *Noisetier*. — V. ce mot.

Rappelons l'ancienne renommée de cet Arbrisseau, que Virgile désigne si souvent dans ses *Églogues*; qui, du temps de Pline, formait le flambeau nuptial, et que la physique occulte invoqua comme moyen de découvrir les trésors. Au moyen d'une baguette de Coudrier fourchue, que l'on devait tenir par ses deux branches, bien horizontalement, en marchant avec lenteur, on parvenait, suivant les adeptes de cette science mensongère, à connaître les endroits qui recélaient des sources, des mines, en observant l'inclinaison de la *baguette divinatoire* vers le lieu où il fallait fouiller. Jacques Aymar, paysan de Saint-Veran (Isère), se rendit très célèbre dans cet art, sous la régence du duc d'Orléans. Cet homme prétendait découvrir avec sa baguette, non-seulement les trésors, les sources, mais encore les cadavres de ceux qui avaient été assassinés, ainsi que leurs meurtriers. Cette pratique de *faire jouer la baguette* est encore assez répandue dans les campagnes. On aurait bien le droit de s'étonner de tant d'ignorance et de superstition au beau milieu du siècle des lumières, si on ne voyait encore tous les jours, en plein Paris, des hommes instruits, considérables, s'adresser à des charlatans, des tireurs de cartes, des guérisseurs non diplomés ni patentés, pour guérir de leurs maux ou pénétrer l'avenir. O espèce humaine, que l'erreur a de charmes pour toi !

Fig. 301. — Couguar.

COUGUAR (*Felis concolor*). Espèce du genre Chat, à pelage d'un fauve agréable, sans aucune tache; oreilles noires; queue noire à son extrémité seulement. Les jeunes ont dans le premier âge une livrée comme les Lionceaux. — Cet animal habite l'Amérique, où on le nomme *Lion des Péruviens*, *Tigre rouge*. Il est d'un caractère féroce; il a la cruauté du tigre, sans en avoir le courage : il attaque les bestiaux, mais fuit à l'approche de l'homme.

COULEUVRE (*Coluber*). Genre de Reptiles de l'ordre des Ophidiens, renfermant tous les Serpents non venimeux de nos climats. En voici les caractères génériques : tête plate et allongée; crochets de la mâchoire supérieure formant une série longitudinale continue, quoique les postérieurs soient généralement plus forts et plus longs à peu près de moitié, et jamais cannelés; corps allongé, cylindrique; écailles dorsales portant une ligne saillante ou une sorte de carène; queue médiocre comparativement à la longueur du corps.

Les Couleuvres ont été connues de toute antiquité. Les naturalistes ont compris dans ce groupe bon nombre d'espèces qui en ont été séparées ensuite; si bien qu'on ne désigne actuellement sous ce nom que des Ophidiens de taille moyenne (1 m. 60 de long au plus), à corps allongé, cylindrique, insensiblement plus gros vers sa partie moyenne qu'à ses deux extrémités; à tête allongée, élargie en arrière, séparée du corps par un col distinct; queue plus ou moins allongée. — Les Couleuvres sont répandues partout, surtout dans les contrées chaudes et tempérées, où elles habitent le plus souvent les lieux herbeux et humides, les bords des eaux douces, nageant au besoin avec la plus grande facilité, ce qui les a fait nommer *Serpents d'eau*. Quelquefois elles restent couchées dans les herbes ou sous les pierres, se roulent et se cachent en partie dans le sable ou dans la vase, guettant et cherchant à saisir au passage les petits poissons entraînés par le courant, des vers, des insectes, des crapauds, etc. Leur mâchoire est si dilatable qu'elles avalent jusqu'à des oiseaux et des rongeurs de petite taille. Elles vivent isolées, et les sexes ne se rapprochent que pour l'accouplement, qui s'opère comme chez les Ophidiens. Ce sont en général des animaux timides, dont les principaux moyens de défense sont la fuite et la projection d'excréments demi-liquides à odeur alliacée très pénétrante. Rarement ils mordent, et leur morsure n'est nullement venimeuse ; c'est ce que savent bien les bateleurs qui en exhibent devant le public ignorant, et certaines gens qui leur font la chasse pour les manger sous le nom d'*Anguilles de haies*. Ils dardent avec rapidité une langue fourchue qui effraie, mais cet organe est trop mou pour faire le moindre mal. Les anciens naturalistes ont prétendu que les Couleuvres étaient tellement friandes de lait qu'on les avait vues s'introduire dans les étables et s'attacher aux jambes des vaches, des chèvres pour sucer leur pis : aucun observateur moderne n'a pu vérifier ce fait dont on doute aujourd'hui. — Ces reptiles pondent des œufs ellipsoïdes nombreux, à enveloppe coriace, qui souvent s'agglutinent les uns aux autres à mesure qu'ils sortent du vestibule ; la femelle les abandonne à l'éclosion spontanée, dans le sable, le fumier, les feuilles sèches : on dit que, dans certaines circonstances, elle donne des petits vivants. La Couleuvre change de peau tous les ans. La durée de son existence n'est pas connue ; mais c'est une erreur de croire, avec nos villageois, qu'elle est bornée à deux ans.

On compte une vingtaine d'espèces, distinguées principalement par le nombre, la forme et les dispositions des écailles céphaliques et des dorsales. Quatre sont européennes, et parmi elles deux seulement seront citées ici.

Couleuvre a collier (*C. natrix*). Dessus du tronc et côtés d'un gris bleu plombé, avec des bandes quadrilatères noires ; une sorte de collier de plaques d'un jaune pâle ou blanchâtre s'élevant sur la nuque, suivi ou bordé en arrière de grandes taches noires. Longueur moyenne, 75 cent.

Cette espèce est le *Natrix* des anciens auteurs. Elle habite toute l'Europe, n'est pas rare dans le nord de l'Afrique, dans quelques parties de l'Asie. On la trouve auprès des habitations, dans la belle saison ; elle dépose souvent ses œufs, qui sont en chapelet et au nombre de 10 ou 15, dans les meules de blé placées dans les champs. On rencontre souvent des Couleuvres dans les fumiers, mais le plus habituellement elles restent dans les prés humides, auprès de grands cours d'eau où elles aiment à se plonger.

Couleuvre vipérine (*C. viperinus*). Corps d'un gris verdâtre ou d'un jaune sale, portant au milieu du dos une suite de taches brunes ou noirâtres, très rapprochées qui forment une ligne sinueuse ; flancs avec des taches isolées en losange, dont le centre est d'une teinte verdâtre : taille plus petite que celle de la Couleuvre à collier. — Cette espèce habite les mêmes lieux que la précédente.

COULICOU (*Coccyzus*). Genre d'Oiseaux grimpeurs voisin des Coucous, qui couvent eux-mêmes leurs œufs. — Le C. mangeur d'escargots, de Madagascar, se nourrit exclusivement de ces mollusques.

COUMIER (*Couma*). Arbre de la Guiane, de 9 à 10 mètres, croissant au bord des fleuves, laissant découler de son écorce épaisse et grisâtre un suc laiteux qui se convertit en une résine assez semblable à l'ambre gris, et dont les fruits se vendent à Cayenne sous le nom de *poires de Couma*.

COURANTS MARINS. Mouvement continuel des eaux, soit dans toute leur profondeur, soit à une certaine profondeur seulement, s'opérant dans une étendue variable, mais qui est immense quelquefois. Ce mouvement est de deux sortes : l'un qui porte les eaux d'orient en occident, dans une direction contraire à celle de la rotation du globe ; l'autre qui s'opère du nord vers l'équateur. Ces deux mouvements ont leur analogue dans l'atmosphère. Leur cause semble tenir à l'action du soleil, à celle de l'évaporation des eaux et à la rotation du globe. — Le premier (mouvement de l'est à l'ouest) paraît dépendre de celui du soleil et de la lune ; ces deux planètes, en avançant chaque jour à l'occident, entraînent la masse des eaux vers ce côté : de là la tendance habituelle des eaux vers ce point, l'éloignement progressif des rives occidentales et l'avancement des rives orientales du côté des eaux. — Le mouvement qui porte les mers du pôle vers l'équateur s'explique facilement, d'une part, par l'abondance des eaux polaires résultant des accumulations de glaces, et de leur liquéfaction continue ; d'un autre côté, par la pesanteur spécifique moindre des eaux de l'équateur et la diminution de leur quantité par l'évaporation, ce qui sollicite nécessairement les premières à se précipiter dans les secondes pour rétablir l'équilibre.

Outre les grands Courants dont nous venons d'indiquer le mécanisme, il en est de partiels, dus au mouvement général brisé par la rencontre d'une grande terre, comme la Nouvelle-Hollande, ou de quelque archipel, comme ceux de l'Océanie, terre ou archipel qui force les eaux à prendre une direction contraire à celle qu'elles avaient d'abord. Ce sont là les Courants les plus dangereux et que les navigateurs se sont appliqués à décrire géographiquement. Parmi les plus remarquables de ces Courants, on doit citer : le fameux Malstrœm, qui baigne les côtes de la Suède, et dont la rapidité et l'impétuosité sont telles qu'il engloutit les bâtiments qui y passent à une distance de plusieurs milliers de mètres ; celui qui entraîne dans le golfe de Guinée les vaisseaux qui s'approchent trop des côtes d'Afrique et qui ne leur permet de sortir du golfe qu'avec de grandes difficultés.

Les Courants du pôle nord transportent sur les côtes d'Islande des quantités prodigieuses de glaces qui s'amoncellent sous forme de montagnes. Ils y amènent quelquefois, au lieu de glaces, des amas considérables de bois flottant, surtout de pins et de sapins, qui ne peuvent guère provenir que de la Sibérie et de l'Amérique septentrionale. On peut trouver dans ces amas de végétaux, accumulés par l'action des Courants, une cause à la formation de dépôts analogues à ceux qui ont donné naissance aux houillères.

COURBARIL (*Hymenæa*). Arbre de la famille des Légumineuses, l'un des plus grands de l'Amérique méridionale, à branches très étalées, rameuses, couvertes d'un grand nombre de feuilles coriaces, luisantes, divisées chacune en deux folioles lancéolées qui se rapprochent sensiblement l'une de l'autre pendant la nuit, comme deux jeunes époux, d'où son nom latin que lui a donné Linné. Fleurs purpurines, en grappes pyramidales : calice à 4-5 divisions; 5 pétales concaves; 10 étamines libres. Gousse cylindrique, longue de 16 cent., large de 3 à 5, renfermant 4-5 semences ovales, etc.

Le Courbaril croît principalement dans la Guyane et aux Antilles. De cet arbre découle un suc résineux (*résine de Courbaril*), ressemblant beaucoup à la gomme Nopal, et qui s'enflamme sur les charbons en exhalant une odeur suave. Les Indiens l'emploient comme masticatoire, et en fumigations contre les rhumatismes et la paralysie. Le bois de Courbaril est d'un beau rouge, dur, résistant longtemps à la destruction : aussi est-il très employé, en Amérique, à toutes sortes de travaux d'ébénisterie et de charpente. Les gousses de cet arbre, à l'époque de leur maturité, sont recueillies avec empressement par les indiens, à cause de la pulpe farineuse qu'elles renferment et dont ils font un pain plus beau que bon.

COUREURS. Ordre d'Oiseaux qui comprend, dans la classification de M. I. Geoffroy Saint-Hilaire, ceux conformés principalemen' pour la course. Tels sont l'*Autruche*, le *Casoar*, l'*Aptéryx*, etc. La plupart des autres, qui peuvent aussi se mouvoir facilement sur le sol, marchent ou sautent plutôt qu'ils ne courent.

COURE-VITE (*Cursorius*). Oiseau de l'ordre des Échassiers, voisin des Outardes, caractérisé par un bec grêle, conique, arqué; des ailes courtes et des jambes hautes et terminées par 3 doigts sans palmature et sans pouce. — Le Coure-Vite appartient à l'Afrique septentrionale; on le voit cependant quelquefois en Europe, et on l'a même pris en France et en Angleterre. Il se tient dans les lieux secs, sablonneux et éloignés des eaux.

COURGE (*Cucurbita*). Genre de Plantes de la famille des Cucurbitacées, annuelles, étalées sur le sol ou grimpantes, munies de vrilles rameuses et de feuilles cordées. Fleurs monoïques, jaunes : corolle 5-fide; anthères soudées en colonne dans les mâles; ovaire à 3-5 loges multiovulées dans les femelles. Fruit charnu, à graines nombreuses, comprimées et entourées d'un rebord épais.

COURGE - CALEBASSE (*C. lagenaria*), vulg. *Gourde*, espèce dont le fruit est étranglé vers le sommet et la graine entourée d'un rebord épais, émarginé au sommet. — On sait que ce fruit, lorsqu'il est privé de sa pulpe et qu'il ne reste que l'enveloppe dure ou écorce, sert de bouteille ou de vase : aussi l'a-t-on nommé *Gourde des pèlerins*. On en distingue plusieurs variétés, telles que la *Gourde* à coque dure, renflée, presque pas étranglée; la *Trompette*, souvent courbée en forme de croissant, etc. — Cultivées.

COURGE-PEPON (*C. pepo*). Dans cette espèce les feuilles sont verticales et le limbe de la corolle droit. — Cultivée dans les jardins, comme la précédente, cette plante présente plusieurs variétés, telles que l'*Orangin*, la *Coloquinelle*, la *Cougourdette*, le *Turbanet*, le *Giraumont*, etc.

COURGE-PASTÈQUE (*C. citrullus*), vulg. *Melon d'eau*. Feuilles droites, incisées, d'une consistance ferme, cassantes; fleurs petites, peu évasées; fruit orbiculaire ou ovale, dont l'écorce est lisse, d'un vert sombre, la chair d'un rose vif et les semences noires. — La Pastèque se cultive dans nos départements méridionaux. Son fruit est très bon à manger cru, il rafraîchit et se résout dans la bouche en eau sucrée fort agréable.

COURGE-CITROUILLE. — V. *Citrouille*.

COURLAN (*Aramus*). Ce mot désigne un genre d'Oiseaux de l'ordre des Echassiers cultirostres, dont le bec est plus grêle et un peu plus fendu que celui des Grues, se renflant vers le dernier tiers de sa longueur; doigts très longs, sans palmure.

Ces Oiseaux habitent l'Amérique tropicale et sont représentés par une seule espèce, le C. BÉ-CASSIN, dont la taille est de 60 cent. environ, le plumage brun rougeâtre, avec le cou brun roux flammé de blanc. Il vit solitaire ou par couples sur le bord des eaux, perchant sur les arbres élevés. Sa ponte est de deux œufs.

COURLIS (*Numenius*). Genre d'Oiseaux de l'ordre des Echassiers longirostres, dont les caractères génériques sont : bec trois fois plus long que la tête, grêle, mou, arqué, presque rond, à mandibule supérieure cannelée dans sa plus grande étendue et dépassant l'inférieure; ailes longues et aiguës; queue courte, égale; doigts courts, unis à leur base par une membrane; pouce élevé, ne touchant à terre que par le bout.

Les Courlis sont répandus sur tout le globe. Par le caractère de leur bec, dit Buffon, ils pourraient être placés à la tête de la nombreuse tribu d'Oiseaux à long bec effilé, tels que les Bécasses, les Barges, les Chevaliers, et qui n'étant point armés d'un bec propre à saisir ou percer les poissons, sont obligés de s'en tenir aux vers ou aux insectes, qu'ils fouillent dans la vase et dans les terres humides et limoneuses. Le bout de ce bec est, comme celui de la Bécasse, pourvu de nerfs déliés qui permettent à l'oiseau de sentir sous terre sa nourriture.

Le Courlis cendré (*N. arcuatus*) est brun,

Fig. 395. — Courlis.

avec le bord de toutes les plumes blanchâtre : il a le croupion blanc, la queue rayée de blanc et de brun, la taille de 60 cent. — Cet Oiseau habite l'Europe et l'Asie ; il est assez commun en France, surtout dans les provinces de l'Ouest, où il niche sur les plages ; sa ponte est de 4 ou 5 œufs d'un jaune sale, tacheté de roux.

Le Courlis corlieu (*N. phœopus*) est moins répandu que le précédent, du moins en Europe ; il est aussi plus petit, et porte au dessus de la

Fig. 396. — Courlis corlieu.

tête deux bandes longitudinales brunes. Les œufs sont d'un olivâtre sombre, tacheté de brun et de noirâtre.

Les jeunes Courliens sont montés sur de longues jambes, lourds du haut du corps, et, lorsqu'on les poursuit, ils se pressent, se culbutent, cherchant à fourrer leur tête dans tous les trous qu'ils rencontrent. J'en pris un, dit un chasseur, et tandis que je le tenais dans ma main, il me regardait de son grand œil noir, saillant, avec une telle expression de confiance et de curiosité, qu'eussé-je été le plus déterminé collectionneur d'Oiseaux, je n'aurais pu m'empêcher de le remettre doucement à terre.

COURONNE IMPÉRIALE. Nom vulg. d'une espèce de *Fritillaire.* — V. ce mot.

COUROUCOU (*Trogon*). Genre d'Oiseaux de l'ordre des Grimpeurs, voisin des Coucous et des Barbus, caractérisés par un bec plus court que la tête, plus large que haut, robuste, convexe, garni à sa base de soies longues, à bords mandibulaires dentés dans toute leur étendue; narines basales peu apparentes; ailes médiocres, concaves, recouvrant à peine le croupion; queue ample, étagée sur les côtés, carrée, l'extrémité des rectrices étant comme coupée, etc. — Ce sont des Oiseaux de l'Amérique méridionale; une seule espèce appartient à l'Afrique.

Le C. curucui a 28 cent. de longueur; le C.

temnure, 27; le C. narina, 30 : ils sont brillants de couleurs; leur caractère est triste, silencieux et sans défiance, et au lieu de fuir, ils se laissent prendre. Leur chair est excellente; leurs dépouilles se vendent assez cher.

COURS D'EAU. Expression générique qui s'applique au *ruisseau*, le plus petit de tous les cours d'eau; à la *rivière*, qui est alimentée par un ou plusieurs ruisseaux; au *fleuve*, qui roule les eaux de plusieurs rivières navigables. L'ensemble des pentes d'où coulent les ruisseaux et les rivières qui se jettent dans un fleuve, s'appelle le *bassin* de ce fleuve.

Les Cours d'eau résultent des épanchements des sources, de la fonte des neiges, des glaces, et

Fig. 307 et 308. — Couroucou (mâle et femelle).

des eaux célestes qui sillonnent le flanc des montagnes. L'élévation de ces sources détermine la pente, qui influe sur la rapidité ou la tranquillité du cours d'eau. Celui-ci est déterminé de prime abord par la pente du terrain, mais l'impulsion une fois donnée, la pression seule de l'eau provoque le mouvement, lors même que la pente serait presque nulle : aussi plusieurs grands fleuves coulent-ils sur un plan à peine incliné; l'Amazone, sur 200 lieues de cours, n'a que 70 à 80 cent. de pente.

La première idée qu'on se fait généralement de l'origine des vallées, c'est qu'elles résultent de l'action érosive des eaux. C'est là une erreur. Les montagnes n'étant que les résultats des dislocations opérées à la surface du globe, les vallées en ont été la conséquence : aussi, quoique celles-ci ne suivent pas en général la pente réelle du terrain, les eaux s'y sont jetées et en ont suivi les circonvolutions, plutôt que d'entamer les terrains qui

leur offraient un obstacle à vaincre. Il paraît bien évident d'ailleurs que ce n'est pas par la partie la plus basse des bassins que les eaux se sont généralement déversées, ni à travers les terrains meubles qu'elles se sont fait un passage, sans quoi la Meuse, par exemple, serait venue se jeter dans la Seine en suivant la pente naturelle du sol, au lieu de couper les Ardennes à contre-point.

Toutefois, dans les événements qui ont si subitement crevassé une contrée et ont fait écouler tout à coup les eaux qui s'y étaient rassemblées, il s'est produit des courants d'une force effrayante qui, en arrachant et déblayant toutes les parties fracturées par le soulèvement, ont modifié les passages qui leur étaient offerts : de là l'élargissement et l'approfondissement des gorges, l'usure des roches et les sillons que nous apercevons sur le flanc des vallées, dans la direction des blocs qui ont été transportés au loin à l'époque de ces grandes convulsions de la nature.

COURTILIÈRE (*Grillotalpa*). Genre d'Insectes de l'ordre des Orthoptères, tribu des Suceurs, établi aux dépens des Grillons, ayant pour caractères : corps gras, brunâtre, traînant sur le sol; abdomen terminé par deux filets articulés, velus, assez longs; corselet avançant sur une tête pe-

lite, ovoïde, inclinée vers la terre, rappelant par ses formes, à la couleur près, la tête de l'écrevisse; les deux membres antérieurs sont remarquables en ce qu'ils sont élargis, plats et dentés, ce qui leur donne la facilité de fouir; ailes courtes, dépassant les élytres, etc.

Fig. 399. — Courtilière.

Les Courtilières sont de tous les pays; elles vivent à la manière des taupes, sous le sol, qu'elles remuent pour y trouver les larves dont elles se nourrissent, et s'y creusent des galeries. Ces insectes sont l'un des fléaux des jardins et des champs; ils coupent toutes les racines qui se trouvent sur leur passage et font périr une grande quantité de jeunes plants.

La COURTILIÈRE VULGAIRE (*G. vulgaris*) est longue de 3 à 5 cent.; couleur fauve; épine basilaire de forme conique, recourbée, aiguë; élytres de la moitié de la longueur de l'abdomen. — Elle passe l'hiver engourdie à une assez grande profondeur dans le sol. Aux approches du printemps, elle sort de sa retraite obscure par un trou vertical qu'elle se pratique et qui doit rester, pour le reste de l'année, la principale route de son domicile. Au temps des amours, le mâle, se posant en sentinelle à l'orifice de ce trou, fait entendre un bruissement dû à l'agitation de petites ailes plissées dont il est pourvu, et la femelle, sensible à ces accents, vient se livrer aux caresses qui doivent la rendre mère. Celle-ci dépose, dans un trou creusé sous le sol battu d'une allée, de 100 à 120 œufs, d'où sortent un mois après des petits tout blancs, dépourvus d'ailes, qui grandissent lentement et subissent plusieurs mues avant de devenir ailés. — Ces insectes font le désespoir de nos jardiniers, qui ne savent comment se soustraire à leurs ravages. Le meilleur moyen de les détruire est d'établir, de distance en distance, de petits abreuvoirs dont les bords sont coupés à pic, et dans lesquels ces insectes tombent en voulant boire.

Nous ne dirons rien de la C. DIDACTYLE, de l'Amérique, de la C. OUBLIÉE, de Cuba, etc.

COUSIN (*Culex*). Genre de Diptères némocères. Insectes dont la tête, plus petite que le corselet, porte deux yeux à facette, des antennes en forme de plumets chez le mâle, composés de petits crins chez la femelle; trompe longue; palpes plus longs qu'elle chez le premier, très courts chez la se-

conde; corps mince, ainsi que les pattes, qui sont longues et velues; ailes vastes relativement à l'exiguïté du corps.

Les Cousins sont de petits insectes qui nous harcèlent pendant l'été pour se nourrir de notre sang. C'est principalement dans les endroits bas et humides, au voisinage des eaux et à la chute

Fig. 400. — Cousin (grossi).

du jour, qu'ils sont le plus incommodes. Quoique d'un aspect chétif, ils annoncent leur approche par un bruit monotone qui nous étourdit. Ils s'attaquent surtout aux surfaces cutanées fines et délicates, comme chez les femmes, et y font des piqûres douloureuses, brûlantes et prurigineuses, au moyen d'une trompe ou dard construit de plusieurs pièces et protégé par un fourreau qui ne permet pas à sa pointe de s'émousser. Ils n'épargnent pas non plus les animaux.

Les Cousins ne font pas leur nourriture du sang de l'homme et de celui des animaux, quoiqu'ils en soient très friands, puisque 99 sur 100 n'en goûtent jamais. Ils attaquent les plantes, à l'ombre desquelles ils se tiennent pendant la chaleur du jour. Le soir ils sortent de leur retraite, soit pour nous attaquer, soit pour faire l'amour. C'est dans l'air que l'accouplement a lieu. Les mâles s'y tiennent par groupes, se balancent continuellement de haut en bas. Si une femelle passe, un mâle la joint et la féconde : l'union dure même quelque temps, puisqu'on voit les deux individus voler

Fig. 401. — Larve de Cousin.

bout à bout. La femelle fait sa ponte sur quelque plante marécageuse ; elle dispose ses œufs de telle sorte qu'il en résulte une espèce de petit radeau, destiné à flotter à la surface des mares tranquilles. Une larve ne tarde pas à sortir de chaque œuf ; sa tête est grosse, son corps sans pieds, sans ailes, muni de soies ; elle offre à l'avant-dernier anneau un tube assez long à l'aide duquel elle respire et se suspend la tête en bas à la surface de l'eau. Arrive sa métamorphose : sa peau se durcit, elle cesse de s'agiter, pour flotter en quelque sorte comme le ferait un fétu de paille. Bientôt le petit animal fend l'étui cutané qui l'enveloppe, relève son corps comme le mât de sa petite barque, dégage ses pattes paire par paire, puis se pose sur l'eau, où sa légèreté spécifique le maintient, et enfin, développant ses ailes, il s'élève dans les airs, où il passe la dernière partie de son existence. Chaque femelle pond jusqu'à 300 œufs à la fois et peut fournir sept générations dans la même année. Une fécondité telle que chaque couple peut donner naissance à plus de deux mille cousins nous infesterait de ces insectes, n'étaient les hiron-

Fig. 402. — Crabe.

delles et les poissons qui en dévorent un grand nombre.

Les Cousins, déjà si incommodes dans nos contrées, sont réellement redoutables dans les pays méridionaux. Les Colonies sont infestées d'autres espèces que les auteurs ont nommées *Moustiques* et *Maringouins*. Pour se garantir de leurs atteintes, on est obligé d'environner les lits de voiles en gaze appelés cousinières et moustiquières ; d'autres se frottent la peau avec de l'huile, des sucs de végétaux, ou vivent continuellement dans la fumée. Chez nous les précautions ne vont pas jusque-là ; nous nous bornons à calmer les douleurs causées par les piqûres de Cousins, au moyen de lotions d'eau vinaigrée, d'eau blanche ou d'ammoniaque.

COUVAIN. — V. *Abeilles, Essaim, Ruche.*

CRABE (*Cancer*). Genre de Crustacés décapodes, famille des Brachyoures, dont le corps est couvert d'une cuirasse calcaire, articulée, plus large que longue, et plus ou moins rétrécie postérieurement, qui protège les membres, les antennes et les yeux ; six pattes, dont les antérieures sont très fortes et munies de pinces souvent très grosses ; queue cachée et semblant appliquée sous le ventre.

Les Crabes, très communs sur les côtes de l'Océan, sont encore plus abondants dans les régions équatoriales. Ils sont très carnassiers et se nourrissent d'animaux marins vivants ou morts. Amphibies, ils chassent la nuit et se retirent dans les fentes des rochers ; ils peuvent marcher en avant, en arrière et de côté. Mais ils sont craintifs et fuient les endroits fréquentés. Au temps de leurs amours, ces animaux, d'un aspect si repoussant, deviennent furieux : on les voit alors, pour se disputer la possession d'une femelle, se heurter tête contre tète, comme les Béliers, et frapper leurs pinces l'une contre l'autre. Le vainqueur, pour jouir de son amante, la renverse sur le dos et l'aide ensuite à se remettre sur ses pattes.

La chair de ces crustacés se mange comme celle des Homards, mais elle est beaucoup moins estimée.

Le genre Crabe renfermait autrefois beaucoup d'espèces qui en ont été séparées par les naturalistes modernes. Nous citerons comme lui appartenant actuellement : le CRABE COMMUN OU MÉNADE (*C. mœnas*) qui forme le type du genre *Carcin*, dont on voit de grandes quantités sur le marché de Paris, où on les apporte quelquefois vivants, plus ordinairement cuits. — Le CRABE TOURTEAU OU POURANT (*C. pagurus*) roussâtre et plan en dessus, a les bords latéraux de son test divisés par de courtes fissures; il offre ce caractère, unique dans la tribu, que l'article basilaire des antennes extérieures a la forme d'une lame terminée par une dent saillante et avancée, formant inférieurement le coin interne des cavités oculaires. — Cette espèce atteint 30 cent. de largeur et pèse alors jusqu'à 2 kil. 1/2. Elle est commune sur les côtes de France baignées par l'Océan, moins abondante dans la Méditerranée.

Desmarets a rapporté au genre Crabe six espèces antédiluviennes.

CRABIER. Nom donné 1° à un Mammifère du genre Sarigue, de la taille d'un chat, qui vit sur les rivages limoneux, à Cayenne, à Surinan, et se nourrit principalement de crabes; — 2° à une espèce du genre Héron (*Ardea comata*) qui se trouve dans le midi.

CRABRON (*Crabro*). Hyménoptères fouisseurs qui ont un peu d'analogie avec les Guêpes, sous le rapport surtout des couleurs, et qui vivent du suc des fleurs, sur lesquelles on les trouve assez communément. Toutefois ils nourrissent leurs petits de cadavres de diptères et d'autres insectes, qu'ils empilent dans des trous qu'ils bouchent après la ponte. — Deux espèces principales, qui se trouvent en Europe : le C. CRIBLE, et le C. PORTE-ENSEIGNE.

CRAMBE (*Crambus*). Lépidoptères nocturnes dont les espèces nombreuses n'ont pas encore été toutes bien déterminées. — Le C. DES PRÉS, aux ailes cendrées, avec une bande blanche se ramifiant à son extrémité, est un Papillon des environs de Paris.

CRAMBÉ (*Crambe*). Genre de la famille des Crucifères, plantes herbacées ou semi-ligneuses, à tige droite, rameuse; fleurs blanches disposées en panicule terminale; silique globuleuse, coriace, uniloculaire et indéhiscente. — Le C. MARITIME (*C. maritima*), vulg. *Chou de mer*, parce qu'il a tout à fait l'aspect d'un chou, est l'espèce la plus

intéressante. Il croît sur les bords sablonneux de la mer, où il se fait remarquer par ses tiges hautes d'un mètre, ses grandes feuilles inférieures charnues. En Angleterre on cultive cette plante que ses qualités font assimiler à l'asperge. — Plusieurs espèces étrangères, dont il est inutile de parler.

CRANGON (*Crangon*). Genre de Crustacés de l'ordre des Décapodes macroures; très voisins des Palémons, dont ils diffèrent par les deux filets des antennes mitoyennes; par la petitesse du prolongement antérieur de la carapace, par leurs deux pattes antérieures, terminées par une main renflée à un seul doigt, enfin par la deuxième paire de pattes qui sont filiformes, coudées et repliées sur elles-mêmes dans le repos. — Ces crustacés sont communs sur nos côtes; leurs mouvements sont brusques; ils nagent ordinairement sur le dos et frappent souvent l'eau avec leur abdomen qu'ils replient contre le thorax et distendent ensuite avec beaucoup de force.

Le CRANGON COMMUN (*C. vulgaris*), vulg. *Cardon*, n'a guère plus de 5 à 6 cent. de long. Il est d'un vert glauque pâle, ponctué de gris et uni; par la cuisson, il se colore en rouge. — Très commun sur nos côtes océaniques, les pêcheurs en prennent une grande quantité dans leurs filets, et en toute saison. La chair de ce crustacé, qu'il ne faut pas confondre avec la Crevette, est non moins délicate que celle-ci.

CRAPAUD (*Bufo*). Genre de Reptiles de l'ordre des Batraciens anoures, présentant pour caractères : corps ramassé, presque globuleux, couvert de verrues ou papilles d'où suinte une humeur fétide; membres gros, courts, disposés pour le saut; quatre doigts tout à fait libres, le troisième plus long que les autres; cinq orteils peu palmés, dont les 4 premiers étagés, le dernier plus court que l'avant-dernier; langue allongée, libre, non entaillée en arrière comme chez les Grenouilles; point de dents palatines, caractère principal qui distingue le Crapaud de la Grenouille; deux grosses glandes sous le cou.

Les Crapauds se rencontrent dans toutes les parties du globe. Ils se tiennent à terre de préférence, assez loin des eaux, car ils sont peu nageurs; ils marchent, courent, mais ne sautent guère. Il est peu d'animaux qui inspirent plus de répulsion : leur aspect difforme, leur forme trapue, leur couleur triste et livide, leurs mœurs sauvages et abjectes, la faculté qu'ils possèdent de se gonfler, en introduisant de l'air sous leur peau peu adhérente aux tissus sous-jacents, le liquide qu'ils rendent, lorsqu'on veut s'en emparer, l'humeur laiteuse qui suinte de leurs cryptes verruqueux, tout en eux semble se réunir pour en faire un objet de répugnance et d'horreur. Et pourtant que font-ils pour mériter cette haine universelle? leurs habitudes sont paisibles; des armes offensives, ils n'en ont pas; seulement, quand ils sont tourmentés, ils lancent par l'anus un liquide partiticulier, qui n'est qu'àcre, mais ni leur bave, ni leur urine ne sont venimeuses. Au contraire, ces reptiles nous rendent des services, ils sont utiles à l'agriculture en détruisant les vermisseaux, les chenilles, les insectes, les limaces, etc., dont ils se nourrissent.

Les Crapauds se réfugient dans des trous, sous des pierres ou dans des creux d'arbre. Ils sortent

Fig. 103. — Crapaud commun.

de préférence le soir et font entendre, surtout à l'époque des amours, un chant plaintif et flûté. Ils se rendent dans les eaux des lacs, des étangs, des mares, pour s'accoupler et déposer leurs œufs, qui sont fécondés par le mâle au fur et à mesure qu'ils sortent de l'oviducte. Le mâle, à ce moment, a, dit-on, les pouces déformés par des pelotes particulières très gonflées, au moyen desquelles il se cramponne si fortement sur le dos de la femelle, pendant la ponte, qu'on peut lui couper la tête sans qu'il lâche prise. Les petits se développent sous la forme de *Têtards* (V. ce mot), et nagent

Fig. 104 et 105. — Crapaud accoucheur (mâle et femelle).

avec une grande facilité. Comme ces batraciens éclosent en grand nombre et sautillent sur la terre, après les pluies chaudes de l'été, le vulgaire croit qu'il y a des *pluies de Crapauds.*

« La vie est peu active chez les Crapauds, mais elle est très tenace; son action peut être considérablement ralentie, sans cependant se détruire; et comme ces reptiles respirent peu et qu'ils sont susceptibles d'hibernation, on explique comment ils peuvent rester pendant assez longtemps renfermés dans un espace très resserré. » Il ne faut pas croire cependant que l'air ne leur soit pas nécessaire, indispensable, et l'on doit reléguer au rang des fables populaires ce qu'on a dit de pareils animaux trouvés au cœur de blocs de marbre et de rochers, ou dans l'épaisseur de certains vieux arbres. Ces reptiles certainement, à cause de leur longue existence et de leur reproduction rapide, se montreraient infiniment plus communs qu'ils ne sont, s'ils ne devenaient la proie des serpents, des hérons, des cigognes et des buses sur la terre, et celle des brochets et des anguilles dans l'eau.

Nous passerons sous silence les propriétés médicales imaginaires que l'ignorance avait attribuées à la poudre de Crapaud brûlé, à la chair de ce reptile : nous ne dirons pas non plus dans combien de philtres on le fit figurer : ces absurdités ne peuvent nous intéresser.

Crapaud commun (*Rana bufo*), animal lourd, trapu, long de 15 cent , qui se rapproche souvent des habitations, et qui même est susceptible de sociabilité. Un de ces reptiles, raconte Lacépède, habitait dans un trou, sous un escalier; loin de lui faire du mal, on le protégea d'abord, et « encouragé par les égards qu'on lui témoignait, il ne tarda pas à se rendre familier, dans la maison, dont il devenait l'un des commensaux. Il se montrait tous les soirs au moment où on allumait les lumières, et levait les yeux comme s'il attendait qu'on le prit et qu'on le posât sur une table, où il trouvait des insectes, des cloportes et surtout de petits vers qu'il préférait. Il fixait sa proie; tout à coup il lançait sa langue avec rapidité, à la manière des caméléons, et les insectes ou les vers y demeuraient attachés à cause de l'humeur visqueuse dont l'extrémité de cette langue était enduite. Il devint bientôt l'objet d'une curiosité générale, et les dames demandaient à voir le Crapaud familier. Il vécut ainsi pendant plus de 36 ans, et il eût peut-être vécu plus longtemps encore, si un corbeau apprivoisé comme lui ne lui eût crevé un œil. L'infortuné languit depuis cette blessure et mourut au bout de l'année. »

Surpris et inquiété, le Crapaud semble attendre son salut de l'horreur qu'il inspire plutôt que d'une fuite que sa pesanteur rend vaine. Il n'est en état de se reproduire qu'à 4 ans. La ponte a lieu vers le mois d'avril; les œufs, très nombreux, sortent en deux longs chapelets, et le mâle aide la femelle pondeuse, en arrachant avec ses pieds de derrière le cordon que forment ces œufs et qui a jusqu'à plusieurs mètres de longueur.

Crapaud vert (*Bufo viridis*). Cette espèce, constamment plus petite que la précédente (9 cent. de long), a du blanc, du gris, du brun, du fauve, du jaune, du rouge et surtout du vert de différentes nuances répandus sur les parties supérieures du dos, et y formant des taches irrégulières. Il a les mêmes habitudes et est extrêmement répandu par toute l'Europe. — Ce Crapaud est le même que le *C. variable*, le *C. des joncs*, etc., de quelques auteurs.

Crapaud sonnant (*Rana bombina*), vulg. *Crapaud d'eau*, *C. plurial*, *C. à ventre jaune*. Petit, d'un gris foncé en dessus, bleu et jaune orangé en dessous; il ressemble davantage à une Grenouille, d'autant plus qu'il vit habituellement dans les eaux dormantes, et pond des œufs disposés en paquets plutôt qu'en cordons. Ces œufs sont d'ailleurs plus gros, et les Têtards qui en proviennent

sont jaunâtres de bonne heure. Le cri de ce Crapaud est monotone et rappelle le tintement d'une clochette.

Crapaud accoucheur ou **Alytes** (*Bufo obstetricans*). C'est une petite espèce, de couleur grisâtre ponctuée de noir sur le dos et de blanc sur les côtés, qui vit dans les prairies, loin des eaux, dont la femelle n'approche point même au temps de la ponte. Ce Crapaud est ainsi nommé, parce que le mâle se charge des œufs que pond la femelle, et les porte sur son dos avec précaution jusqu'à ce qu'ils soient près d'éclore; alors il cherche quelque eau stagnante pour les y abandonner. (V. la fig. 404.)

Le **Crapaud agua**, du Brésil , est le plus grand de la famille; il atteint jusqu'à 35 cent. , et ses pustules sont de la grosseur d'un pois.

CRASSULACÉES. Famille de Plantes dicotylédones polypétales , herbacées ou frutescentes , grasses (vulg. *Plantes grasses*). Les feuilles sont en effet épaisses, charnues, simples; les fleurs, disposées en grappe ou en cyme , sont hermaphrodites, régulières, généralement remarquables par leurs vives couleurs : calice tubuleux profondément divisé en un grand nombre de segments ; quelquefois 5 sépales; pétales en nombre égal aux sépales, quelquefois soudés; étamines en nombre égal ou double, entremêlées d'écailles qui ne sont que des étamines avortées; ovaire supère, à plusieurs carpelles distincts , fruit composé d'autant de capsules qu'il y a de carpelles. — Les genres nombreux de cette famille ont été partagés en deux tribus :

1° Les **Crassulées**, dont les pétales et les étamines sont en nombre égal : *Crassule*, *Tillée*, *Cryptogyne*, etc.;

2° Les **Sempervivées**, dont les étamines sont en nombre double des pétales : *Cotylet*, *Vermiculaire* et *Orpin (Sedum)*, *Umbilic*, *Bryophylle*, *Joubarbe*.

CRASSULE (*Crassula*). Genre de Plantes de la famille des Crassulacées , annuelles , à feuilles épaisses, succulentes , presque cylindriques , éparses; fleurs diversement disposées et colorées, ayant toujours les étamines en nombre égal à celui des pétales. — On en compte un grand nombre d'espèces , la plupart des régions équatoriales.

Crassule rougeâtre (*C. rubens*). Cette plante a de 5 à 15 cent. de hauteur; sa tige rameuse et pubescente porte des feuilles sessiles , alternes , éparses, oblongues, souvent rougeâtres; fleurs d'un blanc rosé : calice à 5 divisions; 5 pétales dépassant longuement le calice. — La Crassule croît dans nos pays en pleine terre, dans les vignes, les lieux sablonneux, sur les vieux murs, fleurissant en mai-juillet. On l'a considérée comme propre à hâter la cicatrisation des plaies.

Crassule écarlate (*C. coccinea*). Arbuste dont la tige, qui s'élève à 150 cent. , se divise en rameaux rougeâtres, garnis de feuilles ovales, lancéolées, opposées en croix, un peu engaînantes à leur base et assez rapprochées les unes des autres; fleurs disposées en une sorte d'ombelle d'un rouge magnifique, au nombre de 6 à 20, exhalant un parfum agréable; corolle tubuleuse à 5 pétales.

Fig. 106. — Crassule écarlate.

— Cette plante croît spontanément au cap de Bonne-Espérance, mais on l'a introduite dans nos cultures d'agrément, où on la propage de graines et plus facilement de jeunes branches coupées; elle demande une terre franche sableuse, beaucoup de soleil et peu d'eau en été.

CRATÈRE. Bouche d'un volcan en activité ou éteint, et dépression par effondrement : de là la distinction des Cratères en ceux d'éruption, d'explosion, de soulèvement et d'affaissement.

Cratères d'éruption. Les éruptions volcaniques produisent des cavités de forme conique, dont le diamètre supérieur est plus ou moins considérable et dont le fond paraît souvent formé par une calotte de lave consolidée qui couvre la cheminée principale; de ces cavités s'échappent des jets de vapeurs sulfureuses à travers les fissures du sol, les interstices des blocs écoulés ou de divers petits cônes soulevés çà et là. On observe un ou plusieurs de ces gouffres, tantôt remplis de vapeurs qui se dégagent continuellement, tantôt au contraire silencieux et obscurs. Les Cratères de ces volcans, éteints depuis un temps plus ou moins considérable, rappellent à peine les crises d'incandescence qui les ont produits; quelquefois même

leurs parois se couvrent de végétations, comme cela existait au Vésuve avant l'éruption de 1631. Le Cratère de Strombali, qui est en activité continuelle depuis les temps les plus anciens, offre une lave en fusion qui s'élève et s'abaisse continuellement dans sa cavité, et lorsqu'elle parvient à 8 ou 10 mètres des bords, elle se gonfle, se couvre de grosses bulles, qui éclatent bientôt avec fracas et dégagement d'une quantité énorme de gaz; puis elle s'abaisse, pour remonter encore, et produire les mêmes effets qui se répètent ainsi régulièrement à des intervalles de quelques minutes. Quelquefois, au lieu de lave, on trouve au fond des Cratères du soufre en ébullition, comme à Vulcano; on cite aussi des collines, des dômes au fond de ces cavités, provenant de laves gonflées et consolidées, ou de soulèvements opérés dans les matières diverses qui les avaient comblées. — V. *Volcan.*

Cratères d'explosion. « Ce sont ceux dans lesquels les gaz seuls ont été en action et ont agi à la surface du sol d'une manière tout à fait analogue à l'explosion des mines que l'on fait jouer dans l'attaque et la défense des places. Ces Cratères ont peu ou point de saillies; ils affectent la forme d'un entonnoir irrégulier dont les bords sont composés des couches mêmes du sol qui a été percé. Lorsque ces couches sont solides, l'affaissement offre souvent des escarpements plus ou moins inaccessibles. On ne voit autour du gouffre que les débris dispersés et communément peu abondants du sol, qui a été évidé par la violence des gaz. » A cause de la présence fréquente d'un lac au fond du Cratère, de Montlosier les avait appelés Cratères-lacs, expression plus particulièrement appliquée aux Cratères d'affaissement.

Cratères de soulèvement. L'ensemble des observations des géologues montre évidemment que des soulèvements et des affaissements immenses ont fait longtemps partie du mécanisme de la nature, avant que celle-ci arrivât à la configuration que nous voyons aujourd'hui à la surface du globe. Dans l'Inde, en 1819, une colline de 20 lieues de longueur sur 6 de largeur s'*éleva* du sud-est au nord-ouest, au milieu d'un pays jadis plat et uni, en barrant le cours de l'Indus. Plus loin, au contraire, au sud et parallèlement à la même direction, le pays s'*affaissa*, entraînant le village et le fort de Sindré, qui resta néanmoins debout et à demi submergé. Pline rapporte, d'après les historiens, que la Sicile fut séparée de l'Italie par un tremblement de terre, que l'île de Chypre fut séparée de même de la Syrie. Ces grandes révolutions souterraines durent produire des excavations plus ou moins étendues et profondes. Supposons donc que des forces agissant de bas en haut sur des couches horizontales, en un point ou sur un axe vertical, les brisent, les *étoilent* en quelque sorte, puis les relèvent, il en résultera un cône ou plus exactement une pyramide ouverte à son sommet. Cette ouverture irrégulière s'accroîtra par la destruction facile de toutes les pointes qui convergent vers le sommet, et on aura ce qu'on appelle un *Cratère de soulèvement*, qui différera du précédent en ce que ses parois seront formées de couches de toute nature, suivant le terrain soulevé, calcaire, grès, schiste, etc., et surtout en ce que ses flancs extérieurs seront déchirés par des vallées divergentes qui, au lieu de naître à une certaine distance au-dessous de la crête, commenceront dans l'intérieur même de l'enceinte.

Cratères d'affaissement. « Il existe un grand nombre d'exemples positifs d'effondrements, opérés en dehors même des effets produits par les tremblements de terre. Au sommet de l'Etna il s'en est fait un de 400 mètres de profondeur en 1832. Fréquemment il s'est formé tout à coup des lacs, quelquefois d'eau bouillante, par l'enfoncement subit du terrain à la suite des éruptions volcaniques, comme en 1835, près de l'ancienne Césarée de Cappadoce; en 1820, à Saint-Michel des Açores. Il est arrivé même que de hautes montagnes volcaniques se sont affaissées subitement et ont été remplacées par des lacs profonds, comme le volcan de Papandayan à Java, en 1772, qui entraîna 40 villages dans ses flancs... C'est à des effondrements qu'on peut rapporter la formation de certains *Cratères-lacs* en forme d'entonnoir, dans lesquels on voit moins le caractère des Cratères de soulèvement, que celui des *fontes* qui se forment au milieu des terrains meubles placés au-dessus de quelque excavation. Tels sont le lac Paven, au pied des masses trachytiques du Mont-d'Or, plusieurs lacs des Vosges, etc. »

CRAVE. (*Fregilus*). Genre de Passereaux conirostres de la famille des Corbeaux (Corvinés), caractérisé par : bec de la longueur de la tête, arrondi, comprimé, terminé en pointe, garni à sa base de plumes sétacées dirigées en avant et couchées à plat sur la mandibule; ailes allongées, à quatrième et cinquième rémiges plus longues; queue médiocre, carrée; tarses scutellés; ongles crochus et aigus. — Ce genre ne renferme qu'une seule espèce qui diffère du Choquard, ou Corbeau freux, avec lequel on l'a confondue, par son bec plus long, plus menu, plus arqué et de couleur rouge, ainsi que ses pieds, etc.

Le **Crave ordinaire** (*F. graculus*), encore appelé *Freux*, est d'un noir à reflets brillants, verts, bleus et pourpres; il a le bec et les pieds d'un rouge vermillon, l'iris brun; sa longueur totale est de 42 à 43 cent. — Cet oiseau se plaît sur le sommet des plus hautes montagnes, des Alpes, de la Suisse, etc., ne descend que rarement dans la plaine. Il est d'un naturel vif, inquiet, turbulent, et pourtant il peut se priver jusqu'à un certain point. Salerne dit avoir vu à Paris deux Craves qui vivaient en fort bonne intelligence avec des pigeons de volière. Le Crave se nourrit d'insectes et de grains nouvellement semés et ramollis par le premier travail de la végétation. Il paraît assez peu fidèle aux lieux qu'il fréquente : il préfère

constamment les uns aux autres, à raison de circonstances qui jusqu'ici ont échappé aux observateurs. Il y a de ces oiseaux qui paraissent régulièrement, en certains temps, dans la Basse-Égypte. La femelle établit son nid au haut des vieilles tours abandonnées et des rochers escarpés. Sa ponte est de 3 œufs, d'un gris sale un peu verdâtre, ou d'un verdâtre sombre, avec de petites taches d'un gris cendré et d'autres d'un rouge vif.

CRÉATION. Quelles pensées ce mot fait naître, quelles questions il soulève, quelles admirations il provoque ! Mais aussi que d'incertitudes il crée lorsqu'il s'agit de faire concorder les données de la science avec le récit de la Genèse ! Les études géologiques nous apprennent que les productions des eaux durent précéder celles d'une terre que submergeait un océan sans rivages. Ce n'est que plus tard seulement, lorsque la terre fut exondée et suffisamment desséchée, que les Végétaux purent orner son étendue d'abord fangeuse. Les Animaux herbivores, qui n'eussent pu se nourrir avant que les végétaux ne fussent apparus, les y suivirent ; puis les espèces sanguinaires vinrent après; enfin l'Homme, être omnivore, naquit. « Dans son orgueil, il imagina que l'univers était achevé; mais d'innombrables séries de créatures organisées devaient encore se montrer, qui, vivant aux dépens des créatures déprédatrices même, et habitant la propre substance de celles-ci, n'auraient pu se développer, si les corps qu'elles dévorent vivants n'eussent déjà vécu pour leur fournir une curée. Ainsi la Création qui, passant du simple au compliqué, s'était élevée de la monade au genre humain, se termine par des séries non moins simples dans leur texture que celles par où tout avait commencé, comme si, dans la totalité de ce qui la compose, la nature avait entendu se renfermer dans un vaste cercle. » (Bory Saint-Vincent.)

« L'ensemble des données positives que nous possédons aujourd'hui en géologie, dit M. Beudant (1), nous conduit à reconnaître que chacune des créations particulières indiquées brièvement dans la Genèse, à l'exception de celle de l'homme, n'a pu avoir lieu d'un seul jet; qu'elle a été faite, au contraire, successivement, dans un espace de temps considérable, et à mesure que le globe terrestre était lui-même façonné. En effet, si les Cryptogammes vasculaires ont paru à peu près dès le commencement des choses, les Phanérogames gymnospermes ne sont venues que vers l'époque du houiller, et n'ont même existé que longtemps, après; il en est de même des Monocotylédones dont les débris sont d'abord peu nombreux et peu distincts, et qu'on ne voit bien clairement qu'après la craie; les Dicotylédones ne paraissent que plus tard encore, au milieu des terrains tertiaires. Dans

----

(1) *Minéralogie et Géologie*, 1 vol. in-18, adopté par le conseil de l'instruction publique et approuvé par monseigneur l'Archevêque de Paris.

tout cet intervalle de temps, les espèces ont successivement changé, et celles qui ont été créées tour à tour ont aussi entièrement disparu l'une après l'autre pour faire place à de nouvelles.

« Les Reptiles, les Poissons, les Mollusques, nous présentent les mêmes phénomènes, et nous montrent plus clairement encore des extinctions successives de différentes races créées d'abord, et l'apparition nouvelle de plusieurs autres..... Les Mammifères présentent des circonstances absolument semblables, et leurs divers ordres, comme leurs diverses espèces, ne se montrent aussi que successivement. Ceux qui apparaissent d'abord ne sont que de faibles Marsupiaux, et c'est longtemps après que viennent les Pachydermes analogues au Tapir, dont les premières espèces sont bientôt anéanties. D'autres espèces leur succèdent, et celles-ci se trouvent alors associées à de nouveaux animaux, les *Mastodontes* et les *Dinotherium*, qui s'éteignent presque aussitôt pour toujours. C'est plus tard encore que viennent les Éléphants, et ils se montrent avec des Carnassiers et des Rongeurs, etc., qui n'existaient pas avant, et dont les espèces ne sont encore que le prélude de celles qui apparaissent en même temps que l'Homme. »

M. Beudant termine par les réflexions suivantes, qui tendent à ne faire voir dans le désaccord de la Géologie et de l'Écriture qu'une simple question d'interprétation. « Ces détails, dit-il, que l'observation des circonstances géologiques permet d'ajouter au récit de la Genèse, sont en harmonie générale avec les faits qui s'y trouvent brièvement émis et dont ils ne sont que le développement ; la seule difficulté qu'ils puissent présenter est relative au mot jour, qui, heureusement, d'après les autorités les plus éminentes de l'Eglise depuis saint Augustin jusqu'à nous, peut être interprété dans un sens différent de celui qu'on lui attribue vulgairement... Suivant les observations géologiques, cette expression vulgaire de *jours* paraît devoir signifier des *époques*, qui présentent de longues périodes de temps dont la durée nous est tout à fait inconnue, et relatives chacune à un certain système de création durant lequel il y a eu diverses formations des êtres organisés, comme aussi des extinctions successives de ceux qui avaient existé les premiers. Chaque période commence à une date particulière nettement déterminée, et marquée par une catastrophe qui bouleverse plus ou moins l'ordre de choses établi précédemment sur la terre ; elle se prolonge pendant plus ou moins de temps, quelquefois à travers les époques suivantes, et souvent jusqu'à l'apparition de l'homme lui-même. Il s'est ainsi passé, suivant les conjectures de la science, un temps immense entre la formation des premiers sédiments et celle des derniers, sans compter qu'il a fallu pour la consolidation et le premier refroidissement des masses planétaires. C'est dans cette longue série de siècles, qui ne sont qu'un instant dans l'éternité, que la terre a été façonnée comme nous la voyons au-

jourd'hui par les mouvements de toute espèce du sol, par les dépôts sédimentaires de diverses sortes, et préparée enfin au séjour de l'homme pour lequel DIEU avait tout disposé. »

CRÉCERELLE. Espèce de *Faucon*. — V. ce mot.

CRÉPIDE *(Crepis)*. Genre de Composées annuelles ou bisannuelles, glabres ou velues, dont les feuilles sont la plupart roncinées, pinnatifides, rarement entières, les supérieures sessiles ou amplexicaules. Fleurs en capitules jaunes, disposées en une panicule ou corymbe terminal irrégulier. — Plus de 60 espèces de ce genre, dont 5 ou 6 appartiennent à la flore française.

La CRÉPIDE BELLE (*C. pulchra*), qui est la *Prenanthes à feuilles d'épervière*, a la tige dressée, rameuse en haut, haute de 30 à 80 cent., poilue, glanduleuse à sa partie inférieure ; feuilles également couvertes de poils glanduleux, les radicales en rosettes pétiolées, les caulinaires amplexicaules. Involucre très glabre ; akènes presque linéaires, à stries peu marquées. — Cette plante se trouve sur les coteaux, dans les vignes, les endroits pierreux, aux bords des chemins où elle fleurit au milieu de l'été ; mais elle n'est pas commune. Elle est sans usages, et même oubliée des horticulteurs, qui pourraient en tirer parti.

La CRÉPIDE DES TOITS (*C. tectorum*), moins élevée, a les feuilles caulinaires à bords roulés en dessous, l'involucre pubescent, les akènes à stries denticulées très marquées. — Elle fleurit plus tôt et refleurit en automne. Egalement assez rare.

La CRÉPIDE FLUETTE (*C. virens*) est au contraire très commune dans les prairies, les champs, aux bords des chemins. Elle a l'involucre pubescent, à folioles glabres à la face interne ; les folioles extérieures linéaires presque subulées — En fleur depuis le mois de juin jusqu'en automne.

CRÉPUSCULAIRES. L'une des trois grandes divisions des Lépidoptères, caractérisée par les ailes supérieures retenues inclinées dans le repos au moyen d'un crin propre aux ailes inférieures et qui entrent dans une coulisse des supérieures (caractère commun aux Nocturnes), et en même temps par les antennes en massue. Les chenilles de cette famille ont 13 pattes ; elles sont rares ; elles construisent, pour se métamorphoser, une coque en soie qu'elles placent au-dessus ou dans la terre. Les chrysalides sont toujours lisses et jamais anguleuses comme celles des Diurnes. Le genre Sphinx de Linné composait autrefois cette tribu. — V. *Papillons*.

CRÉPUSCULE. On nomme ainsi le jour qui commence à poindre avant le lever du soleil, et celui qui persiste après la disparition de cet astre au-dessous de l'horizon. La lumière crépusculaire est un bienfait de l'atmosphère, dont les particules d'air et d'eau réfléchissent les rayons solaires dans toutes les directions : si bien que sans l'atmosphère, le jour et la nuit se succéderaient brusquement.

CRESSON (*Nasturtium*). Genre de plantes de la famille des Crucifères, tribu des Arabidées, vivaces, rarement bisannuelles, herbacées, glabres, présentant des rhizomes obliques, des tiges souvent radicantes, des feuilles pétiolées, composées, rarement indivises. Fleurs blanches, plus souvent jaunes, calice à sépales étalés, non gibbeux à la base ; fruit siliqueux, silique cylindrique linéaire, à valves convexes contenant 2 à 4 rangs de graines.

Cresson de fontaine (*N. officinale*). Plante vivace, à tige couchée radicante redressée, longue de 10 à 50 cent., épaisse et succulente; feuilles pinnatiséquées, à segment terminal plus grand. Fleurs blanches disposées en grappes : 4 pétales une fois plus longs que les sépales; 6 étamines tétradynames; stigmate sessile sur un ovaire aussi long que les étamines. Silique divisée en deux loges séparées par une cloison, et renfermant des semences nombreuses, arrondies.

Le Cresson croît au bords des ruisseaux, des fontaines, le long des fossés, où ses fleurs se montrent tout l'été. Presque sans odeur lorsqu'il est intact, il exhale, étant broyé, un principe volatil âcre et très odorant qui se dissipe entièrement par la dessiccation et l'ébullition. Il paraît contenir, comme la plupart des végétaux de la même famille, du soufre et de l'ammoniaque. C'est une plante stimulante, regardée comme un des meilleurs antiscorbutiques, après le Cochléaria et le Raifort. On prescrit le Cresson non-seulement dans le scorbut, mais aussi dans les catarrhes chroniques, les scrofules, les affections chroniques de la peau et du système lymphatique. On en administre le suc (60 à 125 gram. par jour) associé ou non au lait, au petit-lait, aux bouillons mucilagineux; on le prescrit encore en macération et en décoction. Chacun connaît ses usages culinaires, qui conviennent très bien aux personnes d'un tempérament faible, humide.

Avant qu'un officier supérieur de la grande armée eût vu à Erfurth, en 1810, de longs fossés remplis de Cresson de fontaine, le marché de Paris était approvisionné par des gens qui allaient à plus de trente lieues récolter de nuit le long des ruisseaux, auprès des mares, des sources et des fontaines, du Cresson de mauvaise qualité. Ce Cresson se vendait par fouées ou bottes, et c'est à peine si dans la belle saison on pouvait en débiter pour 400 fr. par jour. Depuis que l'officier dont on vient de parler conçut l'idée d'établir dans la vallée de Nonette, entre Senlis et Chantilly, le siège d'une exploitation semblable à celle d'Erfurth, le commerce du Cresson a vu fleurir son règne de Saturne. D'autres cressonnières ont été établies dans les environs de Paris, de telle sorte qu'en toute saison il entre dans Paris plus de trente voitures par jour, chargées chacune de 300 fr. de Cresson, ce qui représente une consom-

mation d'environ 9,000 fr. par jour, plus de 3 millions par an.

Cresson amphibie (*N. amphibium*), vulg. *Raifort d'eau*. Plante vivace de 40 à 80 cent., à feuilles entières ou dentées, pétiolées, ou embrassantes auriculées, les inférieures quelquefois pinnatifides; pétales plus longs que le calice. La silique est subglobuleuse, oblongue, terminée par un bec grêle. — Cette espèce habite le bord des rivières, les fossés, les eaux stagnantes; elle fleurit en mai-juillet.

Le Cresson des marais (*N. palustre*) est bisannuel, dressé, à feuilles radicales disposées en rosette, toutes pinnatifides: pétales de la longueur du calice. — Cette espèce abonde sur les bords de la Seine, même dans l'intérieur de Paris.

CRESSON ALÉNOIS. Espèce du genre *Passerage*. — V. ce mot.

CRÉTACÉ. Terrain qui comprend les différentes formations de la craie. — V. *Terrain*.

CRÉTIN. On donne ce nom à certains individus de l'espèce humaine remarquables par l'idiotie, l'imbécillité et quelques difformités extérieures dont ils sont affectés. Ce sont des êtres apathiques, gourmands et oisifs, dont l'aspect et le genre de vie ont quelque chose de repoussant: ils vivent dans la saleté, presque tous portent des goîtres volumineux; ils ont les chairs molles, la peau flétrie, jaune, cadavéreuse, couverte de crasse, de dartres ; leur bouche béante, qui laisse voir une langue épaisse et pendante, laisse découler de la salive; leur figure est aplatie, violacée, bouffie, leur front déjeté en arrière, leur taille petite, leur existence généralement assez courte.

Les Crétins se trouvent dans le Valais, dans la Maurienne, la vallée d'Aoste, quelques vallées profondes de la Suisse, de l'Écosse, de l'Auvergne, du Tyrol, etc., où l'air épais, stagnant et corrompu qu'on y respire, ainsi que la misère, la débauche, la mauvaise qualité des aliments, paraissent être les causes principales d'une telle dégradation physique et morale. On en a accusé aussi l'usage des eaux de sources, crues et plâtreuses de ces contrées; de là peut-être le nom de Crétin formé de *creta*, craie. Suivant d'autres, ce nom est une corruption de *chrétien*, parce que, dans leur état d'idiotisme, les Crétins ne sauraient commettre de péché.

Mais, il faut en convenir, les véritables causes du Crétinisme sont à trouver, puisque dans beaucoup d'autres localités, où celles que nous venons d'énumérer existent, cette affection est inconnue. Remarquons toutefois que les Crétins diminuent de nombre dans leur propre contrée depuis que l'aisance et l'instruction commencent à s'y introduire.

CREVETTE (*Gammarus*). Genre de Crustacés de l'ordre des Décapodes macroures, dont certains naturalistes ont une espèce du genre Palémon, lequel appartiendrait à la famille des Palémoniens, où viendraient se ranger les Crangons et les Salicoques, etc. Ces petits crustacés, dont la forme participe de celle de l'Ecrevisse et de la Puce, ont le corps allongé, la tête petite et arrondie ; 4 antennes bien développées, les pattes des deux premières paires presque toujours très développées, et constituant des organes de préhension, les autres paires de pattes plus grêles et servant à la locomotion. — Les Crevettes habitent les unes les eaux douces courantes, les autres en plus grand nombre la mer. Elles sont très voraces et carnassières, vivant de poissons morts, et même de la chair morte de leurs semblables.

La Crevette des ruisseaux (*G. pulex*) abonde

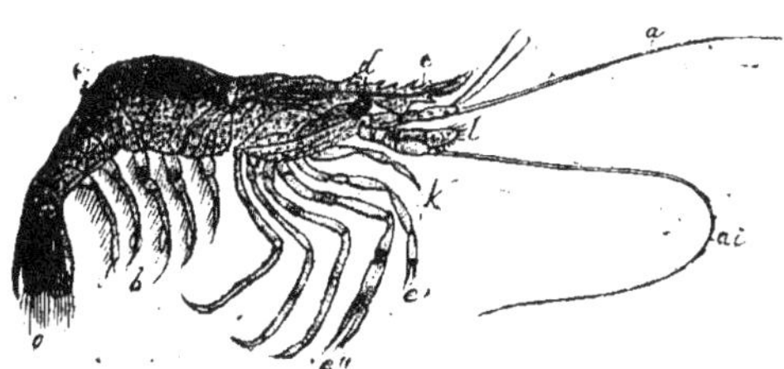

Fig. 407. — Palémon.

dans les fontaines, les bassins des sources, les filets d'eau des cressonnières. « Elle nage au fond de l'eau, couchée sur le côté, et son principal moyen de progression consiste dans la détente rapide et souvent renouvelée des appendices de sa queue. On la trouve souvent accouplée, le mâle emportant la femelle, beaucoup plus petite que lui, entre ses jambes. Cette femelle garde ses œufs jusqu'au moment où ils éclosent ; et les petits qui en sortent se mettent pendant quelque temps à l'abri sous son ventre, et sous les lames latérales de son corps. »

La Crevette locuste (G. *locusta*) est, parmi les espèces marines, la plus commune, sinon la plus connue. On la trouve en plus grande abondance sur les côtes d'Angleterre.

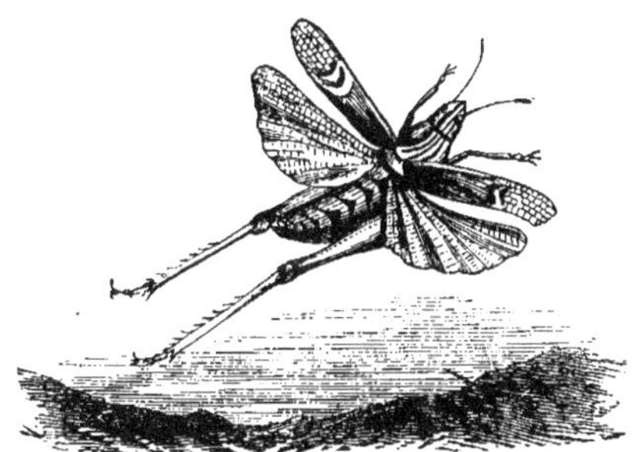

Fig. 408. — Criquet.

Les noms de *Crevettes, Chevrettes, Salicoques,* etc., désignent des petits Crustacés de genres différents qui se mangent sur nos tables. — V. *Palémon.*

CRIQUET (*Acridium*). Genre d'Orthoptères de la famille des Sauteurs (Acridiens de Latreille), insectes qui présentent pour caractères : tête ovale, emboîtée dans le corselet par sa partie postérieure ; yeux saillants ; antennes cylindriques, filiformes ; mandibules garnies d'un grand nombre de dents aiguës ; élytres en toit, ailes dépassant l'abdomen ; tarses à 3 articles ; absence de tarière chez la femelle.

Les Criquets, que le vulgaire confond à tort avec les Sauterelles, sont non moins bons sauteurs qu'elles, et volent mieux. Les mâles font entendre une sorte de stridulation en frottant les cuisses contre les élytres ou les ailes; mais ce bruit ne s'opère que par une seule patte à la fois, et il a pour but d'appeler la femelle. Dans l'accouplement, celle-ci est saisie par les quatre pattes antérieures du mâle, qui tient ses pattes postérieures en l'air et agitées par un mouvement lent de pendule. Quelques espèces font leur ponte en terre, d'autres sur les graminées : leurs œufs sont accompagnés d'un liquide mousseux qui se durcit à l'air.

Ces insectes ont été redoutés de tout temps pour les dégâts qu'ils font à l'agriculture. Ce sont les contrées chaudes et arides, telles que l'Afrique, la Tartarie et les parties de l'Europe qui les avoisinent, qui ont eu le plus à en souffrir, mais le midi de la France ne les a vus aussi que trop souvent. La Bible les compte comme une des plaies dont Dieu, dans sa colère, frappa l'Égypte à la voix de Moïse. Ce fait, que les circonstances rendaient miraculeux, se reproduit encore actuellement dans ce pays. — Le nombre des espèces connues est très considérable; il y en a de très belles comme couleur et comme singularité de forme.

Le Criquet a ailes rouges et le C. bleu sont les principales espèces de France. L'espèce voyageuse, qu'on nomme ordinairement *Sauterelle de passage*, est surtout renommée par ses migrations dévastatrices. Leurs bandes sont tellement nombreuses qu'elles obscurcissent le jour, comme un nuage qui passe, et leur arrivée est annoncée par un bruit sourd dû à l'agitation de leurs ailes. Malheur au pays sur lequel s'abattent ces insectes, car ils le recouvrent dans plusieurs lieues carrées d'étendue comme d'un immense réseau et y détruisent en un instant jusqu'aux moindres traces de végétation. Pour se faire une idée de leur nombre et de leur fécondité, il suffira de dire qu'en certains endroits, on a, après leur départ, rempli jusqu'à 3,000 vases contenant chacun près de deux millions des œufs qu'ils avaient pondus. Pour s'opposer à leurs ravages, il faut, avant leur ponte, faire ramasser de ces insectes le plus possible, les brûler à mesure ou les enterrer afin qu'ils engraissent la terre qu'ils ont dépouillée. On dit qu'à Alep on les mange et on les vend au marché. Un coup de vent violent, une pluie battante, les font périr quelquefois par myriades, mais dans ce cas il n'est pas rare que l'accumulation de leurs cadavres en putréfaction donne naissance à des maladies épidémiques meurtrières, à la peste elle-même.

CRISTAL. Nom donné, en minéralogie, à tout corps ayant une forme régulière et terminée par des faces planes. — V. *Cristallographie.*

CRISTALLOGRAPHIE (du gr. *crystallos*, glace; *grapho*, j'écris). Science qui a pour objet l'étude des cristaux et des relations de forme qui existent entre eux. — V. *Minéral.*

Linné parut avoir été le premier naturaliste qui comprit l'importance de l'étude des cristaux pour la connaissance des minéraux, car les anciens, qui ne connaissaient guère bien que le *cristal de roche*, regardaient ces productions comme des *jeux de la nature.* Les premières recherches publiées sur ce sujet datent seulement de 1772 et sont dues à Romé de Lisle. Toutefois le savant auteur du *Traité de Cristallographie* n'avait vu dans les Cristaux que des corps isolés, et c'est à Hauy qu'appartient la gloire d'avoir fait de la cristallisation une science rigoureuse (1784), en découvrant la *loi de symétrie* à laquelle sont subordonnées toutes les formes cristallines. Hauy, à Paris, Bergmann, à Berlin, reconnurent presque en même temps qu'*un certain nombre de minéraux ont la propriété de se casser suivant des lames dont le sens est constant pour chaque substance* (V. *Clivage*), et ce fut là la base fondamentale de la minéralogie.

Plus tard M. Weiss introduisit dans la science le principe de l'*hémiédrie* (du gr. *hemi*, demi; *edra*, base), c'est-à-dire l'exception à la loi d'Hauy consistant en ce que, dans certains cristaux, les modifications ne portent que sur la moitié des parties. Pour le professeur Delafosse, l'hémiédrie des cristaux ne serait qu'apparente, attendu, dit-il, que ce n'est pas la similitude géométrique qu'il faut considérer dans leurs parties, mais leur similitude physique. En 1852, M. Pasteur a démontré que l'hémiédrie est la cause de la déviation que certains corps font éprouver au plan de la lumière polarisée.

Enfin M. Mistcherlich formula sa belle théorie de l'*Isomorphisme*, déjà entrevue par Gay-Lussac, basée sur ce que des corps différents présentent le propriété de cristalliser sous la même forme géométrique; par opposition, le *Dimorphisme* est la propriété que possèdent des substances identiques par leur nature de cristalliser sous des formes qui dérivent de deux types différents. Ces différences dans la forme cristalline des mêmes substances peuvent dépendre de plusieurs causes de la température, de la nature du dissolvant, de la présence de matières étrangères, etc. M. Beudant, qui s'est beaucoup occupé de cette question, cite les exemples suivants.

« L'alun du commerce, épuré par plusieurs cristallisations successives, finit par cristalliser dans l'eau pure en octaèdres très nets et complets dans toutes leurs parties. Maintenant, si à la solution du sel ainsi préparé on a jointe quelque acide ou quelque base, on obtient des cristaux modifiés, ou même entièrement différents. Avec l'acide azotique, les 4 angles solides de l'octaèdre sont chacun remplacés par une face; avec l'acide hydrochlorique, on obtient les facettes qui conduisent à l'icosaèdre. L'acide borique détermine la formation de cristaux cubiques; quelques gouttes de carbonate de potasse, ou d'ammoniaque, ou même encore un carbonate en poudre, agité dans la liqueur, produisent le même résultat. Une solution saturée à 100° ne produit en refroidissant que des cristaux octaèdres: mais saturée en vases clos, à des températures plus élevées, elle donne lieu à des dodécaèdres rhomboïdaux et à des trapézoèdres. On voit donc que l'on peut obtenir de l'alun sous des formes très variées, qui tiennent entièrement aux circonstances dans lesquelles le sel se trouve placé. Tous les autres sels présentent des modifications analogues, quand on fait convenablement varier la nature du liquide et la température. »

G. Delafosse a établi les rapports qui existent entre la composition atomique et les formes cristallines. (Consultez le Mémoire lu à l'Institut, année 1851.)

Toutes les formes polyédriques des corps bruts, qui sont si nombreuses, se réduisent à un très petit nombre, car une multitude de formes, en apparence très 'différentes, se lient entre elles de la manière la plus naturelle, et ne sont que des modifications plus ou moins profondes les unes des autres. Il résulte de cette observation que toutes les formes connues constituent six groupes distincts dont les caractères sont nettement tranchés. C'est par des modifications de plans sur leurs arêtes ou sur leurs angles solides, par des faces nouvelles, quelquefois très petites, mais qui souvent aussi s'élargissent aux dépens des premières, que les formes en apparence les plus éloignées les unes des autres se lient entre elles de la manière la plus intime. En analysant avec soin toutes ces formes, on voit qu'elles se rapportent à six principales, appelées fondamentales :

1° Le *Cube*, solide terminé par 6 faces carrées égales, 8 angles solides de même espèce et 12 arêtes semblables.

2° Le *Rhomboèdre*, solide à 6 faces égales disposées symétriquement autour d'un axe, passant par deux angles solides opposés et égaux,

3° Le *Prisme droit à base carrée*, solide terminé supérieurement et inférieurement par deux surfaces carrées égales et parallèles, et offrant latéralement 4 parallélogrammes variables pour leur longueur ;

4° Le *Prisme droit à base rectangle*, qui ne diffère du précédent que parce que les deux bases ont leurs angles égaux sans que les côtés le soient ;

5° Le *Prisme oblique à base rectangle*, qui a les deux bases obliques, au lieu de les avoir perpendiculaires ;

6° Le *Prisme oblique à base parallélogramme*, dont les bases sont obliques, et les arêtes latérales seulement égales deux à deux.

Ce sont ces formes, nous le répétons, qui, en perdant leurs angles, donnent naissance à une foule de figures différentes.

Il suffit de se faire une idée nette de six espèces de solides, pour acquérir celle de tous les genres de formes cristallines qu'on peut trouver parmi les corps bruts. Si l'on prend le parallélipipède pour terme de comparaison, on aura :

1° Le *Système cubique*, auquel se rapportent l'alun, le sel commun, le diamant, le grenat, etc ;

2° Le *Système prismatique carré*, auquel se rapportent, par exemple, le minerai d'étain, le calomel, etc. :

3° Le *Système prismatique rectangulaire* ou *rhomboïdal, droit*, auquel se rapportent la topaze, le soufre, les sulfates de baryte et de plomb, l'émétique, etc. ;

4° Le *Système prismatique rectangulaire*, ou *rhomboïdal, oblique*, auquel se rapportent la pierre à plâtre, le sulfate de fer ou couperose verte, l'acide oxalique, etc. ;

5° Le *Système prismatique oblique* à base de parallélogramme obliquangle, auquel se rapportent, par exemple, le sulfate de cuivre, ou couperose bleue, le quadroxalate de potasse, l'axinite, etc. ;

6° Enfin le *Système rhomboédrique*, qu'on observe dans la pierre calcaire, le cristal de roche, l'émeraude, l'azotate de soude, etc.

Étant évident que, dans chaque système cristallin, il peut exister des formes très variées, on se demande naturellement comment il se fait qu'un même corps, en cristallisant, puisse prendre tantôt une de ces formes, tantôt l'autre. M. Beudant, pour résoudre cette question, a fait beaucoup de recherches sur les sels qu'on peut dissoudre et faire cristalliser à volonté, et il en a tiré ce fait général, que ces variations dépendent de la nature du liquide qui sert de dissolvant, des matières qu'il peut renfermer en même temps que celles qui cristallisent, et de la température.

On peut mesurer la grandeur des angles d'un cristal. Le *goniomètre* (de *gonia*, angle ; *metron*, mesure) est l'instrument qui sert à cette mesure. Il se compose d'un demi-cercle divisé en degrés, et deux branches ou lames, appelées *alidades*, qui, réunies par une vis de pression sur laquelle elles glissent au moyen de rainures pratiquées dans le sens de leur longueur, se croisent comme les lames d'une paire de ciseaux qui s'allongeraient ou se raccourciraient suivant qu'on porterait en arrière ou en avant le point de leur jonction. En plaçant entre les deux alidades un angle de cristal dont on veut obtenir la grandeur, on a une ouverture dont la mesure est ensuite déterminée en portant l'instrument sur le demi-cercle, de manière que le sommet de l'angle se trouve au centre du cercle, et qu'une des deux alidades s'applique exactement sur la corde du demi-cercle : la mesure cherchée est indiquée exactement par des chiffres marqués sur le limbe de ce demi-cercle.

L'étude des cristaux exige des détails techniques qu'il serait, faute d'espace, aussi difficile que hors de propos d'introduire dans cet ouvrage. Terminons en disant un mot de leurs configurations accidentelles, dues à ce que des causes fortuites ont interrompu la tendance des molécules matérielles à se réunir géométriquement. Parmi ces formes irrégulières, on compte les *Trémies*, les *Rognons et Mamelons cristallins*, les *Dendrites*, les *Stalactites*, les *Cailloux roulés*, les *Géodes*, les formes par *Incrustation*, par *Moulage*, etc. (V. ces mots), et la forme par *Agglutination*, qui résulte de ce qu'un liquide chargé de matière en solution, venant à passer ou à séjourner dans des dépôts de matières meubles, en agglutine une partie plus ou moins considérable, sous des configurations stalactitiques; les sables qui font partie des grès de Fontainebleau nous en offrent un bel exemple.

CROCODILE (*Crocodilus*). Genre de Reptiles de l'ordre des Sauriens, famille des Crocodiliens, qui présentent les caractères suivants: tête oblongue, deux fois plus longue que large; dents inégales, 30 en bas, 38 en haut; les quatrièmes de la mâchoire inférieure, qui sont les plus longues et les plus grosses de toutes, passant dans des échancrures creusées sur les bords de la mâchoire supérieure et restant apparentes au dehors; pattes de derrière munies ordinairement d'une crête dentelée à leur bord externe, et dont les doigts sont palmés; queue aplatie, propre à la natation. — Ce genre, que l'on croyait encore, du temps de Buffon, formé d'une seule espèce, en renferme au contraire une douzaine, dont le plus grand nombre habitent l'Afrique, tandis que les Caïmans sont propres à l'Amérique, et les Gavials à l'Asie équatoriale. — V. *Crocodiliens*.

Le Crocodile vulgaire (*C. chamses*) est l'espèce la plus répandue et le plus anciennement connue. Son corps est couvert d'écailles carrées; il offre en dessus un vert olive, piqueté de noir sur la tête et le cou, jaspé de même nuance sur le dos et la queue, avec deux ou trois larges bandes obliques, noires sur les flancs; en dessous il est d'un jaune verdâtre; la queue est armée de deux crêtes dentées en scie, qui se réunissent en une seule en approchant de l'extrémité. Longueur totale pouvant atteindre 3 mètres.

Le Crocodile se trouve dans le Nil, dans le Sé-

Fig. 400. — Crocodile.

négal et le Niger, en Cafrerie, à Madagascar et même dans l'Inde. C'est le célèbre Crocodile des Égyptiens, celui auquel ce peuple avait rendu un culte si profond. Dans cet animal tout dénote la férocité unie à la force. En effet, les mâchoires sont énormes, armées de dents tranchantes; les pattes sont munies de griffes redoutables, les yeux étincelants. Les écailles, sous forme de plaques incrustées dans la peau, sont tellement dures qu'elles repoussent pour la plupart les balles de fusil. La voracité de ce reptile est extraordinaire; vivant surtout dans l'eau, il se nourrit principalement de poissons; mais il attaque aussi les mammifères, les oiseaux ou les reptiles assez mal avisés pour s'approcher de lui, pendant qu'il se tient immobile au milieu des herbes aquatiques, guettant sa proie, qu'il ne dévore qu'après l'avoir noyée. Amphibie de sa nature, le Crocodile vit aussi sur terre; mais il est un peu moins redoutable que dans l'eau, à cause du peu d'agilité de ses mouvements. Ce monstre a aussi ses ennemis, qui sont des espèces de cousins que les anciens appelaient Bdelles, sans compter que les Mangoustes font une grande destruction de ses œufs et de ses petits. Le Crocodile est aujourd'hui pour-suivi par les descendants de ceux qui jadis l'avaient honoré, déifié; loin de le choyer, comme autrefois, et de le nourrir de la chair des victimes ou de viandes plus exquises, dans le lac *Mœris*, les indigènes lui font une guerre acharnée. Quelques peuplades même se nourrissent de sa chair, bien qu'elle ait un goût de musc désagréable.

On dit que le Crocodile renverse sa femelle pour opérer l'accouplement, et qu'il l'aide ensuite à se relever. Celle-ci pond deux ou trois fois par an une vingtaine d'œufs à coquille calcaire, dont la grosseur est double de celle des œufs d'oie. Elle les enterre dans le sable et les abandonne, sans en prendre plus de souci, à la chaleur du soleil qui les fait éclore au bout de 20 ou 30 jours.

Le Crocodile a museau effilé (*C. acutus*) est une espèce qui se trouve à Saint-Domingue, à la Martinique, etc., et qui peut atteindre, dit-on, 5 mètres. Au temps des amours, les mâles se livrent une guerre acharnée. La femelle abandonne aussi ses œufs; mais lorsqu'ils doivent éclore, elle gratte la terre pour les délivrer et conduire ses petits à l'eau.

Les Crocodiles fossiles offrent plusieurs espèces aujourd'hui disparues, dont on a trouvé les débris dans différentes parties du globe, et même en France.

CROCODILIENS. Famille de Reptiles de l'ordre des Sauriens, caractérisés par un corps allongé-déprimé et de grande taille ; une tête déprimée et allongée ; une bouche fendue au-delà du crâne, avec des dents coniques, simples, d'inégale longueur ; quatre pattes courtes, les postérieures ayant les doigts réunis par une membrane natatoire ; queue plus courte que le tronc, comprimée latéralement et garnie de crêtes en dessus.

L'organisation des Crocodiliens ne peut être ici soumise à une étude spéciale (V. *Sauriens*) ; disons seulement que le cerveau est très petit relativement à l'étendue du crâne ; que la peau est coriace, très résistante, protégée par des écussons écailleux très durs ; que la langue, attachée au plancher de la mâchoire inférieure, semble ne pas exister et comme immobile ; que l'estomac offre dans son intérieur des cailloux qui semblent servir à aider la trituration des aliments. Ces animaux, surtout les jeunes, font entendre une voix particulière assez forte ; ils sont ovipares ; l'organe reproducteur mâle est simple, et sort par un cloaque fendu en longueur.

Les Crocodiliens se trouvent dans les grands fleuves et les endroits marécageux des contrées chaudes ; ils se nourrissent de poissons, de petits mammifères, d'oiseaux aquatiques, etc., qu'ils guettent patiemment, la gueule ouverte et dans l'attitude la plus immobile. Ils ont besoin d'une température assez élevée ; en captivité, malgré les soins dont on les entoure, ils sont presque continuellement engourdis, ne montrant aucun penchant à l'accouplement. A l'état de liberté, leur existence paraît être très longue, et ils peuvent supporter le jeûne et le défaut d'aliments pendant un temps assez long, surtout lorsque commence pour eux l'hivernation. Plusieurs répandent une odeur musquée due à des glandules placées sous la gorge dans deux petites poches.

Cette famille, l'une des plus naturelles parmi les Sauriens, se compose des genres *Crocodile, Caïman* et *Gavial.* Voici leurs traits distinctifs :

Tête d'un tiers plus large que longue, museau court : **Caïman.**

Tête moitié moins large que longue, museau allongé : **Crocodile.**

Museau rétréci, cylindrique, extrêmement allongé : **Gavial.**

CROISETTE. Espèce du genre *Gentiane.* — V. ce mot.

CROTALAIRE (*Crotalaria*). Genre de Légumineuses, annuelles ou vivaces, herbacées ou ligneuses, propres aux régions voisines des tropiques, dont les gousses, poussées les unes contre les autres par le vent, produisent un bruit particulier qu'augmentent les semences libres et ballot-

tées dans leur intérieur, et qui leur a valu leur nom, dérivé du grec *krotalon*, qui signifie ce que l'on appelle actuellement *castagnettes.*

Plus de 80 espèces composent ce genre ; fort peu sont cultivées en France. La C. **en arbre** mériterait surtout d'entrer dans nos jardins d'agrément ; elle a l'aspect d'un Cytise ; ses fleurs sont d'un beau jaune, disposées en bouquets qui produisent un très bel effet vers l'automne. Elle réussit bien en pleine terre dans le Midi.

CROTALE (*Crotalus*) ou **Serpent a sonnettes.** Genre de Reptiles de l'ordre des Ophidiens, offrant pour caractères génériques : formes trapues, tête assez grosse, terminée par un museau court, gros et arrondi ; écailles épaisses, libres à leur

Fig. 410. — Crotale.

sommet et surmontées d'une carène très prononcée ; extrémité de la queue garnie d'étuis cornés, retenus les uns dans les autres et pouvant s'y mouvoir pour produire par l'agitation un certain bruit que l'animal fait entendre à volonté pendant la vie.

Les Crotales sont des Serpents qui ne se trouvent que dans le Nouveau-Monde ; leur couleur est d'un brun jaunâtre, relevé par de larges taches plus foncées et en losange ; ils atteignent rarement plus de 1 m. 30 de longueur. Leur nourriture se compose de petits mammifères, d'oiseaux ou de reptiles, qu'ils épient avec patience et sur lesquels ils se détendent avec rapidité lorsqu'ils sont à leur portée ; ils vivent aussi d'animaux morts, de rats, de lapins, etc., leur nourriture habituelle dans les ménageries. Ces Ophidiens peuvent du reste demeurer très longtemps sans manger. M. Duméril rapporte qu'un d'eux a été conservé pendant 22 mois dans un état d'abstinence absolue, et qu'après ce temps, il a parfaitement pris la nourriture qu'on lui a présentée. Leurs habitudes sont apathiques, et leur ramper lent. Ils ne peuvent grimper aux arbres, ni enrouler leur proie au moyen de leur queue ; l'hiver ils s'engourdissent au point qu'ils se laissent souvent prendre à la main sans chercher à nuire. Ils ne s'attaquent guère à l'homme que lorsqu'ils sont irrités, provoqués, ou sous l'influence du rut ; mais comme on est prévenu de leur agression par le bruit de leur queue, et que d'ailleurs ils habitent les endroits secs et arides, on peut facilement les éviter, outre qu'un coup de fouet ou de baguette un peu fort suffit pour les mettre hors d'état de nuire.

Ces Serpents, par les raisons ci-dessus, ne sont pas très redoutés dans leur patrie ; et cependant ce sont les plus dangereux de tous, car leur piqûre est promptement mortelle, aussi bien pour les grands mammifères que pour l'homme. Leurs crochets sont les conducteurs de leur venin subtil, venin qui reste inaltérable pendant un temps tel, qu'on prétend qu'il existe encore dans les squelettes de ces animaux et dans leurs dépouilles conservées dans l'alcool. Situés à la mâchoire inférieure, ces crochets sont comme ployés en cylindre, et dans leur canal débouche le conduit excréteur de la glande qui prépare le poison ; ils se cassent et se détachent facilement, particularité à laquelle durent la mort deux individus qui se servirent des bottes à travers lesquelles leur premier propriétaire reçut une piqûre de Serpent à sonnettes. « On cite plusieurs exemples de terribles accidents produits par ce reptile : un nommé Drake, qui montrait, à Rouen, une petite ménagerie, fut blessé à la main par un Crotale qu'il soignait sans précautions ; il eut le courage d'enlever aussitôt, d'un coup de hache, le doigt piqué ; mais ce fut en vain : quelques minutes plus tard, il succombait aux effets de l'absorption du poison qui s'était déjà opérée. »

Il paraît que les Serpents à sonnettes sont susceptibles d'un certain apprivoisement, si l'on en croit ce qu'on rapporte d'un de ces reptiles, qui vivait en liberté chez un médecin de Nantes ; il sortait de sa retraite quand on l'appelait, et venait manger sur la table, sans chercher à nuire. On les dit aussi sensibles à la musique : « Au mois de juillet 1791, dit Chateaubriand, nous voyagions dans le Haut-Canada avec quelques familles sauvages de la nation des Ounantagues. Un jour que nous étions arrêtés dans une plaine au bord de la rivière Génésie, un Serpent à sonnettes entra dans notre camp. Nous avions parmi nous un Canadien qui jouait de la flûte ; il voulut nous amuser et s'avança contre le serpent avec son arme d'une nouvelle espèce. A l'approche de son ennemi, le superbe reptile se forme tout à coup en spirale, aplatit sa tête, enfle ses joues, contracte ses lèvres, découvre ses dents envenimées et sa gueule rougie ; sa langue fourchue s'agite rapidement au dehors ; ses yeux brillent comme des charbons ardents ; son corps, gonflé de rage, s'abaisse et se relève comme un soufflet ; sa peau dilatée est hérissée d'écailles, et sa queue, en pro-

duisant un son sinistre, oscille avec tant de rapidité qu'elle ressemble à une légère vapeur. Alors le Canadien commence à jouer sur sa flûte, le serpent fait un mouvement de surprise et retire sa tête en arrière ; il ferme peu à peu sa gueule enflammée. A mesure que l'effet magique le frappe, ses yeux perdent de leur âpreté, les vibrations de sa queue se ralentissent, et le bruit qu'elle fait entendre s'affaiblit et meurt par degrés... Le Canadien marche quelques pas en tirant de sa flûte des sons lents et monotones ; le reptile baisse son cou, entr'ouvre avec sa tête les herbes fines et se met à ramper sur les traces du musicien, qui l'entraîne, s'arrêtant lorsqu'il s'arrête, et commençant à le suivre aussitôt qu'il commence à s'éloigner. Il fut ainsi conduit hors de notre camp au milieu d'une foule de spectateurs tant sauvages qu'européens, qui en croyaient à peine leurs yeux. »

Les Crotales sont ovovivipares ; ils paraissent veiller un certain temps sur leurs petits. Dans les jeunes il n'y a pas encore de grelot, organe qui se compose d'un nombre variable de petites capsules emboîtées l'une dans l'autre, desséchées et mobiles, produisant par l'agitation rapide de la queue un bruit strident, comparable à la vibration des gousses des légumineuses desséchées et contenant encore leurs graines.

L'espèce type est le Crotale durisse (*C. durissus*), vulg. *Serpent à sonnettes*, auquel s'applique tout ce qui précède. — On cite ensuite le C. rhombifère, de l'Amérique du Nord, le C. muet, propre au Brésil, etc.

CROTON (*Croton*). Genre de Plantes de la famille des Euphorbiacées, herbacées ou sous-frutescentes, toutes propres aux régions équatoriales. Leurs fleurs sont monoïques ou dioïques, à 5 divisions extérieures, foliacées, 5 intérieures pétaloïdes ; 12-20 étamines dans les fleurs mâles ; dans les femelles, ovaire à 3 côtes, 3 styles bifides. Pour fruit, capsule tricoque.

Croton cascarille (*C. cascarilla*). Arbrisseau de 2 mètres, très rameux, recouvert d'une écorce d'un gris cendré ; feuilles lancéolées, alternes ; fleurs verdâtres, monoïques, en épis terminaux dont la base se compose de fleurs femelles et la moitié supérieure de fleurs mâles. — Cette plante du Nouveau-Monde fournit une écorce à laquelle on a donné le nom de *faux Quinquina*, et qui est très aromatique. On l'emploie comme tonique et stimulante, soit en poudre seule, soit mélangée avec celle du vrai Quinquina, soit en infusion.

Croton tiglion (*C. tiglium*). Arbre ou Arbrisseau qui porte aussi des fleurs disposées en épis, les mâles occupant la partie supérieure, les femelles placées au-dessous. — Le Croton croît dans l'Inde, au Malabar, à Ceylan. Toutes ses parties sont éminemment purgatives, mais on n'emploie que l'huile extraite de ses graines, connues vulgairement sous le nom de *grains de Tilly*. Cette huile est douée d'une extrême âcreté : à la dose de 1 ou 2 gouttes au plus elle purge violemment ; appliquée en frictions légères sur la peau, à la dose de 6 à 12 gouttes, elle détermine une éruption de boutons suppurants, que l'on provoque assez souvent dans un but de révulsion.

Ce genre comprend plusieurs autres espèces : citons seulement le C. porte-laque de Ceylan, qui distille une laque très belle ; — le C. porte-encens, qui laisse suinter autour de son écorce une matière semblable à de l'encens ; — le C. des teinturiers, qui fournit la matière colorante appelée *tournesol*, etc.

CRUCIANELLE. Espèce du genre *Gentiane.* — V. ce mot.

CRUCIFÈRES. Famille de Plantes dicotylédones polypétales, herbacées, rarement sous-frutescentes, dont voici les caractères, que l'on peut vérifier à chaque pas sur la fleur du chou ou de la moutarde des champs : Fleurs pédicellées ou axillaires, disposées en grappes simples, souvent corymbiformes : calice à 4 sépales caducs, *disposés* en *croix*, ainsi que les pétales, d'où le nom de cette

Fig. 141. — Crucifère (Alliaire).

(Sommité portant des fleurs au sommet, des fruits (siliques) au-dessous ; feuille ; à gauche fleur détachée ; à droite organes sexuels dépouillés des enveloppes florales.)

famille. Les pétales, alternes avec les sépales, sont munis d'un onglet plus ou moins prononcé ; 6 étamines, hypogynes, inégales, dont les 2 extérieures sont plus courtes, les 4 internes plus longues. L'ovaire est libre, à 2 carpelles, surmonté d'un style indivis, quelquefois presque nul ; stigmate indivis ou bilobé ; silique ou silicule bivalve et biloculaire, quelquefois indéhiscente, etc.

Toutes les Crucifères ont une propriété commune, celle de contenir un suc aqueux d'une saveur ordinairement très piquante, due à la pré-

sence d'une huile volatile âcre et irritante, qui les rend plus ou moins antiscorbutiques. Parmi leurs très nombreuses espèces, il en est que l'on emploie comme aliment, à cause de leurs fluides mucilagineux et sucrés qui tempèrent leur âcreté ; d'autres fournissent une huile grasse abondante retirée de leurs graines ; peu sont cultivées comme plantes d'agrément. — Les botanistes les partagent en sept tribus.

Arabidées : silique à cloison étroite ; graines ovoïdes souvent ailées dans leur contour : *Arabette, Giroflée, Cardamine, Cresson, Barbarée*, etc.

Sisymbriées : silique à deux valves convexes ou carénées ; graines non bordées : *Sisymbre, Alliaire, Dentaire.*

Brassicées : silique à cloison étroite ; graines globuleuses non bordées : *Chou, Moutarde, Roquette, Julienne.*

Raphanées : silique ou silicule indéhiscente ou se séparant transversalement en parties articulées les unes aux autres : *Radis*, etc.

Alyssinées : silicule à cloison large ; graines comprimées : *Alysson, Cochléaria, Cameline,* etc.

Lépidinées : silicule à cloison linéaire, à valves très convexes ; graines en petit nombre ou unique dans chaque loge : *Passerage, Tabouret, Ibéride*, etc.

Isatidées : silicule indéhiscente, à une seule loge par avortement et à 1 seule graine : *Pastel, Bunias.*

CRUSTACÉS. Deuxième classe de l'ordre des Articulés, ayant, comme caractère essentiel, les différentes parties de leur corps recouvertes d'une enveloppe crustacée ou même calcaire, plus ou moins dure ; privés d'ailes, ils sont pourvus en général de cinq ou sept paires de pattes, et ils respirent par des branchies. Ces animaux offrent bien une tête, un thorax et un abdomen, mais le plus souvent la tête n'est pas distincte (Crabe), et l'on ne reconnaît sa position que par l'existence des antennes, des yeux et de l'ouverture buccale, qui se trouve confondue avec la partie la plus considérable du corps. Cette partie est le thorax, qui contient les principaux viscères, et donne naissance aux pattes ambulatoires ; l'abdomen, appelé *queue*, est souvent pourvu d'appendices articulés surnommés *fausses pattes*, lesquelles ont principalement pour usage de retenir les œufs (Ecrevisse).

Ces êtres font partie des Articulés (V. ce mot), parce que chaque portion de leur corps est composée d'anneaux plus ou moins distincts, dont le nombre, quoique variable, est en général de 21. Chacun de ces animaux se compose de deux demi-arcs, l'un dorsal, l'autre ventral ; les arcs dorsaux, souvent distincts (Cloporte), se soudent quelquefois de manière à former une grande pièce, nommée *carapace*, qui recouvre toutes les autres parties (Homard, Crabe, etc.). Au point de jonction des deux demi-arcs, se voient des appendices dont les formes et les fonctions sont très variées.

Le nombre des membres est également très variable chez les Crustacés ; la première paire (*pédicules oculaires*) a la forme de tiges articulées, mobiles, insérées à la partie antérieure de la tète, mais elle n'existe que dans les ordres supérieurs. La seconde paire (*antennes*), ordinairement double, est tantôt plus ou moins développée, tantôt n'existe qu'à l'état de vestiges ; viennent ensuite les *pieds-mâchoires*, qui sont des sortes de membres courts

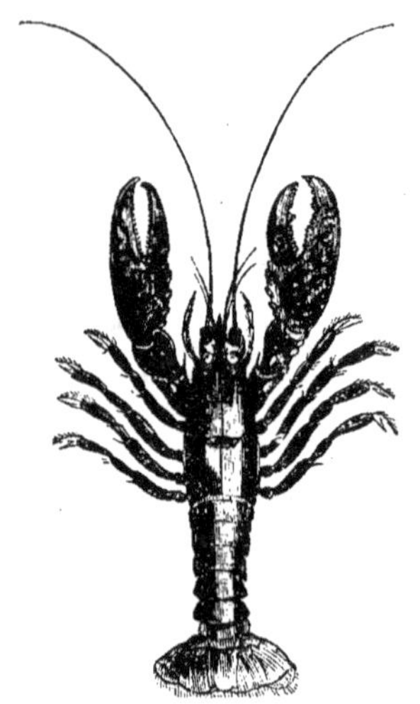

Fig. 112. — Homard.

servant à la manducation. Quant aux membres appartenant au thorax (*membres proprement dits*), ils forment un nombre de paires égal à celui des anneaux de cette portion du corps, et leurs formes générales sont en rapport avec les habitudes de l'animal ; élargis et membraneux chez ceux qui nagent avec une grande facilité, ils sont grêles au contraire chez ceux qui vivent sur la terre, comme les Cloportes. La première paire de pattes vraies est, chez l'Ecrevisse, le Crabe, le Homard, plus volumineuse que les autres, et a les usages et le nom de *pinces*. L'abdomen, chez les Crustacés nageurs, tels que la Langouste, le Palémon, etc., offre un développement considérable, et se termine par une large nageoire qui constitue le principal agent de locomotion. Au contraire, dans le genre Crabe, cette partie du corps se réduit presque à rien.

Nous dirons peu de chose des organes des sens. Le système nerveux se compose d'une double série de ganglions situés sur la face ventrale du corps, et dont le nombre correspond, en général, à celui des segments distincts. Les yeux sont con-

formés à peu près comme chez les insectes ; dans les espèces les plus parfaites, ils sont portés sur des pédoncules mobiles. L'organe de l'ouïe, situé à la base des antennes externes, se compose d'une petite membrane fermant une espèce de petit vestibule rempli de liquide. L'odorat et le goût n'ont encore rien offert de positif. Le tact s'exerce au moyen des antennes et des pattes, car l'enveloppe crustacée est généralement trop dure pour être douée de sensibilité bien grande ; on peut la considérer cependant comme une espèce d'épiderme recouvrant une membrane analogue au derme des animaux supérieurs. A certaines époques de l'année, cette enveloppe pierreuse tombe, pour être remplacée par une nouvelle, qui s'incruste peu à peu de carbonate de chaux et durcit progressivement. Ces mues sont nécessaires, sans quoi les Crustacés, toujours renfermés dans une sorte d'écorce inextensible, ne pourraient recevoir aucun accroissement.

Arrivons maintenant aux organes de nutrition. La bouche des Crustacés n'est pas conformée de la même manière, selon que ces animaux sont masticateurs ou suceurs. Chez les premiers, il existe au devant de l'ouverture buccale une lèvre courte et transversale, suivie d'une paire de mandibules, d'une lèvre inférieure, d'une ou deux paires de mâchoires proprement dites et en général d'une ou de trois paires de pattes-mâchoires. Chez les Crustacés suceurs, au contraire, la bouche se prolonge en une espèce de bec ou de trompe, semblable à celle des insectes dont les mœurs sont analogues, mais est garnie à l'intérieur d'appendices grêles et pointus. Le canal digestif se compose d'un œsophage très court, d'un estomac spacieux et quelquefois armé intérieurement de dents puissantes, d'un intestin grêle et d'un rectum ; l'anus est placé au dernier anneau. En général il existe un foie très volumineux composé de vaisseaux nombreux et très gros, qui forment ce que l'on nomme *farce* dans les Etrilles, les Homards. Le produit de sa sécrétion (bile) est versé dans l'intestin, près du pylore. Le chyle passe sans doute dans l'appareil circulatoire, mais on ne sait rien touchant le mécanisme de ce passage.

L'appareil de la circulation se compose des organes suivants : d'abord un cœur à une seule cavité, située sur la ligne médiane du dos, et dont la forme varie ; des artères, au nombre de six troncs, se distribuent à toutes les parties ; des lacunes remplacent les veines. La respiration se fait différemment, selon que les Crustacés vivent dans l'eau ou sur terre. Chez les premiers, qui sont les plus nombreux, cette fonction s'opère au moyen de branchies, dont la position interne ou extérieure est très variable ; chez les seconds, elle est aérienne et s'effectue à l'aide de lames foliacées situées dans l'abdomen, ou de branchies particulières disposées de manière à se maintenir dans un état d'humidité nécessaire à l'exercice de leurs fonctions. Le sang, incolore ou légèrement teint en bleu ou lilas, arrive des branchies au cœur par les deux veines branchiales.— V. *Circulation comparée*.

Les organes de la reproduction des Crustacés sont, pour la plupart, pairs et doubles dans chaque individu, sans qu'il y ait aucune communica-tion entre ceux d'un côté et ceux de l'autre ; c'est-à-dire que les mâles ont deux pénis, et les femelles deux vulves. Ces animaux opèrent un véritable accouplement. La femelle est ovipare et porte ses œufs suspendus sous son abdomen au moyen des appendices dont nous avons parlé, ou dans une

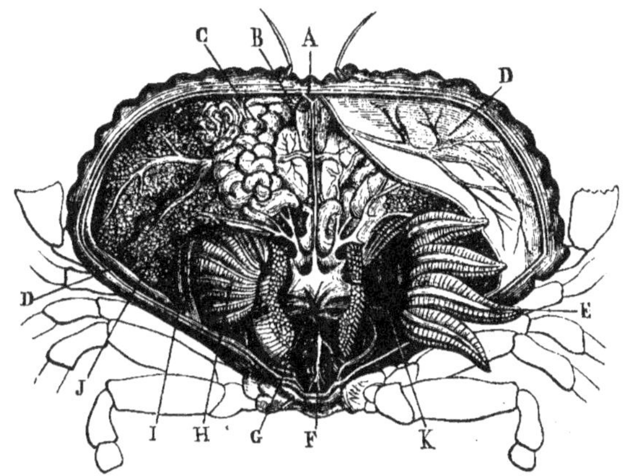

Fig. 413. — Anatomie du Crabe Tourteau.

La carapace a été enlevée en grande partie : on voit, D, une portion de la membrane cutanée qui tapisse la carapace. — C, cœur. — A, artère ophthalmique. — F, artère abdominale. — H, branchies dans leur position naturelle. — E, branchies ren-versées pour montrer les vaisseaux afférents. — K, voûte des flancs. — I, appendice flabelliforme des pattes-mâchoires. — B, muscles de l'estomac. — J, foie.

espèce de poche formée par ces appendices et dans laquelle les petits naissent quelquefois. Ceux-ci, sans éprouver de véritables métamorphoses, ac-quièrent, par les progrès de l'âge, un plus grand nombre de pattes ; ceux de certaines espèces, comme les Lernées par exemple, changent com-plétement de forme pendant les premiers temps de la vie.

Les Crustacés se partagent tout d'abord en deux grandes sections, qui se subdivisent en or-dres.

1° Les Malacostracés, qui ont les téguments calcaires plus ou moins durs, de 10 à 14 pieds, souvent terminés inférieurement par des espèces de pinces ou d'ongles : tels sont les *Décapodes*, les *Stomatopodes*, les *Isopodes*.

2° Les Entomostracés ou Insectes à coquilles, dont les téguments sont minces, cornés ; les pieds en nombre variable uniquement disposés pour servir à la natation, et tout le corps recouvert d'un test en forme de bouclier : ils se divisent en *Branchiopodes* et en *Pœcilopodes*. — V. ces mots.

TABLEAU SYNOPTIQUE DES CRUSTACÉS

(Ach. Richard).

Malacostracés Test calcaire.	Yeux pédonculés et mobiles.	Branchies cachées sous la cara-pace.	Décapodes.
		Branchies à nu.	Stomatopodes.
	Yeux sessiles et fixes. . . .	Pieds antérieurs servant à la masti-cation.	Amphipodes.
		Pieds servant tous au mouvement.	Isopodes.
Entomostracés Test corné.	Bouche formée de deux mandibules et de deux mâchoires. . .		Branchiopodes.
	Mandibules et mâchoires remplacées par un siphon.		Pœcilopodes.

CRYPTE (*Cryptus*). Genre d'Hyménoptères de la famille des Pupivores, détaché des Ichneumons, en général très petits et vivant, à l'état de larves, dans les œufs des autres insectes ou dans le corps des Pucerons. — Ce genre est nombreux en espèces, parmi lesquelles les unes forment une agglomération de coques attachées aux graminées ; d'autres placent aussi leurs coques à côté les unes des autres, mais sans leur faire une enveloppe commune ; d'autres enfin disposent les leurs de manière que, quand elles sont vides, leur masse représente assez bien en petit un rayon fait par les abeilles. Les femelles de plusieurs espèces sont aptères.

CRYPTOGAMES (du gr. *cryptos*, caché ; *gamos*, mariage). Linné a donné ce nom aux Plantes dont les organes sexuels sont peu apparents ou cachés, c'est-à-dire dans lesquelles la forme de ces organes diffère beaucoup des étamines et des pistils des végétaux phanérogames.

On confond souvent dans le langage, les *Cryptogames*, les *Agames*, les *Acotylédones* et les *Embryonés*. — V. ces mots.

CRYPTOPHAGE (*Cryptophagus*). Genre de Coléoptères pentamères, créé aux dépens des Dermestes ; insectes très petits, qui vivent habituellement dans les Champignons, dans le bois putréfié, sous les écorces des arbres, ainsi que dans les

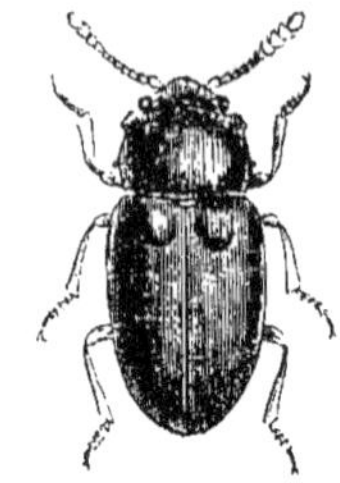

Fig. 414. — Cryptophage des champignons (grossi).

lieux sombres, et dont la nourriture est végétale. — Nous figurons le **C. DES CHAMPIGNONS** (*C. fungorum*), dont la longueur naturelle est mesurée par le petit trait marqué au côté droit de l'insecte.

CRYPTOPODE (du gr. *kruptos*, caché ; *pous*, pied). Genre de Chéloniens potamites ou Tortues

Fig. 415. — Cryptopode chagriné.

de rivière, ayant pour caractères: carapace à bords cartilagineux étroits, supportant au-dessus du cou et en arrière des cuisses, de petites pièces osseuses ; sternum large, formant en avant un battant mobile, qui peut clore hermétiquement la boîte osseuse, etc. (Voir *Chéloniens* pour les caractères de la famille). Ce genre ne renferme que deux espèces : la plus remarquable est le Cryptopode chagriné, dont la carapace est ovale, bombée, granuleuse. — Cette Tortue habite les rivières de Pondichéry et de la côte de Coromandel.

CUBÈBE. Espèce du genre *Poirier*. — V. ce mot.

CUCCULE. Arbuste qui produit la *Coque du Levant*. — V. ce mot.

CUCUBALE (*Cucubalus*). Genre de la famille des Dianthacées, très voisin du genre Silène, dont il s'éloigne seulement par son fruit bacciforme, qui l'isole aussi de la famille où le fruit est toujours une capsule. — Le **CORNILLET** (*C. baccifer*) est l'espèce principale. C'est une plante vivace, pubescente, à tige de 60 cent. à 1 mètre 20, presque grimpante, très rameuse, portant des feuilles pétiolées ovales acuminées ; des fleurs blanches, très ouvertes, disposées en panicule lâche feuillée, dont les pétales sont profondément bifides. Cette herbe croît dans les lieux ombragés et incultes ; elle fleurit dans la saison d'été, et produit des baies noires luisantes.

CUCUJE (*Cucujus*). Ce nom est donné à des Coléoptères tétramères qui vivent sous les écorces des arbres, et à des Insectes des genres Taupin et Lampyre.

Ces insectes sont propres à l'Amérique ; très

phosphorescents, ils projettent assez de lumière, dit-on, pour permettre de lire les plus petits caractères, lorsqu'on approche un seul individu d'un livre. Ils servent de parure aux dames du Pérou. « Il paraît que les soirées d'été, dans les contrées boisées de l'Amérique, offrent un spectacle admirable par la multitude de ces insectes, qui voltigent sur tous les buissons et les rendent lumineux. »

CUCULLAN (*Cucullanus*). Nom donné à des Vers intestinaux propres aux poissons, très petits, striés transversalement, remarquables surtout par une espèce de capuchon qui, en avant, se continue avec la bouche, et en arrière avec l'intestin, et qui semble destiné à fixer ces animaux aux villosités des intestins. Les uns sont ovipares, les autres vivipares. — On en compte dix-sept espèces.

CUCURBITACÉES. Famille de Plantes dicotylédones monopétales, herbacées, velues-hérissées, grimpantes ou volubiles, annuelles. Elles ont des feuilles alternes, pétiolées ; des vrilles simples ou

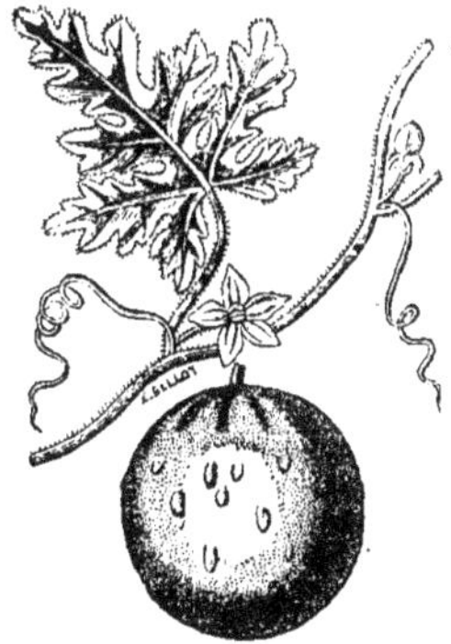

Fig. 416. Plante cucurbitacée (Coloquinte).

rameuses. Leurs fleurs sont axillaires, dioïques ou monoïques ; calice monosépale à tube adhérent à l'ovaire et dont le limbe est divisé en 5 lobes ; corolle monosépale, régulière, à 5 lobes, adhérente au calice par sa partie inférieure ; étamines 5, triadelphes, c'est-à-dire soudées deux par deux et dont 1 libre ; style simple ou trifurqué, à 3 stigmates. Le fruit est une péponide à graines comprimées.

Les genres principaux de cette famille sont : *Bryone, Concombre, Courge, Pepon, Momordique, Coloquinte*, etc.

CUIVRE. Métal solide, d'un rouge orangé, d'une pesanteur spécifique de 8,89, très sonore, fusible à 27° du pyromètre de Wedgwood. Il s'oxyde difficilement à la température atmosphérique, mais facilement lorsqu'on le fait rougir. Le cuivre est extrêmement répandu dans la nature ; on le trouve à l'état natif en Suède, en Sibérie, au Japon, au Mexique, au Brésil ; néanmoins on est obligé de s'en procurer en exploitant les minerais qui le contiennent, combiné avec l'oxygène ou avec le soufre. Nos usines de France ne fournissent que 250 millions de kilogr. de ce métal, et la consommation est de 6 millions.

Le cuivre a été connu et mis en œuvre dès la plus haute antiquité ; son nom latin, *cuprum*, fait de *Cypros*, Chypre, indique son abondance dans cette île. Sa dureté, son éclat assez vif, sa ductilité le rendent très utile dans les arts et l'économie domestique ; il s'allie d'ailleurs avec tant de métaux, dont il augmente le dureté et la sonorité, qu'on peut l'employer à une foule d'usages. Le *laiton* (*cuivre jaune*, *similor*) est formé de 0,20 à 0,40 de zinc, et de 0,80 à 0,60 de cuivre : cet alliage est plus fusible, moins altérable à l'air et d'un prix moins élevé que le cuivre pur. Le *métal des cloches* est formé de 0,22 d'étain et de 0,78 de cuivre.

La médecine n'emploie pas le cuivre à l'état métallique ; mais ses combinaisons, telles que l'*acétate*, le *carbonate*, le *sulfate*, le *chlorure de cuivre*, sont assez fréquemment mises en usage à l'extérieur. Ces sels, ainsi que toutes les combinaisons dans lesquelles le cuivre est oxydé, sont des poisons corrosifs d'une grande activité. Le cuivre lui-même, quoiqu'il n'ait aucune action nuisible sur l'économie lorsqu'il est à l'état métallique, ne pourrait être introduit dans les organes digestifs sans danger, parce qu'il y serait converti promptement à l'état de *lactate* ou d'*acétate* par les acides qu'il rencontrerait dans ces organes. Dans les cas d'empoisonnement par un oxyde ou un sel de cuivre, il faut d'abord faciliter le vomissement et les évacuations alvines par des boissons aqueuses abondantes et des potions huileuses, puis donner, comme contre-poison, de l'eau albumineuse et du lait.

CUL-BLANC. Nom vulgaire du *Motteux*.
« On a étendu à plusieurs autres oiseaux, dit Bory-Saint-Vincent, ce nom grossier qui devrait être proscrit de la science, ainsi que tous ceux qui commencent par la même syllabe et que nous ne rapporterons pas dans ce dictionnaire par respect pour le bon langage. »

CULTRIROSTRES. Nom donné à une famille d'Oiseaux de l'ordre des *Échassiers* — V. ce mot.

CUMIN (*Cuminum*). Plante de la famille des Ombellifères, espèce unique du genre — Le CUMIN OFFICINAL (*C. cyminum*) est une herbe annuelle, analogue au Fenouil, dont les fleurs sont blanches ou purpurines ; les graines verdâtres, d'une odeur forte et agréable, d'une saveur chaude aromatique. — Le Cumin croît en Égypte, dans l'Asie-Mineure. Ses semences sont employées à

litre de condiment, de stimulant et de carminatif.

On appelle *Cumin des prés* le Carvi; *Cumin
noir*, la Nigelle, etc.

CUPIDONE (*Catananche*). Genre de Plantes de
la famille des Composées, tribu des Chicoracées,
qui doit ce nom à ce que les anciens la croyaient
propre à exciter à l'acte de la reproduction. —
Quatre espèces décrites, dont deux méritent une
mention particulière.

La Cupidone bleue (*C. cærulea*), vulg. *Chicorée
bâtarde, Gomme bleue*, est herbacée, vivace, à
tige grêle, haute de 65 cent., rameuse au sommet;
à feuilles longues, étroites, velues, trinervées et à
deux dents; à fleurs grandes et bleues, etc. —
Cette plante habite les lieux stériles et montagneux du midi de la France, où elle montre sa
belle floraison tout l'été. On peut la prendre pour
une Immortelle.

La Cupidone jaune (*C. lutea*), vulg. *Pied-de-
lion*, a 2 ou 3 tiges, s'élevant à 45 ou 50 cent. et
couronnées par une simple tête de petites fleurs
jaunes qui s'épanouissent en juin-juillet. — Cette
espèce est moins belle que la précédente.

CUPULIFÈRES. Famille végétale composée
d'Arbres à feuilles alternes, simples, munies de

Fig. 417. — Chêne.

a, grappes de fleurs mâles, grandeur naturelle. — *b*, fleur mâle
grossie. — *c*, fleurs femelles de grandeur naturelle. — *d*, gland.
— *e*, gland ou péricarpe détaché de sa capsule ou cupule).

deux stipules à leur base. Fleurs en chatons paraissant avant ou en même temps que les feuilles,
unisexuées et presque toujours monoïques : les
mâles forment des chatons cylindriques et écailleux, offrant chacune une écaille simple trilobée
ou caliciforme sur la face supérieure de laquelle
sont attachées de six à un grand nombre d'étamines; les fleurs femelles, tantôt solitaires, tantôt
groupées en capitules ou en chatons générale-

ment axillaires, sont recouvertes en partie ou en
totalité par une *cupule*, qui est un involucre très
accru, et offrent un ovaire infère peu saillant, surmonté d'un style court terminé par 2 ou 3 stigmates. Le fruit est constamment un gland, toujours
accompagné d'une cupu'e (Chêne), qui quelquefois
recouvre le fruit en totalité, comme dans le Châtaignier et le Hêtre. — Cette famille se compose des
genres *Chêne, Noisetier, Charme, Châtaignier,
Hêtre*.

CURARE. « Poison avec lequel les indigènes de
l'Amérique méridionale empoisonnent leurs flèches. C'est, selon l'opinion la plus vraisemblable,
le suc rapproché d'une espèce de strychnos. Le
Curare agit sur les animaux à la manière du venin
de la vipère. Il est solide, noir, d'aspect résineux,
soluble dans l'eau. Le *ticunas* et le *woorara* sont
des substances analogues. Suivant quelques voyageurs, ces substances seraient des liquides exsu-
dés à la surface du corps de gros crapauds exposés devant le feu par les sauvages, puis desséchés
en même temps que des sucs de plantes. Bernard
a reconnu qu'il tue en anéantissant toutes les propriétés des nerfs de la vie animale, mais il laisse
intactes celles des nerfs de la vie organique, ce
qui lui a permis d'étudier ainsi les usages du
grand sympathique. » On extrait du Curare un alcaloïde, la *Curarine*, qui paraît être le principe
actif du poison.

CURCUMA (*Curcuma*). Genre de Plantes des
Indes orientales, de la famille des Amomacées,
herbacées, à racine tubéreuse, charnue, contenant un principe aromatique et colorant. — Deux
espèces principales.

Le Curcuma jaune (*C. tinctoria*) a des feuilles
lancéolées très longues, glabres, à nervures latérales, engaînantes à la base; ses fleurs sont disposées en épi court et gros, et environnées chacune d'une spathe très courte. — Le Curcuma est
appelé *long* ou *rond*, selon la forme de la racine;
et nous devons dire que, dans le commerce, ce
n'est que cette racine qui porte ce nom. — Le
C. long est à peine du volume du petit doigt,
contourné et comme tubéreux; il est d'un jaune
orangé à l'intérieur, et teint la salive en jaune. —
Le *C. rond* est en tubercules gros comme des
œufs de pigeon, qui se tiennent par des rejetons
cylindriques; il a les mêmes propriétés que le précédent.

Le Curcuma est stimulant et antiscorbutique.
Les alcalis changent sa matière colorante jaune
en rouge de sang, ce qui fait que la teinture et le
papier de Curcuma sont un des réactifs les plus
utiles en chimie.

Le Curcuma zédoaire (*C. zedoaria*) est une
plante bisannuelle de 10 à 15 cent., dont les fleurs
sont en grappe terminale allongée et accompagnées
à leur base d'une large bractée scarieuse et colorée. — Cette espèce est aussi distinguée en *longue*
et en *ronde*, selon la forme de ses racines, qui

sont tuberculeuses et rameuses : ces racines jouissent des mêmes propriétés, mais sont fort peu employées en France.

CUSCUTE (*Cuscuta*). Genre de Convolvulacées;
plantes parasites, dépourvues de feuilles, à tiges
filiformes et volubiles, qui s'enroulent autour
des tiges des autres plantes, sur lesquelles elles
se fixent au moyen de suçoirs, vivant aux dépens de leur propre vie. — Ces végétaux se multiplient et s'étendent très rapidement; aussi con-
stituent-ils un véritable fléau pour les agriculteurs,
qui cherchent à les détruire en couvrant le terrain
infecté de colombine ou de suie, mais qui n'y parviennent qu'en y mettant le feu et en réduisant
tout en cendres.

La CUSCUTE D'EUROPE (*C. europæa*), qui est
notre espèce commune, se distingue en *grande*
(*C. major*) et en *petite* (*C. minor*). La première
a les fleurs rougeâtres, et s'attache particulièrement au houblon, à l'ortie blanche, etc. ; la seconde, qui a les fleurs blanches légèrement teintes
de rose, se fixe sur la luzerne et les herbes des
prairies : c'est la *Teigne* vulgaire des prés secs.

La C. A FLEURS SERRÉES (*C. densiflora*), connue des cultivateurs sous le nom d'*Angure du
lin*, s'attache de préférence à cette plante et au
chanvre. — La C. ÉPITHYM (*C. epithymum*), plus
petite que les précédentes, attaque le thym, le
serpolet, les bruyères, etc.

CUSPARIE (*Cusparia*). Genre de Plantes de la
famille des Rutacées; arbres exotiques, à feuilles
trifoliées, à fleurs en grappes axillaires, auxquels
appartient, comme espèce principale, l'*Angusture
vraie*.

C'est la CUSPARIE FÉBRIFUGE de Humboldt, arbre
qui peut s'élever à une hauteur considérable et
dont l'écorce est grisâtre. L'Amérique méridionale, les bords de l'Orénoque sont sa patrie, ainsi
que le Brésil. L'*Angusture vraie* du commerce
pharmaceutique est l'écorce de cet arbre, écorce
en plaques plus ou moins longues, roulées, à épiderme ressemblant à une espèce de lichen, dont la
saveur est amère, un peu nauséuse et âcre, et
qu'on préconise dans la dyssenterie et la fièvre
jaune, soit en poudre (1 à 4 gramm.), soit en infusion (4 à 8 gramm. dans 1,000 d'eau).

CYAME (*Cyamus*). Genre de Crustacés isopodes, ainsi caractérisés : corps large, orbiculaire,
déprimé, solide et coriace, pouvant se diviser en
tête, thorax et abdomen; 4 antennes, dont 2 supérieures plus longues, de quatre articles, le dernier simple et sans divisions; deux yeux lisses;
le second et le troisième segment transversal n'a
que des pieds rudimentaires; cinq paires de pieds
à crochets, courts, robustes. — Ces animaux parasites sont appelés vulgairement *Poux de baleine*,
parce qu'ils vivent sur ce cétacé.

Le CYAME OVALE (*C. ovalis*), de couleur blanchâtre, a le corps elliptique, aplati. Il vit sur les

éminences cornées de la tête de la Baleine. Il s'y
montre en si grande quantité qu'on voit de fort
loin en mer ses tests de craie blanchir sur la tête
du monstrueux cétacé, lorsqu'il vient respirer à
la surface de l'eau. — Le C. ERRANT est une espèce d'un rouge vineux, qui se cramponne à la
base des tubercules, sur la peau lisse des intervalles qui les séparent, et qui erre sur la surface
du corps de la Baleine, se réfugiant et se cramponnant dans les plis, aux lèvres, aux parties
blessées, sans crainte d'en être détaché par les
vagues. — On distingue encore le C. GRÊLE, plus
petit et d'un jaune clair, qui ne quitte pas les
protubérances de la tête.

CYCLADE (*Cyclas*). Genre de Mollusques,
longtemps confondu avec les Tellines; coquille
ovale, bombée, équivalve, à crochets protubérants;
l'animal étant dans sa coquille, deux tubes ou si-
phons font saillie d'un côté, et de l'autre sort un
pied mince et linguiforme. — Toutes les Cyclades
habitent les eaux douces; elles sont généralement
petites, diaphanes, et recouvertes d'un épiderme
vert ou brun.

La C. DES RIVIÈRES (*C. rivicola*) a 20 millim. de
longueur; elle est subglobuleuse, assez solide,
subdiaphane, élégamment striée, présentant le
plus souvent deux ou trois zones plus pâles. —
La C. CALICULÉE (*C. caliculata*) est rhomboïdale,
orbiculaire, large de 8 millim., déprimée, très
mince, transparente, d'un blanc sale ou d'un
jaune verdâtre peu foncé. — On la trouve dans
les mares des environs de Paris.

CYCLAME (*Cyclamen*). Genre de la famille des
Primulacées, composé de six espèces dont la plus
commune est

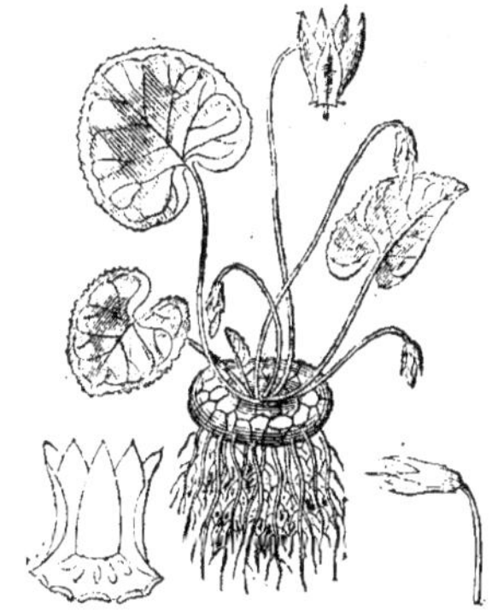

Fig. 118. — Cyclame.

Le CYCLAME D'EUROPE (*C. europæum*), vulg.
Pain de pourceau ; plante herbacée, sans tige,
vivace, à souche charnue en forme de petit pain,

munie en dessous de beaucoup de fibres déliées ; feuilles radicales, ovales-arrondies, cordées, entières, longuement pétiolées ; fleurs rouges , rosées ou blanches , solitaires, penchées , ayant le disque tourné vers la terre et les divisions du limbe repliées et redressées vers le ciel : le calice est campanulé, à 5 divisions ; la corolle, après un tube court, rabat sur le calice ses 5 divisions qui se redressent. Le fruit est une capsule globuleuse s'ouvrant en 5 valves à son sommet.

Le Cyclame croît spontanément dans les bois et les montagnes du midi de la France; il en est sorti depuis longtemps pour venir embellir nos jardins de ses nombreuses variétés. Sa racine , qui , à cause de sa forme et de ce qu'elle est recherchée du cochon , a reçu le nom de *Pain de pourceau*, est douée d'une saveur amère et âcre , que la dessiccation et la cuisson lui enlèvent. A l'état frais , c'est un irritant et un drastique violent, dont il faut redouter l'effet, quoique les porcs la mangent impunément. On l'emploie encore quelquefois à l'extérieur, soit en pommade ou en onguent, en application sur le ventre, pour chasser les vers. On dit qu'on s'est servi autrefois de son suc pour empoisonner les flèches.

CYCLIQUES. Famille d'Insectes appartenant à l'ordre des Coléoptères tétramères. — V. *Coléoptères*.

CYCLOBRANCHES. Nom donné par de Blainville aux Mollusques gastéropodes qui ont les branchies groupées en cercle autour de l'anus, comme les *Doris*. — V. ce mot.

CYCLOPE (*Cyclops*). Genre de Crustacés de l'ordre des Branchiopodes , dont les caractères sont : corps plus ou moins ovalaire, mou , composé de la tête et du thorax, qui semblent ne former qu'une et même portion, plus de la queue, qui est formée de six segments ou articles; un seul œil existe; antennes grandes; appareil masticateur. — La plupart de ces petits Crustacés nagent sur le dos, s'élancent avec vivacité et peuvent se porter aussi bien en arrière qu'en avant. Ils se nourrissent de matières animales et végétales, qui traversent un canal alimentaire droit , étendu d'une extrémité du corps à l'autre. La copulation s'opère comme dans les autres Crustacés, et par des actes prompts et réitérés. On avait cru fort à tort que les organes sexuels du mâle étaient placés aux antennes, parce que l'animal se sert de ces parties pour saisir la femelle et la retenir malgré elle dans des situations appropriées à la manière dont ils se fixent. Nous avons vu que pareille erreur a été commise dans l'étude des mœurs des Arachnides. De chaque côté de la queue des femelles est un sac ovale rempli d'œufs, adhérent au 2e segment, près de sa jonction avec le 3e, où l'on voit aussi l'orifice du canal déférent de ces œufs. Une seule fécondation peut suffire à plusieurs générations successives. Ils subissent

des métamorphoses, car, à leur naissance, les petits n'ont que quatre pattes, et leur corps est arrondi et sans queue.

Le Cyclope commun (*C. vulgaris*) , l'espèce la mieux connue, a les antennes simples, le corps renflé et presque ovoïde, la queue étroite et à six segments , la couleur très variable; sa longueur totale est de cinq millimètres au plus. — Ce petit Crustacé est très commun partout, dans les eaux stagnantes. — On distingue encore le C. castor, dont le corps est allongé , la queue assez courte et à 10 segments, la longueur encore moins considérable. — Le C. staphylin a le corps encore plus petit, et qui s'amincit graduellement, de manière qu'il semble n'avoir point de queue ; cette extrémité postérieure se tient ordinairement relevée sur l'antérieure, à peu près comme cela se voit chez les insectes du genre Staphylin.

CYCLOPTERE (*Cyclopterus*, du gr *cyclos*, cercle : *pteron*, nageoire). Genre de Poissons malacoptérygiens subrachiens, de la famille des Discoboles , dont le principal caractère consiste en ce que les nageoires ventrales ont les rayons suspendus autour du bassin et réunis par une seule membrane, de manière à former un disque ovale et concave dont l'animal se sert comme d'un suçoir pour se fixer aux rochers. — Le C. lumps est un poisson dont le corps est épais et lourd, dont la première dorsale est enveloppée d'une peau épaisse, et qui est presque sans défense. Il se nourrit de méduses et autres animaux gélatineux, pour devenir à son tour la proie des phoques et des squales. Sa chair est molle et insipide. — Le C. liparis est un petit poisson à ligne latérale très ponctuée, à tête large et aplatie, dont la dorsale et l'anale s'unissent dès l'extrémité de la queue, et qui se trouve souvent sur nos côtes. Il est recherché comme aliment, quoique sa chair soit médiocre.

CYCLOSTOMES (du gr. *cyclos*, cercle; *stoma*, bouche). Famille de Poissons chondroptérygiens, ressemblant assez, au premier aspect, aux Anguilles, par la forme allongée de leur corps qui est dénué d'écailles; leurs mâchoires, au lieu d'être superposées, sont réunies de manière à former une ouverture circulaire dont l'intérieur est garni de dents plus ou moins fortes et résistantes ; ils n'ont ni nageoires pectorales , ni ventrales ; leur squelette est presque membraneux et réduit en quelque sorte à la colonne vertébrale ; et, dépourvus de vessie, ils tombent au fond de l'eau dès qu'ils cessent de s'agiter. Leurs branchies, au lieu de former des peignes comme dans les autres poissons, présentent la forme de bourses.

Les Cyclostomes sont les poissons que l'on regarde comme les plus voisins des animaux sans vertèbres, présentant particulièrement des rapports avec les Annélides. Ils sont essentiellement suceurs , mais non suceurs comme les Sélaciens. Afin de n'être pas entraînés par le courant des eaux, ils se fixent aux corps à l'aide du disque charnu et circulaire de leur bouche, qui fait l'office d'une ventouse. — Le genre type de cette famille est la *Lamproie*. — V. ce mot.

CYGNE (*Cygnus*). Genre d'Oiseaux de l'ordre des Palmipèdes, dont les caractères sont les suivants : bec de la longueur de la tête, d'égale largeur dans toute son étendue, épais à sa base, aplati à son extrémité, dentelé en lames transversales sur les bords; narines oblongues, couvertes d'une membrane; cou long, élégamment flexible; ailes médiocres; queue courte et arrondie; tarses courts, un peu à l'arrière du corps; doigts antérieurs largement palmés; grâce des contours. — Écoutons d'abord le grand naturaliste :

« Dans toute société, soit des animaux, soit des hommes, dit Buffon, la violence fit des tyrans; la douce autorité fait les rois. Le lion et le tigre sur la terre, l'aigle et le vautour dans les airs, ne règnent que par la guerre, ne dominent que par l'abus de la force et par la cruauté, au lieu que le Cygne règne sur les eaux à tous les titres qui fondent un empire de paix, la grandeur, la majesté, la douceur; avec des puissances, des forces, du courage, et la volonté de n'en pas abuser et de ne les employer que pour la défense, il sait combattre et vaincre sans jamais attaquer : roi paisible des oiseaux d'eau, il brave les tyrans de l'air; il attend l'aigle sans le provoquer, sans le craindre; il repousse ses assauts en opposant à ses armes la résistance de ses plumes et les coups précipités d'une aile vigoureuse qui lui sert d'égide; et souvent la victoire couronne ses efforts. Au reste, il n'a que ce fier ennemi; tous les autres oiseaux de guerre le respectent, et il est en paix avec toute la nature : il vit en ami plutôt qu'en roi au milieu des nombreuses peuplades des oiseaux aquatiques, qui toutes semblent se ranger sous sa loi; il n'est que le chef, le premier habitant d'une république tranquille, où les citoyens n'ont rien à craindre d'un maître qui ne demande qu'autant qu'il leur accorde, et ne veut que calme et liberté.

« Les grâces de la figure, la beauté de la forme, répondent dans le Cygne à la douceur du naturel; il plaît à tous les yeux; il décore, embellit tous les lieux qu'il fréquente; on l'aime, on l'applaudit, on l'admire. Nulle espèce ne le mérite mieux : la nature en effet n'a répandu sur aucune autant de ces grâces nobles et douces qui nous rappellent l'idée de ses plus charmants ouvrages; coupe de corps élégante, formes arrondies, gracieux contours, blancheur éclatante et pure, mouvements flexibles et ressentis; attitudes tantôt animées, tantôt laissées dans un mol abandon...

« A sa noble aisance, à la facilité, la liberté de ses mouvements sur l'eau, on doit le reconnaître non-seulement comme le premier des navigateurs ailés, mais comme le plus beau modèle que la nature nous ait offert pour l'art de la navigation. Son cou élevé, et sa poitrine relevée et arrondie,

semblent en effet figurer la proue du navire fendant l'onde; son large estomac en représente la carène; son corps penché en avant pour cingler se redresse à l'arrière et se relève en poupe; la queue est un vrai gouvernail; les pieds sont de larges rames, et ses grandes ailes, demi-ouvertes au vent et doucement enflées, sont les voiles qui poussent le vaisseau vivant, navire et pilote à la fois.

« Fier de sa noblesse, jaloux de sa beauté, le Cygne semble faire parade de tous ses avantages ; il a l'air de chercher à recueillir des suffrages, à captiver les regards; et il les captive en effet, soit que, voguant en troupe, on voie de loin, au milieu des grandes eaux, cingler la flotte ailée, soit qu'en s'en détachant et s'approchant du rivage aux signaux qui l'appellent, il vienne se faire admirer de plus près en étalant ses beautés, et développant ses grâces par mille mouvements doux, ondulants et suaves.

« Aux avantages de la nature, le Cygne réunit ceux de la liberté; il n'est pas du nombre de ces esclaves que nous puissions contraindre ou renfermer : libre sur nos eaux, il n'y séjourne, ne s'établit qu'en y jouissant d'assez d'indépendance pour exclure tout sentiment de servitude et de captivité; il veut à son gré parcourir les eaux, débarquer au rivage, s'éloigner au large, ou venir, longeant la rive, s'abriter sous les bords, se cacher dans les joncs, s'enfoncer dans les anses les plus écartées : puis, quittant sa solitude, revenir à la société, et jouir du plaisir qu'il paraît prendre et goûter en s'approchant de l'homme, pourvu qu'il trouve en nous ses hôtes et ses amis, et non ses maîtres et ses tyrans.

« Chez nos ancêtres, trop simples ou trop sages pour remplir leurs jardins des beautés froides de l'art, en place des beautés vives de la nature, les Cygnes étaient en possession de faire l'ornement de toutes les pièces d'eau; ils animaient, égayaient les tristes fossés des châteaux : ils décoraient la plupart des rivières, et même celle de la capitale.

« Les anciens ne s'étaient pas contentés de faire du Cygne un chantre merveilleux; seul entre tous les êtres qui frémissent à l'aspect de leur destruction, il chantait encore au moment de son agonie, et préludait par des sons harmonieux à son dernier soupir. C'était, disaient-ils, près d'expirer, et faisant à la vie un adieu triste et tendre, que le Cygne rendait ces accents si doux et si touchants, et qui, pareils à un léger et douloureux murmure, d'une voix basse, plaintive et lugubre, formaient son chant funèbre. On entendait ce chant lorsqu'au lever de l'aurore, les vents et les flots étaient calmés; on avait même vu des Cygnes expirant en musique et chantant leurs hymnes funéraires. Nulle fiction en histoire naturelle, nulle fable chez les anciens, n'a été plus célébrée, plus répétée, plus accréditée; elle s'était emparée de l'imagination vive et sensible des Grecs : poètes, orateurs, philosophes même, l'ont adoptée comme une vérité trop agréable pour vouloir en douter.

Il faut bien leur pardonner leurs fables ; elles étaient aimables et touchantes ; elles valaient bien de tristes, d'arides vérités , c'étaient de doux emblèmes pour les âmes sensibles. Les Cygnes, sans doute, ne chantent point leur mort ; mais toujours, en parlant du dernier essor et des derniers élans d'un beau génie prêt à s'éteindre , on rappellera avec sentiment cette expression touchante : *C'est le chant du Cygne !* »

Le chant que le Cygne fait entendre lorsqu'il est près de mourir n'est qu'une pure fiction, et l'on a pu observer, depuis que Buffon a écrit ces belles pages, que ce chant n'est qu'un sifflement dur et sourd, bien loin de charmer des oreilles délicates.

Les Cygnes sont les plus beaux et les plus grands de tous nos oiseaux aquatiques. Ils se trouvent en Europe, en Asie, dans les deux Amériques, sur les lacs, les rivières, nageant avec aisance et rapidité, volant aussi fort bien, mais marchant plus difficilement , quoique mieux que les Canards. Ils vivent par troupes et ne se séparent qu'au moment de la ponte. Leur nourriture consiste en plantes , fucus, insectes aquatiques , petits poissons, grenouilles. Très ardents, ils préludent à leur union par de tendres et gracieuses caresses que l'entrelacement de leur cou et de leur bec exprime voluptueusement. Les mâles sont monogames. Les femelles couvent leurs œufs, qui sont très gros et au nombre de six environ, pendant six semaines. Les jeunes Cygnes, au moment de leur naissance, sont entièrement couverts d'un

Fig. 419. — Cygne.

duvet gris ou légèrement jaunâtre ; ce n'est qu'à leur troisième année qu'ils prennent leur plumage d'adulte. On s'accorde à dire que la durée de leur vie est plus que séculaire.

Les Cygnes pourraient être distribués en deux sous-genres, selon que l'espace qui se trouve entre l'œil et le bec est emplumé ou dépourvu de plumes : au premier appartiendrait le *Cygne domestique*, au second le *C. à bec rouge*, le *C. à bec noir*, le *C. à tête noire*, le *C. noir*. — Nous mentionnerons tout simplement le C. sauvage, le C. domestique et le C. noir.

CYGNE SAUVAGE (*C. olor*). C'est le Cygne à bec rouge ; bec bordé de noir et portant à sa base une éminence arrondie , noire, ainsi que le tour des yeux ; pieds noirs nuancés de rougeâtre ; plumage d'un blanc de neige : les femelles sont un peu moins grandes que les mâles, et leur bec ne présente pas une protubérance aussi développée. — Ces oiseaux vivent à l'état sauvage dans les grandes mers de l'ancien continent , principalement en Asie. Ils viennent quelquefois jusqu'auprès de nos villes ou de nos demeures, s'introduisant dans les grands parcs et y restant tant qu'ils s'y trouvent en sécurité ; mais les inquiète-t-on , ils s'é-

loignent pour ne plus reparaître. Autrefois on en voyait venir en grand nombre sur les eaux de la Seine. C'est à cette espèce que l'on doit rapporter tous nos Cygnes domestiques.

CYGNE A BEC NOIR (*C. ferus*), autre espèce sauvage dont le bec est noir, couvert à sa base d'une cire jaunâtre ; la tête et la nuque légèrement nuancées de jaunâtre ; sa trachée offre cela de particulier qu'elle s'introduit dans un creux du sternum et va y former deux circonvolutions. — Ce Cygne habite très avant dans le Nord, et ce n'est qu'accidentellement et pendant les hivers les plus rigoureux qu'il s'avance jusque dans nos contrées, où il niche encore plus rarement. « La femelle dépose 5 à 7 œufs d'un vert olivâtre dans un amas de roseaux qu'elle a préparés, le plus souvent en pleine eau, mais si bien assis sur la vase qu'il faudrait une très grande force pour les déplacer ; elle fait un véritable nid, très ample et quelquefois élevé de plus d'un mètre au-d.ssus du niveau du liquide. » C'est à tort que Buffon a considéré le Cygne à bec noir comme la souche des Cygnes domestiques.

CYGNE DOMESTIQUE ou *C. tuberculé*. Il descend, comme nous venons de le dire, du *C. à bec rouge*.

Ces beaux oiseaux font depuis longtemps l'ornement de nos habitations, de nos eaux, où ils ne séjournent qu'en jouissant de toute leur indépendance. C'est à eux que s'applique le beau passage de Buffon reproduit plus haut.

Cygne noir (*C. atratus*). « Il a le plumage entièrement noir, le bec rouge, ainsi que la cire dont sa base est couverte, et les pieds d'un gris foncé. Cette espèce est de la Nouvelle-Hollande, et si commune dans certains endroits, que les navigateurs ont pu en charger un canot avec le produit d'une seule chasse. »

CYMBALAIRE. Nom donné à une espèce du genre *Linaire*. — V. ce mot.

CYMBIDIER (*Cymbidium*). Genre d'Orchidées, qui se divise en deux sections : les *Terrestres* et les *Parasites*. — Parmi les premières, citons le **Cymbidier pourpre** (*C. purpureum*), originaire des Antilles et cultivé en France dans le terreau de bruyère. — Parmi les secondes, le **C. a feuilles d'aloès** (*C. oloïfolium*), de la côte du Malabar, où il croît sur l'arbre qui porte la noix vomique, et qui est admis dans nos jardins depuis un demi-siècle ; le **C. a feuilles de jonc** (*C. juncifolium*), qui s'attache fortement aux racines des vieux arbres de la Martinique ; le **C. écrit** (*C. scriptum*), ainsi nommé des lignes qui couvrent ses sépales, dont les fleurs sont d'un beau jaune ; il est de l'archipel Indien. Les jeunes filles et les femmes les plus riches de l'île de Ternate ont seules le privilége de s'en décorer.

CYMBULIE (*Cymbulia*). Genre de Mollusques de la classe des Ptéropodes testacés, ainsi caractérisé : corps oblong, gélatineux, transparent, renfermé dans une coquille ; tête sessile ; bouche munie d'une trompe rétractile ; 2 yeux, 2 tentacules rétractiles ; 2 ailes ou nageoires opposées, connées à leur base par un appendice intermédiaire en forme de lobe ; coquille oblongue, cristalline, transparente, cartilagineuse, en forme de sabot. — La seule espèce connue est la **C. de Péron** (*C. Peronii*), qui habite la Méditerranée ; sa longueur est de 5 à 6 centim. ; ses ailes portent les branchies.

CYMODOCÉE. Polypes du sous-ordre des Sertulariens, à forme simple ou rameuse, à substance cornée fragile, de couleur et de grandeur variables, et qui adhèrent aux corps solides par une base mince, do laquelle sortent des tiges, ou sur laquelle ces tiges rampent et se contournent avant de s'élever. — On en distingue plusieurs espèces, dites *chevelue, rameuse, annelée*, etc.

CYMOPHANE. Pierre jaune ou d'un vert jaunâtre, rayant le quartz et infusible au chalumeau, n'étant autre chose qu'un aluminate, quelquefois pur, quelquefois mélangé de silice, et qui se trouve disséminée dans les pegmatites de l'Amérique septentrionale, ou en cristaux roulés dans les sables du Brésil et de Ceylan. — Cette pierre est très recherchée dans la joaillerie, parce qu'elle est susceptible d'un beau poli et qu'elle produit un fort bel effet lorsqu'elle est taillée à facettes. On lui donne, dans le commerce, le nom de *Chrysolite* ou *Topaze orientale*, et souvent on la confond avec le Corindon jaune qui porte les mêmes dénominations.

CYMOTHOE (*Cymothoa*). Genre de Crustacés isopodes, connus vulgairement sous le nom de *Poux de mer*, qui vivent en parasites sur divers poissons, s'attachant de préférence près des ouïes, aux lèvres, à l'anus, dans l'intérieur même de la bouche. Ils ont 4 antennes apparentes, la queue composée de 6 anneaux, les pieds insérés près des bords latéraux du tronc, courts et terminés par un crochet fort, très aigu et non divisé à sa pointe ; leurs branchies sont libres, membraneuses, disposées sur deux rangs sous la queue. — Le **C. œstre** est l'espèce type.

CYNANQUE ou **Cynanche** (*Cynanchum*). Genre de Plantes de la famille des Asclépiadacées, herbacées, à tiges volubiles ; feuilles cordées opposées ; fleurs en ombelles ou en bouquets, etc., petites, ayant un calice 5-denté, persistant, la corolle monopétale à tube court, à 5 lobes ouverts en étoile, avec 5 étamines, 1 ovaire supère, 2 styles très courts entourés de l'anneau qui occupe l'entrée de la corolle. — Ces plantes, exotiques pour la plupart, contiennent un suc laiteux qui les rend purgatives à un degré remarquable.

Le **Cynanque de Montpellier** (*C. Monspeliacum*) est la seule espèce indigène, et la plus remarquable d'ailleurs. Tiges herbacées, longues de 90 m. et plus ; feuilles cordiformes, d'un vert blanchâtre ; fleurs blanches en ombelles, épanouies de juillet à septembre : tels sont ses principaux caractères. — Cette plante habite les bords de la Méditerranée. Elle est très purgative, et plus d'une fois on a vendu son suc épaissi et noirci par la cuisson pour la scammonée. Ce suc, à l'état frais, est blanc, gluant et répand une odeur de poisson pourri. C'est à son action irritante qu'est due l'espèce d'érysipèle qui se forme sur les mains des personnes cueillant les feuilles du Cynanque sans précaution. Le contact des fleurs est encore plus fâcheux pour les mouches ; attirés sur le stigmate par le suc miellé dont il est entouré, ces insectes se voient emprisonnés par la corolle qui, irritée, se contracte sur eux et les fait périr. — Le *Cynanque aigu* n'est qu'une variété de cette espèce.

Le **Cynanque vomitif** (*C. vomitorium*), propre aux îles Maurice et Mascareigne, remplace souvent, dans le commerce peu scrupuleux de la droguerie, l'ipécacuanha du Brésil. — Le **C. d'Égypte** (*C. arguel*) est mêlé aussi frauduleusement aux feuilles des diverses sortes de séné.

CYNIPS (*Cynips*). Genre d'Hyménoptères de la famille des Pupivores, de taille petite, ayant l'abdomen ovoïde, la tête très petite, transversale, les antennes composées de 13 à 15 articles filiformes, les ailes supérieures peu veinées, les inférieures à une seule nervure; ces ailes sont grandes et dépassent de beaucoup le corps, qui, étant d'un volume bien supérieur à la tête, fait paraître l'insecte comme bossu. Les femelles présentent une tarière grêle, roulée en spirale à sa base, et cachée dans l'intérieur de l'abdomen dans l'état de repos.

Le Cynips femelle pique le tissu des plantes à l'aide de sa tarière; dans chaque piqûre elle dépose un œuf, qui a la faculté d'y grossir, en même temps qu'au lieu de la blessure se manifeste une surabondance de séve ou de suc morbide. C'est à l'excroissance qui en résulte que l'on donne le nom de *Galle*. — V. ce mot. — La Galle continue de grossir sous une forme généralement sphérique, et l'insecte, lorsqu'il sort de l'œuf qu'elle contient, trouve tout préparés autour de lui logement et nourriture. Les larves du Cynips sont blanchâtres, apodes; quoique leur accroissement soit assez prompt, elles passent près de six mois dans la galle qui leur sert de berceau; elles y éprouvent leurs métamorphoses et en sortent à l'état parfait par un trou qu'elles se pratiquent. Dans chaque galle il y a tantôt une seule, tantôt plusieurs de ces larves, soit réunies, soit séparées par des loges. — On distingue un assez grand nombre d'espèces.

Le Cynips de la noix de galle (*C. gallætinctoriæ*) a 8 à 9 millim. de longueur; corps d'une couleur fauve pâle, couvert d'un léger duvet blanchâtre et soyeux; partie inférieure de l'abdomen noirâtre et brillante; tache d'un brun noirâtre, luisante, à sa partie supérieure; nervures des ailes supérieures brunes. — Cette espèce vit en Orient sur un chêne (*quercus infectoria*), et y produit les noix de galles les plus estimées.

Fig. 120. — Cynips du rosier.

CYNIPS DU FIGUIER (*C. ficus caricæ*). C'est cette espèce qui dépose ses œufs dans l'intérieur du fruit des figuiers en Orient, et qui en hâte singulièrement la maturation. Les anciens se servaient en quelque sorte de ces insectes pour faire mûrir plus vite les seconds fruits des figuiers. Ils suspendaient quelques-uns des premiers fruits qui contenaient ces Cynips, sur les figuiers, et les insectes, en se répandant sur les autres fruits et les piquant pour y déposer leur progéniture, en accéléraient la maturation.

CYNIPS DU ROSIER (*C. rosæ*). C'est cet insecte qui donne lieu à ces excroissances toutes couvertes de filaments herbacés, longs et serrés, verts ou rougeâtres, que tout le monde a eu occasion de remarquer sur les rosiers sauvages, et que l'on connaît sous le nom de *Bédéguars*.

CYNOCÉPHALE (du gr. *kuôn*, chien; *céphalé*, tête). Genre de Singes de l'ancien continent, de la tribu des Cynopithèques, qui offrent, ainsi que l'indique leur nom, le museau allongé et comme tronqué à l'extrémité, ressemblant à celui du chien. Ils ont les narines très dilatées, la face ridée de stries longitudinales, le front très effacé, les oreilles aplaties et anguleuses, des abajoues et des callosités.

On trouve ces Singes dans les contrées les plus chaudes de l'Afrique. Ils sont de grande taille et doués de forces musculaires très grandes. Sauvages, rusés, dissimulés, vindicatifs, cruels, indomptables, insensibles aux bons comme aux mauvais traitements, ils se portent aux plus cruels excès, et cependant leur nourriture ne consiste qu'en fruits, racines tendres et sucrées, melons, etc.

Fig. 121. — Singe cynocéphale (Papion).

Au temps du rut, leurs désirs effrénés les portent à jouir de la femme, et même à attaquer l'homme, quand ils le rencontrent. Les femelles sont plus traitables, susceptibles même d'être apprivoisées; les jeunes individus, dont le museau est moins développé, ont aussi des mœurs plus douces; mais à mesure qu'ils avancent en âge, leurs penchants prennent un cachet de brutalité et de luxure incroyables; la présence des femmes, qu'ils apprennent à distinguer par l'odorat (sens qu'ils ont très développé) les porte aux actions les plus obscènes. Le Cynocéphale peut vivre cinquante ans; dans sa vieillesse il devient hideux de laideur. — Voici les trois sections établies dans ce genre et leurs caractères distinctifs :

Queue de la longueur du corps ou à peu près, **BABOIN.**

Queue très courte ; museau plus allongé, **MANDRILL.**

Absence de queue, **CYNOPITHÈQUES.**

A ces trois divisions se rapportent le *Baboin*, le *Papion*, le *Chacma*, le *Mandrill*, le *Drill* et le *Cynocéphale nègre* qui vit aux Philippines.

CYNOGLOSSE (*Cynoglossum*). Genre de la famille des Borraginacées, ainsi nommé (du gr. *kunos*, chien ; *glossa*, langue) à cause de la forme des feuilles : plantes généralement herbacées, rameuses, à fleurs d'un rouge vineux, ayant un calice à 5 divisions, une corolle infundibuliforme 5-lobée, avec appendices à la gorge ; akènes déprimés, etc.

La CYNOGLOSSE OFFICINALE (*C. officinale*), vulg. *Langue de chien*, est bisannuelle, rameuse, velue, très feuillée, à feuilles de couleur grisâtre, les inférieures pétiolées, les supérieures semi-amplexicaules. Fleurs d'un rouge violacé, disposées en grappes non feuillées, terminales et un peu roulées en crosse à leur extrémité. — Cette plante, plus commune dans le midi de la France que dans le centre et le nord, croît dans les lieux secs, sablonneux, incultes, et montre ses fleurs presque tout l'été. Les feuilles, cuites dans l'eau, forment des cataplasmes émollients et anodins rarement employés. Sa racine, qui est grosse, longue, charnue, se fait bouillir pour tisane adoucissante. Les *pilules de cynoglosse*, qui sont un médicament très employé comme calmant, hypnotique, doivent leur propriété non pas à l'extrait de la racine de la plante en question, mais à celui d'opium qui entre dans leur composition.

Fig. 192. — Cynoglosse.

(Sommité fleurie ; à droite, corolle ouverte ; à gauche, pistil.)

La C. DES MONTAGNES (*C. montanum*) a les feuilles presque glabres, rudes ; la C. OMPHALODES

ou *petite Bourrache* a les fleurs d'un joli bleu d'émail et les fruits ombiliqués. Les fleuristes les cultivent.

CYPÉRACÉES. Famille de Plantes herbacées, vivaces pour la plupart, croissant en général dans les lieux humides, sur le bord des eaux ; dont la tige est un chaume cylindrique ou triangulaire, avec ou sans nœuds ; les feuilles sont engaînan-

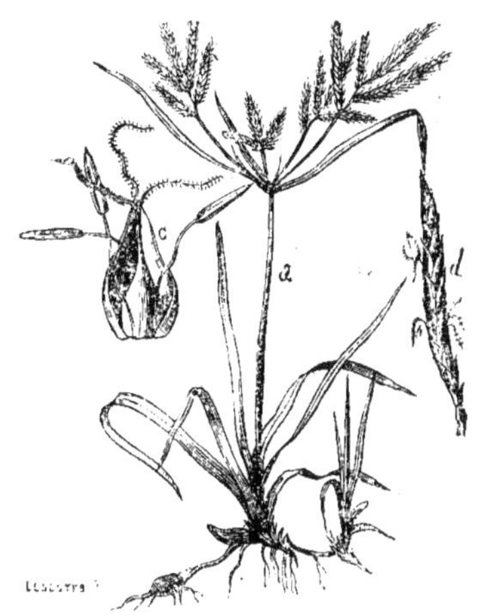

Fig. 423. — Souchet rond.

(*a*, plante entière. — *b*, un épillet isolé. — *c*, une fleur grossie vue par le côté qui regarde l'axe et montrant l'ovaire et les étamines.)

tes, à gaîne non fendue ; les fleurs, hermaphrodites ou unisexuées, forment de petits épis écailleux, et chaque fleur se compose d'une seule écaille, à l'aisselle de laquelle on trouve 2 ou 3 étamines, un ovaire monosperme surmonté d'un style à 2 ou 3 stigmates velus ; souvent des soies ou des écailles entourent l'ovaire, imitant quelquefois une sorte de périanthe ; pour fruit, akène globuleux comprimé ou triangulaire. — Cette famille a beaucoup d'analogie avec celle des Graminées ; mais dans celle-ci le chaume n'est jamais triangulaire, la gaîne des feuilles est fendue et les fleurs sont d'une composition plus compliquée.

On a partagé les Cypéracées en six tribus : les CYPÉRÉES, les SCIRPÉES, les HYPOLYTHRÉES, les RHYNCHOSPORÉES, les SCLÉRIÉES et les CARICINÉES. — Les principaux genres sont : *Souchet, Scirpe, Rhynchospore, Linaigrette, Laiche, Chouin*, etc. — V. ces mots.

CYPRÈS (*Cupressus*). Genre de la famille des Conifères, comprenant des Arbres grands, à tronc élevé, dont les rameaux, souvent alternes, sont couverts de feuilles extrêmement petites, étroitement imbriquées les unes sur les autres. Fleurs unisexuées et monoïques, formant de petits chatons, dont les mâles sont ovoïdes avec 20 écailles, 4 étamines sur chacune de celles-ci, et dont les femelles présentent un cône fort court à 8-10 écailles sous lesquelles sont les ovaires.

Le Cyprès, l'un des arbres les plus anciennement observés, est indigène aux pays voisins du large bassin de la Méditerranée. Son aspect, le sombre vert de ses rameaux feuillés répandent autour de lui un air de tristesse et un lugubre silence qui expliquent l'antique habitude de le planter parmi les tombeaux. Il passe p ur purifier l'air, pour être d'un bois incorruptible; les Grecs s'en servirent pour tracer les lois des douze Tables, et les Romains l'employaient dans la construction de leurs vaisseaux. Presque toutes les terres conviennent aux Cyprès. Pour les multiplier il faut choisir les cônes (fruits) les plus gros et les plus noirs, après qu'ils sont restés deux ans sur l'arbre ; on en sème épais les graines et on entretient le semis toujours humide. Les élèves doivent demeurer 2 ou 3 ans en pépinière, et on doit veiller à ce qu'ils ne fassent qu'une tige , en supprimant les plus faibles.

Les principales espèces sont : le C. PYRAMIDAL (*C. fastigiata*), venu de l'île de Crète dans nos landes du sud-ouest ; sa tige monte droit comme celle du Peuplier, et les rameaux sont dressés et appliqués tout près d'elle. — Le C. HORIZONTAL (*C. horizontalis*), au contraire, a les branches écartées et forme un angle ouvert avec la tige. — Le C. DISTIQUE (*C. disticha*) est un des arbres les plus remarquables par sa hauteur, sa grosseur et son port. On le trouve en forêts immenses sur les rivages du Mississipi et dans tous les terrains marécageux depuis la Virginie jusqu'au Mexique; on l'a introduit en France en 1748. La nature l'a muni de gros et longs pivots à l'extrémité de ses racines verticales, ainsi que d'excroissances ligneuses au tronc jusqu'à 2 mètres de la base, lesquelles lui servent de contre-forts afin de lui donner les moyens de résister à la fureur des vents. « Il y en a un individu au Mexique, dans le cimetière de Sainte-Marie de Tesla , à 2 lieues d'Oaxaca, qui a *cent* pieds de haut et cent dix-huit pieds de circonférence. Il est mentionné par F. Cortez, qui abrita sous son ombre toute sa petite armée, quand il vint faire la conquête du Mexique. »

CYPRIN (*Cyprinus*). Les Cyprins ou CYPRINOÏDES forment une famille nombreuse de Poissons malacoptérygiens abdominaux , dont voici les caractères : bouche peu fendue ; mâchoires faibles et ordinairement sans dents, celles-ci se trouvant sur les os du pharynx; corps écailleux, à écailles généralement larges; nageoires ventrales, lorsqu'elles existent , abdominales , rejetées sur le ventre et ordinairement situées à l'aplomb de la dorsale; pas de nageoire adipeuse, intestins très

longs et repliés plusieurs fois sur eux-mêmes; ce qui dénote un genre de vie peu carnassier ou même entièrement herbivore; vessie aérienne grande, divisée en 2 ou même 3 sacs distincts.

Les Cyprinoïdes peuplent les eaux douces du monde entier, mais il y en a moins en Afrique et en Amérique que dans les autres parties ; quelques-uns descendent très près de l'embouchure des fleuves, mais aucun n'est véritablement marin. Ces poissons se nourrissent de matières végétales, de substances organiques en décomposition dans le limon, de graines, de vers, d'insectes ; ce sont néanmoins les moins carnassiers de tous. Leur forme générale est regardée comme la plus propre aux habitants des eaux ; mais , dépourvus de moyens de défense , ils deviennent fréquemment la proie des brochets , des anguilles et des oiseaux nageurs.

Les Cyprins ou Cyprinoïdes ont été divisés en six sections, comme suit : 1° les *Carpes*, qui sont pourvues de barbillons aux angles de la mâchoire supérieure seulement; 2° les *Barbeaux*, qui ont comme les Carpes deux barbillons aux coins de la bouche, et deux autres à l'extrémité du museau ; 3° les *Goujons*, les plus petits de la famille, connus de tout le monde; 4° les *Ables*, qui s'en distinguent par le manque de barbillons aux mâchoires ; 5° les *Tanches*, qui n'ont que deux barbillons, et dont le dos est plus bombé , les écailles plus petites, et à reflets plus brillants que chez les autres Cyprins; 6° enfin les *Brêmes*, qui n'ont pas plus que les Ables de barbillons dans le voisinage de la bouche et dont le dos est aminci et tranchant, etc.

CYPRINOÏDES. Première famille des Poissons malacoptérygiens abdominaux, établie par Cuvier. — V. *Cyprin*.

CYPRIPÈDE (*Cypripedium*). Genre d'Orchidées, à fleurs solitaires, assez grandes; le calice est étalé, à 5 ou 6 parties irrégulières, dont 4 ou 5 supérieures et latérales, lancéolées; l'inférieure, très grande , est renflée, ventrue, concave , en forme de sabot.

Le CYPRIPÈDE SABOT (*C. calceolus*), vulg. *Sabot de Vénus*, est l'espèce la plus remarquable; ses fleurs, dont l'odeur est suave, ont leurs segments étalés, d'un pourpre foncé ; le *labelle* (segment inférieur) est jaune, creux, ouvert par en haut et représente un sabot. — Le C. VELU (*C. spectabile*) est une autre espèce à labelle rose et à segments supérieurs d'un blanc lavé de teintes rosées, également recherchée des amateurs.

CYPRIS (*Cypris*). Genre de petits Crustacés présentant six pieds, les antennes terminées par un faisceau de soies, en manière de pinceau, le test comprimé latéralement, mais bombé sur le dos, le corps sans articulation distincte, terminé postérieurement par une espèce de queue molle repliée en dessous, avec deux filets sétacés se dirigeant en arrière et sortant du test.

Les Cypris habitent les eaux tranquilles et se nourrissent de substances animales mortes, mais non putréfiées. Lorsqu'elles nagent, elles meuvent avec rapidité leurs antennes et leurs deux pattes antérieures. Du reste, ni leur organisation, ni leurs mœurs ne sont bien connues. On n'a pu découvrir positivement leurs organes sexuels, et c'est avec hésitation que Muller dit en avoir vu d'accouplées. Les pontes et les mues de ces Crustacés ne sont pas moins nombreuses que celles des Cyclopes, et leur manière de vivre ne parait pas la même. Leurs œufs sont sphériques ; les femelles les déposent de suite sur quelque corps solide, au lieu de les porter comme les Branchiopodes et les Décapodes ; ils éclosent au bout de cinq jours environ, et les petits en sortent avec l'organisation qu'ils doivent conserver, sans subir de métamorphose comme les Cyclopes et les Apes.

La *Cypris fusca* est l'espèce la plus connue ; sa longueur est de trois quarts de millimètre. Ces petits Crustacés ont la faculté de pouvoir s'enfoncer dans la vase humide et d'y rester vivants pendant longtemps : c'est ce qui explique comment des mares, qui étaient desséchées, se trouvent peuplées de Cypris lorsqu'une forte pluie est venue de nouveau les remplir.

CYRÈNE (*Cyrena*). Genre de Mollusques très voisin des Vénus et des Cyclades, dont la coquille est ventrue, trigone, solide, inéquilatérale, épidermifère, à charnière munie de trois dents sur chaque valve ; deux dents latérales ; ligament extérieur sur le côté le plus grand.

Toutes les Cyrènes habitent les eaux douces des pays chauds. On en trouve à l'état fossile, mélangées avec des coquilles marines, aux environs d'Épernay et de Paris. Lamarck les a divisées en *C. à dents latérales striées*, et *C. à dents latérales entières*.

CYSTAPTÈRES. Ordre d'Insectes aptères, formé par A. Richard, ne comprenant que les Ricins, qui diffèrent des vrais Parasites, parmi lesquels ils étaient placés, par la conformation de leur bouche, où l'on trouve un labre, une lèvre inférieure et deux mandibules sous forme de crochets. — V. *Ricin*.

CYSTIBRANCHES. Famille de Crustacés isopodes, établie par Latreille, comprenant ceux de ces animaux qu'on présume avoir des branchies dans des cavités vésiculaires, tels que le *Cyame*, le *Liptomère*, la *Chevrolle*, lesquels sont tous marins.

CYSTICERQUE (*Cysticercus*). Genre d'Entozoaires, de l'ordre des Cystoïdes, contenus chacun dans un kyste formé de tissu cellulaire, parcouru par des vaisseaux, et qui appartient à l'animal plutôt qu'au parasite. Ce kyste, appelé adventif, est de forme ovoïde, long de 12 à 20 millim., large de 4 à 6 ; il ne renferme pas de liquide, mais une seconde vésicule de même forme, exactement appliquée contre sa face interne qui est lisse, et remplie de liquide. Cette seconde vésicule en contient une plus petite, appendue à sa face interne, et continue avec le corps de l'animal, se présentant sous la forme d'une petite ampoule qui adhère par sa petite extrémité au pourtour de la bouche, laquelle se voit à la surface externe de la grande vésicule. L'animal proprement dit est rentré en lui-même, retiré par invagination dans cette poche, et adhérent au fond du cul-de-sac de l'ampoule ; il présente, étant développé et alors long de 10 à 15 millim., une tête renflée, munie de 4 ventouses à sa circonférence et de crochets au milieu, un col, un tronc et un pédicelle.

Les Cysticerques se développent dans tous les viscères, même dans le cœur, les poumons et le cerveau. Ils ne sont pas très rares chez l'homme ni chez les animaux sauvages tenus en captivité. — On en distingue plusieurs espèces.

CYSTOIDES. Famille de Vers entozoaires. — V. *Entozoaires*.

CYTHÉRÉE (*Cytherea*). Genre de Coquilles marines bivalves, suborbiculaires, à éclat vif et brillant, établi aux dépens des Vénus. Leurs formes sont élégantes, et on les divise en *pectinées*, en *plates*, en *orbiculaires* et en *ovales*. A cette dernière catégorie appartient la CÉNONULLI, dont il a été question déjà. Plusieurs espèces vivantes des mers lointaines se trouvent à l'état fossile en France.

CYTHÉRÉE (*Cythere*). Genre de Crustacés, presque microscopiques, ayant la plus parfaite ressemblance avec les Cypris. — Ils habitent les eaux saumâtres des bords de la mer et vivent au milieu des varecs et des conferves.

CYTISE (*Cytisus*). Genre de la famille des Papilionacées ; sous-arbrisseaux ou arbres à feuilles trifoliées ; fleurs jaunes axillaires ou réunies en tête : calice à deux lèvres dont la supérieure bidentée, l'inférieure tridentée ; corolle à étendard ovale dépassant les ailes et la carène ; étamines monadelphes ; style ascendant, légume comprimé, polysperme.

CYTISE AUBOURS (*C. laburnum*), vulg. *Faux ébénier, C. de Virgile.* C'est un arbrisseau ou un arbre élevé, selon les localités, qui laisse flotter au gré des vents sa longue grappe pendante et bien fournie, dont la couleur d'or se marie avec élégance à son écorce verdâtre et unie et à ses feuilles soyeuses longuement pétiolées. — Ce Cytise croît spontanément dans les forêts montagneuses de la France, sur les Alpes, en Italie, etc. On le place dans les jardins, les parcs, les promenades publiques comme arbre d'ornement. Le bois en est très élastique, et les anciens Gaulois l'employaient à fabriquer leurs arcs ; de plus, il est très dur, d'abord veiné de blanc et de noir, puis devenant très noir, ce qui lui a valu le nom de *Faux ébénier*. Les fleurs, qui paraissent en mai - juin, sont émétiques et purgatives pour l'homme.

Les écrits des anciens nous apprennent que le Cytise abondait au pays des Hellènes ; c'était, paraît-il, la première plante fourragère, celle dont les fleurs fournissaient le meilleur miel aux abeilles ; ses feuilles infusées rendaient le lait aux nourrices ; ses graines étaient recherchées par les oiseaux de basse-cour ; en un mot, cet arbrisseau était d'autant plus précieux qu'il croissait sur toutes les terres, et n'exigeait pour ainsi dire aucun soin. On s'est demandé quel était ce *Cytise des anciens* ; Maranta émit l'opinion qu'il n'était autre que la Luzerne arborescente, opinion qui fut adoptée par plusieurs botanistes. Mais tout considéré, ce végétal tant célébré par les poètes n'était véritablement que le Cytise aubours.

CYTISE DES ALPES. C'est plutôt une variété de l'Aubours qu'une espèce distincte, variété qui doit à sa position sur les Alpes d'avoir les feuilles glabres et seulement ciliées, au lieu d'être tomenteuses.

On cultive dans les jardins d'autres espèces, telles que le *C. pourpre*, le *C. tomenteux* du cap de Bonne-Espérance, le *C. à feuilles sessiles*. — Aux Canaries il y a le *C. blanc*, bel arbrisseau, très commun, que les chèvres dévorent très avidement et dont on fait une grande consommation comme bois à brûler.

D

DACTYLE (*Dactylis*). Genre de Graminées, vivaces, nombreuses, à épillets courbés-concaves, disposés en glomérules unilatéraux compacts formant une panicule unilatérale. L'espèce la plus commune est le D. GLOMÉRÉ (*D. glomerata*), dont les tiges, de 40 à 45 centim., sont dressées et portent des feuilles linéaires planes, à gaines fendues dans leur partie supérieure seulement. — Cette plante se trouve abondamment dans les prairies, les pâturages, les lieux herbeux, le long des chemins, étant très rustique et venant là où de meilleures graminées réussiraient mal. C'est d'ailleurs un mauvais fourrage.

DACTYLÉTHRE (*Dactylethra*). Genre de Batraciens, très voisin des Pipas (V. ce mot) et qui se rapproche des Grenouilles par la forme générale du corps, par la peau lisse et sans verrues; mais ces reptiles présentent cette particularité, qu'ils ont les pieds entièrement palmés, les trois

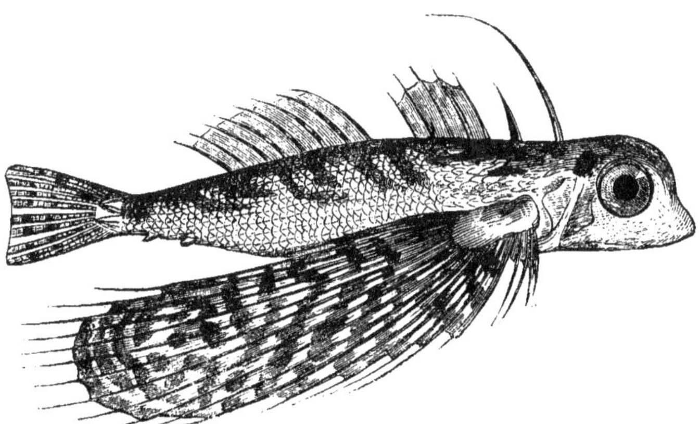

Fig. 424. — Dactyloptère des Indes.

premiers orteils armés d'ongles ou de cônes cornés légèrement recourbés en ergots et des dents à la mâchoire supérieure. Ils ont la tête petite, la bouche médiocre, les pieds de devant terminés par quatre doigts longs, grêles et libres. — Ces animaux appartiennent au cap de Bonne-Espérance; leurs habitudes sont peu connues, mais leurs pieds fortement palmés font supposer qu'ils séjournent habituellement dans l'eau.

Le DACTYLÉTHRE DU CAP (*D. capensis*), ou *Crapaud lisse*, est l'espèce à laquelle se rapportent toutes les autres. Moins gros que le Pipa, il a 8 cent. environ; sa couleur est d'un brun cendré, veiné de noirâtre en dessus.

DACTYLOPTÈRE (*Dactylopterus*). Genre de Poissons acanthoptérygiens, de la famille des Joues cuirassées, connus sous le nom vulgaire de *Poissons volants*, et offrant pour caractères : une nageoire servant d'aile, formée de très longs rayons placés sous les pectorales; tête grenue; une très longue épine au bas du préopercule. — Ces poissons se distinguent encore par leur museau très court, leurs grands yeux, leur bouche située au dessous, leur longue et forte épine qui termine le préopercule. Leurs ailes, qui constituent encore leur caractère le plus tranché, sont formées par des rayons nombreux et très longs, unis par une membrane qui les convertit en vastes nageoires, plus longues que l'animal, à l'aide desquelles celui-ci peut se soutenir quelque temps en l'air, et voler à la surface des eaux pour échapper à se ennemis.

Le DACTYLOPTÈRE VOLANT (*Trigla volitans*),

vulg. *Hirondelle de mer*, est brun en dessus, rougeâtre en dessous, avec les nageoires noires, tachetées de bleu; long de 35 cent. ; il habite la Méditerranée. — Le D. DES INDES, que nous figurons, est brun doré en dessus, blanchâtre en dessous. Ce sont les deux seules espèces connues. Il ne faut pas les confondre avec l'*Exocet*, autre poisson volant.

DAGUET. Nom donné au jeune Cerf qui n'a pas trois ans, ou qui ne s'est pas encore dépouillé de son premier bois ou *dague*.

On nomme aussi *Daguets* certains Cerfs originaires de Cayenne, dont le bois est rond et ne dépasse jamais l'état rudimentaire de celui des autres espèces.

DAHLIA (*Dahlia*). Genre de Plantes de la famille des Composées, tribu des Radiées, herbacées, vivaces par leurs racines, annuelles par leurs tiges, au port léger, à la tige rameuse, creuse, cylindrique, souvent rougeâtre, garnies de feuilles dentées, un peu rudes, opposées, les supérieures simples, les autres 1-2-pinnatifides, avec foliole terminale impaire. Fleurs grandes, gracieuses, radiées, de couleurs brillantes, situées à l'extrémité des tiges.

Fig. 419 et 420. — 1 Cinéraire; 2 Dahlia.

Les Dahlias sont originaires du Mexique, et leur introduction en Europe date de 1790; ils doivent leur nom à Dahl, botaniste suédois, à qui les dédia

Cavanilles. Ce n'est qu'en 1802 qu'on s'est occupé de leur culture en France.

Culture très facile d'ailleurs, car ils sont parfaitement acclimatés. On les multiplie de semis, et par tubercules entiers, ou seulement par éclats, par la greffe herbacée, et au moyen de boutures et de marcottes. « A la fin de mars, on place les tubercules sur une couche le long d'un mur exposé au midi, et on les recouvre d'un peu de terreau légèrement humecté. Au bout de 15 jours, on voit sortir de jeunes pousses que l'on sépare et que l'on transplante dès qu'elles ont atteint de 6 à 12 cent. Après la floraison, on laisse mûrir les tubercules jusqu'au mois de novembre, et à cette époque, on profite d'un beau jour pour les enlever de terre, les nettoyer, et les placer à l'abri du froid et de l'humidité jusqu'au printemps suivant. »

Les Dahlias sont généralement considérés comme plantes d'ornement. Cependant ils ne sont pas sans utilité en économie domestique. Leur feuillage et leurs tubercules constituent une nourriture agréable aux bestiaux ; au Mexique, l'on mange ces tubercules, cuits sous la cendre; mais chez nous leur goût fade n'a pas permis d'en faire usage comme aliment destiné à l'homme, tandis qu'au contraire, ils engraissent les volailles. M. Payen en a extrait la *dahline*, substance blanche qui serait propre à rétablir les forces épuisées.

Les espèces sont nombreuses, et les variétés s'élèveraient, suivant les marchands, à plus de mille. Mais toutes peuvent se rapporter à deux espèces distinctes, le *D. superflua ta*, à tige haute, robuste, à feuilles grandes, à fleurs purpurines passant par gradation au rose et au jaunâtre ; le *D. frustranea*, moins élevé et plus délicat, à tige couverte d'une poussière glauque, feuilles petites d'un vert clair.

Le DAHLIA VARIABLE (*D. variabilis*) est l'espèce vulgaire en quelque sorte, celle qui fut introduite en France pour la première fois par Thiébaud. Cette belle fleur était simple alors, à disque jaune et à rayons bisériés, d'un rouge écarlate sombre et velouté. La culture la modifia bientôt; et en 1810 les rayons se montrèrent lilas, roses, safranés. Plus tard, en 1818, on obtint par semis des variétés doubles, où les fleurons étaient roulés en cornet, tubuleux, et formaient une rosace imbriquée d'une admirable symétrie. Depuis, les formes et les nuances se sont successivement perfectionnées ; mais on est encore à obtenir le Dahlia bleu. « Dans aucune circonstance, dit un auteur, on ne voit le bleu pur s'associer au jaune; le bleu passe sans peine au rouge brique et au blanc, jamais au jaune; il en est de même du jaune à l'égard du bleu. »

DAIM (*Cervus dama*). Espèce du genre Cerf, Mammifère ruminant plus petit que le Cerf commun, mais non moins élégant, ayant le pelage d'été fauve tacheté de blanc, le pelage d'hiver d'un brun noirâtre uniforme; les bois divergents, avec les andouillers supérieurs aplatis et palmés. Longueur totale mesurée du bout du museau jusqu'à l'origine de la queue, 1 m. 60 ; hauteur du train de devant, 0 m. 78 ; par conséquent, taille intermédiaire entre le Cerf et le Chevreuil. La femelle, appelée *Daine*, ne diffère du mâle que par l'absence de bois.

Le Daim habite les régions tempérées de l'Eu- rope ; il paraît qu'il n'est pas étranger au nord de l'Afrique. Il préfère aux grandes forêts, séjour habituel des Cerfs, les bois coupés de champs et de collines. Il n'est d'ailleurs commun qu'aux lieux où des enceintes particulières en renferment des troupeaux pour les plaisirs des grands. Plus domestique que le Cerf, il semble lui montrer une

Fig. 127. — Daim.

certaine antipathie. La Daine porte huit mois et quelques jours ; elle ne produit qu'un ou deux petits. Ces animaux cessent d'engendrer à 15 ou 16 ans, et ne vivent guère que vingt ans. — On sait que l'on fait des culottes et des gants excellents avec la peau de Daim.

On distingue le D. BLANC, qui est un albinos de l'espèce ; le D. NOIR, qui est plus petit que le type ; puis plusieurs espèces fossiles.

DAMAN (*Hyrax*). Genre de Mammifères de petite taille, voisins des Pachydermes et des Rhino céros par la forme de leur tête, celle de leurs ongles, leurs système dentaire et le nombre de leurs côtes. Ce sont des animaux bas sur leurs jambes, extérieurement assez semblables à des Marmottes, mais plus allongés et sans queue, ce qui leur donne aussi de l'analogie avec les Rongeurs, parmi lesquels ils ont été classés. Leurs pieds antérieurs ont 4 doigts munis d'ongles en sabots ; les postérieurs trois, dont deux seulement ont des sabots, l'externe étant armé d'un ongle long et crochu.

Les Damans appartiennent à l'Afrique méridionale et orientale, à l'Abyssinie, aux contrées asiatiques avoisinantes. Dans l'Ecriture ils sont nommés *Saphans*, et il paraît que leur chair était interdite aux Hébreux. Ils vivent dans les endroits rocailleux, se creusent des terriers sous les rochers et se nourrissent de fruits et d'herbages. Ce sont des animaux fort doux, qui font peu de bruit et dont la vie paraît diurne ; ils sont assez peu intelligents ; ne font entendre qu'un sifflement bref. En captivité, ils se laissent caresser sans chercher à nuire, et s'accommodent à peu près de tout. On les apprivoise dans certaines contrées, et on se nourrit de leur chair. On en amène souvent dans nos ménageries ; mais ils y souffrent beaucoup du froid.

Le DAMAN DE SYRIE, *Saphan*, *Daman d'Israïl* ;

le D. du Cap, le D. des Arbres, telles sont les principales espèces.

DAMIER. Nom vulgaire d'une espèce de *Fritillaire*. — V. ce mot.

DAMMARA. Nom donné à un genre d'Arbres de la Nouvelle-Zélande et de l'Asie tropicale, appartenant à la famille des Conifères. — On cultive dans les jardins la *D. orientalis*, qui fournit un excellent bois pour la marine et une résine.

DAPHNACÉES. Famille de Plantes dicotylédones apétales, comprenant des sous-arbrisseaux à feuilles alternes, rarement opposées, entières, sans stipules; fleurs verdâtres ou colorées, diversement disposées: calice pétaloïde monosépale, tubuleux, à 4-5 divisions; étamines 8-10, insérées à la gorge du calice; ovaire libre, uniloculaire. Le fruit est un akène ou une petite drupe monosperme. — Voir la fig. 428. — Les genres principaux de cette famille sont : *Daphné, Passerine, Stellère, Pimelée,* etc.

DAPHNÉ (*Daphne*). Genre de Sous-Arbrisseaux de la famille des Daphnacées, à feuilles lancéolées, assez grandes; à fleurs verdâtres ou roses, rarement blanches, disposées en grappes ou en fascicules. Leur nom, qui signifie *Laurier* en grec, leur a été donné en souvenir de la métamorphose de la nymphe Daphné.

Daphné lauréole (*laureola*). Tige de 50-80 cent., robuste, flexible, rameuse au sommet; feuilles coriaces, persistantes, rapprochées en rosettes au sommet des rameaux. Fleurs d'un jaune verdâtre, odorantes, disposées en grappes axillaires et paraissant au printemps. Calice pétaloïde à 4 divisions, 8 étamines incluses. Le fruit devient noir vers le milieu de l'été.

La Lauréole se trouve dans les bois montueux, mais est cultivée dans les jardins. Elle fleurit dès le printemps. Ses propriétés sont analogues à celles des espèces qui suivent.

Daphné bois gentil (*D. mezereum*), vul. *Mézéréon, faux Garou*. Tige de 5-10 décim., rameuse, portant des feuilles non persistantes qui ne se développent qu'après les fleurs. Celles-ci sont roses, odorantes, disposées en fascicules de 2 ou 3 le long des rameaux : calice pétaloïde infundibuliforme, à 4 divisions au limbe; 8 étamines incluses; style court à stigmate capité. Le fruit est rouge. — Le Mézéréon croît dans les bois montueux, comme le précédent, et se cultive également dans les jardins. Il fleurit un mois plus tôt que la Lauréole. Ses propriétés sont d'ailleurs les mêmes. On en a préconisé la décoction dans le traitement des dartres rebelles. Les baies sont purgatives à la dose de 8 à 10.

Daphné-garou (*D. gnidium*). Arbuste de 1 mètre à 1 m. 20, rameux presque dès la base, à feuilles nombreuses, éparses, glabres et lisses. fleurs sont blanchâtres, odorantes, disposées

en panicule à l'extrémité des rameaux, présentant d'ailleurs les mêmes caractères botaniques que celles du Bois gentil.

Fig. 428. — Daphné-Garou.

(Rameau fleuri. — 1. Fleur détachée. — 2. Corolle ouverte, montrant le pistil et les étamines. — 3. fruit.)

Le Garou croît dans les lieux secs et arides des contrées méridionales de la France, et est cultivé dans les jardins. Il fleurit plus tard que les précédentes espèces, c'est-à-dire en juillet-août. Toutes ses parties sont âcres, très irritantes, capables même de produire la vésication. Son écorce est surtout employée, soit à l'intérieur en décoction, contre les dartres anciennes, la syphilis constitutionnelle; soit à l'extérieur, appliquée en nature ou incorporée dans une pommade, pour produire la vésication ou ranimer les plaies résultant des vésicatoires. Les baies sont purgatives.

DAPHNIE (*Daphnia*). Genre de Crustacés de l'ordre des Branchiopodes, de très petite taille, et dont le corps libre est protégé par deux valves en forme de coquilles; leurs yeux sont sessiles et réunis en un seul, d'où leur nom de *Monocles* donné par Linné. Ils ont des antennes rameuses, frangées, qui leur servent pour s'appuyer sur l'eau, dans laquelle on les voit s'avancer par saccades ou par bonds, ce qui leur a valu l'appellation de *Puces aquatiques*. Les mâles, qui sont en plus petit nombre que les femelles, ont les antennes inférieures plus longues, la tête plus courte, avec le bec moins saillant, le test plus étroit et plus ouvert en devant. Ce test se termine du reste dans les deux sexes par une pointe ou stylet dentelé.

Les Daphnies se trouvent dans les mares de toute l'Europe, principalement dans les environs

de Paris Les mâles sont très ardents à poursuivre leurs femelles : celles-ci, saisies par leurs
longs filets, les emportent quelquefois avec elles.
Les œufs résistent, dit-on, à une longue dessiccation des marais; il leur faut en tout cas cent heures pour éclore, au rapport de Straus. Huit jours
environ après leur naissance, les petits subissent
une première mue : le corps, les branchies et les
soies des pattes se dépouillent de leur épiderme.
Ce n'est qu'à la troisième mue que ces Crustacés
ont acquis la faculté reproductrice. « La ponte
n'est d'abord que d'un œuf; mais les suivantes
augmentent progressivement, et une espèce, la *D.
magna*, produit jusqu'à 158 œufs. Un jour après
la ponte la femelle mue, et les téguments abandonnés renferment les coques des œufs de la dernière
ponte. Un moment après elle change encore de
peau. Les jeunes d'une portée sont presque toujours de même sexe, et sur 5 à 6 pontes conti-
nuelles, il s'en trouve au plus une de mâles. » —
Les espèces de ce genre sont peu nombreuses.

La Daphnie puce (*D. pulex*) appartient à
nos eaux douces. Quelques espèces ont une couleur rouge et se multiplient tellement quelquefois
que l'on croirait les eaux colorées par du sang.
Ces petits animaux semblent anéantis lorsque les
marais sont à sec, mais au retour des premières
pluies, ils en remplissent de nouveau les eaux. Ils
deviennent communément la proie des canards, des
larves d'insectes, etc.

DASYPODE (*Dasypoda*). Genre d'Hyménoptères
porte-aiguillons, de la famille des Mellifères, couverts de poils surtout aux jambes, et qui, comme
les insectes de la même tribu, creusent des trous
en terre et y déposent le pollen qu'ils récoltent sur
les fleurs au moyen des poils de leurs pattes et de
leur abdomen. On les voit souvent, la tête à l'ouverture du trou, guettant le moment de sortir;
mais c'est sur les fleurs qu'on les trouve le plus
ordinairement à la fin de l'été et pendant l'automne.

DASYURE (*Dasyurus*). Genre de Mammifères,
de l'ordre des Marsupiaux, voisins des Sarigues,
ressemblant pour la forme aux Genettes et aux
Fouines. Ils sont de taille moyenne ou même petite; leur pelage est épais et doux ; museau allongé
et terminé par un large mufle, dans lequel sont
percées les narines; fortes moustaches ; 5 doigts
aux pieds antérieurs, 4 aux postérieurs, tous
munis d'ongles fouisseurs ; queue de longueur
moyenne.

Ces animaux appartiennent à la Nouvelle-Hollande et à la terre de Diémen. Ils sont nocturnes
et fouisseurs, carnassiers ; et lorsqu'ils manquent
de viande, ils se rabattent sur les cadavres, qu'ils
recherchent principalement sur le bord des eaux.
Ce n'est guère que la nuit qu'ils se mettent en
campagne, ne craignent pas de s'approcher des
habitations, et même d'entrer dans les basses-
cours et les poulaillers, où ils occasionnent de

très grands ravages comme font chez nous les
Fouines.

DATTIER (*Phœnix*). Genre de la famille des
Palmiers, ayant pour caractères génériques : fleurs
unisexuées et dioïques, qui forment une serte de
panicule rameuse sortant d'une spathe coriace,
fendue d'un seul côté : les fleurs mâles ont 6 étamines, et des rudiments d'ovaires avortés ; les femelles 3 ovaires et des étamines avortées. Le fruit
est ovoïde-allongé, gros et long comme le pouce,
charnu sucré.

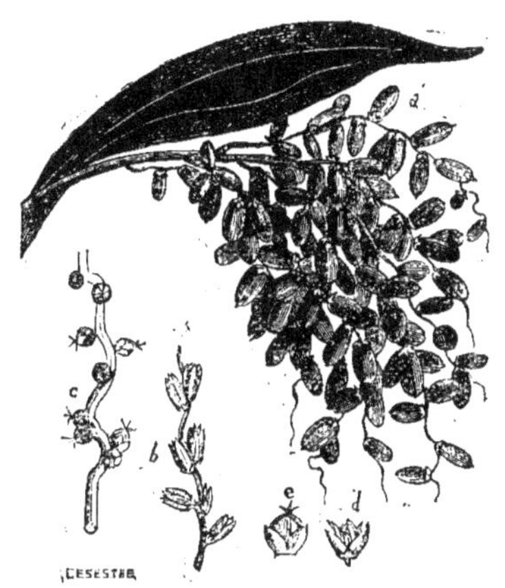

Fig. 120. — Dattier.

(*a*, régime de fruit accompagné de sa spathe. — *b*, portion de
rameau chargé de fleurs mâles. — *c*, un autre portant des fleurs
femelles. — *d*, fleur mâle. — *e*, fleur femelle grossie.)

Le Dattier cultivé (*P. dactylifera*), type du
genre, est un arbre monocotylédone, dont le tronc
s'élève, sans aucune ramification, jusqu'à 16 et
20 mètres ; il est renflé au milieu, et il se termine
par un bouquet de feuilles pinnées extrêmement
grandes, engaînantes à leur base, dont quelques-
unes ont jusqu'à 4 mètres de long, et qui retombent
avec grâce ; elles se composent de folioles attachées
au pétiole commun comme les barbes d'une plume;
chaque année les plus basses tombent, et laissent
sur le stipe (tronc) un reste de pétiole en forme
d'écaille, qui finit par tomber aussi, mais non sans
laisser des cicatrices raboteuses, marquant la
chute successive des feuilles. Au milieu de ce
feuillage, se montrent de vastes spathes dures,
coriaces, presque ligneuses, renfermant les fleurs,
et qui se fendent bientôt par un de leurs côtés
pour laisser échapper de grandes panicules fleuries très rameuses, que l'on désigne sous le nom
de *régime*.

Le Dattier croît en Égypte, dans l'Inde, et est
cultivé dans toutes les régions chaudes, même
dans le midi de l'Europe : mais ici il n'y fructifie

point. Quand ces arbres sont réunis les uns à côté des autres, on conçoit que la fécondation s'opère sans difficulté, que le pollen des individus mâles soit transporté sans avarie sur les ovaires des individus femelles, d'autant mieux qu'il est en grande quantité et qu'il remplit l'air de sa poussière jaune. Mais ces arbres sont-ils éloignés, le nuage fécondant se disperse et manque plus facilement son but, quoique l'hymen sollicité par l'aspiration des fleurs femelles puisse se faire à de grandes distances des organes producteurs de la semence. Pour obvier à cet inconvénient, l'homme s'empare du régime des fleurs mâles, quelques instants avant l'explosion des anthères, et, montant au sommet des pieds femelles, il le secoue fortement sur les fleurs ovariques. Il paraît que le pollen, recueilli, peut conserver sa **propriété fécondante** pendant plusieurs années, et que les cultivateurs en font provision pour éviter le mal que les incendiaires causent souvent en allumant le feu aux pieds des Dattiers mâles.

Le fruit du Dattier se nomme *Datte*. Les Dattes naissent sur des grappes pendantes, touffues, d'un volume considérable ; aussitôt après les avoir cueillies, on les place sur des nattes afin de les perfectionner durant plusieurs jours, sous l'influence du soleil. Elles nous arrivent ainsi desséchées des côtes de Barbarie, de Tunis, d'Alger, etc. C'est un fruit nourrissant, sucré, d'un goût agréable, qui constitue l'aliment des peuples de l'Afrique et de l'Asie. On en prépare des tisanes adoucissantes et pectorales ; les Arabes en font un sirop très agréable, un extrait appelé *miel de dattes*, des pâtisseries, etc. Le bois de l'arbre sert pour les constructions, les feuilles pour la confection de paniers et de cordages. La sève des espèces de Dattiers dont le fruit n'est pas comestible est recueillie pour en faire une boisson fermentée, appelée *vin de palme*. Il n'y a pas jusqu'aux noyaux de Dattes qui n'aient leur utilité : bouillis et ramollis, ils sont mangés par les bœufs ; les Chinois les brûlent pour les faire entrer dans la composition de leur encre, etc.

Un Dattier femelle peut rapporter par année de 10 à 12 grappes, ou 100 kil. de Dattes, lorsqu'il est arrivé à son point de plus haute vigueur.

DATURA. — V. *Stramoine*.

DAUPHIN (*Delphis*). Genre de Mammifères de l'ordre des Cétacés ichthyophages, dont les nombreuses espèces, considérées comme autant de sous-genres, forment une famille (des *Delphinusides*), dont nous allons d'abord indiquer les caractères. Ce sont des animaux qui diffèrent des autres Cétacés, tels que les Cachalots, les Baleines, en ce qu'ils n'ont point la tête disproportionnée au corps ; que leurs mâchoires sont plus ou moins allongées en forme de bec, armées toutes de dents nombreuses et à peu près semblables entre elles ; pas de fanons ; évent simple, circulaire ou en croissant ; corps allongé, peau sans écailles ni

poil ; une seule nageoire dorsale ; la queue est horizontale comme chez les autres Cétacés.

En étudiant les trois systèmes de vie des Dauphins, on trouve qu'ils ont le cerveau très développé, à circonvolutions multipliées ; le siège de leur odorat est encore une question non résolue ; leurs yeux sont petits, mais assez perfectionnés ; ils ne sont pas privés de voix, car tous ceux qui sont venus échouer vivants sur le rivage jetaient des cris plaintifs ; leurs organes de locomotion consistent dans les deux membres antérieurs et surtout dans leur queue, qui est mue par des muscles puissants. — Du côté de la nutrition, l'estomac présente trois renflements ; la proie, qui est animale, paraît être avalée tout entière, et les dents nombreuses ne semblent pas destinées à la broyer. La respiration se fait au moyen de poumons et de l'air extérieur, qui pénètre par les évents. Ces animaux ne lancent pas, par ceux-ci, de l'eau comme le font les Baleines, du moins cela arrive plus rarement. Le système de la circulation est double comme chez les autres mammifères. — Quant aux organes de la reproduction, ils sont au fond les mêmes que chez ces derniers. L'accouplement se fait dans l'eau, et la femelle reçoit le mâle en se renversant sur le dos. La gestation est de dix mois, croit-on ; la portée est de un ou deux petits, que la mère allaite de ses mamelles.

On trouve les Dauphins dans toutes les mers. Ils aiment à se rassembler et à jouer autour des vaisseaux. Ces visites ont été interprétées d'une manière trop favorable pour ces animaux, qui rôdent autour du bord, non pour la société de l'homme qu'ils étaient supposés aimer, mais pour se saisir des débris échappés à la cuisine, et des nombreux poissons que ces débris attirent. Sans doute le Dauphin ne se jette pas, comme le Requin, sur l'homme qui tombe à la mer, mais ne lui en sachons pas trop de gré, son organisation s'oppose absolument à ce qu'il s'attaque à de grosses proies. C'est donc pure fable que tout ce qu'on débite sur les qualités morales et intellectuelles des Dauphins ; l'erreur a été telle qu'on n'a même su les représenter par des figures exactes. Leur chair est dure et indigeste. Leur graisse n'est pas assez abondante pour qu'on l'exploite en grand.

La famille des Dauphins comprend plus de quarante espèces, partagées en sept sous-genres, qui sont : *Dauphins, Delphinorhynques, Inias, Marsouins, Narrals, Hypéroodons et Sousons*.

DAUPHIN PROPREMENT DIT (*Delphinius*). Ce Cétacé a les mâchoires plus ou moins avancées en forme de bec, la supérieure un peu plus courte que l'inférieure ; le corps pisciforme, la peau lisse et sans poils, les extrémités antérieures transformées en nageoires ; pas de membres postérieurs, pas de fanons, pas de cœcum ; queue aplatie formant nageoire horizontale ; dents aux deux mâchoires, petites, aiguës ; mamelles placées dans un pli de la peau, près des organes de la génération, ouverture unique aux évents, placée sur le sommet de la tête. Longueur totale, 2 m. à 2, 35.

Les Dauphins vivent en troupes nombreuses et sont propres à toutes les mers. Quelquefois ils remontent dans les grands fleuves. Les anciens ont eu la plus haute opinion de leur intelligence et de leur attachement pour l'homme ; mais il est douteux que leurs observations s'appliquassent à ces animaux, ou du moins qu'elles n'aient pas été empreintes d'exagération et d'erreur. Il est de ces opinions qui se forment et se propagent traditionnellement pendant des siècles sans qu'on songe à les vérifier. Qu'étaient les Dauphins d'autrefois ? peut-être des Phoques. Ce qu'il y a de sûr, c'est que ceux d'aujourd'hui paraissent stupides, brutaux, voraces. Nous l'avons déjà dit, ces animaux sont vivipares, la femelle porte dix mois et ne produit qu'un seul petit qu'elle nourrit à ses deux mamelles, dont les deux mamelons ne sont visi-

Fig. 430. — Dauphin bridé.

bles à l'extérieur que lorsqu'ils sont gonflés par le lait.

Les espèces sont nombreuses, nous ne pouvons en donner la simple énumération. Citons parmi elles le *D. bridé*, dont plusieurs individus vinrent échouer à Dieppe en 1854.

DAUPHINELLE (*Delphinium*). Genre de Plantes de la famille des Renonculacées, annuelles, pubescentes, à feuilles pinnatiséquées dont les téguments sont décomposés en lobes linéaires ; fleurs irrégulières, bleues, roses ou blanches, disposées en panicules : le sépale supérieur se termine en éperon allongé ; les pétales sont soudés en une corolle monopétale unilabiée.

La Dauphinelle consoude (*D. consolida*), plus connue sous le nom de *Pied-d'Alouette*, est une plante de 20 à 60 cent., dressée, rameuse, à feuilles inférieures pétiolées, les supérieures sessiles. Les fruits sont des follicules glabres, terminés par un bec grêle. — Le Pied-d'Alouette se trouve dans les moissons, les prés cultivés, où il fleurit en juin-août. On l'a dit vulnéraire, anti-ophthalmique et vermifuge. On employait ses fleurs en infusion. Aujourd'hui il n'en est plus question comme plante médicinale.

Le Pied-d'Alouette des jardins (*D. ajacis*) se distingue de cette espèce par ses rameaux dressés, ses fleurs en grappes allongées et plus denses, ses sépales latéraux contractés en onglet, ses pédoncules plus courts que les bractées, etc. — Une variété à fleurs doubles paniculées se cultive surtout en bordure.

La Dauphinelle staphisaigre (*D. staphisagria*) a une tige dressée, un peu rameuse, haute de 30 à 60 cent. Les feuilles sont alternes, pétiolées, grandes, 7-9 lobées, presque glabres en dessus.

Fleurs bleues, en épis lâches terminaux, et dont les pédoncules velus sont munis de trois brac-

Fig. 431. — Dauphinelle à grandes fleurs.

tées linéaires ; sépale supérieur terminé en éperon ; 4 pétales distincts, dont 2 éperonnés, irréguliers ; 3 carpelles et 3 styles.

La Staphisaigre est connue par ses semences triangulaires, comprimées, âcres, irritantes, vénéneuses, qu'on emploie à l'extérieur en décoction ou en poudre, incorporée à de l'axonge, pour détruire la vermine, ce qui a valu à la plante la dénomination vu'gaire d'*herbe aux teigneux*. Son principe est un alcaloïde nommé *delphine*.

DAURADE (*Chrysophrys*). Genre de Poissons acanthoptérygiens de la famille des Sparoïdes, ayant pour caractères : nageoire dorsale unique, à premiers rayons, épineux et poignants ; nageoire anale courte, à épine anale très solide et aiguë ; 6 rayons branchiaux ; 4 ou 5 appendices cœcaux au pylore ; mâchoires garnies sur les côtés de molaires rondes, formant trois rangées au moins à la mâchoire supérieure, etc. Leur nom latin, qui veut dire sourcil d'or, leur a été donné par les anciens à cause d'une bande en croissant, de couleur dorée, qui va d'un œil à l'autre dans l'espèce vulgaire ; l'appellation française vient elle-même d'*aurata*, dorée.

La DAURADE ORDINAIRE (*C. vulgaris*), qu'il ne faut pas confondre avec *Dorade*, est un poisson

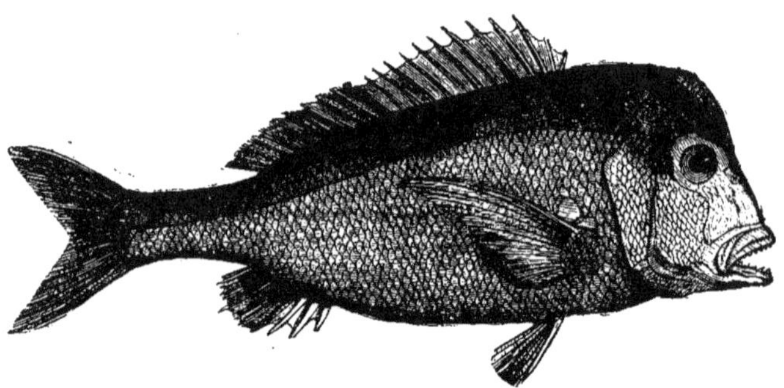

à tête comprimée, très relevée à l'endroit des yeux ; à lèvres charnues, corps élevé, dos caréné, grandeur assez considérable. — Il se trouve dans tous les climats ; toutes les eaux douces et salées lui conviennent. Il se nourrit de crustacés, d'animaux à coquilles ; ses dents sont si fortes, qu'il plie les crochets des hameçons. Ces poissons fréquentent souvent les rivages où abondent les mollusques et les crabes ; on prétend qu'ils ont l'instinct de remuer le sable ou la vase avec leur queue, pour découvrir les coquillages qui y sont enfouis. Ils sont recherchés pour la délicatesse de leur goût ; mais il y a un choix à faire. Les Daurades qui passent dans les étangs voisins de la mer, dans ceux de Cette, de Martigues par exemple, sont meilleures que celles de la Méditerranée ; il faut aussi qu'elles ne soient pas pêchées dans des eaux troubles, ni à un âge trop avancé.

Nous citerons seulement pour mémoire la DAURADE A MUSEAU RENFLÉ, remarquable par la grosseur de son mufle et la forme allongée de son corps ; la D. A FRONT BOMBÉ, au chanfrein relevé et globuleux ; la D. A TÊTE BOSSUE, des environs du cap de Bonne-Espérance, qui est entièrement rougeâtre, avec la dorsale et la ventrale en partie grises.

DAUW (*Equus montanus*). Espèce du genre Cheval, plus petite que l'Ane, tenant le milieu entre le Zèbre et le Couagga, ayant le pelage ras, blanc jaunâtre, avec des bandes noires et fauves. — On le trouve dans le midi de l'Afrique, principalement au cap de Bonne-Espérance.

DÉCAPODES. Classe de Crustacés de la section des Malacostracés, dont les caractères sont les suivants : pattes au nombre de dix ou de cinq paires, comme le nom l'indique (*deca*, dix ; *pous*, pied) ; en avant des véritables pattes, il y a encore deux ou trois paires de *pieds-mâchoires*. Les organes de locomotion sont en général très développés ; les yeux sont toujours portés à l'extrémité d'une paire d'appendices mobiles dont la longueur est parfois considérable, mais qui peuvent se reployer dans les cavités qui remplissent les fonctions d'orbites ; leurs branchies sont intérieures, cachées sous la carapace ; leur estomac est garni intérieurement de pièces calcaires.

Les Crustacés décapodes sont généralement nocturnes et carnassiers. On les partage en deux sous-ordres, d'après leur forme générale : 1° les BRACHIURES (du grec *brachys*, court ; *oura*, queue), dont le corps est court, le tronc recouvert d'une carapace très grande et proportionnellement très large, triangulaire chez les mâles, arrondie et bombée chez les femelles. Leur abdomen (queue) est brusquement recourbé sous le céphalothorax et en quelque sorte rudimentaire ;

on y voit quatre paires de doubles filets velus, destinés à porter les œufs. La tête est excessivement courte, et porte des antennes très peu développées; les yeux sont pédonculés. Pourvus de membres très développés, dépourvus de plus de nageoire terminale, les Décapodes brachyures sont conformés pour la course plutôt que pour la nage; on les voit souvent courir sur le rivage de

Fig. 133. — Maïa.

la mer avec une rapidité très grande. Parmi les genres nombreux de ce groupe nous citerons le *Crabe*, l'*Etrille*, le *Maïa*, le *Tourteau*.

2º LES MACROURES (*makros*, long; *oura*, queue) ont au contraire la forme générale du corps allongée; leur abdomen ou queue n'est par replié sous le thorax, et elle se termine par une large nageoire; ils ont généralement des antennes très longues et subulées, etc. Ces Crustacés, par opposition aux précédents, sont conformés pour

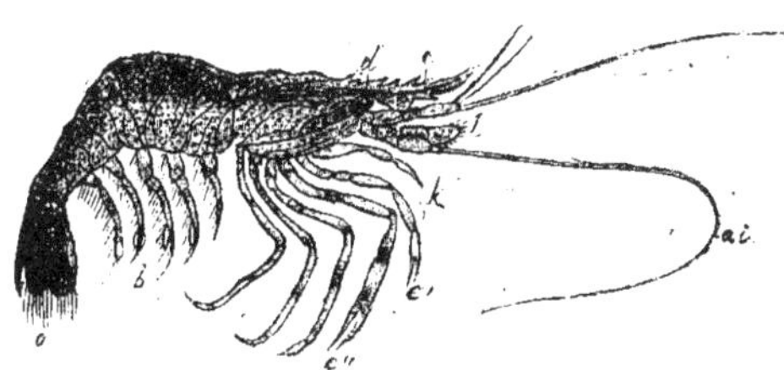

Fig. 134. — Palémon.

a, antenne de la première paire; — *ai*, antenne de la deuxième paire; — *l*, appendice lamelleux qui en recouvre la base; — *b*, fausses pattes de l'abdomen; — *c*, rostre ou prolongement frontal de la carapace; — *d*, œil; — *e'*, patte thoracique de la première paire; — *e"* patte thoracique de la deuxième paire; — *k*, patte-mâchoire externe; — *e*, nageoire caudale.

la nage plutôt que pour la marche, qu'ils ont lente et difficile. Nous trouvons parmi les genres qu'ils comportent, l'*Ecrevisse*, le *Homard*, la *Langouste* le *Palémon*, etc.

DÉHISCENCE. Acte par lequel le péricarpe du fruit s'ouvre pour laisser échapper les graines. Elle s'opère au moyen de *valves* qui se désoudent et se séparent. Le nombre des valves est le plus souvent égal aux carpelles. On appelle *suture* la ligne qui marque la soudure des valves. Le nombre des sutures varie comme celui des valves. Le fruit simple ou unicarpé s'ouvre par la suture ventrale, ou par la dorsale, ou bien par les deux sutures à la fois. Le fruit polycarpé a un mode de déhiscence plus compliqué : cette déhiscence est *septicide*, lorsque les cloisons se décollent en se dédoublant en deux lames formées aux dépens de leur épaisseur, ou que chaque carpelle correspondant à chaque loge constitue une valve qui conserve la forme d'une coque, comme dans le Colchique; la déhiscence *loculicide* est celle qui s'opère par les sutures dorsales et dans laquelle chaque valve, emportant une des cloisons sur le milieu de sa face interne, se compose de deux moitiés qui appartiennent à deux carpelles différents (Asphodèle). On nomme *septifrage* la déhiscence qui se fait par la séparation des valves par la suture pariétale, les cloisons restant intactes et non dédoublées au centre du fruit. Il est d'autres modes de déhiscence qu'il nous paraît inutile de mentionner.

DÉILÉPHILE (*Deilephila*). Genre de Papillons crépusculaires, dont les antennes sont droites, striées comme dans le genre Sphinx, les yeux gros, saillants, le thorax large, bombé, l'abdomen cylindro-conique, rayé transversalement. — Ces Papillons ont le vol rapide après le coucher du soleil.

Les chenilles sont lisses, ornées généralement de couleurs vives et de taches ocellées, avec la tête petite et globuleuse. Les unes sont à peu près d'égale grosseur dans leur longueur, les autres ont les 3 premiers anneaux plus minces que les autres; toutes sont pourvues d'une corne rugueuse ou d'un tubercule sur le onzième anneau; elles se métamorphosent, à la surface du sol, dans une coque informe composée de débris de végétaux ou de molécules de terre, réunis par des fils. Les chrysalides sont cylindrico-coniques, avec une pointe anale assez prononcée.

Fig 135. — Déiléphile de l'Euphorbe.

Le Déiléphile de l'euphorbe (*D. euphorbiæ*), que nous figurons, résulte d'une chenille qui est une des plus remarquables du genre par l'éclat et la vivacité de ses couleurs; le fond en est d'un noir luisant, avec une multitude de petits points jaunes très rapprochés et rangés en lignes circulaires dans le sens des anneaux. De chaque côté du corps, on voit deux rangées longitudinales de taches, ordinairement de la couleur des points, mais quelquefois plus blanches, celles de la rangée inférieure beaucoup plus petites; une bande étroite d'un rouge carmin règne sur le milieu du dos, depuis la tête jusqu'à l'extrémité du chaperon qui recouvre la partie anale, et une bande semblable, mais entrecoupée de jaune, se remar-

que au-dessus des pattes; tête, pattes et base de la corne également d'un rouge vif. — La chrysalide est d'un gris roussâtre, finement striée de brun, avec les articulations ferrugineuses.

Cette Chenille vit sur les différentes espèces d'euphorbes ou de tithymales, principalement sur celle à feuilles de cyprès. Elle est très commune dans le midi de la France, se montrant le plus souvent sur l'euphorbe paralias. Ordinairement la chrysalide passe l'hiver, et le papillon n'en sort qu'en juin de l'année suivante.

L'espace ne nous permet pas de parler des autres espèces de Déiléphile.

DELPHINORHYNQUE. Sous-genre de Dauphins, caractérisé par un museau très étroit et très long, mâchoires armées de dents longues, coniques, crochues; tête bombée et courte taille, pouvant atteindre jusqu'à 12 mètres. — Ces Cétacés appartiennent aux mers du Nord et de l'Amérique. On en compte plusieurs espèces, dont la principale est le D. couronné, commun dans la mer Glaciale, nageant en troupes autour des navires. Ils sont peu défiants; ils lancent par les évents l'eau avec une telle force, qu'elle en est divisée en légère vapeur en s'élevant dans l'air.

DÉLUGE. Ce mot retrace toujours le tableau de l'inondation universelle dont parle la Genèse, et qui nous est révélée comme un miracle. Acceptons-la comme telle, sans lui chercher des causes probables dans les phénomènes physiques de la nature. Quand, au contraire, on applique ces derniers à l'explication des inondations qui, à diverses époques, se sont manifestées, on reconnaît qu'elles n'ont pu être que partielles, bien qu'étendues sur des parties plus ou moins considérables de la surface de la terre. « Les déluges d'Ogygès, de Deucalion, celui de Samothrace, s'ils ont quelque chose de réel, ne furent que des inondations locales causées, pour les deux premiers, par l'exhaussement des eaux dans les bassins de la Thessalie ou de la Béotie, et pour le dernier par quelques phénomènes volcaniques sous-marins. Les eaux du bassin fermé de Phonia, en Arcadie, se perdent dans des gouffres et reparaissent sur le revers opposé des montagnes pour aller grossir l'Alphée. Ces gouffres se sont obstrués depuis quelques années; la plaine et les villages ont disparu sous un lac de 40 mètres de profondeur, et ce lac s'est élevé à 300 mètres avant de trouver une issue superficielle; voilà un Déluge pour les habitants de la contrée, réfugiés aujourd'hui sur les montagnes; mais si, par la pression des eaux ou par un tremblement de terre, les gouffres viennent à se dégorger, cet immense amas d'eau se précipitera dans la vallée de l'Alphée en détruisant tout sur son passage. Ce que nous venons de dire n'est pas une simple hypothèse; Strabon nous apprend que cet événement est déjà arrivé dans l'antiquité, et que, par suite, Olympie et toute la vallée furent inondées.

« On peut entrevoir aussi dans l'avenir des causes probables de Déluges d'une immense étendue ; les grands lacs de l'Amérique du Nord, dont quelques uns s'élèvent de plus de deux ou trois cents mètres au-dessus du niveau de l'Océan et qui ont jusqu'à quatre cents mètres de profondeur, peuvent couvrir un jour une partie de l'Amérique par une inondation passagère. » (*Dist. clas. d'hist. nat.*).

Cependant, s'il est très probable, d'après l'auteur de cet article, que la croyance au Déluge qui se trouve dans toutes les traditions, se rattache à des inondations partielles qui ont grandi dans les temps fabuleux, nous devons ajouter, d'après M. Beudant, qu'il n'y a rien de contraire à la raison dans la croyance à une grande irruption des eaux sur les terres, à une inondation générale, à un Déluge enfin. « L'observation nous montre clairement en Europe, dit cet auteur, une série de mouvements successifs du sol qui ont modifié toute cette partie du monde, et plusieurs même tout un hémisphère ; il n'y a donc rien d'absurde à admettre que ce qui a eu lieu à tant de reprises différentes, depuis les époques les plus anciennes de formation jusqu'aux plus modernes, soit arrivé une fois quelque part depuis l'apparition du genre humain sur la terre. »

Seulement le récit de la Genèse est en contradiction formelle avec les lois de la science géologique actuelle, d'après laquelle la terre n'aurait pu être submergée par 40 jours de pluie, mais par un de ces cataclysmes dont on conçoit la possibilité sans en montrer d'exemples positifs ; les espèces fossiles, si nombreuses et sans analogues à celles de nos époques, témoignent d'une création différente et antérieure à la nôtre ; leurs débris enfouis sur les plus hautes montagnes démontrent que si celles-ci ont été submergées, c'est antérieurement à leur formation, à leur soulèvement (V. *Montagnes*) ; d'ailleurs la disparition de ces espèces parait ne s'être accomplie que lentement, et tout prouve qu'au lieu d'un déluge général, ce sont des catastrophes locales et successives qui ont amené peu à peu leur destruction. Cuvier, qui certainement est un des savants modernes les mieux disposés en faveur [de la relation biblique, dit dans son célèbre discours sur les révolutions du globe : « Il parait que la race africaine a échappé à la grande catastrophe sur un autre point du globe que la race caucasique. » Ailleurs Cuvier, et son collaborateur, plus géologis'e que lui, M. Alexandre Brongniart, inclinent à penser que l'homme n'a paru sur la terre que depuis le déluge, lequel alors, s'il a réellement eu lieu, n'a pu être relaté par le témoignage de nos semblables.

Ici nous exposons, nous ne jugeons point. Le Déluge raconté par Moïse est physiquement inexplicable ; vouloir l'expliquer, c'est nier le miracle, et en fait de miracle il ne faut rien admettre à demi ; admirons plutôt cette foi naïve de Pie VII, répondant à Alexandre de Humboldt, au sujet des aérolithes, que toutes ces émissions de pierres atmosphériques ne pouvaient provenir que de quel-

ques fractures à la voûte du firmament. Nous l'avons déjà dit ailleurs, en donnant aux sept jours de la Création indiqués par la Genèse l'interprétation de périodes indéfinies, interprétation que l'Église ne fait nulle difficulté d'admettre, nous le croyons du moins, on considère le déluge comme le dernier cataclysme dont notre planète a été victime, on reporte la création de l'homme à cette période, et l'on met sa foi d'accord avec la science.

DEMOISELLE. Nom vulgaire donné aux Insectes du genre Libellule, et à quelques Poissons et Oiseaux.

DENDRELLE (*Dendrella*). Genre d'Infusoires établi aux dépens des Vorticelles par Bory Saint-Vincent, qui vivent en parasites sur les conferves, les cératophylles et autres plantes aquatiques. Leur corps n'est pas campaniforme comme celui des Convallaires, mais imite, en s'amincissant vers la base, un cône plus ou moins allongé ; elles diffèrent des Vorticelles par l'absence de cires.

DENDRITE. Groupements irréguliers de Cristaux réunis en ramifications, représentant plus ou moins celles des plantes. — V. *Cristallographie*.

DENDROPHIDE (*Dendrophis*). Genre d'Ophidiens, voisin des Couleuvres, ayant le corps légèrement comprimé, couvert d'écailles lisses fort allongées, le museau arrondi, les yeux grands et à fleur de tête, la tête revêtue de grandes plaques. — Ces Serpents, comme leur nom l'indique (du gr. *dendron* arbre), ont pour habitude de vivre sur les arbres, particularité qui les distingue essentiellement des Couleuvres. On les trouve en Asie et en Afrique. Ils atteignent un mètre de long.

DENT. — V. *Dents*.

DENT-DE-LION. Nom vulgaire d'une variété de *Pissenlit*. — V. ce mot.

DENTAIRE (*Dentaria*). Genre de Crucifères, plantes herbacées dont les tiges sont en quelque sorte dentées par écailles, les feuilles alternes, les fleurs blanches ou violacées, en corymbes. — Plusieurs espèces sont indigènes de l'Amérique et de l'Asie.

La D. DIGITÉE se distingue de toutes les autres par ses feuilles à 5 folioles en digitation. Elle se trouve dans les contrées montueuses de la France ; ses fleurs sont purpurines violacées. — La D. PINNÉE a les fleurs blanches et les feuilles ailées à 5-7 folioles. Commune au Mont-Dore. — Les Dentaires ont un goût âcre et piquant.

DENTALE. Genre d'Annelés tubicoles, suivant les uns ; genre de Mollusques scutibranches, selon d'autres ; animaux dont la coquille, toutefois, est une espèce de cône allongé, arqué, ouvert aux deux bouts, univalve. — Ils se rencontrent sur les côtes des mers des pays chauds, où ils vivent enfouis dans la vase.

DENTÉ (*Dentex*). Genre de Poissons de la famille des Sparoïdes, ayant des dents coniques même aux côtés des mâchoires, sur un seul rang, dont quelques-unes des antérieures s'allongent en longs crochets; leurs joues sont écailleuses; corps comprimé; tête grande; pectorales longues et pointues; rayons de la dorsale cachés entre les écailles du dos. — Ces poissons vivent de préférence parmi les rochers, et leur chair est estimée.

Deux espèces seulement appartiennent à nos côtes : le Denté ordinaire, vulg. *Dentale, Marmo*, qui est d'assez grande taille (50 à 90 cent.), rouge nuancé de bleuâtre sur le dos; — le D. à gros yeux (*D. macrophthalmus*), plus petit de moitié, rouge, à très grands yeux.

DENTELAIRE (*Plumbago*). Genre de Plantes de la famille des Plombaginacées, herbacées, vivaces, dont les caractères sont ci-dessous indiqués.

Fig. 436. — Dentelaire.

La Dentelaire d'Europe (*D. europea*), type du genre, se présente avec une tige haute de 50 à 60 cent., cannelée, dressée, rameuse; des feuilles alternes, amplexicaules, ovales allongées aiguës, et finement dentées sur les bords. Fleurs violettes, agglomérées en bouquets terminaux et accompagnées de bractées: calice tubuleux, hérissé, à 5 dents; corolle infundibuliforme à 5 lobes; 5 étamines; style à 5 divisions au sommet. Le fruit est une capsule recouverte en totalité par le calice.

La Dentelaire se trouve dans le midi de la France où le vulgaire l'appelle *Malherbe*. Elle fleurit en août-septembre. Cette herbe est très âcre; sa racine, qui est pivotante rameuse, a été employée à l'extérieur, en lotions, contre la gale. Elle peut irriter violemment la peau.

La D. à tiges sarmenteuses (*P. scandens*). Se cultive dans les serres chaudes; ses fleurs sont d'un bleu pâle.

DENTITION. V. *Dents*.

DENTIROSTRES. Famille d'Oiseaux dans l'ordre des *Passereaux*. — V. ce mot.

DENTS. Petits os qui garnissent le bord de chaque mâchoire. On distingue à chaque dent : la *couronne*, qui fait saillie au-dessus du rebord de la mâchoire, la *racine*, qui est enclavée dans l'alvéole; le *collet*, partie intermédiaire qui, bien que située hors de l'alvéole, est cependant couverte par la gencive. — Nous allons examiner ces organes dans les différentes classes d'animaux qui en ont, en commençant par l'Homme et les Quadrumanes.

Dents de l'homme. Leur nombre est de 32 chez les adultes, 16 à chaque mâchoire; les 4 antérieures sont *incisives*, elles n'ont qu'une racine simple. Celle qui vient après, de chaque côté, est la *dent canine;* sa racine est simple aussi; les deux canines de la mâchoire supérieure sont vulgairement appelées *œillères*. Après la dent canine se trouvent, de chaque côté de l'une et de l'autre mâchoire, les deux *petites molaires*, dont la couronne présente deux tubercules conoïdes, et dont la racine est plus ou moins évidemment double. Viennent enfin les trois *grosses molaires*, qui ont une couronne garnie de plusieurs tubercules et plusieurs racines divergentes. La dernière des trois est appelée *dent de sagesse*, parce qu'elle ne vient que très tard.

Il existe dans la racine une cavité qui s'ouvre à son sommet, et qui s'étend jusque dans la couronne; cette cavité contient une substance molle, pulpeuse, d'une sensibilité extrême, appelée *germe* ou *pulpe*. La couronne se compose principalement de deux substances : l'externe, plus solide et brillante, qui est l'*émail*, et qui revêt la seconde en manière d'écorce; cette seconde substance ou l'interne est l'*ivoire*. La racine, formée en grande partie d'*ivoire* ou *dentine*, est privée d'émail. La *pulpe dentaire*, à l'extérieur de la racine, fait corps avec le périoste de l'alvéole, mais elle n'est qu'enfermée dans la cavité dentaire, sans que ses vaisseaux et ses nerfs passent dans la substance de ses parois.

Les premières dents sont appelées *dents de lait;* leurs germes sont déjà visibles dans le fœtus vers la fin du second mois. A la naissance, la couronne des incisives est formée; celle des canines n'est point achevée; les tubercules des molaires ne sont point tous terminés. Vers l'âge de 6 à 7 mois, commence la *première dentition*, c'est-à-dire les deux incisives moyennes de la mâchoire inférieure percent d'abord; quinze jours ou trois semaines après paraissent les correspondantes de la mâchoire supérieure, puis les deux incisives latérales inférieures, ensuite les supérieures. Du douzième au quatorzième mois percent les canines, d'abord celles de la mâchoire inférieure, puis celles de la supérieure (œillères). Enfin on voit sortir successivement les premières molaires, 4 en bas, et 4 en haut, 2 de chaque côté. Ces 20 premières dents (dents de lait) sont complètes à deux ans, deux ans et demi. Elles sont destinées à tomber. Déjà à la fin de la quatrième année, ou quelquefois plus tard, il sort à chaque mâchoire deux nouvelles molaires *permanentes*, qui ne sont plus tard que les premières grosses molaires.

La *seconde dentition* a lieu vers l'âge de sept ans. L'alvéole de la nouvelle dent s'agrandissant peu à peu, la cloison qui la sépare de celui de la dent de lait correspondante s'use et disparaît; la racine de la dent de lait est également résorbée, sa couronne vacille et tombe; et toutes les premières dents sont ainsi remplacées successivement, à peu près dans le même ordre qu'à la première dentition. De 7 à 9 ans toutes les incisives sont remplacées; vers 10 ans paraît la première petite molaire; ensuite se montre la canine secondaire, puis la deuxième petite molaire, plus petite que celle qu'elle remplace. De 10 à 11 ans sortent les premières grosses molaires; enfin vers l'âge de 18 à 25 ans, le travail de la dentition se termine par la sortie des dernières molaires (dents de sagesse).

Pour indiquer les caractères zoologiques importants fournis par le nombre et la disposition des dents, on se sert d'une formule appelée *formule dentaire*, dont voici deux exemples :

Formule dentaire de l'homme : Incisives, $\frac{2}{2}$ — $\frac{2}{2}$; canines, $\frac{1}{1}$ — $\frac{1}{1}$; petites molaires, $\frac{2}{2}$ — $\frac{2}{2}$; molaires, $\frac{3}{3}$ — $\frac{3}{3}$ = 32.

Formule dentaire du cheval : Incisives, $\frac{6}{6}$; canines, $\frac{1}{1}$ — $\frac{1}{1}$; molaires, $\frac{6}{6}$ — $\frac{6}{6}$ = 40.

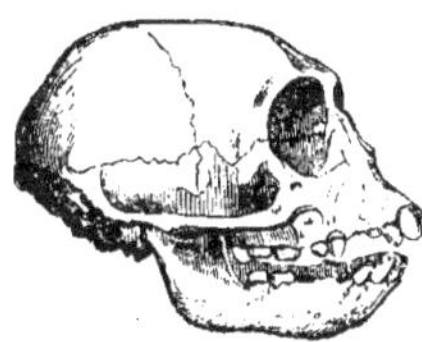

Fig. 437. — Quadrumane (Singe).

Dents des Quadrumanes. Chez la plupart des Singes, les dents sont en même nombre que chez l'homme, tant celles dites de lait que les permanentes. Cependant plusieurs espèces, telles que les Alouates, les Atèles, les Sajous, les Saïmiris, les Fakis, en ont 36: mais leur mode de formation est le même que chez les Bimanes. Toutefois les divers genres et espèces de ces animaux présentent des différences nombreuses sous le rapport de la forme spéciale de ces parties osseuses.

Dents des Carnassiers. Les dents incisives, canines et molaires réunies se rencontrent dans cette classe de Mammifères, sans que la série en soit interrompue, pas plus que chez les Quadrumanes. Chez le Lion, le Tigre, le Chat, etc., qui se nourrissent exclusivement de chair, les molaires sont plus tranchantes que celles des Carnivores,

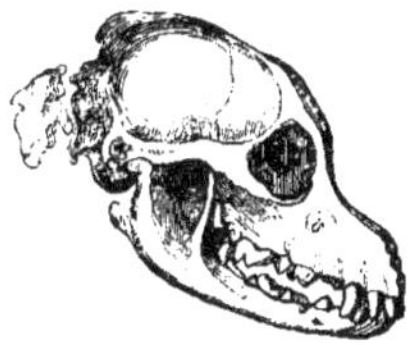

Fig. 438. — Carnassier (Chien).

de l'Ours, par exemple; on distingue aussi chez eux la *dent carnassière*, qui est celle de la mâchoire supérieure placée après les fausses molaires, dent plus grosse que les autres, et à laquelle correspond, pour le volume et la forme, l'homonyme de la mâchoire inférieure. Au fond de la mâchoire sont les dents *tuberculeuses*, qui, presque entièrement plates et plus petites, servent à mâcher l'herbe que ces animaux avalent quelquefois.

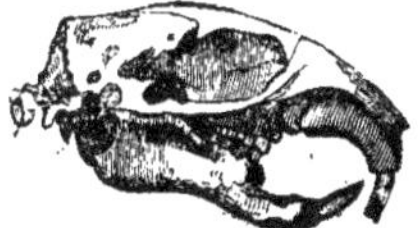

Fig. 439. — Rongeur (Marmotte).

Dents des Rongeurs. Les Rongeurs n'ont pour ainsi dire que des molaires, qui ont une couronne large et plate, une surface devenant tout à fait plane par l'usure. Un espace vide les sépare des canines, qui occupent la place des incisives et sont remarquables par leur longueur, leur force et la manière solide dont elles sont implantées dans l'alvéole.

Fig. 440. — Édenté (Fourmilier).

Edentés. Cet ordre emprunte son nom à l'absence des dents sur le devant de la bouche; leurs canines sont aiguës et assez longues, et leurs molaires ont la forme de cylindres, au moins pour ce qui regarde la famille des Tardigrades. Les Edentés ordinaires manquent non-seulement d'incisives, mais encore de canines et quelquefois de molaires. Les Fourmiliers en sont tout à fait privés.

Fig. 111. — Pachyderme solipède (Cheval).

PACHYDERMES. Le système dentaire varie selon les genres. Les Pachydermes n'ont pas tous des dents canines comme le Cheval; quelques-uns d'entre eux (Rhinocéros) n'ont que des molaires et des incisives, séparées par un espace vide qu'on nomme *barre*, espace interposé entre la canine unique et les molaires, chez le Cheval. Chez d'autres, les canines proprement dites sont remplacées à chaque mâchoire par des *défenses* recourbées (Babiroussa). Les dents qui manquent le moins dans cet ordre sont les molaires, véritables dents de la mastication. L'éléphant ne possède avec les dents molaires que les défenses de l'os maxillaire supérieur.

Fig. 112. — Ruminant à cornes (Bœuf).

RUMINANTS. Les Ruminants manquent d'incisives à la mâchoire supérieure; ceux qui ont des cornes n'ont pas de canines : tels sont le Bœuf, le Chamois, le Bubale, le Bélier, la Girafe, etc.; cependant le Chameau, le Lama, la Vigogne, ont non-seulement une canine de chaque côté, mais aussi 2 incisives à la mâchoire supérieure, placées sur les côtés et ressemblant à des canines. En tout cas, il y a une assez grande interruption (barres) entre la série des molaires et les autres dents.

CÉTACÉS. Les Cétacés herbivores sont pourvus de dents molaires à couronne plate, tandis que les ichthyophages ou souffleurs ont la bouche armée de dents aiguës, lorsqu'il en existe. Les Baleines, parmi les premiers, ont les os maxillaires garnis par des lames cornées, désignées sous le nom de fanons.

REPTILES. Le système dentaire diffère essentiellement dans cette classe de ce qu'il est chez les Mammifères. Citons quelques exemples. Les Crocodiles (V. ce mot) ont des dents nombreuses, coniques, plus ou moins droites, soudées aux os plutôt qu'alvéolaires, et qui, les mâchoires étant rapprochées, s'engrènent l'une dans l'autre; elles ne sont pas venimeuses. Ces animaux naissent avec le nombre de dents qu'ils doivent avoir toute leur vie; mais ils en changent plusieurs fois jusqu'à ce qu'ils aient atteint toute leur croissance. Le Lézard vert a les dents, non implantées dans les alvéoles, mais juxta-posées au bord interne des maxillaires; il a aussi des dents palatines soudées aux os du palais, qui ne se renouvellent pas, et qui paraissent destinées à empêcher que la proie saisie ne puisse s'échapper. Les dents de la Couleuvre à collier sont soudées aux os, très aiguës, creuses dans leur intérieur, non venimeuses. Celles de la Vipère, situées à la mâchoire inférieure et aux branches palatines, sont aussi sans venin. Celui-ci est fourni par les dents du maxillaire supérieur, nommées *crochets*, qui sont coniques, à sommet très aigu, taillé à sa partie antérieure comme le bec d'une plume à écrire. —V. *Vipère*. — Quelques Reptiles manquent de dents et ont les maxillaires recouverts d'enveloppes cornées : telles sont les Tortues.

POISSONS. Quelques Poissons manquent de dents, mais la plupart en ont non-seulement aux deux mâchoires, mais encore sur la langue et jusque dans l'arrière-bouche, sur les arcs branchiaux et sur les os pharyngiens. Les dents soudées aux os sont destinées plutôt à retenir la proie qu'à une véritable mastication. Tantôt longues et pointues, tantôt mousses et en velours, elles sont toujours en rapport avec les habitudes alimentaires de l'animal. — V. *Digestion comparée*.

DÉPERDITION. Acte par lequel les corps organisés vivants rejettent à l'extérieur les substances qu'ils ont absorbées, ou qui, produites par le mouvement nutritif, ne sont plus utiles à l'individu. Les substances ainsi rejetées sont tantôt des gaz, tantôt des liquides ou même des solides. — V. *Transpiration* et *Excrétion*.

DERME. — V. *Peau*.

DERMESTE (*Dermestes*). Genre de Coléoptères, de la division des Pentamères clavicornes, élevé au rang de famille, sous le nom de *Dermestiens*, famille ayant pour caractères principaux : corps ordinairement allongé, un peu bombé; pattes imparfaitement contractiles; jambes étroites, allongées; tarses toujours libres, ayant manifestement 5 articles; antennes terminées par une massue bien formée, plus ou moins longue. — Les Dermestes sont de taille petite, de teintes assez sombres généralement; quelques espèces ont le corps revêtu d'une poussière plus ou moins brillante, de coloration variée, qui lui imprime souvent des dessins agréables à l'œil. Ce sont des Insectes très nuisibles, qui exercent surtout leurs ravages dans les magasins de pelleteries, dans les cabinets d'histoire naturelle, dévorant tous les débris d'animaux : membranes desséchées, plumes, poils, etc. Ils s'attaquent aussi aux substances comestibles, telles que le lard et les viandes sèches. Nous avons déjà parlé des *Anthrènes* et des *Attagènes*, qui appartiennent à la même famille, peut-être au même genre, et qui sont non moins redoutables.

Ces insectes toutefois sont moins dévastateurs à l'état parfait qu'à celui de larves. — On en compte au moins deux cents espèces, dont plus des deux tiers appartiennent à l'Europe. Ils ont de grandes affinités avec les Byrrhiens; mais ceux-ci ont les jambes larges, comprimées, avec tarses se repliant sur eux-mêmes, tandis que chez les Dermestes les jambes sont contractiles, étroites, allongées, avec les tarses toujours libres.

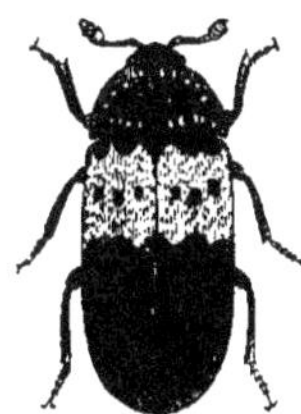

Fig. 443. — Dermeste.

Les Dermestes proprement dits, à l'état parfait ne nous sont pas très nuisibles. Il n'en est pas de même de leurs larves, qui ne sont que trop connues pour leur voracité. Elles parviennent à détruire, en très peu de temps, des collections entières de mammifères, d'oiseaux et d'insectes préparés, de fourrures, lorsqu'on n'en prend pas soin; mais, en compensation, elles complètent la destruction des cadavres, conjointement avec les Silphes, et, sous ce rapport, se montrent d'une véritable utilité. Ces larves ont le corps allongé, composé de 12 anneaux distincts, dont le dernier est garni à l'extrémité d'une touffe de poils très longs, ou de deux appendices dirigés en arrière en manière de petites cornes; leur couleur est jaune, excepté à l'extrémité postérieure, qui est rouge; le dessus des segments est brun, et là existent deux rangs de poils, dont les uns sont dirigés en avant et les autres en arrière, tandis que les côtés du corps sont hérissés de poils plus nombreux et plus longs. Leur tête est écailleuse et munie de mandibules très dures et très tranchan-

tes. Elles ont six pattes cornées terminées par un ongle crochu; elles s'en servent pour marcher, mais leur progression est due surtout au tube postérieur qui termine leur corps et qui pousse celui-ci en avant.

Elles changent plusieurs fois de peau; lorsqu'elles sont privées de nourriture, elles se dévorent entre elles; leurs excréments forment une longue série de petits grains fixés les uns aux autres. Lorsqu'elles doivent se transformer en nymphes, elles cherchent un abri où elles se contractent sans filer de coque, et au bout d'un mois elles se dégagent de leur enveloppe pour devenir insectes parfaits.

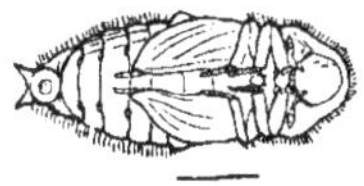

Fig. 444. — Nymphe de Dermeste.

(Le trait au-dessous indique sa longueur naturelle.)

Les Dermestes sont rarement visibles, vu qu'ils se tiennent cachés dans les substances qu'ils rongent, et qu'on ne s'aperçoit de leur présence que par les débris auxquels ils donnent lieu. Ils sont d'ailleurs défiants, et prêts à s'arrêter, se cacher, se faire plus petits, dès qu'ils entendent le moindre bruit ou sentent le moindre mouvement. Les espèces les plus communes sont : le *Dermestes lardarius*, qui se rencontre en abondance dans les boutiques de charcuterie tenues malproprement, dont la longueur est de 6 à 10 millim.; — le *D. murinus*, qui est un peu plus petit ; — le *D. vulpinus*, non moins nuisible que le lardarius. Cet insecte causa, il y a une quinzaine d'années, de si grands ravages dans les magasins de peau de Londres, qu'une récompense de 20,000 livres sterling fut offerte pour celui qui indiquerait un remède propre à anéantir cet insecte.

Ce remède est encore à trouver. Ce n'est pas toutefois qu'on ne parvienne à préserver de leur atteinte les débris d'animaux conservés soit par des visites réitérées, et par le soin de tenir les boîtes et les cartons hermétiquement fermés, soit par l'exposition à une forte chaleur, dans des espèces d'étuves, dans des sortes de marmites chauffées à l'eau bouillante et appelées *nécrantomes*, des corps qui recèlent les insectes, lesquels sortent alors de leur retraite et meurent asphyxiés et comme torréfiés : mais quant à l'efficacité des substances fortement odorantes, telles que le camphre, le tabac, il ne faut guère y compter.

DESMAN (*Mygale*). Genre de Mammifères de l'ordre des Carnassiers, ayant la plus grande analogie avec les Musaraignes, par le pelage fin et soyeux, la petitesse des yeux, la disposition des dents, l'odeur musquée qu'ils exhalent; mais ils en diffèrent par leur tête, terminée en museau avancé en forme de trompe aplatie ; par leur queue longue, comprimée et écailleuse, surtout par leurs pattes garnies de cinq doigts palmés en arrière, caractère qui montre que ces animaux sont aquatiques.

Les Desmans ne se trouvent qu'en Europe; ils vivent dans des galeries souterraines qu'ils se creusent sur le bord des eaux et qui n'ont d'issue qu'au-dessous du niveau de celles-ci. Ils se nourrissent d'insectes, mais fouillent aussi la vase avec leur trompe, afin de saisir les vers qui s'y cachent. Ces animaux offrent des points de ressemblance avec les Castors, les Hérissons et les Taupes : ils sont aveugles ou à peu près, comme ces dernières ; ils se servent de leurs mains fortement armées pour fouir ; ils nagent avec facilité et se pratiquent,

comme nous venons de le dire, des galeries souterraines où ils passent tout le temps qu'ils n'emploient pas mieux à nager et à barboter. Ce n'est qu'au temps des amours qu'ils recherchent une compagne. — On n'en connaît que deux espèces.

Le **Desman de Russie** (*M. moscorita*), vul. *Rat musqué*, à cause de l'odeur qu'il répand et qui est due à des cryptes particuliers situés sur le côté de la queue, est d'une longueur de 48 cent., sur laquelle la queue, qui est écailleuse et presque nue, en mesure 22; son pelage est brun en dessus, blanchâtre en dessous. — Il se trouve dans une grande partie de la Russie méridionale, présentant les habitudes signalées plus haut. Sa fourrure est assez belle, mais l'odeur forte qu'elle répand empêche qu'on ne l'emploie.

Fig. 115. — Desman des Pyrénées.

Le **Desman des Pyrénées** (*M. pyrenaïca*) est plus petit; il n'a que 25 à 28 cent., y compris la queue, qui n'est pas, comme dans l'espèce précédente, étranglée à son origine, et qui est garnie de quelques poils à son extrémité. Cet animal, d'ailleurs rare, est organisé de telle façon que le séjour des eaux ne lui est pas indispensable.

DIADELPHE et DIADELPHIE. On nomme *diadelphe* (qui signifie double groupe de frères) la plante ou la fleur dont les étamines sont réunies par leur filets en deux ou plusieurs faisceaux : de là le nom de *diadelphie* donné par Linné à une famille de plantes présentant ce caractère, comme les Papilionacées. — V. *Légumineuses, Classification végétale.*

DIAMANT. « Corps vitreux, doué d'un éclat particulier, très dur, et rayant tous les corps sans être rayé par aucun ; toujours en cristaux dont les faces sont le plus souvent arrondies. Clivages faciles, parallèlement aux faces de l'octaèdre régulier, et donnant beaucoup de fragilité à la matière ; poids spécifique, 3, 52 ; se dépolissant facilement au feu d'oxydation; fusant au feu aussi bien que toutes les matières charbonneuses, lorsque, réduit en poudre, il est mêlé avec du salpêtre. »

Le Diamant est le premier sur la liste des *Carbonides*, c'est-à-dire des corps composés de car-

bone et de combinaisons mal définies de carbone, d'hydrogène et d'oxygène. On ne trouve le carbone pur que dans le *Diamant* ou le *Graphite*, qui sont les seules espèces charbonneuses définies, et qui ne diffèrent que par le mode d'agrégation moléculaire, tandis que les combinaisons auxquelles nous venons de faire allusion constituent les matières que l'on désigne vulgairement sous le nom de *Charbon de terre*, et celles qu'on appelle *Bitume*.

Le Diamant est donc du carbone pur. Sa limpidité parfaite est rare; le plus souvent elle est salie par des teintes jaunâtres ou brunâtres. Rarement aussi on trouve des couleurs bien décidées et vives. Il y a des diamants noirs et complétement opaques qui ont néanmoins un éclat extraordinaire quand ils sont polis. Le Diamant se trouve en général dans un terrain d'alluvion, à peu de profondeur au-dessous de la superficie du sol : les terrains diamantifères connus n'existent que dans l'Inde, dans l'île de Bornéo et au Brésil. Ceux de cette dernière contrée du globe ne sont connus que depuis le commencement du xviiie siècle. C'est de là que viennent presque tous les diamants livrés au commerce, et pourtant le Brésil n'en produit annuellement qu'une quantité de 6 à 7 kilog., qui coûtent près d'un million de frais d'exploitation. Cette pierre précieuse se trouve fréquemment enveloppée d'une pellicule terreuse assez adhérente, qui empèche de la reconnaître avant qu'elle ait été lavée. On procède donc à sa recherche par un lavage à grande eau : on enlève les cailloux grossiers, puis on cherche dans le résidu.

Le Diamant est connu depuis les temps les plus reculés, mais les anciens ignoraient l'art de le tailler régulièrement. C'est un jeune homme de Bruges, Louis de Berquem, qui, en 1476, imagina d'employer pour cette opération la poussière même du diamant, obtenue par le frottement mutuel de deux corps de cette espèce. Le premier Diamant ainsi taillé a été acheté à l'inventeur du procédé par Charles le Téméraire. Cette pierre se taille en *rose* lorsqu'elle est mince ; en *brillant* lorsqu'elle est épaisse. Dans la taille en rose, le dessous du diamant est plat, le dessus s'élève en dôme taillé à facettes ; dans la taille en brillant, on fait naître du côté supérieur une large face, que l'on nomme *table*, et que l'on entoure de facettes très obliques ; le dessous ou *culasse* se compose de facettes symétriques, allongées, qui tendent à se réunir en une arête commune. Il est certains Diamants qui résistent au lapidaire : on les appelle *Diamants* de *nature*, et on les réserve pour les vitriers. On estime la perte qu'un diamant éprouve par la taille à la moitié de son poids pris brut.

Les Diamants non susceptibles d'être taillés se vendent à raison de 32 fr. le carat, ou de 156 fr. le gramme ; quand ils peuvent être taillés, et que leur poids est au-dessous de 1 carat, ils se vendent à raison de 48 fr. le carat, 65 fois la valeur de l'or. Lorsque ce poids dépasse le carat, le prix augmente considérablement. On n'en connaît que quelques-uns dont le poids soit au-dessus de 20 grammes. Les plus gros diamants connus sont :

Celui d'Agrah, pesant.	133 gr.
Celui du radjah de Mattan, à Bornéo	78
Celui de l'ancien empereur du Mogol.	63
Celui de l'empereur de Russie. .	41
Celui de l'empereur d'Autriche. .	29,53
Celui de France (qu'on nomme le *Régent*).	29,89

Les cinq premiers sont de mauvaise forme ; le dernier est parfait sous tous les rapports ; il pesait avant la taille 87 gram., et a coûté deux années de travail. Il a été acheté, dans le principe, pour 2,250,000 fr., et il est estimé plus du double.

On imite le Diamant par des verres chargés d'oxyde de plomb, et qu'on désigne sous le nom de *Strass*. Il en est dont la perfection est telle que l'œil le plus habile y peut être trompé si le toucher ne vient à son secours.

DIANDRIE (de *dis*, deux ; *andria*, virilité). Deuxième classe du système linnéen, renfermant les plantes qui ont deux étamines. — V. *Classification végétale*.

DIANTHACÉES ou **CARYOPHYLLÉES**. Famille de Plantes polypétales hypogynes, herbacées, dont les tiges sont souvent noueuses et articulées, les feuilles opposées ou verticillées, simples. Fleurs terminales ou axillaires, ayant : calice à 4 ou 5 sépales distincts ou soudés et formant tube, denté à son sommet ; corolle de 5 pétales ordinairement onguiculés, manquant très rarement ; étamines en nombre égal ou double des pétales ; corolle et étamines insérées à un disque hypogyne qui sup-

Fig. 116. — Dianthacée (Saponaire).

(*Voir* autre fig. au mot *Œillet.*)

porte l'ovaire ; celui-ci présente de 1 à 5 loges à ovules nombreux ; 2 à 5 styles subulés. Le fruit est une capsule, très rarement une baie, ayant de 1 à 5 loges polyspermes : cette capsule s'ouvre par son sommet au moyen de petites dents qui s'écartent les unes des autres, ou par des valves complètes. — Deux tribus :

Les SILÉNÉES, qui ont un calice monosépale tubuleux et des pétales à long onglet : *Œillet, Silène, Lychnide, Cucubale, Saponaire,* etc.;

Les ALSINÉES, dont le calice est polysépale et les pétales sans onglet : *Alsine, Céraiste, Spargoute,* etc.

DIAPÈRE (*Diaperis*, du gr. *diapeirô*, transpercer). Genre de Coléoptères hétéromères, de la famille des Taxicornes ; insectes de forme ovoïde, bombée, à tête courte et triangulaire, à antennes composées d'articles en forme de disques enfilés, grossissant insensiblement, etc. Ils vivent dans l'intérieur des champignons, dont ils rongent la pulpe, soit à l'état de larve, soit à l'état parfait.

Le DIAPÈRE DU BOLET (*D. boleti*), long de trois lignes, noir brillant, avec trois taches transversales jaunes sur les élytres, est commun partout.

DIAPHRAGME (du gr. *dia*, à travers : *phragma*, cloison). Muscle très large, membraneux, impair, obliquement situé entre le thorax et l'abdomen.

Il sépare donc la poitrine du ventre, formant une sorte de cloison bombée en haut, à travers laquelle passent, par des ouvertures spéciales, l'artère aorte, l'œsophage, les nerfs pneumogastriques, ainsi que le canal thoracique et la veine cave inférieure. La description de ce muscle est assez complexe : ses fibres naissent de la partie inférieure du sternum, du contour cartilagineux des dernières côtes et des vertèbres lombaires. Nées ainsi de la circonférence du thorax, elles viennent aboutir à une aponévrose centrale appelée *centre phrénique*, laquelle a la forme d'une feuille de trèfle obscurément lobée et sert comme de point de résistance aux fibres musculaires, dont la longue étendue diminuerait trop l'énergie. En arrière, le Diaphragme forme deux faisceaux de fibres, appelés *piliers*, qui s'insèrent plus bas sur les côtés du corps des vertèbres lombaires, s'entrecroisant de manière à laisser deux ouvertures : l'une supérieure pour le passage de l'œsophage, l'autre inférieure et plus gauche pour l'aorte, le canal aortique et la veine azygos. En se contractant, le diaphragme s'abaisse et agrandit la cavité thoracique ; il joue un grand rôle dans la respiration, la toux, le hoquet, l'éternûment, etc. — V. *Respiration*.

Le Diaphragme existe chez tous les Mammifères ; il est très modifié chez les Oiseaux, et il manque tout à fait à partir des Reptiles.

DICÉRATE (*Diceras*). Genre de Coquilles bivalves, très voisines des Cames, grandes, irrégulières, inéquivalves et à sommets coniques presque régulièrement contournés en spirale et simulant assez une paire de cornes, d'où leur nom (de *dis*, deux, et *kéras*, corne). La dent cardinale est très développée et fait partie de la grande valve. On n'a jamais rencontré ces Dicérates qu'à l'état fossile ; par conséquent, l'animal, qui est un mollusque acéphale, en est inconnu. — La D. ariétine est commune à Saint-Mihiel, au mont Salève, près de Genève.

DICHOBUNE (*Dichobune*). Pachyderme fossile, dont la place est à côté de l'Anoplothérium et de l'Hippopotame. On en doit la connaissance aux recherches de Cuvier, qui en distingua plusieurs espèces, toutes de petite taille : le Dichobune lièvre, dont la grandeur et les formes générales paraissent être celles d'un lièvre ; le D. rongeur, gros comme un cochon d'Inde, etc.

DICLINE (du gr. *dis*, deux ; *cliné*, lit). Se dit d'une plante dont les organes sexuels ne sont pas réunis dans la même fleur, mais distincts sur des individus différents, d'une plante *unisexuée* par conséquent. Les organes sexuels peuvent, quoique séparés, exister sur la même plante, comme dans l'Épinard, c'est alors la Monœcie ; s'ils sont séparés de manière que les mâles soient sur un individu, les femelles sur un autre, comme dans le Chanvre, on a un exemple de Diœcie. — V. *Classification végétale*, système de Linné.

DICOTYLÉDON et **DICOTYLÉDONES**. La graine qui porte deux embryons est appelée *Dicotylédone* (V. *Graine*); les *Dicotylédones* sont par conséquent les plantes qui naissent avec deux cotylédons. Elles constituent l'une des trois divisions principales dans la méthode naturelle.

Les végétaux dicotylédonés diffèrent des deux autres Embranchements (V. *Acotylédones* et *Monocotylédones*) sous tous les rapports. En effet, la racine présente le plus souvent un corps distinct, muni d'un chevelu abondant ; la tige, ordinairement rameuse, est composée de faisceaux vasculaires disposés en couches concentriques autour du canal médullaire ; les feuilles ont pour squelette une côte centrale à nervures latérales entrecroisées dans tous les sens en forme de réseau ; le nombre 5 domine dans les parties constituantes de la fleur, tandis que c'est 3 ou 6 dans les Monocotylédones ; enfin, la gemmule est placée à la base et entre les deux cotylédons, qui la recouvrent complétement. — Cet Embranchement comprend environ les cinq sixièmes des plantes connues, et forme trois grandes divisions : les *Apétales*, les *Monopétales* et les *Polypétales*. — V. *Classification végétale*.

DICRANOCÈRE (*Dicranocerus*). Sous-genre d'Antilopes dont voici les caractères propres : cornes présentant en avant, sur le milieu de leur longueur, un véritable andouiller, comparable à ceux des Cerfs, de nature cornée, mais dont l'axe osseux intérieur ne montre pas de traces. — Ces animaux vivent en Amérique.

Le Dicranocère a fourche est l'espèce la plus remarquable ; il est d'une taille qui dépasse celle du Chevreuil. Il habite l'Amérique centrale.

DICTAME. — Espèce du genre *Origan*. — V. ce mot.

DICTAMNE (*Dictamnus*). Genre de Plantes de la famille des Rutacées, dont l'espèce principale est la *Fraxinelle*. — V. ce mot.

DIDELPHES ou **Didelphiens**. Mammifères formant une famille dans l'ordre des *Marsupiaux*. — V. ce mot.

DIDISQUE (*Didiscus*). Genre de Plantes de la famille des Ombellifères, propres à la Nouvelle-Zélande. — Le Didisque bleu (*D. cœruleus*) est annuel ; ses fleurs en ombelle simple sont d'un bleu clair (V. la fig. 447).

DIDYMADON (*Didymadon*). Genre de Mousses, voisin des Trichostomes, dont les espèces peu nombreuses croissent presque toutes dans les montagnes. — Le *D. capillaceum* est très commun dans quelques parties des Alpes, où il forme des touffes serrées d'un beau vert pâle et d'un aspect soyeux ; ses tiges, assez longues, couvertes de feuilles sétacées et presque distiques, supportent des capsules droites et cylindriques.

DIDYNAMIE. Ce mot, qui signifie *double puissance*, désigne la 14e classe du système sexuel de Linné, caractérisée par 4 étamines, dont 2 plus grandes que les deux autres. — V. *Classification végétale.*

DIFFLUGIE (de *diffluere*, se répandre). Expression qui désigne un genre d'Infusoires rhizopodes, caractérisés par leur test imitant celui des Mollusques et presque toujours recouvert de petits grains de sable, ainsi que par leurs bras d'un blanc de lait, présentant un changement perpétuel dans leur longueur, leur disposition et leur nombre. — La **DIFFLUGIE PROTÉE**, espèce type de ce genre microscopique, se rencontre dans les eaux peuplées de plantes aquatiques, sur les feuilles desquelles elle rampe lentement.

Toutefois, la Difflugie n'est pas tellement connue que tout le monde soit d'accord sur sa classification, et même sa nature. Suivant M. Raspail, elle ne serait, ainsi que la Leucophre, la Plumatelle et la Cristatelle, qu'un des âges du même polype, auquel il réserve le nom d'Alcyonelle.

DIGESTION (de *digerere*, diviser, dissoudre). Fonction organique par laquelle des substances, dites alimentaires, étant introduites dans des ca-

vités ou des canaux particuliers chargés de l'exécuter, sont converties en un liquide réparateur et en un résidu excrémentiel. La Digestion constitue l'acte fondamental de la vie de nutrition. Considérée sous son point de vue le plus général, elle appartient aux végétaux comme aux animaux. Aucun être vivant ne trouve, en effet, le fluide réparateur tout formé : il faut qu'il le prépare, l'élabore : de là la distinction de la Digestion en animale et en végétale.

DIGESTION DES ANIMAUX. Chez les Mammifères et particulièrement chez l'Homme, la digestion a pour but de convertir les aliments en chyme, le chyme en chyle, puis d'expulser par l'anus le résidu de l'opération. Dans l'étude de cette fonction multiple et si importante, il y a à considérer : l'appareil, le mécanisme, les phénomènes qui s'y rattachent, puis, comparativement, les diverses modifications qu'elle présente dans la série zoologique.

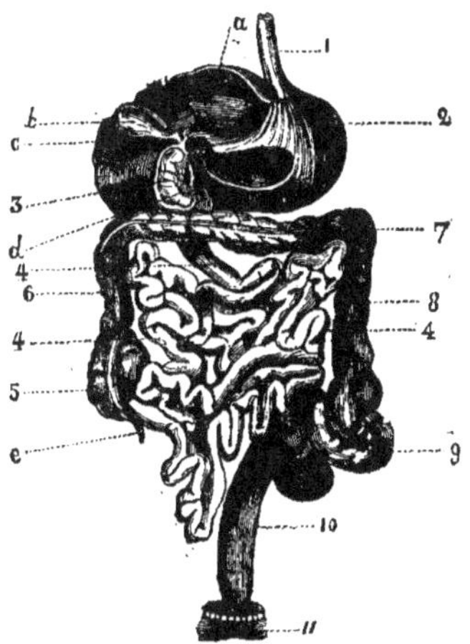

Une portion de la paroi antérieure de l'estomac et presque toute celle du duodénum sont enlevées, afin de montrer l'intérieur de ces viscères. Le foie est relevé pour faire voir l'appareil biliaire. — 1, Œsophage. — 2, Estomac (grand cul-de-sac). — 3, Intérieur du duodénum. — 4, 4, 4, Intestin grêle. — 5, Cœcum, terminé par : *e* l'appendice cœcale. — 6, Colon ascendant. — 7, Colon transverse. — 8, Colon descendant. — 9, I'S du colon. — 10, Rectum. — 11, Anus.

a, face intérieure du foie, qui est relevé; *b*, vésicule biliaire; *c*, conduit cystique, à côté duquel on voit le canal hépatique ; *d*, point où s'ouvre le canal cholédoque dans le duodénum.

Appareil digestif. Il se compose principalement d'un long canal, étendu depuis la bouche jusqu'à l'anus. Il offre une série de renflements, de rétrécissements et de replis sur lui-même, du moins chez les animaux supérieurs et notamment chez l'homme, où nous l'étudions spécialement pour le moment. Ce canal, qui égale sept fois environ la longueur totale du corps, se divise ainsi : bouche, pharynx, œsophage, estomac, duodénum, intestin grêle, gros intestin ou colon, rectum et anus.

La *bouche* est située entre les deux mâchoires, qui portent des organes très importants, les *dents* (V. ce mot); elle est bornée en avant par les lèvres, en arrière par le voile du palais, en haut par le palais, en bas par la langue, sur les côtés par les joues.

Le *pharynx* ou *arrière-bouche* est cette cavité qui fait suite à la bouche, dont elle est séparée en partie par le voile du palais, communiquant en avant avec la cavité buccale, en haut avec les fosses nasales, en bas avec l'œsophage, dont elle est comme le commencement; en arrière, la paroi postérieure est appliquée contre la colonne cervicale.

L'*œsophage* est un canal complet qui fait suite au pharynx, lequel est canal incomplet, ainsi que nous venons de le faire voir; il est situé derrière le larynx et la trachée-artère, et en avant de la colonne cervico-dorsale, se terminant à l'estomac.

L'*estomac* semble n'être en effet qu'une énorme dilatation de l'œsophage. C'est une poche membrano-musculeuse, très dilatable, que l'on a comparée, pour la forme, à une cornemuse, et qui est située obliquement dans l'épigastre, au-dessous du diaphragme, au-dessus de la masse intestinale et derrière le foie, qui le cache en partie. La grande extrémité, appelée *grand cul-de-sac*, est dirigée à gauche, sa petite extrémité ou *petit cul-de-sac* l'est à droite : à la première correspond l'ouverture de l'œsophage, appelée *cardia, ouverture cardiaque;* à la seconde le pylore ou *ouverture pylorique.* Le *pylore* est le rétrécissement circulaire qui existe au point d'insertion de l'intestin duodénum à l'estomac, ou bien encore l'ouverture étroite qui fait communiquer les deux cavités et qui en établit le passage de l'une dans la suivante.

Le *duodénum* est cette portion intestinale qui commence au pylore et se termine à l'intestin grêle, après une longueur de douze travers de doigt, ainsi que l'indique son nom. Cet intestin, assez gros mais court, contient un grand nombre de replis; c'est dans sa cavité que s'ouvrent les conduits biliaire et pancréatique, comme on peut le voir sur la fig. 448.

L'*intestin grêle* s'étend du duodénum au gros intestin. Bien qu'il soit très long, il occupe un petit espace, parce qu'il est d'un calibre plus petit, et surtout parce qu'il forme plusieurs replis maintenus par le mésentère, dont nous reparlerons plus bas. La première moitié de l'intestin grêle se nomme *jéjunum,* la seconde *iléon.*

Le gros intestin fait suite à l'iléon; il se divise en cœcum, en colon et en rectum. Le *cœcum* est une espèce de renflement subit ou de poche que forme le canal intestinal aussitôt après la terminaison de l'intestin grêle, poche qui en est séparée intérieurement par un repli valvulaire, connu sous le nom de *valvule cœcale,* lequel est destiné à s'opposer au reflux des fèces dans l'iléon. Le

cœcum se termine en cul-de-sac, auquel fait suite un prolongement vermiforme, nommé *appendice vermiculaire,* dont on ignore l'usage. A la partie latérale inférieure de ce cul-de-sac commence le *colon,* dont les directions successives l'ont fait distinguer en : *ascendant,* c'est-à-dire montant vers l'hypochondre droit; en *transverse,* qui se dirige d'un flanc à l'autre; en *descendant,* qui va de haut en bas, dans le côté gauche, à la rencontre du rectum.

Le *rectum* commence vers la fosse iliaque gauche, et descend dans le bassin pour se terminer à l'*anus,* qui est une ouverture tenue fermée par un muscle orbiculaire constricteur, appelé *sphincter,* lequel se relâche au moment de la défécation.

Telles sont les diverses cavités qui constituent le canal digestif. Quant à ses parois, elles sont composées de trois membranes superposées : l'interne ou *muqueuse* est molle, villeuse, rosée, enduite de mucosités qu'elle sécrète; la moyenne ou *musculeuse* est formée par des fibres musculaires entrecroisées, contractiles, résistantes; l'externe ou *séreuse* est due au péritoine, qui est une membrane extrêmement mince, transparente, comme une grande vessie vide sans ouverture, interposée entre les parois abdominales et les intestins, ayant par conséquent ses deux faces internes en contact avec elles-mêmes, s'enfonçant dans les nombreuses *circonvolutions intestinales,* dans les anfractuosités formées par les viscères abdominaux qu'elle recouvre également, en formant divers replis qui maintiennent tous ces organes solidement fixés aux parois abdominales postérieures et latérales, replis dont le plus vaste est le *mésentère.* Le mésentère appartient à l'intestin grêle; il en contient les circonvolutions, et sert comme de plan solide, de soutien, aux vaisseaux sanguins et chylifères qui se rendent à cet intestin, et à ceux qui en partent. Le gros intestin, le foie, la rate, les reins, ont également leurs replis péritonéaux, qu'on nomme *meso-colon, meso-rectum,* au colon et au rectum, etc.

Mécanisme de la digestion. La digestion des aliments exige les actes physiologistes suivants : préhension, mastication, insalivation, déglutition, chymification, défécation. Il y a dans ces opérations des phénomènes mécaniques et des phénomènes chimiques.

La *préhension* s'exerce, chez l'Homme et les Quadrumanes, au moyen des mains, qui dirigent, portent l'aliment dans la cavité buccale; quand le morceau est trop volumineux, une portion est détachée du tout par l'action des mâchoires armées des dents canines, et cette partie est seule soumise d'abord au broiement, dont sont chargées les dents molaires. — V. *Dents.*

La *mastication* consiste dans la trituration des aliments solides par l'action des mâchoires et des dents. La mâchoire inférieure, seule mobile, s'abaisse et se relève alternativement pour frapper de bas en haut sur la mâchoire supérieure. Ces percussions sont produites par l'action des muscles temporaux, massétcrs et ptérygoïdiens internes, dont la puissance, toujours grande, varie selon les espèces animales. Les mouvements des mâchoires ne se font pas seulement dans le sens perpendiculaire, ils se combinent aussi avec des glissements de la mâchoire inférieure, qui s'opèrent en avant, en arrière et latéralement, sous l'influence des muscles ptérygoïdiens. En même temps les lèvres, les joues et la langue, par une action combinée, ramènent sans cesse les morceaux sous les arcades dentaires.

L'*insalivation* consiste dans l'imbibition des substances soumises à la mastication par la salive et par le fluide muqueux que fournissent les glandules mucipares des parois buccales et œsophagiennes, imbibition nécessaire, car lorsque la salive fait défaut dans la bouche, il faut y suppléer par l'introduction des boissons. — V. *Sécrétions.*

La *déglutition* est le passage de toute substance solide, liquide ou gazeuse de la bouche dans l'estomac. Lorsqu'ils sont suffisamment broyés et insalivés, les aliments sont amoncelés et poussés dans le fond de la cavité buccale : ils forment alors ce que l'on nomme le *bol alimentaire*, qui pénètre bientôt dans le pharynx et s'engage dans l'œsophage. En opérant ce passage, qui peut être si périlleux pour la respiration, le bol alimentaire abaisse l'épiglotte ; celle-ci, fermant ainsi l'ouverture supérieure du larynx, qui est placée en avant du pharynx, la soustrait au contact de ce bol alimentaire, qui, d'un autre côté, relève le voile du palais d'avant en arrière, fait que l'ouverture gutturale des fosses nasales est cachée. En même temps que ces mouvements s'exécutent, l'ouverture œsophagienne vient en quelque sorte au devant du bol alimentaire, en s'élevant, et elle entraîne dans son mouvement d'ascension le larynx, qui s'applique plus fortement ainsi contre l'épiglotte abaissée. Engagé dans le canal œsophagien, le bol se dirige vers l'estomac, en cédant aux contractions combinées des deux plans musculeux de ce canal, qui le font glisser d'autant plus facilement que les mucosités qui lubrifient la muqueuse sont plus abondantes ou qu'il est plus humide.

La *chymification* commence dès que les aliments sont arrivés dans l'estomac. Ce grand réservoir, qui est plus ou moins rétracté dans l'état de vacuité, se distend au fur et à mesure qu'il reçoit les substances alimentaires : celles-ci y sont comme emprisonnées, jusqu'à ce qu'elles soient converties en matière chymeuse. Car les ouvertures pylorique et cardiaque se resserrent d'autant plus, en quelque sorte, que l'estomac se remplit davantage. Mais cet organe ne reste pas inactif : il agit tout à la fois mécaniquement par ses mouvements lents mais continus, et chimiquement au moyen du suc gastrique, dont la sécrétion ne se manifeste que pendant le séjour des aliments dans l'estomac.

Ce *suc gastrique* est un liquide incolore, limpide, d'une odeur qui rappelle un peu celle de l'animal d'où il provient, d'une saveur légèrement salée ,

constamment *acide*, contenant environ 99 parties d'eau sur 100, des sels (chlorures alcalins, phosphate, carbonate de chaux, traces de sels de fer), un acide libre et une substance organique particulière. Cet acide libre, qui est le *lactique*, est d'une grande importance dans les phénomènes chimiques de la digestion, ainsi que la substance organique, à laquelle on donne le nom de *pepsine*, matière azotée qui agit à la manière d'un ferment. La propriété du suc gastrique est de dissoudre les matières albuminoïdes et de les transformer en une substance isomérique propre à être absorbée. Cette dissolution, ou mieux la digestion stomacale des substances attaquées par le suc gastrique (la fibre végétale, les enveloppes des raisins, des lentilles, des pois, des haricots, des pommes de terre et des poires sont réfractaires à ce liquide), s'opère chez l'homme en l'espace de trois ou quatre heures, plus ou moins, selon la quantité de nourriture ingérée et diverses circonstances d'organisation, d'habitudes, etc. Outre les influences mécaniques et chimiques dont il vient d'être parlé, il faut tenir compte de l'action vitale, qui est sous l'empire de l'innervation ganglionnaire, quoique l'estomac, chez les êtres supérieurs, reçoive aussi des nerfs cérébraux, les pneumo-gastriques ; cette action vitale explique aussi comment les digestions opérées artificiellement dans des cornues, à l'aide du suc gastrique recueilli dans l'estomac des animaux, ne peuvent reproduire que très imparfaitement le phénomène complexe de la chymification.

La *chylification* succède à celle-ci : le chyme se forme dans l'estomac, le chyle dans le duodénum. Au fur et à mesure qu'elle s'élabore, la matière chymeuse traverse l'ouverture du pylore ; elle s'accumule dans le duodénum, où, retenue et longtemps soumise à des mouvements de ballottement, elle se mêle au suc pancréatique, à la bile (V. *Sécrétions*) et au fluide muqueux duodénal. Le suc pancréatique et la bile se trouvent mélangés dans la deuxième portion du duodénum, où s'ouvrent les conduits excréteurs des glandes qui les sécrètent. Il est probable que ces liquides concourent à mettre les corps gras en suspension, c'est-à-dire à les *émulsionner*, car ces matières grasses doivent être émulsionnées pour pénétrer dans les vaisseaux chylifères.

Quoi qu'il en soit, le *chyle* se forme : c'est un liquide blanc, laiteux, salé et alcalin, d'une odeur particulière, qui paraît offrir, sauf la couleur, la plus grande analogie avec le sang. La chylification continue de s'opérer dans l'intestin grêle, mais on ne saurait indiquer le point précis où s'effectue l'action organique d'où résulte la formation du chyle. Ce liquide commence à être absorbé à la fin du duodénum ; cette absorption continue dans toute la longueur du jéjunum, et cesse à la fin de l'iléon. On pensait autrefois que la somme totale des produits absorbés de la digestion passait par la voie des chylifères ; mais il est constant qu'il n'y a qu'une partie des produits digérés qui passe par cet ordre de vaisseaux, et qu'une autre partie passe par les veines. — V. *Circulation.*

La bouillie alimentaire, parvenue dans l'intestin, se colore en jaune à cause de la bile ; les matériaux impropres à la chylification sont dirigés, sous l'influence des mouvements péristaltiques de l'intestin, vers la partie inférieure du canal digestif, et dès que ce résidu a pénétré dans le gros intestin il arrive dans le cœcum sans pouvoir rétrograder, à cause de la *valvule de Bauhin* qui lui ferme le passage : là il commence à prendre l'odeur caractéristique des matières fécales, odeur plus désagréable chez les carnivores que chez les herbivores, et qui est particulière à chaque espèce d'animal.

La *défécation* est l'opération dernière du travail digestif ; on en ressent le besoin lorsque les matières se sont accumulées dans le rectum : alors le muscle sphincter de l'anus, cédant à la volonté et aux efforts d'expulsion des muscles abdominaux et du diaphragme, se dilate pour laisser passer les fèces.

Phénomènes qui se rattachent à la digestion. Ces phénomènes sont : 1° la gêne des fonctions du cœur, des poumons et du cerveau, un sentiment d'étouffement, des palpitations et une sorte d'engourdissement moral, dus à la réplétion de l'estomac et à son action mécanique ou sympathique sur les grands systèmes d'organes ; 2° la production de gaz, dus aux réactions chimiques de la digestion, et dont la composition varie selon la portion du canal où ils se forment ; 3° l'éructation, la régurgitation ; 4° le vomissement, qui n'est pas produit par des contractions violentes de l'estomac, comme on le croyait avant les expériences de Magendie, mais qui résulte au contraire des contractions convulsives et involontaires du diaphragme et des muscles abdominaux ; 5° la rumination chez les herbivores.

DIGESTION COMPARÉE. Tous les animaux, sauf les Infusoires et les Spongiaires, qui se bornent à opérer, par la surface même du corps, les échanges nécessaires à l'entretien de la vie, tous les animaux, disons-nous, possèdent une cavité intérieure, dans laquelle sont reçues et élaborées les matières nutritives. L'appareil de la digestion présente de nombreuses variétés de forme, de texture, de disposition ; il se simplifie de plus en plus, à mesure qu'on descend dans la série animale, pour se réduire à une seule cavité, qui reçoit la nourriture et rejette le résidu par une même ouverture. Mais l'essence de la fonction reste toujours la même ; des sucs variés sont déposés à la surface des cavités, les aliments y séjournent un temps plus ou moins long, se dissolvent dans les sucs digestifs, et pénètrent enfin, par des voies diverses, dans l'épaisseur même des tissus qu'ils doivent nourrir.

Digestion des Carnivores. La digestion des Mammifères en général offre avec celle de l'Homme la plus grande analogie. La principale différence porte sur le régime, qui est ou animal ou végétal. Chez les Carnivores, les dents sont tranchantes,

les canines longues et pointues, les molaires garnies d'aspérités, se croisant et agissant comme des branches de ciseaux. — V. *Dents.* — La mâchoire inférieure est mise en mouvement par des muscles masséters et temporaux puissants ; l'articulation, entourée de ligaments solides, ne permet guère que des mouvements d'élévation et d'abaissement. Le tube intestinal est court, l'estomac sécrète un suc gastrique d'une puissance dissolvante très grande, et la digestion est très rapide. Du reste, les appareils salivaire pancréatique et biliaire sont généralement composés comme ceux de l'Homme.

Digestion des Herbivores. Les Herbivores se distinguent par la longueur du tube digestif, et quelques-uns par la multiplicité des renflements de ce canal. Nous avons vu, au mot *Dents*, la différence que présente leur système dentaire avec celui des Carnivores ; ajoutons que les mouvements de leurs mâchoires sont aussi très différents, car ils s'exécutent non-seulement perpendiculairement, mais d'avant en arrière et latéralement. Chez les Ruminants, la langue est longue, charnue, couverte d'aspérités pour faciliter la préhension des aliments. L'estomac est multiple : il se compose

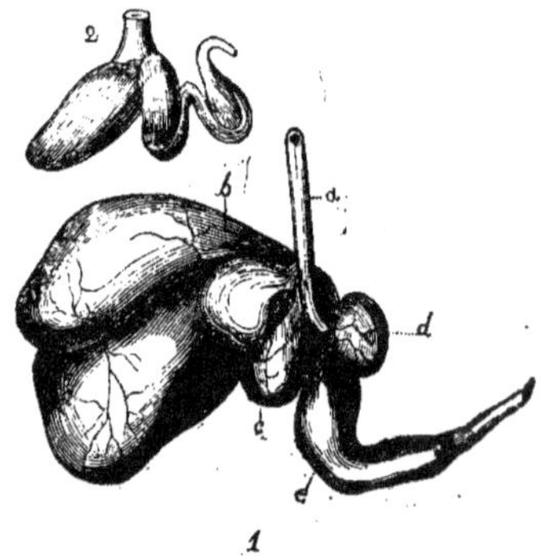

Fig. 149 et 150. — 1, Estomac d'un Ruminant ; 2, Estomac d'un Cachalot.

a, Œsophage. — *b*, Panse. — *c*, Bonnet. — *d*, Feuillet. — *e*, Caillette.

de quatre poches, qui communiquent les unes avec les autres ; ce sont : la *panse* ou *rumen*, la plus grande de ces cavités ; le *bonnet* ou *réseau*, qui vient après et qui est beaucoup plus petit ; le *feuillet*, qui présente, ainsi que son nom l'indique, des lames plus ou moins développées, entre lesquelles se rassemble la bouillie alimentaire ; la *caillette* ou dernier estomac, estomac de la véritable digestion ; car c'est elle qui sécrète le suc gastrique.

Les herbes, grossièrement divisées, sont d'abord versées par l'œsophage dans la panse ; ces aliments volumineux dilatent ce canal, et, écartant mécaniquement les bords du demi-canal qui conduit au feuillet, tombent dans les deux premiers estomacs. Ils y sont en dépôt jusqu'à ce que l'animal ait achevé sa provision. Alors commence la *rumination*, c'est-à-dire que la panse se contracte pour faire passer successivement son contenu dans le bonnet, où il s'imbibe de sucs macérateurs, et où il se forme en petites pelotes qui sont rendues à l'œsophage; puis ce conduit, par un mouvement antipéristaltique, ramène ces petits bols alimentaires dans la bouche, pour être soumis à une mastication nouvelle. Le broiement étant complétement opéré, les aliments sont avalés de nouveau; mais cette fois la pâte molle qu'ils forment n'étant pas assez volumineuse pour dilater l'œsophage, elle n'écarte pas les parois du demi-canal; la portion terminale de l'œsophage conserve par conséquent la forme d'un tube et conduit les aliments en totalité ou en majeure partie dans le feuillet. Dans le *feuillet* la substance alimentaire subit une véritable macération et passe dans la *caillette*, où elle achève de se convertir en chyme. Les liquides et les aliments très diffluents ne vont ni dans la panse ni dans le bonnet : ils arrivent plus directement dans le feuillet et la caillette, où ils sont mêlés avec la pâte chymeuse.

Chez les herbivores à *estomac simple*, tels que le Cheval et autres Solipèdes, les aliments séjournent beaucoup moins dans l'organe de la digestion. L'estomac est d'ailleurs d'une capacité beaucoup moindre; et si la quantité des aliments consommés par l'animal à chaque repas l'emporte beaucoup sur cette capacité, c'est qu'une partie s'échappe dans l'intestin à mesure qu'une nouvelle portion arrive dans l'estomac.

Digestion des Oiseaux. Les Oiseaux n'ont pas de dents; leurs maxillaires sont garnis d'enveloppes cornées, prolongées en forme de *bec*, qui servent plutôt à saisir qu'à diviser l'aliment; mais chez eux la mastication, qui fait défaut, est suppléée par un estomac très musculeux et puissant, le *gésier*. Leur tube digestif a une capacité proportionnée à la nature de leur régime, qui, très variable selon les genres, se compose de graines, d'insectes, de poissons et même de chair. Il présente ordinairement trois estomacs espacés, qui acquièrent chez les granivores tout leur développement. Le premier de ces estomacs est un renflement plus ou moins développé, qui porte le nom de *jabot* : il manque chez un grand nombre de carnivores; le second est le *ventricule succentorié*, dont les parois sont remplies de follicules glanduleux, et qui, quoique peu développé, a une grande importance au point de vue de la digestion; le troisième estomac, enfin, est le *gésier*, qui est garni d'une tunique musculaire extrèmement épaisse et puissante chez les granivores. La salive des Oiseaux, épaisse et gluante, est sécrétée par des amas de follicules arrondis situés sous la langue. A l'union de l'intestin grêle avec le gros intestin, on trouve deux appendices vermiculaires très longs. Le gros intestin se termine par une poche commune à l'urine et aux fèces, que l'on appelle *cloaque*. Le foie est volumineux; la bile et le fluide pancréatique sont versés dans la première portion de l'intestin grêle.

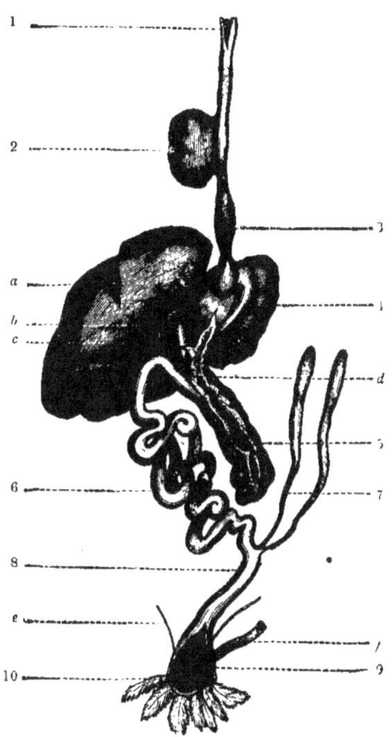

Fig. 451. — Canal intestinal de la Poule.

1, Œsophage. — 2, Jabot. — 3, Ventricule succentorié. — 4, Gésier. — 5, Duodénum. — 6, Intestin grêle. — 7, Cœcums. — 8, Gros intestin. — 9, Cloaque. — 10, Anus.

a, foie; b, vésicule biliaire; c, canaux biliaires; d, pancréas; e, uretère; f, oviducte.

Les graines dures, recouvertes souvent d'une enveloppe très résistante, sont conduites dans le jabot, où elles séjournent un temps plus ou moins long et se ramollissent; de là elles traversent le ventricule succentorié, puis arrivent dans le gésier, qui est un véritable organe masticateur, agissant avec une telle force pour broyer les aliments, qu'il brise les corps les plus durs. Pour faciliter ce broiement, l'animal introduit dans son gésier des graviers qui, roulés avec les graines, remplissent les fonctions de meules. Une fois broyée et chymifiée par le gésier, la substance nutritive chemine dans l'intestin, et l'absorption du chyle se fait comme chez les autres animaux.

Digestion des Reptiles. La bouche est largement fendue; il y a des dents aux deux mâchoires et souvent aussi à la voûte palatine; elles sont petites, semblables entre elles, plus propres à saisir qu'à broyer. La bouche et l'œsophage sont susceptibles d'une énorme dilatation ; un enduit gluant très abondant lubrifie ce dernier, pour faciliter le glissement de la proie dans son intérieur. L'estomac est de forme variée, peu dilaté si on le compare à l'œsophage ; l'intestin grêle et le gros intestin sont peu distincts, ordinairement courts ; il y a un foie volumineux et un pancréas.

Les Reptiles, comme tous les animaux à sang froid, ont la digestion lente, et peuvent supporter le jeûne des aliments pendant plusieurs mois ; ils supportent également bien l'abstinence des boissons, parce qu'ils ne font que très peu de pertes, vu la rareté de leurs sécrétions et l'imperméabilité de leur enveloppe extérieure. Ces animaux enlacent leur proie dans les anneaux que forme leur corps ; ils lui brisent les os et la réduisent en bol alimentaire, qui s'engage peu à peu dans l'œsophage et y séjourne un temps fort long, pendant lequel il est soumis à l'action extrêmement dissolvante du liquide gluant sécrété par les follicules du canal.

Digestion des Poissons. La bouche des Poissons est susceptible d'une dilatation énorme, encore plus que celle des Reptiles ; elle se perd insensiblement dans l'œsophage. Nous avons parlé ailleurs des dents dont elle est armée. L'estomac est fusiforme, il fait suite à l'œsophage et se continue avec l'intestin sans transition bien marquée : d'ailleurs cet estomac est simple, et l'intestin court. Le foie est très grand et mou ; le pancréas est remplacé par des prolongements infundibuliformes ou cœcums groupés autour du pylore ; pas de glandes salivaires.

Les Poissons sont pour la plupart très voraces : ils avalent tous les petits animaux placés à leur portée, tels que vers, mouches, insectes, mollusques, poissons, etc. ; quelques-uns d'entre eux avalent en même temps des aliments végétaux.

Digestion des Invertébrés. Les organes digestifs se simplifient de plus en plus, tout en présentant de grandes différences. — Chez les *Insectes*, l'appareil offre un grand développement, surtout chez ceux qui sont herbivores. On trouve en effet un premier estomac ou *jabot*, un deuxième estomac ou *ventricule chylifique*, pourvu de follicules nombreux, quelquefois même un troisième estomac ou *gésier*, pourvu de lames cornées. Les Insectes n'ont pas de foie véritable, mais des tubes longs et déliés, parfois accolés ensemble et s'ouvrant soit dans le ventricule chylifique, soit au-dessous de l'estomac. Ils sont pourvus de *suçoirs* ou trompes, ou bien de mandibules et de mâchoires plus ou moins modifiées et compliquées, selon qu'ils sucent des sucs de plantes ou des sucs animaux, ou qu'ils prennent des aliments solides.

Chez les *Crustacés*, on rencontre souvent un seul estomac, armé de dents puissantes ; ils ont des mandibules et des mâchoires ; chez quelques-uns d'entre eux, les pattes antérieures, rapprochées de la bouche et accommodées à la préhension

et à la division des aliments, ont reçu le nom de *pattes mâchelières*. L'appareil biliaire offre chez eux la disposition de celui des insectes.

« Les *Mollusques* ont souvent un appareil digestif très développé, avec glandes salivaires et foie volumineux. En général, l'extrémité du tube intestinal, au lieu d'être terminale ou sub-terminale, s'ouvre chez eux dans des points peu éloignés de la bouche. Quelques Mollusques, en particulier les Céphalopodes, ont des organes masticateurs ou *mandibules*.

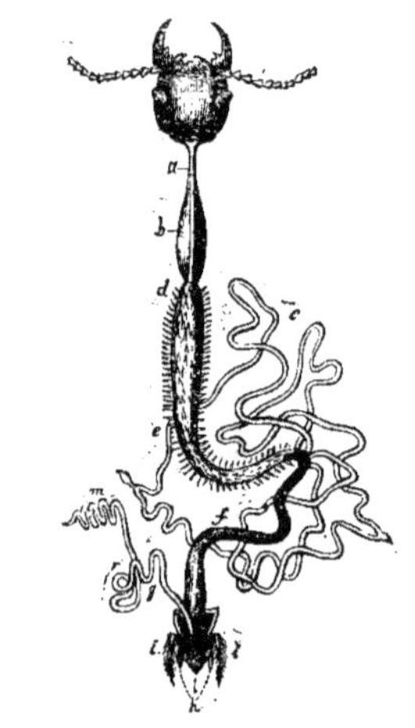

Fig. 452. — Organes digestifs d'un Insecte coléoptère.

(*a*, Œsophage ; — *b* premier estomac ou jabot ; — *d*, deuxième estomac ; — *f*, intestins ; — *e*, vaisseaux biliaires remplaçant le foie ; — *m* vaisseaux spermatiques ; — *g*, vaisseaux déférents ; — *i*, appendices copulateurs.)

« L'appareil digestif des *Rayonnés* est assez variable ; mais en général, il n'y a qu'un seul orifice pour l'entrée et la sortie des aliments. Cet appareil représente, en conséquence, une sorte de cœcum, qui garde quelque temps les aliments, et les rejette ensuite au dehors. »

Dans les *Éponges*, les *Infusoires*, le corps vivant absorbe, sans les digérer, les matériaux alimentaires qu'il trouve suspendus dans le liquide ambiant au milieu duquel il est placé.

Digestion chez les Végétaux. Nous venons de voir comment l'appareil de nutrition se modifie successivement depuis l'Homme jusqu'aux Polypes et aux Spongiaires, arrivant à un degré de simplicité tel qu'il ne représente plus qu'un appareil d'absorption ou mieux d'imbibition par le tégument externe. Les Végétaux se nourrissent à la manière des Éponges et des Infusoires, avec cette différence pourtant que les fluides nourriciers qu'ils absorbent sont préparés, élaborés par le sol.

Néanmoins, telle est l'unité de plan de la nature, qu'on peut trouver une certaine analogie entre le mode de nutrition de l'Homme et celui de la Plante. En effet, chez le premier on peut considérer les vaisseaux chylifères comme des racines puisant dans un réservoir spécial, l'intestin, une séve particulière appelée chyle, qui doit circuler dans un système de vaisseaux et être soumise à l'action vivifiante de l'air atmosphérique dans les poumons; ainsi se comporte la séve végétale, qui, puisée dans le sol, se rend par mille vaisseaux aux feuilles, qui jouent dans les plantes le rôle d'organes respirateurs, de poumons. Donc l'animal, considéré sous le rapport purement végétatif, est un arbre qui porte en lui-même son sol et ses racines, pourvu que ce sol soit amendé et qu'il reçoive son engrais préparé par la digestion. — V. *Absorption*, *Respiration*.

DIGITALE (*Digitalis*). Genre de Plantes de la famille des Scrophulariacées, bisannuelles ou vivaces, à feuilles alternes, crénelées ou denticulées; fleurs jaunes ou purpurines, disposées en grappes unilatérales : calice 5-partit; corolle tubuleuse, ventrue, à limbe faiblement bilabié, lèvre inférieure 3-lobée; étamines 4; capsule polysperme, etc.

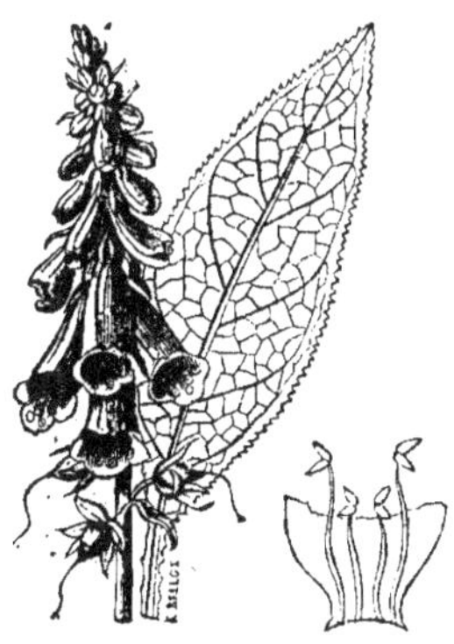

Fig. 453. — Digitale.

DIGITALE POURPRÉE (*D. purpurea*). Cette plante s'élève à plus d'un mètre. Sa tige est simple, dressée, pubescente; ses feuilles sont ovales, oblongues, ridées, tomenteuses en dessous, les inférieures pétiolées, très amples et formant touffe. Fleurs d'un rose purpurin, formant un épi droit terminal, long de 28 à 31 centim. : calice à divisions ovales-oblongues; corolle en forme de dé à coudre (d'où les noms de *Digitale, Gantelée, Gant de Notre-Dame*) ; à première vue on la prendrait pour une Campanule, mais le renflement du tube de la corolle, son limbe irrégulier, ses 4 étamines didynames la font aisément reconnaître ; l'ovaire

est surmonté d'un style simple dépassant les étamines.

La Digitale se trouve dans les haies, les bois montueux, les bruyères, et fleurit en juin-août. Elle possède des propriétés très actives, vénéneuses, qui commandent de la prudence dans l'emploi de cette plante. Car c'est un médicament dont on fait un fréquent usage, soit comme sédatif de l'action du cœur et de la circulation, soit comme contre-stimulant. En effet, la Digitale s'emploie dans l'hypertrophie du cœur, dans les hydropisies et pour combattre certaines inflammations. Son principe actif est la *digitaline*, alcaloïde très toxique, que l'on administre aussi sous la forme de *granules*. La Digitale se donne le plus souvent en poudre (de 5 à 20 cent.) ; en infusion (1 à 2 gram. par 1,000 gram. d'eau), et surtout en sirop (30 à 50 gram.).

DIGITALE JAUNE (*D. lutea*). Ses tiges n'atteignent pas un mètre; elles sont ordinairement glabres. Les feuilles sont lancéolées, lisses, rarement pubescentes, les inférieures souvent détruites lors de la floraison. Fleurs jaunes : calice à divisions linéaires. — Cette espèce habite les montagnes des Vosges, des Basses-Alpes, et n'est employée que comme ornement de parterres.

DIGITIGRADES. Famille de Carnivores qui marchent, ainsi que l'exprime ce mot, en appuyant sur le sol leurs doigts ou seulement l'extrémité de ceux-ci, sans jamais faire toucher la face plantaire : tels sont les Chiens, les Martes, les Chats, etc. — V. *Carnivores*.

DILUVIEN (TERRAIN) ou **DILUVIUM**. On nomme ainsi des dépôts formés après les terrains subapennins, et qui, contrairement à la signification de leur dénomination, paraissent n'avoir rien de commun avec le déluge dont parle la Bible. Ces dépôts, qui suivent généralement la direction des vallées, annoncent fréquemment d'immenses transports, des accidents d'érosion dont nos rivières sont aujourd'hui incapables; ils se trouvent à des niveaux que les eaux actuelles ne peuvent atteindre, sur des étendues qu'elles ne peuvent couvrir, et tout fait présumer qu'ils ne sont que le résultat ou de catastrophes violentes de diverses époques, ou de l'écoulement régulier des eaux existant alors. Ils se distinguent en ceux de vallées, dans lesquels se trouvent des débris roulés des diverses roches, amenés de loin par les affluents; en ceux des mers, qui couvrent des espaces plus étendus et se divisent en couches plus nombreuses.

Les dépôts diluviens renferment partout des dépouilles de mollusques qui appartiennent aux espèces vivantes de la contrée, les unes marines, les autres d'eau douce; mais ce qui les caractérise surtout, ce sont les nombreux et derniers débris d'éléphants, de rhinocéros et de tous les animaux qui ont paru avec eux à la surface du globe, qu'on trouve partout vers la base du terrain diluvien. Parmi ces dépôts à ossements, le plus remarquable est cet immense ossuaire de l'océan Glacial du Nord, sur les côtes de la Sibérie et dans les îles qui en dépendent. Là un grand nombre d'animaux conservent encore leurs chairs, sont enfouis dans des sables qui renferment des coquilles du même océan, et qui sont consolidés par des glaces perpétuelles. On y a trouvé des éléphants, des rhinocéros couverts de longs poils, ce qui semble indiquer que les espèces qui vivaient alors dans ces climats étaient destinées à supporter des températures plus basses que celles à peau nue qui habitent aujourd'hui l'Asie méridionale et l'Afrique. En Amérique les ossements des éléphants et des rhinocéros se trouvent avec des débris de mastodonte, et surtout ceux du massif mégathérium. »

DINDON (*Meleagris*). Genre d'Oiseaux de l'ordre des Gallinacés, famille des Phasianidées, caractérisé de la manière suivante : taille élevée; bec médiocre, convexe; caroncule ou membrane charnue située à la base du bec, susceptible de s'allonger considérablement dans les moments de passion; papilles épaisses, rougeâtres et nues, garnissant la tête et le cou; queue large, arrondie, jouissant de la propriété de se relever de manière à faire la roue; tarses assez longs, à ergots peu développés. Ce genre est originaire de l'Amérique, particulièrement de l'Amérique septentrionale. Il comprend deux espèces, dont l'une est depuis longtemps réduite en domesticité.

Dindon ordinaire (*M. gallopavo*). Nous devons parler d'abord du *Dindon sauvage*, duquel descendent tous les individus qui vivent dans nos habitations. C'est un oiseau d'un brun verdâtre, glacé de cuivre, bien différent, pour la couleur, de l'espèce domestique, qui est le plus souvent d'un brun noir, d'autres fois gris, ou mélangé de noir et de blanc. La caroncule rouge et contractile et le bouquet de poils raides à la poitrine distinguent le mâle, qui est aussi plus élevé sur jambe et plus gros que la femelle, appelée *Dinde*.

Le Dindon a été connu en Europe peu de temps après la découverte de l'Amérique. Sa patrie est le Mexique; les missionnaires l'introduisirent en Espagne et de là en France, en 1570. A l'état sauvage, il vit par troupes plus ou moins nombreuses dans les vastes contrées que parcourent le Mississipi et le Missouri. Ils se livrent à des émigrations déterminées par le besoin de nourriture; les mâles et les femelles marchent en légions séparées, car celles-ci veillent sur leur progéniture et la protégent contre les attaques de ceux-là. Cependant jeunes et vieux, femelles et mâles suivent la même direction et vont toujours à pied, ne prenant le vol que lorsqu'il faut traverser quelque cours d'eau ou éviter un ennemi. « Lorsqu'ils arrivent au bord d'une rivière, ils se rassemblent sur les éminences les plus élevées, et ils y demeurent un jour entier, quelquefois deux, comme s'ils avaient à délibérer. Pendant cette halte, on entend les mâles crier en se rengorgeant, faire beaucoup de bruit comme s'ils voulaient élever leur courage à la hauteur de la circonstance où ils se trouvent; les femelles et les jeunes imitent souvent aussi la démarche solennelle de ceux-ci, ils épanouissent leur queue, courent les uns autour des autres, en gloussant fortement et faisant des sauts extravagants. Enfin lorsque le temps est calme, et que tout aux environs paraît tranquille, la troupe gagne le sommet des arbres les plus élevés, et de là, au gloussement de l'un des guides, tous ensemble prennent leur vol pour le rivage opposé; les individus adultes et vigoureux traversent facilement, lors même que la rivière présente un mille de largeur; mais les jeunes et ceux qui sont moins forts tombent fréquemment dans l'eau. Cependant ils ne s'y noient pas, comme on pourrait le croire; ils rapprochent leurs ailes de leur corps, et leur queue, qu'ils épanouissent, sert à les soutenir; ils étendent le cou, et frappant l'eau de leurs jambes avec énergie, ils se dirigent rapidement sur le rivage. Un fait remarquable, c'est qu'après avoir quitté l'eau, ils courent dans tous les sens pendant quelques instants, comme s'ils étaient hors d'eux-mêmes. Dans cet état ils deviennent facilement la proie des chasseurs.

« Dès le mois de février, les Dindons sauvages commencent à ressentir le besoin de se reproduire; les mâles recherchent avec ardeur les femelles; celles-ci les évitent et se retirent à l'écart; mais bientôt elles se laissent fléchir et souvent elles les appellent à leur tour. Quand ceux-ci entendent le cri d'appel, ils répondent aussitôt par des sons répétés avec rapidité. Si le cri de la femelle est venu de terre, ils s'y élancent; puis, à peine l'ont-ils touchée, qu'on les voit épanouir et redresser leur queue, porter la tête en arrière jusque sur les épaules, abaisser leurs ailes avec une secousse convulsive et marcher avec une gravité solennelle; ils s'arrêtent d'espace en espace pour écouter et pour regarder, et ils continuent ces mouvements, soit qu'ils aient ou non aperçu la femelle. Dans ces circonstances il arrive souvent que les mâles se rencontrent, et alors ils se livrent des combats acharnés qui se terminent par des blessures, souvent même par la mort des plus faibles, qui succombent sous les coups multipliés que les vainqueurs leur portent à la tête. Lorsque le mâle a découvert une femelle, et que celle-ci est âgée de plus d'un an, on la voit aussitôt glousser et se rengorger; elle tourne autour de lui, tandis qu'il continue ses mouvements, et tout d'un coup ouvre ses ailes, se précipite au devant de lui, et comme si elle voulait mettre un terme à ses retards.

« Vers le milieu d'avril, si la saison est sèche, les poules commencent à chercher une place pour y déposer leurs œufs. Cette place doit être autant que possible hors de la vue des corneilles; car ces oiseaux épient le moment où la mère a quitté son nid, pour en ôter et manger les œufs. Le nid, formé de quelques feuilles sèches, est placé à terre dans une excavation creusée à côté d'un vieux tronc d'arbre, ou au milieu des feuilles de quelques branches tombées ou desséchées, ou bien sous quelque bouquet de sumac, de ronces, etc.; mais toujours dans un endroit sec. Les œufs, d'un blanc de crème, semé de points rouges, sont quelquefois au nombre de vingt, mais le plus communément au nombre de dix à quinze.

Au moment de les déposer, la femelle gagne son nid avec une extrême précaution; il est rare qu'elle y arrive deux fois par le même chemin, et quand elle doit le quitter, elle le couvre de feuilles avec une telle précaution, qu'il est fort difficile à celui qui aperçoit l'oiseau de savoir où est son nid. Il est même certain qu'on ne le trouve guère que lorsque la mère l'a quitté précipitamment, ou

Fig. 454. — Dindon sauvage.

qu'un lynx, un renard ou une corneille en ont mangé les œufs et répandu leurs coquilles aux alentours. Si un ennemi passe à la vue de la femelle, quand elle est occupée à pondre ou à couver, elle ne bouge point, à moins qu'elle n'aperçoive qu'elle est découverte; elle se tapit au contraire jusqu'à ce que le danger soit éloigné. Dans quelque circonstance que ce soit, elle n'abandonne pas ses œufs lorsqu'ils sont près d'éclore. Sa persévérance va même jusqu'à souffrir qu'on élève autour d'elle des palissades et qu'on l'emprisonne. Avant d'emmener sa couvée, la mère se secoue d'une manière violente, nettoie et replace les plumes le long de son ventre, et prend un aspect tout nouveau. Elle tourne alors les yeux dans tous les sens, tend son cou pour s'assurer qu'elle n'a à craindre ni faucon ni ennemi d'aucune espèce; elle se hasarde ensuite à faire quelques pas, ouvre un peu ses ailes en marchant, et glousse doucement pour avertir et conserver auprès d'elle son innocente famille. Les petits marchent lentement, et comme ils éclosent ordinairement vers la fin du jour, ils retournent à leur nid pour y passer la première nuit. Ensuite ils se retirent à quelque distance, se tenant toujours sur les parties élevées des ondulations du terrain. La mère redoute beaucoup la pluie, à cause d'eux; car rien dans cet âge ne leur est plus contraire : aussi dans les saisons très pluvieuses les Dindons sont-ils peu communs, les jeunes qui ont été mouillés périssant presque toujours. Pour prévenir le fâcheux effet du mauvais temps, la poule d'Inde, avec une sollicitude et une prévoyance admirables, arrache les bourgeons des plantes aromatiques, et les offre à sa couvée.

« Cependant les jeunes Dindons se développent

rapidement, et au mois d'août ils sont déjà en état de se préserver des attaques imprévues des loups, des renards, des lynx et même des couguars ; ils s'élèvent rapidement de terre, en sautant et s'aidant de leurs ailes, et se réfugient sur les branches des arbres voisins.

« Ces oiseaux courent plus souvent qu'ils ne volent, et cependant il est fort difficile de les atteindre ; ils fatiguent souvent le meilleur cheval ; les chiens ne les prennent aussi que rarement, mais lorsque ceux-ci ont de l'habitude, ils les sentent à des distances très considérables. La chasse des Dindons est une des plus usitées dans l'Amérique du Nord, elle y est souvent très productive ; aussi arrive-t-il que le prix de ces oiseaux soit quelquefois très faible : on les paie souvent moins que des poules ordinaires. »

Arrivons maintenant au Dindon tel que nous le connaissons. C'est de tous les Gallinacés le plus irascible ; la vue du rouge le jette dans des accès de violente colère. On connaît son cri perçant qu'on peut lui faire répéter en sifflant, et cet autre bruit guttural, comme une détonation sourde quand il se rengorge fièrement devant ses femelles. Il aime la liberté, le grand air, prospérant mieux dans les landes, les friches, les bois dégradés, les coteaux arides, que dans les contrées plus fertiles. Dès que les gelées d'hiver cessent il veut se reproduire : alors sa tête prend une teinte rouge plus prononcée, il fait la roue et glousse. Un mâle de deux ans au moins suffit à huit ou dix femelles,

mais il demande à être bien nourri. La Dinde pond ordinairement de 15 à 20 œufs, qu'elle aime à cacher loin de la maison, dans les haies, les buissons, les prés. Son ardeur à couver est si grande, qu'elle se laisserait mourir d'inanition si on ne l'obligeait, dans nos basses-cours, à prendre de la nourriture. La couvaison est de 24 à 30 jours ; en moyenne 26. Les petits éclos, appelés *dindonneaux*, exigent de grands soins pendant les deux premiers mois. A 4 ou 5 mois on les engraisse pour la table : 15 jours suffisent pour les femelles, 30 pour les mâles.

L'usage de chaponner les coqs ne s'est pas étendu aux Dindons, qui engraissent fort bien sans

cette mutilation, et dont la chair n'est pas moins bonne, à moins qu'on ne les laisse vivre et se reproduire au-delà de trois ans. Les mâles se livrent entre eux des combats non moins acharnés que ceux des Coqs, quoique moins violents en apparence. Ils se portent de violents coups de bec sur la tête, dans les yeux, et cherchent à saisir le mamelon qui est placé sur la tête de l'adversaire. La femelle possède la faculté de redresser les plus grandes plumes de la queue supérieure, comme le mâle, mais comme la roue est chez ce volatile l'expression du désir, elle a rarement l'occasion de la faire, ses désirs étant plus que satisfaits par le mâle.

Dindon ocellé (*M. ocellata*). Cette espèce a été découverte dans ce siècle près de la baie d'Honduras. C'est un oiseau remarquable par l'éclat de ses couleurs, qui rivalisent avec celles du Paon. Sa taille est celle du Dindon ordinaire.

DINOTHERIUM (du gr. *deïnos*, terrible ; *thérion*, animal). Mammifère fossile de l'ordre des Pachydermes, dont les débris prouvent qu'il surpassait en force et en grandeur les plus grands Eléphants. Cet animal portait une trompe et deux défenses partant de la mâchoire inférieure et recourbées de haut en bas, de manière à ce que les pointes étaient dirigées vers la terre. — Cuvier en a formé un genre comprenant deux espèces : le *Dinotherium gigantheum*, et le *D. Cuvieri*, ce dernier plus petit d'un tiers.

DIODON (de *dis*, deux ; *odous*, dent). Genre de Poissons de l'ordre des Plectognathes, famille des Gymnodontes, ayant pour caractères : mâchoires saillantes ; corps oblong et presque rond, armé de piquants (d'où le nom d'*Orbes épineux*) ; cinq nageoires, dont 2 pectorales, 1 dorsale et 2 anales opposées ; pas de ventrale. — Ces Poissons appartiennent aux mers tropicales ; ils ont été regardés, à cause de leurs piquants mobiles et répandus sur toute la surface du corps, comme les analogues des Porcs-épics et des Hérissons dans la classe des Poissons. Ils ont la faculté de se gonfler comme des ballons, en se gorgeant d'air, et dans cet état ils flottent au gré des flots, protégés par leurs aiguillons redressés.

Le Diodon atinga (*D. atinga*) atteint plus de 30 à 35 cent. de diamètre ; toute la partie supérieure de son corps, ainsi que les nageoires, sont semées de petites taches lenticulaires et noires ; il est un peu allongé, et ses piquants sont très rapprochés les uns des autres. Ce cartilagineux ne s'éloigne guère des côtes, faisant la chasse aux petits poissons, aux crustacés et aux animaux à coquille. Il sait si bien se défendre au moyen de ses armes piquantes et de ses évolutions rapides, qu'il est difficile et dangereux de le prendre. Il se gonfle et se détend rapidement, en faisant entendre un certain bruit dû à la sortie de l'eau par la bouche, les branchies et l'anus. Sa chair n'est pas bonne ; suivant Pison, sa vésicule du fiel contient un poison si actif que, si elle crève quand on vide l'animal et si on en avale, elle produit l'effet d'un poison redoutable.

Le Diodon ANTENNIFÈRE présente sur le devant de la tête plusieurs filaments charnus. — Le D. ORBE est de forme presque sphérique; il ressemble à une boule, surtout lorsqu'il se gonfle; ses piquants sont plus courts et plus forts : aussi l'a-t-on dénommé le *Poisson armé*. On en trouve la dépouille dans beaucoup de cabinets d'histoire naturelle, de laboratoires de pharmacie, d'ateliers d'artistes, etc. Sa chair est malfaisante et dangereuse. — Il y a une espèce de Diodon à piquants grêles comme des épingles.

DIODON. Espèce du genre *Faucon*. — V. ce mot.

DIOECIE. Cette expression, qui veut dire *deux demeures*, s'emploie pour désigner la 22ᵉ classe du système sexuel de Linné, comprenant les végétaux à fleurs unisexuées et portées sur des pieds distincts. — V. *Classification végétale*.

DIOIQUES. Plantes comprises dans la 22ᵉ classe du système de Linné ou *Diœcie*.

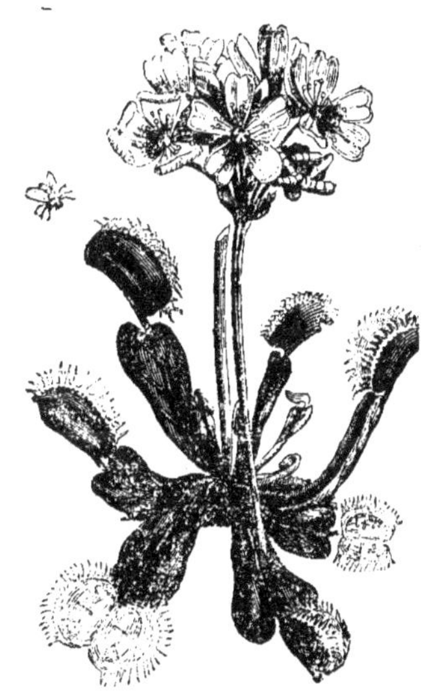

Fig. 456. — Dionée attrape-mouche.

DIONÉE (*Dionea*). Genre de Plantes de la famille des Droséracées, dont l'espèce unique est la Dionée ATTRAPE-MOUCHE (*D. muscipula*), de la Caroline, plante herbacée, remarquable par la grande sensibilité des lobes vermeils de ses feuilles. Celles-ci sont terminées par deux plaques hérissées de poils et réunies par une sorte de charnière. Leur irritabilité est telle que, si les insectes, attirés par la liqueur que distillent leurs petites glandes, les touchent, aussitôt les deux plaques se rapprochent et se serrent sur le faible animal, qui finit par périr. Quand tout mouvement a cessé, la Dionée rouvre ses feuilles, en attendant une nouvelle victime.

DIOSCORÉACÉES. Famille de Plantes monocotylédones, dont le genre type est la *Dioscorée*. — V. ce mot.

DIOSCORÉE (*Dioscorea*), encore appelée IGNAME. Genre de Plantes vivaces, volubiles, dont les racines sont épaisses, tubéreuses; les fleurs dioïques, à 6 divisions profondes au périanthe; 6 étamines; fruit sec et capsulaire, triangulaire, à angles développés en ailes. — Exotiques.

DIOSCORÉE OU IGNAME COMESTIBLE (*D. alata*). Tiges grêles, volubiles, rameuses, quadrangulaires; feuilles opposées, cordiformes, pétiolées; fleurs très petites, disposées en longues grappes. — Originaire de l'Inde, cette plante est naturalisée dans presque toutes les contrées chaudes du globe. Elle est surtout remarquable par ses tubercules volumineux, très riches en fécule, qui servent d'aliment dans presque toutes les contrées tropicales, et dont la culture est simple et productive. — Les espèces dites *du Japon* et *Bulbifère* ont des propriétés analogues.

DIOSMA. Genre type des Diosmées, tribu des Rutacées, comprenant un grand nombre d'espèces, toutes originaires du cap de Bonne-Espérance; arbustes toujours verts, élégants et à odeur suave. — Un grand nombre de *Diosma* sont cultivés dans nos jardins. Rappelant le port de nos Bruyères, ils en demandent la terre; il leur faut l'orangerie pendant les froids.

DIPHYE (*Diphya*). Genre de Zoophytes de la classe des Acalèphes, ordre des Cystiphores, animaux d'une grande transparence, dont le corps est composé le plus souvent de deux parties placées l'une à côté de l'autre et comme emboîtées, mais qui, si elles sont séparées accidentellement, peuvent vivre chacune isolément. On rencontre en effet plus souvent des fragments détachés de Diphye que des animaux entiers. — Les Diphyes vivent dans les eaux de la mer des contrées chaudes; elles sont ordinairement en nombre considérable, nageant ou flottant à quelque distance de la surface. — Les espèces sont nombreuses.

DIPLOPTÈRES. Famille d'Hyménoptères comprenant les genres qui ont les ailes supérieures doublées dans leur longueur, comme sont les Guêpes, etc.

DIPSACÉES. Famille de Plantes dicotylédones monopétales, herbacées, bisannuelles ou vivaces, à feuilles opposées ; à fleurs réunies en capitules, accompagnées à leur base d'un involucre ; involucre propre, tubuleux, monosépale, appliqué sur le véritable calice, qui est adhérent à l'ovaire ; corolle monopétale tubuleuse, à 4 ou 5 divisions inégales, l'inférieure plus grande, recouvrant les deux latérales, appliquées elles-mêmes sur les deux supérieures ; étamines en même nombre que ces divisions, alternes ; ovaire infère. Pour fruit, akène enveloppé dans le calice externe.

Les Dipsacées ont, par leur port et leur inflorescence, quelque analogie avec les Composées ; mais elles en diffèrent par leur calice double et leurs anthères libres.—Genres principaux : *Cardère*, *Scabieuse*.

DIPSAS (*Dipsas*). Ce nom, dont la signification grecque est soif, a été donné par les anciens à une sorte de Serpent dont la morsure faisait mourir dans les angoisses d'une fièvre ardente et d'une soif inextinguible. « Blessé par un Dipsas, Aulus, fatigué d'engloutir sans succès des flots de liquides, s'ouvre les veines pour boire son propre sang. » Tel est le tableau que fait le poète Lucanus des horreurs de la mort produite par ce dangereux reptile, dont les caractères zoologiques nous sont inconnus.

Le DIPSAS est, pour les modernes, une espèce de Couleuvre de l'Inde et de l'Amérique, remarquable par la petitesse de ses dents, par son corps allongé et comprimé sur les côtés, ses écailles longues et lisses. — Ces animaux, comme les Dendrophides, poursuivent leur proie jusque sur les arbres et de branche en branche.

DIPTÈRES (du gr. *dis*, deux ; *ptéron*, aile). Ordre d'Insectes à deux ailes, ainsi que l'indique leur nom, appelés vulgairement *Mouches*, *Cousins*, *Moucherons*, etc. Voici leurs caractères fondamentaux : ailes membraneuses et réticulées, non plissées en éventail ; trompe tantôt cornée et allongée, tantôt molle et rétractile, renfermant des soies rigides et aiguës.

Nous n'avons pas à examiner ces insectes en détail sous le rapport des trois systèmes d'organes. — V. *Insectes*. — Disons seulement que la tête est généralement globuleuse, portée sur un pédicule court, très mince, qui lui permet une grande mobilité ; que les yeux à facettes sont ordinairement très grands, surtout chez les mâles ; les yeux simples ou *ocelles* sont placés sur la partie supérieure de la tête et au nombre de trois en général ; les antennes sont très variables, sous le rapport de leur grosseur et du nombre des articles qui les composent. Le corselet porte quatre organes distincts : les ailes, les cuillerons, les balanciers et les pattes. Les *ailes*, au nombre de deux seulement, sont membraneuses, plus ou moins diaphanes, ou nuancées et nervurées. Au-dessous d'elles se trouvent deux petits corps concaves représentant les deux coquilles d'une huître appliquées l'une contre l'autre : quand l'aile s'étend, la valve supérieure se lève et suit ses mouvements : on les appelle *cuillerons*, et on ignore leurs usages. Au-dessous de ces organes sont deux petits corps linéaires très mobiles, pouvant se gonfler à leur extrémité supérieure, qui est renflée en massue : ce sont les *balanciers*. Quant aux *pattes*, elles varient beaucoup de longueur suivant les genres ; elles sont terminées par deux crochets, entre lesquels sont situées deux ou trois pelotes vésiculeuses dont la composition est telle qu'elles permettent aux Diptères de saisir, sur les corps les plus polis en apparence, comme les glaces, des inégalités insensibles à nos yeux, et d'y marcher avec sécurité, même dans une situation renversée.

Pour ce qui concerne la nutrition, nous remarquerons la bouche, dont l'organisation se rapproche beaucoup de celle des Hémiptères, qui sont aussi des suceurs. Seulement les Diptères ont leur trompe formée par la lèvre inférieure et simplement fendue dans tout son côté inférieur, tandis que dans les Hémiptères la trompe ou siphon est constituée par les mandibules et les mâchoires. Au reste cette bouche des Diptères est très diversement composée, selon les familles et les genres.

Enfin nous devons indiquer le mode de reproduction de ces insectes. « L'abdomen, presque toujours convexe en dessus et concave en dessous, n'offre le plus souvent que 5 ou 6 anneaux ; le reste, dans les femelles, prend la forme de tuyaux rentrant les uns dans les autres, comme les tubes d'une lunette, et sert à former une espèce de tarière propre à introduire leurs œufs. Dans les mâles les organes sexuels apparents ne consistent que dans une paire de crochets robustes, avec lesquels ils saisissent l'extrémité de l'abdomen des femelles ; mais pour que le reste du vœu de la nature puisse s'accomplir, il faut que la femelle, de son consentement, fasse pénétrer la tarière dans l'intérieur de l'abdomen pour y aller chercher les véritables organes copulateurs. » Mais n'oublions pas que des exceptions nombreuses marchent de pair pour ainsi dire avec les faits généraux auxquels nous sommes forcé de nous borner.

Après la fécondation, les femelles cherchent à déposer leurs œufs là où elles supposent que leur progéniture pourra le mieux prospérer : c'est sur l'eau, dans les substances corrompues, dans les plaies des animaux, etc., etc., que se fait ce dépôt, lequel n'est pas constitué par des œufs dans tous les cas; car il est des Diptères femelles vivipares, c'est-à-dire dont les œufs éclosent dans le ventre et n'en sortent qu'à l'état de larves, comme ces grosses Mouches bleues qui sont, en été, le désespoir des bouchers et des cuisiniers. Quoi qu'il en soit, les larves des Diptères sont molles, sans pattes (apodes), n'ayant d'organes respiratoires (stigmates) que sur le premier anneau. Les petits vers blancs qu'on aperçoit sur les viandes pendant les chaleurs de l'été, les asticots qui dévorent les matières animales en putréfaction sont les larves de plusieurs de ces insectes. Les unes changent de peau pour passer à l'état de nymphe : elles vivent en terre, quelques-unes dans l'eau ; les autres ne muent pas, et leur peau durcie et racornie devient pour la nymphe une coque solide, ayant l'apparence d'une graine.

Les Diptères sont des insectes fort incommodes, qui tourmentent encore plus les animaux, les bestiaux surtout, que les humains. Toutefois, on peut dire qu'ils sont plus désagréables que nuisibles; car si quelques-uns cherchent à sucer le sang pour se nourrir, le plus grand nombre semblent avoir pour mission de débarrasser le sol des excréments et des matières organiques en putréfaction. Leur action est telle, que, vu leur multiplication, Linné a cru pouvoir avancer que trois mouches consument le cadavre d'un cheval aussi vite que le fait un lion.

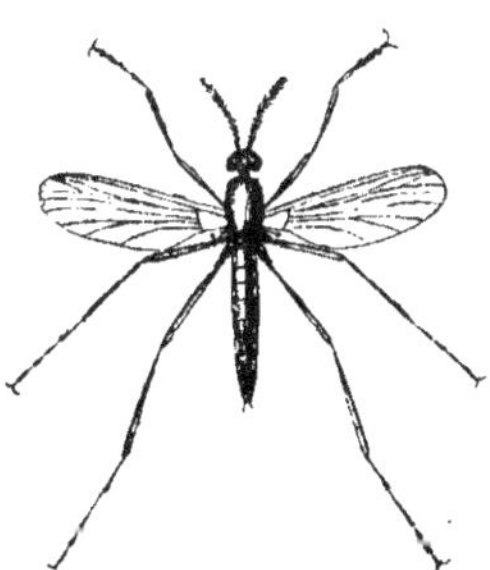

Fig. 158. — Diptère némocère (Cousin).

Latreille a partagé l'ordre des Diptères, qui comprend plus de dix mille espèces connues, en cinq familles :

1° Némocères (du gr. *néma*, fil ; *kéras* corne, antenne). Ils ont les antennes très longues, ordinairement tubulées, quelquefois en forme de panaches, composées de plusieurs articles, souvent de 14 à 16, ordinairement velues chez les mâles ; la tête est généralement petite, le corps allongé, le thorax plus ou moins bombé. Tels sont les *Cousins* et les *Tipules*.

2° Tanystomes (du gr. *tangô*, étendre ; *stoma*, bouche). Ils présentent : antennes formées de trois articles seulement, dont le dernier sans division transversale; suçoir composé de 4 pièces; tête terminée antérieurement par un long bec. A ce groupe appartiennent les genres *Asile*, *Empis*, *Bombyle*.

3° Tabaniens (de *tabanus*, taon). Ils sont pourvus d'antennes, dont le dernier article est annelé ; ils ont le corps large, la tête déprimée, une trompe saillante, etc. Tel est le *Taon*.

Fig. 159. — Diptère tabanien (Taon).

4° Notacantes. Leur dernier article est aussi annelé ; le suçoir n'est formé que de 4 soies ; la trompe est courte et membraneuse. Famille nombreuse dont font partie les *Mouches*, les *Œstres*, l'*Achias*, etc.

Fig. 160. — Diptère notacante (Œstre).

5° Pupipares (de *pupa*, nymphe ; *pario*, j'enfante). Se distinguent en effet par cette particularité qu'ils conservent leurs œufs dans leur abdomen jusqu'à ce qu'ils se soient transformés en nymphes. Antennes d'un seul article; tête presque confondue avec le thorax; trompe petite, etc. Les genres principaux se nomment : *Hippobosque*, *Ornithomie*, *Nyctéribio*, etc.

DISCOBOLES (du gr. *discos*, disque; *ballô*, lancer). Famille de Poissons malacoptérygiens subrachiens, facilement distinguée par le disque que forment les nageoires ventrales, réunies à la base par une membrane. — Les poissons de cette famille ont le corps couvert d'une matière visqueuse. Ils se tiennent fixés aux rochers, sous les saillies desquels ils se placent pour se défendre et attaquer, au moyen de leurs ventrales réunies en une seule, et en forme de disque. — Genres : *Cycloptère, Porte-écuelle, Echénéide.*

DISQUE. Corps glanduleux, jaune ou verdâtre, qui, dans un grand nombre de végétaux, se trouve au-dessous, autour ou au dessus de l'ovaire : de là sa distinction en *hypogyne, périgyne* et *épigyne*, distinction d'une très grande importance dans les classifications et les descriptions particulières.

DISTOME (*dis*, deux ; *stoma*, bouche). Genre d'Entozoaires de l'ordre des Trématoïdes, à corps mou, déprimé, allongé, ayant deux ventouses musculeuses, l'une antérieure ou *buccale*, l'autre *ventrale* sessile ou pédiculée. Deux orifices génitaux se voient en avant ou à côté de la ventouse ventrale. Ces animaux sont hermaphrodites, à organes mâles compliqués. Ils se développent chez l'homme et les autres animaux hors des organes digestifs.

Le DISTOME ou DOUVE DU FOIE se développe dans les conduits et la vésicule biliaires, plus souvent dans les animaux, les moutons surtout, que dans l'homme, où sa grandeur est de 5 à 12 millim., présentant la forme d'un fer de lancette. M. E. Blanchard a constamment trouvé les Douves à l'état adulte dans le foie des moutons, mais il a rencontré leurs œufs par myriades dans les canaux biliaires, dans l'intestin, et il a vu que ces œufs étaient dans un état de développement plus avancé à la fin qu'au commencement du canal intestinal ; d'où il conclut que ces œufs sont entraînés avec le résidu de la digestion ; que plusieurs phases du développement de ces vers doivent s'effectuer dans des conditions bien différentes de celles où vivent les adultes ; que, selon toute probabilité, parvenus à une certaine période, ils reviennent dans les corps des ruminants, étant introduits avec la nourriture. Cette opinion paraît également vraie pour un grand nombre d'autres Entozoaires.

DIURNES. Expression par laquelle on désigne : 1° les Plantes qui s'épanouissent pendant le jour ; 2° une famille d'Oiseaux de proie qui chassent pendant le jour (V. *Rapaces*) ; 3° une famille de Lépidoptères qui ne volent que le jour. — V. *Lépidoptères.*

DOCIMACIE (du gr. *docimazô*, éprouver). Art de déterminer la nature et les proportions des métaux utiles contenus dans les mélanges naturels et artificiels, afin d'évaluer les produits qu'on peut espérer de leur exploitation. C'est une application de la chimie connue sous le nom d'*analyse*, et qui procède de deux manières : par la *voie sèche* et par la *voie humide.*

Analyse par la voie sèche. On la pratique le plus ordinairement au moyen du chalumeau : on place un fragment du corps que l'on veut essayer, soit à l'extrémité d'une pince à branches de platine, soit sur une feuille mince de métal ; mais le support généralement employé est un charbon creusé convenablement. On emploie ce chalumeau seul ou avec des réactifs appelés fondants (nitrate de potasse, borax surtout). On reconnaît que la matière est fusible, lorsqu'elle donne un verre transparent ou diversement coloré, etc.

Analyse par la voie humide. Celle-ci se fait au moyen de réactifs liquides. On met d'abord le corps en solution (eau, acides, substances solubles après avo'r été fondues avec la potasse ou la soude) ; ensuite il faut : 1° rechercher l'*acide* ou le principe *électro-négatif* de la combinaison ; 2° rechercher l'*alcali* ou principe *électro-positif.* (Voir les ouvrages traitant spécialement ce sujet.)

L'Analyse est *qualitative* si l'on recherche seulement les éléments qui entrent dans la composition d'une espèce minérale ; elle est *quantitative* si l'on recherche les proportions dans lesquelles ces éléments sont combinés. Il faut alors procéder par voie humide et être pourvu d'une balance sensible à 1 milligramme. Lorsqu'enfin l'analyse ne suffit pas pour établir la différence que les corps présentent, il faut avoir recours aux propriétés physiques, à la forme cristalline et à la proportion relative des atomes.

DOIGTS. Organes formés de petits os (phalanges) placés bout à bout, et terminant les membres des Mammifères, des Oiseaux et des Reptiles. Ces organes, par leur nombre et leur disposition, fournissent d'excellents caractères pour les classifications. — Dans les Mammifères, on n'en compte jamais plus de cinq, ordinairement à deux ou trois articulations. Chez les Bimanes et les Quadrumanes, leur disposition est telle qu'elle contribue à la supériorité de l'intelligence, due en grande partie au tact exquis dont ils sont l'instrument. Chez l'Homme il existe 5 doigts à chaque main et à chaque pied ; ceux de la main sont très longs ; le pouce est opposable aux 4 autres, de manière à faire de cette partie le plus parfait des instruments. Dans les autres ordres de Mammifères, les doigts affectent des dispositions bien différentes, depuis les Singes jusqu'aux Cétacés, où ils sont convertis en nageoires. Nous ne pouvons suivre, dans ces généralités, un parallèle qui nous entraînerait à des répétitions.

Dans les Oiseaux, les doigts ne sont distincts qu'aux extrémités inférieures ; aux supérieures ils sont recouverts et cachés par la peau, et servent d'attache aux principales rémiges. Presque toujours les doigts inférieurs présentent à leur extrémité un ongle dont la courbure et les dimensions sont très variables. Ils sont au nombre de 4 dans un grand nombre d'espèces : tantôt il y en a 3 en avant et 1 en arrière, ce dernier se nommant *pouce* et pouvant souvent se rapprocher des autres ; tantôt il y en a 2 devant et 2 derrière ; tantôt enfin les 4 doigts sont en avant. Lorsqu'il y a 3 doigts en avant, celui du milieu est le plus long, et composé de 3 phalanges quand l'interne et l'externe n'en comptent souvent que deux. Le pouce est toujours situé à une certaine élévation. L'Autruche n'a que deux doigts placés en avant. Les doigts sont libres ou réunis par une membrane, etc.

Dans les Reptiles, les doigts sont allongés, variables en nombre, en disposition, mais n'offrant pas, comme dans les Oiseaux, des caractères assez tranchés pour les faire servir de base à leur classification. Dans quelques genres, ces organes sont munis de pelotes qui servent à rendre leur progression plus sûre sur des surfaces polies, en remplissant pour ainsi dire l'office de ventouses.

DOLABELLE (*Dolabella*). Genre de Mollusques gastéropodes tectibranches, faisant partie des Aplysies, selon certains naturalistes ; animaux mollasses dont le corps est rétréci en avant, très large en arrière et tronqué par un plan ou disque oblique. La coquille est calcaire et plus grande que dans les autres Aplysies, cachée en grande partie par les expansions du manteau ; la fente dorsale est toujours médiane et fermée par le rap-

Fig. 461. — Dolabelle Aplysie.

prochement des deux côtés du manteau, lesquels sont très étroits et impropres à la natation ; les branchies sont renfermées dans le fond d'une cavité et ne peuvent se montrer au dehors.

Les Dolabelles ressemblent assez, pour l'aspect, aux limaces. Elles ont des mouvements lents et très bornés, les unes rampant sur les rochers ou sur les plantes marines, le plus grand nombre s'enfonçant dans le sable et ne laissant passer au dehors que le tube charnu qui sert à porter l'eau dans les branchies. Ces animaux sont très répandus dans les mers de l'Inde et de l'Océanie. Les naturels, qui les appellent *Lièvres de mer*, s'en nourrissent ; mais ils se dérobent aux poursuites de leurs ennemis au moyen d'une liqueur pourprée abondante qu'ils répandent dans les eaux. Quelques espèces atteignent jusqu'à 40 à 45 cent. de long.

DOLIC (*Dolichos*). Genre de Légumineuses de l'Inde et de l'Amérique du Sud, plantes volubiles pour la plupart, dont les gousses sont très allongées (ce qu'exprime le mot grec *dolikos*), alimentaires, et que l'on cultive en Europe pour leurs fleurs blanches, pourpres ou violacées.

DOLOMÈDE (*Dolomedes*). Genre d'Arachnides, famille des Aranéides, ayant les yeux disposés sur 3 lignes transversales, la seconde paire de pieds plus longue que la première ; ceux de la 4ᵉ les plus longs. — Le D. ADMIRABLE (*D. mirabilis*) a l'abdomen en ovale oblong terminé en pointe. Les femelles se construisent, aux sommités des arbres chargés de feuilles, ou dans les buissons, un nid soyeux en forme d'entonnoir ou de cloche, y font leur ponte, et lorsqu'elles vont à la chasse, elles emportent avec elles leur cocon qui est fixé sur la poitrine. — Le D. BORDÉ (*D. marginatus*) a l'abdomen ovale et arrondi au bout. Il habite le bord des eaux, et court sur leur surface avec une vitesse surprenante. La femelle fait entre les branches des végétaux une grosse toile irrégulière dans laquelle elle place son cocon.

DOLOMIE. Carbonate de chaux dont le caractère principal est la lenteur de l'effervescence avec l'acide azotique. Les roches qui en sont composées en présentent de trois espèces : la *granulaire*, la *lamellaire* et la *compacte*. — La Dolomie s'étend sur une grande partie des Hautes-Alpes et du Tyrol ; les montagnes qu'elle constitue sont remarquables par leur blancheur de neige, leur stérilité et les formes abruptes et déchirées de leurs sommets. Les diverses variétés sont à peu près sans emploi ; on redoute même dans l'agriculture la chaux qui en provient.

DOMITE. Roche volcanique hétérogène, quoique certaines portions aient l'apparence homogène, composée de silice, d'alumine, avec un peu de potasse , de magnésie et d'oxyde ferreux. La Domite constitue la masse du Puy-de-Dôme. Ses parties constituantes sont les mêmes que celles du *Trachyte*, dont on trouve de nombreux fragments dans son intérieur. C'est le Trachyte décomposé par les émanations acides qui ont accompagné les éruptions volcaniques dont la chaîne du Puy-de-Dôme paraît avoir été le théâtre, émanations qui persistent encore, avec une intensité variable, dans les régions des volcans éteints.

DOMPTE-VENIN. Espèce du genre *Asclépiade*. — V. ce mot.

DONACE (*Donax*). Genre de Coquilles bivalves voisin des Cardiacées , remarquables par l'élégance des formes et souvent la petitesse du volume. Les espèces se rencontrent à l'état fossile ; M. Deshayes en compte jusqu'à sept dans les terrains des environs de Paris.

DONACIE (*Donacia*). Genre de Coléoptères tétramères, famille des Eupodes, de petite taille, remarquables par leurs antennes longues et grêles qui les placent immédiatement après les Longicornes, par leurs couleurs métalliques brillantes et variées, et l'aspect soyeux et argenté du dessous de leur corps. — Ces insectes vivent sur les plantes aquatiques (d'où leur nom, dérivé de *donax*, roseau) ; ils se cramponnent fortement aux objets qu'ils touchent, à l'aide de leurs ongles crochus. Avant de prendre leur vol, ils étendent leurs ailes pendant quelques instants.

La Donacie a grosses cuisses (*D. crassipes*) est longue de 4 à 5 lignes , d'un vert doré , très commune dans les environs de Paris.

DONZELLE (*Ophidium*). Nom de certains Poissons malacoptérygiens. « Le genre des Donzelles a beaucoup de traits de ressemblance avec les Anguilles ; il est lié particulièrement avec ces dernières par la forme de son corps et la disposition des nageoires anale et dorsale, qui se joignent à celle de la queue pour terminer le corps en pointe. Mais on a cru devoir le comprendre dans un genre différent, à cause des caractères remarquables qu'il

présente, et qui consistent dans des branchies bien ouvertes, munies d'un opercule très apparent, et dans deux barbillons qu'il porte sous la gorge, adhérents à la pointe de l'os hyoïde. »

La Donzelle commune (*C. barbatum*) se trouve dans la Méditerranée. Elle a beaucoup de rapports avec la Murène par son œil tapissé d'une membrane demi-transparente. Ce poisson, qui atteint rarement plus de 25 à 28 centim., a la chair délicate. — La D. brune est une espèce des mêmes parages, recherchée comme aliment.

DORADE (*Cyprinus auratus*). Espèce de Poisson du genre Cyprin, petit, apporté de l'Asie centrale en Europe par les marchands hollandais, et qu'on nomme vulg. *Poisson rouge, Dorade de la Chine.* On l'élève dans tous les bassins des jardins et même dans des bocaux, où on le nourrit de mie de pain, de jaunes d'œufs durcis, d'insectes, avec la précaution de lui renouveler l'eau tous les 3 ou 4 jours. On n'a pu peupler nos étangs de Dorades , parce qu'elles deviennent bientôt la proie des moindres carnassiers aquatiques. Elles résistent pourtant au froid le plus rigoureux, pourvu qu'elles aient assez d'eau pour s'y tenir au-dessous de la glace. D'abord noirâtres, ces poissons prennent par degrés une belle couleur d'un rouge doré.

DORADILLE. — V. *Asplénie*.

DORCAS. Sous genre d'Antilope. — V. *Gazelle*.

DORÉE (*Zeus*) ou Zée. Genre de Poissons de la famille des Scombéroïdes, ayant deux dorsales bien distinctes, l'antérieure formée de rayons épineux, accompagnés de lambeaux longs et filiformes qui dépassent de beaucoup les épines, ainsi que la membrane qui les réunit ; côtés du corps ayant une série de pointes fourchues, portant sur les écussons osseux insérés dans la peau le long de la base de la dorsale et de l'anale.

La Dorée commune (*Z. faber*), vulg. *Poisson de Saint-Pierre, Forgeron*, espèce type du genre, est connue depuis la plus haute antiquité. Ce poisson, d'assez grande taille, à corps comprimé , de couleur jaunâtre, avec une tache ronde et noire sur le flanc, se trouve surtout dans la Méditerranée, habitant la haute mer et ne vivant pas en troupes. Sa chair est très bonne ; mais sa forme bizarre et repoussante fait qu'on le recherche peu. Le nom de *Poisson de Saint-Pierre* lui a été donné d'après la supposition que ç'aurait été un poisson de cette espèce que saint Pierre tira de la mer par ordre de Jésus-Christ, et que l'empreinte des doigts de l'apôtre serait demeurée à toujours à toute l'espèce dans cette tache noire qu'elle porte sur chaque flanc.

DORÈME (*Dorema*). Genre d'Ombellifères exotiques, dont l'espèce unique est la Dorème ammoniaque (*D. ammoniacum*), plante vivace, grande, toute couverte de poils lanugineux, à feuilles décomposées en lobes lancéolés, à fleurs blanches, sessiles, formant des ombellules ou espèces de capitules disposés en très grande grappe rameuse, et non en ombelles.

La Dorème croît en Perse. Elle sécrète sa *gomme ammoniaque*, qui est un produit résineux presque insoluble dans l'eau, soluble dans l'alcool, se trouvant dans le commerce en larmes détachées ou en masses jaunâtres. On emploie ce produit soit à l'intérieur, à titre de stimulant, antispasmodique, soit à l'extérieur, sous forme de préparation emplastique.

DORIS (*Doris*). Mollusques céphalés de la classe des Gastéropodes nudibranches, ayant la forme de Limaces, rampant sur un pied au moins aussi long que le corps, et dont le manteau est court ou grand, à bords indivis ou divisés en plusieurs lanières. La tête porte au-dessous du manteau une paire de tentacules labiaux, et en dessus une autre paire en massue et obliquement sillonnés; branchies saillantes, en forme d'arbustes placés en cercle vers l'extrémité postérieure et autour de l'anus. Ces animaux sont hermaphrodites : l'issue commune des deux organes est placée sur le côté droit.

Les Doris sont ordinairement parés de couleurs agréables. Ils vivent dans la Méditerranée, cachés sous les pierres, dans la vase, entre les racines des plantes marines, d'où ils ne sortent que le soir pour se mettre à la recherche de leur nourriture qui est végétale sans doute. Les espèces de ce genre sont nombreuses.

DORONIC (*Doronicum*). Genre de Plantes de la famille des Composées, vivaces, herbacées, dont la souche est traçante à rhizomes terminés en bulbe charnu; fleurs disposées en capitules terminaux, solitaires à l'extrémité de la tige, ou en corymbe : fleurons jaunes, ceux du centre tubuleux et hermaphrodites, ceux de la circonférence ligulés et femelles.

Le DORONIC A FEUILLES EN CŒUR, OU PARDALIANCHES (*D. pardalianches*), vulg. *Mort aux panthères*, a plus d'un mètre de haut; sa tige est pubescente, feuillée dans toute sa longueur; feuilles radicales très amples, ovales cordées, pétiolées, les caulinaires amplexicaules, les moyennes à base large, les supérieures ovales lancéolées. — Cette plante se trouve dans les bois montueux desAlpes; elle fleurit en mai-juillet. Sa racine a eu l'honneur d'attirer l'attention des pauvres humains, toujours à la recherche des panacées et de la pierre philosophale. C'est tout simplement un léger stimulant, qui a perdu tout crédit aujourd'hui. On a cru que les anciens se servaient de sa racine pour empoisonner les bêtes féroces; mais on pense aujourd'hui que le véritable *Pardalianches* était la racine d'une espèce d'*Aconit*.

Une variété fréquemment cultivée dans les jardins est le *D. caucasicum*, qui se distingue surtout par ses feuilles profondément dentées.

Le DORONIC A FEUILLES DE PLANTAIN (*D. plantagineum*), ou *Doronic des bois*, est moins élevé; sa tige simple porte un seul capitule et est nue

Fig. 162. — Doronic.

(1, racine ; — 2, fleuron hermaphrodite du centre; — 3, fleuron ligulé (demi-fleuron) femelle, de la circonférence; — 4, fruit provenant d'un fleuron hermaphrodite.)

dans sa partie supérieure. — Cette espèce croît dans les bois sablonneux et les taillis, montrant ses fleurs en avril-mai.

DORSIBRANCHES. Deuxième ordre de la classe des *Annélides.* — V. ce mot.

DORSTÉNIE (*Dorstenia*). Genre exotique de la famille des Urticacées, tribu des Ficées, différant du Figuier par son involucre entièrement ouvert et plane, et par ses fleurs mélangées et sans ordre, etc.

La DORSTÉNIE CONTRAYERVA (*D. contrayerva*) est l'espèce la plus connue. De sa racine fusiforme s'élèvent 3 ou 4 feuilles pétiolées, larges, à lobes lancéolés; et du milieu de ces feuilles naissent 2-3 pédoncules qui s'évasent et sont recouverts de fleurs mâles et de fleurs femelles mélangées, et plongées dans autant de petites cavités ou alvéoles formées par la soudure des enveloppes florales. Fruit constitué par une petite capsule blanche, bivalve.

Le Contrayerva appartient au Pérou et au Mexique. Sa racine, qui est allongée, de la grosseur du doigt, rougeâtre et inégale, est d'une odeur aromatique et d'une saveur un peu amère. C'est un stimulant qu'autrefois on décorait du titre d'*alexipharmaque*, et que de nos jours on emploie fort peu. On dit l'espèce brésilienne plus énergique, fébrifuge.

DOUCE-AMÈRE (*Solanum dulcamara*). Espèce

du genre Morelle, de la famille des Solanacées, dont les tiges, qui atteignent deux mètres, sont ligneuses, sarmenteuses et se soutiennent sur les plantes voisines; dont les feuilles sont alternes, pétiolées, entières, ovales, les supérieures souvent à 3 segments. Fleurs violettes, assez petites, disposées en grappes pendantes; fruits (baies ovoïdes) rouges à la maturité.

La Douce-amère croît dans les haies, au bord des eaux et des bois humides, montrant ses fleurs à peu près tout l'été. Elle est peu odorante, mais sa saveur est douceâtre d'abord, puis amère. Ses

Fig. 463. — Douce amère.

(Le dessin représente une sommité fleurie ; à droite le pistil ; à gauche une fleur grossie à laquelle manque la corolle, pour montrer l'ovoïde formé par les anthères soudées, et laissant passer au sommet le style ; au-dessus, grappe de fruit.)

jeunes tiges, dont les propriétés sudorifiques et dépuratives assez actives, sont employées en décoction, en extrait ou en sirop contre les dartres.

DOUCETTE. — V. *Valérianelle.*

DOUROUCOULI. — V. *Nocthores.*

DOUVE. — V. *Distome.*

DRACOCÉPHALE (*Dracocephalum*). Genre de Labiées qui doit son nom à l'irrégularité de sa corolle, dont l'orifice enflé lui donne une ressemblance plus ou moins éloignée avec la tête du reptile saurien appelé *Dragon*. — Ce sont des plantes étrangères à l'Europe, herbacées, dont plusieurs sont cultivées comme ornement dans nos jardins.

DRACOSAURE. — V. *Simosauriens.*

DRAGEONS. Branches enracinées accompagnant le pied de l'arbrisseau et de la plante ligneuse, ou le tronc de l'arbre qui les a produits, et que l'on peut en détacher pour les replanter ail-

leurs. Ne pas confondre les *Drageons* avec les *Stolons*, ceux-ci étant de petites tiges stériles, nues, traçantes, qui poussent des racines de distance en distance, comme dans le Fraisier.

DRAGON. Reptile de l'ordre des Sauriens.

« A ce nom de dragon, dit Lacépède, l'on conçoit toujours une idée extraordinaire. La mémoire rappelle, avec promptitude, tout ce qu'on a lu, tout ce qu'on a ouï dire sur ce monstre fameux; l'imagination s'enflamme par le souvenir des grandes images qu'il a présentées au génie poétique : une sorte de frayeur saisit les cœurs timides, et la curiosité s'empare de tous les esprits. Les anciens, les modernes ont tous parlé du dragon : consacré par la religion des premiers peuples, devenu l'objet de leur mythologie, ministre des volontés des dieux, gardien de leurs trésors, servant leur amour et leur haine, soumis au pouvoir des enchanteurs, vaincu par les demi-dieux du temps antique, entrant même dans les allégories sacrées du plus saint des recueils, il a été chanté par les premiers poëtes, et représenté avec toutes les couleurs qui pouvaient en embellir l'image : principal ornement des fables pieuses, imaginées dans les temps plus récents; dompté par les héros, et même par les jeunes héroïnes qui combattent pour une loi divine; adopté par une seconde mythologie qui plaça les fées sur le trône des anciennes enchanteresses; devenu l'emblème des actions éclatantes des vaillants chevaliers, il a vivifié la poésie moderne, ainsi qu'il avait animé l'ancienne.

« Proclamé par la voix sévère de l'histoire, partout décrit, partout célébré, partout redouté, montré sous toutes les formes, toujours revêtu de la plus grande puissance, immolant ses victimes par son regard, se transportant au milieu des nuées avec la rapidité de l'éclair, frappant comme la foudre, dissipant l'obscurité des nuits par l'éclat de ses yeux étincelants, réunissant l'agilité de l'aigle, la force du lion, la grandeur du serpent, présentant même quelquefois une figure humaine, doué d'une intelligence presque divine, et adoré de nos jours dans de grands empires de l'Orient, le Dragon a été tout, il s'est trouvé partout, hors dans la nature.

« Il vivra cependant toujours, cet être fabuleux, dans les heureux produits d'une imagination féconde. Il embellira longtemps les images hardies d'une poésie enchanteresse; le récit de sa puissance merveilleuse charmera les loisirs de ceux qui ont besoin d'être quelquefois transportés au milieu des chimères, et qui désirent de voir la vérité parée des ornements d'une fiction agréable. Mais, à la place de cet être fantastique, que trouvons-nous en réalité? Un animal aussi petit que faible, un lézard innocent et tranquille, un des moins armés de tous les quadrupèdes ovipares, et qui, par une conformation particulière, a la facilité de se transporter avec agilité, et de voltiger de branche en branche dans les forêts qu'il habite. Les espèces d'ailes dont il a été pourvu, son corps de lézard, et tous ses rapports avec les serpents, ont fait trouver quelque sorte de ressemblance éloignée entre ce petit animal et le monstre imaginaire dont nous avons parlé, et lui ont fait donner le nom de Dragon par les naturalistes. »

Dragon exprime donc un genre de Reptiles de l'ordre des Sauriens, famille des Iguaniens, dont la taille est celle de nos Lézards verts, et dont la peau des flancs est étendue de manière à former une sorte de parachute, soutenu par les six fausses côtes. — On en connaît cinq ou six espèces, originaires de l'Inde, auxquelles on donne souvent le nom de *Dragons volants*, parce que, vivant sur les arbres, ils se servent de leur parachute en manière d'ailes, lorsqu'ils poursuivent de branche en branche les insectes dont ils se nourrissent, et dont ils font provision dans l'espèce de poche goîtreuse qu'ils ont au cou. Ce sont d'ailleurs des êtres faibles et inoffensifs; ils s'accouplent sur les arbres, les buissons, et les femelles déposent leurs

Fig. 404. — Dragon volant.

œufs pisiformes, à enveloppe membraneuse et coriace, dans quelques creux d'arbre.

Le DRAGON VERT, de Java, est celui que nous figurons.

DRAGONNEAU. — V. *Filaire.*

DRAGONNIER (*Drácœna*). Genre d'Arbres de la famille des Asparagacées, remarquables par leurs dimensions extraordinaires, par leur port et leur organisation intérieure qui rappellent ceux des Palmiers; par leurs fleurs grandes, blanches, jaunes ou violettes, disposées en grappes : 6 pétales; 6 étamines; ovaire supère et libre. Pour fruit, baie globuleuse. — Les Dragonniers appartiennent aux régions intertropicales; ils se rencontrent dans l'Inde, la Chine, au cap de Bonne-Espérance, aimant les terrains arides et le rivage de la mer, et s'élevant à de grandes hauteurs. On en compte de 20 à 25 espèces.

Le DRAGONNIER GIGANTESQUE (*D. draco*) est un arbre colossal. Celui qui domine la vallée d'Oratava, située à la base du pic de Ténériffe, est d'un volume tel que dix hommes se tenant par la main peuvent à peine en embrasser la circonférence. C'est sans doute le plus vieux des végétaux, car en 1402 il était déjà aussi gros qu'aujourd'hui. Il découle de son stipe énorme un suc gommeux d'un rouge foncé qu'on a décoré du nom de *sang-dragon*, mais qui est autre que cette dernière. — V. *Ptérocarpe.*

Nous pourrions citer aussi le D. POURPRE (*D. terminalis*), remarquable par la couleur empourprée de ses feuilles; le D. EN PARASOL, de Madagascar, qui tous les deux se cultivent en France chez quelques amateurs.

DRASSE (*Drassus*). Genre d'Arachnides de l'ordre des Pulmonaires, famille des Aranéides, ayant huit yeux placés très près du bord antérieur du corselet, disséminés quatre par quatre sur deux lignes transversales; la quatrième paire très manifestement plus longue que les autres, etc. — « Ces Aranéides se tiennent sous les pierres, dans les fentes des murs, l'intérieur des feuilles, et s'y fabriquent des cellules d'une soie très blanche. Les cocons de quelques-unes sont orbiculaires, aplatis et composés de deux valves appliquées l'une sur l'autre. »

L'une des plus jolies espèces est le DRASSE RELUISANT (*D. relucens*), que l'on trouve assez communément aux environs de Paris, courant à terre.

DRAVE (*Draba*) ou ÉROPHILE (du grec *er*, printemps; *philos*, ami). Genre de Plantes de la famille des Crucifères, vivaces ou annuelles, ordinairement couvertes de poils mous et veloutés, tantôt rassemblées en touffes courtes, comme des gazons, tantôt allongées et solitaires. Calice à base non gibbeuse; pétales entiers, obtus ou un peu échancrés; étamines non denticulées; pour fruit, silique ou silicule. — On compte plus de cinquante espèces ou variétés de nuances diverses.

La DRAVE PRINTANIÈRE, espèce type, est annuelle, velue, à tiges nues, grêles, hautes de plus d'un mètre; à fleurs disposées en rosette, oblon-

gues, velues. Fleurs très petites, blanches, disposées en grappes corymbiformes ; pétales bifides ;
silicules à long pédicelle. — Cette plante fleurit
au printemps, même dès le mois de février, dans
les lieux secs et incultes, les pelouses arides, les
champs en friche où elle est très commune. On la
cultive quelquefois dans les jardins. Usages nuls.

DREMOTHERIUM. Ce nom, qui veut dire *animal bon coureur*, a été appliqué par M. Geoffroy
à un Mammifère fossile trouvé dans les brèches
à ossements de Saint-Gérand-le-Pui (Allier), et qui
paraît être très voisin des Chevrotains, sauf qu'il
n'a pas, comme ces derniers, de longues canines
à la mâchoire supérieure.

DRILL (*Cynocephalus leucophæus*). Espèce de
Singe du genre Cynocéphale, très voisin du Mandrill, dont il se distingue par sa face noire et sa
queue plus courte. Il a le pelage verdâtre, foncé
dans les parties supérieures, blanchâtre dans les
inférieures ; le scrotum et les fesses d'un rouge
assez vif. — Le Drill habite la Guinée. Fr. Cuvier
est le premier qui l'ait fait connaître, qui ait décrit ses caractères physiques, sans toutefois rien
dire de positif sur ses habitudes et son caractère.
Il ajoute cependant que l'individu qu'il a eu res-
semblait aux Cynocéphales par son intelligence
comme par son organisation ; il était assez doux
et docile parce qu'il était jeune.

Fig. 405. — Drill.

La femelle ne diffère du mâle que par une tête
moins allongée, par sa taille et par la teinte beaucoup plus pâle de son visage. Tous les 25 à 30 jours,
à l'époque du rut, le sang se porte aux organes
sexuels ; toutes les parties environnantes se tendent, se gonflent, et bientôt elles ne présentent
plus qu'une forte protubérance, plus large du côté
de l'anus que du côté opposé ; dans cette dernière
partie est un étranglement qui partage cette protubérance en deux portions inégales.

DRIMYDE (*Drimys*). Genre d'Arbres ou d'Arbrisseaux exotiques de la famille des Magnoliacées,
dont l'espèce principale est le D. DE WINTHER, arbre de l'Amérique qui fournit l'*écorce de Winther*,
vantée comme tonique. Il ne faut pas confondre
cette écorce avec la *cannelle blanche*, qui est
l'écorce d'un arbre du groupe des Méliacées.

DROMADAIRE. Espèce du genre Chameau ;
Chameau à une bosse, dont il a été parlé déjà. —
V. *Chameau*.

DROME (*Dromas*). Genre d'Echassiers cultrirostres, oiseaux dont les pieds et le port sont semblables à ceux des Becs-ouverts, mais dont le bec
est comprimé et les mandibules se joignent bien.
— Le D. ARDÉOLE (*D. ardeolus*), espèce unique
du genre, habite les rivages de la mer Noire et du
Sénégal.

DROMIE (*Dromia*). Genre de Crustacés décapodes, de la famille des Brachyures, qui, par la
forme de leurs antennes, par les parties de la bouche et par la composition de leurs pieds, ont beaucoup de ressemblance avec les Crabes proprement
dits. « Cependant la position des pieds postérieurs,
insérés sur le dos, est un caractère qui, sans aucun
doute, suffira à les distinguer des genres connus.
La carapace est ovale, arrondie, très bombée ; sa
partie antérieure est un peu rétrécie et prolongée
en manière de museau ; etc. — Ces Crustacés, assez indolents dans leur démarche, vivent dans
les lieux où la mer est médiocrement profonde,
et ils choisissent pour leur habitation les endroits
où les rochers ne sont point cachés sous la vase.
On les trouve presque toujours recouverts d'une
espèce d'alcyon ou de valves de coquilles, qu'ils
retiennent avec leurs quatre pieds de derrière, et
dont ils semblent se servir comme d'un bouclier
qu'ils opposent aux attaques de leurs ennemis. »

DRONGO (*Edolius*). Genre de Passereaux dentirostres qui ont les mandibules légèrement arquées, les narines couvertes de plumes, de longs
poils formant des moustaches, la queue plus ou
moins fourchue. — Ils vivent dans l'Inde, principalement dans les contrées qui bordent la mer, et
se nourrissent d'insectes. Il est des espèces dont
le ramage est comparable à celui du Rossignol.
Nous citerons :
Le DRONGO HUPPÉ (*E. cristatus*), le *grand Gobe-
mouche noir* de Buffon, dont la taille est à peu
près celle de notre Merle ; il a le plumage entièrement noir, le front surmonté d'une huppe qui
se recourbe en avant. On le trouve à Madagascar,
au cap de Bonne-Espérance et en Cafrerie, habitant les forêts par petites troupes et faisant entendre, dans la saison des amours, un ramage très
harmonieux. Le matin et le soir ces oiseaux donnent la chasse aux abeilles et aux mouches, en
voltigeant rapidement et exécutant un manége curieux qui est regardé par les Hottentots, dit Le-

vaillant, comme une conversation de ces volatiles avec les sorciers.

Nous croyons inutile de parler des autres espèces.

DRONTE (*Didus*). Oiseau singulier par sa conformation et sa destinée, rangé par les uns parmi les Gallinacés, par d'autres parmi les Autruches, les Vautours, ou encore parmi les Palmipèdes. D'où vient cette incertitude? De ce que cet oiseau a disparu aujourd'hui, qu'on n'en parle que d'après des descriptions plus ou moins inexactes, et d'après le pied et la tête d'un individu conservés dans la collection du Musée d'histoire naturelle d'Oxford. Le Dronte était de la taille d'une Oie, ou, selon d'autres, deux fois plus gros; corps peu

Fig. 166. — Dronte.

garni de plumes, très gros, massif, surtout à sa partie postérieure, où il porte, au lieu de queue, quelques plumes frisées; tête surmontée d'une sorte de capuchon; ailes n'ayant que quatre ou cinq pennes.

Le Dronte était très commun dans les îles de France et de Bourbon jusqu'au XVIIe siècle; les premiers Européens qui vinrent s'établir dans ces îles y trouvèrent ces singuliers animaux en très grand nombre. Clusius, qui est un de ceux qui en ont laissé le plus de détails, dit que le Dronte avale des pierres et qu'il a la facilité de les digérer. Mais cet oiseau, dont la physionomie porte l'empreinte d'une tristesse profonde, étant incapable de voler, de fuir, d'attaquer et de se défen-

dre, est devenu bientôt victime de la cruauté des matelots et des colons, cruauté bien inutile, puisque sa chair est dure et désagréable au goût. Mais l'homme, si fier de son intelligence, ne détruit-il pas souvent pour le seul plaisir de détruire?

Le Dronte inepte, appelé aussi *Dodo, Cygne à capuchon*, espèce unique du genre, est remarquable par son bec étranglé dans son milieu et à mandibules infléchies: par ses narines obliques, médianes, voisines du bord des mandibules, par sa face dénudée jusqu'au-delà des yeux, sa tête coiffée d'un capuchon de duvet noir, etc.

DROSÉRACÉES. Famille de Plantes dicotylédones polypétales, ayant de très grands rapports avec les Violacées, dont elles se distinguent toutefois par leurs fleurs régulières, par leur port, l'absence de stipules et par leurs stigmates multiples. — Les genres principaux sont la *Drosère*, la *Parnassie*, etc.

Fig. 407. — Drymirrhisée (Balisier).

DROSÈRE (*Drosera*). Genre de la famille des Droséracées : herbes élégantes, humides ou spongieuses, à feuilles en rosette radicale, molles, dont la face supérieure est chargée de poils glanduleux rouges. Fleurs blanches, petites, en grappes unilatérales, roulées en crosse avant la floraison : pétales, sépales et étamines au nombre de 5 ; 3 styles bifides ; capsule uniloculaire. — Ces plantes croissent dans les lieux tourbeux.

La **Drosère a feuilles rondes** (*D. rotundifolia*), vulg. *Rossolis* ou *Rosée du soleil*, a les feuilles appliquées sur la terre, ayant le limbe orbiculaire, brusquement rétréci en pétiole, et couvert de poils glanduleux qui, comme dans la Dionée, se rapprochent, s'entrecroisent et enferment l'insecte qui les touche dans une cage étroite ; seulement le faible captif peut s'évader bientôt, grâce à ce que l'irritabilité de la feuille est éphémère. — La D. **a longues feuilles** (*D. longifolia*) se distingue de la précédente à ses feuilles allon-

gées et dressées, à ses pétioles glabres. — Usages nuls.

DRUPE. Fruit charnu ou pulpeux, renfermant un seul noyau ; telles sont les *Cerises*, les *Pêches*, les *Prunes*, etc. — On dit fruit *drupacé*, pour fruit ressemblant à un Drupe par son aspect et sa nature. — V. *Fruit*.

DRYMIRRHISEES. Famille de Plantes exotiques, la même que celle des Amomées ou Amomacées, dont le *Balisier*, que nous figurons ici, fait partie.

DUC (*Bubo*). Genre d'Oiseaux de l'ordre des Rapaces, famille des Nocturnes, très analogues aux Chouettes, aux Hiboux, mais en différant par leur conque qui est fort petite, leurs tarses courts et emplumés ainsi que les doigts. La tête est aplatie, ornée de plumes formant deux aigrettes, qui prennent naissance au-dessus de chaque sourcil et se projettent en arrière ; ailes obtuses ; queue courte. — Ce genre renferme dix-sept espèces cosmopolites, dont deux seules se trouvent en Europe.

Le **Duc d'Europe** ou **Grand-Duc** (*B. europæus*), encore appelé *Duc athénien*. Cet oiseau a le des-

Fig. 408. — Grand-Duc.

sous du corps varié et ondé de noir et de jaune d'ocre, la gorge blanche, les pieds couverts jusqu'aux ongles de plumes d'un roux jaunâtre, l'iris orange vif ; taille, 60 cent. La femelle, constamment

plus grande, a le plumage d'une teinte généralement plus claire, et sa gorge n'est pas blanche.

Le Grand-Duc habite l'Europe, et est sédentaire
dans l'est de la France. Il préfère les vieux arbres
et les anfractuosités des rochers inaccessibles,
pour s'y retirer pendant la plus grande partie du
jour. Comme tous les Rapaces nocturnes, dès qu'il
quitte sa retraite en plein jour, ce qui lui arrive
rarement d'ailleurs, il est poursuivi par une multitude criarde d'oiseaux diurnes, tels que corneilles, pies, passereaux, etc., qui le harcèlent et le
forcent à s'éloigner. Mais cela n'empêche pas que
le Grand-Duc ne soit fort courageux ; il ne craint
pas le chien, dit-on ; et lorsqu'il est attaqué et
pressé de trop près, il se place sur le dos et se
défend avec ses ongles. Un auteur rapporte, dit
Degland, qu'il a été témoin d'un combat entre un
Aigle et un Grand-Duc, et que celui-ci fut vainqueur.
Il s'était si fortement attaché, avec ses serres, au
corps de son adversaire, qu'on put les prendre
vivants. Le Grand-Duc se nourrit de petits mammifères, tels que lièvres, lapins, etc., d'oiseaux, de
reptiles, plus rarement d'insectes et de poissons.
Ces oiseaux de proie établissent leur nid en forme
d'*aire* sur les gros arbres et dans les trous de rocher. Leur ponte est de 2 ou 3 œufs ronds d'un
blanc pur.

Duc ascalaphe (*B. ascalaphus*). Cette espèce,
nommée encore *Hibou ascalaphe*, a le disque
facial incomplet, le bec grêle et caché, les aigrettes courtes et placées en arrière des yeux, les
tarses longs, le plumage d'un roux blanchâtre,
varié de différentes nuances, avec des teintes et
des raies d'un brun noir; diversement disposées
selon les parties où on les examine ; gorge et poitrine blanches ; iris jaune ; taille de 40 cent.

Cet oiseau, originaire d'Afrique, se trouve accidentellement en Sicile et en Sardaigne. Son nom
d'*Ascalaphe* rappelle la fable de Proserpine, enlevée par Pluton. Proserpine ne put être rendue à
Cérès, parce qu'elle avait cueilli une grenade dans
les jardins du sombre empire, désobéissance dont
Ascalaphe fut témoin et qu'il révéla. « La reine
de l'Érèbe, saisie de douleur, changea en oiseau
ce témoin indiscret. Son visage, arrosé de l'eau
du Phlégéton, devient un bec entouré de plumes
et surmonté de deux grands yeux. Ascalaphe n'est
plus qu'un oiseau hideux, qu'un morne hibou,
messager de deuil, et funeste présage pour les humains. »

Duc de Virginie (*B. virginianus*). Cet oiseau
de proie n'a pas tout à fait la taille du Grand-Duc.
Le dessus de son corps est d'un brun varié de
lignes fines, le dessous plus blanc, les côtés d'un
fauve rayé de brun, avec un collier blanc. — Il
fréquente les bois voisins des rivières et des plaines humides de l'Amérique septentrionale, où il
se tient caché. Son vol est élevé, rapide et gracieux ; de temps en temps il effleure silencieuse-
ment la terre avec vélocité, et saisit sa proie à
l'improviste. Quelquefois il s'arrête subitement
sur quelque palissade, secoue ses plumes, et fait

entendre un bruit horrible, faisant aussi claquer
ses robustes mandibules comme par passe-temps.

Non moins cruel que le Grand-Duc, le Duc de
Virginie est plus glouton, car il se contente de
briser la tête de sa victime d'un coup de bec, et
il l'avale tout entière avec plumes, poils et os,
lesquels sont ensuite rejetés, roulés en paquets.
La saison des œufs arrive vers la fin de l'hiver.
« Les gestes ridicules et les évolutions bizarres du
grand Hibou, qui veut plaire à sa compagne, ne
peuvent se décrire : ce sont des courbettes, des
demi-tours, des contorsions, des claquements de
bec, dont le spectacle dissiperait la plus sombre
mélancolie ; quand la femelle agrée son hommage,
elle y répond en imitant les allures et la pantomime de son compagnon. » La ponte est de 3 à
6 œufs blancs ; le mâle partage avec la femelle les
soins de l'incubation. Pris au nid, le petit s'apprivoise facilement ; mais arrivé à l'âge adulte, il
se jette sur les volailles et il faut s'en défaire.

Petit-Duc. — V. *Scops.*

DUGONG (*Halicore*). Genre de Cétacés herbivores, qui ont pour caractères distinctifs : corps
allongé, queue échancrée; nageoires pectorales
sans ongles ; dents au nombre de 32, à couronne
plate : 4 incisives en haut, 6 ou 8 en bas, 20 molaires, pas de canines ; deux incisives externes sont
persistantes et représentent de longues défenses,
recouvertes par un museau qui rappelle celui des
Hippopotames; peau très épaisse et sans poils.

Les Dugongs ont de 3 à 4 mètres de long, sont
herbivores, et recherchent les plantes marines,
qu'ils arrachent avec leurs défenses. Ils vivent en
troupes, qui se défendent mutuellement, et qui
même attaquent quelquefois les petites embarca-
tions de pêcheurs.

Le Dugong des Indes (*H. indicus*) est la seule
espèce du genre. Ce Cétacé, qui a le museau terminé par une sorte de grouin couvert de petites
épines cornées, diffère du Lamantin par ses nageoires pectorales entièrement dépourvues d'ongles, par sa queue, qui est semblable à celle des
Dauphins. — On le trouve dans les mers de l'Australie, où il recherche les plages peu profondes
et couvertes de varechs ou autres plantes marines dont il se nourrit. Les Malais font grand cas
de sa chair, aussi se livrent-ils à la pêche de cet
animal. « Lorsqu'ils se sont procuré un mâle, ils
lui coupent le pénis, attachant à cet acte des motifs de pudeur, parce qu'ils trouvent que cet organe ressemble à celui de l'homme. »

DUNES. On nomme ainsi, en géologie, les rides
sableuses que forment les coups de vent sur les
côtes de la mer, ou des collines de sable fin qui
envahissent quelquefois de très grands espaces
dans la plaine. Elles sont placées irrégulièrement
sur toute l'étendue de la plage et dans des directions variées, comme les vents qui leur donnent
naissance. Leur nombre augmente continuellement, à mesure que la mer fournit des sables; et,

sans cesse en mouvement, elles avancent continuellement dans l'intérieur des terres, en arrêtant tous les petits ruisseaux et formant des marais ou des lagunes plus ou moins étendus. La marche est plus ou moins rapide, suivant les lieux et les temps : on a vu des Dunes s'avancer de 20 à 25 mètres par année, d'autres de 70 à 80, jusqu'à 300 mètres. Beaucoup de villages ont été successivement envahis ; beaucoup d'autres sont menacés et seront tôt ou tard ensevelis, si l'on ne parvient à arrêter la mobilité des sables par des plantations convenables.

DURBEC (*Corythus*, *Loxia*). Genre de Passereaux conirostres, dont le bec est allongé, fortement recourbé vers le bout, à arête arrondie et un peu comprimé ; ongles du pouce et du doigt médian très longs et à peu près égaux. — Ces oiseaux habitent tout le nord du globe, en Europe, en Asie et en Amérique.

Le DURBEC ORDINAIRE (*Loxia enucleator*) est long de 10 à 11 cent. environ ; le fond de son plumage est rouge incarnat, mêlé de brun sur le dos, avec deux bandes transversales blanchâtres sur l'aile et les rémiges secondaires bordées de blanc.

Fig. 409. — Dugong.

— Il vit dans les forêts de pins, et se nourrit de leurs amandes. Il construit son nid comme le Bouvreuil, et y pond quatre œufs blancs.

DYTIQUE (*Dityscus*). Genre de Coléoptères pentamères, famille des Carnassiers, dont le corps est elliptique, les antennes composées de douze articles qui diminuent graduellement ; tarses de cinq articles distincts, dont les trois premiers dilatés dans les mâles pour former une palette ; élytres elliptiques, lisses dans les mâles, sillonnés dans les femelles.

Les Dytiques sont des insectes d'assez grande taille, qui vivent le plus habituellement dans l'eau, nageant avec autant de vitesse que de facilité. « Ils y font une chasse continuelle aux autres insectes aquatiques pour s'en nourrir ; ils les saisissent avec leurs pattes antérieures comme avec des mains, et les portent ensuite à la bouche pour les dévorer. Bien qu'ils puissent vivre longtemps sous l'eau, ils sont pourtant obligés de remonter assez souvent à la surface pour respirer. Il leur suffit pour cela de cesser tout mouvement ; alors leur corps, spécifiquement plus léger que le milieu ambiant, ne tarde pas à surnager, mais dans une position inclinée, la tête en bas, de sorte que l'extrémité seule de leur abdomen sort de l'eau ; et c'est par les stigmates situés à cette extrémité et qu'ils découvrent en soulevant leurs élytres, que l'air pénètre dans leurs trachées. S'ils veulent retourner au fond de l'eau, ils recouvrent au contraire ces mêmes stigmates en abaissant promptement leurs élytres ; ainsi l'eau ne peut jamais pénétrer dans leurs organes respiratoires. » Les Dytiques peuvent voler à l'air libre ; ils sortent de l'eau à l'approche de la nuit pour se transporter d'un marais ou d'un étang à un autre.

Leurs larves sont brunes, longues, renflées au milieu. Elles se déplacent dans l'eau par des mouvements vermiculaires très rapides, et en frappant le liquide avec la partie postérieure de leur corps. Quand le temps de leur transformation est venu, elles quittent l'eau, s'enfoncent dans la terre qui borde les mares, s'y pratiquent une cavité ovale et s'y renferment pour se changer en nymphe, puis en insecte parfait. Ainsi les Dytiques sont exclusivement aquatiques à l'état de larves; ils deviennent terrestres sous la forme de nymphes, et parvenus à l'état d'insectes parfaits, ils sont amphibies. Les mâles se servent de leurs pattes élargies et garnies en dessous d'espèces de ventouses pour se cramponner sur la femelle, dont les élytres sont sillonnés, et la retenir au moment de l'accouplement. Les œufs éclosent au bout d'une douzaine de jours. — On connaît un assez grand nombre d'espèces.

Le Dytique bordé (*D. marginalis*) est très commun dans nos pays. Sa larve est bien connue sous le nom de *Ver assassin*. Elle est longue de 5 cent., formée de douze segments couverts d'une plaque écailleuse, dont le dernier se termine par deux appendices velus; les pattes sont frangées et servent à la natation.

Le Dytique très large (*D. latissimus*) est la plus grande et la plus belle espèce du genre, propre à l'Allemagne.

FIN DU TOME PREMIER.

ERRATA.

Au mot Araignée, la figure est la *Mygale*, et non l'araignée commune.

Au mot Capricorne, la figure du *Scorpion* a été substituée à celle du capricorne, qu'on trouvera au mot Coléoptère.

Paris. — Typographie et Lithographie Lacour, rue Souffiot, 18.

www.ingramcontent.com/pod-product-compliance
Lightning Source LLC
LaVergne TN
LVHW050832060726
842527LV00001BA/195